L. D. Landau · E. M. Lifschitz

Lehrbuch der Theoretischen Physik

Band III

L. D. Landau · E. M. Lifschitz

Lehrbuch der Theoretischen Physik

Der Klassiker der gesamten Theoretischen Physik für den Studenten und Wissenschaftler.

Band 1:
Mechanik
unveränderter Nachdruck der 14., korrigierten Auflage 1997, 2016, 231 Seiten, 56 Abbildungen, gebunden,
ISBN 978-3-8085-5612-2

Band 2:
Klassische Feldtheorie
unveränderter Nachdruck der 12. Auflage 1992, 2018, 496 Seiten, 25 Abbildungen, gebunden,
ISBN 978-3-8085-5562-0

Band 3:
Quantenmechanik
unveränderter Nachdruck der 9. Auflage 1986, 2021, 660 Seiten, 57 Abbildungen, 11 Tabellen, gebunden,
ISBN 978-3-8085-5636-8

Band 4:
Quantenelektrodynamik
unveränderter Nachdruck der 7., berichtigten Auflage 1991, 2020, 628 Seiten, 25 Abbildungen, gebunden,
ISBN 978-3-8085-5632-0

Band 5:
Statistische Physik Teil 1
unveränderter Nachdruck der 8., berichtigten Auflage 1991, 2016, 535 Seiten, 78 Abbildungen, gebunden,
ISBN 978-3-8085-5654-2

Band 6:
Hydrodynamik
korrigierter Nachdruck der 5., überarbeiteten Auflage 1991, 2014, 705 Seiten, 136 Abbildungen, gebunden,
ISBN 978-3-8085-5554-5

Band 7:
Elastizitätstheorie
unveränderter Nachdruck der 7. Auflage 1991, 2010, 223 Seiten, 32 Abbildungen, Leinen,
ISBN 978-3-8085-5498-2

Band 8:
Elektrodynamik der Kontinua
unveränderter Nachdruck der 5., ergänzten Auflage 1990, 2020, 565 Seiten, 65 Abbildungen, gebunden,
ISBN 978-3-8085-5500-2

Band 9:
Statistische Physik Teil 2
unveränderter Nachdruck der 4., berichtigten Auflage 1992, 2020, 404 Seiten, 18 Abbildungen, gebunden,
ISBN 978-3-8085-5656-6

Band 10:
Physikalische Kinetik
unveränderter Nachdruck der 2. Auflage 1990, 2020, 480 Seiten, 35 Abbildungen, gebunden,
ISBN 978-3-8085-5624-5

Das **Gesamtwerk** ist auch zum günstigen Satzpreis erhältlich:
L. D. Landau · E. M. Lifschitz, **Lehrbuch der Theoretischen Physik**
ISBN 978-3-8085-5588-0

L. D. Landau • E. M. Lifschitz

Quantenmechanik

Mit 57 Abbildungen und 11 Tabellen

VERLAG EUROPA-LEHRMITTEL · Nourney, Vollmer GmbH & Co. KG
Düsselberger Straße 23 · 42781 Haan-Gruiten

Europa-Nr.: 56368

Titel der Originalausgabe:

Л. Д. Ландау и Е. М. Лифшицу
Квантовая механика (нерелятивистская теория)

Erschienen im Verlag NAUKA, Moskau 1974

Die späteren Auflagen wurde unter Mitwirkung von L. P. Pitajewski bearbeitet.

In deutscher Sprache herausgegeben von Prof. Dr. habil. Paul Ziesche, Dresden.
Übersetzt aus dem Russischen von Prof. Dr. A. Kühnel, Leipzig.

Unveränderter Nachdruck der 9. Auflage 1986, 2021
Druck 5

ISBN 978-3-8085-5636-8

Umschlaggestaltung: Medienwerkstatt Dreimaster / www.3master.de, 63546 Hammersbach
Druck: Totem, 88–100 Inowroclaw, Poland

VORWORT DES HERAUSGEBERS ZUR DEUTSCHEN AUSGABE

In der Fachwelt genießt das umfassende, zehnbändige Lehrbuch der Theoretischen Physik von L. D. LANDAU † und E. M. LIFSCHITZ hohes Ansehen. Auch der Band III — der nichtrelativistischen Quantentheorie und ihren vielfältigen Anwendungen gewidmet — trägt zu diesem hohen Ansehen bei. Darstellung und Stil sind, wie auch in den anderen Bänden, sehr elegant und modern. Im Unterschied zu manchen mehr abstrakten Darstellungen der Quantentheorie werden hier die physikalischen Aussagen und Zusammenhänge gegenüber dem Mathematisch-Formalen klar herausgearbeitet. Besonders wertvoll ist auch die sehr ausführliche Behandlung einer ganzen Reihe konkreter Anwendungen, so zur Theorie der Atome, der zwei- und mehratomigen Moleküle, des Atomkerns usw. Dabei kommen auch die Bewegung im Zentralfeld, im Magnetfeld, die Störungstheorie, der quasiklassische Grenzfall, die Theorie der Symmetrie, der Addition von Drehimpulsen, der elastischen und unelastischen Stöße eingehend zur Sprache. Zahlreiche Aufgaben ergänzen den Text.

Dieser neuen deutschen Auflage liegt die dritte, überarbeitete, russische Auflage zugrunde. Deren zahlreiche Änderungen und Ergänzungen machten eine vollständige Neuübersetzung notwendig, die in bewährter Weise von Herrn A. KÜHNEL angefertigt wurde. Bis zu seinem Tode am 29. Okt. 1985 hat Herr Professor E. M. LIFSCHITZ regelmäßig bei der Vorbereitung von Auflagen der deutschen Ausgabe geholfen. Beim Korrekturlesen wurde ich dankenswerter Weise von den Herren B. PIETRASS und W. KELLER unterstützt, den Herren D. SCHLÜTER und M. HIETSCHOLD sowie R. BRACHOLDT und J. GRÄFENSTEIN danke ich für wertvolle Hinweise auf Druckfehler.

Dresden, September 1986 P. ZIESCHE

VORWORT ZUR DRITTEN RUSSISCHEN AUFLAGE

Die Herausgabe der zweiten Auflage dieses Bandes war die letzte Arbeit an einem Buch, die gemeinsam mit meinem Lehrer L. D. LANDAU auszuführen mir vergönnt war. Die damals vorgenommene Überarbeitung und Ergänzung dieses Buches waren sehr umfangreich und erfaßten alle Kapitel.

Für diese neue Auflage war natürlich eine wesentlich geringere Bearbeitung erforderlich. Trotzdem ist eine beträchtliche Menge neuen Stoffes (darunter auch neue Aufgaben) hinzugekommen. Es sind einmal Ergebnisse der letzten Jahre neu aufgenommen worden, und zum anderen wurden ältere Ergebnisse einbezogen, die in der letzten Zeit eine erhöhte Aufmerksamkeit auf sich gelenkt haben.

LEW DAWIDOWITSCH LANDAU beherrschte den Apparat der Theoretischen Physik in einem solch hohen Maße, daß er bei der Wiedergabe von Ergebnissen seinen eigenen Weg gehen konnte, ohne irgendwie auf die Originalarbeiten verweisen zu müssen. Dadurch könnten in dem Buch einige notwendige Literaturhinweise fehlen; ich habe mich bemüht, sie in dieser Auflage nach Möglichkeit zu ergänzen. Gleichzeitig habe ich Hinweise auf LEW DAWIDOWITSCH LANDAU an denjenigen Stellen eingefügt, an denen Ergebnisse oder Methoden dargestellt werden, die von ihm selbst stammen und nicht in anderer Form veröffentlicht worden sind.

Wie auch bei der Arbeit an der Neuauflage anderer Bände dieses Lehrbuches haben mich bei der Bearbeitung dieses Bandes viele meiner Kollegen hilfreich unterstützt; sie haben mich auf mögliche Mängel in der bisherigen Darstellung hingewiesen und ihre Wünsche nach bestimmten Ergänzungen ausgesprochen. Ich habe von A. M. BRODSKI, G. F. DRUKAREW, I. G. KAPLAN, W. P. KRAJNOW, I. B. LEWINSON, P. E. NEMIROWSKI, W. L. POKROWSKI, I. I. SOBELMAN und I. S. SCHAPIRO eine ganze Reihe nützlicher Hinweise erhalten, die in der vorliegenden Auflage dieses Buches berücksichtigt worden sind; ich möchte ihnen allen meinen herzlichen Dank aussprechen.

Ich habe die ganze Arbeit an der Neuauflage dieses Bandes in enger Zusammenarbeit mit L. P. PITAJEWSKI vorgenommen. Es ist mir geglückt, in seiner Person einen Arbeitsgefährten zu finden, der ebenfalls aus der LANDAUschen Schule hervorgegangen und von den gleichen wissenschaftlichen Idealen beseelt ist.

Institut für Physikalische Probleme
der Akademie der Wissenschaften der UdSSR
Moskau, im November 1973

E. M. LIFSCHITZ

AUS DEM VORWORT ZUR ERSTEN RUSSISCHEN AUFLAGE

Der vorliegende Band des Lehrbuches der Theoretischen Physik befaßt sich mit der Darstellung der Quantenmechanik. Wegen des sehr umfangreichen Stoffes erscheint es zweckmäßig, diesen Band in zwei Teilen vorzulegen. Der hiermit veröffentlichte erste Teil enthält die nichtrelativistische Theorie, während die relativistische Theorie der Inhalt des zweiten Teiles sein wird.

Unter der relativistischen Theorie verstehen wir im weitesten Sinne des Wortes die Theorie aller Quantenerscheinungen, für die die Lichtgeschwindigkeit eine wesentliche Rolle spielt. Dementsprechend gehören dazu sowohl die relativistische DIRAC-Theorie und damit zusammenhängende Probleme, als auch die gesamte Quantentheorie der Strahlung.

Neben den Grundlagen der Quantenmechanik sind in dem vorliegenden Buch auch viele Anwendungen derselben enthalten, in viel größerem Umfang, als es üblicherweise in allgemeinen Lehrbüchern der Quantenmechanik der Fall ist. Wir haben nur solche Probleme hier nicht aufgegriffen, deren Untersuchung gleichzeitig eine eingehende Analyse der experimentellen Befunde erfordern würde; das würde unvermeidlich über den Rahmen dieses Buches hinausgehen.

Bei der Darstellung konkreter Probleme haben wir uns um größtmögliche Vollständigkeit bemüht. Im Zusammenhang damit haben wir Hinweise auf die Originalarbeiten als überflüssig erachtet und uns auf die Angabe der jeweiligen Autoren beschränkt.

Wie in den vorhergehenden Bänden haben wir uns bei der Darstellung der allgemeinen Fragen bemüht, nach Möglichkeit das physikalische Wesen der Theorie herauszustellen und darauf den mathematischen Apparat aufzubauen. Das zeigt sich besonders in den ersten Paragraphen dieses Buches, in denen die allgemeinen Eigenschaften der quantenmechanischen Operatoren behandelt werden. Die übliche Darstellung geht von den mathematischen Sätzen über lineare Operatoren aus. Im Gegensatz dazu gehen wir von der physikalischen Problemstellung aus und leiten die mathematischen Forderungen her, die an die Operatoren und die Eigenfunktionen gestellt werden müssen.

Man kann nicht umhin festzustellen, daß die Darstellung in vielen Lehrbüchern der Quantenmechanik komplizierter als in den Originalarbeiten ist. Obwohl eine solche Darstellung gewöhnlich mit größerer Allgemeinheit und Strenge begründet wird, ist jedoch bei aufmerksamer Betrachtung leicht zu erkennen, daß sowohl das eine wie das andere tatsächlich oft illusorisch sind, was sogar soweit geht, daß sich ein beträchtlicher Teil der „strengen“ Sätze als fehlerhaft erweist. Da uns eine solche komplizierte Darstellung völlig ungerechtfertigt erscheint, haben wir uns umgekehrt um denkbar mögliche Einfachheit bemüht und haben vielfach auf die Originalarbeiten zurückgegriffen.

Einige rein mathematische Angaben haben wir am Ende des Buches als „Mathematische Ergänzungen" angefügt, um die Darstellung im Text nach Möglichkeit nicht durch Hinwendung zu der rein rechnerischen Seite zu unterbrechen. Diese Ergänzungen sind auch zum Nachschlagen gedacht.

Moskau, im Mai 1947 L. D. Landau, E. M. Lifschitz

INHALTSVERZEICHNIS

EINIGE BEZEICHNUNGEN

Operatoren werden durch das Zeichen ^ gekennzeichnet: $\hat{f}$.
Für das Volumenelement verwenden wir folgende Bezeichnungen:
im Ortsraum dV, im Konfigurationsraum dq, im Impulsraum d^3p.
Die Matrixelemente der Größe f sind (s. die Definition auf S. 29) f_{nm} oder $\langle n| f |m\rangle$.
Die Frequenzen bei Übergängen sind $\omega_{nm} = (E_n - E_m)/\hbar$.
Der Kommutator zweier Operatoren ist $\{\hat{f}, \hat{g}\} = \hat{f}\hat{g} - \hat{g}\hat{f}$.
Der HAMILTON-Operator ist $\hat{H}$.
Phasenverschiebungen von Wellenfunktionen werden mit δ_l bezeichnet. Wegen der atomaren und der COULOMB-Maßeinheiten, s. die Definition auf S. 116.
Vektor- und Tensorindizes werden mit lateinischen Buchstaben i, k, l bezeichnet.
Der antisymmetrische Einheitstensor ist e_{ikl} (Definition auf S. 83).
Das Zeichen $\approx$ bedeutet „genähert gleich", $\sim$ „der Größenordnung nach gleich", $\propto$ „proportional zu".

Hinweise auf Paragraphen und Formeln in anderen Bänden dieses Lehrbuches werden mit römischen Ziffern versehen: I = Band I, „Mechanik", 1973 (1987); II = Band II, „Klassische Feldtheorie", 1973 (1987); IV = Band IV, „Quantenelektrodynamik", 1980 (1986).*)

*) Die Jahresangaben in Klammern beziehen sich auf die neuesten deutschen Ausgaben. – Anm. d. Herausg.

I DIE GRUNDBEGRIFFE DER QUANTENMECHANIK

§ 1. Das Unbestimmtheitsprinzip

Versucht man, die klassische Mechanik und die klassische Elektrodynamik zur Erklärung der Erscheinungen in atomaren Bereichen zu verwenden, dann gelangt man zu Ergebnissen, die in krassem Widerspruch zum Experiment stehen. Am klarsten ist das bereits aus dem Widerspruch zu erkennen, der sich bei Anwendung der gewöhnlichen Elektrodynamik auf ein Atommodell ergibt, in dem sich die Elektronen auf klassischen Bahnen um den Kern bewegen. Bei dieser Bewegung müßten die Elektronen, wie bei jeder beschleunigten Bewegung von Ladungen, ununterbrochen elektromagnetische Wellen aussenden. Infolge dieser Strahlung müßten die Elektronen ihre Energie verlieren, was letzten Endes dazu führen müßte, daß sie in den Kern stürzen. Nach der klassischen Elektrodynamik wäre ein Atom also instabil, das entspricht in keiner Weise der Wirklichkeit.

Dieser tiefe Widerspruch zwischen der Theorie und dem Experiment deutet darauf hin, daß der Aufbau einer Theorie für die atomaren Erscheinungen eine grundsätzliche Änderung in den grundlegenden klassischen Vorstellungen und Gesetzen erfordert. Atomare Erscheinungen sind solche, die an Teilchen mit sehr kleiner Masse und in sehr kleinen Raumgebieten ablaufen.

Um diese Abänderung zu finden, gehen wir am einfachsten von der experimentell beobachteten Erscheinung der sogenannten Elektronenbeugung[1]) aus. Beim Durchgang eines homogenen Elektronenstrahles durch einen Kristall beobachtet man im durchgelassenen Strahl abwechselnd Intensitätsmaxima und -minima, völlig analog zu der Beugung elektromagnetischer Wellen. Unter gewissen Bedingungen weist also das Verhalten materieller Teilchen — der Elektronen — Züge auf, die für Wellenvorgänge charakteristisch sind.

Wie tief diese Erscheinung den üblichen Vorstellungen über die Bewegung von Teilchen widerspricht, kann man am besten aus folgendem Gedankenexperiment erkennen, das eine Idealisierung der Elektronenbeugung an einem Kristall darstellt. Wir stellen uns einen für die Elektronen undurchlässigen Schirm vor, in den zwei Spalte eingeschnitten sind. Wir beobachten nun den Durchgang des Elektronenstrahles[2]) durch einen Spalt, während der andere Spalt abgedeckt ist. So erhalten wir auf einem

---

[1]) Die Erscheinung der Elektronenbeugung wurde in Wirklichkeit erst nach der Schaffung der Quantenmechanik entdeckt. In unserer Darstellung halten wir uns jedoch nicht an die historische Entwicklung der Theorie. Wir versuchen dagegen, sie so aufzubauen, daß sie möglichst klar die Zusammenhänge zwischen den Grundprinzipien der Quantenmechanik und den experimentell beobachteten Erscheinungen zeigt.

[2]) Der Strahl wird als so verdünnt angenommen, daß die Wechselwirkung der Teilchen darin keine Rolle spielt.

Schirm hinter dem Spalt eine bestimmte Intensitätsverteilung. Wir erhalten ein anderes Bild auf dem Schirm, wenn wir den zweiten Spalt öffnen und den ersten abdecken. Beobachten wir nun den Durchgang des Strahles durch beide Spalte gleichzeitig, dann müßten wir auf Grund der üblichen Vorstellungen ein Bild erwarten, das eine einfache Überlagerung der beiden vorhergehenden ist. Jedes Elektron bewegt sich danach auf seiner Bahn und fliegt durch einen der Spalte, ohne auf die Elektronen, die durch den anderen Spalt hindurchgehen, einen Einfluß auszuüben. Die Erscheinung der Elektronenbeugung zeigt jedoch, daß wir in Wirklichkeit ein Beugungsbild erhalten, das sich wegen der Interferenz keineswegs auf die Summe der beiden Bilder von den einzelnen Spalten zurückführen läßt. Dieses Ergebnis kann natürlich nicht mit der Vorstellung von der Bewegung der Elektronen entlang einer Bahn in Einklang gebracht werden.

Die Mechanik, der die atomaren Erscheinungen gehorchen, die sogenannte *Quanten-* oder *Wellenmechanik*, muß also prinzipiell andere Vorstellungen über die Bewegung zugrunde legen als die klassische Mechanik. In der Quantenmechanik gibt es den Begriff der Bahn eines Teilchens nicht. Dies ist der Inhalt des sogenannten *Unbestimmtheitsprinzips*, eines der Grundprinzipien der Quantenmechanik, das 1927 von W. Heisenberg entdeckt worden ist.[1])

Das Unbestimmtheitsprinzip lehnt die üblichen Vorstellungen der klassischen Mechanik ab und hat somit einen negativen Inhalt. Es ist natürlich für sich allein völlig unzureichend, um darauf eine neue Teilchenmechanik aufzubauen. Einer solchen Theorie müssen selbstverständlich irgendwelche positiven Behauptungen zugrunde liegen; wir werden diese später behandeln (§ 2). Um aber diese Behauptungen formulieren zu können, müssen wir zuerst die Art der Fragestellung klären, der sich die Quantenmechanik gegenübersieht. Wir gehen dazu zunächst auf den besonderen Charakter des Verhältnisses der Quantenmechanik zur klassischen Mechanik ein.

Gewöhnlich kann eine allgemeinere Theorie unabhängig von einer weniger allgemeinen Theorie, die darin als Grenzfall enthalten ist, logisch geschlossen formuliert werden. So kann die relativistische Mechanik auf ihren eigenen Grundprinzipien aufgebaut werden, ohne irgendwie auf die Newtonsche Mechanik zurückzugreifen. Die Formulierung der Grundlagen der Quantenmechanik ist prinzipiell unmöglich, ohne die klassische Mechanik heranzuziehen.

Da ein Elektron[2]) keine bestimmte Bahnkurve besitzt, hat es auch keine anderen dynamischen Charakteristika.[3]) Es ist daher klar, daß für ein System aus quantenmechanischen Objekten allein im allgemeinen keine logisch befriedigende Mechanik geschaffen werden kann. Um die Bewegung eines Elektrons quantitativ beschreiben zu können, müssen auch physikalische Objekte vorhanden sein, die mit genügender Genauigkeit der klassischen Mechanik gehorchen. Wenn ein Elektron mit einem *klassischen Objekt* in Wechselwirkung tritt, dann wird sich der Zustand des letzteren

[1]) Es ist interessant, daß der gesamte mathematische Apparat der Quantenmechanik in den Jahren 1925–1926 von W. Heisenberg und E. Schrödinger geschaffen worden ist, also noch vor der Entdeckung des Unbestimmtheitsprinzips, das den physikalischen Inhalt dieses Apparates offenbart.

[2]) In diesem und im folgenden Paragraphen werden wir der Kürze halber von einem Elektron sprechen und damit allgemein ein beliebiges Quantenobjekt meinen, d. h. ein Teilchen oder ein System von Teilchen, das der Quantenmechanik und nicht der klassischen Mechanik gehorcht.

[3]) Wir meinen damit Größen zur Beschreibung der Bewegung des Elektrons und nicht zur Charakterisierung des Elektrons als Teilchen (Ladung, Masse); letztere sind Parameter.

im allgemeinen ändern. Die Art und die Größe dieser Änderung hängen vom Zustand des Elektrons ab und können daher zur quantitativen Beschreibung desselben benutzt werden.

In diesem Zusammenhang nennt man das *klassische Objekt* gewöhnlich *Meßgerät*, den Vorgang der Wechselwirkung mit einem Elektron bezeichnet man dabei als *Messung*. Man muß jedoch betonen, daß man damit keineswegs einen *Meßprozeß* meint, an dem ein physikalischer Beobachter teilnimmt. Unter einer Messung versteht man in der Quantenmechanik jeden Wechselwirkungsprozeß zwischen einem klassischen und einem Quantenobjekt, der unabhängig von irgendeinem Beobachter abläuft. Es war N. Bohr, der die große Rolle des Begriffes der Messung in der Quantenmechanik klargestellt hat.

Wir haben ein Meßgerät als ein physikalisches Objekt definiert, das mit genügender Genauigkeit der klassischen Mechanik gehorcht. So ein Gerät ist zum Beispiel ein Körper mit einer genügend großen Masse. Man darf jedoch nicht denken, daß ein Gerät unbedingt ein makroskopischer Gegenstand sein muß. Unter bestimmten Bedingungen kann auch ein offensichtlich mikroskopisches Objekt die Rolle eines Gerätes spielen, weil die Forderung „mit genügender Genauigkeit" von der konkreten Fragestellung abhängt. So wird die Bewegung eines Elektrons in einer Wilsonschen Nebelkammer anhand der erzeugten Nebelspur beobachtet, deren Durchmesser im Vergleich zu atomaren Abmessungen groß ist. Bei dieser Genauigkeit der Bestimmung der Bahnkurve ist das Elektron ein vollkommen klassisches Objekt.

Die Quantenmechanik nimmt also eine sehr eigenartige Stellung unter den physikalischen Theorien ein: Sie enthält die klassische Mechanik als Grenzfall und bedarf gleichzeitig dieses Grenzfalles zu ihrer eigenen Begründung.

Wir können jetzt die Problemstellung der Quantenmechanik formulieren. Eine typische Problemstellung ist die Voraussage des Ergebnisses einer wiederholten Messung aus dem bekannten Ergebnis vorangegangener Messungen. Wir werden später sehen, daß die Quantenmechanik im allgemeinen gegenüber der klassischen Mechanik die Werte einschränkt, die verschiedene physikalische Größen (zum Beispiel die Energie) annehmen können; d. h. die Werte, die als Meßergebnisse für eine gegebene Größe beobachtet werden können, sind in der Quantenmechanik gegenüber der klassischen Mechanik eingeschränkt. Der Apparat der Quantenmechanik muß es ermöglichen, diese erlaubten Werte zu bestimmen.

Der Meßprozeß hat in der Quantenmechanik eine sehr wesentliche Besonderheit: Er wirkt immer auf das der Messung unterworfene Elektron ein, und diese Einwirkung kann bei gegebener Meßgenauigkeit prinzipiell nicht beliebig klein gemacht werden. Je genauer die Messung ist, desto stärker ist die Einwirkung dabei. Nur bei Messungen mit sehr geringer Genauigkeit kann der Einfluß auf das Meßobjekt schwach sein. Diese Eigenschaft der Messung hängt logisch damit zusammen, daß die dynamischen Größen eines Elektrons nur im Ergebnis der Messung selbst in Erscheinung treten. Wenn die Einwirkung des Meßprozesses auf das Objekt beliebig klein gemacht werden könnte, dann würde das bedeuten, daß die zu messende Größe an sich einen bestimmten Wert hat, unabhängig von der Messung.

Unter den verschiedenen Messungen hat die Ortsmessung (Messung der Ortskoordinaten) für ein Elektron fundamentale Bedeutung. Im Anwendungsbereich der

Quantenmechanik kann der Ort eines Elektrons immer beliebig genau gemessen werden.[1])

Wir nehmen an, daß der Ort eines Elektrons nach bestimmten Zeitintervallen Δt immer wieder gemessen wird. Die Meßergebnisse liegen im allgemeinen nicht auf einer glatten Kurve. Im Gegenteil, je genauer die Messungen ausgeführt werden, desto sprungartiger und ungeordneter ist der Gang der Meßergebnisse, weil ja der Begriff der Bahnkurve für ein Elektron nicht vorhanden ist. Eine mehr oder weniger glatte Bahnkurve erhält man nur, wenn man den Ort eines Elektrons mit einer geringen Genauigkeit mißt, wie zum Beispiel durch die Kondensation des Dampfes in einer Nebelkammer.

Wenn man bei unveränderter Meßgenauigkeit die Intervalle Δt zwischen den Messungen verkürzt, dann werden aufeinanderfolgende Messungen natürlich dicht benachbarte Werte für die Koordinaten ergeben. Obwohl die Ergebnisse einer Reihe aufeinanderfolgender Messungen in einem kleinen Raumgebiet liegen werden, werden sie in diesem Gebiet vollkommen ungeordnet verteilt sein und keineswegs eine glatte Kurve bilden. Läßt man insbesondere Δt gegen Null streben, so werden die Ergebnisse aufeinanderfolgender Messungen ganz und gar nicht auf einer Geraden liegen.

Der letztere Sachverhalt lehrt, daß es in der Quantenmechanik den Begriff der Geschwindigkeit eines Teilchens im klassischen Sinne dieses Wortes nicht gibt, d. h. als Grenzwert des Quotienten aus der Differenz der Orte zu zwei Zeitpunkten und der zugehörigen Zeitdifferenz für $\Delta t \to 0$. Wir werden jedoch später sehen, daß man in der Quantenmechanik nichtsdestoweniger eine vernünftige Definition der Geschwindigkeit eines Teilchens in einem bestimmten Zeitpunkt geben kann und daß diese Geschwindigkeit beim Übergang zur klassischen Mechanik in die klassische Geschwindigkeit übergeht.

Während aber in der klassischen Mechanik ein Teilchen in jedem Zeitpunkt einen bestimmten Ort und eine bestimmte Geschwindigkeit hat, liegt in der Quantenmechanik ein ganz anderer Sachverhalt vor. Wenn ein Elektron im Ergebnis einer Messung einen bestimmten Ort eingenommen hat, dann hat es dabei überhaupt keine bestimmte Geschwindigkeit. Hat ein Elektron umgekehrt eine bestimmte Geschwindigkeit, dann kann es keinen bestimmten Ort im Raum einnehmen. Tatsächlich würde die gleichzeitige Existenz von bestimmtem Ort und bestimmter Geschwindigkeit in einem beliebigen Zeitpunkt das Vorhandensein einer bestimmten Bahnkurve bedeuten, die das Elektron aber nicht hat. In der Quantenmechanik sind also Ort und Geschwindigkeit eines Elektrons Größen, die nicht gleichzeitig genau gemessen werden können, d. h., sie können nicht gleichzeitig bestimmte Werte haben. Ort und Geschwindigkeit eines Elektrons sind Größen, die nicht gleichzeitig existieren. Später werden wir eine quantitative Beziehung herleiten, der zu entnehmen ist, wie groß die Ungenauigkeit bei der gleichzeitigen Messung von Ort und Geschwindigkeit mindestens ist.

Durch die Vorgabe aller Orte und Geschwindigkeiten in einem gegebenen Zeitpunkt wird in der klassischen Mechanik der Zustand eines physikalischen Systems vollständig beschrieben. Aus diesen Anfangswerten bestimmen die Bewegungsgleichungen das Verhalten eines Systems zu allen zukünftigen Zeiten. In der Quantenmechanik ist

[1]) Wir wollen noch einmal folgendes hervorheben: Wenn wir schreiben „gemessen werden", dann meinen wir immer die Wechselwirkung eines Elektrons mit einem klassischen Gerät und setzen keinesfalls die Anwesenheit eines fremden Beobachters voraus.

eine solche Beschreibung prinzipiell unmöglich, weil Orte und zugehörige Geschwindigkeiten nicht gleichzeitig existieren. Die Beschreibung des Zustandes eines quantenmechanischen Systems erfolgt also mit weniger Größen als in der klassischen Mechanik, d. h., sie ist nicht so weitgehend wie die klassische.

Hieraus ergibt sich eine sehr wichtige Folgerung über die Art der Voraussagen in der Quantenmechanik. Während die klassische Beschreibung ausreicht, die Bewegung eines mechanischen Systems in der Zukunft völlig exakt vorauszusagen, kann die weniger weitgehende Beschreibung in der Quantenmechanik dazu nicht ausreichen. Hieraus folgt: Wenn sich ein Elektron in einem Zustand befindet, der so vollständig wie in der Quantenmechanik nur möglich beschrieben wird, dann ist sein Verhalten in den späteren Zeitpunkten trotzdem nicht eindeutig bestimmbar. Die Quantenmechanik kann keine streng bestimmten Voraussagen über das zukünftige Verhalten eines Elektrons machen. Zu einem gegebenen Anfangszustand eines Elektrons kann eine anschließende Messung verschiedene Ergebnisse liefern. Die Aufgabe der Quantenmechanik besteht nur in der Bestimmung der Wahrscheinlichkeit, dieses oder jenes Ergebnis bei dieser Messung zu erhalten. Es versteht sich, daß die Wahrscheinlichkeit für ein bestimmtes Meßergebnis in manchen Fällen gleich 1 sein kann, d. h., sie kann zur Gewißheit werden, so daß das Ergebnis einer bestimmten Messung eindeutig wird.

Alle Meßprozesse in der Quantenmechanik können in zwei Kategorien eingeteilt werden. Die eine Kategorie, zu der die meisten Messungen gehören, umfaßt die Messungen, die für keinen Zustand des Systems mit Sicherheit ein eindeutiges Ergebnis liefern. Zur anderen Kategorie gehören die Messungen, bei denen es für jedes Ergebnis einen Zustand gibt, in dem eine Messung mit Sicherheit zu dem gegebenen Ergebnis führt. Gerade diese letzteren Messungen, die man als *voraussagbar* bezeichnen kann, spielen in der Quantenmechanik eine grundlegende Rolle. Die bei diesen Messungen bestimmten quantitativen Charakteristika eines Zustandes werden in der Quantenmechanik physikalische Größen genannt. Falls in einem Zustand eine Messung mit Sicherheit ein eindeutiges Ergebnis liefert, dann werden wir sagen, daß die betreffende physikalische Größe in diesem Zustand einen bestimmten Wert hat. Im folgenden werden wir überall den Ausdruck physikalische Größe in dem hier angegebenen Sinne verstehen.

Später werden wir uns noch vielfach davon überzeugen, daß bei weitem nicht jede Gesamtheit physikalischer Größen in der Quantenmechanik gleichzeitig gemessen werden kann, d. h. gleichzeitig bestimmte Werte haben kann. (Über ein Beispiel, Geschwindigkeit und Ort eines Elektrons, haben wir bereits gesprochen).

Gewisse Sätze physikalischer Größen mit den folgenden Eigenschaften spielen in der Quantenmechanik eine große Rolle: Diese Größen sind gleichzeitig meßbar. Wenn sie alle gleichzeitig bestimmte Werte haben, dann kann keine andere physikalische Größe (die keine Funktion der genannten ist) in diesem Zustand einen bestimmten Wert haben. Solche Sätze physikalischer Größen werden wir *vollständige Sätze* nennen.

Jede Beschreibung eines Zustandes eines Elektrons erhält man im Ergebnis einer Messung. Wir formulieren jetzt, was wir unter der vollständigen Beschreibung eines Zustandes in der Quantenmechanik verstehen wollen. Vollständig beschriebene Zustände erhält man als Ergebnis der gleichzeitigen Messung eines vollständigen Satzes physikalischer Größen. Aus den Ergebnissen dieser Messungen kann man insbesondere die Wahrscheinlichkeit der Ergebnisse jeder folgenden Messung unabhängig davon bestimmen, was mit dem Elektron vor der ersten Messung geschehen ist.

Im folgenden werden wir überall (lediglich mit Ausnahme von § 14) unter den Zuständen eines quantenmechanischen Systems solche Zustände verstehen, die gerade durch einen vollständigen Satz beschrieben werden.

§ 2. Das Superpositionsprinzip

Die radikale Veränderung der physikalischen Vorstellungen von der Bewegung in der Quantenmechanik gegenüber der klassischen Mechanik erfordert natürlich auch eine ebenso radikale Veränderung im mathematischen Apparat der Theorie. In diesem Zusammenhang erhebt sich vor allem die Frage, wie ein Zustand in der Quantenmechanik zu beschreiben ist.

Wir wollen mit q die Gesamtheit der Ortskoordinaten eines quantenmechanischen Systems bezeichnen und mit $\mathrm{d}q$ das Produkt der Differentiale dieser Koordinaten ($\mathrm{d}q$ wird als Volumenelement im *Konfigurationsraum* des Systems bezeichnet); für ein Teilchen ist $\mathrm{d}q$ gerade das Volumenelement $\mathrm{d}V$ des gewöhnlichen Raumes.

Dem mathematischen Apparat der Quantenmechanik liegt die Behauptung zugrunde, daß der Zustand eines Systems durch eine bestimmte (im allgemeinen komplexe) Ortsfunktion $\Psi(q)$ beschrieben werden kann. Das Betragsquadrat dieser Funktion gibt die Wahrscheinlichkeitsverteilung der Koordinaten an: $|\Psi|^2\,\mathrm{d}q$ ist die Wahrscheinlichkeit dafür, daß sich bei einer Messung am System Koordinaten im Element $\mathrm{d}q$ des Konfigurationsraumes ergeben. Die Funktion Ψ wird als *Wellenfunktion* des Systems bezeichnet.[1]

Die Kenntnis der Wellenfunktion ermöglicht im Prinzip die Berechnung der Wahrscheinlichkeit verschiedener Ergebnisse auch von irgendeiner anderen Messung (nicht nur einer Ortsmessung). Dabei werden alle diese Wahrscheinlichkeiten durch Ausdrücke gegeben, die in Ψ und Ψ^* bilinear sind. Die allgemeinste Gestalt eines solchen Ausdruckes ist

$$\int\int \Psi(q)\,\Psi^*(q')\,\varphi(q, q')\,\mathrm{d}q\,\mathrm{d}q' . \tag{2,1}$$

Die Funktion $\varphi(q, q')$ hängt dabei von der Art und dem Ergebnis der Messung ab. Die Integration wird über den ganzen Konfigurationsraum erstreckt. Auch die Wahrscheinlichkeit $\Psi\Psi^*\,\mathrm{d}q$ für die verschiedenen Werte der Ortskoordinaten ist selbst ebenfalls ein Ausdruck dieser Art.[2]

Im Laufe der Zeit wird sich der Zustand eines Systems, und damit auch die Wellenfunktion, im allgemeinen ändern. In diesem Sinne kann man die Wellenfunktion auch als eine Funktion der Zeit ansehen. Wenn die Wellenfunktion in irgendeinem Anfangszeitpunkt bekannt ist, dann ist sie im Sinne der vollständigen Beschreibung eines Zustandes im Prinzip auch für alle zukünftigen Zeitpunkte bestimmt. Die tatsächliche Zeitabhängigkeit der Wellenfunktion wird durch Gleichungen bestimmt, die wir im folgenden noch ableiten werden.

Die Summe der Wahrscheinlichkeiten für alle möglichen Ortskoordinaten eines Systems muß nach Definition gleich 1 sein. Deshalb muß das Integral über $|\Psi|^2$ über

---

[1] E. Schrödinger hat sie als erster 1926 in die Quantenmechanik eingeführt.

[2] Er ergibt sich aus (2,1) für $\varphi(q, q') = \delta(q - q_0)\,\delta(q' - q_0)$; darin bedeutet δ die sogenannte δ-Funktion, die in § 5 definiert wird. Mit q_0 haben wir den Koordinatenwert bezeichnet, dessen Wahrscheinlichkeit wir suchen.

den Konfigurationsraum eines Systems gleich 1 sein:

$$\int |\Psi|^2 \, dq = 1 \,. \tag{2,2}$$

Diese Gleichung ist die sogenannte *Normierungsvorschrift* für die Wellenfunktionen. Wenn das Integral über $|\Psi|^2$ konvergiert, dann kann man durch Wahl eines geeigneten Faktors die Funktion Ψ immer, wie man sagt, normieren. Wir werden später jedoch sehen, daß das Integral über $|\Psi|^2$ auch divergieren kann. In einem solchen Fall kann Ψ nicht nach der Vorschrift (2,2) normiert werden. $|\Psi|^2$ gibt dann natürlich nicht die absolute Wahrscheinlichkeit für die Koordinaten an; wohl aber bestimmt das Verhältnis von $|\Psi|^2$ für zwei verschiedene Punkte des Konfigurationsraumes die relative Wahrscheinlichkeit für die entsprechenden Koordinatenwerte.

Alle mit Hilfe der Wellenfunktion berechenbaren Größen mit einer unmittelbaren physikalischen Bedeutung haben die Gestalt (2,1). Darin wird die Funktion Ψ immer mit Ψ^* multipliziert. Es ist daher klar, daß die normierte Wellenfunktion nur bis auf einen konstanten *Phasenfaktor* der Gestalt $e^{i\alpha}$ bestimmt ist, wobei α eine beliebige reelle Zahl ist. Diese Nichteindeutigkeit ist prinzipieller Natur und kann nicht beseitigt werden; sie ist jedoch unwesentlich, da sie keinerlei physikalische Ergebnisse beeinflußt.

Dem positiven Gehalt der Quantenmechanik liegt eine Reihe von Aussagen über die Eigenschaften der Wellenfunktion zugrunde, die in folgendem bestehen:

In einem Zustand mit der Wellenfunktion $\Psi_1(q)$ möge eine Messung mit Sicherheit ein bestimmtes Ergebnis — das Ergebnis 1 — liefern, im Zustand $\Psi_2(q)$ das Ergebnis 2. Es wird dann angenommen, daß jede Linearkombination aus Ψ_1 und Ψ_2, d. h. jede Funktion der Gestalt $c_1\Psi_1 + c_2\Psi_2$ (mit Konstanten c_1 und c_2), einen Zustand beschreibt, in dem dieselbe Messung entweder das Ergebnis 1 oder das Ergebnis 2 hat. Außerdem kann man behaupten, daß bei bekannter Zeitabhängigkeit der Zustände, die in einem Fall durch die Funktion $\Psi_1(q, t)$ und im anderen durch $\Psi_2(q, t)$ gegeben ist, eine beliebige Linearkombination ebenfalls eine mögliche Zeitabhängigkeit des Zustandes ergibt.

Diese Behauptungen sind der Inhalt des sogenannten *Superpositionsprinzips für Zustände*; dieses Prinzip ist ein grundlegendes positives Prinzip der Quantenmechanik. Aus diesem Prinzip folgt insbesondere, daß alle Gleichungen, denen die Wellenfunktionen genügen sollen, linear in Ψ sein müssen.

Wir betrachten jetzt ein System aus zwei Teilen. Ein Zustand dieses Systems sei so gegeben, daß jeder Teil vollständig beschrieben ist.[1]) Man kann dann behaupten, daß die Wahrscheinlichkeiten für die Koordinaten q_1 des ersten Teiles unabhängig von den Wahrscheinlichkeiten für die Koordinaten q_2 des zweiten Teiles sind. Demzufolge muß die Wahrscheinlichkeitsverteilung für das ganze System gleich dem Produkt der Wahrscheinlichkeiten für die einzelnen Teile sein. Das bedeutet, daß die Wellenfunktion $\Psi_{12}(q_1, q_2)$ des Systems als Produkt aus den Wellenfunktionen $\Psi_1(q_1)$ und $\Psi_2(q_2)$ der einzelnen Teile dargestellt werden kann:

$$\Psi_{12}(q_1, q_2) = \Psi_1(q_1)\,\Psi_2(q_2) \,. \tag{2,3}$$

[1]) Damit ist natürlich auch eine vollständige Beschreibung des ganzen Systems gegeben. Wir betonen aber, daß die umgekehrte Behauptung keineswegs zutrifft: Die vollständige Beschreibung des Zustandes des Gesamtsystems bestimmt im allgemeinen die Zustände der einzelnen Teile noch nicht vollständig (siehe auch § 14).

Wenn die beiden Teile nicht miteinander wechselwirken, dann bleibt diese Beziehung zwischen den Wellenfunktionen des Systems und dessen Teilen auch für zukünftige Zeitpunkte erhalten, d. h., man kann schreiben

$$\Psi_{12}(q_1, q_2, t) = \Psi_1(q_1, t)\, \Psi_2(q_2, t)\,. \tag{2,4}$$

§ 3. Operatoren

Wir betrachten irgendeine physikalische Größe f, die den Zustand eines quantenmechanischen Systems beschreibt. Streng genommen müßte man bei den folgenden Überlegungen nicht von einer Größe, sondern gleich von einem ganzen vollständigen Satz sprechen. Das Wesen aller folgender Überlegungen wird davon jedoch nicht berührt; der Kürze und der Einfachheit halber sprechen wir daher im folgenden immer nur von einer physikalischen Größe.

Die Werte, die eine physikalische Größe annehmen kann, heißen in der Quantenmechanik *Eigenwerte*. Die Gesamtheit dieser Werte bezeichnet man als das *Spektrum* der Eigenwerte der betreffenden Größe. In der klassischen Mechanik durchlaufen physikalische Größen im allgemeinen stetige Wertefolgen. Auch in der Quantenmechanik gibt es physikalische Größen (zum Beispiel die Ortskoordinaten), deren Eigenwerte kontinuierlich verteilt sind. In diesen Fällen spricht man von einem *kontinuierlichen Spektrum* von Eigenwerten. Neben diesen Größen gibt es in der Quantenmechanik aber auch noch andere, deren Eigenwerte diskrete Sätze bilden; in diesen Fällen spricht man von einem *diskreten Spektrum.*

Der Einfachheit halber wollen wir zunächst annehmen, daß die betrachtete Größe f ein diskretes Spektrum hat. Der Fall eines kontinuierlichen Spektrums wird in § 5 behandelt werden. Die Eigenwerte der Größe f bezeichnen wir mit f_n, wobei der Index n die Werte 0, 1, 2, 3, ... annimmt. Ferner bezeichnen wir mit Ψ_n die Wellenfunktion des Systems in dem Zustand, in dem die Größe f den Wert f_n hat. Die Wellenfunktionen Ψ_n heißen die *Eigenfunktionen* der gegebenen physikalischen Größe f. Jede dieser Funktionen wird normiert, so daß folgendes gilt:

$$\int |\Psi_n|^2\, dq = 1\,. \tag{3,1}$$

Wenn sich das System in einem beliebigen Zustand mit der Wellenfunktion Ψ befindet, dann ergibt eine an dem System ausgeführte Messung der Größe f einen der Eigenwerte f_n. Auf Grund des Superpositionsprinzips können wir feststellen, daß die Wellenfunktion Ψ eine Linearkombination aus denjenigen Eigenfunktionen Ψ_n sein muß, deren zugehörige Eigenwerte f_n mit einer von Null verschiedenen Wahrscheinlichkeit beobachtet werden können, wenn an dem System in dem betreffenden Zustand eine Messung ausgeführt wird. Die Funktion Ψ kann daher im allgemeinen für einen beliebigen Zustand als Reihe

$$\Psi = \sum_n a_n \Psi_n \tag{3,2}$$

dargestellt werden. Die Summation erfolgt über alle n, die a_n sind konstante Koeffizienten.

Wir gelangen somit zu dem Schluß, daß jede Wellenfunktion, wie man sagt, nach den Eigenfunktionen einer beliebigen physikalischen Größe entwickelt werden kann.

Ein System von Funktionen, nach denen man eine solche Entwicklung vornehmen kann, heißt ein *vollständiges Funktionensystem*.

Aus der Entwicklung (3,2) kann man die Wahrscheinlichkeit bestimmen, mit der (bei einer Messung) ein gewisser Wert f_n der Größe f an dem System im Zustand mit der Wellenfunktion Ψ beobachtet wird. Tatsächlich müssen nach dem im vorhergehenden Paragraphen Gesagten diese Wahrscheinlichkeiten durch irgendwelche in Ψ und Ψ^* bilinearen Ausdrücke bestimmt werden und daher auch in a_n und a_n^* bilinear sein. Es versteht sich ferner, daß diese Ausdrücke positiv sein müssen. Schließlich muß die Wahrscheinlichkeit für den Wert f_n gleich 1 sein, wenn sich das System in dem Zustand mit der Wellenfunktion $\Psi = \Psi_n$ befindet, und sie muß gleich Null sein, wenn das Glied mit dem betreffenden Ψ_n in der Entwicklung (3,2) für die Wellenfunktion Ψ fehlt. Die einzige positive Größe, die dieser Bedingung genügt, ist das Betragsquadrat des Koeffizienten a_n. Wir gelangen auf diese Weise zu dem Ergebnis, daß das Betragsquadrat $|a_n|^2$ eines jeden Koeffizienten in der Entwicklung (3,2) die Wahrscheinlichkeit des zugehörigen Wertes f_n im Zustand mit der Wellenfunktion Ψ bestimmt. Die Summe der Wahrscheinlichkeiten für alle möglichen Werte f_n muß gleich 1 sein. Es muß, mit anderen Worten, folgende Beziehung gelten:

$$\sum_n |a_n|^2 = 1\,. \tag{3,3}$$

Wäre die Funktion Ψ nicht normiert, so könnte die Beziehung (3,3) nicht erfüllt sein. Die Summe $\sum_n |a_n|^2$ muß dann durch einen Ausdruck gegeben werden, der in Ψ und Ψ^* bilinear ist und für normiertes Ψ gleich 1 wird. Nur das Integral $\int \Psi^*\Psi\, dq$ ist so beschaffen. Es muß demnach die folgende Gleichung gelten:

$$\sum_n a_n^* a_n = \int \Psi^*\Psi\, dq\,. \tag{3,4}$$

Multiplizieren wir andererseits die Entwicklung der zu Ψ konjugiert komplexen Funktion $\Psi^* = \sum_n a_n^* \Psi_n^*$ mit Ψ und integrieren darüber, dann erhalten wir

$$\int \Psi^*\Psi\, dq = \sum_n a_n^* \int \Psi_n^*\Psi\, dq\,.$$

Der Vergleich mit (3,4) ergibt

$$\sum_n a_n^* a_n = \sum_n a_n^* \int \Psi_n^*\Psi\, dq\,.$$

Hieraus finden wir die folgende Formel für die Koeffizienten a_n in der Entwicklung der Funktion Ψ nach den Eigenfunktionen Ψ_n:

$$a_n = \int \Psi_n^*\Psi\, dq\,. \tag{3,5}$$

Setzen wir hier (3,2) ein, so erhalten wir

$$a_n = \sum_m \int \Psi_n^*\Psi_m\, dq\, a_m\,.$$

Daraus ersieht man, daß die Eigenfunktionen die Bedingung

$$\int \Psi_n^*\Psi_m\, dq = \delta_{nm} \tag{3,6}$$

erfüllen müssen. Dabei ist $\delta_{nm} = 1$ für $n = m$ und $\delta_{nm} = 0$ für $n \neq m$. Den Sachverhalt, daß die Integrale über die Produkte $\Psi_m\Psi_n^*$ mit $m \neq n$ verschwinden, bezeichnet man als *Orthogonalität* der Funktionen Ψ_n zueinander. Die Gesamtheit der

Eigenfunktionen Ψ_n bildet also ein vollständiges System normierter und zueinander orthogonaler (oder wie man kurz sagt — *orthonormierter*) Funktionen.

Wir wollen den Begriff des *Mittelwertes* $\bar{f}$ der Größe f in einem gegebenen Zustand einführen. Entsprechend der üblichen Definition von Mittelwerten definieren wir $\bar{f}$ als die Summe aller Eigenwerte f_n der betreffenden Größe, multipliziert mit der zugehörigen Wahrscheinlichkeit $|a_n|^2$. Es ist demnach

$$\bar{f} = \sum_n f_n \, |a_n|^2 \, . \tag{3,7}$$

Wir drücken jetzt $\bar{f}$ nicht durch die Entwicklungskoeffizienten der Funktion Ψ, sondern durch diese Funktion selbst aus. Da in (3,7) das Produkt $a_n a_n^*$ eingeht, ist klar, daß der gesuchte Ausdruck in Ψ und Ψ^* bilinear sein muß. Wir führen einen mathematischen Operator ein, den wir mit $\hat{f}$ bezeichnen[1]) und folgendermaßen definieren: $(\hat{f}\Psi)$ möge das Ergebnis der Anwendung des Operators $\hat{f}$ auf die Funktion Ψ bezeichnen; wir definieren $\hat{f}$ so, daß das Integral über das Produkt von $(\hat{f}\Psi)$ mit der konjugiert komplexen Funktion Ψ^* gleich dem Mittelwert $\bar{f}$ ist:

$$\bar{f} = \int \Psi^* (\hat{f}\Psi) \, dq \, . \tag{3,8}$$

Man erkennt leicht, daß der Operator $\hat{f}$ im allgemeinen ein linearer[2]) Integraloperator ist. Unter Verwendung des Ausdrucks (3,5) für a_n können wir die Definition (3,7) des Mittelwertes umformen in

$$\bar{f} = \sum_n f_n a_n a_n^* = \int \Psi^* \left(\sum_n a_n f_n \Psi_n \right) dq \, .$$

Vergleichen wir diesen Ausdruck mit (3,8), so sehen wir, daß die Anwendung des Operators $\hat{f}$ auf die Funktion Ψ das Ergebnis

$$(\hat{f}\Psi) = \sum_n a_n f_n \Psi_n \tag{3,9}$$

liefert. Setzen wir hier den Ausdruck (3,5) für a_n ein, dann finden wir $\hat{f}$ als Integraloperator der Gestalt

$$(\hat{f}\Psi) = \int K(q, q') \, \Psi(q') \, dq' \, . \tag{3,10}$$

Die Funktion $K(q, q')$ (der sogenannte Kern des Operators) ist

$$K(q, q') = \sum_n f_n \Psi_n^*(q') \, \Psi_n(q) \, . \tag{3,11}$$

Jeder physikalischen Größe wird demnach in der Quantenmechanik ein bestimmter linearer Operator zugeordnet.

Wenn die Funktion Ψ eine Eigenfunktion Ψ_n ist (so daß alle a_n außer einem gleich Null sind), dann wird bei der Anwendung des Operators $\hat{f}$ auf Ψ_n diese Funktion einfach mit dem zugehörigen Eigenwert f_n multipliziert, wie man aus (3,9) ersieht[3]):

$$\hat{f}\Psi_n = f_n \Psi_n \, . \tag{3,12}$$

---

[1]) Wir vereinbaren, Operatoren immer durch Buchstaben mit Dach zu bezeichnen.

[2]) Ein Operator heißt linear, wenn er die folgenden Eigenschaften hat: $\hat{f}(\Psi_1 + \Psi_2) = \hat{f}\Psi_1 + \hat{f}\Psi_2$ und $\hat{f}(a\Psi) = a\hat{f}\Psi$, wobei Ψ_1 und Ψ_2 beliebige Funktionen und a eine beliebige Konstante sind.

[3]) Wir werden im folgenden immer, wenn es keine Mißverständnisse geben kann, die Klammern im Ausdruck $(\hat{f}\Psi)$ weglassen; der Operator soll dabei immer auf die nachstehenden Funktionen wirken.

Die Eigenfunktionen einer physikalischen Größe f sind demzufolge die Lösungen der Gleichung

$$\hat{f}\Psi = f\Psi ,$$

wobei f eine Konstante ist; die Eigenwerte sind diejenigen Werte der Konstanten f, für die die aufgeschriebene Gleichung Lösungen hat, die die an sie gestellten Bedingungen erfüllen. Wie wir später noch sehen werden, kann die Gestalt der Operatoren für die verschiedenen physikalischen Größen unmittelbar aus physikalischen Überlegungen ermittelt werden. Die erwähnte Eigenschaft der Operatoren erlaubt dann, die Eigenfunktionen und die Eigenwerte durch Lösung der Gleichungen $\hat{f}\Psi = f\Psi$ zu bestimmen.

Die Eigenwerte einer reellen physikalischen Größe sind wie auch deren Mittelwerte in einem beliebigen Zustand reell. Aus dieser Tatsache folgt eine bestimmte Festlegung der Eigenschaften der zugehörigen Operatoren. Wir setzen den Ausdruck (3,8) gleich dem konjugiert komplexen Ausdruck und erhalten die Beziehung

$$\int \Psi^*(\hat{f}\Psi)\, dq = \int \Psi(\hat{f}^*\Psi^*)\, dq , \tag{3,13}$$

$\hat{f}^*$ bedeutet darin den zu $\hat{f}$ konjugiert komplexen Operator.[1]) Für einen beliebigen linearen Operator gilt eine derartige Beziehung im allgemeinen nicht, so daß sie eine gewisse Beschränkung für die mögliche Gestalt der Operatoren $\hat{f}$ darstellt. Zu einem beliebigen Operator $\hat{f}$ kann man den sogenannten *transponierten* Operator $\tilde{\hat{f}}$ angeben; er ist definiert durch

$$\int \Phi(\hat{f}\Psi)\, dq = \int \Psi(\tilde{\hat{f}}\Phi)\, dq , \tag{3,14}$$

wobei Ψ und Φ zwei verschiedene Funktionen sind. Wählt man als Funktion Φ die zu Ψ konjugiert komplexe Funktion Ψ^*, dann ergibt sich aus dem Vergleich mit (3,13)

$$\tilde{\hat{f}} = \hat{f}^* . \tag{3,15}$$

Operatoren, die dieser Bedingung genügen, heißen HERMITE*sche* Operatoren.[2]) Die im mathematischen Apparat der Quantenmechanik den reellen physikalischen Größen zugeordneten Operatoren müssen also hermitesch sein.

Formal kann man auch komplexe physikalische Größen betrachten, d. h. Größen, deren Eigenwerte komplex sind. f sei eine solche Größe. Man kann die dazu konjugiert komplexe Größe f^* einführen, deren Eigenwerte konjugiert komplex zu den Eigenwerten von f sind. Den zur Größe f^* gehörigen Operator bezeichnen wir mit $\hat{f}^+$. Man nennt ihn den zu $\hat{f}$ *adjungierten* Operator und muß ihn im allgemeinen von dem konjugiert komplexen Operator unterscheiden. Nach der Definition des Operators $\hat{f}^+$ ist der Mittelwert der Größe f^* im Zustand Ψ

$$\bar{f}^* = \int \Psi^*\hat{f}^+\Psi\, dq .$$

Andererseits haben wir

$$(\bar{f})^* = [\int \Psi^*\hat{f}\Psi\, dq]^* = \int \Psi\hat{f}^*\Psi^*\, dq = \int \Psi^*\tilde{\hat{f}}^*\Psi\, dq .$$

[1]) Gilt für einen Operator $\hat{f}$ die Beziehung $\hat{f}\psi = \varphi$, dann ist nach Definition der konjugiert komplexe Operator $\hat{f}^*$ derjenige Operator, für den die Beziehung $\hat{f}^*\psi^* = \varphi^*$ gilt.

[2]) Für einen linearen Integraloperator der Gestalt (3.10) bedeutet die Hermitezitätsbedingung, daß der Kern des Operators die Beziehung $K(q, q') = K^*(q', q)$ erfüllt.

Wir setzen diese beiden Ausdrücke gleich und finden

$$\hat{f}^{+} = \tilde{\hat{f}}^{*} . \tag{3.16}$$

Hieraus ist zu ersehen, daß $\hat{f}^{+}$ im allgemeinen nicht gleich $\hat{f}^{*}$ ist. Die Bedingung (3,15) kann jetzt in der Gestalt

$$\hat{f} = \hat{f}^{+} \tag{3,17}$$

geschrieben werden, d. h., der Operator zu einer reellen physikalischen Größe ist gleich dem dazu adjungierten Operator (hermitesche Operatoren werden auch als selbstadjungierte Operatoren bezeichnet).

Wir wollen zeigen, wie man unmittelbar beweisen kann, daß für einen hermiteschen Operator die Eigenfunktionen zu verschiedenen Eigenwerten orthogonal zueinander sind. Es seien f_n und f_m zwei verschiedene Eigenwerte der reellen Größe f. Ψ_n und Ψ_m seien die zugehörigen Eigenfunktionen:

$$\hat{f}\Psi_n = f_n\Psi_n , \qquad \hat{f}\Psi_m = f_m\Psi_m .$$

Wir multiplizieren beide Seiten der ersten Gleichung mit Ψ_m^*, und die zur zweiten Gleichung konjugiert komplexe multiplizieren wir mit Ψ_n. Diese Produkte subtrahieren wir voneinander und erhalten

$$\Psi_m^*\hat{f}\Psi_n - \Psi_n\hat{f}^*\Psi_m^* = (f_n - f_m)\,\Psi_n\Psi_m^* .$$

Nun integrieren wir beide Seiten der Gleichung über dq. Wegen $\hat{f}^* = \tilde{\hat{f}}$ verschwindet das Integral über die linke Seite der Gleichung infolge von (3,14), und wir bekommen

$$(f_n - f_m) \int \Psi_n\Psi_m^* \, dq = 0 .$$

Auf Grund von $f_n \neq f_m$ folgt hieraus die gesuchte Orthogonalitätseigenschaft für die Funktionen Ψ_n und Ψ_m.

Wir sprechen hier immer nur von einer physikalischen Größe f, während wir eigentlich über ein vollständiges System gleichzeitig meßbarer physikalischer Größen sprechen müßten, wie wir am Anfang dieses Paragraphen bemerkt haben. Dann würden wir finden, daß zu jeder Größe $f, g, \ldots$ je ein Operator $\hat{f}, \hat{g}, \ldots$ gehört. Die Eigenfunktionen Ψ_n entsprechen dann Zuständen, für die alle betrachteten Größen bestimmte Werte haben, d. h., sie gehören zu bestimmten Sätzen von Eigenwerten $f_n, g_n, \ldots$ und sind gemeinsame Lösungen des Gleichungssystems

$$\hat{f}\Psi = f\Psi , \qquad \hat{g}\Psi = g\Psi , \ldots .$$

§ 4. Addition und Multiplikation von Operatoren

Es seien $\hat{f}$ und $\hat{g}$ die Operatoren zu zwei physikalischen Größen f und g; zur Summe $f + g$ gehört dann der Operator $\hat{f} + \hat{g}$. Je nachdem, ob physikalische Größen gleichzeitig meßbar sind oder nicht, hat die Addition dieser Größen in der Quantenmechanik ganz verschiedenen Sinn. Falls die Größen f und g gleichzeitig meßbar sind, haben die Operatoren $\hat{f}$ und $\hat{g}$ gemeinsame Eigenfunktionen, und diese sind wiederum auch die Eigenfunktionen des Operators $\hat{f} + \hat{g}$; die Eigenwerte des letzteren Operators sind die Summen $f_n + g_n$.

Wenn die Größen f und g nicht gleichzeitig bestimmte Werte haben können, dann hat ihre Summe $f + g$ einen beschränkten Sinn. Man kann dann nur aussagen, daß der Mittelwert dieser Größen in einem beliebigen Zustand gleich der Summe der Mittelwerte der einzelnen Summanden ist:

$$\overline{f + g} = \bar{f} + \bar{g} \, . \tag{4,1}$$

Was dagegen die Eigenwerte und die Eigenfunktionen des Operators $\hat{f} + \hat{g}$ anbetrifft, so haben sie hier im allgemeinen überhaupt keinen Bezug zu den Eigenwerten und Eigenfunktionen der Größen f und g. Falls die Operatoren $\hat{f}$ und $\hat{g}$ hermitesch sind, dann ist offensichtlich auch der Operator $\hat{f} + \hat{g}$ hermitesch, so daß seine Eigenwerte reell sind und die Eigenwerte der derart festgelegten neuen Größe $f + g$ darstellen.

Wir formulieren folgenden Satz: Es seien f_0 und g_0 die kleinsten Eigenwerte der Größen f und g, und $(f + g)_0$ sei der kleinste Eigenwert der Größe $f + g$; es gilt dann die Ungleichung

$$(f + g)_0 \geqq f_0 + g_0 \, . \tag{4,2}$$

Das Gleichheitszeichen gilt, wenn die Größen f und g gleichzeitig meßbar sind. Der Beweis ergibt sich unmittelbar aus der Feststellung, daß der Mittelwert einer Größe in einem beliebigen Zustand größer oder gleich dem kleinsten Eigenwert ist. In dem Zustand, in dem die Größe $f + g$ den Wert $(f + g)_0$ hat, haben wir $(\overline{f + g}) = (f + g)_0$, und da andererseits $(\overline{f + g}) = \bar{f} + \bar{g} \geqq f_0 + g_0$ ist, gelangen wir zur Ungleichung (4,2).

Es seien jetzt f und g wieder zwei gleichzeitig meßbare Größen. Neben ihrer Summe kann man auch den Begriff des Produktes einführen. Dieses Produkt ist definiert als diejenige Größe, deren Eigenwerte gleich den Produkten der Eigenwerte der Größen f und g sind. Man kann leicht erkennen, daß zu dieser Größe ein Operator gehört; bei der Anwendung desselben wird zunächst der eine und danach der andere Operator auf eine Funktion angewandt. Dieser Operator wird mathematisch als das Produkt der Operatoren $\hat{f}$ und $\hat{g}$ dargestellt. Sind die Ψ_n die gemeinsamen Eigenfunktionen der Operatoren $\hat{f}$ und $\hat{g}$, dann haben wir in der Tat

$$\hat{f}\hat{g}\Psi_n = \hat{f}(\hat{g}\Psi_n) = \hat{f}g_n\Psi_n = g_n\hat{f}\Psi_n = g_n f_n \Psi_n \, .$$

(Das Symbol $\hat{f}\hat{g}$ bedeutet den Operator, dessen Wirkung auf die Funktion Ψ in folgendem besteht: Zuerst wird der Operator $\hat{g}$ auf die Funktion Ψ angewendet und anschließend der Operator $\hat{f}$ auf die Funktion $\hat{g}\Psi$.) Mit demselben Erfolg könnten wir statt des Operators $\hat{f}\hat{g}$ auch den Operator $\hat{g}\hat{f}$ nehmen, der sich vom ersteren nur in der Reihenfolge der Faktoren unterscheidet. Die Anwendung dieser beiden Operatoren auf die Funktion Ψ_n ergibt offenbar das gleiche Resultat. Da aber jede Wellenfunktion Ψ als Linearkombination der Funktionen Ψ_n dargestellt werden kann, folgt daraus, daß die Anwendung der Operatoren $\hat{f}\hat{g}$ und $\hat{g}\hat{f}$ auf eine beliebige Funktion das gleiche Ergebnis liefert. Dieser Sachverhalt kann symbolisch als Gleichung $\hat{f}\hat{g} = \hat{g}\hat{f}$ oder als

$$\hat{f}\hat{g} - \hat{g}\hat{f} = 0 \tag{4,3}$$

geschrieben werden.

Man sagt, zwei derartige Operatoren $\hat{f}$ und $\hat{g}$ sind miteinander *vertauschbar*, sie *kommutieren* miteinander. Wir gelangen auf diese Weise zu dem wichtigen Ergebnis:

Wenn zwei Größen f und g gleichzeitig bestimmte Werte haben können, dann kommutieren die zugehörigen Operatoren miteinander.

Es kann auch der umgekehrte Satz bewiesen werden (s. § 11): Wenn die Operatoren $\hat{f}$ und $\hat{g}$ vertauschbar sind, dann kann man für sie alle Eigenfunktionen gemeinsam wählen; physikalisch bedeutet das, daß die zugehörigen physikalischen Größen gleichzeitig meßbar sind. Die Vertauschbarkeit der Operatoren ist also eine notwendige und hinreichende Bedingung für die gleichzeitige Meßbarkeit physikalischer Größen.

Eine Potenz eines Operators ist ein Spezialfall eines Produktes von Operatoren. Auf Grund des Gesagten können wir schließen, daß die Eigenwerte des Operators $\hat{f}^p$ (p ist eine ganze Zahl) gleich den in die p-te Potenz erhobenen Eigenwerten des Operators $\hat{f}$ sind. Allgemein kann man eine beliebige Operatorfunktion $\varphi(\hat{f})$ als den denjenigen Operator definieren, dessen Eigenwerte gleich derselben Funktion $\varphi(f)$ der Eigenwerte des Operators $\hat{f}$ sind. Kann man die Funktion $\varphi(f)$ in eine Taylor-Reihe entwickeln, dann wird durch diese Entwicklung die Anwendung des Operators $\varphi(\hat{f})$ auf die Anwendung verschiedener Potenzen $\hat{f}^p$ zurückgeführt.

Insbesondere heißt der Operator $\hat{f}^{-1}$ *inverser* Operator zu $\hat{f}$. Wendet man die Operatoren $\hat{f}$ und $\hat{f}^{-1}$ nacheinander auf eine beliebige Funktion an, dann bleibt diese offensichtlich unverändert, d.h. $\hat{f}\hat{f}^{-1} = \hat{f}^{-1}\hat{f} = 1$.

Falls die Größen f und g nicht gleichzeitig meßbar sind, dann hat der Begriff ihres Produktes nicht die obige unmittelbare Bedeutung. Das äußert sich bereits darin, daß der Operator $\hat{f}\hat{g}$ in diesem Fall nicht hermitesch ist und demzufolge auch nicht zu einer reellen physikalischen Größe zugeordnet sein kann. Tatsächlich schreiben wir entsprechend der Definition des transponierten Operators

$$\int \Psi \hat{f}\hat{g}\Phi \, dq = \int \Psi \hat{f}(\hat{g}\Phi) \, dq = \int (\hat{g}\Phi)(\tilde{\hat{f}}\Psi) \, dq .$$

Der Operator $\tilde{\hat{f}}$ wirkt hier nur auf die Funktion Ψ und der Operator $\hat{g}$ nur auf Φ. Im Integranden steht daher einfach das Produkt zweier Funktionen $\hat{g}\Phi$ und $\hat{f}\Psi$. Wir benutzen noch einmal die Definition des transponierten Operators und bekommen

$$\int \Psi \hat{f}\hat{g}\Phi \, dq = \int (\tilde{\hat{f}}\Psi)(\hat{g}\Phi) \, dq = \int \Phi \tilde{\hat{g}}\tilde{\hat{f}}\Psi \, dq .$$

In dem soeben erhaltenen Integral haben die Funktionen Ψ und Φ gegenüber dem ursprünglichen Integral ihre Plätze vertauscht. Der Operator $\tilde{\hat{g}}\tilde{\hat{f}}$ ist mit anderen Worten der transponierte Operator zu $\hat{f}\hat{g}$, und wir können schreiben

$$\widetilde{\hat{f}\hat{g}} = \tilde{\hat{g}}\tilde{\hat{f}} . \tag{4,4}$$

Der zum Produkt $\hat{f}\hat{g}$ transponierte Operator ist das Produkt der transponierten Faktoren in der umgekehrten Reihenfolge. Wir bilden das konjugiert Komplexe von beiden Seiten (4,4) und bekommen

$$(\hat{f}\hat{g})^+ = \hat{g}^+\hat{f}^+ . \tag{4,5}$$

Wenn beide Operatoren $\hat{f}$ und $\hat{g}$ hermitesch sind, dann gilt $(\hat{f}\hat{g})^+ = \hat{g}\hat{f}$. Hieraus folgt, daß der Operator $\hat{f}\hat{g}$ nur dann hermitesch ist, wenn die Faktoren $\hat{f}$ und $\hat{g}$ miteinander vertauschbar sind.

Aus den Produkten $\hat{f}\hat{g}$ und $\hat{g}\hat{f}$ zweier nicht vertauschbarer hermitescher Operatoren kann man einen hermiteschen Operator bilden, nämlich das *symmetrisierte Produkt*

$$\tfrac{1}{2}(\hat{f}\hat{g} + \hat{g}\hat{f}) . \tag{4,6}$$

Man überzeugt sich auch einfach davon, daß die Differenz $\hat{f}\hat{g} - \hat{g}\hat{f}$ ein „antihermitescher“ Operator ist (d. h. ein Operator, für den der transponierte Operator gleich dem negativen konjugiert komplexen Operator ist). Er kann durch Multiplikation mit i hermitesch gemacht werden, somit ist

$$i(\hat{f}\hat{g} - \hat{g}\hat{f}) \tag{4,7}$$

ebenfalls ein hermitescher Operator.

Im folgenden werden wir manchmal der Kürze halber die Bezeichnung

$$\{\hat{f}, \hat{g}\} = \hat{f}\hat{g} - \hat{g}\hat{f} \tag{4,8}$$

für den sogenannten *Kommutator* von Operatoren verwenden. Man überzeugt sich leicht von der Gültigkeit der Beziehung

$$\{\hat{f}\hat{g}, \hat{h}\} = \{\hat{f}, \hat{h}\}\, \hat{g} + \hat{f}\{\hat{g}, \hat{h}\} . \tag{4,9}$$

Es ist aber zu beachten, daß aus $\{\hat{f}, \hat{h}\} = 0$ und $\{\hat{g}, \hat{h}\} = 0$ im allgemeinen nicht die Vertauschbarkeit von $\hat{f}$ und $\hat{g}$ folgt.

§ 5. Das kontinuierliche Spektrum

Alle in den §§ 3 und 4 hergeleiteten Beziehungen für die Eigenschaften der Eigenfunktionen des diskreten Spektrums können ohne Mühe auf den Fall eines kontinuierlichen Spektrums von Eigenwerten verallgemeinert werden.

Es sei f eine physikalische Größe mit einem kontinuierlichen Spektrum. Ihre Eigenwerte werden wir einfach mit demselben Buchstaben f ohne Index bezeichnen, die zugehörigen Eigenfunktionen werden wir als Ψ_f schreiben. Ähnlich wie eine beliebige Wellenfunktion Ψ in eine Reihe (3,2) nach den Eigenfunktionen einer Größe mit einem diskreten Spektrum entwickelt werden kann, kann sie auch — diesmal in ein Integral — nach dem vollständigen System der Eigenfunktionen einer Größe mit einem kontinuierlichen Spektrum entwickelt werden. Diese Entwicklung hat die Gestalt

$$\Psi(q) = \int a_f \Psi_f(q)\, \mathrm{d}f . \tag{5,1}$$

Die Integration wird über den ganzen Wertebereich der Größe f erstreckt.

Das Problem, die Eigenfunktionen zu normieren, ist für ein kontinuierliches Spektrum schwieriger als für ein diskretes. Wie wir später sehen werden, ist hier die Forderung, daß das Integral über das Betragsquadrat einer Funktion gleich 1 sein soll, nicht zu erfüllen. Statt dessen wollen wir die Funktionen Ψ_f so normieren, daß $|a_f|^2\, \mathrm{d}f$ die Wahrscheinlichkeit dafür ist, daß die betrachtete physikalische Größe in dem von der Wellenfunktion Ψ beschriebenen Zustand einen Wert im gegebenen Intervall zwischen f und $f + \mathrm{d}f$ hat. Da die Summe der Wahrscheinlichkeiten für alle möglichen Werte von f gleich 1 sein muß, haben wir

$$\int |a_f|^2\, \mathrm{d}f = 1 \tag{5,2}$$

(analog zur Beziehung (3,3) für das diskrete Spektrum).

Wir gehen jetzt ganz analog vor wie bei der Herleitung der Formel (3,5) und stellen dieselben Überlegungen an. So schreiben wir einerseits

$$\int \Psi\Psi^* \, \mathrm{d}q = \int |a_f|^2 \, \mathrm{d}f$$

und andererseits

$$\int \Psi\Psi^* \, \mathrm{d}q = \int\int a_f^* \Psi_f^* \Psi \, \mathrm{d}f \, \mathrm{d}q \, .$$

Aus dem Vergleich dieser beiden Ausdrücke finden wir die Formel für die Entwicklungskoeffizienten

$$a_f = \int \Psi(q) \, \Psi_f^*(q) \, \mathrm{d}q \, , \tag{5,3}$$

die völlig analog zu (3,5) ist.

Zur Herleitung der Normierungsbedingung setzen wir jetzt (5,1) in (5,3) ein und erhalten

$$a_f = \int a_{f'} \left(\int \Psi_{f'} \Psi_f^* \, \mathrm{d}q\right) \mathrm{d}f' \, .$$

Diese Beziehung muß für beliebige a_f gelten und deshalb identisch erfüllt sein. Dazu muß vor allem der Koeffizient von $a_{f'}$ im Integranden (d. h. das Integral $\int \Psi_{f'} \Psi_f^* \, \mathrm{d}q$) für alle $f' \neq f$ verschwinden. Für $f' = f$ muß dieser Koeffizient unendlich sein (anderenfalls wäre das Integral über $\mathrm{d}f'$ einfach gleich Null). Das Integral $\int \Psi_{f'} \Psi_f^* \, \mathrm{d}q$ ist also eine Funktion der Differenz $f - f'$, die für alle von Null verschiedenen Werte des Argumentes gleich Null ist und für das Argument Null unendlich ist. Wir bezeichnen diese Funktion mit $\delta(f' - f)$:

$$\int \Psi_{f'} \Psi_f^* \, \mathrm{d}q = \delta(f' - f) \, . \tag{5,4}$$

Die Funktion $\delta(f' - f)$ muß für $f' - f = 0$ so unendlich werden, daß

$$\int \delta(f' - f) \, a_{f'} \, \mathrm{d}f' = a_f$$

gilt. Offenbar muß dafür

$$\int \delta(f' - f) \, \mathrm{d}f' = 1$$

sein. Die auf diese Weise definierte Funktion heißt *δ-Funktion*.[1]) Wir schreiben die Formeln zu ihrer Definition noch einmal auf:

$$\delta(x) = 0 \quad \text{für} \quad x \neq 0 \, , \quad \delta(0) = \infty \, , \tag{5,5}$$

so daß

$$\int_{-\infty}^{+\infty} \delta(x) \, \mathrm{d}x = 1 \tag{5,6}$$

ist. Als Integrationsgrenzen kann man auch beliebige andere angeben, zwischen denen der Punkt $x = 0$ liegt. Wenn $f(x)$ irgendeine bei $x = 0$ stetige Funktion ist, dann gilt

$$\int_{-\infty}^{\infty} \delta(x) \, f(x) \, \mathrm{d}x = f(0) \, . \tag{5,7}$$

Man kann diese Formel allgemein so schreiben:

$$\int \delta(x - a) \, f(x) \, \mathrm{d}x = f(a) \, , \tag{5,8}$$

wobei der Integrationsbereich den Punkt $x = a$ im Inneren enthält und $f(x)$ bei $x = a$ stetig ist. Offensichtlich ist die δ-Funktion eine gerade Funktion, d. h.

$$\delta(-x) = \delta(x) \, . \tag{5,9}$$

---

1) Die δ-Funktion ist in die theoretische Physik von P. A. M. DIRAC eingeführt worden.

Schließlich erhalten wir aus

$$\int\limits_{-\infty}^{\infty} \delta(\alpha x)\,\mathrm{d}x = \int\limits_{-\infty}^{\infty} \delta(y)\,\frac{\mathrm{d}y}{|\alpha|} = \frac{1}{|\alpha|}$$

die Beziehung

$$\delta(\alpha x) = \frac{1}{|\alpha|}\,\delta(x)\,, \tag{5,10}$$

worin α eine beliebige Konstante ist.

Die Formel (5,4) gibt die Normierungsvorschrift für die Eigenfunktionen mit einem kontinuierlichen Spektrum an; sie ersetzt die Vorschrift (3,6) des diskreten Spektrums. Wir sehen, daß die Funktionen Ψ_f und $\Psi_{f'}$ mit $f \neq f'$ wie früher orthogonal zueinander sind. Die Integrale über die Quadrate $|\Psi_f|^2$ divergieren für die Funktionen eines kontinuierlichen Spektrums.

Die Funktionen $\Psi_f(q)$ genügen noch einer ähnlichen Beziehung wie (5,4). Um diese abzuleiten, setzen wir (5,3) in (5,1) ein und erhalten

$$\Psi(q) = \int \Psi(q')\,(\int \Psi_f^*(q')\,\Psi_f(q)\,\mathrm{d}f)\,\mathrm{d}q'\,.$$

Daraus schließen wir sofort auf die Beziehung

$$\int \Psi_f^*(q')\,\Psi_f(q)\,\mathrm{d}f = \delta(q - q')\,. \tag{5,11}$$

Für ein diskretes Spektrum kann selbstverständlich eine analoge Beziehung hergeleitet werden; sie hat dort die Gestalt

$$\sum_n \Psi_n^*(q')\,\Psi_n(q) = \delta(q' - q)\,. \tag{5,12}$$

Wir vergleichen das Formelpaar (5,1) und (5,4) mit dem Paar (5,3) und (5,11) und erkennen, daß die Funktionen $\Psi_f(q)$ einerseits die Entwicklung der Funktion $\Psi(q)$ mit den Entwicklungskoeffizienten a_f realisieren. Auf der anderen Seite kann man die Formel (5,3) als eine völlig analoge Entwicklung der Funktion $a_f = a(f)$ nach den Funktionen $\Psi_f(q)$ ansehen. $\Psi(q)$ spielt dabei die Rolle der Entwicklungskoeffizienten. Die Funktion $a(f)$ bestimmt wie auch $\Psi(q)$ den Zustand eines Systems vollständig. Man nennt die Funktion $a(f)$ mitunter die Wellenfunktion in der *f-Darstellung* (und die Funktion $\Psi(q)$ die Wellenfunktion in der q-Darstellung). Ähnlich wie $|\Psi(q)|^2$ die Wahrscheinlichkeit bestimmt, daß die Ortskoordinaten eines Systems in einem vorgegebenen Intervall dq liegen, gibt $|a(f)|^2$ die Wahrscheinlichkeit dafür an, daß die Werte der Größe f in einem vorgegebenen Intervall df liegen. Die Funktionen $\Psi_f(q)$ sind einerseits die Eigenfunktionen der Größe f in der q-Darstellung, und andererseits sind die dazu konjugiert komplexen Funktionen $\Psi_f^*(q)$ die Eigenfunktionen der Koordinate q in der f-Darstellung.

$\varphi(f)$ sei eine Funktion der Größe f, so daß φ und f einander eineindeutig zugeordnet sind. Jede Funktion $\Psi_f(q)$ kann dann auch als Eigenfunktion der Größe φ angesehen werden. Dazu muß jedoch die Normierung der Funktionen geändert werden. Die Eigenfunktionen $\Psi_\varphi(q)$ der Größe φ müssen nämlich nach der Vorschrift

$$\int \Psi_{\varphi(f')}\Psi_{\varphi(f)}^*\,\mathrm{d}q = \delta[\varphi(f') - \varphi(f)]$$

normiert werden, während die Funktionen Ψ_f nach der Vorschrift (5,4) normiert sind. Das Argument der δ-Funktion verschwindet für $f' = f$. Für f' in der Nähe von f

haben wir

$$\varphi(f') - \varphi(f) = \frac{d\varphi(f)}{df}(f' - f) .$$

Wegen (5,10) können wir daher schreiben[1])

$$\delta[\varphi(f') - \varphi(f)] = \frac{1}{\left|\frac{d\varphi(f)}{df}\right|}\delta(f' - f) . \tag{5.13}$$

Vergleichen wir (5,13) mit (5,4), so zeigt sich jetzt, daß die Funktionen Ψ_φ und Ψ_f miteinander über die folgende Beziehung zusammenhängen.

$$\Psi_{\varphi(f)} = \frac{1}{\sqrt{\left|\frac{d\varphi(f)}{df}\right|}}\Psi_f . \tag{5.14}$$

Es gibt auch solche physikalischen Größen, die in einem bestimmten Wertebereich ein diskretes Spektrum und in einem anderen Bereich ein kontinuierliches Spektrum haben. Für die Eigenfunktionen einer solchen Größe gelten natürlich alle Beziehungen, die wir in diesem und im vorhergehenden Paragraphen abgeleitet haben. Man muß nur beachten, daß das vollständige Funktionensystem die Gesamtheit der Eigenfunktionen beider Spektren zusammen ist. Die Entwicklung einer beliebigen Wellenfunktion nach den Eigenfunktionen dieser Größe hat daher die Gestalt

$$\Psi(q) = \sum_n a_n \Psi_n(q) + \int a_f \Psi_f(q)\, df . \tag{5,15}$$

Die Summe wird für das diskrete Spektrum gebildet, das Integral über das ganze kontinuierliche Spektrum erstreckt.

Ein Beispiel für eine Größe mit einem kontinuierlichen Spektrum ist die Koordinate q selbst. Man kann leicht sehen, daß der zugehörige Operator einfach die Multiplikation mit q bewirkt. Da die Wahrscheinlichkeit für die verschiedenen Koordinatenwerte durch das Quadrat $|\Psi(q)|^2$ bestimmt wird, ist der Mittelwert der Koordinate tatsächlich

$$\bar{q} = \int q\, |\Psi|^2\, dq \equiv \int \Psi^* q \Psi\, dq .$$

Wir vergleichen diesen Ausdruck mit der Definition der Operatoren gemäß (3,8) und ersehen daraus[2])

$$\hat{q} = q . \tag{5,16}$$

Die Eigenfunktionen dieses Operators müssen nach der allgemeinen Vorschrift aus der Gleichung $q\Psi_{q_0} = q_0\Psi_{q_0}$ bestimmt werden. Mit q_0 bezeichnen wir vorübergehend die konkreten Koordinatenwerte, um sie von der Veränderlichen q zu unterscheiden.

---

[1]) Ist $\varphi(x)$ eine eindeutige Funktion (aber die inverse Funktion braucht nicht eindeutig zu sein), dann gilt die Formel

$$\delta[\varphi(x)] = \sum_i \frac{1}{|\varphi'(\alpha_i)|}\delta(x - \alpha_i) , \tag{5,13a}$$

wobei die a_i die Wurzeln der Gleichung $\varphi(x) = 0$ sind.

[2]) Für das folgende vereinbaren wir zur Vereinfachung der Bezeichnungsweise: Operatoren, die die Multiplikation mit einer bestimmten Größe bedeuten, schreiben wir überall einfach wie diese Größe selbst.

Da diese Gleichung entweder für $\Psi_{q_0} = 0$ oder für $q = q_0$ erfüllt werden kann, ist klar, daß die normierten Eigenfunktionen durch

$$\Psi_{q_0} = \delta(q - q_0) \tag{5,17}$$

gegeben werden.[1])

§ 6. Der Übergang zur klassischen Mechanik

Die Quantenmechanik enthält auch die klassische Mechanik als Grenzfall. Es erhebt sich die Frage, wie dieser Grenzübergang ausgeführt werden muß.

In der Quantenmechanik wird ein Elektron durch eine Wellenfunktion beschrieben, die dessen verschiedene Ortskoordinaten bestimmt. Von dieser Funktion wissen wir bisher nur, daß sie die Lösung einer linearen partiellen Differentialgleichung ist. In der klassischen Mechanik wird ein Elektron als ein materielles Teilchen angesehen, das sich auf einer Bahn bewegt, die durch die Bewegungsgleichungen vollkommen bestimmt ist. In der Elektrodynamik besteht zwischen der Wellenoptik und der geometrischen Optik in gewissem Sinne eine analoge Wechselbeziehung wie zwischen der Quantenmechanik und der klassischen Mechanik. In der Wellenoptik werden die elektromagnetischen Wellen durch die Vektoren des elektrischen und des magnetischen Feldes beschrieben, die ein bestimmtes lineares Differentialgleichungssystem (die MAXWELLschen Gleichungen) befriedigen. In der geometrischen Optik wird die Lichtausbreitung entlang bestimmter Trajektorien, den Strahlen, betrachtet. Auf Grund der genannten Analogie kann man den Schluß ziehen, daß der Übergang von der Quantenmechanik zur klassischen Mechanik analog zum Übergang von der Wellenoptik zur geometrischen Optik ist.

Wir erinnern uns daran, wie man den zuletzt genannten Übergang mathematisch durchführt (s. II, § 53). u sei eine beliebige Feldkomponente in einer elektromagnetischen Welle. Man kann sie in der Gestalt $u = a\, e^{i\varphi}$ mit einer reellen Amplitude a und einer reellen Phase φ darstellen (letztere wird in der geometrischen Optik als Eikonal bezeichnet). Der Grenzfall der geometrischen Optik entspricht kleinen Wellenlängen, was sich mathematisch als starke Veränderung von φ über kleine Abstände ausdrückt. Das bedeutet insbesondere, daß der Absolutbetrag der Phase als groß angesehen werden kann.

Dementsprechend gehen wir von der Voraussetzung aus, daß in der Quantenmechanik dem Grenzfall der klassischen Mechanik Wellenfunktionen $\Psi = a\, e^{i\varphi}$ entsprechen, bei denen a eine langsam veränderliche Funktion ist und φ große Werte annimmt. Bekanntlich kann man in der Mechanik die Bahnkurve eines Teilchens aus einem Variationsprinzip bestimmen. Danach muß die sogenannte Wirkung S eines mechanischen Systems einen minimalen Wert annehmen (Prinzip der kleinsten Wirkung). In der geometrischen Optik wird der Verlauf eines Lichtstrahles durch das sogenannte FERMATsche Prinzip bestimmt, nach dem die optische Weglänge eines Strahles, d. h. die Differenz zwischen den Phasen am Ende und am Anfang des Weges, ein Minimum sein muß.

---

[1]) Die Koeffizienten in der Entwicklung einer beliebigen Funktion Ψ nach diesen Eigenfunktionen sind $a_{q_0} = \int \Psi(q)\, \delta(q - q_0)\, dq = \Psi(q_0)$. Die Wahrscheinlichkeit, daß die Koordinatenwerte in einem gegebenen Intervall dq_0 zu finden sind, ist $|a_{q_0}|^2\, dq_0 = |\Psi(q_0)|^2\, dq_0$, wie es sein muß.

Von dieser Analogie ausgehend, können wir behaupten, die Phase φ einer Wellenfunktion muß im klassischen Grenzfall proportional zur mechanischen Wirkung S des betrachteten physikalischen Systems sein, d. h., es muß $S = \text{const} \cdot \varphi$ sein. Der Proportionalitätsfaktor heißt PLANCK*sches Wirkungsquantum* und wird mit dem Buchstaben $\hbar$ bezeichnet.[1] Es hat die Dimension einer Wirkung (da φ dimensionslos ist) und ist

$$\hbar = 1{,}054 \cdot 10^{-27}\,\text{erg} \cdot \text{s}\,.$$

Die Wellenfunktion eines „beinahe klassischen" (oder wie man sagt, *quasiklassischen*) physikalischen Systems hat also die Gestalt

$$\Psi = a\, e^{iS/\hbar}\,. \tag{6,1}$$

Das PLANCKsche Wirkungsquantum spielt bei allen Quantenerscheinungen eine fundamentale Rolle. Seine relative Größe (bezüglich anderer Größen derselben Dimension) bestimmt den Grad der quantenmechanischen Natur eines physikalischen Systems. Der einer großen Phase entsprechende Übergang von der Quantenmechanik zur klassischen Mechanik kann formal als Grenzübergang $\hbar \to 0$ beschrieben werden (ähnlich wie der Übergang von der Wellenoptik zur geometrischen Optik dem Grenzübergang zur Wellenlänge Null, $\lambda \to 0$, entspricht).

Wir haben die Gestalt der Wellenfunktion in dem uns interessierenden Grenzfall gefunden. Es bleibt aber noch die Frage offen, wie sie mit der klassischen Bewegung entlang einer Bahnkurve zusammenhängt. Im allgemeinen geht eine durch eine Wellenfunktion beschriebene Bewegung überhaupt nicht in eine Bewegung entlang einer bestimmten Bahnkurve über. Der Zusammenhang mit der klassischen Bewegung ist ein anderer. Wenn in einem Anfangszeitpunkt die Wellenfunktion und damit die Wahrscheinlichkeitsverteilung für die Ortskoordinaten gegeben sind, dann wird sich diese Verteilung im Laufe der Zeit so „verschieben", wie es sich nach den Gesetzen der klassischen Mechanik gehört (näheres darüber siehe am Schluß von § 17).

Um eine Bewegung entlang einer bestimmten Bahnkurve zu erhalten, muß man von einer Wellenfunktion besonderer Art ausgehen, die nur in einem sehr kleinen Raumgebiet von Null verschieden ist (von einem sogenannten *Wellenpaket*). Die Ausdehnungen dieses Gebietes können zusammen mit $\hbar$ gegen Null streben. Dann kann man behaupten, daß sich das Wellenpaket im quasiklassischen Fall entlang der klassischen Bahnkurve eines Teilchens im Raum verschiebt.

Die quantenmechanischen Operatoren schließlich müssen sich in diesem Grenzfall einfach auf die Multiplikation mit der entsprechenden physikalischen Größe reduzieren.

§ 7. Wellenfunktion und Messungen

Wir wenden uns erneut dem Meßprozeß zu, dessen Eigenschaften in § 1 qualitativ behandelt worden sind, und zeigen, wie man diese Eigenschaften mit dem mathematischen Apparat der Quantenmechanik in Zusammenhang bringt.

---

[1] Es ist von M. PLANCK 1900 in die Physik eingeführt worden. Die Konstante $\hbar$, die wir in diesem Buch durchweg verwenden, ist eigentlich das Plancksche Wirkungsquantum h dividiert durch 2π (Bezeichnung von DIRAC).

Wir betrachten ein System aus zwei Teilen: einem klassischen Gerät und einem Elektron (das als Quantenobjekt angesehen wird). Der Meßprozeß ist eine Wechselwirkung dieser beiden Teile, wobei das Gerät aus dem Anfangszustand in einen anderen Zustand übergeht. Aus dieser Zustandsänderung schließen wir auf den Zustand des Elektrons. Die Zustände des Gerätes unterscheiden sich in den Werten einer charakteristischen physikalischen Größe (oder mehrerer Größen), durch die „Anzeigen des Gerätes". Wir bezeichnen diese Größe mit g und ihre Eigenwerte mit g_n. Da es sich um ein klassisches Gerät handelt, sind diese Eigenwerte im allgemeinen kontinuierlich verteilt. Wir werden aber das Spektrum als diskret annehmen, lediglich um die Schreibweise der folgenden Formeln zu vereinfachen. Die Zustände des Gerätes werden mit quasiklassischen Wellenfunktionen beschrieben, die wir mit $\Phi_n(\xi)$ bezeichnen werden. Der Index n entspricht der „Anzeige" g_n des Gerätes, ξ bedeutet die Gesamtheit seiner Koordinaten. Der klassische Charakter des Gerätes kommt darin zum Ausdruck, daß man in jedem gegebenen Zeitpunkt mit Sicherheit behaupten kann, es befinde sich in einem Zustand Φ_n mit einem bestimmten Wert der Größe g. Für ein quantenmechanisches System wäre eine solche Behauptung selbstverständlich falsch.

Es sei $\Phi_0(\xi)$ die Wellenfunktion zum Anfangszustand des Gerätes (vor der Messung), $\Psi(q)$ ist eine beliebige normierte Wellenfunktion für den Anfangszustand des Elektrons (q steht für die Koordinaten des Elektrons). Diese Funktionen beschreiben die Zustände von Gerät und Elektron unabhängig voneinander. Die Wellenfunktion für den Zustand des gesamten Systems ist deshalb das Produkt

$$\Psi(q)\, \Phi_0(\xi)\,. \tag{7,1}$$

Gerät und Elektron treten dann miteinander in Wechselwirkung. Verwenden wir die Gleichungen der Quantenmechanik, so können wir im Prinzip die zeitliche Änderung der Wellenfunktion des Systems verfolgen. Nach dem Meßprozeß wird sie selbstverständlich nicht mehr ein Produkt aus Funktionen von ξ und von q sein. Entwickeln wir sie nach den Eigenfunktionen Φ_n des Gerätes (die ein vollständiges Funktionensystem bilden), dann erhalten wir eine Summe der Gestalt

$$\sum_n A_n(q)\, \Phi_n(\xi)\,, \tag{7,2}$$

die $A_n(q)$ sind dabei irgendwelche Funktionen von q.

Jetzt treten der „klassische Charakter" des Gerätes sowie die zwiespältige Rolle der klassischen Mechanik als Grenzfall und gleichzeitig als Grundlage der Quantenmechanik in Erscheinung. Wie schon erwähnt worden ist, hat die Größe g (die „Anzeige des Gerätes") wegen der klassischen Natur des Gerätes in jedem Zeitpunkt einen bestimmten Wert. Daher kann man feststellen, daß der Zustand des Systems Gerät + Elektron nach der Messung in Wirklichkeit nicht durch die ganze Summe (7,2) beschrieben wird, sondern nur durch das eine Glied, das zur „Anzeige" g_n des Gerätes gehört:

$$A_n(q)\, \Phi_n(\xi)\,. \tag{7,3}$$

$A_n(q)$ ist folglich proportional zur Wellenfunktion des Elektrons nach der Messung. Das ist noch nicht die Wellenfunktion selbst, was man daran erkennt, daß die Funktion $A_n(q)$ nicht normiert ist. Sie enthält sowohl Angaben über die Eigenschaften des entstandenen Elektronenzustandes als auch die durch den Anfangszustand des Systems bestimmte Wahrscheinlichkeit für die n-te „Anzeige" des Gerätes.

Da die Gleichungen der Quantenmechanik linear sind, wird der Zusammenhang zwischen $A_n(q)$ und der Wellenfunktion $\Psi(q)$ für den Anfangszustand des Elektrons allgemein durch einen linearen Integraloperator gegeben:

$$A_n(q) = \int K_n(q, q')\, \Psi(q')\, dq' \,. \tag{7,4}$$

Der Kern $K_n(q, q')$ charakterisiert den gegebenen Meßprozeß.

Wir wollen von der betrachteten Messung annehmen, daß sie eine vollständige Beschreibung des Elektronenzustandes liefert. Mit anderen Worten (siehe § 1): In dem entstandenen Zustand müssen die Wahrscheinlichkeiten für alle Größen von dem vorhergehenden Zustand des Elektrons (vor der Messung) unabhängig sein. Mathematisch bedeutet das, daß die Gestalt der Funktionen $A_n(q)$ durch den Meßprozeß selbst bestimmt werden muß und nicht von der Wellenfunktion $\Psi(q)$ des Elektrons im Anfangszustand abhängen darf.

Die A_n müssen demnach die Gestalt

$$A_n(q) = a_n \varphi_n(q) \tag{7,5}$$

haben. Die φ_n sind bestimmte Funktionen, die wir als normiert voraussetzen wollen. Nur die Konstanten a_n hängen vom Anfangszustand $\Psi(q)$ ab. In der Integralbeziehung (7,4) zerfällt der Kern $K_n(q, q')$ aus diesem Grunde in ein Produkt von Funktionen, die jeweils nur von q bzw. von q' abhängen:

$$K_n(q, q') = \varphi_n(q)\, \Psi_n^*(q') \,. \tag{7,6}$$

Der lineare Zusammenhang zwischen den Konstanten a_n und der Funktion $\Psi(q)$ wird dann durch Formeln der Gestalt

$$a_n = \int \Psi(q)\, \Psi_n^*(q)\, dq \tag{7,7}$$

gegeben, wobei die $\varphi_n(q)$ bestimmte, vom Meßprozeß abhängige Funktionen sind.

Die Funktionen $\varphi_n(q)$ sind die normierten Wellenfunktionen des Elektrons nach der Messung. Wir sehen somit, wie der mathematische Formalismus der Theorie die Möglichkeit bietet, mittels einer Messung den Zustand eines Elektrons zu bestimmen, der mit einer bestimmten Wellenfunktion beschrieben wird.

Wird die Messung an einem Elektron mit einer vorgegebenen Wellenfunktion $\Psi(q)$ ausgeführt, dann haben die Konstanten a_n eine einfache physikalische Bedeutung. Nach den allgemeinen Regeln ist $|a_n|^2$ die Wahrscheinlichkeit dafür, daß eine Messung das n-te Ergebnis liefert. Die Summe der Wahrscheinlichkeiten aller Ergebnisse ist gleich 1:

$$\sum_n |a_n|^2 = 1 \,. \tag{7,8}$$

Die Gültigkeit der Formeln (7,7) und (7,8) für eine beliebige (normierte) Funktion $\Psi(q)$ ist äquivalent (siehe § 3) zu der Behauptung, daß eine beliebige Funktion $\Psi(q)$ nach den Funktionen $\Psi_n(q)$ entwickelt werden kann. Das bedeutet, daß die Funktionen $\Psi_n(q)$ einen vollständigen Satz normierter und zueinander orthogonaler Funktionen bilden.

Falls die Wellenfunktion für den Anfangszustand des Elektrons mit einer der Funktionen $\Psi_n(q)$ übereinstimmt, dann ist die entsprechende Konstante a_n offensichtlich gleich 1; alle anderen a_n sind gleich 0. Eine am Elektron im Zustand $\Psi_n(q)$ ausgeführte Messung ergibt mit Sicherheit ein bestimmtes (das n-te) Ergebnis.

Alle diese Eigenschaften der Funktionen $\Psi_n(q)$ zeigen, daß sie die Eigenfunktionen einer für das Elektron charakteristischen Größe sind (wir bezeichnen sie mit f). Von der betrachteten Messung kann man sagen, sie sei eine Messung dieser Größe.

Es ist sehr wesentlich, daß die Funktionen $\Psi_n(q)$ im allgemeinen nicht mit den Funktionen $\varphi_n(q)$ übereinstimmen (die letzteren sind im allgemeinen sogar nicht einmal orthogonal zueinander und sind nicht das System der Eigenfunktionen irgendeines Operators). Dieser Sachverhalt bedeutet vor allem, daß die Meßergebnisse in der Quantenmechanik nicht reproduzierbar sind. Wenn sich das Elektron im Zustand $\Psi_n(q)$ befunden hat, dann beobachtet man bei einer Messung der Größe f mit Sicherheit den Wert f_n. Nach der Messung ist das Elektron aber im Zustand $\varphi_n(q)$, der verschieden vom Ausgangszustand ist und in dem die Größe f überhaupt keinen bestimmten Wert mehr hat. Würden wir unmittelbar nach der ersten Messung eine Wiederholungsmessung an dem Elektron anstellen, würden wir deshalb für f einen Wert erhalten, der mit dem ersten Meßergebnis nicht übereinstimmt.[1]) Um das Ergebnis der Wiederholungsmessung aus dem bekannten Ergebnis der ersten Messung (im Sinne der Berechnung der Wahrscheinlichkeit) vorauszusagen, muß man von der ersten Messung die Wellenfunktion $\varphi_n(q)$ des dabei entstandenen Zustandes und von der zweiten Messung die Wellenfunktion $\Psi_n(q)$ des Zustandes nehmen, für dessen Wahrscheinlichkeit wir uns interessieren. Das bedeutet folgendes: Wir bestimmen aus den Gleichungen der Quantenmechanik die Wellenfunktion $\varphi_n(q, t)$, die zum Zeitpunkt der ersten Messung gleich $\varphi_n(q)$ ist. Die Wahrscheinlichkeit für das m-te Ergebnis bei der zweiten Messung zum Zeitpunkt t wird durch das Betragsquadrat des Integrals $\int \varphi_n(q, t)\, \Psi_m^*(q)\, dq$ gegeben.

Wir sehen, daß der Meßprozeß in der Quantenmechanik eine „doppelsinnige" Natur hat — seine Rollen in bezug auf die Vergangenheit und die Zukunft stimmen nicht überein. Bezüglich der Vergangenheit „verifiziert" er die Wahrscheinlichkeiten für die verschiedenen möglichen Ergebnisse, die nach dem Zustand vorausgesagt werden, den die vorhergehende Messung geschaffen hat. Für die Zukunft schafft er einen neuen Zustand (siehe auch § 44). In der Natur des Meßprozesses selbst ist also die Nichtumkehrbarkeit tief verankert.

Die Tatsache, daß der Meßprozeß nicht umkehrbar ist, hat eine große prinzipielle Bedeutung. Wie wir später noch sehen werden (siehe den Schluß von § 18), sind die Grundgleichungen der Quantenmechanik an sich symmetrisch gegenüber einer Zeitumkehr. In dieser Hinsicht unterscheidet sich die Quantenmechanik nicht von der klassischen Mechanik. Die Tatsache, daß der Meßprozeß nicht umkehrbar ist, bringt in die quantenmechanischen Erscheinungen die Eigenschaft hinein, daß die beiden Zeitrichtungen physikalisch nicht äquivalent sind, d. h., es entsteht eine Unterscheidung von Zukunft und Vergangenheit.

---

[1]) Es gibt jedoch eine wichtige Ausnahme von der Feststellung, daß Messungen nicht reproduzierbar sind: Die einzige Größe, deren Messung wiederholbar ist, ist die Ortskoordinate. Zwei Messungen des Elektronenortes, die nach einem genügend kurzen Zeitintervall nacheinander ausgeführt werden, müssen benachbarte Werte ergeben; das Gegenteil würde bedeuten, daß das Elektron eine unendliche Geschwindigkeit hat. Mathematisch hängt das damit zusammen, daß die Ortskoordinate mit dem Operator für die Wechselwirkungsenergie von Elektron und Gerät vertauschbar ist; diese Wechselwirkungsenergie ist (in der nichtrelativistischen Theorie) eine reine Ortsfunktion.

II ENERGIE UND IMPULS

§ 8. Der Hamilton-Operator

Die Wellenfunktion Ψ bestimmt den Zustand eines physikalischen Systems in der Quantenmechanik vollständig. Durch die Vorgabe dieser Funktion in einem gewissen Zeitpunkt werden nicht nur alle Eigenschaften des Systems in diesem Zeitpunkt beschrieben, sondern es wird auch das Verhalten des Systems in allen zukünftigen Zeitpunkten bestimmt, natürlich nur mit dem Genauigkeitsgrad, den die Quantenmechanik zuläßt. Mathematisch wird dieser Sachverhalt dadurch ausgedrückt, daß der Wert der Zeitableitung $\partial\Psi/\partial t$ der Wellenfunktion in einem gegebenen Zeitpunkt durch den Wert der Funktion Ψ selbst in demselben Zeitpunkt bestimmt sein muß. Dieser Zusammenhang muß nach dem Superpositionsprinzip linear sein. In der allgemeinsten Form kann man schreiben

$$i\hbar \frac{\partial \Psi}{\partial t} = \hat{H}\Psi \tag{8,1}$$

mit einem linearen Operator $\hat{H}$. Weshalb hier der Faktor $i\hbar$ eingeführt worden ist, wird später noch klar werden.

Da das Integral $\int \Psi^*\Psi \, \mathrm{d}q$ eine Konstante, eine zeitunabhängige Größe ist, bekommen wir

$$\frac{\mathrm{d}}{\mathrm{d}t}\int |\Psi|^2 \,\mathrm{d}q = \int \frac{\partial \Psi^*}{\partial t}\Psi \,\mathrm{d}q + \int \Psi^* \frac{\partial \Psi}{\partial t}\,\mathrm{d}q = 0\,.$$

Wir setzen hier (8,1) ein, benutzen im ersten Integral die Definition des transponierten Operators und schreiben (den gemeinsamen Faktor $i/\hbar$ lassen wir weg)

$$\begin{aligned}\int \Psi\hat{H}^*\Psi^* \,\mathrm{d}q - \int \Psi^*\hat{H}\Psi \,\mathrm{d}q &= \int \Psi^*\tilde{\hat{H}}^*\Psi \,\mathrm{d}q - \int \Psi^*\hat{H}\Psi \,\mathrm{d}q \\ &= \int \Psi^*(\tilde{\hat{H}}^* - \hat{H})\,\Psi \,\mathrm{d}q = 0\,.\end{aligned}$$

Diese Gleichung muß für eine beliebige Funktion Ψ erfüllt sein, deshalb muß identisch $\hat{H}^+ = \hat{H}$ gelten, d. h., der Operator $\hat{H}$ ist hermitesch.

Wir wollen herausfinden, zu welcher physikalischen Größe dieser Operator gehört. Dazu verwenden wir den Ausdruck (6,1) für die Wellenfunktion im quasiklassischen Grenzfall und schreiben

$$\frac{\partial \Psi}{\partial t} = \frac{i}{\hbar}\frac{\partial S}{\partial t}\Psi$$

(die langsam veränderliche Amplitude braucht nicht abgeleitet zu werden). Wir vergleichen diese Gleichung mit der Definition (8,1) und sehen, daß im quasiklassischen Grenzfall der Operator $\hat{H}$ einfach die Multiplikation mit der Größe $-\partial S/\partial t$ bedeutet.

Diese Größe ist also diejenige physikalische Größe, in die der hermitesche Operator $\hat{H}$ übergeht.

Die Ableitung $-\partial S/\partial t$ ist aber nichts anderes als die HAMILTON-Funktion H eines mechanischen Systems. $\hat{H}$ ist also der Operator, der in der Quantenmechanik der HAMILTON-Funktion entspricht. Man bezeichnet ihn als HAMILTON-*Operator* des Systems. Wenn die Gestalt des HAMILTON-Operators bekannt ist, dann bestimmt die Gleichung (8,1) die Wellenfunktionen des betreffenden physikalischen Systems. Diese Grundgleichung der Quantenmechanik heißt Wellengleichung.

§ 9. Die Zeitableitung von Operatoren

Der Begriff der Zeitableitung einer physikalischen Größe kann in der Quantenmechanik nicht in demselben Sinne definiert werden wie in der klassischen Mechanik. Die Definition der Zeitableitung in der klassischen Mechanik ist mit der Betrachtung der Werte einer Größe in zwei benachbarten, aber verschiedenen Zeitpunkten verknüpft. In der Quantenmechanik hat aber eine Größe, die in einem gewissen Zeitpunkt einen bestimmten Wert hat, in den folgenden Zeitpunkten überhaupt keinen bestimmten Wert; in § 1 ist darüber eingehender gesprochen worden.

Der Begriff der Zeitableitung muß deshalb in der Quantenmechanik anders definiert werden. Man definiert die Ableitung $\dot{f}$ der Größe f natürlicherweise als diejenige Größe, deren Mittelwert gleich der Zeitableitung des Mittelwertes $\bar{f}$ ist. Wir haben also nach Definition

$$\bar{\dot{f}} = \dot{\bar{f}}\,. \tag{9,1}$$

Wir gehen von dieser Definition aus und erhalten unschwer einen Ausdruck für den quantenmechanischen Operator $\hat{\dot{f}}$, der zur Größe $\dot{f}$ gehört:

$$\bar{\dot{f}} = \dot{\bar{f}} = \frac{\mathrm{d}}{\mathrm{d}t}\int \Psi^*\hat{f}\Psi\,\mathrm{d}q = \int \Psi^*\,\frac{\partial\hat{f}}{\partial t}\Psi\,\mathrm{d}q + \int \frac{\partial\Psi^*}{\partial t}\hat{f}\Psi\,\mathrm{d}q + \int \Psi^*\hat{f}\frac{\partial\Psi}{\partial t}\,\mathrm{d}q.$$

Hier ist $\partial\hat{f}/\partial t$ der Operator, der sich durch Ableitung des Operators $\hat{f}$ nach der Zeit ergibt; die Zeitabhängigkeit des Operators $\hat{f}$ kann als Abhängigkeit von einem Parameter angesehen werden. Wir setzen für die Ableitungen $\partial\Psi/\partial t$ und $\partial\Psi^*/\partial t$ die entsprechenden Ausdrücke nach (8,1) ein und erhalten

$$\bar{\dot{f}} = \int \Psi^*\,\frac{\partial\hat{f}}{\partial t}\Psi\,\mathrm{d}q + \frac{i}{\hbar}\int (\hat{H}^*\Psi^*)\,\hat{f}\Psi\,\mathrm{d}q - \frac{i}{\hbar}\int \Psi^*\hat{f}(\hat{H}\Psi)\,\mathrm{d}q\,.$$

Da der Operator $\hat{H}$ hermitesch ist, gilt

$$\int (\hat{H}^*\Psi^*)\,(\hat{f}\Psi)\,\mathrm{d}q = \int \Psi^*\hat{H}\hat{f}\Psi\,\mathrm{d}q\,,$$

und wir bekommen auf diese Weise

$$\bar{\dot{f}} = \int \Psi^*\left(\frac{\partial\hat{f}}{\partial t} + \frac{i}{\hbar}\hat{H}\hat{f} - \frac{i}{\hbar}\hat{f}\hat{H}\right)\Psi\,\mathrm{d}q\,.$$

Andererseits muß nach der Definition der Mittelwerte $\overline{\dot{f}} = \int \Psi^* \hat{\dot{f}} \Psi \, dq$ sein; deshalb ist der Ausdruck in der Klammer im Integranden der gesuchte Operator $\hat{\dot{f}}$:[1])

$$\hat{\dot{f}} = \frac{\partial f}{\partial t} + \frac{i}{\hbar}(\hat{H}\hat{f} - \hat{f}\hat{H}) . \tag{9,2}$$

Falls der Operator $\hat{f}$ nicht explizit von der Zeit abhängt, ist $\hat{\dot{f}}$ bis auf einen Faktor gleich dem Kommutator des Operators $\hat{f}$ mit dem Hamilton-Operator.

Eine sehr wichtige Kategorie von physikalischen Größen sind diejenigen, deren Operatoren nicht explizit von der Zeit abhängen und außerdem mit dem Hamilton-Operator kommutieren, so daß $\hat{\dot{f}} = 0$ gilt. Derartige Größen bezeichnet man als *Erhaltungsgrößen*. Für sie gilt $\overline{\dot{f}} = \dot{\overline{f}} = 0$, d. h. $\overline{f} =$ const. Mit anderen Worten, der Mittelwert der Größe bleibt zeitlich konstant. Es kann auch folgende Feststellung getroffen werden: Wenn die Größe f in einem gegebenen Zustand einen bestimmten Wert hat (d. h., die Wellenfunktion ist eine Eigenfunktion des Operators $\hat{f}$), dann wird sie auch in späteren Zeitpunkten einen bestimmten — den gleichen — Wert haben.

§ 10. Stationäre Zustände

Der Hamilton-Operator eines abgeschlossenen Systems (und auch eines Systems in einem konstanten — aber nicht in einem veränderlichen — äußeren Feld) kann die Zeit nicht explizit enthalten. Diese Aussage gilt, weil alle Zeitpunkte in bezug auf ein derartiges physikalisches System äquivalent sind. Da andererseits jeder Operator natürlich mit sich selbst vertauschbar ist, gelangen wir zu dem Schluß, daß die Hamilton-Funktion erhalten bleibt für Systeme, die sich nicht in einem veränderlichen äußeren Feld befinden. Bekanntlich wird die erhaltene Hamilton-Funktion als Energie bezeichnet. Der Energieerhaltungssatz hat in der Quantenmechanik folgenden Sinn: Wenn in einem gegebenen Zustand die Energie einen bestimmten Wert hat, dann bleibt dieser Wert zeitlich konstant.

---

[1]) In der klassischen Mechanik gilt für die totale Zeitableitung einer Größe f, die eine Funktion der verallgemeinerten Koordinaten q_i und Impulse p_i ist, die Gleichung

$$\frac{df}{dt} = \frac{\partial f}{\partial t} + \sum_i \left(\frac{\partial f}{\partial q_i} \dot{q}_i + \frac{\partial f}{\partial p_i} \dot{p}_i \right).$$

Wir setzen den Hamiltonschen Gleichungen entsprechend $\dot{q}_i = \frac{\partial H}{\partial p_i}$ und $\dot{p}_i = -\frac{\partial H}{\partial q_i}$ ein und erhalten

$$\frac{df}{dt} = \frac{\partial f}{\partial t} + [H, f], \qquad [H, f] \equiv \sum_i \left(\frac{\partial f}{\partial q_i}\frac{\partial H}{\partial p_i} - \frac{\partial f}{\partial p_i}\frac{\partial H}{\partial q_i} \right);$$

$[H, f]$ ist die sogenannte Poisson-Klammer für die Größen f und H (siehe I, § 42). Wir vergleichen mit dem Ausdruck (9,2) und sehen, daß der Operator $i(\hat{H}\hat{f} - \hat{f}\hat{H})$ beim Übergang zum klassischen Grenzfall in erster Näherung verschwindet, wie es auch sein muß. In zweiter Näherung (in $\hbar$) geht er in die Größe $\hbar[H, f]$ über. Dieses Ergebnis gilt auch für zwei beliebige Größen f und g: Der Operator $i(\hat{f}\hat{g} - \hat{g}\hat{f})$ wird in diesem Grenzfall zur Größe $\hbar[f, g]$, wenn $[f, g]$ die Poisson-Klammer

$$[f, g] \equiv \sum_i \left(\frac{\partial g}{\partial q_i}\frac{\partial f}{\partial p_i} - \frac{\partial g}{\partial p_i}\frac{\partial f}{\partial q_i} \right)$$

ist. Diese Aussage folgt daraus, daß wir uns formal immer ein System vorstellen können, dessen Hamilton-Operator gleich $\hat{g}$ ist.

Zustände, in denen die Energie bestimmte Werte hat, werden als *stationäre Zustände* bezeichnet. Sie werden mit Wellenfunktionen Ψ_n beschrieben, die Eigenfunktionen des Hamilton-Operators sind, d. h. der Gleichung $\hat{H}\Psi_n = E_n\Psi_n$ genügen. Die E_n sind die Energieeigenwerte. Dementsprechend kann die Wellengleichung (8,1) für die Funktion Ψ_n

$$i\hbar \frac{\partial \Psi_n}{\partial t} = \hat{H}\Psi_n = E_n\Psi_n$$

unmittelbar über die Zeit integriert werden und ergibt

$$\Psi_n = e^{-\frac{i}{\hbar}E_n t}\,\psi_n(q)\,. \tag{10,1}$$

Die Funktion ψ_n hängt dabei nur von den Koordinaten ab. Die Gleichung (10,1) bestimmt die Zeitabhängigkeit der Wellenfunktionen für stationäre Zustände.

Die Wellenfunktionen für stationäre Zustände ohne den Zeitfaktor wollen wir mit dem kleinen Buchstaben ψ bezeichnen. Diese Funktionen und auch die Energieeigenwerte selbst werden aus der Gleichung

$$\hat{H}\psi = E\psi\,. \tag{10,2}$$

berechnet.

Der stationäre Zustand mit dem kleinsten möglichen Energieeigenwert heißt *Grundzustand* eines Systems.

Die Entwicklung einer beliebigen Wellenfunktion Ψ nach den Wellenfunktionen stationärer Zustände hat die Gestalt

$$\Psi = \sum_n a_n\, e^{-\frac{i}{\hbar}E_n t}\,\psi_n(q)\,. \tag{10,3}$$

Die Betragsquadrate $|a_n|^2$ der Entwicklungskoeffizienten bestimmen wie üblich die Wahrscheinlichkeiten für die verschiedenen Energiewerte eines Systems.

Die Wahrscheinlichkeitsverteilung für die Koordinaten in einem stationären Zustand wird durch das Quadrat $|\Psi_n|^2 = |\psi_n|^2$ gegeben. Wir sehen, daß sie nicht von der Zeit abhängt. Dasselbe kann man vom Mittelwert

$$\bar{f} = \int \Psi_n^* \hat{f} \Psi_n \,\mathrm{d}q = \int \psi_n^* \hat{f} \psi_n \,\mathrm{d}q$$

einer beliebigen physikalischen Größe f sagen (deren Operator nicht explizit zeitabhängig ist).

Wie schon erwähnt worden ist, ist der Operator jeder erhaltenen Größe mit dem Hamilton-Operator vertauschbar. Das bedeutet, daß jede physikalische Größe, für die ein Erhaltungssatz gilt, gleichzeitig mit der Energie gemessen werden kann.

Unter den verschiedenen stationären Zuständen können auch solche sein, die zu ein und demselben Energieeigenwert (oder, wie man auch sagt, zu einem *Energieniveau*) gehören, sich aber in den Werten irgendwelcher anderen physikalischen Größen unterscheiden. Diese Niveaus, zu denen jeweils mehrere verschiedene stationäre Zustände gehören, nennt man *entartet*. Physikalisch hängt das mögliche Auftreten entarteter Niveaus damit zusammen, daß die Energie für sich allein im allgemeinen kein vollständiges System physikalischer Größen bildet.

Die Energieniveaus eines Systems sind im allgemeinen entartet, wenn zwei physikalische Größen f und g erhalten bleiben, deren Operatoren nicht vertauschbar sind.

Es sei ψ die Wellenfunktion eines stationären Zustandes, in dem außer der Energie die Größe f einen bestimmten Wert hat. Man kann dann feststellen, daß die Funktion $\hat{g}\psi$ nicht mit ψ übereinstimmt (auch wenn wir von einem konstanten Faktor absehen würden). Das Gegenteil davon würde bedeuten, daß auch die Größe g einen bestimmten Wert hat. Das ist aber unmöglich, weil f und g nicht gleichzeitig gemessen werden können. Auf der anderen Seite ist die Funktion $\hat{g}\psi$ eine Eigenfunktion des HAMILTON-Operators zu demselben Eigenwert E wie ψ:

$$\hat{H}(\hat{g}\psi) = \hat{g}\hat{H}\psi = E(\hat{g}\psi) \, .$$

Wir sehen somit, daß zur Energie E mehr als eine Eigenfunktion gehört, d. h., das Niveau ist entartet.

Eine beliebige Linearkombination aus den Wellenfunktionen zum gleichen entarteten Energieniveau ist offensichtlich ebenfalls eine Eigenfunktion zu demselben Energiewert. Mit anderen Worten, die Wahl der Eigenfunktionen zu einem entarteten Energiewert ist nicht eindeutig. Willkürlich ausgewählte Eigenfunktionen zu einem entarteten Niveau sind im allgemeinen nicht orthogonal zueinander. Durch geeignete Linearkombinationen kann man jedoch immer einen Satz zueinander orthogonaler (und normierter) Eigenfunktionen erhalten.[1])

Diese Aussagen über die Eigenfunktionen eines entarteten Niveaus gelten selbstverständlich nicht nur für die Eigenfunktionen der Energie, sondern auch für die Eigenfunktionen eines beliebigen Operators. Nur die zu verschiedenen Eigenwerten eines gegebenen Operators gehörigen Funktionen sind automatisch orthogonal zueinander. Die Funktionen zu ein und demselben entarteten Eigenwert sind im allgemeinen nicht orthogonal zueinander.

Manchmal besteht der HAMILTON-Operator eines Systems aus einer Summe von zwei (oder mehreren) Teilen, $\hat{H} = \hat{H}_1 + \hat{H}_2$, wobei der eine Teil nur die Koordinate q_1 und der andere nur die Koordinate q_2 enthält. Die Eigenfunktionen des HAMILTON-Operators können in diesem Falle als Produkte der Eigenfunktionen der Operatoren $\hat{H}_1$ und $\hat{H}_2$ geschrieben werden. Die Energieeigenwerte sind die Summe aus den Eigenwerten dieser Operatoren.

Das Eigenwertspektrum der Energie kann sowohl diskret als auch kontinuierlich sein. Ein stationärer Zustand des diskreten Spektrums gehört immer zu einer endlichen Bewegung, d. h. zu einer Bewegung, bei der das System oder ein beliebiger Teil desselben immer im Endlichen bleibt. Für die Eigenwerte des diskreten Spektrums ist in der Tat das über den ganzen Raum erstreckte Integral $\int |\Psi|^2 \, dq$ endlich. Das bedeutet auf jeden Fall, daß das Quadrat $|\Psi|^2$ genügend schnell abnimmt und im Unendlichen verschwindet. Die Wahrscheinlichkeit für unendliche Koordinatenwerte ist mit anderen Worten gleich Null, d. h., das System führt eine Bewegung in einem endlichen Raumgebiet aus, oder es befindet sich, wie man sagt, in einem *gebundenen* Zustand.

Für die Wellenfunktionen des kontinuierlichen Spektrums divergiert das Integral $\int |\Psi|^2 \, dq$. Das Betragsquadrat der Wellenfunktion $|\Psi|^2$ gibt hier nicht unmittelbar die Wahrscheinlichkeiten für die verschiedenen Koordinatenwerte an, es ist vielmehr

---

[1]) Es gibt unzählig viele Möglichkeiten dafür; denn die Zahl der unabhängigen Koeffizienten in einer linearen Transformation für n Funktionen ist n^2, und die Zahl der Normierungsvorschriften und Orthogonalitätsbedingungen für n Funktionen ist $n(n+1)/2$, d. h. kleiner als n^2.

nur eine zu dieser Wahrscheinlichkeit proportionale Größe. Die Divergenz des Integrals $\int |\Psi|^2 \, dq$ hängt immer damit zusammen, daß $|\Psi|^2$ im Unendlichen nicht verschwindet (oder nicht rasch genug). Man kann daher feststellen, daß das Integral $\int |\Psi|^2 \, dq$ auch dann divergiert, wenn es über ein Raumgebiet erstreckt wird, das außerhalb einer beliebig großen, aber endlichen geschlossenen Fläche liegt. Das System (oder ein Teil desselben) befindet sich demzufolge in diesem Zustand im Unendlichen. Für eine Wellenfunktion, die eine Überlagerung von Wellenfunktionen verschiedener stationärer Zustände des kontinuierlichen Spektrums ist, kann das Integral $\int |\Psi|^2 \, dq$ konvergent sein, so daß sich das System in einem endlichen Raumgebiet befindet. Aber dieses Gebiet verschiebt sich im Laufe der Zeit unbeschränkt, und das System läuft letzten Endes ins Unendliche weg.

Eine beliebige Superposition von Wellenfunktionen zum kontinuierlichen Spektrum hat die Gestalt

$$\Psi = \int a_E \, e^{-\frac{i}{\hbar} Et} \, \psi_E(q) \, dE .$$

Das Betragsquadrat von Ψ kann als Doppelintegral geschrieben werden:

$$|\Psi|^2 = \int\int a_E a_{E'}^* \, e^{\frac{i}{\hbar}(E'-E)t} \, \psi_E(q) \, \psi_{E'}^*(q) \, dE \, dE'$$

Mittelt man diesen Ausdruck über ein Zeitintervall T und läßt dann T gegen unendlich streben, dann verschwindet der Mittelwert des oszillierenden Faktors $\exp\{i(E' - E)\, t/\hbar\}$ und damit auch das ganze Integral bei diesem Grenzübergang. Der zeitliche Mittelwert für die Aufenthaltswahrscheinlichkeit an einem beliebigen gegebenen Ort im Konfigurationsraum verschwindet demnach. Das ist nur dann möglich, wenn die Bewegung im ganzen unendlichen Raum verläuft.[1])

Die stationären Zustände des kontinuierlichen Spektrums entsprechen also einer bis ins Unendliche verlaufenden Bewegung des Systems.

§ 11. Matrizen

Der Bequemlichkeit halber setzen wir voraus, daß das betrachtete System ein diskretes Energiespektrum hat (alle unten erhaltenen Beziehungen können unmittelbar auch auf ein kontinuierliches Spektrum verallgemeinert werden). Es sei $\Psi = \sum a_n \Psi_n$ die Entwicklung einer beliebigen Wellenfunktion nach den Wellenfunktionen Ψ_n der stationären Zustände. Setzen wir diese Entwicklung in die Definition (3,8) für den Mittelwert einer Größe f ein, so erhalten wir

$$\bar{f} = \sum_n \sum_m a_n^* a_m f_{nm}(t) , \tag{11,1}$$

darin bedeuten die $f_{nm}(t)$ die Integrale

$$f_{nm}(t) = \int \Psi_n^* \hat{f} \Psi_m \, dq . \tag{11,2}$$

---

[1]) Für eine Funktion Ψ, die als Superposition von Funktionen zu einem diskreten Spektrum gebildet wird, wäre

$$\overline{|\Psi|^2} = \sum_{n,m} a_n a_m^* \, \overline{\exp\left\{\frac{i}{\hbar}(E_m - E_n)\, t\right\}} \, \psi_n \psi_m^* = \sum_n |a_n \psi_n(q)|^2 ,$$

d. h., die Wahrscheinlichkeitsdichte bleibt bei der Zeitmittelung endlich.

Die Gesamtheit der Größen $f_{nm}(t)$ mit allen möglichen n und m werden als *Matrix* der Größe f bezeichnet, ein einzelnes $f_{nm}(t)$ heißt *Matrixelement zum Übergang* aus dem Zustand m in den Zustand n.[1])

Die Zeitabhängigkeit der Matrixelemente $f_{nm}(t)$ wird (wenn der Operator $\hat{f}$ die Zeit nicht explizit enthält) durch die Zeitabhängigkeit der Funktionen Ψ_n bestimmt. Setzen wir für diese Funktionen die Ausdrücke (10,1) ein, so finden wir

$$f_{nm}(t) = f_{nm}\, e^{i\omega_{nm}t} \tag{11,3}$$

mit

$$\omega_{nm} = \frac{E_n - E_m}{\hbar}\,. \tag{11,4}$$

Das ist die *Frequenz zum Übergang* zwischen den Zuständen n und m. Die Größen

$$f_{nm} = \int \psi_n^* \hat{f} \psi_m \, dq \tag{11,5}$$

bilden die zeitunabhängige Matrix der Größe f; normalerweise ist diese zeitunabhängige Matrix zu verwenden.[2])

Die Matrixelemente der Größe $\dot{f}$ erhält man durch Ableitung der Matrixelemente der Größe f nach der Zeit. Das folgt unmittelbar aus der Beziehung

$$\bar{\dot{f}} = \dot{\bar{f}} = \sum_n \sum_m a_n^* a_m \dot{f}_{nm}(t)\,. \tag{11,6}$$

Auf Grund von (11,3) bekommen wir somit für die Matrixelemente von $\dot{f}$

$$\dot{f}_{nm}(t) = i\omega_{nm} f_{nm}(t) \tag{11,7}$$

oder (wenn wir den Zeitfaktor $e^{i\omega_{nm}t}$ auf beiden Seiten kürzen) für die zeitunabhängigen Matrixelemente

$$(\dot{f}_{nm}) = i\omega_{nm} f_{nm} = \frac{i}{\hbar}(E_n - E_m)\, f_{nm}\,. \tag{11,8}$$

Um die Bezeichnungen in den Formeln zu vereinfachen, leiten wir alle Beziehungen für die zeitunabhängigen Matrixelemente her. Genau dieselben Beziehungen gelten auch für die zeitabhängigen Matrizen.

Für die Matrixelemente der zu f konjugiert komplexen Größe f^* erhalten wir unter Berücksichtigung der Definition des adjungierten Operators

$$(f^*)_{nm} = \int \psi_n^* \hat{f}^+ \psi_m \, dq = \int \psi_n^* \tilde{\hat{f}}^* \psi_m \, dq = \int \psi_m \hat{f}^* \psi_n^* \, dq$$

oder

$$(f^*)_{nm} = (f_{mn})^*\,. \tag{11,9}$$

Für die reellen physikalischen Größen, mit denen wir uns normalerweise ausschließlich beschäftigen, haben wir demzufolge

$$f_{nm} = f_{mn}^* \tag{11,10}$$

---

[1]) Die Matrizendarstellung für physikalische Größen ist von W. Heisenberg 1925 eingeführt worden, noch bevor Schrödinger seine Wellengleichung entdeckt hatte. Die „Matrizenmechanik" ist anschließend von M. Born, W. Heisenberg und P. Jordan entwickelt worden.

[2]) Da die normierten Wellenfunktionen nur bis auf einen Phasenfaktor bestimmt sind (siehe § 2), sind auch die Matrixelemente f_{nm} (und $f_{mn}(t)$) nur bis auf einen Faktor der Gestalt $e^{i(\alpha_m - \alpha_n)}$ bestimmt. Auch hier wirkt sich diese Unbestimmtheit nicht auf die physikalischen Ergebnisse aus.

(f^*_{mn} steht anstelle von $(f_{mn})^*$). Diese Matrizen werden wie die zugehörigen Operatoren als *hermitesch* bezeichnet.

Die Matrixelemente mit $n = m$ nennt man *Diagonalelemente*. Diese Elemente hängen überhaupt nicht von der Zeit ab, und aus (11,10) erkennt man, daß sie reell sind. Das Element f_{nn} ist der Mittelwert der Größe f im Zustand ψ_n.

Man kann leicht die *Multiplikationsregel* für die Matrizen finden. Dazu schreiben wir zunächst die Formel

$$\hat{f}\psi_n = \sum_m \psi_m f_{mn} \tag{11,11}$$

auf. Diese Formel ist nichts anderes als die Entwicklung der Funktion $f\psi_n$ nach den Funktionen ψ_m, wobei die Entwicklungskoeffizienten nach der allgemeinen Vorschrift (3,5) bestimmt werden. Unter Beachtung dieser Formel schreiben wir die Anwendung eines Produktes zweier Operatoren auf die Funktion ψ_n folgendermaßen:

$$\hat{f}\hat{g}\psi_n = \hat{f}(\hat{g}\psi_n) = \hat{f}\sum_k \psi_k g_{kn} = \sum_k \hat{f}\psi_k g_{kn} = \sum_{k,m} \psi_m f_{mk} g_{kn} \,.$$

Da andererseits

$$\widehat{fg}\psi_n = \sum_m \psi_m (fg)_{mn}$$

sein muß, kommen wir zu dem Ergebnis, daß die Matrixelemente des Produktes fg durch die Formel

$$(fg)_{mn} = \sum_k f_{mk} g_{kn} \tag{11,12}$$

gegeben werden. Diese Regel stimmt mit der in der Mathematik üblichen Multiplikationsvorschrift für Matrizen überein: Die Zeilen der ersten Matrix im Produkt werden mit den Spalten der zweiten multipliziert.

Die Kenntnis einer Matrix ist der Kenntnis des Operators selbst äquivalent. Insbesondere kann man aus ihr im Prinzip die Eigenwerte der betreffenden physikalischen Größe und die zugehörigen Eigenfunktionen berechnen.

Wir wollen die Werte aller Größen in einem bestimmten Zeitpunkt betrachten und entwickeln eine beliebige Wellenfunktion Ψ (zu diesem Zeitpunkt) nach den Eigenfunktionen des Hamilton-Operators, d. h. nach den zeitunabhängigen Wellenfunktionen ψ_m der stationären Zustände:

$$\Psi = \sum_m c_m \psi_m \,. \tag{11,13}$$

Die Entwicklungskoeffizienten haben wir mit c_m bezeichnet. Wir setzen diese Entwicklung in die Gleichung $\hat{f}\Psi = f\Psi$ zur Berechnung der Eigenwerte und der Eigenfunktionen der Größe f ein und haben

$$\sum_m c_m(\hat{f}\psi_m) = f\sum_m c_m\psi_m \,.$$

Diese Gleichung multiplizieren wir auf beiden Seiten mit ψ_n^* und integrieren sie über dq. Die Integrale $\int \psi_n^* \hat{f}\psi_m \, dq$ auf der linken Seite der Gleichung sind die zugehörigen Matrixelemente f_{nm}. Auf der rechten Seite verschwinden alle Integrale $\int \psi_n^*\psi_m \, dq$ mit $m \neq n$ infolge der Orthogonalität der Funktionen ψ_m; $\int \psi_n^*\psi_n \, dq = 1$ wegen der

Normierung:[1])

$$\sum_m f_{nm} c_m = f c_n \tag{11,14}$$

oder

$$\sum_m (f_{nm} - f\delta_{nm})\, c_m = 0$$

mit

$$\delta_{nm} = \begin{cases} 0\,, & n \neq m\,, \\ 1\,, & n = m. \end{cases}$$

Wir haben also ein homogenes algebraisches Gleichungssystem ersten Grades erhalten (mit den Unbekannten c_m). Bekanntlich hat ein solches System nur dann nichttriviale Lösungen, wenn die Koeffizientendeterminante verschwindet, d. h. unter der Bedingung

$$|f_{nm} - f\delta_{nm}| = 0\,. \tag{11,15}$$

Die Wurzeln dieser Gleichung (in der f als Unbekannte angesehen wird) sind die möglichen Werte der Größe f. Die Gesamtheit der Größen c_m, die den Gleichungen (11,14) mit irgendeinem dieser Werte für f genügen, bestimmt die zugehörige Eigenfunktion.

Wenn wir in der Definition (11,5) für die Matrixelemente der Größe f als ψ_n die Eigenfunktionen eben dieser Größe nehmen, dann haben wir nach der Gleichung $\hat{f}\psi_n = f_n\psi_n$

$$f_{nm} = \int \psi_n^* \hat{f} \psi_m \,\mathrm{d}q = f_m \int \psi_n^* \psi_m \,\mathrm{d}q\,.$$

Da die Funktionen ψ_m orthonormiert sind, ergibt sich $f_{nm} = 0$ für $n \neq m$ und $f_{nm} = f_m$ für $n = m$. Es sind also nur die Diagonalelemente der Matrix von Null verschieden. Jedes Diagonalelement ist gleich dem zugehörigen Eigenwert der Größe f. Von einer Matrix, bei der nur die Diagonalelemente von Null verschieden sind, sagt man, man habe sie in die *Diagonalform* gebracht, sie *diagonalisiert*. Insbesondere ist in der üblichen Darstellung mit den Wellenfunktionen stationärer Zustände als Funktionen ψ_n die Matrix der Energie diagonal (und auch die Matrizen aller anderen physikalischen Größen, die in stationären Zuständen bestimmte Werte haben). Von der mit Hilfe der Eigenfunktionen eines Operators $\hat{g}$ bestimmten Matrix einer Größe f sagt man, sie sei die Matrix von f in der Darstellung, in der g diagonal ist. Überall, wo nichts anderes vereinbart ist, wollen wir im folgenden unter der Matrix einer physikalischen Größe die Matrix in der üblichen Darstellung verstehen, in der die Energie diagonal ist. Alles, was oben über die Zeitabhängigkeit von Matrizen gesagt worden ist, bezieht sich selbstverständlich nur auf die übliche Darstellung.[2])

---

[1]) In Einklang mit der allgemeinen Regel (§ 5) kann man die Gesamtheit der Koeffizienten c_n in der Entwicklung (11,13) als Wellenfunktion in der „Energiedarstellung" auffassen (die Veränderliche ist dabei der Index n, der die Eigenzustände der Energie numeriert). Die Matrix f_{nm} übernimmt dabei die Rolle des Operators $\hat{f}$ in dieser Darstellung; die Anwendung dieses Operators auf eine Wellenfunktion wird durch den Ausdruck auf der linken Seite von Gleichung (11,14) definiert. Die Formel $\bar{f} = \sum\sum c_n^*(f_{nm}c_m)$ entspricht dann dem allgemeinen Ausdruck, nach dem der Mittelwert einer Größe durch den zuge hörigen Operator und die Wellenfunktion des betreffenden Zustandes gegeben wird.

[2]) Denken wir daran, daß die Energiematrix diagonal ist, so können wir uns leicht davon überzeugen, daß die Gleichung (11,8) die Operatorbeziehung (9,2) in Matrixform ist.

Mit Hilfe der Matrixdarstellung der Operatoren kann man den in § 4 erwähnten Satz beweisen: Wenn zwei Operatoren miteinander vertauschbar sind, dann haben sie ein gemeinsames vollständiges System von Eigenfunktionen. $\hat{f}$ und $\hat{g}$ seien zwei solche Operatoren. Aus $\hat{f}\hat{g} = \hat{g}\hat{f}$ und der Multiplikationsregel für Matrizen (11,12) folgt

$$\sum_k f_{mk} g_{kn} = \sum_k g_{mk} f_{kn} .$$

Als Funktionensystem ψ_n zur Berechnung der Matrixelemente nehmen wir die Eigenfunktionen des Operators $\hat{f}$. Wir haben so $f_{mk} = 0$ für $m \neq k$, so daß sich die aufgeschriebene Gleichung auf die Gleichung $f_{mm} g_{mn} = g_{mn} f_{nn}$ oder

$$g_{mn}(f_m - f_n) = 0$$

reduziert. Sind alle Eigenwerte f_n der Größe f verschieden voneinander, dann haben wir $f_m - f_n \neq 0$ für alle $m \neq n$, so daß $g_{mn} = 0$ sein muß. Die Matrix g_{mn} ist also auch diagonal, d. h., die Funktionen ψ_n sind auch die Eigenfunktionen der physikalischen Größe g. Gibt es gleiche Werte unter den f_n (d. h., wenn es solche Eigenwerte gibt, zu denen mehrere verschiedene Eigenfunktionen gehören), dann sind die zu einer derartigen Gruppe von Funktionen ψ_n gehörigen Matrixelemente g_{mn} im allgemeinen von Null verschieden. Offensichtlich sind aber Linearkombinationen der Funktionen ψ_n, die zu einem Eigenwert der Größe f gehören, ebenfalls Eigenfunktionen dieser Größe. Man kann diese Kombinationen immer so wählen, daß die entsprechenden Matrixelemente g_{mn} außerhalb der Hauptdiagonale verschwinden. Wir erhalten also auch in diesem Falle ein Funktionensystem, das für die Operatoren $\hat{f}$ und $\hat{g}$ gleichzeitig das System der Eigenfunktionen ist.

Bei Anwendungen ist folgende Formel nützlich:

$$\left(\frac{\partial H}{\partial \lambda}\right)_{nn} = \frac{\partial E_n}{\partial \lambda}, \tag{11,16}$$

λ ist darin ein Parameter, von dem der Hamilton-Operator $\hat{H}$ abhängt (und somit auch die Energieeigenwerte E_n). Wir leiten die Gleichung $(\hat{H} - E_n)\,\psi_n = 0$ nach λ ab, multiplizieren sie von links mit ψ_n^* und erhalten

$$\psi_n^*(\hat{H} - E_n)\frac{\partial \psi_n}{\partial \lambda} = \psi_n^*\left(\frac{\partial E_n}{\partial \lambda} - \frac{\partial \hat{H}}{\partial \lambda}\right)\psi_n .$$

Bei der Integration über dq verschwindet die linke Seite dieser Gleichung, denn es ist

$$\int \psi_n^*(\hat{H} - E_n)\frac{\partial \psi_n}{\partial \lambda}\,\mathrm{d}q = \int \frac{\partial \psi_n}{\partial \lambda}(\hat{H} - E_n)^*\,\psi_n^*\,\mathrm{d}q$$

wegen der Hermitezität des Operators $\hat{H}$. Die rechte Seite ergibt nun die gesuchte Gleichung.

In der modernen Literatuı wird häufig die (von Dirac eingeführte) Bezeichnungsweise verwendet, bei der Matrixelemente f_{nm} als

$$\langle n|\, f\, |m\rangle \tag{11,17}$$

geschrieben werden.[1]) Dieses Symbol ist so aufgebaut, daß man es als „zusammengesetzt“ aus der Bezeichnung für die Größe f und den Symbolen $|m\rangle$ und $\langle n|$ für

[1]) Wir werden in diesem Buch beide Bezeichnungsweisen für die Matrixelemente verwenden. Die Bezeichnungsweise (11,17) ist besonders zweckmäßig, wenn man jeden Index mit mehreren Buchstaben schreiben muß.

Anfangs- bzw. Endzustand ansehen kann (unabhängig von der verwendeten Darstellung für die Wellenfunktionen der Zustände). Aus den gleichen Symbolen werden auch die Bezeichnungen für die Entwicklungskoeffizienten der Wellenfunktionen „zusammengesetzt". Es sei ein vollständiger Satz von Wellenfunktionen zu den Zuständen $|n_1\rangle$, $|n_2\rangle$, ... gegeben; die Entwicklungskoeffizienten für die Wellenfunktion eines Zustandes $|m\rangle$ werden dann mit $\langle n_i \mid m\rangle$ bezeichnet:

$$\langle n_i \mid m\rangle = \int \psi_{n_i}^* \psi_m \, dq \,. \tag{11,18}$$

§ 12. Die Transformation von Matrizen

Die Matrixelemente einer physikalischen Größe können mit Hilfe verschiedener Gesamtheiten von Wellenfunktionen berechnet werden. Das können zum Beispiel die Wellenfunktionen stationärer Zustände sein, die durch verschiedene Sätze physikalischer Größen beschrieben werden, oder die Wellenfunktionen der stationären Zustände eines Systems in verschiedenen äußeren Feldern. Im Zusammenhang damit taucht die Frage auf, wie die Matrizen von einer Darstellung in eine andere transformiert werden.

Es seien $\psi_n(q)$ und $\psi'_n(q)$ $(n = 1, 2, \ldots)$ zwei vollständige Systeme orthonormierter Funktionen. Sie sind miteinander durch die lineare Transformation

$$\psi'_n = \sum_m S_{mn} \psi_m \tag{12,1}$$

verknüpft, die einfach die Entwicklung der Funktionen ψ'_n nach dem vollständigen Funktionensystem ψ_n ist. Diese Transformation kann in Operatorform geschrieben werden:

$$\psi'_n = \hat{S} \psi_n \,. \tag{12,2}$$

Der Operator $\hat{S}$ muß eine bestimmte Bedingung erfüllen, damit die Funktionen ψ'_n orthonormiert sind, wenn die Funktionen ψ_n orthonormiert sind. Um diese Bedingung zu finden, setzen wir (12,2) in die Bedingung $\int \psi'^*_m \psi'_n \, dq = \delta_{mn}$ ein, beachten die Definition des transponierten Operators (3,14) und bekommen

$$\int (\hat{S}\psi_n)\, \hat{S}^* \psi_m^* \, dq = \int \psi_m^* \tilde{\hat{S}}^* \hat{S} \psi_n \, dq = \delta_{mn} \,.$$

Soll diese Gleichung für alle m und n gelten, dann muß $\tilde{\hat{S}}^* \hat{S} = 1$ sein oder

$$\tilde{\hat{S}}^* \equiv \hat{S}^+ = \hat{S}^{-1} \,, \tag{12,3}$$

d. h., der inverse Operator ist gleich dem adjungierten. Operatoren mit dieser Eigenschaft heißen *unitär*. Auf Grund dieser Eigenschaft wird die zu (12,1) inverse Transformation durch die Formel

$$\psi_n = \sum_m S_{nm}^* \psi'_m \tag{12,4}$$

gegeben.

Wir schreiben die Gleichungen $\hat{S}^+\hat{S} = 1$ oder $\hat{S}\hat{S}^+ = 1$ in Matrixform und erhalten die Unitaritätsbedingung in der Form

$$\sum_l S_{lm}^* S_{ln} = \delta_{mn} \tag{12,5}$$

oder

$$\sum_l S^*_{ml} S_{nl} = \delta_{mn} \,. \tag{12,6}$$

Jetzt wollen wir uns irgendeine physikalische Größe f ansehen und ihre Matrixelemente in einer „neuen“ Darstellung aufschreiben, d. h. mit Hilfe der Funktionen ψ'_n. Sie werden durch die Integrale

$$\int \psi'^*_m \hat{f} \psi'_n \, dq = \int (\hat{S}^* \psi^*_m)(\hat{f}\hat{S}\psi_n) \, dq = \int \psi^*_m \tilde{\hat{S}}^* \hat{f}\hat{S}\psi_n \, dq = \int \psi^*_m \hat{S}^{-1} \hat{f}\hat{S}\psi_n \, dq$$

dargestellt. Hieraus ist zu ersehen, daß die Matrix des Operators $\hat{f}$ in der neuen Darstellung gleich der Matrix des Operators

$$\hat{f}' = \hat{S}^{-1}\hat{f}\hat{S} \tag{12,7}$$

in der alten Darstellung ist.[1])

Die Summe der Diagonalelemente einer Matrix heißt Spur und wird als Sp f bezeichnet:[2])

$$\operatorname{Sp} f = \sum_n f_{nn} \,. \tag{12,8}$$

Wir stellen als erstes fest, daß die Spur des Produktes aus zwei Matrizen nicht von der Reihenfolge der Faktoren abhängt:

$$\operatorname{Sp}(fg) = \operatorname{Sp}(gf) \,. \tag{12,9}$$

Tatsächlich haben wir entsprechend der Multiplikationsvorschrift für Matrizen

$$\operatorname{Sp}(fg) = \sum_n \sum_k f_{nk} g_{kn} = \sum_k \sum_n g_{kn} f_{nk} = \operatorname{Sp}(gf) \,.$$

Analog kann man sich leicht davon überzeugen, daß sich die Spur eines Produktes aus mehreren Faktoren bei einer zyklischen Vertauschung der Faktoren nicht ändert, so gilt

$$\operatorname{Sp}(fgh) = \operatorname{Sp}(hfg) = \operatorname{Sp}(ghf) \,. \tag{12,10}$$

Die Spur hat folgende sehr wichtige Eigenschaft: Sie ist unabhängig von der Wahl des Funktionensystems, bezüglich dessen die Matrixelemente berechnet werden. Tatsächlich gilt

$$\operatorname{Sp} f' = \operatorname{Sp}(S^{-1} f S) = \operatorname{Sp}(S S^{-1} f) = \operatorname{Sp} f \,. \tag{12,11}$$

Ferner stellen wir fest, daß eine unitäre Transformation die Summe der Betragsquadrate der transformierten Funktionen invariant läßt. Unter Beachtung von (12,6) haben wir

$$\sum_i |\psi'_i|^2 = \sum_{k,l,i} S_{ki}\psi_k S^*_{li}\psi^*_l = \sum_{k,l} \psi_k \psi^*_l \delta_{kl} = \sum_k |\psi_k|^2 \,. \tag{12,12}$$

---

[1]) $\{\hat{f}, \hat{g}\} = -i\hbar\hat{c}$ sei die Vertauschungsregel für die beiden Operatoren $\hat{f}$ und $\hat{g}$. Nach der Transformation (12,7) erhalten wir $\{\hat{f}', \hat{g}'\} = -i\hbar\hat{c}'$, d. h., die Vertauschungsregel bleibt unverändert. In der Fußnote auf S. 26 ist festgestellt worden, daß $\hat{c}$ das quantenmechanische Analogon zur klassischen Poisson-Klammer $[f, g]$ ist. In der klassischen Mechanik sind aber die Poisson-Klammern invariant bei kanonischen Transformationen der Variablen (der verallgemeinerten Koordinaten und Impulse) — siehe I, § 45. In diesem Sinne kann man sagen, die unitären Transformationen in der Quantenmechanik spielen eine ähnliche Rolle wie die kanonischen Transformationen in der klassischen Mechanik.

[2]) Vom Wort Spur. Es wird auch die Bezeichnung Tr vom englischen Wort trace verwendet. Selbstverständlich setzt die Betrachtung der Spur einer Matrix die Konvergenz der Summe über n voraus.

Jeder unitäre Operator kann in der Gestalt

$$\hat{S} = e^{i\hat{R}} \tag{12,13}$$

mit einem hermiteschen Operator $\hat{R}$ dargestellt werden. Tatsächlich folgt aus $\hat{R}^+ = \hat{R}$

$$\hat{S}^+ = e^{-i\hat{R}^+} = e^{-i\hat{R}} = \hat{S}^{-1}.$$

Wir geben noch die Entwicklung

$$\hat{f}' = \hat{S}^{-1}\hat{f}\hat{S} = \hat{f} + \{\hat{f}, i\hat{R}\} + \tfrac{1}{2}\{\{\hat{f}, i\hat{R}\}, i\hat{R}\} + \dots \tag{12,14}$$

an; man überzeugt sich leicht von der Richtigkeit dieser Beziehung, indem man die Faktoren $\exp(\pm i\hat{R})$ nach Potenzen des Operators $\hat{R}$ entwickelt. Diese Entwicklung kann nützlich sein, wenn $\hat{R}$ einem kleinen Parameter proportional ist, so daß (12,14) zur Entwicklung nach diesem kleinen Parameter wird.

§ 13. Das Heisenberg-Bild für Operatoren

In dem entwickelten mathematischen Apparat der Quantenmechanik wirken die Operatoren zu den verschiedenen physikalischen Größen auf Ortsfunktionen und enthalten normalerweise an sich keine explizite Zeitabhängigkeit. Die Zeitabhängigkeit der Mittelwerte physikalischer Größen ergibt sich allein über die Zeitabhängigkeit der Wellenfunktion eines Zustandes nach der Formel

$$\bar{f}(t) = \int \Psi^*(q, t)\, \hat{f}\Psi(q, t)\, dq\,. \tag{13,1}$$

Der Apparat der Quantenmechanik kann aber auch in einer etwas anderen, äquivalenten Form formuliert werden; die Zeitabhängigkeit wird dabei von den Wellenfunktionen auf die Operatoren übertragen. Obwohl wir in diesem Buch eine derartige Darstellung für die Operatoren (das sogenannte Heisenberg-*Bild* im Unterschied zum Schrödinger-*Bild*) nicht verwenden werden, wollen wir sie hier einführen, weil wir weitergehende Anwendungen in der relativistischen Theorie vor Augen haben.

Wir führen den unitären Operator (vgl. (12,13))

$$\hat{S} = e^{-\frac{i}{\hbar}\hat{H}t} \tag{13,2}$$

ein, wobei $\hat{H}$ der Hamilton-Operator des Systems ist. Nach Definition sind die Eigenfunktionen dieses Operators gleich den Eigenfunktionen des Operators $\hat{H}$, d. h. die Wellenfunktionen der stationären Zustände $\psi_n(q)$, und es gilt

$$\hat{S}\psi_n(q) = e^{-\frac{i}{\hbar}E_n t}\,\psi_n(q)\,. \tag{13,3}$$

Die Entwicklung (10,3) einer beliebigen Wellenfunktion Ψ nach den Wellenfunktionen der stationären Zustände kann damit in Operatorform folgendermaßen geschrieben werden:

$$\Psi(q, t) = \hat{S}\Psi(q, 0)\,, \tag{13,4}$$

d. h., der Operator $\hat{S}$ wirkt so, daß er die Wellenfunktion eines Systems zu einer gewissen Anfangszeit in die Wellenfunktion zu einer beliebigen Zeit überführt.

In Einklang mit (12,7) führen wir den zeitabhängigen Operator

$$\hat{f}(t) = \hat{S}^{-1}\hat{f}\hat{S} \tag{13,5}$$

ein und bekommen

$$\bar{f}(t) = \int \Psi^*(q, 0)\, \hat{f}(t)\, \Psi(q, 0)\, dq\,, \tag{13,6}$$

d. h., wir haben die Formel für den Mittelwert der Größe f (die Definition der Operatoren) in eine Form gebracht, in der die Zeitabhängigkeit vollständig auf den Operator übertragen worden ist.

Offensichtlich stimmen die Matrixelemente des Operators (13,5) bezüglich der Wellenfunktionen der stationären Zustände mit den durch die Formel (11,3) definierten zeitabhängigen Matrixelementen $f_{nm}(t)$ überein.

Schließlich leiten wir den Ausdruck (13,5) nach der Zeit ab (dabei setzen wir voraus, daß die Operatoren $\hat{f}$ und $\hat{H}$ selbst t nicht enthalten) und erhalten

$$\frac{\partial}{\partial t}\hat{f}(t) = \frac{i}{\hbar}\,[\hat{H}\hat{f}(t) - \hat{f}(t)\,\hat{H}]\,. \tag{13,7}$$

Diese Gleichung hat eine analoge Form wie Formel (9,2), aber sie hat einen etwas anderen Sinn: Der Ausdruck (9,2) ist die Definition des Operators $\hat{\dot{f}}$ zur physikalischen Größe $\dot{f}$, während auf der linken Seite der Gleichung (13,7) die Zeitableitung des Operators für die Größe f selbst steht.

§ 14. Die Dichtematrix

Die Beschreibung eines Systems mit Hilfe einer Wellenfunktion entspricht der möglichst vollständigen Beschreibung in der Quantenmechanik — in dem Sinne, wie in § 1 erläutert worden ist.

Ein System, das keine derartige Beschreibung zuläßt, ist zum Beispiel ein System, das ein Teil eines größeren abgeschlossenen Systems ist. Wir nehmen an, das abgeschlossene System insgesamt befinde sich in einem Zustand, der durch die Wellenfunktion $\Psi(q, x)$ beschrieben wird. x bedeutet die Gesamtheit der Koordinaten des betrachteten Systems, q steht für die restlichen Koordinaten des abgeschlossenen Systems. Diese Funktion zerfällt im allgemeinen keineswegs in ein Produkt aus Funktionen nur von x und nur von q, so daß das betrachtete System keine eigene Wellenfunktion hat.[1])

Es sei f eine physikalische Größe unseres (Teil-)Systems. Der zugehörige Operator wirkt daher nur auf die Koordinaten x, aber nicht auf q. Der Mittelwert dieser Größe in dem betrachteten Zustand ist

$$\bar{f} = \int\int \Psi^*(q, x)\, \hat{f}\Psi(q, x)\, dq\, dx\,. \tag{14,1}$$

[1]) Wenn $\Psi(q, x)$ (in dem betreffenden Zeitpunkt) in ein solches Produkt zerfallen soll, dann muß die Messung, die den betreffenden Zustand erzeugt, das betrachtete System und den übrigen Teil des abgeschlossenen Systems einzeln vollständig beschreiben. Damit $\Psi(q, x)$ auch zu späteren Zeitpunkten diese Gestalt hat, ist es auch notwendig, daß diese Teile des abgeschlossenen Systems nicht miteinander wechselwirken (siehe § 2). Wir werden jetzt weder das eine noch das andere voraussetzen.

Wir führen die Funktion $\varrho(x, x')$ durch die folgende Definition ein:

$$\varrho(x, x') = \int \Psi(q, x)\, \Psi^*(q, x')\, dq\,. \tag{14,2}$$

Die Integration wird darin nur über die Koordinaten q erstreckt. Die so definierte Funktion heißt *Dichtematrix* des Systems. Aus der Definition (14,2) ist unmittelbar evident, daß sie „hermitesch" ist:

$$\varrho^*(x, x') = \varrho(x', x)\,. \tag{14,3}$$

Die „Diagonalelemente" der Dichtematrix

$$\varrho(x, x) = \int |\Psi(q, x)|^2\, dq$$

bestimmen die Wahrscheinlichkeitsverteilung für die Koordinaten des Systems.

Mit Hilfe der Dichtematrix kann der Mittelwert $\bar{f}$ folgendermaßen geschrieben werden:

$$\bar{f} = \int [\hat{f}\varrho(x, x')]_{x'=x}\, dx\,. \tag{14,4}$$

$\hat{f}$ wirkt in der Funktion $\varrho(x, x')$ nur auf die Variablen x. Nach der Anwendung des Operators muß man $x' = x$ setzen. Wir sehen, daß man bei bekannter Dichtematrix den Mittelwert einer beliebigen für das System charakteristischen Größe berechnen kann. Man kann folglich mit Hilfe von $\varrho(x, x')$ auch die Wahrscheinlichkeiten für die verschiedenen Werte der physikalischen Größen des (Teil-)Systems berechnen. Der Zustand eines Systems, das keine Wellenfunktion besitzt, kann also mit der Dichtematrix beschrieben werden. Die Dichtematrix enthält die Koordinaten q nicht, die nicht zu dem gegebenen (Teil-)System gehören, obwohl sie natürlich vom Zustand des ganzen abgeschlossenen Systems abhängig ist.

Die Beschreibung mit Hilfe der Dichtematrix ist die allgemeinste Form der quantenmechanischen Beschreibung von Systemen. Die Beschreibung mittels einer Wellenfunktion ist ein Spezialfall und entspricht einer Dichtematrix der Gestalt $\varrho(x, x') = \Psi(x)\,\Psi^*(x')$. Zwischen diesem Spezialfall und dem allgemeinen Fall besteht folgender wichtiger Unterschied. Für einen Zustand mit einer Wellenfunktion (ein solcher Zustand heißt *reiner Zustand*) existiert immer ein vollständiges System von Meßprozessen, die mit Sicherheit bestimmte Ergebnisse liefern (mathematisch bedeutet das, daß Ψ die Eigenfunktion irgendeines Operators ist). Für Zustände, die nur eine Dichtematrix haben (*gemischte Zustände*), gibt es kein vollständiges System von Messungen, die eindeutig voraussagbare Ergebnisse liefern würden.

Wir nehmen an, daß das betrachtete System abgeschlossen ist oder von einem gewissen Zeitpunkt an abgeschlossen wurde. Wir wollen eine Gleichung herleiten, die die zeitliche Änderung der Dichtematrix bestimmt und analog zur Wellengleichung für die Ψ-Funktion ist. Man kann die Ableitung vereinfachen, wenn man beachtet, daß die gesuchte lineare Differentialgleichung für $\varrho(x, x', t)$ auch in dem Spezialfall erfüllt sein muß, wenn das System eine Wellenfunktion hat, d. h. wenn

$$\varrho(x, x', t) = \Psi(x, t)\, \Psi^*(x', t)$$

ist. Wir differenzieren nach der Zeit, verwenden die Wellengleichung (8,1) und erhalten

$$i\hbar \frac{\partial \varrho}{\partial t} = i\hbar \Psi^*(x', t) \frac{\partial \Psi(x, t)}{\partial t} + i\hbar \Psi(x, t) \frac{\partial \Psi^*(x', t)}{\partial t}$$

$$= \Psi^*(x', t)\, \hat{H}\Psi(x, t) - \Psi(x, t)\, \hat{H}'^*\Psi^*(x', t)\,.$$

Hier ist $\hat{H}$ der HAMILTON-Operator des Systems, der nur auf die Funktionen von x wirkt, $\hat{H}'$ ist der gleiche Operator, wirkt aber auf die Funktionen von x'. Die Funktionen $\Psi^*(x', t)$ und $\Psi(x, t)$ können hinter die Operatoren $\hat{H}$ bzw. $\hat{H}'$ gezogen werden, und wir gelangen so zu der gesuchten Gleichung

$$i\hbar \frac{\partial \varrho(x, x', t)}{\partial t} = (\hat{H} - \hat{H}'^*)\, \varrho(x, x', t) . \tag{14,5}$$

$\Psi_n(x, t)$ seien die Wellenfunktionen der stationären Zustände des Systems, d. h. die Eigenfunktionen des HAMILTON-Operators. Wir entwickeln die Dichtematrix nach diesen Funktionen. Diese Entwicklung ist eine Doppelreihe:

$$\begin{aligned} \varrho(x, x', t) &= \sum_m \sum_n a_{mn} \Psi_n^*(x', t)\, \Psi_m(x, t) \\ &= \sum_m \sum_n a_{mn} \psi_n^*(x')\, \psi_m(x)\, e^{\frac{i}{\hbar}(E_n - E_m)t} . \end{aligned} \tag{14,6}$$

Diese Entwicklung spielt für die Dichtematrix eine ähnliche Rolle wie die Entwicklung (10,3) für die Wellenfunktionen. Statt des Satzes von Koeffizienten a_n haben wir hier einen doppelten Satz von Koeffizienten a_{mn}. Diese Größen sind offensichtlich wie die Dichtematrix selbst hermitesch:

$$a_{nm}^* = a_{mn} . \tag{14,7}$$

Für den Mittelwert einer Größe f bekommen wir durch Einsetzen von (14,6) in (14,4)

$$\bar{f} = \sum_m \sum_n a_{mn} \int \Psi_n^*(x, t)\, \hat{f} \Psi_m(x, t)\, dx$$

oder

$$\bar{f} = \sum_m \sum_n a_{mn} f_{nm}(t) = \sum_m \sum_n a_{mn} f_{nm}\, e^{\frac{i}{\hbar}(E_n - E_m)t} . \tag{14,8}$$

Die f_{nm} sind die Matrixelemente der Größe f. Dieser Ausdruck ist analog zur Formel (11,1).[1])

Die Größen a_{mn} müssen bestimmten Ungleichungen genügen. Die „Diagonalelemente" $\varrho(x, x)$ der Dichtematrix geben die Wahrscheinlichkeitsverteilung für die Koordinaten an und müssen offenbar positive Größen sein. Aus dem Ausdruck (14,6) (mit $x' = x$) folgt daher, daß die aus den Koeffizienten a_{mn} gebildete quadratische Form

$$\sum_n \sum_m a_{mn} \xi_n^* \xi_m$$

(mit beliebigen komplexen Größen ξ_n) positiv definit sein muß. Die Größen a_{mn} müssen demzufolge die aus der Theorie der quadratischen Formen bekannten Bedingungen erfüllen. Insbesondere müssen alle Diagonalelemente positiv sein:

$$a_{nn} \geqq 0 . \tag{14,9}$$

Für jeweils drei Größen a_{nn}, a_{mm} und a_{mn} muß die Ungleichung

$$a_{nn} a_{mm} \geqq |a_{mn}|^2 \tag{14,10}$$

gelten.

---

[1]) Die Größen a_{mn} bilden die Dichtematrix in der Energiedarstellung. Die Beschreibung von Zuständen eines Systems mit Hilfe dieser Matrix ist unabhängig von L. D. LANDAU und F. BLOCH 1927 eingeführt worden.

Dem „reinen" Fall, in dem die Dichtematrix in ein Produkt von Funktionen zerfällt, entspricht eine Matrix a_{mn} der Gestalt

$$a_{mn} = a_m a_n \,. \tag{14,11}$$

Wir wollen ein einfaches Kriterium angeben, mit Hilfe dessen wir anhand der Matrix a_{mn} leicht entscheiden können, ob wir es mit einem „reinen" oder mit einem „gemischten" Zustand zu tun haben. In einem reinen Zustand haben wir

$$(a^2)_{mn} = \sum_k a_{mk} a_{kn} = \sum_k a_k^* a_m a_n^* a_k = a_m a_n^* \sum_k |a_k|^2 = a_m a_n^*$$

oder

$$(a^2)_{mn} = a_{mn} \,, \tag{14,12}$$

d. h., das Quadrat der Dichtematrix ist gleich der Dichtematrix selbst.

§ 15. Der Impuls

Wir betrachten ein abgeschlossenes System, das sich nicht in einem äußerem Feld befindet. Da alle Lagen dieses Systems im Raum (bei festen Relativkoordinaten der Teilchen) äquivalent sind, kann man behaupten, daß sich der HAMILTON-Operator des Systems bei einer Parallelverschiebung des Gesamtsystems um eine beliebige Strecke nicht ändert. Es genügt, diese Bedingung für eine beliebige infinitesimale Verschiebung zu fordern, sie wird dann auch für jede endliche Verschiebung erfüllt.

Eine infinitesimale Parallelverschiebung um den Vektor $\delta\boldsymbol{r}$ ist eine Transformation, bei der die Ortsvektoren $\boldsymbol{r}_a$ aller Teilchen (a ist die Nummer eines Teilchens) dieselbe Veränderung $\delta\boldsymbol{r}$ erfahren: $\boldsymbol{r}_a \to \boldsymbol{r}_a + \delta\boldsymbol{r}$. Eine beliebige Funktion $\psi(\boldsymbol{r}_1, \boldsymbol{r}_2, \dots)$ der Koordinaten der Teilchen geht bei dieser Transformation über in die Funktion

$$\begin{aligned}\psi(\boldsymbol{r}_1 + \delta\boldsymbol{r}, \boldsymbol{r}_2 + \delta\boldsymbol{r}, \dots) &= \psi(\boldsymbol{r}_1, \boldsymbol{r}_2, \dots) + \delta\boldsymbol{r} \sum_a \nabla_a \psi \\ &= \left(1 + \delta\boldsymbol{r} \sum_a \nabla_a\right) \psi(\boldsymbol{r}_1, \boldsymbol{r}_2, \dots)\end{aligned}$$

(∇_a bedeutet den Operator für die Ableitung nach $\boldsymbol{r}_a$). Der Ausdruck

$$1 + \delta\boldsymbol{r} \sum_a \nabla_a$$

ist der Operator der infinitesimalen Transformation, die die Funktion $\psi(\boldsymbol{r}_1, \boldsymbol{r}_2, \dots)$ in die Funktion $\psi(\boldsymbol{r}_1 + \delta\boldsymbol{r}, \boldsymbol{r}_2 + \delta\boldsymbol{r}, \dots)$ überführt.

Die Behauptung, daß eine Transformation den HAMILTON-Operator nicht ändert, bedeutet: Wenn man die Funktion $\hat{H}\psi$ dieser Transformation unterwirft, erhält man dasselbe Ergebnis, wie wenn man nur die Funktion ψ transformiert und dann darauf den HAMILTON-Operator $\hat{H}$ anwendet. Mathematisch kann das in folgender Weise geschrieben werden. $\hat{O}$ sei der Operator, der die betrachtete Transformation „ausführt". Dann haben wir $\hat{O}(\hat{H}\psi) = \hat{H}(\hat{O}\psi)$ und daraus

$$\hat{O}\hat{H} - \hat{H}\hat{O} = 0 \,.$$

d. h., der HAMILTON-Operator muß mit dem Operator $\hat{O}$ vertauschbar sein.

Im vorliegenden Fall ist der Operator $\hat{O}$ der Operator einer infinitesimalen Verschiebung. Der Einsoperator (der Operator für die Multiplikation mit 1) ist natürlich mit jedem beliebigen Operator vertauschbar. Der konstante Faktor $\delta\boldsymbol{r}$ kann vor den Operator $\hat{H}$ gezogen werden. Die Bedingung $\hat{O}\hat{H} - \hat{H}\hat{O} = 0$ führt also hier zu der Bedingung

$$\left(\sum_a \nabla_a\right)\hat{H} - \hat{H}\left(\sum_a \nabla_a\right) = 0\,. \tag{15,1}$$

Wie wir wissen, bedeutet die Vertauschbarkeit eines Operators (der die Zeit nicht explizit enthält) mit dem Hamilton-Operator, daß die zum Operator gehörige physikalische Größe erhalten bleibt. Diejenige Größe, deren Erhaltung für ein abgeschlossenes System aus der Homogenität des Raumes folgt, ist der Impuls des Systems (vgl. I, § 7). Die Beziehung (15,1) ist also der Impulserhaltungssatz in der Quantenmechanik. Der Operator $\sum \nabla_a$ muß demnach bis auf einen konstanten Faktor zum Gesamtimpuls des Systems gehören. Jeder einzelne Summand entspricht dem Impuls eines einzelnen Teilchens.

Der Proportionalitätsfaktor in der Beziehung zwischen Impulsoperator $\hat{\boldsymbol{p}}$ und dem Operator ∇ kann mit Hilfe des Grenzüberganges zur klassischen Mechanik bestimmt werden und ist $-i\hbar$:

$$\hat{\boldsymbol{p}} = -i\hbar\nabla \tag{15,2}$$

oder in Komponenten geschrieben

$$\hat{p}_x = -i\hbar\frac{\partial}{\partial x}\,, \quad \hat{p}_y = -i\hbar\frac{\partial}{\partial y}\,, \quad \hat{p}_z = -i\hbar\frac{\partial}{\partial z}\,.$$

Tatsächlich haben wir unter Verwendung des quasiklassischen Ausdrucks für die Wellenfunktion (6,1)

$$\hat{\boldsymbol{p}}\Psi = -i\hbar\frac{i}{\hbar}\Psi\nabla S = \Psi\nabla S\,,$$

d. h., in der klassischen Näherung reduziert sich die Anwendung des Operators $\hat{\boldsymbol{p}}$ auf die Multiplikation mit ∇S. Der Gradient der Wirkung ist aber auch der klassische Impuls $\boldsymbol{p}$ eines Teilchens (siehe I, § 43).

Man kann sich leicht davon überzeugen, daß der Operator (15,2), wie es sein muß, hermitesch ist. Für beliebige Funktionen $\psi(x)$ und $\varphi(x)$, die im Unendlichen verschwinden, haben wir tatsächlich

$$\int \varphi\hat{p}_x\psi\,dx = -i\hbar\int\varphi\frac{\partial\psi}{\partial x}\,dx = i\hbar\int\psi\frac{\partial\varphi}{\partial x}\,dx = \int\psi\hat{p}_x^*\varphi\,dx\,,$$

und das ist die Hermitezitätsbedingung für den Operator.

Leitet man Funktionen nach zwei verschiedenen Veränderlichen ab, so ist das Ergebnis unabhängig von der Reihenfolge der Differentiation. Es ist daher klar, daß die Operatoren für die drei Impulskomponenten miteinander vertauschbar sind:

$$\hat{p}_x\hat{p}_y - \hat{p}_y\hat{p}_x = 0\,, \quad \hat{p}_x\hat{p}_z - \hat{p}_z\hat{p}_x = 0\,, \quad \hat{p}_y\hat{p}_z - \hat{p}_z\hat{p}_y = 0\,. \tag{15,3}$$

Das bedeutet, daß alle drei Impulskomponenten eines Teilchens gleichzeitig bestimmte Werte haben können.

Wir wollen die Eigenfunktionen und die Eigenwerte der Impulsoperatoren bestimmen. Sie ergeben sich aus der Vektorgleichung

$$-i\hbar\nabla\psi = \boldsymbol{p}\psi\,. \tag{15,4}$$

Die Lösung hiervon hat die Gestalt

$$\psi = \text{const} \cdot e^{i\boldsymbol{pr}/\hbar} . \tag{15,5}$$

Die gleichzeitige Angabe aller drei Impulskomponenten bestimmt, wie wir sehen, die Wellenfunktion eines Teilchens vollständig. Die Größen p_x, p_y und p_z bilden mit anderen Worten einen möglichen vollständigen Satz physikalischer Größen für das Teilchen. Ihre Eigenwerte bilden ein kontinuierliches Spektrum von $-\infty$ bis ∞.

Nach der Normierungsvorschrift für die Eigenfunktionen des kontinuierlichen Spektrums (5,4) muß das über den ganzen Raum erstreckte Integral $\int \psi_{\boldsymbol{p}'}^* \psi_{\boldsymbol{p}} \, dV$ ($dV = dx\, dy\, dz$) gleich der δ-Funktion $\delta(\boldsymbol{p}' - \boldsymbol{p})$ sein.[1]) Aus Gründen, die bei späteren Anwendungen klar werden, ist es günstiger, die Eigenfunktionen des Impulses eines Teilchens auf eine δ-Funktion von der Impulsdifferenz dividiert durch $2\pi\hbar$ zu normieren:

$$\int \psi_{\boldsymbol{p}'}^* \psi_{\boldsymbol{p}} \, dV = \delta\left(\frac{\boldsymbol{p}' - \boldsymbol{p}}{2\pi\hbar}\right)$$

oder, was dasselbe ist

$$\int \psi_{\boldsymbol{p}'}^* \psi_{\boldsymbol{p}} \, dV = (2\pi\hbar)^3 \, \delta(\boldsymbol{p}' - \boldsymbol{p}) \tag{15,6}$$

(da alle drei Faktoren, in die die dreidimensionale δ-Funktion zerfällt, $\delta\left((p_x' - p_x)/2\pi\hbar\right) = 2\pi\hbar \, \delta(p_x' - p_x)$ usw. sind).

Die Integration erfolgt mit Hilfe der Formel[2])

$$\frac{1}{2\pi} \int_{-\infty}^{\infty} e^{i\alpha\xi} \, d\xi = \delta(\alpha) . \tag{15,7}$$

Hieraus ist ersichtlich, daß zur Normierung nach (15,6) in den Funktionen (15,5) die Konstante gleich 1 gesetzt werden muß[3]):

$$\psi_{\boldsymbol{p}} = e^{i\boldsymbol{pr}/\hbar} . \tag{15,8}$$

Die Entwicklung einer beliebigen Wellenfunktion $\psi(\boldsymbol{r})$ nach den Eigenfunktionen des Impulses ist nichts anderes als die Entwicklung in ein FOURIER-Integral:

$$\psi(\boldsymbol{r}) = \int a(\boldsymbol{p}) \, \psi_{\boldsymbol{p}}(\boldsymbol{r}) \frac{d^3p}{(2\pi\hbar)^3} = \int a(\boldsymbol{p}) \, e^{i\boldsymbol{pr}/\hbar} \frac{d^3p}{(2\pi\hbar)^3} \tag{15,9}$$

($d^3p = dp_x \, dp_y \, dp_z$). In Einklang mit der Formel (5,3) sind die Entwicklungskoeffizienten gleich

$$a(\boldsymbol{p}) = \int \psi(\boldsymbol{r}) \, \psi_{\boldsymbol{p}}^*(\boldsymbol{r}) \, dV = \int \psi(\boldsymbol{r}) \, e^{-i\boldsymbol{pr}/\hbar} \, dV . \tag{15,10}$$

---

[1]) Die δ-Funktion von einem vektoriellen Argument $\boldsymbol{a}$ (die dreidimensionale δ-Funktion) wird definiert als das Produkt der δ-Funktionen für jede einzelne Vektorkomponente: $\delta(\boldsymbol{a}) = \delta(a_x) \, \delta(a_y) \times \delta(a_z)$.

[2]) Der Sinn dieser Formel ist, daß die Funktion auf der linken Seite der Gleichung die Eigenschaft (5,8) der δ-Funktion hat. Setzen wir die Funktion $\delta(x - a)$ in der Gestalt (15,7) in (5,8) ein, so erhalten wir die bekannte Formel für ein FOURIER-Integral:

$$f(a) = \iint_{-\infty}^{\infty} f(x) \, e^{i\xi(x-a)} \, dx \frac{d\xi}{2\pi} .$$

[3]) Wir machen darauf aufmerksam, daß bei einer solchen Normierung die Wahrscheinlichkeitsdichte $|\psi|^2 = 1$ ist, d. h., die Funktion ist „auf ein Teilchen pro Volumeneinheit" normiert. Diese Doppeldeutigkeit einer Normierung ist selbstverständlich nicht zufällig — vergleiche die Fußnote auf S. 169.

Die Funktion $a(\boldsymbol{p})$ kann (siehe § 5) als Wellenfunktion des Teilchens in der Impulsdarstellung aufgefaßt werden:

$$|a(\boldsymbol{p})|^2 \frac{d^3p}{(2\pi\hbar)^3}$$

ist die Wahrscheinlichkeit dafür, daß der Impuls einen Wert im Element d^3p hat.

Ähnlich wie der Operator $\hat{\boldsymbol{p}}$ zum Impuls gehört und dessen Eigenfunktionen in der Ortsdarstellung bestimmt, kann man einen Operator $\hat{\boldsymbol{r}}$ für den Ortsvektor eines Teilchens in der Impulsdarstellung einführen. Er muß so definiert werden, daß der Mittelwert des Ortsvektors in der Form

$$\bar{\boldsymbol{r}} = \int a^*(\boldsymbol{p})\, \hat{\boldsymbol{r}} a(\boldsymbol{p}) \frac{d^3p}{(2\pi\hbar)^3} \tag{15,11}$$

geschrieben werden kann. Andererseits wird dieser Mittelwert durch die Wellenfunktion $\psi(\boldsymbol{r})$ als

$$\bar{\boldsymbol{r}} = \int \psi^* \boldsymbol{r} \psi \, dV$$

dargestellt. Wir setzen $\psi(\boldsymbol{r})$ in der Gestalt (15,9) ein, führen eine partielle Integration aus und bekommen

$$\boldsymbol{r}\psi(\boldsymbol{r}) = \int \boldsymbol{r} a(\boldsymbol{p})\, e^{i\boldsymbol{pr}/\hbar} \frac{d^3p}{(2\pi\hbar)^3} = \int i\hbar\, e^{i\boldsymbol{pr}/\hbar} \frac{\partial a(\boldsymbol{p})}{\partial \boldsymbol{p}} \frac{d^3p}{(2\pi\hbar)^3}.$$

Mit Hilfe dieses Ausdruckes und unter Beachtung von (15,10) finden wir

$$\bar{\boldsymbol{r}} = \iint \psi^*(\boldsymbol{r})\, i\hbar \frac{\partial a(\boldsymbol{p})}{\partial \boldsymbol{p}} e^{i\boldsymbol{pr}/\hbar}\, dV \frac{d^3p}{(2\pi\hbar)^3} = \int i\hbar a^*(\boldsymbol{p}) \frac{\partial a(\boldsymbol{p})}{\partial \boldsymbol{p}} \frac{d^3p}{(2\pi\hbar)^3}.$$

Aus dem Vergleich mit (15,11) ersehen wir, daß der Operator für den Ortsvektor in der Impulsdarstellung

$$\hat{\boldsymbol{r}} = i\hbar \frac{\partial}{\partial \boldsymbol{p}} \tag{15,12}$$

ist. Der Impulsoperator reduziert sich in der Impulsdarstellung auf die Multiplikation mit $\boldsymbol{p}$.

Schließlich wollen wir noch den Operator für eine Parallelverschiebung im Raum um einen endlichen (und nicht nur um einen infinitesimalen) Vektor $\boldsymbol{a}$ durch $\hat{\boldsymbol{p}}$ ausdrücken. Nach der Definition dieses Operators (wir bezeichnen ihn mit $\hat{T}_{\boldsymbol{a}}$) muß gelten:

$$\hat{T}_{\boldsymbol{a}}\psi(\boldsymbol{r}) = \psi(\boldsymbol{r} + \boldsymbol{a}).$$

Wir entwickeln die Funktion $\psi(\boldsymbol{r} + \boldsymbol{a})$ in eine Taylor-Reihe und erhalten

$$\psi(\boldsymbol{r} + \boldsymbol{a}) = \psi(\boldsymbol{r}) + \boldsymbol{a} \frac{\partial \psi(\boldsymbol{r})}{\partial \boldsymbol{r}} + \dots$$

oder nach Einführung des Operators $\hat{\boldsymbol{p}} = -i\hbar\nabla$

$$\psi(\boldsymbol{r} + \boldsymbol{a}) = \left[1 + \frac{i}{\hbar}\boldsymbol{a}\hat{\boldsymbol{p}} + \frac{1}{2}\left(\frac{i}{\hbar}\boldsymbol{a}\hat{\boldsymbol{p}}\right)^2 + \dots\right]\psi(\boldsymbol{r}).$$

Der Ausdruck in der eckigen Klammer ist der Operator

$$\hat{T}_{\boldsymbol{a}} = \exp\left(\frac{i}{\hbar}\boldsymbol{a}\hat{\boldsymbol{p}}\right). \tag{15,13}$$

Das ist der gesuchte *Operator für eine endliche Verschiebung.*

§ 16. Die Unschärferelationen

Wir wollen die Vertauschungsregeln für Impuls- und Ortsoperatoren herleiten. Differenziert man nach einer Veränderlichen x, y oder z und multipliziert mit einer anderen, so ist das Ergebnis unabhängig von der Reihenfolge dieser Operationen. Deshalb gilt

$$\hat{p}_x y - y\hat{p}_x = 0\,, \qquad \hat{p}_x z - z\hat{p}_x = 0\,, \tag{16,1}$$

entsprechendes gilt für $\hat{p}_y$ und $\hat{p}_z$.

Zur Ableitung der Vertauschungsregel für $\hat{p}_x$ und x schreiben wir

$$(\hat{p}_x x - x\hat{p}_x)\,\psi = -i\hbar\frac{\partial}{\partial x}(x\psi) + i\hbar x\frac{\partial\psi}{\partial x} = -i\hbar\psi\,.$$

Wie wir sehen, bewirkt die Anwendung des Operators $\hat{p}_x x - x\hat{p}_x$ einfach die Multiplikation einer Funktion mit $-i\hbar$; dasselbe gilt natürlich für die Vertauschungen von $\hat{p}_y$ mit y und $\hat{p}_z$ mit z. Auf diese Weise bekommen wir[1])

$$\hat{p}_x x - x\hat{p}_x = -i\hbar\,, \qquad \hat{p}_y y - y\hat{p}_y = -i\hbar\,, \qquad \hat{p}_z z - z\hat{p}_z = -i\hbar\,. \tag{16,2}$$

Alle Beziehungen (16,1) und (16,2) können zusammengefaßt werden zu

$$\hat{p}_i x_k - x_k\hat{p}_i = -i\hbar\delta_{ik}\,, \qquad i, k = x, y, z\,. \tag{16,3}$$

Bevor wir den physikalischen Sinn dieser Beziehungen klären und Folgerungen daraus ziehen, wollen wir noch zwei für das folgende nützliche Formeln aufschreiben. $f(\boldsymbol{r})$ sei irgendeine Ortsfunktion, es gilt dann

$$\hat{\boldsymbol{p}}f(\boldsymbol{r}) - f(\boldsymbol{r})\,\hat{\boldsymbol{p}} = -i\hbar\nabla f\,, \tag{16,4}$$

denn es ist

$$(\hat{\boldsymbol{p}}f - f\hat{\boldsymbol{p}})\,\psi = -i\hbar[\nabla(f\psi) - f\nabla\psi] = -i\hbar\psi\nabla f\,.$$

Eine analoge Beziehung gilt für den Kommutator von $\boldsymbol{r}$ mit einer Funktion des Impulsoperators:

$$f(\hat{\boldsymbol{p}})\,\boldsymbol{r} - \boldsymbol{r}f(\hat{\boldsymbol{p}}) = -i\hbar\frac{\partial f}{\partial\boldsymbol{p}}\,. \tag{16,5}$$

Man kann diese Beziehung ebenso wie (16,4) herleiten, wenn man in der Impulsdarstellung rechnet und für den Ortsoperator den Ausdruck (15,12) verwendet.

Den Beziehungen (16,1) und (16,2) ist zu entnehmen, daß die Ortskoordinate eines Teilchens auf einer Koordinatenachse und die Impulskomponenten zu den beiden anderen Achsen gleichzeitig bestimmte Werte haben können. Ortskoordinate und Impulskomponente zur gleichen Koordinatenachse existieren nicht gleichzeitig. Insbesondere kann sich das Teilchen nicht in einem bestimmten Raumpunkt befinden und zur gleichen Zeit einen bestimmten Impuls $\boldsymbol{p}$ haben.

Wir wollen annehmen, ein Teilchen befinde sich in einem endlichen Raumgebiet, das in den drei Achsenrichtungen Ausdehnungen der Größenordnung Δx, Δy und Δz hat. Ferner sei der Mittelwert des Impulses für das Teilchen $\boldsymbol{p}_0$. Mathematisch bedeutet das, daß die Wellenfunktion die Gestalt $\psi = u(\boldsymbol{r})\,\mathrm{e}^{i\boldsymbol{p}_0\boldsymbol{r}/\hbar}$ hat, wobei $u(\boldsymbol{r})$ eine Funktion ist, die nur in dem betreffenden Raumgebiet merklich von Null verschieden ist.

---

[1]) Diese Beziehungen sind in Matrixform von HEISENBERG 1925 entdeckt worden und waren der Ausgangspunkt für die Schaffung der Quantenmechanik.

Wir entwickeln die Funktion ψ nach den Eigenfunktionen des Impulsoperators (d. h. wir stellen sie als FOURIER-Integral dar). Die Koeffizienten $a(\boldsymbol{p})$ in dieser Entwicklung werden durch Integrale (15,10) über Funktionen der Gestalt $u(\boldsymbol{r})\, e^{i(\boldsymbol{p}_0-\boldsymbol{p})\boldsymbol{r}/\hbar}$ gegeben. Damit dieses Integral merklich von Null verschieden ist, dürfen die Perioden des oszillierenden Faktors $e^{i(\boldsymbol{p}_0-\boldsymbol{p})\boldsymbol{r}/\hbar}$ nicht klein gegenüber den Ausdehnungen Δx, Δy und Δz des Gebietes sein, in dem die Funktion $u(\boldsymbol{r})$ von Null verschieden ist. Demzufolge wird $a(\boldsymbol{p})$ nur für diejenigen $\boldsymbol{p}$-Werte merklich von Null verschieden sein, für die $(p_{0x} - p_x)\, \Delta x/\hbar \leqq 1, \ldots$ gilt. $|a(\boldsymbol{p})|^2$ gibt die Wahrscheinlichkeit für die verschiedenen Impulswerte an; die Intervalle für p_x, p_y und p_z, in denen $a(\boldsymbol{p})$ von Null verschieden ist, sind also gerade diejenigen Wertebereiche, in denen die Impulskomponenten des Teilchens für den betrachteten Zustand liegen können. Wir bezeichnen diese Intervalle mit Δp_x, Δp_y und Δp_z und bekommen somit

$$\Delta p_x\, \Delta x \sim \hbar\,, \qquad \Delta p_y\, \Delta y \sim \hbar\,, \qquad \Delta p_z\, \Delta z \sim \hbar\,. \tag{16,6}$$

Diese *Unschärferelationen* sind von HEISENBERG (1927) aufgestellt worden.

Wir sehen, je genauer eine Ortskoordinate eines Teilchens bekannt ist (d. h. je kleiner Δx ist), desto größer ist die Unschärfe Δp_x in der Impulskomponente zur gleichen Koordinatenachse und umgekehrt. Wenn sich insbesondere ein Teilchen in einem scharf bestimmten Raumpunkt befindet ($\Delta x = \Delta y = \Delta z = 0$), dann sind $\Delta p_x = \Delta p_y = \Delta p_z = \infty$. Alle Impulse sind dabei gleich wahrscheinlich. Wenn umgekehrt ein Teilchen einen scharf bestimmten Impuls $\boldsymbol{p}$ hat, dann sind alle Lagen im Raum gleich wahrscheinlich (das ist auch direkt an der Wellenfunktion (15,8) zu erkennen, deren Betragsquadrat völlig ortsunabhängig ist).

Die Unschärfe in Ort und Impuls kann durch das mittlere Schwankungsquadrat beschrieben werden:

$$\delta x = \sqrt{\overline{(x - \bar{x})^2}}\,, \qquad \delta p_x = \sqrt{\overline{(p_x - \bar{p}_x)^2}}\,.$$

Mit Hilfe der mittleren Schwankungsquadrate kann eine genaue Abschätzung für den kleinsten möglichen Wert des Produktes $\delta x\, \delta p_x$ gegeben werden (H. WEYL).

Wir betrachten einen eindimensionalen Fall — ein Wellenpaket mit der Wellenfunktion $\psi(x)$, die nur von einer Ortskoordinate abhängt. Der Einfachheit halber nehmen wir an, die Mittelwerte von x und p_x seien in diesem Zustand gleich Null. Wir gehen von der unmittelbar evidenten Gleichung

$$\int_{-\infty}^{\infty} \left| \alpha x \psi + \frac{d\psi}{dx} \right|^2 dx \geqq 0$$

aus, in der α eine beliebige reelle Konstante ist. Bei der Berechnung dieses Integrals benutzen wir

$$\int x^2\, |\psi|^2\, dx = (\delta x)^2\,,$$

$$\int \left(x \frac{d\psi^*}{dx} \psi + x \psi^* \frac{d\psi}{dx} \right) dx = \int x \frac{d|\psi|^2}{dx}\, dx = -\int |\psi|^2\, dx = -1\,,$$

$$\int \frac{d\psi^*}{dx} \frac{d\psi}{dx}\, dx = -\int \psi^* \frac{d^2\psi}{dx^2}\, dx = \frac{1}{\hbar^2} \int \psi^* \hat{p}_x^2 \psi\, dx = \frac{1}{\hbar^2} (\delta p_x)^2$$

und erhalten

$$\alpha^2 (\delta x)^2 - \alpha + \frac{(\delta p_x)^2}{\hbar^2} \geqq 0\,.$$

Damit dieses (in α) quadratische dreigliedrige Polynom für beliebige Werte von α positiv ist, muß dessen Diskriminante negativ sein. Hieraus ergibt sich die Ungleichung

$$\delta x \, \delta p_x \geqq \frac{\hbar}{2} \, . \tag{16,7}$$

Der kleinste mögliche Wert für das Produkt ist $\hbar/2$.

Dieser Wert wird in Wellenpaketen erreicht, die durch Wellenfunktionen der Gestalt

$$\psi = \frac{1}{(2\pi)^{1/4} \sqrt{\delta x}} \exp\left(\frac{i}{\hbar} p_0 x - \frac{x^2}{4(\delta x)^2}\right) \tag{16,8}$$

mit konstanten p_0 und δx beschrieben werden. Die Wahrscheinlichkeit für die verschiedenen Ortskoordinaten ist in einem solchen Zustand

$$|\psi|^2 = \frac{1}{\sqrt{2\pi}\, \delta x} \exp\left(-\frac{x^2}{2(\delta x)^2}\right),$$

d. h., sie ist eine GAUSS-Verteilung um den Koordinatenursprung (der Mittelwert von x ist $\bar{x} = 0$) mit dem mittleren Schwankungsquadrat $(\delta x)^2$. Die Wellenfunktion in der Impulsdarstellung ist

$$a(p_x) = \int_{-\infty}^{\infty} \psi(x) \, \mathrm{e}^{-ip_x x/\hbar} \, \mathrm{d}x \, .$$

Die Berechnung des Integrals ergibt einen Ausdruck der Gestalt

$$a(p_x) = \text{const} \cdot \exp\left(-\frac{(\delta x)^2 (p_x - p_0)^2}{\hbar^2}\right).$$

Die Wahrscheinlichkeitsverteilung für die Impulse, $|a(p_x)|^2$, ist ebenfalls eine GAUSS-Verteilung um den Mittelwert $\bar{p}_x = p_0$ mit dem mittleren Schwankungsquadrat $(\delta p_x)^2 = (\hbar/2)^2 \, (\delta x)^2$, so daß das Produkt $\delta p_x \, \delta x$ gerade den Wert $\hbar/2$ hat.

Zum Schluß wollen wir noch eine nützliche Beziehung angeben. f und g seien zwei physikalische Größen, für deren Operatoren die Vertauschungsregel

$$\hat{f}\hat{g} - \hat{g}\hat{f} = -i\hbar\hat{c} \tag{16,9}$$

gilt; $\hat{c}$ ist darin der Operator einer physikalischen Größe c. Auf der rechten Seite der Gleichung ist der Faktor $\hbar$ eingeführt worden, weil im klassischen Grenzfall (d. h. für $\hbar \to 0$) alle Operatoren physikalischer Größen einfach die Multiplikation mit diesen Größen bewirken und miteinander vertauschbar sind. Im „quasiklassischen" Fall kann man in erster Näherung die rechte Seite der Gleichung (16,9) gleich Null setzen. In zweiter Näherung kann man den Operator $\hat{c}$ einfach als Multiplikation mit c auffassen, dabei ergibt sich

$$\hat{f}\hat{g} - \hat{g}\hat{f} = -i\hbar c \, .$$

Diese Gleichung ist völlig analog zur Beziehung $\hat{p}_x x - x\hat{p}_x = -i\hbar$ mit dem Unterschied, daß statt des PLANCKschen Wirkungsquantums $\hbar$ hier die Größe $\hbar c$ steht.[1]) Auf Grund dessen können wir in Analogie zur Beziehung $\Delta x \, \Delta p_x \sim \hbar$ den Schluß

[1]) Die klassische Größe c ist die POISSON-Klammer der Größen f und g (siehe die Fußnote auf S. 26).

ziehen, daß für die Größen f und g im quasiklassischen Fall die Unschärferelation

$$\Delta f \, \Delta g \sim \hbar c \tag{16,10}$$

gilt.

Es sei speziell eine der Größen die Energie ($f \equiv H$), und der Operator der anderen Größe (g) hänge nicht explizit von der Zeit ab. Nach (9,2) ist dann $c = \dot{g}$, und die Unschärferelation im quasiklassischen Fall lautet

$$\Delta E \, \Delta g \sim \hbar \dot{g} \, . \tag{16,11}$$

III DIE SCHRÖDINGER-GLEICHUNG

§ 17. Die SCHRÖDINGER-Gleichung

Die Gestalt der Wellengleichung für ein physikalisches System wird durch den zugehörigen HAMILTON-Operator bestimmt. Der HAMILTON-Operator erhält somit eine fundamentale Bedeutung im ganzen mathematischen Apparat der Quantenmechanik.

Die Gestalt des HAMILTON-Operators für ein freies Teilchen wird bereits durch die allgemeinen Forderungen festgelegt, die mit der Homogenität und der Isotropie des Raumes und dem GALILEIschen Relativitätsprinzip zusammenhängen. In der klassischen Mechanik führen diese Forderungen zu einer quadratischen Abhängigkeit der Energie eines Teilchens vom Impuls: $E = p^2/2m$, die Konstante m darin wird als Teilchenmasse bezeichnet (siehe I, § 4). In der Quantenmechanik verlangen diese Forderungen dieselbe Beziehung für die Eigenwerte von Energie und Impuls — den (für ein freies Teilchen) gleichzeitig meßbaren Erhaltungsgrößen.

Die Beziehung $E = p^2/2m$ ist aber nur dann für alle Eigenwerte von Energie und Impuls erfüllt, wenn sie auch für die zugehörigen Operatoren gilt:

$$\hat{H} = \frac{1}{2m}(\hat{p}_x^2 + \hat{p}_y^2 + \hat{p}_z^2)\,. \tag{17,1}$$

Wir setzen hier (15,2) ein und erhalten den HAMILTON-Operator für ein freies Teilchen in der Gestalt

$$\hat{H} = -\frac{\hbar^2}{2m}\Delta\,, \tag{17,2}$$

worin $\Delta = \partial^2/\partial x^2 + \partial^2/\partial y^2 + \partial^2/\partial z^2$ der LAPLACE-Operator ist.

Der HAMILTON-Operator für ein System nicht miteinander wechselwirkender Teilchen ist die Summe der HAMILTON-Operatoren der einzelnen Teilchen:

$$\hat{H} = -\frac{\hbar^2}{2}\sum_a \frac{\Delta_a}{m_a}\,. \tag{17,3}$$

der Index a bezeichnet die Teilchen, Δ_a ist der LAPLACE-Operator, der die Ableitung nach den Koordinaten des a-ten Teilchens verlangt.

In der klassischen (nichtrelativistischen) Mechanik wird die Wechselwirkung von Teilchen durch einen additiven Term in der HAMILTON-Funktion beschrieben — durch die potentielle Energie der Wechselwirkung $U(\boldsymbol{r}_1, \boldsymbol{r}_2, \ldots)$, die eine Funktion der Teilchenorte ist. Die Addition einer solchen Funktion zum HAMILTON-Operator eines Systems beschreibt auch die Wechselwirkung in der Quantenmechanik[1]):

$$\hat{H} = -\frac{\hbar^2}{2}\sum_a \frac{\Delta_a}{m_a} + U(\boldsymbol{r}_1, \boldsymbol{r}_2, \ldots)\,. \tag{17,4}$$

---

[1]) Diese Aussage ist natürlich keine logische Folgerung aus den Grundprinzipien der Quantenmechanik und muß als eine Folgerung aus den Erfahrungstatsachen angesehen werden.

Der erste Term kann als Operator für die kinetische Energie angesehen werden und der zweite als Operator für die potentielle Energie. Speziell ist der HAMILTON-Operator für ein Teilchen in einem äußeren Feld

$$\hat{H} = \frac{\hat{p}^2}{2m} + U(x, y, z) = -\frac{\hbar^2}{2m}\Delta + U(x, y, z)\,, \tag{17,5}$$

wobei $U(x, y, z)$ die potentielle Energie des Teilchens im äußeren Feld ist.

Setzen wir die Ausdrücke (17,2)—(17,5) in die allgemeine Gleichung (8,1) ein, so erhalten wir die Wellengleichungen für die betreffenden Systeme. Wir wollen hier die Wellengleichung für ein Teilchen in einem äußeren Feld aufschreiben:

$$i\hbar\frac{\partial\Psi}{\partial t} = -\frac{\hbar^2}{2m}\Delta\Psi + U(x, y, z)\,\Psi\,. \tag{17,6}$$

Die Gleichung (10,2) für die stationären Zustände erhält die Gestalt

$$\frac{\hbar^2}{2m}\Delta\psi + [E - U(x, y, z)]\,\psi = 0\,. \tag{17,7}$$

Die Gleichungen (17,6) und (17,7) sind 1926 von SCHRÖDINGER aufgestellt worden und heißen SCHRÖDINGER-*Gleichungen.*

Für ein freies Teilchen lautet die Gleichung (17,7)

$$\frac{\hbar^2}{2m}\Delta\psi + E\psi = 0\,. \tag{17,8}$$

Diese Gleichung hat im ganzen Raum endliche Lösungen für einen beliebigen positiven Energiewert E. Für Zustände mit bestimmten Bewegungsrichtungen sind diese Lösungen Eigenfunktionen des Impulsoperators, wobei $E = p^2/2m$ ist. Die vollständigen (zeitabhängigen) Wellenfunktionen dieser stationären Zustände sind

$$\Psi = \mathrm{const}\cdot \mathrm{e}^{-\frac{i}{\hbar}(Et - \boldsymbol{p}\boldsymbol{r})}\,. \tag{17,9}$$

Jede solche Funktion — *ebene Welle* — beschreibt einen Zustand, in dem das Teilchen eine bestimmte Energie E und einen bestimmten Impuls $\boldsymbol{p}$ hat. Die Frequenz dieser Welle ist $E/\hbar$, der zugehörige Wellenzahlvektor ist $\boldsymbol{k} = \boldsymbol{p}/\hbar$. Die entsprechende Wellenlänge $\lambda = 2\pi\hbar/p$ heißt DE-BROGLIE-*Wellenlänge des Teilchens.*[1])

Das Energiespektrum eines frei bewegten Teilchens ist also kontinuierlich und erstreckt sich von 0 bis ∞. Alle Eigenwerte (mit Ausnahme von $E = 0$ allein) sind entartet, es handelt sich dabei um unendlichfache Entartung. Tatsächlich gehören zu jedem von Null verschiedenen Wert E unendlich viele Eigenfunktionen (17,9), die sich bei gleichem Betrag von $\boldsymbol{p}$ in den Richtungen von $\boldsymbol{p}$ unterscheiden.

Wir wollen verfolgen, wie der Grenzübergang zur klassischen Mechanik in der SCHRÖDINGER-Gleichung vor sich geht; der Einfachheit halber betrachten wir nur ein Teilchen in einem äußeren Feld. Wir setzen den quasiklassischen Ausdruck (6,1) für die Wellenfunktion $\Psi = a\,\mathrm{e}^{iS/\hbar}$ in die SCHRÖDINGER-Gleichung (17,6) ein und erhalten nach Ausführung der Ableitungen

$$a\frac{\partial S}{\partial t} - i\hbar\frac{\partial a}{\partial t} + \frac{a}{2m}(\nabla S)^2 - \frac{i\hbar}{2m}a\,\Delta S - \frac{i\hbar}{m}\nabla S\nabla a - \frac{\hbar^2}{2m}\Delta a + Ua = 0\,.$$

[1]) Der Begriff einer Welle, die einem Teilchen zugeordnet wird, ist erstmalig von L. DE BROGLIE 1924 eingeführt worden.

In dieser Gleichung gibt es rein reelle und rein imaginäre Summanden (wir erinnern daran, daß S und a reell sind). Wir setzen reelle und imaginäre Summen einzeln gleich Null und erhalten die beiden Gleichungen

$$\frac{\partial S}{\partial t} + \frac{1}{2m}(\nabla S)^2 + U - \frac{\hbar^2}{2ma}\Delta a = 0\,,$$

$$\frac{\partial a}{\partial t} + \frac{a}{2m}\Delta S + \frac{1}{m}\nabla S \nabla a = 0\,.$$

In der ersten Gleichung vernachlässigen wir das Glied mit $\hbar^2$ und bekommen

$$\frac{\partial S}{\partial t} + \frac{1}{2m}(\nabla S)^2 + U = 0\,, \tag{17,10}$$

d. h., wie es sein muß, die klassische Hamilton-Jacobische Gleichung für die Wirkung S eines Teilchens. Wir sehen dabei übrigens, daß die klassische Mechanik für $\hbar \to 0$ bis zu Größen erster (nicht nullter) Ordnung in $\hbar$ einschließlich gilt.

Die zweite der oben erhaltenen Gleichungen kann nach Multiplikation mit $2a$ in die Form

$$\frac{\partial a^2}{\partial t} + \operatorname{div}\left(a^2 \frac{\nabla S}{m}\right) = 0\,. \tag{17,11}$$

gebracht werden. Diese Gleichung hat eine anschauliche physikalische Bedeutung. a^2 ist die Wahrscheinlichkeitsdichte, das Teilchen an einem bestimmten Ort im Raum zu finden ($|\Psi|^2 = a^2$); $\nabla S/m = \boldsymbol{p}/m$ ist die klassische Geschwindigkeit $\boldsymbol{v}$ des Teilchens. Die Gleichung (17,11) ist daher die Kontinuitätsgleichung. Sie besagt, daß sich die Wahrscheinlichkeitsdichte nach den Gesetzen der klassischen Mechanik mit der klassischen Geschwindigkeit $\boldsymbol{v}$ in jedem Punkte „verschiebt".

Aufgabe

Es ist die Transformationsvorschrift für eine Wellenfunktion bei einer Galilei-Transformation anzugeben.

Lösung. Wir führen die Transformation an der Wellenfunktion eines freien Teilchens (an einer ebenen Welle) aus. Da jede Funktion Ψ nach ebenen Wellen entwickelt werden kann, wird damit auch die Transformationsvorschrift für eine beliebige Wellenfunktion gefunden.

Ebene Wellen in den Bezugssystemen K und K' (K' bewegt sich gegenüber K mit der Geschwindigkeit $\boldsymbol{V}$) sind

$$\Psi(\boldsymbol{r}, t) = \text{const} \cdot e^{i(\boldsymbol{pr} - Et)/\hbar}\,, \qquad \Psi'(\boldsymbol{r}', t) = \text{const} \cdot e^{i(\boldsymbol{p}'\boldsymbol{r}' - E't)/\hbar}$$

mit $\boldsymbol{r} = \boldsymbol{r}' + \boldsymbol{V}t$. Impulse und Energien des Teilchens in den beiden Bezugssystemen hängen über die Beziehungen

$$\boldsymbol{p} = \boldsymbol{p}' + m\boldsymbol{V}\,, \qquad E = E' + \boldsymbol{V}\boldsymbol{p}' + \frac{mV^2}{2}$$

miteinander zusammen (siehe I, § 8). Wir setzen diese Ausdrücke in Ψ ein und erhalten

$$\Psi(\boldsymbol{r}, t) = \Psi'(\boldsymbol{r}', t) \exp\left[\frac{i}{\hbar}\left(m\boldsymbol{V}\boldsymbol{r}' + \frac{mV^2}{2}t\right)\right]$$

$$= \Psi'(\boldsymbol{r} - \boldsymbol{V}t, t) \exp\left[\frac{i}{\hbar}\left(m\boldsymbol{V}\boldsymbol{r} - \frac{mV^2}{2}t\right)\right]. \tag{1}$$

In dieser Gestalt enthält die Formel bereits keine Größen mehr, die für die freie Bewegung eines Teilchens charakteristisch sind; sie gibt die gesuchte allgemeine Transformationsvorschrift für die Wellenfunktion zu einem beliebigen Zustand des Teilchens wieder. Für ein System von Teilchen muß im Exponenten in (1) die Summe über die Teilchen stehen.

§ 18. Grundeigenschaften der SCHRÖDINGER-Gleichung

Die Bedingungen, denen die Lösungen der SCHRÖDINGER-Gleichung genügen müssen, sind von ganz allgemeiner Natur. Vor allem muß die Wellenfunktion im ganzen Raum eindeutig und stetig sein. Die Forderung nach Stetigkeit wird auch dann noch gestellt, wenn das Feld $U(x, y, z)$ Sprungflächen hat. Auf einer solchen Fläche müssen sowohl die Wellenfunktion als auch deren Ableitungen stetig bleiben. Die Ableitungen brauchen jedoch dann nicht stetig zu sein, wenn die potentielle Energie U jenseits einer gewissen Fläche unendlich ist. In ein Raumgebiet, in dem $U = \infty$ ist, kann ein Teilchen überhaupt nicht eindringen, d. h., in diesem Gebiet muß überall $\psi = 0$ sein. Die Stetigkeit von ψ verlangt, daß ψ am Rande dieses Gebietes verschwindet. In diesem Fall erleiden die Ableitungen von ψ im allgemeinen einen Sprung.

Wenn das Feld $U(x, y, z)$ nirgends unendlich wird, dann muß auch die Wellenfunktion im ganzen Raum endlich sein. Diese Bedingung muß auch dann erfüllt sein, wenn U in einem Punkt gegen unendlich geht, aber nicht zu stark, sondern wie $1/r^s$ mit $s < 2$ (siehe auch § 35).

Es sei $U_{\min}$ der kleinste Wert der Funktion $U(x, y, z)$. Da der HAMILTON-Operator eines Teilchens in zwei Anteile zerfällt (in die Operatoren für die kinetische Energie $\hat{T}$ und für die potentielle Energie), ist der Mittelwert der Energie in einem beliebigen Zustand gleich der Summe $\overline{E} = \overline{T} + \overline{U}$. Alle Eigenwerte des Operators $\hat{T}$ (der gleich dem HAMILTON-Operator eines freien Teilchens ist) sind aber positiv; deshalb ist auch der Mittelwert $\overline{T} \geqq 0$. Wegen der unmittelbar evidenten Ungleichung $\overline{U} > U_{\min}$ gilt auch $\overline{E} > U_{\min}$. Da diese Ungleichung für einen beliebigen Zustand gültig ist, ist klar, daß sie auch für alle Energieeigenwerte gelten muß:

$$E_n > U_{\min}\,. \tag{18,1}$$

Wir wollen ein Teilchen in einem Kraftfeld betrachten, das im Unendlichen verschwindet. Die Funktion $U(x, y, z)$ definieren wir wie üblich so, daß sie im Unendlichen verschwindet. Das Spektrum der negativen Energieeigenwerte ist dann diskret, d. h., alle Zustände mit $E < 0$ in einem Feld, das im Unendlichen verschwindet, sind gebundene Zustände. Die stationären Zustände des kontinuierlichen Spektrums entsprechen Bewegungen, die bis ins Unendliche verlaufen; in einem solchen Zustand befindet sich das Teilchen im Unendlichen (siehe § 10). In hinreichend großen Entfernungen kann man das Feld vernachlässigen, und die Bewegung des Teilchens kann als freie Bewegung angesehen werden. Bei einer freien Bewegung kann die Energie aber nur positiv sein.

Umgekehrt bilden die positiven Eigenwerte ein kontinuierliches Spektrum und entsprechen einer bis ins Unendliche verlaufenden Bewegung. Für $E > 0$ hat die SCHRÖDINGER-Gleichung im allgemeinen (in dem betrachteten Feld) keine Lösungen, für die das Integral $\int |\psi|^2\, dV$ konvergiert.[1]

Wir wenden unsere Aufmerksamkeit jetzt auf die Tatsache, daß in der Quantenmechanik sich ein Teilchen bei einer endlichen Bewegung auch in denjenigen Raumgebieten aufhalten kann, in denen $E < U$ ist. Die Aufenthaltswahrscheinlichkeit $|\psi|^2$

[1]) Aus rein mathematischer Sicht muß man jedoch dazusagen, daß bei einigen bestimmten Arten von Funktionen $U(x, y, z)$ (die keine physikalische Bedeutung haben) ein diskreter Satz von Werten im kontinuierlichen Spektrum vorkommen kann.

geht mit zunehmender Eindringtiefe in diesen Bereich rasch gegen Null, ist aber in allen endlichen Abständen von Null verschieden. In dieser Hinsicht besteht ein prinzipieller Unterschied zur klassischen Mechanik, nach der ein Teilchen in ein Gebiet mit $U > E$ überhaupt nicht eindringen kann. Nach der klassischen Mechanik kann ein Teilchen nicht in ein solches Gebiet gelangen, weil für $E < U$ die kinetische Energie negativ sein würde, d. h., die Geschwindigkeit wäre imaginär. In der Quantenmechanik sind die Eigenwerte der kinetischen Energie ebenfalls positiv, trotzdem gelangen wir hier zu keinem Widerspruch. Wenn durch einen Meßprozeß ein Teilchen in einem gewissen Raumpunkt lokalisiert wird, dann wird im Ergebnis dieses Prozesses der Zustand des Teilchens so gestört, daß es letztlich überhaupt keine bestimmte kinetische Energie mehr hat.

Ist im ganzen Raum $U(x, y, z) > 0$ (wobei im Unendlichen $U \to 0$ geht), dann haben wir auf Grund der Ungleichung (18,1) $E_n > 0$. Für $E > 0$ muß andererseits das Spektrum kontinuierlich sein. Daraus schließen wir, daß es in dem betrachteten Fall überhaupt kein diskretes Spektrum gibt, d. h., es ist nur eine bis ins Unendliche verlaufende Bewegung des Teilchens möglich.

Jetzt wollen wir voraussetzen, daß U in einem Punkt (den wir als Koordinatenursprung wählen) nach dem Gesetz

$$U \approx -\alpha/r^s \qquad (\alpha > 0) \tag{18,2}$$

gegen $-\infty$ geht. Wir betrachten eine Wellenfunktion, die in einem kleinen Bereich (vom Radius r_0) um den Koordinatenursprung endlich und außerhalb dessen gleich Null ist. Die Ortsunschärfe für ein Teilchen ist in diesem Wellenpaket von der Größenordnung r_0; die Impulsunschärfe ist daher $\sim\hbar/r_0$. Der Mittelwert der kinetischen Energie in diesem Zustand ist von der Größenordnung $\hbar^2/mr_0^2$, der Mittelwert der potentiellen Energie ist $\sim -\alpha/r_0^s$. Wir setzen zunächst $s > 2$ voraus; dann nimmt die Summe

$$\frac{\hbar^2}{mr_0^2} - \frac{\alpha}{r_0^s}$$

für hinreichend kleine r_0 negative Werte mit beliebig großen absoluten Beträgen an. Wenn aber die mittlere Energie diese Werte annehmen kann, dann bedeutet das in jedem Falle, daß es negative Energieeigenwerte mit beliebig großen absoluten Beträgen gibt. Die Energieniveaus mit großem $|E|$ gehören zu einer Bewegung des Teilchens in einem sehr kleinen Raumgebiet um den Koordinatenursprung. Der „Grundzustand" entspricht also einem Teilchen, das sich im Koordinatenursprung selbst befindet, d. h., das Teilchen „fällt" in den Punkt $r = 0$ hinein.

Für $s < 2$ kann die Energie keine negativen Werte mit beliebig großen absoluten Beträgen annehmen. Das diskrete Spektrum beginnt mit einem endlichen negativen Wert. Das Teilchen „fällt" in diesem Falle nicht in das Zentrum. Wir weisen darauf hin, daß das Teilchen nach der klassischen Mechanik in jedem beliebigen anziehenden Feld immer in das Zentrum „fallen" kann (d. h. für beliebiges positives s). Der Fall $s = 2$ wird in § 35 gesondert betrachtet.

Wir wollen nun die Art des Energiespektrums in Abhängigkeit vom Verhalten des Feldes in großen Abständen untersuchen. Dabei nehmen wir an, daß die potentielle Energie, die negativ sein soll, für $r \to \infty$ nach dem Potenzgesetz (18,2) gegen Null geht (in (18,2) ist r jetzt groß). Wir betrachten ein Wellenpaket, das eine Kugelschale mit dem großen Radius r_0 und der Dicke $\Delta r \ll r_0$ „ausfüllt". Die Größenordnung der kinetischen Energie ist dann wieder $\hbar^2/m(\Delta r)^2$, die der potentiellen Energie $-\alpha/r_0^s$. r_0 und Δr sollen gleichzeitig größer werden (so daß Δr proportional zu r_0 zunimmt). Für $s < 2$ wird die Summe $\hbar^2/m(\Delta r)^2 - \alpha/r_0^s$ bei hinreichend großem r_0 negativ. Es muß demzufolge stationäre Zustände mit negativer Energie geben, in denen sich das Teilchen mit einer merklichen Wahrscheinlichkeit in großen Entfernungen vom Koordinatenursprung aufhalten kann. Es gibt demnach negative Energieniveaus mit beliebig kleinen absoluten Beträgen (man muß daran denken, daß die Wellenfunktionen im Raumgebiet mit $U > E$ rasch abklingen). In dem betrachteten Fall enthält das diskrete Spektrum also unendlich viele Niveaus, die sich gegen das Niveau $E = 0$ häufen.

Wenn sich das Feld im Unendlichen wie $-1/r^s$ mit $s > 2$ verhält, dann gibt es keine negativen Niveaus mit beliebig kleinen absoluten Beträgen. Das diskrete Spektrum endet mit einem Niveau, das einen endlichen Absolutbetrag für die Energie hat, so daß die Gesamtzahl der Niveaus endlich ist.

Die SCHRÖDINGER-Gleichung für die Wellenfunktionen ψ der stationären Zustände und die ihr auferlegten Bedingungen sind reell. Daher können ihre Lösungen immer reell gewählt werden.[1]) Die Eigenfunktionen zu den nicht entarteten Energiewerten sind bis auf einen Phasenfaktor automatisch reell. In der Tat genügt ψ^* derselben Gleichung wie ψ und ist deshalb ebenfalls Eigenfunktion zu demselben Energiewert. Wenn dieser Wert nicht entartet ist, dann müssen ψ und ψ^* im wesentlichen dieselben Funktionen sein, d. h., sie können sich nur um einen konstanten Faktor (mit dem Betrag 1) unterscheiden. Die Wellenfunktionen zu ein und demselben entarteten Energieniveau sind nicht zwangsläufig reell; durch geeignete Wahl von Linearkombinationen kann man immer einen Satz reeller Funktionen erhalten.

Die vollständigen zeitabhängigen Wellenfunktionen Ψ werden durch eine Gleichung bestimmt, deren Koeffizienten i enthalten. Diese Gleichung behält jedoch ihre Form bei, wenn man in ihr t durch $-t$ ersetzt und gleichzeitig zum konjugiert Komplexen übergeht.[2]) Man kann deshalb die Funktion Ψ immer so wählen, daß sich Ψ und Ψ^* nur durch das Vorzeichen der Zeit unterscheiden.

Die Gleichungen der klassischen Mechanik ändern sich bekanntlich bei einer *Zeitumkehr* nicht, d. h. bei einer Vorzeichenänderung der Zeit. In der Quantenmechanik findet die Symmetrie bezüglich der beiden Zeitrichtungen, wie wir sehen, ihren Ausdruck darin, daß die Wellengleichung unverändert bleibt, wenn man das Vorzeichen von t ändert und gleichzeitig Ψ durch Ψ^* ersetzt. Man muß jedoch daran denken, daß die Symmetrie hier nur für die Gleichungen vorhanden ist, aber nicht für den Begriff des Meßprozesses selbst, der in der Quantenmechanik eine grundlegende Rolle spielt (darüber ist in § 7 ausführlich gesprochen worden).

§ 19. Die Stromdichte

In der klassischen Mechanik hängen die Geschwindigkeit $\boldsymbol{v}$ eines Teilchens und der zugehörige Impuls über die Beziehung $\boldsymbol{p} = m\boldsymbol{v}$ miteinander zusammen. In der

[1]) Diese Feststellungen gelten jedoch nicht für Systeme in einem Magnetfeld.

[2]) Es wird angenommen, daß die potentielle Energie U nicht explizit von der Zeit abhängt, — das System ist entweder abgeschlossen, oder es befindet sich in einem konstanten Feld (aber nicht in einem Magnetfeld).

Quantenmechanik besteht dieser Zusammenhang, wie man es erwartet, zwischen den entsprechenden Operatoren. Davon kann man sich leicht überzeugen, indem man den Operator $\hat{\boldsymbol{v}} = \hat{\dot{\boldsymbol{r}}}$ nach der allgemeinen Vorschrift (9,2) für die Zeitableitung von Operatoren berechnet:

$$\hat{\boldsymbol{v}} = \frac{i}{\hbar}(\hat{H}\boldsymbol{r} - \boldsymbol{r}\hat{H}) .$$

Unter Verwendung des Ausdruckes (17,5) für $\hat{H}$ und der Formel (16,5) erhalten wir

$$\hat{\boldsymbol{v}} = \frac{\hat{\boldsymbol{p}}}{m} . \tag{19,1}$$

Dieselben Beziehungen gelten offensichtlich auch zwischen den Eigenwerten von Geschwindigkeit und Impuls und zwischen deren Mittelwerten in einem beliebigen Zustand.

Die Geschwindigkeit kann wie der Impuls eines Teilchens nicht gleichzeitig mit den Ortskoordinaten einen bestimmten Wert haben. Die Geschwindigkeit, multipliziert mit dem infinitesimalen Zeitelement $\mathrm{d}t$, bestimmt die Verschiebung eines Teilchens nach der Zeit $\mathrm{d}t$. Die Tatsache, daß die Geschwindigkeit nicht gleichzeitig mit dem Ortsvektor existieren kann, bedeutet daher: Wenn sich ein Teilchen zu einer gewissen Zeit in einem bestimmten Raumpunkt befindet, dann wird es bereits zu einem infinitesimal späteren Zeitpunkt keinen bestimmten Ort mehr haben.

Wir wollen noch eine nützliche Formel für den Operator $\hat{\dot{f}}$ der Zeitableitung einer Größe $f(\boldsymbol{r})$ angeben, die eine Funktion des Ortsvektors des Teilchens ist. Wir beachten, daß f mit $U(\boldsymbol{r})$ vertauschbar ist, und finden

$$\hat{\dot{f}} = \frac{i}{\hbar}(\hat{H}f - f\hat{H}) = \frac{i}{2m\hbar}(\hat{\boldsymbol{p}}^2 f - f\hat{\boldsymbol{p}}^2) .$$

Mit Hilfe von (16,4) können wir schreiben

$$\hat{\boldsymbol{p}}^2 f = \hat{\boldsymbol{p}}(f\hat{\boldsymbol{p}} - i\hbar\nabla f) , \qquad f\hat{\boldsymbol{p}}^2 = (\hat{\boldsymbol{p}}f + i\hbar\nabla f)\hat{\boldsymbol{p}}$$

und finden den gesuchten Ausdruck

$$\hat{\dot{f}} = \frac{1}{2m}(\hat{\boldsymbol{p}}\nabla f + \nabla f \cdot \hat{\boldsymbol{p}}) . \tag{19,2}$$

Weiter wollen wir den Operator für die Beschleunigung berechnen. Es gilt

$$\hat{\dot{\boldsymbol{v}}} = \frac{i}{\hbar}(\hat{H}\hat{\boldsymbol{v}} - \hat{\boldsymbol{v}}\hat{H}) = \frac{i}{m\hbar}(\hat{H}\hat{\boldsymbol{p}} - \hat{\boldsymbol{p}}\hat{H}) = \frac{i}{m\hbar}(U\hat{\boldsymbol{p}} - \hat{\boldsymbol{p}}U) .$$

Unter Verwendung der Formel (16,4) finden wir

$$m\hat{\dot{\boldsymbol{v}}} = -\nabla U . \tag{19,3}$$

Diese Operatorgleichung stimmt in der Form exakt mit der Bewegungsgleichung (NEWTONsches Axiom) der klassischen Mechanik überein.

Das Integral $\int |\Psi|^2 \,\mathrm{d}V$ über ein endliches Volumen V ist die Aufenthaltswahrscheinlichkeit des Teilchens in diesem Volumen. Wir berechnen die Zeitableitung dieser Größe und haben

$$\frac{\mathrm{d}}{\mathrm{d}t}\int |\Psi|^2 \,\mathrm{d}V = \int \left(\Psi \frac{\partial \Psi^*}{\partial t} + \Psi^* \frac{\partial \Psi}{\partial t}\right) \mathrm{d}V = \frac{i}{\hbar}\int (\Psi\hat{H}^*\Psi^* - \Psi^*\hat{H}\Psi)\,\mathrm{d}V .$$

Wir setzen hier

$$\hat{H} = \hat{H}^* = -\frac{\hbar^2}{2m}\Delta + U(x, y, z)$$

ein und verwenden die Identität

$$\Psi\,\Delta\Psi^* - \Psi^*\,\Delta\Psi = \operatorname{div}(\Psi\,\nabla\Psi^* - \Psi^*\,\nabla\Psi)\,.$$

So erhalten wir

$$\frac{\mathrm{d}}{\mathrm{d}t}\int |\Psi|^2\,\mathrm{d}V = -\int \operatorname{div}\boldsymbol{j}\,\mathrm{d}V$$

mit dem Vektor $\boldsymbol{j}$:[1])

$$\boldsymbol{j} = \frac{i\hbar}{2m}(\Psi\operatorname{grad}\Psi^* - \Psi^*\operatorname{grad}\Psi) = \frac{1}{2m}(\Psi\hat{\boldsymbol{p}}^*\Psi^* + \Psi^*\hat{\boldsymbol{p}}\Psi)\,. \qquad (19{,}4)$$

Das Integral über div $\boldsymbol{j}$ kann mit dem Gaussschen Satz in ein Oberflächenintegral über eine geschlossene Fläche um das Volumen V umgeformt werden:

$$\frac{\mathrm{d}}{\mathrm{d}t}\int |\Psi|^2\,\mathrm{d}V = -\oint \boldsymbol{j}\,\mathrm{d}\boldsymbol{f}\,. \qquad (19{,}5)$$

Hieraus ist ersichtlich, daß man den Vektor $\boldsymbol{j}$ als Vektor für die *Wahrscheinlichkeitsstromdichte* oder einfach für die *Stromdichte* bezeichnen kann. Das Oberflächenintegral über diesen Vektor ist die Wahrscheinlichkeit dafür, daß das Teilchen in einer Zeiteinheit durch diese Fläche hindurchgeht. Der Vektor $\boldsymbol{j}$ und die Wahrscheinlichkeitsdichte $|\Psi|^2$ genügen der Gleichung

$$\frac{\partial|\Psi|^2}{\partial t} + \operatorname{div}\boldsymbol{j} = 0\,, \qquad (19{,}6)$$

die einer klassischen Kontinuitätsgleichung analog ist.

Die Wellenfunktion für eine freie Bewegung — die ebene Welle (17,9) — kann so normiert werden, daß sie einen Teilchenstrom mit der Dichte 1 beschreibt (einen Strom, in dem durch eine senkrechte Flächeneinheit im Mittel ein Teilchen pro Zeiteinheit hindurchgeht). Diese Funktion ist

$$\Psi = \frac{1}{\sqrt{v}}\,\mathrm{e}^{-\frac{i}{\hbar}(Et - \boldsymbol{p}\boldsymbol{r})}\,, \qquad (19{,}7)$$

wenn v die Geschwindigkeit des Teilchens ist. Setzen wir diese Funktion in (19,4) ein, so erhalten wir tatsächlich $\boldsymbol{j} = \boldsymbol{p}/mv$, d. h. den Einheitsvektor in Bewegungsrichtung.

Es ist nützlich zu zeigen, wie aus der Schrödinger-Gleichung unmittelbar folgt, daß die Wellenfunktionen für Zustände mit verschiedener Energie orthogonal zueinander sind. ψ_m und ψ_n seien zwei solche Funktionen; sie erfüllen die Gleichungen

$$-\frac{\hbar^2}{2m}\Delta\psi_m + U\psi_m = E_m\psi_m\,,$$

$$-\frac{\hbar^2}{2m}\Delta\psi_n^* + U\psi_n^* = E_n\psi_n^*\,.$$

[1]) Wird ψ in der Gestalt $|\psi|\,\mathrm{e}^{i\alpha}$ dargestellt, dann ist

$$\boldsymbol{j} = \frac{\hbar}{m}|\psi|^2\operatorname{grad}\alpha\,. \qquad (19{,}4\,\mathrm{a})$$

Wir multiplizieren die erste Gleichung mit ψ_n^* und die zweite mit ψ_m, subtrahieren sie voneinander und bekommen

$$(E_m - E_n)\,\psi_m\psi_n^* = \frac{\hbar^2}{2m}(\psi_m\,\Delta\psi_n^* - \psi_n^*\,\Delta\psi_m) = \frac{\hbar^2}{2m}\operatorname{div}(\psi_m\nabla\psi_n^* - \psi_n^*\nabla\psi_m)\,.$$

Wenn wir jetzt beide Seiten der Gleichung über den ganzen Raum integrieren, dann verschwindet die rechte Seite nach Anwendung des GAUSSschen Satzes, und wir erhalten

$$(E_m - E_n)\int \psi_m\psi_n^*\,\mathrm{d}V = 0\,.$$

Hieraus folgt wegen unserer Voraussetzung $E_m \neq E_n$ die gesuchte Orthogonalitätsrelation

$$\int \psi_m\psi_n^*\,\mathrm{d}V = 0\,.$$

§ 20. Das Variationsprinzip

Die SCHRÖDINGER-Gleichung in der allgemeinen Form $\hat{H}\psi = E\psi$ kann aus dem Variationsprinzip erhalten werden:

$$\delta\int \psi^*(\hat{H} - E)\,\psi\,\mathrm{d}q = 0\,. \tag{20,1}$$

Da ψ komplex ist, können ψ und ψ^* unabhängig voneinander variiert werden. Variieren wir ψ^*, so bekommen wir

$$\int \delta\psi^*(\hat{H} - E)\,\psi\,\mathrm{d}q = 0\,.$$

$\delta\psi^*$ ist willkürlich wählbar, daher bekommen wir hieraus die gesuchte Gleichung $\hat{H}\psi = E\psi$. Die Variation von ψ ergibt nichts Neues. Variieren wir ψ und nutzen wir die Hermitezität des Operators $\hat{H}$ aus, so erhalten wir

$$\int \psi^*(\hat{H} - E)\,\delta\psi\,\mathrm{d}q = \int \delta\psi(\hat{H}^* - E)\,\psi^*\,\mathrm{d}q = 0\,.$$

Hieraus ergibt sich die konjugiert komplexe Gleichung $\hat{H}^*\psi^* = E\psi^*$.

Das Variationsprinzip (20,1) verlangt ein Extremum des Integrals ohne Nebenbedingungen. Man kann es auch anders auffassen und E als LAGRANGE-Multiplikator in dem Variationsproblem

$$\delta\int \psi^*\hat{H}\psi\,\mathrm{d}q = 0 \tag{20,2}$$

mit der Nebenbedingung

$$\int \psi\psi^*\,\mathrm{d}q = 1 \tag{20,3}$$

auffassen.

Der minimale Wert des Integrals (20,2) (unter der Nebenbedingung (20,3)) ist der niedrigste Energieeigenwert, d. h. die Energie E_0 des Grundzustandes. Die Funktion ψ, die dieses Minimum realisiert, ist also die Wellenfunktion ψ_0 des Grundzustandes.[1]) Die Wellenfunktionen ψ_n ($n > 0$) der folgenden stationären Zustände gehören auch zu einem Extremwert, aber nicht zum absoluten Minimum des Integrals.

Um aus der Bedingung, daß das Integral (20,2) ein Minimum sein soll, die Wellenfunktion ψ_1 und die Energie E_1 des auf den Grundzustand folgenden Zustandes zu

---

[1]) In diesem Paragraphen werden wir im folgenden die Wellenfunktionen ψ reell annehmen, wie man sie immer wählen kann (wenn kein Magnetfeld vorhanden ist).

erhalten, darf man als Vergleichsfunktionen ψ nur solche zulassen, die neben der Normierungsbedingung (20,3) auch die Orthogonalitätsbedingung $\int \psi\psi_0\, dq = 0$ mit der Wellenfunktion ψ_0 des Grundzustandes erfüllen. Wenn allgemein die Wellenfunktionen $\psi_0, \psi_1, \dots, \psi_{n-1}$ der ersten n Zustände bekannt sind (die Zustände sind nach wachsenden Energien geordnet), dann realisiert die Wellenfunktion des folgenden Zustandes ein Minimum des Integrals (20,2) mit den Nebenbedingungen

$$\int \psi^2\, dq = 1\,, \qquad \int \psi\psi_m\, dq = 0\,, \qquad m = 0, 1, 2, \dots, n-1\,. \tag{20,4}$$

Wir geben jetzt einige allgemeine Sätze an, die auf Grund des Variationsprinzips bewiesen werden können.[1])

Die Wellenfunktion ψ_0 des Grundzustandes verschwindet nicht für endliche Koordinatenwerte (oder wie man sagt, sie hat keine Knoten).[2]) Sie hat, mit anderen Worten, im ganzen Raum dasselbe Vorzeichen. Daraus folgt, daß die Wellenfunktionen ψ_n $(n > 0)$ der anderen stationären Zustände, die zu ψ_0 orthogonal sind, bestimmt Knoten haben (wenn ψ_n ebenfalls nur ein Vorzeichen hätte, dann könnte das Integral $\int \psi_0\psi_n\, dq$ nicht verschwinden).

Da ψ_0 keine Knoten hat, kann ferner das Energieniveau des Grundzustandes nicht entartet sein. Wir wollen das Gegenteil annehmen; ψ_0 und ψ_0' seien zwei verschiedene Eigenfunktionen zu dem Energieniveau E_0. Jede Linearkombination $c\psi_0 + c'\psi_0'$ ist auch eine Eigenfunktion. Durch geeignete Wahl der Konstanten c und c' kann man aber immer erreichen, daß diese Funktion in einem beliebigen vorgegebenen Raumpunkt verschwindet, d. h., wir würden eine Eigenfunktion mit Knoten erhalten.

Verläuft eine Bewegung in einem begrenzten Raumgebiet, dann muß auf dem Rand dieses Gebietes $\psi = 0$ sein (siehe § 18). Zur Bestimmung der Energieniveaus muß man aus dem Variationsprinzip das Minimum des Integrals (20,2) für diese Randbedingung finden. Der Satz, daß die Wellenfunktion des Grundzustandes keine Knoten hat, besagt hier, daß ψ_0 innerhalb des gegebenen Gebietes nirgends verschwindet.

Bei einer Vergrößerung der Ausdehnungen des Gebietes, in dem die Bewegung verlaufen kann, werden alle Energieniveaus E_n abgesenkt. Das folgt unmittelbar daraus, daß bei einer Vergrößerung dieses Gebietes die Zahl der Vergleichsfunktionen zunimmt, die ein Minimum des Integrals realisieren. Als Ergebnis dessen kann sich der Minimalwert des Integrals nur verkleinern.

Der Ausdruck

$$\int \psi\hat{H}\psi\, dq = \int \left[-\sum_a \frac{\hbar^2}{2m_a}\psi\, \Delta_a\psi + U\psi^2 \right] dq$$

für die Zustände des diskreten Spektrums eines Systems von Teilchen kann so umgeformt werden, daß er zur wirklichen Ausführung der Variation besser geeignet ist. Im ersten Glied des Integranden schreiben wir

$$\psi\, \Delta_a\psi = \operatorname{div}_a (\psi\, \nabla_a\psi) - (\nabla_a\psi)^2\,.$$

---

[1]) Der Beweis dieser Sätze (siehe auch § 21) über die Nullstellen der Eigenfunktionen ist in folgenden Büchern zu finden: M. A. Lawrentjew und L. A. Ljusternik, Lehrbuch der Variationsrechnung, 2. Aufl., Kap. IX, Moskau 1950 (russ.), und R. Courant und D. Hilbert, Methoden der mathematischen Physik, Band I, Kap. VI, Berlin 1941.

[2]) Dieser Satz (und die Folgerung daraus) gilt im allgemeinen nicht für die Wellenfunktionen von Systemen aus mehreren identischen Teilchen (siehe den Schluß von § 63).

Das Integral über $\operatorname{div}_a (\psi \nabla_a \psi) \, dV_a$ wird in ein Oberflächenintegral über eine sehr weit außen liegende geschlossene Fläche umgewandelt. Da die Wellenfunktionen von Zuständen des diskreten Spektrums im Unendlichen hinreichend schnell verschwinden, verschwindet auch dieses Integral. Es ist also

$$\int \psi \hat{H} \psi \, dq = \int \left[\sum_a \frac{\hbar^2}{2m_a} (\nabla_a \psi)^2 + U\psi^2 \right] dq \,. \tag{20,5}$$

§ 21. Allgemeine Eigenschaften der eindimensionalen Bewegung

Falls die potentielle Energie eines Teilchens nur von einer Koordinate (x) abhängt, kann man die Wellenfunktion als Produkt einer Funktion von y und z und einer Funktion von x allein ansetzen. Die erste Funktion wird durch die SCHRÖDINGER-Gleichung für die freie Bewegung bestimmt, die zweite durch die eindimensionale SCHRÖDINGER-Gleichung

$$\frac{d^2\psi}{dx^2} + \frac{2m}{\hbar^2} [E - U(x)] \psi = 0 \,. \tag{21,1}$$

Die Berechnung der Bewegung in einem Feld mit der potentiellen Energie $U(x, y, z) = U_1(x) + U_2(y) + U_3(z)$ führt zu denselben eindimensionalen Gleichungen; diese potentielle Energie zerfällt in eine Summe von Funktionen, von denen jede einzelne nur von je einer Koordinate abhängt. In den §§ 22—24 werden wir einige konkrete Beispiele für eine solche „eindimensionale" Bewegung betrachten. Hier wollen wir zunächst einige allgemeine Eigenschaften derselben besprechen.

Zuerst zeigen wir, daß bei einem eindimensionalen Problem alle Energieniveaus des diskreten Spektrums nicht entartet sind. Wir führen den Beweis indirekt. ψ_1 und ψ_2 seien zwei verschiedene Eigenfunktionen zu ein und demselben Energiewert. Da sie beide derselben Gleichung (21,1) genügen, haben wir

$$\frac{\psi_1''}{\psi_1} = \frac{2m}{\hbar^2} (U - E) = \frac{\psi_2''}{\psi_2}$$

oder $\psi_1''\psi_2 - \psi_1\psi_2'' = 0$ (der Strich bedeutet die Ableitung nach x). Wir integrieren diese Beziehung und finden

$$\psi_1'\psi_2 - \psi_1\psi_2' = \text{const} \,. \tag{21,2}$$

Weil im Unendlichen $\psi_1 = \psi_2 = 0$ sind, muß die Integrationskonstante gleich Null sein, so daß

$$\psi_1\psi_2' - \psi_2\psi_1' = 0 \,,$$

oder $\psi_1'/\psi_1 = \psi_2'/\psi_2$ gilt. Durch weitere Integration erhalten wir $\psi_1 = \text{const} \cdot \psi_2$, d. h., die beiden Funktionen stimmen im wesentlichen überein.

Für die Wellenfunktionen $\psi_n(x)$ des diskreten Spektrums kann der folgende Satz (der sogenannte Knotensatz) ausgesprochen werden: Die Funktion $\psi_n(x)$ zum $(n + 1)$-ten Eigenwert E_n hat (für endliche Werte von x) n Nullstellen.[1])

Wir werden annehmen, daß die Funktion $U(x)$ für $x \to \pm\infty$ gegen endliche Grenzwerte strebt (sie braucht aber keineswegs eine monotone Funktion zu sein). Den Grenz-

[1]) Befindet sich das Teilchen nur in einem endlichen Intervall auf der x-Achse, dann muß man von den Nullstellen der Funktion $\psi_n(x)$ in diesem Intervall sprechen.

wert $U(+\infty)$ wählen wir als Anfang der Energiezählung (d. h., wir setzen $U(+\infty) = 0$). $U(-\infty)$ bezeichnen wir mit U_0, und wir nehmen $U_0 > 0$ an. Das diskrete Spektrum liegt im Bereich derjenigen Eigenwerte, für die das Teilchen nicht ins Unendliche fortlaufen kann. Die Energie muß dazu kleiner als die beiden Grenzwerte $U(\pm\infty)$ sein, d. h., sie muß negativ sein:

$$E < 0 . \tag{21,3}$$

Dabei muß natürlich auf jeden Fall $E > U_{\min}$ sein, d. h., die Funktion $U(x)$ muß mindestens ein Minimum mit $U_{\min} < 0$ haben.

Wir sehen uns jetzt den Bereich positiver Energiewerte kleiner als U_0 an:

$$0 < E < U_0 . \tag{21,4}$$

In diesem Bereich ist das Spektrum kontinuierlich, und die Bewegung des Teilchens in den zugehörigen stationären Zuständen verläuft bis ins Unendliche, wobei das Teilchen nach der Seite $x = +\infty$ wegläuft. Alle Energiewerte in diesem Teil des Spektrums sind ebenfalls nicht entartet. Um das zu zeigen, braucht man nur zu bemerken, daß es für den oben geführten Beweis (für das diskrete Spektrum) ausreicht, wenn die Funktionen ψ_1 und ψ_2 wenigstens bei einem Grenzübergang $x \to +\infty$ oder $x \to -\infty$ verschwinden (im vorliegenden Fall verschwinden sie für $x \to -\infty$).

Für hinreichend große positive Werte von x kann man $U(x)$ in der SCHRÖDINGER-Gleichung (21,1) vernachlässigen:

$$\psi'' + \frac{2m}{\hbar^2} E\psi = 0 .$$

Diese Gleichung hat reelle Lösungen in Form von stehenden ebenen Wellen

$$\psi = a \cos (kx + \delta) . \tag{21,5}$$

Darin sind a und δ Konstanten, und $k = p/\hbar = \sqrt{2mE}/\hbar$ ist die Wellenzahl. Durch diese Formel wird das asymptotische Verhalten (für $x \to +\infty$) der Wellenfunktionen zu den nicht entarteten Energieniveaus in dem Teil (21,4) des kontinuierlichen Spektrums beschrieben. Für große negative x-Werte wird die SCHRÖDINGER-Gleichung zu

$$\psi'' - \frac{2m}{\hbar^2} (U_0 - E)\, \psi = 0 .$$

Eine Lösung, die für $x \to -\infty$ nicht gegen unendlich strebt, ist

$$\psi = b\, e^{\varkappa x} , \qquad \varkappa = \frac{1}{\hbar} \sqrt{2m(U_0 - E)} . \tag{21,6}$$

Das ist die asymptotische Form der Wellenfunktion für $x \to -\infty$. Die Wellenfunktion klingt also beim Eindringen in den Bereich mit $E < U$ exponentiell ab.

Für

$$E > U_0 \tag{21,7}$$

wird das Spektrum kontinuierlich, und die Bewegung verläuft nach beiden Seiten ins Unendliche. In diesem Teil des Spektrums sind alle Niveaus zweifach entartet; denn die zugehörigen Wellenfunktionen werden aus der Gleichung zweiter Ordnung (21,1) bestimmt, und die beiden unabhängigen Lösungen dieser Gleichung genügen den erforderlichen Bedingungen im Unendlichen (während zum Beispiel im vorhergehenden Fall eine Lösung für $x \to -\infty$ gegen unendlich ging und deshalb verworfen werden mußte). Die asymptotische Gestalt der Wellenfunktion für $x \to +\infty$ ist

$$\psi = a_1\, e^{ikx} + a_2\, e^{-ikx} \tag{21,8}$$

und analog für $x \to -\infty$. Das Glied mit e^{ikx} entspricht einem nach rechts laufenden Teilchen, das Glied mit e^{-ikx} einem nach links laufenden Teilchen.

Wir wollen annehmen, daß $U(x)$ eine gerade Funktion ist $\big(U(-x) = U(x)\big)$. Bei einer Vorzeichenänderung von x ändert sich die SCHRÖDINGER-Gleichung (21,1) jetzt nicht. Wenn $\psi(x)$ eine Lösung dieser Gleichung ist, dann ist auch $\psi(-x)$ eine Lösung, die bis auf einen konstanten Faktor gleich $\psi(x)$ ist: $\psi(-x) = c\psi(x)$. Ändern wir das Vorzeichen von x noch einmal, dann erhalten wir $\psi(x) = c^2\psi(x)$ und daraus $c = \pm 1$. Für eine symmetrische (zum Punkt $x = 0$) potentielle Energie müssen die Wellenfunktionen der stationären Zustände also entweder gerade $\big(\psi(-x) = \psi(x)\big)$ oder ungerade $\big(\psi(-x) = -\psi(x)\big)$ Funktionen sein.[1]) Die Wellenfunktion des Grundzustandes ist gerade; denn sie darf keine Knoten haben, und eine ungerade Funktion verschwindet auf jeden Fall bei $x = 0$ $\big(\psi(0) = -\psi(0) = 0\big)$.

Es gibt ein einfaches Verfahren zur Normierung der Wellenfunktionen für die eindimensionale Bewegung (im kontinuierlichen Spektrum). Danach kann man den Normierungsfaktor unmittelbar aus dem asymptotischen Ausdruck der Wellenfunktionen für große Werte von $|x|$ bestimmen.

Sehen wir uns die Wellenfunktion für eine Bewegung an, die nach einer Seite ($x \to +\infty$) bis ins Unendliche verläuft. Das Normierungsintegral divergiert für $x \to \infty$ (für $x \to -\infty$ klingt die Funktion exponentiell ab, so daß das Integral rasch konvergiert). Bei der Berechnung des Normierungsfaktors kann man daher ψ durch den asymptotischen Ausdruck (für große $x > 0$) ersetzen und integrieren; als untere Grenze kann dabei ein beliebiger endlicher x-Wert, sagen wir Null, gewählt werden. Es wird dabei nur eine endliche Größe gegenüber einer unendlichen vernachlässigt. Wir wollen zeigen, daß die Wellenfunktion, die nach der Vorschrift

$$\int \psi_p^* \psi_{p'}\, dx = \delta\left(\frac{p - p'}{2\pi\hbar}\right) = 2\pi\hbar\,\delta(p - p') \tag{21,9}$$

normiert ist (p ist der Impuls des Teilchens im Unendlichen), die asymptotische Gestalt (21,5) mit $a = 2$ haben muß:

$$\psi_p \approx 2 \cos\,(kx + \delta) = e^{i(kx+\delta)} + e^{-i(kx+\delta)}\,. \tag{21,10}$$

Wir wollen hier nicht die Orthogonalität der Funktionen zu verschiedenen p nachweisen, deshalb sehen wir die Impulse p und p' beim Einsetzen der Funktionen (21,10) in das Normierungsintegral als infinitesimal benachbart an, und wir können $\delta = \delta'$ setzen (δ ist im allgemeinen eine Funktion von p). Im Integranden lassen wir im folgenden nur solche Glieder stehen, die für $p = p'$ divergieren. Mit anderen Worten,

---

[1]) Bei diesen Überlegungen wird vorausgesetzt, daß der stationäre Zustand nicht entartet ist, d. h., die Bewegung soll nicht auf beiden Seiten ins Unendliche verlaufen. Im entgegengesetzten Fall können sich die beiden Wellenfunktionen zu einem gegebenen Energieniveau bei einer Vorzeichenänderung von x ineinander transformieren. Dann sind die Wellenfunktionen der stationären Zustände jedoch nicht mehr zwangsläufig gerade oder ungerade, sie können aber immer (durch Wahl geeigneter Linearkombinationen der ursprünglichen Funktionen) gerade oder ungerade gemacht werden.

wir lassen Glieder mit den Faktoren $e^{\pm i(k+k')x}$ weg. Auf diese Weise erhalten wir

$$\int \psi_p^* \psi_{p'}\, dx = \int_0^\infty e^{i(k'-k)x}\, dx + \int_0^\infty e^{-i(k'-k)x}\, dx = \int_{-\infty}^{\infty} e^{i(k'-k)x}\, dx\,,$$

was wegen (15,7) mit (21,9) übereinstimmt.

Der Übergang zur Normierung auf eine δ-Funktion der Energie erfolgt nach (5,14), indem man ψ_p mit

$$\left(\frac{d(p/2\pi\hbar)}{dE}\right)^{1/2} = \frac{1}{\sqrt{2\pi\hbar v}}$$

multipliziert, wobei v die Geschwindigkeit des Teilchens im Unendlichen ist. Es ist also

$$\psi_E = \frac{1}{\sqrt{2\pi\hbar v}}\,\psi_p = \frac{1}{\sqrt{2\pi\hbar v}}\left(e^{i(kx+\delta)} + e^{-i(kx+\delta)}\right). \tag{21,11}$$

Die Stromdichte in den beiden fortschreitenden ebenen Wellen, aus denen die stehende Welle (21,11) zusammengesetzt ist, ist gleich $1/2\pi\hbar$. Man kann also folgende Normierungsvorschrift für eine Wellenfunktion zu einer einseitig ins Unendliche verlaufenden Bewegung (Normierung auf eine δ-Funktion der Energie) formulieren: Man stellt den asymptotischen Ausdruck für die Wellenfunktion als Summe zweier einander entgegenlaufender ebener Wellen dar. Man hat dann den Normierungsfaktor so zu wählen, daß die Stromdichte in der Welle, die auf den Koordinatenursprung zuläuft (oder vom Koordinatenursprung wegläuft), gleich $1/2\pi\hbar$ ist.

Analog kann man eine solche Normierungsvorschrift für die Wellenfunktionen einer auf beiden Seiten ins Unendliche verlaufenden Bewegung erhalten. Die Wellenfunktion ist auf eine δ-Funktion der Energie normiert, wenn die Summe der Ströme von der positiven und von der negativen x-Achse her zum Koordinatenursprung hin gleich $1/2\pi\hbar$ ist.

§ 22. Der Potentialtopf

Als einfaches Beispiel für eine eindimensionale Bewegung behandeln wir die Bewegung in einem rechteckigen Potentialtopf, d. h. in einem Feld, das durch die in Abb. 1 dargestellte Funktion $U(x)$ gegeben wird: $U(x) = 0$ für $0 < x < a$ und $U(x) = U_0$ für $x < 0$ und $x > a$. Es ist von vornherein klar, daß das Spektrum für $E < U_0$ diskret wird; für $E > U_0$ haben wir ein kontinuierliches Spektrum mit zweifach entarteten Niveaus.

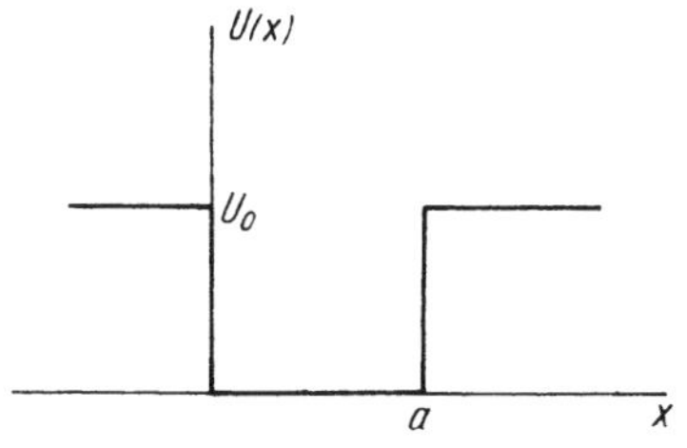

Abb. 1

Im Bereich $0 < x < a$ gilt die SCHRÖDINGER-Gleichung

$$\psi'' + \frac{2m}{\hbar^2} E\psi = 0 \tag{22,1}$$

(der Strich bedeutet die Ableitung nach x), außerhalb des Potentialtopfes haben wir

$$\psi'' + \frac{2m}{\hbar^2} (E - U_0)\, \psi = 0\,. \tag{22,2}$$

Für $x = 0$ und $x = a$ müssen die Lösungen dieser Gleichung stetig und mit stetiger Ableitung ineinander übergehen; für $x = \pm\infty$ muß die Lösung der Gleichung (22,2) endlich bleiben (für das diskrete Spektrum $E < U_0$ muß sie für $x = \pm\infty$ verschwinden).

Für $E < U_0$ ist die im Unendlichen verschwindende Lösung der Gleichung (22,2)

$$\psi = \text{const} \cdot e^{\mp \varkappa x}\,, \qquad \varkappa = \frac{1}{\hbar} \sqrt{2m(U_0 - E)} \tag{22,3}$$

(die Vorzeichen $-$ und $+$ gehören zu den Bereichen $x > a$ und $x < 0$). Die Aufenthaltswahrscheinlichkeit $|\psi|^2$ des Teilchens nimmt beim Eindringen in den Bereich mit $E < U(x)$ exponentiell ab. Statt der Stetigkeit von ψ und ψ' am Rande des Potentialtopfes fordert man zweckmäßig die Stetigkeit von ψ und der logarithmischen Ableitung ψ'/ψ. Unter Berücksichtigung von (22,3) erhalten wir die Randbedingung in der Form

$$\frac{\psi'}{\psi} = \mp \varkappa\,. \tag{22,4}$$

Wir verweilen hier nicht bei der Bestimmung der Energieniveaus in einem Potentialtopf beliebiger Tiefe U_0 (siehe Aufgabe 2) und besprechen nur den Grenzfall unendlich hoher Wände vollständig ($U_0 \to \infty$).

Die Bewegung verläuft für $U_0 = \infty$ nur im Bereich zwischen den Punkten $x = 0$ und $x = a$. Wie in § 18 angegeben wurde, lautet die Randbedingung in diesen Punkten

$$\psi = 0\,. \tag{22,5}$$

(Man kann leicht erkennen, daß man diese Bedingung auch aus der allgemeinen Bedingung (22,4) ableiten kann. Für $U_0 \to \infty$ haben wir $\varkappa \to \infty$ und daher $\psi'/\psi \to \infty$; da ψ' nicht unendlich werden kann, folgt daraus $\psi = 0$.) Wir suchen die Lösung der Gleichung (22,1) für das Innere des Potentialtopfes in der Form

$$\psi = c \sin(kx + \delta)\,, \qquad k = \frac{\sqrt{2mE}}{\hbar}\,. \tag{22,6}$$

Die Bedingung $\psi = 0$ für $x = 0$ ergibt $\delta = 0$; für $x = a$ ergibt dieselbe Bedingung $\sin ka = 0$, daraus folgt $ka = n\pi$ (n ist eine natürliche Zahl, die die Werte von 1 an durchläuft[1]) oder

$$E_n = \frac{\pi^2 \hbar^2}{2ma^2} n^2\,, \qquad n = 1, 2, 3, \ldots \tag{22,7}$$

Damit sind die Energieniveaus des Teilchens in dem Potentialtopf bestimmt. Die normierten Wellenfunktionen der stationären Zustände sind

$$\psi_n = \sqrt{\frac{2}{a}} \sin \frac{\pi n}{a} x \tag{22,8}$$

---

[1]) Für $n = 0$ ergäbe sich identisch $\psi = 0$.

Auf Grund dieser Ergebnisse kann man unmittelbar die Energieniveaus eines Teilchens in einem dreidimensionalen rechteckigen Potentialtopf hinschreiben, d. h. für die dreidimensionale Bewegung in einem Feld mit der potentiellen Energie $U = 0$ für $0 < x < a$, $0 < y < b$, $0 < z < c$ und $U = \infty$ außerhalb dieses Bereiches. Diese Niveaus werden nämlich durch die Summen

$$E_{n_1 n_2 n_3} = \frac{\pi^2 \hbar^2}{2m}\left(\frac{n_1^2}{a^2} + \frac{n_2^2}{b^2} + \frac{n_3^2}{c^2}\right), \quad n_1, n_2, n_3 = 1, 2, 3, \ldots, \tag{22,9}$$

gegeben, und die Wellenfunktionen sind die Produkte

$$\psi_{n_1 n_2 n_3} = \sqrt{\frac{8}{abc}} \sin\frac{\pi n_1}{a} x \cdot \sin\frac{\pi n_2}{b} y \cdot \sin\frac{\pi n_3}{c} z\,. \tag{22,10}$$

Die Energie des Grundzustandes ist nach (22,7) oder (22,9) von der Größenordnung $E_0 \sim \hbar^2/ml^2$; l ist dabei die lineare Ausdehnung des Bereiches, in dem sich das Teilchen bewegt. Dieses Ergebnis entspricht den Unschärferelationen: Bei einer Ortsunschärfe $\sim l$ ist die Unschärfe des Impulses und damit auch die Größenordnung des Impulses selbst $\sim \hbar/l$, die zugehörige Energie ist $\sim (\hbar/l)^2/m$.

Aufgaben

1. Man berechne die Wahrscheinlichkeitsverteilung für die verschiedenen Impulswerte zum Grundzustand eines Teilchens in einem unendlich tiefen rechteckigen Potentialtopf!

Lösung. Die Koeffizienten $a(p)$ in der Entwicklung der Funktion ψ_1 (22,8) nach den Impulseigenfunktionen sind

$$a(p) = \int \psi_p^* \psi_1 \, \mathrm{d}x = \sqrt{\frac{2}{a}} \int_0^a \sin\left(\frac{\pi}{a} x\right) \mathrm{e}^{-ipx/\hbar} \, \mathrm{d}x\,.$$

Wir berechnen das Integral, bilden das Betragsquadrat und erhalten für die gesuchte Wahrscheinlichkeitsverteilung

$$|a(p)|^2 \frac{\mathrm{d}p}{2\pi\hbar} = \frac{4\pi\hbar^3 a}{(p^2 a^2 - \pi^2\hbar^2)^2} \cos^2\frac{pa}{2\hbar} \, \mathrm{d}p\,.$$

2. Es sind die Energieniveaus für das in Abb. 2 dargestellte Potential zu berechnen.

Lösung. Das Energiespektrum ist für $E < U_1$ diskret, mit diesem Spektrum wollen wir uns befassen. Im Bereich $x < 0$ ist die Wellenfunktion

$$\psi = c_1 \,\mathrm{e}^{\varkappa_1 x}\,, \qquad \varkappa_1 = \frac{1}{\hbar}\sqrt{2m(U_1 - E)}\,,$$

und im Bereich $x > a$ ist sie

$$\psi = c_2 \,\mathrm{e}^{-\varkappa_2 x}\,, \qquad \varkappa_2 = \frac{1}{\hbar}\sqrt{2m(U_2 - E)}\,.$$

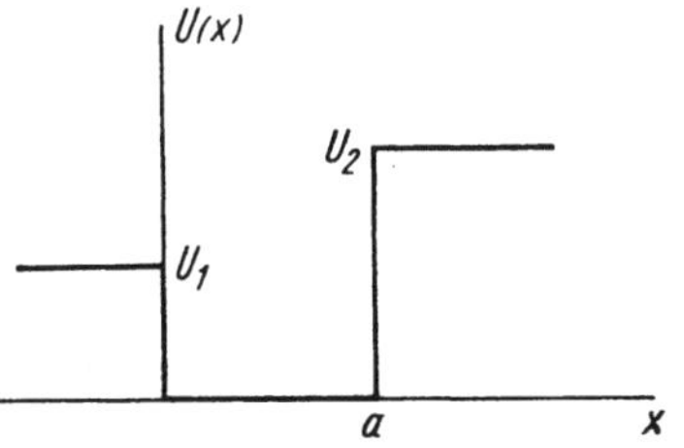

Abb. 2

Im Potentialtopf ($0 < x < a$) setzen wir ψ in der Gestalt an:

$$\psi = c \sin(kx + \delta), \qquad k = \frac{\sqrt{2mE}}{\hbar}.$$

Die Stetigkeitsforderung für ψ'/ψ an den Rändern des Potentialtopfes ergibt die Gleichungen

$$k \cot \delta = \varkappa_1 = \sqrt{\frac{2m}{\hbar^2} U_1 - k^2}, \qquad k \cot(ak + \delta) = -\varkappa_2 = -\sqrt{\frac{2m}{\hbar^2} U_2 - k^2}$$

oder

$$\sin \delta = \frac{k\hbar}{\sqrt{2mU_1}}, \qquad \sin(ka + \delta) = -\frac{k\hbar}{\sqrt{2mU_2}}.$$

Wir eliminieren δ und erhalten die transzendente Gleichung

$$ka = \pi n - \arcsin \frac{k\hbar}{\sqrt{2mU_1}} - \arcsin \frac{k\hbar}{\sqrt{2mU_2}} \tag{1}$$

(mit $n = 1, 2, 3, \ldots$, die Werte von arcsin werden zwischen 0 und $\pi/2$ gewählt), die Wurzeln dieser Gleichung bestimmen die Energieniveaus $E = k^2\hbar^2/2m$. Zu jedem n gibt es im allgemeinen eine Wurzel; die Werte von n indizieren die Niveaus in der Reihenfolge zunehmender Energie.

Da das Argument von arcsin nicht größer als 1 sein darf, ist klar, daß die k-Werte nur im Intervall von 0 bis $\sqrt{2mU_1}/\hbar$ liegen können. Die linke Seite der Gleichung (1) ist eine monoton wachsende, die rechte Seite eine monoton fallende Funktion von k. Für die Existenz einer Wurzel der Gleichung (1) ist es daher notwendig, daß die rechte Seite für $k = \sqrt{2mU_1}/\hbar$ kleiner als die linke ist. Insbesondere ist die Ungleichung

$$a \frac{\sqrt{2mU_1}}{\hbar} \geqq \frac{\pi}{2} - \arcsin \sqrt{\frac{U_1}{U_2}}, \tag{2}$$

die man für $n = 1$ erhält, die Bedingung dafür, daß es in dem Potentialtopf wenigstens ein Energieniveau gibt. Für gegebene $U_1 \neq U_2$ gibt es demnach immer so kleine Werte für die Breite a des Potentialtopfes, daß es kein einziges diskretes Energieniveau gibt. Für $U_1 = U_2$ ist die Bedingung (2) offensichtlich immer erfüllt.

Für $U_1 = U_2 = U_0$ (symmetrischer Potentialtopf) wird die Gleichung (1) zu

$$\arcsin \frac{\hbar k}{\sqrt{2mU_0}} = \frac{n\pi - ka}{2}. \tag{3}$$

Wir führen die Veränderliche $\xi = ka/2$ ein und erhalten für ungerade n die Gleichung

$$\cos \xi = \pm \gamma \xi, \qquad \gamma = \frac{\hbar}{a} \sqrt{\frac{2}{mU_0}}, \tag{4}$$

wobei diejenigen Wurzeln dieser Gleichung zu verwenden sind, für die tg $\xi > 0$ ist. Für gerade n erhalten wir die Gleichung

$$\sin \xi = \pm \gamma \xi, \tag{5}$$

und es sind diejenigen Wurzeln zu nehmen, für die $\tan \xi < 0$ ist. Aus den Wurzeln dieser beiden Gleichungen ergeben sich die Energieniveaus $E = 2\xi^2\hbar^2/ma^2$, es gibt (für $\gamma \neq 0$) endlich viele Niveaus.

Im Spezialfall eines sehr flachen Potentialtopfes mit $U_0 \ll \hbar^2/ma^2$ haben wir $\gamma \gg 1$, und die Gleichung (5) hat überhaupt keine Wurzel. Die Gleichung (4) hat eine Wurzel (zum oberen Vorzeichen auf der rechten Seite) $\xi \approx \frac{1}{\gamma}\left(1 - \frac{1}{2\gamma^2}\right)$. In einem solchen Potentialtopf gibt es also genau ein Energieniveau

$$E_0 \approx U_0 - \frac{ma^2}{2\hbar^2} U_0^2 ,$$

das nahe am oberen Rand des Potentialtopfes liegt.

3. Es ist der Druck auf die Wände eines rechteckigen Potentialtopfes infolge eines darin befindlichen Teilchens zu berechnen.

Lösung. Die Kraft auf die Wand senkrecht zur x-Achse ist der Mittelwert der Ableitung $-\partial H/\partial a$ der Hamilton-Funktion des Teilchens nach der Breite des Potentialtopfes in x-Richtung. Der Druck ergibt sich aus dieser Kraft, indem man durch die Wandfläche bc dividiert. Nach Formel (11,16) findet man den gesuchten Mittelwert durch Ableitung des Energieeigenwertes (22,9). Schließlich ergibt sich der Druck

$$p^{(x)} = \frac{\pi^2\hbar^2}{ma^3bc} n_1^2 .$$

§ 23. Der lineare harmonische Oszillator

Wir betrachten ein Teilchen, das eindimensionale kleine Schwingungen ausführt (sogenannter *linearer harmonischer Oszillator*). Die potentielle Energie eines solchen Teilchens ist $m\omega^2x^2/2$, wobei ω in der klassischen Mechanik die Eigenfrequenz der Schwingungen ist. Dementsprechend lautet der Hamilton-Operator für einen Oszillator

$$\hat{H} = \frac{\hat{p}^2}{2m} + \frac{m\omega^2x^2}{2} . \tag{23,1}$$

Da die potentielle Energie für $x = \pm\infty$ gegen unendlich geht, kann das Teilchen sich nur in endlichen Bereichen bewegen. Demzufolge muß das ganze Energiespektrum eines Oszillators diskret sein.

Wir wollen die Energieniveaus eines linearen harmonischen Oszillators mit Hilfe der Matrizenmechanik berechnen.[1]) Dazu gehen wir von den Bewegungsgleichungen in der Form (19,3) aus; in unserem Falle ergeben sie

$$\hat{\ddot{x}} + \omega^2 x = 0 . \tag{23,2}$$

In Matrixform lautet diese Gleichung

$$(\ddot{x})_{mn} + \omega^2 x_{mn} = 0 .$$

Für die Matrixelemente der Beschleunigung haben wir nach (11,8) $(\ddot{x})_{mn} = i\omega_{mn}(\dot{x})_{mn} = -\omega_{mn}^2 x_{mn}$. Daher erhalten wir

$$(\omega_{mn}^2 - \omega^2)\, x_{mn} = 0 .$$

Hieraus ist zu entnehmen, daß alle Matrixelemente x_{mn} gleich Null sind bis auf diejenigen, für die $\omega_{mn} = \pm\omega$ gilt. Wir bezeichnen alle stationären Zustände so, daß die Frequenzen $\pm\omega$ zu den Übergängen $n \to n \mp 1$ gehören, d. h. $\omega_{n,n\mp 1} = \pm\omega$. Es sind dann nur die Matrixelemente $x_{n,n\mp 1}$ von Null verschieden.

Die Wellenfunktionen ψ_n seien reell gewählt worden. Da x eine reelle Größe ist, werden auch alle Matrixelemente x_{mn} reell sein. Die Hermitezitätsbedingung (11,10)

[1]) Das ist von Heisenberg (1925) noch vor der Aufstellung der Schrödingerschen Wellengleichung getan worden.

verlangt nun, daß die Matrix x_{mn} symmetrisch ist:

$$x_{mn} = x_{nm} .$$

Zur Berechnung der von Null verschiedenen Matrixelemente der Ortskoordinate verwenden wir die Vertauschungsregel

$$\hat{\dot{x}}\hat{x} - \hat{x}\hat{\dot{x}} = - i \frac{\hbar}{m} ,$$

die in der Matrixschreibweise folgendermaßen lautet:

$$(\dot{x}x)_{mn} - (x\dot{x})_{mn} = - i \frac{\hbar}{m} \delta_{mn} .$$

Mit Hilfe der Multiplikationsvorschrift für Matrizen (11,12) bekommen wir für $m = n$

$$i \sum_l (\omega_{nl} x_{nl} x_{ln} - x_{nl} \omega_{ln} x_{ln}) = 2i \sum_l \omega_{nl} x_{nl}^2 = - i \frac{\hbar}{m} .$$

In dieser Summe sind nur die Summanden mit $l = n \pm 1$ von Null verschieden, und wir erhalten

$$(x_{n+1,n})^2 - (x_{n,n-1})^2 = \frac{\hbar}{2m\omega} . \tag{23,3}$$

Wir schließen aus dieser Gleichung, daß die Größen $(x_{n+1,n})^2$ eine arithmetische Folge bilden. Diese Folge ist nach oben nicht beschränkt, sie ist aber bestimmt nach unten beschränkt, weil in ihr nur positive Glieder enthalten sein können. Bisher haben wir nur die relative Anordnung der Zustandsindizes n festgelegt, aber nicht deren absolute Werte. Wir können daher willkürlich einen Wert von n auswählen, der zum ersten, zum Grundzustand des Oszillators, gehören soll. Wir setzen diesen Wert gleich Null. Dementsprechend muß man $x_{0,-1}$ als identisch gleich Null ansehen. Die wiederholte Anwendung der Gleichungen (23,3) mit $n = 0, 1, \ldots$ ergibt

$$(x_{n,n-1})^2 = \frac{n\hbar}{2m\omega} .$$

Wir erhalten also endgültig den folgenden Ausdruck für die von Null verschiedenen Matrixelemente von x[1])

$$x_{n,n-1} = x_{n-1,n} = \sqrt{\frac{n\hbar}{2m\omega}} . \tag{23,4}$$

Die Matrix für den Operator $\hat{H}$ ist diagonal, und die Matrixelemente H_{nn} sind die gesuchten Energieeigenwerte E_n des Oszillators. Um sie zu berechnen, schreiben wir

$$H_{nn} = E_n = \frac{m}{2} [(\dot{x}^2)_{nn} + \omega^2 (x^2)_{nn}]$$
$$= \frac{m}{2} \left[\sum_l i\omega_{nl} x_{nl} i\omega_{ln} x_{ln} + \omega^2 \sum_l x_{nl} x_{ln} \right] = \frac{m}{2} \sum_l (\omega^2 + \omega_{nl}^2) x_{ln}^2 .$$

In der Summe über l sind nur die Summanden mit $l = n \pm 1$ von Null verschieden. Wir setzen (23,4) ein und erhalten

$$E_n = (n + \tfrac{1}{2}) \hbar\omega , \qquad n = 0, 1, 2, \ldots \tag{23,5}$$

---

[1]) Wir wählen die unbestimmten Phasen α_n (siehe die Fußnote auf Seite 30) so, daß man in allen Matrixelementen (23,4) das +-Zeichen vor der Wurzel erhält. Diese Wahl ist immer möglich für eine Matrix, in der nur die Elemente für Übergänge zwischen benachbarten Zuständen von Null verschieden sind.

Die Energieniveaus des harmonischen Oszillators liegen also äquidistant in Abständen $\hbar\omega$. Die Energie des Grundzustandes ($n = 0$) ist $\hbar\omega/2$, sie ist verschieden von Null.

Das Ergebnis (23,5) kann auch durch Lösung der SCHRÖDINGER-Gleichung gewonnen werden. Diese Gleichung lautet für einen linearen harmonischen Oszillator

$$\frac{d^2\psi}{dx^2} + \frac{2m}{\hbar^2}\left(E - \frac{m\omega^2 x^2}{2}\right)\psi = 0\,. \tag{23,6}$$

Es ist hier zweckmäßig, statt der Koordinate x die Variable ξ durch die Beziehung

$$\xi = \sqrt{\frac{m\omega}{\hbar}}\, x \tag{23,7}$$

einzuführen. Wir erhalten dann die Gleichung

$$\psi'' + \left(\frac{2E}{\hbar\omega} - \xi^2\right)\psi = 0\,. \tag{23,8}$$

(Der Strich bedeutet hier die Ableitung nach ξ.)

Für große ξ kann man $2E/\hbar\omega$ gegenüber ξ^2 vernachlässigen. Die Gleichung $\psi'' = \xi^2\psi$ hat die asymptotischen Lösungen $\psi = e^{\pm\xi^2/2}$ (die Ableitung dieser Funktion ergibt tatsächlich $\psi'' = \xi^2\psi$, wenn wir Glieder niedrigerer Ordnung in ξ vernachlässigen). Da die Wellenfunktion ψ für $\xi = \pm\infty$ endlich bleiben muß, muß man im Exponenten das negative Vorzeichen wählen. Es erscheint somit günstig, in der Gleichung (23,8) die Substitution

$$\psi = e^{-\xi^2/2}\,\chi(\xi) \tag{23,9}$$

vorzunehmen. Für die Funktion $\chi(\xi)$ erhalten wir (mit der Bezeichnung $2E/\hbar\omega - 1 = 2n$; da uns von früher $E > 0$ bekannt ist, ist $n > -1/2$)

$$\chi'' - 2\xi\chi' + 2n\chi = 0\,. \tag{23,10}$$

Die Funktion χ muß für alle endlichen ξ endlich sein, für $\xi = \pm\infty$ darf sie gegen unendlich gehen, aber nicht schneller als eine endliche Potenz von ξ (so daß die Funktion ψ verschwindet).

Solche Lösungen der Gleichungen (23,10) existieren nur für ganzzahlige positive Werte (einschließlich der Null) der Zahl n (siehe § a der mathematischen Ergänzungen). Das ergibt für die Energie die uns schon bekannten Eigenwerte (23,5). Die zu verschiedenen ganzzahligen Werten von n gehörigen Lösungen der Gleichung (23,10) sind

$$\chi = \text{const} \cdot H_n(\xi)\,,$$

die $H_n(\xi)$ sind die sogenannten hermiteschen Polynome. Sie sind Polynome n-ten Grades und durch die Formel

$$H_n(\xi) = (-1)^n\, e^{\xi^2} \frac{d^n e^{-\xi^2}}{d\xi^n} \tag{23,11}$$

definiert. Wir bestimmen die Konstante so, daß die Funktionen ψ_n der Normierungsvorschrift

$$\int_{-\infty}^{+\infty} \psi_n^2(x)\, dx = 1$$

genügen und erhalten (siehe (a, 7))

$$\psi_n(x) = \left(\frac{m\omega}{\pi\hbar}\right)^{1/4} \frac{1}{\sqrt{2^n n!}} e^{-\frac{m\omega}{2\hbar} x^2} H_n\left(x\sqrt{\frac{m\omega}{\hbar}}\right). \tag{23,12}$$

Die Wellenfunktion des Grundzustandes ist

$$\psi_0(x) = \left(\frac{m\omega}{\hbar\pi}\right)^{1/4} e^{-\frac{m\omega}{2\hbar} x^2} \tag{23,13}$$

Wie es sein muß, hat sie für endliche x keine Nullstellen.

Man erhält die Matrixelemente von x, indem man die Integrale $\int\limits_{-\infty}^{+\infty} \psi_n \psi_m \xi \, d\xi$ berechnet; diese Rechnung ergibt selbstverständlich wieder die Werte (23,4).

Zum Schluß zeigen wir, wie man die Wellenfunktionen ψ_n im Rahmen der Matrizenmechanik berechnen kann. In den Matrizen für die Operatoren $\hat{\dot{x}} \pm i\omega\hat{x}$ sind nur die Elemente

$$(\dot{x} - i\omega x)_{n-1,n} = -(\dot{x} + i\omega x)_{n,n-1} = -i\sqrt{\frac{2\omega\hbar n}{m}} \tag{23,14}$$

von Null verschieden. Ausgehend von der allgemeinen Formel (11,11) und unter Berücksichtigung von $\psi_{-1} \equiv 0$ schließen wir auf

$$(\hat{\dot{x}} - i\omega x)\,\psi_0 = 0\,.$$

Wir setzen den Ausdruck $\hat{\dot{x}} = -i\,\frac{\hbar}{m}\,\frac{d}{dx}$ ein und erhalten damit

$$\frac{d\psi_0}{dx} = -\frac{m\omega}{\hbar} x\psi_0\,.$$

Die normierte Lösung dieser Gleichung ist (23,13). Ferner erhalten wir wegen

$$(\hat{\dot{x}} + i\omega\hat{x})\,\psi_{n-1} = (\dot{x} + i\omega x)_{n,n-1}\,\psi_n = i\sqrt{\frac{2\omega\hbar n}{m}}\,\psi_n$$

die Rekursionsformel

$$\psi_n = \sqrt{\frac{m}{2\omega\hbar n}}\left(-\frac{\hbar}{m}\,\frac{d}{dx} + \omega x\right)\psi_{n-1} = \frac{1}{\sqrt{2n}}\left(-\frac{d}{d\xi} + \xi\right)\psi_{n-1}$$

$$= -\frac{1}{\sqrt{2n}}\, e^{\xi^2/2}\,\frac{d}{d\xi}\left(e^{-\xi^2/2}\,\psi_{n-1}\right).$$

n-malige Anwendung dieser Formel auf die Funktion (23,13) ergibt den Ausdruck (23,12) für die normierten Funktionen ψ_n.

Aufgaben

1. Es ist die Wahrscheinlichkeitsverteilung für die verschiedenen Impulswerte eines linearen harmonischen Oszillators zu berechnen.

Lösung. Im Falle des linearen harmonischen Oszillators geht man einfacher unmittelbar von der SCHRÖDINGER-Gleichung in der Impulsdarstellung aus, als daß man die Wellenfunktion eines stationären Zustandes nach den Impulseigenfunktionen entwickelt. Wir setzen in (23,1) den

Ortsoperator (15,12) $\hat{x} = i\hbar\, \mathrm{d}/\mathrm{d}p$ ein und bekommen den HAMILTON-Operator in der Impulsdarstellung:

$$\hat{H} = \frac{p^2}{2m} - \frac{m\omega^2\hbar^2}{2}\frac{\mathrm{d}^2}{\mathrm{d}p^2}.$$

Die zugehörige SCHRÖDINGER-Gleichung $\hat{H}a(p) = Ea(p)$ für die Wellenfunktion $a(p)$ in der Impulsdarstellung ist

$$\frac{\mathrm{d}^2a(p)}{dp^2} + \frac{2}{m\omega^2\hbar^2}\left(E - \frac{p^2}{2m}\right)a(p) = 0\,.$$

Diese Gleichung sieht genauso aus wie (23,6). Daher kann man ihre Lösungen unmittelbar in Analogie zu (23,12) aufschreiben. Wir finden somit die gesuchte Wahrscheinlichkeitsverteilung in der Form

$$|a_n(p)|^2 \frac{\mathrm{d}p}{2\pi\hbar} = \frac{1}{2^n n!\sqrt{\pi m\omega\hbar}}\,\mathrm{e}^{-p^2/m\omega\hbar}\, H_n^2\left(\frac{p}{\sqrt{m\omega\hbar}}\right)\mathrm{d}p\,.$$

2. Es ist der untere Grenzwert für die möglichen Energiewerte eines linearen harmonischen Oszillators mit Hilfe der Unschärferelation (16,7) zu bestimmen.

Lösung. Wir benutzen $\overline{x^2} = \bar{x}^2 + (\delta x)^2$, $\overline{p^2} = \bar{p}^2 + (\delta p)^2$, verwenden (16,7) und erhalten für den Mittelwert der Energie des Oszillators

$$\bar{E} = \frac{m\omega^2}{2}\overline{x^2} + \frac{\overline{p^2}}{2m} \geqq \frac{m\omega^2}{2}(\delta x)^2 + \frac{1}{2m}(\delta p)^2 \geqq \frac{m\omega^2\hbar^2}{8(\delta p)^2} + \frac{(\delta p)^2}{2m}\,.$$

Wir suchen das Minimum dieses Ausdrucks (als Funktion von δp) und finden dadurch den unteren Grenzwert für die Mittelwerte und für alle möglichen Energiewerte überhaupt: $E \geqq \hbar\omega/2$.

3. Es sind die Wellenfunktionen für diejenigen Zustände eines linearen harmonischen Oszillators zu berechnen, für die die Unschärferelation ihren kleinsten Wert hat, d. h. für diejenigen Zustände, für die die mittleren Schwankungsquadrate von Ort und Impuls in einem Wellenpaket über die Gleichung $\delta p\, \delta x = \hbar/2$ miteinander zusammenhängen (E. SCHRÖDINGER, 1926).[1]

Lösung. Die gesuchten Wellenfunktionen müssen folgende Gestalt haben:

$$\Psi(x, t) = \frac{1}{(2\pi)^{1/4}\,(\delta x)^{1/2}} \exp\left\{\frac{i\bar{p}x}{\hbar} - \frac{(x - \bar{x})^2}{4(\delta x)^2} - i\varphi(t)\right\}. \tag{1}$$

Ihre Ortsabhängigkeit entspricht in jedem Zeitpunkt der Formel (16,8), wobei $\bar{x} = \bar{x}(t)$ und $\bar{p} = \bar{p}(t) = m\dot{\bar{x}}(t)$ die Mittelwerte von Ort und Impuls sind. Nach (19,3) haben wir für einen linearen harmonischen Oszillator ($U = m\omega^2x^2/2$) $\hat{\dot{p}} = -m\omega^2 x$, und daher gilt auch für die Mittelwerte $\dot{\bar{p}} = -m\omega^2\bar{x}$ oder

$$\ddot{\bar{x}} + \omega^2\bar{x} = 0\,, \tag{2}$$

d.h., die Funktion $\bar{x}(t)$ genügt der klassischen Bewegungsgleichung. Der konstante Faktor in (1) wird durch die Normierungsvorschrift $\int_{-\infty}^{\infty} |\Psi|^2\, \mathrm{d}x = 1$ festgelegt. Außer diesem Faktor kann Ψ noch einen Phasenfaktor mit zeitabhängiger Phase $\varphi(t)$ enthalten. Die unbekannte Konstante δx und die unbekannte Funktion $\varphi(t)$ werden durch Einsetzen von (1) in die Wellengleichung bestimmt:

$$-\frac{\hbar^2}{2m}\frac{\partial^2\Psi}{\partial x^2} + \frac{m\omega^2x^2}{2}\Psi = i\hbar\frac{\partial\Psi}{\partial t}\,.$$

Wir setzen (1) in diese Gleichung ein, beachten (2) und erhalten

$$\left(\frac{x^2}{2} - x\bar{x}\right)\left(\frac{m^2\omega^2}{\hbar^2} - \frac{1}{4(\delta x)^4}\right) + \left[\frac{m^2\dot{\bar{x}}^2}{2\hbar^2} - \frac{\bar{x}^2}{8(\delta x)^4} + \frac{1}{4(\delta x)^2} - \frac{m}{\hbar}\dot{\varphi}(t)\right] = 0\,.$$

[1]) Diese Zustände werden als kohärent bezeichnet.

Hieraus finden wir $(\delta x)^2 = \hbar/2m\omega$ und schließlich

$$\dot{\varphi} = \frac{m}{2\hbar}(\dot{\bar{x}}^2 - \omega^2\bar{x}^2) + \frac{\omega}{2}, \qquad \varphi = \frac{1}{2\hbar}\bar{p}\bar{x} + \frac{\omega}{2}t\,.$$

Für die Wellenfunktion erhalten wir endgültig

$$\Psi(x,t) = \left(\frac{m\omega}{\pi\hbar}\right)^{1/4} \exp\left\{\frac{i\bar{p}x}{\hbar} - \frac{m\omega(x-\bar{x})^2}{2\hbar}\right\} \exp\left\{-\frac{i\omega t}{2} - i\frac{\bar{p}\bar{x}}{2\hbar}\right\}. \tag{3}$$

Für $\bar{x} = 0$ und $\bar{p} = 0$ geht diese Funktion in $\psi_0(x)\,\mathrm{e}^{-i\omega t/2}$ über, in die Wellenfunktion für den Grundzustand des Oszillators.

Die mittlere Energie in einem kohärenten Zustand ist

$$\bar{E} = \frac{\overline{p^2}}{2m} + \frac{m\omega^2\overline{x^2}}{2} = \frac{\bar{p}^2}{2m} + \frac{m\omega^2\bar{x}^2}{2} + \frac{\hbar\omega}{2} \equiv \hbar\omega\left(\bar{n} + \frac{1}{2}\right). \tag{4}$$

Die hier eingeführte Größe $\bar{n}$ ist die mittlere „Zahl der Quanten" $\hbar\omega$ in dem betreffenden Zustand. Ein kohärenter Zustand wird also durch die Vorgabe einer gewissen Abhängigkeit $\bar{x}(t)$ vollständig bestimmt, $\bar{x}(t)$ hat die klassische Gleichung (2) zu erfüllen. Die allgemeine Form einer solchen Abhängigkeit kann folgendermaßen geschrieben werden:

$$\frac{m\omega\bar{x} + i\bar{p}}{\sqrt{2m\hbar\omega}} = a\,\mathrm{e}^{-i\omega t}, \qquad |a|^2 = \bar{n}\,. \tag{5}$$

Die Funktion (3) kann nach den Wellenfunktionen der stationären Zustände des Oszillators entwickelt werden:

$$\Psi = \sum_{n=0}^{\infty} a_n \Psi_n, \qquad \Psi_n(x,t) = \psi_n(x) \exp\left\{-i\left(n + \frac{1}{2}\right)\omega t\right\}.$$

Die Koeffizienten in dieser Entwicklung sind[1])

$$a_n = \int_{-\infty}^{\infty} \Psi_n^* \Psi \,\mathrm{d}x\,. \tag{6}$$

Hieraus ergibt sich die Wahrscheinlichkeit, daß sich der Oszillator im n-ten Zustand befindet, als

$$w_n = |a_n|^2 = \mathrm{e}^{-\bar{n}}\frac{\bar{n}^n}{n!}, \tag{7}$$

d. h., sie ist eine POISSON-Verteilung.

4. Man berechne die Energieniveaus für ein Teilchen in dem Feld mit der potentiellen Energie

$$U(x) = A(\mathrm{e}^{-2\alpha x} - 2\mathrm{e}^{-\alpha x})$$

(Abb. 3, PH. MORSE).

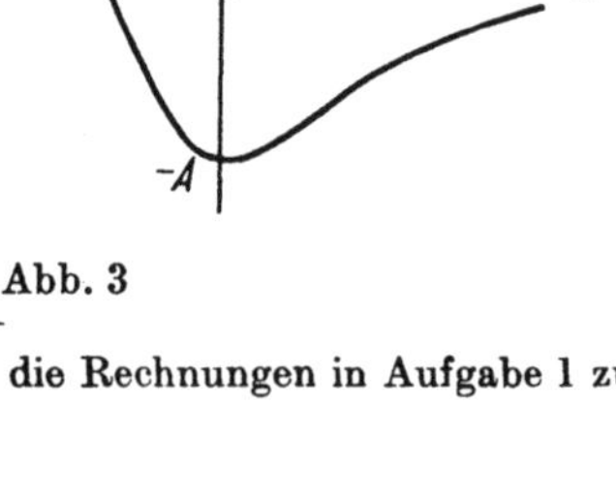

Abb. 3

[1]) Vergleiche die Rechnungen in Aufgabe 1 zu § 41.

Lösung. Das Spektrum der positiven Energieeigenwerte ist kontinuierlich (die Niveaus sind nicht entartet), das Spektrum der negativen Eigenwerte ist diskret.

Die SCHRÖDINGER-Gleichung lautet

$$\frac{d^2\psi}{dx^2} + \frac{2m}{\hbar^2}(E - A\,e^{-2\alpha x} + 2A\,e^{-\alpha x})\,\psi = 0\,.$$

Wir führen die neue Variable

$$\xi = \frac{2\sqrt{2mA}}{\alpha\hbar}\,e^{-\alpha x}$$

(die von 0 bis $+\infty$ läuft) ein und die Bezeichnungen (wir behandeln das diskrete Spektrum mit $E < 0$)

$$s = \frac{\sqrt{-2mE}}{\alpha\hbar}\,, \qquad n = \frac{\sqrt{2mA}}{\alpha\hbar} - \left(s + \frac{1}{2}\right). \tag{1}$$

Die SCHRÖDINGER-Gleichung nimmt dann die folgende Form an:

$$\psi'' + \frac{1}{\xi}\psi' + \left(-\frac{1}{4} + \frac{n + s + 1/2}{\xi} - \frac{s^2}{\xi^2}\right)\psi = 0\,.$$

Für $\xi \to \infty$ verhält sich die Funktion ψ asymptotisch wie $e^{\pm\xi/2}$; für $\xi \to 0$ ist die Funktion ψ proportional zu $\xi^{\pm s}$. Wegen der erforderlichen Endlichkeit muß man diejenige Lösung nehmen, die sich für $\xi \to \infty$ wie $e^{-\xi/2}$ und für $\xi \to 0$ wie ξ^s verhält. Wir substituieren

$$\psi = e^{-\xi/2}\,\xi^s w(\xi)$$

und erhalten für w die Gleichung

$$\xi w'' + (2s + 1 - \xi)\,w' + nw = 0\,, \tag{2}$$

die unter den folgenden Bedingungen gelöst werden muß: w ist für $\xi = 0$ endlich und wird für $\xi \to \infty$ nicht schneller als eine endliche Potenz von ξ unendlich. Die Gleichung (2) ist die Differentialgleichung für die konfluente hypergeometrische Funktion (siehe § d der mathematischen Ergänzungen)

$$w = F(-n, 2s + 1, \xi)\,.$$

Eine Lösung, die die erforderliche Bedingung erfüllt, ergibt sich für nichtnegatives ganzzahliges n (dafür vereinfacht sich die Funktion F zu einem Polynom). Nach der Definition (1) erhalten wir folglich für die Energieniveaus die Werte

$$-E_n = A\left[1 - \frac{\alpha\hbar}{\sqrt{2mA}}\left(n + \frac{1}{2}\right)\right]^2,$$

n durchläuft dabei die positiven ganzzahligen Werte von Null an bis zu dem größten Wert, für den noch

$$\frac{\sqrt{2mA}}{\alpha\hbar} > n + \frac{1}{2}$$

ist (so daß der Parameter s seiner Definition entsprechend positiv ist). Das diskrete Spektrum enthält also eine beschränkte Folge von Niveaus. Für

$$\frac{\sqrt{2mA}}{\alpha\hbar} < \frac{1}{2}$$

gibt es überhaupt kein diskretes Spektrum.

5. Wie Aufgabe 4 für $U = -\dfrac{U_0}{\cosh^2 \alpha x}$ (Abb. 4).

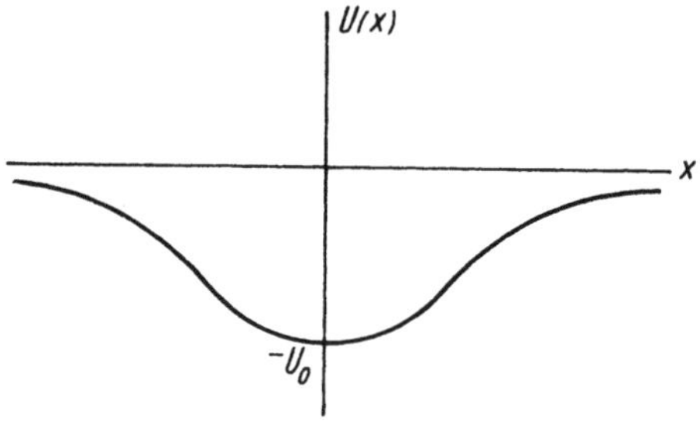

Abb. 4

Lösung. Das positive Energiespektrum ist kontinuierlich, das negative diskret, wir behandeln das letztere. Die SCHRÖDINGER-Gleichung ist

$$\frac{d^2\psi}{dx^2} + \frac{2m}{\hbar^2}\left(E + \frac{U_0}{\cosh^2 \alpha x}\right)\psi = 0\,.$$

Substituieren wir $\xi = \tanh \alpha x$ und führen die Bezeichnung

$$\varepsilon = \frac{\sqrt{-2mE}}{\hbar\alpha}\,, \qquad \frac{2mU_0}{\alpha^2\hbar^2} = s(s+1)\,, \qquad s = \frac{1}{2}\left(-1 + \sqrt{1 + \frac{8mU_0}{\alpha^2\hbar^2}}\right)$$

ein, so erhalten wir

$$\frac{d}{d\xi}\left[(1-\xi^2)\frac{d\psi}{d\xi}\right] + \left[s(s+1) - \frac{\varepsilon^2}{1-\xi^2}\right]\psi = 0\,.$$

Das ist die Differentialgleichung für die verallgemeinerten LEGENDREschen Funktionen. Durch die Substitution

$$\psi = (1-\xi^2)^{\varepsilon/2}\, w(\xi)$$

und die zeitweilige Substitution $\frac{1}{2}(1-\xi) = u$ führen wir sie auf eine hypergeometrische Differentialgleichung zurück:

$$u(1-u)\,w'' + (\varepsilon+1)\,(1-2u)\,w' - (\varepsilon - s)\,(\varepsilon + s + 1)\,w = 0\,.$$

Die für $\xi = 1$ (d. h. für $x = \infty$) endliche Lösung ist

$$\psi = (1-\xi^2)^{\varepsilon/2}\, F[\varepsilon - s, \varepsilon + s + 1, \varepsilon + 1, (1-\xi)/2]\,.$$

Damit ψ auch für $\xi = -1$ (d. h. für $x = -\infty$) endlich bleibt, muß $\varepsilon - s = -n$ mit $n = 0, 1, 2, \ldots$ sein (dann ist F ein Polynom n-ten Grades und für $\xi = -1$ endlich).

Die Energieniveaus werden also aus der Bedingung $s = \varepsilon + n$ bestimmt, daraus ergibt sich

$$E_n = -\frac{\hbar^2\alpha^2}{8m}\left[-(1+2n) + \sqrt{1 + \frac{8mU_0}{\alpha^2\hbar^2}}\right]^2.$$

Es gibt eine endliche Zahl von Niveaus, die durch die Bedingung $\varepsilon > 0$ bestimmt wird, d. h. durch $n < s$.

§ 24. Die Bewegung im homogenen Feld

Wir wollen die Bewegung eines Teilchens in einem homogenen äußeren Feld betrachten. Die Feldrichtung wählen wir als x-Achse, F sei die Kraft auf das Teilchen im Feld. In einem elektrischen Feld mit der Feldstärke E ist diese Kraft $F = eE$, wenn e die Ladung des Teilchens ist.

Die potentielle Energie eines Teilchens in einem homogenen Feld hat die Gestalt $U = -Fx + \text{const}$. Wir wählen die Konstante so, daß $U = 0$ für $x = 0$ ist, und haben $U = -Fx$. Die Schrödinger-Gleichung für das vorliegende Problem hat die Gestalt

$$\frac{d^2\psi}{dx^2} + \frac{2m}{\hbar^2}(E + Fx)\,\psi = 0\,. \tag{24,1}$$

Die potentielle Energie U strebt gegen $+\infty$ für $x \to -\infty$ und gegen $-\infty$ für $x \to +\infty$. Es ist daher von vornherein klar, daß die Energieniveaus ein kontinuierliches Spektrum bilden und den ganzen Wertebereich von $-\infty$ bis $+\infty$ überdecken. Alle diese Eigenwerte sind nicht entartet und gehören zu einer Bewegung, die nach $x = -\infty$ hin im Endlichen bleibt und in Richtung $x \to +\infty$ bis ins Unendliche verläuft.

Statt der Koordinate x führen wir die dimensionslose Variable

$$\xi = \left(x + \frac{E}{F}\right)\left(\frac{2mF}{\hbar^2}\right)^{1/3} \tag{24,2}$$

ein. Die Gleichung (24,1) geht dann über in

$$\psi'' + \xi\psi = 0\,. \tag{24,3}$$

Diese Gleichung enthält überhaupt keinen Energieparameter. Wenn wir eine Lösung finden, die die erforderlichen Endlichkeitsbedingungen erfüllt, dann haben wir damit eine Eigenfunktion für beliebige Energiewerte.

Eine Lösung der Gleichung (24,3), die für alle x endlich ist, hat die Gestalt (siehe § b der mathematischen Ergänzungen)

$$\psi(\xi) = A\Phi(-\xi) \tag{24,4}$$

mit

$$\Phi(\xi) = \frac{1}{\sqrt{\pi}}\int\limits_0^\infty \cos\left(\frac{u^3}{3} + u\xi\right)du\,.$$

$\Phi(\xi)$ ist die sogenannte Airysche Funktion; A ist ein Normierungsfaktor, den wir unten bestimmen werden.

Für $\xi \to -\infty$ strebt die Funktion $\psi(\xi)$ exponentiell gegen Null. Der asymptotische Ausdruck von $\psi(\xi)$ für betragsmäßig große negative Werte von ξ ist (siehe (b, 4))

$$\psi(\xi) \approx \frac{A}{2\,|\xi|^{1/4}}\,e^{-\frac{2}{3}|\xi|^{3/2}}\,. \tag{24,5}$$

Für große positive Werte von ξ ist der asymptotische Ausdruck für die Funktion $\psi(\xi)$ (siehe (b, 5))[1])

$$\psi(\xi) = \frac{A}{\xi^{1/4}}\sin\left(\frac{2}{3}\,\xi^{3/2} + \frac{\pi}{4}\right). \tag{24,6}$$

Nach der allgemeinen Normierungsvorschrift (5,4) für die Eigenfunktionen des kontinuierlichen Spektrums normieren wir die Funktion (24,4) auf eine δ-Funktion der Energie:

$$\int\limits_{-\infty}^{+\infty} \psi(\xi)\,\psi(\xi')\,dx = \delta(E' - E)\,. \tag{24,7}$$

---

[1]) Vorgreifend wollen wir bemerken, daß die asymptotischen Ausdrücke (24,5) und (24,6) gerade den quasiklassischen Ausdrücken für die Wellenfunktion im klassisch unerlaubten und erlaubten Bereich entsprechen (§ 47).

In § 21 ist ein einfaches Verfahren zur Bestimmung des Normierungsfaktors mit Hilfe des asymptotischen Ausdrucks für die Wellenfunktionen angegeben worden. Wir verwenden dieses Verfahren und stellen die Funktion (24,6) als Summe zweier fortschreitender Wellen dar:

$$\psi(\xi) \approx \frac{A}{2\xi^{1/4}} \left\{ \exp\left[i\left(\frac{2}{3}\xi^{3/2} - \frac{\pi}{4}\right)\right] + \exp\left[-i\left(\frac{2}{3}\xi^{3/2} - \frac{\pi}{4}\right)\right]\right\}.$$

Die mit den beiden Gliedern einzeln berechnete Stromdichte ist

$$v\left(\frac{A}{2\xi^{1/4}}\right)^2 = \sqrt{\frac{2}{m}(E + Fx)}\left(\frac{A}{2\xi^{1/4}}\right)^2 = A^2\frac{(2\hbar F)^{1/3}}{4m^{2/3}}.$$

Wir setzen sie gleich $1/2\pi\hbar$ und finden daraus

$$A = \frac{(2m)^{1/3}}{\pi^{1/2}F^{1/6}\hbar^{2/3}}. \qquad (24,8)$$

Aufgabe

Zu bestimmen sind die Wellenfunktionen in der Impulsdarstellung für ein Teilchen in einem homogenen Feld.

Lösung. Der HAMILTON-Operator in der Impulsdarstellung ist

$$\hat{H} = \frac{p^2}{2m} - i\hbar F\frac{\mathrm{d}}{\mathrm{d}p},$$

die SCHRÖDINGER-Gleichung für die Wellenfunktion $a(p)$ hat die Gestalt

$$-i\hbar F\frac{\mathrm{d}a}{\mathrm{d}p} + \left(\frac{p^2}{2m} - E\right)a = 0.$$

Durch Lösung dieser Gleichung erhalten wir die gesuchten Funktionen

$$a_E(p) = \frac{1}{\sqrt{2\pi\hbar F}}\exp\left\{\frac{i}{\hbar F}\left(Ep - \frac{p^3}{6m}\right)\right\}.$$

Diese Funktionen sind nach folgender Vorschrift normiert:

$$\int_{-\infty}^{+\infty} a_E^*(p)\, a_{E'}(p)\,\mathrm{d}p = \delta(E' - E).$$

§ 25. Der Durchgangskoeffizient

Uns interessiert jetzt die Bewegung eines Teilchens in einem Feld, wie es in Abb. 5 dargestellt ist: $U(x)$ wächst monoton von einem konstanten Wert ($U = 0$ für $x \to -\infty$) bis zu einem anderen ($U = U_0$ für $x \to +\infty$). Nach der klassischen Mechanik wird ein Teilchen, das sich in diesem Feld mit der Energie $E < U_0$ von links nach rechts bewegt, bis an die *Potentialschwelle* herankommen, daran „reflektiert" und sich in entgegengesetzter Richtung in Bewegung setzen. Für $E > U_0$ bewegt sich das Teilchen mit verminderter Geschwindigkeit in der ursprünglichen Richtung weiter. In der Quantenmechanik tritt eine neue Erscheinung auf: Sogar für $E > U_0$ kann das Teilchen von der Potentialschwelle „reflektiert" werden. Die Reflexionswahrscheinlichkeit muß im Prinzip folgendermaßen ausgerechnet werden.

Das Teilchen soll sich von links nach rechts bewegen. Für große positive x-Werte muß die Wellenfunktion ein Teilchen beschreiben, das „über die Schwelle" hinweg-

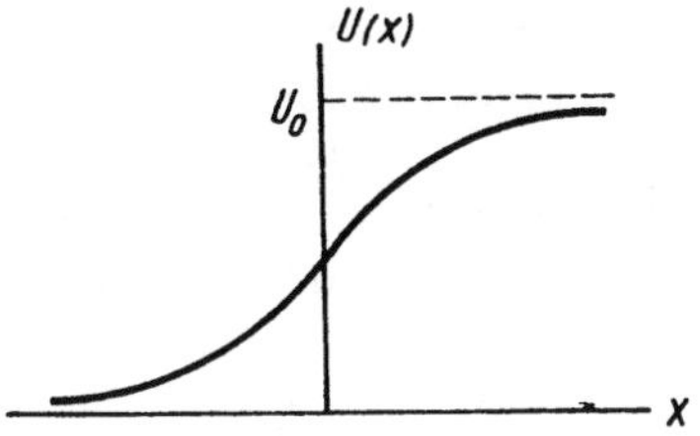

Abb. 5

gegangen ist und sich in positiver x-Richtung bewegt, d. h., sie muß die asymptotische Gestalt

$$\text{für } x \to \infty: \qquad \psi \approx A\, e^{ik_2 x}, \qquad k_2 = \frac{1}{\hbar}\sqrt{2m(E - U_0)} \tag{25,1}$$

haben (A ist eine Konstante). Um eine Lösung der SCHRÖDINGER-Gleichung zu finden, die dieser Randbedingung genügt, berechnen wir den asymptotischen Ausdruck für $x \to -\infty$. Er ist eine Linearkombination der beiden Lösungen der Gleichung für die freie Bewegung:

$$\text{für } x \to -\infty: \qquad \psi \approx e^{ik_1 x} + B\, e^{-ik_1 x}, \qquad k_1 = \frac{1}{\hbar}\sqrt{2mE}\,. \tag{25,2}$$

Der erste Summand entspricht einem auf die Schwelle zulaufenden Teilchen (ψ sei so normiert, daß der Koeffizient in diesem Summanden gleich 1 ist). Der zweite Summand stellt ein an der Schwelle reflektiertes Teilchen dar. Die Stromdichte in der einlaufenden Welle ist proportional zu k_1, in der reflektierten proportional zu $k_1\,|B|^2$ und in der durchgegangenen proportional zu $k_2\,|A|^2$. Wir definieren den *Durchgangskoeffizienten* D für das Teilchen als das Verhältnis der Stromdichte in der durchgegangenen Welle zur Stromdichte in der einfallenden Welle:

$$D = \frac{k_2}{k_1}|A|^2\,. \tag{25,3}$$

Analog kann man den *Reflexionskoeffizienten* R als das Verhältnis der Stromdichten von reflektierter und einfallender Welle definieren. Offensichtlich ist $R = 1 - D$:

$$R = |B|^2 = 1 - \frac{k_2}{k_1}|A|^2 \tag{25,4}$$

(diese Beziehung zwischen A und B ist automatisch erfüllt).

Bewegt sich ein Teilchen mit der Energie $E < U_0$ von links nach rechts, dann ist k_2 rein imaginär, und die Wellenfunktion klingt für $x \to +\infty$ exponentiell ab. Der reflektierte Strom ist gleich dem einfallenden, d. h., das Teilchen wird an der Potentialschwelle „total reflektiert". Wir unterstreichen jedoch, daß auch in diesem Falle die Aufenthaltswahrscheinlichkeit des Teilchens im Gebiet mit $U(x) > E$ von Null verschieden ist, wenn sie auch mit zunehmendem x rasch abklingt.

Allgemein ist die asymptotische Gestalt der Wellenfunktion für einen beliebigen stationären Zustand (mit der Energie $E > U_0$) sowohl für $x \to -\infty$ als auch für $x \to +\infty$ eine Summe zweier Wellen, die sich in und gegen die x-Richtung ausbreiten:

$$\begin{aligned} \psi &= A_1\, e^{ik_1 x} + B_1\, e^{-ik_1 x} \quad \text{für} \quad x \to -\infty\,, \\ \psi &= A_2\, e^{ik_2 x} + B_2\, e^{-ik_2 x} \quad \text{für} \quad x \to +\infty\,. \end{aligned} \tag{25,5}$$

Da diese beiden Ausdrücke die asymptotischen Formen ein und derselben Lösung einer linearen Differentialgleichung sind, besteht zwischen den Koeffizienten A_1, B_1 und A_2, B_2 ein linearer Zusammenhang. Es sei $A_2 = \alpha A_1 + \beta B_1$ mit Konstanten α und β (die im allgemeinen komplex sind), die von der konkreten Form des Feldes $U(x)$ abhängen. Die analoge Beziehung für B_2 kann man dann auf Grund von Überlegungen über die Realität der SCHRÖDINGER-Gleichung aufschreiben. Wenn ψ eine Lösung der gegebenen SCHRÖDINGER-Gleichung ist, dann muß auch die konjugiert komplexe Funktion ψ^* eine Lösung derselben Gleichung sein. Die asymptotische Form

$$\psi^* = A_1^* \, \mathrm{e}^{-ik_1x} + B_1^* \, \mathrm{e}^{ik_1x} \quad \text{für} \quad x \to -\infty \,,$$

$$\psi^* = A_2^* \, \mathrm{e}^{-ik_2x} + B_2^* \, \mathrm{e}^{ik_2x} \quad \text{für} \quad x \to +\infty$$

unterscheidet sich von (25,5) nur in der Bezeichnung der konstanten Koeffizienten; deshalb haben wir $B_2^* = \alpha B_1^* + \beta A_1^*$ oder $B_2 = \alpha^* B_1 + \beta^* A_1$. Die Koefifzienten in (25,5) sind also durch die folgenden Beziehungen miteinander verknüpft:

$$A_2 = \alpha A_1 + \beta B_1 \,, \qquad B_2 = \beta^* A_1 + \alpha^* B_1 \,. \tag{25,6}$$

Da die Stromdichte entlang der x-Achse konstant sein muß, ergibt sich für die Koeffizienten in (25,5) die Beziehung

$$k_1(|A_1|^2 - |B_1|^2) = k_2(|A_2|^2 - |B_2|^2) \,.$$

Wir drücken hier A_2 und B_2 nach (25,6) durch A_1 und B_1 aus und erhalten

$$|\alpha|^2 - |\beta|^2 = \frac{k_1}{k_2} \,. \tag{25,7}$$

Mit Hilfe der Beziehungen (25,6) kann man zeigen, daß die Reflexionskoeffizienten (für gegebene Energie $E > U_0$) für Teilchen gleich sind, die sich in positiver oder in negativer x-Richtung bewegen. Den ersten Fall erhalten wir, wenn wir in (25,5) $B_2 = 0$ setzen, dabei ist $B_1/A_1 = -\beta^*/\alpha^*$. Im zweiten Falle ist $A_1 = 0$ und somit $A_2/B_2 = \beta/\alpha^*$. Die entsprechenden Reflexionskoeffizienten sind

$$R_1 = \left|\frac{B_1}{A_1}\right|^2 = \left|\frac{\beta^*}{\alpha^*}\right|^2 , \qquad R_2 = \left|\frac{A_2}{B_2}\right|^2 = \left|\frac{\beta}{\alpha^*}\right|^2 ,$$

daraus wird klar, daß $R_1 = R_2$ ist.

Aufgaben

1. Man berechne den Reflexionskoeffizienten für eine rechtwinklige Potentialstufe (Abb. 6)! Die Energie des Teilchens sei $E > U_0$.

Lösung. Im ganzen Bereich $x > 0$ hat die Wellenfunktion die Gestalt (25,1), im Bereich $x < 0$ die Gestalt (25,2). Die Konstanten A und B werden aus den Stetigkeitsbedingungen für ψ und $\mathrm{d}\psi/\mathrm{d}x$ bei $x = 0$ bestimmt:

$$1 + B = A \,, \qquad k_1(1 - B) = k_2 A \,.$$

Hieraus folgt

$$A = \frac{2k_1}{k_1 + k_2} \,, \qquad B = \frac{k_1 - k_2}{k_1 + k_2} \,.$$

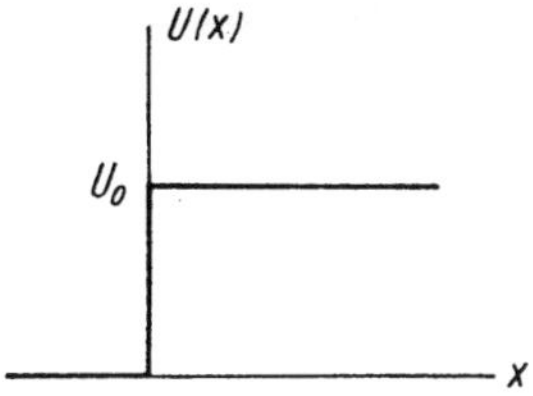

Abb. 6

Der Reflexionskoeffizient (25,4) ist[1])

$$R = \left(\frac{k_1 - k_2}{k_1 + k_2}\right)^2 = \left(\frac{p_1 - p_2}{p_1 + p_2}\right)^2.$$

Für $E = U_0 (k_2 = 0)$ wird R gleich 1, und für $E \to \infty$ strebt R gegen Null wie $R = (U_0/4E)^2$.

2. Es ist der Durchgangskoeffizient für einen rechteckigen Potentialwall (Abb. 7) zu berechnen.

Lösung. Es sei $E > U_0$, und das einlaufende Teilchen bewege sich von links nach rechts. Wir haben dann für die Wellenfunktion in den verschiedenen Bereichen Ausdrücke der Gestalt

$$\text{für } x < 0: \quad \psi = e^{ik_1 x} + A e^{-ik_1 x},$$
$$\text{für } 0 < x < a: \quad \psi = B\, e^{ik_2 x} + B'\, e^{-ik_2 x},$$
$$\text{für } x > a: \quad \psi = C\, e^{ik_1 x}$$

(für $x > a$ darf nur die durchgelassene Welle vorhanden sein, die sich in positiver x-Richtung fortpflanzt). Die Konstanten A, B, B' und C werden aus den Stetigkeitsbedingungen für ψ und $d\psi/dx$ in den Punkten $x = 0$ und $x = a$ berechnet. Der Durchgangskoeffizient wird definiert als $D = k_1 |C|^2/k_1 = |C|^2$. Die Berechnung liefert das Ergebnis

$$D = \frac{4k_1^2 k_2^2}{(k_1^2 - k_2^2)^2 \sin^2 ak_2 + 4k_1^2 k_2^2}.$$

Für $E < U_0$ ist k_2 eine rein imaginäre Größe. Der zugehörige Ausdruck für D ergibt sich, indem man k_2 durch $i\varkappa_2$ mit $\hbar\varkappa_2 = \sqrt{2m(U_0 - E)}$ ersetzt:

$$D = \frac{4k_1^2 \varkappa_2^2}{(k_1^2 + \varkappa_2^2)^2 \sinh^2 a\varkappa_2 + 4k_1^2 \varkappa_2^2}.$$

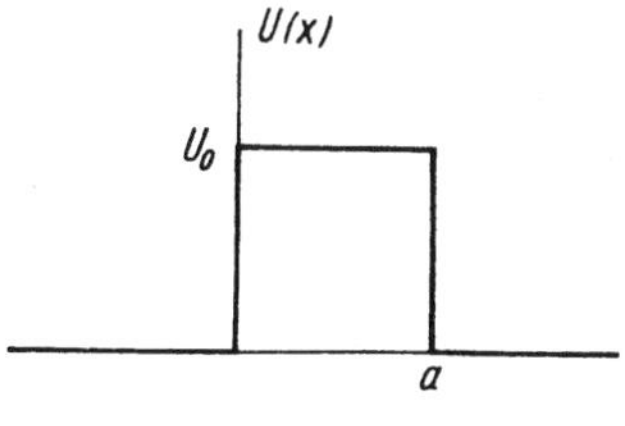

Abb. 7

[1]) Im Grenzfall der klassischen Mechanik muß der Reflexionskoeffizient verschwinden. Der erhaltene Ausdruck enthält indessen überhaupt keine Quantenkonstante. Dieser scheinbare Widerspruch löst sich folgendermaßen auf. Im klassischen Grenzfall ist die DE-BOGLIE-Wellenlänge eines Teilchens $\lambda \sim \hbar/p$ klein gegenüber den charakteristischen Abmessungen für das Problem, d. h. gegenüber denjenigen Abständen, in denen sich das Feld $U(x)$ merklich ändert. In dem betrachteten schematischen Beispiel ist dieser Abstand gleich Null (im Punkte $x = 0$), so daß der Grenzübergang nicht ausgeführt werden kann.

3. Man berechne den Reflexionskoeffizienten für eine Potentialstufe der Gestalt

$$U(x) = U_0/(1 + \mathrm{e}^{-\alpha x})$$

(siehe Abb. 5)! Die Energie des Teilchens sei $E > U_0$.

Lösung. Die SCHRÖDINGER-Gleichung lautet

$$\frac{\mathrm{d}^2\psi}{\mathrm{d}x^2} + \frac{2m}{\hbar^2}\left(E - \frac{U_0}{1 + \mathrm{e}^{-\alpha x}}\right)\psi = 0.$$

Wir müssen eine Lösung finden, die für $x \to +\infty$ die Gestalt

$$\psi = \text{const.}\ \mathrm{e}^{ik_2 x}$$

hat. Dazu führen wir die neue Variable

$$\xi = -\,\mathrm{e}^{-\alpha x}$$

ein (die Werte von $-\infty$ bis 0 annimmt) und setzen die Lösung in der Form

$$\psi = \xi^{-ik_2/\alpha} w(\xi)$$

an, wobei $w(\xi)$ für $\xi \to 0$ (d. h. für $x \to \infty$) gegen eine Konstante streben soll. Für $w(\xi)$ erhalten wir eine hypergeometrische Differentialgleichung

$$\xi(1 - \xi)\, w'' + \left(1 - \frac{2i}{\alpha} k_2\right)(1 - \xi)\, w' + \frac{1}{\alpha^2}(k_2^2 - k_1^2)\, w = 0\,,$$

deren Lösung die hypergeometrische Funktion

$$w = F\left[\frac{i}{\alpha}(k_1 - k_2)\,, \qquad -\frac{i}{\alpha}(k_1 + k_2)\,, \qquad -\frac{2i}{\alpha} k_2 + 1, \xi\right]$$

ist (wir haben einen konstanten Faktor nicht mit aufgeschrieben). Für $\xi \to 0$ strebt diese Funktion gegen 1, d. h., sie erfüllt die gestellte Bedingung.

Die asymptotische Gestalt der Funktion ψ für $\xi \to -\infty$ (d. h. $x \to -\infty$) ist[1])

$$\psi \approx \xi^{-ik_2/\alpha}[C_1(-\xi)^{i(k_2-k_1)/\alpha} + C_2(-\xi)^{i(k_1+k_2)/\alpha}] = (-1)^{-ik_2/\alpha}\,[C_1\,\mathrm{e}^{ik_1 x} + C_2\,\mathrm{e}^{-ik_1 x}]$$

mit

$$C_1 = \frac{\Gamma\left(-\frac{2i}{\alpha} k_1\right)\Gamma\left(-\frac{2i}{\alpha} k_2 + 1\right)}{\Gamma\left(-\frac{i}{\alpha}(k_1 + k_2)\right)\Gamma\left(-\frac{i}{\alpha}(k_1 + k_2) + 1\right)}$$

$$C_2 = \frac{\Gamma\left(\frac{2i}{\alpha} k_1\right)\Gamma\left(-\frac{2i}{\alpha} k_2 + 1\right)}{\Gamma\left(\frac{i}{\alpha}(k_1 - k_2)\right)\Gamma\left(\frac{i}{\alpha}(k_1 - k_2) + 1\right)}\,.$$

Der gesuchte Reflexionskoeffizient ist $R = |C_2/C_1|^2$; die Berechnung erfolgt mit Hilfe der bekannten Formel

$$\Gamma(x)\,\Gamma(1 - x) = \frac{\pi}{\sin \pi x}$$

und liefert das Ergebnis

$$R = \left(\frac{\sinh \frac{\pi}{\alpha}(k_1 - k_2)}{\sinh \frac{\pi}{\alpha}(k_1 + k_2)}\right)^2.$$

---

[1]) Siehe Formel (e, 6); in beiden Summanden hat man dort nur das erste Glied in der Entwicklung zu verwenden, d. h., man ersetzt die hypergeometrischen Funktionen von $1/z$ durch 1.

Für $E = U_0 (k_2 = 0)$ wird R gleich 1, und für $E \to \infty$ geht R gegen Null nach der Formel

$$R = \left(\frac{\pi U_0}{\alpha\hbar}\right)^2 \frac{2m}{E} e^{-\frac{4\pi}{\alpha\hbar}\sqrt{2mE}} .$$

Beim Übergang zur klassischen Mechanik verschwindet R, wie es sich gehört.

4. Man berechne den Durchgangskoeffizienten für ein Teilchen zu einem Potentialwall der Gestalt

$$U(x) = \frac{U_0}{\cosh^2 \alpha x}$$

(Abb. 8)! Die Energie des Teilchens sei $E < U_0$.

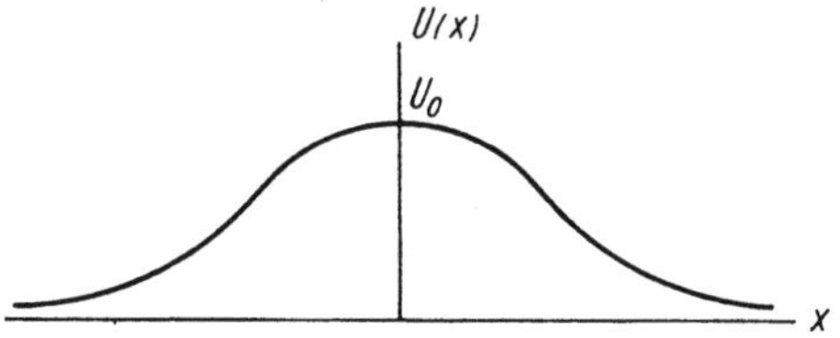

Abb. 8

Lösung. Die SCHRÖDINGER-Gleichung für diese Aufgabe ergibt sich aus dem in Aufgabe 5 zu § 23 behandelten Beispiel, indem man das Vorzeichen von U_0 umkehrt; die Energie E sehen wir jetzt als positiv an.

In gleicher Weise erhalten wir die Lösung

$$\psi = (1 - \xi^2)^{-\frac{ik}{2\alpha}} F\left(-\frac{ik}{\alpha} - s, \quad -\frac{ik}{\alpha} + s + 1, \quad -\frac{ik}{\alpha} + 1, \quad \frac{1-\xi}{2}\right) \tag{1}$$

mit

$$\xi = \tanh \alpha x ,$$

$$k = \frac{1}{\hbar}\sqrt{2mE} ,$$

$$s = \frac{1}{2}\left(-1 + \sqrt{1 - \frac{8mU_0}{\alpha^2\hbar^2}}\right).$$

Diese Lösung erfüllt bereits die Bedingung, daß die Wellenfunktion für $x \to \infty$ (d. h. für $\xi \to 1$ ist $(1 - \xi) \approx 2 e^{-2x}$) nur die durchgelassene Welle ($\propto e^{ikx}$) enthält. Die asymptotische Gestalt der Wellenfunktion für $x \to -\infty$ ($\xi \to -1$) ergibt sich, indem man die hypergeometrische Funktion mit Hilfe der Formel (e, 7) umformt:

$$\psi \sim e^{-ikx} \frac{\Gamma(ik/\alpha)\, \Gamma(1 - ik/\alpha)}{\Gamma(-s)\, \Gamma(1 + s)} + e^{ikx} \frac{\Gamma(-ik/\alpha)\, \Gamma(1 - ik/\alpha)}{\Gamma(-ik/\alpha - s)\, \Gamma(-ik/\alpha + s + 1)} . \tag{2}$$

Wir berechnen das Betragsquadrat für das Verhältnis der Koeffizienten in dieser Funktion und erhalten folgenden Ausdruck für den Durchgangskoeffizienten $D = 1 - R$:

$$D = \frac{\sinh^2 \frac{\pi k}{\alpha}}{\sinh^2 \frac{\pi k}{\alpha} + \cos^2\left(\frac{\pi}{2}\sqrt{1 - \frac{8mU_0}{\hbar^2\alpha^2}}\right)} \quad \text{für} \quad \frac{8mU_0}{\hbar^2\alpha^2} < 1 ,$$

$$D = \frac{\sinh^2 \frac{\pi k}{\alpha}}{\sinh^2 \frac{\pi k}{\alpha} + \cosh^2\left(\frac{\pi}{2}\sqrt{\frac{8mU_0}{\hbar^2\alpha^2} - 1}\right)} \quad \text{für} \quad \frac{8mU_0}{\hbar^2\alpha^2} > 1\,.$$

Die erste Formel gilt auch für den Fall $U_0 < 0$, d. h., wenn sich das Teilchen nicht über einem Potentialwall, sondern über einer Potentialmulde bewegt. Es ist interessant, daß dabei $D = 1$ ist, wenn $1 + 8m\,|U_0|/(\hbar^2\alpha^2) = (2n + 1)^2$ ist, d. h., bei einer bestimmten Tiefe der Potentialmulde $|U_0|$ wird ein darüber hinwegfliegendes Teilchen nicht reflektiert. Das ist bereits aus dem Ausdruck (2) zu erkennen, in dem für ganzzahliges positives s der Summand mit e^{-ikx} überhaupt nicht auftritt.

IV DER DREHIMPULS

§ 26. Der Drehimpuls

In § 15 haben wir bei der Herleitung des Impulssatzes die Homogenität des Raumes in bezug auf ein abgeschlossenes System von Teilchen ausgenutzt. Der Raum ist aber nicht nur homogen, sondern auch isotrop, alle Raumrichtungen sind gleichwertig. Der HAMILTON-Operator für ein abgeschlossenes System darf sich daher bei einer Drehung des ganzen Systems um einen beliebigen Winkel und um eine beliebige Achse nicht ändern. Es genügt zu fordern, daß diese Bedingung für eine beliebige infinitesimale Drehung erfüllt ist.

Es sei $\delta\boldsymbol{\varphi}$ der infinitesimale Drehvektor; sein Betrag ist gleich dem Drehwinkel $\delta\varphi$, und seine Richtung gibt die Richtung der Drehachse an. Die Änderungen $\delta\boldsymbol{r}_a$ (der Ortsvektoren $\boldsymbol{r}_a$ der Teilchen) sind bei einer solchen Drehung

$$\delta\boldsymbol{r}_a = [\delta\boldsymbol{\varphi} \cdot \boldsymbol{r}_a] \,.$$

Eine beliebige Funktion $\psi(\boldsymbol{r}_1, \boldsymbol{r}_2, \ldots)$ geht bei dieser Transformation in die Funktion

$$\psi(\boldsymbol{r}_1 + \delta\boldsymbol{r}_1, \boldsymbol{r}_2 + \delta\boldsymbol{r}_2, \ldots) = \psi(\boldsymbol{r}_1, \boldsymbol{r}_2, \ldots) + \sum_a \delta\boldsymbol{r}_a \nabla_a\psi$$

$$= \psi(\boldsymbol{r}_1, \boldsymbol{r}_2, \ldots) + \sum_a [\delta\boldsymbol{\varphi} \cdot \boldsymbol{r}_a] \nabla_a\psi = \Big(1 + \delta\boldsymbol{\varphi} \sum_a [\boldsymbol{r}_a\nabla_a]\Big)\psi(\boldsymbol{r}_1, \boldsymbol{r}_2, \ldots)$$

über. Der Ausdruck

$$1 + \delta\boldsymbol{\varphi} \sum_a [\boldsymbol{r}_a\nabla_a]$$

ist der infinitesimale Drehoperator. Eine infinitesimale Drehung läßt den HAMILTON-Operator eines Systems unverändert, deshalb ist der Drehoperator mit dem Operator $\hat{H}$ vertauschbar (vgl. § 15). Da $\delta\boldsymbol{\varphi}$ ein konstanter Vektor ist, folgt aus dieser Bedingung die Beziehung

$$\Big(\sum_a [\boldsymbol{r}_a\nabla_a]\Big)\hat{H} - \hat{H}\Big(\sum_a [\boldsymbol{r}_a\nabla_a]\Big) = 0 \,, \qquad (26{,}1)$$

die einen gewissen Erhaltungssatz zum Ausdruck bringt.

Die Größe, deren Erhaltung für ein abgeschlossenes System aus der Isotropie des Raumes folgt, ist der *Drehimpuls* des Systems (vgl. I, § 9). Der Operator $\sum [\boldsymbol{r}_a\nabla_a]$ muß also bis auf einen konstanten Faktor dem Gesamtdrehimpuls des Systems entsprechen, jeder Summand $[\boldsymbol{r}_a\nabla_a]$ gehört zum Drehimpuls eines einzelnen Teilchens.

Der Proportionalitätsfaktor muß gleich $-i\hbar$ gesetzt werden. Dann entspricht der Ausdruck für den Drehimpulsoperator eines Teilchens $-i\hbar[\boldsymbol{r}\nabla] = [\boldsymbol{r}\hat{\boldsymbol{p}}]$ genau dem klassischen Ausdruck $[\boldsymbol{r}\boldsymbol{p}]$. Wir werden fernerhin immer den in Einheiten von $\hbar$ gemessenen Drehimpuls verwenden. Den so definierten Drehimpulsoperator für ein einzelnes Teilchen werden wir mit $\hat{\boldsymbol{l}}$ und den Drehimpulsoperator eines ganzen Systems mit $\hat{\boldsymbol{L}}$ bezeichnen. Der Drehimpulsoperator eines Teilchens ist also

$$\hbar\hat{\boldsymbol{l}} = [\boldsymbol{r}\hat{\boldsymbol{p}}] = -i\hbar[\boldsymbol{r}\nabla] \tag{26,2}$$

oder in Komponenten

$$\hbar\hat{l}_x = y\hat{p}_z - z\hat{p}_y\,, \qquad \hbar\hat{l}_y = z\hat{p}_x - x\hat{p}_z\,, \qquad \hbar\hat{l}_z = x\hat{p}_y - y\hat{p}_x\,.$$

Für ein System in einem äußeren Feld gilt im allgemeinen kein Erhaltungssatz für den Drehimpuls. Bei einer bestimmten Symmetrie des Feldes kann der Drehimpuls jedoch trotzdem erhalten bleiben. Befindet sich das System in einem kugelsymmetrischen Feld, dann sind alle von dem Symmetriezentrum ausgehenden Raumrichtungen äquivalent. Deshalb bleibt der Drehimpuls bezüglich dieses Zentrums erhalten. Analog bleibt in einem axialsymmetrischen Feld die Komponente des Drehimpulses in Richtung der Symmetrieachse erhalten. Alle diese Erhaltungssätze, die in der klassischen Mechanik gelten, sind auch in der Quantenmechanik gültig.

Bei einem System, für das der Drehimpulssatz nicht gilt, hat der Drehimpuls in den stationären Zuständen keine bestimmten Werte. In solchen Fällen interessiert manchmal der Mittelwert des Drehimpulses in dem gegebenen stationären Zustand. Man kann leicht einsehen, daß der Mittelwert des Drehimpulses in jedem beliebigen, nicht entarteten stationären Zustand gleich Null ist. Ändert man das Vorzeichen der Zeit, so ändert sich die Energie nicht. Da zu dem gegebenen Energieniveau insgesamt nur ein stationärer Zustand gehört, muß der Zustand des Systems beim Ersetzen von t durch $-t$ folglich unverändert bleiben. Das bedeutet, daß auch die Mittelwerte aller Größen unverändert bleiben müssen, insbesondere auch der Mittelwert des Drehimpulses. Bei einem Vorzeichenwechsel der Zeit ändert aber der Drehimpuls sein Vorzeichen, und wir würden $\bar{\boldsymbol{L}} = -\bar{\boldsymbol{L}}$ erhalten: daraus folgt $\bar{\boldsymbol{L}} = 0$. Zu demselben Ergebnis kann man gelangen, wenn man von der mathematischen Definition des Mittelwertes $\bar{\boldsymbol{L}}$ als Integral über $\psi^*\hat{\boldsymbol{L}}\psi$ ausgeht. Die Wellenfunktionen nicht entarteter Zustände sind reell (siehe den Schluß von § 18). Daher ist der Ausdruck

$$\bar{\boldsymbol{L}} = -i\hbar\int\psi^*\Big(\sum_a [\boldsymbol{r}_a\nabla_a]\Big)\psi\,dq$$

rein imaginär. Da $\bar{\boldsymbol{L}}$ selbstverständlich eine reelle Größe sein muß, ist $\bar{\boldsymbol{L}} = 0$..

Wir wollen jetzt die Vertauschungsregeln zwischen Drehimpulsoperatoren und den Orts- und Impulsoperatoren aufstellen. Mit Hilfe der Beziehungen (16,2) finden wir leicht

$$\begin{aligned} \{\hat{l}_x, x\} &= 0\,, & \{\hat{l}_x, y\} &= iz\,, & \{\hat{l}_x, z\} &= -iy\,, \\ \{\hat{l}_y, y\} &= 0\,. & \{\hat{l}_y, z\} &= ix\,, & \{\hat{l}_y, x\} &= -iz\,, \\ \{\hat{l}_z, z\} &= 0\,, & \{\hat{l}_z, x\} &= iy\,, & \{\hat{l}_z, y\} &= -ix\,. \end{aligned} \tag{26,3}$$

So ist zum Beispiel

$$\hat{l}_x y - y\hat{l}_x = \frac{1}{\hbar}(y\hat{p}_z - z\hat{p}_y)\,y - y(y\hat{p}_z - z\hat{p}_y)\frac{1}{\hbar} = -\frac{z}{\hbar}\{\hat{p}_y, y\} = iz\,.$$

Alle Beziehungen (26,3) können in Tensorform folgendermaßen geschrieben werden:

$$\{\hat{l}_i, x_k\} = ie_{ikl}x_l\,, \tag{26,4}$$

wobei e_{ikl} der antisymmetrische Einheitstensor dritter Stufe ist[1]); über doppelt auftretende „stumme“ Indizes wird summiert.

Wie man sich leicht überzeugen kann, gelten für die Drehimpulsoperatoren und die Impulsoperatoren analoge Vertauschungsregeln:

$$\{\hat{l}_i, \hat{p}_k\} = ie_{ikl}\hat{p}_l \,. \tag{26,5}$$

Mit Hilfe dieser Formeln, kann man leicht die Vertauschungsregeln für die Operatoren der einzelnen Drehimpulskomponenten miteinander finden. Wir haben

$$\hbar(\hat{l}_x\hat{l}_y - \hat{l}_y\hat{l}_x) = \hat{l}_x(z\hat{p}_x - x\hat{p}_z) - (z\hat{p}_x - x\hat{p}_z)\,\hat{l}_x$$
$$= (\hat{l}_x z - z\hat{l}_x)\,\hat{p}_x - x(\hat{l}_x\hat{p}_z - \hat{p}_z\hat{l}_x) = -iy\hat{p}_x + ix\hat{p}_y = i\hbar\hat{l}_z \,.$$

Es ist also

$$\{\hat{l}_y, \hat{l}_z\} = i\hat{l}_x \,, \qquad \{\hat{l}_z, \hat{l}_x\} = i\hat{l}_y \,, \qquad \{\hat{l}_x, \hat{l}_y\} = i\hat{l}_z \tag{26,6}$$

oder

$$\{\hat{l}_i, \hat{l}_k\} = ie_{ikl}\hat{l}_l \,. \tag{26,7}$$

Genau dieselben Beziehungen gelten auch für die Operatoren $\hat{L}_x$, $\hat{L}_y$ und $\hat{L}_z$ des Gesamtdrehimpulses. Da die Drehimpulsoperatoren für verschiedene Teilchen miteinander vertauschbar sind, ist zum Beispiel

$$\sum_a \hat{l}_{ay} \sum_b \hat{l}_{bz} - \sum_a \hat{l}_{az} \sum_b \hat{l}_{by} = \sum_a (\hat{l}_{ay}\hat{l}_{az} - \hat{l}_{az}\hat{l}_{ay}) = i \sum_a \hat{l}_{ax} \,,$$

und es gelten also die Vertauschungsregeln

$$\{\hat{L}_y, \hat{L}_z\} = i\hat{L}_x \,, \qquad \{\hat{L}_z, \hat{L}_x\} = i\hat{L}_y \,, \qquad \{\hat{L}_x, \hat{L}_y\} = i\hat{L}_z \,. \tag{26,8}$$

Die Beziehungen (26,8) besagen, daß die drei Komponenten des Drehimpulses nicht gleichzeitig bestimmte Werte haben können (eine Ausnahme ist nur der Fall, daß alle drei Komponenten gleichzeitig gleich Null sind, s. u.). Der Drehimpuls unterscheidet sich in dieser Hinsicht wesentlich vom Impuls, dessen drei Komponenten gleichzeitig meßbar sind.

Wir bilden aus den Operatoren $\hat{L}_x$, $\hat{L}_y$ und $\hat{L}_z$ den Operator für das Betragsquadrat des Drehimpulsvektors:

$$\hat{\boldsymbol{L}}^2 = \hat{L}_x^2 + \hat{L}_y^2 + \hat{L}_z^2 \,. \tag{26,9}$$

Dieser Operator ist mit allen Operatoren $\hat{L}_x$, $\hat{L}_y$ und $\hat{L}_z$ vertauschbar:

$$\{\hat{\boldsymbol{L}}^2, \hat{L}_x\} = 0 \,, \qquad \{\hat{\boldsymbol{L}}^2, \hat{L}_y\} = 0 \,, \qquad \{\hat{\boldsymbol{L}}^2, \hat{L}_z\} = 0 \,. \tag{26,10}$$

---

[1]) Der antisymmetrische Einheitstensor dritter Stufe e_{ikl} (auch axialer Einheitstensor genannt) wird als Tensor definiert, der in allen drei Indizes antisymmetrisch und für den $e_{123} = 1$ ist. Offensichtlich sind von den 27 Komponenten nur diejenigen 6 von Null verschieden, für die Indizes i, k, l eine Permutation der Zahlen 1, 2, 3 bilden. Die Komponenten sind dabei gleich $+1$, wenn sich die Permutation i, k, l aus 1, 2, 3 durch eine gerade Anzahl von paarweisen Vertauschungen (Transpositionen) der Zahlen ergibt; sie sind -1 bei einer ungeraden Anzahl von Transpositionen. Offensichtlich gilt

$$e_{ikl}e_{ikm} = 2\delta_{lm} \,, \qquad e_{ikl}e_{ikl} = 6 \,.$$

Die Komponenten des Vektor $\boldsymbol{C} = [\boldsymbol{AB}]$, des Vektorproduktes aus den Vektoren $\boldsymbol{A}$ und $\boldsymbol{B}$, können mit Hilfe des Tensors e_{ikl} in folgender Gestalt geschrieben werden:

$$C_i = e_{ikl}A_kB_l \,.$$

Unter Verwendung von (26,8) haben wir tatsächlich zum Beispiel

$$\{\hat{L}_x^2, \hat{L}_z\} = \hat{L}_x\{\hat{L}_x, \hat{L}_z\} + \{\hat{L}_x, \hat{L}_z\}\,\hat{L}_x = -i(\hat{L}_x\hat{L}_y + \hat{L}_y\hat{L}_x)\,,$$

$$\{\hat{L}_y^2, \hat{L}_z\} = i(\hat{L}_x\hat{L}_y + \hat{L}_y\hat{L}_x)\,,$$

$$\{\hat{L}_z^2, \hat{L}_z\} = 0\,.$$

Durch Addition dieser Gleichungen erhalten wir die letzte Beziehung in (26,10).

Die Beziehungen (26,10) bedeuten physikalisch, daß das Quadrat des Drehimpulses (d. h. sein absoluter Betrag) gleichzeitig mit einer Komponente einen bestimmten Wert haben kann.

Es ist häufig zweckmäßiger, statt der Operatoren $\hat{L}_x$ und $\hat{L}_y$ die komplexen Kombinationen

$$\hat{L}_+ = \hat{L}_x + i\hat{L}_y\,, \qquad \hat{L}_- = \hat{L}_x - i\hat{L}_y \tag{26,11}$$

zu verwenden. Durch direkte Rechnung kann man sich mit Hilfe von (26,8) leicht davon überzeugen, daß für diese Kombinationen die folgenden Vertauschungsregeln gelten:

$$\{\hat{L}_+, \hat{L}_-\} = 2\hat{L}_z\,, \qquad \{\hat{L}_z, \hat{L}_+\} = \hat{L}_+\,, \qquad \{\hat{L}_z, \hat{L}_-\} = -\hat{L}_-\,. \tag{26,12}$$

Unschwer kann man die Beziehung

$$\hat{\boldsymbol{L}}^2 = \hat{L}_+\hat{L}_- + \hat{L}_z^2 - \hat{L}_z = \hat{L}_-\hat{L}_+ + \hat{L}_z^2 + \hat{L}_z \tag{26,13}$$

verifizieren.

Wir schreiben schließlich noch die häufig verwendeten Ausdrücke für den Drehimpulsoperator eines einzelnen Teilchens in Kugelkoordinaten auf. Wir führen die Kugelkoordinaten durch die üblichen Beziehungen

$$x = r\sin\theta\cos\varphi\,, \qquad y = r\sin\theta\sin\varphi\,, \qquad z = r\cos\theta$$

ein und erhalten nach einer einfachen Rechnung die folgenden Ausdrücke:

$$\hat{l}_z = -i\frac{\partial}{\partial\varphi}, \tag{26,14}$$

$$\hat{l}_\pm = e^{\pm i\varphi}\left(\pm\frac{\partial}{\partial\theta} + i\operatorname{ctg}\theta\frac{\partial}{\partial\varphi}\right). \tag{26,15}$$

Diese Ausdrücke setzen wir in (26,13) ein und erhalten den Operator für das Quadrat des Drehimpulses eines Teilchens in der Form

$$\hat{\boldsymbol{l}}^2 = -\left[\frac{1}{\sin^2\theta}\frac{\partial^2}{\partial\varphi^2} + \frac{1}{\sin\theta}\frac{\partial}{\partial\theta}\left(\sin\theta\frac{\partial}{\partial\theta}\right)\right]. \tag{26,16}$$

Wir weisen darauf hin, daß dies bis auf einen Faktor der Winkelanteil des LAPLACE-Operators ist.

§ 27. Die Eigenwerte des Drehimpulses

Zur Bestimmung der Eigenwerte der Projektion des Drehimpulses eines Teilchens auf eine bestimmte Richtung verwendet man zweckmäßig den Ausdruck für den Drehimpulsoperator in Kugelkoordinaten; die betrachtete Richtung wählt man als

Polarachse. Nach der Formel (26,14) schreiben wir die Gleichung $\hat{l}_z\psi = l_z\psi$ in der Form

$$-i\frac{\partial\psi}{\partial\varphi} = l_z\psi\,. \tag{27,1}$$

Die Lösung davon ist

$$\psi = f(r, \theta)\, e^{il_z\varphi}\,,$$

wobei $f(r, \theta)$ eine beliebige Funktion von r und θ ist. Damit die Funktion ψ eindeutig ist, muß sie in φ mit der Periode 2π periodisch sein; daraus finden wir[1])

$$l_z = m\,, \qquad m = 0, \pm 1, \pm 2, \ldots \tag{27,2}$$

Die Eigenwerte l_z sind also die positiven und die negativen ganzen Zahlen einschließlich des Wertes Null. Den von φ abhängigen Faktor, der für die Eigenfunktionen des Operators l_z charakteristisch ist, bezeichnen wir mit

$$\Phi_m(\varphi) = \frac{1}{\sqrt{2\pi}}\, e^{im\varphi}\,. \tag{27,3}$$

Diese Funktionen sind folgendermaßen normiert:

$$\int_0^{2\pi} \Phi_m^*(\varphi)\, \Phi_{m'}(\varphi)\, d\varphi = \delta_{mm'}\,. \tag{27,4}$$

Die Eigenwerte der z-Komponente des Gesamtdrehimpulses eines Systems sind offenbar auch die positiven und die negativen ganzen Zahlen:

$$L_z = M\,, \qquad M = 0, \pm 1, \pm 2, \ldots \tag{27,5}$$

(das ist richtig, weil der Operator $\hat{L}_z$ die Summe der miteinander vertauschbaren Operatoren $\hat{l}_z$ für die einzelnen Teilchen ist).

Die z-Achse ist von vornherein durch nichts ausgezeichnet. Daher ist es klar, daß man dasselbe Ergebnis für $\hat{L}_x$, $\hat{L}_y$ und überhaupt für die Komponente des Drehimpulses in einer beliebigen Richtung erhält. Alle diese Komponenten können nur ganzzahlige Werte annehmen. Dieses Ergebnis kann auf den ersten Blick paradox erscheinen, besonders wenn man es auf zwei infinitesimal benachbarte Richtungen anwendet. Man muß hier jedoch daran denken, daß die einzige gemeinsame Eigenfunktion der Operatoren $\hat{L}_x$, $\hat{L}_y$ und $\hat{L}_z$ zu dem gleichzeitigen Wert

$$L_x = L_y = L_z = 0$$

gehört. In diesem Falle ist der Drehimpulsvektor, und damit auch dessen Projektion auf eine beliebige Richtung, gleich Null. Ist dagegen einer der Eigenwerte L_x, L_y oder L_z von Null verschieden, dann gibt es keine gemeinsamen Eigenfunktionen der zugehörigen Operatoren. Es existiert, mit anderen Worten, kein Zustand, in dem zwei oder drei Komponenten des Drehimpulses in verschiedenen Richtungen gleichzeitig bestimmte (von Null verschiedene) Werte haben, so daß wir nur davon sprechen können, daß eine Komponente ganzzahlige Werte annimmt.

Stationäre Zustände eines Systems, die sich nur durch verschiedene M-Werte unterscheiden, haben dieselbe Energie. Das folgt bereits aus den allgemeinen Über-

---

[1]) Die allgemein übliche Bezeichnung der Eigenwerte für die Drehimpulsprojektion mit dem Buchstaben m — demselben Buchstaben wie für die Masse eines Teilchens — kann nicht zu Mißverständnissen Anlaß geben.

legungen, daß die Richtung der z-Achse von vornherein durch nichts ausgezeichnet ist. Die Energieniveaus eines Systems mit einem (von Null verschiedenen) Drehimpuls, für den ein Erhaltungssatz gilt, sind also auf jeden Fall entartet.[1])

Wir kommen jetzt zur Bestimmung der Eigenwerte des Drehimpulsquadrates und zeigen, wie man diese Werte finden kann, indem man lediglich von den Vertauschungsregeln (26,8) ausgeht. Wir bezeichnen mit ψ_M die Wellenfunktionen der stationären Zustände mit dem gleichen Wert für das Quadrat L^2, die zu einem entarteten Energieniveau gehören und sich nur im Wert von M unterscheiden.[2])

Zunächst stellen wir folgendes fest: Da die beiden Orientierungen der z-Achse physikalisch äquivalent sind, existiert zu jedem möglichen positiven Wert $M = |M|$ ein entsprechender negativer Wert $M = -|M|$. Wir bezeichnen mit L (ganze positive Zahl oder Null) den (bei gegebenem $\boldsymbol{L}^2$) größten möglichen Wert von $|M|$. Die Existenz eines solchen oberen Grenzwertes folgt aus der Tatsache, daß die Differenz $\hat{\boldsymbol{L}}^2 - \hat{L}_z^2 = \hat{L}_x^2 + \hat{L}_y^2$ der Operator für die positiv definite physikalische Größe $L_x^2 + L_y^2$ ist und seine Eigenwerte daher nicht negativ sein können.

Wir wenden den Operator $\hat{L}_z\hat{L}_\pm$ auf die Eigenfunktion ψ_M des Operators $\hat{L}_z$ an, benutzen die Vertauschungsregeln (26,12) und erhalten

$$\hat{L}_z\hat{L}_\pm\psi_M = (M \pm 1)\,\hat{L}_\pm\psi_M\,. \tag{27,6}$$

Die Funktion $\hat{L}_\pm\psi_M$ ist demnach (bis auf einen Normierungsfaktor) die Eigenfunktion der Größe $\hat{L}_z$ zum Wert $M \pm 1$:

$$\psi_{M+1} = \text{const}\cdot\hat{L}_+\psi_M\,, \qquad \psi_{M-1} = \text{const}\cdot\hat{L}_-\psi_M\,. \tag{27,7}$$

Setzt man in der ersten Gleichung von (27,7) $M = L$, dann muß identisch

$$\hat{L}_+\psi_L = 0 \tag{27,8}$$

gelten, weil es nach Definition keine Zustände mit $M > L$ gibt. Auf diese Gleichung wenden wir den Operator $\hat{L}_-$ an, benutzen die Beziehung (26,13) und bekommen

$$\hat{L}_-\hat{L}_+\psi_L = (\hat{\boldsymbol{L}}^2 - \hat{L}_z^2 - \hat{L}_z)\,\psi_L = 0\,.$$

Da aber die ψ_M gemeinsame Eigenfunktionen der Operatoren $\hat{\boldsymbol{L}}^2$ und $\hat{L}_z$ sind, gilt

$$\hat{\boldsymbol{L}}^2\psi_L = \boldsymbol{L}^2\psi_L\,, \qquad \hat{L}_z^2\psi_L = L^2\psi_L\,, \qquad \hat{L}_z\psi_L = L\psi_L\,,$$

[1]) Dieser Sachverhalt ist ein Spezialfall des in § 10 angegebenen allgemeinen Satzes über die Entartung der Niveaus, wenn wenigstens zwei Erhaltungsgrößen mit nicht vertauschbaren Operatoren vorhanden sind. Hier sind diese Größen die Komponenten des Drehimpulses.

[2]) Hier ist gemeint, daß es keine zusätzliche Entartung gibt, derentwegen es zu verschiedenen Drehimpulsbeträgen gleiche Energiewerte gibt. Das trifft für das diskrete Spektrum zu (mit Ausnahme der sogenannten „zufälligen Entartung“ im COULOMB-Feld, siehe § 36) und gilt im allgemeinen nicht für die Energieniveaus des kontinuierlichen Spektrums. Ist aber eine solche zusätzliche Entartung vorhanden, dann kann man die Eigenfunktionen immer so wählen, daß sie zu Zuständen mit bestimmten Werten von $\boldsymbol{L}^2$ gehören. Daraus wählt man dann die Zustände mit gleichen Werten von E und $\boldsymbol{L}^2$ aus. Mathematisch findet das seinen Ausdruck darin, daß man die Matrizen miteinander vertauschbarer Operatoren immer gleichzeitig auf Diagonalform bringen kann. Im folgenden werden wir in analogen Fällen der Kürze halber eine Sprechweise verwenden, als sei keine zusätzliche Entartung vorhanden. Dabei denken wir daran, daß die erhaltenen Ergebnisse in Wirklichkeit nicht von dieser Voraussetzung abhängen.

so daß die erhaltene Gleichung

$$\boldsymbol{L}^2 = L(L+1) \tag{27,9}$$

ergibt.

Die Formel (27,9) gibt die gesuchten Eigenwerte des Betragsquadrates des Drehimpulses an. Die Zahl L nimmt alle positiven ganzzahligen Werte einschließlich der Null an. Für einen gegebenen Wert der Zahl L kann die Komponente $L_z = M$ des Drehimpulses die Werte

$$M = L, L-1, \ldots, -L \tag{27,10}$$

annehmen, d. h. insgesamt $2L + 1$ verschiedene Werte. Das Energieniveau mit dem Drehimpuls L ist also $(2L + 1)$-fach entartet; diese Entartung bezeichnet man als Entartung in den Drehimpulsrichtungen. Der Zustand mit dem Drehimpuls Null, $L = 0$ (dabei sind alle drei Komponenten gleich Null), ist nicht entartet. Die Wellenfunktion dieses Zustandes ist kugelsymmetrisch. Die Änderung dieser Funktion bei einer beliebigen infinitesimalen Drehung ist $i\delta\boldsymbol{\varphi} \cdot \hat{\boldsymbol{L}}\psi$, sie ist im vorliegenden Falle gleich Null; hieraus folgt unmittelbar obige Aussage über die Kugelsymmetrie.

Wir werden häufig der Kürze halber dem üblichen Sprachgebrauch folgen und vom „Drehimpuls L" eines Systems sprechen; dabei meinen wir einen Drehimpuls mit dem Quadrat $L(L + 1)$. Die z-Komponente des Drehimpulses wird üblicherweise einfach als „Drehimpulsprojektion" bezeichnet.

Den Drehimpuls eines Teilchens werden wir mit dem kleinen Buchstaben l bezeichnen, d. h., wir schreiben dafür die Formel (27,9) in der Gestalt

$$\boldsymbol{l}^2 = l(l+1)\,. \tag{27,11}$$

Wir wollen die Matrixelemente der Größen L_x und L_y in der Darstellung berechnen, in der neben der Energie die Größen $\boldsymbol{L}^2$ und L_z diagonal sind (M. Born, W. Heisenberg, P. Jordan; 1926). Da die Operatoren $\hat{L}_x$ und $\hat{L}_y$ mit dem Operator $\hat{H}$ vertauschbar sind, sind ihre Matrizen bezüglich der Energie diagonal, d. h., alle Matrixelemente für die Übergänge zwischen Zuständen mit verschiedener Energie (und verschiedenen Drehimpulsen L) sind gleich Null. Man braucht also nur die Matrixelemente für die Übergänge innerhalb einer Gruppe von Zuständen mit verschiedenen M-Werten zu betrachten, die zu einem entarteten Energieniveau gehören.

Aus der Formel (27,7) ergibt sich, daß in der Matrix des Operators $\hat{L}_+$ nur die Elemente für die Übergänge $M - 1 \to M$ von Null verschieden sind; in der Matrix des Operators $\hat{L}_-$ sind nur die Elemente mit $M \to M - 1$ von Null verschieden. Wir beachten diesen Sachverhalt und bestimmen die Diagonalelemente auf beiden Seiten der Gleichung (26,13); wir erhalten[1])

$$L(L+1) = \langle M|\, L_+\, |M-1\rangle\, \langle M-1|\, L_-\, |M\rangle + M^2 - M\,.$$

Wegen der Hermitezität der Operatoren $\hat{L}_x$ und $\hat{L}_y$ ist

$$\langle M-1|\, L_-\, |M\rangle = \langle M|\, L_+\, |M-1\rangle^*\,.$$

Damit können wir die obige Gleichung in die Form

$$|\langle M|\, L_+\, |M-1\rangle|^2 = L(L+1) - M(M-1) = (L-M+1)\,(L+M)$$

---

[1]) Wir werden der Kürze halber in den Bezeichnungen der Matrixelemente alle Indizes weglassen, in denen sie diagonal sind (unter anderen auch den Index L).

bringen, und daraus erhalten wir[1])

$$\langle M|\, L_+\, |M-1\rangle = \langle M-1|\, L_-\, |M\rangle = \sqrt{(L+M)(L-M+1)}\,. \qquad (27,12)$$

Für die von Null verschiedenen Matrixelemente von L_x und L_y selbst finden wir daraus

$$\langle M|\, L_x\, |M-1\rangle = \langle M-1|\, L_x\, |M\rangle = \tfrac{1}{2}\sqrt{(L+M)(L-M+1)}\,, \qquad (27,13)$$

$$\langle M|\, L_y\, |M-1\rangle = -\langle M-1|\, L_y\, |M\rangle = -\frac{i}{2}\sqrt{(L+M)(L-M+1)}\,.$$

Wir wollen die Aufmerksamkeit besonders darauf lenken, daß die Matrizen der Größen L_x und L_y keine Diagonalelemente haben. Ein Diagonalelement gibt aber den Mittelwert der Größe in dem betreffenden Zustand an; deshalb bedeutet die obige Feststellung, daß die Mittelwerte $\overline{L}_x = \overline{L}_y = 0$ sind in Zuständen mit bestimmten Werten für L_z. Wenn die Drehimpulsprojektion auf irgendeine Raumrichtung einen bestimmten Wert hat, dann liegt demzufolge auch der ganze Vektor $\boldsymbol{L}$ in derselben Richtung.

§ 28. Die Eigenfunktionen des Drehimpulses

Durch die Angabe der Werte von l und m ist die Wellenfunktion eines Teilchens nicht vollständig bestimmt. Das erkennt man bereits an der Tatsache, daß die Ausdrücke für die Operatoren dieser Größen in Kugelkoordinaten nur die Winkel θ und φ enthalten. Die Eigenfunktionen können danach noch einen beliebigen, von r abhängigen Faktor enthalten. Wir werden hier nur den für die Eigenfunktionen des Drehimpulses charakteristischen Winkelanteil der Wellenfunktion behandeln. Wir bezeichnen diesen mit $Y_{lm}(\theta, \varphi)$ und normieren ihn nach der Vorschrift

$$\int |Y_{lm}|^2 \, do = 1$$

($do = \sin\theta \, d\theta \, d\varphi$ ist das Oberflächenelement auf der Einheitskugel).

Wie die weiteren Rechnungen zeigen, kann man bei der Bestimmung der gemeinsamen Eigenfunktionen der Operatoren $\hat{l}^2$ und $\hat{l}_z$ die Variablen θ und φ separieren und diese Funktion in der Form

$$Y_{lm} = \Phi_m(\varphi)\, \Theta_{lm}(\theta) \qquad (28,1)$$

ansetzen; $\Phi_m(\varphi)$ sind dabei die Eigenfunktionen des Operators $\hat{l}_z$, die durch die Formel (27,3) gegeben werden. Da die Funktionen Φ_m bereits nach der Gleichung (27,4) normiert sind, müssen die Θ_{lm} nach der folgenden Vorschrift normiert werden:

$$\int_0^\pi |\Theta_{lm}|^2 \sin\theta \, d\theta = 1\,. \qquad (28,2)$$

Die Funktionen Y_{lm} mit verschiedenen l oder m sind automatisch orthogonal zueinander:

$$\int_0^{2\pi}\int_0^\pi Y^*_{l'm'} Y_{lm} \sin\theta \, d\theta \, d\varphi = \delta_{ll'}\delta_{mm'}\,, \qquad (28,3)$$

[1]) Die Vorzeichenwahl in dieser Formel entspricht der Wahl der Phasenfaktoren in den Eigenfunktionen des Drehimpulses.

weil sie die Eigenfunktionen der Drehimpulsoperatoren zu verschiedenen Eigenwerten sind. Insbesondere sind auch die Funktionen $\Phi_m(\varphi)$ (siehe (27,4)) als Eigenfunktionen des Operators $\hat{l}_z$ zu verschiedenen Eigenwerten m orthogonal zueinander. Die Funktionen $\Theta_{lm}(\theta)$ sind an sich keine Eigenfunktionen irgendeines Drehimpulsoperators; sie sind für verschiedene l zueinander orthogonal, aber nicht für verschiedene m.

Das direkte Verfahren zur Berechnung der gesuchten Funktionen ist die unmittelbare Lösung der Gleichung für die Eigenfunktionen des Operators $\hat{\boldsymbol{l}}^2$ in Kugelkoordinaten (Formel (26,16)). Die Gleichung $\hat{\boldsymbol{l}}^2\psi = \boldsymbol{l}^2\psi$ lautet

$$\frac{1}{\sin\theta}\frac{\partial}{\partial\theta}\left(\sin\theta\frac{\partial\psi}{\partial\theta}\right) + \frac{1}{\sin^2\theta}\frac{\partial^2\psi}{\partial\varphi^2} + l(l+1)\,\psi = 0\,.$$

Wir setzen in diese Gleichung ψ in der Form (28,1) ein und erhalten für die Funktion Θ_{lm} die Gleichung

$$\frac{1}{\sin\theta}\frac{\mathrm{d}}{\mathrm{d}\theta}\left(\sin\theta\frac{\mathrm{d}\Theta_{lm}}{\mathrm{d}\theta}\right) - \frac{m^2}{\sin^2\theta}\Theta_{lm} + l(l+1)\,\Theta_{lm} = 0\,. \tag{28,4}$$

Diese Gleichung ist aus der Theorie der Kugelfunktionen gut bekannt. Für positive ganzzahlige Werte $l \geqq |m|$ besitzt sie Lösungen, die unseren Forderungen nach Endlichkeit und Eindeutigkeit entsprechen; es besteht also Übereinstimmung mit den oben nach der Matrizenmechanik gewonnenen Eigenwerten des Drehimpulses. Die entsprechenden Lösungen sind die sogenannten zugeordneten LEGENDREschen Polynome $P_l^m(\cos\theta)$ (siehe § c der mathematischen Ergänzungen). Wir normieren die Lösung nach der Vorschrift (28,2) und erhalten[1])

$$\Theta_{lm}(\theta) = (-1)^m i^l \sqrt{\frac{(2l+1)}{2}\frac{(l-m)!}{(l+m)!}}\; P_l^m(\cos\theta)\,. \tag{28,5}$$

Hier wird $m \geqq 0$ vorausgesetzt. Für negative m bestimmen wir Θ_{lm} aus der Beziehung

$$\Theta_{l,-|m|} = (-1)^m\,\Theta_{l|m|} \tag{28,6}$$

Θ_{lm} mit $m < 0$ wird durch die Formel (28,5) gegeben, wenn man dort $|m|$ statt m schreibt und den Faktor $(-1)^m$ wegläßt.

Die Eigenfunktionen des Drehimpulses sind also aus mathematischer Sicht die in bestimmter Weise normierten Kugelfunktionen. Um später darauf verweisen zu können, schreiben wir den vollständigen Ausdruck auf, in dem alle erwähnten Bedingungen erfüllt sind:

$$Y_{lm}(\theta,\varphi) = (-1)^{(m+|m|)/2}\, i^l \left[\frac{2l+1}{4\pi}\frac{(l-|m|)!}{(l+|m|)!}\right]^{1/2} P_l^{|m|}(\cos\theta)\,\mathrm{e}^{im\varphi}\,. \tag{28,7}$$

Speziell ist

$$Y_{l0}(\theta,\varphi) = i^l\sqrt{\frac{2l+1}{4\pi}}\;P_l(\cos\theta)\,. \tag{28,8}$$

---

[1]) Die Wahl des Phasenfaktors wird selbstverständlich nicht durch die Normierungsvorschrift festgelegt. Die Festlegung, die wir in diesem Buch verwenden werden, erscheint vom Standpunkt der allgemeinen Theorie der Addition von Drehimpulsen als ganz natürlich. Sie unterscheidet sich von der üblichen Form durch den Faktor i^l. Der Vorzug dieser Wahl wird aus den Fußnoten auf S. 215, 420 und 426 verständlich werden.

Offensichtlich hängen die Funktionen, die sich nur im Vorzeichen von m unterscheiden, über die Beziehung

$$(-1)^{l-m}\, Y_{l,-m} = Y_{lm}^* . \tag{28,9}$$

miteinander zusammen.

Für $l = 0$ (so daß auch $m = 0$ ist) ist die Kugelfunktion einfach eine Konstante. Mit anderen Worten, die Wellenfunktionen von Zuständen eines Teilchens mit dem Drehimpuls Null hängen nur von r ab, d. h., sie besitzen die volle Kugelsymmetrie — in Übereinstimmung mit den allgemeinen Feststellungen in § 27.

Für gegebenes m beginnen die Werte von l mit $|m|$ und numerieren die aufeinanderfolgenden Eigenwerte der Größe $\boldsymbol{l}^2$ in der Reihenfolge zunehmender Werte. Auf Grund des allgemeinen Satzes über die Nullstellen von Eigenfunktionen (§ 21) können wir daher den Schluß ziehen, daß die Funktion Θ_{lm} für $l - |m|$ verschiedene Werte des Winkels θ verschwindet; sie hat als Knotenlinien $l - |m|$ Breitenkreise auf der Einheitskugel. Über die vollständigen Winkelfunktionen kann man folgendes sagen: Nimmt man sie mit den reellen Faktoren $\cos m\varphi$ oder $\sin m\varphi$ anstelle von $e^{\pm i|m|\varphi}$ [1]), dann haben sie als Knotenlinien noch $|m|$ Meridiane; die Gesamtzahl der Knotenlinien ist also gleich l.

Schließlich zeigen wir noch, wie man die Funktionen Θ_{lm} nach der Matrizenmechanik berechnen kann. Die Rechnung verläuft ähnlich wie in § 23 für die Wellenfunktionen des Oszillators. Wir gehen von der Gleichung (27,8) $\hat{l}_+\psi_{ll} = 0$ aus. Ferner verwenden wir den Ausdruck (26,15) für den Operator $\hat{l}_+$ und setzen

$$Y_{ll} = \frac{1}{\sqrt{2\pi}}\, e^{il\varphi}\, \Theta_{ll}(\theta)$$

ein; so resultiert für Θ_{ll} die Gleichung

$$\frac{d\Theta_{ll}}{d\theta} - l \operatorname{ctg}\theta\, \Theta_{ll} = 0 .$$

Daraus ergibt sich $\Theta_{ll} = \text{const} \cdot \sin^l \theta$. Wir bestimmen die Konstante aus der Normierungsvorschrift und erhalten

$$\Theta_{ll} = (-1)^l \sqrt{\frac{(2l+1)!}{2}}\, \frac{1}{2^l l!} \sin^l \theta . \tag{28,10}$$

Unter Verwendung von (27,12) schreiben wir weiter

$$\hat{l}_- Y_{l,m+1} = (l_-)_{m,m+1}\, Y_{lm} = \sqrt{(l-m)(l+m+1)}\, Y_{lm} .$$

Die wiederholte Anwendung dieser Formel liefert

$$\sqrt{\frac{(l-m)!}{(l+m)!}}\, Y_{lm} = \frac{1}{\sqrt{(2l)!}}\, \hat{l}_-^{\,l-m} Y_{ll} .$$

Die rechte Seite der Gleichung kann man leicht mit Hilfe des Ausdrucks (26,15) für den Operator $\hat{l}_-$ berechnen, nachdem

$$\hat{l}_-[f(\theta)\, e^{im\varphi}] = e^{i(m-1)\varphi} \sin^{1-m}\theta \frac{d}{d\cos\theta}(f \sin^m \theta)$$

---

[1]) Jede solche Funktion entspricht einem Zustand, in dem l_z keinen bestimmten Wert hat, sondern mit gleicher Wahrscheinlichkeit die Werte $\pm m$ haben kann.

ist. Die wiederholte Anwendung dieser Formel ergibt

$$\hat{l}_-^{l-m}\, e^{il\varphi}\, \Theta_{ll} = e^{im\varphi} \sin^{-m}\theta \,\frac{d^{l-m}}{(d\cos\theta)^{l-m}} (\sin^l\theta \cdot \Theta_{ll}) .$$

Schließlich verwenden wir diese Beziehungen und den Ausdruck (28,10) für Θ_{ll} und erhalten die Formel

$$\Theta_{lm}(\theta) = (-i)^l \sqrt{\frac{2l+1}{2}\frac{(l+m)!}{(l-m)!}}\,\frac{1}{2^l l!\,\sin^m\theta}\,\frac{d^{l-m}}{(d\cos\theta)^{l-m}} \sin^{2l}\theta , \tag{28,11}$$

die mit (28,5) übereinstimmt.

§ 29. Die Matrixelemente von vektoriellen Größen

Wir wollen wiederum ein abgeschlossenes System von Teilchen[1]) betrachten. f sei eine beliebige für das System charakteristische skalare physikalische Größe, $\hat{f}$ der zugehörige Operator. Jede skalare Größe ist invariant bei einer Drehung des Koordinatensystems. Daher ändert sich der skalare Operator $\hat{f}$ bei einer Drehung nicht, d. h., er ist mit dem Drehoperator vertauschbar. Wir wissen aber, daß der Operator für eine infinitesimale Drehung bis auf einen konstanten Faktor gleich dem Drehimpulsoperator ist, so daß

$$\{\hat{f}, \hat{\boldsymbol{L}}\} = 0 \tag{29,1}$$

gilt.

Aus der Vertauschbarkeit von $\hat{f}$ mit dem Drehimpulsoperator folgt, daß die Matrix der Größe f bezüglich der Übergänge zwischen Zuständen mit bestimmten Werten L und M diagonal in diesen Indizes ist. Die Zahl M legt nur die Orientierung des Systems in bezug auf die Koordinatenachsen fest; der Wert einer skalaren Größe hängt von dieser Orientierung überhaupt nicht ab. Die Matrixelemente $\langle n'LM|\, f\,|nLM\rangle$ sind deshalb unabhängig von M (mit dem Buchstaben n bezeichnen wir die Gesamtheit aller anderen Quantenzahlen, außer L und M, die den Zustand des Systems festlegen). Der formale Beweis dieser Behauptung kann geführt werden, indem man die Vertauschbarkeit der Operatoren $\hat{f}$ und $\hat{L}_+$ benutzt:

$$\hat{f}\hat{L}_+ - \hat{L}_+\hat{f} = 0 . \tag{29,2}$$

Wir wollen das Matrixelement dieser Gleichung für den Übergang $n, L, M \to n', L, M+1$ aufschreiben. Da die Matrix für die Größe L_+ nur die Elemente mit $n, L, M \to n, L, M+1$ hat, finden wir

$$\langle n', L, M+1|\, f\,|n, L, M+1\rangle \langle n, L, M+1|\, L_+\,|n, L, M\rangle$$
$$= \langle n', L, M+1|\, L_+\,|n', L, M\rangle \langle n', L, M|\, f\,|n, L, M\rangle .$$

Die Matrixelemente von L_+ sind unabhängig vom Index n, daher ist

$$\langle n', L, M+1|\, f\,|n, L, M+1\rangle = \langle n', L, M|\, f\,|n, L, M\rangle . \tag{29,3}$$

Daraus folgt, daß überhaupt alle $\langle n', L, M|\, f\,|n, L, M\rangle$ mit verschiedenen M (und gleichen anderen Indizes) einander gleich sind.

---

[1]) Alle Ergebnisse dieses Paragraphen gelten auch für ein Teilchen in einem kugelsymmetrischen Feld (allgemein immer dann, wenn der Gesamtdrehimpuls des Systems erhalten bleibt).

Wenden wir dieses Ergebnis auf den HAMILTON-Operator selbst an, dann ergibt sich der uns schon bekannte Sachverhalt, daß die Energie der stationären Zustände von M unabhängig ist, d. h., die Energieniveaus sind $(2L + 1)$-fach entartet.

Es sei ferner $\boldsymbol{A}$ eine vektorielle Größe, die für ein abgeschlossenes System charakteristisch ist. Bei einer Drehung des Koordinatensystems (insbesondere bei einer infinitesimalen Drehung, d. h. bei Anwendung des Drehimpulsoperators) transformieren sich die Vektorkomponenten untereinander. Bei der Vertauschung der Operatoren $\hat{L}_i$ mit den Operatoren $\hat{A}_i$ muß man deshalb wieder die Komponenten desselben Vektors $\hat{A}_i$ erhalten. In dem Spezialfall, daß $\boldsymbol{A}$ der Ortsvektor eines Teilchens ist, müssen sich die Formeln (26,4) ergeben. Daran kann man feststellen, welche Komponenten von $\boldsymbol{A}$ man bei der Vertauschung mit $\hat{\boldsymbol{L}}$ bekommen muß. Wir finden so die Vertauschungsregeln

$$\{\hat{L}_i, \hat{A}_k\} = ie_{ikl}\hat{A}_l\,. \tag{29,4}$$

Auf Grund dieser Beziehungen kann man eine ganze Reihe von Schlüssen über die Gestalt der Matrizen für die Komponenten des Vektors $\boldsymbol{A}$ ziehen (M. BORN, W. HEISENBERG, P. JORDAN; 1926). Vor allem kann man damit die *Auswahlregeln* finden, die angeben, für welche Übergänge die Matrixelemente von Null verschieden sein können. Wir wollen uns jedoch nicht damit aufhalten, hier die entsprechenden, recht umfangreichen Rechnungen anzuführen; denn es wird sich später (§ 107) herausstellen, daß diese Regeln in Wirklichkeit unmittelbar aus den allgemeinen Transformationseigenschaften vektorieller Größen folgen und daraus im wesentlichen ohne Rechnung abgeleitet werden können. Hier geben wir diese Regeln ohne Ableitung an.

Die Matrixelemente aller Vektorkomponenten können nur für diejenigen Übergänge von Null verschieden sein, bei denen sich der Drehimpuls L um nicht mehr als 1 ändert:

$$L \to L\,,\, L \pm 1\,. \tag{29,5}$$

Außerdem besteht eine zusätzliche Auswahlregel, die die Übergänge zwischen zwei beliebigen Zuständen mit $L = 0$ verbietet. Diese Regel ist eine offensichtliche Folge der vollkommenen Kugelsymmetrie der Zustände mit dem Drehimpuls Null.

Die Auswahlregeln für die Projektion M des Drehimpulses sind für die verschiedenen Vektorkomponenten verschieden. Es können nämlich die Matrixelemente für die Übergänge mit folgenden Änderungen des Wertes von M von Null verschieden sein:

$$\begin{aligned} &\text{für}\quad A_+ = A_x + iA_y \qquad && M \to M + 1\,,\\ &\text{für}\quad A_- = A_x - iA_y && M \to M - 1\,,\\ &\text{für}\quad A_z && M \to M\,. \end{aligned} \tag{29,6}$$

Ferner ist es möglich, die Abhängigkeit der Matrixelemente eines Vektors von der Zahl M allgemein zu bestimmen. Diese wichtigen und häufig benutzten Formeln geben wir hier ebenfalls ohne Ableitung an, weil sie ein Spezialfall der allgemeineren (für beliebige tensorielle Größen gültigen) Beziehungen sind, die wir in § 107 ableiten werden.

Die von Null verschiedenen Matrixelemente der Größe A_z werden durch die folgenden Formeln gegeben:

$$\langle n'LM|\, A_z\, |nLM\rangle = \frac{M}{\sqrt{L(L+1)(2L+1)}} \langle n'L\, ||A||\, nL\rangle\,,$$

$$\langle n'LM|\, A_z\, |n, L-1, M\rangle = \sqrt{\frac{L^2 - M^2}{L(2L-1)(2L+1)}} \langle n'L||\, A\, ||n, L-1\rangle\,, \quad (29{,}7)$$

$$\langle n', L-1, M|\, A_z\, |nLM\rangle = \sqrt{\frac{L^2 - M^2}{L(2L-1)(2L+1)}} \langle n', L-1||\, A\, ||nL\rangle\,.$$

Hier bezeichnet das Symbol

$$\langle n'L'||\, A\, ||nL\rangle$$

die sogenannten *reduzierten Matrixelemente* — Größen, die unabhängig von der Quantenzahl M sind.[1]) Sie sind über die Beziehungen

$$\langle n'L'||\, A\, ||nL\rangle = \langle nL||\, A\, ||n'L'\rangle^* \quad (29{,}8)$$

miteinander verknüpft; diese Beziehungen folgen unmittelbar aus der Hermitezität des Operators $\hat{A}_z$.

Die Matrixelemente der Größen A_- und A_+ werden durch die gleichen reduzierten Elemente ausgedrückt. Die von Null verschiedenen Matrixelemente von A_- sind

$$\langle n', L, M-1|\, A_-|\, nLM\rangle = \sqrt{\frac{(L-M+1)(L+M)}{L(L+1)(2L+1)}} \langle n'L||\, A\, ||nL\rangle\,,$$

$$\langle n', L, M-1|\, A_-\, |n, L-1, M\rangle$$

$$= \sqrt{\frac{(L-M+1)(L-M)}{L(2L-1)(2L+1)}} \langle n'L||\, A\, ||\, n, L-1\rangle\,, \quad (29{,}9)$$

$$\langle n', L-1, M-1|\, A_-\, |nLM\rangle = -\sqrt{\frac{(L+M-1)(L+M)}{L(2L-1)(2L+1)}} \langle n', L-1||A\, ||nL\rangle.$$

Die Matrixelemente von A_+ erfordern keine besonderen Formeln; da A_x und A_y reell sind, haben wir

$$\langle n'L'M'|\, A_+\, |nLM\rangle = \langle nLM|\, A_-\, |n'L'M'\rangle^*\,. \quad (29{,}10)$$

Wir wollen noch eine Formel angeben, die die Matrixelemente des Skalars $\boldsymbol{AB}$ durch die reduzierten Matrixelemente der beiden vektoriellen Größen $\boldsymbol{A}$ und $\boldsymbol{B}$ ausdrückt. Man kann die Rechnung zweckmäßig durchführen, indem man den Operator $\hat{\boldsymbol{A}}\hat{\boldsymbol{B}}$ in der Form

$$\hat{\boldsymbol{A}}\hat{\boldsymbol{B}} = \tfrac{1}{2}(\hat{A}_+\hat{B}_- + \hat{A}_-\hat{B}_+) + \hat{A}_z\hat{B}_z \quad (29{,}11)$$

[1]) Das Auftreten der L-abhängigen Nenner in den Formeln (29,7) und (29,9) entspricht den in § 107 eingeführten allgemeinen Bezeichnungen. Die Zweckmäßigkeit dieser Nenner zeigt sich insbesondere in der einfachen Gestalt, die die Formel (29,12) für die Matrixelemente eines Skalarproduktes zweier Vektoren annimmt.

Das Symbol des reduzierten Matrixelementes hat man als einheitliches Ganzes aufzufassen (anders als das Symbol für ein Matrixelement (11,17)).

darstellt. Die Matrix für $\boldsymbol{AB}$ ist (wie für jede skalare Größe) in L und M diagonal. Die Rechnung erfolgt mit Hilfe der Formeln (29,7)—(29,9) und ergibt

$$\langle n'LM|\,\boldsymbol{AB}\,|nLM\rangle = \frac{1}{2L+1}\sum_{n'',L''}\langle n'L||\,A\,||n''L''\rangle\langle n''L''||\,B\,||nL\rangle\,, \quad (29{,}12)$$

wobei L'' die Werte L und $L \pm 1$ annimmt.

Um darauf verweisen zu können, schreiben wir die reduzierten Matrixelemente für den Vektor $\boldsymbol{L}$ selbst auf. Aus dem Vergleich der Formeln (29,9) und (27,12) finden wir

$$\langle L||\,L\,||L\rangle = \sqrt{L(L+1)\,(2L+1)}\,, \quad (29{,}13)$$
$$\langle L-1||\,L\,||L\rangle = \langle L||\,L\,||L-1\rangle = 0\,.$$

In Anwendungen kommt häufig der Einheitsvektor $\boldsymbol{n}$ in Richtung des Ortsvektors eines Teilchens vor. Wir wollen dessen reduzierte Matrixelemente berechnen. Dazu brauchen wir zum Beispiel nur die Matrixelemente von $n_z = \cos\theta$ zur Drehimpulsprojektion $m = 0$ berechnen. Wir haben

$$\langle l-1,0|\,n_z\,|l0\rangle = \int_0^\pi \Theta^*_{l-1,0}\cos\theta\,\Theta_{l0}\sin\theta\,d\theta$$

mit den Funktionen Θ_{l0} aus (28,11). Die Berechnung des Integrals ergibt[1])

$$\langle l-1,0|\,n_z\,|l0\rangle = il/\sqrt{(2l-1)\,(2l+1)}\,.$$

Die Matrixelemente für die Übergänge $l \to l$ sind gleich Null (wie für jeden polaren Vektor zu einem einzelnen Teilchen — siehe unten (30,8)). Der Vergleich mit (29,7) ergibt jetzt

$$\langle l-1||\,n\,||l\rangle = -\langle l||\,n\,||l-1\rangle = i\sqrt{l}\,, \qquad \langle l||\,n\,||l\rangle = 0\,. \quad (29{,}14)$$

Aufgabe

Es ist der Mittelwert des Tensors $n_i n_k - \frac{1}{3}\delta_{ik}$ (worin $\boldsymbol{n}$ der Einheitsvektor in Richtung des Ortsvektors eines Teilchens ist) für einen Zustand mit vorgegebenem $|\boldsymbol{l}|$, aber nicht festgelegter Richtung von $\boldsymbol{l}$ (d. h. unbestimmtem l_z) zu bilden.

Lösung. Der gesuchte Mittelwert ist ein Operator, den man durch den Operator $\hat{\boldsymbol{l}}$ allein ausdrücken kann. Wir setzen ihn in der Form

$$\overline{n_i n_k} - \tfrac{1}{3}\delta_{ik} = a\,[\hat{l}_i\hat{l}_k + \hat{l}_k\hat{l}_i - \tfrac{2}{3}\delta_{ik}l(l+1)]$$

an. Das ist die allgemeinste Form eines aus den Komponenten von $\hat{\boldsymbol{l}}$ aufgebauten symmetrischen Tensors zweiter Stufe mit der Spur Null. Zur Bestimmung der Konstanten a multiplizieren wir die aufgeschriebene Gleichung von links mit $\hat{l}_i$ und von rechts mit $\hat{l}_k$ (und summieren über i und k). Es ist $n_i\hat{l}_i = 0$, weil der Vektor $\boldsymbol{n}$ auf dem Vektor $\hbar\hat{\boldsymbol{l}} = [\hat{\boldsymbol{r}}\hat{\boldsymbol{p}}]$ senkrecht steht. Das Produkt $\hat{l}_i\hat{l}_i\hat{l}_k\hat{l}_k = (\hat{\boldsymbol{l}}^2)^2$ ersetzen wir durch den Eigenwert $l^2(l+1)^2$; das Produkt $\hat{l}_i\hat{l}_k\hat{l}_i\hat{l}_k$ formen wir mit Hilfe der Vertauschungsregeln folgendermaßen um:

$$\hat{l}_i\hat{l}_k\hat{l}_i\hat{l}_k = \hat{l}_i\hat{l}_i\hat{l}_k\hat{l}_k - ie_{ikl}\hat{l}_i\hat{l}_l\hat{l}_k = (\hat{\boldsymbol{l}}^2)^2 - \frac{i}{2}e_{ikl}\hat{l}_i(\hat{l}_l\hat{l}_k - \hat{l}_k\hat{l}_l) = (\hat{\boldsymbol{l}}^2)^2 + \frac{1}{2}e_{ikl}e_{lkm}\hat{l}_i\hat{l}_m$$
$$= (\hat{\boldsymbol{l}}^2)^2 - \hat{\boldsymbol{l}}^2 = l^2(l+1)^2 - l(l+1)$$

---

[1]) Die Berechnung erfolgt durch $(l-1)$-fache partielle Integration über d cos θ. Wegen der allgemeinen Formel für Integrale dieser Gestalt siehe (107,14).

(wir haben dabei $e_{ikl}e_{mkl} = 2\delta_{im}$ verwendet). Nach einer einfachen Rechnung erhalten wir

$$a = -\frac{1}{(2l-1)(2l+3)}.$$

§ 30. Die Parität eines Zustandes

Neben den Parallelverschiebungen und den Drehungen des Koordinatensystems (die Invarianz gegenüber diesen Transformationen ist ein Ausdruck von Homogenität bzw. Isotropie des Raumes) gibt es noch eine Transformation, die den HAMILTON-Operator eines abgeschlossenen Systems unverändert läßt. Diese Transformation ist die sogenannte *Inversion,* bei der gleichzeitig die Vorzeichen aller Ortskoordinaten umgekehrt werden, d. h., die Orientierungen aller Koordinatenachsen werden umgekehrt. Ein rechtshändiges Koordinatensystem geht dabei in ein linkshändiges über und umgekehrt. Die Invarianz des HAMILTON-Operators bei dieser Transformation ist ein Ausdruck der Symmetrie des Raumes bei einer Spiegelung.[1]) In der klassischen Mechanik ergeben sich aus der Invarianz der HAMILTON-Funktion bei einer Inversion keine neuen Erhaltungssätze. In der Quantenmechanik dagegen haben wir eine ganz andere Situation vorliegen.

Wir führen den Operator $\hat{P}$ für eine Inversion ein.[2]) Die Anwendung von $\hat{P}$ auf eine Wellenfunktion $\psi(\boldsymbol{r})$ bewirkt die Vorzeichenänderung des Ortsvektors:

$$\hat{P}\psi(\boldsymbol{r}) = \psi(-\boldsymbol{r}) . \qquad (30,1)$$

Die Eigenwerte P dieses Operators können leicht gefunden werden. Sie ergeben sich aus der Gleichung

$$\hat{P}\psi(\boldsymbol{r}) = P\psi(\boldsymbol{r}) . \qquad (30,2)$$

Die zweifache Anwendung des Inversionsoperators führt zur Identität — die Argumente der Funktion ändern sich überhaupt nicht. Mit anderen Worten haben wir $\hat{P}^2\psi = P^2\psi = \psi$, d. h. $P^2 = 1$. Hieraus folgt

$$P = \pm 1 . \qquad (30,3)$$

Die Eigenfunktionen des Inversionsoperators haben also folgende Eigenschaften: Entweder sie ändern sich bei Anwendung von P überhaupt nicht, oder sie wechseln ihr Vorzeichen. Im ersten Fall hat die Wellenfunktion (und der zugehörige Zustand) *gerade,* im zweiten Fall *ungerade Parität.*

Die Invarianz des HAMILTON-Operators bei einer Inversion (d. h. die Vertauschbarkeit der Operatoren $\hat{H}$ und $\hat{P}$) ist demzufolge ein Ausdruck für den *Erhaltungssatz der Parität*: Wenn ein Zustand eines abgeschlossenen Systems eine bestimmte Parität hat (d. h. wenn er gerade oder ungerade ist), dann bleibt diese Parität im Laufe der Zeit erhalten.[3])

---

[1]) Auch der HAMILTON-Operator eines Systems von Teilchen in einem kugelsymmetrischen Feld ist invariant bei einer Inversion (der Koordinatenursprung muß dabei mit dem Zentrum des Feldes übereinstimmen).

[2]) Vom englischen Wort parity — Parität.

[3]) Um Mißverständnisse zu vermeiden, erinnern wir daran, daß es sich hier um eine nichtrelativistische Theorie handelt. In der Natur kommen Wechselwirkungen vor (die in den Bereich der relativistischen Theorie gehören), die den Erhaltungssatz für die Parität verletzen.

Auch der Drehimpulsoperator ist bei einer Inversion invariant. Die Inversion ändert das Vorzeichen der Koordinaten und der Operatoren für die Ortsableitungen, und daher bleibt der Operator (26,2) unverändert. Mit anderen Worten, der Inversionsoperator ist mit dem Drehimpulsoperator vertauschbar. Ein System kann daher eine bestimmte Parität und gleichzeitig bestimmte Werte für den Drehimpuls L und seine Projektion M haben. Alle Zustände, die sich nur im Wert von M unterscheiden, haben dabei die gleiche Parität. Dieser Sachverhalt ist unmittelbar evident, weil die Eigenschaften eines abgeschlossenen Systems unabhängig von der Orientierung im Raum sind. Formal kann diese Aussage bewiesen werden, indem man von der Vertauschungsregel $\hat{L}_+\hat{P} - \hat{P}\hat{L}_+ = 0$ ausgeht und genauso vorgeht wie bei der Ableitung von (29,3) aus (29,2).

Für die Matrixelemente verschiedener physikalischer Größen gibt es bestimmte *Auswahlregeln hinsichtlich der Parität.*

Wir betrachten zunächst skalare Größen. Dabei sind echte Skalare — die sich bei einer Inversion überhaupt nicht ändern — zu unterscheiden von Pseudoskalaren — Größen, die bei einer Inversion das Vorzeichen wechseln (das Skalarprodukt eines axialen und eines polaren Vektors ist ein Pseudoskalar). Der Operator für einen echten Skalar f ist mit $\hat{P}$ vertauschbar. Wenn die Matrix für P diagonal ist, so folgt daraus, daß auch die Matrix für f im Paritätsindex diagonal ist, d. h., es sind nur die Matrixelemente für die Übergänge $g \to g$ und $u \to u$ von Null verschieden (die Indizes g und u bedeuten gerade bzw. ungerade Zustände). Für den Operator einer pseudoskalaren Größe haben wir $\hat{P}\hat{f} = -\hat{f}\hat{P}$; die Operatoren $\hat{P}$ und $\hat{f}$ sind „antikommutativ". Das Matrixelement dieser Gleichung für den Übergang $g \to g$ ist

$$P_{gg}f_{gg} = -f_{gg}P_{gg} ,$$

und da $P_{gg} = 1$ ist, ist $f_{gg} = 0$. Genauso finden wir auch $f_{uu} = 0$. Die Matrix einer pseudoskalaren Größe hat also nur für Übergänge mit einer Änderung der Parität von Null verschiedene Matrixelemente. Die Auswahlregeln für die Matrixelemente skalarer Größen sind demzufolge

$$\begin{aligned} &\text{echte Skalare:} \quad g \to g , \quad u \to u , \\ &\text{Pseudoskalare:} \quad g \to u , \quad u \to g . \end{aligned} \tag{30,4}$$

Diese Auswahlregeln können auch anders hergeleitet werden, indem man direkt von der Definition der Matrixelemente ausgeht. Sehen wir uns zum Beispiel das Integral $f_{ug} = \int \psi_u^* \hat{f} \psi_g \, dq$ mit einer geraden Funktion ψ_g und einer ungeraden Funktion ψ_u an. Beim Vorzeichenwechsel aller Koordinaten wechselt der Integrand sein Vorzeichen, wenn f ein echter Skalar ist; andererseits kann ein Integral über den ganzen Raum nicht von der Änderung der Bezeichnung der Integrationsvariablen abhängen. Hieraus folgt $f_{ug} = -f_{ug}$, d. h. $f_{ug} = 0$.

Ähnlich kann man Auswahlregeln für vektorielle Größen erhalten. Dabei ist zu beachten, daß polare Vektoren bei einer Inversion das Vorzeichen wechseln und axiale Vektoren bei dieser Transformation unverändert bleiben (zum Beispiel ist der Drehimpulsvektor — das Vektorprodukt der beiden polaren Vektoren $\boldsymbol{p}$ und $\boldsymbol{r}$ — ein Axialvektor). Unter Beachtung dessen finden wir die Auswahlregeln:

$$\begin{aligned} &\text{polare Vektoren:} \quad g \to u , \quad u \to g , \\ &\text{Axialvektoren:} \quad g \to g , \quad u \to u . \end{aligned} \tag{30,5}$$

Wir wollen die Parität für den Zustand eines Teilchens mit dem Drehimpuls l bestimmen. Die Inversion ($x \to -x$, $y \to -y$, $z \to -z$) bedeutet für Kugelkoordinaten die Transformation

$$r \to r\,, \qquad \theta \to \pi - \theta\,, \qquad \varphi \to \varphi + \pi\,. \tag{30,6}$$

Die Winkelabhängigkeit der Wellenfunktion eines Teilchens wird durch die Eigenfunktion Y_{lm} des Drehimpulses gegeben; diese hat, abgesehen von einer für uns hier unwesentlichen Konstanten, die Gestalt $P_l^m(\cos\theta)\, e^{im\varphi}$. Ersetzt man φ durch $\varphi + \pi$, so wird der Faktor $e^{im\varphi}$ mit $(-1)^m$ multipliziert. Beim Ersetzen von θ durch $\pi - \theta$ geht $P_l^m(\cos\theta)$ in $P_l^m(-\cos\theta) = (-1)^{l-m} P_l^m(\cos\theta)$ über. Die ganze Funktion wird also mit $(-1)^l$ multipliziert (was in Übereinstimmung mit dem oben Gesagten nicht von m abhängt). Die Parität eines Zustandes mit gegebenem Wert von l ist demnach

$$P = (-1)^l\,. \tag{30,7}$$

Wir sehen, daß alle Zustände mit geradzahligem l gerade und mit ungeradzahligem l ungerade sind.

Eine zu einem einzelnen Teilchen gehörige vektorielle physikalische Größe kann nur für die Übergänge mit $l \to l$, $l \pm 1$ Matrixelemente haben (§ 29). Wir beachten das und stellen die Formel (30,7) dem gegenüber, was oben über die Paritätsänderung in den Matrixelementen für die Vektoren gesagt worden ist. So kommen wir zum Schluß, daß die Matrixelemente für vektorielle Größen von einzelnen Teilchen nur für folgende Übergänge von Null verschieden sind:

$$\begin{aligned} &\text{polare Vektoren:} && l \to l \pm 1\,,\\ &\text{Axialvektoren:} && l \to l\,. \end{aligned} \tag{30,8}$$

§ 31. Die Addition von Drehimpulsen

Betrachten wir ein System, das aus zwei schwach wechselwirkenden Teilen besteht. Vernachlässigen wir die Wechselwirkung ganz, dann gilt für jeden Teil ein Drehimpulserhaltungssatz, und der Gesamtdrehimpuls $\boldsymbol{L}$ des ganzen Systems kann als Summe der Drehimpulse $\boldsymbol{L}_1$ und $\boldsymbol{L}_2$ der einzelnen Teile aufgefaßt werden. In der folgenden Näherung sind die Erhaltungssätze für $\boldsymbol{L}_1$ und $\boldsymbol{L}_2$ bei Berücksichtigung der schwachen Wechselwirkung bereits nicht mehr streng erfüllt. Die Zahlen L_1 und L_2 für die Beträge dieser Drehimpulse bleiben aber noch „gute" Quantenzahlen und sind zur näherungsweisen Beschreibung eines Zustandes des Systems geeignet. Anschaulich, d. h. bei der klassischen Betrachtung der Drehimpulse, kann man sagen, daß $\boldsymbol{L}_1$ und $\boldsymbol{L}_2$ in dieser Näherung um die Richtung von $\boldsymbol{L}$ präzedieren, während ihre Beträge unverändert bleiben.

Bei der Betrachtung solcher Systeme taucht die Frage nach dem *Additionsgesetz für Drehimpulse* auf. Wie sind die Werte von L bei gegebenen Werten von L_1 und L_2 beschaffen? Das Additionsgesetz für die Drehimpulsprojektionen ist unmittelbar evident: Aus $\hat{L}_z = \hat{L}_{1z} + \hat{L}_{2z}$ folgt

$$M = M_1 + M_2 \tag{31,1}$$

Für die Operatoren der Quadrate der Drehimpulse gibt es keine so einfache Beziehung. Um das Additionsgesetz dafür herzuleiten, gehen wir folgendermaßen vor.

Nehmen wir als vollständiges System physikalischer Größen die Größen $\boldsymbol{L}_1^2$, $\boldsymbol{L}_2^2$, L_{1z} und L_{2z}, dann wird jeder Zustand durch die Zahlenwerte L_1, L_2, M_1 und M_2 beschrieben[1]). Für gegebene L_1 und L_2 durchlaufen die Zahlen M_1 und M_2 $(2L_1 + 1)$ bzw. $(2L_2 + 1)$ Werte, so daß es insgesamt $(2L_1 + 1)(2L_2 + 1)$ verschiedene Zustände mit den gleichen Werten für L_1 und L_2 gibt. Wir bezeichnen die Wellenfunktionen der Zustände bei dieser Beschreibung mit $\varphi_{L_1L_2M_1M_2}$.

Statt der vier angegebenen Größen kann man auch die vier Größen $\boldsymbol{L}_1^2$, $\boldsymbol{L}_2^2$, $\boldsymbol{L}^2$ und L_z als vollständiges System wählen. Dann wird jeder Zustand durch die Zahlenwerte von L_1, L_2, L und M charakterisiert (die entsprechenden Wellenfunktionen bezeichnen wir mit $\psi_{L_1L_2LM}$). Für gegebene Werte von L_1 und L_2 muß es selbstverständlich wie vorher $(2L_1 + 1)(2L_2 + 1)$ verschiedene Zustände geben, d. h., für gegebene Werte von L_1 und L_2 kann das Zahlenpaar L, M $(2L_1 + 1)(2L_2 + 1)$ Wertepaare annehmen. Diese Werte kann man mit Hilfe der folgenden Überlegungen bestimmen.

Addieren wir die verschiedenen zulässigen Werte für M_1 und M_2, so erhalten wir die folgenden Werte für M:

M_1	M_2	M
L_1	L_2	$L_1 + L_2$
L_1	$L_2 - 1$	$L_1 + L_2 - 1$
$L_1 - 1$	L_2	
$L_1 - 1$	$L_2 - 1$	
L_1	$L_2 - 2$	$L_1 + L_2 - 2$
$L_1 - 2$	L_2	
. . . .	. . . .	. . . .

Wir sehen, der größtmögliche Wert von M ist $M = L_1 + L_2$; zu diesem Wert gehört ein Zustand φ (ein Wertepaar M_1 und M_2). Daher ist der größtmögliche Wert von M in den Zuständen ψ, und folglich auch das größte L, gleich $L_1 + L_2$. Ferner gibt es zwei Zustände φ mit $M = L_1 + L_2 - 1$. Folglich muß es auch zwei Zustände ψ mit diesem Wert von M geben. Der eine ist der Zustand mit $L = L_1 + L_2$ (und $M = L - 1$) und der andere mit $L = L_1 + L_2 - 1$ (und $M = L$). Für den Wert $M = L_1 + L_2 - 2$ gibt es drei verschiedene Zustände φ. Das bedeutet, daß neben den Werten $L = L_1 + L_2$ und $L = L_1 + L_2 - 1$ auch der Wert $L = L_1 + L_2 - 2$ möglich ist.

Man kann diese Überlegungen in dieser Art solange weiterführen, bis die Zahl der Zustände mit gegebenem M bei einer Verkleinerung des Wertes M um 1 nicht mehr um 1 zunimmt. Wie man sich leicht überzeugen kann, tritt das gerade ein, wenn M den Wert $|L_1 - L_2|$ erreicht. Bei einer weiteren Verkleinerung von M nimmt die Zahl der Zustände nicht mehr zu und bleibt gleich $2L_2 + 1$ (für $L_2 \leqq L_1$). Das bedeutet, daß $|L_1 - L_2|$ der kleinstmögliche Wert von L ist.

Wir gelangen also zu dem Ergebnis, daß die Zahl L für gegebene Werte von L_1 und L_2 die Werte

$$L = L_1 + L_2, L_1 + L_2 - 1, \ldots, |L_1 - L_2| \tag{31,2}$$

[1]) Und eine ganze Reihe anderer Größen, die zusammen mit den vier angegebenen ein vollständiges System bilden. Diese anderen Größen spielen aber bei den weiteren Überlegungen keine Rolle, und zur Vereinfachung der Schreibweise werden wir sie überhaupt nicht erwähnen und das System der vier angegebenen Größen einfach als vollständiges System bezeichnen.

durchlaufen kann. Das sind (unter der Annahme $L_2 \leqq L_1$) insgesamt $2L_2 + 1$ verschiedene Werte. Man kann leicht verifizieren, daß sich tatsächlich $(2L_1 + 1)(2L_2 + 1)$ verschiedene Werte für das Zahlenpaar M und L ergeben. Zu jedem der möglichen Werte (31,2) von L gehört jeweils ein einziger Zustand (wenn man von den $2L + 1$ verschiedenen Werten von M für gegebenes L absieht).

Dieses Ergebnis kann man anschaulich mit Hilfe des sogenannten *Vektormodells darstellen*. Führt man die beiden Vektoren $\boldsymbol{L}_1$ und $\boldsymbol{L}_2$ mit den Längen L_1 und L_2 ein, dann kann man L als die ganzzahlige Länge der Vektoren $\boldsymbol{L}$ darstellen, die man aus $\boldsymbol{L}_1$ und $\boldsymbol{L}_2$ durch Vektoraddition erhält. Den größten Wert von L, $(L_1 + L_2)$, erhält man bei paralleler, den kleinsten Wert $(|L_1 - L_2|)$ bei antiparalleler Lage der Vektoren $\boldsymbol{L}_1$ und $\boldsymbol{L}_2$.

In den Zuständen mit bestimmten Werten für die Drehimpulse L_1 und L_2 sowie für den Gesamtdrehimpuls L haben auch die Skalarprodukte $\boldsymbol{L}_1\boldsymbol{L}_2$, $\boldsymbol{L}\boldsymbol{L}_1$ und $\boldsymbol{L}\boldsymbol{L}_2$ bestimmte Werte. Man kann diese Werte leicht bestimmen. Zur Berechnung von $\boldsymbol{L}_1\boldsymbol{L}_2$ schreiben wir $\hat{\boldsymbol{L}} = \hat{\boldsymbol{L}}_1 + \hat{\boldsymbol{L}}_2$; wir quadrieren und isolieren das gemischte Produkt

$$2\hat{\boldsymbol{L}}_1\hat{\boldsymbol{L}}_2 = \hat{\boldsymbol{L}}^2 - \hat{\boldsymbol{L}}_1^2 - \hat{\boldsymbol{L}}_2^2 .$$

Die Operatoren auf der rechten Seite ersetzen wir durch die Eigenwerte und erhalten so den Eigenwert des Operators auf der linken Seite der Gleichung

$$\boldsymbol{L}_1\boldsymbol{L}_2 = \tfrac{1}{2}\{L(L+1) - L_1(L_1+1) - L_2(L_2+1)\} . \tag{31,3}$$

Ähnlich finden wir

$$\boldsymbol{L}\boldsymbol{L}_1 = \tfrac{1}{2}\{L(L+1) + L_1(L_1+1) - L_2(L_2+1)\} .$$

Jetzt wollen wir die *Regel für die Addition der Paritäten* aufstellen. Die Wellenfunktion Ψ eines aus zwei unabhängigen Teilen bestehenden Systems ist das Produkt aus den Wellenfunktionen Ψ_1 und Ψ_2 dieser Teile. Wenn die beiden letzteren dieselbe Parität haben (d. h., beide ändern ihr Vorzeichen bei einer Vorzeichenänderung aller Koordinaten oder beide ändern ihr Vorzeichen dabei nicht), dann ist die Wellenfunktion des gesamten Systems offenbar gerade. Haben dagegen Ψ_1 und Ψ_2 verschiedene Parität, dann wird die Funktion Ψ ungerade. Diese Feststellungen kann man durch folgende Gleichung ausdrücken

$$P = P_1 P_2 \tag{31,5}$$

Wenn P die Parität des ganzen Systems und P_1, P_2 die Paritäten der einzelnen Teile sind. Diese Regel kann selbstverständlich unmittelbar auf ein System verallgemeinert werden, das aus einer beliebigen Zahl n miteinander nicht wechselwirkender Teile besteht.

Handelt es sich bei dem betrachteten System insbesondere um Teilchen in einem kugelsymmetrischen Feld (und kann man die Wechselwirkung zwischen den Teilchen als schwach ansehen), dann ist die Parität eines Zustandes des gesamten Systems

$$P = (-1)^{l_1 + l_2 + \dots} \tag{31,6}$$

gegeben (siehe (30,7)). Im Exponenten steht hier die algebraische Summe der Drehimpulse l_i, die im allgemeinen nicht gleich der Vektorsumme ist, d. h. nicht gleich dem Drehimpuls L des Systems.

Zerfällt ein abgeschlossenes System (unter dem Einfluß der in dem System selbst wirkenden Kräfte) in verschiedene Teile, dann müssen der Gesamtdrehimpuls und die Parität erhalten bleiben. Dieser Sachverhalt kann den Zerfall eines Systems unmöglich machen, selbst wenn dieser energetisch möglich wäre.

Betrachten wir z. B. ein Atom, das sich in einem geraden Zustand mit dem Drehimpuls $L = 0$ befindet. Es soll energetisch möglich sein, daß es in ein freies Elektron und in ein Ion in einem ungeraden Zustand mit demselben Drehimpuls $L = 0$ zerfällt. Wie man leicht sieht, kann dieser Zerfall faktisch nicht stattfinden (er ist, wie man sagt, *verboten*). Wegen des Drehimpulserhaltungssatzes muß das freie Elektron ebenfalls den Drehimpuls Null haben und befindet sich deshalb in einem geraden Zustand $\left(P = (-1)^0 = +1\right)$. Dann würde aber der Zustand des Systems Ion + freies Elektron ungerade sein, während der ursprüngliche Zustand des Atoms gerade war.

V DIE BEWEGUNG IM KUGELSYMMETRISCHEN FELD

§ 32. Die Bewegung im kugelsymmetrischen Feld

Das Problem der Bewegung zweier miteinander wechselwirkender Teilchen kann in der Quantenmechanik auf ein Einkörperproblem zurückgeführt werden. Das geschieht ähnlich wie in der klassischen Mechanik. Der HAMILTON-Operator zweier mit dem Potential $U(r)$ (r ist der Abstand zwischen den Teilchen) wechselwirkender Teilchen (mit den Massen m_1 und m_2) hat die Form

$$\hat{H} = -\frac{\hbar^2}{2m_1}\Delta_1 - \frac{\hbar^2}{2m_2}\Delta_2 + U(r)\,. \tag{32,1}$$

Darin sind Δ_1 und Δ_2 die LAPLACE-Operatoren in bezug auf die Koordinaten der Teilchen. Wir führen statt der Ortsvektoren der Teilchen, $\boldsymbol{r}_1$ und $\boldsymbol{r}_2$, die neuen Variablen $\boldsymbol{R}$ und $\boldsymbol{r}$ ein:

$$\boldsymbol{r} = \boldsymbol{r}_2 - \boldsymbol{r}_1\,, \qquad \boldsymbol{R} = \frac{m_1\boldsymbol{r}_1 + m_2\boldsymbol{r}_2}{m_1 + m_2}\,; \tag{32,2}$$

$\boldsymbol{r}$ ist der Vektor von dem Teilchen mit der Masse m_1 zu dem mit der Masse m_2 (Relativkoordinate), $\boldsymbol{R}$ ist der Ortsvektor des Massenmittelpunktes. Eine einfache Rechnung ergibt

$$\hat{H} = -\frac{\hbar^2}{2(m_1 + m_2)}\Delta_R - \frac{\hbar^2}{2m}\Delta + U(r) \tag{32,3}$$

(Δ_R und Δ sind die LAPLACE-Operatoren bezüglich der Komponenten von $\boldsymbol{R}$ und $\boldsymbol{r}$, $m_1 + m_2$ ist die Gesamtmasse des Systems, $m = m_1m_2/(m_1 + m_2)$ ist die reduzierte Masse). Der HAMILTON-Operator zerfällt also in die Summe aus zwei unabhängigen Teilen. Dementsprechend kann man $\psi(\boldsymbol{r}_1, \boldsymbol{r}_2)$ als Produkt $\varphi(\boldsymbol{R})\,\psi(\boldsymbol{r})$ ansetzen. Die Funktion $\varphi(\boldsymbol{R})$ beschreibt dabei die Bewegung des Massenmittelpunktes (als freie Bewegung eines Teilchens mit der Masse $(m_1 + m_2)$). $\psi(\boldsymbol{r})$ beschreibt die Relativbewegung der Teilchen (als Bewegung eines Teilchens mit der Masse m in dem kugelsymmetrischen Feld $U = U(r)$).

Die SCHRÖDINGER-Gleichung für die Bewegung eines Teilchens in einem kugelsymmetrischen Feld hat die Gestalt

$$\Delta\psi + \frac{2m}{\hbar^2}[E - U(r)]\,\psi = 0\,. \tag{32,4}$$

Wir verwenden den bekannten Ausdruck für den LAPLACE-Operator in Kugelkoordinaten und schreiben die Gleichung in der Form

$$\frac{1}{r^2}\frac{\partial}{\partial r}\left(r^2\frac{\partial\psi}{\partial r}\right) + \frac{1}{r^2}\left[\frac{1}{\sin\theta}\frac{\partial}{\partial\theta}\left(\sin\theta\frac{\partial\psi}{\partial\theta}\right) + \frac{1}{\sin^2\theta}\frac{\partial^2\psi}{\partial\varphi^2}\right] + \frac{2m}{\hbar^2}[E - U(r)]\,\psi = 0\,. \tag{32,5}$$

Führen wir hier den Operator (26,16) für das Quadrat des Drehimpulses ein, so erhalten wir [1])

$$\frac{\hbar^2}{2m}\left[-\frac{1}{r^2}\frac{\partial}{\partial r}\left(r^2\frac{\partial\psi}{\partial r}\right)+\frac{\hat{l}^2}{r^2}\psi\right]+U(r)\,\psi=E\psi\,. \tag{32,6}$$

Bei der Bewegung in einem kugelsymmetrischen Feld bleibt der Drehimpuls erhalten. Wir werden die stationären Zustände behandeln, in denen der Drehimpuls l und seine Projektion m bestimmte Werte haben. Durch die Angabe der Werte von l und m wird die Winkelabhängigkeit der Wellenfunktion festgelegt. Dementsprechend setzen wir die Lösung der Gleichung (32,6) in der Form

$$\psi = R(r)\, Y_{lm}(\theta,\varphi) \tag{32,7}$$

an, wobei $Y_{lm}(\theta,\varphi)$ Kugelfunktionen sind. Da $\hat{l}^2 Y_{lm} = l(l+1)\, Y_{lm}$ ist, ergibt sich für den Radialanteil $R(r)$ die Gleichung

$$\frac{1}{r^2}\frac{\mathrm{d}}{\mathrm{d}r}\left(r^2\frac{\mathrm{d}R}{\mathrm{d}r}\right)-\frac{l(l+1)}{r^2}R+\frac{2m}{\hbar^2}[E-U(r)]\,R=0\,. \tag{32,8}$$

Diese Gleichung enthält den Wert $l_z = m$ überhaupt nicht; das entspricht der uns schon bekannten $(2l+1)$-fachen Entartung der Niveaus in den Drehimpulsrichtungen.

Wir wollen uns mit der Untersuchung des Radialanteils der Wellenfunktion beschäftigen. Durch die Substitution

$$R(r) = \frac{\chi(r)}{r} \tag{32,9}$$

wird aus der Gleichung (32,8)

$$\frac{\mathrm{d}^2\chi}{\mathrm{d}r^2}+\left[\frac{2m}{\hbar^2}(E-U)-\frac{l(l+1)}{r^2}\right]\chi=0\,. \tag{32,10}$$

Für eine überall endliche potentielle Energie $U(r)$ muß auch die Wellenfunktion ψ im ganzen Raume einschließlich des Koordinatenursprungs endlich sein, folglich ist auch deren Radialanteil $R(r)$ endlich. Daraus folgt, daß $\chi(r)$ für $r = 0$ verschwinden muß:

$$\chi(0) = 0\,. \tag{32,11}$$

Diese Bedingung bleibt in Wirklichkeit auch für ein Feld bestehen (siehe § 35), das für $r \to 0$ unendlich wird.

Die Gleichung (32,10) stimmt formal mit der Schrödinger-Gleichung für eine eindimensionale Bewegung in einem Feld mit der potentiellen Energie

$$U_l(r) = U(r) + \frac{\hbar^2}{2m}\frac{l(l+1)}{r^2} \tag{32,12}$$

---

[1]) Führen wir den Operator für die Radialkomponente des Impulses p_r in der Gestalt

$$\hat{p}_r\psi = -i\hbar\frac{1}{r}\frac{\partial}{\partial r}(r\psi) = -i\hbar\left(\frac{\partial}{\partial r}+\frac{1}{r}\right)\psi\,,$$

ein, dann lautet der Hamilton-Operator

$$\hat{H} = \frac{1}{2m}\left(\hat{p}_r^2+\frac{\hbar^2\hat{l}^2}{r^2}\right)+U(r)$$

und stimmt in seiner Gestalt mit der klassischen Hamilton-Funktion in Kugelkoordinaten überein.

überein. (32,12) ist die Summe der Energie $U(r)$ und des Gliedes

$$\frac{\hbar^2 l(l+1)}{2mr^2} = \frac{\hbar^2 l^2}{2mr^2},$$

das man Zentrifugalenergie nennen kann. Das Problem der Bewegung in einem kugelsymmetrischen Feld wird also auf das Problem einer eindimensionalen Bewegung in einem Bereich zurückgeführt, der auf einer Seite beschränkt ist (Randbedingung für $r = 0$). Auch in der Normierungsvorschrift für die Funktion χ zeigt sich die „eindimensionale Natur"; sie enthält das Integral

$$\int_0^\infty |R|^2 r^2 \, dr = \int_0^\infty |\chi|^2 \, dr .$$

Bei einer eindimensionalen Bewegung in einem auf einer Seite beschränkten Bereich sind die Energieniveaus nicht entartet (§ 21). Deshalb können wir sagen, daß die Angabe der Energie die Lösung der Gleichung (32,10) vollständig bestimmt, d. h. den Radialanteil der Wellenfunktion. Der Winkelanteil der Wellenfunktion wird durch die Werte von l und m vollkommen festgelegt. Wir gelangen so zu dem Schluß, daß die Wellenfunktion für die Bewegung in einem kugelsymmetrischen Feld durch die Werte von E, l und m bestimmt wird. Mit anderen Worten, die Energie, das Drehimpulsquadrat und die Drehimpulsprojektion bilden zusammen einen vollständigen Satz physikalischer Größen für eine solche Bewegung.

Da die Bewegung in einem kugelsymmetrischen Feld auf eine eindimensionale Bewegung zurückgeführt worden ist, kann man den Knotensatz anwenden (siehe § 21). Wir ordnen die Energiewerte (des diskreten Spektrums) bei gegebenem l nach wachsenden Werten der Energie und numerieren sie mit den Ordnungszahlen n_r. Dem niedrigsten Niveau wird die Nummer $n_r = 0$ zugeordnet. n_r gibt die Zahl der Knoten im Radialanteil der Wellenfunktion für endliche r-Werte an (der Punkt $r = 0$ wird nicht mitgezählt). Die Zahl n_r wird als *radiale Quantenzahl* bezeichnet. Die Zahl l heißt bei einer Bewegung in einem kugelsymmetrischen Feld *Nebenquantenzahl*, m ist die *magnetische Quantenzahl.*

Für die Bezeichnung der Zustände mit verschiedenen Drehimpulswerten l gibt es eine allgemein übliche Symbolik. Die Zustände werden nach der folgenden Zuordnung mit den Buchstaben des lateinischen Alphabets bezeichnet:

$$\begin{matrix} l = 0 & 1 & 2 & 3 & 4 & 5 & 6 & 7 & \ldots \\ s & p & d & f & g & h & i & k & \ldots \end{matrix} \tag{32,13}$$

Der Grundzustand bei der Bewegung eines Teilchens in einem kugelsymmetrischen Feld ist immer ein s-Zustand. Für $l \neq 0$ hätte der Winkelanteil der Wellenfunktion auf jeden Fall Knoten, während die Wellenfunktion des Grundzustandes überhaupt keine Knoten haben darf. Ferner kann man feststellen, daß bei gegebenem l der kleinste mögliche Energiewert mit zunehmendem l größer wird; denn das Auftreten des Drehimpulses bewirkt die Addition des positiv definiten Summanden $\hbar^2 l(l+1)/2mr^2$ zum Hamilton-Operator. Dieser Summand wächst mit zunehmendem l.

Wir wollen die Gestalt der Radialfunktion in der Nähe des Koordinatenursprungs bestimmen. Dabei nehmen wir

$$\lim_{r \to 0} U(r) r^2 = 0 \tag{32,14}$$

an. Wir setzen $R(r)$ als Potenzreihe in r an und berücksichtigen für kleine r nur das erste Glied in der Entwicklung; mit anderen Worten, wir setzen $R(r)$ in der Form $R = \text{const} \cdot r^s$ an. Führen wir diesen Ansatz in die Gleichung

$$\frac{\mathrm{d}}{\mathrm{d}r}\left(r^2 \frac{\mathrm{d}R}{\mathrm{d}r}\right) - l(l+1)\,R = 0$$

ein, die man aus (32,8) durch Multiplikation mit r^2 und anschließendem Grenzübergang $r \to 0$ erhält, dann finden wir

$$s(s+1) = l(l+1)\,.$$

Daraus ergibt sich

$$s = l \quad \text{oder} \quad s = -(l+1)\,.$$

Die Lösung mit $s = -(l+1)$ erfüllt die erforderlichen Bedingungen nicht, sie wird für $r = 0$ unendlich (wir erinnern uns, daß $l \geqq 0$ ist). Es bleibt also die Lösung mit $s = l$ übrig, d. h., in der Nähe des Koordinatenursprungs sind die Wellenfunktionen der Zustände mit gegebenem l proportional zu r^l:

$$R_l \approx \text{const} \cdot r^l\,. \tag{32,15}$$

Die Wahrscheinlichkeit, daß sich das Teilchen in einer Entfernung vom Zentrum zwischen r und $r + \mathrm{d}r$ befindet, wird durch die Größe $r^2|R|^2$ gegeben und ist daher proportional zu $r^{2(l+1)}$. Sie geht am Koordinatenursprung umso schneller gegen Null, je größer der Wert von l ist.

§ 33. Kugelwellen

Die ebene Welle

$$\psi_{\boldsymbol{p}} = \text{const} \cdot \mathrm{e}^{\frac{i}{\hbar}\boldsymbol{pr}}$$

beschreibt einen stationären Zustand, in dem ein freies Teilchen einen bestimmten Impuls $\boldsymbol{p}$ (und die Energie $E = p^2/2m$) hat. Wir wollen jetzt solche stationäre Zustände eines freien Teilchens betrachten, in denen dieses neben der Energie bestimmte Werte für den Betrag und die Projektion des Drehimpulses hat. Statt der Energie führen wir zweckmäßig die Wellenzahl ein:

$$k = \frac{p}{\hbar} = \frac{\sqrt{2mE}}{\hbar}\,. \tag{33,1}$$

Die Wellenfunktion eines Zustandes mit dem Drehimpuls l und der Projektion m ist

$$\psi_{klm} = R_{kl}(r)\, Y_{lm}(\theta, \varphi)\,. \tag{33,2}$$

Die Radialfunktion wird dabei aus der Gleichung

$$R_{kl}'' + \frac{2}{r} R_{kl}' + \left[k^2 - \frac{l(l+1)}{r^2}\right] R_{kl} = 0 \tag{33,3}$$

(Gleichung (32,8) ohne $U(r)$) berechnet. Die Wellenfunktionen ψ_{klm} zum (in k) kontinuierlichen Spektrum erfüllen die Orthonormierungsbedingungen

$$\int \psi^*_{k'l'm'} \psi_{klm}\, \mathrm{d}V = \delta_{ll'} \delta_{mm'} \delta\left(\frac{k'-k}{2\pi}\right).$$

Die Orthogonalität der Funktionen zu verschiedenen l, l' und m, m' wird durch die Winkelfunktionen gewährleistet. Die Radialfunktionen müssen nach der Vorschrift

$$\int_0^\infty r^2 R_{k'l} R_{kl}\, \mathrm{d}r = \delta\left(\frac{k'-k}{2\pi}\right) = 2\pi\delta(k'-k) \tag{33,4}$$

normiert werden. Normieren wir die Wellenfunktionen nicht in der $(k/2\pi)$-Skala, sondern in der Energieskala, d. h. nach der Vorschrift

$$\int_0^\infty r^2 R_{E'l} R_{El}\, \mathrm{d}r = \delta(E'-E)\,,$$

dann bekommen wir nach der allgemeinen Formel (5,14)

$$R_{El} = R_{kl}\left(\frac{1}{2\pi}\frac{\mathrm{d}k}{\mathrm{d}E}\right)^{1/2} = \frac{1}{\hbar}\sqrt{\frac{m}{2\pi k}}\, R_{kl}\,. \tag{33,5}$$

Für $l = 0$ kann man die Gleichung (33,3) als

$$\frac{\mathrm{d}^2}{\mathrm{d}r^2}(rR_{k0}) + k^2 r R_{k0} = 0\;;$$

schreiben. Die für $r = 0$ endliche und nach der Vorschrift (33,4) normierte (vergleiche (21,9 u. 21.10)) Lösung dieser Gleichung ist

$$R_{k0} = 2\,\frac{\sin kr}{r}\,. \tag{33,6}$$

Bei der Lösung der Gleichung (33,3) für $l \neq 0$ substituieren wir

$$R_{kl} = r^l \chi_{kl}\,. \tag{33,7}$$

Für χ_{kl} erhalten wir die Gleichung

$$\chi_{kl}'' + \frac{2(l+1)}{r}\chi_{kl}' + k^2\chi_{kl} = 0\,.$$

Wir leiten diese Gleichung nach r ab und erhalten

$$\chi_{kl}''' + \frac{2(l+1)}{r}\chi_{kl}'' + \left[k^2 - \frac{2(l+1)}{r^2}\right]\chi_{kl}' = 0\,.$$

Nach dem Einsetzen von $\chi_{kl}' = r\chi_{k,l+1}$ wird daraus

$$\chi_{k,l+1}'' + \frac{2(l+2)}{r}\chi_{k,l+1}' + k^2\chi_{k,l+1} = 0\,.$$

Das ist tatsächlich die Gleichung, der die Funktion $\chi_{k,l+1}$ zu genügen hat. Aufeinanderfolgende Funktionen χ_{kl} hängen also über die Beziehung

$$\chi_{k,l+1} = \frac{1}{r}\chi_{kl}' \tag{33,8}$$

miteinander zusammen, und daher gilt

$$\chi_{kl} = \left(\frac{1}{r}\frac{\mathrm{d}}{\mathrm{d}r}\right)^l \chi_{k0}\,,$$

wobei $\chi_{k0} = R_{k0}$ durch die Formel (33,6) gegeben wird (dieser Ausdruck kann selbstverständlich mit einer beliebigen Konstanten multipliziert werden).

Wir finden somit endgültig den folgenden Ausdruck für die Radialfunktionen der freien Bewegung eines Teilchens:

$$R_{kl} = (-1)^l \cdot 2\frac{r^l}{k^l}\left(\frac{\mathrm{d}}{r\,\mathrm{d}r}\right)^l \frac{\sin kr}{r} \tag{33,9}$$

(der Faktor k^{-l} ist hier zur Normierung eingeführt worden — siehe unten; der Faktor $(-1)^l$ erweist sich als zweckmäßig). Die Funktionen (33,9) können durch die BESSEL-Funktionen mit halbzahligem Index ausgedrückt werden:

$$R_{kl} = \sqrt{\frac{2\pi k}{r}}\, J_{l+1/2}(kr) = 2kj_l(kr)\,. \tag{33,10}$$

Die in diesem Zusammenhang eingeführten Funktionen

$$j_l(x) = \sqrt{\frac{\pi}{2x}}\, J_{l+1/2}(x) \tag{33,11}$$

werden als sphärische BESSEL-Funktionen bezeichnet.[1])

Wir wollen jetzt den asymptotischen Ausdruck für die Radialfunktion (33,9) für große r herleiten. Derjenige Anteil, der für $r \to \infty$ am langsamsten verschwindet, ergibt sich durch l-fache Ableitung des Sinus. Jede Ableitung $-\mathrm{d}/\mathrm{d}r$ des Sinus bewirkt die Addition von $-\pi/2$ im Argument, und wir bekommen daher folgenden asymptotischen Ausdruck:

$$R_{kl} \approx \frac{2}{r}\sin\left(kr - \frac{\pi l}{2}\right). \tag{33,12}$$

Man kann die Funktion R_{kl} anhand ihres asymptotischen Ausdrucks normieren, wie es in § 21 erklärt worden ist. Wir vergleichen die asymptotische Formel (33,12) mit der normierten Funktion R_{k0} (33,6) und erkennen, daß die Funktionen R_{kl} mit dem in (33,9) gewählten Faktor tatsächlich in der erforderlichen Weise normiert sind.

In der Nähe des Koordinatenursprungs (kleine r) entwickeln wir $\sin kr$ in eine Reihe und behalten nur dasjenige Glied bei, das nach den Ableitungen die niedrigste Potenz von r ergibt; so finden wir[2])

$$\left(\frac{1}{r}\frac{\mathrm{d}}{\mathrm{d}r}\right)^l \frac{\sin kr}{r} \approx \left(\frac{1}{r}\frac{\mathrm{d}}{\mathrm{d}r}\right)^l (-1)^l \frac{(kr)^{2l+1}}{r(2l+1)!} = \frac{(-1)^l\, k^{2l+1}}{(2l+1)!!}\,.$$

In der Nähe des Koordinatenursprungs haben also die Funktionen R_{kl} die Gestalt

$$R_{kl} \approx \frac{2k^{l+1}}{(2l+1)!!}\, r^l \tag{33,13}$$

in Übereinstimmung mit dem allgemeinen Ergebnis (32,15).

Bei einigen Problemen (in der Streutheorie) hat man Wellenfunktionen zu betrachten, die nicht der üblichen Endlichkeitsforderung genügen. Diese Funktionen entsprechen einem Strom von Teilchen aus dem Zentrum heraus oder in das Zentrum

---

[1]) Die ersten Funktionen j_l sind

$$j_0 = \frac{\sin x}{x}\,, \qquad j_1 = \frac{\sin x}{x^2} - \frac{\cos x}{x}\,, \qquad j_2 = \left(\frac{3}{x^3} - \frac{1}{x}\right)\sin x - \frac{3\cos x}{x^2}\,.$$

In der Literatur findet man auch eine Definition der Funktionen j_l, die sich von (33,11) um einen Faktor x unterscheidet.

[2]) Das Symbol !! bedeutet das Produkt aller geraden bzw. ungeraden Zahlen einschließlich der angegebenen Zahl.

hinein. Die Wellenfunktion für einen solchen Teilchenstrom mit dem Drehimpuls $l = 0$ ergibt sich folgendermaßen: Man nimmt anstelle der stehenden Kugelwelle (33,6) die Lösung als auslaufende (R_{k0}^{+}) oder einlaufende (R_{k0}^{-}) Kugelwelle:

$$R_{k0}^{\pm} = \frac{A}{r} \mathrm{e}^{\pm ikr} . \tag{33,14}$$

Im allgemeinen Fall eines von Null verschiedenen Drehimpulses l erhalten wir die Lösung der Gleichung (33,3) in der Gestalt

$$R_{kl}^{\pm} = (-1)^l A \frac{r^l}{k^l} \left(\frac{1}{r} \frac{\mathrm{d}}{\mathrm{d}r}\right)^l \frac{\mathrm{e}^{\pm ikr}}{r} . \tag{33,15}$$

Diese Funktionen können durch die HANKEL-Funktionen ausgedrückt werden:

$$R_{kl}^{\pm} = \pm iA \sqrt{\frac{k\pi}{2r}} H_{l+1/2}^{(1,2)}(kr) \tag{33,16}$$

(HANKEL-Funktionen erster und zweiter Art für die Vorzeichen + bzw. −). Der asymptotische Ausdruck für die Funktion (33,15) ist

$$R_{kl}^{\pm} \approx \frac{A}{r} \exp\left[\pm i\left(kr - \frac{\pi l}{2}\right)\right] . \tag{33,17}$$

In der Nähe des Koordinatenursprungs hat er die Gestalt

$$R_{kl}^{\pm} \approx A \frac{(2l-1)!!}{k^l} r^{-l-1} . \tag{33,18}$$

Wir normieren diese Funktionen so, daß sie der Emission (oder Absorption) eines Teilchens pro Zeiteinheit entsprechen. Dabei nutzen wir die Tatsache aus, daß eine Kugelwelle in großen Entfernungen vom Ursprung in jedem nicht allzu großen Gebiet als ebene Welle angesehen werden kann; die Wahrscheinlichkeitsstromdichte darin ist $j = v\psi\psi^*$, wobei $v = k\hbar/m$ die Geschwindigkeit der Teilchen ist. Die Normierung erfolgt nach der Vorschrift $\oint j\, \mathrm{d}f = 1$, die Integration wird dabei über eine Kugeloberfläche mit großem Radius r erstreckt. Diese Normierungsbedingung bedeutet also $\int jr^2\, \mathrm{d}o = 1$, wenn $\mathrm{d}o$ das Flächenelement auf der Einheitskugel ist. Halten wir an der früheren Normierung der Winkelfunktionen fest, dann müssen wir den Koeffizienten A in der Radialfunktion folglich gleich

$$A = \frac{1}{\sqrt{v}} = \sqrt{\frac{m}{k\hbar}} \tag{33,19}$$

setzen.

Ein zu (33,12) analoger asymptotischer Ausdruck gilt nicht nur für den Radialanteil der Wellenfunktion einer freien Bewegung, sondern auch für die Bewegung (mit positiver Energie) in einem beliebigen Feld, das mit wachsendem r genügend schnell abnimmt.[1]) Für große r können wir in der SCHRÖDINGER-Gleichung sowohl das Feld als auch die Zentrifugalenergie vernachlässigen, und wir behalten die Näherungsgleichung

$$\frac{1}{r} \frac{\mathrm{d}^2(rR_{kl})}{\mathrm{d}r^2} + k^2 R_{kl} = 0$$

[1]) Wie in § 124 gezeigt wird, muß das Feld schneller als $1/r$ verschwinden.

übrig. Die allgemeine Lösung dieser Gleichung ist

$$R_{kl} \approx 2\,\frac{\sin\left(kr - \frac{l\pi}{2} + \delta_l\right)}{r} \tag{33,20}$$

Darin ist δ_l eine Konstante (die *Phasenverschiebung*), der allgemeine Faktor ist entsprechend der Normierungsvorschrift für eine Wellenfunktion nach der $(k/2\pi)$-Skala gewählt worden.[1]) Die konstante Phase δ_l wird durch die Randbedingung (R_{kl} soll für $r \to 0$ endlich sein) festgelegt, für die die exakte SCHRÖDINGER-Gleichung gelöst werden muß, und kann nicht allgemein berechnet werden. Die Phasen δ_l sind selbstverständlich Funktionen von l und von k; sie sind ein wesentliches Charakteristikum für die Eigenfunktionen des kontinuierlichen Spektrums.

Aufgaben

1. Es sind die Energieniveaus für die Bewegung eines Teilchens mit dem Drehimpuls $l = 0$ in einem rechteckigen, kugelsymmetrischen Potentialtopf zu bestimmen: $U(r) = -U_0$ für $r < a$ und $U(r) = 0$ für $r > a$.

Lösung. Für $l = 0$ hängt die Wellenfunktion nur von r ab. Für das Innere des Potentialtopfes lautet die SCHRÖDINGER-Gleichung

$$\frac{1}{r}\frac{d^2}{dr^2}(r\psi) + k^2\psi = 0\,, \qquad k = \frac{1}{\hbar}\sqrt{2m(U_0 - |E|)}\,.$$

Die für $r = 0$ endliche Lösung ist

$$\psi = A\,\frac{\sin kr}{r}\,.$$

Für $r > a$ haben wir die Gleichung

$$\frac{1}{r}\frac{d^2}{dr^2}(r\psi) - \varkappa^2\psi = 0\,, \qquad \varkappa = \frac{1}{\hbar}\sqrt{2m\,|E|}\,.$$

Die im Unendlichen verschwindende Lösung ist

$$\psi = A'\,\frac{e^{-\varkappa r}}{r}\,.$$

Die Anschlußbedingung für die logarithmische Ableitung von $r\psi$ bei $r = a$ ergibt

$$k \operatorname{ctg} ka = -\varkappa = -\sqrt{\frac{2mU_0}{\hbar^2} - k^2} \tag{1}$$

oder

$$\sin ka = \pm\sqrt{\frac{\hbar^2}{2ma^2U_0}}\,ka\,. \tag{2}$$

Durch diese Gleichung werden implizit die Energieniveaus bestimmt (es müssen diejenigen Wurzeln der Gleichung genommen werden, für die $\operatorname{ctg} ka < 0$ ist, wie es aus (1) folgt). Das erste dieser Niveaus (das Niveau mit $l = 0$) ist gleichzeitig das niedrigste mögliche Energieniveau, d. h., es gehört zum Grundzustand des Teilchens.

Ist der Potentialtopf zu flach (U_0 zu klein), dann gibt es überhaupt keine negativen Energieniveaus, das Teilchen kann nicht in dem Topf „enthalten“ sein. Das kann man anhand der Glei-

---

[1]) Der Summand $-l\pi/2$ im Argument des Sinus ist hinzugefügt worden, damit im feldfreien Fall $\delta_l = 0$ ist. Da das Vorzeichen der Wellenfunktion unwesentlich ist, sind die Phasen δ_l nur bis auf $n\pi$ definiert (und nicht bis auf $2n\pi$); man kann sie daher immer auf das Intervall zwischen 0 und π reduzieren.

chung (2) mit Hilfe der folgenden graphischen Konstruktion leicht einsehen. Die Wurzeln einer Gleichung der Gestalt $\pm \sin x = \alpha x$ werden durch die Schnittpunkte der Geraden $y = \alpha x$ mit den Kurven $y = \pm \sin x$ dargestellt. Wir müssen dabei nur diejenigen Schnittpunkte berücksichtigen, für die $\operatorname{ctg} x < 0$ ist. Die entsprechenden Teile der Kurven $y = \pm \sin x$ sind in Abb. 9 durch eine ausgezogene Linie wiedergegeben. Für zu großes α (zu kleines U_0) gibt es, wie wir

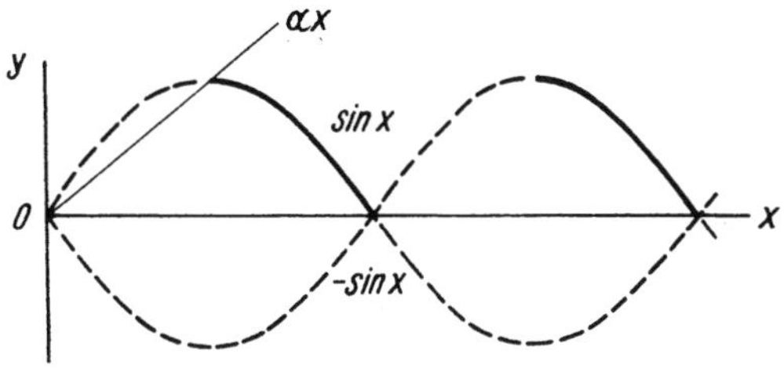

Abb. 9

sehen, überhaupt keine solchen Schnittpunkte. Der erste brauchbare Schnittpunkt tritt auf, wenn die Gerade $y = \alpha x$ die in Abb. 9 dargestellte Lage einnimmt, d. h. für $\alpha = 2/\pi$; er liegt bei $x = \pi/2$. Wir setzen $\alpha = \hbar/\sqrt{2ma^2U_0}$ und $x = ka$ und erhalten daraus für die Mindesttiefe des Potentialtopfes, bei der das erste negative Niveau vorkommt,

$$U_{0\,\min} = \frac{\pi^2\hbar^2}{8ma^2}. \tag{3}$$

Dieser Wert ist um so größer, je kleiner der Radius a des Topfes ist. Die Lage des ersten Energieniveaus E_1, wenn dieses gerade auftritt, wird aus $ka = \pi/2$ bestimmt und ist $E_1 = 0$, wie man es natürlich auch erwartet. In dem Maße, wie die Tiefe des Potentialtopfes weiter vergrößert wird, erniedrigt sich auch das Niveau E_1 des Grundzustandes. Bei kleiner Differenz $\Delta = U_0/U_{0\,\min} - 1$ erfolgt diese Erniedrigung nach dem Gesetz

$$-E_1 = \frac{\pi^2}{16} U_{0\,\min} \Delta^2 . \tag{4}$$

2. Es ist die Anordnung der Energieniveaus mit verschiedenen Werten l des Drehimpulses in einem sehr tiefen ($U_0 \gg \hbar^2/ma^2$) kugelsymmetrischen Potentialtopf anzugeben (W. Elsasser, 1933).

Lösung. Die Bedingung am Rande des Potentialtopfes besagt, daß die Wellenfunktion ψ für $U_0 \to \infty$ verschwindet (siehe § 22). Wir schreiben die radiale Wellenfunktion innerhalb des Topfes in der Form (33,10) und erhalten die Gleichung

$$J_{l+1/2}(ka) = 0 ,$$

deren Wurzeln die Lage der Niveaus über dem Boden des Topfes ($U_0 - |E| = \hbar^2k^2/2m$) für die verschiedenen Werte von l angeben. Die Anordnung ist (mit dem Grundzustand beginnend) die folgende:

$$1s,\ 1p,\ 1d,\ 2s,\ 1f,\ 2p,\ 1g,\ 2d,\ 1h,\ 3s,\ 2f \ldots$$

Die Ziffer vor dem Buchstaben kennzeichnet die Niveaus mit gleichem l nach zunehmender Energie geordnet.[1])

3. Es ist die Reihenfolge zu bestimmen, in der die Niveaus mit verschiedenen l bei zunehmender Tiefe U_0 des Topfes auftreten.

Lösung. Wenn ein neues Niveau gerade auftritt, hat es die Energie $E = 0$. Die zugehörige Wellenfunktion außerhalb des Topfes, die für $r \to \infty$ verschwindet, ist $R_l = \text{const} \cdot r^{-(l+1)}$ (Lösung der Gleichung (33,3) mit $k = 0$). Aus der Stetigkeit von R_l und R_l' am Rande des Potentialtopfes folgt insbesondere die Stetigkeit der Ableitung $(r^{l+1}R_l)'$. In unserem Falle ergibt sich

[1]) Diese Bezeichnung ist für die Niveaus von Teilchen im Kern üblich (§ 118).

daraus die folgende Bedingung für die Wellenfunktion innerhalb des Topfes:

$$(r^{l+1}R_l)' = 0 \quad \text{für} \quad r = a\,.$$

Diese Bedingung ist äquivalent[1]) dem Verschwinden der Funktion R_{l-1}, und wir erhalten wegen (33,10) die Gleichung

$$J_{l-1/2}\left(\frac{a}{\hbar}\sqrt{2mU_0}\right) = 0\,.$$

Für $l = 0$ muß man die Funktion $J_{l-1/2}$ durch cos ersetzen. Daraus ergibt sich für die Reihenfolge, in der die neuen Niveaus bei Vergrößerung von U_0 auftreten,

$$1s,\ 1p,\ 1d,\ 2s,\ 1f,\ 2p,\ 1g,\ 2d,\ 3s,\ 1h,\ 2f,\ \ldots$$

Unterschiede gegenüber der Anordnung der Niveaus in einem tiefen Potentialtopf ergeben sich nur für relativ hohe Niveaus.

4. Für den räumlichen harmonischen Oszillator (ein Teilchen im Feld $U = m\omega^2r^2/2$) sind zu berechnen: die Energieniveaus, der Entartungsgrad und die möglichen Werte des Bahndrehimpulses in den entsprechenden stationären Zuständen.

Lösung. Die SCHRÖDINGER-Gleichung für ein Teilchen im Feld $U = \frac{1}{2}m\omega^2(x^2 + y^2 + z^2)$ erlaubt die Separation der Variablen, so daß man drei Gleichungen für je einen linearen Oszillator erhält. Die Energieniveaus sind deshalb

$$E = \hbar\omega\,(n_1 + n_2 + n_3 + \tfrac{3}{2}) \equiv \hbar\omega\,(n + \tfrac{3}{2})\,.$$

Der Entartungsgrad des n-ten Niveaus ist gleich der Zahl der Möglichkeiten, n als Summe dreier positiver ganzer Zahlen[2]) (einschließlich der Zahl 0) darzustellen; diese ist $(n + 1)\,(n + 2)/2$.

Die Wellenfunktionen der stationären Zustände sind

$$\psi_{n_1n_2n_3} = \text{const}\cdot\exp\,(-\alpha^2r^2/2)\,H_{n_1}(\alpha x)\,H_{n_2}(\alpha y)\,H_{n_3}(\alpha z) \tag{1}$$

mit $\alpha = \sqrt{m\omega/\hbar}$ (m ist die Masse des Teilchens). Bei einer Vorzeichenänderung des Arguments wird das Polynom H_n mit $(-1)^n$ multipliziert. Die Parität der Funktion (1) ist deshalb $(-1)^{n_1+n_2+n_3} = (-1)^n$. Durch die Bildung von Linearkombinationen aus diesen Funktionen mit einem festen Wert der Summe $n_1 + n_2 + n_3 = n$ gewinnt man die Funktion

$$\psi_{mln} = \text{const}\cdot r^l\exp\,(-\alpha^2r^2/2)\,Y_{lm}(\theta,\varphi) = F\left(-\frac{n-l}{2},\,l+\frac{3}{2},\,\alpha^2r^2\right) \tag{2}$$

mit F(...) als konfluente hypergeometrische Funktion (s. Math. Ergänzunen, § d). (2) kann man natürlich auch durch direkte Lösung der Gleichung (32,8) erhalten. Dabei ist $|m| = 0, 1, \ldots, l$, l durchläuft die Werte $0, 2, \ldots, n$ für gerade n und $1, 3, \ldots, n$ für ungerade n. Die letzte Aussage gewinnt man aus der Gegenüberstellung der Parität $(-1)^n$ der Funktionen (1) und der Parität $(-1)^l$ der Funktionen (2); diese beiden Paritäten müssen gleich sein. Dadurch werden die möglichen Werte des Bahndrehimpulses für die betrachteten Energieniveaus bestimmt.

---

[1]) Nach (33,7) und (33,8) haben wir $(r^{-l}R_l)' \sim r^{-l}R_{l+1}$. Da sich die Gleichung (33,3) bei der Substitution von l durch $-l-1$ nicht ändert, haben wir auch

$$(r^{l+1}R_{-l-1})' \sim r^{l+1}R_{-l}\,.$$

Da schließlich die Funktionen R_{-l} und R_{l-1} ein und derselben Gleichung genügen, erhalten wir endgültig

$$(r^{l+1}R_l)' \sim r^{l+1}R_{l-1}\,,$$

was im Text verwendet worden ist.

[2]) Mit anderen Worten, das ist die Zahl der Möglichkeiten, n gleichartige Kugeln in drei Kästen unterzubringen.

Die Anordnung der Niveaus eines räumlichen Oszillators ist (mit denselben Bezeichnungen wie in den Aufgaben 2 und 3) folgende:

$$(1s), (1p), (1d, 2s), (1f, 2p), (1g, 2d, 3s), \ldots .$$

Die entarteten Zustände sind in Klammern eingeschlossen.[1])

§ 34. Die Entwicklung einer ebenen Welle

Wir betrachten ein freies Teilchen, das sich mit dem bestimmten Impuls $p = k\hbar$ in positiver z-Richtung bewegt. Die Wellenfunktion eines solchen Teilchens hat die Gestalt

$$\psi = \text{const} \cdot e^{ikz} .$$

Wir entwickeln diese Funktion nach den Wellenfunktionen ψ_{klm} für die freie Bewegung mit bestimmten Drehimpulsen. In die gesuchte Entwicklung gehen nur Funktionen mit gleichem k ein, weil die Energie in dem betrachteten Zustand den Wert $E = k^2\hbar^2/2m$ hat. Da die Funktion e^{ikz} axialsymmetrisch zur z-Achse ist, können in die Entwicklung ferner nur diejenigen Funktionen eingehen, die vom Winkel φ unabhängig sind, d. h. die Funktionen mit $m = 0$. Es muß also

$$e^{ikz} = \sum_{l=0}^{\infty} a_l \psi_{kl0} = \sum_{l=0}^{\infty} a_l R_{kl} Y_{l0}$$

sein, wobei die a_l Konstanten sind. Wir setzen die Ausdrücke (28,8) und (33,9) in die Funktionen Y_{l0} und R_{kl} ein und erhalten

$$e^{ikz} = \sum_{l=0}^{\infty} C_l P_l (\cos\theta) \left(\frac{r}{k}\right)^l \left(\frac{1}{r}\frac{\mathrm{d}}{\mathrm{d}r}\right)^l \frac{\sin kr}{kr} \qquad (z = r\cos\theta) .$$

Die C_l sind dabei andere Konstanten. Man kann diese Konstanten durch Koeffizientenvergleich von $(r\cos\theta)^n$ in den Potenzreihenentwicklungen beider Seiten der Gleichung nach r einfach bestimmen. Auf der rechten Seite kommt ein solches Glied nur in dem n-ten Summanden vor. Für $l > n$ beginnt die Entwicklung der Radialfunktion mit höheren Potenzen von r, für $n > l$ enthält das Polynom $P_l(\cos\theta)$ niedere Potenzen von $\cos\theta$. Das Glied mit $\cos^l\theta$ in $P_l(\cos\theta)$ hat den Koeffizienten $(2l)!/2^l(l!)^2$ (siehe Formel (c, 1)). Ziehen wir noch die Formel (33,13) heran, so finden wir das uns interessierende Glied der Entwicklung der rechten Seite der Gleichung

$$(-1)^l C_l \frac{(2l)!\,(kr\cos\theta)^l}{2^l(l!)^2\, 1\cdot 3 \ldots (2l+1)} .$$

Auf der linken Seite der Gleichung ist das entsprechende Glied (in der Entwicklung von $e^{ikr\cos\theta}$)

$$\frac{(ikr\cos\theta)^l}{l!} .$$

Durch Gleichsetzen dieser beiden Größen ergibt sich $C_l = (-i)^l\,(2l+1)$. Wir erhalten damit endgültig die gesuchte Entwicklung

$$e^{ikz} = \sum_{l=0}^{\infty} (-i)^l\,(2l+1)\, P_l(\cos\theta) \left(\frac{r}{k}\right)^l \left(\frac{1}{r}\frac{\mathrm{d}}{\mathrm{d}r}\right)^l \frac{\sin kr}{kr} . \qquad (34,1)$$

---

[1]) Wir machen auf die Entartung der Niveaus mit verschiedenen Drehimpulsen l aufmerksam; siehe in diesem Zusammenhang die Fußnote auf S. 124.

Für große Entfernungen r nimmt sie die asymptotische Gestalt

$$e^{ikz} \approx \frac{1}{kr} \sum_{l=0}^{\infty} i^l (2l+1) P_l(\cos\theta) \sin\left(kr - \frac{l\pi}{2}\right) \tag{34,2}$$

an.

In (34,1) ist die z-Achse in Richtung des Wellenzahlvektors $\boldsymbol{k}$ der ebenen Welle gewählt worden. Diese Entwicklung kann man auch in allgemeiner Form schreiben, ohne eine bestimmte Wahl der Koordinatenachse vorzunehmen. Dazu muß man das Additionstheorem für die Kugelfunktionen benutzen (siehe (c, 11)). Wir drücken damit die Polynome $P_l(\cos\theta)$ durch Kugelfunktionen zu den Richtungen von $\boldsymbol{k}$ und $\boldsymbol{r}$ aus (der Winkel zwischen $\boldsymbol{k}$ und $\boldsymbol{r}$ ist θ) und erhalten

$$e^{i\boldsymbol{k}\boldsymbol{r}} = 4\pi \sum_{l=0}^{\infty} \sum_{m=-l}^{l} i^l j_l(kr)\, Y_{lm}^*\left(\frac{\boldsymbol{k}}{k}\right) Y_{lm}\left(\frac{\boldsymbol{r}}{r}\right). \tag{34,3}$$

Die Funktionen $j_l(kr)$ (die nach (33,11) definiert sind) hängen nur vom Produkt kr ab, und somit ist die Symmetrie der Formel bezüglich der Vektoren $\boldsymbol{k}$ und $\boldsymbol{r}$ klar zu erkennen (welche der beiden Kugelfunktionen konjugiert komplex gewählt wird, ist gleichgültig).

Wir normieren die Wellenfunktion e^{ikz} auf die Wahrscheinlichkeitsstromdichte 1, d. h., die Wellenfunktion soll einem Teilchenstrom entsprechen (parallel zur z-Achse), bei dem pro Zeiteinheit ein Teilchen durch den Querschnitt 1 geht. Diese Funktion ist

$$\psi = \frac{1}{\sqrt{v}} e^{ikz} = \sqrt{\frac{m}{k\hbar}}\, e^{ikz} \tag{34,4}$$

(v ist die Geschwindigkeit der Teilchen; siehe (19,7)). Wir multiplizieren beide Seiten der Gleichung (34,1) mit $\sqrt{m/k\hbar}$, führen auf der rechten Seite die normierten Funktionen $\psi_{klm}^{\pm} = R_{kl}^{\pm}(r)\, Y_{lm}(\theta, \varphi)$ ein und erhalten

$$\psi = \sum_{l=0}^{\infty} \sqrt{\pi(2l+1)}\, \frac{1}{ik} (\psi_{kl0}^{+} - \psi_{kl0}^{-}) .$$

Das Betragsquadrat des Koeffizienten von ψ_{kl0}^{-} (oder ψ_{kl0}^{+}) in dieser Entwicklung gibt nach den allgemeinen Regeln die Wahrscheinlichkeit dafür an, daß ein Teilchen in dem in das Zentrum einlaufenden (oder aus dem Zentrum auslaufenden) Strom den Drehimpuls l hat (bezogen auf den Koordinatenursprung). Da die Wellenfunktion $e^{ikz}/\sqrt{v}$ zum Teilchenstrom mit der Dichte 1 gehört, hat diese „Wahrscheinlichkeit" die Dimension einer Fläche. Sie kann anschaulich als die Größe der „Zielscheibe" (in der xy-Ebene) gedeutet werden, auf die das einfallende Teilchen auftreffen muß, wenn es den Drehimpuls l hat. Wir bezeichnen die Größe mit σ_l und haben

$$\sigma_l = \frac{\pi}{k^2} (2l+1) . \tag{34,5}$$

Für große Werte von l ist die Summe der „Zielscheiben" im Intervall Δl (mit $1 \ll \Delta l \ll l$) gleich

$$\sum_{\Delta l} \sigma_l \approx \frac{\pi}{k^2} 2l\, \Delta l = 2\pi \frac{l\hbar^2}{p^2} \Delta l .$$

Setzen wir den klassischen Ausdruck für den Drehimpuls $\hbar l = \varrho p$ (wobei ϱ der sogenannte Stoßparameter ist) ein, so geht dieser Ausdruck in

$$2\pi\varrho\, \Delta\varrho$$

über und stimmt mit dem klassischen Ausdruck überein. Dieses Ergebnis ist kein Zufall: Wir werden später sehen, daß eine Bewegung für große Werte von l quasiklassisch ist (§ 49).

§ 35. Der Sturz eines Teilchens in das Zentrum

Zur Klärung einiger Besonderheiten der quantenmechanischen Bewegung ist es nützlich, einen Fall zu studieren, der in Wirklichkeit keine physikalische Bedeutung hat, nämlich die Bewegung eines Teilchens in einem Feld mit einer potentiellen Energie, die in einem Punkt (dem Koordinatenursprung) nach dem Gesetz $U(r) \approx -\beta/r^2$ $(\beta > 0)$ unendlich wird. Der Feldverlauf in großer Entfernung vom Koordinatenursprung wird uns nicht interessieren. Wir haben in § 18 gesehen, daß das gerade der Grenzfall zwischen der Existenz gewöhnlicher stationärer Zustände und dem Sturz des Teilchens in den Koordinatenursprung ist.

In der Nähe des Koordinatenursprungs haben wir in unserem Falle die SCHRÖDINGER-Gleichung

$$R'' + \frac{2}{r} R' + \frac{\gamma}{r^2} R = 0 \tag{35,1}$$

($R(r)$ ist der Radialanteil der Wellenfunktion). Darin haben wir die Konstante

$$\gamma = \frac{2m\beta}{\hbar^2} - l(l+1) \tag{35,2}$$

eingeführt und alle Glieder niedrigerer Ordnung in $1/r$ weggelassen. Der Wert der Energie E wird als endlich vorausgesetzt, und das entsprechende Glied in der Gleichung ebenfalls fortgelassen.

Wir setzen R in der Form $R \sim r^s$ an und erhalten für s die quadratische Gleichung

$$s(s+1) + \gamma = 0$$

mit den beiden Wurzeln

$$s_1 = -\tfrac{1}{2} + \sqrt{\tfrac{1}{4} - \gamma}\,, \qquad s_2 = -\tfrac{1}{2} - \sqrt{\tfrac{1}{4} - \gamma}\,. \tag{35,3}$$

Bei der weiteren Untersuchung gehen wir zweckmäßig folgendermaßen vor. Wir trennen um den Koordinatenursprung einen kleinen Bereich mit dem Radius r_0 ab und ersetzen darin die Funktion $-\gamma/r^2$ durch die Konstante $-\gamma/r_0^2$. Nachdem wir dann die Wellenfunktionen in diesem „abgeschnittenen" Feld bestimmt haben, untersuchen wir, was beim Grenzübergang $r_0 \to 0$ passiert.

Zunächst setzen wir $\gamma < 1/4$ voraus. s_1 und s_2 sind dann negative reelle Zahlen mit $s_1 > s_2$. Für $r > r_0$ ist die allgemeine Lösung der SCHRÖDINGER-Gleichung (wir sprechen hier immer von kleinen r)

$$R = Ar^{s_1} + Br^{s_2} \tag{35,4}$$

(A und B sind Konstanten). Für $r < r_0$ hat die Gleichung

$$R'' + \frac{2}{r} R' + \frac{\gamma}{r_0^2} R = 0$$

die im Koordinatenursprung endliche Lösung

$$R = C \frac{\sin kr}{r}, \qquad k = \frac{\sqrt{\gamma}}{r_0}. \tag{35,5}$$

Bei $r = r_0$ müssen die Funktion R und deren Ableitung R' stetige Funktionen sein. Man schreibt eine dieser Bedingungen bequem als Anschlußbedingung für die logarithmische Ableitung von rR. Das ergibt

$$\frac{A(s_1 + 1)\, r_0^{s_1} + B(s_2 + 1)\, r_0^{s_2}}{A r_0^{s_1+1} + B r_0^{s_2+1}} = k \operatorname{ctg} k r_0$$

oder

$$\frac{A(s_1 + 1)\, r_0^{s_1} + B(s_2 + 1)\, r_0^{s_2}}{A r_0^{s_1} + B r_0^{s_2}} = \sqrt{\gamma} \operatorname{ctg} \sqrt{\gamma}\,.$$

Nach dem Verhältnis B/A aufgelöst, liefert diese Gleichung einen Ausdruck der Gestalt

$$\frac{B}{A} = \mathrm{const} \cdot r_0^{s_1 - s_2}\,. \tag{35,6}$$

Gehen wir jetzt zur Grenze $r_0 \to 0$ über, so finden wir $B/A \to 0$ (wir erinnern uns an $s_1 > s_2$). Von den beiden im Koordinatenursprung divergierenden Lösungen der SCHRÖDINGER-Gleichung (35,1) muß man also diejenige nehmen, die langsamer gegen unendlich geht:

$$R = A \frac{1}{r^{|s_1|}}. \tag{35,7}$$

Jetzt sei $\gamma > 1/4$. s_1 und s_2 sind komplex:

$$s_1 = -\tfrac{1}{2} + i\sqrt{\gamma - \tfrac{1}{4}}, \qquad s_2 = s_1^*\,.$$

Wir wiederholen die obigen Überlegungen und gelangen wiederum zur Gleichung (35,6). Aus dieser erhält man beim Einsetzen der Werte von s_1 und s_2

$$\frac{B}{A} = \mathrm{const} \cdot r_0^{i\sqrt{4\gamma - 1}}\,. \tag{35,8}$$

Für $r_0 \to 0$ strebt dieser Ausdruck gegen keinen bestimmten Grenzwert, so daß ein direkter Grenzübergang $r_0 \to 0$ unmöglich ist. Unter Berücksichtigung von (35,8) kann die allgemeine reelle Lösung folgendermaßen geschrieben werden:

$$R = \mathrm{const} \cdot \frac{1}{\sqrt{r}} \cos\left(\sqrt{\gamma - \frac{1}{4}} \ln \frac{r}{r_0} + \mathrm{const}\right). \tag{35,9}$$

Diese Funktion hat Nullstellen, und die Zahl dieser Nullstellen wächst mit abnehmendem r_0 unbegrenzt. Der Ausdruck (35,9) gilt für die Wellenfunktion (für genügend kleine r) für jeden beliebigen endlichen Energiewert E des Teilchens. Andererseits darf die Wellenfunktion des Grundzustandes überhaupt keine Nullstellen haben. Daraus schließen wir, daß der Grundzustand eines Teilchens in dem betrachteten Feld zur Energie $E = -\infty$ gehört. In jedem Zustand des diskreten Spektrums befindet sich ein Teilchen in der Hauptsache im Raumgebiet mit $E > U$. Für $E \to -\infty$

befindet sich das Teilchen deshalb in einer infinitesimalen Nachbarschaft des Koordinatenursprungs, d. h., das Teilchen „stürzt" in das Zentrum.

Das kritische Feld U_{kr}, für das der Sturz eines Teilchens in das Zentrum noch möglich ist, gehört zum Wert $\gamma = 1/4$. Der kleinste Wert des Koeffizienten von $-1/r^2$ ergibt sich für $l = 0$, d. h.

$$U_{\mathrm{kr}} = -\frac{\hbar^2}{8mr^2}. \tag{35,10}$$

Aus der Formel (35,3) (für s_1) ist zu ersehen, daß die zulässige Lösung der SCHRÖDINGER-Gleichung (in der Nähe des Punktes, wo $U \sim 1/r^2$ ist) für $r \to 0$ nicht schneller als $1/\sqrt{r}$ divergiert. Strebt das Feld für $r \to 0$ langsamer als $1/r^2$ gegen unendlich, dann kann man in der SCHRÖDINGER-Gleichung für die Umgebung des Koordinatenursprungs $U(r)$ gegenüber den restlichen Gliedern vernachlässigen, und wir erhalten dieselben Lösungen wie für die freie Bewegung, d. h. $\psi \sim r^l$ (siehe § 33). Wenn das Feld schließlich schneller als $1/r^2$ gegen unendlich geht (wie $-1/r^s$ mit $s > 2$), dann ist die Wellenfunktion in der Nähe des Koordinatenursprungs proportional zu $r^{(s/4)-1}$ (siehe Aufgabe zu § 49). In all diesen Fällen verschwindet das Produkt $r\psi$ für $r = 0$.

Ferner untersuchen wir die Eigenschaften der Lösungen der SCHRÖDINGER-Gleichung in einem Feld, das für große Entfernungen r nach dem Gesetz $U \approx -\beta/r^2$ abnimmt und über dessen Verlauf bei kleinen r wir nichts voraussetzen wollen. Zunächst setzen wir $\gamma < 1/4$ voraus. In diesem Falle kann nur eine endliche Anzahl von Energieniveaus existieren.[1]) Für $E = 0$ hat die SCHRÖDINGER-Gleichung für große r tatsächlich die Gestalt (35,1) mit der allgemeinen Lösung (35,4). Die Funktion (35,4) hat aber (für $r \neq 0$) keine Nullstellen. Deshalb liegen alle Nullstellen der gesuchten radialen Wellenfunktion in endlichen Entfernungen vom Koordinatenursprung, und es gibt auf jeden Fall endlich viele Nullstellen. Die Ordnungszahl des Niveaus $E = 0$, das den Abschluß des diskreten Spektrums bildet, ist somit endlich.

Für $\gamma > 1/4$ enthält das diskrete Spektrum unendlich viele Energieniveaus. In der Tat hat die Wellenfunktion des Zustandes mit $E = 0$ für große r die Gestalt (35,9) mit unendlich vielen Nullstellen, so daß ihre Ordnungszahl auf jeden Fall unendlich ist.

Schließlich sei das Feld im ganzen Raume $U = -\beta/r^2$. Für $\gamma > 1/4$ stürzt das Teilchen dann in das Zentrum, für $\gamma < 1/4$ sind überhaupt keine negativen Energieniveaus vorhanden. Die Wellenfunktion des Zustandes mit $E = 0$ ist dann im ganzen Raume (35,7); sie hat gar keine Nullstellen für endliche Entfernungen, d. h., sie gehört (für gegebenes l) zum niedrigsten Energieniveau.

§ 36. Die Bewegung im COULOMB-Feld (Kugelkoordinaten)

Die Bewegung im COULOMB-*Feld*

$$U = \pm \frac{\alpha}{r}$$

(mit einer positiven Konstanten α) ist ein sehr wichtiger Fall der Bewegung in einem kugelsymmetrischen Feld. Wir werden zunächst die COULOMB-Anziehung behandeln und werden dementsprechend $U = -\alpha/r$ schreiben. Aus allgemeinen Überlegungen

[1]) Es wird vorausgesetzt, daß das Feld für kleine r so beschaffen ist, daß das Teilchen nicht in das Zentrum stürzt.

ist es von vornherein klar, daß das Spektrum der negativen Energieeigenwerte diskret (mit unendlich vielen Niveaus) und das Spektrum der positiven Energien kontinuierlich ist.

Die Gleichung (32,8) für die Radialfunktionen wird zu

$$\frac{d^2R}{dr^2}+\frac{2}{r}\frac{dR}{dr}-\frac{l(l+1)}{r^2}R+\frac{2m}{\hbar^2}\left(E+\frac{\alpha}{r}\right)R=0\,. \tag{36,1}$$

Handelt es sich um die Relativbewegung zweier sich anziehender Teilchen, dann muß man unter m die reduzierte Masse verstehen.

Bei den Rechnungen für das COULOMB-Feld verwendet man bequemerweise statt der üblichen besondere Maßeinheiten für alle Größen. Diese Maßeinheiten wollen wir COULOMB-*Einheiten* nennen. Die Maßeinheiten für die Masse, die Länge und die Zeit sind

$$m\,,\ \frac{\hbar^2}{m\alpha},\ \frac{\hbar^3}{m\alpha^2}.$$

Alle übrigen Einheiten werden darauf zurückgeführt; die Einheit für die Energie ist zum Beispiel

$$\frac{m\alpha^2}{\hbar^2}.$$

In diesem und im folgenden Paragraphen werden wir überall (wo es nicht besonders vereinbart ist) diese Einheiten verwenden.[1])

Die Gleichung (36,1) hat in den neuen Einheiten die Gestalt

$$\frac{d^2R}{dr^2}+\frac{2}{r}\frac{dR}{dr}-\frac{l(l+1)}{r^2}R+2\left(E+\frac{1}{r}\right)R=0\,. \tag{36,2}$$

Diskretes Spektrum

Statt des Parameters E und der Variablen r führen wir die neuen Größen

$$n=\frac{1}{\sqrt{-2E}}\,,\qquad \varrho=\frac{2r}{n} \tag{36,3}$$

ein. Für negative Energien ist n eine positive reelle Zahl. Aus der Gleichung (36,2) wird nach dem Einsetzen von (36,3)

$$R''+\frac{2}{\varrho}R'+\left[-\frac{1}{4}+\frac{n}{\varrho}-\frac{l(l+1)}{\varrho^2}\right]R=0 \tag{36,4}$$

(die Striche bedeuten die Ableitung nach ϱ).

---

[1]) Wenn $m = 9{,}11\cdot 10^{-23}$ g die Elektronenmasse ist und $\alpha = e^2$ (e ist die Ladung des Elektrons), dann stimmen die COULOMB-Einheiten mit den sogenannten *atomaren Einheiten* überein. Die atomare Längeneinheit ist

$$\hbar^2/me^2 = 0{,}529\cdot 10^{-8}\ \text{cm}$$

(der sogenannte BOHR*sche Radius*). Die atomare Energieeinheit ist

$$me^4/\hbar^2 = 4{,}36\cdot 10^{-11}\ \text{erg} = 27{,}21\ \text{eV}$$

(die Hälfte dieser Größe heißt RYDBERG, Ry). Die atomare Ladungseinheit ist $e = 4{,}80\cdot 10^{-10}$ elektrostatische Einheiten. Formal geht man in den Formeln zu atomaren Maßeinheiten über, indem man $e = 1$, $m = 1$ und $\hbar = 1$ setzt. Für $\alpha = Ze^2$ sind COULOMB-Einheiten und atomare Einheiten verschieden voneinander.

Für kleine ϱ ist die Lösung, die den notwendigen Endlichkeitsbedingungen genügt, proportional zu ϱ^l (siehe (32,15)). Zur Untersuchung des asymptotischen Verhaltens von R für große ϱ lassen wir in (36,4) die Glieder mit $1/\varrho$ und $1/\varrho^2$ weg und erhalten

$$R'' = \frac{R}{4},$$

und daraus $R = e^{\pm\varrho/2}$. Die uns interessierende, im Unendlichen verschwindende Lösung verhält sich für große ϱ folglich wie $e^{-\varrho/2}$.

Auf Grund dessen substituiert man natürlich

$$R = \varrho^l \, e^{-\varrho/2} \, w(\varrho)\,, \tag{36,5}$$

danach lautet die Gleichung (36,4)

$$\varrho w'' + (2l + 2 - \varrho)\, w' + (n - l - 1)\, w = 0\,. \tag{36,6}$$

Die Lösung dieser Gleichung darf im Unendlichen nicht schneller als eine endliche Potenz von ϱ divergieren, für $\varrho = 0$ muß sie endlich sein. Die der letzten Bedingung genügende Lösung ist die konfluente hypergeometrische Funktion

$$w = F(-n + l + 1,\, 2l + 2,\, \varrho) \tag{36,7}$$

(siehe § d der mathematischen Ergänzungen).[1]) Eine Lösung, die die Bedingung im Unendlichen erfüllt, erhält man nur für negative ganzzahlige Werte (oder den Wert Null) von $-n + l + 1$, wenn sich die Funktion (36,7) auf ein Polynom $(n - l - 1)$-ten Grades reduziert. Anderenfalls divergiert sie im Unendlichen wie e^ϱ (siehe (d, 14)).

Wir kommen also zum Schluß, daß n eine positive ganze Zahl sein muß, und für gegebenes l muß

$$n \geqq l + 1 \tag{36,8}$$

erfüllt sein. Nach der Definition (36,3) des Parameters n haben wir

$$E = -\frac{1}{2n^2}, \qquad n = 1, 2, \ldots\,. \tag{36,9}$$

Damit sind die Energieniveaus des diskreten Spektrums im COULOMB-Feld bestimmt. Es gibt unendlich viele Niveaus zwischen dem Grundzustand $E_1 = -1/2$ und Null. Die Abstände zwischen zwei aufeinanderfolgenden Niveaus werden mit zunehmendem n immer kleiner; bei der Annäherung an den Wert $E = 0$ liegen die Niveaus immer dichter, sie häufen sich bei $E = 0$, wo sich das diskrete Spektrum an das kontinuierliche anschließt. In den üblichen Einheiten lautet die Formel (36,9)[2])

$$E = -\frac{m\alpha^2}{2\hbar^2 n^2}. \tag{36,10}$$

Die ganze Zahl n heißt die *Hauptquantenzahl*. Die in § 32 definierte radiale Quantenzahl ist

$$n_r = n - l - 1\,.$$

Für einen festen Wert der Hauptquantenzahl kann die Zahl l die Werte

$$l = 0, 1, \ldots, n - 1 \tag{36,11}$$

---

[1]) Die zweite Lösung der Gleichung (36,6) divergiert für $\varrho \to 0$ wie ϱ^{-2l-1}.

[2]) Die Formel (36,10) ist erstmalig von N. BOHR 1913 noch vor der Schaffung der Quantenmechanik abgeleitet worden. In der Quantenmechanik wurde sie 1926 von W. PAULI mit der Matrizenmechanik erhalten und wenige Monate später von E. SCHRÖDINGER mit Hilfe der Wellengleichung.

annehmen, das sind insgesamt n verschiedene Werte. In den Ausdruck (36,9) für die Energie geht nur die Hauptquantenzahl n ein. Alle Zustände mit verschiedenen l, aber den gleichen n, haben die gleiche Energie. Jeder Eigenwert ist also nicht nur in bezug auf die magnetische Quantenzahl m entartet (wie bei jeder Bewegung in einem kugelsymmetrischen Feld), sondern auch in bezug auf die Zahl l. Diese letztere Entartung (man nennt sie *zufällige* oder COULOMB-*Entartung*) ist eine Eigenart des COULOMB-Feldes. Zu jedem Wert von l gehören, wie wir wissen, $2l + 1$ verschiedene Werte von m. Der Entartungsgrad des n-ten Energieniveaus ist deshalb

$$\sum_{l=0}^{n-1} (2l + 1) = n^2 . \tag{36,12}$$

Die Wellenfunktionen der stationären Zustände werden durch die Formeln (36,5) und (36,7) gegeben. Die konfluente hypergeometrische Funktion mit ganzzahligen Werten für beide Parameter stimmt bis auf einen Faktor mit den sogenannten *verallgemeinerten* LAGUERRE*schen Polynomen* überein (siehe § d der mathematischen Ergänzungen), daher ist

$$R_{nl} = \text{const} \cdot \varrho^l \, \mathrm{e}^{-\varrho/2} \, L_{n+l}^{2l+1}(\varrho) .$$

Die Radialfunktionen müssen nach der Vorschrift

$$\int_0^\infty R_{nl}^2 r^2 \, \mathrm{d}r = 1$$

normiert werden. Ihre endgültige Form ist folgende[1]):

$$\begin{aligned} R_{nl} &= -\frac{2}{n^2} \sqrt{\frac{(n-l-1)!}{[(n+l)!]^3}} \; \mathrm{e}^{-r/n} \left(\frac{2r}{n}\right)^l L_{n+l}^{2l+1}\left(\frac{2r}{n}\right) \\ &= \frac{2}{n^{l+2}(2l+1)!} \sqrt{\frac{(n+l)!}{(n-l-1)!}} \; (2r)^l \, \mathrm{e}^{-r/n} \, F\left(-n + l + 1, 2l + 2, \frac{2r}{n}\right) \end{aligned} \tag{36,13}$$

(zur Berechnung des Normierungsintegrals siehe § f, Integral (f, 6)).[2])

In der Nähe des Koordinatenursprungs ist

$$R_{nl} \approx r^l \frac{2^{l+1}}{n^{2+l}(2l+1)!} \sqrt{\frac{(n+l)!}{(n-l-1)!}} . \tag{36,14}$$

---

[1]) Wir wollen die ersten paar Funktionen R_{nl} explizit angeben:

$$R_{10} = 2\,\mathrm{e}^{-r}, \qquad R_{20} = \frac{1}{\sqrt{2}} \mathrm{e}^{-r/2} \left(1 - \frac{r}{2}\right), \qquad R_{21} = \frac{1}{2\sqrt{6}} \mathrm{e}^{-r/2}\, r ,$$

$$R_{30} = \frac{2}{3\sqrt{3}} \mathrm{e}^{-r/3} \left(1 - \frac{2}{3} r + \frac{2}{27} r^2\right),$$

$$R_{31} = \frac{8}{27\sqrt{6}} \mathrm{e}^{-r/3} r \left(1 - \frac{r}{6}\right), \qquad R_{32} = \frac{4}{81\sqrt{30}} \mathrm{e}^{-r/3}\, r^2 .$$

[2]) Das Normierungsintegral kann auch berechnet werden, indem man den Ausdruck (d, 13) für die LAGUERREschen Polynome einsetzt und partiell integriert (ähnlich wie das Integral (c, 8) für die LEGENDREschen Polynome berechnet worden ist).

Für große r haben wir

$$R_{nl} \approx (-1)^{n-l-1} \frac{2^n}{n^{n+1}\sqrt{(n+l)!\,(n-l-1)!}} r^{n-1}\, e^{-r/n} \,. \tag{36,15}$$

Die Wellenfunktion R_{10} des Grundzustandes nimmt in Abständen der Größenordnung $r \sim 1$ exponentiell ab, in den üblichen Einheiten ausgedrückt bedeutet das $r \sim \hbar^2/m\alpha$.

Die Mittelwerte für die verschiedenen Potenzen von r werden nach der Formel

$$\overline{r^k} = \int_0^\infty r^{k+2} R_{nl}^2 \,\mathrm{d}r$$

berechnet. Mit Hilfe der Formel (f, 7) kann man eine allgemeine Formel für die $\overline{r^k}$ erhalten. Wir geben hier nur die ersten Größen $\overline{r^k}$ (mit positiven und mit negativen k) an:

$$\bar{r} = \frac{1}{2}[3n^2 - l(l+1)]\,, \qquad \overline{r^2} = \frac{n^2}{2}[5n^2 + 1 - 3l(l+1)]\,,$$
$$\overline{r^{-1}} = \frac{1}{n^2}\,, \qquad \overline{r^{-2}} = \frac{1}{n^3\left(l+\frac{1}{2}\right)}\,. \tag{36,16}$$

Kontinuierliches Spektrum

Das Spektrum der positiven Energieeigenwerte ist kontinuierlich und erstreckt sich von Null bis unendlich. Jeder Eigenwert ist unendlichfach entartet; zu jedem Wert E gehören unendlich viele Zustände mit ganzzahligen l-Werten zwischen 0 und ∞ (und mit allen bei den gegebenen l-Werten möglichen Werten von m).

Die durch die Formeln (36,3) definierte Zahl n und die Variable ϱ sind jetzt rein imaginär:

$$n = -\frac{i}{\sqrt{2E}} = -\frac{i}{k}\,, \qquad \varrho = 2ikr \tag{36,17}$$

mit $k = \sqrt{2E}$.[1]) Die radialen Eigenfunktionen des kontinuierlichen Spektrums sind

$$R_{kl} = \frac{C_{kl}}{(2l+1)!}(2kr)^l\, e^{-ikr}\, F\left(\frac{i}{k} + l + 1,\, 2l+2,\, 2ikr\right) \tag{36,18}$$

mit dem Normierungsfaktor C_{kl}. Diese Funktionen können durch ein komplexes Integral dargestellt werden (siehe § d):

$$R_{kl} = C_{kl}(2kr)^l\, e^{-ikr} \frac{1}{2\pi i} \oint e^{\xi} \left(1 - \frac{2ikr}{\xi}\right)^{-\frac{i}{k}-l-1} \xi^{-2l-2}\, \mathrm{d}\xi\,. \tag{36,19}$$

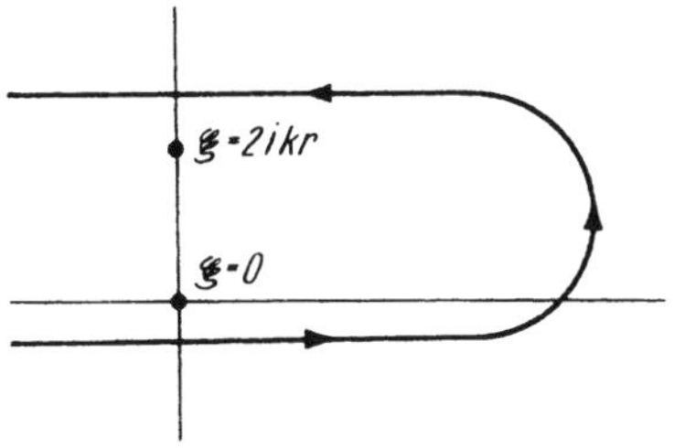

Abb. 10

[1]) Man könnte n und ϱ auch mit den konjugiert komplexen Ausdrücken definieren, $n = i/k$ und $\varrho = -2ikr$; die reellen Funktionen R_{kl} sind natürlich von der Art der Definition von n und ϱ unabhängig.

Die Integration erfolgt längs des in Abb. 10 dargestellten Weges.[1]) Durch die Substitution $\xi = 2ikr(t + 1/2)$ erhält dieses Integral die symmetrische Form

$$R_{kl} = C_{kl} \frac{(-2kr)^{-l-1}}{2\pi} \oint e^{2ikrt} \left(t + \frac{1}{2}\right)^{\frac{i}{k}-l-1} \left(t - \frac{1}{2}\right)^{-\frac{i}{k}-l-1} dt \qquad (36,20)$$

(der Integrationsweg umgeht die Punkte $t = \pm 1/2$ in positivem Sinne). An diesem Ausdruck erkennt man unmittelbar, daß die Funktionen R_{kl} reell sind.

Mit Hilfe der asymptotischen Entwicklung (d, 14) der konfluenten hypergeometrischen Funktion kann man unmittelbar dieselbe Entwicklung für die Wellenfunktionen R_{kl} erhalten. Die beiden Terme in (d, 14) ergeben in der Funktion R_{kl} zwei konjugiert komplexe Ausdrücke, das Ergebnis ist

$$R_{kl} = C_{kl} \frac{e^{-\pi/2k}}{kr} \times \operatorname{Re}\left\{ \frac{e^{-i\left[kr - \frac{\pi}{2}(l+1) + \frac{1}{k}\ln 2kr\right]}}{\Gamma\left(l + 1 - \frac{i}{k}\right)} G\left(l + 1 + \frac{i}{k}, \frac{i}{k} - l, -2ikr\right) \right\}. \qquad (36,21)$$

Bei der Normierung der Wellenfunktionen nach der $(k/2\pi)$-Skala (d. h. nach der Vorschrift (33,4)) ist der Normierungsfaktor C_{kl} gleich

$$C_{kl} = 2k\, e^{\pi/2k} \left|\Gamma\left(l + 1 - \frac{i}{k}\right)\right|. \qquad (36,22)$$

Der asymptotische Ausdruck von R_{kl} für große r (das erste Glied der Entwicklung (36,21)) ist dann

$$R_{kl} \approx \frac{2}{r} \sin\left(kr + \frac{1}{k}\ln 2kr - \frac{\pi}{2} l + \delta_l\right), \qquad \delta_l = \arg \Gamma\left(l + 1 - \frac{i}{k}\right) \qquad (36,23)$$

in Übereinstimmung mit der allgemeinen Form (33,20) der normierten Wellenfunktionen für das kontinuierliche Spektrum in einem kugelsymmetrischen Feld. Der Ausdruck (36,23) unterscheidet sich von (36,20) durch das Auftreten des logarithmischen Terms im Argument des Sinus. Da aber $\ln r$ mit zunehmendem r langsamer wächst als r selbst, ist das Vorhandensein dieses Gliedes bei der Berechnung des im Unendlichen divergierenden Normierungsintegrals unwesentlich.

Der Betrag der Γ-Funktion im Ausdruck (36,22) für den Normierungsfaktor kann durch elementare Funktionen ausgedrückt werden. Unter Verwendung der bekannten Eigenschaften der Γ-Funktion

$$\Gamma(z + 1) = z\Gamma(z), \qquad \Gamma(z)\,\Gamma(1 - z) = \frac{\pi}{\sin \pi z}$$

---

[1]) Statt dieses Weges könnte man auch eine beliebige geschlossene Schleife wählen, die die singulären Punkte $\xi = 0$ und $\xi = 2ikr$ in positivem Sinne umschließt. Für ganzzahliges l nimmt die Funktion $V(\xi) = \xi^{-n-l}(\xi - 2ikr)^{n-l}$ (siehe § d) nach einem Umlauf längs eines solchen Weges wieder ihren ursprünglichen Wert an.

haben wir

$$\Gamma\left(l+1+\frac{i}{k}\right)=\left(l+\frac{i}{k}\right)\dots\left(1+\frac{i}{k}\right)\frac{i}{k}\Gamma\left(\frac{i}{k}\right),$$

$$\Gamma\left(l+1-\frac{i}{k}\right)=\left(l-\frac{i}{k}\right)\dots\left(1-\frac{i}{k}\right)\Gamma\left(1-\frac{i}{k}\right)$$

und ferner

$$\left|\Gamma\left(l+1-\frac{i}{k}\right)\right|=\left[\Gamma\left(l+1-\frac{i}{k}\right)\Gamma\left(l+1+\frac{i}{k}\right)\right]^{1/2}$$

$$=\sqrt{\frac{\pi}{k}}\prod_{s=1}^{l}\sqrt{s^2+\frac{1}{k^2}}\,\mathrm{sh}^{-1/2}\frac{\pi}{k}\,.$$

Der Normierungsfaktor ist also

$$C_{kl}=\left[\frac{8\pi k}{1-\mathrm{e}^{-2\pi/k}}\right]^{1/2}\prod_{s=1}^{l}\sqrt{s^2+\frac{1}{k^2}} \tag{36,24}$$

(für $l=0$ wird das Produkt durch 1 ersetzt).

Durch den Grenzübergang $k\to 0$ kann man die Radialfunktion für den Spezialfall $E=0$ erhalten. Für $k\to 0$ ist

$$F\left(\frac{i}{k}+l+1,\,2l+2,\,2ikr\right)\to F\left(\frac{i}{k},\,2l+2,\,2ikr\right)$$

$$=1-\frac{2r}{(2l+2)\,1!}+\frac{(2r)^2}{(2l+2)\,(2l+3)\,2!}-\dots=(2l+1)!\,(2r)^{-l-1/2}J_{2l+1}\left(\sqrt{8r}\right).$$

Darin ist J_{2l+1} die Bessel-Funktion der Ordnung $2l+1$. Der Koeffizient C_{kl} (36,24) wird für $k\to 0$

$$C_{kl}\approx\sqrt{8\pi}\,k^{-l+1/2}\,.$$

Daraus erhalten wir

$$\left.\frac{R_{kl}}{\sqrt{k}}\right|_{k\to 0}=\sqrt{\frac{4\pi}{r}}\,J_{2l+1}\left(\sqrt{8r}\right). \tag{36,25}$$

Die asymptotische Gestalt dieser Funktion für große r ist[1])

$$\left.\frac{R_{kl}}{\sqrt{k}}\right|_{k\to 0}=\left(\frac{8}{r^3}\right)^{1/4}\sin\left(\sqrt{8r}-l\pi-\frac{\pi}{4}\right). \tag{36,26}$$

Der Faktor $\sqrt{k}$ geht weg, wenn man zur Normierung in der Energieskala übergeht, d. h. von den Funktionen R_{kl} zu den Funktionen R_{El} nach (33,5); die Funktion R_{El} bleibt in der Grenze $E\to 0$ endlich.

Im abstoßenden Coulomb-Feld ($U=\alpha/r$) gibt es nur das kontinuierliche Spektrum der positiven Energieeigenwerte. Die Schrödinger-Gleichung für dieses Feld ergibt

---

[1]) Diese Funktion entspricht der quasiklassischen Näherung (§ 49) angewandt auf die Bewegung im Bereich $(l+1/2)^2\ll r\ll k^{-2}$.

sich formal aus der Gleichung für das anziehende Feld durch Änderung des Vorzeichens von r. Man erhält daher die Wellenfunktionen der stationären Zustände unmittelbar aus (36,18) durch diesen Vorzeichenwechsel. Der Normierungsfaktor wird wiederum mit Hilfe des asymptotischen Ausdrucks bestimmt. Man erhält

$$R_{kl} = \frac{C_{kl}}{(2l+1)!}(2kr)^l \, e^{ikr} F\left(\frac{i}{k} + l + 1,\, 2l+2,\, -2ikr\right),$$
$$C_{kl} = 2k\, e^{-\pi/2k}\left|\Gamma\left(l+1+\frac{i}{k}\right)\right| = \left(\frac{8\pi k}{e^{2\pi/k}-1}\right)^{1/2}\prod_{s=1}^{l}\sqrt{s^2+\frac{1}{k^2}}\,. \tag{36,27}$$

Für große r haben wir für diese Funktion den asymptotischen Ausdruck

$$R_{kl} \approx \frac{2}{r}\sin\left(kr - \frac{1}{k}\ln 2kr - \frac{l\pi}{2} + \delta_l\right), \qquad \delta_l = \arg\Gamma\left(l+1+\frac{i}{k}\right). \tag{36,28}$$

Die Natur der Coulomb-*Entartung*

Bei der klassischen Bewegung eines Teilchens im Coulomb-Feld gibt es einen für diesen Fall spezifischen Erhaltungssatz. Im Falle des anziehenden Feldes ist

$$\boldsymbol{A} = \frac{\boldsymbol{r}}{r} - [\boldsymbol{p}\boldsymbol{l}] = \text{const} \tag{36,29}$$

(siehe I, § 15). In der Quantenmechanik entspricht dieser Größe der Operator

$$\hat{\boldsymbol{A}} = \frac{\boldsymbol{r}}{r} - \frac{1}{2}([\hat{\boldsymbol{p}}\hat{\boldsymbol{l}}] - [\hat{\boldsymbol{l}}\hat{\boldsymbol{p}}])\,, \tag{36,30}$$

der mit dem Hamilton-Operator $\hat{H} = \hat{\boldsymbol{p}}^2/2 - 1/r$ vertauschbar ist, wie man leicht nachprüfen kann.

Die direkte Rechnung ergibt folgende Vertauschungsregeln für die Operatoren $\hat{A}_i$ miteinander und mit den Drehimpulsoperatoren:

$$\{\hat{l}_i, \hat{A}_k\} = i\, e_{ikl}\, \hat{A}_l, \qquad \{\hat{A}_i, \hat{A}_k\} = -2i\hat{H}\, e_{ikl}\, \hat{l}_l\,. \tag{36,31}$$

Da die Operatoren $\hat{A}_i$ nicht miteinander vertauschbar sind, können die Größen A_x, A_y und A_z in der Quantenmechanik nicht gleichzeitig bestimmte Werte haben. Jeder dieser Operatoren, sagen wir $\hat{A}_z$, kommutiert mit der entsprechenden Drehimpulskomponente $\hat{l}_z$, aber nicht mit dem Operator für das Drehimpulsquadrat $\hat{\boldsymbol{l}}^2$. Die Existenz einer neuen Erhaltungsgröße, die nicht gleichzeitig mit den anderen Erhaltungsgrößen gemessen werden kann, führt (§ 10) zu einer zusätzlichen Entartung der Niveaus; das ist gerade die für das Coulomb-Feld spezifische „zufällige" Entartung der diskreten Energieniveaus.

Der Ursprung dieser Entartung kann auch in Begriffen der höheren Symmetrie (gegenüber der Symmetrie bei räumlichen Drehungen) formuliert werden, die das Coulomb-Problem in der Quantenmechanik besitzt (V. A. Fock, 1935).

Für die Zustände des diskreten Spektrums mit fixierter negativer Energie kann man $\hat{H}$ auf der rechten Seite der letzten Beziehung in (36,31) durch E ersetzen und statt $\hat{A}_i$ die Operatoren $\hat{u}_i = \hat{A}_i/\sqrt{-2E}$ einführen. Für diese Operatoren lauten die Vertauschungsregeln

$$\{\hat{l}_i, \hat{u}_k\} = i\,e_{ikl}\,\hat{u}_l, \qquad \{\hat{u}_i, \hat{u}_k\} = i\,e_{ikl}\,\hat{l}_l\,. \tag{36,32}$$

Zusammen mit der Regel $\{\hat{l}_i, \hat{l}_k\} = i\,e_{ikl}\,\hat{l}_l$ stimmen diese Beziehungen formal mit den Vertauschungsregeln für die Operatoren infinitesimaler Drehungen in einem vierdimensionalen Euklidischen Raum überein.[1]) Das ist auch die Symmetrie des Coulomb-Problems in der Quantenmechanik.[2])

Aus den Vertauschungsregeln (36,32) kann man wiederum den Ausdruck für die Energieniveaus im Coulomb-Feld erhalten.[3]) Wir formen sie um und führen statt $\hat{\boldsymbol{l}}$ und $\hat{\boldsymbol{u}}$ die Operatoren

$$\hat{\boldsymbol{j}}_1 = \tfrac{1}{2}(\hat{\boldsymbol{l}} + \hat{\boldsymbol{u}})\,, \qquad \hat{\boldsymbol{j}}_2 = \tfrac{1}{2}(\hat{\boldsymbol{l}} - \hat{\boldsymbol{u}}) \tag{36,33}$$

ein. Für diese gilt

$$\{\hat{j}_{1i}, \hat{j}_{1k}\} = i\,e_{ikl}\,\hat{j}_{1l}\,, \qquad \{\hat{j}_{2i}, \hat{j}_{2k}\} = i\,e_{ikl}\,\hat{j}_{2l}\,, \qquad \{\hat{j}_{1i}, \hat{j}_{2k}\} = 0\,. \tag{36,34}$$

Diese Vertauschungsregeln stimmen formal mit denjenigen zweier unabhängiger dreidimensionaler Drehimpulsvektoren überein. Die Eigenwerte der beiden Drehimpulsquadrate $\boldsymbol{j}_1^2$ und $\boldsymbol{j}_2^2$ sind $j_1(j_1+1)$ bzw. $j_2(j_2+1)$ mit $j_1, j_2 = 0, 1/2, 1, 3/2, \ldots$.[4]) Andererseits finden wir nach der Definition der Operatoren $\hat{\boldsymbol{u}}$ und $\hat{\boldsymbol{l}} = [\boldsymbol{r}\hat{\boldsymbol{p}}]$ nach einer einfachen Rechnung

$$\hat{\boldsymbol{l}}\hat{\boldsymbol{u}} = \hat{\boldsymbol{u}}\hat{\boldsymbol{l}} = 0\,, \qquad \hat{\boldsymbol{l}}^2 + \hat{\boldsymbol{u}}^2 = -1 - \frac{1}{2E}$$

(bei der Berechnung der Summe $\hat{\boldsymbol{l}}^2 + \hat{\boldsymbol{u}}^2$ ist wiederum $\hat{H}$ durch E ersetzt worden). Hieraus ergibt sich

$$\boldsymbol{j}_1^2 = \boldsymbol{j}_2^2 = -\frac{1}{4}\left(1 + \frac{1}{2E}\right) = j(j+1)$$

(mit $j \equiv j_1 = j_2$) und somit $E = -1/2\,(2j+1)^2$. Mit der Bezeichnung

$$2j + 1 = n\,, \qquad n = 1, 2, 3, \ldots \tag{36,35}$$

---

[1]) Dabei übernehmen $\hat{l}_x$, $\hat{l}_y$ und $\hat{l}_z$ die Rolle der Operatoren für die infinitesimalen Drehungen in den yz-, xz- und xy-Ebenen eines vierdimensionalen kartesischen Koordinatensystems x, y, z, u und $\hat{u}_x$, $\hat{u}_y$ und $\hat{u}_z$ bewirken infinitesimale Drehungen in den xu-, yu- und zu-Ebenen.

[2]) Explizit äußert sich diese Symmetrie in den Wellenfunktionen in der Impulsdarstellung; siehe V. A. Fock, Izv. Akad. Nauk SSSR Nr. 2, S. 169 (1935); Z. Physik **98**, 145 (1935).

[3]) Diese Ableitung folgt im wesentlichen den Überlegungen von Pauli (1926).

[4]) Wir greifen hier ein wenig vor und benutzen die Eigenschaften eines Drehimpulses, die in § 54 besprochen werden (die mögliche Existenz ganzzahliger und halbzahliger Werte für j).

gelangen wir zum geforderten Ergebnis $E = -1/2n^2$. Der Entartungsgrad der Niveaus ist so, wie er sein muß: $(2j_1 + 1)(2j_2 + 1) = (2j + 1)^2 = n^2$. Schließlich nimmt der Bahndrehimpuls l wegen $\hat{\boldsymbol{l}} = \hat{\boldsymbol{j}}_1 + \hat{\boldsymbol{j}}_2$ bei gegebenem $j_1 = j_2 = (n - 1)/2$ die Werte von 0 bis $2j = n - 1$ an.[1])

Aufgaben

1. Es ist die Wahrscheinlichkeitsverteilung für die verschiedenen Impulswerte im Grundzustand des Wasserstoffatoms zu bestimmen.

Lösung[2]). Die Wellenfunktion des Grundzustandes ist

$$\psi = R_{10} Y_{00} = \frac{1}{\sqrt{\pi}} \mathrm{e}^{-r} .$$

Daraus erhält man die Wellenfunktion desselben Zustandes in der Impulsdarstellung als Integral

$$a(\boldsymbol{p}) = \int \psi(\boldsymbol{r}) \, \mathrm{e}^{-i\boldsymbol{pr}} \, \mathrm{d}V$$

(siehe (15,10)). Das Integral wird durch den Übergang zu Kugelkoordinaten mit der Polarachse in Richtung von $\boldsymbol{p}$ berechnet, und wir erhalten

$$a(\boldsymbol{p}) = \frac{8\sqrt{\pi}}{(1 + p^2)^2} .$$

Die Wahrscheinlichkeitsdichte im Impulsraum ist $|a(\boldsymbol{p})|^2/(2\pi)^3$.

2. Es ist das mittlere Potential des Feldes zu berechnen, das vom Kern und von dem Elektron im Grundzustand des Wasserstoffatoms erzeugt wird.

Lösung[2]). Am einfachsten bestimmt man das mittlere Potential φ_e der Elektronenhülle in einem beliebigen Punkt $\boldsymbol{r}$ als kugelsymmetrische Lösung der Poisson-Gleichung mit der Ladungsdichte $\varrho = -|\psi|^2$:

$$\frac{1}{r} \frac{\mathrm{d}^2}{\mathrm{d}r^2} (r\varphi_e) = 4 \, \mathrm{e}^{-2r} .$$

---

[1]) Die „zufällige" Entartung der Energieniveaus mit verschiedenen Werten für den Drehimpuls l liegt auch für die Bewegung im kugelsymmetrischen Feld $U = m\omega^2 r^2/2$ vor (räumlicher harmonischer Oszillator, siehe Aufgabe 4 zu § 33). Diese Entartung hängt ebenfalls mit einer zusätzlichen Symmetrie des Hamilton-Operators zusammen. Im vorliegenden Falle ergibt sich diese Symmetrie, weil in $\hat{H} = \hat{\boldsymbol{p}}^2/2m + m\omega^2 r^2/2$ sowohl die Operatoren $\hat{p}_i$ als auch die Koordinaten x_i nur als Quadratsumme eingehen. Wir führen statt $\hat{p}_i$ und x_i die Operatoren

$$\hat{a}_i = \frac{m\omega x_i + i\hat{p}_i}{\sqrt{2m\hbar\omega}} , \qquad \hat{a}_i^+ = \frac{m\omega x_i - i\hat{p}_i}{\sqrt{2m\hbar\omega}}$$

ein und erhalten

$$\hat{H} = \hbar\omega \, [\hat{\boldsymbol{a}}^+ \hat{\boldsymbol{a}} + \tfrac{3}{2}] .$$

Dieser Ausdruck ist invariant bei beliebigen unitären Transformationen der Operatoren $\hat{a}_i^+$ und $\hat{a}_i$. Diese Transformationen bilden eine größere Gruppe als die dreidimensionale Drehgruppe (gegenüber der der Hamilton-Operator eines Teilchens in einem beliebigen kugelsymmetrischen Feld invariant ist).

Der besonderen Stellung des Coulomb-Feldes und des harmonischen Oszillators in der Quantenmechanik (der Existenz der zufälligen Entartung) entspricht auch eine besondere Stellung in der klassischen Mechanik: Für diese (und nur für diese) Felder existieren geschlossene Bahnkurven für die Teilchen.

[2]) In den Aufgaben 1 und 2 werden atomare Einheiten verwendet.

Wir integrieren diese Gleichung und wählen die Konstanten so, daß $\varphi_e(0)$ endlich und $\varphi_e(\infty) = 0$ ist. Dann addieren wir das Potential des Kernfeldes und erhalten

$$\varphi = \frac{1}{r} + \varphi_e(r) = \left(\frac{1}{r} + 1\right) e^{-2r} .$$

Für $r \ll 1$ haben wir $\varphi \approx 1/r$ (Kernfeld), und für $r \gg 1$ ist das Potential $\varphi \approx e^{-2r}$ (Abschirmung des Kerns durch das Elektron).

3. Es sind die Energieniveaus eines Teilchens in einem kugelsymmetrischen Feld mit der potentiellen Energie $U = A/r^2 - B/r$ (Abb. 11) zu bestimmen.

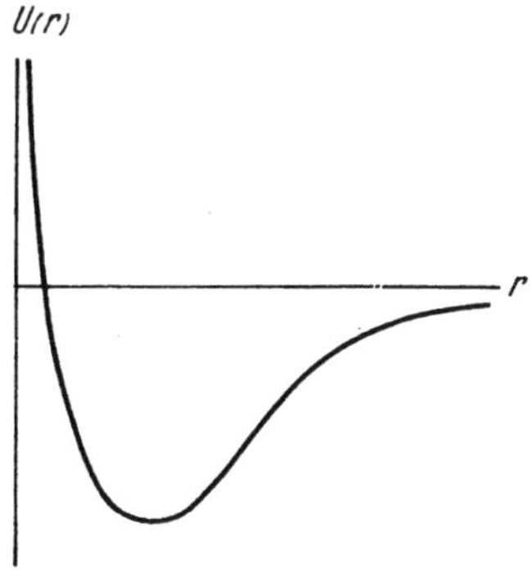

Abb. 11

Lösung. Das positive Energiespektrum ist kontinuierlich, das negative diskret. Wir behandeln das diskrete Spektrum. Die SCHRÖDINGER-Gleichung für die Radialfunktion ist

$$\frac{d^2R}{dr^2} + \frac{2}{r}\frac{dR}{dr} + \frac{2m}{\hbar^2}\left(E - \frac{\hbar^2}{2m} l(l+1)\frac{1}{r^2} - \frac{A}{r^2} + \frac{B}{r}\right) R = 0 . \qquad (1)$$

Wir führen die neue Veränderliche

$$\varrho = \frac{2\sqrt{-2mE}}{\hbar} r$$

und die Bezeichnungen

$$\frac{2mA}{\hbar^2} + l(l+1) = s(s+1) , \qquad (2)$$

$$\frac{B}{\hbar}\sqrt{\frac{m}{-2E}} = n \qquad (3)$$

ein. Die Gleichung (1) nimmt jetzt die Form

$$R'' + \frac{2}{\varrho} R' + \left(-\frac{1}{4} + \frac{n}{\varrho} - \frac{s(s+1)}{\varrho^2}\right) R = 0$$

an und stimmt formal mit (36,4) überein. Daraus schließen wir sofort, daß die allen notwendigen Bedingungen genügende Lösung

$$R = \varrho^s e^{-\varrho/2} F(-n + s + 1, 2s + 2, \varrho)$$

ist. Dabei muß $n - s - 1 = p$ eine positive ganze Zahl (oder Null) sein. s ist die positive Wurzel der Gleichung (2). Nach der Definition (3) erhalten wir die Energieniveaus

$$-E_p = \frac{2B^2m}{\hbar^2}\left[2p + 1 + \sqrt{(2l+1)^2 + \frac{8mA}{\hbar^2}}\right]^{-2} .$$

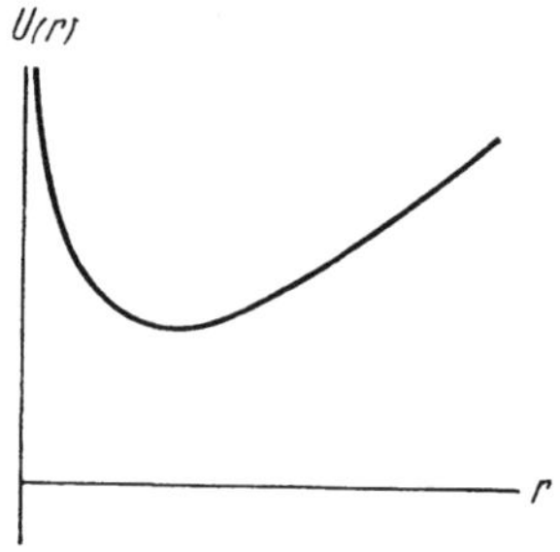

Abb. 12

4. Wie Aufgabe 3 für $U = A/r^2 + Br^2$ (Abb. 12).

Lösung. Es gibt nur ein diskretes Spektrum. Die SCHRÖDINGER-Gleichung ist

$$\frac{\mathrm{d}^2R}{\mathrm{d}r^2}+\frac{2}{r}\frac{\mathrm{d}R}{\mathrm{d}r}+\frac{2m}{\hbar^2}\left(E-\frac{\hbar^2 l(l+1)}{2mr^2}-\frac{A}{r^2}-Br^2\right)R=0\,.$$

Durch Einführen der Variablen

$$\xi=\frac{\sqrt{2mB}}{\hbar}\,r^2$$

und der Bezeichnungen

$$l(l+1)+\frac{2mA}{\hbar^2}=2s(2s+1)\,,$$

$$\sqrt{\frac{2m}{B}}\,\frac{E}{\hbar}=4(n+s)+3$$

erhalten wir

$$\xi R''+\frac{3}{2}R'+\left[n+s+\frac{3}{4}-\frac{\xi}{4}-\frac{s\,(s+\frac{1}{2})}{\xi}\right]R=0\,.$$

Die gesuchte Lösung verhält sich für $\xi\to\infty$ asymptotisch wie $\mathrm{e}^{-\xi/2}$. Für kleine ξ ist sie proportional zu ξ^s, wobei s der positive Wert von

$$s=\frac{1}{4}\left[-1+\sqrt{(2l+1)^2+\frac{8mA}{\hbar^2}}\right]$$

ist. Daher setzen wir die Lösung in der Form

$$R=\mathrm{e}^{-\xi/2}\,\xi^s w$$

an und erhalten für w die Gleichung

$$\xi w''+(2s+\tfrac{3}{2}-\xi)\,w'+nw=0$$

und daraus

$$w=F(-n,\,2s+\tfrac{3}{2},\,\xi)\,,$$

n muß darin eine ganze, nichtnegative Zahl sein. Wir erhalten folglich unendlich viele äquidistante Energieniveaus

$$E_n=\hbar\sqrt{\frac{B}{2m}}\left[4n+2+\sqrt{(2l+1)^2+\frac{8mA}{\hbar^2}}\right],\qquad n=0,1,2,\dots\,.$$

§ 37. Die Bewegung im COULOMB-Feld (parabolische Koordinaten)

Die Separation der Variablen in der SCHRÖDINGER-Gleichung in Kugelkoordinaten ist für die Bewegung in einem beliebigen kugelsymmetrischen Feld immer möglich. Für das COULOMB-Feld ist die Separation der Variablen in den sogenannten *parabolischen* Koordinaten möglich. Die Behandlung der Bewegung im COULOMB-Feld in parabolischen Koordinaten ist für die Untersuchung einiger Probleme nützlich, bei denen eine bestimmte Raumrichtung ausgezeichnet ist, weil zum Beispiel (außer dem COULOMB-Feld) ein äußeres elektrisches Feld vorhanden ist (§ 77).

Die parabolischen Koordinaten ξ, η und φ werden durch die Formeln

$$x = \sqrt{\xi\eta}\cos\varphi\,, \qquad y = \sqrt{\xi\eta}\sin\varphi\,, \qquad z = \tfrac{1}{2}(\xi - \eta)\,,$$
$$r = \sqrt{x^2 + y^2 + z^2} = \tfrac{1}{2}(\xi + \eta) \tag{37,1}$$

oder umgekehrt durch

$$\xi = r + z\,, \qquad \eta = r - z\,, \qquad \varphi = \operatorname{arctg}\frac{y}{x} \tag{37,2}$$

definiert. ξ und η nehmen alle Werte zwischen 0 und ∞ an, φ durchläuft die Werte von 0 bis 2π. Die Flächen $\xi = \text{const}$ und $\eta = \text{const}$ sind Rotationsparaboloide; die Symmetrieachse ist die z-Achse, und der Brennpunkt liegt im Koordinatenursprung. Dieses Koordinatensystem ist orthogonal. Die Bogenlänge ist

$$\mathrm{d}l^2 = \frac{\xi + \eta}{4\xi}\,\mathrm{d}\xi^2 + \frac{\xi + \eta}{4\eta}\,\mathrm{d}\eta^2 + \xi\eta\,\mathrm{d}\varphi^2 \tag{37,3}$$

und das Volumenelement

$$\mathrm{d}V = \tfrac{1}{4}(\xi + \eta)\,\mathrm{d}\xi\,\mathrm{d}\eta\,\mathrm{d}\varphi\,. \tag{37,4}$$

Aus (37,3) folgt für den LAPLACE-Operator

$$\Delta = \frac{4}{\xi + \eta}\left[\frac{\partial}{\partial\xi}\left(\xi\frac{\partial}{\partial\xi}\right) + \frac{\partial}{\partial\eta}\left(\eta\frac{\partial}{\partial\eta}\right)\right] + \frac{1}{\xi\eta}\frac{\partial^2}{\partial\varphi^2}\,. \tag{37,5}$$

Die SCHRÖDINGER-Gleichung für ein Teilchen im anziehenden COULOMB-Feld

$$U = -\frac{1}{r} = -\frac{2}{\xi + \eta}$$

wird zu

$$\frac{4}{\xi + \eta}\left[\frac{\partial}{\partial\xi}\left(\xi\frac{\partial\psi}{\partial\xi}\right) + \frac{\partial}{\partial\eta}\left(\eta\frac{\partial\psi}{\partial\eta}\right)\right] + \frac{1}{\xi\eta}\frac{\partial^2\psi}{\partial\varphi^2} + 2\left(E + \frac{2}{\xi + \eta}\right)\psi = 0\,. \tag{37,6}$$

Wir suchen die Eigenfunktionen ψ in der Gestalt

$$\psi = f_1(\xi)\,f_2(\eta)\,\mathrm{e}^{im\varphi}\,, \tag{37,7}$$

wobei m die magnetische Quantenzahl ist. Diesen Ausdruck setzen wir in die Gleichung (37,6) ein, die wir mit $(\xi + \eta)/4$ multiplizieren. Dann separieren wir die Variablen ξ und η und erhalten für f_1 und f_2 die Gleichungen

$$\frac{\mathrm{d}}{\mathrm{d}\xi}\left(\xi\frac{\mathrm{d}f_1}{\mathrm{d}\xi}\right) + \left[\frac{E}{2}\xi - \frac{m^2}{4\xi} + \beta_1\right]f_1 = 0\,,$$
$$\frac{\mathrm{d}}{\mathrm{d}\eta}\left(\eta\frac{\mathrm{d}f_2}{\mathrm{d}\eta}\right) + \left[\frac{E}{2}\eta - \frac{m^2}{4\eta} + \beta_2\right]f_2 = 0\,. \tag{37,8}$$

Die Separationsparameter β_1 und β_2 sind durch die Beziehung

$$\beta_1 + \beta_2 = 1 \tag{37,9}$$

miteinander verknüpft.

Betrachten wir das diskrete Energiespektrum ($E < 0$). Anstelle von E, ξ und η führen wir die Größen

$$n = \frac{1}{\sqrt{-2E}}, \qquad \varrho_1 = \xi\sqrt{-2E} = \frac{\xi}{n}, \qquad \varrho_2 = \frac{\eta}{n} \tag{37,10}$$

ein und erhalten die folgende Gleichung für f_1:

$$\frac{d^2 f_1}{d\varrho_1^2} + \frac{1}{\varrho_1}\frac{df_1}{d\varrho_1} + \left[-\frac{1}{4} + \frac{1}{\varrho_1}\left(\frac{|m|+1}{2} + n_1\right) - \frac{m^2}{4\varrho_1^2}\right] f_1 = 0 \tag{37,11}$$

mit den Bezeichnungen

$$n_1 = -\frac{|m|+1}{2} + n\beta_1, \qquad n_2 = -\frac{|m|+1}{2} + n\beta_2. \tag{37,12}$$

Für f_2 erhalten wir ebenfalls eine solche Gleichung.

Ähnlich wie für die Gleichung (36,4) finden wir, daß sich f_1 für große ϱ_1 wie $e^{-\varrho_1/2}$ und für kleine ϱ_1 wie $\varrho_1^{|m|/2}$ verhält. Dementsprechend setzen wir die Lösung der Gleichung (37,11) in der Form

$$f_1(\varrho_1) = e^{-\varrho_1/2}\,\varrho_1^{|m|/2} w_1(\varrho_1)$$

an (und analog f_2), und es ergibt sich für w_1

$$\varrho_1 w_1'' + (|m| + 1 - \varrho_1)\, w_1' + n_1 w_1 = 0\,.$$

Das ist wiederum die Gleichung einer konfluenten hypergeometrischen Funktion. Die Lösung, die den Endlichkeitsforderungen genügt, ist

$$w_1 = F(-n_1, |m| + 1, \varrho_1)\,.$$

Dabei muß n_1 eine ganze, nicht negative Zahl sein.

Jeder stationäre Zustand des diskreten Spektrums wird in parabolischen Koordinaten durch drei Zahlen bestimmt: durch die parabolischen Quantenzahlen n_1 und n_2 und durch die magnetischen Quantenzahl m. Für die Zahl n (die Hauptquantenzahl) haben wir aus (37,9) und (37,12)

$$n = n_1 + n_2 + |m| + 1\,. \tag{37,13}$$

Für die Energieniveaus ergibt sich selbstverständlich wie oben (36,9).

Bei gegebenem n kann die Zahl $|m|$ n verschiedene Werte zwischen 0 und $n-1$ annehmen. Für festgehaltene n und $|m|$ durchläuft die Zahl n_1 $n - |m|$ Werte von 0 bis $n - |m| - 1$. Berücksichtigen wir ferner, daß man bei gegebenem $|m|$ noch die Funktionen mit $m = \pm|m|$ nehmen kann, dann finden wir für ein gegebenes n

$$2\sum_{m=1}^{n-1}(n-m) + (n-0) = n^2$$

verschiedene Zustände — in Einklang mit dem in § 36 erhaltenen Ergebnis.

Die Wellenfunktionen $\psi_{n_1 n_2 m}$ des diskreten Spektrums müssen nach der Vorschrift

$$\int |\psi_{n_1 n_2 m}|^2\, dV = \frac{1}{4}\int_0^\infty\int_0^\infty\int_0^{2\pi} |\psi_{n_1 n_2 m}|^2 (\xi + \eta)\, d\varphi\, d\xi\, d\eta = 1 \tag{37,14}$$

normiert werden. Die normierten Funktionen sind

$$\psi_{n_1 n_2 m} = \frac{\sqrt{2}}{n^2} f_{n_1 m}\left(\frac{\xi}{n}\right) f_{n_2 m}\left(\frac{\eta}{n}\right) \frac{e^{im\varphi}}{\sqrt{2\pi}} \tag{37,15}$$

mit

$$f_{pm}(\varrho) = \frac{1}{|m|!} \sqrt{\frac{(p+|m|)!}{p!}}\, F(-p, |m|+1, \varrho)\, e^{-\varrho/2} \varrho^{|m|/2} . \tag{37,16}$$

Die Wellenfunktionen in parabolischen Koordinaten sind im Gegensatz zu den Wellenfunktionen in Kugelkoordinaten zur Ebene $z = 0$ nicht symmetrisch. Für $n_1 > n_2$ ist die Aufenthaltswahrscheinlichkeit eines Teilchens auf der Seite $z > 0$ größer als auf der Seite $z < 0$; für $n_1 < n_2$ gilt das Umgekehrte.

Dem kontinuierlichen Spektrum ($E > 0$) entspricht das kontinuierliche Spektrum der positiven Parameterwerte β_1 und β_2 in den Gleichungen (37,8) (die selbstverständlich wie oben über die Beziehung (37,9) miteinander zusammenhängen). Wir wollen die entsprechenden Wellenfunktionen hier nicht aufschreiben. Die Gleichungen (37,8) haben als Eigenwert-Gleichungen der Größen β_1 und β_2 (für $E > 0$) auch ein Spektrum komplexer Werte. Die zugehörigen Wellenfunktionen werden in § 135 angegeben, wo wir sie zur Lösung des Streuproblems im COULOMB-Feld benutzen werden.

Die Existenz stationärer Zustände $|n_1 n_2 m\rangle$ hängt damit zusammen, daß es den zusätzlichen Erhaltungssatz (36,29) gibt. In diesen Zuständen haben neben der Energie die Größen $l_z = m$ und A_z bestimmte Werte. Wir berechnen die diagonalen Matrixelemente des Operators $\hat{A}_z$ und finden

$$A_z = \frac{n_1 - n_2}{n} . \tag{37,17}$$

Dabei ist $u_z = n_1 - n_2$, und die Projektionen der „Drehimpulse" $\boldsymbol{j}_1$ und $\boldsymbol{j}_2$ sind

$$j_{1z} = \tfrac{1}{2}(m + n_1 - n_2) \equiv \mu_1, \qquad j_{2z} = \tfrac{1}{2}(m - n_1 + n_2) \equiv \mu_2 . \tag{37,18}$$

Diese Eigenschaften der Zustände $|n_1 n_2 m\rangle$ (oder $|n \mu_1 \mu_2\rangle$ gleichermaßen) erlauben, den Zusammenhang zwischen den zugehörigen Wellenfunktionen und den Wellenfunktionen der Zustände $|nlm\rangle$ einfach herzustellen. Wegen $\boldsymbol{l} = \boldsymbol{j}_1 + \boldsymbol{j}_2$ wird der Übergang zwischen diesen beiden Arten der Beschreibung auf das Problem zurückgeführt, die Wellenfunktionen bei der Addition zweier Drehimpulse zu bilden (das wird später in § 106 behandelt werden). In den Begriffen „Drehimpulse" $\boldsymbol{j}_1$ und $\boldsymbol{j}_2$ werden die Zustände $|nlm\rangle$ und $|n_1 n_2 m\rangle$ als $|j_1 j_2 l m\rangle$ und $|j_1 j_2 \mu_1 \mu_2\rangle$ beschrieben, wobei nach (36,35) und (37,13) gilt:

$$j_1 = j_2 = \frac{n-1}{2} = \frac{n_1 + n_2 + |m|}{2} . \tag{37,19}$$

Nach den allgemeinen Formeln (106,9)—(106,11) haben wir

$$\begin{aligned} \psi_{nlm} &= \sum_{\mu_1 + \mu_2 = m} \langle lm | \mu_1 \mu_2 \rangle\, \psi_{n\mu_1\mu_2} , \\ \psi_{n\mu_1\mu_2} &= \sum_{l=0}^{n-1} \langle l, \mu_1 + \mu_2 | \mu_1 \mu_2 \rangle\, \psi_{nlm} \end{aligned} \tag{37,20}$$

(D. PARK, 1960).

VI STÖRUNGSTHEORIE

§ 38. Zeitunabhängige Störungen

Nur für relativ wenige, sehr einfache Fälle kann eine exakte Lösung der SCHRÖDINGER-Gleichung gefunden werden. Die meisten Probleme der Quantenmechanik führen auf komplizierte Gleichungen, die man nicht mehr exakt lösen kann. Häufig kommen jedoch in den Problemstellungen Größen verschiedener Größenordnungen vor; darunter können auch kleine Größen sein. Wenn man diese kleinen Größen vernachlässigt, kann sich das Problem so vereinfachen, daß eine exakte Lösung möglich wird. In einem solchen Falle ist der erste Schritt bei der Bewältigung des vorliegenden physikalischen Problems die exakte Lösung des vereinfachten Problems. Der nächste Schritt besteht dann in der genäherten Berechnung der Korrekturen infolge der kleinen Größen, die bei dem vereinfachten Problem weggelassen worden sind. Die allgemeine Methode zur Berechnung dieser Korrekturen heißt *Störungstheorie.*

Der HAMILTON-Operator des gegebenen physikalischen Systems soll nach Voraussetzung die Gestalt

$$\hat{H} = \hat{H}_0 + \hat{V}$$

haben, wobei $\hat{V}$ eine kleine Korrektur (*Störung*) zu dem *ungestörten* Operator $\hat{H}_0$ sein soll. In den §§ 38 und 39 werden wir eine Störung $\hat{V}$ behandeln, die nicht explizit von der Zeit abhängt (dasselbe wird auch von $\hat{H}_0$ vorausgesetzt). Die notwendigen Bedingungen dafür, daß man den Operator $\hat{V}$ als klein gegenüber dem Operator $\hat{H}_0$ ansehen kann, werden später geklärt werden.

Das Problem der Störungstheorie kann für ein diskretes Spektrum folgendermaßen formuliert werden. Es wird vorausgesetzt, daß die Eigenfunktionen $\psi_n^{(0)}$ und die Eigenwerte $E_n^{(0)}$ des diskreten Spektrums des ungestörten Operators $\hat{H}_0$ bekannt sind, d. h., es sind die exakten Lösungen der Gleichung

$$\hat{H}_0\psi^{(0)} = E^{(0)}\psi^{(0)} \tag{38,1}$$

bekannt. Zu bestimmen sind Näherungslösungen der Gleichung

$$\hat{H}\psi = (\hat{H}_0 + \hat{V})\,\psi = E\psi\,, \tag{38,2}$$

d. h. Näherungsausdrücke für die Eigenfunktionen ψ_n und die Eigenwerte E_n des gestörten Operators $\hat{H}$.

In diesem Paragraphen werden wir voraussetzen, daß alle Eigenwerte des Operators $\hat{H}$ nicht entartet sind. Außerdem werden wir zur Vereinfachung der Rechnung annehmen, daß es nur ein diskretes Spektrum von Energieniveaus gibt.

Man führt die Rechnungen zweckmäßig von Anfang an in der Matrixschreibweise durch. Dazu entwickeln wir die gesuchte Funktion ψ nach den Funktionen $\psi_n^{(0)}$.

$$\psi = \sum_m c_m \psi_m^{(0)} . \tag{38,3}$$

Diese Entwicklung setzen wir in (38,2) ein und erhalten

$$\sum_m c_m (E_m^{(0)} + \hat{V}) \psi_m^{(0)} = \sum_m c_m E \psi_m^{(0)} .$$

Wir multiplizieren diese Gleichung auf beiden Seiten mit $\psi_k^{(0)*}$, integrieren darüber und finden

$$(E - E_k^{(0)}) c_k = \sum_m V_{km} c_m . \tag{38,4}$$

Hier ist die Matrix V_{km} für den Störoperator $\hat{V}$ eingeführt worden, die mit Hilfe der ungestörten Funktionen $\psi_m^{(0)}$ bestimmt wird:

$$V_{km} = \int \psi_k^{(0)*} \hat{V} \psi_m^{(0)} \, dq . \tag{38,5}$$

Wir setzen die Koeffizienten c_m und die Energie E als Reihe an:

$$E = E^{(0)} + E^{(1)} + E^{(2)} + \ldots , \qquad c_m = c_m^{(0)} + c_m^{(1)} + c_m^{(2)} + \ldots .$$

Darin sind die Größen $E^{(1)}$ und $c_m^{(1)}$ von derselben Größenordnung wie die Störung $\hat{V}$. $E^{(2)}$ und $c_m^{(2)}$ sind Größen zweiter Ordnung (wenn man $\hat{V}$ als Größe erster Ordnung ansieht) usw.

Zur Bestimmung der Korrektur zum n-ten Eigenwert und der zugehörigen Eigenfunktion setzen wir $c_n^{(0)} = 1$ und $c_m^{(0)} = 0$ für $m \neq n$. Bei der Berechnung der ersten Näherung setzen wir $E = E_n^{(0)} + E_n^{(1)}$ und $c_k = c_k^{(0)} + c_k^{(1)}$ in die Gleichung (38,4) ein und nehmen nur die Glieder erster Ordnung mit. Die Gleichung für $k = n$ ergibt

$$E_n^{(1)} = V_{nn} = \int \psi_n^{(0)*} \hat{V} \psi_n^{(0)} \, dq . \tag{38,6}$$

In erster Näherung ist also die Korrektur zum Energieeigenwert $E_n^{(0)}$ gleich dem Mittelwert der Störung im Zustand $\psi_n^{(0)}$.

Die Gleichung (38,4) liefert für

$$c_k^{(1)} = \frac{V_{kn}}{E_n^{(0)} - E_k^{(0)}}, \qquad k \neq n , \tag{38,7}$$

$c_n^{(1)}$ bleibt willkürlich und muß so gewählt werden, daß die Funktion $\psi_n = \psi_n^{(0)} + \psi_n^{(1)}$ bis zu Gliedern erster Ordnung einschließlich normiert ist. Dazu können wir $c_n^{(1)} = 0$ setzen. Tatsächlich ist die Funktion

$$\psi_n^{(1)} = \sum_m{}' \frac{V_{mn}}{E_n^{(0)} - E_m^{(0)}} \psi_m^{(0)} \tag{38,8}$$

(der Strich an dem Summenzeichen bedeutet, daß das Glied mit $m = n$ bei der Summation über m auszulassen ist) orthogonal zu $\psi_n^{(0)}$, und das Integral über $|\psi_n^{(0)} + \psi_n^{(1)}|^2$ unterscheidet sich nur durch eine Größe zweiter Ordnung von 1.

Die Formel (38,7) gibt die Korrektur zu den Wellenfunktionen in erster Näherung an. Aus dieser Korrektur ist nebenbei auch zu sehen, wie die Bedingung für die Anwendbarkeit der behandelten Methode beschaffen ist. Es muß nämlich die Ungleichung

$$|V_{mn}| \ll |E_n^{(0)} - E_m^{(0)}| \tag{38,9}$$

gelten, d. h., die Matrixelemente der Störung müssen klein sein gegenüber den entsprechenden Differenzen zwischen den ungestörten Energieniveaus.

Wir wollen noch die Korrektur zum Eigenwert $E_n^{(0)}$ in zweiter Ordnung berechnen. Dazu setzen wir $E = E_n^{(0)} + E_n^{(1)} + E_n^{(2)}$ und $c_k = c_k^{(0)} + c_k^{(1)} + c_k^{(2)}$ in (38,4) ein und betrachten nur die Glieder zweiter Ordnung. Die Gleichung für $k = n$ ergibt

$$E_n^{(2)} c_n^{(0)} = \sum_m{}' V_{nm} c_m^{(1)} ,$$

daraus folgt

$$E_n^{(2)} = \sum_m{}' \frac{|V_{mn}|^2}{E_n^{(0)} - E_m^{(0)}} \tag{38,10}$$

(wir haben $c_m^{(1)}$ aus (38,7) eingesetzt und $V_{nm} = V_{mn}^*$ benutzt, was wegen der Hermitezität des Operators $\hat{V}$ gilt).

In der zweiten Näherung ist die Korrektur zur Energie des Grundzustandes immer negativ. Wenn $E_n^{(0)}$ der kleinste Wert ist, dann sind tatsächlich alle Glieder in der Summe (38,10) negativ.

Die weiteren Näherungen werden analog berechnet.

Die erhaltenen Ergebnisse kann man unmittelbar für den Fall verallgemeinern, daß der Operator $\hat{H}_0$ auch ein kontinuierliches Spektrum hat (dabei handelt es sich wie oben um einen gestörten Zustand des diskreten Spektrums). Zu diesem Zweck braucht man nur zu den Summen über das diskrete Spektrum die entsprechenden Integrale über das kontinuierliche Spektrum zu addieren. Wir werden die verschiedenen Zustände des kontinuierlichen Spektrums durch den Index ν voneinander unterscheiden, wobei ν eine stetige Folge von Werten durchläuft. Unter ν wollen wir die Werte aller Größen verstehen, die zur vollständigen Beschreibung eines Zustandes notwendig sind (wenn die Zustände des kontinuierlichen Spektrums entartet sind, was fast immer der Fall ist, dann reicht die Angabe der Energie allein zur Bestimmung eines Zustandes nicht aus).[1] Statt (38,8) muß man dann

$$\psi_n^{(1)} = \sum_m{}' \frac{V_{mn}}{E_n^{(0)} - E_m^{(0)}} \psi_m^{(0)} + \int \frac{V_{\nu n}}{E_n^{(0)} - E_\nu} \psi_\nu^{(0)} \, d\nu \tag{38,11}$$

schreiben, und die anderen Formeln werden ähnlich abgeändert.

Es ist nützlich, auch die Formel für die gestörten Werte der Matrixelemente irgendeiner physikalischen Größe f anzugeben, die mit Hilfe der Funktionen $\psi_n = \psi_n^{(0)} + \psi_n^{(1)}$ mit $\psi_n^{(1)}$ aus (38,8) bis zu Gliedern erster Ordnung einschließlich berechnet worden sind. Es ergibt sich leicht der folgende Ausdruck:

$$f_{nm} = f_{nm}^{(0)} + \sum_k{}' \frac{V_{nk} f_{km}^{(0)}}{E_m^{(0)} - E_k^{(0)}} + \sum_k{}' \frac{V_{km} f_{nk}^{(0)}}{E_m^{(0)} - E_k^{(0)}} . \tag{38,12}$$

In der ersten Summe ist $k \neq n$ und in der zweiten $k \neq m$.

Aufgaben

1. Die Korrektur zweiter Ordnung $\psi_n^{(2)}$ zu den Eigenfunktionen ist zu berechnen.

Lösung. Die Koeffizienten $c_k^{(2)}$ mit $k \neq n$ berechnen wir aus den Gleichungen (38,4) mit $k \neq n$, die wir bis zu den Gliedern zweiter Ordnung verwenden. Den Koeffizienten $c_n^{(2)}$ wählen wir so,

[1]) Dabei müssen die Wellenfunktionen $\psi_\nu^{(0)}$ auf eine δ-Funktion von ν normiert sein.

daß die Funktion $\psi_n = \psi_n^{(0)} + \psi_n^{(1)} + \psi_n^{(2)}$ bis zu den Gliedern zweiter Ordnung einschließlich normiert ist. Das Ergebnis ist

$$\psi_n^{(2)} = \sum_m{}' \sum_k{}' \frac{V_{mk}V_{kn}}{\hbar^2\omega_{nk}\omega_{nm}} \psi_m^{(0)} - \sum_m{}' \frac{V_{nn}V_{mn}}{\hbar^2\omega_{nm}^2} \psi_m^{(0)} - \frac{\psi_n^{(0)}}{2} \sum_m{}' \frac{|V_{mn}|^2}{\hbar^2\omega_{nm}^2}$$

mit den Frequenzen

$$\omega_{nm} = \frac{1}{\hbar} (E_n^{(0)} - E_m^{(0)}) .$$

2. Es ist die Korrektur zu den Energieeigenwerten in dritter Näherung zu bestimmen.

Lösung. Wir schreiben aus der Gleichung (38,4) die Glieder dritter Ordnung heraus und erhalten für $k = n$

$$E_n^{(3)} = \sum_k{}' \sum_m{}' \frac{V_{nm}V_{mk}V_{kn}}{\hbar^2\omega_{mn}\omega_{kn}} - V_{nn} \sum_m{}' \frac{|V_{nm}|^2}{\hbar^2\omega_{mn}^2} .$$

3. Man berechne die Energieniveaus des anharmonischen linearen Oszillators mit dem Hamilton-Operator

$$\hat{H} = \frac{\hat{p}^2}{2m} + \frac{m\omega^2x^2}{2} + \alpha x^3 + \beta x^4 .$$

Lösung. Unter Verwendung des Ausdrucks (23,4) für die Matrixelemente von x kann man die Matrixelemente für x^3 und x^4 unmittelbar durch Matrizenmultiplikation erhalten. Die von Null verschiedenen Matrixelemente von x^3 sind

$$(x^3)_{n-3,n} = (x^3)_{n,n-3} = \left(\frac{\hbar}{m\omega}\right)^{3/2} \sqrt{\frac{n(n-1)(n-2)}{8}} ,$$

$$(x^3)_{n-1,n} = (x^3)_{n,n-1} = \left(\frac{\hbar}{m\omega}\right)^{3/2} \sqrt{\frac{9n^3}{8}} .$$

In dieser Matrix fehlen die Diagonalelemente, so daß es vom Glied αx^3 im Hamilton-Operator in erster Näherung keine Korrektur gibt (das Glied αx^3 wird als Störung des harmonischen Oszillators angesehen). In der zweiten Näherung ist die Korrektur von diesem Glied von derselben Größenordnung wie die Korrektur vom Glied βx^4 in erster Näherung. Die Diagonalelemente der Matrix für x^4 sind

$$(x^4)_{n,n} = \left(\frac{\hbar}{m\omega}\right)^2 \frac{3}{4} (2n^2 + 2n + 1) .$$

Mit Hilfe der allgemeinen Formeln (38,6) und (38,10) finden wir schließlich den folgenden Näherungsausdruck für die Energieniveaus des anharmonischen Oszillators:

$$E_n = \hbar\omega \left(n + \frac{1}{2}\right) - \frac{15}{4} \frac{\alpha^2}{\hbar\omega} \left(\frac{\hbar}{m\omega}\right)^3 \left(n^2 + n + \frac{11}{30}\right) + \frac{3}{2} \beta \left(\frac{\hbar}{m\omega}\right)^2 \left(n^2 + n + \frac{1}{2}\right) .$$

4. Ein kugelsymmetrischer Potentialtopf mit unendlich hohen Wänden wird (ohne Volumenänderung) ein wenig deformiert, so daß er die Gestalt eines schwach verlängerten oder abgeplatteten Rotationsellipsoids mit den Halbachsen $a = b$ und c annimmt. Man berechne die Aufspaltung der Energieniveaus eines Teilchens in diesem Potentialtopf bei einer solchen Deformation (A. B. Migdal, 1959)!

Lösung. Die Gleichung für den Rand des Potentialtopfes

$$\frac{x^2 + y^2}{a^2} + \frac{z^2}{c^2} = 1$$

wird durch die Variablensubstitution $x \to ax/R$, $y \to ay/R$ und $z \to cz/R$ in die Gleichung für eine Kugel mit dem Radius R überführt: $x^2 + y^2 + z^2 = R^2$. Bei dieser Substitution wird aus dem Hamilton-Operator des Teilchens $\hat{H} = \hat{\mathbf{p}}^2/2M = -\hbar^2\Delta/2M$ (M ist die Masse des Teilchens, die

Energie wird vom Boden des Potentialtopfes aus gezählt) $\hat{H} = \hat{H}_0 + \hat{V}$ mit

$$\hat{H}_0 = -\frac{\hbar^2}{2M}\Delta\,, \qquad \hat{V} = -\frac{\hbar^2}{2M}\left[\left(\frac{R^2}{a^2}-1\right)\left(\frac{\partial^2}{\partial x^2}+\frac{\partial^2}{\partial y^2}\right)+\left(\frac{R^2}{c^2}-1\right)\frac{\partial^2}{\partial z^2}\right].$$

Das Problem des ellipsoidalen Potentialtopfes ist somit auf das Problem des kugelsymmetrischen Potentialtopfes zurückgeführt. Wenn das Ellipsoid nur wenig von der Kugel mit dem Radius $R = (a^2c)^{1/3}$ abweicht, dann kann man $\hat{V}$ als kleine Störung ansehen. Wir führen über die Beziehungen

$$a \approx R\left(1-\frac{\beta}{3}\right), \qquad c \approx R\left(1+\frac{2\beta}{3}\right)$$

den Parameter β ein ($|\beta| \ll 1$), der ein Maß für die Abweichung von der Kugelgestalt ist. Mit β geschrieben lautet der Störoperator

$$\hat{V} = \frac{\beta}{3M}(\hat{\boldsymbol{p}}^2 - 3\hat{p}_z^2)\,.$$

In erster Ordnung der Störungstheorie ist die Änderung der Energieniveaus eines Teilchens gegenüber den Niveaus in einem kugelsymmetrischen Potentialtopf

$$\Delta E_{nlm} = E_{nlm} - E_{nl}^{(0)} = \langle nlm\,|V|\,nlm\rangle$$

(l und m sind Betrag und Projektion des Drehimpulses des Teilchens auf die Achse des Ellipsoids; n indiziert die Niveaus im kugelsymmetrischen Potentialtopf bei gegebenem l; letztere sind von m unabhängig). Der Ausdruck $\boldsymbol{p}^2 - 3p_z^2$ ist die zz-Komponente eines irreduziblen Tensors (eines Tensors mit der Spur Null, $\delta_{ik}\boldsymbol{p}^2 - 3p_ip_k$). Nach (107,2) und (107,6) finden wir, daß das Matrixelement $\langle nlm\,|V|\,nlm\rangle$ proportional zu $(-1)^m\begin{pmatrix} l & 2 & l\\ -m & 0 & m\end{pmatrix}$ ist und somit

$$\langle nlm\,|V|\,nlm\rangle = \left(1-\frac{3m^2}{l(l+1)}\right)\langle nl0\,|V|\,nl0\rangle$$

(die Tabelle der $3j$-Symbole ist auf S. 423 zu finden).

Weiter schreiben wir

$$\langle nl0\,|V|\,nl0\rangle = \frac{2}{3}\beta E_{nl}^{(0)} + \beta\frac{\hbar^2}{M}\left\langle nl0\left|\frac{\partial^2}{\partial z^2}\right|nl0\right\rangle = \frac{2}{3}\beta E_{nl}^{(0)} - \frac{\beta\hbar^2}{M}\int\left|\frac{\partial\psi_{nl0}}{\partial z}\right|^2 r^2\,\mathrm{d}r\,\mathrm{d}o$$

(im ersten Summanden ist die Schrödinger-Gleichung $\hat{H}_0\psi_{nlm} = E_{nl}^{(0)}\psi_{nlm}$ für den kugelsymmetrischen Potentialtopf verwendet worden, und im zweiten ist einmal partiell integriert worden). Für die Ableitung der Funktion $\psi_{nl0} = R_{nl}(r)\,Y_{l0}(\theta, \varphi)$ finden wir unter Verwendung des Ausdrucks für Y_{l0} in der Gestalt (28,11)

$$\frac{\partial}{\partial z}\psi_{nl0} = \left(\cos\theta\frac{\partial}{\partial r} - \frac{\sin\theta}{r}\frac{\partial}{\partial\theta}\right)\psi_{nl0} = -\frac{i(l+1)}{[4(l+1)^2-1]^{1/2}}\left(R'_{nl} - \frac{l}{r}R_{nl}\right)Y_{l+1,0}$$
$$+\frac{il}{[4l^2-1]^{1/2}}\left(R'_{nl} + \frac{l+1}{r}R_{nl}\right)Y_{l-1,0}\,.$$

Die Integrale über r werden nach den Formeln

$$\int_0^\infty R_{nl}R'_{nl}\,r\,\mathrm{d}r = -\frac{1}{2}\int_0^\infty R_{nl}^2\,\mathrm{d}r\,, \qquad \int_0^\infty R'^2_{nl}r^2\,\mathrm{d}r = \frac{2M}{\hbar^2}E_{nl}^{(0)} - l(l+1)\int_0^\infty R_{nl}^2\,\mathrm{d}r$$

ausgerechnet, die sich durch partielle Integration unter Benutzung der radialen Schrödinger-Gleichung (33,3)

$$R''_{nl} + \frac{2}{r}R'_{nl} - \frac{l(l+1)}{r^2}R_{nl} = -\frac{2M}{\hbar^2}E_{nl}^{(0)}$$

ergeben. Die Summanden mit Integralen über R_{nl}^2 heben sich gegenseitig weg, und das Endergebnis lautet

$$\Delta E_{nlm} = 4\beta \frac{l(l+1)}{(2l-1)(2l+3)} \left[\frac{m^2}{l(l+1)} - \frac{1}{3}\right] E_{(0)}^{nl} .$$

Wir vermerken, daß

$$\frac{1}{2l+1} \sum_{m=-l}^{l} E_{nlm} = E_{nl}^{(0)}$$

gilt, d. h., der „Schwerpunkt" des Multipletts bleibt unverschoben.

§ 39. Die Säkulargleichung

Wir wenden uns jetzt dem Fall zu, daß der ungestörte Operator H_0 entartete Eigenwerte hat. Wir werden die Eigenfunktionen zum Energieeigenwert $E_n^{(0)}$ mit $\psi_n^{(0)}, \psi_{n'}^{(0)}, \dots$ bezeichnen. Die Wahl dieser Funktionen ist, wie wir wissen, nicht eindeutig. Man kann statt dieser Funktionen beliebige s (s sei der Entartungsgrad des Niveaus $E_n^{(0)}$) voneinander unabhängige Linearkombinationen dieser Funktionen wählen. Sie ist aber nicht mehr willkürlich, wenn wir an die Wellenfunktionen die Forderung stellen, daß sie sich unter dem Einfluß einer angelegten kleinen Störung nur wenig ändern sollen.

Vorläufig werden wir unter $\psi_n^{(0)}, \psi_{n'}^{(0)}, \dots$ irgendwelche willkürlich gewählte ungestörte Eigenfunktionen verstehen. Die richtigen Funktionen für die nullte Näherung sind Linearkombinationen der Gestalt

$$c_n^{(0)}\psi_n^{(0)} + c_{n'}^{(0)}\psi_{n'}^{(0)} + \dots$$

Die Koeffizienten in diesen Linearkombnationen werden zusammen mit den Korrekturen zu den Eigenwerten in erster Näherung folgendermaßen berechnet.

Wir schreiben die Gleichung (38,4) mit $k = n, n', \dots$ auf und setzen in erster Näherung $E = E_n^{(0)} + E^{(1)}$ ein. Für die Größen c_k kann man dabei die Werte in nullter Näherung nehmen: $c_n = c_n^{(0)}$, $c_{n'} = c_{n'}^{(0)}, \dots$; $c_m = 0$ für $m \neq n, n', \dots$ Es ergibt sich

$$E^{(1)} c_n^{(0)} = \sum_{n'} V_{nn'} c_{n'}^{(0)}$$

oder

$$\sum_{n'} (V_{nn'} - E^{(1)}\delta_{nn'})\, c_{n'}^{(0)} = 0 , \tag{39,1}$$

n und n' durchlaufen dabei alle Werte, die zur Numerierung der Zustände zu dem gegebenen ungestörten Eigenwert $E_n^{(0)}$ notwendig sind. Dieses lineare homogene Gleichungssystem für die Größen $c_n^{(0)}$ hat nur dann nichttriviale Lösungen, wenn die Koeffizientendeterminante verschwindet. Wir erhalten deshalb die Gleichung

$$|V_{nn'} - E^{(1)}\delta_{nn'}| = 0 . \tag{39,2}$$

Das ist eine Gleichung s-ten Grades in $E^{(1)}$, sie hat im allgemeinen s verschiedene reelle Wurzeln. Diese Wurzeln sind in erster Näherung die gesuchten Korrekturen zu den Eigenwerten. Die Gleichung (39,2) heißt *Säkulargleichung.*[1]) Die Summe der Wur-

[1]) Die Bezeichnung Säkulargleichung (vom lateinischen saeculum — Jahrhundert) stammt aus der Himmelsmechanik.

zeln dieser Gleichung ist gleich der Summe der Diagonalelemente V_{nn}, $V_{n'n'}$, ... (das ist der Koeffizient von $E^{(1)s-1}$ in der Gleichung).

Setzen wir die Wurzeln der Gleichung (39,2) in das System (39,1) ein und lösen das letztere, dann finden wir die Koeffizienten $c_n^{(0)}$. Damit bekommen wir auch die Eigenfunktionen in nullter Näherung.

Infolge der Störung wird die ursprüngliche Entartung des Energieniveaus im allgemeinen aufgehoben (die Wurzeln der Gleichung (39,2) sind im allgemeinen verschieden), die Störung „hebt" die Entartung „auf". Die Entartung kann dabei vollkommen oder auch teilweise aufgehoben werden (in letzterem Fall verbleibt nach dem Einschalten der Störung eine geringere Entartung als vorher).

Es kann sein, daß aus diesem oder jenem Grunde alle Matrixelemente für die Übergänge innerhalb einer Gruppe miteinander entarteter Zustände $n, n', \ldots$ besonders klein (oder überhaupt gleich Null) sind. Dann kann es einen Sinn haben, zusammen mit den Matrixelementen $V_{nn'}$ in erster Ordnung auch die Matrixelemente V_{nm} ($m \neq n, n', \ldots$) für die Übergänge in Zustände mit anderen Energien in höheren Ordnungen zu berücksichtigen. Wir wollen das unter Berücksichtigung der Matrixelemente V_{mn} in zweiter Ordnung tun.

In der Gleichung (38,4) mit $k = n$ setzen wir auf der rechten Seite der Gleichung $E = E_n^{(0)} + E^{(1)}$ (wir behalten die Bezeichnung $E^{(1)}$ für die Energiekorrektur in der betrachteten Näherung bei), und statt c_n schreiben wir $c_n^{(0)}$. Wir betrachten $c_m^{(0)} = 0$ für alle $m \neq n, n', \ldots$ und haben

$$E^{(1)} c_n^{(0)} = \sum_m V_{nm} c_m^{(1)} + \sum_{n'} V_{nn'} c_{n'}^{(0)} . \tag{39,3}$$

Die Gleichungen (38,4) mit $k = m \neq n, n', \ldots$ ergeben bis zu Gliedern erster Ordnung

$$(E_n^{(0)} - E_m^{(0)})\, c_m^{(1)} = \sum_{n'} V_{mn'} c_{n'}^{(0)} ,$$

und daraus folgt

$$c_m^{(1)} = \sum_{n'} \frac{V_{mn'}}{E_n^{(0)} - E_m^{(0)}} c_{n'}^{(0)} .$$

Wir setzen das in (39,3) ein und finden

$$E^{(1)} c_n^{(0)} = \sum_{n'} c_{n'}^{(0)} \left(V_{nn'} + \sum_m \frac{V_{nm} V_{mn'}}{E_n^{(0)} - E_m^{(0)}} \right).$$

Dieses Gleichungssystem ersetzt jetzt das System (39,1). Die Bedingung für die Existenz einer nichttrivialen Lösung ergibt eine Säkulargleichung, die sich von (39,2) durch die Substitution

$$V_{nn'} \to V_{nn'} + \sum_m \frac{V_{nm} V_{mn'}}{E_n^{(0)} - E_m^{(0)}} \tag{39,4}$$

unterscheidet.

Aufgaben

1. Man bestimme die Korrektur zum Eigenwert in erster Näherung und die richtigen Funktionen nullter Näherung für ein zweifach entartetes Niveau.

Lösung. Die Gleichung (39,2) ist hier

$$\begin{vmatrix} V_{11} - E^{(1)} & V_{21} \\ V_{12} & V_{22} - E^{(1)} \end{vmatrix} = 0$$

(die Indizes 1 und 2 entsprechen den beiden willkürlich gewählten ungestörten Eigenfunktionen $\psi_1^{(0)}$ und $\psi_2^{(0)}$ zu dem gegebenen entarteten Niveau). Wir lösen diese Gleichung und finden

$$E^{(1)} = \frac{1}{2}\left[V_{11} + V_{22} \pm \hbar\omega^{(1)}\right] \tag{1}$$

mit der Bezeichnung

$$\hbar\omega^{(1)} = \sqrt{(V_{11} - V_{22})^2 + 4\,|V_{12}|^2}$$

für die Differenz der beiden Werte der Korrektur $E^{(1)}$. Durch Lösen der Gleichung (39,1) mit diesen Werten $E^{(1)}$ erhalten wir die Koeffizienten in den normierten richtigen Funktionen nullter Ordnung $\psi^{(0)} = c_1^{(0)}\psi_1^{(0)} + c_2^{(0)}\psi_2^{(0)}$ zu

$$c_1^{(0)} = \left\{\frac{V_{12}}{2\,|V_{12}|}\left[1 \pm \frac{V_{11} - V_{22}}{\hbar\omega^{(1)}}\right]\right\}^{1/2},$$
$$c_2^{(0)} = \pm\left\{\frac{V_{21}}{2\,|V_{12}|}\left[1 \mp \frac{V_{11} - V_{22}}{\hbar\omega^{(1)}}\right]\right\}^{1/2}. \tag{2}$$

2. Es sind die Formeln für die Korrekturen zu den Eigenfunktionen in erster Näherung und zu den Eigenwerten in zweiter Näherung herzuleiten.

Lösung. Als Funktionen $\psi_n^{(0)}$ seien bereits die richtigen Funktionen nullter Näherung gewählt. Die mit diesen Funktionen berechnete Matrix $V_{nn'}$ ist in den Indizes n und n' offensichtlich diagonal (die Indizes n und n' beziehen sich auf dieselbe Funktionengruppe für das entartete Niveau). Die Diagonalelemente V_{nn}, $V_{n'n'}$ sind dabei die entsprechenden Korrekturen der ersten Näherung $E_n^{(1)}, E_{n'}^{(1)}, \ldots$

Wir betrachten die Störung der Eigenfunktion $\psi_n^{(0)}$ und haben in nullter Näherung $E = E_n^{(0)}$, $c_n^{(0)} = 1, c_m^{(0)} = 0$ für $m \neq n$. In erster Näherung sind $E = E_n^{(0)} + V_{nn}$, $c_n = 1 + c_n^{(1)}$ und $c_m = c_m^{(1)}$. Aus dem allgemeinen System (38.4) schreiben wir uns die Gleichung mit $k \neq n, n', \ldots$ bis zu den Gliedern erster Ordnung heraus:

$$(E_n^{(0)} - E_k^{(0)})\, c_k^{(1)} = V_{kn} c_n^{(0)} = V_{kn}\,.$$

Daraus folgt

$$c_k^{(1)} = \frac{V_{kn}}{E_n^{(0)} - E_k^{(0)}} \quad \text{für} \quad k \neq n, n', \ldots \tag{1}$$

Ferner schreiben wir uns die Gleichung mit $k = n'$ auf und nehmen darin die Glieder zweiter Ordnung mit:

$$E_n^{(1)} c_{n'}^{(1)} = V_{n'n'} c_{n'}^{(1)} + \sum_m{}' V_{n'm} c_m^{(1)}$$

(in der Summe über m werden die Glieder mit $m = n, n', \ldots$ ausgelassen). Wir setzen $E_n^{(1)} = V_{nn}$ und den Ausdruck (1) für $c_m^{(1)}$ ein und erhalten für $n' \neq n$

$$c_{n'}^{(1)} = \frac{1}{(V_{nn} - V_{n'n'})} \sum_m{}' \frac{V_{n'm} V_{mn}}{E_n^{(0)} - E_m^{(0)}} \tag{2}$$

(der Koeffizient $c_n^{(1)}$ ist in dieser Ordnung gleich Null). Die Formeln (1) und (2) geben die Korrektur $\psi_n^{(1)} = \sum_m c_m^{(1)} \psi_m^{(0)}$ zu den Eigenfunktionen in erster Näherung an.[1])

---

[1]) Wir lenken die Aufmerksamkeit auf folgendes: Die Bedingung, daß die Größen (1) und (2) klein sind (und damit auch die Bedingung für die Anwendbarkeit der behandelten Methoden der Störungstheorie), fordert nach wie vor, daß die Bedingungen (38,9) nur für Übergänge zwischen Zuständen zu verschiedenen Energieniveaus erfüllt sind. Übergänge zwischen Zuständen zu ein und demselben entarteten Niveau werden in der Säkulargleichung im bekannten Sinne exakt behandelt.

Schließlich schreiben wir noch die Glieder zweiter Ordnung in der Gleichung (38,4) mit $k = n$ auf. Dabei ergibt sich für die Korrektur zur Energie in zweiter Ordnung die Formel

$$E_n^{(2)} = \sum_m{}' \frac{V_{nm} V_{mn}}{E_n^{(0)} - E_m^{(0)}}, \tag{3}$$

die formal mit (38,10) übereinstimmt.

3. Zur Zeit $t = 0$ befinde sich ein System im Zustand $\psi_1^{(0)}$, der zu einem zweifach entarteten Niveau gehört. Mit welcher Wahrscheinlichkeit befindet sich das System zu einer späteren Zeit t in dem anderen Zustand $\psi_2^{(0)}$ mit derselben Energie? Der Übergang erfolge unter der Wirkung einer konstanten Störung.

Lösung. Wir stellen die richtigen Funktionen nullter Näherung auf:

$$\psi = c_1\psi_1 + c_2\psi_2, \qquad \psi' = c_1'\psi_1 + c_2'\psi_2.$$

Darin sind c_1, c_2 und c_1', c_2' die beiden Koeffizientenpaare, die durch die Formeln (2) der Aufgabe 1 gegeben werden (die oberen Indizes $^{(0)}$ lassen wir der Kürze halber bei allen Größen weg).

Umgekehrt ist

$$\psi_1 = \frac{c_2'\psi - c_2\psi'}{c_1c_2' - c_1'c_2}.$$

Die Funktionen ψ und ψ' gehören zu den Zuständen mit den gestörten Energien $E + E^{(1)}$ und $E + E^{(1)\prime}$; $E^{(1)}$ und $E^{(1)\prime}$ sind die beiden Werte der Korrektur (1) der Aufgabe 1. Wir führen die Zeitfaktoren ein und gehen zu den zeitabhängigen Wellenfunktionen über:

$$\Psi_1 = \frac{e^{-\frac{i}{\hbar}Et}}{c_1c_2' - c_1'c_2}\left[c_2'\psi\, e^{-\frac{i}{\hbar}E^{(1)}t} - c_2\psi'\, e^{-\frac{i}{\hbar}E^{(1)\prime}t}\right]$$

(zur Zeit $t = 0$ ist $\Psi_1 = \psi_1$). Schließlich drücken wir ψ und ψ' wieder durch ψ_1 und ψ_2 aus und erhalten Ψ_1 als Linearkombination aus ψ_1 und ψ_2 mit zeitabhängigen Koeffizienten. Das Betragsquadrat des Koeffizienten von ψ_2 gibt die gesuchte Übergangswahrscheinlichkeit w_{12} an. Die Rechnung ergibt unter Verwendung von (1) und (2) aus Aufgabe 1

$$w_{21} = 2\frac{|V_{12}|^2}{(\hbar\omega^{(1)})^2}[1 - \cos\omega^{(1)}t].$$

Wir sehen, daß die Wahrscheinlichkeit mit der Frequenz periodisch schwankt. Für kleine Zeiten t relativ zur entsprechenden Schwingungsdauer ist der Ausdruck in der geschweiften Klammer und damit auch die Wahrscheinlichkeit w_{12} proportional zu t^2:

$$w_{21} = \frac{1}{\hbar^2}|V_{12}|^2 t^2.$$

Mit der im folgenden Paragraphen behandelten Methode kann man diese Formel ganz einfach (mit Hilfe der Gleichung (40,4)) ableiten.

§ 40. Zeitabhängige Störungen

Wir wollen uns jetzt mit dem Studium explizit zeitabhängiger Störungen befassen. In diesem Falle kann man nicht von Korrekturen zu den Energieeigenwerten sprechen; denn die Energie bleibt für einen zeitabhängigen Hamilton-Operator (der gestörte Operator $\hat{H} = \hat{H}_0 + \hat{V}(t)$ ist zeitabhängig) nicht erhalten, so daß es überhaupt keine stationären Zustände gibt. Hier besteht das Problem, aus den Wellenfunktionen der stationären Zustände des ungestörten Systems die Wellenfunktionen des gestörten Systems näherungsweise zu berechnen.

Zu diesem Zweck verwenden wir eine ähnliche Methode wie die Methode der Variation der Konstanten bei der Lösung von linearen Differentialgleichungen (P. A. M. DIRAC, 1926). $\Psi_k^{(0)}$ seien die Wellenfunktionen (mit dem Zeitfaktor) der stationären Zustände des ungestörten Systems. Eine beliebige Lösung der ungestörten Wellengleichung kann dann als Summe $\Psi = \sum a_k \Psi_k^{(0)}$ geschrieben werden. Wir werden jetzt die Lösung der gestörten Gleichung

$$i\hbar \frac{\partial \Psi}{\partial t} = (\hat{H}_0 + \hat{V})\, \Psi \tag{40,1}$$

als Summe

$$\Psi = \sum_k a_k(t)\, \Psi_k^{(0)} \tag{40,2}$$

ansetzen, wobei die Entwicklungskoeffizienten Funktionen der Zeit sind. Setzen wir (40,2) in (40,1) ein und beachten, daß die Funktionen $\psi_k^{(0)}$ der Gleichung

$$i\hbar \frac{\partial \Psi_k^{(0)}}{\partial t} = \hat{H}_0 \Psi_k^{(0)}$$

genügen, dann erhalten wir

$$i\hbar \sum_k \Psi_k^{(0)} \frac{\mathrm{d}a_k}{\mathrm{d}t} = \sum_k a_k \hat{V} \Psi_k^{(0)} .$$

Wir multiplizieren beide Seiten der Gleichung von links mit $\Psi_m^{(0)*}$ und integrieren; danach haben wir

$$i\hbar \frac{\mathrm{d}a_m}{\mathrm{d}t} = \sum_k V_{mk}(t)\, a_k \tag{40,3}$$

mit

$$V_{mk}(t) = \int \Psi_m^{(0)*} \hat{V} \Psi_k^{(0)}\, \mathrm{d}q = V_{mk}\, \mathrm{e}^{i\omega_{mk}t} , \qquad \omega_{mk} = \frac{E_m^{(0)} - E_k^{(0)}}{\hbar} ,$$

das sind die Matrixelemente der Störung mit dem Zeitfaktor (man muß übrigens beachten, daß die Größen V_{mk} für explizit zeitabhängiges V ebenfalls Funktionen der Zeit sind).

Als ungestörte Wellenfunktion nehmen wir die Wellenfunktion des n-ten stationären Zustandes; dazu gehören die folgenden Werte für die Koeffizienten in (40,2): $a_n^{(0)} = 1$ und $a_k^{(0)} = 0$ für $k \neq n$. Zur Bestimmung der ersten Näherung schreiben wir a_k als $a_k = a_k^{(0)} + a_k^{(1)}$. Auf der rechten Seite der Gleichung (40,3) (die schon die kleinen Größen V_{mk} enthält) setzen wir $a_k = a_k^{(0)}$ ein, das ergibt

$$i\hbar \frac{\mathrm{d}a_k^{(1)}}{\mathrm{d}t} = V_{kn}(t) . \tag{40,4}$$

Um anzugeben, für welche ungestörte Funktion die Korrektur berechnet wird, führen wir einen zweiten Index für die Koeffizienten a_k ein und schreiben

$$\Psi_n = \sum_k a_{kn}(t)\, \Psi_k^{(0)} .$$

Dementsprechend schreiben wir für das Ergebnis der Integration über die Gleichung (40,4)

$$a_{kn}^{(1)} = -\frac{i}{\hbar}\int V_{kn}(t)\, \mathrm{d}t = -\frac{i}{\hbar}\int V_{kn}\, \mathrm{e}^{i\omega_{kn}t}\, \mathrm{d}t . \tag{40,5}$$

Damit sind die Wellenfunktionen in erster Näherung bestimmt.

Wir wollen noch den wichtigen Fall einer zeitlich periodischen Störung der Gestalt

$$\hat{V} = \hat{F}\, e^{-i\omega t} + \hat{G}\, e^{i\omega t} \tag{40,6}$$

mit den zeitunabhängigen Operatoren $\hat{F}$ und $\hat{G}$ behandeln. Wegen der Hermitezität von $\hat{V}$ muß

$$\hat{F}\, e^{-i\omega t} + \hat{G}\, e^{i\omega t} = \hat{F}^{+}\, e^{i\omega t} + \hat{G}^{+}\, e^{-i\omega t}$$

sein. Daraus finden wir $\hat{G} = \hat{F}^{+}$, d. h.

$$G_{nm} = F^{*}_{mn}\,. \tag{40,7}$$

Unter Verwendung dieser Beziehung haben wir

$$V_{kn}(t) = V_{kn}\, e^{i\omega_{kn} t} = F_{kn}\, e^{i(\omega_{kn} - \omega)t} + F^{*}_{nk}\, e^{i(\omega_{kn} + \omega)t}\,. \tag{40,8}$$

Setzen wir das in (40,5) ein und führen die Integration aus, dann bekommen wir den folgenden Ausdruck für die Entwicklungskoeffizienten der Wellenfunktionen:

$$a^{(1)}_{kn} = -\frac{F_{kn}\, e^{i(\omega_{kn} - \omega)t}}{\hbar(\omega_{kn} - \omega)} - \frac{F^{*}_{nk}\, e^{i(\omega_{kn} + \omega)t}}{\hbar(\omega_{kn} + \omega)}\,. \tag{40,9}$$

Diese Ausdrücke sind anwendbar, wenn kein einziger der Nenner verschwindet[1]), d. h., wenn für alle k (bei gegebenem n)

$$E^{(0)}_{k} - E^{(0)}_{n} \neq \pm\hbar\omega \tag{40,10}$$

gilt.

Für einige Anwendungen braucht man die mit Hilfe der gestörten Wellenfunktionen berechneten Matrixelemente für eine beliebige Größe f. In erster Näherung haben wir

$$f_{nm}(t) = f^{(0)}_{nm}(t) + f^{(1)}_{nm}(t)$$

mit

$$f^{(0)}_{nm}(t) = \int \Psi^{(0)*}_{n} \hat{f} \Psi^{(0)}_{m}\, dq = f^{(0)}_{nm}\, e^{i\omega_{nm} t}\,,$$

$$f^{(1)}_{nm}(t) = \int (\Psi^{(0)*}_{n} \hat{f} \Psi^{(1)}_{m} + \Psi^{(1)*}_{n} \hat{f} \Psi^{(0)}_{m})\, dq\,.$$

Verwenden wir die durch die Formel (40,9) gegebenen $a^{(1)}_{kn}$ und setzen in den letzten Ausdruck

$$\Psi^{(1)}_{n} = \sum_{k} a^{(1)}_{kn} \Psi^{(0)}_{k}$$

ein, so gelangen wir leicht zu dem Ausdruck

$$f^{(1)}_{nm}(t) = -\, e^{i\omega_{nm} t} \sum_{k} \left\{ \left[\frac{f^{(0)}_{nk} F_{km}}{\hbar(\omega_{km} - \omega)} + \frac{f^{(0)}_{km} F_{nk}}{\hbar(\omega_{kn} - \omega)} \right] e^{-i\omega t} + \left[\frac{f^{(0)}_{nk} F^{*}_{mk}}{\hbar(\omega_{km} + \omega)} + \frac{f^{(0)}_{km} F^{*}_{kn}}{\hbar(\omega_{kn} + \omega)} \right] e^{i\omega t} \right\}. \tag{40,11}$$

Diese Formel kann angewandt werden, wenn keines der Glieder zu groß wird, d. h., wenn keine der Frequenzen ω_{kn} oder ω_{km} zu dicht bei ω liegt. Für $\omega = 0$ kommen wir zur Formel (38,12) zurück.

Bei allen hier angegebenen Formeln ist natürlich vorausgesetzt, daß es nur das diskrete Spektrum der ungestörten Energieniveaus gibt. Sie können jedoch unmittel-

[1]) Genauer — sie dürfen nicht so klein sein, daß die Größen $a^{(1)}_{kn}$ nicht mehr klein gegen 1 sind.

bar für den Fall verallgemeinert werden, daß auch ein kontinuierliches Spektrum vorhanden ist (wobei es sich natürlich nach wie vor um die Störung der Zustände des diskreten Spektrums handelt). Man addiert einfach zu den Summen über die Niveaus des diskreten Spektrums noch die entsprechenden Integrale über das kontinuierliche Spektrum. Dabei ist notwendig, daß die Nenner in den Formeln (40,9) und (40,11) $(\omega_{kn} \pm \omega)$ von Null verschieden sind, wenn die Energie $E_k^{(0)}$ nicht nur alle Werte des diskreten sondern auch die des kontinuierlichen Spektrums durchläuft. Gewöhnlich liegt das kontinuierliche Spektrum höher als alle Niveaus des diskreten Spektrums. In diesem Fall muß die Bedingung (40,10) z. B. durch die Bedingung

$$E_{\min}^{(0)} - E_n^{(0)} > \hbar\omega \tag{40,12}$$

ergänzt werden, wobei $E_{\min}^{(0)}$ die Energie des niedrigsten Niveaus des kontinuierlichen Spektrums ist.

Aufgabe

Es ist die Änderung der n-ten und der m-ten Lösung der Schrödinger-Gleichung beim Vorhandensein einer periodischen Störung (der Gestalt (40,6)) mit der Frequenz ω zu bestimmen, für die $E_m^{(0)} - E_n^{(0)} = \hbar(\omega + \varepsilon)$ ist; ε ist klein.

Lösung. Die im Text entwickelte Methode ist hier nicht anwendbar, weil der Koeffizient $a_{mn}^{(1)}$ groß wird. Wir gehen wiederum von den exakten Gleichungen (40,3) mit $V_{mk}(t)$ von (40,8) aus. Der größte vorhandene Effekt rührt offensichtlich von denjenigen Gliedern in den Summen auf der rechten Seite der Gleichung (40,3) her, in denen die Zeitabhängigkeit durch eine kleine Frequenz $\omega_{mn} - \omega$ gegeben wird. Wir lassen alle übrigen Glieder weg und erhalten das folgende System mit zwei Gleichungen:

$$i\hbar \frac{\mathrm{d}a_m}{\mathrm{d}t} = F_{mn}\, \mathrm{e}^{i(\omega_{mn}-\omega)t}\, a_n = F_{mn}\, \mathrm{e}^{i\varepsilon t}\, a_n\,, \qquad i\hbar \frac{\mathrm{d}a_n}{\mathrm{d}t} = F_{mn}^*\, \mathrm{e}^{-i\varepsilon t}\, a_m\,.$$

Wir setzen

$$a_n\, \mathrm{e}^{i\varepsilon t} = b_n$$

und erhalten die Gleichungen

$$i\hbar\dot{a}_m = F_{mn} b_n\,, \qquad i\hbar(\dot{b}_n - i\varepsilon b_n) = F_{mn}^* a_m\,.$$

Wir schaffen daraus a_m weg, und es ergibt sich

$$\ddot{b}_n - i\varepsilon\dot{b}_n + \frac{1}{\hbar^2}|F_{mn}|^2\, b_n = 0\,.$$

Man kann

$$a_n = A\, \mathrm{e}^{i\alpha_1 t}\,, \qquad a_m = -A\,\frac{\hbar\alpha_1}{F_{mn}^*}\,\mathrm{e}^{i\alpha_2 t} \tag{1}$$

und

$$a_n = B\, \mathrm{e}^{-i\alpha_2 t}\,, \qquad a_m = B\,\frac{\hbar\alpha_2}{F_{mn}^*}\,\mathrm{e}^{-i\alpha_1 t} \tag{2}$$

als die beiden unabhängigen Lösungen dieser Gleichungen wählen. Darin sind A und B Konstanten (die aus der Normierungsvorschrift bestimmt werden müssen), und wir haben die Bezeichnungen

$$\alpha_1 = -\frac{\varepsilon}{2} + \Omega\,, \qquad \alpha_2 = \frac{\varepsilon}{2} + \Omega\,, \qquad \Omega = \sqrt{\frac{\varepsilon^2}{4} + |\eta|^2} \qquad \eta = \frac{F_{mn}}{\hbar}$$

eingeführt.

Unter der Einwirkung der Störung gehen also die Funktionen $\Psi_n^{(0)}$ und $\Psi_m^{(0)}$ in die Funktionen $a_n\Psi_n^{(0)} + a_m\Psi_m^{(0)}$ mit a_n und a_m aus (1) oder (2) über.

Zur Zeit $t = 0$ möge sich das System im Zustand $\Psi_m^{(0)}$ befinden. Der Zustand des Systems zu späteren Zeiten wird durch die Linearkombination aus den beiden von uns erhaltenen Funktionen gegeben, die gleich $\Psi_m^{(0)}$ für $t = 0$ wird:

$$\Psi = \left(e^{i\varepsilon t/2} \cos \Omega t - \frac{i\varepsilon}{2\Omega} e^{i\varepsilon t/2} \sin \Omega t\right) \Psi_m^{(0)} - \frac{i\eta^*}{\Omega} e^{-i\varepsilon t/2} \sin \Omega t \cdot \Psi_n^{(0)} . \tag{3}$$

Das Betragsquadrat des Koeffizienten von $\Psi_n^{(0)}$ ist

$$\frac{|\eta|^2}{2\Omega^2} (1 - \cos 2\Omega t) . \tag{4}$$

Es gibt die Wahrscheinlichkeit an, das System zur Zeit t in dem Zustand $\Psi_n^{(0)}$ zu finden. Wie wir sehen, ist das eine periodische Funktion mit der Frequenz 2Ω; diese Funktion ändert sich zwischen den Grenzen 0 und $|\eta|^2/\Omega^2$.

Für $\varepsilon = 0$ (exakte Resonanz) wird aus der Wahrscheinlichkeit (4)

$$\tfrac{1}{2} (1 - \cos 2 |\eta| t) .$$

Sie schwankt periodisch zwischen 0 und 1. Das System geht, mit anderen Worten, periodisch aus dem Zustand $\Psi_m^{(0)}$ in den Zustand $\Psi_n^{(0)}$ über.

§ 41. Übergänge infolge einer zeitlich begrenzten Störung

Wir wollen annehmen, die Störung $V(t)$ wirke nur während eines endlichen Zeitintervalls (oder $V(t)$ soll für $t \to \pm \infty$ genügend schnell abklingen). Vor der Einwirkung der Störung (oder in der Grenze $t \to -\infty$) soll sich das System im n-ten stationären Zustand (des diskreten Spektrums) befinden. Zu einem beliebigen späteren Zeitpunkt wird das System durch die Funktion

$$\Psi = \sum_k a_{kn} \Psi_k^{(0)}$$

beschrieben. In erster Näherung ist dabei

$$\begin{aligned} a_{kn} &= a_{kn}^{(1)} = -\frac{i}{\hbar} \int_{-\infty}^{t} V_{kn} e^{i\omega_{kn} t} dt , \qquad k \neq n , \\ a_{nn} &= 1 + a_{nn}^{(1)} = 1 - \frac{i}{\hbar} \int_{-\infty}^{t} V_{nn} dt . \end{aligned} \tag{41,1}$$

Die Integrationsgrenzen in (40,5) sind so gewählt, daß alle $a_{kn}^{(1)}$ für $t \to -\infty$ verschwinden. Nach der Einwirkung der Störung (oder in der Grenze $t \to \infty$) nehmen die Koeffizienten a_{kn} die konstanten Werte $a_{kn}(\infty)$ an, und das System befindet sich in einem Zustand mit der Wellenfunktion

$$\Psi = \sum_k a_{kn}(\infty) \Psi_k^{(0)} ,$$

die wieder der ungestörten Wellengleichung genügt, aber von der ursprünglichen Funktion $\Psi_n^{(0)}$ verschieden ist. Nach den allgemeinen Regeln gibt das Betragsquadrat des Koeffizienten $a_{kn}(\infty)$ die Wahrscheinlichkeit dafür an, daß das System die Energie $E_k^{(0)}$ hat, d. h., daß es sich im k-ten stationären Zustand befindet.

Das System kann also unter dem Einfluß der Störung aus dem ursprünglichen stationären Zustand in einen beliebigen anderen Zustand übergehen. Die Übergangswahrscheinlichkeit, aus dem Ausgangszustand i in den stationären Endzustand f überzugehen, ist[1])

$$w_{fi} = \frac{1}{\hbar^2} \left| \int\limits_{-\infty}^{+\infty} V_{fi}\, e^{i\omega_{fi}t}\, dt \right|^2 . \tag{41,2}$$

Wir betrachten jetzt eine Störung, die nach ihrem Beginn unendlich lange wirkt (und natürlich die ganze Zeit klein bleibt). $V(t)$ strebt, mit anderen Worten, für $t \to -\infty$ gegen Null und für $t \to \infty$ gegen einen endlichen, von Null verschiedenen Grenzwert. Die Formel (41,2) kann hier nicht unmittelbar angewendet werden, da das darin enthaltene Integral divergiert. Diese Divergenz ist jedoch vom physikalischen Standpunkt aus unwesentlich und kann leicht behoben werden. Dazu integrieren wir partiell:

$$a_{fi} = -\frac{i}{\hbar} \int\limits_{-\infty}^{t} V_{fi}\, e^{i\omega_{fi}t}\, dt = -\left.\frac{V_{fi}\, e^{i\omega_{fi}t}}{\hbar\omega_{fi}}\right|_{-\infty}^{t} + \int\limits_{-\infty}^{t} \frac{\partial V_{fi}}{\partial t} \frac{e^{i\omega_{fi}t}}{\hbar\omega_{fi}}\, dt .$$

Der Wert des ersten Summanden verschwindet an der unteren Grenze, an der oberen Grenze stimmt er formal mit den Entwicklungskoeffizienten in der Formel (38,8) überein (das Auftreten des überflüssigen periodischen Faktors $e^{i\omega_{fi}t}$ hängt einfach damit zusammen, daß die a_{fi} die Entwicklungskoeffizienten der gesamten Wellenfunktion Ψ und die c_{fi} in § 38 die Entwicklungskoeffizienten der zeitfreien Funktion ψ sind). Der Grenzwert für $t \to \infty$ gibt daher einfach die Änderung der ursprünglichen Wellenfunktion $\Psi_i^{(0)}$ unter dem Einfluß des konstanten Teils $V(+\infty)$ der Störung an und hat folglich keine Beziehung zu den Übergängen in andere Zustände. Die Übergangswahrscheinlichkeit wird durch das Quadrat des zweiten Summanden gegeben und ist

$$w_{fi} = \frac{1}{\hbar^2\omega_{fi}^2} \left| \int\limits_{-\infty}^{+\infty} \frac{\partial V_{fi}}{\partial t}\, e^{i\omega_{fi}t}\, dt \right|^2 . \tag{41,3}$$

Die erhaltenen Formeln gelten auch dann, wenn der Übergang von einem Zustand des diskreten Spektrums in einen Zustand des kontinuierlichen Spektrums erfolgt. Der einzige Unterschied dabei ist, daß es sich jetzt um die Übergangswahrscheinlichkeit aus einem gegebenen Zustand i in einen Zustand im Intervall zwischen ν_f und $\nu_f + d\nu_f$ (siehe § 38) handelt. Die Formel (41,2) muß man zum Beispiel in der folgenden Gestalt schreiben:

$$dw_{fi} = \frac{1}{\hbar^2} \left| \int\limits_{-\infty}^{\infty} V_{fi}\, e^{i\omega_{fi}t}\, dt \right|^2 d\nu_f . \tag{41,4}$$

Ändert sich die Störung während eines Zeitintervalls der Größenordnung $1/\omega_{fi}$ nur wenig, dann wird der Wert des Integrals in (41,2) oder in (41,3) klein sein. Im Grenzfall einer beliebig langsamen Änderung der Störung strebt die Wahrscheinlichkeit für einen Übergang mit einer Energieänderung (d. h. mit einer von Null verschie-

---

[1]) Zur Vereinheitlichung der Schreibweise vereinbaren wir, im folgenden (wenn es sich um Übergangswahrscheinlichkeiten handelt) Anfangs- und Endzustand mit den Indizes i bzw. f zu bezeichnen. Weiter vereinbaren wir, die Indizes an den Übergangswahrscheinlichkeiten in der Reihenfolge fi zu schreiben, entsprechend der Reihenfolge, die für die Indizes der Matrixelemente üblich ist.

denen Frequenz ω_{fi}) gegen Null. Bei hinreichend langsamer (*adiabatischer*) Änderung der Störung verbleibt ein System, das sich in einem nicht entarteten stationären Zustand befunden hat, in demselben Zustand (siehe auch § 53).

In dem anderen Grenzfall, daß die Störung schnell, *plötzlich*, eingeschaltet wird, werden die Ableitungen $\partial V_{fi}/\partial t$ beim „Einschalten" unendlich. Im Integral über $\frac{\partial V_{fi}}{\partial t} e^{i\omega_{fi}t}$ kann man dann den relativ langsam veränderlichen Faktor $e^{i\omega_{fi}t}$ mit dem entsprechenden Wert in diesem Zeitpunkt vor das Integral ziehen. Danach kann die Integration sofort ausgeführt werden, und wir erhalten

$$w_{fi} = \frac{|V_{fi}|^2}{\hbar^2 \omega_{fi}^2} . \tag{41,5}$$

Die Übergangswahrscheinlichkeiten bei plötzlichen Störungen können auch dann berechnet werden, wenn die Störung nicht klein ist.

Das System befinde sich in einem Zustand, der durch eine Eigenfunktion $\psi_i^{(0)}$ des Ausgangs-HAMILTON-Operators $\hat{H}_0$ beschrieben wird. Ändert sich der HAMILTON-Operator plötzlich (d. h. in einem Zeitintervall, das gegenüber den Perioden $1/\omega_{fi}$ der Übergänge aus dem gegebenen Zustand i in andere Zustände klein ist), dann kann die Wellenfunktion des Systems mit der Änderung „nicht mitkommen" und bleibt dieselbe wie vor der Störung. Sie ist jedoch keine Eigenfunktion des neuen HAMILTON-Operators $\hat{H}$ des Systems mehr, d. h., der Zustand ist nicht stationär. Die Wahrscheinlichkeiten w_{fi} für den Übergang des Systems in einen anderen stationären Zustand werden nach den allgemeinen Regeln der Quantenmechanik durch die Entwicklungskoeffizienten der Funktion $\psi_i^{(0)}$ nach den Eigenfunktionen ψ_f des HAMILTON-Operators $\hat{H}$ gegeben:

$$w_{fi} = \left|\int \psi_i^{(0)} \psi_f^* \, dq\right|^2 . \tag{41,6}$$

Wir wollen zeigen, wie diese allgemeine Formel für eine kleine Änderung des HAMILTON-Operators $\hat{V} = \hat{H} - \hat{H}_0$ in die Formel (41,5) übergeht. Dazu multiplizieren wir die Gleichungen

$$\hat{H}_0 \psi_i^{(0)} = E_i^{(0)} \psi_i^{(0)} , \qquad \hat{H}^* \psi_f^* = E_f \psi_f^*$$

mit ψ_f^* bzw. mit $\psi_i^{(0)}$, integrieren über dq und subtrahieren sie voneinander. Da der Operator $\hat{H}$ selbstadjungiert ist, erhalten wir

$$(E_f - E_i^{(0)}) \int \psi_f^* \psi_i^{(0)} \, dq = \int \psi_f^* \hat{V} \psi_i^{(0)} \, dq .$$

Für eine kleine Störung $\hat{V}$ kann man in erster Näherung E_f durch das davon nur wenig verschiedene ungestörte Niveau $E_f^{(0)}$ ersetzen. Die Wellenfunktion ψ_f (auf der rechten Seite der Gleichung) entspricht der Funktion $\psi_f^{(0)}$ und wird durch diese ersetzt. Dann ergibt sich

$$\int \psi_f^* \psi_i^{(0)} \, dq = \frac{1}{\hbar \omega_{fi}} \int \psi_f^{(0)*} \hat{V} \psi_i^{(0)} \, dq$$

und die Formel (41,6) geht in (41,5) über.

Aufgaben

1. An einen elektrisch geladenen Oszillator im Grundzustand wird plötzlich ein homogenes elektrisches Feld angelegt. Mit welchen Wahrscheinlichkeiten geht der Oszillator unter dem Einfluß dieser Störung in angeregte Zustände über?

Lösung. Die potentielle Energie des Oszillators im homogenen Feld (das auf ihn die Kraft F ausübt) ist

$$U(x) = \frac{m\omega^2}{2} x^2 - Fx = \frac{m\omega^2}{2} (x - x_0)^2 + \text{const}$$

(mit $x_0 = F/m\omega^2$). Das ist wiederum die potentielle Energie eines Oszillators (mit verschobener Gleichgewichtslage). Die Wellenfunktionen der stationären Zustände des gestörten Oszillators sind daher $\psi_k(x - x_0)$, wenn $\psi_k(x)$ die Wellenfunktionen (23,12) des Oszillators sind. Die Wellenfunktion vor der Störung ist $\psi_0(x)$ aus (23,13). Mit Hilfe dieser Funktionen und des Ausdrucks (23,11) für die hermiteschen Polynome finden wir

$$\int_{-\infty}^{\infty} \psi_0^{(0)} \psi_k \, \mathrm{d}x = \frac{(-1)^k}{\sqrt{2^k \pi k!}} \mathrm{e}^{-\xi_0^2/2} \int_{-\infty}^{\infty} \mathrm{e}^{-\xi\xi_0} \frac{\mathrm{d}^k}{\mathrm{d}\xi^k} \mathrm{e}^{-\xi^2 + 2\xi\xi_0} \, \mathrm{d}\xi$$

mit der Bezeichnung $\xi_0 = x_0 \sqrt{m\omega/\hbar}$. Das hier enthaltene Integral kann durch k-malige partielle Integration umgeformt werden in

$$\xi_0^k \int_{-\infty}^{\infty} \exp(-\xi^2 + \xi\xi_0) \, \mathrm{d}\xi = \xi_0^k \sqrt{\pi} \exp(\xi_0^2/4) \,.$$

Schließlich erhalten wir für die gesuchte Übergangswahrscheinlichkeit

$$w_{k0} = \frac{\bar{k}^k}{k!} \mathrm{e}^{-\bar{k}}, \qquad \bar{k} = \frac{\xi_0^2}{2} = \frac{F^2}{2m\hbar\omega^3} \,.$$

Als Funktion von k ist das eine Poisson-Verteilung mit dem Mittelwert $\bar{k}$.

Die Störungstheorie ist für kleine F mit $\bar{k} \ll 1$ anwendbar. Die Anregungswahrscheinlichkeiten sind dann klein und nehmen mit wachsendem k schnell ab. Die größte Wahrscheinlichkeit ist $w_{10} \approx \bar{k}$.

Für große F ($\bar{k} \gg 1$) erfolgt die Anregung des Oszillators mit sehr großer Wahrscheinlichkeit: Die Wahrscheinlichkeit, daß der Oszillator im Grundzustand bleibt, ist $w_{00} = \mathrm{e}^{-\bar{k}}$.

2. Ein Atomkern im Grundzustand erfährt einen plötzlichen Stoß, wodurch er die Geschwindigkeit v erhält. Die Stoßzeit wird als klein gegenüber den Umlaufzeiten der Elektronen τ und gegenüber a/v vorausgesetzt; a seien die Atomabmessungen. Mit welcher Wahrscheinlichkeit wird das Atom durch dieses „Rütteln" angeregt (A. B. Migdal, 1939)?

Lösung. Wir verwenden das mit dem Kern nach dem Stoß mitbewegte Bezugssystem K'. Wegen der Bedingung $\tau \ll a/v$ wird der Kern während des Stoßes praktisch nicht verschoben, so daß die Koordinaten der Elektronen im System K' und im ursprünglichen System K unmittelbar nach der Störung übereinstimmen. Gleich nach dem Stoß ist die Wellenfunktion im System K'

$$\psi_0' = \psi_0 \exp\left(-i\boldsymbol{q} \sum_a \boldsymbol{r}_a\right), \qquad \boldsymbol{q} = \frac{m\boldsymbol{v}}{\hbar} \,.$$

ψ_0 ist darin die Wellenfunktion des Grundzustandes bei festem Kern, und die Summation im Exponenten wird über alle Z Elektronen im Atom erstreckt. Die gesuchte Übergangswahrscheinlichkeit in den angeregten Zustand k wird jetzt nach (41,6) durch die Formel

$$w_{k0} = \left|\langle k| \exp\left(-i\boldsymbol{q} \sum_a \boldsymbol{r}_a\right) |0\rangle\right|^2$$

gegeben. Für $qa \ll 1$ können wir die Exponentialfunktion im Integranden entwickeln. Da das Integral über $\psi_k^* \psi_0$ wegen der Orthogonalität der Funktionen ψ_0 und ψ_k verschwindet, ergibt sich

$$w_{k0} = \left|\langle k| \boldsymbol{q} \sum_a \boldsymbol{r}_a |0\rangle\right|^2 \,.$$

3. Es ist die Gesamtwahrscheinlichkeit für die Anregung und die Ionisierung eines Wasserstoffatoms bei einem plötzlichen „Rütteln“ zu berechnen (siehe die vorhergehende Aufgabe).

Lösung. Die gesuchte Wahrscheinlichkeit kann als Differenz

$$1 - w_{00} = 1 - |\int \psi_0^2 \, \mathrm{e}^{-i\mathbf{q}\mathbf{r}} \, \mathrm{d}V|^2$$

berechnet werden. w_{00} ist die Wahrscheinlichkeit dafür, daß das Atom im Grundzustand verbleibt ($\psi_0 = (\pi a^3)^{-1/2} e^{-r/a}$ ist die Wellenfunktion des Grundzustandes des Wasserstoffatoms, a ist der BOHRsche Radius). Durch Integration erhalten wir

$$1 - w_{00} = 1 - \frac{1}{(1 + \frac{1}{4} q^2 a^2)^4},$$

Im Grenzfall $qa \ll 1$ strebt diese Wahrscheinlichkeit wie $1 - w_{00} \approx q^2 a^2$ gegen Null, für $qa \gg 1$ geht sie wie $1 - w_{00} = 1 - (2/qa)^8$ gegen 1.

4. Mit welcher Wahrscheinlichkeit wird ein Elektron aus der K-Schale eines Atoms mit großer Ordnungszahl Z beim β-Zerfall des Kerns herausgeschlagen? Die Geschwindigkeit des β-Teilchens sei groß gegenüber der Geschwindigkeit des K-Elektrons (A. B. MIGDAL, E. L. FEINBERG, 1941).

Lösung.[1]) Unter den vorliegenden Bedingungen ist die Zeit für den Durchgang des β-Teilchens durch die K-Schale klein gegenüber der Umlaufzeit eines Elektrons. Die Änderung der Kernladung geht daher augenblicklich vor sich. Die Änderung $V = 1/r$ des Kernfeldes bei einer kleinen (1 gegenüber Z) Änderung der Kernladung spielt dabei die Rolle der Störung. Nach (41,5) ist die Übergangswahrscheinlichkeit für eines der beiden K-Elektronen mit der Energie $E_0 = -Z^2/2$ (hier und im folgenden verwenden wir die Wasserstoffähnlichkeit des Zustandes eines K-Elektrons, siehe § 74) in einen Zustand des kontinuierlichen Spektrums mit der Energie $E = k^2/2$ im Intervall $\mathrm{d}E = k\,\mathrm{d}k$

$$\mathrm{d}w = 2\frac{4|V_{0k}|^2}{(k^2 + Z^2)^2}\mathrm{d}k\,.$$

Im Integral für das Matrixelement V_{0k} ist der Bereich kleiner ($\sim 1/Z$) Abstände vom Kern wesentlich, in dem man für die Wellenfunktion eines Zustandes im kontinuierlichen Spektrum ebenfalls einen wasserstoffähnlichen Ausdruck verwenden kann. Der Endzustand des Elektrons muß den Drehimpuls $l = 0$ haben (gleich dem Drehimpuls des Anfangszustandes). Mit Hilfe der Funktion R_{10} und der in der $(k/2\pi)$-Skala normierten Funktionen R_{k0} aus § 36 und der Formel (f, 3) des mathematischen Anhangs finden wir[2])

$$\left(\frac{1}{r}\right)_{0k} = \frac{4\sqrt{2\pi k}}{\sqrt{1 - \mathrm{e}^{-2\pi Z/k}}} \frac{(1 + ik/Z)^{iZ/k}(1 - ik/Z)^{-iZ/k}}{(1 + k^2/Z^2)},$$

und wegen

$$|(1 + i\alpha)^{i/\alpha}|^2 = \exp\left(-2\frac{\operatorname{arctg}\alpha}{\alpha}\right)$$

erhalten wir endgültig

$$\mathrm{d}w = \frac{2^7}{Z^4(1 + k^2/Z^2)^4} f\left(\frac{k}{Z}\right) k\,\mathrm{d}k$$

mit der Bezeichnung

$$f(\alpha) = \frac{1}{1 - \mathrm{e}^{-2\pi/\alpha}} \exp\left(-4\frac{\operatorname{arctg}\alpha}{\alpha}\right),$$

Die Grenzwerte der Funktion $f(\alpha)$ sind

$$f = \mathrm{e}^{-4} \text{ für } \alpha \ll 1\,; \qquad f = \alpha/2\pi \text{ für } \alpha \gg 1\,.$$

Die Gesamtwahrscheinlichkeit für die Ionisierung der K-Schale ergibt sich durch Integration über $\mathrm{d}w$ über alle Energien des herausgeschlagenen Elektrons. Die numerische Rechnung ergibt den Wert $w = 0{,}65\,Z^{-2}$.

---

[1]) In den Aufgaben 4 und 5 verwenden wir atomare Einheiten.

[2]) Bei der Rechnung verwendet man zweckmäßigerweise COULOMB-Einheiten, erst im Endergebnis geht man dann zu atomaren Einheiten über.

5. Wie groß ist die Wahrscheinlichkeit, daß beim α-Zerfall eines Kerns ein Elektron aus der K-Schale eines Atoms mit großem Z herausgeschlagen wird? Die Geschwindigkeit des α-Teilchens sei klein gegenüber der Geschwindigkeit des K-Elektrons, aber die Austrittszeit aus dem Kern sei klein im Vergleich zur Umlaufszeit eines Elektrons (A. B. Migdal, 1941; J. Levinger, 1953).

Lösung. Die nach der Emission des α-Teilchens auf das Elektron wirkende Störung hat adiabatischen Charakter. Der gesuchte Effekt wird daher im wesentlichen in einer kurzen Zeit nach dem „Einschalten" (das den adiabatischen Charakter verletzt) der Störung bewirkt, wenn das α-Teilchen aus dem Kern herausgekommen ist und sich als freies Teilchen noch in Entfernungen bewegt, die im Vergleich zu den Bahnradien der K-Schale klein sind. Die Störung V, die das Atom ionisiert, ist dabei die Abweichung des resultierenden Feldes von Kern und α-Teilchen vom reinen Coulomb-Feld Z/r. Das Dipolmoment der beiden Teilchen mit den Atomgewichten 4 und $A - 4$ und den Ladungen 2 und $Z - 2$ ist bei dem gegenseitigen Abstand vt (v ist die Relativgeschwindigkeit von Kern und α-Teilchen)

$$\frac{2(A-4)-(Z-2)\,4}{A}\,vt = \frac{2(A-2Z)}{A}\,vt\,.$$

Der Dipolterm vom Feld des Kerns und des α-Teilchens ist deshalb[1])

$$V = \frac{2(A-2Z)}{A}vt\,\frac{z}{r^3}\,.$$

Die z-Achse zeigt dabei in Richtung der Geschwindigkeit v. Das Matrixelement dieser Störung reduziert sich auf das Matrixelement von z. Bilden wir das Matrixelement von der Bewegungsgleichung des Elektrons $\ddot{z} = -Zz/r^3$, so erhalten wir

$$\left(\frac{z}{r^3}\right)_{0k} = \frac{(E-E_0)^2}{Z}z_{0k}\,.$$

Die gesuchte Übergangswahrscheinlichkeit für eines der beiden K-Elektronen ist nach (41,2)

$$dw = 2\left|\int\limits_0^\infty V_{0k}\,e^{i(E_0-E)t}\,dt\right|^2 dk = \frac{8(A-2Z)^2v^2}{A^2Z^2}\,|z_{0k}|^2\,\frac{dk}{2\pi}$$

(zur Berechnung des Integrals führen wir im Integranden einen zusätzlichen Dämpfungsfaktor $e^{-\lambda t}$ ($\lambda > 0$) ein, im Ergebnis lassen wir wieder $\lambda \to 0$ gehen). Da der Bahndrehimpuls im Anfangszustand $l = 0$ ist, hat $\cos\theta$ nur für den Übergang in einen Zustand mit $l = 1$ ein von Null verschiedenes Matrixelement. Das beachten wir bei der Berechnung des Matrixelements von $z = r\cos\theta$ und verwenden

$$|(\cos\theta)_{01}|^2 = (\cos\theta)_{00} = \tfrac{1}{3} \quad \text{und} \quad |z_{0k}|^2 = \tfrac{1}{3}\,|r_{0k}|^2\,.$$

r_{0k} berechnen wir mit Hilfe der Radialfunktionen R_{00} und R_{k1} und bekommen schließlich

$$dw = \frac{2^{11}(A-2Z)^2\,v^2}{3A^2Z^6\left(1+\dfrac{k^2}{Z^2}\right)^5}\,f\left(\frac{k}{Z}\right)k\,dk$$

(die Funktion f ist in Aufgabe 4 definiert worden).

§ 42. Übergänge infolge einer periodischen Störung

Für die Übergangswahrscheinlichkeiten in die Zustände des kontinuierlichen Spektrums erhält man andere Ergebnisse, wenn die Übergänge unter dem Einfluß einer periodischen Störung erfolgen. Zu einer Anfangszeit $t = 0$ soll sich das betrachtete System

[1]) Wenn die Differenz $A - 2Z$ klein ist, kann es sich als notwendig erweisen, auch das nächste, das Quadrupolglied ebenfalls zu berücksichtigen.

nach Voraussetzung im i-ten stationären Zustand des diskreten Spektrums befinden. Von der Frequenz ω der periodischen Störung wollen wir

$$\hbar\omega > E_{\min} - E_i^{(0)} \tag{42,1}$$

voraussetzen; $E_{\min}$ ist der Energiewert, mit dem das kontinuierliche Spektrum beginnt.

Aus den Ergebnissen von § 40 ist von vornherein klar, daß die Zustände mit Energiewerten E_f in unmittelbarer Nachbarschaft der Resonanz-Energie $E_i^{(0)} + \hbar\omega$ die Hauptrolle spielen werden, d. h. die Zustände, für die die Differenz $\omega_{fi} - \omega$ klein ist. Aus demselben Grund braucht man in den Matrixelementen der Störung (40,8) nur das erste Glied zu betrachten (in dem die Frequenz $\omega_{fi} - \omega$ beinahe Null ist). Wir setzen dieses Glied in (40,5) ein und integrieren:

$$a_{fi} = -\frac{i}{\hbar}\int_0^t V_{fi}(t)\,\mathrm{d}t = -F_{fi}\,\frac{\mathrm{e}^{i(\omega_{fi}-\omega)t} - 1}{\hbar(\omega_{fi}-\omega)}. \tag{42,2}$$

Die untere Integrationsgrenze ist so gewählt, daß $a_{fi} = 0$ entsprechend der gestellten Anfangsbedingung für $t = 0$ ist.

Für das Betragsquadrat von a_{fi} finden wir daraus

$$|a_{fi}|^2 = |F_{fi}|^2\,\frac{4\sin^2\dfrac{\omega_{fi}-\omega}{2}t}{\hbar^2(\omega_{fi}-\omega)^2}. \tag{42,3}$$

Für große t ist die hier stehende Funktion, wie man leicht sieht, proportional zu t.

Dazu notieren wir die folgende Formel:

$$\lim_{t\to\infty}\frac{\sin^2\alpha t}{\pi t\alpha^2} = \delta(\alpha)\,. \tag{42,4}$$

Tatsächlich ist der hier aufgeschriebene Grenzwert für $\alpha \neq 0$ gleich Null; für $\alpha = 0$ haben wir $\frac{\sin^2\alpha t}{t\alpha^2} = t$, so daß der Grenzwert unendlich ist. Integrieren wir über $\mathrm{d}\alpha$ von $-\infty$ bis $+\infty$ (mit der Substitution $\alpha t = \xi$), so ergibt sich

$$\frac{1}{\pi}\int_{-\infty}^{+\infty}\frac{\sin^2\alpha t}{t\alpha^2}\,\mathrm{d}\alpha = \frac{1}{\pi}\int_{-\infty}^{+\infty}\frac{\sin^2\xi}{\xi^2}\,\mathrm{d}\xi = 1\,.$$

Die Funktion auf der linken Seite der Gleichung (42,4) genügt also tatsächlich allen Forderungen an eine δ-Funktion.

Nach dieser Formel können wir für große t

$$|a_{fi}|^2 = \frac{1}{\hbar^2}\,|F_{fi}|^2\,\pi t\delta\left(\frac{\omega_{fi}-\omega}{2}\right)$$

schreiben. Setzen wir $\hbar\omega_{fi} = E_f - E_i^{(0)}$ ein und benutzen die Beziehung $\delta(ax) = \delta(x)/a$, dann haben wir

$$|a_{fi}|^2 = \frac{2\pi}{\hbar}\,|F_{fi}|^2\,\delta(E_f - E_i^{(0)} - \hbar\omega)\,t\,.$$

Der Ausdruck $|a_{fi}|^2\,\mathrm{d}\nu_f$ ist die Wahrscheinlichkeit für den Übergang aus dem Anfangszustand in einen Zustand in dem betreffenden Intervall $\mathrm{d}\nu_f$. Wir sehen, daß sie für große t proportional zu der seit $t = 0$ verflossenen Zeit ist. Die Übergangswahrscheinlichkeit dw_{fi} pro Zeiteinheit ist [1])

$$dw_{fi} = \frac{2\pi}{\hbar} |F_{fi}|^2 \, \delta(E_f - E_i^{(0)} - \hbar\omega) \, d\nu_f \,. \tag{42,5}$$

Wie wir erwartet haben, ist sie nur für Übergänge in Zustände mit der Energie $E_f = E_i^{(0)} + \hbar\omega$ von Null verschieden. Sind die Energieniveaus des kontinuierlichen Spektrums nicht entartet, dann kann man unter ν_f einen einzigen Energiewert verstehen. Das ganze Zustands-Intervall $d\nu_f$ bedeutet dann den einen Zustand mit der Energie $E = E_i^{(0)} + \hbar\omega$, und die Übergangswahrscheinlichkeit in diesen Zustand ist

$$w_{Ei} = \frac{2\pi}{\hbar} |F_{Ei}|^2 \,. \tag{42,6}$$

Methodisch lehrreich ist auch eine andere Art, die Formel (42,5) herzuleiten. Dabei wird angenommen, daß die periodische Störung nicht im diskreten Zeitpunkt $t = 0$ eingeschaltet wird, sondern daß sie langsam von $t = -\infty$ an anwächst — nach einem Exponentialgesetz $e^{\lambda t}$ mit positiver Konstante λ. Anschließend läßt man λ gegen Null gehen (*adiabatisches Einschalten*). Dementsprechend wird auch die Anfangsbedingung $a_{fi} = 0$ zur Zeit $t = -\infty$ gestellt. Das Matrixelement der Störung hat jetzt die Gestalt

$$V_{fi}(f) = F_{fi} \, e^{i(\omega_{fi} - \omega)t + \lambda t} \,,$$

und statt (42,2) schreiben wir

$$a_{fi} = -\frac{i}{\hbar} \int_{-\infty}^{t} V_{fi}(t) \, dt = -F_{fi} \frac{e^{i(\omega_{fi} - \omega)t + \lambda t}}{\hbar(\omega_{fi} - \omega - i\lambda)} \,. \tag{42,7}$$

Hieraus ergibt sich

$$|a_{fi}|^2 = \frac{1}{\hbar^2} |F_{fi}|^2 \frac{e^{2\lambda t}}{(\omega_{fi} - \omega)^2 + \lambda^2} \,,$$

die Übergangswahrscheinlichkeit pro Zeiteinheit wird als Ableitung

$$\frac{d}{dt} |a_{fi}|^2 = 2\lambda \, |a_{fi}|^2$$

berechnet. Jetzt vermerken wir die Formel

$$\lim_{\lambda \to 0} \frac{\lambda}{\pi(\alpha^2 + \lambda^2)} = \delta(\alpha) \,, \tag{42,8}$$

die im gleichen Sinne wie (42,4) gilt. Mit ihrer Hilfe finden wir in der Grenze $\lambda \to 0$

$$\frac{d}{dt} |a_{fi}|^2 \to \frac{2\pi}{\hbar^2} |F_{fi}|^2 \, \delta(\omega_{fi} - \omega) \,,$$

und wir gelangen erneut zu Formel (42,5).

§43. Übergänge im kontinuierlichen Spektrum

Eine der wichtigsten Anwendungen der Störungstheorie ist die Berechnung der Übergangswahrscheinlichkeiten im kontinuierlichen Spektrum unter dem Einfluß einer

[1]) Es kann folgendes leicht nachgeprüft werden: Berücksichtigt man den weggelassenen zweiten Summanden in (40,8), dann würden sich Zusatzglieder ergeben, die nach der Division durch t für $t \to +\infty$ gegen Null streben würden.

konstanten (zeitunabhängigen) Störung. Wir haben bereits erwähnt, daß die Zustände des kontinuierlichen Spektrums praktisch immer entartet sind. Wählen wir irgendwie einen bestimmten Satz von ungestörten Wellenfunktionen zu einem gegebenen Energieniveau, so können wir das Problem folgendermaßen formulieren: Es ist bekannt, daß sich das System zur Anfangszeit in einem dieser Zustände befunden hat; es ist die Übergangswahrscheinlichkeit in einen anderen Zustand mit derselben Energie zu bestimmen. Für die Übergänge aus dem Anfangszustand i in Zustände im Intervall zwischen ν_f und $\nu_f + d\nu_f$ erhalten wir unmittelbar aus (42,5) (wir setzen $\omega = 0$ und ändern die Bezeichnungen)

$$dw_{fi} = \frac{2\pi}{\hbar} |V_{fi}|^2 \, \delta(E_f - E_i) \, d\nu_f. \tag{43,1}$$

Dieser Ausdruck ist, wie es sein muß, nur für $E_f = E_i$ von Null verschieden. Unter dem Einfluß einer konstanten Störung kommen nur Übergänge zwischen Zuständen mit gleicher Energie vor. Man muß dazu sagen, daß man die Größe dw_{fi} für Übergänge aus Zuständen des kontinuierlichen Spektrums nicht direkt als die Übergangswahrscheinlichkeit ansehen kann. Sie hat nicht einmal die entsprechende Dimension ($1/s$). Der Ausdruck (43,1) gibt die Zahl der Übergänge pro Zeiteinheit an. Seine Dimension hängt von der gewählten Normierungsvorschrift für die Wellenfunktionen des kontinuierlichen Spektrums ab.[1])

Wir wollen die gestörte Wellenfunktion berechnen, die bis zum Einsetzen der Störung gleich der ungestörten Ausgangsfunktion $\psi_i^{(0)}$ ist. Wir verfahren in der Art, wie wir es am Schluß des vorigen Paragraphen erläutert haben, und denken uns die Störung adiabatisch nach dem Gesetz $e^{\lambda t}$ mit $\lambda \to 0$ eingeschaltet. Nach Formel (42,7) (in der wir $\omega = 0$ setzen und die Bezeichnungen ändern) haben wir

$$a_{fi}^{(1)} = V_{fi} \frac{\exp\left\{\frac{i}{\hbar}(E_f - E_i)\, t + \lambda t\right\}}{E_i - E_f + i\lambda}. \tag{43,2}$$

Die gestörte Wellenfunktion hat die Gestalt

$$\Psi_i = \Psi_i^{(0)} + \int a_{fi}^{(1)} \Psi_f^{(0)} \, d\nu_f ,$$

die Integration wird darin über das ganze kontinuierliche Spektrum erstreckt.[2]) Wir setzen hier (43,2) ein und finden

$$\Psi_i = \left[\psi_i^{(0)} + \int V_{fi} \psi_f^{(0)} \frac{d\nu_f}{E_i - E_f + i0}\right] \exp\left(-\frac{i}{\hbar} E_i t\right). \tag{43,3}$$

In der Grenze $\lambda \to 0$ wird der Faktor $e^{\lambda t}$ durch 1 ersetzt. Der Summand $+i0$ (der den Grenzwert von $i\lambda$ angibt, wenn die positive Größe λ gegen Null geht) legt die Art der Integration über die Veränderliche E_f fest, deren Differential als Faktor in $d\nu_f$ (neben den Differentialen anderer, für die Zustände des kontinuierlichen Spektrums charak-

---

[1]) Zu der Kategorie von Erscheinungen, die von der dargestellten Theorie beschrieben werden, gehören zum Beispiel die verschiedenartigen Stöße. Das System in Anfangs- und Endzustand ist dabei ein Satz freier Teilchen, die Wechselwirkung zwischen ihnen wird als Störung angesehen. Bei geeigneter Normierung der Wellenfunktionen kann die Größe (43,1) dabei als Stoßquerschnitt interpretiert werden (siehe § 126).

[2]) Falls auch ein diskretes Spektrum vorhanden ist, hat man in dieser und in den folgenden Formeln die entsprechende Summe über die Zustände des diskreten Spektrums zum Integral hinzuzufügen.

teristischer Größen) enthalten ist. Ohne den Term $i\lambda$ hätte der Integrand in (43,3) den Pol $E_f = E_i$, an dem das Integral divergieren würde. Der Summand $i\lambda$ verschiebt diesen Pol in die obere Halbebene der komplexen Variablen E_f. Nach dem Grenzübergang $\lambda \to 0$ kehrt der Pol wieder auf die reelle Achse zurück, aber wir wissen jetzt, daß der Integrationsweg den Pol unten umgehen muß:

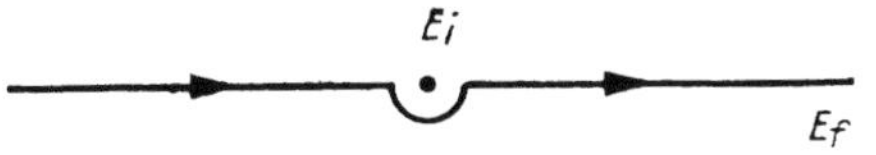

. (43,4)

Der zeitabhängige Faktor in (43,3) zeigt, daß diese Funktion, wie es sein muß, zur gleichen Energie E_i wie die anfängliche ungestörte Funktion gehört. Mit anderen Worten, die Funktion

$$\psi_i = \psi_i^{(0)} + \int \frac{V_{fi}}{E_i - E_f + i0} \psi_f^{(0)} \, d\nu_f$$

genügt der Schrödinger-Gleichung

$$(\hat{H}_0 + \hat{V}) \psi_i = E_i \psi_i .$$

In diesem Zusammenhang ist es ganz natürlich, daß dieser Ausdruck völlig der Formel (38,8) entspricht.[1])

Die oben durchgeführten Rechnungen entsprechen der ersten Näherung der Störungstheorie. Man kann leicht auch die zweite Näherung ausrechnen. Dazu muß man die Formel für Ψ_i in der nächsten Näherung herleiten, was man unter Benutzung der Methode aus § 38 leicht tun kann (wir kennen ja jetzt ein Verfahren zur Berechnung der divergenten Integrale). Eine einfache Rechnung ergibt

$$\Psi_i = \left\{\psi_i^{(0)} + \int \left[V_{fi} + \int \frac{V_{f\nu} V_{\nu i}}{E_i - E_\nu + i0} \, d\nu \right] \frac{\psi_f^{(0)} \, d\nu_f}{E_i - E_f + i0} \right\} e^{-\frac{i}{\hbar} E_i t} . \tag{43,5}$$

Wir vergleichen diesen Ausdruck mit (43,3) und können die entsprechende Formel für die Wahrscheinlichkeit (genauer: für die Zahl der Übergänge) unmittelbar in Analogie zu (43,1) aufschreiben:

$$dw_{fi} = \frac{2\pi}{\hbar} \left| V_{fi} + \int \frac{V_{f\nu} V_{\nu i}}{E_i - E_\nu + i0} \, d\nu \right|^2 \delta(E_i - E_f) \, d\nu_f . \tag{43,6}$$

Es kann sein, daß das Matrixelement V_{fi} für einen betrachteten Übergang verschwindet. Dann gibt es überhaupt keinen Effekt erster Ordnung, und der Ausdruck (43,6) wird zu

$$dw_{fi} = \frac{2\pi}{\hbar} \left| \int \frac{V_{f\nu} V_{\nu i}}{E_i - E_\nu} \, d\nu \right|^2 \delta(E_f - E_i) \, d\nu_f \tag{43,7}$$

(bei den Anwendungen dieser Formel ist der Punkt $E_\nu = E_i$ gewöhnlich kein Pol des Integranden; dann ist das Integrationsverfahren für die Integration über dE_ν ganz unwesentlich, und man kann direkt entlang der reellen Achse integrieren).

Die Zustände ν, für die $V_{f\nu}$ und $V_{\nu i}$ von Null verschieden sind, bezeichnet man häufig als *Zwischenzustände* für den Übergang $i \to f$. Anschaulich kann man sagen, daß dieser

[1]) Geht man von dieser Formel aus, kann die Art der Integration folgendermaßen festgelegt werden: Man fordert, daß der asymptotische Ausdruck für ψ_i für große Abstände nur eine auslaufende, aber keine einlaufende Welle enthält (siehe § 136).

Übergang in zwei Stufen verläuft: $i \to \nu$ und $\nu \to f$ (es versteht sich jedoch von selbst, daß man eine derartige Beschreibung nicht zu wörtlich nehmen darf). Es kann sein, daß der Übergang $i \to f$ nicht über einen, sondern nur über mehrere aufeinanderfolgende Zwischenzustände möglich ist. Die Formel (43,7) kann unmittelbar auf diese Fälle verallgemeinert werden. Sind zum Beispiel zwei Zwischenzustände notwendig, so gilt

$$dw_{fi} = \frac{2\pi}{\hbar} \left| \int \frac{V_{f\nu'} V_{\nu'\nu} V_{\nu i}}{(E_i - E_{\nu'})(E_i - E_\nu)} d\nu \, d\nu' \right|^2 \delta(E_f - E_i) \, d\nu_f . \tag{43,8}$$

Um den mathematischen Sinn der Integrale längs eines Weges der Gestalt (43,4) zu klären, geben wir schließlich noch die Formel

$$\int \frac{f(x)\, dx}{x - a - i0} = \fint \frac{f(x)\, dx}{x - a} + i\pi f(a) \tag{43,9}$$

an, in der die Integration über ein Intervall auf der reellen Achse erstreckt wird, das den Punkt $x = a$ enthält. Wir umgehen den Pol bei $x = a$ auf einem Halbkreis vom Radius ϱ und finden: Das ganze Integral ist gleich der Summe der Integrale längs der reellen Achse von der unteren Grenze bis $-\varrho$ und von ϱ bis zur oberen Grenze und des (mit $i\pi$ multiplizierten) Residuums des Integranden im Pol. In der Grenze $\varrho \to 0$ ergeben die Integrale längs der reellen Achse das Integral über das ganze Intervall im Sinne des Hauptwertes (was durch den Querstrich im Integralzeichen vermerkt worden ist), und wir gelangen zu (43,9). Diese Formel schreibt man auch in der symbolischen Form

$$\frac{1}{x - a - i0} = P \frac{1}{x - a} + i\pi\delta(x - a) . \tag{43,10}$$

Das Symbol P bedeutet, daß bei der Integration über die Funktion $f(x)/(x - a)$ der Hauptwert des Integrals genommen werden soll.

§ 44. Die Unschärferelation für die Energie

Wir wollen ein System aus zwei schwach miteinander wechselwirkenden Teilen betrachten. Wir nehmen an, daß diese Teile zu einer gewissen Zeit bestimmte Energiewerte haben, die wir mit E bzw. ε bezeichnen wollen. Nach einem gewissen Zeitintervall Δt soll die Energie erneut gemessen werden. Diese Messung liefert gewisse Werte E' und ε', die im allgemeinen von E und ε verschieden sind. Man kann leicht die Größenordnung des wahrscheinlichsten Wertes für die Differenz $E' + \varepsilon' - E - \varepsilon$ berechnen, die bei der Messung beobachtet wird.

Nach der Formel (42,3) (mit $\omega = 0$) ist die Übergangswahrscheinlichkeit für das System, (nach der Zeit t) unter dem Einfluß einer zeitunabhängigen Störung aus dem Zustand mit der Energie E in den Zustand mit der Energie E' übergegangen zu sein, proportional zu

$$\frac{\sin^2 \dfrac{E' - E}{2\hbar} t}{(E' - E)^2} .$$

Der wahrscheinlichste Wert der Differenz $E' - E$ hat demnach die Größenordnung $\hbar/t$.

Wir wenden dieses Ergebnis auf unser betrachtetes System an (die Wechselwirkung zwischen den Teilen des Systems ist die Störung) und erhalten

$$|E + \varepsilon - E' - \varepsilon'| \, \Delta t \sim \hbar \,. \tag{44,1}$$

Je kleiner das Zeitintervall Δt ist, desto größer ist also die beobachtete Energieänderung. Es ist wesentlich, daß die Größenordnung der Energieänderung $\hbar/\Delta t$ nicht von der Größe der Störung abhängt. Die durch die Beziehung (44,1) gegebene Energieänderung wird sogar bei einer beliebig schwachen Wechselwirkung zwischen den beiden Teilen des Systems beobachtet. Dieses Ergebnis hat einen rein quantenmechanischen Charakter und einen tiefen physikalischen Sinn. Es zeigt, daß der Energieerhaltungssatz in der Quantenmechanik mit Hilfe zweier Messungen nur mit einer Genauigkeit der Größenordnung $\hbar/\Delta t$ nachgeprüft werden kann; Δt ist das Zeitintervall zwischen den Messungen.

Die Beziehung (44,1) bezeichnet man oft als die Unschärferelation für die Energie. Man muß jedoch betonen, daß sie einen wesentlich anderen Sinn hat als die Unschärferelation $\Delta p \, \Delta x \sim \hbar$ für Ort und Impuls. In der letzteren sind Δp und Δx die Orts- und Impulsunschärfen in ein und demselben Zeitpunkt. Sie zeigen, daß diese beiden Größen nicht gleichzeitig scharf bestimmte Werte haben können. Die Energien E und ε können dagegen in jedem beliebigen Zeitpunkt mit beliebiger Genauigkeit gemessen werden. Die Größe $(E + \varepsilon) - (E' + \varepsilon')$ in (44,1) ist die Differenz der beiden in zwei verschiedenen Zeitpunkten genau gemessenen Energiewerte $E + \varepsilon$, sie ist keineswegs eine Unschärfe in dem Energiewert zu einer bestimmten Zeit.

Wir wollen E als die Energie eines Systems und ε als die Energie eines Meßgerätes ansehen. Dann können wir sagen, daß die Wechselwirkungsenergie von System und Gerät nur mit einer Genauigkeit bis $\hbar/\Delta t$ berücksichtigt werden kann. Mit $\Delta E, \Delta\varepsilon, \ldots$ bezeichnen wir die Meßfehler für die entsprechenden Größen. Im günstigsten Fall, wenn ε und ε' genau bekannt sind ($\Delta\varepsilon = \Delta\varepsilon' = 0$), haben wir

$$\Delta(E - E') \sim \frac{\hbar}{\Delta t}. \tag{44,2}$$

Aus dieser Beziehung kann man wichtige Schlüsse über die Messung des Impulses ziehen. Der Meßprozeß für den Impuls eines Teilchens (wir werden weiter von einem Elektron sprechen) besteht aus dem Stoß des Elektrons mit einem anderen (Meß-)Teilchen, dessen Impulse vor und nach dem Stoß als genau bekannt angesehen werden können.[1]) Wenden wir auf diesen Stoß den Impulserhaltungssatz an, dann erhalten wir drei Gleichungen (die drei Komponenten einer Vektorgleichung) mit sechs Unbekannten, den Impulskomponenten des Elektrons vor und nach dem Stoß. Um die Zahl der Gleichungen zu vergrößern, kann man nacheinander mehrere Stöße des Elektrons mit Meß-Teilchen durchführen und auf jeden Stoß den Impulssatz anwenden. Dabei vergrößert sich jedoch auch die Zahl der Unbekannten (die Impulse des Elektrons zwischen den Stößen), und man kann sich leicht überlegen, daß es bei beliebig vielen Stößen immer drei Unbekannte mehr als Gleichungen gibt. Zur Messung des Elektronenimpulses muß man deshalb neben dem Impulssatz auch den Energiesatz bei jedem Stoß verwenden. Der letztere kann aber, wie wir gesehen haben, nur

[1]) Für die hier angestellte Analyse ist es unwesentlich, wie die Energie des Meß-Teilchens bekannt wird.

mit einer Genauigkeit bis zu der Größenordnung $\hbar/\Delta t$ angewandt werden: Δt ist dabei die Zeitspanne zwischen Beginn und Ende des betrachteten Prozesses.

Zur Vereinfachung der weiteren Überlegungen ziehen wir einen idealisierten Gedankenversuch heran: Das Meß-Teilchen sei ein ideal reflektierender ebener Spiegel. Es spielt dann nur die eine Impulskomponente senkrecht zur Spiegelebene eine Rolle. Impuls- und Energiesatz ergeben zur Bestimmung des Impulses P des Teilchens die Gleichungen

$$p' + P' - p - P = 0\,, \tag{44,3}$$

$$|\varepsilon' + E' - \varepsilon - E| \sim \frac{\hbar}{\Delta t} \tag{44,4}$$

(P und E sind Impuls und Energie des Teilchens, p und ε die entsprechenden Größen des Spiegels; die Buchstaben ohne und mit Strichen gehören zu den entsprechenden Größen vor und nach dem Stoß). Die Größen p, p', ε, ε' für das Meß-Teilchen können als genau bekannt angesehen werden, d. h., ihre Fehler sind gleich Null. Aus den angegebenen Gleichungen erhalten wir dann für die Fehler in den übrigen Größen

$$\Delta P = \Delta P'\,, \qquad \Delta E' - \Delta E \sim \frac{\hbar}{\Delta t}\,.$$

Es ist aber

$$\Delta E = \frac{\partial E}{\partial P}\,\Delta P = v\,\Delta P$$

mit der Geschwindigkeit v des Elektrons (vor dem Stoß); ähnlich gilt auch

$$\Delta E' = v'\,\Delta P' = v'\,\Delta P\,.$$

Deshalb haben wir

$$(v'_x - v_x)\,\Delta P_x \sim \frac{\hbar}{\Delta t}\,. \tag{44,5}$$

Wir haben hier die Indizes x an Geschwindigkeit und Impuls angehängt, um zu unterstreichen, daß diese Beziehung für jede Komponente einzeln gilt.

Das ist auch die gesuchte Beziehung. Sie besagt, daß eine Messung des Elektronenimpulses (bei vorgegebener Genauigkeit ΔP) unbedingt mit einer Geschwindigkeitsänderung des Elektrons verbunden ist (d. h. auch mit einer Änderung des Impulses selbst). Je kürzer der eigentliche Meßprozeß ist, desto größer ist diese Änderung. Die Geschwindigkeitsänderung kann nur für $\Delta t \to \infty$ beliebig klein gemacht werden. Eine Impulsmessung über eine lange Zeit kann aber überhaupt nur für ein freies Teilchen einen Sinn haben. Hier tritt besonders klar hervor, daß die Impulsmessung nach kurzen Zeitabständen nicht reproduzierbar ist und daß die Messung in der Quantenmechanik eine Doppelrolle spielt: Man muß zwischen den Meßwerten einer Größe und dem Wert unterscheiden, der als Ergebnis des Meßprozesses geschaffen wird.[1])

Man kann die am Anfang dieses Paragraphen gegebene Herleitung auf Grund der Störungstheorie auch unter einem anderen Gesichtspunkt sehen, wenn man sie auf den Zerfall eines Systems unter dem Einfluß irgendeiner Störung anwendet. E_0 sei ein Energieniveau des Systems; bei der Berechnung dieses Niveaus sei die Möglichkeit eines Zerfalls völlig vernachlässigt worden. Mit τ wollen wir die *Lebensdauer* dieses Zustandes des Systems bezeichnen, d. h. die reziproke Zerfallswahrscheinlichkeit pro

[1]) Die Beziehung (44,5) und die Erklärung des physikalischen Sinnes der Unschärferelation für die Energie stammen von N. Bohr (1928).

Zeiteinheit. Nach demselben Verfahren finden wir dann

$$|E_0 - E - \varepsilon| \sim \hbar/\tau \,. \tag{44,6}$$

E und ε sind die Energien der beiden Teile, in die das System zerfällt. Aus der Summe $E + \varepsilon$ kann man auf die Energie des Systems vor dem Zerfall schließen. Die erhaltene Beziehung besagt daher, daß die Energie eines Systems, das zerfallen kann, in einem *quasistationären Zustand* nur bis auf eine Unschärfe der Größenordnung $\hbar/\tau$ bestimmt werden kann. Diese Größe nennt man gewöhnlich die *Breite* Γ des Niveaus; es ist also

$$\Gamma \sim \hbar/\tau \,. \tag{44,7}$$

§ 45. Die potentielle Energie als Störung

Der Fall, daß man die ganze potentielle Energie eines Teilchens in einem äußeren Feld als Störung ansehen kann, verdient eine besondere Behandlung. Die ungestörte SCHRÖDINGER-Gleichung ist dann die Gleichung für die freie Bewegung eines Teilchens:

$$\Delta\psi^{(0)} + k^2\psi^{(0)} = 0 \,, \qquad k = \frac{\sqrt{2mE}}{\hbar} = \frac{p}{\hbar} \tag{45,1}$$

und hat ebene Wellen als Lösungen. Das Energiespektrum der freien Bewegung ist kontinuierlich, so daß wir es mit einem eigenartigen Fall der Störungstheorie im kontinuierlichen Spektrum zu tun haben. Man kann dieses Problem hier bequemer direkt lösen, ohne auf die allgemeinen Formeln bezug zu nehmen.

Die Gleichung für die Korrektur $\psi^{(1)}$ zur Wellenfunktion in erster Näherung ist

$$\Delta\psi^{(1)} + k^2\psi^{(1)} = \frac{2mU}{\hbar^2}\,\psi^{(0)} \tag{45,2}$$

(U ist die potentielle Energie). Die Lösung dieser Gleichung ist aus der Elektrodynamik bekannt und kann mit Hilfe der retardierten Potentiale geschrieben werden, d. h. in der Form[1])

$$\begin{gathered}\psi^{(1)}(x, y, z) = -\frac{m}{2\pi\hbar^2}\int \psi^{(0)} U(x', y', z')\, e^{ikr}\,\frac{dV'}{r}\,, \\ dV' = dx'\, dy'\, dz'\,, \qquad r^2 = (x - x')^2 + (y - y')^2 + (z - z')^2 \,.\end{gathered} \tag{45,3}$$

Wir wollen untersuchen, welchen Bedingungen das Feld U genügen muß, damit man es als Störung ansehen kann. Die Bedingung für die Anwendbarkeit der Störungstheorie ist die Forderung $\psi^{(1)} \ll \psi^{(0)}$. a sei die Größenordnung des Raumgebietes, in dem das Feld merklich von Null verschieden ist. Zunächst setzen wir die Energie des Teilchens so klein voraus, daß ak kleiner oder ungefähr gleich 1 ist. Der Faktor e^{ikr} im Integranden von (45,3) ist dann bei der Abschätzung der Größenordnung unwesentlich. Das ganze Integral wird von der Größenordnung $\psi^{(0)}\,|U|\,a^2$ sein, so daß $\psi^{(1)} \sim (ma^2|U|/\hbar^2)\,\psi^{(0)}$ ist, und wir erhalten die Bedingung

$$|U| \ll \frac{\hbar^2}{ma^2} \qquad (\text{für } ka \lesssim 1)\,. \tag{45,4}$$

Der Ausdruck $\hbar^2/ma^2$ hat einen einfachen physikalischen Sinn: Das ist die Größenordnung der kinetischen Energie, die ein Teilchen haben würde, das in einem Volumen

[1]) Das ist ein spezielles Integral der Gleichung (45,2), zu der noch eine beliebige Lösung der Gleichung ohne die rechte Seite (d. h. der ungestörten Gleichung (45,1)) addiert werden kann.

mit den linearen Abmessungen a eingeschlossen ist (denn nach der Unschärferelation wäre sein Impuls von der Größenordnung $\hbar/a$).

Wir wollen besonders einen Potentialtopf behandeln, der so flach ist, daß die Bedingung (45,4) erfüllt ist Wie man leicht sieht, gibt es in einem solchen Potentialtopf keine negativen Energieniveaus (R. PEIERLS, 1929); wir haben das bereits in der Aufgabe zu § 33 für den Spezialfall eines kugelsymmetrischen Topfes gesehen. Für $E = 0$ wird die ungestörte Wellenfunktion tatsächlich eine Konstante, die man gleich 1 setzen kann, $\psi^{(0)} = 1$. Da $\psi^{(1)} \ll \psi^{(0)}$ ist, ist klar, daß die Wellenfunktion für die Bewegung im Potentialtopf $\psi = 1 + \psi^{(1)}$ nirgends verschwinden kann. Eine Eigenfunktion ohne Knoten gehört zum Grundzustand, so daß $E = 0$ der kleinstmögliche Energiewert für das Teilchen bleibt. Wenn der Topf nicht tief genug ist, dann ist nur die ins Unendliche verlaufende Bewegung des Teilchens möglich, das Teilchen kann von dem Topf nicht „eingefangen" werden. Wir machen darauf aufmerksam, daß dieses Ergebnis einen spezifischen quantenmechanischen Charakter hat; in der klassischen Mechanik kann ein Teilchen in einem beliebigen Potentialtopf eine im Endlichen verlaufende Bewegung ausführen.

All das Gesagte bezieht sich nur auf einen dreidimensionalen Potentialtopf, das muß besonders betont werden. In einem ein- oder zweidimensionalen Potentialtopf (in dem das Feld eine Funktion von nur einer oder zwei Koordinaten ist) gibt es immer Niveaus mit negativen Energien (siehe die Aufgabe zu diesem Paragraphen). Das hängt damit zusammen, daß die behandelte Störungstheorie in ein- und zweidimensionalen Fällen für die Energie $E = 0$ (oder für eine sehr kleine Energie) überhaupt nicht anwendbar ist.[1])

Für große Energien mit $ka \gg 1$ spielt der Faktor e^{ikr} im Integranden die wesentliche Rolle und verringert den Wert des Integrals sehr. Die Lösung (45,3) kann in diesem Falle umgeformt werden. Zur Gewinnung dieser neuen Form geht man bequemer direkt zur Gleichung (45,2) zurück. Die ungestörte Bewegung verlaufe in x-Richtung; die ungestörte Wellenfunktion ist dann $\psi^{(0)} = e^{ikx}$ (den konstanten Faktor setzen wir gleich 1). Die Lösung der Gleichung

$$\Delta\psi^{(1)} + k^2\psi^{(1)} = \frac{2m}{\hbar^2} U \, e^{ikx}$$

setzen wir in der Form $\psi^{(1)} = e^{ikx} f$ an. Da k als groß vorausgesetzt worden ist, braucht man in $\psi^{(1)}$ nur diejenigen Glieder beizubehalten, in denen der Faktor e^{ikx} (wenigstens einmal) differenziert wird. Für f erhalten wir die Gleichung

$$2ik\frac{\partial f}{\partial x} = \frac{2mU}{\hbar^2},$$

und daraus

$$\psi^{(1)} = e^{ikx} f = -\frac{im}{\hbar^2 k} e^{ikx} \int U \, dx \,. \tag{45,5}$$

---

1) Im zweidimensionalen Fall wird $\psi^{(1)}$ (wie aus der Theorie der zweidimensionalen Wellengleichung bekannt ist) durch ein ähnliches Integral wie (45,3) dargestellt; statt $(e^{ikr}/r)\, dx'\, dy'\, dz'$ steht darin aber $i\pi H_0^{(1)}(kr)\, dx'\, dy'$ ($H_0^{(1)}$ ist die HANKEL-Funktion), $r = \sqrt{(x'-x)^2 + (y'-y)^2}$. Für $k \to 0$ geht die HANKEL-Funktion und damit auch das ganze Integral logarithmisch gegen unendlich.

Analog steht im eindimensionalen Fall $2\pi i(e^{ikr}/r)\, dx'$ (mit $r = |x' - x|$), im Integral für $\psi^{(1)}$ und für $k \to 0$ geht $\psi^{(1)}$ wie $1/k$ gegen unendlich.

Die Abschätzung des Integrals ergibt $|\psi^{(1)}| \sim m\,|U|\,a/\hbar^2 k$, so daß die Bedingung für die Anwendbarkeit der Störungstheorie in diesem Falle

$$|U| \ll \frac{\hbar^2}{ma^2}ka = \frac{\hbar v}{a}, \qquad ka \gg 1 \tag{45,6}$$

ist ($v = k\hbar/m$ ist die Geschwindigkeit des Teilchens). Diese Bedingung ist schwächer als (45,4). Wenn man für kleine Energien des Teilchens ein Feld als Störung ansehen kann, ist das auf jeden Fall auch für große Energien möglich, während das Umgekehrte im allgemeinen nicht gilt[1]).

Die Anwendbarkeit der hier entwickelten Störungstheorie auf das COULOMB-Feld erfordert eine besondere Betrachtung. In dem Feld $U = \alpha/r$ kann man kein endliches Raumgebiet abtrennen, so daß U außerhalb dieses Gebietes bedeutend kleiner ist als innerhalb. Man erhält die gesuchte Bedingung indem man in (45,6) statt des Parameters a den veränderlichen Abstand r einsetzt. Das ergibt die Ungleichung

$$\frac{\alpha}{\hbar v} \ll 1\,. \tag{45,7}$$

Für große Energien des Teilchens kann man das COULOMB-Feld also nicht als Störung behandeln.[2])

Schließlich wollen wir noch eine Näherungsformel für die Wellenfunktion eines Teilchens mit der Energie E herleiten, wenn E überall bedeutend größer als die potentielle Energie U ist (irgendwelche anderen Bedingungen werden dabei nicht gefordert). In erster Näherung ist die Ortsabhängigkeit der Wellenfunktion dieselbe wie für die freie Bewegung (die Bewegungsrichtung wählen wir als x-Richtung). Dementsprechend setzen wir ψ in der Form $\psi = \mathrm{e}^{ikx} F$ an. Die Ortsfunktion F ist im Vergleich zu dem Faktor e^{ikx} langsam veränderlich (man kann von F aber im allgemeinen nicht behaupten, daß es ungefähr gleich 1 ist). Wir gehen mit unserem Ansatz in die SCHRÖDINGER-Gleichung ein und erhalten für F

$$2ik\frac{\partial F}{\partial x} = \frac{2m}{\hbar^2}UF\,, \tag{45,8}$$

und daraus

$$\psi = \mathrm{e}^{ikx} F = \mathrm{const}\cdot \mathrm{e}^{ikx} \exp\left(-\frac{i}{\hbar v}\int U\,\mathrm{d}x\right). \tag{45,9}$$

Das ist der gesuchte Ausdruck. Es ist zu beachten, daß er für zu große Abstände nicht anwendbar ist. In der Gleichung (45,8) ist das Glied ΔF weggelassen worden, das die zweite Ableitung von F enthält. Die Ableitung $\partial^2 F/\partial x^2$ strebt für große Abstände zusammen mit der ersten Ableitung $\partial F/\partial x$ gegen Null. Die Ableitungen nach den transversalen Koordinaten y und z streben nicht gegen Null, man darf sie nur unter der Bedingung $x \ll ka^2$ vernachlässigen.

Aufgaben

1. Es ist das Energieniveau in einem eindimensionalen flachen Potentialtopf zu berechnen; dabei soll die Bedingung (45,4) erfüllt sein.

[1]) Im eindimensionalen Fall wird die Bedingung für die Brauchbarkeit der Störungstheorie durch die Ungleichung (45,6) für alle ka gegeben. Die Herleitung der Bedingung (45,4), die oben für den dreidimensionalen Fall durchgeführt worden ist, ist im eindimensionalen Fall unmöglich, weil die derart konstruierte Funktion $\psi^{(1)}$ divergiert, wie in der Fußnote auf S. 155 festgestellt worden ist.

[2]) Man muß bedenken, daß das Integral (45,5) mit dem Feld $U = \alpha/r$ für große $x/\sqrt{y^2+z^2}$ (logarithmisch) divergiert. Die mit Hilfe der Störungstheorie erhaltene Wellenfunktion für das COULOMB-Feld ist daher innerhalb des angegebenen Kegels um die x-Achse unbrauchbar.

Lösung. Wir machen die vom Ergebnis bestätigte Voraussetzung, daß die Energie des Niveaus $|E| \ll |U|$ ist. Dann können wir auf der rechten Seite der SCHRÖDINGER-Gleichung

$$\frac{d^2\psi}{dx^2} = \frac{2m}{\hbar^2}\,(U(x) - E)\,\psi$$

im Bereich des Topfes E vernachlässigen und ψ als konstant annehmen; diese Konstante kann man ohne Beschränkung der Allgemeinheit gleich 1 setzen:

$$\frac{d^2\psi}{dx^2} = \frac{2m}{\hbar^2}\,U\,.$$

Wir integrieren diese Gleichung zwischen den beiden Punkten $\pm x_1$ über dx; für x_1 soll $a \ll x_1 \ll 1/\varkappa$ mit der Topfbreite a und $\varkappa = \sqrt{2m\,|E|}/\hbar$ gelten. Da das Integral über $U(x)$ konvergiert, kann man die Integration auf der rechten Seite der Gleichung von $-\infty$ bis $+\infty$ erstrecken:

$$\left.\frac{d\psi}{dx}\right|_{-x_1}^{x_1} = \frac{2m}{\hbar^2}\int\limits_{-\infty}^{+\infty} U\,dx\,. \tag{1}$$

In großer Entfernung vom Potentialtopf hat die Wellenfunktion die Gestalt $\psi = e^{\pm\varkappa x}$. Setzen wir das in (1) ein, so finden wir

$$-2\varkappa = \frac{2m}{\hbar^2}\int\limits_{-\infty}^{+\infty} U\,dx$$

oder

$$|E| = \frac{m}{2\hbar^2}\left(\int\limits_{-\infty}^{+\infty} U\,dx\right)^2.$$

Wir sehen, daß die Energie des Niveaus in Übereinstimmung mit unserer Voraussetzung eine kleine Größe höherer (zweiter) Ordnung im Vergleich zur Tiefe des Potentialtopfes ist.

2. Man berechne das Energieniveau in einem flachen zweidimensionalen Potentialtopf $U(r)$ (r ist der Radius in ebenen Polarkoordinaten); nach Voraussetzung soll das Integral $\int\limits_0^\infty rU\,dr$ konvergieren.

Lösung. Wir gehen wie bei der vorangegangenen Aufgabe vor und haben im Bereich des Topfes

$$\frac{1}{r}\,\frac{d}{dr}\left(r\,\frac{d\psi}{dr}\right) = \frac{2m}{\hbar^2}\,U\,.$$

Diese Gleichung integrieren wir von 0 bis r_1 (mit $a \ll r_1 \ll 1/\varkappa$) über dr und haben

$$\left.\frac{d\psi}{dr}\right|_{r=r_1} = \frac{2m}{\hbar^2 r_1}\int\limits_0^\infty rU(r)\,dr\,. \tag{1}$$

Weit weg vom Potentialtopf hat die Gleichung für die zweidimensionale freie Bewegung

$$\frac{1}{r}\,\frac{d}{dr}\left(r\,\frac{d\psi}{dr}\right) + \frac{2m}{\hbar^2}\,E\psi = 0$$

die (im Unendlichen verschwindende) Lösung $\psi = \mathrm{const}\cdot H_0^{(1)}(i\varkappa r)$. Für kleine Werte des Argumentes ist der Hauptterm in dieser Funktion proportional zu $\ln \varkappa r$. Wir berücksichtigen das und setzen die logarithmischen Ableitungen von ψ, im Topf (rechte Seite von (1)) und außerhalb des Topfes berechnet, für $r \sim a$ einander gleich:

$$\frac{1}{a \ln \varkappa a} \approx \frac{2m}{\hbar^2 a}\int\limits_0^\infty U(r)\,r\,dr\,.$$

Daraus ergibt sich

$$|E| \sim \frac{\hbar^2}{ma^2}\exp\left[-\frac{\hbar^2}{m}\left|\int\limits_0^\infty Ur\,dr\right|^{-1}\right].$$

Das Energieniveau liegt, wie wir sehen, bei einem Wert, der gegenüber der Tiefe des Potentialtopfes exponentiell klein ist.

VII DER QUASIKLASSISCHE FALL [1])

§ 46. Die Wellenfunktion im quasiklassischen Fall

Ist die DE-BROGLIE-Wellenlänge der Teilchen klein gegenüber den charakteristischen Abmessungen L eines gegebenen konkreten Problems, dann hat das System beinahe klassische Eigenschaften. (Analog wie die Wellenoptik in die geometrische Optik übergeht, wenn die Wellenlänge gegen Null strebt.)

Wir untersuchen die Eigenschaften quasiklassischer Systeme jetzt eingehender. Dazu setzen wir in der SCHRÖDINGER-Gleichung $\sum_a (\hbar^2/2m_a)\, \Delta_a\psi + (E - U)\,\psi = 0$ formal

$$\psi = e^{\frac{i}{\hbar}\sigma} . \tag{46,1}$$

Für die Funktion σ erhalten wir

$$\sum_a \frac{1}{2m_a} (\nabla_a\sigma)^2 - \sum_a \frac{i\hbar}{2m_a} \Delta_a\sigma = E - U . \tag{46,2}$$

Das System soll nach Voraussetzung beinahe klassische Eigenschaften haben, daher setzen wir σ als Potenzreihe in $\hbar$ an:

$$\sigma = \sigma_0 + \frac{\hbar}{i}\sigma_1 + \left(\frac{\hbar}{i}\right)^2 \sigma_2 + \dots . \tag{46,3}$$

Wir beginnen mit der Behandlung des einfachsten Falles, der eindimensionalen Bewegung eines Teilchens. Die Gleichung (46,2) reduziert sich dann auf die Gleichung

$$\frac{1}{2m}\sigma'^2 - \frac{i\hbar}{2m}\sigma'' = E - U(x) \tag{46,4}$$

(der Strich bedeutet die Ableitung nach x).

In erster Näherung schreiben wir $\sigma = \sigma_0$ und lassen in der Gleichung das Glied mit $\hbar$ weg:

$$\frac{1}{2m}\sigma_0'^2 = E - U(x) .$$

Hieraus finden wir

$$\sigma_0 = \pm \int \sqrt{2m[E - U(x)]}\, \mathrm{d}x .$$

Der Integrand ist gerade der klassische Impuls $p(x)$ des Teilchens als Funktion des Ortes. Wir definieren die Funktion $p(x)$ mit dem $+$-Zeichen vor der Wurzel und haben

$$\sigma_0 = \pm \int p\, \mathrm{d}x , \qquad p = \sqrt{2m(E - U)} . \tag{46,5}$$

[1]) Das hier zu entwickelnde Näherungsverfahren ist auch unter der Bezeichnung WKB-Methode (nach WENTZEL, KRAMERS und BRILLOUIN) bekannt.- Anm. d. Herausg.

Nach dem Ausdruck (6,1) für die Wellenfunktion im klassischen Grenzfall würde man das auch erwarten.[1])

Die in Gleichung (46,4) vorgenommene Vernachlässigung ist nur dann zu verantworten, wenn das zweite Glied auf der linken Seite der Gleichung klein gegenüber dem ersten ist, d. h., es muß $\hbar\,|\sigma''/\sigma'^2| \ll 1$ sein oder

$$\left|\frac{\mathrm{d}}{\mathrm{d}x}\left(\frac{\hbar}{\sigma'}\right)\right| \ll 1\,.$$

In erster Näherung haben wir nach (46,5) $\sigma' \approx \sigma_0' = p$, so daß man die erhaltene Bedingung auch in der Form

$$\left|\frac{\mathrm{d}\lambdabar}{\mathrm{d}x}\right| \ll 1 \tag{46,6}$$

mit $\lambdabar = \lambda/2\pi$ schreiben kann; $\lambda(x) = 2\pi\hbar/p(x)$ ist die DE-BROGLIE-Wellenlänge des Teilchens, mit Hilfe der Funktion $p(x)$ als Funktion von x dargestellt. Wir haben somit eine quantitative Bedingung dafür erhalten, wann die Bewegung eines Teilchens *quasiklassisch* ist: Die Wellenlänge eines Teilchens darf sich auf Strecken von der Größenordnung der Wellenlänge selbst nur wenig ändern. Die Näherung ist in den Raumgebieten nicht anwendbar, in denen diese Bedingung nicht erfüllt ist.

Man kann die Bedingung (46,6) auch in einer anderen Form schreiben. Es ist

$$\frac{\mathrm{d}p}{\mathrm{d}x} = \frac{\mathrm{d}}{\mathrm{d}x}\sqrt{2m(E-U)} = -\frac{m}{p}\frac{\mathrm{d}U}{\mathrm{d}x} = \frac{mF}{p}$$

mit der klassischen Kraft $F = -\mathrm{d}U/\mathrm{d}x$, die in einem äußeren Feld auf das Teilchen wirkt. Führen wir diese Kraft ein, so finden wir

$$\frac{m\hbar\,|F|}{p^3} \ll 1\,. \tag{46,7}$$

Bei zu kleinem Impuls des Teilchens kann die quasiklassische Näherung nicht mehr angewandt werden. Insbesondere ist sie offensichtlich in der Nähe der *Umkehrpunkte* nicht anwendbar, d. h. in der Nähe derjenigen Punkte, in denen das Teilchen nach der klassischen Mechanik zur Ruhe kommen und sich danach in entgegengesetzter Richtung in Bewegung setzen würde. Diese Punkte werden aus der Gleichung $p(x) = 0$ bestimmt, d. h. $E = U(x)$. Für $p \to 0$ strebt die DE-BROGLIE-Wellenlänge gegen unendlich, und es ist klar, daß man sie auf keinen Fall als klein ansehen darf.

Die Bedingung (46,6) oder (46,7) allein kann sich jedoch als nicht hinreichend für die Anwendbarkeit der quasiklassischen Näherung erweisen. Das liegt daran, daß sie durch Abschätzung der verschiedenen Glieder in der Differentialgleichung (46,4) hergeleitet worden ist. Das weggelassene Glied enthält aber eine höhere Ableitung. Tatsächlich hat man zu fordern, daß die folgenden Glieder in der Entwicklung der Lösung dieser Gleichung klein sind. Die Kleinheit des in der Differentialgleichung weggelassenen Gliedes braucht nicht unbedingt zu gewährleisten, daß diese folgenden Glieder klein sind. Wenn zum Beispiel in der Lösung für $\sigma(x)$ ein Glied enthalten ist, das annähernd linear wächst, dann verhindert die Kleinheit der zweiten Ableitung in der Differentialgleichung nicht, daß dieses Glied in hinreichend großen Abständen selbst

[1]) Bekanntlich ist $\int p\,\mathrm{d}x$ der zeitunabhängige Teil der Wirkung. Die vollständige mechanische Wirkung S eines Teilchens ist $S = -Et \pm \int p\,\mathrm{d}x$. In σ_0 fehlt der Summand $-Et$, weil wir hier die zeitfreie Wellenfunktion ψ betrachten.

groß wird. Diese Situation tritt im allgemeinen dann auf, wenn sich das Feld über Abstände hinweg erstreckt, die groß gegenüber der charakteristischen Länge L sind, auf der das Feld eine merkliche Änderung erfährt (siehe unten die Bemerkung in Zusammenhang mit der Formel (46,11)); die quasiklassische Näherung wird dann unbrauchbar zur Behandlung des Verhaltens der Wellenfunktion für große Abstände.

Wir kommen jetzt zur Berechnung des nächsten Gliedes in der Entwicklung (46,3). Der Term erster Ordnung in $\hbar$ in der Gleichung (46,4) ergibt $\sigma_0'\sigma_1' + \sigma_0''/2 = 0$; daraus folgt

$$\sigma_1' = -\frac{\sigma_0''}{2\sigma_0'} = -\frac{p'}{2p}\,.$$

Durch Integration wird daraus

$$\sigma_1 = -\frac{1}{2}\ln p \tag{46,8}$$

(die Integrationskonstante haben wir weggelassen).

Setzen wir den erhaltenen Ausdruck in (46,1) und (46,3) ein, so ergibt sich die Wellenfunktion in der Form

$$\psi = \frac{C_1}{\sqrt{p}}\exp\left(\frac{i}{\hbar}\int p\,\mathrm{d}x\right) + \frac{C_2}{\sqrt{p}}\exp\left(-\frac{i}{\hbar}\int p\,\mathrm{d}x\right). \tag{46,9}$$

Der Faktor $1/\sqrt{p}$ in der Wellenfunktion kann einfach erklärt werden. Die Aufenthaltswahrscheinlichkeit eines Teilchens in Punkten mit Koordinaten zwischen x und $x + \mathrm{d}x$ wird durch das Quadrat $|\psi|^2$ gegeben, d. h., sie ist im wesentlichen proportional zu $1/p$. Das ist gerade so, wie man es für ein quasiklassisches Teilchen erwartet; denn bei einer klassischen Bewegung ist die Zeit, die ein Teilchen im Intervall $\mathrm{d}x$ verbringt, umgekehrt proportional zur Geschwindigkeit (oder zum Impuls) des Teilchens.

In den *klassisch nicht erlaubten* Raumgebieten mit $E < U(x)$ ist die Funktion $p(x)$ rein imaginär, so daß die Exponenten reell werden. Die allgemeine Gestalt der Lösung der Wellengleichung für diese Bereiche ist

$$\psi = \frac{C_1}{\sqrt{|p|}}\exp\left(-\frac{1}{\hbar}\int |p|\,\mathrm{d}x\right) + \frac{C_2}{\sqrt{|p|}}\exp\left(\frac{1}{\hbar}\int |p|\,\mathrm{d}x\right). \tag{46,10}$$

Im Rahmen der quasiklassischen Näherung hat man jedoch daran zu denken, daß es keine Berechtigung gibt, in der Wellenfunktion exponentiell kleine Glieder „über dem Hintergrund" der exponentiell großen beizubehalten. In diesem Sinne ist es in der Regel unzulässig, gleichzeitig beide Glieder in (46,10) mitzunehmen.

Normalerweise braucht man die Glieder höherer Größenordnungen in der Wellenfunktion nicht zu verwenden. Trotzdem wollen wir hier noch das nächste Glied in der Entwicklung (46,3) berechnen. Dabei werden wir noch einige Aspekte herausstellen, die die Genauigkeit der quasiklassischen Näherung erkennen lassen.

Die Glieder der Größenordnung $\hbar^2$ in der Gleichung (46,4) ergeben

$$\sigma_0'\sigma_2' + \frac{1}{2}\sigma_1'^2 + \frac{1}{2}\sigma_1'' = 0\,,$$

hieraus erhalten wir (indem wir (46,5) und (46,8) für σ_0 und σ_1 einsetzen)

$$\sigma_2' = \frac{p''}{4p^2} - \frac{3p'^2}{8p^3}\,.$$

Wir integrieren (wobei wir im ersten Glied eine partielle Integration ausführen), führen die Kraft $F = pp'/m$ ein und bekommen

$$\sigma_2 = \frac{mF}{4p^3} + \frac{m^2}{8}\int \frac{F^2}{p^5}\,\mathrm{d}x\,.$$

Die Wellenfunktion hat in der betrachteten Näherung die Gestalt

$$\psi = \mathrm{e}^{\frac{i}{\hbar}\sigma} = \mathrm{e}^{\frac{i}{\hbar}\sigma_0 + \sigma_1}(1 - i\hbar\sigma_2)$$

oder

$$\psi = \frac{\text{const}}{\sqrt{p}}\left[1 - \frac{im\hbar}{4}\frac{F}{p^3} - \frac{i\hbar m^2}{8}\int\frac{F^2}{p^5}\,\mathrm{d}x\right]\mathrm{e}^{\frac{i}{\hbar}\int p\,\mathrm{d}x}\,. \tag{46,11}$$

Das Auftreten der imaginären Korrekturglieder im Faktor vor der Exponentialfunktion ist einer Korrektur in der Phase der Wellenfunktion äquivalent (d. h. einem Zusatz zum Integral $(1/\hbar)\int p\,\mathrm{d}x$ im Exponenten). Diese Korrektur ist proportional zu $\hbar$, d. h., sie hat die Größenordnung λ/L.

Der zweite und der dritte Summand in der eckigen Klammer in (46,11) müssen klein gegenüber 1 sein. Für den zuerst genannten Summanden stimmt diese Bedingung mit (46,7) überein, aber für den letzten Summanden ergibt die Abschätzung des Integrals nur dann die Bedingung (46,7), wenn F^2 für Abstände $\sim L$ schnell genug gegen Null strebt.

§ 47. Die Randbedingungen im quasiklassischen Fall

Der Punkt $x = a$ sei ein Umkehrpunkt (so daß $U(a) = E$ gilt), und es sei $U > E$ für alle $x > a$, so daß das Gebiet rechts vom Umkehrpunkt klassisch nicht erlaubt ist. Die Wellenfunktion muß in diesem Gebiet abklingen. Genügend weit entfernt vom Umkehrpunkt hat sie die Gestalt

$$\psi = \frac{C}{2\sqrt{|p|}}\exp\left(-\frac{1}{\hbar}\left|\int_a^x p\,\mathrm{d}x\right|\right) \quad \text{für} \quad x > a \tag{47,1}$$

entsprechend dem ersten Summanden in (46,10). Links vom Umkehrpunkt muß die Wellenfunktion durch die Kombination (46,9) zweier quasiklassischer Lösungen der SCHRÖDINGER-Gleichung dargestellt werden:

$$\psi = \frac{C_1}{\sqrt{p}}\exp\left(\frac{i}{\hbar}\int_a^x p\,\mathrm{d}x\right) + \frac{C_2}{\sqrt{p}}\exp\left(-\frac{i}{\hbar}\int_a^x p\,\mathrm{d}x\right) \quad \text{für} \quad x < a\,. \tag{47,2}$$

Zur Bestimmung der Koeffizienten in dieser Kombination muß man die Änderung der Wellenfunktion von positiven $x - a$ (für die der Ausdruck (47,1) gilt) zu negativen $x - a$ studieren. Dabei muß man aber durch einen Bereich in der Nähe des Umkehrpunktes gehen, wo die quasiklassische Näherung nicht gilt. Deshalb ist es notwendig, die exakte Lösung der SCHRÖDINGER-Gleichung zu betrachten. Für kleine $|x - a|$ haben wir

$$E - U(x) \approx F_0(x - a)\,, \qquad F_0 = -\left.\frac{\mathrm{d}U}{\mathrm{d}x}\right|_{x=a} < 0\,. \tag{47,3}$$

Mit anderen Worten, in diesem Bereich haben wir es mit dem Problem einer Bewegung in einem konstanten Feld zu tun. Die exakte Lösung der SCHRÖDINGER-Gleichung für dieses Problem ist in § 24 gefunden worden. Der Zusammenhang zwischen den Koeffizienten in (47,1) und (47,2) kann durch Vergleich der asymptotischen Ausdrücke (24,5) und (24,6) der erwähnten exakten Lösung auf beiden Seiten vom Umkehrpunkt bestimmt werden. Dabei muß man beachten, daß aus (47,3) $p(x) = \sqrt{2mF_0(x-a)}$ folgt, so daß das Integral

$$\frac{1}{\hbar}\int_a^x p\,\mathrm{d}x = \frac{2}{3\hbar}\sqrt{2mF_0}\,(x-a)^{3/2}$$

mit dem Ausdruck im Argument von exp oder sin in (24,5) oder (24,6) übereinstimmt. Für diese Überlegungen ist es wesentlich, daß sich der Gültigkeitsbereich der Entwicklung (47,3) und der quasiklassische Bereich teilweise überlappen: Wenn die Bewegung fast im ganzen Feldbereich quasiklassisch ist (was auch vorausgesetzt wird), dann gibt es so kleine Werte von $|x-a|$, daß die Entwicklung (47,3) zulässig ist, und gleichzeitig gibt es so große $|x-a|$, daß die Bedingung für quasiklassisches Verhalten erfüllt ist und die asymptotischen Ausdrücke (24,5) und (24,6) benutzt werden dürfen.[1]

Ein anderes Vorgehen ist jedoch methodisch lehrreicher. Bei diesem Vorgehen benötigt man die exakte Lösung überhaupt nicht. Dabei hat man $\psi(x)$ formal als Funktion der komplexen Veränderlichen x zu betrachten. Man geht von positiven zu negativen $x-a$ auf einem Wege über, der überall vom Punkte $x = a$ weit entfernt ist, so daß auf dem ganzen Wege die Bedingung für quasiklassisches Verhalten erfüllt ist (A. ZWAAN, 1929). Wir betrachten dabei wiederum solche Werte von $|x-a|$, für die gleichzeitig die Entwicklung (47,3) zulässig ist, so daß die Wellenfunktion (47,1) die Gestalt hat:

$$\psi(x) = \frac{C}{2\,(2m\,|F_0|)^{1/4}}\,\frac{1}{(x-a)^{1/4}}\exp\left\{-\frac{1}{\hbar}\int_a^x \sqrt{2m\,|F_0|\,(x-a)}\,\mathrm{d}x\right\}. \tag{47,4}$$

Wir verfolgen zunächst die Änderung dieser Funktion, wenn man den Punkt $x = a$ von rechts nach links auf einem Halbkreis (vom Radius ϱ) in der oberen Halbebene der komplexen Veränderlichen x umgeht. Auf diesem Halbkreis gilt

$$x - a = \varrho\,\mathrm{e}^{i\varphi}, \qquad \int_a^x \sqrt{x-a}\,\mathrm{d}x = \frac{2}{3}\,\varrho^{3/2}\left(\cos\frac{3\varphi}{2} + i\sin\frac{3\varphi}{2}\right),$$

und die Phase φ ändert sich von 0 bis π. Der Exponentialfaktor in (47,4) nimmt dabei zunächst (für $0 < \varphi < 2\pi/3$) betragsmäßig zu, und anschließend nimmt er betragsmäßig bis 1 ab. Nach der Umgehung des Punktes $x = a$ ist der Exponent rein imaginär und gleich

$$-\frac{i}{\hbar}\int_a^x \sqrt{2m\,|F_0|\,(a-x)}\,\mathrm{d}x = -\frac{i}{\hbar}\int_a^x p(x)\,\mathrm{d}x\,.$$

[1]) Tatsächlich ist die Entwicklung (47,3) brauchbar für $|x-a| \ll L$, wenn L eine charakteristische Länge für die Änderung des Feldes $U(x)$ ist. Die Bedingung für quasiklassisches Verhalten (46,7) fordert $|x-a|^{3/2} \gg \hbar/\sqrt{m\,|F_0|}$. Diese beiden Bedingungen sind verträglich miteinander, weil die quasiklassische Natur der Bewegung fern von den Umkehrpunkten (d. h. für $|x-a| \sim L$) $L^{3/2} \gg \hbar/\sqrt{m\,|F_0|}$ bedeutet.

Im Faktor vor der Exponentialfunktion in (47,4) ist bei dieser Umgehung zu ersetzen:

$$(x - a)^{-1/4} \to (a - x)^{-1/4} \, e^{-i\pi/4} .$$

Die ganze Funktion (47,4) geht also in das zweite Glied in (47,2) mit dem Koeffizienten $C_2 = \frac{1}{2} C \, e^{-i\pi/4}$ über.

Die Tatsache, daß man bei der Umgehung auf einem Wege in der oberen Halbebene nur den Koeffizienten C_2 in (47,2) bestimmen kann, findet eine einfache Erklärung. Verfolgen wir die Änderung der Funktion (47,2) bei der Umgehung von $x = a$ auf dem gleichen Halbkreis in der entgegengesetzten Richtung (von links nach rechts), dann sehen wir, daß bereits am Anfang dieses Weges das erste Glied rasch exponentiell klein gegenüber dem zweiten wird. Die quasiklassische Näherung läßt aber nicht zu, „auf dem Hintergrund" eines großen Hauptterms exponentiell kleine Glieder in ψ zu bemerken. Das ist auch der Grund für den „Verlust" des ersten Gliedes in (47,2) bei der angegebenen Umgehung des Punktes $x = a$.

Zur Bestimmung des Koeffizienten C_1 muß man den Punkt $x = a$ von rechts nach links auf einem Halbkreis in der unteren Halbebene der komplexen Veränderlichen x umgehen. Analog finden wir, daß dabei die Funktion (47,4) in das erste Glied in (47,2) mit dem Koeffizienten $C_1 = \frac{1}{2} C \, e^{i\pi/4}$ übergeht.

Der Wellenfunktion (47,1) für $x > a$ entspricht demnach für $x < a$ die Funktion

$$\psi = \frac{C}{\sqrt{p}} \cos \left(\frac{1}{\hbar} \int_a^x p \, dx + \frac{\pi}{4} \right) .$$

Die erhaltene Zuordnungsvorschrift kann man in einer Gestalt formulieren, die unabhängig davon ist, auf welcher Seite vom Umkehrpunkt der klassisch nicht erlaubte Bereich liegt:

$$\frac{C}{2\sqrt{|p|}} \exp \left\{ -\frac{1}{\hbar} \left| \int_a^x p \, dx \right| \right\} \to \frac{C}{\sqrt{p}} \cos \left\{ \frac{1}{\hbar} \left| \int_a^x p \, dx \right| - \frac{\pi}{4} \right\} \tag{47,5}$$

$$\text{für } U(x) > E \qquad\qquad \text{für } U(x) < E$$

(H. A. Kramers, 1926).

Wir wollen noch einmal folgenden, aus obigen Überlegungen ersichtlichen Sachverhalt herausstellen: Diese Vorschrift hängt mit einer bestimmten Randbedingung zusammen, die auf einer Seite vom Umkehrpunkt gestellt wird, und in diesem Sinne darf sie nur in einer bestimmten Richtung angewandt werden. Die Vorschrift (47,5) ist nämlich unter der Randbedingung $\psi \to 0$ im Inneren des klassisch nicht erlaubten Bereiches erhalten worden und muß beim Übergang von diesem Bereich in den klassisch erlaubten Bereich verwendet werden (was in (47,5) mit einem Pfeil vermerkt worden ist).[1]

Wenn der klassisch erlaubte Bereich (bei $x = a$) von einer unendlich hohen Potentialstufe begrenzt wird, dann ist $\psi = 0$ die Randbedingung für die Wellenfunktion bei $x = a$ (siehe § 18). Die quasiklassische Näherung ist dabei bis an die Potential-

[1]) Der Übergang in der entgegengesetzten Richtung hat keinen Sinn, weil bereits eine kleine Änderung der Wellenfunktion auf der rechten Seite in (47,5) zum Auftreten eines exponentiell anwachsenden Gliedes in der Funktion links Anlaß geben kann.

stufe selbst anwendbar, und die Wellenfunktion ist

$$\psi = \frac{C}{\sqrt{p}} \sin \frac{1}{\hbar} \int_a^x p \, dx \quad \text{für} \quad x < a \,, \tag{47,6}$$
$$\psi = 0 \qquad\qquad \text{für} \quad x > a \,.$$

§ 48. Die Quantisierungsvorschrift von BOHR und SOMMERFELD

Die Zustände des diskreten Energiespektrums sind quasiklassisch für große Werte der Quantenzahl n – der Ordnungszahl eines Zustandes. Tatsächlich gibt diese Zahl die Zahl der Knoten der Eigenfunktion an (siehe § 21). Der Abstand zwischen benachbarten Knoten ist aber größenordnungsmäßig gleich der DE-BROGLIE-Wellenlänge. Für große n ist dieser Abstand klein, so daß die Wellenlänge klein gegenüber den Abmessungen des Bereiches ist, in dem die Bewegung verläuft.

Wir wollen die Bedingung herleiten, aus der die quantisierten Energieniveaus im quasiklassischen Fall folgen. Dazu betrachten wir eine begrenzte eindimensionale Bewegung eines Teilchens in einem Potentialtopf. Der klassisch erlaubte Bereich $b \leqq x \leqq a$ wird von zwei Umkehrpunkten begrenzt.[1])

Nach der Vorschrift (47,5) führt die Randbedingung im Punkte $x = b$ (im Bereich rechts vom Umkehrpunkt) zur Wellenfunktion

$$\psi = \frac{C}{\sqrt{p}} \cos \left(\frac{1}{\hbar} \int_b^x p \, dx - \frac{\pi}{4} \right). \tag{48,1}$$

Wir wenden diese Vorschrift auf den Bereich links vom Punkt $x = a$ an und erhalten dieselbe Wellenfunktion in der Gestalt

$$\psi = \frac{C'}{\sqrt{p}} \cos \left(\frac{1}{\hbar} \int_x^a p \, dx - \frac{\pi}{4} \right).$$

Diese beiden Ausdrücke müssen im ganzen Bereich miteinander übereinstimmen. Deshalb muß die Summe ihrer Argumente (die eine konstante Größe ist) gleich einem ganzzahligen Vielfachen von π sein.

$$\frac{1}{\hbar} \int_b^a p \, dx - \frac{\pi}{2} = n\pi$$

(mit $C = (-1)^n C'$). Hieraus folgt

$$\frac{1}{2\pi\hbar} \oint p \, dx = n + \frac{1}{2} \,. \tag{48,2}$$

---

1) In der klassischen Mechanik würde ein Teilchen in einem solchen Felde eine periodische Bewegung mit der Schwingungsdauer (Zeit für die Bewegung vom Punkt b nach a und zurück)

$$T = 2 \int_b^a \frac{dx}{v} = 2m \int_b^a \frac{dx}{p}$$

(v ist die Geschwindigkeit des Teilchens) ausführen.

Das Integral $\oint p\,\mathrm{d}x = 2\int_b^a p\,\mathrm{d}x$ ist über eine ganze Periode der klassischen Bewegung des Teilchens zu erstrecken. (47,2) ist die Gleichung zur Bestimmung der stationären Zustände eines Teilchens in der quasiklassischen Näherung. Sie entspricht der BOHR-SOMMERFELD*schen Quantisierungsvorschrift* der alten Quantentheorie.

Wie man leicht sieht, ist die Zahl n gleich der Anzahl der Knoten der Wellenfunktion und daher die Ordnungszahl des stationären Zustandes. Tatsächlich nimmt das Argument der Wellenfunktion (48,1) von $\pi/4$ im Punkte $x = b$ auf $(n + \frac{1}{4})\,\pi$ im Punkte $x = a$ zu, so daß der Kosinus in diesem Intervall n-mal verschwindet (außerhalb des Intervalls $b \leqq x \leqq a$ nimmt die Wellenfunktion monoton ab und hat im Endlichen keine Nullstellen).[1]

Nach obigen Ausführungen ist die Zahl n im quasiklassischen Fall groß. Es ist aber trotzdem konsequent, den Summanden 1/2 neben n in (48,2) beizubehalten; denn die Berücksichtigung der nächsten Korrekturglieder in der Phase der Wellenfunktionen würde auf der rechten Seite von (48,2) nur Glieder $\sim \lambda/L$ ergeben, die klein gegenüber 1 sind (siehe die Bemerkung am Schluß von § 46).[2]

Zur Normierung der Wellenfunktion braucht man über $|\psi|^2$ nur im Intervall $b \leqq x \leqq a$ zu integrieren, weil die Wellenfunktion $\psi(x)$ außerhalb dieses Intervalls exponentiell abklingt. Da das Argument des Kosinus in (48,1) eine schnell veränderliche Funktion ist, kann man das Quadrat des Kosinus mit ausreichender Genauigkeit durch dessen Mittelwert, d. h. durch 1/2, ersetzen. Dann erhalten wir

$$\int |\psi|^2\,\mathrm{d}x \approx \frac{C^2}{2}\int_b^a \frac{\mathrm{d}x}{p(x)} = \frac{\pi C^2}{2m\omega} = 1$$

mit der Frequenz $\omega = 2\pi/T$ der klassischen periodischen Bewegung. Die normierte quasiklassische Funktion ist also

$$\psi = \sqrt{\frac{2\omega}{\pi v}}\cos\left(\frac{1}{\hbar}\int_b^x p\,\mathrm{d}x - \frac{\pi}{4}\right). \qquad (48,3)$$

Die Frequenz ω ist eine Funktion der Energie und im allgemeinen für verschiedene Niveaus verschieden.

Man kann die Beziehung (48,2) auch noch anders deuten. Das Integral $\oint p\,\mathrm{d}x$ ist die Fläche, die die geschlossene klassische Phasenbahn des Teilchens einschließt (d. h. die Kurve in der px-Ebene im Phasenraum des Teilchens). Wir teilen diese Fläche in Zellen mit einer Fläche von je $2\pi\hbar$ ein und erhalten insgesamt n Zellen. n ist aber die Zahl der quantenmechanischen Zustände mit Energien, die nicht größer sind als der gegebene (der betrachteten Phasenbahn entsprechende) Wert. Wir können also feststellen, daß im quasiklassischen Fall jedem quantenmechanischen Zustand eine

[1]) Streng genommen müßten die Nullstellen unter Beachtung der exakten Gestalt der Wellenfunktion in der Nähe der Umkehrpunkte abgezählt werden. Diese Untersuchung bestätigt das angegebene Ergebnis.

[2]) In einigen Fällen ist der exakte Ausdruck für die Energieniveaus $E(n)$ (als Funktion der Quantenzahl n) nach der exakten SCHRÖDINGER-Gleichung so beschaffen, daß er für $n \to \infty$ seine Gestalt beibehält; Beispiele dafür sind die Energieniveaus im COULOMB-Feld und die Energieniveaus des harmonischen Oszillators. Natürlich ergibt in diesen Fällen die für große n angewandte Quantisierungsvorschrift (48,2) für die Funktion $E(n)$ einen Ausdruck, der mit dem exakten übereinstimmt.

Zelle im Phasenraum mit der Fläche $2\pi\hbar$ entspricht. Anders ausgedrückt ist die Zahl der Zustände im Volumenelement $\Delta p\, \Delta x$ des Phasenraumes gleich

$$\frac{\Delta p\, \Delta x}{2\pi\hbar}\,. \tag{48,4}$$

Führt man die Wellenzahl $k = p/\hbar$ statt des Impulses ein, dann ist diese Zahl $\Delta k\, \Delta x/2\pi$. Sie stimmt, wie zu erwarten ist, mit der Zahl der Eigenschwingungen eines Wellenfeldes überein (siehe II, § 52).

Ausgehend von der Quantisierungsvorschrift (48,2) kann man die allgemeine Natur der Verteilung der Niveaus im Energiespektrum erkennen. ΔE sei der Abstand zwischen zwei benachbarten Niveaus, d. h. zwischen Niveaus, die sich in ihrer Quantenzahl n um 1 unterscheiden. ΔE ist (für große n) gegenüber der Energie der Niveaus klein. Auf Grund von (48,2) können wir deshalb

$$\Delta E \oint \frac{\partial p}{\partial E}\, \mathrm{d}x = 2\pi\hbar$$

schreiben. Es ist aber $\partial E/\partial p = v$, so daß

$$\oint \frac{\partial p}{\partial E}\, \mathrm{d}x = \oint \frac{\mathrm{d}x}{v} = T$$

wird. Wir erhalten daher

$$\Delta E = \frac{2\pi}{T}\,\hbar = \hbar\omega\,. \tag{48,5}$$

Der Abstand zwischen benachbarten Energieniveaus ist also gleich $\hbar\omega$. Für eine ganze Reihe benachbarter Niveaus (für die die Differenz der Zahlen n klein gegenüber n selbst ist) kann man die zugehörigen Frequenzen ω genähert als gleich ansehen. Wir gelangen daher zu dem Schluß, daß die Niveaus jeweils in einem kleinen Abschnitt des quasiklassischen Teils des Spektrums äquidistant in Abständen von $\hbar\omega$ angeordnet sind. Dieses Ergebnis konnte man übrigens von vornherein erwarten, weil die zu den Übergängen zwischen verschiedenen Energieniveaus gehörigen Frequenzen im quasiklassischen Fall ganzzahlige Vielfache der klassischen Frequenz ω sein müssen.

Es ist interessant zu verfolgen, was im klassischen Grenzfall aus den Matrixelementen einer physikalischen Größe f wird. Wir gehen davon aus, daß der Mittelwert $\bar{f}$ für einen quantenmechanischen Zustand in der Grenze einfach in den klassischen Wert dieser Größe übergehen muß, wenn der Zustand selbst im klassischen Grenzfall die Bewegung eines Teilchens mit einer bestimmten Bahnkurve beschreibt. Zu einem solchen Zustand gehört ein Wellenpaket (siehe § 6), das man durch Superposition einiger stationärer Zustände mit benachbarten Energiewerten erhält. Die Wellenfunktion eines derartigen Zustandes ist

$$\Psi = \sum_n a_n \Psi_n\,.$$

Die Koeffizienten a_n sind dabei nur in einem kleinen Intervall Δn der Quantenzahl n von Null verschieden, $1 \ll \Delta n \ll n$. Die Zahl n wird als groß vorausgesetzt, weil die stationären Zustände quasiklassisch sein sollen. Nach der Definition ist der Mittelwert von f

$$\bar{f} = \int \Psi^* \hat{f} \Psi\, \mathrm{d}x = \sum_n \sum_m a_m^* a_n f_{mn}\, \mathrm{e}^{i\omega_{mn} t}\,.$$

Ersetzen wir die Summation über n und m durch die Summation über n und die Differenz $s = m - n$, dann wird

$$\bar{f} = \sum_n \sum_s a^*_{n+s} a_n f_{n+s,\,n}\, e^{i\omega s t}\,.$$

Gemäß (48,5) haben wir darin $\omega_{mn} = s\omega$ geschrieben.

Die mit Hilfe der quasiklassischen Wellenfunktionen berechneten Matrixelemente f_{nm} werden mit zunehmender Differenz $m - n$ rasch kleiner. Gleichzeitig sind sie langsam veränderliche Funktionen der Zahl n selbst (bei festgehaltenem $m - n$). Auf Grund dessen können wir näherungsweise

$$\bar{f} = \sum_n \sum_s a^*_n a_n f_s\, e^{i\omega s t} = \sum_n |a_n|^2 \sum_s f_s\, e^{i\omega s t}$$

mit der Bezeichnung

$$f_s = f_{\bar{n}+s,\,\bar{n}}$$

schreiben. $\bar{n}$ ist der Mittelwert der Quantenzahl im Intervall Δn. Wegen $\sum_n |a_n|^2 = 1$ wird

$$\bar{f} = \sum_s f_s\, e^{i\omega s t}\,.$$

Die erhaltene Summe ist eine gewöhnliche FOURIER-Reihe. Im klassischen Grenztall muß $\bar{f}$ mit der klassischen Größe $f(t)$ übereinstimmen. Daher gehen die Matrixelemente f_{mn} im klassischen Grenzfall in die Komponenten f_{m-n} der FOURIER-Entwicklung der klassischen Funktion $f(t)$ über.

Aus den Matrixelementen für die Übergänge zwischen Zuständen des kontinuierlichen Spektrums werden die FOURIER-Transformierten der Funktion $f(t)$. Die Wellenfunktionen der stationären Zustände müssen dabei auf δ-Funktionen der Energie, dividiert durch $\hbar$, normiert sein.

Alle erhaltenen Ergebnisse lassen sich unmittelbar für Systeme mit mehreren Freiheitsgraden verallgemeinern, wenn sich diese im Endlichen bewegen und wenn das (klassische) mechanische Problem eine vollständige Separation der Variablen nach der HAMILTON-JACOBIschen Methode (für eine sogenannte bedingt periodische Bewegung) erlaubt (siehe I, § 52). Nach der Separation der Variablen reduziert sich das Problem auf ein eindimensionales Problem für jeden Freiheitsgrad, und die entsprechenden Quantisierungsvorschriften sind

$$\oint p_i\, \mathrm{d}q_i = 2\pi\hbar(n_i + \gamma_i)\,. \tag{48,6}$$

Das Integral wird über eine Periode der verallgemeinerten Koordinate q_i erstreckt; γ_i ist eine Zahl der Größenordnung 1, sie hängt von der Art der Randbedingungen für den betreffenden Freiheitsgrad ab.[1])

Für eine beliebige (nicht bedingt periodische) mehrdimensionale Bewegung sind für die Aufstellung der quasiklassischen Quantisierungsvorschriften weitergehende Überlegungen erforderlich.[2]) Der Begriff der Zellen im Phasenraum ist (in der quasi-

[1]) So gilt für die Bewegung in einem kugelsymmetrischen Feld

$$\oint p_r\, \mathrm{d}r = 2\pi\hbar(n_r + \tfrac{1}{2})\,, \qquad \oint p_\theta\, \mathrm{d}\theta = 2\pi\hbar(l - m + \tfrac{1}{2})\,, \qquad \oint p_\varphi\, \mathrm{d}\varphi = 2\pi\hbar m$$

(wobei $n_r = n - l - 1$ die radiale Quantenzahl ist). Die letzte Gleichung hängt einfach damit zusammen, daß p_φ die z-Komponente des Drehimpulses ist und gleich $\hbar m$ ist.

[2]) Siehe J. B. KELLER, Annals of Physics 4, 180 (1958).

klassischen Näherung) immer in der gleichen Weise anwendbar. Das ist nach der obigen Bemerkung über den Zusammenhang mit der Zahl der Eigenschwingungen eines Wellenfeldes in dem gegebenen Volumen klar. Allgemein enthält das Volumenelement des Phasenraumes eines Systems mit s Freiheitsgraden

$$\Delta N = \frac{\Delta q_1 \dots \Delta q_s \, \Delta p_1 \dots \Delta p_s}{(2\pi\hbar)^2} \tag{48,7}$$

Quantenzustände.[1])

Aufgaben

1. Man berechne (näherungsweise) die Anzahl der diskreten Energieniveaus eines Teilchens in einem Feld $U(\boldsymbol{r})$, das quasiklassisch behandelt werden kann!

Lösung. Die Zahl der Zustände im Volumen des Phasenraumes, das zu den Impulsen im Intervall $0 \leqq p \leqq p_{\max}$ und den Koordinaten des Teilchens im Volumenelement $\mathrm{d}V$ gehört, ist

$$\frac{\frac{4\pi}{3} p_{\max}^3 \,\mathrm{d}V}{(2\pi\hbar)^3}.$$

Bei gegebenem $\boldsymbol{r}$ kann das Teilchen (bei seiner klassischen Bewegung) einen Impuls haben, der die Bedingung $E = \frac{p^2}{2m} + U(\boldsymbol{r}) \leqq 0$ erfüllt. Setzen wir $p_{\max} = \sqrt{-2mU(\boldsymbol{r})}$ ein, dann erhalten wir die Gesamtzahl der Zustände des diskreten Spektrums:

$$\frac{\sqrt{2}}{3\pi^2} \frac{m^{3/2}}{\hbar^3} \int (-U)^{3/2} \,\mathrm{d}V .$$

Die Integration wird über das Raumgebiet mit $U < 0$ erstreckt. Dieses Integral divergiert (die Zahl der Niveaus ist unendlich), wenn U im Unendlichen wie r^{-s} mit $s < 2$ verschwindet; das stimmt mit den Ergebnissen von § 18 überein.

2. Wie Aufgabe 1 für ein quasiklassisches kugelsymmetrisches Feld $U(r)$ (W. L. POKROWSKI).

Lösung. In einem kugelsymmetrischen Feld ist die Anzahl der Zustände nicht gleich der Anzahl der Energieniveaus, weil die letzteren bezüglich der Richtung des Drehimpulses entartet sind. Die Anzahl der Niveaus mit einem bestimmten Wert des Drehimpulses M ist gleich der Anzahl der (nicht entarteten) Niveaus bei der eindimensionalen Bewegung im Feld mit der potentiellen Energie $U_{\mathrm{eff}} = U(r) + M^2/2mr^2$. Der größtmögliche Wert des Impulses p_r für gegebenes r und für Energien $E \leqq 0$ ist $p_{r\max} = \sqrt{-2mU_{eff}}$. Die Anzahl der Zustände (d. h. die Anzahl der Niveaus) ist daher

$$\int \frac{\mathrm{d}r \,\mathrm{d}p_r}{2\pi\hbar} = \frac{\sqrt{2m}}{2\pi\hbar} \int \sqrt{-U - \frac{M^2}{2mr^2}} \,\mathrm{d}r .$$

Die gesuchte Gesamtzahl der diskreten Niveaus ergibt sich daraus durch Integration über $\mathrm{d}M/\hbar$ (sie ersetzt im quasiklassischen Fall die Summation über l) und ist

$$\frac{m}{4\hbar^2} \int (-U)\, r \,\mathrm{d}r .$$

[1]) Insbesondere ist $\mathrm{d}^3p/(2\pi\hbar)^3$ für ein Teilchen die Zahl der Zustände im Impulsbereich d^3p und in der Volumeneinheit des Konfigurationsraumes. Hierdurch wird die Übereinstimmung der beiden Normierungsarten für die ebene Welle (15,8) erklärt, die in der Fußnote 3 auf S. 42 erwähnt worden ist.

§ 49. Die quasiklassische Bewegung im kugelsymmetrischen Feld

Bei der Bewegung in einem kugelsymmetrischen Feld zerfällt die Wellenfunktion, wie wir wissen, in einen Winkel- und in einen Radialanteil. Wir wollen zunächst den Winkelanteil behandeln.

Die Abhängigkeit des Winkelanteils der Wellenfunktion vom Winkel φ (die durch die Quantenzahl m bestimmt wird) ist so einfach, daß die Frage nach Näherungsformeln für sie überhaupt nicht besteht. Die Abhängigkeit vom Winkel θ ist nach der allgemeinen Regel quasiklassisch, wenn die zugehörige Quantenzahl l groß ist (die genauere Formulierung dieser Bedingung wird später gegeben werden).

Wir beschränken uns hier auf die Herleitung des quasiklassischen Ausdrucks für die Wellenfunktion in dem für die Anwendungen wichtigsten Falle, daß die Zustände die magnetische Quantenzahl Null ($m = 0$) haben.[1]) Diese Funktion ist bis auf einen konstanten Faktor das LEGENDREsche Polynom $P_l(\cos\theta)$ (siehe (28,8)) und genügt der Differentialgleichung

$$\frac{\mathrm{d}^2 P_l}{\mathrm{d}\theta^2} + \operatorname{ctg}\theta \frac{\mathrm{d}P_l}{\mathrm{d}\theta} + l(l+1)\,P_l = 0\,. \tag{49,1}$$

Durch die Substitution

$$P_l(\cos\theta) = \frac{\chi(\theta)}{\sqrt{\sin\theta}} \tag{49,2}$$

geht diese Gleichung über in

$$\chi'' + \left[\left(l+\frac{1}{2}\right)^2 + \frac{1}{4\sin^2\theta}\right]\chi = 0\,. \tag{49,3}$$

Die Gleichung (49,3) enthält keine erste Ableitung und sieht aus wie eine eindimensionale SCHRÖDINGER-Gleichung.

In Gleichung (49,3) spielt die Größe

$$\lambda = \left[\left(l+\frac{1}{2}\right)^2 + \frac{1}{4\sin^2\theta}\right]^{-1/2}$$

die Rolle der DE-BROGLIE-Wellenlänge. Die Forderung, daß die Ableitung $\mathrm{d}\lambda/\mathrm{d}x$ klein sein soll (Bedingung (46,6)), ergibt hier die Beziehungen

$$\theta l \gg 1\,, \qquad (\pi - \theta)\,l \gg 1 \tag{49,4}$$

(das sind die Bedingungen für die quasiklassische Behandlung des Winkelanteils der Wellenfunktion). Für große l sind diese Bedingungen beinahe im ganzen Wertebereich von θ erfüllt, nur für Winkel sehr nahe bei 0 oder π sind sie verletzt.

Falls die Bedingung (49,4) erfüllt ist, kann man in der Gleichung (49,3) das zweite Glied in der eckigen Klammer gegenüber dem ersten vernachlässigen:

$$\chi'' + (l + \tfrac{1}{2})^2\,\chi = 0\,.$$

---

[1]) Der entgegengesetzte Fall, $m = l$, muß im klassischen Grenzfall der Bewegung auf einer klassischen Bahnkurve in der Äquatorebene $\theta = \pi/2$ entsprechen. Tatsächlich ist

$$P_l^l(\cos\theta) = \text{const}\cdot\sin^l\theta;$$

für $l \to \infty$ strebt diese Funktion (und damit auch $|\psi|^2$) gegen Null für alle $\theta \neq \pi/2$.

Die Lösung dieser Gleichung ist

$$\chi = \sqrt{\sin\theta}\, P_l(\cos\theta) = A \sin\left[\left(l + \tfrac{1}{2}\right)\theta + \alpha\right] \tag{49,5}$$

(A und α sind Konstanten).

Für Winkel $\theta \ll 1$ kann man in der Gleichung (49,1) $\operatorname{ctg}\theta \approx 1/\theta$ setzen. Ersetzen wir näherungsweise auch $l(l+1)$ durch $(l+1/2)^2$, so erhalten wir die Gleichung

$$\frac{d^2P_l}{d\theta^2} + \frac{1}{\theta}\frac{dP_l}{d\theta} + \left(l + \frac{1}{2}\right)^2 P_l = 0\,,$$

die die Bessel-Funktion nullter Ordnung als Lösung hat:

$$P_l(\cos\theta) = J_0\left[\left(l + \tfrac{1}{2}\right)\theta\right], \qquad \theta \ll 1\,. \tag{49,6}$$

Der konstante Faktor ist gleich 1 gesetzt worden, weil $P_l = 1$ für $\theta = 0$ sein muß. Der Näherungsausdruck (49,6) für P_l gilt für alle Winkel $\theta \ll 1$. Insbesondere kann man ihn auch für die Winkel im Bereich $1/l \ll \theta \ll 1$ verwenden. Hier muß er gleich dem Ausdruck (49,5) sein, der für alle $\theta \gg 1/l$ gültig ist. Für $\theta l \gg 1$ kann man die Bessel-Funktion durch den asymptotischen Ausdruck für große Werte des Argumentes ersetzen, und wir erhalten

$$P_l \approx \sqrt{\frac{2}{\pi l}}\, \frac{\sin\left[\left(l + \frac{1}{2}\right)\theta + \frac{\pi}{4}\right]}{\sqrt{\theta}}$$

(im Vorfaktor kann man 1/2 gegenüber l vernachlässigen). Durch Vergleich mit (49,5) finden wir $A = \sqrt{2/\pi l}$ und $\alpha = \pi/4$. Es ergibt sich also für $P_l(\cos\theta)$ im quasiklassischen Falle der Ausdruck[1])

$$P_l(\cos\theta) \approx \sqrt{\frac{2}{\pi l}}\, \frac{\sin\left[\left(l + \frac{1}{2}\right)\theta + \frac{\pi}{4}\right]}{\sqrt{\sin\theta}}\,. \tag{49,7}$$

Die normierte Kugelfunktion Y_{l0} erhält man hieraus in der Gestalt (vergleiche (28,8))

$$Y_{l0} \approx \frac{i^l}{\pi}\, \frac{\sin\left[\left(l + \frac{1}{2}\right)\theta + \frac{\pi}{4}\right]}{\sqrt{\sin\theta}}\,. \tag{49,8}$$

Wir kommen jetzt zum Radialanteil der Wellenfunktion. In § 32 ist gezeigt worden, daß die Funktion $\chi(r) = rR(r)$ einer Gleichung genügt, die mit einer eindimensionalen Schrödinger-Gleichung für die potentielle Energie

$$U_l(r) = U(r) + \frac{\hbar^2}{2m}\frac{l(l+1)}{r^2}$$

identisch ist. Wir können daher die in den vorhergehenden Paragraphen erhaltenen Ergebnisse anwenden, wenn wir für die potentielle Energie die Funktion $U_l(r)$ einsetzen.

Am einfachsten ist der Fall $l = 0$. Die Zentrifugalenergie fehlt hier, und falls das Feld $U(r)$ die notwendige Bedingung (46,6) erfüllt, ist die radiale Wellenfunktion im

[1]) Wir machen auf folgendes aufmerksam: Gerade weil wir $l(l+1)$ durch $(l+1/2)^2$ ersetzt haben, haben wir einen Ausdruck erhalten, der beim Ersetzen von θ durch $\pi - \theta$ mit $(-1)^l$ multipliziert wird, wie es für die Funktion $P_l(\cos\theta)$ sein muß.

ganzen Raum quasiklassisch. Für $r = 0$ muß $\chi = 0$ sein, deshalb wird die quasiklassische Funktion $\chi(r)$ durch die Formeln (47,6) gegeben.

Für $l \neq 0$ muß auch die Zentrifugalenergie der Bedingung (46,6) genügen. Im Bereich kleiner r, wo die Zentrifugalenergie die Größenordnung der Gesamtenergie hat, ist die Wellenlänge $\lambda\!\!\!^{-} = \hbar/p \sim r/l$, und die Bedingung (46,6) ergibt $l \gg 1$. Die Zentrifugalenergie verletzt also im Bereich kleiner r die Bedingung für die quasiklassische Behandlung, wenn l nicht groß ist. Man kann sich leicht davon überzeugen, daß wir den richtigen Wert für die Phase der quasiklassischen Wellenfunktion $\chi(r)$ erhalten, wenn wir sie aus den Formeln für die eindimensionale Bewegung berechnen und dabei in der potentiellen Energie $U_l(r)$ den Faktor $l(l+1)$ durch $(l+1/2)^2$ ersetzen[1]):

$$U_l(r) = U(r) + \frac{\hbar^2}{2m}\frac{(l+1/2)^2}{r^2}. \tag{49,9}$$

Die Frage, ob die quasiklassische Näherung für das COULOMB-Feld $U = \pm\alpha/r$ anwendbar ist oder nicht, erfordert eine besondere Untersuchung. Von dem ganzen Bereich, in dem die Bewegung verläuft, ist der Teil mit Abständen r besonders wesentlich, für die $|U| \sim |E|$ gilt, d. h. $r \sim \alpha/|E|$. Die Bedingung für die quasiklassische Bewegung besagt in diesem Bereich, daß die Wellenlänge $\lambda\!\!\!^{-} \sim \hbar/\sqrt{2m\,|E|}$ gegenüber den Abmessungen $\alpha/|E|$ dieses Bereiches klein sein soll; das ergibt

$$|E| \ll \frac{m\alpha^2}{\hbar^2}, \tag{49,10}$$

d. h., der absolute Betrag der Energie muß klein sein gegenüber der Energie des Teilchens auf der ersten BOHRschen Bahn. Man kann die Bedingung (49,10) auch in der Form

$$\frac{\alpha}{\hbar v} \gg 1 \tag{49,11}$$

schreiben, wobei $v \sim \sqrt{|E|/m}$ die Geschwindigkeit des Teilchens ist. Diese Bedingung ist gerade das Gegenteil der Bedingung (45,7) für die Anwendbarkeit der Störungstheorie auf das COULOMB-Feld.

Der Bereich kleiner Abstände ($|U(r)| \gg E$) ist im abstoßenden COULOMB-Feld ganz uninteressant, weil die quasiklassischen Wellenfunktionen für $U > E$ exponentiell abklingen. Im anziehenden COULOMB-Feld kann das Teilchen bei kleinen l in den Bereich mit $|U| \gg |E|$ gelangen. Hier erhebt sich die Frage nach den Grenzen des Anwendungsbereiches der quasiklassischen Näherung. Wir benutzen die allgemeine Bedingung (46,7) und setzen darin

$$F = -\frac{\mathrm{d}U}{\mathrm{d}r} = -\frac{\alpha}{r^2}, \qquad p \approx \sqrt{2m\,|U|} \sim \sqrt{\frac{m\alpha}{r}}.$$

Hieraus finden wir, daß der Anwendungsbereich der quasiklassischen Näherung durch die Abstände

$$r \gg \hbar^2/m\alpha \tag{49,12}$$

begrenzt wird, d. h. durch Abstände groß gegenüber dem ersten BOHRschen Radius.

[1]) Im einfachsten Falle einer freien Bewegung ($U = 0$) ist die Phase der Funktion, die nach Formel (48,1) mit U_l aus (49,9) berechnet worden ist, für große r gleich der Phase der Funktion (33,12), wie es sich gehört.

Aufgabe

Man untersuche das Verhalten der Wellenfunktion in der Nähe des Koordinatenursprungs, wenn das Feld für $r \to 0$ wie $\pm \alpha/r^s$ mit $s > 2$ gegen unendlich geht!

Lösung. Für genügend kleine r ist die Wellenlänge

$$\lambda \sim \frac{\hbar}{\sqrt{m\,|U|}} \sim \frac{\hbar r^{s/2}}{\sqrt{m\alpha}},$$

so daß

$$\frac{d\lambda}{dr} \sim \frac{\hbar}{\sqrt{m\alpha}} r^{\frac{s}{2}-1} \ll 1$$

ist; die Bedingung für die quasiklassische Behandlung ist also erfüllt. Im anziehenden Feld geht $U_l \to -\infty$ für $r \to 0$. Der Bereich um den Koordinatenursprung ist in diesem Falle klassisch erlaubt, und die radiale Wellenfunktion ist $\chi \sim 1/\sqrt{p}$; daraus folgt

$$\psi \sim r^{\frac{s}{4}-1}.$$

Im abstoßenden Feld ist der Bereich kleiner r klassisch nicht erlaubt. In diesem Falle geht die Wellenfunktion für $r \to 0$ exponentiell gegen Null. Wir lassen den Faktor vor der Exponentialfunktion weg und haben

$$\psi \sim \exp\left(-\frac{1}{\hbar}\left|\int_{r_0}^{r} p\, dr\right|\right) \quad \text{oder} \quad \psi \sim \exp\left[-\frac{2\sqrt{2m\alpha}}{(s-2)\,\hbar}\, r^{-\left(\frac{s}{2}-1\right)}\right].$$

§ 50. Das Durchdringen eines Potentialwalles

Wir wollen die Bewegung eines Teilchens in einem Feld, wie es in Abb. 13 dargestellt ist, behandeln. Das Feld ist durch das Vorhandensein eines Potentialwalles charakterisiert. Bei dem betrachteten Potential gibt es einen Bereich, in dem die potentielle Energie $U(x)$ größer als die Gesamtenergie E des Teilchens ist. In der klassischen Mechanik ist ein Potentialwall für ein Teilchen undurchdringlich. In der Quantenmechanik kann ein Teilchen mit einer von Null verschiedenen Wahrscheinlichkeit durch den Wall hindurchgehen (*Tunneleffekt*).[1] Wenn man das Feld $U(x)$ quasiklassisch behandeln kann, dann kann man den Durchgangskoeffizienten des Potentialwalles allgemein berechnen. Die Bedingung für die quasiklassische Behandlung fordert insbesondere, daß der Wall breit und damit der Durchgangskoeffizient klein ist.

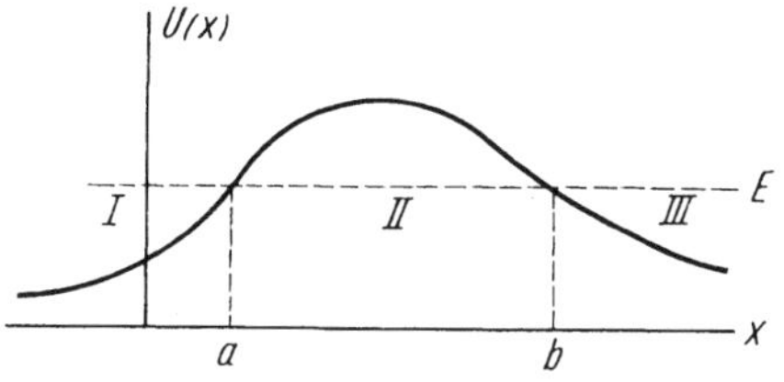

Abb. 13

[1]) Ein Beispiel dieser Art ist bereits in Aufgabe 2 zu § 25 betrachtet worden.

Um die anschließenden Rechnungen nicht zu unterbrechen, lösen wir zunächst folgendes Problem. Eine quasiklassische Wellenfunktion habe im Bereich rechts vom Umkehrpunkt $x = b$ (wo $U(x) < E$ ist) die Gestalt einer fortschreitenden Welle:

$$\psi = \frac{C}{\sqrt{p}} \exp\left(\frac{i}{\hbar}\int\limits_b^x p\,\mathrm{d}x + \frac{i\pi}{4}\right). \tag{50,1}$$

Es soll die Wellenfunktion desselben Zustandes im Bereich $x < b$ bestimmt werden. Wir benutzen dabei das in § 47 verwendete Verfahren, den Punkt $x = b$ in der komplexen x-Ebene zu umgehen.

Wir setzen

$$E - U(x) \approx F_0(x - b)\,, \qquad F_0 > 0$$

und schreiben die Funktion (50,1) in der folgenden Gestalt:

$$\psi(x) = \frac{C}{(2mF_0)^{1/4}}\,\frac{1}{(x-b)^{1/4}} \exp\left\{\frac{i}{\hbar}\sqrt{2mF_0}\int\limits_b^x \sqrt{x-b}\,\mathrm{d}x + \frac{i\pi}{4}\right\}.$$

Mit dieser Funktion umgehen wir den Punkt $x = b$ von rechts nach links auf einem Halbkreis in der oberen Halbebene:

$$x - b = \varrho\,\mathrm{e}^{i\varphi}\,, \qquad i\int\limits_b^x \sqrt{x-b}\,\mathrm{d}x = \frac{2}{3}\varrho^{3/2}\left(-\sin\frac{3\varphi}{2} + i\cos\frac{3\varphi}{2}\right).$$

Die Phase φ ändert sich dabei von 0 bis π. Bei dieser Umgehung nimmt die Funktion $\psi(x)$ zunächst betragsmäßig ab, danach wächst sie betragsmäßig an und wird schließlich nach der Umgehung gleich

$$\psi(x) = \frac{C}{(2mF_0)^{1/4}}\,\frac{1}{(b-x)^{1/4}\,\mathrm{e}^{i\pi/4}} \exp\left\{\frac{1}{\hbar}\int\limits_x^b \sqrt{2mF_0(x-b)}\,\mathrm{d}x + \frac{i\pi}{4}\right\}.$$

Wir finden auf diese Weise folgende Zuordnungsvorschrift[1]):

$$\frac{C}{\sqrt{p}} \exp\left\{\frac{i}{\hbar}\int\limits_b^x p\,\mathrm{d}x + \frac{i\pi}{4}\right\}_{x>b} \to \frac{C}{\sqrt{|p|}} \exp\left\{\frac{1}{\hbar}\left|\int\limits_b^x p\,\mathrm{d}x\right|_{x<b}\right\}. \tag{50,2}$$

Diese Vorschrift setzt eine bestimmte Gestalt der Wellenfunktion (eine nach rechts fortschreitende ebene Welle) im klassisch erlaubten Bereich voraus; sie darf nur für die Übertragung einer solchen Funktion in das klassisch nicht erlaubte Gebiet verwendet werden.

Wir wenden uns jetzt wieder der Berechnung des Durchgangskoeffizienten für einen Potentialwall zu. Ein Teilchen soll von links nach rechts aus dem Bereich I gegen den

---

[1]) Umgehen wir diesen Punkt von rechts nach links in der unteren Halbebene, so ergibt sich folgender Sachverhalt: Zunächst nimmt die Funktion $\psi(x)$ zu, dann nimmt sie betragsmäßig ab und wird auf der linken Halbachse ($\varphi \to -\pi$) zu einer exponentiell kleinen Größe, für die es unzulässig ist, sie „auf dem Hintergrund" der exponentiell großen Funktion (50,2) beizubehalten. Auf dem Teil des Weges, auf dem $\psi(x)$ exponentiell groß ist, geht eine exponentiell kleine Korrektur wegen der Ungenauigkeit der quasiklassischen Näherung verloren; sie könnte für $\varphi \to -\pi$ einen exponentiell großen Term ergeben, der aber damit ebenfalls verloren geht.

Potentialwall anlaufen. Im Bereich III hinter dem Potentialwall ist dann nur die durch den Wall hindurchgelassene Welle vorhanden, die nach rechts fortschreitet. Die Wellenfunktion in diesem Bereich schreiben wir in der Gestalt

$$\psi = \sqrt{\frac{D}{v}} \exp\left(\frac{i}{\hbar}\int_b^x p\,\mathrm{d}x + \frac{i\pi}{4}\right), \tag{50,3}$$

wobei $v = p/m$ die Teilchengeschwindigkeit und D die Stromdichte in der Welle sind. Nach der Vorschrift (50,2) bestimmten wir jetzt die Wellenfunktion im Bereich II innerhalb des Potentialwalles:

$$\begin{aligned}\psi &= \sqrt{\frac{D}{|v|}} \exp\left(\frac{1}{\hbar}\left|\int_x^b p\,\mathrm{d}x\right|\right)\\ &= \sqrt{\frac{D}{|v|}} \exp\left(\frac{1}{\hbar}\left|\int_a^b p\,\mathrm{d}x\right| - \frac{1}{\hbar}\left|\int_a^x p\,\mathrm{d}x\right|\right).\end{aligned} \tag{50,4}$$

Schließlich verwenden wir die Vorschrift (47,5) und erhalten im Bereich I vor dem Potentialwall

$$\psi = 2\sqrt{\frac{D}{v}} \exp\left(\frac{1}{\hbar}\int_a^b |p|\,\mathrm{d}x\right) \cos\left(\frac{1}{\hbar}\int_x^a p\,\mathrm{d}x - \frac{\pi}{4}\right).$$

Setzen wir in dieser Funktion

$$D = \exp\left(-\frac{2}{\hbar}\int_a^b |p|\,\mathrm{d}x\right), \tag{50,5}$$

so erhält sie die Gestalt

$$\begin{aligned}\psi &= \frac{2}{\sqrt{v}} \cos\left(\frac{1}{\hbar}\int_a^x p\,\mathrm{d}x + \frac{\pi}{4}\right)\\ &= \frac{1}{\sqrt{v}} \exp\left(\frac{i}{\hbar}\int_a^x p\,\mathrm{d}x + \frac{i\pi}{4}\right) + \frac{1}{\sqrt{v}} \exp\left(-\frac{i}{\hbar}\int_a^x p\,\mathrm{d}x - \frac{i\pi}{4}\right).\end{aligned}$$

Der erste Summand (der für $x \to -\infty$ zur ebenen Welle $\psi \sim e^{ipx/\hbar}$ wird) beschreibt darin die auf den Potentialwall einfallende Welle, der zweite Summand die reflektierte Welle. Die Normierung ist so gewählt worden, daß die Stromdichte in der einlaufenden Welle gleich 1 ist; deshalb ist die Größe D – die Stromdichte in der durchgelassenen Welle – gleich dem gesuchten Durchgangskoeffizienten. Wir betonen noch einmal, daß diese Formel nur dann brauchbar ist, wenn der Exponent groß ist, so daß D selbst klein ist.[1])

Bis jetzt ist vorausgesetzt worden, daß das Feld $U(x)$ die Bedingung für die quasiklassische Behandlung über den ganzen Potentialwall hinweg erfüllt (bis auf die

[1]) Auch die Tatsache, daß die Amplituden der einlaufenden und der reflektierten Welle im Bereich I gleich groß sind, hängt damit zusammen, daß D exponentiell klein ist. Die exponentiell kleine Differenz zwischen diesen beiden Größen geht in der quasiklassischen Näherung verloren.

unmittelbare Nähe der Umkehrpunkte). Tatsächlich hat man es häufig mit Potentialwällen zu tun, bei denen die potentielle Energie auf einer Seite so steil verläuft, daß die quasiklassische Näherung unzulässig ist. Der wesentliche Exponentialfaktor in D bleibt in diesem Fall unverändert wie in Formel (50,5), aber der Faktor vor der Exponentialfunktion (in (50,5) gleich 1) ändert sich. Zur Berechnung dieses Vorfaktors muß man im Prinzip die exakte Wellenfunktion im nicht quasiklassischen Bereich ausrechnen und daraus die quasiklassische Wellenfunktion innerhalb des Potentialwalles bestimmen.

Aufgaben

1. Man berechne den Durchgangskoeffizienten für den in Abb. 14 dargestellten Potentialwall: $U(x) = 0$ für $x < 0$, $U(x) = U_0 - Fx$ für $x > 0$! Es ist nur der Exponentialfaktor zu berechnen.

Lösung. Eine einfache Rechnung ergibt

$$D \sim \exp\left[-\frac{4\sqrt{2m}}{3\hbar F}(U_0 - E)^{3/2}\right].$$

2. Man berechne die Austrittswahrscheinlichkeit für ein Teilchen (mit dem Drehimpuls 0) aus dem kugelsymmetrischen Potentialtopf mit $U(r) = -U_0$ für $r < r_0$ und $U(r) = \alpha/r$ für $r > r_0$ (Abb. 15)![1]

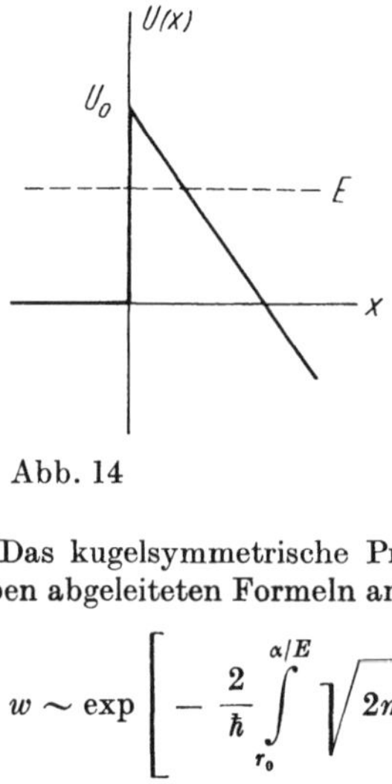

Abb. 14

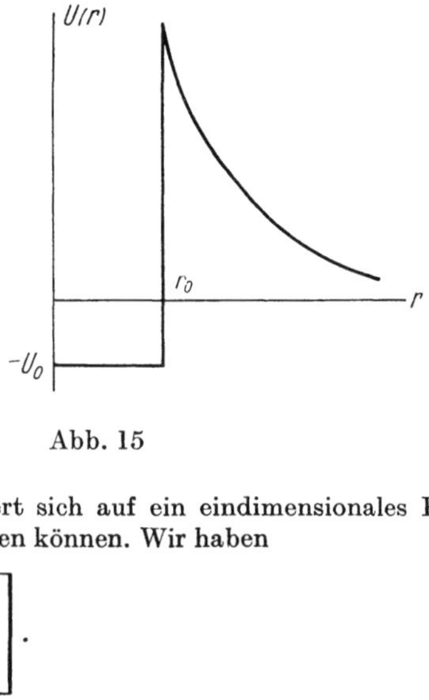

Abb. 15

Lösung. Das kugelsymmetrische Problem reduziert sich auf ein eindimensionales Problem, so daß die oben abgeleiteten Formeln angewandt werden können. Wir haben

$$w \sim \exp\left[-\frac{2}{\hbar}\int_{r_0}^{\alpha/E}\sqrt{2m\left(\frac{\alpha}{r} - E\right)}\,dr\right].$$

Nach der Berechnung des Integrals erhalten wir endgültig

$$w \sim \exp\left\{-\frac{2\alpha}{\hbar}\sqrt{\frac{2m}{E}}\left[\arccos\sqrt{\frac{Er_0}{\alpha}} - \sqrt{\frac{Er_0}{\alpha}\left(1 - \frac{Er_0}{\alpha}\right)}\right]\right\}.$$

Im Grenzfall $r_0 \to 0$ wird aus dieser Formel

$$w \sim \exp\left(-\frac{\pi\alpha}{\hbar}\sqrt{\frac{2m}{E}}\right) = \exp\left(-\frac{2\pi\alpha}{\hbar v}\right).$$

[1]) Dieses Problem ist erstmals von G. A. Gamow (1928) und von R. W. Gurney und E. U. Condon (1929) im Zusammenhang mit der Theorie des radioaktiven α-Zerfalls behandelt worden.

Diese Formeln sind brauchbar, wenn der Exponent groß ist, d. h. für $\alpha/\hbar v \gg 1$. Diese Bedingung stimmt mit der Bedingung (49,11) für die quasiklassische Bewegung im COULOMB-Feld überein, wie es sein muß.

3. Das Feld $U(x)$ soll aus zwei symmetrischen Potentialmulden (I und II in Abb. 16) bestehen, die durch einen Wall voneinander getrennt sind. Wäre der Wall für ein Teilchen undurchlässig, dann würden Energieniveaus existieren, die der Bewegung des Teilchens in der einen oder in der anderen Mulde entsprechen würden; diese Niveaus wären für beide Mulden gleich. Da der Potentialwall durchtunnelt werden kann, wird jedes Niveau in zwei dicht benachbarte Niveaus aufspalten. Diese beiden Niveaus gehören zu Zuständen, in denen sich das Teilchen gleichzeitig in beiden Mulden bewegt. Es ist die Größe der Aufspaltung zu berechnen (das Feld $U(x)$ wird als quasiklassisch vorausgesetzt).

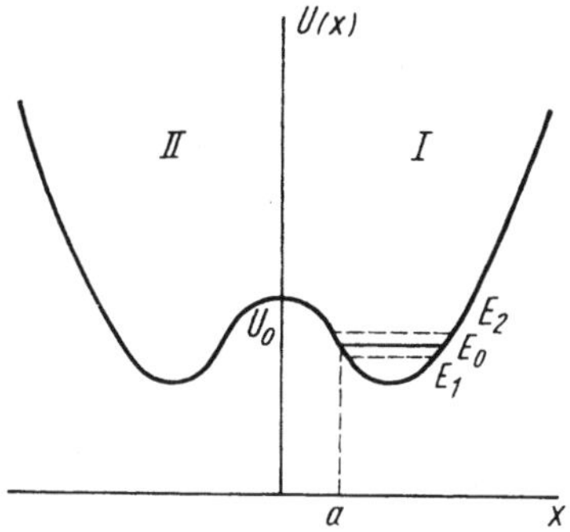

Abb. 16

Lösung. Wir bilden die Näherungslösung der SCHRÖDINGER-Gleichung zum Feld $U(x)$ unter Vernachlässigung der Tunnelwahrscheinlichkeit durch den Potentialwall mit Hilfe der quasiklassischen Wellenfunktion $\psi_0(x)$, die die Bewegung (mit einer Energie E_1) in einer Mulde (sagen wir, in der Mulde I) beschreibt. $\psi_0(x)$ klingt nach beiden Seiten von den Rändern dieser Mulde exponentiell ab. Die Funktion $\psi_0(x)$ sei so normiert, daß das Integral über ψ_0^2 über den Bereich der Mulde I gleich 1 ist. Unter Beachtung der geringen Tunnelwahrscheinlichkeit spaltet das Niveau E_0 in die Niveaus E_1 und E_2 auf. Die richtigen Wellenfunktionen nullter Näherung, die zu diesen Niveaus gehören, sind die symmetrische und die antisymmetrische Linearkombination der Funktionen $\psi_0(x)$ und $\psi_0(-x)$:

$$\psi_1(x) = \frac{1}{\sqrt{2}}\,[\psi_0(x) + \psi_0(-x)]\,, \qquad \psi_2(x) = \frac{1}{\sqrt{2}}\,[\psi_0(x) - \psi_0(-x)]\,. \tag{1}$$

Im Bereich der Mulde I ist die Funktion $\psi_0(-x)$ verschwindend klein gegenüber der Funktion $\psi_0(x)$, in der Mulde II gilt das Umgekehrte. Das Produkt $\psi_0(x)\,\psi_0(-x)$ ist daher überall verschwindend klein, und die Funktionen (1) sind so normiert, daß die Integrale über deren Quadrate erstreckt über die Mulden I und II gleich 1 sind.

Wir haben die SCHRÖDINGER-Gleichungen

$$\psi_0'' + \frac{2m}{\hbar^2}\,(E_0 - U)\,\psi_0 = 0\,, \qquad \psi_1'' + \frac{2m}{\hbar^2}\,(E_1 - U)\,\psi_1 = 0\,.$$

Die erste Gleichung multplizieren wir mit ψ_1, die zweite mit ψ_0. Dann subtrahieren wir die erhaltenen Gleichungen voneinander und integrieren von 0 bis ∞ über dx. Unter Beachtung von $\psi_1 = \sqrt{2}\,\psi_0$ und $\psi_1' = 0$ für $x = 0$ sowie von

$$\int\limits_0^\infty \psi_0\psi_1\,\mathrm{d}x \approx \frac{1}{\sqrt{2}}\int\limits_0^\infty \psi_0^2\,\mathrm{d}x = \frac{1}{\sqrt{2}}$$

finden wir

$$E_1 - E_0 = -\frac{\hbar^2}{m}\psi_0(0)\,\psi_0'(0)\,.$$

Analog finden wir für $E_2 - E_0$ denselben Ausdruck mit entgegengesetztem Vorzeichen, also ist

$$E_2 - E_1 = \frac{2\hbar^2}{m}\psi_0(0)\,\psi_0'(0)\,.$$

Unter Verwendung der Formel (47,1) mit dem Koeffizienten C aus (48,3) erhalten wir

$$\psi_0(0) = \sqrt{\frac{\omega}{2\pi v_0}}\exp\left(-\frac{1}{\hbar}\int_0^a |p|\,\mathrm{d}x\right), \qquad \psi_0'(0) = \frac{mv_0}{\hbar}\psi_0(0)$$

mit $v_0 = \sqrt{2(U_0 - E_0)/m}$. Damit bekommen wir schließlich (a ist der Umkehrpunkt zur Energie E_0 — siehe Abb. 16)

$$E_2 - E_1 = \frac{\omega\hbar}{\pi}\exp\left(-\frac{1}{\hbar}\int_{-a}^{a} |p|\,\mathrm{d}x\right).$$

4. Es ist der exakte Wert des Durchgangskoeffizienten D (ohne ihn klein vorauszusetzen) für den parabolischen Potentialwall $U(x) = -kx^2/2$ zu berechnen (E. C. Kemble, 1935).[1])

Lösung. Für beliebige Werte von k und E ist die Bewegung quasiklassisch in genügend großen Abständen $|x|$, und es gilt

$$p = \sqrt{2m\left(E + \frac{1}{2}kx^2\right)} \approx x\sqrt{mk} + E\sqrt{\frac{m}{k}}\,\frac{1}{x}\,.$$

Die asymptotische Gestalt der Lösung der Schrödinger-Gleichung ist

$$\psi = \text{const}\cdot \xi^{\pm i\varepsilon - 1/2}\exp\left(\pm i\xi^2/2\right)$$

mit den Bezeichnungen

$$\xi = x\left(\frac{mk}{\hbar^2}\right)^{1/4}, \qquad \varepsilon = \frac{E}{\hbar}\sqrt{\frac{m}{k}}\,.$$

Uns interessiert diejenige Lösung, die für $x \to +\infty$ nur die durch den Potentialwall durchgelassene Welle enthält, d. h. nur eine von links nach rechts fortschreitende Welle. Wir setzen

$$\psi = B\xi^{i\varepsilon - 1/2}\exp\left(i\xi^2/2\right) \qquad \text{für} \quad x \to \infty\,, \tag{1}$$

$$\psi = (-\xi)^{-i\varepsilon - 1/2}\exp\left(-i\xi^2/2\right) + A(-\xi)^{i\varepsilon - 1/2}\exp\left(i\xi^2/2\right) \qquad \text{für} \quad x \to -\infty\,. \tag{2}$$

Der erste Summand in (2) beschreibt die einlaufende, der zweite die reflektierte Welle (eine Welle läuft in diejenige Richtung, in der ihre Phase zunimmt). Der asymptotische Ausdruck für ψ gilt für genügend große $|\xi|$ überall in der komplexen ξ-Ebene. Davon ausgehend kann man den Zusammenhang zwischen A und B herstellen. Wir untersuchen die Änderung der Funktion (1), wenn man den Punkt $\xi = 0$ auf einem großen Halbkreis (Radius ϱ) in der oberen Halbebene der komplexen Veränderlichen ξ umgeht:

$$\xi = \varrho\,\mathrm{e}^{i\varphi}\,, \qquad i\xi^2 = \varrho^2(-\sin 2\varphi + i\cos 2\varphi)\,,$$

φ ändert sich dabei von 0 bis π. Beim Durchlaufen des angegebenen Weges geht die Funktion (1) in den zweiten Summanden von (2) mit dem Koeffizienten

$$A = B\left(\mathrm{e}^{i\pi}\right)^{i\varepsilon - 1/2} = -iB\,\mathrm{e}^{-\pi\varepsilon} \tag{3}$$

[1]) Die Lösung dieser Aufgabe kann auch auf das Tunneln in der Nähe des Maximums eines beliebigen Potentialwalles $U(x)$ angewandt werden, wenn die x-Abhängigkeit in der Nähe des Maximums quadratisch ist.

über. Auf demjenigen Teil des Weges ($\pi/2 < \varphi < \pi$), auf dem der Betrag $|\exp(i\xi^2/2)|$ exponentiell groß wird, geht die exponentiell kleine Größe verloren, die den ersten Summanden in (2) ergeben müßte.[1])

Bei der in (2) gewählten Normierung der einlaufenden Welle hat der Erhaltungssatz für die Teilchenzahl die Gestalt

$$|A|^2 + |B|^2 = 1\,. \tag{4}$$

Aus (3) und (4) finden wir den gesuchten Durchgangskoeffizienten

$$D = |B|^2 = \frac{1}{1 + e^{-2\pi\varepsilon}}\,.$$

Diese Formel gilt für beliebige E. Für betragsmäßig große und negative Energien erhalten wir $D \approx e^{-2\pi|\varepsilon|}$ in Übereinstimmung mit der Formel (50,5). Für $E > 0$ ist die Größe

$$R = 1 - D = \frac{1}{1 + e^{2\pi\varepsilon}}$$

der Reflexionskoeffizient für die Reflexion oberhalb des Walles.

§ 51. Die Berechnung der quasiklassischen Matrixelemente

Der direkten Berechnung der Matrixelemente einer physikalischen Größe f mit den quasiklassischen Wellenfunktionen stellen sich große Schwierigkeiten entgegen. Wir nehmen an, daß die Energie der Zustände, für die das Matrixelement berechnet werden soll, nicht dicht beieinander liegen. Das Matrixelement für den Übergang zwischen diesen Zuständen reduziert sich dann nicht auf die Fourier-Komponente der Größe f (§ 48). Die erwähnten Schwierigkeiten hängen damit zusammen, daß der Integrand wegen der exponentiellen Abhängigkeit (mit großem imaginärem Exponenten) der Wellenfunktion eine rasch oszillierende Größe ist.

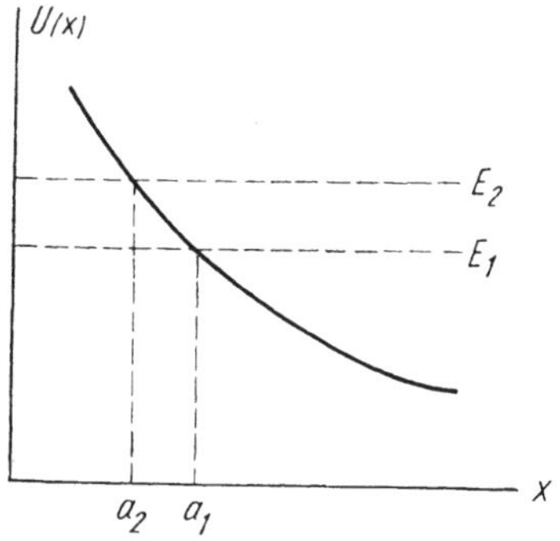

Abb. 17

Wir werden den eindimensionalen Fall behandeln (die Bewegung in einem Feld $U(x)$) und der Einfachheit halber voraussetzen, daß der Operator der physikalischen Größe f einfach eine Funktion von x ist. ψ_1 und ψ_2 seien die Wellenfunktionen zu den Energiewerten E_1 und E_2 des Teilchens (mit $E_2 > E_1$, Abb. 17). Wir werden ψ_1 und ψ_2

[1]) Die Umgehung dieses Punktes in der unteren Halbebene wäre zur Bestimmung von A ungeeignet, weil auf dem Wegstück ($-\pi < \varphi < -\pi/2$) am linken Rande (wo ψ durch die Formel (2) gegeben wird) das Glied mit $\exp(i\xi^2/2)$ exponentiell klein gegenüber $\exp(-i\xi^2/2)$ ist.

reell annehmen. Es ist das folgende Integral zu berechnen:

$$f_{12} = \int_{-\infty}^{+\infty} \psi_1 f \psi_2 \, dx \,. \tag{51,1}$$

Nach (47,5) hat die Wellenfunktion ψ_1 auf den beiden Seiten vom Umkehrpunkt $x = a_1$ (in hinreichender Entfernung davon) die Gestalt

$$\begin{aligned} &\text{für } x < a_1: \quad \psi_1 = \frac{C_1}{2\sqrt{|p_1|}} \exp\left(-\frac{1}{\hbar}\left|\int_{a_1}^{x} p_1 \, dx\right|\right), \\ &\text{für } x > a_1: \quad \psi_1 = \frac{C_1}{\sqrt{p_1}} \cos\left(\frac{1}{\hbar}\int_{a_1}^{x} p_1 \, dx - \frac{\pi}{4}\right). \end{aligned} \tag{51,2}$$

Ähnliche Ausdrücke gelten für ψ_2 (mit vertauschten Indizes 1 und 2).

Die Berechnung des Integrals (51,1) durch Einsetzen der asymptotischen Ausdrücke für die Wellenfunktionen würde ein falsches Ergebnis liefern. Wie wir später sehen werden, ist dieses Integral eine exponentiell kleine Größe, während die Funktion im Integranden an sich nicht klein ist. Eine relativ kleine Änderung der letzteren verändert daher im allgemeinen bereits die Größenordnung des Integrals. Diese Schwierigkeit kann folgendermaßen umgangen werden.

Wir stellen die Funktion ψ_2 als Summe $\psi_2 = \psi_2^+ + \psi_2^-$ dar, indem wir den Kosinus (im Bereich $x > a_2$) als Summe zweier Exponentialfunktionen schreiben. Nach (50,2) haben wir

$$\begin{aligned} &\text{für } x < a_2: \quad \psi_2^+ = \frac{C_2}{2\sqrt{|p_2|}} \exp\left(\frac{1}{\hbar}\left|\int_{a_2}^{x} p_2 \, dx\right|\right), \\ &\text{für } x > a_2: \quad \psi_2^+ = \frac{C_2}{2\sqrt{p_2}} \exp\left(\frac{i}{\hbar}\int_{a_2}^{x} p_2 \, dx + \frac{i\pi}{4}\right). \end{aligned} \tag{51,3}$$

Die Funktion ψ_2^- ist konjugiert komplex zu ψ_2^+ ($\psi_2^- = (\psi_2^+)^*$).

Das Integral (51,1) wird ebenfalls in eine Summe zweier konjugiert komplexer Integrale zerlegt: $f_{12} = f_{12}^+ + f_{12}^-$. Mit der Berechnung dieser Integrale wollen wir uns jetzt befassen. Zunächst bemerken wir, daß das Integral

$$f_{12}^+ = \int_{-\infty}^{+\infty} \psi_1 f \psi_2^+ \, dx$$

konvergiert. Zwar wächst die Funktion ψ_2^+ im Bereich $x < a_2$ exponentiell, aber die Funktion ψ_1 fällt im Bereich $x < a_1$ noch schneller exponentiell ab (weil im Bereich $x < a_2$ überall $|p_1| > |p_2|$ ist).

Wir werden x als komplexe Veränderliche ansehen und den Integrationsweg von der reellen Achse weg in die obere Halbebene verschieben. Wenn x einen positiven imaginären Zuwachs erfährt, dann tritt in der Funktion ψ_1 (im Bereich $x > a_1$) ein zunehmender Term auf, aber die Funktion ψ_2^+ nimmt noch schneller ab, weil im Bereich $x > a_1$ überall $p_2 > p_1$ ist. Daher ist der Integrand eine fallende Funktion.

Der verschobene Integrationsweg verläuft nicht mehr durch die Punkte $x = a_1$ und $x = a_2$ auf der reellen Achse, in deren Umgebung die quasiklassische Näherung nicht anwendbar ist. Man kann also auf dem ganzen Integrationsweg für die Funktionen ψ_1 und ψ_2^+ deren asymptotische Ausdrücke in der oberen Halbebene verwenden. Das sind die Funktionen

$$\begin{aligned} \psi_1 &= \frac{C_1}{2[2m(U-E_1)]^{1/4}} \exp\left(\frac{1}{\hbar}\int_{a_1}^{x} \sqrt{2m(U-E_1)}\,\mathrm{d}x\right), \\ \psi_2^+ &= \frac{C_2}{2[2m(U-E_2)]^{1/4}} \exp\left(-\frac{1}{\hbar}\int_{a_2}^{x} \sqrt{2m(U-E_2)}\,\mathrm{d}x\right). \end{aligned} \tag{51,4}$$

Die Wurzeln sind dabei so gewählt, daß sie auf der reellen Achse für $x < a_2$ positiv sind.

Im Integral

$$\begin{aligned} f_{12}^+ = \frac{C_1 C_2}{4\sqrt{2m}} \int \exp\Bigg(\frac{1}{\hbar}\int_{a_1}^{x} \sqrt{2m(U-E_1)}\,\mathrm{d}x \\ - \frac{1}{\hbar}\int_{a_2}^{x} \sqrt{2m(U-E_2)}\,\mathrm{d}x\Bigg) \frac{f(x)\,\mathrm{d}x}{[(U-E_1)(U-E_2)]^{1/4}} \end{aligned} \tag{51,5}$$

wollen wir den Integrationsweg so verschieben, daß die Exponentialfunktion möglichst klein wird. Der Exponent hat nur in den Punkten mit $U(x) = \infty$ ein Extremum (für $E_1 \neq E_2$ verschwindet die Ableitung des Exponenten nach x in keinem anderen Punkt). Die Verschiebung des Integrationsweges in die obere Halbebene wird nur dadurch beschränkt, daß man die singulären Punkte der Funktion $U(x)$ umgehen muß. Nach der allgemeinen Theorie der linearen Differentialgleichungen fallen diese mit den singulären Punkten der Wellenfunktionen $\psi(x)$ zusammen. Die konkrete Wahl des Integrationsweges hängt von der konkreten Gestalt des Feldes $U(x)$ ab. Hat die Funktion $U(x)$ in der oberen Halbebene nur einen singulären Punkt $x = x_0$, dann kann man die Integration auf einem Weg wie in Abb. 18 vornehmen. Die unmittelbare Umgebung des singulären Punktes spielt im Integral die größte Rolle, so daß das gesuchte Matrixelement $f_{12} = 2\,\mathrm{Re}\, f_{12}^+$ im wesentlichen dem exponentiell kleinen

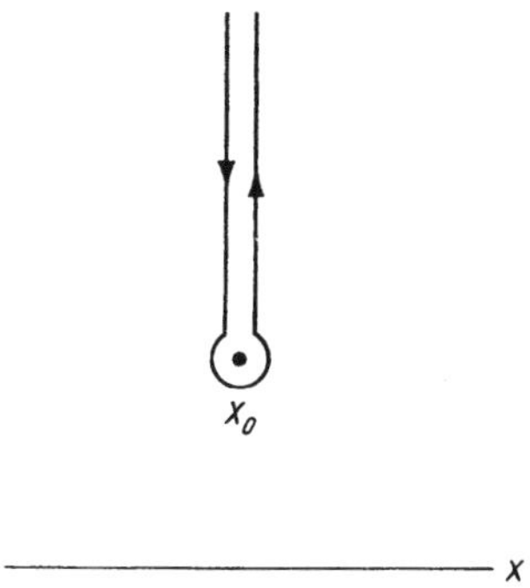

Abb. 18

Ausdruck

$$f_{12} \sim \exp\left(-\frac{1}{\hbar}\,\mathrm{Im}\left[\int^{x_0}\sqrt{2m(E_2-U)}\,\mathrm{d}x - \int^{x_0}\sqrt{2m(E_1-U)}\,\mathrm{d}x\right]\right) \tag{51,6}$$

proportional ist (L. D. LANDAU, 1932).[1]) Als untere Grenzen der Integrale kann man beliebige Punkte in den klassisch erlaubten Bereichen wählen. Ihre konkrete Wahl hat offensichtlich keinen Einfluß auf den Imaginärteil der Integrale. Hat die Funktion $U(x)$ mehrere singuläre Punkte in der oberen Halbebene, dann muß man in (51,6) denjenigen als x_0 wählen, für den der Exponent den kleinsten absoluten Betrag hat.[2])

Die Berechnung der quasiklassischen Matrixelemente für die Bewegung in einem kugelsymmetrischen Feld erfolgt nach demselben Verfahren. Unter $U(r)$ muß man aber jetzt die effektive potentielle Energie verstehen (die Summe der potentiellen und der Zentrifugalenergie); für Zustände mit verschiedenen l-Werten wird diese verschieden groß sein. Da wir noch weitere Anwendungen der entwickelten Methode im Auge haben, schreiben wir die effektiven potentiellen Energien in zwei Zuständen allgemein als $U_1(r)$ und $U_2(r)$. Der Exponent in der Exponentialfunktion im Integranden von (51,5) hat dann nicht nur in denjenigen Punkten ein Extremum, in denen $U_1(r)$ und $U_2(r)$ unendlich werden, sondern auch in den Punkten mit

$$U_2(r) - U_1(r) = E_2 - E_1\,. \tag{51,7}$$

Deshalb muß man in der Formel

$$f_{12} \sim \exp\left(-\frac{1}{\hbar}\,\mathrm{Im}\left[\int^{r_0}\sqrt{2m(E_2-U_2)}\,\mathrm{d}r - \int^{r_0}\sqrt{2m(E_1-U_1)}\,\mathrm{d}r\right]\right), \tag{51,8}$$

die für r_0 in Frage kommenden Werte nicht nur unter den singulären Punkten von $U_1(r)$ und $U_2(r)$, sondern auch unter den Wurzeln der Gleichung (51,7) suchen.

Der kugelsymmetrische Fall unterscheidet sich noch dadurch, daß die Integration über dr in (51,1) von 0 (und nicht von $-\infty$) bis $+\infty$ erstreckt wird:

$$f_{12} = \int_0^\infty \chi_1 f \chi_2\,\mathrm{d}r\,.$$

In dieser Hinsicht hat man zwei Fälle zu unterscheiden. Ist der Integrand eine gerade Funktion von r, dann kann man die Integration formal über den ganzen Bereich von $-\infty$ bis $+\infty$ ausdehnen, so daß gegenüber dem Vorhergehenden keinerlei Unterschiede auftreten. Dieser Fall liegt vor, wenn $U_1(r)$ und $U_2(r)$ gerade Funktionen von r sind $\big(U(-r) = U(r)\big)$. Die Wellenfunktionen $\chi_1(r)$ und $\chi_2(r)$ sind dann entweder gerade oder ungerade Funktionen (siehe § 21).[3]) Ist auch die Funktion $f(r)$ gerade oder ungerade, so kann das Produkt $\chi_1 f \chi_2$ gerade sein.

---

[1]) Die bei der Herleitung von (51,5) und (51,6) vorgenommene Ersetzung der Wellenfunktionen durch ihre asymptotischen Ausdrücke ist zulässig, weil die Größenordnung des Integrals über den in Abb. 18 dargestellten Weg durch die Größenordnung des Integranden bestimmt wird und weil eine relativ kleine Änderung des Integranden keinen wesentlichen Einfluß auf den Wert des Integrals hat.

[2]) Wir setzen voraus, daß die Größe $f(x)$ selbst keine singulären Punkte hat.

[3]) Bei geradem $U(r)$ ist die radiale Wellenfunktion $R(r)$ gerade (ungerade) für gerades (ungerades) l, wie aus dem Verhalten für kleine r (wo $R \sim r^l$ ist) zu ersehen ist.

Ist der Integrand keine gerade Funktion (das ist immer der Fall, wenn $U(r)$ keine gerade Funktion ist), dann muß der Anfang des Integrationsweges stets im Punkte $r = 0$ bleiben. Man muß dann auch den Wert $r_0 = 0$ zu den in (51,8) konkurrierenden Werten für r_0 hinzunehmen.

Aufgaben

1. Es sind die quasiklassischen Matrixelemente im Feld $U = U_0\,\mathrm{e}^{-\alpha x}$ zu berechnen (man beschränke sich auf den Exponentialfaktor).

Lösung. $U(x)$ wird nur für $x \to -\infty$ unendlich. Demzufolge setzen wir in (51,6) $x_0 = -\infty$. Die Integration kann bis $+\infty$ erstreckt werden. Beide Integrale divergieren einzeln an der Grenze $-\infty$. Wir berechnen sie daher zunächst zwischen den Grenzen $-x$ und $+\infty$, dann gehen wir zur Grenze $x \to \infty$ über. Das Ergebnis ist

$$f_{12} \sim \exp\left[-\frac{\pi m}{\alpha\hbar}(v_2 - v_1)\right],$$

wobei $v_1 = \sqrt{2E_1/m}$ und $v_2 = \sqrt{2E_2/m}$ die Geschwindigkeiten des Teilchens im Unendlichen sind ($x \to \infty$); dort bewegt sich das Teilchen frei.

2. Wie Aufgabe 1 im Coulomb-Feld $U = \alpha/r$ für die Übergänge zwischen Zuständen mit $l = 0$.

Lösung. Der einzige singuläre Punkt der Funktion $U(r)$ ist der Punkt $r = 0$. Das entsprechende Integral ist in Aufgabe 2 zu § 50 ausgerechnet worden. Als Ergebnis erhalten wir nach Formel (51,8)

$$f_{12} \sim \exp\left[\frac{\pi\alpha}{\hbar}\left(\frac{1}{v_2} - \frac{1}{v_1}\right)\right].$$

§ 52. Die Übergangswahrscheinlichkeit im quasiklassischen Fall

Das Tunneln durch einen Potentialwall ist ein Beispiel für einen Prozeß, der in der klassischen Mechanik überhaupt nicht möglich ist. Im quasiklassischen Fall ist die Wahrscheinlichkeit für einen solchen Prozeß exponentiell klein. Der entsprechende Exponent kann folgendermaßen bestimmt werden.

Wir betrachten den Übergang eines Systems aus einem Zustand in einen anderen und lösen die entsprechenden klassischen Bewegungsgleichungen. So finden wir die „Bahnkurve" für den betrachteten Prozeß. Sie wird aber komplex sein, weil dieser Prozeß in der klassischen Mechanik nicht vorkommen kann. Insbesondere ist der „Übergangspunkt" q_0, in dem das System formal aus einem in den anderen Zustand übergeht, im allgemeinen komplex. Die Lage dieses Punktes wird durch die klassischen Erhaltungssätze bestimmt. Weiter berechnen wir die Wirkung $S_1(q_1, q_0) + S_2(q_0, q_2)$ für die Bewegung des Systems im ersten Zustand von einer Anfangslage q_1 zum Übergangspunkt q_0 und dann im zweiten Zustand von q_0 zur Endlage q_2. Die gesuchte Wahrscheinlichkeit des Prozesses wird durch die folgende Formel gegeben:

$$w \sim \exp\left\{-\frac{2}{\hbar}\,\mathrm{Im}\,[S_1(q_1, q_0) + S_2(q_0, q_2)]\right\}. \tag{52,1}$$

Ist die Lage des Übergangspunktes nicht eindeutig, dann muß man ihn so wählen, daß der Exponent in (52,1) den kleinsten absoluten Betrag hat (während dieser Wert selbstverständlich groß genug sein muß, damit man die Formel (52,1) überhaupt anwenden kann).[1]

[1]) Wenn die potentielle Energie eines Systems selbst singuläre Punkte hat, dann müssen diese Punkte in die Vergleichswerte für q_0 aufgenommen werden.

Die Formel (52,1) entspricht der im vorigen Paragraphen erhaltenen Vorschrift für die Berechnung von quasiklassischen Matrixelementen. Man muß jedoch unterstreichen, daß die Berechnung des Faktors vor der Exponentialfunktion in der Wahrscheinlichkeit für derartige Übergänge aus dem Quadrat des entsprechenden Matrixelementes nicht richtig wäre.

Die auf die Formel (52,1) aufbauende Methode der *komplexen klassischen Bahnkurven* ist von allgemeiner Natur und ist auch auf Übergänge in Systemen mit beliebig vielen Freiheitsgraden anwendbar (L. D. Landau, 1932). Falls der Übergangspunkt reell ist, aber im klassisch nicht erlaubten Bereich liegt, dann stimmt (im einfachsten Falle einer eindimensionalen Bewegung) die Formel (52,1) mit dem Ausdruck (50,5) für die Tunnelwahrscheinlichkeit durch einen Potentialwall überein.

Reflexion über einem Potentialwall

Wir wenden (52,1) auf das eindimensionale Problem der Reflexion über einem Potentialwall an — auf die Reflexion eines Teilchens mit einer Energie, die größer ist als der Potentialwall. In diesem Fall hat man unter q_0 die komplexe Koordinate x_0 des Umkehrpunktes zu verstehen, in dem das Teilchen seine Bewegungsrichtung umkehrt, d. h. die komplexe Wurzel der Gleichung $U(x) = E$. Wir wollen zeigen, wie man in diesem Falle den Reflexionskoeffizienten auch mit großer Genauigkeit berechnen kann, einschließlich des Faktors vor der Exponentialfunktion.

Wir müssen wieder (wie in § 50) feststellen, welche Wellenfunktionen weit rechts (durchgelassene Welle) und weit links vom Potentialwall (einfallende + reflektierte Welle) einander entsprechen. Das kann man mit einem ähnlichen Verfahren wie in § 47 und § 50 leicht bewerkstelligen, indem man ψ als Funktion der komplexen Veränderlichen x betrachtet.

Wir schreiben die durchgelassene Welle in der Form

$$\psi_+ = \frac{1}{\sqrt{p}} \exp\left(\frac{i}{\hbar}\int_{x_1}^{x} p \, dx\right)$$

(x_1 ist ein beliebiger Punkt auf der reellen Achse) und verfolgen ihre Änderung, wenn wir den Weg C in der oberen Halbebene durchlaufen; der Weg C umgeht den Umkehrpunkt x_0 (in genügend großer Entfernung, Abb. 19). Der letzte Teil dieses Weges muß in einem so weit entfernten Bereich ganz links liegen, daß dort der Fehler der genäherten (quasiklassischen) Wellenfunktion für die einlaufende Welle kleiner als die gesuchte kleine Größe ist. Beim Umlauf um den Punkt x_0 ändert sich das Vorzeichen der Wurzel $\sqrt{E - U(x)}$, und bei der Rückkehr auf die reelle Achse geht folglich die

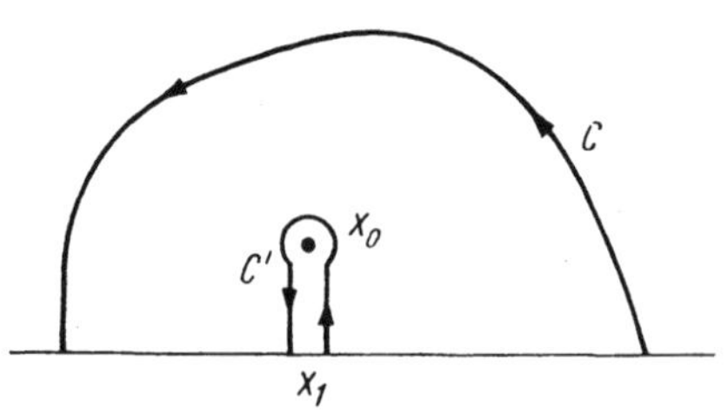

Abb. 19

Funktion ψ_+ in die nach links fortschreitende Welle ψ_- über, d. h. in die reflektierte Welle.[1]) Da man die Amplituden der einlaufenden und der durchgelassenen Welle als gleich ansehen kann, wird der gesuchte Reflexionskoeffizient R einfach durch das Verhältnis der Betragsquadrate von ψ_- und ψ_+ gegeben:

$$R = \left|\frac{\psi_-}{\psi_+}\right|^2 = \exp\left(-\frac{2}{\hbar}\,\mathrm{Im}\int\limits_C p\,\mathrm{d}x\right). \tag{52,2}$$

Nachdem man diese Formel erhalten hat, kann man den Integrationsweg im Exponenten beliebig deformieren. Deformiert man ihn in den in Abb. 19 angegebenen Weg C', dann wird aus dem Integral das doppelte Integral über den Weg von x_1 nach x_0, und wir erhalten

$$R = \mathrm{e}^{-4\sigma(x_1,\,x_0)/\hbar}\,, \qquad \sigma(x_1, x_0) = \mathrm{Im}\int\limits_{x_1}^{x_0} p(x)\,\mathrm{d}x\,. \tag{52,3}$$

Da die Funktion $p(x)$ auf der ganzen reellen Achse reell ist, ist die Wahl von x_1 unwesentlich. Wir machen darauf aufmerksam, daß der Koeffizient vor der Exponentialfunktion in (52,3) gleich 1 ist (W. L. Pokrowski, S. K. Sawwinych und F. R. Ulinitsch, 1958).[2])

Wie bereits erwähnt worden ist, muß man von allen möglichen Werten für x_0 denjenigen heraussuchen, für den den Exponent in (52,3) den kleinsten absoluten Betrag hat (wobei dieser Wert noch hinreichend groß gegen 1 sein muß).[3]) Falls die potentielle Energie $U(x)$ selbst singuläre Punkte in der oberen Halbebene hat, muß das Integral $\sigma(x_1, x_0)$ dafür größere Werte annehmen (im gegenteiligen Fall bestimmt gerade ein solcher Punkt den Wert des Exponenten, aber der Faktor vor der Exponentialfunktion ist nicht mehr derselbe wie in (52,3)). Die letztere Bedingung wird bei Zunahme von E verletzt, wenn $U(x)$ irgendwo in der oberen Halbebene unendlich wird: Kommt der Punkt x_0, in dem $U = E$ ist, dem Punkt x_∞ mit $U = \infty$ genügend nahe, dann tritt der Fall ein, daß beide Punkte vergleichbare Beiträge zum Reflexionskoeffizienten liefern (das Integral ist $\sigma(x_\infty, x_0) \sim 1$), und die Formel (52,3) ist nicht mehr brauchbar. Im Grenzfall genügend großer E wird das angegebene Integral klein gegen 1, und die Störungstheorie kann angewandt werden (siehe Aufgabe 2).[4])

Aufgaben

1. Es ist in quasiklassischer Näherung unter Beschränkung auf die Exponentialfunktionen die Zerfallswahrscheinlichkeit eines Deuterons beim Stoß mit einem schweren Kern, der als ortsfestes Zentrum eines Coulomb-Feldes angesehen wird, zu berechnen (E. M. Lifschitz, 1939).

Lösung. Der größte Beitrag zur Reaktionswahrscheinlichkeit stammt von Stößen mit dem Drehimpuls 0. In quasiklassischer Näherung sind das „frontale" Stöße, bei denen die Bewegung der Teilchen eindimensional behandelt werden kann.

E sei die Energie des Deuterons, gemessen in Einheiten ε, der Bindungsenergie von Proton und Neutron im Deuteron. E_n und E_p seien die Energien des freigesetzten Neutrons bzw. Protons

---

[1]) Die Umgehung auf einem Wege unterhalb des Punktes x_0 (zum Beispiel einfach entlang der reellen Achse selbst) überführt die Funktion ψ_+ in eine einlaufende Welle.

[2]) Die wiedergegebene Ableitung dieses Ergebnisses stammt von L. D. Landau (1961).

[3]) Selbstverständlich brauchen nur diejenigen Punkte x_0 betrachtet werden, für die $\sigma > 0$ ist, d. h. Punkte in der oberen Halbebene.

[4]) Der dazwischen liegende Fall ist von W. L. Pokrowski und I. M. Chalatnikow behandelt worden (ЖЭТФ **40**, 1713 (1961)).

(in denselben Einheiten). Wir führen die dimensionslose Koordinate $q = r/(Ze^2/\varepsilon)$ ein (Ze ist die Kernladung) und bezeichnen deren Wert (der im allgemeinen komplex sein wird) im „Übergangspunkt", d. h. im „Zerfallsmoment" des Deuterons, mit q_0. Wir schreiben E_n, E_p und E in der Gestalt

$$E_n = \frac{v_n^2}{2}, \qquad E_p = \frac{v_p^2}{2} + \frac{1}{q_0}, \qquad E = v_d^2 + \frac{1}{q_0}; \tag{1}$$

v_n, v_p und v_d sind darin die „Geschwindigkeiten" der Teilchen im Zerfallsmoment, sie werden in Einheiten $\sqrt{\varepsilon/m}$ (m ist die Nukleonenmasse) gemessen. v_n ist reell und gleich der Geschwindigkeit des freiwerdenden Neutrons, v_p und v_d sind komplex. Die Erhaltungssätze für Energie und Impulse ergeben im Übergangspunkt

$$E_p + E_n = E - 1, \qquad v_p + v_n = 2v_d. \tag{2}$$

Hieraus ergibt sich

$$v_p = 2i + v_n, \qquad v_d = i + v_n, \qquad \frac{1}{q_0} = E + 1 - v_n^2 + 2iv_n.$$

Die Wirkung des Systems vor dem Übergang entspricht der Bewegung des Deuterons im Kernfeld bis zum Zerfallspunkt. Ihr Imaginärteil ist

$$\begin{aligned}\operatorname{Im} S_1 &= Ze^2 \sqrt{\frac{m}{\varepsilon}} \operatorname{Im} \int\limits_{\infty}^{q_0} \sqrt{4\left(E - \frac{1}{q}\right)}\, dq \\ &= Ze^2 \sqrt{\frac{m}{\varepsilon}} \operatorname{Im} \left\{2q_0 v_d - \frac{2}{\sqrt{E}} \operatorname{Arch} \sqrt{q_0 E}\right\}.\end{aligned} \tag{3}$$

Nach dem Übergang entspricht die Wirkung der Bewegung von Neutron und Proton vom Zerfallspunkt an:

$$\begin{aligned}\operatorname{Im} S_2 &= Ze^2 \sqrt{\frac{m}{\varepsilon}} \operatorname{Im} \left\{\int\limits_{q_0}^{\infty} v_n\, dq + \int\limits_{q_0}^{\infty} \sqrt{2\left(E_p - \frac{1}{q}\right)}\, dq\right\} \\ &= Ze^2 \sqrt{\frac{m}{\varepsilon}} \operatorname{Im} \left\{-v_n q_0 - v_p q_0 + \sqrt{\frac{2}{E_p}} \operatorname{Arch} \sqrt{q_0 E}\right\}.\end{aligned} \tag{4}$$

Nach (52,1) ist die Wahrscheinlichkeit für den betrachteten Prozeß

$$w \propto \exp\left\{-\frac{2Ze^2}{\hbar}\sqrt{\frac{m}{\varepsilon}} \operatorname{Im}\left[\sqrt{\frac{2}{E_p}} \operatorname{Arch}\sqrt{q_0 E_p} - \frac{2}{\sqrt{E}} \operatorname{Arch}\sqrt{q_0 E}\right]\right\}. \tag{5}$$

Nach der Art, wie die beiden Funktionen Arch in der eckigen Klammer aus den Ausdrücken (4) und (3) hervorgehen, ist zu erkennen, daß die Vorzeichen ihrer Imaginärteile gleich den Vorzeichen von $\operatorname{Im} v_p$ bzw. $\operatorname{Im} v_d$ sein müssen (die Vorzeichen der letzteren sind in der Lösung der Gleichungen (2) so gewählt worden, daß sich $\operatorname{Im}(S_1 + S_2) > 0$ ergibt).

Da w exponentiell von E_n abhängt, ergibt sich die Gesamtwahrscheinlichkeit für den Zerfall (mit allen möglichen Werten für E_n und $E_p = E - 1 - E_n$) aus dem (betragsmäßig) kleinsten Wert des Exponenten als Funktion von E_n. Die Überlegungen zeigen ,daß dieser Wert für $E_n \to 0$ angenommen wird. Dabei ist $q_0 = 1/(E + 1)$, und aus (5) erhalten wir

$$w \propto \exp\left\{-\frac{2Ze^2}{\hbar}\sqrt{\frac{m}{\varepsilon}}\left[\sqrt{\frac{2}{E-1}} \arccos\sqrt{\frac{E-1}{E+1}} - \frac{2}{\sqrt{E}} \arccos\sqrt{\frac{E}{E+1}}\right]\right\}.$$

Diese Formel ist dann anwendbar, wenn der Exponent groß (gegen 1) ist.

Wir berechnen den Imaginärteil der Wirkung $S = S_1 + S_2$ für von Null verschiedene Werte von E_n und können daraus die Energieverteilung der freiwerdenden Teilchen finden. In der Nähe von $E_n = 0$ haben wir[1])

$$\operatorname{Im} S(E_n) - \operatorname{Im} S(0) \approx E_n \left(\frac{\mathrm{d} \operatorname{Im} S}{\mathrm{d}E_n}\right)_{E_n=0}.$$

Die Berechnung der Ableitung ergibt

$$\frac{\mathrm{d}w}{\mathrm{d}E_n} \propto \exp\left\{-\frac{2Ze^2}{\hbar}\sqrt{\frac{m}{\varepsilon}}\, E_n\left[\frac{3-E}{(E-1)(E+1)^2} + \frac{1}{\sqrt{2(E-1)^3}} \arccos\sqrt{\frac{E-1}{E+1}}\right]\right\}.$$

2. Man berechne den Reflexionskoeffizienten für die Reflexion über einem Potentialwall für solche Energien eines Teilchens, für die die Störungstheorie verwendet werden kann.

Lösung. Der gesuchte Koeffizient ergibt sich aus der Formel (43,1). Hier setzen wir für die Wellenfunktionen im Anfangs- und im Endzustand ebene Wellen ein, die sich in entgegengesetzter Richtung ausbreiten und entsprechend auf die Stromdichte 1 und auf eine δ-Funktion des Impulses, dividiert durch $2\pi\hbar$, normiert sind. Dabei ist $\mathrm{d}\nu = \mathrm{d}p'/2\pi\hbar$ mit dem Impuls p' nach der Reflexion. Wir integrieren in (43,1) über $\mathrm{d}p'$ (unter Beachtung der δ-Funktion) und erhalten

$$R = \frac{m^2}{\hbar^2 p^2}\left|\int_{-\infty}^{\infty} U(x)\, \mathrm{e}^{2ipx/\hbar}\, \mathrm{d}x\right|^2. \tag{1}$$

Diese Formel ist gültig, wenn die Bedingung für die Anwendbarkeit der Störungstheorie erfüllt ist: $Ua/\hbar v \ll 1$, a ist die Breite der Potentialschwelle (siehe die Bemerkung auf S. 157), während gleichzeitig $pa/\hbar \lesseqgtr 1$ sein muß. Die letzte Bedingung gewährleistet, daß R von p nicht exponentiell abhängt. Im anderen Fall muß die Anwendbarkeit der Formel (1) noch besonders untersucht werden.

3. Es ist der Koeffizient für die Reflexion oberhalb einer quasiklassischen Potentialschwelle zu berechnen, wenn die Funktion $U(x)$ bei $x = x_0$ einen Knick hat.

Lösung. Hat die Funktion $U(x)$ für ein reelles x irgendeine Singularität, dann wird der Reflexionskoeffizient im wesentlichen durch das Feld in der Nähe dieses Punktes bestimmt. Zur Berechnung dieses Koeffizienten kann man formal die Störungstheorie verwenden, ohne dabei die Anwendbarkeitsbedingung für alle x zu fordern. Es genügt, wenn die Bedingung für die quasiklassische Behandlung erfüllt ist. Wir kommen dann zur Formel (1) der Aufgabe 2 mit dem einzigen Unterschied, daß darin jetzt statt des Impulses des einfallenden Teilchens der Wert der Funktion $p(x)$ für $x = x_0$ stehen muß.

Im vorliegenden Falle wählen wir den Punkt $x = 0$ als Knick und haben in dessen Nähe

$$U = -F_1 x \quad \text{für} \quad x > 0\,, \qquad U = -F_2 x \quad \text{für} \quad x < 0$$

mit verschiedenen F_1 und F_2. Zur Integration über $\mathrm{d}x$ wird in den Integranden ein Dämpfungsfaktor $\mathrm{e}^{\pm\lambda x}$ eingeführt (nach der Integration lassen wir $\lambda \to 0$ gehen). Das Ergebnis ist

$$R = \frac{m^2\hbar^2}{16p_0^6}(F_2 - F_1)^2$$

mit $p_0 = p(0)$.

§ 53. Übergänge infolge adiabatischer Störungen

Wir haben schon in § 41 erwähnt, daß im Grenzfall einer zeitlich beliebig langsam veränderlichen Störung die Übergangswahrscheinlichkeit für den Übergang aus einem Zustand in einen anderen Zustand gegen Null strebt. Wir wollen dieses Problem jetzt quantitativ behandeln und die Übergangswahrscheinlichkeit unter dem Einfluß einer langsam veränderlichen (adiabatischen) Störung berechnen (L. D. Landau, 1961).

[1]) Für $E_n = 0$ hat die Funktion $\operatorname{Im} S(E_n)$ eine Spitze und wächst auf beiden Seiten davon an — für positive und für negative E_n (die Werte $E_n < 0$ würden einem Neutroneneinfang durch den Kern entsprechen).

Der HAMILTON-Operator des betrachteten Systems soll eine langsam veränderliche Zeitfunktion enthalten, die für $t \to \pm\infty$ gegen bestimmte Grenzwerte strebt. Ferner seien $\psi_n(q, t)$ und $E_n(t)$ die Eigenfunktionen bzw. die Energieeigenwerte (die Zeit wird darin als Parameter angesehen) der SCHRÖDINGER-Gleichung $H(t)\,\psi_n = E_n\psi_n$. Wegen des adiabatischen Charakters der zeitlichen Änderung von H sind auch E_n und ψ_n zeitlich nur langsam veränderlich. Unsere Aufgabe ist die Bestimmung der Wahrscheinlichkeit w_{21}, das System für $t \to +\infty$ in einem Zustand ψ_2 zu finden, wenn es sich für $t \to -\infty$ im Zustand ψ_1 befunden hat.

Da die Störung langsam veränderlich ist, dauert der Übergangsprozeß sehr lange, und deshalb ist die Änderung der Wirkung (die durch das Integral $-\int E(t)\,\mathrm{d}t$ gegeben wird) in dieser Zeit groß. In diesem Sinne hat das gestellte Problem quasiklassischen Charakter. Bei der Bestimmung der gesuchten Übergangswahrscheinlichkeit spielen diejenigen Werte $t = t_0$ die wesentliche Rolle, für die

$$E_1(t_0) = E_2\,(t_0) \tag{53,1}$$

ist und die dem „Übergangsmoment" in der klassischen Mechanik entsprechen (vgl. § 52). Ein solcher Übergang ist selbstverständlich klassisch unmöglich, daher sind die Wurzeln der Gleichung (53,1) komplex. Man muß in diesem Zusammenhang die Eigenschaften der Lösung der SCHRÖDINGER-Gleichung für komplexe Werte des Parameters t in der Umgebung des Punktes $t = t_0$ untersuchen, in dem zwei Energieeigenwerte gleich werden.

Wie wir sehen, hängen die Eigenfunktionen ψ_1 und ψ_2 in der Nähe dieses Punktes stark von t ab. Zur Bestimmung dieser Abhängigkeit führen wir vorläufig die Linearkombinationen (wir bezeichnen sie mit φ_1 und φ_2) ein, die den Bedingungen

$$\int \varphi_1^2\,\mathrm{d}q = \int \varphi_2^2\,\mathrm{d}q = 0\,, \qquad \int \varphi_1\varphi_2\,\mathrm{d}q = 1 \tag{53,2}$$

genügen. Das kann man durch geeignete Wahl der komplexen Koeffizienten (Funktionen von t) immer erreichen. Die Funktionen φ_1 und φ_2 haben für $t = t_0$ keine Singularität mehr.

Wir suchen die Eigenfunktionen jetzt als Linearkombinationen

$$\psi = a_1\varphi_1 + a_2\varphi_2\,. \tag{53,3}$$

Dabei muß man beachten, daß der zeitabhängige Operator $\hat{H}(t)$ (der Gestalt (17,4)) für komplexe Werte der „Zeit" t wie früher gleich dem transponierten Operator ($\hat{H} = \tilde{\hat{H}}$), aber nicht mehr hermitesch ist ($\hat{H} \neq \tilde{\hat{H}}^*$), weil die potentielle Energie $U(t) \neq U(t)^*$ ist.

Den Ausdruck (53,3) setzen wir in die SCHRÖDINGER-Gleichung ein, multiplizieren sie von links einmal mit φ_1, dann mit φ_2 und integrieren schließlich über $\mathrm{d}q$. Mit den Bezeichnungen

$$H_{ik}(t) = \int \varphi_i\hat{H}\varphi_k\,\mathrm{d}q \tag{53,4}$$

und unter der Berücksichtigung von $H_{12} = H_{21}$ infolge der angegebenen Eigenschaft des HAMILTON-Operators erhalten wir das Gleichungssystem

$$\begin{aligned} H_{11}a_1 + H_{12}a_2 &= Ea_2\,,\\ H_{12}a_1 + H_{22}a_2 &= Ea_1\,. \end{aligned} \tag{53,5}$$

Die Bedingung für die Lösbarkeit dieses Systems ergibt die Gleichung $(H_{12} - E)^2 = H_{11}H_{22}$, deren Wurzeln die Eigenwerte der Energie bestimmen:

$$E = H_{12} \pm \sqrt{H_{11}H_{22}}\,. \tag{53,6}$$

Jetzt finden wir aus (53,5)

$$\frac{a_2}{a_1} = \pm\sqrt{\frac{H_{11}}{H_{22}}}\,. \tag{53,7}$$

Wenn im Punkte $t = t_0$ zwei Eigenwerte übereinstimmen, dann müssen in diesem Punkt H_{11} oder H_{22} verschwinden, das entnimmt man (53,6). Es soll H_{11} gleich Null sein. Eine Funktion verschwindet in einem regulären Punkte im allgemeinen proportional zu $t - t_0$. Daher ist

$$E(t) - E(t_0) = \pm \operatorname{const} \cdot \sqrt{t - t_0}\,, \tag{53,8}$$

d. h., $E(t)$ hat bei $t = t_0$ einen Verzweigungspunkt. Ferner ist $a_2 \sim \sqrt{t - t_0}$, so daß es im Punkte $t = t_0$ insgesamt nur eine Eigenfunktion, nämlich φ_1, gibt.

Wir sehen jetzt, daß unser Problem dem in § 52 behandelten Problem der Reflexion oberhalb eines Potentialwalles formal völlig analog ist. Hier haben wir es mit einer „zeitlich quasiklassischen" Wellenfunktion $\Psi(t)$ zu tun (statt mit einer bezüglich des Ortes quasiklassischen Funktion wie in § 52). Es ist der Term $c_2\psi_2 \exp(-iE_2t/\hbar)$ in der Wellenfunktion für $t \to +\infty$ zu bestimmen, wenn für $t \to -\infty$ die Wellenfunktion $\Psi(t) = \psi_1 \exp(-iE_1t/\hbar)$ ist (ähnlich wie bei der Bestimmung der reflektierten Welle für $x \to -\infty$ aus der durchgegangenen Welle für $x \to +\infty$). Die gesuchte Übergangswahrscheinlichkeit ist $w_{21} = |c_2|^2$. Die Wirkung $S = -\int E(t)\,\mathrm{d}t$ wird dabei durch das Zeitintegral über eine Funktion gegeben, die komplexe Verzweigungspunkte hat (ähnlich wie die Funktion $p(x)$ in dem Integral $\int p\,\mathrm{d}x$ komplexe Verzweigungspunkte hatte). Das betrachtete Problem wird daher durch den Übergang (von großen negativen zu großen positiven Werten) in der komplexen t-Ebene gelöst, genau wie in § 52 in der komplexen x-Ebene. Wir werden die entsprechenden Überlegungen hier nicht wiederholen.

Auf der reellen Achse soll $E_2 > E_1$ sein. Der Übergang muß dann in der oberen t-Halbebene erfolgen (bei der Verschiebung in die obere Halbebene wächst das Verhältnis $\exp(-iE_2t/\hbar)/\exp(-iE_1t/\hbar)$. Als Ergebnis erhalten wir die Formel (ähnlich wie Formel (52,2))

$$w_{21} = \exp\left(\frac{2}{\hbar}\operatorname{Im}\int_{C'} E(t)\,\mathrm{d}t\right). \tag{53,9}$$

Die Integration erfolgt dabei auf dem in Abb. 19 dargestellten Wege (von links nach rechts).

Auf dem linken Ast dieses Weges ist $E = E_1$, auf dem rechten $E = E_2$. Wir können daher (53,9) umformen in

$$w_{21} = \exp\left(-2\operatorname{Im}\int_{t_1}^{t_0} \omega_{21}(t)\,\mathrm{d}t\right). \tag{53,10}$$

Darin ist $\omega_{21} = (E_2 - E_1)/\hbar$; t_1 ist ein beliebiger Punkt auf der reellen t-Achse; als t_0 muß man diejenige Wurzel der Gleichung (53,1) in der oberen Halbebene nehmen, für die der Exponent in (53,10) den kleinsten absoluten Betrag hat.[1]) Neben dem direkten Übergang aus dem Zustand 1 in den Zustand 2 können auch noch „Übergangswege" durch verschiedene Zwischenzustände in Frage kommen. Die Wahrscheinlichkeiten für diese Wege werden durch ähnliche Formeln gegeben. Für den Übergang auf dem „Wege" $1 \to 3 \to 2$ wird das Integral in (53,10) durch eine Summe von Integralen ersetzt:

$$\int^{t_0^{(31)}} \omega_{31}(t)\, dt + \int^{t_0^{(23)}} \omega_{23}(t)\, dt\,.$$

In den oberen Grenzen stehen die „Schnittpunkte" der Terme $E_1(t)$, $E_3(t)$ und $E_2(t)$, $E_3(t)$. Dieses Ergebnis erhält man durch einen Übergang auf einem Wege, der diese beiden komplexen Punkte umschließt.[2])

[1]) Bei den Vergleichswerten für t_0 müssen auch diejenigen Punkte berücksichtigt werden, in denen $E(t)$ unendlich wird (für diese Punkte wäre aber der Faktor vor der Exponentialfunktion in (53,9) anders).

[2]) Falls die Zwischenzustände zum kontinuierlichen Spektrum gehören, ist eine besondere Behandlung erforderlich.

VIII DER SPIN

§ 54. Der Spin

Wie in der klassischen Mechanik ergibt sich auch in der Quantenmechanik der Drehimpulssatz als Folge der Isotropie des Raumes für ein abgeschlossenes System. Bereits hierin zeigt sich der Zusammenhang zwischen Drehimpuls und Symmetrieeigenschaften bei Drehungen. In der Quantenmechanik wird dieser Zusammenhang noch weiter vertieft, ja er wird wesentlich zum Grundgehalt des Drehimpulsbegriffes, zumal die klassische Definition des Drehimpulses eines Teilchens als das Produkt $[\boldsymbol{rp}]$ ihren unmittelbaren Sinn verliert, weil Ortsvektor und Impuls nicht gleichzeitig gemessen werden können.

Wir haben in § 28 gesehen, daß die Angabe der Werte von l und m die Winkelabhängigkeit der Wellenfunktion eines Teilchens festlegt und damit auch alle ihre Symmetrieeigenschaften bezüglich Drehungen. Ganz allgemein wird die Formulierung dieser Eigenschaften auf die Beschreibung des Transformationsverhaltens der Wellenfunktionen bei Drehungen des Koordinatensystems zurückgeführt.

Die Wellenfunktion ψ_{LM} eines Systems von Teilchen (mit gegebenen Werten für den Drehimpuls L und dessen Projektion M) bleibt nur bei einer Drehung des Koordinatensystems um die z-Achse unverändert.[1]) Jede Drehung, die die z-Richtung ändert, führt dazu, daß die Projektion des Drehimpulses auf die z-Achse keinen bestimmten Wert mehr hat. Im gedrehten Koordinatensystem wird die Wellenfunktion im allgemeinen eine Superposition (Linearkombination) aus denjenigen $2L + 1$ Funktionen sein, die (bei gegebenem L) zu den verschiedenen möglichen Werten von M gehören. Bei Drehungen des Koordinatensystems transformieren sich die $2K + 1$ Funktionen ψ_{LM} untereinander.[2]) Die entsprechende Transformationsvorschrift, d. h. die Koeffizienten in der Linearkombination (als Funktionen der Drehwinkel der Koordinatenachsen), werden durch die Angabe von L vollständig bestimmt. Der Drehimpuls erhält somit den Sinn einer Quantenzahl, die die Zustände eines Systems nach ihren Transformationseigenschaften bei Drehungen des Koordinatensystems klassifiziert. Dieser Aspekt des Drehimpulsbegriffes in der Quantenmechanik ist besonders wesentlich, weil er nicht direkt mit der expliziten Winkelabhängigkeit der Wellenfunktionen zusammenhängt. Die Transformationsvorschrift für die Wellenfunktionen kann selbständig formuliert werden, ohne auf diese Winkelabhängigkeit bezug zu nehmen.

---

[1]) Bis auf einen unwesentlichen Phasenfaktor.

[2]) In mathematischer Sprechweise würde man sagen, diese Funktionen realisieren die sogenannten *irreduziblen Darstellungen* der Drehgruppe. Die Zahl der Funktionen, die untereinander transformiert werden, wird als *Dimension* der Darstellung bezeichnet, wobei vorausgesetzt wird, daß diese Zahl nicht durch Wahl irgendwelcher anderer Linearkombinationen dieser Funktionen herabgesetzt werden kann.

Sehen wir uns jetzt ein zusammengesetztes Teilchen an (sagen wir, einen Atomkern), das als ganzes ruht und einen bestimmten inneren Zustand hat. Neben einer bestimmten inneren Energie hat das Teilchen auch einen bestimmten Betrag des Drehimpulses L, der mit der inneren Bewegung zusammenhängt. Dieser Drehimpuls kann $2L + 1$ verschiedene Orientierungen im Raum haben. Mit anderen Worten, bei der Behandlung der Bewegung eines zusammengesetzten Teilchens müssen wir ihm außer seinen Ortskoordinaten noch die Projektion des inneren Drehimpulses auf eine ausgewählte Raumrichtung als diskrete Variable zuordnen.

Im Sinne der obigen Begriffsbildung für den Drehimpuls ist es unwesentlich, woher dieser Drehimpuls stammt. Wir gelangen so ganz natürlich zur Vorstellung über einen „Eigen"-Drehimpuls, der dem Teilchen unabhängig davon zugeordnet werden muß, ob es „zusammengesetzt" oder „elementar" ist.

In der Quantenmechanik muß man also einem Elementarteilchen einen gewissen „Eigen"-Drehimpuls zuschreiben, der nicht mit einer Bahnbewegung verknüpft ist. Diese Eigenschaft von Elementarteilchen ist eine spezifisch quantenmechanische Eigenschaft (die beim Grenzübergang $\hbar \to 0$ verschwindet), und sie erlaubt daher prinzipiell keine klassische Interpretation.[1])

Der Eigendrehimpuls eines Teilchens heißt *Spin*. Im Unterschied zum Spin nennt man den mit der Bahnbewegung eines Teilchens verknüpften Drehimpuls den *Bahndrehimpuls*.[2]) Es kann sich dabei sowohl um ein Elementarteilchen als auch um ein Teilchen handeln, das zwar zusammengesetzt ist, sich aber bei bestimmten Erscheinungen wie ein elementares Teilchen verhält (zum Beispiel um einen Atomkern). Wir wollen den Spin eines Teilchens (der wie der Bahndrehimpuls in Vielfachen von $\hbar$ gemessen wird) mit s bezeichnen.

Für Teilchen mit Spin muß die Wellenfunktion für einen Zustand nicht nur die Aufenthaltswahrscheinlichkeiten in verschiedenen Raumpunkten, sondern auch die Wahrscheinlichkeiten für die verschiedenen möglichen Orientierungen des Spins festlegen. Die Wellenfunktion darf, mit anderen Worten, nicht nur von drei stetigen Variablen, den Ortskoordinaten, abhängen, sondern sie muß auch von einer diskreten *Spinvariablen* abhängig sein, die den Wert der Spinprojektion auf eine ausgezeichnete Raumrichtung (die z-Achse) angibt und einen beschränkten Satz diskreter Werte durchläuft (die wir im folgenden mit dem Buchstaben σ bezeichnen werden).

Es sei $\psi(x, y, z; \sigma)$ eine derartige Wellenfunktion. Sie ist im wesentlichen ein Satz aus einigen verschiedenen Ortsfunktionen, die den verschiedenen σ-Werten entsprechen. Wir werden diese Funktionen als *Spinkomponenten* der Wellenfunktion bezeichnen. Dabei gibt das Integral

$$\int |\psi(x, y, z; \sigma)|^2 \, \mathrm{d}V$$

die Wahrscheinlichkeit an, daß das Teilchen den bestimmten Wert σ hat. Die Aufenthaltswahrscheinlichkeit in einem Volumenelement $\mathrm{d}V$ bei beliebigem Wert von σ ist

$$\mathrm{d}V \sum_{\sigma} |\psi(x, y, z; \sigma)|^2 .$$

---

[1]) Insbesondere wäre es völlig sinnlos, sich den „Eigen"-Drehimpuls eines Elementarteilchens als Ergebnis der Drehung „um die eigene Achse" vorzustellen.

[2]) Die physikalische Idee vom Eigendrehimpuls eines Elektrons stammt von G. Uhlenbeck und S. Goudsmit (1925). In die Quantenmechanik ist der Spin von W. Pauli (1927) eingeführt worden.

Der quantenmechanische Spinoperator wirkt auf die Spinvariable σ, wenn er auf die Wellenfunktion angewendet wird. Mit anderen Worten, er führt in irgendeiner Weise die Komponenten der Wellenfunktion ineinander über. Die Gestalt dieses Operators wird später angegeben werden. Aber bereits anhand ganz allgemeiner Überlegungen kann man sich einfach davon überzeugen, daß die Operatoren $\hat{s}_x$, $\hat{s}_y$ und $\hat{s}_z$ denselben Vertauschungsregeln genügen wie die Operatoren für den Bahndrehimpuls.

Der Drehimpulsoperator ist im wesentlichen gleich dem Operator für eine infinitesimale Drehung. Bei der Herleitung des Ausdruckes für den Bahndrehimpulsoperator in § 26 haben wir uns angesehen, wie der Drehoperator auf Ortsfunktionen wirkt. Für den Spin-Drehimpuls haben derartige Überlegungen keinen Sinn, da der Spinoperator auf die Spinvariable, aber nicht auf die Ortskoordinaten wirkt. Um die gesuchten Vertauschungsregeln abzuleiten, müssen wir daher eine infinitesimale Drehung ganz allgemein als Drehung des Koordinatensystems betrachten. Wir führen infinitesimale Drehungen zunächst um die x-Achse, dann um die y-Achse aus, und anschließend nehmen wir dieselben Drehungen in umgekehrter Reihenfolge vor. Durch direkte Rechnung überzeugen wir uns einfach, daß die Differenz zwischen den Ergebnissen dieser beiden Operationen einer infinitesimalen Drehung um die z-Achse äquivalent ist (um einen Winkel, der gleich dem Produkt aus den Drehwinkeln um x- und y-Achse ist). Wir wollen diese einfachen Rechnungen hier nicht ausführen. Als Ergebnis erhalten wir wieder die üblichen Vertauschungsregeln für die Operatoren der Drehimpulskomponenten, die demzufolge auch für die Spinoperatoren gelten müssen:

$$\{\hat{s}_y, \hat{s}_z\} = i\hat{s}_x\,, \qquad \{\hat{s}_z, \hat{s}_x\} = i\hat{s}_y\,, \qquad \{\hat{s}_x, \hat{s}_y\} = i\hat{s}_z\,. \tag{54,1}$$

Natürlich gelten auch alle daraus resultierenden physikalischen Folgerungen.

Aus den Vertauschungsregeln (54,1) können die möglichen Werte für den Betrag und die Komponenten des Spins bestimmt werden. Alle Überlegungen in § 27 (Gleichungen (27,7) bis (27,9)) benutzten nur die Vertauschungsregeln und können daher vollständig auf den Spin übertragen werden; wir haben in diesen Formeln nur unter $\boldsymbol{L}$ jetzt $\mathbf{s}$ zu verstehen. Aus den Formeln (27,7) ist zu entnehmen, daß die Eigenwerte der Spinprojektion eine Folge von Zahlen bilden, die sich jeweils um 1 voneinander unterscheiden. Wir können aber jetzt nicht behaupten, daß diese Zahlen selbst ganzzahlig sind, wie es für die Projektion L_z des Bahndrehimpulses der Fall war (die Herleitung am Anfang von § 27 ist hier unbrauchbar, weil dort der Ausdruck (26,14) für den Operator $\hat{l}_z$ zugrunde gelegt worden ist, der nur für den Bahndrehimpuls gilt).

Die Folge der Eigenwerte s_z ist nach oben und nach unten beschränkt. Die Grenzen haben den gleichen absoluten Betrag und entgegengesetzte Vorzeichen, wir bezeichnen sie mit $\pm s$. Die Differenz $2s$ zwischen dem größten und dem kleinsten Wert von s_z muß eine ganze Zahl oder Null sein. Die Zahl s kann demnach die Werte 0, 1/2, 1, 3/2, ... annehmen.

Die Eigenwerte des Quadrates des Spins sind also

$$\mathbf{s}^2 = s(s+1)\;; \tag{54,2}$$

s kann darin entweder eine ganze Zahl (einschließlich der Null) sein oder halbzahlige Werte annehmen. Bei vorgegebenem s kann die Komponente s_z die Werte $s, s-1, \ldots, -s$ durchlaufen, insgesamt $2s+1$ Werte. Dementsprechend hat auch die Wellenfunktion für ein Teilchen mit dem Spin s gerade $2s + 1$ Komponenten.[1])

Die Experimente ergeben für die meisten Elementarteilchen — Elektronen, Positronen, Protonen, Neutronen, Müonen und alle Hyperonen (Λ, Σ, Ξ) — den Spin 1/2. Außerdem gibt es Elementarteilchen mit dem Spin 0: π-Mesonen und K-Mesonen.

Der Gesamtdrehimpuls eines Teilchens ergibt sich durch Addition des Bahndrehimpulses $\boldsymbol{l}$ und des Spins $\boldsymbol{s}$. Die zugehörigen Operatoren wirken auf Funktionen ganz verschiedener Veränderlicher und sind natürlich vertauschbar miteinander.

Die Eigenwerte des Gesamtdrehimpulses

$$\boldsymbol{j} = \boldsymbol{l} + \boldsymbol{s} \tag{54,3}$$

erhält man nach derselben Regel im Vektormodell wie die Summe der Bahndrehimpulse zweier verschiedener Teilchen (§ 31). Für gegebene Werte von l und s kann der Gesamtdrehimpuls die Werte $l + s, l + s - 1, \dots, |l - s|$ annehmen. Ein Elektron (Spin 1/2) mit von Null verschiedenem Bahndrehimpuls l kann den Gesamtdrehimpuls $j = l \pm 1/2$ haben; für $l = 0$ hat der Drehimpuls j natürlich nur den einen Wert $j = 1/2$.

Der Operator für den Gesamtdrehimpuls $\boldsymbol{J}$ eines Systems von Teilchen ist die Summe der Operatoren für die Drehimpulse $\boldsymbol{j}$ der einzelnen Teilchen, so daß seine Werte wieder durch die Regeln des Vektormodells bestimmt werden. Man kann den Drehimpuls $\boldsymbol{J}$ in der Form

$$\boldsymbol{J} = \boldsymbol{L} + \boldsymbol{S}\,, \qquad \boldsymbol{L} = \sum_a \boldsymbol{l}_a\,, \qquad \boldsymbol{S} = \sum_a \boldsymbol{s}_a \tag{54,4}$$

darstellen; dabei kann man $\boldsymbol{S}$ als den Gesamtspin und $\boldsymbol{L}$ als den gesamten (oder resultierenden) Bahndrehimpuls bezeichnen. Bei halbzahligem (oder ganzzahligem) Gesamtspin ist auch der Gesamtdrehimpuls halbzahlig (oder ganzzahlig), da der Bahndrehimpuls immer ganzzahlig ist. Besteht ein System aus einer geraden Anzahl gleichartiger Teilchen, dann ist der Gesamtspin auf jeden Fall ganzzahlig, und damit wird auch der Gesamtdrehimpuls ganzzahlig.

Die Operatoren für den Gesamtdrehimpuls eines Teilchens $\boldsymbol{j}$ (oder eines Systems von Teilchen $\boldsymbol{J}$) gehorchen denselben Vertauschungsregeln wie die Bahndrehimpuls- oder Spinoperatoren; denn diese Beziehungen sind die allgemeinen Vertauschungsregeln für einen beliebigen Drehimpuls. Die aus den Vertauschungsregeln folgenden Formeln (27,13) für die Matrixelemente des Drehimpulses gelten auch für einen beliebigen Drehimpuls, wenn die Matrixelemente mit den Eigenfunktionen dieses Drehimpulses berechnet werden. Es bleiben auch (mit den entsprechenden Änderungen in den Bezeichnungen) die Formeln (29,7) bis (29,10) für die Matrixelemente einer beliebigen Vektorgröße gültig.

---

[1]) Da s für jede Teilchenart eine vorgegebene Zahl ist, verschwindet der Spin-Drehimpuls $\hbar s$ beim Grenzübergang zur klassischen Mechanik ($\hbar \to 0$). Für den Bahndrehimpuls hat eine solche Überlegung keinen Sinn, weil l beliebige Werte annehmen kann. Beim Übergang zur klassischen Mechanik streben gleichzeitig $\hbar$ gegen Null und l gegen unendlich, so daß das Produkt $\hbar l$ endlich bleibt.

Aufgabe

Ein Teilchen mit dem Spin 1/2 befindet sich in einem Zustand mit $s_z = 1/2$. Man berechne die Wahrscheinlichkeit für die möglichen Werte der Spinprojektion auf eine z'-Achse, die mit der z-Achse den Winkel θ bildet!

Lösung. Der mittlere Spinvektor $\bar{s}$ hat offensichtlich die Richtung der z-Achse und den Betrag 1/2. Wir projizieren ihn auf die z'-Achse und finden für den Mittelwert des Spins in der z'-Richtung $\bar{s}_{z'} = \frac{1}{2}\cos\theta$. Andererseits haben wir $\bar{s}_{z'} = \frac{1}{2}(w_+ - w_-)$ mit den Wahrscheinlichkeiten $w_\pm$ für die Werte $s_{z'} = \pm\frac{1}{2}$. Beachten wir ferner $w_+ + w_- = 1$, so erhalten wir

$$w_+ = \cos^2(\theta/2)\,, \qquad w_- = \sin^2(\theta/2)\,.$$

§ 55. Der Spinoperator

Im folgenden wird uns in diesem Kapitel die Ortsabhängigkeit der Wellenfunktionen nicht interessieren. Wenn wir zum Beispiel vom Verhalten der Funktionen $\psi(x, y, z; \sigma)$ bei einer Drehung des Koordinatensystems sprechen, so kann man sich dabei vorstellen, daß sich das Teilchen im Koordinatenursprung befindet. Die Ortskoordinaten des Teilchens bleiben bei einer solchen Drehung unverändert, und die erhaltenen Ergebnisse sind gerade für das Verhalten der Funktion ψ in Abhängigkeit von der Spinvariablen σ charakteristisch.

Die Variable σ unterscheidet sich von den üblichen Veränderlichen (Ortskoordinaten), weil sie diskret ist. Die allgemeinste Gestalt eines linearen Operators, der auf die Funktionen der diskreten Variablen σ wirkt, schreiben wir in der Form

$$(\hat{f}\psi)(\sigma) = \sum_{\sigma'} f_{\sigma\sigma'}\psi(\sigma')\,, \tag{55,1}$$

wobei die $f_{\sigma\sigma'}$ Konstanten sind. Die Klammern um $\hat{f}\psi$ sollen deutlich machen, daß das folgende Spinargument nicht mehr zur Ausgangsfunktion ψ gehört, sondern zu der durch Anwendung von $\hat{f}$ entstandenen Funktion. Die Größen $f_{\sigma\sigma'}$ sind gleich den Matrixelementen des Operators nach der üblichen Vorschrift (11,5).[1]

Die Integration über die Ortskoordinaten in der Definition (11,5) wird jetzt durch die Summation über die diskrete Variable ersetzt, so daß die Definition des Matrixelementes die folgende Gestalt erhält:

$$f_{\sigma_2\sigma_1} = \sum_{\sigma} \psi^*_{\sigma_2}(\sigma)\,[\hat{f}\psi_{\sigma_1}(\sigma)]\,. \tag{55,2}$$

Hier sind $\psi_{\sigma_1}(\sigma)$ und $\psi_{\sigma_2}(\sigma)$ die Eigenfunktionen des Operators $\hat{s}_z$ zu den Eigenwerten $s_z = \sigma_1$ und $s_z = \sigma_2$; jede solche Funktion gehört zu einem Zustand, in dem das Teilchen einen bestimmten Wert s_z hat, d. h., von allen Komponenten der Wellenfunktion ist nur eine von Null verschieden:[2]

$$\psi_{\sigma_1}(\sigma) = \delta_{\sigma\sigma_1}\,, \qquad \psi_{\sigma_2}(\sigma) = \delta_{\sigma\sigma_2}\,. \tag{55,3}$$

[1]) Wir machen darauf aufmerksam, daß hierbei die Indizes an den Matrixelementen auf der rechten Seite von (55,1) in einer Reihenfolge geschrieben worden sind, die im bekannten Sinne umgekehrt zur üblichen Reihenfolge in (11,11) ist.

[2]) Genauer müßte man schreiben: $\psi_{\sigma_1}(\sigma) = \psi(x, y, z)\,\delta_{\sigma_1\sigma}$; in (55,3) sind die in diesem Zusammenhang unwesentlichen, nur von den Ortskoordinaten abhängigen Faktoren weggelassen worden.

Wir betonen nochmals, daß es nötig ist, zwischen einem gegebenen Eigenwert s_z (σ_1 oder σ_2) und der unabhängigen Veränderlichen σ zu unterscheiden!

Nach (55,1) ist

$$(\hat{f}\psi_{\sigma_1})(\sigma) = \sum_{\sigma'} f_{\sigma\sigma'}\psi_{\sigma_1}(\sigma') = \sum_{\sigma'} f_{\sigma\sigma'}\delta_{\sigma'\sigma_1} = f_{\sigma\sigma_1}\,.$$

Das setzen wir zusammen mit $\psi_{\sigma_2}(\sigma)$ in (55,2) ein und sehen, daß letztere Gleichung automatisch erfüllt ist, womit die aufgestellte Behauptung bewiesen ist.

Die auf Funktionen von σ wirkenden Operatoren können also als $(2s+1)$-reihige Matrizen dargestellt werden. Das gilt insbesondere auch für den Spinoperator selbst. Die Anwendung des Spinoperators auf eine Wellenfunktion wird nach (55,1) durch die Beziehung

$$(\hat{\mathbf{s}}\psi)(\sigma) = \sum_{\sigma'} \mathbf{s}_{\sigma\sigma'}\psi(\sigma') \tag{55,4}$$

wiedergegeben. Nach obigen Feststellungen (Schluß von § 54) sind die Matrizen für $\hat{s}_x$, $\hat{s}_y$ und $\hat{s}_z$ gleich den in § 27 gefundenen Matrizen für $\hat{L}_x$, $\hat{L}_y$ und $\hat{L}_z$, wenn man dort die Buchstaben L und M durch die Buchstaben s und σ ersetzt:

$$\begin{aligned} (s_x)_{\sigma,\sigma-1} &= (s_x)_{\sigma-1,\sigma} = \tfrac{1}{2}\sqrt{(s+\sigma)(s-\sigma+1)}\,,\\ (s_y)_{\sigma,\sigma-1} &= -(s_y)_{\sigma-1,\sigma} = -\frac{i}{2}\sqrt{(s+\sigma)(s-\sigma+1)}\,,\\ (s_z)_{\sigma\sigma} &= \sigma\,. \end{aligned} \tag{55,5}$$

Mit diesen Beziehungen haben wir den Spinoperator erhalten.

In dem wichtigen Fall Spin 1/2 ($s = 1/2$, $\sigma = \pm 1/2$) sind diese Matrizen zweireihig. Man schreibt sie in der Form

$$\hat{\mathbf{s}} = \tfrac{1}{2}\hat{\boldsymbol{\sigma}} \tag{55,6}$$

mit[1])

$$\hat{\sigma}_x = \begin{pmatrix} 0 & 1\\ 1 & 0\end{pmatrix}, \qquad \hat{\sigma}_y = \begin{pmatrix} 0 & -i\\ i & 0\end{pmatrix}, \qquad \hat{\sigma}_z = \begin{pmatrix} 1 & 0\\ 0 & -1\end{pmatrix}. \tag{55,7}$$

Die Matrizen (55,7) heißen PAULI-Matrizen. Die Matrix $\hat{s}_z = \hat{\sigma}_z/2$ ist diagonal, wie es für eine Matrix der Fall sein muß, die mit den Eigenfunktionen der Größe s_z selbst berechnet worden ist[2]).

[1]) Bei der Schreibweise der Matrizen in der Form (55,7) werden die Zeilen und Spalten mit den Werten von σ indiziert; der Zeilenindex entspricht dem ersten, der Spaltenindex dem zweiten Index eines Matrixelementes. Im vorliegenden Falle sind diese Indizes $+1/2$ und $-1/2$. Die Anwendung eines Operators bedeutet nach der Vorschrift (55,4) die Multiplikation der σ-ten Zeile der Matrix mit den Komponenten der Wellenfunktion, die als Spaltenvektor

$$\psi = \begin{pmatrix} \psi(1/2)\\ \psi(-1/2)\end{pmatrix}$$

darzustellen ist.

[2]) Die Bezeichnung der Spinvariablen und der PAULI-Matrizen mit dem gleichen Buchstaben kann nicht zu Mißverständnissen führen; denn die PAULI-Matrizen werden mit einem Dach über dem Buchstaben versehen.

Wir wollen einige wichtige Eigenschaften der PAULI-Matrizen angeben. Dazu multiplizieren wir die Matrizen (55,7) miteinander und erhalten unmittelbar die Gleichungen

$$\begin{gathered}\hat{\sigma}_x^2 = \hat{\sigma}_y^2 = \hat{\sigma}_z^2 = 1\,,\\ \hat{\sigma}_y\hat{\sigma}_z = i\hat{\sigma}_x\,,\qquad \hat{\sigma}_z\hat{\sigma}_x = i\hat{\sigma}_y\,,\qquad \hat{\sigma}_x\hat{\sigma}_y = i\hat{\sigma}_z\,.\end{gathered}\tag{55,8}$$

Diese Gleichungen kombinieren wir mit den allgemeinen Vertauschungsregeln (54,1) und finden

$$\hat{\sigma}_i\hat{\sigma}_k + \hat{\sigma}_k\hat{\sigma}_i = 2\delta_{ik}\,,\tag{55,9}$$

d. h., die PAULI-Matrizen antikommutieren. Mit Hilfe dieser Gleichungen können wir uns leicht davon überzeugen, daß folgende nützliche Formeln gelten:

$$\hat{\sigma}^2 = 3\,,\qquad (\hat{\boldsymbol{\sigma}}\boldsymbol{a})\,(\hat{\boldsymbol{\sigma}}\boldsymbol{b}) = \boldsymbol{ab} + i\hat{\boldsymbol{\sigma}}[\boldsymbol{ab}]\,,\tag{55,10}$$

$\boldsymbol{a}$ und $\boldsymbol{b}$ sind darin zwei beliebige Vektoren.[1]) Auf Grund dieser Beziehungen kann jeder skalare Polynomausdruck aus den Matrizen $\hat{\sigma}_i$ zurückgeführt werden auf $\hat{\boldsymbol{\sigma}}$-unabhängige Glieder und auf Glieder erster Ordnung in $\hat{\boldsymbol{\sigma}}$. Hieraus folgt, daß überhaupt jede skalare Funktion des Operators $\hat{\boldsymbol{\sigma}}$ sich auf eine lineare Funktion reduziert (siehe Aufgabe 1). Schließlich vermerken wir noch die Spuren (die Summen der Diagonalelemente) der PAULI-Matrizen und ihrer Produkte:

$$\mathrm{Sp}\,\hat{\sigma}_i = 0\,,\qquad \mathrm{Sp}\,\hat{\sigma}_i\hat{\sigma}_k = 2\delta_{ik}\,.\tag{55,11}$$

Die nächsten Paragraphen dieses Kapitels befassen sich mit der eingehenden Untersuchung der Spineigenschaften der Wellenfunktionen, unter anderem auch mit dem Verhalten bei beliebigen Drehungen des Koordinatensystems. Aber schon hier können wir sofort eine wichtige Eigenschaft dieser Funktionen angeben — das Verhalten bei Drehungen um die z-Achse.

Wir wollen eine infinitesimale Drehung um den Winkel $\delta\varphi$ um die z-Achse ausführen. Der Operator für diese Drehung wird durch den Drehimpulsoperator (in unserem Fall durch den Spinoperator) in der Form $1 + i\delta\varphi\hat{s}_z$ ausgedrückt. Infolge der Drehung gehen die Funktionen $\psi(\sigma)$ in $\psi(\sigma) + \delta\psi(\sigma)$ über mit

$$\delta\psi(\sigma) = i\delta\varphi\hat{s}_z\psi(\sigma) = i\sigma\psi(\sigma)\,\delta\varphi\,.$$

Wir formen diese Beziehung um in $\mathrm{d}\psi/\mathrm{d}\varphi = i\sigma\psi(\sigma)$, integrieren und finden, daß die Funktionen $\psi(\sigma)$ bei einer Drehung um den endlichen Winkel φ in die Funktionen

$$\psi(\sigma)' = \psi(\sigma)\,\mathrm{e}^{i\sigma\varphi}\tag{55,12}$$

übergehen. Insbesondere werden sie bei einer Drehung um 2π mit dem Faktor $\mathrm{e}^{2\pi i\sigma}$ multipliziert, der für alle σ gleich $(-1)^{2s}$ ist (die Zahl 2σ ist gerade bzw. ungerade, wenn die Zahl $2s$ gerade bzw. ungerade ist). Bei einer vollen Drehung des Koordinatensystems um die z-Achse nehmen also die Wellenfunktionen für Teilchen mit ganzzahligem Spin wieder ihren ursprünglichen Wert an, während die Wellenfunktionen für Teilchen mit halbzahligem Spin ihr Vorzeichen wechseln.

---

[1]) Die von $\hat{\sigma}$ unabhängigen Glieder auf den rechten Seiten der Gleichungen (55,8)—(55,10) hat man natürlich als Konstanten aufzufassen, die mit der zweireihigen Einheitsmatrix zu multiplizieren sind.

Aufgaben

1. Es ist eine beliebige Funktion des in den PAULI-Matrizen linearen Skalars $a + \boldsymbol{b}\hat{\boldsymbol{\sigma}}$ in eine lineare Funktion überzuführen.

Lösung. Zur Bestimmung der Koeffizienten in der gesuchten Formel

$$f(a + \boldsymbol{b}\hat{\boldsymbol{\sigma}}) = A + \boldsymbol{B}\hat{\boldsymbol{\sigma}}$$

gehen wir folgendermaßen vor: Wir wählen die z-Achse in Richtung von $\boldsymbol{b}$. Die Eigenwerte des Operators $a + \boldsymbol{b}\hat{\boldsymbol{\sigma}}$ sind dann gleich $a \pm b$, und die entsprechenden Eigenfunktionen des Operators $f(a + \boldsymbol{b}\hat{\boldsymbol{\sigma}})$ sind $f(a \pm b)$. Auf diese Weise finden wir

$$A = \frac{1}{2}\,[f(a + b) + f(a - b)]\,, \qquad \boldsymbol{B} = \frac{\boldsymbol{b}}{2b}\,[f(a + b) - f(a - b)]\,.$$

2. Man berechne die Werte des Skalarproduktes $\boldsymbol{s}_1\boldsymbol{s}_2$ der Spins (1/2) zweier Teilchen in Zuständen, in denen der Gesamtspin des Systems $\boldsymbol{S} = \boldsymbol{s}_1 + \boldsymbol{s}_2$ einen bestimmten Wert (0 oder 1) hat!

Lösung. Nach der allgemeinen Formel (31,3), die für die Addition zweier beliebiger Drehimpulse gilt, finden wir

$$\boldsymbol{s}_1\boldsymbol{s}_2 = 1/4 \quad \text{für} \quad S = 1\,, \qquad \boldsymbol{s}_1\boldsymbol{s}_2 = -3/4 \quad \text{für} \quad S = 0\,.$$

3. Welche Potenzen des Operators $\hat{\boldsymbol{s}}$ für beliebigen Spin s sind voneinander unabhängig?

Lösung. Der Operator

$$(\hat{s}_z - s)\,(\hat{s}_z - s + 1)\,\ldots\,(\hat{s}_z + s)$$

ist das Produkt der Differenzen von $\hat{s}_z$ und allen möglichen Eigenwerten s_z. Bei Anwendung auf eine beliebige Wellenfunktion ergibt er Null, und deshalb ist er selbst gleich Null. Hieraus folgt, daß $(\hat{s}_z)^{2s+1}$ durch niedrigere Potenzen des Operators $\hat{s}_z$ ausgedrückt wird, so daß nur die Potenzen von 1 bis $2s$ voneinander unabhängig sind.

§ 56. Spinoren

Für den Spin 0 hat die Wellenfunktion nur eine Komponente $\psi(0)$. Wendet man den Spinoperator darauf an, so ergibt sich Null: $\hat{\boldsymbol{s}}\psi = 0$. Da $\hat{\boldsymbol{s}}$ mit dem Operator für infinitesimale Drehungen zusammenhängt, bedeutet das, daß sich die Wellenfunktion eines Teilchens mit dem Spin 0 bei Drehungen des Koordinatensystems nicht ändert, d. h., sie ist ein Skalar.

Die Wellenfunktion eines Teilchens mit dem Spin 1/2 hat zwei Komponenten: $\psi(1/2)$ und $\psi(-1/2)$. Für spätere Verallgemeinerungen wird es zweckmäßig sein, diese Komponenten mit den Indizes 1 bzw. 2 zu versehen, die an dem betreffenden Buchstaben oben angebracht werden. Die zweikomponentige Größe

$$\psi = \begin{pmatrix} \psi^1 \\ \psi^2 \end{pmatrix} \equiv \begin{pmatrix} \psi(1/2) \\ \psi(-1/2) \end{pmatrix} \tag{56,1}$$

wird als *Spinor* bezeichnet.

Bei einer beliebigen Drehung des Koordinatensystems werden die Spinorkomponenten einer linearen Transformation unterworfen:

$$\psi^{1'} = a\psi^1 + b\psi^2\,, \qquad \psi^{2'} = c\psi^1 + d\psi^2\,. \tag{56,2}$$

Man kann sie auch in der Gestalt

$$\psi^{\lambda'} = (\hat{U}\psi)^{\lambda}, \qquad \hat{U} = \begin{pmatrix} a & b \\ c & d \end{pmatrix} \tag{56,3}$$

mit der Transformationsmatrix U schreiben.[1]) Die Elemente dieser Matrix sind im allgemeinen komplex und Funktionen der Drehwinkel der Koordinatenachsen. Zwischen den Matrixelementen bestehen Beziehungen, die unmittelbar aus den physikalischen Forderungen resultieren, die man an einen Spinor als Wellenfunktion eines Teilchens stellen muß.

Wir betrachten die Bilinearform

$$\psi^1\varphi^2 - \psi^2\varphi^1 \tag{56,4}$$

aus den beiden Spinoren ψ und φ. Eine einfache Rechnung ergibt

$$\psi^{1'}\varphi^{2'} - \psi^{2'}\varphi^{1'} = (ad - bc)(\psi^1\varphi^2 - \psi^2\varphi^1),$$

d. h., bei einer Drehung des Koordinatensystems transformiert sich die Größe (56,4) in sich selbst. Wenn es aber nur eine Funktion gibt, die bei einer Transformation in sich selbst übergeht, dann kann man diese als zum Spin 0 gehörig ansehen, und folglich muß sie ein Skalar sein, d. h., sie muß bei Drehungen des Koordinatensystems überhaupt unverändert bleiben. Hieraus erhalten wir die Gleichung

$$ad - bc = 1. \tag{56,5}$$

Die Determinante der Transformationsmatrix muß gleich 1 sein.[2])

Weitere Beziehungen ergeben sich aus der Forderung, daß der Ausdruck

$$\psi^1\psi^{1*} + \psi^2\psi^{2*} \tag{56,6}$$

ein Skalar ist und die Aufenthaltswahrscheinlichkeit eines Teilchens in einem gegebenen Raumpunkt angibt. Eine Transformation, die die Summe der Betragsquadrate der transformierten Größen invariant läßt, ist eine unitäre Transformation, d. h., es muß $\hat{U}^+ = \hat{U}^{-1}$ gelten (siehe § 12). Unter der Bedingung (56,5) ist die inverse Matrix

$$\hat{U}^{-1} = \begin{pmatrix} d & -b \\ -c & a \end{pmatrix}.$$

Wir setzen sie gleich der adjungierten Matrix

$$\hat{U}^+ = \begin{pmatrix} a^* & c^* \\ b^* & d^* \end{pmatrix}$$

und bekommen die Beziehungen

$$a = d^*, \qquad b = -c^*. \tag{56,7}$$

Infolge der Beziehungen (56,5) und (56,7) enthalten die vier komplexen Größen a, b, c und d in Wirklichkeit nur insgesamt drei unabhängige reelle Parameter; das entspricht den drei Winkeln zur Angabe einer Drehung eines dreidimensionalen Koordinatensystems.

---

[1]) Die Schreibweise $\hat{U}\psi$ bedeutet, daß die Zeilen der Matrix $\hat{U}$ mit der Spalte ψ zu multiplizieren sind.

[2]) Eine solche Transformation zweier Größen heißt *unimodular*.

Wir vergleichen die Ausdrücke für die Skalare (56,4) und (56,6) und sehen, daß sich die Größen ψ^{1*} und ψ^{2*} wie ψ^2 und $-\psi^1$ transformieren müssen. Es ist leicht nachzuprüfen, daß das auf Grund der Beziehungen (56,5) und (56,7) tatsächlich zutrifft.[1])

Die Spinoralgebra kann ähnlich formuliert werden wie die Tensoralgebra. Dazu werden neben den *kontravarianten* Spinorkomponenten (obere Indizes)ψ^1 und ψ^2 auch *kovariante* Komponenten (untere Indizes) nach der Definition

$$\psi_1 = \psi^2\,, \qquad \psi_2 = -\psi^1 \tag{56,8}$$

eingeführt. Die invariante Kombination zweier Spinoren (56,4) wird dann als Skalarprodukt

$$\psi^\lambda \varphi_\lambda = \psi^1 \varphi_1 + \psi^2 \varphi_2 = \psi^1 \varphi^2 - \psi^2 \varphi^1 \tag{56,9}$$

geschrieben. Hier und im folgenden ist über doppelt auftretende Indizes zu summieren, ähnlich wie es in der Tensoralgebra üblich ist. Es ist folgende Regel zu beachten, an die man in der Spinoralgebra immer zu denken hat. Es gilt $\psi^\lambda \varphi_\lambda = \psi^1 \varphi_1 + \psi^2 \varphi_2 = -\psi_2 \varphi^2 - \psi_1 \varphi^1$, d. h.

$$\psi^\lambda \varphi_\lambda = -\psi_\lambda \varphi^\lambda\,. \tag{56,10}$$

Hieraus ist unmittelbar evident, daß das Skalarprodukt eines beliebigen Spinors mit sich selbst gleich Null ist:

$$\psi^\lambda \psi_\lambda = 0\,. \tag{56,11}$$

Nach den obigen Feststellungen transformieren sich die Größen ψ_1 und ψ_2 wie ψ^{1*} und ψ^{2*}, d. h.

$$\psi'_\lambda = (\hat{U}^* \psi)_\lambda\,. \tag{56,12}$$

Das Produkt $\hat{U}^*\psi$ kann auch in der Gestalt $\psi\tilde{\hat{U}}^*$ mit der transponierten Matrix $\tilde{\hat{U}}^*$ geschrieben werden. Wegen der Unitarität der Matrix $\hat{U}$ haben wir $\tilde{\hat{U}}^* = \hat{U}^{-1}$, so daß $\psi'_\lambda = (\psi\hat{U}^{-1})_\lambda$ ist oder[2])

$$\psi_\lambda = (\psi'\hat{U})_\lambda\,. \tag{56,13}$$

Ähnlich wie man in der üblichen Tensoralgebra von Vektoren zu Tensoren übergeht, kann man den Begriff der *Spinoren höherer Stufen* einführen. So werden wir die vierkomponentige Größe $\psi^{\lambda\mu}$ als Spinor zweiter Stufe bezeichnen, wenn sich die Komponenten dieser Größe wie die Produkte $\psi^\lambda\varphi^\mu$ aus den Komponenten zweier Spinoren (Spinoren erster Stufe) transformieren. Neben den kontravarianten Komponenten $\psi^{\lambda\mu}$ kann man auch kovariante $\psi_{\lambda\mu}$ und gemischte Komponenten $\psi_\lambda{}^\mu$ betrachten, die sich wie $\psi_\lambda\varphi_\mu$ bzw. $\psi_\lambda\varphi^\mu$ transformieren. Analog werden Spinoren beliebiger Stufe definiert.

---

[1]) Diese Eigenschaft hängt eng mit der Symmetrie bei Zeitumkehr zusammen. Bei einer Zeitumkehr wird (siehe § 18) die Wellenfunktion durch die konjugiert komplexe Wellenfunktion ersetzt. Bei einer Zeitumkehr wechseln aber auch die Drehimpulsprojektionen ihre Vorzeichen. Die zu den Komponenten $\psi^1 \equiv \psi(1/2)$ und $\psi^2 \equiv \psi(-1/2)$ konjugiert komplexen Funktionen müssen daher in ihren Eigenschaften denjenigen Komponenten äquivalent sein, die den Spinprojektionen $-1/2$ bzw. $1/2$ entsprechen.

[2]) Die Schreibweise $\psi\hat{U}$ (ψ links von $\hat{U}$) bedeutet, daß die als Zeile angeordneten Komponenten (ψ_1, ψ_2) mit den Spalten der Matrix $\hat{U}$ zu multiplizieren sind.

Der Übergang von kontra- zu kovarianten Spinorkomponenten und umgekehrt kann in der Form

$$\psi_\lambda = g_{\lambda\mu}\psi^\mu\,, \qquad \psi^\lambda = g^{\mu\lambda}\psi_\mu \tag{56,14}$$

dargestellt werden, wobei

$$(g_{\lambda\mu}) = (g^{\lambda\mu}) = \begin{pmatrix} 0 & 1 \\ -1 & 0 \end{pmatrix} \tag{56,15}$$

der *metrische Spinor* im zweidimensionalen Vektorraum ist. In ähnlicher Weise haben wir zum Beispiel

$$\psi_\lambda{}^\mu = g_{\lambda\nu}\psi^{\nu\mu}\,, \qquad \psi_{\lambda\mu} = g_{\lambda\nu}g_{\mu\varrho}\psi^{\nu\varrho}\,,$$

so daß $\psi_{12} = -\psi_1{}^1 = -\psi^{21}$, $\psi_{11} = \psi_1{}^2 = \psi^{22}$ usw. sind.

Die Größen $g_{\lambda\mu}$ bilden den antisymmetrischen Einheitsspinor zweiter Stufe. Man kann sich leicht davon überzeugen, daß seine Komponenten bei Koordinatentransformationen unverändert bleiben und daß

$$g_{\lambda\nu}g^{\mu\nu} = \delta_\lambda^\mu \tag{56,16}$$

gilt mit $\delta_1^1 = \delta_2^2 = 1$, $\delta_2^1 = \delta_1^2 = 0$.

Wie in der gewohnten Tensoralgebra gibt es in der Spinoralgebra zwei Grundoperationen: die Multiplikation und die Verjüngung in einem Indexpaar. Die Multiplikation zweier Spinoren ergibt einen Spinor höherer Stufe. Aus einem Spinor zweiter Stufe $\psi_{\lambda\mu}$ und einem Spinor dritter Stufe $\psi^{\nu\varrho\sigma}$ können wir zum Beispiel den Spinor fünfter Stufe $\psi_{\lambda\mu}\psi^{\nu\varrho\sigma}$ bilden. Die Verjüngung in einem Indexpaar (d. h. die Summation der Komponenten mit gleichen Werten eines kovarianten und eines kontravarianten Index) erniedrigt die Stufe eines Spinors um 2. Die Verjüngung des Spinors $\psi_{\lambda\mu}{}^{\nu\varrho\sigma}$ in den Indizes μ und ν ergibt einen Spinor dritter Stufe $\psi_{\lambda\mu}{}^{\mu\varrho\sigma}$; durch Verjüngung des Spinors $\psi_\lambda{}^\mu$ entsteht der Skalar $\psi_\lambda{}^\lambda$. Dabei gilt eine Regel ähnlich wie Formel (56,10): Werden die Stellungen der Indizes (des oberen und des unteren), in denen verjüngt wird, vertauscht, dann ändert sich das Vorzeichen der Größe (d. h. $\psi_\lambda{}^\lambda = -\psi^\lambda{}_\lambda$). Ist ein Spinor in zwei Indizes symmetrisch, dann erhält man bei der Verjüngung in diesen Indizes Null. Für einen symmetrischen Spinor zweiter Stufe $\psi_{\lambda\mu}$ haben wir $\psi_\lambda{}^\lambda = 0$.

Einen in allen Indizes symmetrischen Spinor nennen wir einen *symmetrischen Spinor* n-ter Stufe. Aus einem asymmetrischen Spinor kann man durch Symmetrisierung einen symmetrischen Spinor bilden. Das geschieht, indem man alle Komponenten addiert, die man durch alle möglichen Permutationen der Indizes erhält. Auf Grund der obigen Feststellung kann man aus einem symmetrischen Spinor (durch Verjüngung) keinen Spinor niedrigerer Stufe erzeugen.

Nur ein Spinor zweiter Stufe kann (in allen Indizes) antisymmetrisch sein. Da jeder Index insgesamt nur zweier Werte fähig ist, haben bei drei oder mehreren Indizes mindestens zwei davon gleiche Werte, und deshalb verschwinden die Komponenten eines solchen Spinors identisch. Jeder antisymmetrische Spinor zweiter Stufe reduziert sich auf einen Skalar, multipliziert mit dem Einheitsspinor $g_{\lambda\mu}$. Wir vermerken die folgende, aus unseren Überlegungen resultierende Beziehung:

$$g_{\lambda\mu}\psi_\nu + g_{\mu\nu}\psi_\lambda + g_{\nu\lambda}\psi_\mu = 0 \tag{56,17}$$

mit einem beliebigen Spinor ψ_λ. Diese Regel folgt einfach daraus, daß der Ausdruck auf der linken Seite der Gleichung (wie man leicht verifizieren kann) ein antisymmetrischer Spinor dritter Stufe ist.

Das in einem Indexpaar verjüngte Produkt eines Spinors $\psi_{\lambda\mu}$ mit sich selbst ist in dem anderen Indexpaar antisymmetrisch:

$$\psi_{\lambda\nu}\psi_\mu^{\ \nu} = -\psi_\lambda^{\ \nu}\psi_{\mu\nu}\,.$$

Dieser Spinor muß sich nach unseren obigen Überlegungen auf den mit einem Skalar multiplizierten Spinor $g_{\lambda\mu}$ reduzieren. Wir bestimmen diesen Skalar so, daß die Verjüngung über das zweite Indexpaar das richtige Ergebnis liefert, und finden

$$\psi_{\lambda\nu}\psi_\mu^{\ \nu} = -\frac{1}{2}\psi_{\varrho\sigma}\psi^{\varrho\sigma}g_{\lambda\mu}\,. \tag{56,18}$$

Die Komponenten des Spinors $\psi^*_{\lambda\mu\ldots}$, der zu $\psi_{\lambda\mu\ldots}$ konjugiert komplex ist, transformieren sich wie die Komponenten eines kontravarianten Spinors $\varphi^{\lambda\mu\ldots}$ und umgekehrt. Die Summe der Betragsquadrate der Komponenten eines beliebigen Spinors ist folglich eine Invariante.

§ 57. Die Wellenfunktionen für Teilchen mit beliebigem Spin

Nachdem wir die formale Algebra für Spinoren beliebiger Stufe entwickelt haben, können wir zu unserer eigentlichen Aufgabe übergehen — zum Studium der Eigenschaften von Wellenfunktionen für Teilchen mit beliebigem Spin.

An dieses Problem geht man zweckmäßig so heran, daß man ein System von Teilchen mit dem Spin 1/2 betrachtet. Der maximal mögliche Wert für den Gesamtspin des Systems ist $n/2$. Man erhält ihn, wenn für jedes Teilchen $s_z = 1/2$ ist (alle Spins haben die gleiche Richtung, die z-Richtung). In diesem Falle kann man offensichtlich behaupten, daß auch der Gesamtspin des Systems $n/2$ ist.

Alle Komponenten der Wellenfunktion $\psi(\sigma_1, \sigma_2, \ldots, \sigma_n)$ des Systems sind dabei gleich Null bis auf eine einzige: $\psi(1/2, 1/2, \ldots, 1/2)$. Schreiben wir die Wellenfunktion als Produkt aus n Spinoren $\psi^\lambda\varphi^\mu \ldots$, von denen jeder zu einem Teilchen gehört, dann wird für alle Spinoren nur die Komponente mit $\lambda, \mu, \ldots = 1$ von Null verschieden sein. Es ist also nur das Produkt $\psi^1\varphi^1 \ldots$ von Null verschieden. Die Gesamtheit aller dieser Produkte bildet einen Spinor n-ter Stufe, der in allen Indizes symmetrisch ist. Führen wir eine Koordinatentransformation aus (so daß die Spins nicht mehr in z-Richtung zeigen), dann erhalten wir einen allgemeineren Spinor n-ter Stufe, der nach wie vor symmetrisch ist.

Die Spineigenschaften der Wellenfunktion sind im wesentlichen deren Eigenschaften bei Drehungen des Koordinatensystems. Sie sind offensichtlich für ein Teilchen mit dem Spin s und für ein System aus $n = 2s$ Teilchen mit den Spins 1/2 identisch. Die Spins der Teilchen müssen dabei so ausgerichtet sein, daß der Gesamtspin des Systems s ist. Daraus schließen wir, daß die Wellenfunktion eines Teilchens mit dem Spin s ein symmetrischer Spinor der Stufe $n = 2s$ ist.

Die Zahl der unabhängigen Komponenten eines symmetrischen Spinors $2s$-ter Stufe ist ebenfalls gleich $2s + 1$, wie man leicht sehen kann und wie es auch sein muß. Es sind tatsächlich nur diejenigen Komponenten voneinander verschieden, in deren Indizes $2s$ Einsen und 0 Zweien, $2s - 1$ Einsen und eine Zwei usw. bis 0 Einsen und $2s$ Zweien vorkommen.

Vom mathematischen Standpunkt aus vermitteln die symmetrischen Spinoren eine Klassifizierung der möglichen Transformationstypen von Größen bei Drehungen des Koordinatensystems. Gibt es $2s + 1$ verschiedene Größen, die sich linear ineinander transformieren (wobei die Zahl dieser Größen durch keine Bildung von Linearkombinationen herabgesetzt werden kann), dann ist ihre Transformationsvorschrift äquivalent zur Transformationsvorschrift für die Komponenten eines symmetrischen Spinors der Stufe $2s$. Jeder Satz beliebig vieler Funktionen, die sich bei Drehungen des Koordinatensystems linear untereinander transformieren, kann (durch geeignete lineare Transformationen) auf einen oder einige symmetrische Spinoren zurückgeführt werden.[1])

Ein beliebiger Spinor n-ter Stufe $\psi_{\lambda\mu\nu\ldots}$ kann auf symmetrische Spinoren der Stufen n, $n - 2$, $n - 4$, ... zurückgeführt werden. Tatsächlich wird diese Reduktion folgendermaßen durchgeführt. Wir symmetrisieren den Spinor $\psi_{\lambda\mu\nu\ldots}$ in allen Indizes und bilden so einen symmetrischen Spinor n-ter Stufe. Ferner verjüngen wir den ursprünglichen Spinor $\psi_{\lambda\mu\nu\ldots}$ über verschiedene Indexpaare und erhalten die Spinoren $(n - 2)$-ter Stufe $\psi^{\lambda}{}_{\lambda\nu\ldots}$. Diese symmetrisieren wir wiederum und bekommen symmetrische Spinoren $(n - 2)$-ter Stufe. Durch Symmetrisieren der Spinoren nach Verjüngung von $\psi_{\lambda\mu\ldots}$ in zwei Indexpaaren ergeben sich symmetrische Spinoren $(n - 4)$-ter Stufe usw.

Wir müssen noch den Zusammenhang eines symmetrischen Spinors $2s$-ter Stufe mit den $2s + 1$ Funktionen $\psi(\sigma)$ (mit $\sigma = s, s - 1, \ldots, -s$) herstellen. Die Komponente

$$\psi^{\underbrace{11\ldots1}_{s+\sigma}\overbrace{22\ldots2}^{s-\sigma}},$$

in deren Indizes die 1 $(s + \sigma)$-mal und die 2 $(s - \sigma)$-mal vorkommen, gehört zur Spinprojektion σ auf die z-Achse. Wenn wir wieder ein System aus $n = 2s$ Teilchen mit den Spins 1/2 anstelle eines Teilchens mit dem Spin s betrachten, dann entspricht die aufgeschriebene Komponente dem Produkt

$$\overbrace{\psi^1\varphi^1\ldots}^{s+\sigma}\overbrace{\chi^2\varrho^2\ldots}^{s-\sigma}.$$

Dieses Produkt gehört zum Zustand, in dem $s + \sigma$ Teilchen die Spinprojektion $+1/2$ und $s - \sigma$ Teilchen die Spinprojektion $-1/2$ haben. Die resultierende Projektion ist $\frac{1}{2}(s + \sigma) - \frac{1}{2}(s - \sigma) = \sigma$. Schließlich wählen wir den Proportionalitätsfaktor für die angegebene Spinorkomponente und $\psi(\sigma)$ so, daß

$$\sum_{\sigma=-s}^{+s} |\psi(\sigma)|^2 = \sum_{\lambda,\mu,\ldots=1}^{2} |\psi^{\lambda\mu\ldots}|^2 \tag{57,1}$$

gilt (diese Summe ist ein Skalar, wie es sein muß; denn sie gibt die Aufenthaltswahrscheinlichkeit eines Teilchens in einem bestimmten Raumpunkt an). In der Summe auf der rechten Seite der Gleichung kommen Komponenten mit $s + \sigma$ Indizes 1

$$\frac{(2s)!}{(s + \sigma)!\,(s - \sigma)!}\text{-mal}$$

[1]) Mit anderen Worten, die symmetrischen Spinoren realisieren irreduzible Darstellungen der Drehgruppe (siehe § 98).

vor. Der Zusammenhang zwischen den Funktionen $\psi(\sigma)$ und den Spinorkomponenten wird daher durch die Formel

$$\psi(\sigma) = \sqrt{\frac{(2s)!}{(s+\sigma)!\,(s-\sigma)!}}\;\psi^{\overbrace{11\ldots1}^{s+\sigma}\overbrace{22\ldots2}^{s-\sigma}} \tag{57,2}$$

gegeben.

Die Beziehung (57,2) erfüllt nicht nur die Bedingung (57,1), sondern auch, wie man sich leicht überzeugen kann, die allgemeinere Bedingung

$$\psi^{\lambda\mu\ldots}\varphi_{\lambda\mu\ldots} = \sum_{\sigma} (-1)^{s-\sigma}\,\psi(\sigma)\,\varphi(-\sigma)\,. \tag{57,3}$$

Darin sind $\psi^{\lambda\mu\ldots}$ und $\varphi_{\lambda\mu\ldots}$ zwei verschiedene Spinoren gleicher Stufe, $\psi(\sigma)$ und $\varphi(\sigma)$ sind die aus diesen Spinoren nach Formel (57,2) gebildeten Funktionen (der Faktor $(-1)^{s-\sigma}$ hängt damit zusammen, daß sich beim Hochziehen aller Indizes der Spinorkomponenten das Vorzeichen so oft ändert, wie es unter den Indizes Zweien gibt).

Die Formeln (55,5) geben an, wie der Spinoperator auf die Wellenfunktionen $\psi(\sigma)$ wirkt. Es bereitet keine Mühe festzustellen, wie diese Operatoren auf eine Wellenfunktion in der Gestalt eines Spinors $2s$-ter Stufe wirken. Im Falle Spin 1/2 stimmen die Funktionen $\psi(+1/2)$ und $\psi(-1/2)$ mit den Spinorkomponenten ψ^1 und ψ^2 überein. Nach (55,6) und (55,7) ergibt die Anwendung der Spinoperatoren auf diese Funktionen

$$\begin{aligned}(\hat{s}_x\psi)^1 &= \frac{1}{2}\,\psi^2\,, & (\hat{s}_y\psi)^1 &= -\frac{i}{2}\,\psi^2\,, & (\hat{s}_z\psi)^1 &= \frac{1}{2}\,\psi^1\,,\\ (\hat{s}_x\psi)^2 &= \frac{1}{2}\,\psi^1\,, & (\hat{s}_y\psi)^2 &= \frac{i}{2}\,\psi^1\,, & (\hat{s}_z\psi)^2 &= -\frac{1}{2}\,\psi^2\,.\end{aligned} \tag{57,4}$$

Für den Übergang zum allgemeinen Fall beliebigen Spins betrachten wir wieder ein System aus $2s$ Teilchen mit dem Spin 1/2 und schreiben seine Wellenfunktion als Produkt aus $2s$ Spinoren. Der Spinoperator für ein System von Teilchen ist die Summe der Spinoperatoren der einzelnen Teilchen, die nur auf den entsprechenden Spinor wirken. Das Ergebnis ihrer Anwendung gibt Formel (57,4) wieder. Gehen wir dann umgekehrt zu beliebigen symmetrischen Spinoren über, d. h. zu Wellenfunktionen von Teilchen mit Spin s, dann erhalten wir die folgenden Formeln:

$$\begin{aligned}(\hat{s}_x\psi)^{\overbrace{11\ldots}^{s+\sigma}\overbrace{22\ldots}^{s-\sigma}} &= \frac{s+\sigma}{2}\,\psi^{\overbrace{11\ldots}^{s+\sigma-1}\overbrace{22\ldots}^{s-\sigma+1}} + \frac{s-\sigma}{2}\,\psi^{\overbrace{11\ldots}^{s+\sigma+1}\overbrace{22\ldots}^{s-\sigma-1}}\,,\\ (\hat{s}_y\psi)^{\overbrace{11\ldots}^{s+\sigma}\overbrace{22\ldots}^{s-\sigma}} &= -i\,\frac{s+\sigma}{2}\,\psi^{\overbrace{11\ldots}^{s+\sigma-1}\overbrace{22\ldots}^{s-\sigma+1}} + i\,\frac{s-\sigma}{2}\,\psi^{\overbrace{11\ldots}^{s+\sigma+1}\overbrace{22\ldots}^{s-\sigma-1}}\,,\\ (\hat{s}_z\psi)^{\overbrace{11\ldots}^{s+\sigma}\overbrace{22\ldots}^{s-\sigma}} &= \sigma\psi^{\overbrace{11\ldots}^{s+\sigma}\overbrace{22\ldots}^{s-\sigma}}\,.\end{aligned} \tag{57,5}$$

Bisher haben wir die Spinoren als die Wellenfunktionen des Eigendrehimpulses von Elementarteilchen angesehen. Von formalem Standpunkt aus gibt es jedoch keinen Unterschied zwischen dem Spin eines einzelnen Teilchens und dem Gesamtdrehimpuls eines beliebigen Systems, das ohne Bezug auf seine innere Struktur als ein Ganzes aufgefaßt wird. Die Transformationseigenschaften der Spinoren gelten offensichtlich auch in gleichem Maße für das Verhalten der Wellenfunktionen ψ_{jm} bei räumlichen Drehungen, wenn die ψ_{jm} ein beliebiges Teilchen (oder ein System von Teilchen) mit dem

Gesamtdrehimpuls j beschreiben, unabhängig von der Natur des Drehimpulses (Bahndrehimpuls oder Spin). Es muß daher eine bestimmte Beziehung zwischen den Transformationsvorschriften für die Eigenfunktionen ψ_{jm} bei Drehungen des Koordinatensystems und den Transformationsvorschriften für die Komponenten eines symmetrischen Spinors der Stufe $2j$ existieren.

Will man diesen Zusammenhang feststellen, muß man dabei jedoch streng zwei Aspekte der Abhängigkeit der Wellenfunktionen von der Projektion m des Drehimpulses unterscheiden (bei gegebenem Wert von j). Es kann sich einmal um die Wellenfunktion als Wahrscheinlichkeitsamplitude für die verschiedenen m-Werte handeln, und es kann zum anderen von der Eigenfunktion zu einem gegebenen m-Wert gesprochen werden.

Wir hatten es bereits am Anfang von § 55 mit diesen beiden Aspekten zu tun. Dort hatten wir die Eigenfunktion $\delta_{\sigma\sigma_0}$ des Operators $\hat{s}_z$ zum Eigenwert $s_z = \sigma_0$ behandelt. Der mathematische Unterschied zwischen diesen beiden Aspekten wird am Beispiel eines Teilchens mit dem Spin $s = 1/2$ besonders deutlich. In diesem Falle ist die Spinfunktion ein kontravarianter Spinor erster Stufe bezüglich der Variablen σ, d. h., sie muß nach der allgemeinen Bezeichnungsweise für Spinoren als $\delta^{\sigma}_{\sigma_0}$ geschrieben werden. In bezug auf σ_0 ist sie folglich ein kovarianter Spinor.

Dieser Sachverhalt ist offensichtlich von allgemeiner Bedeutung: Die Eigenfunktionen ψ_{jm} können auf die Komponenten eines kovarianten symmetrischen Spinors der Stufe $2j$ zurückgeführt werden. Die entsprechenden Formeln sind analog zu den Formeln (57,2)[1])

$$\psi_{jm} = \sqrt{\frac{(2j)!}{(j+m)!\,(j-m)!}}\;\psi_{\underbrace{11\ldots}_{j+m}\underbrace{22\ldots}_{j-m}}\,. \tag{57,6}$$

Die Eigenfunktionen zu ganzzahligem Drehimpuls j sind die Kugelfunktionen Y_{jm}. Der Fall $j = 1$ ist besonders wichtig. Die drei Kugelfunktionen Y_{1m} sind

$$Y_{10} = i\sqrt{\frac{3}{4\pi}}\cos\theta = i\sqrt{\frac{3}{4\pi}}\,n_z\,,$$

$$Y_{1,\pm 1} = \mp i\sqrt{\frac{3}{8\pi}}\sin\theta\cdot e^{\pm i\varphi} = \mp i\sqrt{\frac{3}{8\pi}}\,(n_x \pm i n_y)$$

($\boldsymbol{n}$ ist der Einheitsvektor in Richtung des Ortsvektors). In ihren Transformationseigenschaften sind diese drei Funktionen den Komponenten eines Vektors $\boldsymbol{a}$ äquivalent; die Formeln, nach denen sie den jeweiligen Komponenten entsprechen, schreiben wir in der Gestalt

$$\psi_{10} = i a_z\,,\qquad \psi_{11} = -\frac{i}{\sqrt{2}}\,(a_x + i a_y)\,,\qquad \psi_{1,-1} = \frac{i}{\sqrt{2}}\,(a_x - i a_y)\,. \tag{57,7}$$

---

[1]) Zu diesem Ergebnis kann man auch auf einem etwas anderen Wege gelangen. Wenn man die Wellenfunktion ψ eines Teilchens in einem Zustand mit dem Drehimpuls j nach den Eigenfunktionen ψ_{jm} entwickelt, $\psi = \sum_m a_m\psi_{jm}$, dann sind die Koeffizienten a_m die Wahrscheinlichkeitsamplituden für die verschiedenen m-Werte. In diesem Sinne entsprechen sie den „Komponenten" $\psi(m)$ der Spin-Wellenfunktion, wodurch die Transformationsvorschrift für sie festgelegt wird. Andererseits kann der Wert von ψ in einem gegebenen Raumpunkt nicht von der Wahl des Koordinatensystems abhängen, d. h., die Summe $\sum a_m\psi_{jm}$ muß ein Skalar sein. Wir vergleichen mit dem Skalar (57,3) und sehen, daß sich die a_m wie $(-1)^{j-m}\psi_{j,-m}$ transformieren müssen.

Der Vergleich dieser Ausdrücke mit der Formel (57,6) lehrt, daß man den Komponenten eines symmetrischen Spinors zweiter Stufe nach folgenden Formeln die Komponenten eines Vektors zuordnen kann:

$$\psi_{12} = \frac{i}{\sqrt{2}} a_z , \qquad \psi_{11} = -\frac{i}{\sqrt{2}} (a_x + i a_y) , \quad \psi_{22} = \frac{i}{\sqrt{2}} (a_x - i a_y) , \tag{57,8}$$

$$\psi^{12} = -\frac{i}{\sqrt{2}} a_z , \quad \psi^{11} = \frac{i}{\sqrt{2}} (a_x - i a_y) , \qquad \psi^{22} = -\frac{i}{\sqrt{2}} (a_x + i a_y) . \tag{57,9}$$

Umgekehrt gilt

$$a_z = i \sqrt{2}\, \psi^{12} , \qquad a_x = \frac{i}{\sqrt{2}} (\psi^{22} - \psi^{11}) , \qquad a_y = \frac{1}{\sqrt{2}} (\psi^{11} + \psi^{22}) . \tag{57,10}$$

Es ist leicht nachzuprüfen, daß bei dieser Zuordnung die Gleichung

$$\psi_{\lambda\mu} \varphi^{\lambda\mu} = \boldsymbol{ab} \tag{57,11}$$

gilt, wenn $\boldsymbol{a}$ und $\boldsymbol{b}$ die den symmetrischen Spinoren $\psi^{\lambda\mu}$ und $\varphi^{\lambda\mu}$ entsprechenden Vektoren sind. Unschwer überzeugt man sich auch davon, daß

$$\psi^{\lambda}_{\nu} \varphi^{\mu\nu} + \psi^{\mu}_{\nu} \varphi^{\lambda\nu} \quad \text{und} \quad \sqrt{2}\, [\boldsymbol{ab}] \tag{57,12}$$

einander zugeordnet sind.[1])

Die Formeln (57,10) können mit Hilfe der Pauli-Matrizen in kompakter Form geschrieben werden:

$$\boldsymbol{a} = \frac{i}{\sqrt{2}} \boldsymbol{\sigma}^{\lambda}{}_{\mu} \psi^{\mu}_{\lambda} , \qquad \psi^{\mu}_{\lambda} = -\frac{i}{\sqrt{2}} \boldsymbol{a} \boldsymbol{\sigma}^{\mu}{}_{\lambda} \tag{57,13}$$

(die Matrixindizes sind an $\hat{\sigma}$ oben oder unten angebracht worden entsprechend der Anordnung der Spinorindizes an ψ^{μ}_{λ}). Der Ursprung dieser Formel kann leicht verstanden werden, wenn man den Spezialfall betrachtet, daß der Spinor zweiter Stufe ψ^{μ}_{λ} einfach das Produkt eines Spinors erster Stufe ψ^{μ} mit dem zugehörigen konjugiert komplexen Spinor $\psi^{\lambda *}$ ist; in diesem Falle ist die Größe

$$\tfrac{1}{2}\, \psi^{\lambda *} \boldsymbol{\sigma}^{\lambda}{}_{\mu} \psi^{\mu}$$

der Mittelwert des Spins (für ein Teilchen mit der Wellenfunktion ψ^{μ}), so daß der Vektorcharakter unmittelbar evident ist.

Die Zuordnung (57,8) oder (57,9) ist ein Spezialfall einer allgemeinen Regel: Jedem symmetrischen Spinor gerader Stufe $2j$ (mit ganzzahligem j) kann man einen symmetrischen Tensor der Stufe j zuordnen, der bei der Verjüngung in einem beliebigen Indexpaar Null ergibt (einen derartigen Tensor werden wir als *irreduzibel* bezeichnen). Diese Behauptung folgt bereits daraus, daß die Zahl der unabhängigen Komponenten dieses Spinors und dieses Tensors gleich sind (gleich $2j + 1$); davon kann man sich leicht überzeugen, indem man diese Komponenten einfach abzählt.[2]) Die Zuordnung

---

[1]) Die gemischten Komponenten eines symmetrischen Spinors kann man in der Form ψ^{λ}_{μ} schreiben, ohne zwischen $\psi^{\lambda}{}_{\mu}$ und $\psi_{\mu}{}^{\lambda}$ zu unterscheiden.

[2]) Mit anderen Worten, die $2j + 1$ (j ganzzahlig) Komponenten eines irreduziblen Tensors der Stufe j, der Satz der $2j + 1$ Kugelfunktionen Y_{jm} und die $2j + 1$ Komponenten eines symmetrischen Spinors der Stufe $2j$ realisieren ein und dieselbe irreduzible Darstellung der Drehgruppe.

von Spinor- und Tensorkomponenten kann mit Hilfe der Formeln (57,8)—(57,10) bestimmt werden, wenn man den Spinor der betreffenden Stufe als Produkt von Spinoren zweiter Stufe und den Tensor als Produkt von Vektoren darstellt.

Aufgaben

1. Die Definition (57,4) des Operators für den Spin 1/2 ist mit Hilfe der Spinorkomponenten des Vektors $\hat{\boldsymbol{s}}$ zu schreiben.

Lösung. Unter Berücksichtigung der Formeln (57,9) für die Zuordnung des Vektors $\hat{\boldsymbol{s}}$ zum Spinor $\hat{s}^{\lambda\mu}$ erhält die Definition (57,4) die Gestalt

$$\hat{s}^{\lambda\mu}\psi^{\nu} = \frac{i}{2\sqrt{2}}\,(\psi^{\lambda}g^{\mu\nu} + \psi^{\mu}g^{\lambda\nu})\,.$$

2. Es sind die Formeln für die Anwendung des Spinoperators auf die vektorielle Wellenfunktion eines Teilchens mit dem Spin 1 anzugeben.

Lösung. Die Zuordnung der Vektorkomponenten der Funktion $\boldsymbol{\psi}$ zu den Spinorkomponenten $\psi^{\lambda\mu}$ wird durch die Formeln (57,3) gegeben. Die letzte Beziehung in (57,5) liefert

$$\hat{s}_z\psi_+ = -\psi_+\,, \qquad \hat{s}_z\psi_- = \psi_-\,, \qquad \hat{s}_z\psi_z = 0$$

(mit $\psi_\pm = \psi_x \pm i\psi_y$) oder

$$\hat{s}_z\psi_x = -\,i\psi_y\,, \qquad \hat{s}_z\psi_y = i\psi_x\,, \qquad \hat{s}_z\psi_z = 0\,.$$

Die restlichen Formeln erhält man daraus durch zyklische Vertauschung der Indizes x, y, z. Man kann alle Beziehungen in der folgenden Form zusammenfassen:

$$\hat{s}_i\psi_k = -ie_{ikl}\psi_l\,.$$

Der komplexe Vektor $\boldsymbol{\psi}$ kann auch als $\boldsymbol{\psi} = e^{i\alpha}(\boldsymbol{u} + i\boldsymbol{v})$ mit zwei reellen Vektoren $\boldsymbol{u}$ und $\boldsymbol{v}$ dargestellt werden. Durch geeignete Wahl des Argumentes α können diese Vektoren so bestimmt werden, daß sie aufeinander senkrecht stehen. Die beiden Vektoren $\boldsymbol{u}$ und $\boldsymbol{v}$ spannen eine Ebene auf; die Spinprojektion auf die Normale zu dieser Ebene kann nur die Werte ± 1 annehmen.

§ 58. Der Operator für endliche Drehungen

Wir wollen uns jetzt wieder mit den Transformationseigenschaften von Spinoren beschäftigen und werden feststellen, wie die Transformationskoeffizienten tatsächlich mit den Drehwinkeln der Koordinatenachsen zusammenhängen.

Nach der Definition des Drehimpulsoperators (in unserem Falle des Spins) ist der Ausdruck $1 + i\delta\varphi\cdot\boldsymbol{n}\hat{\boldsymbol{s}}$ der Operator für die Drehung um den Winkel $\delta\varphi$ um die durch den Einheitsvektor $\boldsymbol{n}$ festgelegte Richtung. Bei der Anwendung auf die Wellenfunktion für ein Teilchen mit dem Spin 1/2, d. h. auf einen Spinor erster Stufe, hat man in diesem Operator $\hat{\boldsymbol{s}} = \hat{\boldsymbol{\sigma}}/2$ zu setzen. Der Operator für die Drehung um einen endlichen Winkel φ um die gleiche Achse wird dementsprechend durch die Formel

$$\hat{U}_{\mathbf{n}} = \exp\,(i\varphi\boldsymbol{n}\hat{\boldsymbol{\sigma}}/2) \tag{58,1}$$

gegeben (vergleiche (15,13)). Wie jede Funktion der PAULI-Matrizen (siehe Aufgabe 1 zu § 55) reduziert sich dieser Ausdruck auf einen in diesen Matrizen linearen Ausdruck

$$\hat{U}_{\mathbf{n}} = \cos\frac{\varphi}{2} + i\boldsymbol{n}\hat{\boldsymbol{\sigma}}\cdot\sin\frac{\varphi}{2}\,. \tag{58,2}$$

Für eine Drehung um die z-Achse finden wir somit

$$\hat{U}_z(\varphi) = \cos\frac{\varphi}{2} + i\hat{\sigma}_z \sin\frac{\varphi}{2} = \begin{pmatrix} e^{i\varphi/2} & 0 \\ 0 & e^{-i\varphi/2} \end{pmatrix}. \tag{58,3}$$

Das bedeutet, daß die Spinorkomponenten bei dieser Drehung nach der Vorschrift

$$\psi^{1'} = \psi^1 e^{i\varphi/2}, \qquad \psi^{2'} = \psi^2 e^{-i\varphi/2}$$

transformiert werden. Insbesondere wechseln die Spinorkomponenten bei einer Drehung um 2π ihr Vorzeichen. Auch die Spinoren einer beliebigen ungeraden Stufe werden folglich diese Eigenschaft haben (vergleiche den Schluß von § 55).

Analog finden wir die Transformationsmatrizen für die Drehungen um den Winkel φ um die x- bzw. y-Achse:

$$\hat{U}_x(\varphi) = \begin{pmatrix} \cos\frac{\varphi}{2} & i\sin\frac{\varphi}{2} \\ i\sin\frac{\varphi}{2} & \cos\frac{\varphi}{2} \end{pmatrix}, \qquad \hat{U}_y(\varphi) = \begin{pmatrix} \cos\frac{\varphi}{2} & \sin\frac{\varphi}{2} \\ -\sin\frac{\varphi}{2} & \cos\frac{\varphi}{2} \end{pmatrix}. \tag{58,4}$$

Für den Spezialfall einer Drehung um den Winkel π um die y-Achse gilt

$$\psi^{1'} = \psi^2, \qquad \psi^{2'} = -\psi^1,$$

d. h.

$$\psi^{1'} = \psi_1, \qquad \psi^{2'} = \psi_2. \tag{58,5}$$

Wir können jetzt leicht die Transformationsmatrix für eine beliebige Drehung der Koordinatenachsen als Funktion der Eulerschen Winkel, die diese Drehung festlegen, angeben.

Eine Drehung der Achsen, die durch die Eulerschen Winkel α, β und γ beschrieben wird, erfolgt in drei Schritten: 1) Drehung um den Winkel α $(0 \leqq \alpha \leqq 2\pi)$ um die z-Achse, 2) Drehung um den Winkel β $(0 \leqq \beta \leqq \pi)$ um die neue Lage der y-Achse ON in Abb. 20, sogenannte *Linie des aufsteigenden Knotens*, und 3) Drehung um den Winkel γ $(0 \leqq \gamma \leqq 2\pi)$ um die endgültige Lage (z') der z-Achse.[1])

Offensichtlich sind die Winkel α und β gleich den Polarwinkeln φ und θ der neuen z'-Achse in bezug auf die alten (xyz)-Achsen: $\alpha = \varphi$, $\beta = \theta$.

Bei dieser Art der Drehung der Koordinatenachsen ist die Matrix für die gesamte Transformation gleich dem Produkt der drei Matrizen (58,3) und (58,4):

$$\hat{U}(\alpha, \beta, \gamma) = \hat{U}_z(\gamma)\, \hat{U}_y(\beta)\, \hat{U}_z(\alpha).$$

---

[1]) Die Systeme xyz und $x'y'z'$ sind wie immer rechtshändige Systeme; die positive Richtung für die Zählung der Winkel entspricht der Bewegung einer Rechtsschraube, wenn sie in Richtung der Drehachse hineingeschraubt wird.

Die hier gegebene Definition der Eulerschen Winkel (die bei quantenmechanischen Anwendungen üblich ist) ist anders als die Definition in I, § 35. Die zweite Drehung erfolgt um die y-Achse und nicht um die x-Achse. Die Winkel α, β und γ hängen mit den Winkeln φ, θ und ψ in Band I (man darf diese Bezeichnungen nicht mit den Polarwinkeln durcheinanderbringen) folgendermaßen zusammen:

$$\varphi = \alpha + \frac{\pi}{2}, \qquad \theta = \beta, \qquad \psi = \gamma - \frac{\pi}{2}.$$

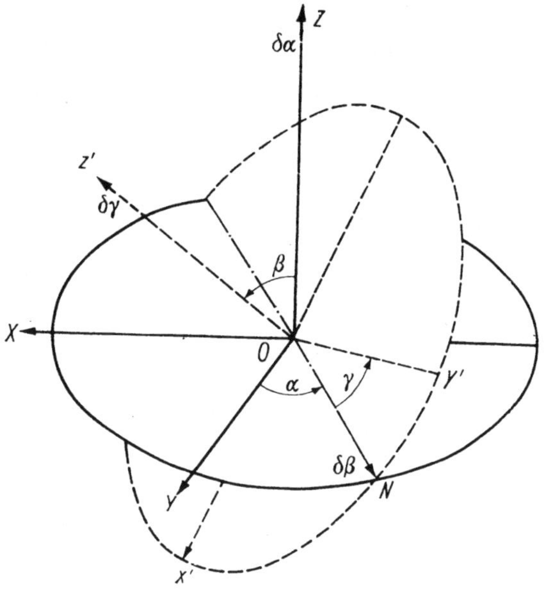

Abb. 20

Wir multiplizieren diese Matrizen miteinander und erhalten durch direkte Rechnung

$$\hat{U}(\alpha, \beta, \gamma) = \begin{pmatrix} \cos\frac{\beta}{2} \cdot e^{i(\alpha+\gamma)/2} & \sin\frac{\beta}{2} \cdot e^{-i(\alpha-\gamma)/2} \\ -\sin\frac{\beta}{2} \cdot e^{i(\alpha-\gamma)/2} & \cos\frac{\beta}{2} \cdot e^{-i(\alpha+\gamma)/2} \end{pmatrix}. \qquad (58,6)$$

Spinoren höherer Stufen transformieren sich laut Definition wie die Produkte von Spinorkomponenten erster Stufe. Bei physikalischen Anwendungen interessieren jedoch nicht so sehr die Transformationsvorschriften für die Spinoren selbst, sondern vielmehr diejenigen für die zugehörigen Wellenfunktionen ψ_{jm}.

Die Funktionen ψ_{jm} $(m = j, j-1, \ldots, -j)$ sollen im Koordinatensystem xyz einen Zustand mit einem bestimmten Wert für den Drehimpuls j beschreiben; die Funktionen $\psi_{jm'}$ sollen denselben Zustand bezüglich des Systems $x'y'z'$ beschreiben. Im ersten Falle ist m der Wert von j_z, im zweiten ist $m' = j_{z'}$. Die beiden Funktionen sind durch lineare Beziehungen miteinander verknüpft. Wir setzen diese in der Form

$$\psi_{jm} = \sum_{m'} D^{(j)}_{m'm}(\alpha, \beta, \gamma)\, \psi_{jm'} \qquad (58,7)$$

an. Die Koeffizienten $D^{(j)}_{m'm}$ bilden (hinsichtlich der Indizes m' und m) eine $(2j+1)$-reihige Matrix — die *Matrix für endliche Drehungen* $\hat{D}^{(j)}$. Ihre Elemente sind Funktionen der Drehwinkel α, β und γ, die die Drehung des Systems $x'y'z'$ gegenüber dem System xyz beschreiben.

Mit Hilfe der Spinordarstellung der Funktionen ψ_{jm} kann die Matrix für endliche Drehungen tatsächlich konstruiert werden.

Für $j = 1/2$ bilden die beiden Funktionen $\psi_{1/2\,m}$ $m(= \pm 1/2)$ einen kovarianten Spinor erster Stufe. Nach (56,13) wird die Transformation (vom System $x'y'z'$ in das

System xyz) dieses Spinors durch die Matrix $\hat{U}$ (58,6) realisiert, so daß $\hat{D}^{(1/2)} = \hat{U}$ ist.[1]) Wir schreiben die Matrixelemente in der Form

$$D^{(1/2)}_{m'm} = \mathrm{e}^{im'\gamma}\, d^{(1/2)}_{m'm}(\beta)\, \mathrm{e}^{im\alpha}$$

mit

$$d^{(1/2)}_{m'm} = \begin{array}{c|cc} & \multicolumn{2}{c}{m} \\ m' & 1/2 & -1/2 \\ \hline 1/2 & \cos\frac{\beta}{2} & \sin\frac{\beta}{2} \\ -1/2 & -\sin\frac{\beta}{2} & \cos\frac{\beta}{2} \end{array} \tag{58,8}$$

Bei beliebigem Wert von j sind die Funktionen ψ_{jm} über die Formel (57,6) mit den Komponenten eines symmetrischen kovarianten Spinors der Stufe $2j$ verknüpft. Die Transformationsmatrix für die Komponenten eines Spinors der Stufe $2j$ ist ein Produkt aus $2j$ Matrizen $\hat{D}^{(1/2)}$; jede solche Matrix wirkt nur auf einen Spinorindex. Wir führen diese Multiplikation aus, gehen anschließend wieder zu den Funktionen ψ_{jm} zurück und erhalten die Transformationsmatrix für diese Funktionen in der Gestalt

$$D^{(j)}_{m'm}(\alpha, \beta, \gamma) = \mathrm{e}^{im'\gamma}\, d^{(j)}_{m'm}(\beta)\, \mathrm{e}^{im\alpha}\,, \tag{58,9}$$

wobei die Funktionen $d^{(j)}_{m'm}(\beta)$ durch die Formel[2])

$$d^{(j)}_{m'm}(\beta) = \left[\frac{(j+m')!\,(j-m')!}{(j+m)!\,(j-m)!}\right]^{1/2} \left(\cos\frac{\beta}{2}\right)^{m'+m} \left(\sin\frac{\beta}{2}\right)^{m'-m} P^{(m'-m,\, m'+m)}_{j-m'}(\cos\beta) \tag{58,10}$$

gegeben werden und

$$P^{(a,b)}_n(\cos\beta) = \frac{(-1)^n}{2^n n!}(1-\cos\beta)^{-a}(1+\cos\beta)^{-b} \times \\ \times \left(\frac{d}{d\cos\beta}\right)^n [(1-\cos\beta)^{a+n}(1+\cos\beta)^{b+n}] \tag{58,11}$$

die sogenannten Jacobischen Polynome sind.[3]) Es gilt die Beziehung

$$P^{(a,b)}_n(-\cos\beta) = (-1)^n P^{(b,a)}_n(\cos\beta)\,. \tag{58,12}$$

Die Funktionen $d^{(j)}_{m'm}$ haben eine ganze Reihe von Symmetrieeigenschaften, die man den Ausdrücken (58,11) und (58,12) entnehmen könnte. Es ist aber einfacher, sie direkt aus der Definition als Transformationskoeffizienten für eine Drehung herzuleiten.

---

[1]) Wir machen darauf aufmerksam, daß die Matrixindizes in (58,7) gerade so angeordnet sind, daß sie der Multiplikation der Spalten der Matrix $\hat{D}^{(j)}$ mit den in einer Zeile angeordneten Funktionen ψ_{jm} entsprechen. In symbolischer Schreibweise müßte die Gleichung (58,7) als $\psi_{jm} = (\psi'_j \hat{D}^{(j)})_m$ in Übereinstimmung mit der Schreibweise in (56,13) geschrieben werden.

[2]) Die Rechnungen findet man in dem Buch: A. R. Edmonds, Angular Momentum in Quantum Mechanics, Princeton, 1957. Die Definition der Funktionen $D^{(j)}_{m'm}$ nach (58,9) unterscheidet sich von der Definition im Buch von Edmonds durch die Vertauschung von α und γ (was in unserem Zugang natürlicher erscheint).

[3]) Wegen des Zusammenhanges dieser Polynome mit der hypergeometrischen Reihe siehe § e (Formel (e, 11)).

Die Matrix $\hat{D}^{(j)}$ ist als Matrix für eine Drehung unitär. Da die zur Drehung (α, β, γ) inverse Drehung $(-\gamma, -\beta, -\alpha)$ ist, ergeben sich hieraus für die reelle Matrix $d^{(j)}$ die folgenden Beziehungen:

$$d^{(j)}_{m'm}(-\beta) = d^{(j)}_{mm'}(\beta)\,. \tag{58,13}$$

Ferner gelten die Gleichungen

$$d^{(j)}_{m'm}(\beta) = d^{(j)}_{-m,\,-m'}(\beta)\,, \tag{58,14}$$

$$d^{(j)}_{m'm}(\pi) = (-1)^{j+m}\,\delta_{m',\,-m}\,,$$

$$d^{(j)}_{m'm}(-\pi) = (-1)^{j-m}\,\delta_{m',\,-m}\,, \qquad d^{(j)}_{m'm}(0) = \delta_{m'm}\,. \tag{58,15}$$

Für $j = 1/2$ sind sie aus (58,8) unmittelbar abzulesen, und die Verallgemeinerung für beliebige j ist offensichtlich, wenn man an die oben vorgenommene Kostruktion der Transformationsmatrix denkt.

Wir führen die Drehung um den Winkel $\pi - \beta$ als zwei aufeinanderfolgende Drehungen um die Winkel π und $-\beta$ aus:

$$d^{(j)}_{m'm}(\pi - \beta) = \sum_{m''} d^{(j)}_{m'm''}(\pi)\, d^{(j)}_{m''m}(-\beta) = (-1)^{j-m'}\, d^{(j)}_{-m'm}(-\beta)\,.$$

Unter Verwendung von (58,13) bekommen wir

$$d^{(j)}_{m'm}(\pi - \beta) = (-1)^{j-m'}\, d^{(j)}_{m,\,-m'}(\beta)\,. \tag{58,16}$$

Das Ergebnis zweier Drehungen um die gleiche Achse ist unabhängig von der Reihenfolge der Drehungen. Wir müssen daher das gleiche Resultat erhalten, wenn wir die Drehungen um $-\beta$ und um π in der umgekehrten Reihenfolge ausführen. Wir tun das, vergleichen das Ergebnis mit (58,16) und erhalten die Beziehung

$$d^{(j)}_{m'm}(\beta) = (-1)^{m'-m}\, d^{(j)}_{-m',\,-m}(\beta)\,. \tag{58,17}$$

Aus (58,17), (58,14) und (58,13) folgt

$$d^{(j)}_{m'm}(\beta) = (-1)^{m'-m}\, d^{(j)}_{mm'}(\beta) = (-1)^{m'-m}\, d^{(j)}_{m'm}(-\beta)\,. \tag{58,18}$$

Auf der Grundlage von (58,13)—(58,18) können wir die verschiedenen Symmetrieeigenschaften der vollständigen Funktionen $D^{(j)}_{m'm}$ angeben. Wir wollen speziell den Ausdruck für die konjugiert komplexe Funktion vermerken:

$$D^{(j)*}_{m'm}(\alpha, \beta, \gamma) = D^{(j)}_{m'm}(-\alpha, \beta, -\gamma) = (-1)^{m'-m}\, D^{(j)}_{-m',-m}(\alpha, \beta, \gamma)\,. \tag{58,19}$$

Aus mathematischer Sicht sind die Matrizen $\hat{D}^{(j)}$ die unitären irreduziblen $(2j + 1)$-dimensionalen Darstellungen der Drehgruppe (siehe unten § 98). Hieraus folgen sofort die Orthonormierungsbeziehungen

$$\int D^{(j_1)*}_{m_1'm_1}(\alpha, \beta, \gamma)\, D^{(j_2)}_{m_2'm_2}(\alpha, \beta, \gamma)\, \frac{d\omega}{8\pi^2} = \frac{1}{2j_1 + 1}\, \delta_{j_1j_2}\delta_{m_1m_2}\delta_{m_1'm_2'} \tag{58.20}$$

mit $d\omega = \sin\beta\, d\alpha\, d\beta\, d\gamma$.

Die Orthogonalität der Funktionen in den Indizes m und m' wird durch den Faktor $\exp\{i(m\alpha + m'\gamma)\}$ gewährleistet. Die Orthogonalität im Index j hängt mit den Funktionen $d^{(j)}_{m'm}$ zusammen; für diese gilt

$$\int_0^\pi d^{(j_1)}_{m'm}(\beta)\, d^{(j_2)}_{m'm}(\beta)\, \frac{\sin\beta\, d\beta}{2} = \frac{1}{2j_1+1}\,\delta_{j_1 j_2}\,. \tag{58,21}$$

Schließlich geben wir noch zum Nachschlagen die Ausdrücke für die Funktionen $d^{(j)}_{m'm}$ für einige spezielle Werte der Parameter an. Für $j = 1$ haben wir

$$d^{(1)}_{m'm}(\beta) = \begin{array}{c|ccc} & & m & \\ m' & 1 & 0 & -1 \\ \hline 1 & \frac{1}{2}(1+\cos\beta) & \frac{1}{\sqrt{2}}\sin\beta & \frac{1}{2}(1-\cos\beta) \\ 0 & -\frac{1}{\sqrt{2}}\sin\beta & \cos\beta & \frac{1}{\sqrt{2}}\sin\beta \\ -1 & \frac{1}{2}(1-\cos\beta) & -\frac{1}{\sqrt{2}}\sin\beta & \frac{1}{2}(1+\cos\beta) \end{array} \tag{58,22}$$

Für ganzzahliges j und $m' = 0$ ergeben die Formeln (58,10) und (58,11)

$$d^{(l)}_{0m}(\beta) = (-1)^m\, d^{(l)}_{m0}(\beta) = (-1)^m \sqrt{\frac{(l-m)!}{(l+m)!}}\, P^m_l(\cos\beta)\,. \tag{58,23}$$

Der Ursprung dieser Formel kann leicht von der Ausgangsdefinition (58,7) her verfolgt werden. Wir werden die Funktionen $\psi_{jm'}$ auf der rechten Seite von (58,7) auf die z'-Achse beziehen und haben dafür (für $j = l$)

$$Y_{lm'}(\boldsymbol{n}_{z'}) = i^l \sqrt{\frac{2l+1}{4\pi}}\,\delta_{m'0}\,. \tag{58,24}$$

Die Funktion ψ_{jm} auf der linken Seite ist dann die Kugelfunktion $Y_{lm}(\beta, \alpha)$ von den Polarwinkeln $\varphi \equiv \alpha$, $\theta \equiv \beta$ der z'-Achse. Wir setzen (58,24) in (58,7) ein und bekommen

$$Y_{lm}(\beta, \alpha) = i^l \sqrt{\frac{2l+1}{4\pi}}\, D^{(l)}_{0m}(\alpha, \beta, \gamma)\,, \tag{58,25}$$

was zu (58,23) äquivalent ist.

Schließlich geben wir noch den Ausdruck für die Funktion zum größten möglichen Wert eines der Indizes m und m' an:

$$\begin{aligned} d^{(j)}_{jm}(\beta) &= (-1)^{j-m}\, d^{(j)}_{mj} \\ &= \left[\frac{(2j)!}{(j+m)!\,(j-m)!}\right]^{1/2} \left(\cos\frac{\beta}{2}\right)^{j+m} \left(\sin\frac{\beta}{2}\right)^{j-m}. \end{aligned} \tag{58,26}$$

§ 59. Die teilweise Polarisation von Teilchen

Durch geeignete Wahl der z-Richtung kann man immer eine Komponente (z. B. ψ^2) eines gegebenen Spinors ψ^λ, der Wellenfunktion eines Teilchens mit dem Spin 1/2, zum Verschwinden bringen. Das erkennt man bereits daran, daß eine Raumrichtung durch zwei Größen (Winkel) bestimmt wird, d. h., die Zahl der uns zur Verfügung stehenden freien Parameter ist gerade die Zahl der Größen (Real- und Imaginärteil des komplexen ψ^2), die wir zum Verschwinden bringen wollen.

Dieser Sachverhalt hat folgende physikalische Bedeutung. Wenn sich ein Teilchen mit dem Spin 1/2 (wir werden im folgenden von einem Elektron sprechen) in einem Zustand befindet, der durch eine spinorielle Wellenfunktion beschrieben wird, dann gibt es immer eine Raumrichtung, für die die Spinprojektion des Teilchens den bestimmten Wert $\sigma = 1/2$ hat. Man kann sagen, daß das Elektron in einem solchen Zustand *vollständig polarisiert* ist.

Es gibt jedoch auch solche Elektronenzustände, die man *teilweise polarisiert* nennen kann. Diese Zustände werden nicht durch Wellenfunktionen, sondern durch Dichtematrizen beschrieben, d. h., sie sind (hinsichtlich des Spins) gemischte Zustände (siehe § 14).

Die Dichtematrix für den Spin (oder die *Polarisationsdichtematrix*) eines Elektrons ist ein Spinor zweiter Stufe $\varrho^{\lambda\mu}$, der nach der Vorschrift

$$\varrho^\lambda{}_\lambda = \varrho^1{}_1 + \varrho^2{}_2 = 1 \tag{59,1}$$

normiert ist und der „Hermitezitäts"-Bedingung

$$(\varrho^\lambda{}_\mu)^* = \varrho^\mu{}_\lambda \tag{59,2}$$

genügt. Im Falle eines reinen (d. h. vollständig polarisierten) Spinzustandes des Elektrons reduziert sich der Spinor $\varrho^{\lambda\mu}$ auf das Produkt aus den Komponenten der Wellenfunktion ψ^λ:

$$\varrho^\lambda{}_\mu = \psi^\lambda(\psi^\mu)^* . \tag{59,3}$$

Die Diagonalelemente der Dichtematrix geben die Wahrscheinlichkeiten für die Werte $+1/2$ und $-1/2$ der Projektion des Elektronenspins auf die z-Achse an. Der Mittelwert dieser Projektion ist daher

$$\bar{s}_z = \tfrac{1}{2}\,(\varrho^1{}_1 - \varrho^2{}_2)$$

oder unter Beachtung von (59,1)

$$\varrho^1{}_1 = 1/2 + \bar{s}_z , \qquad \varrho^2{}_2 = 1/2 - \bar{s}_z . \tag{59,4}$$

In einem reinen Zustand wird der Mittelwert der Größen $s_\pm = s_x \pm i s_y$ berechnet als

$$\bar{s}_+ = \psi^{\lambda *}\hat{s}_+\psi^\lambda , \qquad \bar{s}_- = \psi^{\lambda *}\hat{s}_-\psi^\lambda .$$

Da nach (55,6) und (55,7) die Operatoren $\hat{s}_\pm$ durch die Matrizen

$$\hat{s}_+ = \begin{pmatrix} 0 & 1 \\ 0 & 0 \end{pmatrix}, \qquad \hat{s}_- = \begin{pmatrix} 0 & 0 \\ 1 & 0 \end{pmatrix}$$

ausgedrückt werden können, finden wir

$$\bar{s}_+ = \psi^{1*}\psi^2 , \qquad \bar{s}_- = \psi^{2*}\psi^1 .$$

Dementsprechend gilt in einem gemischten Zustand

$$\varrho^1{}_2 = \bar{s}_- , \qquad \varrho^2{}_1 = \bar{s}_+ . \tag{59,5}$$

Mit Hilfe der PAULI-Matrizen können die Formeln (59,4) und (59,5) zusammengefaßt werden zu

$$\varrho_\mu{}^\lambda = \tfrac{1}{2} (\delta^\lambda_\mu + 2\hat{\sigma}^\lambda{}_\mu \bar{\mathbf{s}}) . \tag{59,6}$$

Alle Komponenten der Dichtematrix für den Elektronenspin werden also durch die Mittelwerte der Komponenten des zugehörigen Spinvektors ausgedrückt. Mit anderen Worten, der reelle Vektor $\bar{\mathbf{s}}$ bestimmt die Polarisationseigenschaften eines Teilchens mit dem Spin 1/2 vollständig. Bei vollständiger Polarisation wird eine Komponente dieses Vektors (bei entsprechender Wahl der Koordinatenachsen) gleich 1/2, die beiden anderen Komponenten werden gleich Null. Im entgegengesetzten Falle eines unpolarisierten Zustandes sind alle drei Komponenten gleich Null. Allgemein gilt für beliebige teilweise Polarisation und für willkürliche Wahl des Koordinatensystems die Ungleichung $0 \leqq \varrho \leqq 1$ mit

$$\varrho = 2(\bar{s}_x^2 + \bar{s}_y^2 + \bar{s}_z^2)^{1/2} ,$$

ϱ wird als *Polarisationsgrad* des Elektrons bezeichnet.

Für ein Teilchen mit beliebigem Spin s ist die Dichtematrix ein Spinor $\varrho^{\lambda\mu\ldots}{}_{\varrho\sigma\ldots}$ der Stufe $4s$; er ist in den ersten $2s$ und in den letzten $2s$ Indizes symmetrisch und genügt den Bedingungen

$$\varrho^{\lambda\mu\ldots}{}_{\lambda\mu\ldots} = 1 , \tag{59,7}$$

$$(\varrho^{\lambda\mu\ldots}{}_{\varrho\sigma\ldots})^* = \varrho^{\varrho\sigma\ldots}{}_{\lambda\mu\ldots} . \tag{59,8}$$

Wir wollen jetzt die unabhängigen Komponenten der Dichtematrix abzählen. Von allen möglichen Sätzen für die Werte der Indizes $\lambda, \mu, \ldots$ (oder der Indizes $\varrho, \sigma, \ldots$) sind nur $2s + 1$ wesentlich voneinander verschieden. Ferner sind die Spinorkomponenten $\varrho^{\lambda\mu\ldots}{}_{\varrho\sigma\ldots}$ durch die Beziehung (59,7) miteinander verknüpft. Die Zahl der verschiedenen Komponenten ist also $(2s + 1)^2 - 1 = 4s(s + 1)$. Diese Komponenten sind zwar komplexe Größen, wegen der Beziehungen (59,8) wird aber dadurch die Gesamtzahl der unabhängigen Größen nicht erhöht, die den Zustand eines Teilchens mit teilweiser Polarisation beschreiben; diese Zahl ist demnach gleich $4s(s + 1)$.[1]) Zum Vergleich wollen wir angeben, daß der Zustand eines Teilchens mit vollständiger Polarisation durch insgesamt $4s$ Größen festgelegt wird ($2s + 1$ komplexe Komponenten der Wellenfunktionen $\psi^{\lambda\mu\ldots}$, die durch die Normierungsvorschrift miteinander verknüpft sind und die eine gemeinsame, für die Beschreibung des Zustandes unwesentliche Phase enthalten).

Wie jeder Spinor der Stufe $4s$ ist der Spinor $\varrho^{\lambda\mu\ldots}{}_{\varrho\sigma\ldots}$ einem Satz von irreduziblen Tensoren der Stufen $4s$, $4s - 2, \ldots, 0$ äquivalent. Im vorliegenden Falle gibt es insgesamt nur je einen Tensor jeder vorkommenden Stufe, weil die Verjüngung des Spinors $\varrho^{\lambda\mu\ldots}{}_{\varrho\sigma\ldots}$ wegen seiner Symmetrieeigenschaften nur auf eine Weise möglich ist, in einem (beliebigen) Index $\lambda, \mu, \ldots$ und in einem Index $\varrho, \sigma, \ldots$. Außerdem tritt ein Skalar (ein Tensor nullter Stufe) überhaupt nicht auf, da er wegen der Bedingung (59,7) gleich 1 ist.

[1]) Die Angabe dieser Größen ist der Angabe der Mittelwerte der Komponenten des Vektors $\mathbf{s}$ und aller ihrer Potenzen und Produkte zu je $2, 3, \ldots, 2s$ Faktoren äquivalent, sofern sich diese nicht auf niedrigere Potenzen zurückführen lassen (siehe Aufgabe 3, § 55).

§ 60. Die Zeitumkehr und der KRAMERSsche Satz

Die Symmetrie einer Bewegung bei einer Vorzeichenänderung der Zeit äußert sich in der Quantenmechanik folgendermaßen: Die „zeitlich umgekehrte“ Wellenfunktion (wir bezeichnen sie mit ψ^{um}) beschreibt einen möglichen Zustand mit derselben Energie wie die Wellenfunktion ψ eines stationären Zustandes eines Systems. Am Ende von § 18 haben wir darauf hingewiesen, daß ψ^{um} gleich der konjugiert komplexen Funktion ψ^* ist. In dieser einfachen Form gilt diese Feststellung nur für die Wellenfunktionen ohne Berücksichtigung des Spins der Teilchen. Falls ein Spin vorhanden ist, muß diese Aussage verfeinert werden.

Wir stellen die Wellenfunktion eines Teilchens mit dem Spin s als kontravarianten Spinor $\psi^{\lambda\mu\cdots}$ (der Stufe $2s$) dar. Beim Übergang zu den konjugiert komplexen Funktionen $\psi^{\lambda\mu\ldots *}$ erhalten wir jedoch einen Satz von Größen, die sich wie die Komponenten eines kovarianten Spinors transformieren. Die Operation der Zeitumkehr entspricht also dem Übergang von der Wellenfunktion $\psi^{\lambda\mu\cdots}$ zu einer neuen Wellenfunktion, deren kovariante Komponenten folgendermaßen definiert sind:

$$\psi^{\mathrm{um}}_{\lambda\mu\ldots} = \psi^{\lambda\mu\ldots *} . \tag{60,1}$$

Für gegebene Werte der Indizes $\lambda, \mu, \ldots$ gehören die kovarianten und die kontravarianten Komponenten der Spinoren zu Projektionen des Drehimpulses, die sich in ihren Vorzeichen unterscheiden. Mit den Funktionen $\psi_{s\sigma}$ ausgedrückt, entspricht der Übergang von $\psi_{s\sigma}$ zu $\psi_{s,-\sigma}$ der Zeitumkehr; das muß auch so sein, weil eine Vorzeichenänderung der Zeit die Richtung des Drehimpulses umkehrt. Der genaue Zusammenhang ist nach (60,1)

$$\psi^{\mathrm{um}}_{s,-\sigma} = \psi^*_{s\sigma}(-1)^{s-\sigma} . \tag{60,2}$$

Mit anderen Worten, die Substitution $\psi_{s\sigma} \to \psi^*_{s\sigma}$, die von der Operation der Zeitumkehr verlangt wird, bedeutet die Substitution[1])

$$\psi_{s\sigma} \to \psi_{s,-\sigma}(-1)^{s-\sigma} . \tag{60,3}$$

Bei zweifacher Anwendung dieser Operation haben wir

$$\psi_{s\sigma} \to \psi_{s,-\sigma}(-1)^{s-\sigma} \to \psi_{s\sigma}(-1)^{s-\sigma}\,(-1)^{s+\sigma} = \psi_{s\sigma}(-1)^{2s} .$$

Eine zweifache Zeitumkehr führt also nur bei ganzzahligem Spin die Wellenfunktion in ihren ursprünglichen Wert zurück; bei halbzahligem Spin wird dabei das Vorzeichen der Wellenfunktion gewechselt.

Betrachten wir ein beliebiges System wechselwirkender Teilchen. Der Spin- und der Bahndrehimpuls eines solchen Systems bleiben unter Berücksichtigung der relativistischen Wechselwirkungen im allgemeinen nicht einzeln erhalten. Es bleibt nur der Gesamtdrehimpuls $\boldsymbol{J}$ erhalten. Ohne äußeres Feld ist dann jedes Energieniveau des Systems $(2J + 1)$-fach entartet. Beim Anlegen eines äußeren Feldes wird diese Entartung im allgemeinen aufgehoben. Es erhebt sich die Frage, ob die Entartung völlig aufgehoben werden kann, d. h., ob das System dann nur noch einfache Niveaus hat. Diese Frage hängt eng mit der Symmetrie bei Zeitumkehr zusammen.

[1]) Wir weisen darauf hin, daß die Vorschrift für die Bildung des konjugiert Komplexen einer Kugelfunktion nach (28,9) der allgemeinen Vorschrift (60,3) entspricht.

In der klassischen Elektrodynamik sind die Gleichungen gegenüber einer Vorzeichenänderung der Zeit invariant, wenn dabei das elektrische Feld unverändert bleibt und das Vorzeichen des Magnetfeldes geändert wird.[1]) Diese grundlegende Eigenschaft einer Bewegung muß auch in der Quantenmechanik beibehalten werden. Die Symmetrie bei Zeitumkehr gilt nicht nur für ein abgeschlossenes System, sondern auch in einem beliebigen äußeren elektrischen Feld (wenn kein Magnetfeld vorhanden ist).

Die Wellenfunktionen eines Systems sind Spinoren $\psi^{\lambda\mu\cdots}$. Ihre Stufe n ist gleich der doppelten Summe der Spins aller Teilchen ($n = 2\Sigma s_a$). Diese Summe muß nicht gleich dem Gesamtspin S des Systems sein. Nach obigen Feststellungen können wir behaupten, daß in einem beliebigen elektrischen Feld die Wellenfunktion und die ihr durch Zeitumkehr zugeordnete Funktion zu Zuständen mit der gleichen Energie gehören müssen. Damit ein Niveau nicht entartet ist, müssen diese Zustände auf jeden Fall identisch sein, d. h., die zugehörigen Wellenfunktionen müssen bis auf einen konstanten Faktor übereinstimmen. Dabei müssen natürlich beide durch gleichartige (kovariante oder kontravariante) Spinoren ausgedrückt werden.

Wir schreiben $\psi^{\text{um}}_{\lambda\mu\ldots} = C\psi_{\lambda\mu\ldots}$ oder nach (60,1)

$$\psi^{\lambda\mu\ldots *} = C\psi_{\lambda\mu\ldots} \tag{60,4}$$

mit der Konstanten C. Von beiden Seiten der Gleichung bilden wir das konjugiert Komplexe und erhalten

$$\psi^{\lambda\mu\ldots} = C^*\psi^*_{\lambda\mu\ldots}\,.$$

Wir ziehen die Indizes auf der linken Seite der Gleichung herunter und auf der rechten Seite entsprechend herauf. Dabei sind beide Seiten der Gleichung mit $g_{\alpha\lambda}g_{\beta\mu\ldots}$ zu multiplizieren, und über die Indizes $\lambda, \mu, \ldots$ ist zu summieren. Wir verwenden dabei auf der rechten Seite die Beziehung

$$g_{\alpha\lambda}g_{\beta\mu\ldots} = (-1)^n\, g^{\lambda\alpha}g^{\mu\beta}\ldots\,.$$

Das Ergebnis ist

$$\psi_{\lambda\mu\ldots} = C^*(-1)^n\,\psi^{\lambda\mu\ldots *}\,.$$

Setzen wir $\psi^{\lambda\mu\ldots *}$ aus (60,4) ein, dann finden wir

$$\psi_{\lambda\mu\ldots} = (-1)^n\, CC^*\psi_{\lambda\mu\ldots}\,.$$

Diese Gleichung muß identisch erfüllt sein, d. h., es muß $(-1)^n\, CC^* = 1$ sein. Da aber $|C|^2$ auf jeden Fall positiv ist, ist klar, daß diese Identität nur für geradzahliges n (d. h. für ganzzahlige Werte der Summe $\sum s_a$) möglich ist. Für ungeradzahliges n (für halbzahlige Werte der Summe $\sum s_a$) kann die Bedingung (60,4) nicht erfüllt werden.[2])

Somit kommen wir zu dem Ergebnis, daß ein elektrisches Feld die Entartung nur für ein System mit ganzzahligem Wert der Summe der Spins vollständig aufheben kann. Für ein System mit halbzahligem Wert der Summe der Spins müssen alle

---

[1]) Siehe II, § 17. Siehe auch die Bemerkung am Schluß von § 111.

[2]) Für ganzzahlige (halbzahlige) Werte der Summe $\sum s_a$ sind auch die möglichen Werte für den Gesamtspin S des Systems ganzzahlig (halbzahlig).

Niveaus in einem beliebigen elektrischen Feld zweifach entartet sein. Dabei gehören zu den beiden verschiedenen Zuständen mit der gleichen Energie konjugiert komplexe Spinoren (H. A. KRAMERS, 1930).[1])

Wir wollen noch eine Bemerkung mathematischer Natur anbringen. Aus mathematischer Sicht ist eine Beziehung der Art (60,4) mit einer rellen Konstanten C die Bedingung dafür, daß man den Spinorkomponenten einen Satz reeller Größen zuordnen kann. Man kann diese Bedingung als „Realitäts"-Bedingung für einen Spinor bezeichnen.[2]) Da die Beziehung (60,4) für ungerades n nicht erfüllt werden kann, kann man keinem Spinor ungerader Stufe eine reelle Größe zuordnen. Umgekehrt kann die Bedingung (60,4) für gerades n erfüllt werden, und C kann dabei reell sein. Insbesondere kann man einen symmetrischen Spinor zweiter Stufe in Korrespondenz zu einem reellen Vektor bringen, wenn die Bedingung (60,4) mit $C = 1$ erfüllt ist:

$$\psi^{\lambda\mu *} = \psi_{\lambda\mu}$$

(davon kann man sich mit Hilfe der Formeln (57,8) und (57,9) leicht überzeugen). Überhaupt ist die Bedingung (60,4) mit $C = 1$ die „Realitäts"-Bedingung für einen symmetrischen Spinor beliebiger gerader Stufe.

---

[1]) Wenn das elektrische Feld eine hohe Symmetrie (kubische Symmetrie) hat, dann kann auch eine vierfache Entartung vorliegen (siehe § 99 und die Aufgabe dazu).

[2]) Im eigentlichen Sinne des Wortes hat es keinen Sinn, von der Realität eines Spinors zu sprechen; denn konjugiert komplexe Spinoren haben unterschiedliche Transformationsvorschriften.

IX IDENTISCHE TEILCHEN

§ 61. Das Prinzip der Ununterscheidbarkeit gleichartiger Teilchen

In der klassischen Mechanik verlieren gleichartige Teilchen (sagen wir Elektronen) trotz der Identität ihrer physikalischen Eigenschaften ihre „Individualität“ nicht. Man kann sich die Teilchen eines gegebenen physikalischen Systems „durchnumeriert“ vorstellen und dann die Bewegung jedes einzelnen Teilchens auf dessen Bahnkurve verfolgen. In einem beliebigen Zeitpunkt können die Teilchen wieder identifiziert werden.

In der Quantenmechanik ist die Sachlage ganz anders. Wir haben bereits mehrfach darauf hingewiesen, daß der Begriff der Bahnkurve eines Elektrons wegen des Unbestimmtheitsprinzips seinen Sinn vollkommen verliert. Ist die Lage eines Elektrons in einem bestimmten Zeitpunkt genau bekannt, dann haben seine Koordinaten schon in einem folgenden Zeitpunkt überhaupt keinen bestimmten Wert mehr. Lokalisieren wir die Elektronen und numerieren sie in einem gewissen Zeitpunkt durch, so haben wir dadurch nichts für ihre Identifizierung in späteren Zeitpunkten gewonnen. Wenn wir eines der Elektronen in einem anderen Zeitpunkt an einer Stelle des Raumes lokalisieren, dann können wir nicht angeben, welches der Elektronen an diesen Punkt gelangt ist.

In der Quantenmechanik gibt es also prinzipiell keine Möglichkeit, ein einzelnes von gleichartigen Teilchen gesondert zu verfolgen und damit die Teilchen zu unterscheiden. Man kann sagen, daß gleichartige Teilchen ihre „Individualität“ in der Quantenmechanik vollkommen verlieren. Die Tatsache, daß Teilchen gleichartige physikalische Eigenschaften haben, hat hier eine sehr tiefliegende Bedeutung: Sie bewirkt die völlige Ununterscheidbarkeit der Teilchen.

Dieses sogenannte *Prinzip der Ununterscheidbarkeit* gleichartiger Teilchen spielt eine grundlegende Rolle in der Quantentheorie von Systemen aus gleichartigen Teilchen. Wir beginnen die Behandlung eines Systems aus nur zwei Teilchen. Wegen der Identität der Teilchen müssen die Zustände des Systems, die einfach durch Vertauschung der beiden Teilchen miteinander entstehen, physikalisch völlig äquivalent sein. Bei einer solchen Vertauschung kann sich die Wellenfunktion des Systems nur um einen unwesentlichen Phasenfaktor ändern. $\psi(\xi_1, \xi_2)$ sei die Wellenfunktion des Systems, ξ_1 und ξ_2 sollen die Gesamtheiten der drei Koordinaten und der Spinprojektion der beiden Teilchen bezeichnen. Es muß dann

$$\psi(\xi_1, \xi_2) = e^{i\alpha} \psi(\xi_2, \xi_1)$$

mit einer reellen Konstanten α gelten. Bei nochmaliger Vertauschung kommen wir zum Ausgangszustand zurück, während die Funktion ψ mit $e^{2i\alpha}$ multipliziert wird. Daraus folgt $e^{2i\alpha} = 1$ oder $e^{i\alpha} = \pm 1$. Es ist also $\psi(\xi_1, \xi_2) = \pm\psi(\xi_2, \xi_1)$.

Wir gelangen zu dem Resultat, daß es insgesamt zwei Möglichkeiten gibt: Die Wellenfunktion kann entweder symmetrisch (d. h., sie ändert sich bei einer Vertauschung der Teilchen überhaupt nicht) oder antisymmetrisch sein (d. h., sie ändert ihr Vorzeichen bei einer Vertauschung). Offensichtlich müssen die Wellenfunktionen für alle Zustände ein und desselben Systems dasselbe Symmetrieverhalten haben. Anderenfalls wäre die Wellenfunktion eines Zustandes, der durch Überlagerung von Zuständen mit verschiedenem Symmetrieverhalten entsteht, weder symmetrisch noch antisymmetrisch.

Dieses Ergebnis kann man unmittelbar auf Systeme mit beliebig vielen gleichartigen Teilchen verallgemeinern. Besitzt irgendein Paar dieser Teilchen die Eigenschaft, sagen wir, durch symmetrische Wellenfunktionen beschrieben zu werden, dann hat auch jedes andere solche Teilchenpaar dieselbe Eigenschaft; das ist unmittelbar evident, weil die Teilchen gleichartig sind. Die Wellenfunktion gleichartiger Teilchen darf sich also bei der Vertauschung eines beliebigen Teilchenpaares entweder überhaupt nicht ändern, oder sie muß bei der Vertauschung eines beliebigen Paares ihr Vorzeichen wechseln (das gilt auch für eine beliebige Vertauschung von Teilchen miteinander). Im ersten Falle spricht man von einer *symmetrischen*, im zweiten Falle von einer *antisymmetrischen* Wellenfunktion.

Je nach der Art der Teilchen werden diese durch symmetrische oder durch antisymmetrische Wellenfunktionen beschrieben. Durch antisymmetrische Funktionen beschriebene Teilchen gehorchen der FERMI-DIRAC-*Statistik* und heißen *Fermionen*; durch symmetrische Funktionen beschriebene Teilchen gehorchen der BOSE-EINSTEIN-*Statistik* und werden *Bosonen* genannt.[1])

Aus den Gesetzen der relativistischen Quantenmechanik kann man zeigen (siehe IV, § 25), daß die Statistik, der die Teilchen gehorchen, eindeutig mit deren Spin zusammenhängt: Teilchen mit halbzahligem Spin sind Fermionen, Teilchen mit ganzzahligem Spin sind Bosonen.

Die Statistik zusammengesetzter Teilchen wird dadurch bestimmt, ob diese eine gerade oder eine ungerade Anzahl von elementaren Fermionen enthalten. Die Vertauschung zweier gleichartiger zusammengesetzter Teilchen ist tatsächlich der gleichzeitigen Vertauschung einiger Paare gleichartiger Elementarteilchen äquivalent. Die Vertauschung von Bosonen ändert die Wellenfunktion überhaupt nicht, die Vertauschung von Fermionen ändert ihr Vorzeichen. Daher gehorchen zusammengesetzte Teilchen mit einer ungeraden Anzahl von elementaren Fermionen der FERMI-Statistik, Teilchen mit einer geraden Anzahl von elementaren Fermionen sind der BOSE-Statistik unterworfen. Dieses Ergebnis steht natürlich in Einklang mit der oben angegebenen allgemeinen Regel; ein zusammengesetztes Teilchen hat einen ganzzahligen oder einen halbzahligen Spin, je nachdem, ob es aus einer geraden oder einer ungeraden Anzahl von Teilchen mit halbzahligem Spin aufgebaut ist.

---

[1]) Diese Bezeichnungsweise hängt mit der Bezeichnung der Statistiken zusammen, mit denen ein ideales Gas aus Teilchen mit antisymmetrischen bzw. mit symmetrischen Wellenfunktionen beschrieben wird. In Wirklichkeit haben wir es hier nicht nur mit verschiedenen Statistiken zu tun, sondern dem Wesen nach mit verschiedenen Arten der Mechanik. Die FERMI-Statistik ist von E. FERMI (1926) für Elektronen vorgeschlagen worden, ihr Zusammenhang mit der Quantenmechanik ist von DIRAC (1926) geklärt worden. Die BOSE-Statistik ist von S. N. BOSE (1924) für die Licht) quanten vorgeschlagen und von EINSTEIN verallgemeinert worden.

Die Atomkerne mit einer nicht geradzahligen relativen Atommasse (d. h. ein Zustand aus einer ungeraden Zahl von Protonen und Neutronen) befolgen die FERMI-Statistik, diejenigen mit geradzahliger relativer Atommasse gehorchen der BOSE-Statistik. Für die Atome selbst, die außer den Kernen auch Elektronen enthalten, wird die Statistik offensichtlich dadurch bestimmt, ob die Differenz zwischen relativer Atommasse und Ordnungszahl geradzahlig oder ungeradzahlig ist.

Behandeln wir ein System aus N gleichartigen Teilchen. Die Wechselwirkung zwischen den Teilchen soll vernachlässigt werden können. $\psi_1, \psi_2, \ldots$ seien die Wellenfunktionen der verschiedenen stationären Zustände, in denen sich jedes einzelne Teilchen befinden kann. Den Zustand des Gesamtsystems kann man durch die Nummern der Zustände angeben, in denen sich die einzelnen Teilchen befinden. Es erhebt sich die Frage, wie die Wellenfunktion ψ des Gesamtsystems aus den Funktionen $\psi_1, \psi_2, \ldots$ aufgebaut werden muß.

Es seien $p_1, p_2, \ldots, p_N$ die Nummern der Zustände, in denen sich die einzelnen Teilchen befinden (darunter können auch gleiche Nummern sein). Für ein System aus Bosonen ist die Wellenfunktion $\psi(\xi_1, \xi_2, \ldots, \xi_N)$ eine Summe von Produkten der Art

$$\psi_{p_1}(\xi_1)\, \psi_{p_2}(\xi_2) \ldots \psi_{p_N}(\xi_N) \tag{61,1}$$

mit allen möglichen Permutationen der verschiedenen Indizes $p_1, p_2, \ldots$. Diese Summe besitzt offenkundig die erforderliche Symmetrieeigenschaft. Für ein System aus zwei Teilchen in verschiedenen Zuständen ($p_1 \neq p_2$) ist

$$\psi(\xi_1, \xi_2) = \frac{1}{\sqrt{2}} [\psi_{p_1}(\xi_1)\, \psi_{p_2}(\xi_2) + \psi_{p_1}(\xi_2)\, \psi_{p_2}(\xi_1)] \,. \tag{61,2}$$

Der Faktor $1/\sqrt{2}$ ist wegen der Normierung eingeführt worden (alle Funktionen $\psi_1, \psi_2, \ldots$ sind zueinander orthogonal und werden als normiert vorausgesetzt). Im allgemeinen Fall eines Systems aus beliebig vielen Teilchen (Teilchenzahl N) ist die normierte Wellenfunktion

$$\psi = \left(\frac{N_1!\, N_2! \ldots}{N!}\right)^{1/2} \sum \psi_{p_1}(\xi_1)\, \psi_{p_2}(\xi_2) \ldots \psi_{p_N}(\xi_N) \,. \tag{61,3}$$

Die Summe läuft über alle Permutationen der verschiedenen Indizes von $p_1, p_2, \ldots, p_N$; die Zahlen N_i geben an, wieviele Indizes gleiche Werte i haben (dabei gilt $\sum N_i = N$). Bei der Integration über das Quadrat $|\psi|^2$ über $d\xi_1\, d\xi_2 \ldots d\xi_N$ verschwinden alle Glieder bis auf die Betragsquadrate der einzelnen Summanden.[1]) Da die Gesamtzahl der Summanden in der Summe (61,3) offensichtlich gleich $N!/(N_1!\, N_2! \ldots)$ ist, ergibt sich hieraus der Normierungsfaktor in (61,3).

Für ein System aus Fermionen ist die Wellenfunktion ψ die antisymmetrische Kombination aus den Produkten (61,1). So haben wir für ein System aus zwei Teilchen

$$\psi(\xi_1, \xi_2) = \frac{1}{\sqrt{2}} [\psi_{p_1}(\xi_1)\, \psi_{p_2}(\xi_2) - \psi_{p_1}(\xi_2)\, \psi_{p_2}(\xi_1)] \,. \tag{61,4}$$

---

[1]) Unter der Integration über $d\xi$ hat man (hier und in den Paragraphen 64 und 65) die Integration über den Raum und die Summation über σ zu verstehen.

Im allgemeinen Falle von N Teilchen wird die Wellenfunktion als Determinante geschrieben:

$$\psi = \frac{1}{\sqrt{N!}} \begin{vmatrix} \psi_{p_1}(\xi_1) \, \psi_{p_1}(\xi_2) \dots \psi_{p_1}(\xi_N) \\ \psi_{p_2}(\xi_1) \, \psi_{p_2}(\xi_2) \dots \psi_{p_2}(\xi_N) \\ \dots\dots\dots\dots\dots \\ \psi_{p_N}(\xi_1) \, \psi_{p_N}(\xi_2) \dots \psi_{p_N}(\xi_N) \end{vmatrix} . \tag{61,5}$$

Der Vertauschung zweier Teilchen entspricht hier die Vertauschung zweier Spalten in der Determinante, bei einer solchen Vertauschung ändert sich das Vorzeichen der Determinante.

Aus dem Ausdruck (61,5) ergibt sich folgendes wichtiges Resultat: Wenn von den Ziffern $p_1, p_2, \dots$ zwei gleich sind, dann werden zwei Zeilen der Determinante gleich, und die ganze Determinante verschwindet identisch. Sie ist nur dann von Null verschieden, wenn alle Ziffern $p_1, p_2, \dots$ voneinander verschieden sind. In einem System gleichartiger Fermionen können sich also nicht gleichzeitig zwei (oder mehr) Teilchen in ein und demselben Zustand befinden. Das ist das sogenannte PAULI-*Prinzip* (W. PAULI, 1925).

§ 62. Die Austauschwechselwirkung

In der SCHRÖDINGER-Gleichung wird nicht berücksichtigt, daß die Teilchen auch einen Spin haben können. Durch diesen Mangel werden aber weder die SCHRÖDINGER-Gleichung noch die daraus abgeleiteten Ergebnisse wertlos. Das liegt daran, daß die elektrische Wechselwirkung von Teilchen unabhängig vom Spin ist.[1]) Mathematisch bedeutet das, daß im HAMILTON-Operator eines Systems von Teilchen mit elektrischer Wechselwirkung (ohne Magnetfeld) der Spinoperator nicht vorkommt. Wird der HAMILTON-Operator auf die Wellenfunktion angewandt, dann wirkt er in keiner Weise auf die Spinvariablen. Jede einzelne Komponente der Wellenfunktion genügt daher tatsächlich einer SCHRÖDINGER-Gleichung. Die Wellenfunktion eines Systems von Teilchen kann daher als Produkt

$$\psi(\xi_1, \xi_2) = \chi(\sigma_1, \sigma_2, \dots) \, \varphi(\boldsymbol{r}_1, \boldsymbol{r}_2, \dots)$$

aus einer Funktion φ, die nur von den Orten der Teilchen abhängt, und einer Funktion χ von den Spins der Teilchen geschrieben werden (erstere werden wir *Bahnfunktion* oder *Orbital* nennen, letztere *Spinfunktion*). Die SCHRÖDINGER-Gleichung bestimmt ihrem Wesen nach nur die Bahnfunktion φ und läßt die Funktion χ willkürlich. Immer dann, wenn uns der Spin der Teilchen nicht interessiert, können wir folglich die SCHRÖDINGER-Gleichung verwenden und nur die Bahnfunktion als Wellenfunktion ansehen, wie es auch in den bisherigen Kapiteln getan worden ist.

Trotz der erwähnten Unabhängigkeit der elektrischen Wechselwirkung von Teilchen von deren Spin existiert eine eigenartige Abhängigkeit der Energie eines Systems von dessen Gesamtspin. Diese Abhängigkeit folgt letzten Endes aus dem Prinzip der Ununterscheidbarkeit gleichartiger Teilchen.

---

[1]) Das gilt nur solange, wie es sich um die nichtrelativistische Näherung handelt. Bei Berücksichtigung relativistischer Effekte erweist sich die Wechselwirkung geladener Teilchen als spinabhängig.

Wir wollen ein System aus insgesamt nur zwei gleichartigen Teilchen betrachten. Durch Lösen der SCHRÖDINGER-Gleichung finden wir eine Reihe von Energieniveaus; zu jedem gehört eine bestimmte symmetrische oder antisymmetrische Bahnfunktion $\varphi(\boldsymbol{r}_1, \boldsymbol{r}_2)$. Da die Teilchen gleichartig sind, ist der HAMILTON-Operator (und damit auch die SCHRÖDINGER-Gleichung) des Systems gegenüber einer Vertauschung derselben invariant. Sind die Energieniveaus nicht entartet, dann kann sich die Funktion $\varphi(\boldsymbol{r}_1, \boldsymbol{r}_2)$ bei einer Vertauschung der Koordinaten $\boldsymbol{r}_1$ und $\boldsymbol{r}_2$ nur um einen konstanten Faktor ändern. Durch nochmalige Vertauschung überzeugen wir uns davon, daß dieser Faktor nur ± 1 sein kann.[1])

Zunächst setzen wir voraus, daß die Teilchen den Spin Null haben. Für solche Teilchen gibt es überhaupt keinen Spinfaktor, und die Wellenfunktion reduziert sich auf die Bahnfunktion $\varphi(\boldsymbol{r}_1, \boldsymbol{r}_2)$ allein, die symmetrisch sein muß (da Teilchen mit dem Spin Null der BOSE-Statistik gehorchen). Es können also nicht alle Energieniveaus, die man beim formalen Lösen der SCHRÖDINGER-Gleichung erhält, tatsächlich realisiert werden; diejenigen, zu denen antisymmetrische Funktionen φ gehören, kommen für das betrachtete System nicht in Frage.

Die Vertauschung zweier gleichartiger Teilchen ist einer Spiegelung des Koordinatensystems äquivalent (dessen Ursprung auf der Mitte der Verbindungsgeraden beider Teilchen liegt). Andererseits muß sich die Wellenfunktion φ bei einer Spiegelung mit dem Faktor $(-1)^l$ multiplizieren, wobei l der Bahndrehimpuls der Relativbewegung der beiden Teilchen ist (siehe § 30). Wir stellen diese Überlegungen den obigen Aussagen gegenüber und gelangen zu dem Schluß, daß ein System aus zwei gleichartigen Teilchen mit dem Spin Null nur einen geradzahligen Bahndrehimpuls haben kann.

Jetzt wollen wir annehmen, daß das System aus zwei Teilchen mit dem Spin 1/2 besteht (sagen wir, aus zwei Elektronen). Die Gesamtwellenfunktion des Systems (d. h. das Produkt der Funktion $\varphi(\boldsymbol{r}_1, \boldsymbol{r}_2)$ mit der Spinfunktion $\chi(\sigma_1, \sigma_2)$) muß bei einer Vertauschung der beiden Elektronen unbedingt antisymmetrisch sein. Bei einer symmetrischen Bahnfunktion muß die Spinfunktion antisymmetrisch sein oder umgekehrt. Wir werden die Spinfunktion in spinorieller Form schreiben, d. h. als Spinor zweiter Stufe $\chi^{\lambda\mu}$. Jeder Index dieses Spinors entspricht dem Spin eines der Elektronen. Zu der in den Spins der beiden Teilchen symmetrischen Funktion gehört ein symmetrischer Spinor ($\chi^{\lambda\mu} = \chi^{\mu\lambda}$), zu der antisymmetrischen Funktion ein antisymmetrischer Spinor ($\chi^{\lambda\mu} = -\chi^{\mu\lambda}$). Wir wissen aber, daß ein symmetrischer Spinor zweiter Stufe ein System mit dem Gesamtspin 1 beschreibt. Der antisymmetrische Spinor reduziert sich auf einen Skalar, das entspricht dem Spin Null.

Wir finden also das folgende Ergebnis: Die Energieniveaus mit symmetrischen Lösungen $\varphi(\boldsymbol{r}_1, \boldsymbol{r}_2)$ der SCHRÖDINGER-Gleichung können faktisch nur realisiert werden, wenn der Gesamtspin des Systems Null ist, d. h., wenn die Spins der beiden Elektronen antiparallel sind und addiert Null ergeben. Die Energiewerte mit antisymmetrischen Funktionen $\varphi(\boldsymbol{r}_1, \boldsymbol{r}_2)$ verlangen den Gesamtspin 1, d. h., die Spins der beiden Elektronen müssen parallel sein.

Es hängt, mit anderen Worten, vom Gesamtspin des Systems ab, welche Energiewerte der Elektronen möglich sind. Auf Grund dessen kann man von einer eigenartigen Wechselwirkung der Teilchen sprechen, die diese Abhängigkeit hervorbringt. Diese

[1]) Bei Entartung kann man immer solche Linearkombinationen der Funktionen zu dem betreffenden Niveau wählen, daß diese Bedingung erfüllt ist.

Wechselwirkung heißt *Austauschwechselwirkung*. Sie ist ein reiner Quanteneffekt und verschwindet (wie auch der Spin selbst) beim Grenzübergang zur klassischen Mechanik vollkommen.

Für das von uns untersuchte System aus zwei Elektronen ist der folgende Sachverhalt charakteristisch. Zu jedem Energieniveau gehört ein bestimmter Wert des Gesamtspins: 0 oder 1. Dieser eindeutige Zusammenhang zwischen den Spinwerten und den Energieniveaus bleibt, wie wir unten sehen werden (§ 63), auch für Systeme aus beliebig vielen Elektronen erhalten. Er besteht jedoch nicht für Systeme aus Teilchen mit einem Spin größer als 1/2.

Sehen wir uns ein System aus zwei Teilchen mit beliebigem Spin s an. Die Spinfunktion ist ein Spinor der Stufe $4s$: $\chi^{\overbrace{\lambda\mu\ldots}^{2s}\overbrace{\varrho\sigma\ldots}^{2s}}$.

Die eine Hälfte ($2s$) der Indizes entspricht dem Spin des einen, die andere Hälfte dem Spin des anderen Teilchens. In den Indizes dieser beiden Gruppen ist der Spinor symmetrisch. Einer Vertauschung der beiden Teilchen entspricht die Vertauschung aller Indizes λ, μ, ... der ersten Gruppe mit den Indizes ϱ, σ, ... der zweiten Gruppe. Um die Spinfunktion für einen Zustand des Systems mit dem Gesamtspin S zu bekommen, muß man diesen Spinor über $2s - S$ Indexpaare (jedes Paar enthält einen Index von λ, μ, ... und einen von ϱ, σ, ...) verjüngen und in den restlichen Indizes symmetrisieren. Als Ergebnis erhält man einen symmetrischen Spinor der Stufe 2S.

Wie wir wissen, wird durch die Verjüngung eines Spinors über ein Indexpaar eine Kombination gebildet, die in diesen Indizes antisymmetrisch ist. Die Spinfunktion wird daher bei einer Vertauschung der Teilchen mit $(-1)^{2s-S}$ multipliziert.

Andererseits muß die Gesamtwellenfunktion eines Zweiteilchensystems bei Vertauschung der Teilchen mit $(-1)^{2S}$ multipliziert werden (d.h. mit $+1$ für ganzzahliges s und mit -1 für halbzahliges s). Hieraus folgt, daß das Symmetrieverhalten der Bahnfunktion bei einer Vertauschung der Teilchen durch den Faktor $(-1)^S$ bestimmt wird, der nur von S abhängt.

Es ergibt sich hieraus, daß die Bahnfunktion eines Systems aus zwei gleichartigen Teilchen für geradzahligen Gesamtspin symmetrisch und für ungeradzahligen Gesamtspin antisymmetrisch ist.

Erinnern wir uns daran, was wir oben über den Zusammenhang einer Vertauschung der Teilchen mit einer Spiegelung des Koordinatensystems gesagt haben. Demzufolge kann das System für geraden (ungeraden) Spin S nur einen geraden (ungeraden) Bahndrehimpuls haben.

Auch hier besteht ein gewisser Zusammenhang zwischen den möglichen Energiewerten des Systems und dem Gesamtspin, dieser Zusammenhang ist aber nicht ganz eindeutig. Die Energieniveaus mit symmetrischen (antisymmetrischen) Bahnfunktionen können für alle geradzahligen (ungeradzahligen) Werte von S realisiert werden.

Wir wollen abzählen, wieviel verschiedene Zustände ein System aus zwei Teilchen mit geraden und ungeraden Werten von S hat. Die Größe S durchläuft $2s + 1$ Werte: $2s, 2s - 1, \ldots, 0$. Für jedes gegebene S gibt es $2S + 1$ Zustände, die sich durch die z-Komponente des Spins unterscheiden (d. h. insgesamt $(2s + 1)^2$ verschiedene Zustände). s sei eine ganze Zahl. Unter den $2s + 1$ Werten von S sind dann $s + 1$ geradzahlige und s ungeradzahlige. Die Gesamtzahl der Zustände mit geradzahligen Werten S ist die Summe $\sum\limits_{S=0,2,\ldots,2s} (2S + 1) = (2s + 1)(s + 1)$.

Die restlichen $s(2s + 1)$ Zustände haben ungeradzahlige S. Ähnlich finden wir, daß es für halbzahliges s insgesamt $s(2s + 1)$ Zustände mit geradzahligen und $(s + 1) \times (2s + 1)$ Zustände mit ungeradzahligen Werten von S gibt.

Aufgaben

1. Es ist die Aufspaltung der Energieniveaus eines Systems aus zwei Elektronen infolge der Austauschwechselwirkung zu berechnen; die Wechselwirkung der Elektronen wird als Störung angesehen.

Lösung. Die Teilchen sollen sich (ohne Berücksichtigung ihrer Wechselwirkung) in Zuständen mit den Bahnfunktionen $\varphi_1(\boldsymbol{r})$ und $\varphi_2(\boldsymbol{r})$ befinden. Zu den Zuständen des Systems mit dem Gesamtspin $S = 0$ und $S = 1$ gehören ein symmetrisiertes bzw. ein antisymmetrisiertes Produkt:

$$\varphi = \frac{1}{\sqrt{2}} [\varphi_1(\boldsymbol{r}_1)\, \varphi_2(\boldsymbol{r}_2) \pm \varphi_1(\boldsymbol{r}_2)\, \varphi_2(\boldsymbol{r}_1)] \,.$$

Die Mittelwerte des Wechselwirkungsoperators $U(\boldsymbol{r}_2 - \boldsymbol{r}_1)$ in diesen Zuständen sind $A \pm J$ mit

$$A = \int\int U\, |\varphi_1(\boldsymbol{r}_1)|^2\, |\varphi_2(\boldsymbol{r}_2)|^2\, \mathrm{d}V_1\, \mathrm{d}V_2 \,,$$

$$J = \int\int U \varphi_1(\boldsymbol{r}_1)\, \varphi_1^*(\boldsymbol{r}_2)\, \varphi_2(\boldsymbol{r}_2)\, \varphi_2^*(\boldsymbol{r}_1)\, \mathrm{d}V_1\, \mathrm{d}V_2$$

(das Integral J wird als *Austauschintegral* bezeichnet). Die additive Konstante A, die mit der Austauschwechselwirkung nichts zu tun hat, lassen wir weg und finden so die Verschiebung der Niveaus: $\Delta E_0 = J$, $\Delta E_1 = -J$ (der Index gibt den Wert von S an). Diese Größen kann man als Eigenwerte des *Spin-Austauschoperators*[1])

$$\hat{V}_{\text{aust}} = -\tfrac{1}{2} J(1 + 4\hat{\boldsymbol{s}}_1\hat{\boldsymbol{s}}_2) \qquad (1)$$

auffassen (wegen der Eigenwerte des Produktes $\boldsymbol{s}_1\boldsymbol{s}_2$ siehe Aufgabe 2 zu § 55).

Gehören die Elektronen zum Beispiel zu verschiedenen Atomen, dann nimmt das Austauschintegral mit zunehmender Entfernung R exponentiell ab. Aus der Struktur des Integranden ersieht man, daß dieses Integral durch die Überlappung der Wellenfunktionen der Zustände $\varphi_1(\boldsymbol{r}_1)$ und $\varphi_2(\boldsymbol{r}_2)$ bestimmt wird. Unter Berücksichtigung des asymptotischen Gesetzes (vgl. (21,6)) für das Abklingen der Wellenfunktionen von Zuständen des diskreten Spektrums finden wir

$$J \propto \mathrm{e}^{-(\varkappa_1 + \varkappa_2) R}\,, \qquad \varkappa_1 = \frac{1}{\hbar}\sqrt{2m\,|E_1|}\,, \qquad \varkappa_2 = \frac{1}{\hbar}\sqrt{2m\,|E_2|}\,,$$

E_1 und E_2 sind die Energieniveaus des Elektrons in den beiden Atomen.

2. Wie Aufgabe 1 für ein System von drei Elektronen.

Lösung. Wir benutzen die Formel (1) der Aufgabe 1 und schreiben den Operator für die paarweise Austauschwechselwirkung in dem System dreier Elektronen in der Gestalt

$$\hat{V}_{\text{aust}} = -\sum J_{ab}\, (\tfrac{1}{2} + 2\hat{\boldsymbol{s}}_a\hat{\boldsymbol{s}}_b) \,. \qquad (1)$$

Die Summation erfolgt hier über die Teilchenpaare 12, 13 und 23. Die Matrixelemente der Operatoren $\hat{\boldsymbol{s}}_a\hat{\boldsymbol{s}}_b$ zwischen Zuständen mit verschiedenen Werten der Zahlenpaare σ_a, σ_b werden mit Hilfe der Formeln (55,6) bestimmt und sind

$$\langle 1/2, 1/2\, |\boldsymbol{s}_a\boldsymbol{s}_b|\, 1/2, 1/2\rangle = 1/4\,, \qquad \langle 1/2, -1/2\, |\boldsymbol{s}_a\boldsymbol{s}_b|\, 1/2, -1/2\rangle = -1/4\,,$$

$$\langle 1/2, -1/2\, |\boldsymbol{s}_a\boldsymbol{s}_b|\, -1/2, 1/2\rangle = 1/2\,.$$

Wir beginnen mit der Berechnung der Energie zu dem größtmöglichen Wert der Projektion des Gesamtspins $M_S = \sigma_1 + \sigma_2 + \sigma_3$, d. h. zu dem Wert $M_S = 3/2$. Durch Berechnung des entsprechenden Diagonalelementes der Matrix für den Operator (1) finden wir

$$\Delta E_{3/2} = -(J_{12} + J_{13} + J_{23}) \,.$$

[1]) Dieser Operator ist von Dirac eingeführt worden.

Nun gehen wir zu den Zuständen mit $M_S = 1/2$ über. Dieser Wert von M_S kann auf drei Arten verwirklicht werden, je nachdem, welche der Zahlen σ_1, σ_2 und σ_3 gleich $-1/2$ ist (und die beiden anderen sind 1/2). Wir würden daher für diese Zustände eine Säkulargleichung dritten Grades erhalten. Die Rechnung kann jedoch sofort vereinfacht werden, weil eine Wurzel dieser Gleichung zu der bereits gefundenen Energie des Zustandes mit $S = 3/2$ gehören muß; die Säkulargleichung muß deshalb durch $\Delta E - \Delta E_{3/2}$ teilbar sein. Dies ermöglicht es im vorliegenden Falle, die Berechnung des absoluten Gliedes in der kubischen Gleichung zu umgehen.[1])
Durch Ausrechnung der höchsten Glieder der Gleichung erhalten wir

$$(\Delta E)^3 + (J_{12} + J_{13} + J_{23})(\Delta E)^2 + [J_{12}J_{13} + J_{12}J_{23} + J_{13}J_{23} - (J_{12}^2 + J_{13}^2 + J_{23}^2)]\,\Delta E + \ldots = 0\,.$$

Nach der Division durch $\Delta E + J_{12} + J_{13} + J_{23}$ finden wir die beiden Energieniveaus für die Zustände mit dem Spin $S = 1/2$:

$$\Delta E_{1/2} = \pm [J_{12}^2 + J_{13}^2 + J_{23}^2 - J_{12}J_{13} - J_{12}J_{23} - J_{13}J_{23}]^{1/2}\,.$$

Es gibt also insgesamt drei Energieniveaus, in Übereinstimmung mit der in der Aufgabe 1 zu § 63 durchgeführten Abzählung.

3. In welchen Zuständen kann der Kern Be^8 in zwei α-Teilchen zerfallen?

Lösung. Da das α-Teilchen keinen Spin hat, kann das System aus den beiden α-Teilchen nur einen geradzahligen Bahndrehimpuls (der gleich dem Gesamtdrehimpuls ist) haben. Die Zustände des Systems haben positive Parität. Der angegebene Zerfall ist daher nur von Zuständen mit positiver Parität des Kerns Be^8 möglich, d. h. von Zuständen mit geradzahligem Gesamtdrehimpuls.

§ 63. Die Symmetrie bei Vertauschungen

Behandeln wir ein System aus insgesamt zwei Teilchen, so können wir behaupten, daß die Bahnfunktionen der stationären Zustände $\varphi(\boldsymbol{r}_1, \boldsymbol{r}_2)$ entweder symmetrisch oder antisymmetrisch sein müssen. Allgemein müssen die Lösungen der Schrödinger-Gleichung (die Bahnfunktionen) für ein System aus beliebig vielen Teilchen durchaus nicht unbedingt symmetrisch oder antisymmetrisch bei der Vertauschung eines beliebigen Teilchenpaares sein, wie es für die gesamte Wellenfunktion der Fall ist (einschließlich des Spinfaktors). Das hängt damit zusammen, daß die Vertauschung allein der Orte zweier Teilchen noch nicht ihrer physikalischen Vertauschung entspricht. Die physikalische Gleichheit der Teilchen bedeutet hier nur, daß der Hamilton-Operator des Systems gegenüber einer Vertauschung der Teilchen invariant ist. Wenn eine Funktion Lösung der Schrödinger-Gleichung ist, dann sind deshalb auch diejenigen Funktionen Lösungen, die man aus der ursprünglichen Funktion durch die verschiedensten Vertauschungen der Veränderlichen erhält.

Wir wollen zunächst einige Bemerkungen über die Vertauschung allgemein anführen. In einem System von N Teilchen sind insgesamt $N!$ verschiedene Permutationen möglich. Stellt man sich alle Teilchen numeriert vor, dann kann man jede Permutation durch eine bestimmte Reihenfolge der Zahlen 1, 2, 3, ... angeben. Jede solche Reihenfolge kann aus der natürlichen Anordnung der Zahlen 1, 2, 3, ... durch nacheinander ausgeführte paarweise Vertauschungen der Teilchen erzeugt werden. Eine *Permutation* heißt *gerade* oder *ungerade*, je nachdem, ob man sie durch eine

[1]) Dieses Verfahren ist besonders nützlich bei ähnlichen Rechnungen für Systeme aus vielen Teilchen.

gerade oder durch eine ungerade Anzahl von paarweisen Vertauschungen herstellen kann. Wir bezeichnen mit $\hat{P}$ die Vertauschungsoperatoren für N Teilchen und führen die Größe δ_P ein; diese ist gleich $+1$, wenn $\hat{P}$ eine gerade Permutation bedeutet, und gleich -1, wenn die Permutation ungerade ist. Ist φ eine in allen Teilchen symmetrische Funktion, dann gilt

$$\hat{P}\varphi = \varphi .$$

Wenn die Funktion φ in allen Teilchen antisymmetrisch ist, dann haben wir

$$\hat{P}\varphi = \delta_P \varphi .$$

Aus einer beliebigen Funktion $\varphi(\boldsymbol{r}_1, \boldsymbol{r}_2, \ldots, \boldsymbol{r}_N)$ kann man durch *Symmetrisieren* eine symmetrische Funktion bilden. Die Operation kann man so schreiben:

$$\varphi_{\text{sym}} = \text{const} \sum_P \hat{P}\varphi , \tag{63,1}$$

wobei die Summation über alle möglichen Permutationen erfolgt. Die Bildung einer antisymmetrischen Funktion (diese Operation nennt man manchmal *Antisymmetrisieren*) kann man folgendermaßen schreiben:

$$\varphi_{\text{anti}} = \text{const} \sum_P \delta_P \hat{P}\varphi . \tag{63,2}$$

Wir wenden uns wieder dem Problem zu, wie sich die Wellenfunktionen φ eines Systems aus gleichartigen Teilchen bei Vertauschungen verhalten.[1]) Der HAMILTON-Operator $\hat{H}$ ist in allen Teilchen symmetrisch. Mathematisch bedeutet das, daß $\hat{H}$ mit allen Vertauschungsoperatoren $\hat{P}$ vertauschbar ist. Diese Operatoren sind jedoch nicht miteinander vertauschbar und können daher nicht gleichzeitig auf Diagonalform gebracht werden. Die Wellenfunktionen φ können deshalb nicht so gewählt werden, daß alle bei allen einzelnen paarweisen Vertauschungen symmetrisch oder antisymmetrisch sind.[2])

Wir stellen uns jetzt die Aufgabe, die möglichen Symmetrietypen der Funktionen $\varphi(\boldsymbol{r}_1, \boldsymbol{r}_2, \ldots, \boldsymbol{r}_N)$ von N Veränderlichen (oder von Gesamtheiten einiger solcher Funktionen) bei Vertauschung der Veränderlichen zu bestimmen. Die Symmetrie muß so beschaffen sein, daß sie nicht erhöht werden kann, d. h., jedes weitere Symmetrisieren oder Antisymmetrisieren dieser Funktionen würde entweder Linearkombinationen dieser Funktionen oder identisch Null ergeben.

Wir kennen bereits zwei Operationen, die zu Funktionen maximaler Symmetrie führen: Symmetrisieren in allen Variablen und Antisymmetrisieren in allen Variablen. Diese Operationen können folgendermaßen verallgemeinert werden.

---

[1]) Aus mathematischer Sicht handelt es sich bei diesem Problem um die Bestimmung der irreduziblen Darstellungen der symmetrischen Gruppe (Gruppe der Vertauschungen). Eine ausführliche Darstellung der mathematischen Theorie der symmetrischen Gruppe findet man in folgenden Büchern: H. WEYL, Gruppentheorie und Quantenmechanik, 1931; M. HAMERMESH, Group Theory and its Application to Physical Problems, Reading/Mass., 1964; I. G. KAPLAN, Symmetrie von Vielelektronen-Systemen, Moskau, 1969 (russ.).

[2]) Nur für Systeme aus zwei Teilchen gibt es lediglich einen Vertauschungsoperator, der gleichzeitig mit dem HAMILTON-Operator diagonalisiert werden kann.

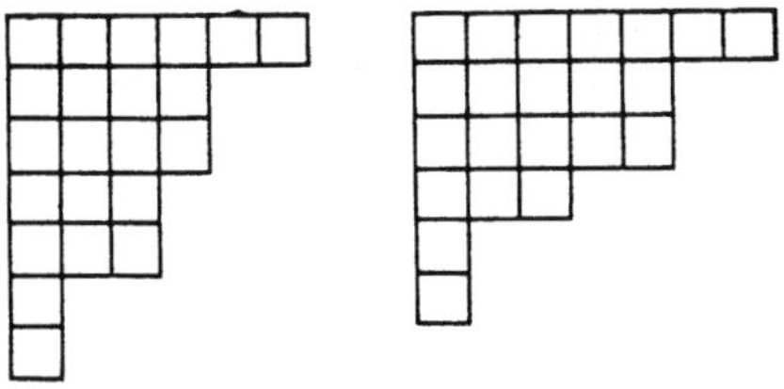

Abb. 21

Wir teilen die Gesamtheit aller N Veränderlichen $\boldsymbol{r}_1, \boldsymbol{r}_2, \ldots, \boldsymbol{r}_N$ (oder was dasselbe ist, die Indizes $1, 2, 3, \ldots, N$) in einige Gruppen auf, die $N_1, N_2, \ldots$ Elemente (Veränderliche) enthalten; $N_1 + N_2 + \ldots = N$. Diese Zerlegung kann man anschaulich durch ein Schema darstellen (das sogenannte Young-*Schema*), in dem jede Zahl $N_1, N_2, \ldots$ durch eine Zeile aus einigen Zellen dargestellt wird (in Abb. 21 ist das Schema für die Zerlegungen $6 + 4 + 4 + 3 + 3 + 1 + 1$ und $7 + 5 + 5 + 3 + 1 + 1$ für $N = 22$ wiedergegeben). In jedem Quadrat muß man eine der Zahlen $1, 2, 3, \ldots$ unterbringen. Ordnet man die Zeilen nach abnehmenden Längen an (wie es in Abb. 21 getan worden ist), dann enthält das Schema nicht nur aufeinanderfolgende horizontale Zeilen, sondern auch vertikale Spalten.

Jetzt wollen wir eine beliebige Funktion $\varphi(\boldsymbol{r}_1, \boldsymbol{r}_2, \ldots, \boldsymbol{r}_N)$ in den Variablen symmetrisieren, die in einer Zeile stehen. Danach kann man nur noch in denjenigen Variablen antisymmetrisieren, die in verschiedenen Zeilen stehen. Das Antisymmetrisieren eines Variablenpaares, das in einer Zeile zu finden ist, ergibt offensichtlich identisch Null.

Wenn wir aus jeder Zeile je eine Variable herausnehmen, dann können wir sie ohne Beschränkung der Allgemeinheit in den ersten Zellen der Zeilen stehend annehmen (nach dem Symmetrisieren ist die Verteilung der Veränderlichen über die Zellen einer jeden Zeile unwesentlich). Wir antisymmetrisieren in diesen Veränderlichen. Danach streichen wir die erste Spalte weg und antisymmetrisieren in den Variablen, von denen je eine aus jeder Zeile des derart verkürzten Schemas genommen wird. Diese Veränderlichen können wir uns dabei wieder in den ersten Zellen der verkürzten Zeilen stehend denken. Diesen Prozeß setzen wir fort und kommen so zu Funktionen, die zunächst in den Variablen jeder Zeile symmetrisiert und dann in den Variablen jeder Spalte antisymmetrisiert sind (selbstverständlich ist die Funktion nach dem Antisymmetrisieren im allgemeinen nicht mehr symmetrisch in den Veränderlichen jeder Zeile; die Symmetrie bleibt nur für diejenigen Variablen erhalten, die in denjenigen Zellen der ersten Zeile stehen, die über die übrigen Zeilen hinausragen).

Wenn wir die N Veränderlichen in verschiedener Weise über die Zeilen des Young-Schemas verteilen (die Verteilung auf die Zellen einer Zeile ist unwesentlich), dann erhalten wir eine Reihe von Funktionen, die bei einer beliebigen Vertauschung der Veränderlichen ineinander übergehen.[1]) Man muß aber hervorheben, daß nicht alle

[1]) Man könnte auch in umgekehrter Reihenfolge symmetrisieren und antisymmetrisieren: zuerst in den Variablen einer Spalte antisymmetrisieren und anschließend in den Variablen in den Zeilen symmetrisieren. Das würde jedoch nichts Neues ergeben, weil die auf die beiden Arten erhaltenen Funktionen Linearkombinationen voneinander sind.

diese Funktionen linear unabhängig sind. Die Zahl der linear unabhängigen Funktionen ist im allgemeinen kleiner als die Zahl der möglichen Verteilungen der Veränderlichen über die Zeilen des Schemas; wir wollen aber hier nicht näher darauf eingehen.[1])

Jedes YOUNG-Schema bestimmt einen gewissen Symmetrietyp der Funktionen bei Vertauschungen. Stellen wir (für ein gegebenes N) alle möglichen YOUNG-Schemata zusammen, so finden wir alle möglichen Symmetrietypen. Dazu muß man die Zahl N auf alle möglichen Arten in eine Summe aus einigen kleineren Summanden zerlegen. In die Zahl der möglichen Zerlegungen wird auch die Zahl N selbst mit aufgenommen (so sind zum Beispiel für $N = 4$ die folgenden Zerlegungen möglich: $4, 3 + 1, 2 + 2, 2 + 1 + 1$ und $1 + 1 + 1 + 1$).

Jedem Energieniveau eines Systems kann man ein YOUNG-Schema zuordnen, das die Vertauschungssymmetrie der zugehörigen Lösungen der SCHRÖDINGER-Gleichung angibt. Zu jedem Energiewert gehören dabei im allgemeinen einige verschiedene Funktionen, die bei Vertauschung ineinander übergehen. Diese „Vertauschungsentartung" hängt damit zusammen, daß die Operatoren $\hat{P}$ nicht miteinander vertauschbar sind, aber jeder Operator $\hat{P}$ mit dem HAMILTON-Operator vertauschbar ist (vgl. § 10, S. 27). Wir betonen aber, daß diese Tatsache nicht mit einer zusätzlichen physikalischen Entartung zusammenhängt. Alle diese verschiedenen Bahnfunktionen gehen, mit den Spinfunktionen multipliziert, in eine bestimmte Kombination — die vollständige Wellenfunktion — ein, die (je nach dem Spin der Teilchen) symmetrisch oder antisymmetrisch ist.

Unter den verschiedenen Symmetrietypen gibt es immer (für festes N) zwei, zu denen nur je eine Funktion gehört. Zum einen handelt es sich dabei um eine in allen Variablen symmetrische Funktion, zum anderen um eine antisymmetrische (im ersten Falle besteht das YOUNG-Schema aus nur einer Zeile mit N Zellen, im zweiten aus einer Spalte).

Wir kommen zu den Spinanteilen $\chi(\sigma_1, \sigma_2, \dots, \sigma_N)$ der Wellenfunktionen. Ihre Symmetrietypen bei Vertauschungen von Teilchen werden durch dieselben YOUNG-Schemata bestimmt, wobei die Spinprojektionen der Teilchen die Rolle der Veränderlichen übernehmen. Es erhebt sich die Frage, welches Schema der Spinfunktion zugeordnet werden muß, wenn das Schema für die Bahnfunktion gegeben ist. Wir setzen zunächst voraus, daß die Teilchen einen ganzzahligen Spin haben. Die vollständige Wellenfunktion ψ muß dann in allen Teilchen symmetrisch sein. Dazu muß die Symmetrie von Spin- und Bahnfunktion durch ein und dasselbe YOUNG-Schema gegeben werden. Die vollständige Wellenfunktion ψ wird dann durch eine bestimmte bilineare Kombination daraus gebildet. Wir verweilen hier nicht bei dem Problem, wie diese Kombination aufzustellen ist.

Die Teilchen sollen nun einen halbzahligen Spin haben. Die vollständige Wellenfunktion muß dann in allen Veränderlichen antisymmetrisch sein. Die YOUNG-Schemata der Bahn- und der Spinfunktionen müssen dazu dual zueinander sein: Sie müssen auseinander hervorgehen, wenn man Zeilen und Spalten vertauscht, und umgekehrt (die beiden Schemata in Abb. 21 sind zum Beispiel so beschaffen).

---

[1]) Die untereinander transformierten unabhängigen Funktionen bilden die Basis einer irreduziblen Darstellung der symmetrischen Gruppe. Die Anzahl dieser Funktionen ist die Dimension der Darstellung. Für den Fall von Teilchen mit Spin 1/2 wird sie in Aufgabe 1 zu diesem Paragraphen bestimmt.

Mit dem wichtigen Fall von Teilchen mit dem Spin 1/2 (zum Beispiel Elektronen) wollen wir uns näher befassen. Jede Spinvariable $\sigma_1, \sigma_2, \ldots$ nimmt hier insgesamt nur die beiden Werte $\pm 1/2$ an. Eine in zwei beliebigen Variablen antisymmetrische Funktion verschwindet, wenn diese beiden Variablen dieselben Werte haben. Deshalb ist klar, daß die Funktion χ nur in Paaren von Veränderlichen antisymmetrisiert werden kann. Bei der Antisymmetrisierung in drei Variablen müßten zwei davon auf jeden Fall gleiche Werte annehmen, so daß man identisch Null erhält.

Für ein System von Elektronen können die Young-Schemata der Spinfunktionen in den Spalten nur eine oder zwei Zellen enthalten (d. h. immer nur eine oder zwei Zellen). Für die Zeilenlänge in den Young-Schemata der Bahnfunktionen gilt dasselbe. Die Zahl der möglichen Symmetrietypen bei Vertauschungen ist für ein System aus N Elektronen folglich gleich der Anzahl der möglichen Zerlegungen der Zahl N in eine Summe von Einsen und Zweien. Für gerades N ist diese Zahl $N/2 + 1$ (Zerlegungen mit $0, 1, \ldots, N/2$ Zweien), für ungerades N ist sie $(N + 1)/2$ (Zerlegungen mit $0, 1, \ldots, (N - 1)/2$ Zweien). In Abb. 22 sind die Young-Schemata (für Bahn- und Spinfunktionen) für $N = 4$ dargestellt.

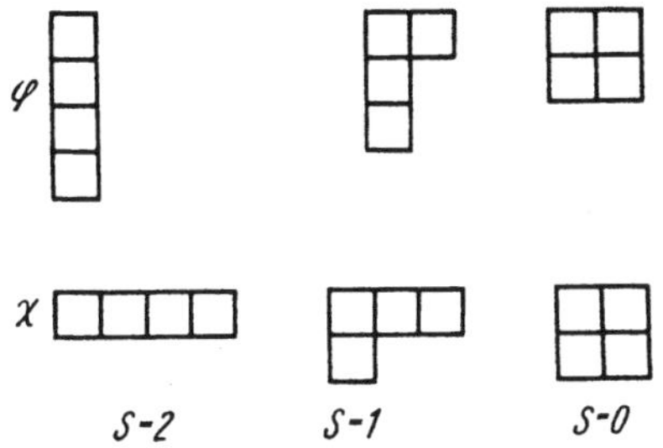

Abb. 22

Jeder dieser Symmetrietypen (d. h. jedes Young-Schema) gehört zu einem bestimmten Gesamtspin S des Elektronensystems. Wir werden die Spinfunktionen in spinorieller Schreibweise verwenden, d. h. sie als Spinor $\chi^{\lambda\mu\cdots}$ N-ter Stufe darstellen. Die Indizes dieses Spinors (jeder Index entspricht dem Spin eines einzelnen Teilchens) sind die Variablen, die in die Zellen der Young-Schemata verteilt werden müssen. Wir betrachten das Young-Schema für die Spinfunktion. Dieses besteht aus zwei Zeilen, die N_1 bzw. N_2 Zellen enthalten ($N_1 + N_2 = N$, $N_1 \geqq N_2$). In den ersten N_2 Spalten gibt es jeweils zwei Zellen; in den zugehörigen Indexpaaren muß der Spinor antisymmetrisch sein. In den Indizes der letzten $n = N_1 - N_2$ Zellen der ersten Zeile muß der Spinor symmetrisch sein. Wie wir aber wissen, reduziert sich ein solcher Spinor N-ter Stufe auf einen symmetrischen Spinor n-ter Stufe, dem der Gesamtspin $S = n/2$ entspricht. Wir wenden uns wieder den Young-Schemata für die Bahnfunktionen zu und können sagen, daß zu einem Schema mit n Zeilen, die jeweils nur eine Zelle enthalten, ein Zustand mit dem Gesamtspin $S = n/2$ gehört. Für gerades N kann der Gesamtspin ganzzahlige Werte zwischen 0 und $N/2$ annehmen, für ungerade N halbzahlige Werte von 1/2 bis $N/2$, wie es auch sein muß.

Dieser eindeutige Zusammenhang zwischen den Young-Schemata und dem Gesamtspin gilt nur für Systeme von Teilchen mit dem Spin 1/2. Für ein System aus zwei Teilchen haben wir uns davon bereits im vorhergehenden Paragraphen überzeugt.

Für ein System aus N Teilchen mit dem Spin s wird die Spinfunktion aus einem Produkt von N symmetrischen Spinoren der Stufe $2s$ gebildet, d. h., sie ist ein Spinor der Stufe $2Ns$. Wenn man diesen Spinor entsprechend einem bestimmten Young-Schema mit N Zellen symmetrisiert, dann kann man aus den unabhängigen Komponenten dieses symmetrischen Spinors einige Sätze von Linearkombinationen bilden: diese Linearkombinationen entsprechen verschiedenen Werten für den Gesamtspin S des Systems.

Für Teilchen mit dem Spin 1/2 kann das Young-Schema für die Spinfunktionen nicht mehr als zwei Zellen in einer Spalte enthalten; analog können die Spalten für Teilchen mit beliebigem Spin s nicht mehr als $2s + 1$ Zellen lang sein.

Falls die Teilchenzahl N in einem System ein ganzzahliges Vielfaches von $2s + 1$ ist, gibt es unter den möglichen Young-Schemata ein rechteckiges Schema, in dem alle Spalten $2s + 1$ Zellen enthalten. Zu diesem Schema gehört ein bestimmter Wert für den Gesamtspin: $S = 0$. Hieraus kann man folgenden Schluß ziehen: Zwei beliebige Young-Schemata (für Spinfunktionen), die man zu einem Rechteck mit der Höhe $2s + 1$ zusammensetzen kann, gehören zu gleichen Werten für S.[1]) Dieser Schluß folgt einfach aus der Tatsache, daß der Gesamtdrehimpuls bei der Addition zweier Drehimpulse gleich Null sein kann, wenn nur die zu addierenden Drehimpulse den gleichen Betrag haben.

Zum Schluß dieses Paragraphen wenden wir uns wieder dem bereits früher erwähnten (siehe die Fußnote auf S. 57) Sachverhalt zu, daß man für ein System aus mehreren gleichartigen Teilchen nicht behaupten kann, die Wellenfunktion des stationären Zustandes mit der kleinsten Energie habe keine Knoten. Wir können jetzt diese Bemerkung präzisieren und ihren Ursprung klären.

Eine Wellenfunktion (es handelt sich dabei um die Bahnfunktion) ohne Knoten muß in allen Teilchen unbedingt symmetrisch sein. Wenn sie bei der Vertauschung eines Teilchenpaares 1, 2 antisymmetrisch wäre, dann würde sie für $\boldsymbol{r}_1 = \boldsymbol{r}_2$ verschwinden. Besteht das System aber aus drei oder mehreren Elektronen, dann ist eine völlig symmetrische Bahnfunktion überhaupt nicht zugelassen (das Young-Schema der Bahnfunktion kann keine Zeile mit mehr als zwei Zellen haben). Obwohl die Lösung der Schrödinger-Gleichung zu dem kleinsten Eigenwert (nach dem Satz der Variationsrechnung) keine Knoten hat, kann diese Lösung physikalisch unzulässig sein. Dann gehört nicht der kleinste Eigenwert der Schrödinger-Gleichung zum Grundzustand des Systems, und die Wellenfunktion dieses Zustandes hat im allgemeinen Knoten. Allgemein gilt dieser Sachverhalt für Teilchen mit halbzahligem Spin s in Systemen mit mehr als $2s + 1$ Teilchen. Für Systeme von Bosonen ist die völlig symmetrische Bahnfunktion der Wellenfunktion immer möglich.

---

[1]) Solche Schemata sind zum Beispiel die folgenden Paare (für $s = 1$):

Die zueinander komplementären Schemata sind mit ausgezogenen bzw. gestrichelten Linien gezeichnet.

Aufgaben

1. Man bestimme die Zahl der Energieniveaus mit verschiedenen Werten des Gesamtspins S für ein System aus N Teilchen mit dem Spin 1/2.

Lösung. Ein gegebener Wert für die Projektion des Gesamtspins des Systems $M_S = \sum \sigma$ kann auf

$$f(M_S) = \frac{N!}{\left(\frac{N}{2} + M_S\right)! \left(\frac{N}{2} - M_S\right)!}$$

verschiedene Arten verwirklicht werden ($N/2 + M_S$ Teilchen schreiben wir $\sigma = 1/2$ zu, den übrigen $\sigma = -1/2$). Zu jedem Energieniveau mit einem gegebenen Wert von S gehören $2S + 1$ Zustände mit den Werten $M_S = S, S - 1, \ldots, -S$. Man kann daher leicht einsehen, daß die Zahl der verschiedenen Niveaus mit einem gegebenen Wert von S gleich

$$n(S) = f(S) - f(S + 1) = \frac{N!(2S + 1)}{\left(\frac{N}{2} + S + 1\right)! \left(\frac{N}{2} - S\right)!}$$

ist. Die Gesamtzahl $n = \sum_S n(S)$ der verschiedenen Energieniveaus ist

$$n = f(0) = \frac{N!}{\left(\frac{N}{2}!\right)^2}$$

für gerades N oder

$$n = f\left(\frac{1}{2}\right) = \frac{N!}{\left(\frac{N+1}{2}\right)! \left(\frac{N-1}{2}\right)!}$$

für ungerades N.

2. Welche Werte hat der Gesamtspin S zu den verschiedenen Symmetrietypen der Spinfunktionen für ein System aus zwei, drei oder vier Teilchen mit dem Spin 1?

Lösung. Für zwei Teilchen findet man die gesuchte Zuordnung, indem man daran denkt, daß der Faktor, mit dem die Spinfunktion bei einer Vertauschung der Teilchen multipliziert wird, gleich $(-1)^{2s-S}$ sein muß (siehe den Schluß von § 62). Für Teilchen mit dem Spin 1 ergibt sich hieraus die Zuordnung

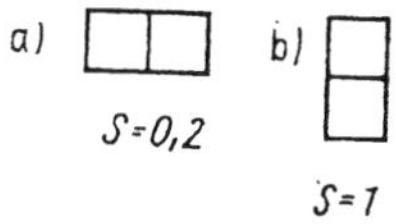

(1)

Die Young-Schemata für ein System aus drei Teilchen erhält man, indem man zu den Schemata in (1) auf alle möglichen Arten eine weitere Zelle hinzufügt. Das kann durch folgende symbolische Gleichungen ausgedrückt werden:

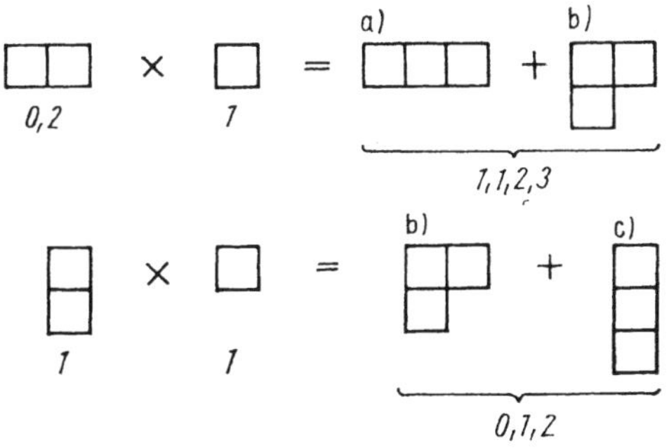

Unter den Schemata sind die Werte für S angegeben worden; die Werte für den Gesamtspin eines Systems aus drei Teilchen (Schemata rechts) ergeben sich aus den Spins zweier und eines Teilchens (Schemata links) nach der Regel für die Addition von Drehimpulsen.[1]) Die Verteilung der erhaltenen S-Werte auf die verschiedenen Schemata rechts kann man folgendermaßen ermitteln: Zum Schema c) (Spalte aus drei Zellen) gehört der Wert $S = 0$; daher entsprechen dem Schema b) die (in der zweiten Gleichung) verbleibenden Werte 1 und 2 und dem Schema a) die neben b) (in der ersten Gleichung) verbleibenden Werte 1 und 3:

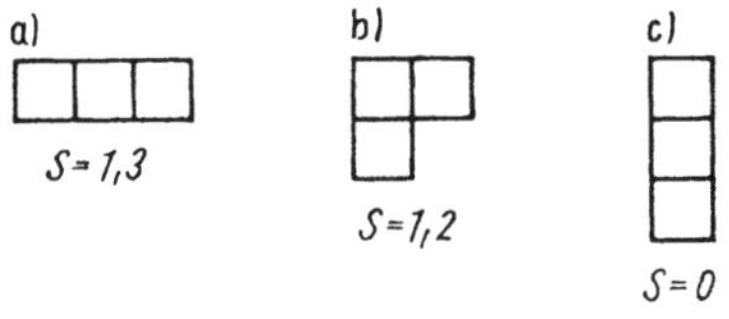

(2)

Die Young-Schemata für ein System aus vier Teilchen ergeben sich, indem man zu den Schemata in (2) eine weitere Zelle hinzufügt (und dabei die Bedingung beachtet, daß eine Spalte nicht mehr als drei Zellen enthalten darf):

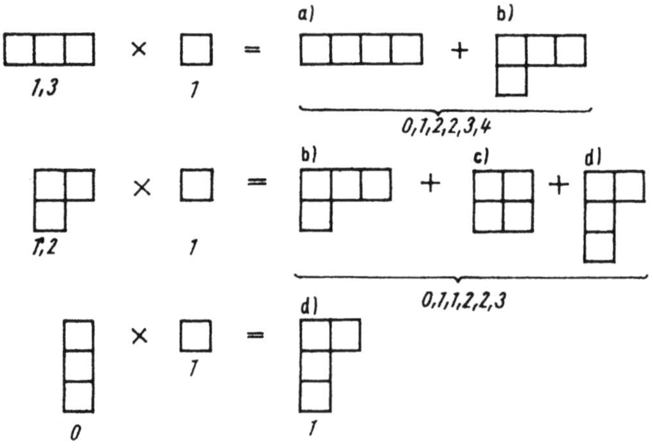

Das Schema c) kann mit dem Schema (1a) zu einem Rechteck mit Spalten aus drei Zellen ergänzt werden, daher gehören dazu die Werte $S = 0$ und 2 wie zu (1a). Die S-Werte zum Schema b) ergeben sich als die restlichen Werte in der zweiten Gleichung und schließlich zum Schema a) als die in der ersten Gleichung verbleibenden Werte:

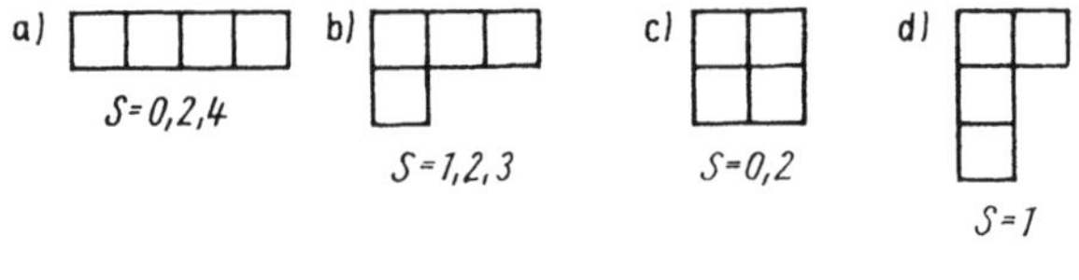

---

[1]) Die zweimalige Wiederholung der Ziffer 1 unter den Schemata auf der rechten Seite hängt damit zusammen, daß dieser Wert des Drehimpulses einmal von der Addition der Drehimpulse 0 und 1 und zum anderen von der Addition der Drehimpulse 2 und 1 stammt.

§ 64. Die zweite Quantelung. BOSE-Statistik

In der Theorie der Systeme aus vielen gleichartigen Teilchen ist eine besondere Betrachtungsweise weit verbreitet, die unter der Bezeichnung *zweite Quantelung* bekannt ist. Diese Methode ist in der relativistischen Theorie unumgänglich, weil man es dort mit Systemen zu tun hat, in denen die Teilchenzahl selbst veränderlich ist.[1])

Es sei $\psi_1(\xi)$, $\psi_2(\xi)$, ... ein vollständiges System orthonormierter Wellenfunktionen für die stationären Zustände eines Teilchens.[2]) Das können die Zustände eines Teilchens in einem beliebig gewählten äußeren Feld sein, aber normalerweise verwendet man einfach ebene Wellen — die Wellenfunktionen eines freien Teilchens mit bestimmten Werten für den Impuls (und die Spinprojektion). Um das Spektrum der Zustände auf ein diskretes Spektrum zurückzuführen, betrachtet man die Bewegung der Teilchen in einem großen, aber endlichen Raumgebiet; für die Bewegung in einem endlichen Volumen bilden die Eigenwerte für die Impulskomponenten eine diskrete Folge (wobei die Abstände zwischen benachbarten Werten umgekehrt proportional zu den linearen Abmessungen des Raumgebietes sind und gegen Null streben, wenn diese gegen unendlich gehen).

In einem System freier Teilchen bleiben die Impulse der Teilchen einzeln erhalten. Damit bleiben auch die *Besetzungszahlen* der Zustände — die Zahlen N_1, N_2, ... — erhalten, die angeben, wieviele Teilchen in den einzelnen Zuständen ψ_1, ψ_2, ... enthalten sind. In einem System wechselwirkender Teilchen bleiben die Impulse der einzelnen Teilchen nicht erhalten, und daher bleiben auch die Besetzungszahlen nicht erhalten. Für ein solches System kann man nur die Wahrscheinlichkeitsverteilung für die verschiedenen Werte der Besetzungszahlen angeben. Wir wollen einen mathematischen Apparat aufbauen, in dem gerade die Besetzungszahlen (und nicht die Ortskoordinaten und die Spinprojektionen der Teilchen) die Rolle der unabhängigen Veränderlichen spielen.

In diesem Apparat werden die Zustände eines Systems mit einer Wellenfunktion „im Raum der Besetzungszahlen" beschrieben; wir bezeichnen sie mit $\Phi(N_1, N_2, \ldots; t)$ (um den Unterschied zur gewöhnlichen ortsabhängigen Wellenfunktion $\Psi(\xi_1, \xi_2, \ldots; t)$ hervorzuheben). Das Betragsquadrat $|\Phi|^2$ gibt die Wahrscheinlichkeit der verschiedenen Werte der Zahlen N_1, N_2, ... an.

Dieser Wahl der unabhängigen Veränderlichen entsprechend müssen auch die Operatoren für die verschiedenen physikalischen Größen (darunter auch der HAMILTON-Operator eines Systems) so formuliert werden, daß sie auf Funktionen der Besetzungszahlen wirken. Man gelangt zu dieser Formulierung, indem man von der üblichen Matrixdarstellung für Operatoren ausgeht. Dabei hat man die Matrixelemente der Operatoren mit den Wellenfunktionen der stationären Zustände eines Systems nicht wechselwirkender Teilchen zu betrachten. Da man diese Zustände durch die Angabe bestimmter Werte für die Besetzungszahlen beschreiben kann, kann man somit auch klären, wie die Operatoren auf diese Veränderlichen wirken.

---

[1]) Die Methode der zweiten Quantelung ist in Anwendung auf die Strahlungstheorie von P. A. M. DIRAC (1927) für Photonen entwickelt worden und anschließend von E. WIGNER und P. JORDAN (1928) für Fermionen erweitert worden.

[2]) Wie in § 61 bedeutet ξ die Gesamtheit der Koordinaten und der Spinprojektion σ eines Teilchens, und als Integration über $d\xi$ meinen wir die Integration über die Koordinaten und die Summation über σ.

Wir wollen zunächst ein System von Teilchen, die der BOSE-Statistik gehorchen, behandeln.

$\hat{f}_a^{(1)}$ sei der Operator einer physikalischen Größe eines (des a-ten) Teilchens, d. h., er wirkt nur auf Funktionen der Veränderlichen ξ_a. Wir führen den in allen Teilchen symmetrischen Operator

$$\hat{F}^{(1)} = \sum_a \hat{f}_a^{(1)} \tag{64,1}$$

ein (Summation über alle Teilchen) und bestimmen dessen Matrixelemente mit den Wellenfunktionen (61,3). Zuerst kann man sich leicht überlegen, daß nur die Matrixelemente für Übergänge ohne Änderung der Zahlen $N_1, N_2, \ldots$ (Diagonalelemente) und für diejenigen Übergänge von Null verschieden sind, bei denen eine dieser Zahlen um 1 vergrößert und eine andere um 1 verkleinert wird. Da jeder Operator $\hat{f}_a^{(1)}$ nur auf eine Funktion im Produkt $\psi_{p_1}(\xi_1)\, \psi_{p_2}(\xi_2) \ldots \psi_{p_N}(\xi_N)$ wirkt, können dessen Matrixelemente nur für Übergänge mit Zustandsänderungen eines Teilchens von Null verschieden sein. Das bedeutet, daß die Zahl der Teilchen in einem Zustand um 1 verringert wird und dementsprechend in einem anderen um 1 vergrößert wird. Die Berechnung dieser Matrixelemente ist ihrem Wesen nach sehr einfach; man kann sie leichter selbst durchführen, als ihre Wiedergabe verfolgen. Deshalb geben wir nur das Ergebnis der Rechnung an. Die Elemente außerhalb der Diagonale sind

$$\langle N_i, N_k - 1|\, F^{(1)}\, |N_i - 1, N_k\rangle = f_{ik}^{(1)} \sqrt{N_i N_k}\,. \tag{64,2}$$

Dabei haben wir nur diejenigen Indizes aufgeschrieben, in denen das Matrixelement nicht diagonal ist, die anderen haben wir der Kürze halber weggelassen. Hier ist $f_{ik}^{(1)}$ das Matrixelement

$$f_{ik}^{(1)} = \int \psi_i^*(\xi)\, \hat{f}^{(1)} \psi_k(\xi)\, \mathrm{d}\xi\,. \tag{64,3}$$

Da sich die Operatoren $\hat{f}_a^{(1)}$ nur in der Bezeichnung der Veränderlichen, auf die sie wirken, unterscheiden, sind die Integrale (64,3) unabhängig vom Index a, und wir haben diesen Index weggelassen. Die diagonalen Matrixelemente von $F^{(1)}$ sind die Mittelwerte der Größe $F^{(1)}$ in den Zuständen $\Psi_{N_1 N_2 \ldots}$. Die Rechnung ergibt

$$\overline{F^{(1)}} = \sum_i f_{ii}^{(1)} N_i\,. \tag{64,4}$$

Wir führen jetzt die in der Methode der zweiten Quantelung fundamentalen Operatoren $\hat{a}_i$ ein, die nicht mehr auf Ortsfunktionen, sondern auf Funktionen der Besetzungszahlen wirken. Nach Definition soll der Operator $\hat{a}_i$ bei Anwendung auf die Funktion $\Phi(N_1, N_2, \ldots)$ den Wert der Veränderlichen N_i um 1 vermindern und die Funktion gleichzeitig mit $\sqrt{N_i}$ multiplizieren:

$$\hat{a}_i \Phi(N_1, N_2, \ldots, N_i, \ldots) = \sqrt{N_i}\, \Phi(N_1, N_2, \ldots, N_i - 1, \ldots)\,. \tag{64,5}$$

Der Operator $\hat{a}_i$ vermindert die Zahl der Teilchen im i-ten Zustand um 1, man nennt ihn daher *Vernichtungsoperator* für diese Teilchen. Er kann als Matrix dargestellt werden, deren einziges von Null verschiedenes Element

$$\langle N_i - 1|\, a_i\, |N_i\rangle = \sqrt{N_i} \tag{64,6}$$

ist.

Der zu a_i adjungierte Operator $\hat{a}_i^+$ ist laut Definition (siehe (11,9)) eine Matrix mit dem einzigen Element

$$\langle N_i | \, a_i^+ \, | N_i - 1 \rangle = \langle N_i - 1 | \, a_i \, | N_i \rangle^* = \sqrt{N_i} \, . \tag{64,7}$$

Das bedeutet, daß er bei Anwendung auf die Funktion $\Phi(N_1, N_2, \ldots)$ die Zahl N_i um 1 vergrößert:

$$\hat{a}_i^+ \Phi(N_1, N_2, \ldots, N_i, \ldots) = \sqrt{N_i + 1} \, \Phi(N_1, N_2, \ldots, N_i + 1, \ldots) \, . \tag{64,8}$$

Mit anderen Worten, der Operator $\hat{a}_i^+$ vergrößert die Zahl der Teilchen im i-ten Zustand um 1; man bezeichnet ihn deshalb als *Erzeugungsoperator* für diese Teilchen.

Das Operatorprodukt $\hat{a}_i^+ \hat{a}_i$ bewirkt bei Anwendung auf eine Wellenfunktion lediglich die Multiplikation mit einer Konstanten und läßt alle Veränderlichen $N_1, N_2, \ldots$ unverändert: Der Operator $\hat{a}_i$ verkleinert die Veränderliche N_i um 1, und anschließend bringt $\hat{a}_i^+$ die Veränderliche N_i wieder auf ihren ursprünglichen Wert zurück. Multipliziert man die Matrizen (64,6) und (64,7) miteinander, so zeigt die direkte Rechnung, daß $\hat{a}_i^+ \hat{a}_i$ eine Diagonalmatrix mit den Diagonalelementen N_i ist. Wir erhalten somit

$$\hat{a}_i^+ \hat{a}_i = N_i \, . \tag{64,9}$$

Analog finden wir

$$\hat{a}_i \hat{a}_i^+ = N_i + 1 \, . \tag{64,10}$$

Die Differenz dieser Ausdrücke ergibt die Vertauschungsregel für die Operatoren $\hat{a}_i$ und $\hat{a}_i^+$:

$$\hat{a}_i \hat{a}_i^+ - \hat{a}_i^+ \hat{a}_i = 1 \, . \tag{64,11}$$

Operatoren mit verschiedenen Indizes i und k wirken auf verschiedene Veränderliche (N_i und N_k) und sind miteinander vertauschbar:

$$\hat{a}_i \hat{a}_k - \hat{a}_k \hat{a}_i = 0 \, , \qquad \hat{a}_i \hat{a}_k^+ - \hat{a}_k^+ \hat{a}_i = 0 \, , \qquad i \neq k \, . \tag{64,12}$$

Gehen wir von den beschriebenen Eigenschaften der Operatoren $\hat{a}_i$ und $\hat{a}_i^+$ aus so können wir leicht erkennen, daß der Operator

$$\hat{F}^{(1)} = \sum_{i,k} f_{ik}^{(1)} \hat{a}_i^+ \hat{a}_k \tag{64,13}$$

gleich dem Operator (64,1) ist. Tatsächlich sind alle mit Hilfe von (64,6) und (64,7) berechneten Matrixelemente gleich den Elementen (64,2) und (64,4). Dieses Ergebnis ist sehr wichtig. In Formel (64,13) ist die Größe $f_{ik}^{(1)}$ einfach eine Zahl. Auf diese Weise ist es uns gelungen, einen gewöhnlichen Operator, der auf eine Ortsfunktion wirkt, als Operator darzustellen, der auf Funktionen der neuen Veränderlichen — der Besetzungszahlen N_i — wirkt.

Das erhaltene Ergebnis kann leicht auf Operatoren anderer Gestalt verallgemeinert werden. Es sei

$$\hat{F}^{(2)} = \sum_{a>b} \hat{f}_{ab}^{(2)} \, , \tag{64,14}$$

wobei $\hat{f}_{ab}^{(2)}$ der Operator einer physikalischen Größe ist, die einem Paar von Teilchen zugeordnet ist; dieser Operator wirkt daher auf Funktionen von ξ_a und ξ_b. Ähnliche

Rechnungen wie oben zeigen, daß dieser Operator folgendermaßen durch die Operatoren $\hat{a}_i$ und $\hat{a}_i^+$ ausgedrückt werden kann:

$$\hat{F}^{(2)} = \frac{1}{2} \sum_{i,k,l,m} \langle ik| f^{(2)} |lm\rangle \, \hat{a}_i^+ \hat{a}_k^+ \hat{a}_m \hat{a}_l \tag{64,15}$$

mit

$$\langle ik| f^{(2)} |lm\rangle = \iint \psi_i^*(\xi_1)\, \psi_k^*(\xi_2)\, \hat{f}^{(2)} \psi_l(\xi_1)\, \psi_m(\xi_2)\, d\xi_1\, d\xi_2 \, .$$

Die Verallgemeinerung dieser Formeln auf in allen Teilchen symmetrische Operatoren beliebiger Gestalt ($\hat{F}^{(3)} = \sum \hat{f}_{abc}^{(3)}$ usw.) liegt auf der Hand.

Mit Hilfe dieser Formeln kann man auch den Hamilton-Operator für ein zu untersuchendes physikalisches System aus N miteinander wechselwirkenden gleichartigen Teilchen durch die Operatoren $\hat{a}_i$ und $\hat{a}_i^+$ ausdrücken. Der Hamilton-Operator für ein solches System ist selbstverständlich symmetrisch in allen Teilchen. In nichtrelativistischer Näherung[1]) ist er unabhängig von den Spins der Teilchen und kann ganz allgemein in folgender Form geschrieben werden:

$$\hat{H} = \sum_a \hat{H}_a^{(1)} + \sum_{a>b} U^{(2)}(\boldsymbol{r}_a, \boldsymbol{r}_b) + \sum_{a>b>c} U^{(3)}(\boldsymbol{r}_a, \boldsymbol{r}_b, \boldsymbol{r}_c) + \dots \tag{64,16}$$

Hier ist $\hat{H}_a^{(1)}$ derjenige Teil des Hamilton-Operators, der nur von den Koordinaten eines (des a-ten) Teilchens abhängt:

$$\hat{H}_a^{(1)} = -\frac{\hbar^2}{2m} \Delta_a + U^{(1)}(\boldsymbol{r}_a) \, , \tag{64,17}$$

$U^{(1)}(\boldsymbol{r}_a)$ ist darin die potentielle Energie eines Teilchens in einem äußeren Feld. Die restlichen Summanden in (64,16) entsprechen der Wechselwirkungsenergie der Teilchen untereinander. Dabei sind diejenigen Anteile getrennt aufgeschrieben worden, die von den Koordinaten zweier, dreier usw. Teilchen abhängen.

Die Darstellung des Hamilton-Operators in dieser Form erlaubt, die Formeln (64,13), (64,15) und ähnliche Formeln unmittelbar anzuwenden. So bekommen wir

$$\hat{H} = \sum_{i,k} H_{ik}^{(1)} \hat{a}_i^+ \hat{a}_k + \frac{1}{2} \sum_{i,k,l,m} \langle ik| U^{(2)} |lm\rangle \, \hat{a}_i^+ \hat{a}_k^+ \hat{a}_m \hat{a}_l + \dots \tag{64,18}$$

Hierdurch wird der gesuchte Ausdruck für den Hamilton-Operator als Operator, der auf Funktionen der Besetzungszahlen anzuwenden ist, gegeben.

Für ein System nicht wechselwirkender Teilchen tritt im Ausdruck (64,18) nur der erste Summand auf:

$$\hat{H} = \sum_{i,k} H_{ik}^{(1)} \hat{a}_i^+ \hat{a}_k \, . \tag{64,19}$$

Wählt man als Funktionen ψ_i die Eigenfunktionen des Hamilton-Operators $H^{(1)}$ eines einzelnen Teilchens, dann ist die Matrix $H_{ik}^{(1)}$ diagonal, und die Diagonalelemente sind die Energieeigenwerte ε_i eines Teilchens. Es ist also

$$\hat{H} = \sum_i \varepsilon_i \hat{a}_i^+ \hat{a}_i \, .$$

---

[1]) Ohne Magnetfeld.

Wir ersetzen den Operator $\hat{a}_i^+\hat{a}_i$ durch seine Eigenwerte (64,9) und erhalten für die Energieniveaus des Systems den Ausdruck

$$E = \sum_i \varepsilon_i N_i \,.$$

Das ist ein triviales Ergebnis, das wir auch erhalten mußten.

Der hier entwickelte Apparat kann in kompakterer Form dargestellt werden, wenn man die sogenannten *ψ-Operatoren* einführt:[1])

$$\hat{\psi}(\xi) = \sum_i \psi_i(\xi)\,\hat{a}_i \,, \qquad \hat{\psi}^+(\xi) = \sum_i \psi_i^*(\xi)\,\hat{a}_i^+ \,. \tag{64,20}$$

Die Veränderlichen ξ werden als Parameter angesehen. Auf Grund obiger Aussagen über die Operatoren $\hat{a}_i$ und $\hat{a}_i^+$ ist klar, daß der Operator $\hat{\psi}$ die Gesamtzahl der Teilchen im System um 1 verringert, der Operator $\hat{\psi}^+$ vergrößert sie um 1.

Wie einfach zu sehen ist, erzeugt der Operator $\hat{\psi}^+(\xi_0)$ ein Teilchen im Punkte ξ_0. Tatsächlich wird durch Anwendung des Operators $\hat{a}_i^+$ ein Teilchen in einem Zustand mit der Wellenfunktion $\psi_i(\xi)$ erzeugt. Hieraus folgt, daß durch Anwendung des Operators $\hat{\psi}^+(\xi_0)$ ein Teilchen im Zustand mit der Wellenfunktion

$$\sum_i \psi_i^*(\xi)\,\psi_i(\xi_0) = \delta(\xi - \xi_0)$$

erzeugt wird (es ist die Formel (5,12) verwendet worden), die einem Teilchen mit einem bestimmten Ort (und bestimmtem Spin) entspricht.[2])

Die Vertauschungsregeln für die ψ-Operatoren ergeben sich unmittelbar aus den Vertauschungsregeln für die Operatoren $\hat{a}_i$ und $\hat{a}_i^+$

$$\hat{\psi}(\xi)\,\hat{\psi}(\xi') - \hat{\psi}(\xi')\,\hat{\psi}(\xi) = 0 \,, \tag{64,21}$$

$$\hat{\psi}(\xi)\,\hat{\psi}^+(\xi') - \hat{\psi}^+(\xi')\,\hat{\psi}(\xi) = \sum_i \psi_i(\xi)\,\psi_i^*(\xi') = \delta(\xi - \xi') \,. \tag{64,22}$$

Der Operator $\hat{F}^{(1)}$ in der Darstellung der zweiten Quantelung wird mit Hilfe der ψ-Operatoren folgendermaßen aufgeschrieben:

$$\hat{F}^{(1)} = \int \hat{\psi}^+(\xi)\,\hat{f}^{(1)}\,\hat{\psi}(\xi)\,\mathrm{d}\xi \tag{64,23}$$

(hier wirkt der Operator $\hat{f}^{(1)}$ in $\hat{\psi}(\xi)$ auf Funktionen der Parameter ξ). Tatsächlich, setzen wir hier $\hat{\psi}$ und $\hat{\psi}^+$ in der Form (64,20) ein und beachten die Definition (64,3), so gelangen wir wieder zu Formel (64,13). Analog haben wir anstelle von (64,15)

$$\hat{F}^{(2)} = \tfrac{1}{2}\iint \hat{\psi}^+(\xi)\,\hat{\psi}^+(\xi')\,\hat{f}^{(2)}\hat{\psi}(\xi')\,\hat{\psi}(\xi)\,\mathrm{d}\xi\,\mathrm{d}\xi' \,. \tag{64,24}$$

---

[1]) Wir machen auf die Analogie zwischen dem Ausdruck (64,20) und der Entwicklung $\psi = \sum a_i\psi_i$ einer beliebigen Wellenfunktion nach einem vollständigen Funktionensystem aufmerksam. Hier scheint es so, als würde sie erneut quantisiert; hieraus erklärt sich die Benennung der ganzen Methode als zweite Quantelung.

[2]) $\delta(\xi - \xi_0)$ steht hier für das Produkt

$$\delta(x - x_0)\,\delta(y - y_0)\,\delta(z - z_0)\,\delta_{\sigma\sigma_0}.$$

Speziell ist der HAMILTON-Operator eines Systems, ausgedrückt durch die ψ-Operatoren,

$$\hat{H} = \int \left\{ -\frac{\hbar^2}{2m} \hat{\psi}^+(\xi)\, \Delta\hat{\psi}(\xi) + \hat{\psi}^+(\xi)\, U^{(1)}(\xi)\, \hat{\psi}(\xi) \right\} \mathrm{d}\xi$$
$$+ \frac{1}{2} \iint \hat{\psi}^+(\xi)\, \hat{\psi}^+(\xi')\, U^{(2)}(\xi, \xi')\, \hat{\psi}(\xi')\, \hat{\psi}(\xi)\, \mathrm{d}\xi\, \mathrm{d}\xi' + \ldots \qquad (64,25)$$

Der Operator $\hat{\psi}^+(\xi)\,\hat{\psi}(\xi)$, der aus den ψ-Operatoren ähnlich wie das Produkt $\psi^*\psi$ für die Wahrscheinlichkeitsdichte aufgebaut ist, wird als *Dichteoperator* bezeichnet. Das Integral

$$\hat{N} = \int \hat{\psi}^+\hat{\psi}\, \mathrm{d}\xi \qquad (64,26)$$

übernimmt im Apparat der zweiten Quantelung die Rolle des Operators für die Gesamtzahl der Teilchen im System. Um das zu erkennen, setzen wir die ψ-Operatoren in der Gestalt (64,20) ein, beachten Normierung und Orthogonalität der Wellenfunktionen und erhalten $\hat{N} = \sum \hat{a}_i^+\hat{a}_i$. Die einzelnen Summanden in dieser Summe sind die Teilchenzahloperatoren zum i-ten Zustand; nach (64,9) sind ihre Eigenwerte gleich den Besetzungszahlen N_i. Die Summe aller dieser Zahlen ist die Gesamtzahl der Teilchen im System.[1])

Besteht ein System aus Bosonen verschiedener Sorten, so müssen in der Methode der zweiten Quantelung für jede Teilchensorte eigene Operatoren $\hat{a}$ und $\hat{a}^+$ eingeführt werden. Dabei sind offensichtlich die Operatoren zu verschiedenen Teilchensorten miteinander vertauschbar.

§ 65. Die zweite Quantelung. FERMI-Statistik

Das Prinzip der Methode der zweiten Quantelung bleibt unverändert für Systeme aus gleichartigen Fermionen. Die konkreten Formeln für die Matrixelemente der Größen und für die Operatoren $\hat{a}_i$ sind natürlich anders.

Die Wellenfunktion $\Psi_{N_1 N_2 \ldots}$ hat jetzt die Gestalt (61,5). Da diese Funktion antisymmetrisch ist, erhebt sich vor allem die Frage nach der Vorzeichenwahl für diese Funktion. Im Falle der BOSE-Statistik erhob sich diese Frage nicht; denn wegen der Symmetrie der Wellenfunktion wurde das einmal gewählte Vorzeichen bei allen Vertauschungen der Teilchen beibehalten. Um das Vorzeichen der Funktion (61,5) festzulegen, treffen wir folgende Vereinbarung. Wir numerieren ein für allemal alle Zustände ψ_i fortlaufend durch. Danach füllen wir die Zeilen der Determinante (61,5) immer so aus, daß

$$p_1 < p_2 < p_3 < \cdots < p_N\,, \qquad (65,1)$$

gilt. In den Spalten stehen dabei Funktionen verschiedener Veränderlicher in der Reihenfolge $\xi_1, \xi_2, \ldots, \xi_N$. Von den Zahlen $p_1, p_2, \ldots$ können keine gleich sein, weil sonst die Determinante verschwinden würde. Die Besetzungszahlen N_i können, mit anderen Worten, nur die Werte 0 oder 1 annehmen.

---

[1]) Für ein System mit fester Teilchenzahl sind diese Behauptungen trivial (wie auch die Eigenschaften des HAMILTON-Operators für ein System freier Teilchen (64,19)). Ihre Verallgemeinerung in der relativistischen Theorie ergibt jedoch neue, keineswegs triviale Resultate (vgl. IV, § 11).

Wir betrachten wieder einen Operator der Gestalt (64,1) $\hat{F}^{(1)} = \sum \hat{f}_a^{(1)}$. Aus denselben Gründen wie in § 64 sind seine Matrixelemente nur für Übergänge ohne Änderung der Besetzungszahlen und für diejenigen Übergänge von Null verschieden, bei denen eine Besetzungszahl (N_i) um 1 verringert (sie wird 0 statt 1) und eine andere (N_k) um 1 vergrößert wird (von 0 in 1 übergeht). Für $i < k$ findet man leicht

$$\langle 1_i, 0_k | F^{(1)} | 0_i, 1_k \rangle = f_{ik}^{(1)} (-1)^{\Sigma(i+1, k-1)} . \tag{65,2}$$

Mit 0_i und 1_i sind hier die Werte $N_i = 0$ und $N_i = 1$ bezeichnet worden, und das Symbol $\Sigma(k, l)$ bedeutet die Summe über die Besetzungszahlen aller Zustände vom k-ten bis zum l-ten[1]):

$$\Sigma (k, l) = \sum_{n=k}^{l} N_n .$$

Für die Diagonalelemente ergibt sich wieder die obige Formel (64,4)

$$\overline{F^{(1)}} = \sum_i f_{ii}^{(1)} N_i . \tag{65,3}$$

Damit der Operator $\hat{F}^{(1)}$ in der Gestalt (64,13) dargestellt werden kann, müssen die Operatoren $\hat{a}_i$ definiert werden als Matrizen mit den Elementen

$$\langle 0_i | a_i | 1_i \rangle = \langle 1_i | a_i^+ | 0_i \rangle = (-1)^{\Sigma(1, i-1)} . \tag{65,4}$$

Wir multiplizieren diese Matrizen miteinander und finden (für $k > i$)

$$\begin{aligned}\langle 1_i, 0_k | a_i^+ a_k | 0_i, 1_k \rangle &= \langle 1_i, 0_k | a_i^+ | 0_i, 0_k \rangle \langle 0_i, 0_k | a_k | 0_i, 1_k \rangle \\ &= (-1)^{\Sigma(1, i-1)} (-1)^{\Sigma(1, i-1) + \Sigma(i+1, k-1)}\end{aligned}$$

oder

$$\langle 1_i, 0_k | a_i^+ a_k | 0_i, 1_k \rangle = (-1)^{\Sigma(i+1, k-1)} . \tag{65,5}$$

Für $i = k$ ist die Matrix $\hat{a}_i^+ \hat{a}_i$ diagonal, wobei die Diagonalelemente gleich 1 sind für $N_i = 1$ und gleich 0 für $N_i = 0$. Diesen Sachverhalt kann man in der Form

$$\hat{a}_i^+ \hat{a}_i = N_i \tag{65,6}$$

schreiben. Setzen wir diese Ausdrücke in (64,13) ein, so erhalten wir tatsächlich (65,2) und (65,3).

Wir multiplizieren $\hat{a}_i^+$ und $\hat{a}_k$ in der umgekehrten Reihenfolge miteinander und bekommen

$$\begin{aligned}\langle 1_i, 0_k | a_k a_i^+ | 0_i, 1_k \rangle &= \langle 1_i, 0_k | a_k | 1_i, 1_k \rangle \langle 1_i, 1_k | a_i^+ | 0_i, 1_k \rangle \\ &= (-1)^{\Sigma(1, i-1) + \Sigma(i+1, k-1) + \Sigma(1, i-1) + 1}\end{aligned}$$

oder

$$\langle 1_i, 0_k | a_k a_i^+ | 0_i, 1_k \rangle = -(-1)^{\Sigma(i+1, k-1)} . \tag{65,7}$$

Aus dem Vergleich von (65,7) mit (65,5) entnehmen wir, daß diese Größen das entgegengesetzte Vorzeichen haben, so daß

$$\hat{a}_i^+ \hat{a}_k + \hat{a}_k \hat{a}_i^+ = 0 , \qquad i \neq k$$

---

[1]) Für $i > k$ hat man im Exponenten von (65,2) $\Sigma (k + 1, i - 1)$ zu schreiben. Für $i = k \pm 1$ hat man diese Summen durch Nullen zu ersetzen.

gilt. Für die Diagonalmatrix $\hat{a}_i\hat{a}_i^+$ finden wir

$$\hat{a}_i\hat{a}_i^+ = 1 - N_i \,. \tag{65,8}$$

Wir addieren diesen Ausdruck zu (65,6) und erhalten

$$\hat{a}_i\hat{a}_i^+ + \hat{a}_i^+\hat{a}_i = 1 \,.$$

Die beiden erhaltenen Gleichungen können zusammengefaßt werden zu

$$\hat{a}_i\hat{a}_k^+ + \hat{a}_k^+\hat{a}_i = \delta_{ik} \,. \tag{65,9}$$

Ähnliche Rechnungen ergeben für die Produkte von $\hat{a}_i$ mit $\hat{a}_k$ die Beziehungen

$$\hat{a}_i\hat{a}_k + \hat{a}_k\hat{a}_i = 0 \tag{65,10}$$

(insbesondere gilt $\hat{a}_i\hat{a}_i = 0$).

Wir sehen somit, daß die Operatoren $\hat{a}_i$ und $\hat{a}_k$ (oder $\hat{a}_k^+$) mit $i \neq k$ antikommutativ sind, während sie im Falle der Bose-Statistik miteinander vertauschbar waren. Dieser Unterschied ist ganz wesentlich. Im Falle der Bose-Statistik waren die Operatoren $\hat{a}_i$ und $\hat{a}_k$ ganz unabhängig voneinander. Jeder Operator $\hat{a}_i$ wirkte nur auf eine Variable N_i. Das Ergebnis der Anwendung dieses Operators war von den Werten der übrigen Besetzungszahlen unabhängig. Im Falle der Fermi-Statistik hängt das Ergebnis der Anwendung des Operators $\hat{a}_i$ nicht nur von der Zahl N_i selbst ab, sondern auch von den Besetzungszahlen aller vorangehenden Zustände, wie aus der Definition (65,7) zu ersehen ist. Die Anwendung verschiedener Operatoren $\hat{a}_i$ und $\hat{a}_k$ kann deshalb nicht als unabhängig voneinander angesehen werden.

Nachdem wir so die Eigenschaften der Operatoren $\hat{a}_i$ und $\hat{a}_i^+$ bestimmt haben, bleiben alle übrigen Formeln (64,13)—(64,18) in Kraft. Es gelten auch die Formeln (64,23)—(64,25), die die Operatoren für die physikalischen Größen durch die in (64,20) definierten ψ-Operatoren ausdrücken. Die Vertauschungsregeln (64,21) und (64,22) werden jetzt durch folgende Gleichungen ersetzt:

$$\hat{\psi}^+(\xi')\,\hat{\psi}(\xi) + \hat{\psi}(\xi)\,\hat{\psi}^+(\xi') = \delta(\xi - \xi') \,, \tag{65,11}$$

$$\hat{\psi}(\xi')\,\hat{\psi}(\xi) + \hat{\psi}(\xi)\,\hat{\psi}(\xi') = 0 \,. \tag{65,12}$$

Besteht ein System aus verschiedenartigen Teilchen, so müssen bei der zweiten Quantelung für jede Teilchensorte eigene Operatoren eingeführt werden (wie bereits am Schluß des vorhergehenden Paragraphen erwähnt worden ist). Die Operatoren für die Bosonen und die Fermionen kommutieren dabei miteinander. Die Operatoren für die verschiedenen Fermionen können im Rahmen der nichtrelativistischen Theorie formal entweder als kommutierend oder als antikommutierend angenommen werden; unter beiden Voraussetzungen ergibt die Methode der zweiten Quantelung dieselben Resultate.

Denken wir jedoch an die weitere Anwendung in der relativistischen Theorie, die Umwandlungen verschiedener Teilchen ineinander zuläßt, dann müssen wir die Erzeugungs- und Vernichtungsoperatoren für die verschiedenen Fermionen als antikommutierend annehmen. Dies wird augenfällig, wenn man als „verschiedene" Teilchen zwei verschiedene innere Zustände ein und desselben komplizierten Teilchens ansieht.

X DAS ATOM

§ 66. Die Energieniveaus eines Atoms

In der nichtrelativistischen Näherung werden die stationären Zustände eines Atoms aus der SCHRÖDINGER-Gleichung für das Elektronensystem berechnet; die Elektronen bewegen sich im COULOMB-Feld des Kernes und stehen miteinander in elektrischer Wechselwirkung. In diese Gleichung gehen die Operatoren für die Elektronenspins überhaupt nicht ein. Wie wir wissen, bleibt für ein System von Teilchen in einem äußeren kugelsymmetrischen Feld der Gesamtbahndrehimpuls L erhalten. Auch die Parität eines Zustandes bleibt erhalten. Jeder stationäre Zustand eines Atoms wird daher durch einen bestimmten Wert für den Drehimpuls L und durch seine Parität charakterisiert. Außerdem haben die Bahnfunktionen der stationären Zustände eines Systems gleichartiger Teilchen eine bestimmte Symmetrie bei Vertauschungen der Teilchen. Wir haben in § 63 gesehen, daß für ein Elektronensystem zu jedem bestimmten Symmetrietyp (d. h. zu einem bestimmten YOUNG-Schema) ein bestimmter Wert des Gesamtspins des Systems gehört. Jeder stationäre Zustand eines Atoms wird daher auch durch den Gesamtspin S der Elektronen charakterisiert.

Ein Energieniveau mit gegebenen Werten von S und L ist bezüglich der verschiedenen möglichen Richtungen der Vektoren $\boldsymbol{S}$ und $\boldsymbol{L}$ im Raum entartet. Der Entartungsgrad in den Richtungen von $\boldsymbol{L}$ und $\boldsymbol{S}$ ist $2L + 1$ bzw. $2S + 1$. Insgesamt ist demnach der Entartungsgrad eines Niveaus mit gegebenen L und S gleich dem Produkt $(2L + 1)(2S + 1)$.

In Wirklichkeit sind jedoch in der elektromagnetischen Wechselwirkung der Elektronen spinabhängige relativistische Effekte vorhanden. Aus diesem Grunde hängt die Energie eines Atoms nicht nur von den Beträgen der Vektoren $\boldsymbol{L}$ und $\boldsymbol{S}$ ab, sondern auch von ihrer relativen Lage. Streng genommen bleiben der Bahndrehimpuls $\boldsymbol{L}$ und der Spin $\boldsymbol{S}$ eines Atoms unter Beachtung der relativistischen Wechselwirkungen nicht mehr einzeln erhalten. Es bleibt nur der Erhaltungssatz für den Gesamtdrehimpuls $\boldsymbol{J} = \boldsymbol{L} + \boldsymbol{S}$ in Kraft; das ist ein universeller exakter Erhaltungssatz, der aus der Isotropie des Raumes für ein abgeschlossenes System folgt. Die exakten Energieniveaus müssen daher durch die Werte J für den Gesamtdrehimpuls $\boldsymbol{J}$ bestimmt werden.

Sind die relativistischen Effekte aber klein (wie es oft der Fall ist), dann kann man sie als Störung behandeln. Unter dem Einfluß dieser Störung wird ein entartetes Niveau mit gegebenen L und S in eine Reihe verschiedener (dicht benachbarter) Niveaus aufspalten; die einzelnen Niveaus unterscheiden sich dabei in ihren Werten für den Gesamtdrehimpuls J.

Diese Niveaus werden (in erster Näherung) aus der entsprechenden Säkulargleichung berechnet (§ 39). Ihre Wellenfunktionen (in nullter Näherung) sind gewisse

Linearkombinationen der Wellenfunktionen des ursprünglich entarteten Niveaus mit den gegebenen Werten für L und S. In dieser Näherung kann man folglich wie früher annehmen, daß die Beträge von Bahndrehimpuls und Spin (aber nicht deren Richtungen) erhalten bleiben, und man kann die Niveaus auch mit den Werten von L und S charakterisieren.

Infolge der relativistischen Effekte wird also ein Niveau mit gegebenen Werten von L und S in eine Reihe von Niveaus mit verschiedenen Werten von J aufspalten. Diese Aufspaltung nennt man die *Feinstruktur* (oder die *Multiplettaufspaltung*) eines Niveaus. Wie wir wissen, durchläuft J die Werte von $L + S$ bis $|L - S|$. Ein Niveau mit gegebenen L und S wird daher in $2S + 1$ (für $L > S$) oder in $2L + 1$ (für $L < S$) verschiedene Niveaus aufspalten. Alle diese Niveaus bleiben in den Richtungen des Vektors $\boldsymbol{J}$ entartet; der Entartungsgrad ist $2J + 1$. Man kann leicht nachprüfen, daß die Summe der Zahlen $2J + 1$ über alle möglichen Werte für J gleich $(2L + 1) \times (2S + 1)$ ist, wie es sein muß.

Die Energieniveaus eines Atoms (oder, wie man sagt, die *Spektralterme* der Atome) werden üblicherweise mit ähnlichen Symbolen bezeichnet, wie sie zur Bezeichnung der Zustände einzelner Teilchen mit bestimmten Drehimpulswerten verwendet werden (§ 32). Die Zustände mit verschiedenen Werten des resultierenden Bahndrehimpulses L werden nach der folgenden Zuordnung mit großen lateinischen Buchstaben bezeichnet:

$$
\begin{array}{cccccccccccc}
L = & 0 & 1 & 2 & 3 & 4 & 5 & 6 & 7 & 8 & 9 & 10 \ldots \\
 & S & P & D & F & G & H & I & K & L & M & N \ldots
\end{array}
$$

Links oben am Symbol wird die Zahl $2S + 1$ angegeben, die sogenannte *Multiplizität* des Termes (man muß aber beachten, daß diese Zahl nur für $L \geqq S$ die Zahl der Feinstrukturkomponenten eines Niveaus ist).[1]) Rechts unten wird der Wert des Gesamtdrehimpulses J angebracht. So bedeuten die Symbole ${}^2P_{1/2}$ und ${}^2P_{3/2}$ die Niveaus mit $L = 1$, $S = 1/2$, $J = 1/2$ und $J = 3/2$.

§ 67. Die Elektronenzustände in einem Atom

Ein Atom mit mehr als einem Elektron stellt ein kompliziertes System miteinander wechselwirkender Elektronen im Kernfeld dar. Für ein solches System kann man streng genommen nur die Zustände des Gesamtsystems betrachten. Nichtsdestoweniger zeigt es sich, daß man in einem Atom in guter Näherung von den Zuständen der einzelnen Elektronen sprechen kann. Es handelt sich dabei um die stationären Zustände bei der Bewegung eines Elektrons in einem effektiven kugelsymmetrischen Feld, das vom Kern und von allen übrigen Elektronen gemeinsam erzeugt wird. Diese Felder sind für die verschiedenen Elektronen in einem Atom im allgemeinen verschieden voneinander. Sie müssen alle gleichzeitig bestimmt werden, weil jedes dieser Felder von den Zuständen aller anderen Elektronen abhängt. Dieses Feld wird *selbstkonsistentes Feld* (*self-consistent field*) genannt (siehe § 69).

Da das so bestimmte Feld kugelsymmetrisch ist, wird jeder Zustand eines Elektrons durch einen bestimmten Wert für seinen Bahndrehimpuls l charakterisiert. Die Zustände eines einzelnen Elektrons für festes l werden (in der Reihenfolge zunehmender

---

[1]) Für $2S + 1 = 1, 2, 3, \ldots$ spricht man von Singulett-, Dublett- bzw. Triplettniveaus.

Energie) mit Hilfe der *Hauptquantenzahl* n numeriert; n nimmt dabei die Werte $n = l + 1,\ l + 2, \ldots$ an. Diese Reihenfolge für die Numerierung ist so festgelegt worden, wie sie für das Wasserstoffatom üblich ist. Die Reihenfolge in der Anordnung der Energieniveaus mit verschiedenen l ist aber in komplizierten Atomen im allgemeinen anders als beim Wasserstoff. Beim Wasserstoffatom hängt die Energie von l überhaupt nicht ab, so daß die Zustände mit größeren n immer die größere Energie haben. Bei komplizierten Atomen liegt zum Beispiel das Niveau mit $n = 5$, $l = 0$ tiefer als das Niveau mit $n = 4$, $l = 2$ (genaueres darüber siehe § 73).

Die Zustände der einzelnen Elektronen mit verschiedenen n und l bezeichnet man üblicherweise mit Symbolen aus einer Ziffer für den Wert der Hauptquantenzahl und einem Buchstaben für den Wert von l.[1]) So bezeichnet $4d$ den Zustand mit $n = 4$ und $l = 2$. Um den Zustand eines Atom vollständig zu beschreiben, muß man nicht nur die Werte von L, S und J angeben, sondern auch die Zustände aller Elektronen aufzählen. So bedeutet das Symbol $1s2p\ {}^3P_0$ den Zustand eines Heliumatoms mit $L = 1$, $S = 1$ und $J = 0$, die beiden Elektronen befinden sich in den Zuständen $1s$ und $2p$. Befinden sich mehrere Elektronen in Zuständen mit gleichen l und n, so gibt man das üblicherweise kurz als Exponenten an: Es bedeutet $(3p)^2$ zwei Elektronen in $3p$-Zuständen. Die Verteilung der Elektronen in einem Atom über die Zustände mit verschiedenen l und n nennt man *Elektronenkonfiguration.*

Bei festen Werten von n und l kann ein Elektron verschiedene Werte für die Projektionen des Bahndrehimpulses (m) und des Spins (σ) auf die z-Achse haben. Die Zahl m kann $2l + 1$ Werte bei festem l annehmen; die Zahl σ ist auf nur zwei Werte ($\pm 1/2$) beschränkt. Daher gibt es insgesamt $2(2l + 1)$ verschiedene Zustände mit gleichen Werten n und l. Diese Zustände heißen *äquivalent.* In jedem solchen Zustand kann nach dem Pauli-Prinzip nur je ein Elektron sein. In einem Atom können also nicht mehr als $2(2l + 1)$ Elektronen gleichzeitig dieselben Werte n und l haben. Die Gesamtheit der Elektronen, die alle Zustände mit gegebenen n und l besetzen, nennt man eine abgeschlossene Schale der betreffenden Art.

Der Unterschied in der Energie der Atomniveaus mit verschiedenen L und S bei gleicher Elektronenkonfiguration[2]) hängt mit der elektrostatischen Wechselwirkung der Elektronen zusammen. Normalerweise sind die Differenzen zwischen diesen Energien relativ klein — einige Male kleiner als die Abstände zwischen den Niveaus mit verschiedenen Konfigurationen. Über die relative Lage der Niveaus mit gleicher Konfiguration, aber verschiedenen L und S, macht die folgende, empirisch aufgestellte Hund*sche Regel* (F. Hund, 1925) eine Aussage:

Der Term mit dem für die gegebene Elektronenkonfiguration größtmöglichen Wert von S und dem größten (bei diesem S möglichen) Wert von L hat die kleinste Energie.[3])

---

[1]) Es ist auch eine Bezeichnungsweise üblich, bei der man die Elektronen mit den Hauptquantenzahlen $n = 1, 2, 3, \ldots$ als Elektronen der K-, L-, M-, ... Schalen bezeichnet (siehe § 74).

[2]) Wir sehen hier von der Feinstruktur der einzelnen Multiplettniveaus ab.

[3]) Die Forderung nach maximalem S kann folgendermaßen begründet werden. Sehen wir uns zum Beispiel ein System aus zwei Elektronen an. Hier kann $S = 0$ oder $S = 1$ sein; zum Spin 1 gehört die antisymmetrische Bahnfunktion $\varphi(\boldsymbol{r}_1, \boldsymbol{r}_2)$. Für $\boldsymbol{r}_1 = \boldsymbol{r}_2$ verschwindet diese Funktion. Mit anderen Worten, im Zustand mit $S = 1$ ist die Wahrscheinlichkeit klein, daß sich die beiden Elektronen nahe beieinander befinden. Deshalb erfahren sie eine relativ geringe elektrostatische Abstoßung, und sie haben eine kleinere Energie. Analog entspricht die „am stärksten antisymmetrische“ Bahnfunktion für ein System aus mehreren Elektronen dem größten Spin.

Wir wollen zeigen, wie man die für eine gegebene Elektronenkonfiguration möglichen Atomterme finden kann. Für nicht äquivalente Elektronen erfolgt die Bestimmung der möglichen Werte von L und S unmittelbar nach der Additionsregel für die Drehimpulse. So können zum Beispiel für die Konfiguration np, $n'p$ (mit verschiedenen n und n') der resultierende Bahndrehimpuls L die Werte 2, 1, 0 und der Gesamtspin S die Werte 0 und 1 haben. Kombinieren wir diese Werte miteinander, so erhalten wir die Terme $^{1,3}S$, $^{1,3}P$ und $^{1,3}D$.

Bei äquivalenten Elektronen müssen wir die vom Pauli-Prinzip auferlegten Beschränkungen beachten. Betrachten wir als Beispiel eine Konfiguration aus drei äquivalenten p-Elektronen. Für $l = 1$ (p-Zustand) kann die Projektion m des Bahndrehimpulses die Werte $m = 1, 0, -1$ annehmen, so daß sechs Zustände mit den folgenden Zahlenpaaren für m und σ möglich sind:

$$\begin{array}{lll} \text{a) } 1, 1/2, & \text{b) } 0, 1/2, & \text{c) } -1, 1/2, \\ \text{a}'\text{) } 1, -1/2, & \text{b}'\text{) } 0, -1/2, & \text{c}'\text{) } -1, -1/2\,. \end{array}$$

Die drei Elektronen können auf drei beliebige dieser Zustände verteilt werden, so daß nicht mehr als ein Elektron in einen Zustand kommt. Im Ergebnis erhalten wir Atomzustände mit den folgenden Werten für die Projektionen $M_L = \Sigma m$ und $M_S = \Sigma\sigma$ des Gesamtbahndrehimpulses und des Gesamtspins:

$$\begin{array}{rrr} \text{a} + \text{a}' + \text{b})\ 2, 1/2, & \text{a} + \text{a}' + \text{c})\ 1, 1/2, & \text{a} + \text{b} + \text{c})\ 0, 3/2, \\ & \text{a} + \text{b} + \text{b}')\ 1, 1/2, & \text{a} + \text{b} + \text{c}')\ 0, 1/2, \\ & & \text{a} + \text{b}' + \text{c})\ 0, 1/2, \\ & & \text{a}' + \text{b} + \text{c})\ 0, 1/2 \end{array}$$

(man braucht die Zustände mit negativen Werten für M_L und M_S nicht aufzuschreiben, weil sie nichts Neues ergeben). Das Vorhandensein eines Zustandes mit $M_L = 2$ und $M_S = 1/2$ deutet darauf hin, daß es einen ^2D-Term geben muß. Zu diesem Term muß auch noch je ein Zustand mit (1, 1/2) und (0, 1/2) gehören. Ferner bleibt noch ein Zustand mit (1, 1/2), so daß es einen Term ^2P geben muß; zu diesem gehört noch einer der Zustände mit (0, 1/2). Schließlich verbleiben noch die Zustände (0, 3/2) und (0, 1/2), die einem Term ^4S entsprechen. Für eine Konfiguration aus drei äquivalenten p-Elektronen ist also jeweils ein Term der Art ^2D, ^2P und ^4S möglich.

In der Tabelle 1 sind die möglichen Terme für die verschiedenen Konfigurationen aus äquivalenten p- und d-Elektronen zusammengestellt. Die Zahlen unter den Term-

Tabelle 1 **Mögliche Terme für die Konfigurationen aus äquivalenten Elektronen**

p, p^5,	^2P		
p^2, p^4,	^1SD ^3P		
p^3	^2PD ^4S		
d, d^9	^2D		
d^2, d^8	^1SDG	^3PF	
d^3, d^7	$^2P\underset{2}{D}FGH$	^4PF	
d^4, d^6	$^1\underset{2}{S}DF\underset{2}{G}I$	$^3\underset{2}{P}D\underset{2}{F}GH$	^5D
d^5	$^2SP\underset{3}{D}\underset{2}{F}\underset{2}{G}HI$	^4PDFG	^6S

symbolen geben die Anzahl der betreffenden Terme zur gegebenen Konfiguration an, wenn diese Zahl größer als 1 ist. Für die Konfiguration aus der größtmöglichen Zahl äquivalenter Elektronen (s^2, p^6, d^{10}, ...) ist der zugehörige Term immer ein ^1S-Term. Die Terme für Konfigurationen, von denen eine so viele Elektronen hat, wie der anderen zum Auffüllen einer Schale fehlen, sind von gleicher Art. Dieses Ergebnis ist unmittelbar evident: Ein fehlendes Elektron in einer Schale kann als *Loch* angesehen werden, dessen Zustand durch dieselben Quantenzahlen bestimmt wird wie der Zustand des fehlenden Elektrons.

Bei der Anwendung der HUNDschen Regel zur Bestimmung des niedrigsten Terms eines Atoms aus bekannter Elektronenkonfiguration braucht man nur die unaufgefüllte Schale zu betrachten, weil sich die Drehimpulse der Elektronen in den gefüllten Schalen gegenseitig kompensieren. Außer den gefüllten Schalen seien zum Beispiel in einem Atom vier d-Elektronen vorhanden. Die magnetische Quantenzahl eines d-Elektrons kann fünf Werte annehmen: $0, \pm 1, \pm 2$. Alle vier Elektronen können daher dieselbe Spinprojektion $\sigma = 1/2$ haben, so daß der maximal mögliche Gesamtspin $S = 2$ ist. Nun müssen wir den Elektronen verschiedene Werte m zuordnen, die den größten Wert für $M_L = \Sigma m$ ergeben; das sind 2, 1, 0, -1, so daß $M_L = 2$ ist. Der für $S = 2$ größtmögliche Wert für L ist 2 (^5D-Term).

Aufgabe

Es sind die Bahnfunktionen für die möglichen Zustände eines Systems aus drei äquivalenten p-Elektronen anzugeben.

Lösung. Im ^4S-Zustand sind die Spinprojektionen σ aller Elektronen gleich, daher müssen die Werte von m verschieden sein. Die Wellenfunktion wird durch eine Determinante der Gestalt (61,5) aus den Funktionen ψ_0, ψ_1 und ψ_{-1} gegeben (der Index gibt den Wert von m an).

Für den ^2D-Term betrachten wir den Zustand mit dem größtmöglichen Wert $M_L = 2$. Dabei müssen zwei Projektionen m gleich 1 sein und eine gleich 0. Die Elektronen 2 und 3 sollen $\sigma = +1/2$ haben, das Elektron 1 $\sigma = -1/2$ (in Übereinstimmung mit dem Gesamtspin 1/2). Die zugehörige Bahnfunktion mit der erforderlichen Symmetrieeigenschaft ist

$$\psi = \frac{1}{\sqrt{2}} \psi_1(1) [\psi_0(2) \psi_1(3) - \psi_0(3) \psi_1(2)]$$

(die Ziffer im Argument einer Funktion gibt die Nummer des Elektrons an, zu dem sie gehört).

Für den ^2P-Term sehen wir uns den Zustand mit $M_L = 1$ und denselben Werten für die Spinprojektionen wie oben an. Dieser Zustand kann mit zwei verschiedenen Sätzen von m-Werten realisiert werden, so daß die Bahnfunktionen durch die Linearkombinationen

$$\psi = a\psi_{-111} + b\psi_{100},$$

$$\psi_{-111} = \psi_1(1) [\psi_{-1}(2) \psi_1(3) - \psi_{-1}(3) \psi_1(2)],$$

$$\psi_{100} = \psi_0(1) [\psi_1(2) \psi_0(3) - \psi_1(3) \psi_0(2)]$$

gegeben werden. Zur Bestimmung der Koeffizienten benutzen wir die Beziehung

$$\hat{L}_+\psi = (\hat{l}_+^{(1)} + \hat{l}_+^{(2)} + \hat{l}_+^{(3)}) \psi = 0,$$

der die Wellenfunktion mit $M_L = L$ genügen muß (siehe (27,8)). Mit Hilfe der Matrixelemente (27,12) finden wir

$$\hat{l}_+\psi_1 = 0, \qquad \hat{l}_+\psi_{-1} = \sqrt{2}\, \psi_0, \qquad \hat{l}_+\psi_0 = \sqrt{2}\, \psi_1$$

und danach

$$\hat{L}_+\psi = \sqrt{2}\, (a - b)\, \psi_{011} = 0.$$

Hieraus ergibt sich $a - b = 0$. Unter Beachtung der Normierungsvorschrift erhalten wir $a = b = 1/2$.

Die Wellenfunktionen für die Zustände mit $M_L < L$ erhält man aus den angegebenen Funktionen durch Anwendung des Operators $\hat{L}_-$.

§ 68. Die Energieniveaus wasserstoffähnlicher Atome

Das einzige Atom, für das die SCHRÖDINGER-Gleichung exakt lösbar ist, ist das einfachste Atom, das Wasserstoffatom. Die Energieniveaus des Wasserstoffatoms und auch der Ionen He^+, Li^{++}, ... mit insgesamt nur einem Elektron werden durch die BOHRsche Formel (36,10) gegeben:

$$E = -\frac{mZ^2e^4}{2\hbar^2\left(1 + \frac{m}{M}\right)} \cdot \frac{1}{n^2}. \tag{68,1}$$

Hier sind Ze die Kernladung, M die Kernmasse und m die Elektronenmasse. Die Abhängigkeit von der Kernmasse ist sehr schwach.

Die Formel (68,1) berücksichtigt keine relativistischen Effekte. In dieser Näherung tritt die für das Wasserstoffatom spezifische zusätzliche (*zufällige*) Entartung auf, über die wir bereits in § 36 gesprochen haben: Bei festem Wert der Hauptquantenzahl n hängt die Energie nicht vom Bahndrehimpuls l ab.

Es gibt bei anderen Atomen Zustände, die in ihren Eigenschaften an die Wasserstoffzustände erinnern. Es handelt sich dabei um stark angeregte Zustände, in denen ein Elektron eine große Hauptquantenzahl hat und sich daher im wesentlichen in großen Abständen vom Kern befindet. Die Bewegung eines solchen Elektrons kann in gewisser Näherung als Bewegung im COULOMB-Feld des *Atomrumpfes* mit der effektiven Ladung 1 behandelt werden. Die so erhaltenen Werte für die Energieniveaus sind aber zu ungenau, und man muß eine Korrektur einführen, die die Abweichung des Feldes von einem reinen COULOMB-Feld bei kleinen Abständen berücksichtigt. Die Art dieser Korrektur kann leicht mit Hilfe der folgenden Überlegung geklärt werden.

Die Zustände mit großen Quantenzahlen können quasiklassisch behandelt werden. Deshalb können wir die Energieniveaus nach der BOHR-SOMMERFELDschen Quantisierungsvorschrift (48,6) berechnen. Die Abweichung des Feldes vom COULOMB-Feld bei (gegenüber dem „Bahnradius“) kleinen Abständen vom Kern kann formal als Änderung der Randbedingung für die Wellenfunktion bei $r = 0$ berücksichtigt werden. Das bedeutet eine Änderung der Konstanten γ in der Quantisierungsvorschrift für die radiale Bewegung. Im übrigen bleibt die Quantisierungsvorschrift unverändert. Wir erhalten daher für die Energieniveaus einen Ausdruck ähnlich wie für das Wasserstoffatom, nur ist die radiale oder, was dasselbe ist, Hauptquantenzahl statt n jetzt $n + \Delta_l$; Δ_l ist eine Konstante (die sogenannte RYDBERG-*Korrektur*):

$$E = -\frac{me^4}{2\hbar^2}\frac{1}{(n + \Delta_l)^2}. \tag{68,2}$$

Die RYDBERG-Korrektur hängt (nach der Definition) nicht von n ab, aber sie ist natürlich eine Funktion der Nebenquantenzahl l des angeregten Elektrons (die wir an Δ als Index anbringen). Sie hängt auch von den Drehimpulsen L und S des ganzen

Atoms ab. Bei festen Werten von L und S nimmt Δ_l mit zunehmendem l rasch ab. Je größer l ist, desto kürzer ist die Zeit, die das Elektron in Kernnähe verbringt; deshalb müssen sich die Energieniveaus immer mehr an diejenigen des Wasserstoffatoms annähern.[1])

Aufgabe

Man berechne den asymptotischen Ausdruck für die Wellenfunktion eines wasserstoffähnlichen s-Zustandes eines Elektrons in großen Abständen vom Atomrumpf!

Lösung. Für große Abstände ist das Feld $U = -1/r$ (in atomaren Einheiten), und die gesuchte Funktion genügt der SCHRÖDINGER-Gleichung

$$\psi'' + \frac{2}{r}\,\psi' - \varkappa^2\psi + \frac{2}{r}\,\psi = 0$$

mit $\varkappa = \sqrt{2\,|E|}$. Wir setzen die Lösung in der Gestalt $\psi = \text{const} \cdot r^{\nu}\,\mathrm{e}^{-\varkappa r}$ an; wir vernachlässigen in der Gleichung Glieder, die schneller als ψ/r abnehmen und finden

$$\psi = \text{const} \cdot r^{\frac{1}{\varkappa} - 1}\,\mathrm{e}^{-\varkappa r}\,.$$

§ 69. Das selbstkonsistente Feld

Die SCHRÖDINGER-Gleichung für Atome mit mehr als einem Elektron kann nicht analytisch gelöst werden. Aus diesem Grunde sind Näherungsverfahren zur Berechnung der Energien und der Wellenfunktionen der stationären Zustände der Atome von Bedeutung. Das wesentlichste Näherungsverfahren ist die Methode des selbstkonsistenten Feldes (self-consistent field). Das Wesen dieser Methode kann folgendermaßen formuliert werden: Jedes Atomelektron wird in einem *selbstkonsistenten Feld* betrachtet, das gemeinsam vom Kern und von allen übrigen Elektronen erzeugt wird.

Wir behandeln als Beispiel das Heliumatom. Dabei beschränken wir uns auf diejenigen Terme, bei denen sich beide Elektronen in s-Zuständen befinden (mit gleichem oder verschiedenen n). Es wird dann auch der Zustand des ganzen Atoms ein S-Zustand. $\psi_1(r_1)$ und $\psi_2(r_2)$ seien die Wellenfunktionen der Elektronen; in s-Zuständen sind sie Funktionen der Abstände r_1 und r_2 der Elektronen vom Kern allein. Die Wellenfunktion des ganzen Atoms wird durch das symmetrisierte Produkt

$$\psi = \psi_1(r_1)\,\psi_2(r_2) + \psi_1(r_2)\,\psi_2(r_1) \tag{69,1}$$

oder durch das antisymmetrisierte Produkt

$$\psi = \psi_1(r_1)\,\psi_2(r_2) - \psi_1(r_2)\,\psi_2(r_1) \tag{69,2}$$

[1]) Zur Illustration geben wir einige empirische Werte der RYDBERG-Korrektur für die stark angeregten Zustände des Heliumatoms an. Der Gesamtspin des Heliumatoms kann die Werte $S = 0$ oder 1 haben, und der resultierende Bahndrehimpuls L ist in den betrachteten Zuständen gleich dem Drehimpuls l des angeregten Elektrons (das zweite Elektron befindet sich in einem $1s$-Zustand). Die RYDBERG-Korrekturen sind für $S = 0$

$$\Delta_0 = -0{,}140, \qquad \Delta_1 = +0{,}012, \qquad \Delta_2 = -0{,}0022,$$

und für $S = 1$

$$\Delta_0 = -0{,}296, \qquad \Delta_1 = -0{,}068, \qquad \Delta_2 = -0{,}0029.$$

aus diesen beiden Funktionen gebildet, je nachdem, ob wir es mit Zuständen mit dem Gesamtspin $S = 0$ oder $S = 1$ zu tun haben.[1]) Wir werden den zweiten Zustand behandeln. Dabei kann man die Funktionen ψ_1 und ψ_2 als orthogonal zueinander annehmen.[2])

Wir stellen uns jetzt das Ziel, eine solche Funktion der Gestalt (69,2) zu bestimmen, die die wahre Wellenfunktion des Atoms am besten annähert. Dazu gehen wir natürlicherweise von einem Variationsprinzip aus und lassen nur Funktionen der Gestalt (69,2) als Vergleichsfunktionen zu (die hier dargestellte Methode ist 1930 von V. A. Fock vorgeschlagen worden).

Wie wir wissen, kann die Schrödinger-Gleichung aus dem Variationsprinzip

$$\iint \psi^* \hat{H} \psi \, \mathrm{d}V_1 \, \mathrm{d}V_2 = \mathrm{Min}$$

mit der Nebenbedingung

$$\iint |\psi|^2 \, \mathrm{d}V_1 \, \mathrm{d}V_2 = 1$$

abgeleitet werden (die Integration erfolgt über die Koordinaten beider Elektronen im Heliumatom). Die Variation liefert die Gleichung

$$\iint \delta\psi^* (\hat{H} - E) \psi \, \mathrm{d}V_1 \, \mathrm{d}V_2 = 0 \,. \tag{69,3}$$

Bei beliebiger Variation der Wellenfunktion ψ erhält man daraus die übliche Schrödinger-Gleichung. Nach der Methode des selbstkonsistenten Feldes setzt man den Ausdruck (69,2) für ψ in (69,3) ein und variiert die Funktionen ψ_1 und ψ_2 einzeln. Mit anderen Worten, es wird ein Extremum des Integrals bezüglich der Funktionen ψ der Gestalt (69,2) gesucht. Im Ergebnis erhält man natürlich nicht den exakten Energieeigenwert und nicht die exakte Wellenfunktion, aber die bestmögliche Funktion, die in dieser Form dargestellt werden kann.

Der Hamilton-Operator für das Heliumatom hat die Gestalt[3])

$$\hat{H} = \hat{H}_1 + \hat{H}_2 + \frac{1}{r_{12}}\,, \qquad \hat{H}_1 = -\frac{1}{2}\Delta_1 - \frac{2}{r_1} \tag{69,4}$$

(r_{12} ist der Abstand zwischen den Elektronen). Wir setzen (69,2) in (69,3) ein, führen die Variation aus und setzen die Koeffizienten von $\delta\psi_1$ und $\delta\psi_2$ im Integranden gleich Null. So erhalten wir leicht die folgenden Gleichungen:

$$\begin{aligned} &\left[\frac{1}{2}\Delta + \frac{2}{r} + E - H_{22} - G_{22}(r)\right]\psi_1(r) + [H_{12} + G_{12}(r)]\,\psi_2(r) = 0\,,\\ &\left[\frac{1}{2}\Delta + \frac{2}{r} + E - H_{11} - G_{11}(r)\right]\psi_2(r) + [H_{12} + G_{12}(r)]\,\psi_1(r) = 0 \end{aligned} \tag{69,5}$$

---

[1]) Die Zustände des Heliumatoms mit $S = 0$ werden üblicherweise als *Parahelium*- und die Zustände mit $S = 1$ als *Orthohelium*zustände bezeichnet.

[2]) Die Wellenfunktionen $\psi_1, \psi_2, \ldots$ für die verschiedenen Zustände eines Elektrons ergeben sich beim Verfahren des selbstkonsistenten Feldes im allgemeinen als nicht orthogonal zueinander, weil sie nicht Lösungen ein und derselben Gleichung sondern verschiedener Gleichungen sind. In (69,2) kann man jedoch ψ_2 durch $\psi_2' = \psi_2 + \mathrm{const} \cdot \psi_1$ ersetzen, ohne die Wellenfunktion ψ des ganzen Atoms zu ändern; durch geeignete Wahl der Konstanten kann man immer erreichen, daß ψ_1 und ψ_2' orthogonal zueinander sind.

[3]) In diesem Paragraphen und in den Aufgaben dazu verwenden wir atomare Einheiten.

mit

$$G_{ab}(r_1) = \int \frac{\psi_a(r_2)\,\psi_b(r_2)}{r_{12}}\,\mathrm{d}V_2\,,$$
$$H_{ab} = \int \psi_a \left(-\frac{1}{2}\,\Delta - \frac{2}{r}\right)\psi_b\,\mathrm{d}V\,, \qquad a, b = 1, 2\,. \tag{69,6}$$

Das sind die endgültigen Gleichungen der Methode des selbstkonsistenten Feldes. Sie können selbstverständlich nur numerisch gelöst werden.[1])

Analog müssen auch die Gleichungen in komplizierteren Fällen hergeleitet werden. Die Wellenfunktion des Atoms, die in das Integral des Variationsprinzips eingesetzt werden muß, wird als Linearkombination aus den Produkten der Wellenfunktionen der einzelnen Elektronen zusammengesetzt. Bei der Wahl dieser Linearkombination müssen zwei Dinge beachtet werden: Erstens muß ihre Symmetrie bei Vertauschungen dem Gesamtspin S des betrachteten Atomzustandes und zweitens dem gegebenen Wert für den resultierenden Bahndrehimpuls L des Atoms entsprechen.[2])

Verwenden wir in dem Variationsprinzip eine Wellenfunktion mit der entsprechenden Symmetrie bei Vertauschungen der Elektronen, dann berücksichtigen wir damit auch die Austauschwechselwirkung der Elektronen im Atom. Man erhält einfachere Gleichungen (die aber auch ungenauere Ergebnisse liefern), wenn man die Austauschwechselwirkung vernachlässigt sowie von der L-Abhängigkeit der Energie des Atoms bei gegebener Elektronenkonfiguration absieht (D. R. HARTREE, 1928). Als Beispiel behandeln wir wiederum das Heliumatom. Wir können dann die Gleichungen für die Wellenfunktionen der Elektronen unmittelbar als gewöhnliche SCHRÖDINGER-Gleichungen aufschreiben:

$$[\tfrac{1}{2}\,\Delta_a + E_a - V_a(r_a)]\,\psi_a(r_a) = 0\,, \qquad a = 1, 2\,. \tag{69,7}$$

Darin ist V_a die potentielle Energie des einen Elektrons, das sich im Feld des Kernes und im Feld der verschmierten Ladung des zweiten Elektrons bewegt:

$$V_1(r_1) = -\frac{2}{r_1} + \int \frac{1}{r_{12}}\,\psi_2^2(r_2)\,\mathrm{d}V_2 \tag{69,8}$$

(und analog für V_2). Bei der Berechnung der Energie E des ganzen Atoms muß man daran denken, daß in der Summe $E_1 + E_2$ die elektrostatische Wechselwirkung der beiden Elektronen miteinander doppelt gezählt wird, weil sie sowohl in die potentielle Energie des ersten Elektrons, $V_1(r_1)$, als auch in die des zweiten, $V_2(r_2)$, eingeht. Deshalb erhält man E aus der Summe $E_1 + E_2$ durch einmalige Subtraktion des Mittelwertes dieser Wechselwirkung, d. h.

$$E = E_1 + E_2 - \iint \frac{1}{r_{12}}\,\psi_1^2(r_1)\,\psi_2^2(r_2)\,\mathrm{d}V_1\,\mathrm{d}V_2\,. \tag{69,9}$$

---

[1]) Vergleicht man die mit dem Verfahren des selbstkonsistenten Feldes berechneten Energieniveaus leichter Atome mit den spektroskopischen Werten, so kann man die Genauigkeit des Verfahrens auf etwa 5% abschätzen (in einigen Fällen ist die Übereinstimmung noch besser). Für komplizierte Atome kann jedoch der Fehler so groß werden wie die Abstände zwischen benachbarten Niveaus und letztlich zu einer falschen Reihenfolge der Niveaus führen.

[2]) Eine Darstellung beider Methoden zur Bildung der Wellenfunktionen für ein Elektronensystem in einem kugelsymmetrischen Feld kann man in dem auf S. 226 zitierten Buch von I. G. KAPLAN finden.

Zur Verbesserung der Ergebnisse dieser verkürzten Methode können die Austauschwechselwirkung und die L-Abhängigkeit der Energie als Störungen später berücksichtigt werden.

Aufgaben

1. Man berechne näherungsweise die Energie des niedrigsten Niveaus des Heliumatoms und der heliumähnlichen Ionen (Kern mit der Ladung Z und zwei Elektronen), indem man die Wechselwirkung zwischen den Elektronen als Störung ansieht.

Lösung. Im Grundzustand eines Ions befinden sich beide Elektronen in s-Zuständen. Der ungestörte Energiewert ist gleich dem doppelten (zwei Elektronen) niedrigsten Niveau eines wasserstoffähnlichen Ions:

$$E^{(0)} = 2(-Z^2/2) = -Z^2 .$$

Die Korrektur in erster Näherung wird durch den Mittelwert der Wechselwirkungsenergie der Elektronen im Zustand mit der Wellenfunktion

$$\psi = \psi_1(r_1)\,\psi_2(r_2) = \frac{Z^3}{\pi}\,\mathrm{e}^{-Z(r_1+r_2)} \qquad (1)$$

gegeben (Produkt zweier Wasserstoffunktionen mit $l = 0$). Das Integral

$$E^{(1)} = \iint \psi^2 \frac{1}{r_{12}}\,\mathrm{d}V_1\,\mathrm{d}V_2$$

kann am einfachsten als

$$E^{(1)} = 2\int_0^\infty \mathrm{d}V_2 \cdot \varrho_2 \frac{1}{r_2}\int_0^{r_2} \varrho_1\,\mathrm{d}V_1\,, \qquad \mathrm{d}V_1 = 4\pi r_1^2\,\mathrm{d}r_1\,, \quad \mathrm{d}V_2 = 4\pi r_2^2\,\mathrm{d}r_2$$

berechnet werden (Energie der Ladungsverteilung $\varrho_2 = |\psi_2|^2$ im Feld der kugelsymmetrischen Verteilung $\varrho_1 = |\psi_1|^2$. Der Integrand im Integral über $\mathrm{d}V_2$ ist die Energie der Ladung $\varrho_2(r_2)$ im Felde der Kugel $r_1 < r_2$; der Faktor 2 vor dem Integral berücksichtigt den Beitrag von den Konfigurationen $r_1 > r_2$). So erhalten wir $E^{(1)} = 5Z/8$ und schließlich

$$E = E^{(0)} + E^{(1)} = -Z^2 + \tfrac{5}{8}Z .$$

Für das Heliumatom ergibt das $-E = 11/4 = 2{,}75$ (tatsächlich ist der Wert der Energie des Grundzustandes dieses Atoms $-E = 2{,}90\ me^4/\hbar^2 = 78{,}9$ eV).

2. Wie Aufgabe 1, aber mit Hilfe des Variationsprinzips. Die Wellenfunktion soll als Produkt zweier Wasserstoffunktionen mit einer gewissen effektiven Kernladung angenähert werden.

Lösung. Wir berechnen das Integral

$$\iint \psi\hat{H}\psi\,\mathrm{d}V_1\,\mathrm{d}V_2\,, \qquad \hat{H} = -\frac{1}{2}(\Delta_1 + \Delta_2) - \frac{Z}{r_1} - \frac{Z}{r_2} + \frac{1}{r_{12}}$$

mit der Funktion ψ aus dem Ausdruck (1) der vorhergehenden Aufgabe, anstelle von Z schreiben wir Z_{eff}. Das Integral über ψ^2/r_{12} wird wie in Aufgabe 1 berechnet. Das Integral über $\psi\Delta_1\psi$ kann in das Integral über ψ^2/r_1 überführt werden, weil wegen der SCHRÖDINGER-Gleichung

$$\left(-\frac{1}{2}\Delta_1 - \frac{Z_{\mathrm{eff}}}{r_1}\right)\psi_1 = -\frac{1}{2}Z_{\mathrm{eff}}^2\psi_1$$

ist. Als Ergebnis erhalten wir

$$\iint \psi\hat{H}\psi\,\mathrm{d}V_1\,\mathrm{d}V_2 = Z_{\mathrm{eff}}^2 - 2ZZ_{\mathrm{eff}} + \tfrac{5}{8}Z_{\mathrm{eff}} .$$

Dieser Ausdruck hat als Funktion von Z_{eff} ein Minimum bei $Z_{\mathrm{eff}} = Z - \frac{5}{16}$. Der zugehörige Energiewert ist

$$E = -(Z - \tfrac{5}{16})^2 .$$

Im Falle des Heliumatoms ist $-E = 2{,}85$.

Die Wellenfunktion (1) mit dem gefundenen Wert für Z_{eff} ist tatsächlich die beste Funktion nicht nur aller Funktionen der Gestalt (1), sondern überhaupt aller Funktionen, die nur von der Summe $r_1 + r_2$ abhängen.

§ 70. Die THOMAS-FERMI-Gleichung

Die numerische Berechnung der Ladungsverteilung und des Feldes in einem Atom sind nach der Methode des selbstkonsistenten Feldes außerordentlich umfangreich, besonders für komplizierte Atome. Aber gerade für komplizierte Atome gibt es eine andere Näherungsmethode, deren Wert in ihrer Einfachheit besteht. Sie ergibt natürlich bedeutend ungenauere Resultate als die Methode des selbstkonsistenten Feldes.

Diese Methode (E. FERMI und L. THOMAS, 1927) baut auf der Tatsache auf, daß die Mehrzahl der Elektronen in komplizierten Atomen mit vielen Elektronen relativ große Hauptquantenzahlen hat. Unter diesen Bedingungen ist die quasiklassische Näherung anwendbar. Wir können daher für die Zustände der einzelnen Elektronen im Atom den Begriff der „Zellen im Phasenraum" verwenden (§ 48).

Das Phasenvolumen für die Elektronen mit einem Impuls kleiner als p, die sich im Volumenelement $\mathrm{d}V$ des physikalischen Raumes befinden, ist $\frac{4}{3}\pi p^3\,\mathrm{d}V$. Zu diesem Volumen gehören $\frac{4\pi p^3\,\mathrm{d}V}{3(2\pi)^3}$ Zellen[1]), d. h. mögliche Zustände. In diesen Zuständen können gleichzeitig nicht mehr als

$$2\,\frac{4\pi p^3}{3(2\pi)^3}\mathrm{d}V = \frac{p^3}{3\pi^2}\,\mathrm{d}V$$

Elektronen sein (in jeder Zelle können zwei Elektronen mit entgegengesetzten Spins sein). Im Grundzustand des Atoms müssen die Elektronen in jedem Volumenelement $\mathrm{d}V$ die Zellen (im Phasenraum) besetzen, die zu einem Impuls zwischen Null und einem gewissen Maximalwert p_0 gehören. Dann wird die kinetische Energie der Elektronen in jedem Punkt den kleinstmöglichen Wert haben. Schreiben wir die Zahl der Elektronen im Volumen $\mathrm{d}V$ als $n\,\mathrm{d}V$ (n ist die Dichte der Elektronenzahl), dann können wir behaupten, daß der Maximalwert p_0 des Elektronenimpulses in jedem Punkt mit n durch die Beziehung

$$\frac{p_0^3}{3\pi^2} = n$$

verknüpft ist. Der maximale Wert der kinetischen Energie eines Elektrons an einem Ort mit der Elektronendichte n ist folglich gleich

$$\frac{p_0^2}{2} = \frac{1}{2}\,(3\pi^2 n)^{2/3}\,. \tag{70,1}$$

Ferner sei $\varphi(r)$ das elektrostatische Potential, das im Unendlichen verschwinden soll. Die Gesamtenergie eines Elektrons ist $p^2/2 - \varphi$. Offensichtlich muß die Gesamtenergie eines jeden Elektrons negativ sein. Anderenfalls würde das Elektron ins Unendliche verschwinden. Den maximalen Wert der Gesamtenergie eines Elektrons in jedem Punkt bezeichnen wir mit $-\varphi_0$, wobei φ_0 eine positive Konstante ist (wäre diese Größe nicht konstant, dann würden die Elektronen aus Punkten mit kleinerem

[1]) In diesem Paragraphen verwenden wir atomare Einheiten.

φ_0 in Punkte mit größerem φ_0 übergehen). Wir können also schreiben

$$\frac{p_0^2}{2} = \varphi - \varphi_0 \,. \tag{70,2}$$

Durch Gleichsetzen der Ausdrücke (70,1) und (70,2) ergibt sich

$$n = [2(\varphi - \varphi_0)]^{3/2} \frac{1}{3\pi^2} \,. \tag{70,3}$$

Diese Beziehung schafft einen Zusammenhang zwischen der Elektronendichte und dem Potential in jedem Punkt des Atoms.

Für $\varphi = \varphi_0$ ist die Dichte n gleich Null. n muß offenbar in dem ganzen Bereich mit $\varphi < \varphi_0$ gleich Null gesetzt werden, die Beziehung (70,2) würde sonst dort eine negative maximale kinetische Energie ergeben. Durch die Gleichung $\varphi = \varphi_0$ wird also der Atomrand bestimmt. Außer der kugelsymmetrischen Ladungsverteilung mit der Gesamtladung Null ist kein weiteres Feld vorhanden. Am Rande eines neutralen Atoms muß deshalb $\varphi = 0$ sein. Für ein neutrales Atom muß die Konstante φ_0 demnach gleich Null gesetzt werden. Umgekehrt ist die Konstante φ_0 für ein Ion von Null verschieden.

Im folgenden werden wir ein neutrales Atom behandeln und dementsprechend $\varphi_0 = 0$ setzen. Nach der Poisson-Gleichung der Elektrostatik haben wir $\Delta\varphi = 4\pi n$. Setzen wir hier (70,3) ein, so erhalten wir die Thomas-Fermi-*Gleichung*

$$\Delta\varphi = \frac{8\sqrt{2}}{3\pi} \varphi^{3/2} \,. \tag{70,4}$$

Die Feldverteilung im Grundzustand des Atoms wird durch die kugelsymmetrische Lösung dieser Gleichung gegeben, die die folgenden Randbedingungen erfüllt: Für $r \to 0$ muß das Feld in das Coulomb-Feld des Kernes übergehen, d. h., es muß $\varphi r \to Z$ streben; für $r \to \infty$ muß $\varphi r \to 0$ gehen. Führen wir durch die Definition

$$r = xbZ^{-1/3} \,, \qquad b = \frac{1}{2}\left(\frac{3\pi}{4}\right)^{2/3} = 0{,}885 \tag{70,5}$$

für r die neue Variable x ein und für φ die neue Unbekannte χ:

$$\varphi(r) = \frac{Z}{r}\,\chi\left(\frac{rZ^{1/3}}{b}\right) = \frac{Z^{4/3}}{b}\,\frac{\chi(x)}{x}\,^{1)} \,, \tag{70,6}$$

dann ergibt sich

$$x^{1/2}\frac{d^2\chi}{dx^2} = \chi^{3/2}. \tag{70,7}$$

Die Randbedingungen sind jetzt $\chi = 1$ für $x = 0$ und $\chi = 0$ für $x = \infty$. Diese Gleichung enthält keine Parameter mehr und bestimmt so eine universelle Funktion $\chi(x)$. In der Tabelle 2 ist diese Funktion angegeben, wie man sie durch numerische Integration der Gleichung (70,7) gewinnt.

---

[1]) In üblichen Einheiten:

$$\varphi(r) = \frac{Ze}{r}\,\chi\left(\frac{rZ^{1/3}}{0{,}885}\,\frac{me^2}{\hbar^2}\right).$$

Tabelle 2 **Werte der Funktion $\chi(x)$**

x	$\chi(x)$	x	$\chi(x)$	x	$\chi(x)$
0,00	1,000	1,4	0,333	6	0,0594
0,02	0,972	1,6	0,298	7	0,0461
0,04	0,947	1,8	0,268	8	0,0366
0,06	0,924	2,0	0,243	9	0,0296
0,08	0,902	2,2	0,221	10	0,0243
0,10	0,882	2,4	0,202	11	0,0202
0,2	0,793	2,6	0,185	12	0,0171
0,3	0,721	2,8	0,170	13	0,0145
0,4	0,660	3,0	0,157	14	0,0125
0,5	0,607	3,2	0,145	15	0,0108
0,6	0,561	3,4	0,134	20	0,0058
0,7	0,521	3,6	0,125	25	0,0035
0,8	0,485	3,8	0,116	30	0,0023
0,9	0,453	4,0	0,108	40	0,0011
1,0	0,424	4,5	0,0919	50	0,00063
1,2	0,374	5,0	0,0788	60	0,00039

Die Funktion $\chi(x)$ nimmt monoton ab und verschwindet nur im Unendlichen.[1]) Das Atom hat mit anderen Worten im THOMAS-FERMI-Modell keinen Rand, es erstreckt sich formal bis ins Unendliche. Der Wert der Ableitung $\chi'(x)$ für $x = 0$ ist $\chi'(0) = -1{,}59$. Für $x \to 0$ hat die Funktion $\chi(x)$ daher die Gestalt $\chi \approx 1 - 1{,}59x$, das Potential $\varphi(r)$ ist dementsprechend

$$\varphi(r) \approx \frac{Z}{r} - 1{,}80 \cdot Z^{4/3} . \qquad (70{,}8)$$

Der erste Term ist das Potential des Kernfeldes, der zweite ist das von den Elektronen im Koordinatenursprung erzeugte Potential. Setzen wir (70,6) in (70,3) ein, so finden wir für die Elektronendichte

$$n = Z^2 f\left(\frac{rZ^{1/3}}{b}\right), \qquad f(x) = \frac{32}{9\pi^3}\left(\frac{\chi}{x}\right)^{3/2} . \qquad (70{,}9)$$

Im THOMAS-FERMI-Modell ist, wie wir sehen, die Verteilung der Ladungsdichte in den verschiedenen Atomen ähnlich. Der charakteristische Längenparameter ist $Z^{-1/3}$ (in den üblichen Einheiten $\hbar^2/me^2Z^{1/3}$, d. h. der durch $Z^{1/3}$ dividierte BOHRsche Radius). Mißt man die Abstände in atomaren Einheiten, dann sind insbesondere die Abstände für das Maximum der Elektronendichte für alle Z dieselben. Man kann daher sagen, daß sich der größere Teil der Elektronen in einem Atom mit der Ordnungszahl Z in Entfernungen der Größenordnung $Z^{-1/3}$ vom Kern befindet. Die numerische Rechnung ergibt, daß die Hälfte der gesamten Ladung der Elektronen eines Atoms innerhalb einer Kugel vom Radius $1{,}33\ Z^{-1/3}$ zu finden ist.

Ähnliche Überlegungen liefern für die mittlere Geschwindigkeit der Elektronen in einem Atom (die Geschwindigkeit wird dabei größenordnungsmäßig als die Quadratwurzel aus der Energie angesehen) die Größenordnung $Z^{2/3}$.

---

[1]) Die Gleichung (70,7) hat die exakte Lösung $\chi(x) = 144x^{-3}$, die im Unendlichen verschwindet, aber nicht die erforderliche Randbedingung bei $x = 0$ erfüllt. Man könnte sie als asymptotischen Ausdruck für die Funktion $\chi(x)$ bei großen x verwenden. Aber mehr oder weniger genaue Werte ergibt dieser Ausdruck nur für sehr große x, während die THOMAS-FERMI-Gleichung für große Abstände ganz unbrauchbar wird (s. u.).

Die THOMAS-FERMI-Gleichung wird für zu kleine und auch für zu große Abstände vom Kern unbrauchbar. Der Anwendungsbereich für kleine r wird durch die Ungleichung (49,12) beschränkt. Bei kleineren Abständen ist die quasiklassische Näherung im COULOMB-Feld des Kernes nicht mehr anwendbar. Wir setzen in (49,12) $\alpha = Z$ und finden als untere Grenze für die Abstände die Größe $1/Z$. Die quasiklassische Näherung kann in einem komplizierten Atom auch für große r nicht mehr verwendet werden. Man kann nämlich leicht sehen, daß die DE BROGLIE-Wellenlänge eines Elektrons für $r \sim 1$ von der Größenordnung dieses Abstandes selbst ist, so daß die Bedingung für die Anwendbarkeit der quasiklassischen Näherung verletzt wird. Davon kann man sich durch eine Abschätzung der Terme in den Gleichungen (70,2) und (70,4) überzeugen. Übrigens ist dieses Ergebnis auch von vornherein und ohne Rechnung klar, weil die Gleichung (70,4) Z nicht enthält. Die Anwendbarkeit der THOMAS-FERMI-Gleichung ist also auf einen Bereich beschränkt, in dem die Abstände vom Kern groß gegenüber $1/Z$ und klein im Vergleich zu 1 sind. In komplizierten Atomen befindet sich in diesem Bereich der größere Teil der Elektronen.

Der zuletzt genannte Sachverhalt bedeutet, daß der „äußere Rand" eines Atoms nach dem THOMAS-FERMI-Modell bei $r \approx 1$ liegt, d. h., die Atomabmessungen hängen nicht von Z ab. Mit diesen ist auch die Energie der äußeren Elektronen, d. h. das Ionisierungspotential eines Atoms, von Z unabhängig.[1])

Mit Hilfe der THOMAS-FERMI-Methode kann man die gesamte Ionisierungsenergie E, d. h. die zur Abtrennung aller Elektronen von einem neutralen Atom erforderliche Energie, berechnen. Dazu muß man die elektrostatische Energie der THOMAS-FERMI-Verteilung der Ladungen im Atom ausrechnen. Die gesuchte Gesamtenergie ist gleich der Hälfte dieser elektrostatischen Energie; denn in einem System von Teilchen, die miteinander nach dem COULOMBschen Gesetz wechselwirken, ist die mittlere kinetische Energie (nach dem Virialsatz, siehe I, § 10) gleich der Hälfte der mittleren potentiellen Energie mit dem entgegengesetzten Vorzeichen. Die Abhängigkeit des E von Z kann man schon vorher aus einfachen Überlegungen ermitteln: Die elektrostatische Energie von Z Elektronen im Feld des Kerns mit der Ladung Z ist proportional zu $Z \cdot Z/Z^{-1/3} = Z^{7/3}$, wenn sich die Elektronen im mittleren Abstand $Z^{-1/3}$ vom Kern befinden. Die numerische Rechnung liefert den Wert $E = 20{,}8\, Z^{7/3}$ eV. Die Z-Abhängigkeit steht in guter Übereinstimmung mit den experimentellen Daten; der empirische Wert des Koeffizienten ist etwa 16.

Wir haben schon erwähnt, daß von Null verschiedene positive Werte der Konstanten φ_0 zu ionisierten Atomen gehören. Definieren wir die Funktion χ als $\varphi - \varphi_0 = Z\chi/r$, dann erhalten wir für χ die obige Gleichung (70,7). Wir müssen uns jetzt für diejenigen Lösungen interessieren, die nicht wie für ein neutrales Atom im Unendlichen, sondern für endliche Werte $x = x_0$ verschwinden. Solche Lösungen existieren für beliebiges x_0. Im Punkte $x = x_0$ verschwindet die Ladungsdichte zusammen mit χ, aber das Potential bleibt endlich. Der Wert von x_0 hängt folgendermaßen mit dem Ionisierungsgrad zusammen. Die Gesamtladung innerhalb einer Kugel mit dem Radius r ist nach dem GAUSSschen Satz gleich

$$-r^2 \frac{\partial \varphi}{\partial r} = Z[\chi(x) - x\chi'(x)] .$$

[1]) Dieses Modell gibt natürlich nicht die periodische Abhängigkeit der Atomabmessungen und der Ionisierungspotentiale von Z wieder, wie man sie im Periodensystem findet. Darüber hinaus zeigen die empirischen Daten eine geringfügige systematische Zunahme der Atomabmessungen und eine Verringerung der Ionisierungspotentiale mit zunehmendem Z.

Die Gesamtladung z des Ions ergibt sich, wenn man hier $x = x_0$ setzt. Wegen $\chi(x_0) = 0$ ist

$$z = -Zx_0\chi'(x_0)\,. \tag{70,10}$$

In Abb. 23 ist die Kurve $\chi = \chi(x)$ für ein neutrales Atom dick ausgezogen, darunter sehen wir zwei Kurven für Ionen mit verschiedenen Ionisierungsgraden. z/Z wird graphisch durch die Länge der Strecke gegeben, die auf der Ordinatenachse zwischen dem Ursprung und dem Schnittpunkt mit der Tangente an die Kurve im Punkte $x = x_0$ liegt.

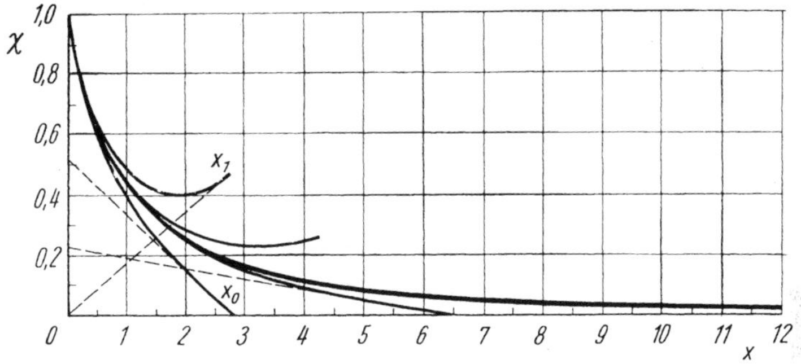

Abb. 23

Die Gleichung (70,7) hat auch Lösungen, die nirgends verschwinden; im Unendlichen divergieren diese Lösungen. Man kann sie als Lösungen zu negativen Werten der Konstanten φ_0 ansehen. In Abb. 23 sind auch zwei solche Kurven wiedergegeben. Sie verlaufen oberhalb der Kurve für das neutrale Atom. Im Punkte $x = x_1$, in dem

$$\chi(x_1) - x_1\chi'(x_1) = 0 \tag{70,11}$$

ist, verschwindet die Gesamtladung innerhalb der Kugel $x < x_1$ (graphisch findet man x_1 offensichtlich als denjenigen Punkt, für den die Tangente an die Kurve durch den Koordinatenursprung geht). Brechen wir die Kurve in diesem Punkte ab, so können wir sagen, daß sie $\chi(x)$ für ein neutrales Atom wiedergibt, an dessen Rand die Ladungsdichte von Null verschieden bleibt. Physikalisch entspricht das einem „zusammengedrückten" Atom, das in ein gegebenes endliches Volumen eingeschlossen ist.[1])

Die THOMAS-FERMI-Gleichung berücksichtigt die Austauschwechselwirkung zwischen den Elektronen nicht. Die damit zusammenhängenden Effekte sind von der nächsten Größenordnung in $Z^{-2/3}$. Die Berücksichtigung der Austauschwechselwirkung im THOMAS-FERMI-Verfahren erfordert daher die gleichzeitige Beachtung aller Effekte dieser Ordnung.[2])

---

[1]) Diese Behandlung kann nützlich sein, wenn man die Zustandsgleichung eines Stoffes unter hohen Drücken untersuchen möchte.

[2]) Das ist von A. S. KOMPANEJEZ und JE. S. PAWLOWSKI (ЖЭТФ **31**, 427 (1956)) sowie von D. A. KIRSHNITZ (ЖЭТФ **32**, 115 (1957)) durchgeführt worden.

Aufgabe

Man berechne im THOMAS-FERMI-Modell die Beziehung zwischen der Energie der elektrostatischen Wechselwirkung der Elektronen miteinander und der Energie der Wechselwirkung mit dem Kern in einem neutralen Atom!

Lösung. Das Potential φ_e des von den Elektronen erzeugten Feldes erhält man aus dem Gesamtpotential φ, indem man das Potential des Kernfeldes Z/r subtrahiert. Die Wechselwirkungsenergie zwischen den Elektronen ist daher

$$U_{ee} = -\frac{1}{2}\int \varphi_e n \, \mathrm{d}V = \frac{Z}{2}\int \frac{n}{r} \, \mathrm{d}V - \frac{1}{2}\int \varphi n \, \mathrm{d}V = \frac{Z}{2}\int \frac{n}{r} \, \mathrm{d}V - \frac{(3\pi^2)^{2/3}}{4}\int n^{5/3} \, \mathrm{d}V$$

(wir haben hier φ nach (70,3) durch n ausgedrückt). Andererseits sind die Energie der Wechselwirkung der Elektronen mit dem Kern U_{en} und deren kinetische Energie T gleich

$$U_{en} = -Z\int \frac{n}{r} \, \mathrm{d}V \,, \qquad T = 2\int\int_0^{p_0} \frac{p^2}{2} \frac{4\pi p^2 \, \mathrm{d}p \, \mathrm{d}V}{(2\pi)^3} = \frac{3(3\pi^2)^{2/3}}{10}\int n^{5/3} \, \mathrm{d}V \,.$$

Aus dem Vergleich dieser Ausdrücke mit der vorhergehenden Gleichung gewinnen wir die Beziehung

$$U_{ee} = -\tfrac{1}{2}\, U_{en} - \tfrac{5}{6}\, T \,.$$

Gleichzeitig haben wir nach dem Virialsatz (siehe I, § 10) für ein System von Teilchen, die nach dem COULOMBschen Gesetz miteinander wechselwirken, $2T = -U = -U_{en} - U_{ee}$.

Als Ergebnis finden wir

$$U_{ee} = -\tfrac{1}{7}\, U_{en} \,.$$

§ 71. Die Wellenfunktionen der äußeren Elektronen in Kernnähe

Wir haben (am THOMAS-FERMI-Modell) gesehen, daß sich die äußeren Elektronen in komplizierten Atomen (große Z) im wesentlichen in Abständen $r \sim 1$ vom Kern befinden.[1] Einige Eigenschaften der Atome hängen aber wesentlich von der Elektronendichte in Kernnähe ab (wir werden solche Eigenschaften in §§ 72 und 120 kennenlernen). Um die Größenordnung dieser Dichte zu bestimmen, verfolgen wir die Änderung der Wellenfunktion eines Elektrons $\psi(r)$ im Atom, wenn r von großen Werten ($r \sim 1$) her abnimmt.

Im Bereich $r \sim 1$ wird das Kernfeld durch die anderen Elektronen abgeschirmt, so daß die potentielle Energie $U(r) \sim 1/r \sim 1$ ist. Die Energie eines Elektronenniveaus in diesem Feld ist $E \sim 1$. In Abständen von der Größenordnung des BOHRschen Radius im Felde der Ladung $Z (r \sim 1/Z)$ kann man das Kernfeld als nicht abgeschirmt ansehen: $U = -Z/r$. Im Zwischenbereich $1/Z \ll r \ll 1$ ist die potentielle Energie $|U|$ bereits groß gegenüber der Energie E des Elektrons und genügt der Bedingung

$$\frac{\mathrm{d}}{\mathrm{d}r}\frac{1}{p} \sim \frac{\mathrm{d}}{\mathrm{d}r}\frac{1}{\sqrt{|U|}} \ll 1$$

(p ist der Impuls), so daß die Bewegung des Elektrons quasiklassisch ist. Die kugelsymmetrische quasiklassische Wellenfunktion ist

$$|\psi(r)| \sim \frac{1}{r\sqrt{p}} \sim \frac{1}{r\,|U|^{1/4}} \quad \text{für} \quad \frac{1}{Z} \ll r \ll 1 \,. \tag{71,1}$$

[1]) In diesem Paragraphen verwenden wir atomare Einheiten.

Die Größenordnung des Koeffizienten darin (~ 1) wird aus der Bedingung $\psi \sim 1$ für das „Verheften" mit der Wellenfunktion für $r \sim 1$ bestimmt.

Wir verwenden den Ausdruck (71,1) größenordnungsmäßig für $r \sim 1/Z$ (und setzen darin $U = -Z/r$) und erhalten für die gesuchte Wellenfunktion in Kernnähe[1])

$$\psi\left(\frac{1}{Z}\right) \sim \sqrt{Z}\,. \tag{71,2}$$

Entsprechend den allgemeinen Eigenschaften der Wellenfunktionen in einem kugelsymmetrischen Feld (§ 32) bleibt $\psi(r)$ bei weiterer Annäherung an den Kern größenordnungsmäßig entweder konstant (für ein s-Elektron), oder es beginnt abzunehmen (für $l \neq 0$).

Die Aufenthaltswahrscheinlichkeit des Elektrons im Bereich $r \lesssim 1/Z$ ist

$$w \sim |\psi|^2\, r^3 \sim \frac{1}{Z^2}\,. \tag{71,3}$$

Selbstverständlich geben die Formeln (71,2) und (71,3) nur den systematischen Gang der Größen mit zunehmendem Z an, ohne die nichtsystematischen Änderungen beim Übergang von einem Element zum nächsten zu berücksichtigen.

§ 72. Die Feinstruktur der Atomniveaus

Die konsequente Ableitung der Formeln für die relativistischen Effekte in der Wechselwirkung der Elektronen ist einem anderen Band dieses Lehrbuches vorbehalten (siehe IV, §§ 33, 83). In diesem Paragraphen wird nur eine allgemeine Beschreibung dieser Effekte in Anwendung auf das Studium der Atomterme gegeben.

Die relativistischen Glieder im HAMILTON-Operator eines Atoms gliedern sich in zwei Gruppen: Die einen sind linear in den Operatoren für die Elektronenspins, die anderen quadratisch. Erstere entsprechen einer Wechselwirkung der Bahnbewegung der Elektronen mit den Spins; man nennt sie *Spin-Bahn-Wechselwirkung*. Die anderen gehören zu einer Wechselwirkung zwischen den Elektronenspins (*Spin-Spin-Wechselwirkung*). Beide Arten von Wechselwirkungen sind von der gleichen (zweiten) Ordnung in v/c, dem Verhältnis der Elektronengeschwindigkeit zur Lichtgeschwindigkeit. Tatsächlich ist aber in schweren Atomen die Spin-Bahn-Wechselwirkung bedeutend stärker als die Spin-Spin-Wechselwirkung. Das hängt damit zusammen, daß die Spin-Bahn-Wechselwirkung mit zunehmender Ordnungszahl rasch größer wird, während die Spin-Spin-Wechselwirkung im wesentlichen von Z unabhängig ist (s. u.).

Der Operator für die Spin-Bahn-Wechselwirkung hat die Gestalt

$$\hat{V}_{sl} = \sum_a \hat{\mathbf{A}}_a \hat{\mathbf{s}}_a \tag{72,1}$$

(es wird über alle Elektronen im Atom summiert). $\hat{\mathbf{s}}_a$ sind die Spinoperatoren der Elektronen, $\hat{\mathbf{A}}_a$ sind irgendwelche Bahnoperatoren, d. h. Operatoren, die auf die Bahnfunktionen wirken. In der Näherung des selbstkonsistenten Feldes sind die Operatoren $\hat{\mathbf{A}}_a$ proportional zu den Operatoren $\hat{\mathbf{l}}_a$ für den Bahndrehimpuls der Elektronen; in dieser Näherung kann man $\hat{V}_{sl}$ in der Form

$$\hat{V}_{sl} = \sum_a \alpha_a \hat{\mathbf{l}}_a \hat{\mathbf{s}}_a \tag{72,2}$$

---

[1]) **Zur Bestimmung des Koeffizienten in dieser Formel (bei bekannter Wellenfunktion im Bereich $r \sim 1$) müßte man im Bereich $r \lesssim 1/Z$ den Ausdruck (36,25) benutzen.**

schreiben. Die Koeffizienten in der Summe werden dabei folgendermaßen durch die potentielle Energie im selbstkonsistenten Feld ausgedrückt:

$$\alpha_a = \frac{\hbar^2}{2m^2c^2r_a}\frac{\mathrm{d}U(r_a)}{\mathrm{d}r_a}\,. \tag{72,3}$$

Da $|U(r)|$ mit zunehmender Entfernung vom Kern kleiner wird, sind alle $\alpha_a > 0$.

Behandeln wir die Wechselwirkung (72,2) als Störung, dann müssen wir zur Berechnung der Energie die Störung über den ungestörten Zustand mitteln. Den Hauptbeitrag zu dieser Energie liefert dabei der Bereich in Kernnähe, d. h., er kommt von Abständen der Größenordnung des Bohrschen Radius ($\sim \hbar^2/Zme^2$) für einen Kern mit der Ladung Ze. In diesem Bereich ist das Kernfeld praktisch nicht abgeschirmt, und die potentielle Energie ist

$$|U(r)| \sim Ze^2/r \sim Z^2me^4/\hbar^2\,,$$

so daß

$$\alpha \sim \frac{\hbar^2 U}{m^2c^2r^2} \sim Z^4\left(\frac{e^2}{\hbar c}\right)^2\frac{me^4}{\hbar^2}$$

wird. Der Mittelwert von α ergibt sich daraus durch Multiplikation mit der Wahrscheinlichkeit w, das Elektron in Kernnähe zu finden. Nach (71,3) ist $w \sim Z^{-2}$, so daß wir für die Energie der Spin-Bahn-Wechselwirkung des Elektrons endgültig

$$\bar{\alpha} \sim \left(\frac{Ze^2}{\hbar c}\right)^2\frac{me^4}{\hbar^2}$$

erhalten. Sie unterscheidet sich von der Energie eines äußeren Atomelektrons im Grundzustand ($\sim me^4/\hbar^2$) insgesamt um den Faktor $(Ze^2/\hbar c)^2$. Dieser Faktor wird mit zunehmender Ordnungszahl schnell größer und erreicht für schwere Atome die Größenordnung 1.

Die wirkliche Mittelung des Störoperators (72,2) über die ungestörten Zustände der Elektronenhülle erfolgt in zwei Schritten. Zuerst mitteln wir über den Elektronenzustand des Atoms mit gegebenen Werten L und S, den Beträgen des Gesamtbahndrehimpulses und des Gesamtspins. Nach dieser Mittelung ist $\hat{V}_{sl}$ immer noch ein Operator; er muß aber allein durch Operatoren für Größen des gesamten Atoms (und nicht der einzelnen Elektronen) ausgedrückt werden. Solche Operatoren sind $\hat{\boldsymbol{L}}$ und $\hat{\boldsymbol{S}}$.

Wir bezeichnen den Operator für die derart gemittelte Spin-Bahn-Wechselwirkung mit $\hat{V}_{SL}$. Da er linear in $\hat{\boldsymbol{S}}$ ist, hat er die Gestalt

$$\hat{V}_{SL} = A\hat{\boldsymbol{S}}\hat{\boldsymbol{L}}\,. \tag{72,4}$$

Darin ist die Konstante A charakteristisch für den betreffenden (unaufgespaltenen) Term, d. h., sie hängt von L und S, aber nicht vom Gesamtdrehimpuls J des Atoms ab.[1])

[1]) Um den Sinn der beschriebenen Operation besser zu erklären, erinnern wir daran, daß eine Mittelung in der Quantenmechanik immer bedeutet, das entsprechende Diagonalelement zu bilden. Eine teilweise Mittelung besteht darin, die Matrixelemente herauszugreifen, die nur in einigen Quantenzahlen diagonal sind. Im vorliegenden Falle verlangt die Mittelung des Operators (72,2), die Matrix aus den Elementen $\langle nM'_LM'_S|\, V_{sl}\, |nM_LM_S\rangle$ mit allen möglichen M_L, M'_L und M_S, M'_S zu bilden, die in allen anderen Quantenzahlen diagonal sind (wir bezeichnen alle diese Quantenzahlen mit n). Dementsprechend hat man auch die Operatoren $\hat{\boldsymbol{S}}$ und $\hat{\boldsymbol{L}}$ als die Matrizen $\langle M'_S|\, \boldsymbol{S}\, |M_S\rangle$ und $\langle M'_L|\, \boldsymbol{L}\, |M_L\rangle$ aufzufassen, deren Elemente durch die Formel (27,13) gegeben werden. Wir werden später noch mehrfach ähnliche stufenweise Mittelungen vorzunehmen haben.

Zur Berechnung der Energie bei der Aufspaltung des entarteten Niveaus muß man die Säkulargleichung lösen, die aus den Matrixelementen des Operators (72,4) gebildet wird. Im vorliegenden Falle wissen wir jedoch schon vorher die richtigen Funktionen nullter Näherung, in denen die Matrix V_{SL} diagonal ist. Das sind die Wellenfunktionen der Zustände mit bestimmten Werten für den Gesamtdrehimpuls J. Bei der Mittelung in einem solchen Zustand kann man den Operator $\hat{\boldsymbol{S}}\hat{\boldsymbol{L}}$ durch seinen Eigenwert ersetzen; dieser ist nach (31,3) gleich

$$\boldsymbol{LS} = \tfrac{1}{2}\,[J(J+1) - L(L+1) - S(S+1)]\,.$$

Für alle Multiplettkomponenten sind die Werte für L und S gleich. Wir sind nur an der relativen Lage der Multiplettkomponenten interessiert; daher können wir die Energieaufspaltung in der Form

$$\tfrac{1}{2}\,AJ(J+1) \tag{72,5}$$

schreiben. Die Abstände zwischen benachbarten Komponenten (die durch die Zahlen J und $J-1$ bestimmt werden) sind demnach gleich

$$\Delta E_{J,\,J-1} = AJ\,. \tag{72,6}$$

Diese Formel enthält die sogenannte LANDÉ*sche Intervallregel* (A. LANDÉ, 1923).

Die Konstante A kann sowohl positiv als auch negativ sein. Für $A > 0$ ist die niedrigste Multiplettkomponente das Niveau mit dem kleinsten möglichen J, d. h. mit $J = |L - S|$; diese Multipletts heißen *regelrechte* Multipletts. Ist $A < 0$, dann liegt das Niveau mit $J = L + S$ am tiefsten (*verkehrtes* Multiplett).

Das Vorzeichen von A für die Grundzustände der Atome kann leicht bestimmt werden, wenn die Elektronenkonfiguration so beschaffen ist, daß es insgesamt nur eine nicht abgeschlossene Schale gibt. Falls diese Schale nicht mehr als zur Hälfte gefüllt ist, können nach der HUNDschen Regel (§ 67) alle n Elektronen darin parallele Spins haben. Der Gesamtspin hat dann den größtmöglichen Wert $S = n/2$. Wir setzen $\boldsymbol{s}_a = \boldsymbol{S}/n$ in (72,2) ein und ziehen α_a (das für alle Elektronen in einer Schale gleich ist) vor das Summenzeichen; so erhalten wir

$$\hat{V}_{SL} = \frac{\alpha}{2S}\,\hat{\boldsymbol{S}}\hat{\boldsymbol{L}}\,,$$

d. h., es ist $A = \alpha/2S > 0$. Es sei jetzt die Schale mehr als halb gefüllt. Wir addieren und subtrahieren zu (72,2) eine entsprechende Summe über die freien Stellen — über die Löcher — in der unaufgefüllten Schale. Für eine ganz aufgefüllte Schale wäre $V_{sl} = 0$. Daher kann man den Operator $\hat{V}_{sl}$ als Summe $V_{sl} = -\Sigma\alpha_a\hat{\boldsymbol{l}}_a\hat{\boldsymbol{s}}_a$ über die Löcher darstellen. Der Gesamtspin und der Gesamtbahndrehimpuls des Atoms sind dabei $\boldsymbol{S} = -\Sigma\boldsymbol{s}_a$ und $\boldsymbol{L} = -\Sigma\boldsymbol{l}_a$. Mit demselben Verfahren wie oben erhalten wir daher $A = -\alpha/2S$, d. h. $A < 0$.

Aus diesen Feststellungen ergibt sich eine einfache Regel zur Bestimmung des Wertes von J im Grundzustand eines Atoms mit einer nicht abgeschlossenen Schale. Ist letztere mit nicht mehr als der Hälfte der maximal möglichen Elektronenzahl besetzt, dann ist $J = |L - S|$. Falls die Schale mehr als zur Hälfte gefüllt ist, ist $J = L + S$.

Wie wir schon erwähnt haben, hängt die Spin-Spin-Wechselwirkung im Gegensatz zur Spin-Bahn-Wechselwirkung im wesentlichen nicht von Z ab. Das liegt schon an ihrer Natur als Wechselwirkung der Elektronen untereinander, sie hat keine Beziehung zum Kernfeld.

Für den gemittelten Operator der Spin-Spin-Wechselwirkung muß man einen ähnlichen Ausdruck wie Formel (72,4) erhalten, er wird aber in $\hat{\boldsymbol{S}}$ quadratisch sein. In $\hat{\boldsymbol{S}}$ quadratische Ausdrücke sind $\hat{\boldsymbol{S}}^2$ und $(\hat{\boldsymbol{S}}\hat{\boldsymbol{L}})^2$. Der erste Ausdruck hat von J unabhängige Eigenwerte und gibt daher keinen Anlaß zur Aufspaltung eines Termes. Man kann ihn weglassen und

$$\hat{V}_{SS} = B(\hat{\boldsymbol{S}}\hat{\boldsymbol{L}})^2 \tag{72,7}$$

schreiben; darin ist B eine Konstante. Die Eigenwerte dieses Operators enthalten von J unabhängige Terme, zu $J(J+1)$ proportionale Glieder und schließlich ein Glied proportional zu $J^2(J+1)^2$. Die erstgenannten Glieder ergeben keine Aufspaltung und sind deshalb uninteressant. Die zweiten Glieder können in den Ausdruck (72,5) aufgenommen werden; das ist einfach einer Änderung der Konstanten A äquivalent. Die dritten tragen schließlich zur Energie des Termes folgenden Ausdruck bei:

$$\frac{B}{4} J^2(J+1)^2 . \tag{72,8}$$

Das in den §§ 66 und 67 dargestellte Schema zur Konstruktion der Atomniveaus beruht auf der Vorstellung, daß die Bahndrehimpulse der Elektronen zum Gesamtbahndrehimpuls L des Atoms und die Elektronenspins zum Gesamtspin S addiert werden. Wie bereits erwähnt worden ist, ist eine solche Betrachtungsweise nur dann zulässig, wenn die relativistischen Effekte klein sind. Genauer gesagt, es muß die Feinstrukturaufspaltung klein sein gegenüber den Differenzen zwischen den Niveaus mit verschiedenen L und S. In dieser Näherung spricht man von der Russell-Saunders-*Kopplung* (H. Russell, F. Saunders, 1925) oder von *L-S-Kopplung.*

Der Anwendungsbereich dieser Näherung ist aber in Wirklichkeit beschränkt. Nach der L-S-Kopplung können die Niveaus der leichten Atome bestimmt werden. Mit zunehmender Ordnungszahl werden die relativistischen Wechselwirkungen im Atom stärker, und die Russell-Saunders-Näherung ist nicht mehr anwendbar.[1]) Man muß auch feststellen, daß diese Näherung für stark angeregte Niveaus, in denen das Atom ein Elektron in einem Zustand mit großem n enthält, nicht mehr verwendet werden kann; denn dieses Elektron befindet sich überwiegend in großen Entfernungen vom Kern (§ 68). Die elektrostatische Wechselwirkung dieses Elektrons mit den übrigen Elektronen ist relativ schwach; die relativistische Wechselwirkung im Atomrumpf ist aber nicht kleiner geworden.

Im entgegengesetzten Grenzfall ist die relativistische Wechselwirkung groß gegenüber der elektrostatischen (genauer gegenüber demjenigen Teil der letzteren, der die Abhängigkeit der Energie von L und S bedingt). In diesem Falle kann man nicht vom Bahndrehimpuls und vom Spin einzeln sprechen, weil diese nicht erhalten bleiben. Die einzelnen Elektronen werden durch ihre Gesamtdrehimpulse j charakterisiert, die zum Gesamtdrehimpuls J des Atoms zusammengesetzt werden. Man spricht in diesem Falle von *j-j-Kopplung.* In Wirklichkeit tritt dieser Kopplungstyp in reiner Form nicht

[1]) Obwohl die quantitativen Formeln für diesen Kopplungstyp unbrauchbar werden, kann das Verfahren zur Klassifizierung der Niveaus nach diesem Schema auch für schwerere Atome einen Sinn haben, insbesondere für die niedrigsten Zustände (darunter auch für den Grundzustand).

auf. Bei den Niveaus sehr schwerer Atome beobachtet man verschiedene Zwischenstufen zwischen der L-S- und der j-j-Kopplung.[1])

Ein eigenartiger Kopplungstyp wird in einigen stark angeregten Zuständen beobachtet. Der Atomrumpf kann sich hier in einem RUSSELL-SAUNDERS-Zustand befinden, d. h. durch die Werte von L und S charakterisiert werden. Zwischen dem Rumpf und dem stark angeregten Elektron besteht ein j-j-Kopplung (das hängt wieder mit der schwachen elektrostatischen Wechselwirkung für dieses Elektron zusammen).

Die Feinstruktur der Energieniveaus des Wasserstoffatoms hat einige spezifische Besonderheiten; sie wird in einem anderen Band dieses Lehrbuches (siehe IV, § 34) berechnet werden. Hier wollen wir nur erwähnen, daß die Energie bei fester Hauptquantenzahl n nur vom Gesamtdrehimpuls j des Elektrons abhängt. Die Entartung der Niveaus wird nicht vollständig aufgehoben. Zu einem Niveau mit gegebenen n und j gehören zwei Zustände mit den Bahndrehimpulsen $l = j \pm 1/2$ (wenn nur j nicht den für das gegebene n größtmöglichen Wert $j = n - 1/2$ hat). Das Niveau mit $n = 3$ wird in drei Niveaus aufgespalten, zu einem gehören die Zustände $s_{1/2}$, $p_{1/2}$, zum zweiten die Zustände $p_{3/2}$, $d_{3/2}$ und zum dritten der Zustand $d_{5/2}$.

§ 73. Das Periodensystem

Die Natur der von D. I. MENDELEJEW (1869) festgestellten periodischen Änderungen der Eigenschaften, die bei einigen nach zunehmenden Ordnungszahlen geordneten Elementen beobachtet wird, kann erklärt werden, indem man die Besonderheiten bei der sukzessiven Auffüllung der Elektronenhüllen der Atome untersucht (N. BOHR, 1922).

Schreitet man von einem Atom zum nächsten fort, so nimmt die Ladung um 1 zu, und zur Elektronenhülle wird ein Elektron hinzugefügt. Auf den ersten Blick könnte man erwarten, daß sich die Bindungsenergie der nacheinander zugefügten Elektronen mit zunehmender Ordnungszahl monoton ändert. In Wirklichkeit trifft das jedoch nicht zu.

Im Grundzustand des Wasserstoffatoms gibt es insgesamt nur ein Elektron im Zustand $1s$. Im Atom des folgenden Elementes – des Heliums – kommt noch ein Elektron im $1s$-Zustand dazu. Die Bindungsenergie eines der beiden $1s$-Elektronen im Heliumatom ist aber bedeutend größer als die Bindungsenergie des Elektrons im Wasserstoffatom. Das folgt natürlicherweise aus dem Unterschied zwischen dem Feld, in dem sich das Elektron im H-Atom befindet, und dem Feld, in das das zum He^+-Ion hinzugefügte Elektron kommt: In großen Abständen stimmen diese Felder ungefähr überein, aber in der Nähe des Kernes mit der Ladung $Z = 2$ ist das Feld des He^+-Ions stärker als das Kernfeld des Wasserstoffatoms mit $Z = 1$.

Im Lithiumatom ($Z = 3$) kommt das dritte Elektron in einen $2s$-Zustand, weil es in den $1s$-Zuständen gleichzeitig nicht mehr als zwei Elektronen geben kann. Für festes Z liegt das $2s$-Niveau oberhalb des $1s$-Niveaus. Mit zunehmender Kernladung werden beide erniedrigt. Beim Übergang von $Z = 2$ zu $Z = 3$ überwiegt der erste

[1]) Näheres über die Kopplungsarten und über die quantitative Seite des Problems findet man in dem Buch: E. U. CONDON und G. H. SHORTLEY, The Theory of Atomic Spectra, Cambridge, 1935.

Effekt den zweiten beträchtlich, und die Bindungsenergie des dritten Elektrons im Lithiumatom ist bedeutend kleiner als die Bindungsenergie der Elektronen im Heliumatom. Weiter werden in den Atomen von Be ($Z = 4$) bis Ne ($Z = 10$) zunächst noch ein $2s$-Elektron und dann sechs $2p$-Elektronen eingebaut. Die Bindungsenergie der in dieser Reihe eingebauten Elektronen nimmt wegen der Vergrößerung der Kernladung zu. Das nächste, beim Übergang zum Na-Atom ($Z = 11$) zugefügte Elektron kommt in einen $3s$-Zustand. Der Übergang in eine höhere Schale übertrifft dabei den Einfluß der vergrößerten Kernladung, und die Bindungsenergie fällt erneut stark ab.

Dieses Bild der Auffüllung der Elektronenschalen ist für die ganze Reihenfolge der Elemente charakteristisch. Alle Elektronenzustände können über die sukzessive aufgefüllten Schalen verteilt werden: Beim Einbau der Elektronen nimmt ihre Bindungsenergie in der Reihenfolge der Elemente im allgemeinen zu, wenn aber damit begonnen wird, die Zustände einer neuen Schale aufzufüllen, dann fällt die Bindungsenergie stark ab.

In Abb. 24 sind die aus den spektroskopischen Daten bekannten Ionisierungspotentiale der Elemente aufgetragen. Sie sind ein Maß für die Bindungsenergie der Elektronen, die beim Übergang von einem Element zum folgenden hinzugefügt werden. Die verschiedenen Zustände verteilen sich folgendermaßen auf die nacheinander aufgefüllten Schalen:

$1s$	2 Elektronen	
$2s, 2p$	8 Elektronen	
$3s, 3p$	8 Elektronen	
$4s, 3d, 4p$	18 Elektronen	(73,1)
$5s, 4d, 5p$	18 Elektronen	
$6s, 4f, 5d, 6p$	32 Elektronen	
$7s, 6d, 5f \ldots$		

Die erste Schale wird bei H und He aufgefüllt; die Auffüllung der zweiten und der dritten Schale entspricht den beiden ersten (kleinen) Perioden des Periodensystems mit je acht Elementen. Dann folgen zwei große Perioden mit je 18 Elementen und eine große Periode, die die Seltenen Erden enthält und aus insgesamt 32 Elementen besteht. Die letzte Schale wird in den in der Natur vorkommenden Elementen (und den künstlichen Transuranen) nicht vollständig aufgefüllt.

Zum Verständnis des Ganges der Eigenschaften der Elemente bei der Auffüllung der Zustände einer Schale ist die folgende Besonderheit der d- und f-Zustände wesentlich, die diese von den s- und p-Zuständen unterscheidet. Die Kurven für die effektive potentielle Energie eines kugelsymmetrischen Feldes (das sich aus dem elektrostatischen Feld und dem Zentrifugalfeld zusammensetzt) haben für ein Elektron in einem schweren Atom nach einem schroffen, beinahe vertikalen Abfall ein tiefes Minimum; danach steigen sie wieder an und nähern sich asymptotisch Null. Für s- und p-Zustände verlaufen diese Kurven in ihren ansteigenden Teilen sehr nahe beieinander. Das bedeutet, daß sich die Elektronen in diesen Zuständen etwa in denselben Entfernungen vom Kern befinden. Die Kurven für die d- und besonders für die f-Zustände verlaufen wesentlich weiter links. Der klassisch erlaubte Bereich endet bedeutend näher am Kern als für s- und p-Zustände mit derselben Gesamtenergie des Elektrons. Mit anderen Worten befindet sich ein Elektron in d- und f-Zuständen überwiegend bedeutend näher am Kern als in s- und p-Zuständen.

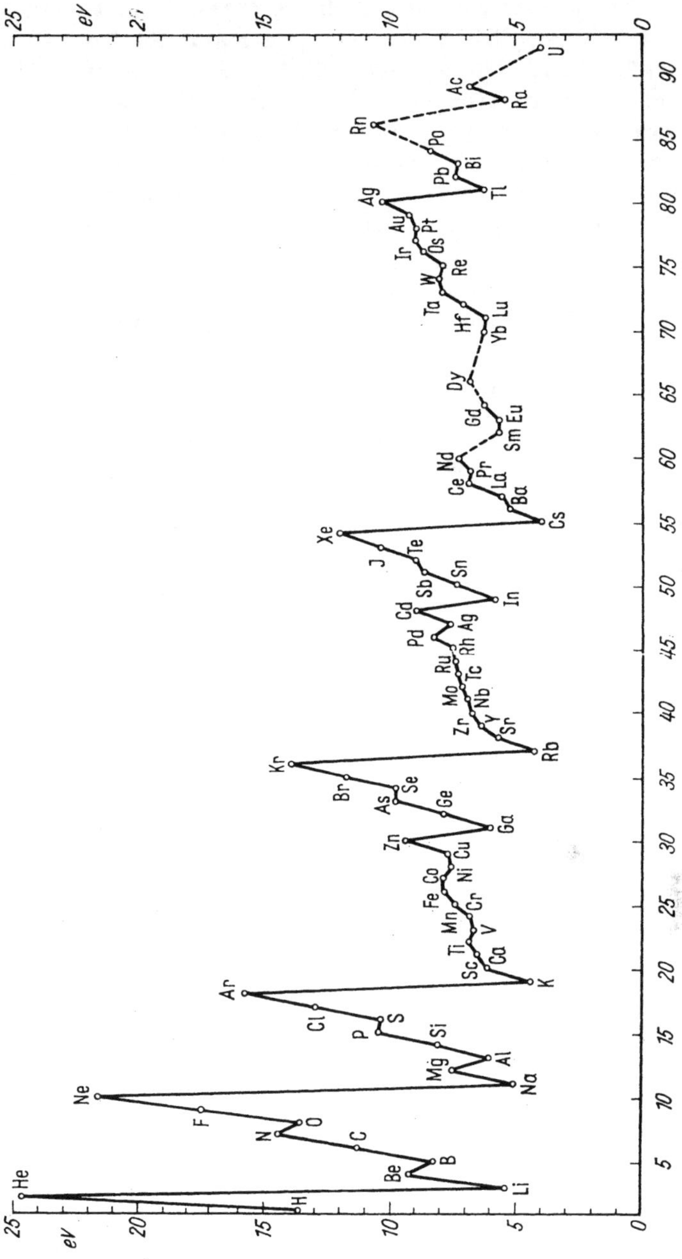
eV
H He Li Be B C N O F Ne Na Mg Al Si P S Cl Ar K Ca Sc Ti V Cr Mn Fe Co Ni Cu Zn Ga Ge As Se Br Kr Rb Sr Y Zr Nb Mo Tc Ru Rh Pd Ag Cd In Sn Sb Te J Xe Cs Ba La Ce Pr Nd Sm Eu Gd Dy Yb Lu Hf Ta W Re Os Ir Pt Au Ag Tl Pb Bi Po Rn Ra Ac U

Abb. 24

Einige Eigenschaften der Atome (darunter auch die chemischen Eigenschaften der Elemente, siehe § 81) hängen hauptsächlich von den äußeren Bereichen der Elektronenhülle ab. In diesem Zusammenhang ist die beschriebene Besonderheit der *d*- und *f*-Zustände besonders wesentlich. So werden bei der Auffüllung der 4*f*-Zustände (bei den Seltenen Erden, s. u.) die zugefügten Elektronen bedeutend näher am Kern untergebracht als die Elektronen der vorher aufgefüllten Zustände. Infolgedessen beeinflussen diese Elektronen die chemischen Eigenschaften beinahe gar nicht, und alle Seltenen Erden sind chemisch sehr ähnlich.

Die Elemente mit abgeschlossenen *d*- und *f*-Schalen (oder überhaupt ohne solche Schalen) heißen Elemente der *Hauptgruppen*. Diejenigen Elemente, bei denen diese Zustände gerade aufgefüllt werden, nennt man Elemente der *Nebengruppen*. Die Elemente dieser Gruppen behandelt man zweckmäßig getrennt.

Wir beginnen mit den Elementen der Hauptgruppen. Wasserstoff und Helium haben die Grundzustände

$$ {}_1\mathrm{H} : 1s\ {}^2S_{1/2}\,, \qquad {}_2\mathrm{He} : 1s^2\ {}^1S_0 $$

(der Index links an dem chemischen Symbol bedeutet überall die Ordnungszahl). Die Elektronenkonfigurationen der übrigen Elemente der Hauptgruppen sind in Tabelle 3 zusammengestellt worden.

Tabelle 3 **Elektronenkonfigurationen der Elemente in den Hauptgruppen**

	s	s^2	s^2p	s^2p^2	s^2p^3	s^2p^4	s^2p^5	s^2p^6	
$n = 2$	${}_3$Li	${}_4$Be	${}_5$B	${}_6$C	${}_7$N	${}_8$O	${}_9$F	${}_{10}$Ne	$1s^2$
3	${}_{11}$Na	${}_{12}$Mg	${}_{13}$Al	${}_{14}$Si	${}_{15}$P	${}_{16}$S	${}_{17}$Cl	${}_{18}$Ar	$2s^22p^6$
4	${}_{19}$K	${}_{20}$Ca							$3s^23p^6$
4	${}_{29}$Cu	${}_{30}$Zn	${}_{31}$Ga	${}_{32}$Ge	${}_{33}$As	${}_{34}$Se	${}_{35}$Br	${}_{36}$Kr	$3d^{10}$
5	${}_{37}$Rb	${}_{38}$Sr							$4s^24p^6$
5	${}_{47}$Ag	${}_{48}$Cd	${}_{49}$In	${}_{50}$Sn	${}_{51}$Sb	${}_{52}$Te	${}_{53}$J	${}_{54}$Xe	$4d^{10}$
6	${}_{55}$Cs	${}_{56}$Ba							$5s^25p^6$
6	${}_{79}$Au	${}_{80}$Hg	${}_{81}$Tl	${}_{82}$Pb	${}_{83}$Bi	${}_{84}$Po	${}_{85}$At	${}_{86}$Rn	$4f^{14}5d^{10}$
7	${}_{87}$Fr	${}_{88}$Ra							$6s^26p^6$
	${}^2S_{1/2}$	${}^1S_0$	${}^2P_{1/2}$	${}^3P_0$	${}^4S_{3/2}$	${}^3P_2$	${}^2P_{3/2}$	${}^1S_0$	

In jedem Atom sind diejenigen Schalen vollständig abgeschlossen, die in der letzten Spalte der Tabelle in der gleichen Zeile und darüber angegeben sind. Die Elektronenkonfiguration in derjenigen Schale, die gerade aufgefüllt wird, ist in der ersten Zeile angegeben. Die Hauptquantenzahl der Elektronen ist dabei die Ziffer, die in der letzten Spalte der Tabelle in der gleichen Zeile steht. In der letzten Zeile sind die Grundzustände der Atome zu finden. So hat das Al-Atom die Elektronenkonfiguration $1s^22s^22p^63s^23p\ {}^2P_{1/2}$.

Die Werte von L und S im Grundzustand eines Atoms können (bei bekannter Elektronenkonfiguration) mit Hilfe der Hundschen Regel (§ 67) bestimmt werden, den Wert von J erhält man nach der in § 72 angegebenen Regel.

Die Atome der Edelgase (He, Ne, Ar, Kr, Xe, Rn) nehmen in der Tabelle eine besondere Stellung ein. Bei jedem Edelgas wird der Aufbau einer der in (73,1) aufgezählten Schalen von Zuständen abgeschlossen. Ihre Elektronenkonfigurationen haben eine besondere Stabilität (die Ionisierungspotentiale sind in den betreffenden Reihen am größten). Damit hängt auch die fehlende chemische Aktivität dieser Elemente zusammen.

Für die Elemente der Hauptgruppen werden die verschiedenen Zustände ganz gesetzmäßig aufgefüllt: Es werden zunächst die s- und danach die p-Zustände einer jeden Hauptquantenzahl besetzt. Ebenso gesetzmäßig sind auch die Elektronenkonfigurationen dieser Elemente (solange bei der Ionisierung die Elektronen der d- und f-Schalen nicht angegriffen werden). Jedes Ion hat die Konfiguration des vorangehenden Atoms. So hat das Mg^+-Ion die Konfiguration des Na-Atoms, das Mg^{++}-Ion die Konfiguration des Ne.

Jetzt kommen wir zu den Elementen der Nebengruppen. Die $3d$-, $4d$- und $5d$-Schalen werden bei den Elementen der Eisen-, Palladium- bzw. Platingruppe aufgefüllt. In Tabelle 4 sind die Elektronenkonfigurationen und die Terme der Atome dieser Gruppen aufgeführt, die aus den experimentellen spektroskopischen Daten bekannt sind. Wie man aus diesen Tabellen entnimmt, werden die d-Schalen bedeutend

Tabelle 4 **Elektronenkonfigurationen der Elemente in den Nebengruppen**

Eisengruppe

	$_{21}$Sc	$_{22}$Ti	$_{23}$V	$_{24}$Cr	$_{25}$Mn	$_{26}$Fe	$_{27}$Co	$_{28}$Ni
Hülle von Ar +	$3d4s^2$ $^2D_{3/2}$	$3d^24s^2$ $^3F_2$	$3d^34s^2$ $^4F_{3/2}$	$3d^54s$ $^7S_3$	$3d^54s^2$ $^6S_{5/2}$	$3d^64s^2$ $^5D_4$	$3d^74s^2$ $^4F_{9/2}$	$3d^84s^2$ $^3F_4$

Palladiumgruppe

	$_{39}$Y	$_{40}$Zr	$_{41}$Nb	$_{42}$Mo	$_{43}$Tc	$_{44}$Ru	$_{45}$Rh	$_{46}$Pd
Hülle von Kr +	$4d5s^2$ $^2D_{3/2}$	$4d^25s^2$ $^3F_2$	$4d^45s$ $^6D_{1/2}$	$4d^55s$ $^7S_3$	$4d^55s^2$ $^6S_{5/2}$	$4d^75s$ $^5F_5$	$4d^85s$ $^4F_{9/2}$	$4d^{10}$ $^1S_0$

Platingruppe

	$_{57}$La
Hülle von Xe +	$5d6s^2$ $^2D_{3/2}$

	$_{71}$Lu	$_{72}$Hf	$_{73}$Ta	$_{74}$W	$_{75}$Re	$_{76}$Os	$_{77}$Ir	$_{78}$Pt
Hülle von Xe + $4f^{14}$ +	$5d6s^2$ $^2D_{3/2}$	$5d^26s^2$ $^3F_2$	$5d^36s^2$ $^4F_{3/2}$	$5d^46s^2$ $^5D_0$	$5d^56s^2$ $^6S_{5/2}$	$5d^66s^2$ $^5D_4$	$5d^76s^2$ $^4F_{9/2}$	$5d^96s$ $^3D_3$

weniger gesetzmäßig aufgefüllt als die s- und p-Schalen in den Atomen der Hauptgruppen. Eine besondere Eigenheit ist hier die Konkurrenz zwischen den s- und den d-Zuständen. Sie äußern sich darin, daß anstelle der gesetzmäßigen Folge von Konfigurationen der Art d^ps^2 mit zunehmendem p häufig Konfigurationen der Art $d^{p+1}s$ oder d^{p+2} vorteilhaft werden. In der Eisengruppe hat das Cr-Atom die Konfiguration $3d^54s$ und nicht $3d^44s^2$. Nach dem Ni mit acht d-Elektronen folgt sofort das Cu-Atom mit einer völlig abgeschlossenen d-Schale (deshalb wird das Cu-Atom von uns zu den

Hauptgruppen gezählt). Auch bei den Ionentermen fehlt die strenge Gesetzmäßigkeit; die Elektronenkonfigurationen der Ionen stimmen gewöhnlich nicht mit der Konfiguration der vorhergehenden Atome überein. Zum Beispiel hat das V^+-Ion die Konfiguration $3d^4$ (und nicht $3d^2 4s^2$ wie das Ti), das Fe^+-Ion hat die Konfiguration $3d^6 4s$ (statt der Konfiguration $3d^5 4s^2$ des Mn-Atoms). Alle Ionen, die in natürlicher Form in Kristallen und Lösungen vorkommen, enthalten in den unabgeschlossenen Schalen nur d- (aber keine s- und p-)Elektronen. Das Eisen kommt zum Beispiel in Kristallen und Lösungen nur als Fe^{2+}- und Fe^{3+}-Ion mit den Konfigurationen $3d^6$ bzw. $3d^5$ vor.

Eine ähnliche Situation finden wir auch beim Aufbau der $4s$-Schale bei den Seltenen Erden (Tabelle 5).[1] Die $4f$-Schale wird ebenfalls nicht ganz gesetzmäßig aufgefüllt, dabei konkurrieren die $4f$-, $5d$- und $6s$-Zustände.

Die letzte Gruppe von Übergangselementen beginnt mit dem Aktinium. Bei ihr werden die $6d$- und die $5f$-Schalen aufgebaut, ähnlich wie bei den Seltenen Erden (Tabelle 6).

Tabelle 5 **Elektronenkonfigurationen der Seltenerdatome**

Hülle von Xe +	$_{58}$Ce	$_{59}$Pr	$_{60}$Nd	$_{61}$Pm	$_{62}$Sm	$_{63}$Eu	
	$4f5d6s^2$ $^1G_4$	$4f^3 6s^2$ $^4I_{9/2}$	$4f^4 6s^2$ $^5I_4$	$4f^5 6s^2$ $^6H_{5/2}$	$4f^6 6s^2$ $^7F_0$	$4f^7 6s^2$ $^8S_{7/2}$	
	$_{64}$Gd	$_{65}$Tb	$_{66}$Dy	$_{67}$Ho	$_{68}$Er	$_{69}$Tu	$_{70}$Yb
	$4f^7 5d6s^2$ $^9D_2$	$4f^9 6s^2$ $^6H_{15/2}$	$4f^{10} 6s^2$ $^5I_8$	$4f^{11} 6s^2$ $^4I_{15/2}$	$4f^{12} 6s^2$ $^3H_6$	$4f^{13} 6s^2$ $^2F_{7/2}$	$4f^{14} 6s^2$ $^1S_0$

Tabelle 6 **Elektronenkonfigurationen der Aktinidenatome**

Hülle von Rn +	$_{89}$Ac	$_{90}$Th	$_{91}$Pa	$_{92}$U	$_{93}$Np	$_{94}$Pu	$_{95}$Am	$_{97}$Cm
	$6d7s^2$ $^2D_{3/2}$	$6d^2 7s^2$ $^3F_2$	$5f^2 6d7s^2$ $^4K_{11/2}$	$5f^3 6d7s^2$ $^5L_6$	$5f^4 6d7s^2$ $^6L_{11/2}$	$5f^6 7s^2$ $^7F_0$	$5f^7 7s^2$ $^8S_{7/2}$	$5f^7 6d7s^2$ $^9D_2$

Am Schluß dieses Paragraphen verweilen wir noch bei einer interessanten Anwendung des Thomas-Fermi-Verfahrens. Wir haben gesehen, daß Elektronen in der p-Schale zum ersten Mal beim fünften Element (B) auftreten, d-Elektronen erscheinen bei $Z = 21$ (Sc), f-Elektronen bei $Z = 58$ (Ce). Diese Z-Werte können mit Hilfe des Thomas-Fermi-Verfahrens folgendermaßen vorausgesagt werden.

Ein Elektron mit dem Bahndrehimpuls l bewegt sich in einem komplizierten Atom, als habe es die „effektive potentielle Energie"[2])

$$U_l(r) = -\varphi(r) + \frac{(l + 1/2)^2}{2r^2} .$$

[1]) In Chemielehrbüchern wird Lu ebenfalls zu den Seltenen Erden gerechnet. Das ist aber nicht richtig, weil darin die $4f$-Schale bereits abgeschlossen ist. Lu muß zur Platingruppe gerechnet werden, wie es in Tab. 4 getan worden ist.

[2]) Wie auch in § 70 werden atomare Einheiten verwendet.

Der erste Term ist die potentielle Energie im elektrischen Feld, das durch das THOMAS-FERMI-Potential $\varphi(r)$ beschrieben wird. Der zweite Term ist die Zentrifugalenergie, in der wir wegen der quasiklassischen Bewegung $(l + 1/2)^2$ statt $l(l + 1)$ schreiben. Da die Gesamtenergie des Elektrons im Atom negativ ist, kann es in dem gegebenen Atom überhaupt keine Elektronen mit dem Drehimpuls l geben, wenn für alle r (bei festen Werten von Z und l) $U_l(r) > 0$ ist. Betrachtet man irgendeinen bestimmten Wert für l und ändert Z, dann wird für genügend kleine Z tatsächlich überall $U_l(r) > 0$. Bei der Vergrößerung von Z tritt der Fall ein, daß die Kurve $U_l = U_l(r)$ die Abszissenachse berührt, für größere Z gibt es dann einen Bereich mit $U_l(r) < 0$. Der Moment, in dem die Elektronen mit einem gegebenen l im Atom auftreten, wird also aus der Bedingung bestimmt, daß die Kurve $U_l(r)$ die Abszissenachse berührt, d. h. durch die Gleichung

$$U_l(r) = -\varphi + \frac{(l + 1/2)^2}{2r^2} = 0\,, \qquad U_l'(r) = -\varphi'(r) - \frac{(l + 1/2)^2}{r^3} = 0\,.$$

Setzen wir den Ausdruck (70,6) für das Potential ein, so erhalten wir

$$Z^{2/3}\frac{\chi(x)}{x} = \left(\frac{4}{3\pi}\right)^{2/3}\frac{(l + 1/2)^2}{x^2}\,, \qquad Z^{2/3}\frac{x\chi'(x) - \chi(x)}{x} = -2\left(\frac{4}{3\pi}\right)^{2/3}\frac{(l + 1/2)^2}{x^2}\,. \tag{73,2}$$

Die zweite Gleichung dividieren wir durch die erste und finden für x

$$\frac{\chi'(x)}{\chi(x)} = -\frac{1}{x}\,.$$

Nun berechnen wir nach der ersten Gleichung (73,2) Z. Die numerische Rechnung ergibt

$$Z = 0{,}155(2l + 1)^3\,.$$

Diese Formel gibt diejenigen Werte von Z an, bei denen im Atom erstmalig Elektronen mit einem gegebenen l auftreten (der Fehler dabei ist ungefähr 10%).

Die ganz genauen Werte erhält man, wenn man statt des Koeffizienten 0,155 den Faktor 0,17 wählt:

$$Z = 0{,}17(2l + 1)^3\,. \tag{73,3}$$

Für $l = 1, 2, 3$ liefert diese Formel nach Rundung auf die nächsten ganzen Zahlen gerade die richtigen Werte 5, 21, 58. Für $l = 4$ ergibt die Formel (73,3) $Z = 124$; g-Elektronen müßten also erst beim 124. Element zum ersten Mal vorkommen.

§ 74. Die Röntgenterme

Die Bindungsenergie der inneren Elektronen in einem Atom ist relativ groß. Geht ein solches Elektron in eine äußere unbesetzte Schale über (oder wird es ganz aus dem Atom entfernt, dann ist das angeregte Atom (oder das Ion) mechanisch instabil gegen eine Ionisierung. Bei dieser Ionisierung wird die Elektronenhülle umgebaut, und es wird ein stabiles Ion gebildet. Wegen der relativ schwachen Wechselwirkung der Elektronen im Atom ist aber die Wahrscheinlichkeit für einen solchen Übergang relativ klein, so daß die Lebensdauer τ des angeregten Zustandes groß ist. Die „Breite" des Niveaus $\hbar/\tau$ (siehe § 44) ist genügend klein, so daß es Sinn hat, die Energien eines

Atoms mit einem angeregten inneren Elektron als diskrete Energieniveaus „quasistationärer" Zustände des Atoms zu betrachten. Diese Niveaus heißen *Röntgenterme*.[1])

Die Röntgenterme werden vor allem durch die Angabe der Schale klassifiziert, aus der das Elektron entfernt worden ist, oder wie man auch sagt, in der ein Loch gebildet worden ist. Wohin das Elektron dabei gekommen ist, wirkt sich auf die Energie des Atoms fast überhaupt nicht aus und ist daher unwesentlich.

Der Gesamtdrehimpuls der Elektronen einer abgeschlossenen Schale ist gleich Null. Nach der Entfernung eines Elektrons aus einer solchen Schale erhält diese einen gewissen Drehimpuls j. Für eine Schale mit gegebenen n und l kann der Drehimpuls j die Werte $l \pm 1/2$ annehmen. Wir erhalten so Energieniveaus, die man mit $1s_{1/2}$, $2s_{1/2}$, $2p_{1/2}$, $2p_{3/2}$, ... bezeichnen könnte. Dabei ist der Wert von j als Index an das Symbol für die Lage des Loches angehängt worden. Es sind jedoch spezielle Symbole nach der folgenden Gegenüberstellung allgemein üblich:

$$\begin{matrix} 1s_{1/2}, & 2s_{1/2}, & 2p_{1/2}, & 2p_{3/2}, & 3s_{1/2}, & 3p_{1/2}, & 3p_{3/2}, & 3d_{3/2}, & 3d_{5/2}, \ldots \\ K & L_{\mathrm{I}} & L_{\mathrm{II}} & L_{\mathrm{III}} & M_{\mathrm{I}} & M_{\mathrm{II}} & M_{\mathrm{III}} & M_{\mathrm{IV}} & M_{\mathrm{V}} \ldots \end{matrix}$$

Die Niveaus mit $n = 4, 5, 6$ bezeichnet man analog mit den Buchstaben N, O, P.

Die Niveaus mit gleichen n (die mit demselben großen Buchstaben bezeichnet werden) liegen dicht beieinander und weit entfernt von den Niveaus mit anderen n. Die Ursache dafür ist folgende. Das Feld, in dem sich die inneren Elektronen befinden, ist das fast unabgeschirmte Kernfeld, weil die inneren Elektronen relativ nahe am Kern sind. Infolgedessen sind ihre Zustände wasserstoffähnlich und ihre Energie ist in erster Näherung $-Z^2/2n^2$ (in atomaren Einheiten), d. h., sie hängt nur von n ab.

Bei Berücksichtigung der relativistischen Effekte werden die Terme mit verschiedenen j voneinander abgetrennt (vgl. das in § 72 über die Feinstruktur der Wasserstoffniveaus Gesagte), wie etwa L_{I} und L_{II} von L_{III}, M_{I} und M_{II} von M_{III} und M_{IV}. Diese Paare von Niveaus heißen *relativistische Dubletts.*

Die Aufspaltung der Terme mit verschiedenen l für gleiches j (beispielsweise L_{I} und L_{II}, M_{I} und M_{II}) hängt mit der Abweichung des Feldes, in dem sich die inneren Elektronen befinden, vom COULOMB-Feld zusammen, d. h., sie tritt bei Berücksichtigung der Wechselwirkung des Elektrons mit den anderen Elektronen auf. Diese Dubletts heißen *abgeschirmte* Dubletts. Der hauptsächliche Korrekturterm zur „wasserstoffähnlichen" Energie des Elektrons stammt vom Potential der übrigen Elektronen in Kernnähe, er ist proportional zu $Z^{4/3}$ (siehe (70,8)). Da diese Korrektur aber weder von n noch von l abhängt, hat sie keinen Einfluß auf die Abstände zwischen den Niveaus. Die Hauptkorrekturen für die Differenzen zwischen den Niveaus hängen daher von der Wechselwirkung des Elektrons mit den ihm am nächsten befindlichen Elektronen ab. Die Abstände zwischen den inneren Elektronen sind $r \sim 1/Z$ (BOHRscher Radius im Feld der Ladung Z), und die Energie der angegebenen Wechselwirkung ist $\sim 1/r \sim Z$. Unter Berücksichtigung dieser Korrektur kann man die Energie der Röntgenterme mit derselben Genauigkeit in der Form $-(Z - \delta)^2/2n^2$ schreiben, dabei ist $\delta = \delta(n, l)$ eine (im Vergleich zu Z) kleine Größe, die man als Maß für die Abschirmung der Kernladung ansehen kann.

Neben den Röntgentermen mit einem Loch in der Elektronenhülle können auch noch Terme mit zwei und drei Löchern vorkommen. Da bei den inneren Elektronen

[1]) Diese Bezeichnung hängt damit zusammen, daß Übergänge zwischen diesen Niveaus zur Emission von Röntgenstrahlung führt.

die Spin-Bahn-Wechselwirkung stark ist, sind die Löcher durch j-j-Kopplung miteinander verbunden.

Die Breite eines Röntgenterms wird durch die Gesamtwahrscheinlichkeit aller möglichen Prozesse zum Umbau der Elektronenhülle des Atoms unter Auffüllung des gegebenen Loches bestimmt. Bei schweren Atomen spielen dabei die Übergänge des Loches aus der gegebenen Schale in eine weiter außen liegende Schale (d. h. umgekehrte Elektronenübergänge) die Hauptrolle. Diese Übergänge werden von der Emission eines Röntgenquants begleitet. Die Wahrscheinlichkeit dieser Strahlungs-Übergänge und damit auch der entsprechende Teil der Niveaubreite werden mit zunehmender Ordnungszahl sehr rasch — wie Z^4 — größer, sie verschieben sich aber (bei festem Z) immer mehr von tieferen zu weniger tiefen Niveaus hin.

Bei leichteren Atomen (und höheren Niveaus) spielen die strahlungslosen Übergänge die wesentliche und sogar vorherrschende Rolle. Die durch die Auffüllung des Loches mit einem äußeren Elektron frei werdende Energie wird bei diesen Übergängen dazu benutzt, ein anderes inneres Elektron aus dem Atom herauszuschlagen (sogenannter Auger-*Effekt*). Nach einem solchen Prozeß befindet sich das Atom in einem Zustand mit zwei Löchern. Die Wahrscheinlichkeit dieser Prozesse und der zugehörige Beitrag zur Niveaubreite hängen in erster Näherung (bezüglich $1/Z$) nicht von der Ordnungszahl ab (siehe Aufgabe).[1])

Aufgabe

Man bestimme die Abhängigkeit der Auger-Breite der Röntgenterme von der Ordnungszahl im Grenzfall genügend großer Werte von Z!

Lösung. Die Wahrscheinlichkeit eines Auger-Überganges ist proportional zum Matrixelement

$$M = \iint \psi_1'^* \psi_2'^* V \psi_1 \psi_2 \, \mathrm{d}V_1 \, \mathrm{d}V_2 \, .$$

Darin sind ψ_1, ψ_2 und ψ_1', ψ_2' die Wellenfunktionen der beiden am Übergang beteiligten Elektronen vor und nach dem Übergang, $V = e^2/r_{12}$ ist ihre Wechselwirkungsenergie. Für genügend große Z kann man die Wellenfunktionen der inneren Elektronen als wasserstoffähnlich ansehen und die Abschirmung des Kernfeldes durch die anderen Elektronen vernachlässigen (auch die Wellenfunktion des ionisierten Elektrons ist im für das Integral M wesentlichen Bereich im Atom wasserstoffähnlich). Bei den Rechnungen gibt man alle Größen in Coulomb-Einheiten an (mit der Konstanten $\alpha = Ze^2$; siehe § 36). Die einzige von Z abhängige Größe im Integral M ist dann $V = 1/Zr_{12}$, so daß $M \propto 1/Z$ wird. Die Übergangswahrscheinlichkeit, und damit auch die Auger-Breite ΔE des Niveaus, wird proportional zu Z^{-2}. Gehen wir wieder zu normalen Einheiten zurück (die Coulomb-Einheit der Energie ist $Z^2me^4/\hbar^2$), so finden wir, daß ΔE von Z unabhängig ist.

§ 75. Die Multipolmomente

In der klassischen Theorie werden die elektrischen Eigenschaften eines Systems von Teilchen durch die Multipolmomente verschiedener Ordnungen bestimmt; die Multipolmomente ergeben sich aus den Ladungen und den Ortsvektoren. In der Quantentheorie werden diese Größen in derselben Weise definiert, nur muß man sie als Operatoren ansehen.

---

[1]) Als Beispiel geben wir an, daß die Auger-Breite des K-Niveaus etwa 1 eV beträgt, für höhere Niveaus erreicht sie Werte von ~ 10 eV.

Das erste Multipolmoment ist das *Dipolmoment*, definiert als Vektor

$$\boldsymbol{d} = \sum e\boldsymbol{r}$$

(es wird über alle Teilchen im System summiert, den Index zur Unterscheidung der Teilchen haben wir der Kürze halber weggelassen). Die Matrix dieses Vektors hat — wie die Matrix jedes polaren Vektors (siehe § 30) — nur für Übergänge zwischen Zuständen mit verschiedener Parität von Null verschiedene Elemente. Deshalb sind auf jeden Fall alle Diagonalelemente gleich Null. Mit anderen Worten, die Mittelwerte des Dipolmomentes eines beliebigen Systems von Teilchen (zum Beispiel eines Atoms) sind in stationären Zuständen gleich Null.[1])

Dasselbe gilt offenbar für alle 2^l-Polmomente mit ungeradzahligen Werten l. Die Komponenten eines solchen Momentes sind Polynome ungeradzahligen (l-ten) Grades in den Koordinaten; sie ändern — wie auch die Komponenten eines polaren Vektors — bei einer Spiegelung des Koordinatensystems ihr Vorzeichen. Daher gilt auch für sie dieselbe Auswahlregel bezüglich der Parität.

Das *Quadrupolmoment* eines Systems wird als symmetrischer Tensor

$$Q_{ik} = \sum e(3x_i x_k - \delta_{ik}\boldsymbol{r}^2) \tag{75,1}$$

mit verschwindender Summe der Diagonalglieder definiert. Um die Werte dieser Größen in einem Zustand eines Systems (sagen wir, eines Atoms) zu berechnen, müssen wir den Operator (75,1) mit der entsprechenden Wellenfunktion mitteln. Diese Mittelung führt man zweckmäßig in zwei Schritten durch (siehe § 72).

Mit Q_{ik} bezeichnen wir den Operator des Quadrupolmomentes, der über die Elektronenzustände mit festem Wert des Gesamtdrehimpulses J (aber nicht mit fester Projektion M_J) gemittelt worden ist.

Der so gemittelte Operator kann allein durch Operatoren für Größen ausgedrückt werden, die den Zustand des ganzen Atoms charakterisieren. Der einzige solche Vektor ist der „Vektor" $\hat{\boldsymbol{J}}$. Daher muß der Operator $\hat{Q}_{ik}$ die Gestalt

$$\hat{Q}_{ik} = \frac{3Q}{2J(2J-1)}\left(\hat{J}_i\hat{J}_k + \hat{J}_k\hat{J}_i - \frac{2}{3}\hat{\boldsymbol{J}}^2\delta_{ik}\right) \tag{75,2}$$

haben. Der Ausdruck in der Klammer ist so gebildet worden, daß er in den Indizes i und k symmetrisch ist und bei der Verjüngung in diesem Indexpaar Null ergibt (über die Bedeutung des Koeffizienten Q s. u.). Die Operatoren $\hat{J}_i$ hat man hier als die uns bekannten (§§ 27, 54) Matrizen bezüglich der Zustände mit verschiedenen Werten M_J anzusehen. Der Operator $\hat{\boldsymbol{J}}^2$ kann natürlich einfach durch seinen Eigenwert $J(J+1)$ ersetzt werden.

Da die drei Komponenten des Drehimpulses $\boldsymbol{J}$ nicht gleichzeitig bestimmte Werte haben können, trifft dasselbe auch auf die Komponenten des Tensors Q_{ik} zu. Für die Komponente Q_{zz} haben wir

$$\hat{Q}_{zz} = \frac{3Q}{J(2J-1)}\left(\hat{J}_z^2 - \frac{1}{3}\hat{\boldsymbol{J}}^2\right).$$

---

[1]) Um Mißverständnisse zu vermeiden, betonen wir, daß es sich um abgeschlossene Systeme von Teilchen oder um Systeme von Teilchen in einem kugelsymmetrischen äußeren Feld handelt. Nimmt man den Kern als fest an, dann gilt obige allgemeine Behauptung für die Elektronen in einem Atom, aber nicht in einem Molekül.

Es wird ferner vorausgesetzt, daß es keine zusätzliche (zufällige) Entartung der Energieniveaus gibt außer der Entartung in den Richtungen des Gesamtdrehimpulses. Anderenfalls kann man solche Wellenfunktionen für die stationären Zustände bilden, die keine bestimmte Parität haben; die zugehörigen Diagonalelemente des Dipolmomentes brauchen dann nicht zu verschwinden.

In einem Zustand mit gegebenen Werten $\boldsymbol{J}^2 = J(J+1)$ und $J_z = M_J$ hat auch Q_{zz} einen bestimmten Wert:

$$Q_{zz} = \frac{3Q}{J(2J-1)}\left[M_J^2 - \frac{1}{3}\,J(J+1)\right]. \tag{75,3}$$

Für $M_J = J$ (der Drehimpuls ist „vollständig" in z-Richtung orientiert) haben wir $Q_{zz} = Q$; diese Größe bezeichnet man gewöhnlich einfach als Quadrupolmoment.

Für $J = 0$ sind alle Matrixelemente des Drehimpulses Null, so daß auch die Operatoren (75,2) verschwinden. Sie sind auch für $J = 1/2$ identisch Null. Davon kann man sich leicht überzeugen, indem man die PAULI-Matrizen (55,7) einfach miteinander multipliziert; denn diese stellen die Matrizen für die Komponenten eines beliebigen Drehimpulses 1/2 dar.

Dieser Sachverhalt ist nicht zufällig, sondern ein Spezialfall folgender allgemeiner Regel: Der Tensor für ein 2^l-Polmoment (mit geradem l) ist nur für Zustände eines Systems mit dem Gesamtdrehimpuls

$$J \geqq 1/2 \tag{75,4}$$

von Null verschieden. Der Tensor für ein 2^l-Polmoment ist ein irreduzibler Tensor der Stufe l (siehe II, § 41), und die Bedingung (75,4) ist eine Folge aus den allgemeinen Auswahlregeln für die Matrixelemente solcher Tensoren bezüglich des Drehimpulses. Es ist die Bedingung, unter der die Diagonalelemente von Null verschieden sein können (§ 107). Wie schon früher bemerkt worden ist, verlangt die Auswahlregel bezüglich der Parität, daß l dabei eine gerade Zahl ist.

Die elektrischen Multipolmomente sind reine Bahngrößen (ihre Operatoren enthalten keine Spinoperatoren). Falls man die Spin-Bahn-Wechselwirkung vernachlässigen kann und somit L und S einzeln erhalten bleiben, genügen die Matrixelemente für die Multipolmomente nicht nur den Auswahlregeln in der Quantenzahl J, sondern auch in L.

Aufgaben

1. Es ist der Zusammenhang zwischen den Operatoren für das Quadrupolmoment eines Atoms in Zuständen zu verschiedenen Feinstrukturkomponenten eines Niveaus herzustellen (d. h. in Zuständen mit verschiedenen Werten von J bei festen Werten von L und S).

Lösung. In Zuständen mit festen Werten L und S hängt der Operator für das Quadrupolmoment als reine Bahngröße nur vom Operator $\hat{\boldsymbol{L}}$ ab. Deshalb wird er durch Formel (75,2) gegeben, in der man $\hat{\boldsymbol{J}}$ durch $\hat{\boldsymbol{L}}$ zu ersetzen hat (auch die Konstante Q ist anders). Der Operator (75,2) ergibt sich daraus durch zusätzliche Mittelung über den Zustand mit dem gegebenen Wert von J:

$$\begin{aligned}\hat{Q}_{ik} &= \frac{3Q_J}{2J(2J-1)}\left[\hat{J}_i\hat{J}_k + \hat{J}_k\hat{J}_i - \frac{2}{3}\,J(J+1)\,\delta_{ik}\right]\\ &= \frac{3Q_L}{2L(2L-1)}\left[\overline{\hat{L}_i\hat{L}_k} + \overline{\hat{L}_k\hat{L}_i} - \frac{2}{3}\,L(L+1)\,\delta_{ik}\right].\end{aligned} \tag{1}$$

Es ist der Zusammenhang zwischen den Koeffizienten Q_J und Q_L zu bestimmen. Dazu multiplizieren wir die Gleichung (1) von links mit $\hat{J}_i$ und von rechts mit $\hat{J}_k$ (und summieren über i und k). Dann gehen wir zu den Eigenwerten der diagonalen Operatoren über. Dabei ist

$$\hat{J}_i\hat{L}_i\hat{L}_k\hat{J}_k = (\boldsymbol{J}\boldsymbol{L})^2\,,$$

wobei nach Formel (31,4)

$$2\boldsymbol{JL} = J(J+1) + L(L+1) - S(S+1)$$

ist. Das Produkt $\hat{J}_i\hat{L}_k\hat{L}_i\hat{J}_k$ wird mit Hilfe der Formel

$$\{\hat{L}_i, \hat{L}_k\} = ie_{ikl}\hat{L}_l\,, \qquad \{\hat{J}_i, \hat{L}_l\} = ie_{ilm}\hat{L}_m$$

ähnlich umgeformt wie in der Aufgabe zu § 29; das ergibt

$$\hat{J}_i\hat{L}_k\hat{L}_i\hat{J}_k = (\boldsymbol{JL})^2 - (\boldsymbol{JL})\,.$$

Analog sind

$$\hat{J}_i\hat{J}_i\hat{J}_k\hat{J}_k = (\boldsymbol{J}^2)^2\,, \qquad \hat{J}_i\hat{J}_k\hat{J}_i\hat{J}_k = \boldsymbol{J}^2(\boldsymbol{J}^2 - 1)\,.$$

Als Ergebnis erhalten wir aus (1) die Beziehung

$$Q_J = Q_L \frac{3(\boldsymbol{JL})\,(2\boldsymbol{JL} - 1) - 2J(J+1)\,L(L+1)}{(J+1)\,(2J+3)\,L(2L-1)}\,. \tag{2}$$

Für $S = 1/2$ liefert diese Formel speziell

$$Q_J = Q_L \quad \text{für} \quad J = L + \frac{1}{2}\,, \qquad Q_J = Q_L\frac{(L-1)\,(2L+3)}{L(2L+1)} \quad \text{für} \quad J = L - \frac{1}{2}\,. \tag{3}$$

2. Das Quadrupolmoment eines Elektrons (Ladung $-e$) mit dem Bahndrehimpuls l ist durch das mittlere Quadrat des Abstandes vom Zentrum auszudrücken.

Lösung. Wir müssen den Ausdruck

$$Q_{zz} = -|e|\,r^2(3\cos^2\theta - 1) = -|e|\,r^2(3n_z^2 - 1)$$

im Zustand mit dem gegebenen Drehimpuls l und der Drehimpulsprojektion $m = l$ mitteln. Der Mittelwert des Winkelanteils wird unmittelbar aus der in der Aufgabe zu § 29 erhaltenen Formel (in der man $\hat{l}_z$ durch l ersetzen muß) bestimmt; das Ergebnis ist

$$Q_l = |e|\,\overline{r^2}\,\frac{2l}{2l+3}\,. \tag{4}$$

Das Vorzeichen dieser Größe ist entgegengesetzt zum Vorzeichen der Elektronenladung, wie es auch sein muß: Ein Teilchen mit dem Drehimpuls in z-Richtung befindet sich vorwiegend in der Nähe der Ebene $z = 0$, und deshalb ist $\overline{\cos^2\theta} < 1/3$.

Für ein Elektron mit gegebenem Wert $j = l \pm 1/2$ erhält man durch eine Umformung mit Hilfe der Formel (3)

$$Q_j = |e|\,\overline{r^2}\,\frac{2j-1}{2j+2}\,. \tag{5}$$

3. Man berechne das Quadrupolmoment eines Atoms (im Grundzustand), in dem sich alle ν Elektronen außerhalb der abgeschlossenen Schalen in äquivalenten Zuständen mit dem Drehimpuls l befinden!

Lösung. Da das resultierende Quadrupolmoment der abgeschlossenen Schalen gleich Null ist, wird der Operator für das Quadrupolmoment des Atoms durch die Summe

$$\hat{Q}_{ik} = \frac{3\,|e|\,\overline{r^2}}{(2l-1)\,(2l+3)}\,\Sigma\left[\hat{l}_i\hat{l}_k + \hat{l}_k\hat{l}_i - \frac{2}{3}\,l(l+1)\,\delta_{ik}\right]$$

über die ν äußeren Elektronen gegeben (hier ist die Formel (4) verwendet worden).

Wir setzen zunächst $\nu \leq 2l+1$ voraus, d. h., es ist die Hälfte oder weniger als die Hälfte der Plätze in der Schale besetzt. Nach der Hundschen Regel (§ 67) sind dann die Spins aller ν Elektronen parallel (so daß $S = \nu/2$ ist). Der Spinanteil der Wellenfunktion des Atoms ist also symmetrisch, deshalb ist die Bahnfunktion in diesen Elektronen antisymmetrisch. Alle Elektronen müssen demnach verschiedene m-Werte haben, so daß der größtmögliche Wert von M_L (und der dazu gleiche Wert von L)

$$L = (M_L)_{\max} = \sum_{m=l-\nu+1}^{l} m = \tfrac{1}{2}\nu(2l - \nu + 1)$$

ist.

Das gesuchte Q_L ist der Eigenwert von Q_{zz} für $M_L = L$; daher haben wir

$$Q_L = \frac{6\,|e|\,\overline{r^2}}{(2l-1)(2l+3)} \sum_{m=l-\nu+1}^{l} \left[m^2 - \frac{l(l+1)}{3}\right],$$

und hieraus erhalten wir nach Berechnung der Summe

$$Q_L = \frac{2l(2l - 2\nu + 1)}{(2l-1)(2l+3)}\,|e|\,\overline{r^2}\,. \tag{6}$$

Schließlich gehen wir mit Hilfe von Formel (2) von Q_L zu Q_J über.

Der Fall eines Atoms mit mehr als halb besetzter äußerer Schale wird auf den obigen Fall zurückgeführt, indem man die Löcher statt der Elektronen behandelt. Das Resultat wird durch dieselbe Formel (6) mit entgegengesetztem Vorzeichen gegeben (die Ladung eines Loches ist $+|e|$). Unter ν darf man jetzt nicht die Zahl der Elektronen verstehen, sondern die der freien Plätze in der Schale.

§ 76. Ein Atom im elektrischen Feld

Bringt man ein Atom in ein äußeres elektrisches Feld, dann ändern sich seine Energieniveaus. Diese Erscheinung heißt STARK-*Effekt*.

Bei einem Atom in einem homogenen äußeren elektrischen Feld haben wir es mit einem System von Elektronen in einem axialsymmetrischen Feld zu tun (Kernfeld plus äußeres Feld). Infolgedessen bleibt der Gesamtdrehimpuls des Atoms nicht mehr streng erhalten. Es bleibt nur die Projektion M_J des Gesamtdrehimpulses J auf die Feldrichtung erhalten. Die Zustände mit verschiedenen Werten von M_J werden verschiedene Energien haben, d. h., das elektrische Feld hebt die Entartung in den Drehimpulsrichtungen auf. Die Entartung wird aber nicht vollständig aufgehoben. Zustände, die sich nur im Vorzeichen von M_J unterscheiden, bleiben nach wie vor miteinander entartet. Tatsächlich ist ein Atom in einem homogenen äußeren elektrischen Feld gegenüber einer Spiegelung an einer beliebigen Ebene, die die Symmetrieachse enthält, symmetrisch (die Symmetrieachse hat die Richtung des Feldes und geht durch den Kern, später werden wir sie als z-Achse wählen). Die Zustände, die durch eine solche Spiegelung auseinander hervorgehen, müssen deshalb die gleiche Energie haben. Bei der Spiegelung an einer Ebene, die eine gewisse Achse enthält, ändert der Drehimpuls bezüglich dieser Achse sein Vorzeichen (der positive Umlaufsinn um diese Achse geht in den negativen über).

Wir werden das elektrische Feld genügend schwach voraussetzen — so schwach, daß die damit verknüpfte Energie klein gegenüber den Abständen zwischen benachbarten Energieniveaus des Atoms und auch klein gegenüber der Feinstrukturaufspaltung ist. Dann können wir die in §§ 38 und 39 entwickelte Störungstheorie zur Berechnung der Niveauverschiebung im elektrischen Feld benutzen. Der Störoperator ist dabei die Energie des Elektronensystems im elektrischen Feld $\mathfrak{E}$, diese ist

$$V = -\boldsymbol{d}\mathfrak{E} = -\mathscr{E}d_z\,. \tag{76,1}$$

Darin ist $\boldsymbol{d}$ das Dipolmoment des Systems. In nullter Näherung sind die Energieniveaus entartet (in den Richtungen des Gesamtdrehimpulses). In unserem Falle ist diese Entartung aber unwesentlich, und wir können bei der Anwendung der Störungstheorie so vorgehen, als hätten wir es mit nicht entarteten Niveaus zu tun; denn die Matrixelemente der Größe d_z sind (wie auch der z-Komponente eines jeden anderen Vektors) nur für Übergänge ohne Änderung von M_J (siehe § 29) von Null verschieden. Zustände, die sich nur in M_J unterscheiden, verhalten sich bei Anwendung der Störungstheorie unabhängig voneinander.

Die Verschiebung der Energieniveaus wird in erster Näherung durch die Diagonalelemente der Matrix des Störoperators gegeben. Die Diagonalelemente der Matrix für das Dipolmoment sind aber Null (§ 75). Die Niveauaufspaltung im elektrischen Feld ist also ein Effekt zweiter Ordnung im Feld.[1]) Als eine in $\mathscr{E}$ quadratische Größe muß die Verschiebung ΔE_n des Niveaus E_n durch eine Formel der Gestalt

$$\Delta E_n = -\tfrac{1}{2}\,\alpha_{ik}^{(n)}\mathscr{E}_i\mathscr{E}_k \tag{76,2}$$

gegeben werden, wobei $\alpha_{ik}^{(n)}$ ein symmetrischer Tensor ist. Wir legen die z-Achse in Feldrichtung und erhalten

$$\Delta E_n = -\tfrac{1}{2}\,\alpha_{zz}^{(n)}\mathscr{E}^2\,. \tag{76,3}$$

Der Tensor $\alpha_{ik}^{(n)}$ ist gleichzeitig die *Polarisierbarkeit* des Atoms im äußeren elektrischen Feld. Wir denken uns dazu in der allgemeingültigen Formel (11,16) die Parameter λ durch die Komponenten des Vektors $\mathscr{E}_i$ ersetzt und setzen $\hat{H} = \hat{H}_0 - \mathscr{E}_i d_i$; so finden wir tatsächlich, daß der Mittelwert des im Feld induzierten Dipolmomentes Atoms

$$\overline{d}_i^{(n)} = \frac{\partial \Delta E_n}{\partial \mathscr{E}_i}$$

ist. Hier setzen wir (76,2) ein und erhalten

$$\overline{d}_i^{(n)} = \alpha_{ik}^{(n)}\mathscr{E}_k\,. \tag{76,4}$$

Die Berechnung der Polarisierbarkeit ist nach den allgemeinen Regeln der Störungstheorie durchzuführen. Nach der Formel für die zweite Näherung (38,10) haben wir

$$\alpha_{ik}^{(n)} = -2\sum_m{}' \frac{(d_i)_{nm}(d_k)_{mn}}{E_n - E_m}\,. \tag{76,5}$$

Die Polarisierbarkeit eines Atoms hängt vom (ungestörten) Zustand ab, also auch von der Quantenzahl M_J. Die Abhängigkeit von M_J kann allgemein festgestellt werden. Man kann die Werte von $\alpha_{ik}^{(n)}$ für die verschiedenen M_J als Eigenwerte des Operators

$$\hat{\alpha}_{ik}^{(n)} = \alpha_n\delta_{ik} + \beta_n(\hat{J}_i\hat{J}_k + \hat{J}_k\hat{J}_i - \tfrac{2}{3}\,\delta_{ik}\hat{\boldsymbol{J}}^2) \tag{76,6}$$

---

[1]) Eine Ausnahme bildet das Wasserstoffatom, für das der STARK-Effekt linear im Feld ist (siehe den folgenden Paragraphen). Ähnlich wie ein Wasserstoffatom verhalten sich in genügend starken Feldern auch die Atome anderer Elemente in stark angeregten Zuständen (die deshalb wasserstoffähnlich sind, siehe § 68).

auffassen. Das ist die allgemeine Gestalt eines symmetrischen Tensors zweiter Stufe in Abhängigkeit vom Vektor $\hat{\boldsymbol{J}}$ (vgl. § 75). Aus (76,3) und (76,6) bekommen wir

$$\Delta E_n = -\frac{\mathscr{E}^2}{2}\left\{\alpha_n + 2\beta_n\left[M_J^2 - \frac{1}{3}J(J+1)\right]\right\}. \tag{76,7}$$

Bei der Summation über alle Werte von M_J verschwindet der zweite Summand in der geschweiften Klammer, so daß der erste Summand die gesamte Verschiebung des Schwerpunktes des aufgespaltenen Niveaus angibt. In Übereinstimmung mit dem KRAMERSschen Satz (§ 60) bleibt nach (76,7) das Niveau mit $J = 1/2$ unaufgespalten.

Befindet sich ein Atom in einem inhomogenen äußeren Feld (das sich über Abstände von der Größenordnung der Atomabmessungen nur wenig ändert), dann kann auch eine im Feld lineare Aufspaltung vorkommen, die mit dem Quadrupolmoment des Atoms zusammenhängt. Der Operator für die Quadrupolwechselwirkung eines Systems mit einem Feld hat nach dem klassischen Ausdruck für die Quadrupolenergie die Gestalt (siehe II, § 42):

$$\hat{V} = \frac{1}{6}\frac{\partial^2\varphi}{\partial x_i\,\partial x_k}\hat{Q}_{ik}, \tag{76,8}$$

φ ist darin das Potential des elektrischen Feldes (es sind die Werte der Ableitungen am Ort des Atoms gemeint).

Aufgaben

1. Man berechne die J-Abhängigkeit der STARK-Aufspaltung der verschiedenen Multiplettkomponenten eines Niveaus!

Lösung. Wir lösen diese Aufgabe zweckmäßig so, indem wir die Reihenfolge der Störungen umkehren: Zuerst betrachten wir die STARK-Aufspaltung des Niveaus ohne die Feinstruktur, und danach führen wir die Spin-Bahn-Wechselwirkung ein. Der Spin des Atoms hat keine Wechselwirkung mit dem äußeren elektrischen Feld, deshalb wird die STARK-Aufspaltung eines Niveaus mit gegebenem Bahndrehimpuls L durch eine Formel der Gestalt (76,2) gegeben. Der Tensor $\hat{\alpha}_{ik}$ wird darin durch den Operator $\hat{\boldsymbol{L}}$ genauso ausgedrückt wie in (76,6) durch $\hat{\boldsymbol{J}}$:

$$\hat{\alpha}_{ik} = a\delta_{ik} + b(\hat{L}_i\hat{L}_k + \hat{L}_k\hat{L}_i - \tfrac{2}{3}\,\delta_{ik}\hat{\boldsymbol{L}}^2)$$

(die Indizes n lassen wir überall weg). Nach Einführung der Spin-Bahn-Wechselwirkung müssen die Zustände des Atoms durch den Gesamtdrehimpuls J charakterisiert werden. Die Mittelung des Operators $\hat{\alpha}_{ik}$ über die Zustände mit einem festen Wert von J (aber keiner festen Projektion M_J) ist formal gleich der Mittelung in Aufgabe 1 zu § 75. Im Ergebnis gelangen wir wieder zu den Formeln (76,6) und (76,7); die Konstanten α und β werden über die Beziehung

$$\alpha = a, \qquad \beta = b\,\frac{3(\boldsymbol{JL})\,[2(\boldsymbol{JL}) - 1] - 2J(J+1)\,L(L+1)}{J(J+1)\,(2J-1)\,(2J+3)}$$

durch die Konstanten a und b ausgedrückt. Damit ist auch die Abhängigkeit der Aufspaltung von J bestimmt (aber selbstverständlich nicht von L und S, weil diese für den unaufgespaltenen Term charakteristisch sind und weil die Konstanten a und b von L und S abhängig sind).

2. Man berechne die Aufspaltung eines Dubletts (Spin $S = 1/2$) in einem beliebigen (nicht schwachen) elektrischen Feld!

Lösung. Die Aufspaltung kann nicht als klein gegenüber dem Abstand der Dublettkomponenten angenommen werden, deshalb müssen die Störung infolge des elektrischen Feldes und die Spin-Bahn-Wechselwirkung gleichzeitig berücksichtigt werden, d. h., der Störoperator ist die Summe

$$\hat{V} = A\hat{\boldsymbol{S}}\hat{\boldsymbol{L}} - \tfrac{1}{2}\,\mathscr{E}^2\{a + 2b[\hat{L}_z^2 - \tfrac{1}{3}\,L(L+1)]\}$$

(vgl. (72,4) und die vorhergehende Aufgabe). Wir lassen die für die Aufspaltung unwesentlichen Glieder weg und formen diesen Operator um in (siehe (29,11))

$$\hat{V} = \frac{A}{2} [\hat{S}_+\hat{L}_- + \hat{S}_-\hat{L}_+ + 2\hat{S}_z\hat{L}_z] - b\mathcal{E}^2\hat{L}_z^2 .$$

Für jeden festen Wert $M \equiv M_J$ werden die Eigenwerte dieses Operators durch die Wurzeln der Säkulargleichung gegeben, die aus den Matrixelementen für die Zustände $|M_L M_S\rangle =$ $= |M \mp 1/2, \pm 1/2\rangle$ gebildet wird. Mit Hilfe der Formeln (27,12) finden wir

$$\langle M - 1/2, 1/2 \,|V|\, M - 1/2, 1/2\rangle = \frac{A}{2}\left(M - \frac{1}{2}\right) - b\mathcal{E}^2\left(M - \frac{1}{2}\right)^2 ,$$

$$\langle M + 1/2, -1/2 \,|V|\, M + 1/2, -1/2\rangle = -\frac{A}{2}\left(M + \frac{1}{2}\right) - b\mathcal{E}^2\left(M + \frac{1}{2}\right)^2 ,$$

$$\langle M - 1/2, 1/2 \,|V|\, M + 1/2, -1/2\rangle = \frac{A}{2}\left[\left(L + M + \frac{1}{2}\right)\left(L - M + \frac{1}{2}\right)\right]^{1/2} .$$

Als Ergebnis (siehe Aufgabe 1 zu § 39) erhalten wir für die Niveauverschiebung

$$\Delta E = -b\mathcal{E}^2M^2 \pm \sqrt{\frac{A^2}{4}\left(L + \frac{1}{2}\right)^2 + b\mathcal{E}^2(b\mathcal{E}^2 + A)\, M^2} ; \tag{1}$$

hier sind alle Glieder weggelassen worden, die für alle Komponenten des aufgespaltenen Dubletts gleich sind. Diese Formel (mit beiden Vorzeichen vor der Wurzel) gilt für alle Niveaus mit $|M| \leqq L - 1/2$. Zum Wert $|M| = L - 1/2$ gehört nur ein Zustand $|M_L M_S\rangle$, und die Niveauverschiebung wird einfach durch das zugehörige Diagonalelement gegeben. Mit der gleichen Wahl der additiven Konstanten wie in (1) erhalten wir

$$\Delta E = \left(\frac{A}{2} + b\mathcal{E}^2\right)\left(L + \frac{1}{2}\right) - b\mathcal{E}^2\left(L + \frac{1}{2}\right)^2 \tag{2}$$

(das stimmt mit dem Ergebnis überein, das sich aus Formel (1) mit nur einem Vorzeichen vor der Wurzel ergibt).

3. Es ist die Quadrupolaufspaltung in einem axialsymmetrischen elektrischen Feld zu berechnen.[1])

Lösung. In einem zur z-Achse symmetrischen Feld haben wir

$$\frac{\partial^2\varphi}{\partial x^2} = \frac{\partial^2\varphi}{\partial y^2} \equiv a , \qquad \frac{\partial^2\varphi}{\partial z^2} = -2a .$$

Die restlichen zweiten Ableitungen sind Null. Der Operator (76,8) für die Quadrupolenergie hat die Gestalt

$$\frac{a}{6}(\hat{Q}_{xx} + \hat{Q}_{yy} - 2\hat{Q}_{zz}) = \frac{Qa}{2J(2J-1)}(\hat{J}^2 - 3\hat{J}_z^2) .$$

Wir ersetzen die Operatoren durch ihre Eigenwerte und erhalten für die Niveauverschiebung

$$\Delta E = a\frac{Q}{2J(2J-1)}[J(J+1) - 3M_J^2] .$$

4. Man berechne die Polarisierbarkeit eines Wasserstoffatoms im Grundzustand.

Lösung. Wegen der Kugelsymmetrie des s-Zustandes reduziert sich der Polarisierbarkeitstensor auf einen Skalar ($\alpha_{ik} = \alpha\delta_{ik}$). Für α bekommen wir nach (76,5)

$$\alpha = -2e^2 \sum_k{}' \frac{|z_{0k}|^2}{E_0 - E_k}$$

---

[1]) Eine analoge Aufgabe für ein beliebiges Feld ist Aufgabe 6 zu § 103.

(das Dipolmoment des Elektrons ist $d_z = e\,z$; E_0 ist die Energie des Grundzustandes). Wir führen über die Definition

$$z = \frac{m}{\hbar}\frac{d\hat{b}}{dt}$$

den Hilfsoperator $\hat{b}$ ein (m ist die Elektronenmasse). Damit wird $z_{0k} = (im/\hbar^2)(E_0 - E_k)\,b_{0k}$ und weiter

$$\alpha = \frac{2ime^2}{\hbar^2}\sum_k z_{0k}b_{k0} = \frac{2ime^2}{\hbar^2}(z\hat{b})_{00}\,. \tag{1}$$

Zur Berechnung dieser Größe braucht man nur zu wissen, wie der Operator $\hat{b}$ auf die Wellenfunktion $\psi_0(r)$ wirkt.

Nach (9,2) haben wir

$$z\psi_0 = \frac{m}{\hbar}\frac{d\hat{b}}{dt}\psi_0 = \frac{im}{\hbar}(\hat{H}\hat{b} - \hat{b}\hat{H})\,\psi_0\,.$$

Wir bezeichnen die Funktion $\hat{b}\psi_0$ mit $b(\boldsymbol{r})\psi_0$ und beachten, daß ψ_0 der Gleichung $\hat{H}\psi_0 = E_0\psi_0$ mit $\hat{H} = -\hbar^2\Delta/2m + U(\boldsymbol{r})$ genügt. So bekommen wir für $b(\boldsymbol{r})$ die Differentialgleichung

$$\tfrac{1}{2}\,\psi_0\,\Delta b + \nabla b\,\nabla\psi_0 = iz\psi_0\,.$$

Durch die Substitution $b = \cos\theta\,f(\boldsymbol{r})$ (wobei θ der Polarwinkel in Kugelkoordinaten ist, $z = r\cos\theta$) erhält sie die Gestalt

$$\frac{f''}{2} + \frac{f'}{r} - \frac{f}{r^2} + \frac{\psi_0'}{\psi_0}f' = ir\,. \tag{2}$$

An die Lösung dieser Gleichung muß die Forderung gestellt werden, daß $f\psi_0$ für $r \to 0$ und für $r \to \infty$ endlich ist.

Für den Grundzustand des Wasserstoffatoms ist $\psi_0 = \exp(-r/a_B)/\sqrt{\pi}$ ($a_B = \hbar^2/me^2$ ist der Bohrsche Radius). Die Lösung der Gleichung (2), die die gestellte Forderung erfüllt, ist $f = -ira_B(a_B + r/2)$. Aus Formel (1) finden wir jetzt[1])

$$\alpha = \frac{2i}{a_B}(rf\cos^2\theta)_{00} = \frac{2i}{3a_B}(rf)_{00} = \frac{9}{2}a_B^3\,.$$

5. Man berechne die Polarisierbarkeit eines Elektrons in einem gebundenen s-Zustand in einem Potentialtopf, wenn die Reichweite der Kraft so beschaffen ist, daß $a\varkappa \ll 1$ gilt! $\varkappa = \sqrt{2m\,|E_0|}/\hbar$, $|E_0|$ ist die Bindungsenergie des Elektrons.

Lösung. Wegen der Bedingung $\varkappa a \ll 1$ kann man bei der Berechnung des Matrixelementes $(z\hat{b})_{00}$ den Bereich innerhalb des Potentialtopfes vernachlässigen und im ganzen Raum die Wellenfunktion

$$\psi_0 = \sqrt{\frac{\varkappa}{2\pi}}\,\frac{e^{-\varkappa r}}{r}$$

für den Bereich außerhalb des Potentialtopfes verwenden (bei der Normierung dieser Funktion ist ebenfalls die Bedingung $\varkappa a \ll 1$ beachtet worden; näheres darüber siehe in § 133). Die Gleichung (2) der vorhergehenden Aufgabe erhält die Gestalt

$$\frac{f''}{2} - \varkappa f' - \frac{f}{r^2} = ir\,.$$

Die Lösung, die die Randbedingungen erfüllt, ist $f = -ir^2/2\varkappa$. α wird nunmehr nach Formel (1) berechnet, und es ergibt sich

$$\alpha = \frac{me^2}{4\hbar^2\varkappa^4}\,.$$

---

[1]) Im nächsten Paragraphen wird dieses Ergebnis auf einem anderen Wege abgeleitet werden.

§ 77. Ein Wasserstoffatom in einem elektrischen Feld

Anders als bei den Niveaus anderer Atome erfahren die Niveaus des Wasserstoffatoms in einem homogenen elektrischen Feld eine Aufspaltung, die zur ersten Potenz des Feldes proportional ist (*linearer* STARK-*Effekt*). Das hängt mit der zufälligen Entartung der Wasserstoffterme zusammen. Wegen dieser Entartung haben die Zustände mit verschiedenen l-Werten (bei fester Hauptquantenzahl n) die gleichen Energien. Die Matrixelemente des Dipolmomentes für die Übergänge zwischen diesen Zuständen sind keineswegs gleich Null, und deshalb liefert die Säkulargleichung bereits in erster Näherung eine von Null verschiedene Niveauverschiebung.[1])

Für die Rechnungen wählt man die ungestörten Wellenfunktionen zweckmäßig so, daß die Störmatrix in jeder Gruppe miteinander entarteter Zustände diagonal ist. Das kann man durch die Quantelung des Wasserstoffatoms in parabolischen Koordinaten erreichen. Die Wellenfunktionen $\psi_{n_1 n_2 m}$ für die stationären Zustände des Wasserstoffatoms in parabolischen Koordinaten werden durch die Formeln (37,15) und (37,16) gegeben.

Der Störoperator (die Energie des Elektrons im Felde $\mathscr{E}$) ist $\mathscr{E}z = \mathscr{E}(\xi - \eta)/2$ (das Feld hat die Richtung der positiven z-Achse, die Kraft auf das Elektron die Richtung der negativen z-Achse).[2]) Uns interessieren die Matrixelemente für diejenigen Übergänge $n_1 n_2 m \to n_1' n_2' m'$, bei denen sich die Energie (d. h. die Hauptquantenzahl n) nicht ändert. Wie man leicht sieht, sind nur die Diagonalelemente von Null verschieden:

$$\int |\psi_{n_1 n_2 m}|^2 \, \mathscr{E}z \, \mathrm{d}V = \frac{\mathscr{E}}{8} \int_0^\infty \int_0^\infty \int_0^{2\pi} (\xi^2 - \eta^2) \, |\psi_{n_1 n_2 m}|^2 \, \mathrm{d}\varphi \, \mathrm{d}\xi \, \mathrm{d}\eta$$

$$= \frac{\mathscr{E}}{4} \int_0^\infty \int_0^\infty f_{n_1 m}^2(\varrho_1) \, f_{n_2 m}^2(\varrho_2) \, (\varrho_1^2 - \varrho_2^2) \, \mathrm{d}\varrho_1 \, \mathrm{d}\varrho_2 \qquad (77,1)$$

(dabei haben wir $\xi = n\varrho_1$ und $\eta = n\varrho_2$ substituiert). Die betrachtete Matrix ist in der Zahl m offensichtlich diagonal. Die Diagonalität in den Zahlen n_1 und n_2 folgt aus der Orthogonalität der Funktionen $f_{n_1 m}$ mit verschiedenen n_1 und gleichen m (s. u.). Die Integrationen über $\mathrm{d}\varrho_1$ und $\mathrm{d}\varrho_2$ in (77,1) können getrennt voneinander durchgeführt werden; die entstehenden Integrale werden in § f der mathematischen Ergänzung berechnet (Integral (f, 6)). Nach einer einfachen Rechnung erhalten wir für die Korrektur zu den Energieniveaus in erster Näherung[3])

$$E^{(1)} = \tfrac{3}{2} \, \mathscr{E} n (n_1 - n_2) \qquad (77,2)$$

---

[1]) In den folgenden Rechnungen werden wir die Feinstruktur der Wasserstoffniveaus außer acht lassen. Das Feld darf daher nicht zu stark sein (Bedingung für die Anwendbarkeit der Störungstheorie), aber es muß doch so stark sein, daß die STARK-Aufspaltung groß gegenüber der Feinstrukturaufspaltung ist. Wegen des umgekehrten Falles siehe die Aufgabe in IV, § 52.

[2]) In diesem Paragraphen verwenden wir atomare Einheiten.

[3]) Dieses Ergebnis ist von K. SCHWARZSCHILD und P. EPSTEIN (1916) im Rahmen der alten Quantentheorie und von W. PAULI und E. SCHRÖDINGER (1926) mit Hilfe der Quantenmechanik erhalten worden.

oder in den üblichen Einheiten

$$E^{(1)} = \frac{3}{2} n(n_1 - n_2) |e| \mathscr{E} \frac{\hbar^2}{me^2} .$$

Die beiden Komponenten am Rande des aufgespaltenen Niveaus gehören zu $n_1 = n - 1$, $n_2 = 0$ und $n_1 = 0$, $n_2 = n - 1$. Der Abstand zwischen diesen beiden äußeren Niveaus ist nach (77,2)

$$3\mathscr{E} n(n - 1) ,$$

d. h., die Gesamtaufspaltung des Niveaus infolge des STARK-Effektes ist näherungsweise zu n^2 proportional. Die Zunahme der Aufspaltung mit der Hauptquantenzahl ist ganz natürlich: Je weiter die Elektronen vom Kern entfernt sind, desto größer ist das Dipolmoment des Atoms.

Das Auftreten eines linearen Effektes bedeutet, daß das Atom im ungestörten Zustand ein Dipolmoment mit dem Mittelwert

$$\overline{d_z} = -\tfrac{3}{2} n(n_1 - n_2) \tag{77,3}$$

hat. Das entspricht der Tatsache, daß die Ladungsverteilung im Atom in einem durch die parabolischen Quantenzahlen bestimmten Zustand zur Ebene $z = 0$ nicht symmetrisch ist (siehe § 37). Für $n_1 > n_2$ befindet sich das Elektron vorzugsweise auf der Seite positiver z, deshalb ist das Dipolmoment des Atoms dem äußeren Feld entgegengerichtet (die Elektronenladung ist negativ!).

Im vorhergehenden Paragraphen ist festgestellt worden, daß die Entartung durch ein homogenes elektrisches Feld nicht vollständig aufgehoben werden kann. Es bleibt auf jeden Fall noch eine zweifache Entartung der Zustände, die sich im Vorzeichen der Drehimpulsprojektion auf die Feldrichtung unterscheiden (im vorliegenden Falle sind das die Zustände mit den Drehimpulsprojektionen $\pm m$). Der Formel (77,2) entnimmt man, daß die Entartung beim linearen STARK-Effekt am Wasserstoff nicht einmal in diesem Maße aufgehoben wird; denn die Niveauverschiebung hängt (für feste n und $n_1 - n_2$) überhaupt nicht von m und n_2 ab. Beim Effekt in zweiter Näherung wird die Entartung weiter aufgehoben. Die Berechnung dieses Effektes ist umso interessanter, weil der lineare STARK-Effekt in Zuständen mit $n_1 = n_2$ überhaupt nicht auftritt.

Die übliche Störungstheorie ist zur Berechnung des quadratischen Effektes ungeeignet, weil man es dabei mit komplizierten unendlichen Reihen zu tun hätte. Statt der Störungstheorie verwenden wir die folgende, etwas abgeänderte Methode.

Die SCHRÖDINGER-Gleichung für ein Wasserstoffatom in einem homogenen elektrischen Feld ist

$$\left(\frac{1}{2} \Delta + E + \frac{1}{r} - \mathscr{E} z\right) \psi = 0 .$$

Wie bei der Gleichung mit $\mathscr{E} = 0$ kann man hier die Variablen in parabolischen Koordinaten separieren. Dieselbe Substitution (37,7) wie in § 37 ergibt die beiden Gleichungen

$$\begin{aligned} &\frac{\mathrm{d}}{\mathrm{d}\xi}\left(\xi \frac{\mathrm{d}f_1}{\mathrm{d}\xi}\right) + \left(\frac{E}{2}\xi - \frac{m^2}{4\xi} - \frac{\mathscr{E}}{4}\xi^2\right) f_1 = -\beta_1 f_1 , \qquad \beta_1 + \beta_2 = 1 . \\ &\frac{\mathrm{d}}{\mathrm{d}\eta}\left(\eta \frac{\mathrm{d}f_2}{\mathrm{d}\eta}\right) + \left(\frac{E}{2}\eta - \frac{m^2}{4\eta} + \frac{\mathscr{E}}{4}\eta^2\right) f_2 = -\beta_2 f_2 , \end{aligned} \tag{77,4}$$

die sich von (37,8) nur durch das Auftreten der Glieder mit $\mathscr{E}$ unterscheiden. Wir werden die Energie E in diesen Gleichungen als Parameter mit einem bestimmten festen Wert ansehen, die Größen β_1 und β_2 betrachten wir als die Eigenwerte der entsprechenden Operatoren (man kann sich einfach davon überzeugen, daß diese Operatoren selbstadjungiert sind). Diese Größen werden bei der Lösung der Gleichungen als Funktionen von E und $\mathscr{E}$ bestimmt, danach liefert die Bedingung $\beta_1 + \beta_2 = 1$ die Energie als Funktion des äußeren Feldes.

Bei der näherungsweisen Lösung der Gleichungen (77,4) behandeln wir die Glieder mit dem Feld $\mathscr{E}$ als kleine Störung. In nullter Näherung ($\mathscr{E} = 0$) haben die Gleichungen die uns schon bekannten Lösungen

$$f_1 = \sqrt{\varepsilon}\, f_{n_1 m}(\xi\varepsilon)\,, \qquad f_2 = \sqrt{\varepsilon}\, f_{n_2 m}(\eta\varepsilon)\,, \tag{77,5}$$

die Funktionen $f_{n_1 m}$ sind darin dieselben wie in (37,16), statt der Energie haben wir den Parameter

$$\varepsilon = \sqrt{-2E} \tag{77,6}$$

eingeführt. Die entsprechenden Werte der Größen β_1 und β_2 (nach den Gleichungen (37,12), in denen man n durch $1/\varepsilon$ ersetzen muß) werden

$$\beta_1^{(0)} = \left(n_1 + \frac{|m| + 1}{2}\right)\varepsilon\,, \qquad \beta_2^{(0)} = \left(n_2 + \frac{|m| + 1}{2}\right)\varepsilon\,. \tag{77,7}$$

Die Funktionen f_1 mit verschiedenen Werten n_1 sind für festes ε zueinander orthogonal wie die Eigenfunktionen eines jeden selbstadjungierten Operators (wir haben dies schon oben bei der Behandlung des linearen Effektes ausgenutzt). In (77,5) werden sie nach den folgenden Vorschriften normiert:

$$\int_0^\infty f_1^2\, d\xi = 1\,, \qquad \int_0^\infty f_2^2\, d\eta = 1\,.$$

Die Korrekturen zu β_1 und β_2 werden in erster Näherung durch die Diagonalelemente der Störmatrix gegeben:

$$\beta_1^{(1)} = \frac{\mathscr{E}}{4}\int_0^\infty \xi^2 f_1^2\, d\xi\,, \qquad \beta_2^{(1)} = -\frac{\mathscr{E}}{4}\int_0^\infty \eta^2 f_2^2\, d\eta\,.$$

Die Rechnung ergibt

$$\beta_1^{(1)} = \frac{\mathscr{E}}{4\varepsilon^2}\,(6n_1^2 + 6n_1\,|m| + m^2 + 6n_1 + 3\,|m| + 2)\,.$$

Der Ausdruck für $\beta_2^{(1)}$ entsteht durch Ersetzen von n_1 durch n_2 und durch Vorzeichenänderung.

In zweiter Näherung haben wir nach den allgemeinen Formeln der Störungstheorie

$$\beta_1^{(2)} = \frac{\mathscr{E}^2}{16}\sum_{n_1' \neq n_1}\frac{|(\xi^2)_{n_1 n_1'}|^2}{\beta_1^{(0)}(n_1) - \beta_1^{(0)}(n_1')}\,.$$

Die Integrale in den Matrixelementen $(\xi^2)_{n_1 n_1'}$ werden in § f der mathematischen Ergänzung berechnet. Von Null verschieden sind nur die Elemente

$$(\xi^2)_{n_1, n_1 - 1} = (\xi^2)_{n_1 - 1, n_1} = -\frac{2}{\varepsilon^2}\,(2n_1 + |m|)\sqrt{n_1(n_1 + |m|)}\,,$$

$$(\xi^2)_{n_1, n_1 - 2} = (\xi^2)_{n_1 - 2, n_1} = \frac{1}{\varepsilon^2}\sqrt{n_1(n_1 - 1)\,(n_1 + |m|)\,(n_1 + |m| - 1)}\,,$$

die in den Nennern stehenden Differenzen sind

$$\beta_1^{(0)}(n_1) - \beta_1^{(0)}(n_1') = \varepsilon(n_1 - n_1') \, .$$

Als Ergebnis der Rechnungen erhält man

$$\beta_1^{(2)} = - \frac{\mathcal{E}^2}{16\varepsilon^5} (|m| + 2n_1 + 1) \, [4m^2 + 17(2\,|m|\,n_1 + 2n_1^2 + |m| + 2n_1) + 18]$$

(der Ausdruck für $\beta_2^{(2)}$ unterscheidet sich durch Ersetzen von n_1 durch n_2). Sammeln wir die erhaltenen Ausdrücke und setzen sie in die Beziehung $\beta_1 + \beta_2 = 1$ ein, so ergibt sich

$$\varepsilon n - \frac{\mathcal{E}^2 n}{16\varepsilon^5} [17n^2 + 51(n_1 - n_2)^2 - 9m^2 + 19] + \frac{3}{2} \mathcal{E} \frac{n}{\varepsilon^2} (n_1 - n_2) = 1 \, .$$

Diese Gleichung wird durch sukzessive Approximation gelöst, und es ergibt sich für die Energie $E = - \varepsilon^2/2$ in zweiter Näherung der Ausdruck

$$E = - \frac{1}{2n^2} + \frac{3}{2} \mathcal{E} n(n_1 - n_2) - \frac{\mathcal{E}^2}{16} n^4 [17n^2 - 3(n_1 - n_2)^2 - 9m^2 + 19] \, . \tag{77,8}$$

Das zweite Glied ist der uns schon bekannte lineare Stark-Effekt, das dritte bedeutet den gesuchten quadratischen Effekt (G. Wentzel, I. Waller, P. Epstein, 1926). Diese Größe ist immer negativ, d. h., infolge des quadratischen Effektes werden die Terme immer abgesenkt. Der Mittelwert des Dipolmomentes ergibt sich durch Differentiation von (77,8) nach dem Feld; in den Zuständen mit $n_1 = n_2$ ist

$$\bar{d}_z = \frac{n^4}{8} (17n^2 - 9m^2 + 19) \, \mathcal{E} \, . \tag{77,9}$$

Die Polarisierbarkeit eines Wasserstoffatoms im Grundzustand ($n = 1$, $m = 0$) ist also gleich 9/2 (siehe auch Aufgabe 4 zu § 76).

Der Absolutbetrag der Energie der Wasserstoffterme wird mit zunehmender Hauptquantenzahl n schnell kleiner, und die Stark-Aufspaltung nimmt zu. In diesem Zusammenhang ist es interessant, den Stark-Effekt an hoch angeregten Niveaus in so starken Feldern zu behandeln, daß die entstehende Aufspaltung mit der Energie der Niveaus vergleichbar wird und die Störungstheorie unbrauchbar ist.[1] Bei dieser Untersuchung kann man ausnutzen, daß die Zustände mit großen Werten von n quasiklassisch sind.

Durch die Substitution

$$f_1 = \frac{\chi_1}{\sqrt{\xi}} \, , \qquad f_2 = \frac{\chi_2}{\sqrt{\eta}} \tag{77,10}$$

geht die Gleichung (77,4) über in

$$\begin{aligned} \frac{d^2\chi_1}{d\xi^2} + \left(\frac{E}{2} + \frac{\beta_1}{\xi} - \frac{m^2 - 1}{4\xi^2} - \frac{\mathcal{E}}{4} \xi\right) \chi_1 = 0 \, , \\ \frac{d^2\chi_2}{d\eta^2} + \left(\frac{E}{2} + \frac{\beta_2}{\eta} - \frac{m^2 - 1}{4\eta^2} + \frac{\mathcal{E}}{4} \eta\right) \chi_2 = 0 \, . \end{aligned} \tag{77,11}$$

[1]) Die Störungstheorie kann auf höhere Niveaus angewandt werden, wenn nur die Störung klein gegenüber der Energie des Niveaus selbst (Bindungsenergie des Elektrons) ist, und nicht klein gegenüber den Abständen zwischen den Niveaus. Im quasiklassischen Falle (der für die stark angeregten Zustände vorliegt) kann man eine Störung als klein ansehen, wenn die damit verknüpfte Kraft klein gegenüber den Kräften auf das Teilchen im ungestörten System ist; diese Bedingung ist aber der oben formulierten äquivalent.

Beide Gleichungen haben die Gestalt eindimensionaler SCHRÖDINGER-Gleichungen. $E/4$ spielt dabei die Rolle der Gesamtenergie des Teilchens, die Rolle der potentiellen Energie übernehmen die Funktionen

$$
\begin{aligned}
U_1(\xi) &= -\frac{\beta_1}{2\xi} + \frac{m^2-1}{8\xi^2} + \frac{\mathscr{E}}{8}\,\xi\,, \\
U_2(\eta) &= -\frac{\beta_2}{2\eta} + \frac{m^2-1}{8\eta^2} - \frac{\mathscr{E}}{8}\,\eta\,.
\end{aligned}
\tag{77,12}
$$

In Abb. 25 und 26 ist die ungefähre Gestalt dieser Funktionen (für $m > 1$) dargestellt. Nach der BOHR-SOMMERFELDschen-Quantisierungsvorschrift (48,2) schreiben wir

$$
\begin{aligned}
\int_{\xi_1}^{\xi_2} \sqrt{2\left[\frac{E}{4} - U_1(\xi)\right]}\, d\xi &= \left(n_1 + \frac{1}{2}\right)\pi\,, \\
\int_{\eta_1}^{\eta_2} \sqrt{2\left[\frac{E}{4} - U_2(\eta)\right]}\, d\eta &= \left(n_2 + \frac{1}{2}\right)\pi
\end{aligned}
\tag{77,13}
$$

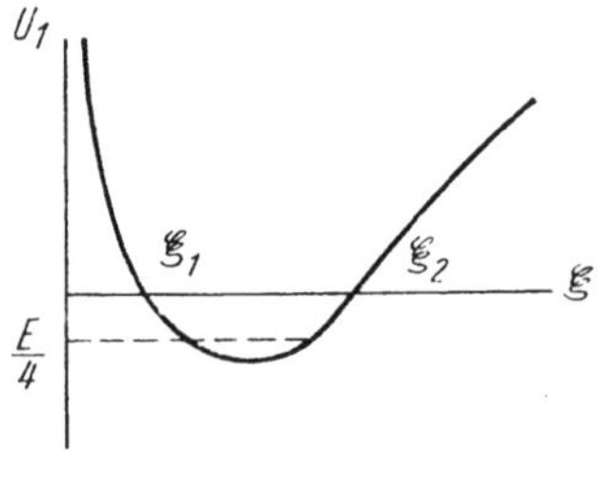

Abb. 25

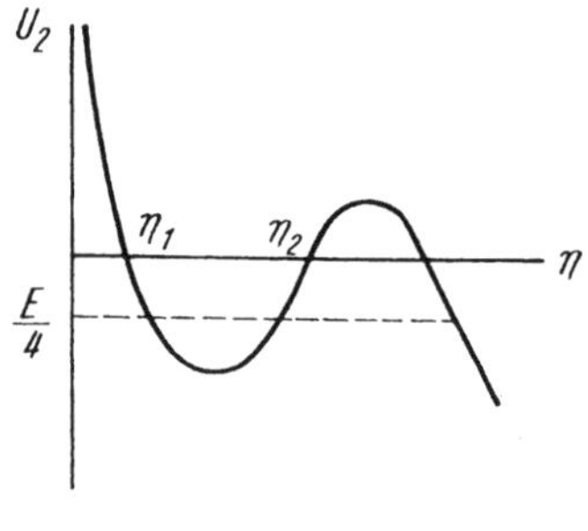

Abb. 26

(n_1 und n_2 sind ganze Zahlen).[1] Diese Gleichungen bestimmen implizit die Abhängigkeit der Parameter β_1 und β_2 von E. Zusammen mit der Gleichung $\beta_1 + \beta_2 = 1$ legen sie folglich die Energien der im elektrischen Feld verschobenen Niveaus fest. Die Integrale in den Gleichungen (77,13) können auf elliptische Integrale zurückgeführt werden; die Lösung dieser Gleichungen ist nur numerisch möglich.

Der STARK-Effekt in starken Feldern wird durch eine andere Erscheinung noch komplizierter — durch die Ionisierung des Atoms im elektrischen Feld (C. LANCZOS, 1931). Die potentielle Energie des Elektrons im äußeren Feld $\mathscr{E}z$ nimmt für $z \to -\infty$ beliebig große negative Werte an. Sie wird zur potentiellen Energie des Elektrons im

[1] Die genaue Untersuchung zeigt, daß man ein genaueres Resultat erhält, wenn man in den Ausdrücken für U_1 und U_2 m^2 statt $m^2 - 1$ schreibt. Die ganzen Zahlen n_1 und n_2 stimmen dann mit den parabolischen Quantenzahlen überein.

Atom addiert. Außer dem Bereich innerhalb des Atoms gibt es nun auch in großen Entfernungen vom Kern in Richtung zur Anode hin einen erlaubten Bereich für die Bewegung des Elektrons (dessen Gesamtenergie E negativ ist). Diese beiden Bereiche sind durch einen Potentialwall voneinander getrennt, dessen Breite mit zunehmendem Feld kleiner wird. Aber in der Quantenmechanik gibt es immer eine von Null verschiedene Wahrscheinlichkeit für das Durchtunneln eines Potentialwalles. Kann das Elektron aus dem Atominneren durch den Potentialwall nach außen hindurchtunneln, so bedeutet das die Ionisierung des Atoms. In schwachen Feldern ist die Wahrscheinlichkeit für diese Ionisierung verschwindend klein. Sie wächst mit dem Feld exponentiell an und wird für starke Felder beträchtlich.[1])

Aufgaben

1. Man berechne die Wahrscheinlichkeit (pro Zeiteinheit) für die Ionisierung eines Wasserstoffatoms (im Grundzustand) in einem elektrischen Feld, das der Bedingung $\mathscr{E} \ll 1$ ($\mathscr{E} \ll m^2 |e|^5/\hbar^4$ in üblichen Einheiten) genügt!

Lösung.[2]) In parabolischen Koordinaten liegt der Potentialwall „in Richtung der Koordinate η“ (Abb. 26). Das Elektron wird aus dem Atom in Richtung $z \to -\infty$ herausgezogen, wenn es in den Bereich großer η gelangt. Zur Bestimmung der Ionisierungswahrscheinlichkeit müssen wir die Gestalt der Wellenfunktion für große η untersuchen (und für kleine ξ; wir werden später sehen, daß im Integral für den gesamten Wahrscheinlichkeitsstrom für das zu entfernende Elektron kleine ξ eine Rolle spielen). Die Wellenfunktion des Elektrons im Grundzustand (ohne Feld) ist

$$\psi = \frac{1}{\sqrt{\pi}} e^{-\frac{\xi+\eta}{2}} . \tag{1}$$

Auch wenn ein Feld vorhanden ist, kann man die ξ-Abhängigkeit von ψ im uns interessierenden Bereich genauso annehmen wie in (1). Zur Bestimmung der η-Abhängigkeit haben wir die Gleichung

$$\frac{\partial^2 \chi}{\partial \eta^2} + \left(-\frac{1}{4} + \frac{1}{2\eta} + \frac{1}{4\eta^2} + \frac{\mathscr{E}\eta}{4}\right)\chi = 0 \tag{2}$$

mit $\chi = \sqrt{\eta}\,\psi$ (das ist Gleichung (77,11) mit $E = -1/2$, $m = 0$, $\beta_2 = 1/2$). η_0 sei ein Wert von η (innerhalb des Potentialwalles), so daß $1 \ll \eta_0 \ll 1/\mathscr{E}$ gilt. Für $\eta \gtrsim \eta_0$ ist die Wellenfunktion quasiklassisch. Da andererseits die Gleichung (2) die Gestalt einer eindimensionalen SCHRÖDINGER-Gleichung hat, können wir die Formeln (50,2) benutzen. Fordern wir als Randbedingung, daß ψ für $\eta = \eta_0$ gleich der Wellenfunktion (1) ist, dann erhalten wir im Bereich außerhalb des Po-

---

[1]) Die beschriebene Erscheinung kann zur Illustration dienen, wie eine kleine Störung den Charakter des Energiespektrums ändern kann. Schon ein schwaches Feld $\mathscr{E}$ reicht aus, um einen Potentialwall und weit weg vom Kern einen für das Elektron erlaubten Bereich zu schaffen. Die Bewegung des Elektrons verläuft, streng genommen, bis ins Unendliche und aus dem diskreten Energiespektrum wird ein kontinuierliches. Trotzdem hat die formale Lösung nach der Störungstheorie einen physikalischen Sinn. Sie gibt die Energie derjenigen Zustände an, die, wenn auch nicht ganz, so doch beinahe stationär sind. Ein Atom, das sich zu einer gewissen Zeit in einem solchen Zustand befindet, verweilt eine lange Zeit darin.

Die Störungsreihe für die STARK-Aufspaltung der Niveaus kann im strengen Sinne des Wortes nicht konvergent sein, sondern nur asymptotisch konvergent: Von einer bestimmten Stelle in der Reihe an werden die Reihenglieder größer und nicht kleiner (diese Stelle liegt bei umso höheren Gliedern, je kleiner die Störung ist).

[2]) In dieser Aufgabe verwenden wir atomare Einheiten.

tentialwalles den Ausdruck

$$\chi = \left(\frac{\eta_0\,|p_0|}{\pi p}\right)^{1/2} \exp\left(-\frac{\xi + \eta_0}{2} + i\int_{\eta_0}^{\eta} p\,\mathrm{d}\eta + \frac{i\pi}{4}\right)$$

mit

$$p(\eta) = \sqrt{-\frac{1}{4} + \frac{1}{2\eta} + \frac{1}{4\eta^2} + \frac{\mathcal{E}\eta}{4}}\,.$$

Uns interessiert später nur das Quadrat $|\chi|^2$. Aus diesem Grunde ist der Imaginärteil des Exponenten unwesentlich. Wir bezeichnen die Wurzel der Gleichung $p(\eta) = 0$ mit η_1 und haben

$$|\chi|^2 = \frac{\eta_0\,|p_0|}{\pi p} \exp\left(-\xi - 2\int_{\eta_0}^{\eta_1} |p|\,\mathrm{d}\eta - \eta_0\right). \tag{3}$$

Im Faktor vor der Exponentialfunktion setzen wir für $\eta \gg 1$

$$|p_0| \approx \frac{1}{2}\,, \qquad p \approx \frac{1}{2}\sqrt{\mathcal{E}\eta - 1}\,.$$

Im Exponenten müssen wir auch das nächste Glied in der Entwicklung der Funktion $p(\eta)$ mitnehmen:

$$|\chi|^2 = \frac{\eta_0}{\pi\sqrt{\mathcal{E}\eta - 1}} \exp\left(-\xi - \int_{\eta_0}^{\eta_1} \sqrt{1 - \mathcal{E}\eta}\,\mathrm{d}\eta + \int_{\eta_0}^{\eta_1} \frac{\mathrm{d}\eta}{\eta\sqrt{1 - \mathcal{E}\eta}} - \eta_0\right)$$

mit $\eta_1 = 1/\mathcal{E}$. Wir integrieren und vernachlässigen überall, wo es möglich ist, $\eta_0\varepsilon$ gegen 1 und erhalten

$$|\chi|^2 = \frac{4}{\pi\mathcal{E}\sqrt{\mathcal{E}\eta - 1}} \exp\left(-\xi - \frac{2}{3\mathcal{E}}\right). \tag{4}$$

Der gesamte Wahrscheinlichkeitsstrom durch eine zur z-Achse senkrechte Ebene (d. h. die gesuchte Ionisierungswahrscheinlichkeit) ist

$$w = \int_0^\infty |\psi|^2\, v_z\, 2\pi\varrho\,\mathrm{d}\varrho$$

(ϱ ist der Radius in Zylinderkoordinaten in der betrachteten Ebene). Für große η (und kleine ξ) kann man

$$\mathrm{d}\varrho = \mathrm{d}\sqrt{\xi\eta} \approx \frac{1}{2}\sqrt{\frac{\eta}{\xi}}\,\mathrm{d}\xi$$

setzen. Für die Geschwindigkeit des Elektrons verwenden wir

$$v_z \approx \sqrt{2\left(-\frac{1}{2} + \frac{\mathcal{E}\eta}{2}\right)} = \sqrt{\mathcal{E}\eta - 1}$$

und erhalten

$$w = \int_0^\infty |\chi|^2 \pi \sqrt{\mathcal{E}\eta - 1}\, d\xi$$

und hieraus endgültig

$$w = \frac{4}{\mathcal{E}} \exp\left(-\frac{2}{3\mathcal{E}}\right) \tag{5}$$

oder in üblichen Einheiten

$$w = \frac{4m^3 |e|^9}{\mathcal{E}\hbar^7} \exp\left(-\frac{2m^2 |e|^5}{3\mathcal{E}\hbar^4}\right).$$

2. Man berechne die Wahrscheinlichkeit, mit der ein Elektron von einem elektrischen Feld aus einem Potentialtopf mit kurzreichweitigen Kräften herausgerissen wird! Das Elektron befinde sich im Potentialtopf in einem gebundenen s-Zustand. Das elektrische Feld wird in folgendem Sinne als schwach vorausgesetzt: Es sei $|e|\, \mathcal{E} \ll \hbar^2\varkappa^3/m$ mit $\varkappa = \sqrt{2m\,|E|}/\hbar$, wenn $|E|$ die Bindungsenergie des Elektrons im Potentialtopf und m seine Masse sind (Ju. N. Demkov und G. F. Drukarjow, 1964).

Lösung. Wie in Aufgabe 1 sind im Falle eines schwachen elektrischen Feldes große Abstände vom Zentrum ($\varkappa r \gg 1$) wesentlich. Für solche Abstände hat die Wellenfunktion des gebundenen Elektronenzustandes im Potentialtopf (ohne Feld $\mathcal{E}$) die asymptotische Gestalt

$$\psi = \frac{A\sqrt{\varkappa}}{r} e^{-\varkappa r}.$$

A ist darin eine dimensionslose Konstante, die von der konkreten Gestalt des Potentialtopfes abhängt.[1]) In parabolischen Koordinaten haben wir $r = (\xi + \eta)/2$, und im Bereich $\eta \gg \xi$ hat die Wellenfunktion die Gestalt

$$\psi \approx \frac{2A\sqrt{\varkappa}}{\eta} \exp\left[-\frac{\varkappa}{2}(\xi + \eta)\right]. \tag{6}$$

Im folgenden werden in dieser Aufgabe Massen, Längen und Zeiten in Einheiten m, $1/\varkappa$ bzw. $m/\hbar\varkappa^2$ gemessen.

Die Funktion (6) zerfällt in ein Produkt von Funktionen von ξ bzw. η allein. Mit elektrischem Feld kann man die ξ-Abhängigkeit von ψ (wie in Aufgabe 1) genauso annehmen wie in (6). Zur Bestimmung der η-Abhängigkeit sehen wir uns die Schrödinger-Gleichung in parabolischen Koordinaten an. Da das Feld des Potentialtopfes rasch abklingt, kann man dieses Feld bei den für unser Problem wesentlichen großen Abständen ganz vernachlässigen (anders als im Falle des Coulomb-Feldes). Die Separation der Variablen in der Schrödinger-Gleichung ergibt dann wiederum die Gleichungen (77,11), in denen man $E = -1/2$ und $m = 0$ zu setzen hat; die Separationskonstanten erfüllen jetzt die Bedingung

$$\beta_1 + \beta_2 = 0.$$

Der Parameter β_1 muß gleich 1/2 gesetzt werden (so daß $\psi \sim e^{-\xi/2}$ näherungsweise für kleine $\xi\mathcal{E}$ die erste Gleichung in (77,11) erfüllt). Dann ist $\beta_2 = -1/2$, und zur Bestimmung der η-Abhängig-

[1]) Wenn der Radius a des Potentialtopfes so klein ist, daß $a\varkappa \ll 1$ gilt, dann ist $A = (2\pi)^{-1/2}$, Näheres siehe in § 133.

keit von ψ haben wir die Gleichung

$$\frac{\partial^2\chi}{\partial\eta^2} + \left(-\frac{1}{4} - \frac{1}{2\eta} + \frac{1}{4\eta^2} + \frac{\mathcal{E}}{4}\eta\right)\chi = 0\,, \qquad \chi = \psi\sqrt{\eta}\,.$$

Wir lösen diese Gleichung genauso, wie Gleichung (2) gelöst worden ist, und erhalten jetzt statt (3)

$$|\chi|^2 = \frac{4A^2\,|p_0|}{\eta_0 p}\exp\left(-\xi - 2\int_{\eta_0}^{\eta_1}|p|\,d\eta - \eta_0\right)$$

mit

$$p(\eta) = \sqrt{-\frac{1}{4} - \frac{1}{2\eta} + \frac{1}{4\eta^2} + \frac{\mathcal{E}\eta}{4}}\,.$$

Ferner ergibt sich anstelle von (4)

$$|\chi|^2 = \frac{A^2\mathcal{E}}{\sqrt{\mathcal{E}\eta - 1}}\exp\left(-\xi - \frac{2}{3\mathcal{E}}\right),$$

und schließlich statt (5)

$$w = \pi A^2 \varepsilon \exp\left(-\frac{2}{3\mathcal{E}}\right)$$

oder in üblichen Einheiten

$$w = \frac{\pi\,|e|\,\mathcal{E}A^2}{\hbar\varkappa}\exp\left(-\frac{2\hbar^2\varkappa^3}{3m\,|e|\,\mathcal{E}}\right).$$

3. Es ist mit exponentieller Genauigkeit die Wahrscheinlichkeit dafür abzuschätzen, daß ein Elektron aus einem Potentialtopf von einem homogenen zeitlich veränderlichen elektrischen Feld $\mathcal{E} = \mathcal{E}_0 \cos\omega t$ herausgerissen wird. Frequenz und Amplitude des Feldes sollen dabei die Bedingungen

$$\hbar\omega \ll |E|\,, \qquad |e|\,\mathcal{E}_0 \ll \hbar^2\varkappa^3/m$$

mit $\varkappa = \sqrt{2m\,|E|}/\hbar$ erfüllen; $|E|$ ist die Bindungsenergie des Elektrons im Potentialtopf (L. W. Keldysch, 1964).[1])

Lösung. Unter den angenommenen Bedingungen ist die Wahrscheinlichkeit w für das Herauslösen des Elektrons exponentiell klein. Will man lediglich den Exponenten (ohne den Faktor vor der Exponentialfunktion) berechnen, so braucht man die Bewegung nur als eindimensional zu behandeln — in Feldrichtung, die wir als z-Achse wählen.

Hier ist es zweckmäßig, das elektrische Feld nicht mit einem skalaren, sondern mit einem Vektorpotential zu beschreiben: $A_z = A = -(c\mathcal{E}_0/\omega)\sin\omega t$. Der Hamilton-Operator für das Elektron außerhalb des Potentialtopfes ist dann

$$\hat{H} = \frac{1}{2m}\left(-i\hbar\frac{\partial}{\partial z} + \frac{|e|\,\mathcal{E}_0}{\omega}\sin\omega t\right)^2$$

(s. u. (111,3)) und enthält die Koordinaten z nicht. Wir führen die dimensionslosen Variablen und die dimensionslosen Parameter

$$\tau = \frac{\hbar\varkappa^2}{2m}t\,, \qquad \eta = 2\varkappa z\,, \qquad \Omega = \frac{2m\omega}{\hbar\varkappa^2} = \frac{\hbar\omega}{|E|}\,, \qquad F = \frac{|e|\,m\mathcal{E}_0}{\hbar^2\varkappa^3}$$

---

[1]) Es kann sich dabei zum Beispiel um die Ionisierung eines einwertigen negativen Ions in einer starken Lichtwelle handeln. Der Potentialtopf wird in diesem Falle durch die Wechselwirkung des Elektrons mit dem neutralen Atomrumpf erzeugt. Die Bedingung $\hbar\omega \ll |E|$ sichert dabei, daß die klassische Behandlung des Feldes der elektromagnetischen Welle zulässig ist.

ein und schreiben die SCHRÖDINGER-Gleichung in der Form

$$\frac{i}{4}\frac{\partial \Psi}{\partial \tau} = -\left(\frac{\partial}{\partial \eta} + \frac{iF}{\Omega}\sin \Omega\tau\right)^2 \Psi .$$

Die Randbedingung zu dieser Gleichung ist die Forderung, daß die Lösung $\Psi(\eta, \tau)$ für $\eta \to 0$ gleich der ungestörten Wellenfunktion des Elektrons (mit der Energie $E = -|E|$) im Potentialtopf (ohne Feld) ist:

$$\Psi \to e^{i\tau} \text{ für } \eta \to 0 . \tag{7}$$

Da das vorliegende Problem quasiklassisch zu behandeln ist, setzen wir die Lösung (mit exponentieller Genauigkeit) in der Form $\Psi = \exp(iS)$ mit der klassischen Wirkung $S(\eta, \tau)$ an. Der HAMILTON-Operator ist unabhängig von der Koordinate η, deshalb bleibt der verallgemeinerte Impuls $p_\eta = p$ längs einer klassischen Bahnkurve erhalten, und es gilt

$$S = -\int_{\tau_0}^{\tau} H(p, \tau')\,\mathrm{d}\tau' + \eta p + A , \qquad H(p, \tau) = 4\left(p + \frac{F}{\Omega}\sin \Omega\tau\right)^2 \tag{8}$$

mit den Konstanten A und τ_0. Im Sinne der Wirkung als Funktion der Koordinaten (siehe I, § 43) hat man dabei unter p denjenigen Wert zu verstehen, der die Bahnkurve zur Zeit τ in den gegebenen Punkt η bringt, d. h., p ist als eine durch die Bewegungsgleichung $\partial S/\partial p = \text{const}$ bestimmte Funktion von η und τ anzusehen. Demzufolge ist

$$\eta = \int_{\tau_0}^{\tau} \frac{\partial H(p, \tau')}{\partial p}\,\mathrm{d}\tau' \tag{9}$$

(die Konstante ist so gewählt worden, daß $\eta = 0$ für $\tau = \tau_0$ ist). Die Formeln (8) und (9) liefern die Wirkung in Abhängigkeit von den beiden Konstanten τ_0 und A. Um eine Lösung zu erhalten, die die Bedingung (1) erfüllt, hat man (wie bei der Bestimmung des allgemeinen Integrales der HAMILTON-JACOBIschen Gleichung – siehe I, § 47, Fußnote auf S. 182) A als Funktion von τ_0 anzusehen; τ_0 ist dabei eine Funktion von Ort und Zeit, die aus der Bedingung

$$\frac{\partial S}{\partial \tau_0} = 0 \tag{10}$$

bestimmt wird. Offensichtlich ist $A(\tau_0) = \tau_0$ zu setzen; dann wird für $\eta = 0$ zusammen mit $\tau = \tau_0$ auch $S = \tau_0$, d. h. $S = \tau$ in Einklang mit der Bedingung (7). Die Gleichung (10) wird jetzt umgeformt in

$$H(p, \tau_0) + 1 = 0 . \tag{11}$$

Die Gleichungen (9) und (11) geben zusammen die Funktionen $\tau_0(\eta, \tau)$ und $p(\eta, \tau)$ an und damit auch (nach Einsetzen in (8)) die Wellenfunktion $\Psi(\eta, \tau)$.

Die gesuchte Wahrscheinlichkeit w ist proportional zur Stromdichte entlang der z-Achse. Im klassisch erlaubten Bereich ist diese Dichte $v_z |\Psi|^2$. Der Anfang dieses Bereiches wird durch den Punkt bestimmt, in dem $\operatorname{Im} S$ aufhört zu wachsen. In diesem Punkte ist $(\partial \operatorname{Im} S/\partial\eta)_\tau = 0$, und wegen $\partial S/\eta = p$ ist $\operatorname{Im} p = 0$. Aus (9) und (11) folgt dann, daß hier auch $\operatorname{Re} p = 0$ ist. Aus dieser Bedingung wird der Wert τ_0 bestimmt. Wir setzen in (11) $p = 0$ und erhalten

$$\frac{4F^2}{\Omega^2}\sin^2 \Omega\tau_0 = -1 ,$$

und daraus

$$\Omega\tau_0 = i \operatorname{Arsinh} \gamma , \qquad \gamma = \frac{\Omega}{2F} = \frac{\sqrt{2m|E|}}{|e|\,\mathscr{E}_0}\,\omega$$

(die Tatsache, daß der „Zeitpunkt" τ_0 imaginär ist, bedeutet, daß dieser Prozeß klassisch nicht realisierbar ist). Endgültig wird

$$w \propto \exp\left\{-2\,\mathrm{Im}\left[\int\limits_{\tau}^{\tau_0} \frac{4F^2}{\Omega^2} \sin^2 \Omega\tau'\, d\tau' + \tau_0\right]\right\},$$

wobei man für τ einen beliebigen reellen Wert wählen kann (der Imaginärteil des Integrals ist davon unabhängig). Wir rechnen das Integral aus und bekommen

$$w \propto \exp\left\{-\frac{2\,|E|}{\hbar\omega} f(\gamma)\right\}, \qquad f(\gamma) = \left(1 + \frac{1}{2\gamma^2}\right) \mathrm{Arsinh}\,\gamma - \frac{\sqrt{1+\gamma^2}}{2\gamma}. \tag{12}$$

Die asymptotischen Ausdrücke für die Funktion $f(\gamma)$ sind

$$f(\gamma) \approx \frac{2\gamma}{3} \quad \text{für} \quad \gamma \ll 1, \qquad f(\gamma) \approx \ln 2\gamma - \frac{1}{2} \quad \text{für} \quad \gamma \gg 1.$$

Der Grenzwert von w für $\gamma \to 0$ ist die Wahrscheinlichkeit, daß das Teilchen von einem konstanten Feld aus dem Potentialtopf herausgerissen wird.

Die Formel (12) ist brauchbar, wenn der Exponent groß ist. Dazu muß auf jeden Fall $\hbar\omega \ll |E|$ sein.

XI DAS ZWEIATOMIGE MOLEKÜL

§ 78. Die Elektronenterme eines zweiatomigen Moleküls

In der Molekültheorie spielt die Tatsache, daß die Massen der Atomkerne gegenüber den Elektronenmassen sehr groß sind, eine grundlegende Rolle. Wegen dieses Massenunterschiedes ist die Geschwindigkeit der Kerne im Molekül gegenüber den Elektronengeschwindigkeiten sehr klein. Das ermöglicht, die Elektronenbewegung bei festgehaltenen Kernen (in gegebenen Abständen voneinander) zu betrachten. Wir werden bei der Bestimmung der Energieniveaus U_n eines solchen Systems die sogenannten *Elektronenterme* des Moleküls finden. Im Gegensatz zu den Atomen, für die die Energieniveaus durch bestimmte Zahlen gegeben wurden, sind hier die Elektronenterme keine Zahlen, sondern Funktionen von Parametern — den Kernabständen im Molekül. In der Energie U_n ist auch die elektrostatische Wechselwirkungsenergie der Kerne untereinander enthalten, so daß U_n die Gesamtenergie des Moleküls bei gegebener Lage der festgehaltenen Kerne darstellt.

Wir werden die Untersuchung der Moleküle mit dem einfachsten, dem *zweiatomigen Molekül*, das eine vollständige theoretische Untersuchung zuläßt, beginnen. Die Elektronenterme eines zweiatomigen Moleküls hängen nur von einem Parameter ab — vom Kernabstand r.

Ein Grundprinzip zur Klassifizierung der Atomterme war die Einteilung nach der Größe des Gesamtbahndrehimpulses L. Bei den Molekülen gilt aber der Erhaltungssatz für den Gesamtbahndrehimpuls der Elektronen nicht mehr allgemein, da das resultierende elektrische Feld mehrerer Kerne nicht mehr kugelsymmetrisch ist.

In zweiatomigen Molekülen ist das Feld axialsymmetrisch bezüglich der Achse, die durch beide Kerne geht. Deshalb bleibt hier die Projektion des Bahndrehimpulses auf diese Achse erhalten, und wir können die Elektronenterme des Moleküls nach der Größe dieser Projektion klassifizieren. Der Betrag der Projektion des Bahndrehimpulses auf die Molekülachse wird mit dem Buchstaben Λ bezeichnet; er durchläuft die Werte 0, 1, 2, ... Die Terme mit verschiedenen Werten Λ kennzeichnet man mit großen griechischen Buchstaben, die den lateinischen Symbolen der Atomterme mit verschiedenen L entsprechen. So spricht man bei $\Lambda = 0, 1, 2$ von Σ-, Π-, Δ-Termen; größere Λ braucht man gewöhnlich nicht zu betrachten.

Jeder Elektronenzustand des Moleküls wird weiterhin charakterisiert durch den Gesamtspin S aller Elektronen im Molekül. Bei von Null verschiedenem S findet man eine Entartung in der Richtung des Gesamtspins mit Entartungsgrad $2S + 1$.[1]) Die Zahl $2S + 1$ heißt hier wie bei den Atomen *Multiplizität* des Terms und wird als Index am Termsymbol angebracht; so kennzeichnet $^3\Pi$ den Term mit $\Lambda = 1, S = 1$.

[1]) Von der Feinstruktur infolge der relativistischen Wechselwirkungen sehen wir hier ab (s. u. §§ 83 und 84).

Außer den Drehungen um die Achse um einen beliebigen Winkel erlaubt die Symmetrie des Moleküls auch eine Spiegelung an einer beliebigen Ebene, die diese Achse enthält. Wenn man eine solche Spiegelung ausführt, bleibt die Energie des Moleküls unverändert. Der dabei erhaltene Zustand wird aber mit dem Ausgangszustand nicht identisch sein; denn bei einer Spiegelung an einer Ebene, in der die Molekülachse liegt, wird das Vorzeichen des Drehimpulses (Axialvektor!) bezüglich dieser Achse geändert. So erhalten wir das Resultat, daß alle Elektronenterme mit nichtverschwindendem Λ zweifach entartet sind — jedem Energiewert entsprechen zwei Zustände, die sich in der Richtung der Projektion des Bahndrehimpulses auf die Molekülachse unterscheiden. Was den Fall $\Lambda = 0$ betrifft, so wird bei Spiegelungen der Zustand des Moleküls im allgemeinen nicht geändert, so daß die Σ-Terme nicht entartet sind. Die Wellenfunktion des Σ-Terms kann bei Spiegelungen nur mit einer Konstanten multipliziert werden. Da die doppelte Spiegelung an der gleichen Ebene die identische Transformation ist, ist diese Konstante ± 1. Man muß die Σ-Terme, deren Wellenfunktion sich bei Spiegelungen nicht ändert, und die Terme, deren Wellenfunktion das Vorzeichen wechselt, unterscheiden. Erstere bezeichnet man mit Σ^+, letztere mit Σ^-.

Wenn das Molekül aus zwei gleichen Atomen besteht, dann tritt eine neue Symmetrie auf und mit ihr auch eine zusätzliche Eigenart der Elektronenterme. Ein zweiatomiges Molekül mit gleichen Kernen besitzt nämlich noch ein Symmetriezentrum im Mittelpunkt der Verbindungslinie zwischen beiden Kernen (diesen Punkt wählen wir als Koordinatenursprung).[1]) Deshalb ist der HAMILTON-Operator invariant gegenüber der gleichzeitigen Änderung der Vorzeichen aller Elektronenkoordinaten im Molekül (bei ungeänderten Kernkoordinaten). Da der Operator dieser Transformation[2]) auch mit dem Operator für den Bahndrehimpuls vertauschbar ist, erhalten wir die Möglichkeit, die Terme mit bestimmten Werten Λ auch noch nach ihrer Parität zu klassifizieren: Die Wellenfunktion des *geraden* (g) Zustandes ändert sich bei einem Vorzeichenwechsel aller Elektronenkoordinaten nicht, bei den *ungeraden* (u) ändert sie das Vorzeichen. Die Indizes u, g für die Parität schreibt man gewöhnlich unten an das Termsymbol: Π_u, Π_g usw.

Empirisch ist folgendes bekannt: Bei den weitaus meisten chemisch stabilen zweiatomigen Molekülen hat der Grundzustand der Elektronen die volle Symmetrie — die Wellenfunktion der Elektronen ist invariant gegenüber allen Symmetrietransformationen des Moleküls. In den weitaus meisten Fällen ist auch der Gesamtspin S im Grundzustand gleich Null. Mit anderen Worten, der niedrigste Term eines Moleküls ist ${}^1\Sigma^+$, und wenn das Molekül aus gleichartigen Atomen besteht, ist er ${}^1\Sigma_g^+$. Bekannte Ausnahmen von dieser Regel sind die Moleküle O_2 (niedrigster Term ${}^3\Sigma_g^-$) und NO (niedrigster Term ${}^2\Pi$).

Aufgabe

In der SCHRÖDINGER-Gleichung für die Elektronenterme des Ions H_2^+ sind die Variablen in elliptischen Koordinaten zu separieren.

[1]) Es hat auch eine Symmetrieebene, die auf der Molekülachse senkrecht ist und den Kernabstand halbiert. Dieses Symmetrieelement braucht aber nicht besonders behandelt zu werden, da die Existenz einer solchen Ebene von selbst aus der Tatsache folgt, daß es ein Symmetriezentrum und eine Symmetrieachse gibt.

[2]) Man darf sie nicht mit der Transformation der Koordinatenspiegelung aller Teilchen im System durcheinander bringen (vgl. § 86)!

Lösung. Die SCHRÖDINGER-Gleichung für ein Elektron im Felde zweier festgehaltener Protonen lautet

$$\Delta\psi + 2\left(E + \frac{1}{r_1} + \frac{1}{r_2}\right)\psi = 0$$

(in atomaren Einheiten). Die elliptischen Koordinaten ξ und η sind definiert als

$$\xi = \frac{r_1 + r_2}{R}, \qquad \eta = \frac{r_2 - r_1}{R}, \qquad 1 \leqq \xi \leqq \infty, \qquad -1 \leqq \eta \leqq 1 .$$

Die dritte Koordinate φ ist der Drehwinkel um die Achse durch die beiden Kerne, die sich im Abstand R voneinander befinden (siehe I, § 48). Der LAPLACE-Operator ist in diesen Koordinaten

$$\Delta = \frac{4}{R^2(\xi^2 - \eta^2)}\left[\frac{\partial}{\partial\xi}(\xi^2 - 1)\frac{\partial}{\partial\xi} + \frac{\partial}{\partial\eta}(1 - \eta^2)\frac{\partial}{\partial\eta}\right] + \frac{1}{R^2(\xi^2 - 1)(1 - \eta^2)}\frac{\partial^2}{\partial\varphi^2} .$$

Mit dem Ansatz

$$\psi = X(\xi)\, Y(\eta)\, e^{i\Lambda\varphi}$$

erhalten wir für X und Y die folgenden Gleichungen:

$$\frac{d}{d\xi}\left[(\xi^2 - 1)\frac{dX}{d\xi}\right] + \left(\frac{ER^2}{2}\xi^2 + 2R\xi + A - \frac{\Lambda^2}{\xi^2 - 1}\right) X = 0 ,$$

$$\frac{d}{d\eta}\left[(1 - \eta^2)\frac{dY}{d\eta}\right] + \left(-\frac{ER^2}{2}\eta^2 - A - \frac{\Lambda^2}{1 - \eta^2}\right) Y = 0 ,$$

A ist die Separationskonstante. Jeder Elektronenterm wird durch drei Quantenzahlen bestimmt: durch Λ und durch die beiden „elliptischen Quantenzahlen“ n_ξ und n_η, die die Zahl der Nullstellen der Funktionen $X(\xi)$ und $Y(\eta)$ angeben.

§ 79. Das Überschneiden von Elektronentermen

Man kann die Elektronenterme eines zweiatomigen Moleküls als Funktionen des Abstandes r zwischen den Kernen graphisch darstellen, indem man die Energie als Funktion von r aufträgt. Besonders interessant ist die Frage nach den Schnittpunkten der Kurven für verschiedene Terme.

$U_1(r)$ und $U_2(r)$ seien zwei verschiedene Elektronenterme. Wenn sie sich in irgendeinem Punkte schneiden, dann haben die Funktionen U_1 und U_2 in der Nähe dieses Punktes fast die gleichen Werte. Um die Frage zu klären, ob ein solcher Schnittpunkt möglich ist, geht man zweckmäßigerweise folgendermaßen vor.

Wir betrachten den Punkt r_0, in dem die Funktionen $U_1(r)$ und $U_2(r)$ dicht benachbarte, aber doch nicht gleiche Werte (die wir mit E_1 und E_2 bezeichnen) haben. Dann sehen wir nach, ob U_1 gleich U_2 werden kann, wenn man den betrachteten Punkt um δr ein wenig verschiebt. Die Energien E_1 und E_2 sind die Eigenwerte des HAMILTON-Operators $\hat{H}_0$ — des Elektronensystems im Kernfeld, wenn sich die Kerne im Abstand r_0 voneinander befinden. Nimmt der Abstand r um δr zu, dann geht der HAMILTON-Operator über in $\hat{H}_0 + \hat{V}$ mit $\hat{V} = \delta r \dfrac{\partial \hat{H}_0}{\partial r}$, wobei $\hat{V}$ eine kleine Korrektur ist. Die Werte der Funktionen U_1 und U_2 im Punkte $r_0 + \delta r$ können als die Eigenwerte des neuen HAMILTON-Operators angesehen werden. Diese Betrachtungsweise ermöglicht, die Werte der Terme $U_1(r)$ und $U_2(r)$ im Punkte $r_0 + \delta r$ mit Hilfe der Störungstheorie zu berechnen, wobei $\hat{V}$ als Störung zum Operator $\hat{H}_0$ aufgefaßt wird.

Das übliche Vorgehen der Störungstheorie ist jedoch hier unbrauchbar, weil die Energieeigenwerte E_1 und E_2 des ungestörten Problems sehr dicht beieinander liegen und ihre Differenz im allgemeinen nicht groß gegenüber der Störung ist (die Bedingung (38,9) ist nicht erfüllt). In der Grenze verschwindender Differenz $E_2 - E_1$ gelangen wir zum Fall entarteter Eigenwerte; man wird daher auf den Fall dicht benachbarter Eigenwerte ein ähnliches Verfahren anwenden, wie es in § 39 entwickelt worden ist.

ψ_1 und ψ_2 seien die Eigenfunktionen des ungestörten Operators $\hat{H}_0$ zu den Eigenwerten E_1 und E_2. Als nullte Näherung verwenden wir statt der Funktionen ψ_1 und ψ_2 selbst Linearkombinationen der Gestalt

$$\psi = c_1\psi_1 + c_2\psi_2 \,. \tag{79,1}$$

Diesen Ausdruck setzen wir in die gestörte Gleichung

$$(\hat{H}_0 + \hat{V})\,\psi = E\psi \tag{79,2}$$

ein und erhalten

$$c_1(E_1 + \hat{V} - E)\,\psi_1 + c_2(E_2 + \hat{V} - E)\,\psi_2 = 0 \,.$$

Wir multiplizieren diese Gleichung von links erst mit ψ_1^*, dann mit ψ_2^*, integrieren und bekommen die beiden algebraischen Gleichungen

$$c_1(E_1 + V_{11} - E) + c_2 V_{12} = 0 \,, \quad c_1 V_{21} + c_2(E_2 + V_{22} - E) = 0 \,. \tag{79,3}$$

Da der Operator $\hat{V}$ hermitesch ist, sind die Matrixelemente V_{11} und V_{22} reell, und es ist $V_{12} = V_{21}^*$. Die Bedingung dafür, daß diese Gleichungen eine nicht triviale Lösung haben, lautet

$$\begin{vmatrix} E_1 + V_{11} - E & V_{12} \\ V_{21} & E_2 + V_{22} - E \end{vmatrix} = 0 \,,$$

und daraus folgt

$$E = \tfrac{1}{2}\,(E_1 + E_2 + V_{11} + V_{22}) \pm \sqrt{\tfrac{1}{4}\,(E_1 - E_2 + V_{11} - V_{22})^2 + |V_{12}|^2} \,. \tag{79,4}$$

Diese Formel gibt die gesuchten Energieeigenwerte in erster Näherung an.

Falls die Energiewerte der beiden Terme im Punkte $r_0 + \delta r$ gleich werden (die Terme überschneiden sich), so bedeutet das, daß die beiden durch Formel (79,4) gegebenen E-Werte gleich sind. Dafür ist notwendig, daß der Radikand in (79,4) Null wird. Der Radikand ist die Summe zweier Quadrate. Deshalb erhalten wir als Bedingung für das Überschneiden der Terme die Gleichungen

$$E_1 - E_2 + V_{11} - V_{22} = 0 \,, \qquad V_{12} = 0 \,. \tag{79,5}$$

Darin ist nur ein willkürlicher Parameter enthalten, der die Störung $\hat{V}$ bestimmt — die Verschiebung δr. Deshalb können die beiden (wir setzen voraus, daß die Funktionen ψ_1 und ψ_2 reell gewählt sind; dann ist V_{12} auch reell) Gleichungen (79,5) im allgemeinen nicht gleichzeitig erfüllt werden.

Das Matrixelement V_{12} kann aber auch identisch Null sein; dann bleibt nur eine Gleichung (79,5) übrig, die man durch geeignete Wahl von δr befriedigen kann. Das geschieht immer dann, wenn die zwei betrachteten Terme verschiedene Symmetrie besitzen. Unter Symmetrie verstehen wir hier alle möglichen Symmetriearten — Drehungen um die Achse, Spiegelungen an Ebenen, Inversionen, aber auch Elektronenvertauschungen. Bei einem zweiatomigen Molekül betrifft das Terme mit verschiedenen Λ, verschiedener Parität oder Multiplizität und bei Σ-Termen auch Σ^+ und Σ^-.

Diese Behauptung ist richtig, weil der Störoperator (wie auch der ganze HAMILTON-Operator) mit allen Symmetrieoperatoren des Moleküls vertauschbar ist — mit dem Operator des Drehimpulses bezüglich der Achse, den Operatoren für Spiegelungen und Inversionen, den Operatoren für die Vertauschungen der Elektronen. In den §§ 29 und 30 ist gezeigt worden, daß für eine skalare Größe, deren Operator mit den Drehimpuls- und Inversionsoperatoren kommutiert, nur die Matrixelemente für Übergänge zwischen Zuständen mit gleichem Drehimpuls und gleicher Parität von Null verschieden sind. Dieser Beweis bleibt im wesentlichen auch für den allgemeinen Fall eines beliebigen Symmetrieoperators erhalten. Wir werden ihn hier nicht wiederholen, um so mehr, da in § 97 noch ein anderer allgemeiner Beweis gegeben wird, der auf der Gruppentheorie basiert.

Auf diese Weise kommen wir zu dem Resultat, daß sich bei einem zweiatomigen Molekül nur Terme verschiedener Symmetrie schneiden können, das Überschneiden von Termen mit gleicher Symmetrie ist unmöglich (E. WIGNER und J. v. NEUMANN, 1929). Wenn wir bei einer Näherungsrechnung zwei sich überschneidende Terme gleicher Symmetrie erhalten würden, dann würden sie bei der Berechnung der folgenden Näherung auseinanderrücken, wie das in Abb. 27 durch die ausgezogenen Linien dargestellt ist.

Dieses Ergebnis gilt nicht nur für zweiatomige Moleküle, sondern es ist in Wirklichkeit eine allgemeine quantenmechanische Aussage. Sie gilt immer, wenn der HAMILTON-Operator einen Parameter enthält, durch den die Eigenwerte zu Funktionen dieses Parameters werden.

In der Sprechweise der Gruppentheorie (siehe § 96) lautet die allgemeine Bedingung für ein mögliches Überschneiden der Terme: Die Terme müssen zu verschiedenen irreduziblen Darstellungen der Symmetriegruppe des HAMILTON-Operators für das System gehören.[1])

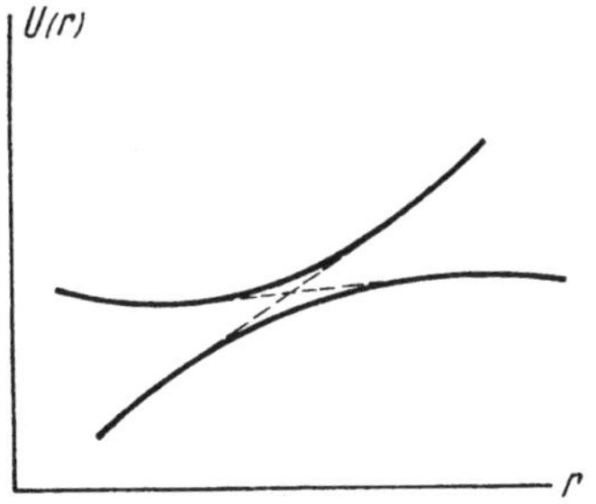

Abb. 27

[1]) Eine scheinbare Ausnahme von dieser Regel bilden die Elektronenterme des H_2^+-Ions. Diese Terme werden durch die Drehimpulsprojektion Λ und die beiden elliptischen Quantenzahlen n_ξ und n_η charakterisiert (siehe die Aufgabe zu § 78). Alle diese Zahlen sind an Funktionen verschiedener Veränderlicher geknüpft. Es gibt daher im allgemeinen keinen Grund gegen ein Überschneiden der Terme $E(R)$ mit verschiedenen Wertepaaren n_ξ und n_η bei gleichem Λ, obwohl diese Terme die gleiche Symmetrie bei Drehungen und Spiegelungen haben. Tatsächlich bedeutet die Tatsache, daß man in der SCHRÖDINGER-Gleichung für das betreffende System die Variablen trennen kann, daß der HAMILTON-Operator eine höhere Symmetrie hat, als es aus den geometrischen Eigenschaften folgt. Hinsichtlich dieser vollständigen Symmetriegrupppe gehören die Zustände, die sich in den Werten der Zahlen n_ξ und n_η unterscheiden, zu verschiedenen Symmetrietypen.

In einem mehratomigen Molekül hängen die Elektronenterme nicht nur von einem, sondern von mehreren Parametern ab — von den Abständen zwischen den verschiedenen Kernen.

s sei die Anzahl der unabhängigen Abstände zwischen den Kernen; in einem N-atomigen ($N > 2$) Molekül ist diese Zahl bei beliebiger Anordnung der Kerne $s = 3N - 6$. Jeder Term $U_n(r_1, \ldots, r_s)$ stellt aus geometrischer Sicht eine Fläche im $(s + 1)$-dimensionalen Raum dar, und man kann vom Schnittgebilde dieser Flächen sprechen; dieses Schnittgebilde kann verschiedene Dimensionen haben: von der Dimension 0 (Schnitt in einem Punkt) bis $s - 1$.

Alle obigen Überlegungen behalten ihre Gültigkeit mit dem einen Unterschied, daß die Störung V jetzt nicht durch einen, sondern durch s Parameter bestimmt wird — durch die Verschiebungen $\delta r_1, \ldots, \delta r_s$. Aber schon bei zwei Parametern können die Gleichungen (79,5) im allgemeinen erfüllt werden. Auf diese Weise erhalten wir das Ergebnis, daß sich in mehratomigen Molekülen zwei beliebige Terme kreuzen können. Wenn die Terme gleiche Symmetrie haben, dann wird der Schnitt durch die beiden Bedingungen (79,5) gegeben. Die Dimension des Schnittgebildes ist demnach $s - 2$. Wenn die Terme verschiedene Symmetrie haben, bleibt noch eine Bedingung, und das Schnittgebilde hat $s - 1$ Dimensionen.

So werden die Terme für $s = 2$ durch Flächen in einem dreidimensionalen Koordinatensystem dargestellt. Das Schnittgebilde ist bei unterschiedlicher Symmetrie der Terme eine Linie ($s - 1 = 1$), und bei gleicher Symmetrie ein Punkt ($s - 2 = 0$). Es ist nicht schwierig zu klären, welche Gestalt im letzteren Falle die Flächen in der Nähe des Schnittpunktes haben. Die Energiewerte in der Nähe des Schnittpunktes der Terme werden durch Formel (79,4) bestimmt. In diesem Ausdruck sind die Matrixelemente V_{11}, V_{22} und V_{12} lineare Funktionen der Verschiebungen δr_1 und δr_2 und deshalb auch lineare Funktionen der Abstände r_1 und r_2. Das ist aber, wie aus der analytischen Geometrie bekannt ist, die Gleichung für einen elliptischen Kegel. Die Terme werden also in der Nähe des Schnittpunktes durch die Oberfläche eines beliebig gelegenen elliptischen Doppelkegels dargestellt (Abb. 28).

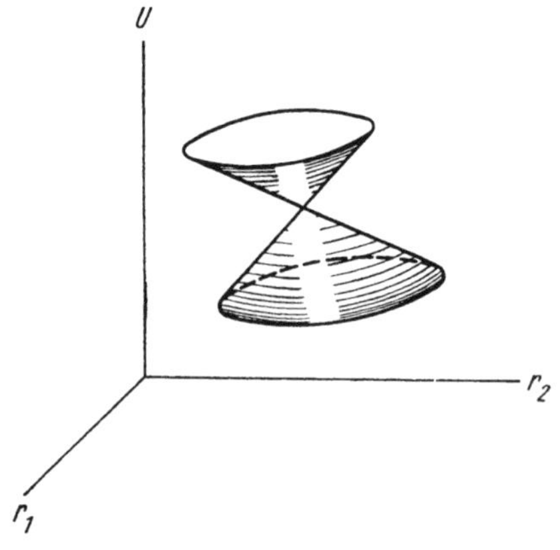

Abb. 28

§ 80. Der Zusammenhang zwischen Molekül- und Atomtermen

Vergrößern wir den Abstand zwischen den Kernen in einem zweiatomigen Molekül, so erhalten wir in der Grenze zwei isolierte Atome (oder Ionen). In diesem Zusammenhang erhebt sich die Frage, wie der Elektronenterm des Moleküls und die Zustände der voneinander getrennten Atome einander zugeordnet sind (E. WIGNER und E. WITMER, 1928). Dieser Zusammenhang ist nicht eindeutig: Wenn man zwei Atome in bestimmten Zuständen einander annähert, dann kann das Molekül in verschieden Elektronenzuständen entstehen.

Wir wollen zunächst annehmen, das Molekül bestehe aus zwei verschiedenen Atomen. Die isolierten Atome sollen sich in Zuständen mit den Bahndrehimpulsen L_1, L_2 und den Spins S_1, S_2 befinden, und es sei $L_1 \geqq L_2$. Die Drehimpulsprojektionen auf die Verbindungslinie der Kerne nehmen die Werte $M_1 = -L_1, -L_1+1, \ldots, L_1$ und $M_2 = -L_2, -L_2+1, \ldots, L_2$ an. Der absolute Betrag der Summe $M_1 + M_2$ bestimmt den Drehimpuls Λ, der sich bei der Annäherung der Atome ergibt. Wir kombinieren alle möglichen Werte von M_1 und M_2 und finden, wie oft sich die verschiedenen Werte $\Lambda = |M_1 + M_2|$ ergeben:

$$
\begin{array}{ll}
\Lambda = L_1 + L_2 & \text{2-mal,} \\
\phantom{\Lambda = {}} L_1 + L_2 - 1 & \text{4-mal,} \\
\ldots\ldots\ldots & \ldots\ldots\ldots \\
\phantom{\Lambda = {}} L_1 - L_2 & 2(2L_2+1)\text{-mal,} \\
\phantom{\Lambda = {}} L_1 - L_2 - 1 & 2(2L_2+1)\text{-mal,} \\
\ldots\ldots\ldots & \ldots\ldots\ldots \\
\phantom{\Lambda = {}} 1 & 2(2L_2+1)\text{-mal} \\
\phantom{\Lambda = {}} 0 & (2L_2+1)\text{-mal.}
\end{array}
$$

Da alle Terme mit $\Lambda \neq 0$ zweifach entartet sind und die Terme mit $\Lambda = 0$ nicht entartet sind, ergeben sich folgende Zahlen von Termen:

$$
\begin{array}{r}
1 \text{ Term mit } \Lambda = L_1 + L_2\,, \\
2 \text{ Terme mit } \Lambda = L_1 + L_2 - 1\,, \\
\ldots\ldots\ldots\ldots\ldots\ldots\ldots \\
2L_2 + 1 \text{ Terme mit } \Lambda = L_1 - L_2\,, \\
2L_2 + 1 \text{ Terme mit } \Lambda = L_1 - L_2 - 1\,, \\
\ldots\ldots\ldots\ldots\ldots\ldots\ldots \\
2L_2 + 1 \text{ Terme mit } \Lambda = 0\,.
\end{array}
\tag{80,1}
$$

Insgesamt ergeben sich $(2L_2 + 1)(L_1 + 1)$ Terme mit Λ-Werten von 0 bis $L_1 + L_2$.

Die Spins S_1 und S_2 der beiden Atome addieren sich nach der allgemeinen Additionsvorschrift für Drehimpulse zum Gesamtspin des Moleküls; es gibt folgende Werte für S:

$$S = S_1 + S_2,\, S_1 + S_2 - 1\,, \ldots, |S_1 - S_2|\,. \tag{80,2}$$

Indem wir alle diese Werte mit allen Werten für Λ (80,1) kombinieren, erhalten wir alle möglichen Terme des gebildeten Moleküls.

Für die Σ-Terme erhebt sich noch die Frage nach dem Vorzeichen. Diese Frage ist leicht zu beantworten, weil die Wellenfunktionen des Moleküls für $r \to \infty$ als Produkte (oder Summen von Produkten) der Wellenfunktionen der beiden Atome geschrieben werden können. Der Drehimpuls $\Lambda = 0$ kann sich dabei entweder bei der Addition von Null verschiedener Drehimpulse der Atome $M_1 = -M_2$ oder für $M_1 = M_2 = 0$ ergeben. Wir bezeichnen die Wellenfunktionen der beiden Atome mit $\psi^{(1)}_{M_1}$ und $\psi^{(2)}_{M_2}$. Für $M = |M_1| = |M_2| \neq 0$ bilden wir die symmetrisierten und die antisymmetrisierten Produkte

$$\psi^+ = \psi^{(1)}_M \psi^{(2)}_{-M} + \psi^{(1)}_{-M} \psi^{(2)}_M ,$$
$$\psi^- = \psi^{(1)}_M \psi^{(2)}_{-M} - \psi^{(1)}_{-M} \psi^{(2)}_M .$$

Die Spiegelung an einer vertikalen Ebene (die die Molekülachse enthält) ändert das Vorzeichen der Drehimpulsprojektion auf die Achse, so daß $\psi^{(1)}_M$ und $\psi^{(2)}_M$ in $\psi^{(1)}_{-M}$ bzw. $\psi^{(2)}_{-M}$ übergehen und umgekehrt. Dabei bleibt die Funktion ψ^+ unverändert, während ψ^- das Vorzeichen wechselt; die erste Funktion entspricht demnach dem Term Σ^+ und die zweite dem Term Σ^-. Für jeden M-Wert gibt es also je einen Σ^+- und einen Σ^--Term. Da M L_2 verschiedene Werte annehmen kann ($M = 1, \ldots, L_2$), erhalten wir insgesamt je L_2 Terme Σ^+ und Σ^-.

Für $M_1 = M_2 = 0$ hat die Wellenfunktion des Moleküls die Gestalt $\psi = \psi^{(1)}_0 \psi^{(2)}_0$. Um herauszufinden, wie sich die Funktion $\psi^{(1)}_0$ bei einer Spiegelung an einer vertikalen Ebene verhält, wählen wir ein Koordinatensystem mit dem Ursprung im Mittelpunkt des ersten Atoms und mit der z-Achse in Richtung der Molekülachse. Die Spiegelung an der vertikalen xz-Ebene ist einer Inversion am Koordinatenursprung und einer anschließenden Drehung um 180° um die y-Achse äquivalent. Bei der Inversion wird die Funktion $\psi^{(1)}_0$ mit P_1 multipliziert, wenn $P_1 = \pm 1$ die Parität des betreffenden Zustandes des ersten Atoms ist. Das Verhalten der Wellenfunktion bei einer infinitesimalen (und somit auch bei einer beliebigen endlichen) Drehung wird allein durch den resultierenden Bahndrehimpuls des Atoms bestimmt. Man braucht daher nur den Spezialfall eines Atoms mit einem Elektron mit dem Bahndrehimpuls l (und der z-Komponente des Drehimpulses $m = 0$) zu behandeln. Wir erhalten dann das gesuchte Ergebnis für ein beliebiges Atom, indem wir einfach im Resultat L statt l schreiben. Der Winkelanteil der Wellenfunktion eines Elektrons mit $m = 0$ ist bis auf einen konstanten Faktor $P_l(\cos\theta)$ (siehe (28,8)). Die Drehung um 180° um die y-Achse ist die Transformation $x \to -x$, $y \to y$, $z \to -z$, oder in Kugelkoordinaten, $r \to r$, $\theta \to \pi - \theta$, $\varphi \to \pi - \varphi$. Dabei gilt $\cos\theta \to -\cos\theta$, und die Funktion $P_l(\cos\theta)$ wird mit $(-1)^l$ multipliziert.

Auf diese Weise schließen wir, daß die Funktion $\psi^{(1)}_0$ bei einer Spiegelung an einer vertikalen Ebene mit $(-1)^{L_1} P_1$ multipliziert wird. Analog wird $\psi^{(2)}_0$ mit $(-1)^{L_2} P_2$ multipliziert, so daß die Wellenfunktion $\psi = \psi^{(1)}_0 \psi^{(2)}_0$ insgesamt mit $(-1)^{L_1+L_2} P_1 P_2$ multipliziert wird. Der Term wird Σ^+ oder Σ^- sein, je nachdem ob dieser Faktor gleich $+1$ oder -1 ist.

Aus den erhaltenen Ergebnissen finden wir folgende Aussage: Von den insgesamt $2L_2 + 1$ Σ-Termen (mit allen möglichen Multiplizitäten) werden $L_2 + 1$ Terme Σ^+-Terme und L_2 Σ^--Terme sein (wenn $(-1)^{L_1+L_2} P_1 P_2 = +1$ ist) oder umgekehrt (für $(-1)^{L_1+L_2} P_1 P_2 = -1$).

Wir gehen jetzt zu einem Molekül aus gleichartigen Atomen über. Die Additionsvorschriften für die Spins und die Bahndrehimpulse der Atome zu den resultierenden

S und Λ für das Molekül sind dieselben wie für ein Molekül aus verschiedenen Atomen. Neu ist hier, daß die Terme gerade oder ungerade sein können. Dabei hat man zwei Fälle zu unterscheiden: die Verbindung von Atomen in gleichen oder in verschiedenen Zuständen.

Falls sich die Atome in verschiedenen Zuständen befinden,[1] wird die Gesamtzahl der möglichen Terme verdoppelt (gegenüber dem Falle verschiedener Atome); denn die Spiegelung am Koordinatenursprung (den wir jetzt in die Mitte zwischen die Atome legen) ergibt eine Vertauschung der Zustände der beiden Atome. Wenn wir sie Wellenfunktion des Moleküls bezüglich der Vertauschung der Atomzustände dymmetrisieren oder antisymmetrisieren, dann erhalten wir zwei Terme (mit gleichen Λ und S). Einer davon ist gerade, der andere ungerade. Wir bekommen somit gleichviele gerade und ungerade Terme.

Befinden sich die beiden Atome in gleichen Zuständen, dann ist die Gesamtzahl ler Zustände genauso groß wie bei einem Molekül mit verschiedenen Atomen. Hinsichtlich der Parität dieser Zustände gelangt man zu folgenden Ergebnissen (die wir hier nicht ableiten werden, weil ihre Herleitung zu langwierig ist).[2]

N_g und N_u seien die Zahlen der geraden und der ungeraden Terme mit gegebenen Werten für Λ und S. Es gilt dann:

$$\text{für ungerade } \Lambda \text{ ist } N_g = N_u,$$

$$\text{für gerade } \Lambda \text{ und gerade } S \ (S = 0, 2, 4, \ldots) \text{ ist } N_g = N_u + 1,$$

$$\text{für gerade } \Lambda \text{ und ungerade } S \ (S = 1, 3, \ldots) \text{ ist } N_u = N_g + 1.$$

Schließlich hat man bei den Σ-Termen noch Σ^+ und Σ^- zu unterscheiden. Hier gilt die Regel:

$$\text{für gerades } S \text{ ist } N_g^+ = N_u^- + 1 = L + 1,$$

$$\text{für ungerade } S \text{ ist } N_u^+ = N_g^- + 1 = L + 1$$

mit $L_1 = L_2 \equiv L$. Alle Σ^+-Terme haben die Parität $(-1)^S$, alle Σ^--Terme haben die Parität $(-1)^{S+1}$.

Wir haben jetzt die Frage aufgegriffen, wie die Molekülterme mit den Termen der Atome für $r \to \infty$ zusammenhängen. Man kann auch die Frage stellen, wie die Molekülterme mit den Termen des „zusammengesetzten Atoms" zusammenhängen, das sich für $r \to 0$ ergeben würde, d. h., wenn beide Kerne in einem Punkte zusammenfallen würden (zum Beispiel die Terme des H_2- Moleküls und des He-Atoms). Diesbezüglich können ohne große Mühe folgende Regeln gefunden werden. Aus einem Term des „zusammengesetzten Atoms" mit dem Spin S, dem Bahndrehimpuls L und der Parität P können sich bei der Trennung der Atome Molekülterme mit dem Spin S und dem Drehimpuls bezüglich der Molekülachse $\Lambda = 0, 1, \ldots, L$ ergeben; zu jedem Λ-Wert ergibt sich dabei je ein Term. Die Parität des Molekülterms ist gleich der Parität P des Atomterms (g für $P = +1$ und u für $P = -1$). Der Molekülterm mit $\Lambda = 0$ ist ein Σ^+-Term, wenn $(-1)^L P = +1$ ist, oder ein Σ^--Term für $(-1)^L P = -1$.

---

[1]) Insbesondere kann es sich um die Verbindung eines neutralen Atoms mit einem ionisierten handeln.

[2]) Siehe E. Wigner und E. Witmer, Z. Physik **51**, 859 (1928).

Aufgaben

1. Man gebe die möglichen Terme für die Moleküle H_2, N_2, O_2 und Cl_2 an, die sich bei der Vereinigung der Atome in den Grundzuständen ergeben!

Lösung. Nach den im Text angegebenen Regeln finden wir folgende Terme:

Molekül H_2 (Atome im Zustand ^2S): $^1\Sigma_g^+$; $^3\Sigma_u^+$;

Molekül N_2 (Atome im Zustand ^4S): $^1\Sigma_g^+$, $^3\Sigma_u^+$, $^5\Sigma_g^+$, $^7\Sigma_u^+$;

Molekül Cl_2 (Atome im Zustand ^2P): $2\,^1\Sigma_g^+$, $^1\Sigma_u^-$, $^1\Pi_g$, $^1\Pi_u$, $^1\Delta_g$, $2\,^3\Sigma_u^+$, $^3\Sigma_g^-$, $^3\Pi_g$, $^3\Pi_u$, $^3\Delta_u$;

Molekül O_2 (Atome im Zustand ^3P): $2\,^1\Sigma_g^+$, $^1\Sigma_u^-$, $^1\Pi_g$, $^1\Pi_u$, $^1\Delta_g$, $2\,^3\Sigma_u^+$, $^3\Sigma_g^-$, $^3\Pi_u$, $^3\Pi_g$, $^3\Delta_u$, $2\,^5\Sigma_g^+$, $^5\Sigma_u^-$, $^5\Pi_g$, $^5\Pi_u$, $^5\Delta_g$

(die Zahlen vor den Termsymbolen geben die Zahl der betreffenden Terme an, wenn diese größer als 1 ist).

2. Wie Aufgabe 1 für die Moleküle HCl und CO.

Lösung. Bei Verbindungen aus verschiedenen Atomen ist auch die Parität der Zustände wesentlich. Nach Formel (31,6) sind die Grundzustände der H-, O- und C-Atome gerade und der Cl-Atome ungerade (siehe Tab. 3 wegen der Elektronenkonfigurationen). Nach den im Text formulierten Regeln finden wir:

Molekül HCl (Atome in Zuständen ^2S_g, ^2P_u): $^{1,3}\Sigma^+$, $^{1,3}\Pi$;

Molekül CO (Atome in Zuständen ^3P_g, ^3P_g): $2\,^{1,3,5}\Sigma^+$, $^{1,3,5}\Sigma^-$, $2\,^{1,3,5}\Pi$, $^{1,3,5}\Delta$.

§ 81. Die Wertigkeit

Die Eigenschaft der Atome, miteinander Verbindungen einzugehen und Moleküle zu bilden, wird mit Hilfe des Begriffes *Wertigkeit* beschrieben. Jedem Atom wird eine bestimmte *Wertigkeit* oder *Valenz* zugeschrieben, und bei Verbindungen der Atome müssen sich ihre Wertigkeiten gegenseitig absättigen, d. h., jeder Valenzbindung eines Atoms muß eine Valenzbindung eines anderen Atoms entsprechen. Zum Beispiel werden im Methanmolekül CH_4 die vier Valenzbindungen des vierwertigen Kohlenstoffatoms von den Valenzbindungen der vier einwertigen Wasserstoffatome abgesättigt. Wir wollen die physikalische Erklärung der Wertigkeit erläutern und beginnen dabei mit dem einfachsten Beispiel — der Verbindung zweier Wasserstoffatome zum H_2-Molekül.

Wir betrachten zwei Wasserstoffatome im Grundzustand (^2S). Nähert man die beiden Atome einander an, so ergibt sich ein System im Molekülzustand $^1\Sigma_g^+$ oder $^3\Sigma_u^+$. Der Singuletterm entspricht der antisymmetrischen Spinfunktion, der Tripletterm der symmetrischen Spinfunktion. Die Bahnfunktion ist dagegen für den Term $^1\Sigma$ symmetrisch und für den Term $^3\Sigma$ antisymmetrisch. Offensichtlich kann nur der Term $^1\Sigma$ der Grundzustand des H_2-Moleküls sein. Tatsächlich hat die antisymmetrische Bahnfunktion $\varphi(\boldsymbol{r}_1, \boldsymbol{r}_2)$ ($\boldsymbol{r}_1$ und $\boldsymbol{r}_2$ sind die Ortsvektoren der beiden Elektronen) auf jeden Fall Knoten (sie verschwindet für $\boldsymbol{r}_1 = \boldsymbol{r}_2$) und kann daher nicht zum niedrigsten Zustand des Systems gehören.

Die numerische Rechnung ergibt, daß der Elektronenterm $^1\Sigma$ tatsächlich ein tiefes Minimum hat, das der Bildung eines stabilen H_2-Moleküls entspricht. Im Zustand

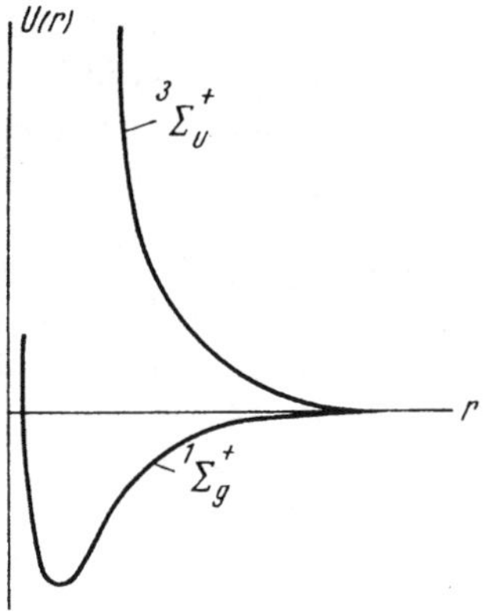

Abb. 29

$^3\Sigma$ nimmt die Energie $U(r)$ mit wachsendem Abstand zwischen den Kernen monoton ab, was eine gegenseitige Abstoßung der beiden H-Atome bedeutet[1]) (Abb. 29).

Im Grundzustand ist also der Gesamtspin des Wasserstoffmoleküls gleich Null, $S = 0$. Diese Eigenschaft haben die Moleküle praktisch aller chemisch stabilen Verbindungen aus Elementen der Hauptgruppen. Die zweiatomigen O_2-Moleküle (Grundzustand $^3\Sigma$) und NO (Grundzustand $^2\Pi$) und die dreiatomigen Moleküle NO_2, ClO_2 (Gesamtspin 1/2) bilden Ausnahmen unter den anorganischen Molekülen. Die Elemente der Nebengruppen haben besondere Eigenschaften, über die wir später sprechen werden, nachdem wir die Valenzeigenschaften der Elemente in den Hauptgruppen kennengelernt haben.

Die Fähigkeit der Atome, Verbindungen miteinander einzugehen, hängt also mit dem Spin zusammen (W. Heitler, H. London, 1927). Die Verbindung erfolgt so, daß sich die Spins der Atome gegenseitig absättigen. Als quantitatives Maß für die Fähigkeit der Atome, Verbindungen miteinander einzugehen, verwendet man zweckmäßig eine ganze Zahl — den doppelten Spin des Atoms. Diese Zahl ist gleich der chemischen Wertigkeit des Atoms. Dabei hat man zu beachten, daß ein und dasselbe Atom verschiedene Wertigkeiten haben kann, je nachdem in welchem Zustand es sich befindet.

Sehen wir uns unter diesem Aspekt die Elemente der Hauptgruppen des Periodensystems an. Die Elemente der ersten Gruppe (erste Spalte in Tab. 3, die Gruppe der Alkalimetalle) haben im Grundzustand den Spin $S = 1/2$, und dementsprechend ist ihre Wertigkeit 1. Ein angeregter Zustand mit größerem Spin kann nur durch Anregung eines Elektrons aus einer voll besetzten Schale heraus erfolgen. Demzufolge liegen diese Zustände so hoch, daß das angeregte Atom kein stabiles Molekül bilden kann.[2])

Die Atome der Elemente der zweiten Gruppe (zweite Spalte in Tab. 3, die Gruppe der Erdalkalimetalle) haben im Grundzustand den Spin $S = 0$. Daher können diese

[1]) Wir haben hier die van-der-Waals-Anziehung der Atome außer acht gelassen (siehe § 89). Diese Kräfte verursachen ein Minimum (bei größeren Abständen) auch in der Kurve $U(r)$ für den Term $^3\Sigma$. Dieses Minimum ist aber sehr flach gegenüber dem Minimum in der Kurve für $^1\Sigma$, und es ist im Maßstab von Abb. 29 überhaupt nicht zu bemerken.

[2]) Wegen der Elemente Cu, Ag und Au siehe den Schluß dieses Paragraphen.

Atome im Grundzustand keine chemischen Verbindungen eingehen. Aber relativ nahe am Grundzustand liegt ein angeregter Zustand mit der Konfiguration sp statt s^2 in der unabgeschlossenen Schale und mit dem Gesamtspin $S = 1$. Die Wertigkeit eines Atoms in diesem Zustand ist 2. Das ist auch die bevorzugte Wertigkeit der Elemente der zweiten Gruppe.

Die Elemente der dritten Gruppe haben im Grundzustand die Elektronenkonfiguration s^2p mit dem Spin $S = 1/2$. Aber durch Anregung eines Elektrons aus der gefüllten s-Schale ergibt sich ein angeregter Zustand mit der Konfiguration sp^2 und dem Spin 3/2 dicht über dem Grundzustand. Dementsprechend sind die Elemente dieser Gruppe sowohl einwertig als auch dreiwertig. Die leichten Elemente dieser Gruppe (B, Al) treten dabei nur dreiwertig auf. Die Neigung zur Wertigkeit 1 nimmt mit wachsender Ordnungszahl zu, und Tl verhält sich bereits gleichermaßen wie ein einwertiges und ein dreiwertiges Element (zum Beispiel in den Verbindungen TlCl und $TlCl_3$). Bei den leichten Elementen dieser Gruppe ist der Energiegewinn aus der Bindungsenergie in Verbindungen des dreiwertigen Elementes größer als in Verbindungen des einwertigen Elementes und überwiegt die Anregungsenergie des Atoms.

In den Elementen der vierten Gruppe hat der Grundzustand die Konfiguration s^2p^2 mit dem Spin 1, aber dicht darüber liegt ein angeregter Zustand mit der Konfiguration sp^3 und dem Spin 2. Diesen Zuständen entsprechen die Wertigkeiten 2 und 4. Wie in der dritten Gruppe treten die leichten Elemente der vierten Gruppe (C, Si) vorwiegend mit der höheren Wertigkeit auf (eine Ausnahme bilden zum Beispiel die Verbindung CO), und die Neigung zur niedrigeren Wertigkeit steigt mit wachsender Ordnungszahl.

In den Atomen der Elemente der fünften Gruppe hat der Grundzustand die Konfiguration s^2p^3 mit dem Spin $S = 3/2$, so daß die zugehörige Wertigkeit 3 ist. Ein angeregter Zustand mit einem größeren Spin ergibt sich nur, indem ein Elektron in eine Schale mit der nächstgrößeren Hauptquantenzahl übergeht. Der nächste derartige Zustand hat die Konfiguration sp^3s' und den Spin 5/2 (mit s' bezeichnen wir hier den s-Zustand des Elektrons mit der um 1 größeren Hauptquantenzahl in bezug auf den Zustand s). Obwohl die Anregungsenergie für diesen Zustand relativ groß ist, kann das angeregte Atom eine stabile Verbindung eingehen. Dementsprechend treten die Elemente der fünften Gruppe drei- und fünfwertig auf (zum Beispiel ist der Stickstoff in NH_3 dreiwertig und in HNO_3 fünfwertig).

In der sechsten Gruppe der Elemente ist der Spin im Grundzustand (Konfiguration s^2p^4) gleich 1, so daß die Atome zweiwertig sind. Die Anregung eines p-Elektrons ergibt den Zustand s^2p^3s' mit dem Spin 2, und die Anregung eines weiteren s-Elektrons führt zum Zustand $sp^3s'p'$ mit dem Spin 3. Dabei tritt das erste Element der sechsten Gruppe (der Sauerstoff) nur zweiwertig auf, die schweren Elemente dieser Gruppe zeigen auch die höheren Wertigkeiten (so ist der Schwefel in H_2S, SO_2, SO_3 zwei-, vier- bzw. sechswertig).

In der siebenten Gruppe (Gruppe der Halogene) sind die Atome im Grundzustand (Konfiguration s^2p^5, Spin $S = 1/2$) einwertig. Sie können aber auch in den angeregten Zuständen mit den Konfigurationen s^2p^4s', $s^2p^3s'p'$, $sp^3s'p'^2$ mit den Spins 3/2, 5/2 bzw. 7/2 stabile Verbindungen eingehen, was den Wertigkeiten 3, 5, 7 entspricht. Dabei ist das leichteste Element dieser Gruppe (F) immer einwertig, und die schwereren Elemente treten auch mit höheren Wertigkeiten auf (so ist das Chlor in HCl, $HClO_2$, $HClO_3$, $HClO_4$ ein-, drei-, fünf- bzw. siebenwertig).

Schließlich haben die Atome der Edelgase im Grundzustand vollständig abgeschlossene Schalen (so daß der Spin $S = 0$ ist), und die Anregungsenergien sind groß. Dementsprechend ist die Wertigkeit Null, und diese Elemente sind chemisch inaktiv.[1])

Im Zusammenhang mit all diesen Überlegungen ist folgende allgemeine Bemerkung unerläßlich. Die Behauptung, ein Atom gehe in ein Molekül mit einer Wertigkeit entsprechend einem angeregten Zustand ein, bedeutet keineswegs, daß wir bei der Trennung der Atome in große Abstände voneinander unbedingt ein angeregtes Atom erhalten. Sie bedeutet lediglich, daß die Verteilung der Elektronendichte im Molekül so beschaffen ist, daß sie um den Kern des betreffenden Atoms etwa gleich der Elektronenverteilung im isolierten angeregten Atom ist. Der Grenzwert, gegen den die Elektronenverteilung bei Vergrößerung des Kernabstandes strebt, kann dabei unangeregten Atomen entsprechen.

Bei der Verbindung von Atomen zu einem Molekül ändern sich die abgeschlossenen Elektronenschalen nur wenig. Dagegen kann sich die Elektronenverteilung in den nicht abgeschlossenen Schalen wesentlich ändern. In den relativ selten ausgeprägten Fällen der sogenannten *heteropolaren Bindung* gehen alle Valenzelektronen von einer Atomsorte zu einer anderen über, so daß man sagen kann, das Molekül bestehe aus Ionen mit Ladungen, die (in Einheiten von e) durch ihre Wertigkeiten bestimmt werden. Die Elemente der ersten Gruppe sind elektropositiv — in heteropolaren Verbindungen geben sie Elektronen ab und bilden positive Ionen. Schreitet man zu den nächsten Gruppen fort, so nimmt die Elektropositivität allmählich ab und geht in Elektronegativität über, die den Elementen der siebenten Gruppe im höchsten Maße eigen ist. Hinsichtlich des heteropolaren Charakters der Bindung ist die gleiche Bemerkung anzubringen wie im Zusammenhang mit den angeregten Atomen in einem Molekül. Wenn ein Molekül heteropolar gebunden ist, so bedeutet das keinesfalls, daß wir bei der Trennung der Atome unbedingt zwei Ionen erhalten. So würden wir aus dem Molekül CsF tatsächlich die Ionen Cs^+ und F^- erhalten, aber das Molekül NaF ergibt in der Grenze neutrale Na- und F-Atome (da die Elektronenaffinität des Fluors größer als die Ionisierungsenergie des Zäsiums, aber kleiner als die Ionisierungsenergie des Natriums ist).

Im entgegengesetzten Grenzfall der sogenannten *homöopolaren Bindung* bleiben die Atome im Molekül im Mittel neutral. Homöopolare Moleküle haben im Gegensatz zu den heteropolaren kein nennenswertes Dipolmoment. Der Unterschied zwischen heteropolarer und homöopolarer Bindungsart ist rein quantitativ, es können alle Zwischenstufen realisiert sein.

---

[1]) Einige davon bilden trotzdem stabile Verbindungen (mit Fluor, Sauerstoff). Es ist möglich, daß diese Valenzen mit dem Übergang von Elektronen aus einer äußeren abgeschlossenen Schale in die energetisch relativ dicht benachbarten unabgeschlossenen f- (oder d-) Zustände zusammenhängen.

Wir wollen noch einen eigenartigen Anziehungseffekt erwähnen, der bei der Wechselwirkung eines Atoms eines Edelgases mit einem angeregten Atom desselben Elementes auftritt. Dieser Effekt hängt mit der Verdopplung der Zahl der möglichen Zustände bei der Annäherung zweier gleichartiger Atome in verschiedenen Zuständen zusammen (siehe § 80). Der Übergang der Anregung von einem Atom zum anderen ersetzt in diesem Falle die Austauschwechselwirkung, die zur normalen Wertigkeit führt. Das He_2-Molekül ist ein Beispiel für ein solches Molekül. Von der gleichen Art ist auch die Bindung in Molekülionen aus zwei gleichartigen Atomen (zum Beispiel H_2^+).

Wir kommen jetzt zu den Elementen der Nebengruppen. Die Elemente der Palladium- und der Platingruppe unterscheiden sich in der Natur ihrer Valenzeigenschaften nur wenig von den Elementen der Hauptgruppen. Es gibt folgenden Unterschied: Da die d-Elektronen relativ tief im Atom liegen, wechselwirken sie nur schwach mit anderen Atomen im Molekül Infolgedessen findet man unter den Verbindungen dieser Elemente relativ häufig „unabgesättigte" Verbindungen mit Molekülen, die einen von Null verschiedenen Spin haben (der faktisch nie größer als 1/2 ist). Jedes Element kann mit verschiedenen Wertigkeiten auftreten; diese Wertigkeiten können sich hier auch um 1 unterscheiden und nicht nur um 2 wie bei den Elementen der Hauptgruppen (wo die Änderung der Wertigkeit mit der Anregung eines Elektrons mit zunächst abgesättigtem Spin verknüpft war, so daß gleichzeitig die Spins von einem Elektronenpaar nicht mehr abgesättigt waren).

Für die Elemente der Gruppe der Seltenen Erden ist die nichtabgeschlossene f-Schale charakteristisch. Die f-Elektronen sind noch viel weiter innen angeordnet als die d-Elektronen und spielen daher für die Wertigkeit überhaupt keine Rolle. Die Wertigkeit der Elemente der Seltenen Erden wird also nur durch die s- und p-Elektronen der unabgeschlossenen Schalen bestimmt.[1]) Man muß aber beachten, daß die f-Elektronen bei einer Anregung des Atoms in s- und p-Zustände übergehen können und somit die Wertigkeit um 1 erhöhen. Die Seltenen Erden treten daher mit verschiedenen Wertigkeiten auf, die sich um 1 unterscheiden (tatsächlich sind sie alle drei- und vierwertig).

Die Elemente der Aktiniden nehmen eine eigenartige Stellung ein. Ac und Th enthalten überhaupt keine f-Elektronen, zu ihrer Wertigkeit tragen die d-Elektronen bei. Sie sind daher in ihren chemischen Eigenschaften den Elementen der Palladium- und Platingruppe ähnlich, aber nicht den Seltenen Erden. Uran hat im Grundzustand f-Elektronen, aber in Verbindungen hat es ebenfalls keine f-Elektronen. Die Atome der Elemente Np, Pu, Am und Cm behalten schließlich ihre f-Elektronen auch in Verbindungen bei, aber an der Wertigkeit sind nur die s- und d-Elektronen beteiligt. In diesem Sinne sind sie homolog zum Uran. Die maximal mögliche Zahl der „ungepaarten" s- und d-Elektronen ist 1 bzw. 5; daher ist die maximale Wertigkeit der Elemente der Aktinidengruppe 6 (während die maximale Wertigkeit der Seltenen Erden, bei denen die s- und p-Elektronen zur Wertigkeit beitragen, gleich $1 + 3 = 4$ ist).

Die Elemente der Eisengruppe nehmen in ihren Valenzeigenschaften eine Zwischenstellung zwischen den Seltenen Erden und den Elementen der Palladium- und Platingruppe ein. In diesen Atomen sind die d-Elektronen relativ weit innen angeordnet, und sie nehmen bei vielen Verbindungen überhaupt nicht an der Valenzbindung teil. In diesen Verbindungen verhalten sich die Elemente der Eisengruppe folglich ähnlich wie die Elemente der Seltenen Erden. Hierzu gehören Verbindungen mit ionischem Bindungscharakter (zum Beispiel $FeCl_2$ und $FeCl_3$), dabei ist das Metallatom als einfaches Kation enthalten. Ähnlich wie die Seltenen Erden können die Elemente der Eisengruppe in diesen Verbindungen mit ganz verschiedenen Wertigkeiten auftreten.

Eine andere Art von Verbindungen der Elemente der Eisengruppe sind die sogenannten *Komplexverbindungen*. Dabei ist das Atom des Übergangselementes im Mole-

[1]) Die d-Elektronen in den unabgeschlossenen Schalen der Atome einiger Seltenerden sind unwesentlich, weil diese Atome faktisch immer in solchen angeregten Zuständen Verbindungen eingehen, in denen es keine d-Elektronen gibt.

kül nicht als einfaches Ion enthalten, sondern es ist ein Teil eines komplizierten, komplexen Ions (zum Beispiel das Ion MnO_4^- in $KMnO_4$ oder das Ion $Fe(CN)_6^{4-}$ in $K_4Fe \cdot \cdot (CN)_6$). In diesen Komplexionen sind die Atome dichter beieinander angeordnet als in einfachen ionischen Verbindungen, und die d-Elektronen darin sind an der Valenzbindung beteiligt. Dementsprechend verhalten sich die Elemente der Eisengruppe in Komplexverbindungen ähnlich wie die Elemente der Palladium- und der Platingruppe.

Schließlich ist noch hinzuzufügen, daß sich die in § 73 zu den Hauptgruppen gerechneten Elemente Cu, Ag und Au in einigen Verbindungen wie Nebengruppenelemente verhalten. Diese Elemente können mehr als einwertig vorkommen, weil Elektronen aus der d-Schale in die energetisch benachbarte p-Schale übergehen können (zum Beispiel beim Cu von $3d$ in $4p$). In solchen Verbindungen haben diese Atome eine unaufgefüllte d-Schale und verhalten sich deshalb wie Nebengruppenelemente (Cu wie die Elemente der Eisengruppe, Ag und Au wie die Elemente der Palladium- und Platingruppe).

Aufgabe

Man berechne die Elektronenterme des H_2^+-Molekülions, das sich bei der Verbindung eines Wasserstoffatoms im Grundzustand und eines H^+-Ions bildet, für (gegenüber dem Bohrschen Radius) große Kernabstände R (L. D. Landau, 1961; C. Herring, 1961)![1]

Lösung. In der Aufgabenstellung ist diese Aufgabe ähnlich wie Aufgabe 3 zu § 50: Statt der beiden eindimensionalen Potentialtöpfe haben wir hier zwei dreidimensionale Potentialtöpfe (um die beiden Kerne) und Axialsymmetrie bezüglich der Verbindungslinie der Kerne. Das Niveau $E_0 = -1/2$ (Grundzustand des Wasserstoffatoms)[2] spaltet in die beiden Niveaus $U_g(R)$ und $U_u(R)$ (Terme ${}^2\Sigma_g^+$ und ${}^2\Sigma_u^+$) auf. Die zugehörigen Elektronenwellenfunktionen

$$\psi_{g,u}(x, y, z) = \frac{1}{\sqrt{2}} \left[\psi_0(x, y, z) \pm \psi_0(-x, y, z)\right]$$

sind symmetrisch bzw. antisymmetrisch bezüglich der Ebene $x = 0$, die im Mittelpunkt der Verbindungslinie zwischen den Kernen normal zu dieser Verbindungslinie ist (die Kerne befinden sich in den Punkten $x = \pm R/2$ auf der x-Achse). Hier ist $\psi_0(x, y, z)$ die Wellenfunktion eines Elektrons in einem Potentialtopf. Ganz ähnlich wie in Aufgabe 3 zu § 50 erhalten wir

$$U_{g,u}(R) - E_0 = \mp \iint \psi_0 \frac{\partial \psi_0}{\partial x} \, dy \, dz \,, \tag{1}$$

wobei über die Ebene $x = 0$ zu integrieren ist.[3]

Die Funktion ψ_0 (die der Bewegung, sagen wir, um den Kern 1 im Punkte $x = R/2$ entspricht) setzen wir in der Gestalt

$$\psi_0 = \frac{a}{\sqrt{\pi}} \, e^{-r_1} \tag{2}$$

---

[1]) Wegen der Lösung der analogen Aufgabe für das H_2-Molekül siehe L. P. Gorkow und L. P. Pitajewski, Dokl. Akad. Nauk SSSR **151**, 822 (1963); C. Herring und M. Flicker, Phys. Rev. **134A**, 362 (1964) (dabei ist im zweiten Artikel ein im ersten enthaltener Rechenfehler korrigiert worden).

[2]) In dieser Aufgabe verwenden wir atomare Einheiten.

[3]) Wir unterstreichen, daß der gesuchte Effekt also von solchen Abständen bestimmt wird, für die das Elektron mit beiden Kernen in gleicher Weise wechselwirkt.

an mit einer langsam veränderlichen Funktion a (im Wasserstoffatom wäre $a = 1$). Die Funktion ψ_0 muß der SCHRÖDINGER-Gleichung

$$\frac{1}{2}\Delta\psi + \left(-\frac{1}{2} - \frac{1}{R} + \frac{1}{r_1} + \frac{1}{r_2}\right)\psi = 0 \tag{3}$$

genügen (r_1 und r_2 sind die Abstände des Elektrons von den Kernen 1 und 2). Als Gesamtenergie des Elektrons steht in dieser Gleichung die Differenz $E_0 - 1/R$, weil E_0 selbst ebenfalls die Energie $1/R$ für die COULOMB-Abstoßung der Kerne enthält.

Da die Funktion ψ_0 bei Entfernung von der x-Achse rasch abklingt, ist im Integral (1) nur der Bereich (gegenüber R) kleiner y- und z-Werte wesentlich. Setzen wir (2) in (3) ein, so erhalten wir für $y, z \ll R$

$$\frac{\partial a}{\partial x} + \frac{a}{R/2 + x} - \frac{a}{R} = 0$$

(wir haben die zweiten Ableitungen der langsam veränderlichen Funktion a vernachlässigt und $r_2 \approx R/2 + x$ gesetzt). Die Lösung dieser Gleichung, die für $x \to R/2$ gleich 1 wird (d. h. in der Nähe von Kern 1), ist

$$a = \frac{2R}{R + 2x} \exp\left(\frac{x}{R} - \frac{1}{2}\right).$$

Die Formel (1) ergibt jetzt

$$U_{g,u} - E_0 = \mp \frac{4}{\pi e} \int\limits_{R/2}^{\infty} e^{-2r_1}\, 2\pi r_1 \, dr_1 = \mp 2R\, e^{-R-1}.$$

Die Größe der Aufspaltung ist[1])

$$U_g - U_u = -4R\, e^{-R-1}. \tag{4}$$

In hinreichend großen Abständen wird dieser exponentiell abklingende Ausdruck kleiner als der Effekt der zweiten Näherung in der Dipol-Wechselwirkung des H-Atoms mit dem H^+-Ion. Da die Polarisierbarkeit des Wasserstoffatoms im Grundzustand 9/2 ist (siehe (77,9)) und das Feld des H^+-Ions $\mathscr{E} = 1/R^2$ ist, wird die zugehörige Wechselwirkungsenergie $-9/(4R^4)$. Unter Berücksichtigung dieser Wechselwirkung erhalten wir

$$U_{g,u}(R) - E_0 = \mp 2R\, e^{-R-1} - \frac{9}{4R^4}. \tag{5}$$

Der zweite Summand wird mit dem ersten erst für $R = 10{,}8$ vergleichbar. Der Term $U_u(R)$ hat für $R = 12{,}6$ ein Minimum, der zugehörige Wert von U_u ist $-5{,}8 \cdot 10^{-5}$ atomare Einheiten ($-1{,}6 \cdot 10^{-3}$ eV).[2])

§ 82. Die Schwingungs- und die Rotationsstruktur der Singuletterme eines zweiatomigen Moleküls

Wir haben bereits am Anfang dieses Kapitels erwähnt, daß der große Massenunterschied zwischen Kernen und Elektronen ermöglicht, das Problem der Bestimmung der Energieniveaus eines Moleküls in zwei Schritten zu lösen. Zuerst werden die Energieniveaus des Elektronensystems bei festgehaltenen Kernen als Funktionen der Kernabstände berechnet (Elektronenterme). Anschließend kann man die Kernbewe-

---

[1]) Das analoge Ergebnis für das H_2-Molekül (siehe die oben zitierten Artikel) ist $U_g - U_u = -1{,}64\, R^{5/2}\, e^{-2R}$.

[2]) Dieses Minimum, das von den VAN-DER-WAALS-Kräften verursacht wird, ist sehr flach gegenüber dem Hauptminimum des Terms $U_g(R)$, das dem Grundzustand des stabilen H_2^+-Ions entspricht. Dieses Hauptminimum liegt bei $R = 2{,}0$ und beträgt $-0{,}60$ atomare Einheiten ($-16{,}3$ eV).

gung bei gegebenem Elektronenzustand behandeln. Die Kerne werden dabei als Teilchen angesehen, deren Wechselwirkungsenergie $U_n(r)$ ist, wenn U_n der betreffende Elektronenterm ist. Die Bewegung eines Moleküls setzt sich zusammen aus der translatorischen Bewegung des ganzen Moleküls und der Bewegung der Kerne relativ zum Massenmittelpunkt. Die translatorische Bewegung ist natürlich uninteressant, und wir können den Massenmittelpunkt als ruhend ansehen.

Für die weitere Darstellung ist es zweckmäßig, zunächst solche Elektronenterme zu beachten, für die der Gesamtspin S des Moleküls gleich Null ist (Singuletterme). Das Problem der Relativbewegung zweier Teilchen (Kerne) mit der Wechselwirkungsenergie $U(r)$ wird auf das Problem der Bewegung eines Teilchens mit der Masse M (reduzierte Masse der beiden Teilchen) im kugelsymmetrischen Feld $U(r)$ zurückgeführt. Wir bezeichnen mit $U(r)$ die Energie des betrachteten Elektronenterms. Das Problem der Bewegung im kugelsymmetrischen Feld $U(r)$ reduziert sich seinerseits auf das Problem einer eindimensionalen Bewegung in einem Feld mit der effektiven Energie, die gleich der Summe von $U(r)$ und der Zentrifugalenergie ist.

Wir bezeichnen mit $\boldsymbol{K}$ den Gesamtdrehimpuls des Moleküls. Er setzt sich zusammen aus dem Bahndrehimpuls der Elektronen $\boldsymbol{L}$ und dem Drehimpuls der Kerne. Der Operator für die Zentrifugalenergie ist dann

$$B(r)\,(\hat{\boldsymbol{K}} - \hat{\boldsymbol{L}})^2$$

mit der Bezeichnung

$$B(r) = \frac{\hbar^2}{2Mr^2}, \tag{82,1}$$

die in der Theorie der zweiatomigen Moleküle üblich ist. Wir mitteln diese Größe über den Elektronenzustand (bei festgehaltenem r) und erhalten die Zentrifugalenergie als Funktion von r, wie wir sie in die effektive potentielle Energie $U_K(r)$ einsetzen müssen. So bekommen wir

$$U_K(r) = U(r) + B(r)\,\overline{(\boldsymbol{K} - \boldsymbol{L})^2}, \tag{82,2}$$

wobei der Querstrich die angegebene Mittelung bedeutet.

Wir führen die Mittelung für einen Zustand aus, in dem das Molekül einen bestimmten Wert für das Quadrat des Gesamtdrehimpulses $\boldsymbol{K}^2 = K(K+1)$ (K ist eine ganze Zahl) und einen bestimmten Wert für die Projektion des Elektronendrehimpulses auf die Molekülachse (z-Achse) $L_z = \Lambda$ hat. Dazu lösen wir die Klammern in (82,2) auf und erhalten

$$U_K(r) = U(r) + B(r)\,K(K+1) - 2B(r)\,\overline{\boldsymbol{L}}\boldsymbol{K} + B(r)\,\overline{\boldsymbol{L}^2}. \tag{82,3}$$

Der letzte Summand hängt nur vom Elektronenzustand ab und enthält die Quantenzahl K überhaupt nicht; dieser Summand kann einfach in die Energie $U(r)$ aufgenommen werden. Das gleiche gilt für den vorletzten Summanden, wie wir jetzt zeigen wollen.

Wenn die Drehimpulsprojektion auf eine beliebige Achse einen bestimmten Wert hat, dann zeigt auch der Mittelwert des ganzen Drehimpulsvektors in Richtung dieser Achse (siehe die Bemerkung am Schluß von § 27). Wir bezeichnen den Einheitsvektor in z-Richtung mit $\boldsymbol{n}$ und haben dann $\overline{\boldsymbol{L}} = \Lambda\boldsymbol{n}$. Ferner ist in der klassischen Mechanik der Drehimpuls eines Systems aus zwei Teilchen (Kernen) gleich $[\boldsymbol{rp}]$, wenn $\boldsymbol{r} = r\boldsymbol{n}$ der Vektor zwischen den beiden Teilchenorten und $\boldsymbol{p}$ der Impuls der Relativbewegung sind. Diese Größe steht senkrecht auf der $\boldsymbol{n}$-Richtung. In der Quantenmechanik gilt dasselbe für den Drehimpulsoperator der Kerne: $(\hat{\boldsymbol{K}} - \hat{\boldsymbol{L}})\,\boldsymbol{n} = 0$ oder $\hat{\boldsymbol{K}}\boldsymbol{n} = \hat{\boldsymbol{L}}\boldsymbol{n}$. Aus der Gleichheit der Operatoren folgt natürlich auch die Gleichheit der betreffenden Eigenwerte; deshalb ist $\boldsymbol{nL} = L_z = \Lambda$ und weiter

$$\boldsymbol{Kn} = \Lambda\,. \tag{82,4}$$

Im vorletzten Summanden in (82,3) ist also die Größe $\overline{\boldsymbol{LK}} = \boldsymbol{nK}\Lambda = \Lambda^2$, d. h. unabhängig von K. Mit der neuen Definition der Funktion $U(r)$ kann man die effektive potentielle Energie endgültig in folgender Form schreiben:

$$U_K(r) = U(r) + B(r)\,K(K+1)\,. \tag{82,5}$$

Aus der Gleichung $K_z = \Lambda$ folgt auch, daß die Quantenzahl K bei gegebenem Λ-Wert nur Werte

$$K \geqq \Lambda \tag{82,6}$$

annehmen kann.

Durch Lösung der eindimensionalen SCHRÖDINGER-Gleichung mit der potentiellen Energie (82,5) erhalten wir eine Reihe von Energieniveaus. Wir wollen diese Niveaus (zu jedem gegebenen K) in der Reihenfolge zunehmender Energie mit dem Index v versehen, $v = 0, 1, 2, \ldots$; $v = 0$ entspricht dem niedrigsten Niveau. Die Kernbewegung verursacht also eine Aufspaltung eines Elektronenterms in eine Reihe von Niveaus, die durch die beiden Quantenzahlen K und v gekennzeichnet sind.

Die Zahl dieser Niveaus (für einen gegebenen Elektronenterm) kann endlich oder unendlich sein. Falls der Elektronenzustand so beschaffen ist, daß das Molekül in der Grenze $r \to \infty$ in zwei isolierte neutrale Atome übergeht, dann strebt die potentielle Energie $U(r)$ (und damit auch $U_K(r)$) für $r \to \infty$ schneller als $1/r$ (siehe § 89) gegen den konstanten Grenzwert $U(\infty)$ (Summe der Energien der beiden isolierten Atome). In diesem Felde ist die Zahl der Niveaus endlich (siehe § 18). Tatsächlich ist sie aber für Moleküle sehr groß. Die Niveaus spalten dabei so auf, daß es zu jedem gegebenen K-Wert eine bestimmte Zahl von Niveaus (die durch die v-Werte voneinander unterschieden werden) gibt. Die Zahl der Niveaus mit gleichem K wird mit wachsendem K kleiner, bis ein K-Wert erreicht worden ist, für den es überhaupt keine Niveaus mehr gibt.

Falls das Molekül für $r \to \infty$ in zwei Ionen zerfällt, geht $U(r) - U(\infty)$ für große Abstände in die COULOMB-Energie für die Anziehung der beiden Ionen über $(\propto 1/r)$. In diesem Felde gibt es unendlich viele Niveaus, die sich gegen den Grenzwert $U(\infty)$ häufen. Für die meisten Moleküle im Grundzustand liegt der erste Fall vor; nur relativ wenige Moleküle ergeben bei der Trennung der Kerne Ionen.

Die Abhängigkeit der Energieniveaus von den Quantenzahlen kann allgemein nicht vollständig berechnet werden. Diese Berechnung ist nur für die relativ schwach angeregten Zustände nicht zu hoch über dem Grundzustand möglich.[1]) Zu diesen Niveaus gehören kleine Werte der Quantenzahlen K und v. Bei der Untersuchung der Molekülspektren hat man es normalerweise gerade mit diesen Niveaus zu tun, und deshalb sind sie besonders interessant.

---

[1]) Es handelt sich hier immer um Niveaus, die sich aus ein und demselben gegebenen Elektronenterm ergeben.

Man kann die Kernbewegung in schwach angeregten Zuständen als kleine Schwingungen um die Gleichgewichtslage auffassen. Dementsprechend kann man $U(r)$ in eine Potenzreihe nach $\xi = r - r_e$ entwickeln, wenn r_e der Wert von r zum Minimum von $U(r)$ ist. Wenn $U'(r_e) = 0$ ist, haben wir bis einschließlich Gliedern zweiter Ordnung $U(r) = U_e + M\omega_e^2\xi^2/2$, wobei $U_e = U(r_e)$ und ω_e die Schwingungsfrequenz sind. Im zweiten Summanden in (82,5) – in der Zentrifugalenergie – braucht man nur $r = r_e$ zu setzen, weil er bereits die kleine Größe $K(K+1)$ enthält. So erhalten wir

$$U_K(r) = U_e + B_e K(K+1) + \frac{M\omega_e^2}{2}\xi^2 \tag{82,7}$$

mit der sogenannten *Rotationskonstanten* $B_e = \hbar^2/2Mr_e^2 = \hbar^2/2I$ ($I = Mr_e^2$ ist das Trägheitsmoment des Moleküls).

Die ersten beiden Summanden in (82,7) sind konstant, und der dritte entspricht einem linearen harmonischen Oszillator. Daher kann man die gesuchten Energieniveaus sofort aufschreiben:

$$E = U_e + B_e K(K+1) + \hbar\omega_e\left(v + \frac{1}{2}\right). \tag{82,8}$$

In der betrachteten Näherung setzen sich also die Energieniveaus aus drei Anteilen zusammen:

$$E = E^{el} + E^r + E^v. \tag{82,9}$$

Der erste Summand ($E^{el} = U_e$) ist die Elektronenenergie (einschließlich der COULOMB-Energie für die Wechselwirkung der Kerne bei $r = r_e$). Der zweite Summand

$$E^r = B_e K(K+1) \tag{82,10}$$

ist die *Rotationsenergie* infolge der Rotation des Moleküls.[1]) Schließlich ist der dritte Summand

$$E^v = \hbar\omega_e\left(v + \frac{1}{2}\right) \tag{82,11}$$

die *Schwingungsenergie* der Kerne im Molekül. Die Zahl v kennzeichnet nach unserer Definition die Niveaus mit gegebenem K in der Reihenfolge zunehmender Energie; v wird als *Schwingungsquantenzahl* bezeichnet.

Bei der gegebenen Gestalt der Kurve für die potentielle Energie $U(r)$ ist die Frequenz ω_e umgekehrt proportional zu $\sqrt{M}$. Deshalb sind auch die Abstände ΔE^v zwi-

[1]) Die Wellenfunktion für die Rotation eines zweiatomigen Moleküls (ohne Spin) ist im wesentlichen gleich der Wellenfunktion des symmetrischen Kreisels (§ 103). Anders als beim Kreisel wird die Molekülrotation durch nur zwei Winkel ($\alpha \equiv \varphi$, $\beta \equiv \theta$) beschrieben, die die Achsenrichtung festlegen. In der Wellenfunktion für die Molekülrotation fehlt gegenüber (103,8) der Faktor $e^{ik\gamma}/\sqrt{2\pi}$, und die Bezeichnungen der Quantenzahlen sind anders. Die Zahl Λ ist wegen (82,4) die Projektion des Gesamtdrehimpulses K auf die Molekülachse (ζ-Achse in § 103), daher gilt folgende Zuordnung der Bezeichnungen $J, M, k \to K, M, \Lambda$ (wobei jetzt $M = K_z$ ist). Somit erhalten wir

$$\psi_{\text{rot}}(\varphi, \theta) = i^K \sqrt{\frac{2K+1}{4\pi}}\, D^{(K)}_{\Lambda M}(\varphi, \theta, 0).$$

schen den Schwingungsniveaus proportional zu $1/\sqrt{M}$. Die Abstände ΔE^r zwischen den Rotationsniveaus enthalten im Nenner das Trägheitsmoment I, d. h., sie sind proportional zu $1/M$. Die Abstände ΔE^{el} zwischen den Elektronenniveaus enthalten wie diese Niveaus selbst m überhaupt nicht. Da m/M (m ist die Elektronenmasse) in der Theorie der zweiatomigen Moleküle ein kleiner Parameter ist, finden wir

$$\Delta E^{el} \gg \Delta E^v \gg \Delta E^r . \tag{82,12}$$

Diese Beziehungen geben die charakteristischen Eigenarten in der Anordnung der Energieniveaus eines Moleküls wieder. Infolge der Kernschwingungen spalten die Elektronenterme in relativ dicht benachbarte Niveaus auf. Diese Niveaus erfahren ihrerseits eine noch feinere Aufspaltung infolge der Molekülrotation.[1])

In den folgenden Näherungen ist es nicht mehr möglich, die Energie in voneinander unabhängige Schwingungs- und Rotationsanteile aufzuteilen. Es ergeben sich auch Rotations-Schwingungs-Glieder, die gleichzeitig K und v enthalten. Bei sukzessiven Näherungen würden wir die Energieniveaus E als Potenzreihenentwicklung in den Quantenzahlen K und v erhalten.

Wir wollen hier die auf (82,8) folgende Näherung berechnen. Dazu müssen wir die Potenzreihenentwicklung von $U(r)$ bis zu Gliedern vierter Ordnung in ξ fortsetzen (vgl. die Aufgabe über den anharmonischen Oszillator in § 38). Dementsprechend verwenden wir die Entwicklung der Zentrifugalenergie bis zu Gliedern mit ξ^2. Wir erhalten dann

$$U_K(r) = U_e + \frac{M\omega_e^2}{2}\xi^2 + \frac{\hbar^2}{2Mr_e^2}K(K+1) - a\xi^2 + b\xi^4$$
$$-\frac{\hbar^2}{Mr_e^3}K(K+1)\,\xi + \frac{3\hbar^2}{2Mr_e^4}K(K+1)\,\xi^2 . \tag{82,13}$$

Nun berechnen wir die Korrektur zu den Eigenwerten (82,8), indem wir die letzten vier Summanden in (82,13) als Störoperator ansehen. Dabei kann man sich für die Glieder mit ξ^2 und ξ^4 auf die erste Näherung der Störungstheorie beschränken; für die Glieder mit ξ und ξ^3 hat man die zweite Näherung zu berechnen, weil die Diagonalelemente von ξ und ξ^3 identisch verschwinden. Alle für die Rechnung erforderlichen Matrixelemente sind in § 23 und in Aufgabe 3 zu § 38 ausgerechnet worden. Als Ergebnis der Rechnung erhält man einen Ausdruck, den man üblicherweise in der Gestalt

$$E = E^{el} + \hbar\omega_e(v+\tfrac{1}{2}) - x_e\hbar\omega_e(v+\tfrac{1}{2})^2 + B_vK(K+1) - D_eK^2(K+1)^2 \tag{82,14}$$

mit

$$B_v = B_e - \alpha_e(v+\tfrac{1}{2}) \equiv B_0 - \alpha_e v \tag{82,15}$$

[1]) Als Beispiel geben wir die Werte von U_e, $\hbar\omega_e$ und B_e (in Elektronenvolt) für einige Moleküle an:

	H_2	N_2	O_2
$-U_e$	4,7	7,5	5,2
$\hbar\omega_e$	0,54	0,29	0,20
$10^3 B_e$	7,6	0,25	0,18

schreibt. Die Konstanten x_e, B_e, α_e und D_e hängen mit den Konstanten in (82,14) folgendermaßen zusammen:

$$B_e = \frac{\hbar^2}{2I}, \quad D_e = \frac{4B_e^3}{\hbar^2\omega_e^2},$$
$$\alpha_e = \frac{6B_e^2}{\hbar\omega_e}\left(\frac{a\hbar}{M\omega_e^2}\sqrt{\frac{2}{MB_e}} - 1\right), \quad x_e = \frac{3}{2\hbar\omega_e}\left(\frac{\hbar}{M\omega_e}\right)^2\left(\frac{5}{2}\frac{a^2}{M\omega_e^2} - b\right). \tag{82,16}$$

Die von v und K unabhängigen Glieder sind in E^{el} aufgenommen worden.

Aufgabe

Man schätze die Genauigkeit der Näherung ab, die bei der Separation von Elektronen- und Kernbewegung in einem zweiatomigen Molekül vorgenommen wird!

Lösung. Wir schreiben den vollständigen HAMILTON-Operator für das Molekül in der Form $\hat{H} = \hat{T}_r + \hat{H}_{el}$, wobei $\hat{T}_r = \hat{\boldsymbol{p}}^2/2M$ der Operator für die kinetische Energie der Relativbewegung der Kerne ist ($\hat{\boldsymbol{p}} = -i\hbar\partial/\partial\boldsymbol{r}$, $\boldsymbol{r}$ ist der Vektor zwischen den beiden Kernorten, M ist die reduzierte Masse). Der HAMILTON-Operator $\hat{H}_{el}$ enthält die Operatoren für die kinetische Energie der Elektronen, für die potentielle Energie der COULOMB-Wechselwirkung der Elektronen untereinander und mit den Kernen und die Energie der COULOMB-Wechselwirkung der Kerne.[1]) Wir setzen die Lösung der SCHRÖDINGER-Gleichung

$$\hat{H}\psi = (\hat{T}_r + \hat{H}_{el})\,\psi = E\psi \tag{1}$$

in der Form

$$\psi = \sum_m \chi_m(\boldsymbol{r})\,\varphi_m(q, r) \tag{2}$$

an, wobei die Funktionen $\varphi_m(q, r)$ die orthonormierten Lösungen der Gleichung

$$\hat{H}_{el}\varphi_m(q, r) = U_m(r)\,\varphi_m(q, r) \tag{3}$$

sind (q bezeichnet alle Elektronenkoordinaten). $U_m(r)$ sind die Eigenwerte des HAMILTON-Operators $\hat{H}_{el}$, die von r als Parameter abhängen. Wir setzen (2) in die Gleichung (1) ein, multiplizieren sie von links mit $\varphi_n^*(q, r)$, integrieren über dq und erhalten

$$\left[\frac{\hat{\boldsymbol{p}}^2}{2M} + V''_{nn} + U_n(r) - E\right]\chi_n(\boldsymbol{r}) = -\sum_m{}' (\hat{V}'_{nm} + V''_{nm})\,\chi_m(\boldsymbol{r}) \tag{4}$$

mit

$$\hat{V}'_{nm} = \frac{1}{M}\boldsymbol{p}_{nm}\hat{\boldsymbol{p}}, \qquad V''_{nm} = \frac{1}{2M}(\boldsymbol{p}^2)_{nm},$$

$\boldsymbol{p}_{nm} = \int \varphi_n^*\hat{\boldsymbol{p}}\varphi_m\,\mathrm{d}q$ und $(\boldsymbol{p}^2)_{nm}$ sind die Matrixelemente mit den Elektronenwellenfunktionen. Das Diagonalelement $\boldsymbol{p}_{nn}$ ist auf Grund von Symmetrieüberlegungen Null.

Die Elektronenfunktionen φ_n ändern sich wesentlich nur über Abstände von der Größenordnung der Atomabmessungen. Die Ableitung derselben nach r bringt daher keinen großen Parameter M/m mit sich (m ist die Elektronenmasse). Die Größe V''_{nn} ist demnach um den Faktor m/M kleiner als $U_n(r)$ und kann weggelassen werden. Sehen wir die Glieder auf der rechten Seite von (4) als kleine Störung an, dann werden die Funktionen $\chi_n(\boldsymbol{R})$ als Lösungen der Gleichung

$$\left[\frac{\hat{\boldsymbol{p}}^2}{2M} + U_n(r)\right]\chi_{nv} = E_{nv}\chi_{nv} \tag{5}$$

---

[1]) Der HAMILTON-Operator $\hat{H}$ gilt für ein Bezugssystem in dem der Schwerpunkt des gesamten Moleküls ruht ($\boldsymbol{P}_n + \boldsymbol{P}_e = 0$, wobei $\boldsymbol{P}_n$ den Gesamtimpuls der beiden Kerne und $\boldsymbol{P}_e$ den Gesamtimpuls der Elektronen bedeutet). Dabei ist jedoch die kinetische Energie der Schwerpunktsbewegung der Kerne, $\boldsymbol{P}_n^2/2(M_1 + M_2) = \boldsymbol{P}_e^2/2(M_1 + M_2)$, bereits weggelassen. Diese ist ja bekanntlich (im Verhältnis m/M) klein gegenüber der kinetischen Energie der Elektronen.

gegeben, die die Bewegung der Kerne im Feld $U_n(r)$ beschreibt (v ist die Quantenzahl für diese Bewegung). Die Bedingung für die Brauchbarkeit der Störungstheorie ist die Forderung

$$|\langle nv'|\ \hat{V}'_{nm} + V''_{nm}\ |mv\rangle| \ll |E_{nv'} - E_{mv}|\ .$$

Auf der rechten Seite dieser Beziehung stehen die Energiedifferenzen zwischen verschiedenen Elektronentermen; diese Größen sind von nullter Ordnung im Verhältnis m/M. Links stehen die Matrixelemente mit den Wellenfunktionen der Kerne. Das Glied mit V''_{nm} enthält m/M und ist offenkundig klein. Im Matrixelement von $\hat{V}'_{nm}$ bewirkt der Operator $\hat{p}$ bei Anwendung auf die Funktion χ_{mv} die Multiplikation mit einem Faktor von der Größenordnung des Impulses der Kerne. Wenn die Kerne kleine Schwingungen ausführen, ist ihr Impuls $\sim\sqrt{M\hbar\omega_e}$. Da die Frequenz ω_e ebenfalls umgekehrt proportional zu $\sqrt{M}$ ist, ist das Matrixelement $\langle nv'|\ V'_{nm}\ |mv\rangle$ von der Größenordnung $(m/M)^{3/4}$.

§ 83. Die Multipletterme. Fall a

Wir kommen jetzt zur Klassifizierung der Molekülniveaus mit von Null verschiedenem Spin S. In nullter Näherung, bei völliger Vernachlässigung relativistischer Effekte, ist die Energie eines Moleküls, wie überhaupt eines beliebigen Systems von Teilchen, unabhängig von der Spinrichtung (der Spin ist „frei"). Das ergibt eine $(2S + 1)$-fache Entartung der Niveaus. Bei Beachtung der relativistischen Wechselwirkungen spalten die entarteten Niveaus auf, und die Energie hängt von der Spinprojektion auf die Molekülachse ab. Wir werden die relativistischen Wechselwirkungen in Molekülen als *Spin-Achsen-Wechselwirkung* bezeichnen. Die Hauptrolle spielt dabei (wie auch bei den Atomen) die Wechselwirkung der Spins mit der Bahnbewegung der Elektronen.[1])

Charakter und Klassifizierung der Molekülniveaus hängen wesentlich von der relativen Rolle ab, die Spin-Bahn-Kopplung einerseits und Molekülrotation anderseits spielen. Die Rolle der letzteren wird durch die Abstände zwischen benachbarten Rotationsniveaus bestimmt. Dementsprechend hat man zwei Grenzfälle zu betrachten. In einem Grenzfall ist die Energie der Spin-Achsen-Wechselwirkung groß gegenüber den Differenzen zwischen den Rotationsniveaus, im anderen klein dagegen. Der erste Fall wird üblicherweise als *Fall* (oder *Kopplungstyp*) a bezeichnet und der zweite als *Fall* b (F. Hund, 1933).

Am häufigsten findet man den Fall a vor. Die Σ-Terme bilden eine Ausnahme; für sie liegt im wesentlichen der Fall b vor, weil der Effekt der Spin-Achsen-Wechselwirkung für sie klein ist (s. u.).[2]) Für andere Terme findet man den Fall b manchmal bei den leichtesten Molekülen, weil die Spin-Achsen-Wechselwirkung relativ schwach ist und die Abstände zwischen den Rotationsniveaus groß sind (das Trägheitsmoment ist klein).

Selbstverständlich sind auch Zwischenstufen zwischen den Fällen a und b möglich. Es muß auch beachtet werden, daß ein und derselbe Elektronenzustand bei Änderung der Rotationsquantenzahl stetig aus dem Fall a in den Fall b übergehen kann; denn die Abstände zwischen benachbarten Rotationsniveaus werden mit zunehmender

---

[1]) Außer der Spin-Bahn- und der Spin-Spin-Wechselwirkung gibt es noch eine Wechselwirkung von Spin und Bahnbewegung der Elektronen mit der Molekülrotation. Dieser Teil der Wechselwirkung ist aber sehr klein. Nur für Terme mit dem Spin $S = 1/2$ ist es interessant, diese Wechselwirkung zu behandeln (siehe § 81).

[2]) Ein Spezialfall ist der Elektronenterm zum Grundzustand des O_2-Moleküls ($^3\Sigma$-Term). Dabei findet man einen Kopplungstyp, der zwischen den Fällen *a* und *b* liegt (siehe die Aufgabe 3 zu § 84).

Rotationsquantenzahl größer. Für große Rotationsquantenzahlen können diese Abstände groß gegenüber der Energie der Spin-Achsen-Kopplung (Fall b) werden, sogar wenn für niedrige Rotationsniveaus der Fall a vorgelegen hat.

Im Fall a unterscheidet sich die Klassifizierung der Niveaus im Prinzip nur wenig von der Klassifizierung der Terme mit dem Spin Null. Zunächst betrachten wir die Elektronenterme zu festen Kernen, d. h. bei vollständiger Vernachlässigung der Rotation. Neben der Projektion Λ des Bahndrehimpulses der Elektronen muß man jetzt auch die Projektion des Gesamtspins auf die Molekülachse betrachten. Diese Projektion bezeichnet man mit Σ;[1]) sie nimmt die Werte $S, S-1, \ldots, -S$ an. Wir vereinbaren, Σ positiv zu zählen, wenn die Richtung der Spinprojektion mit der Richtung des Bahndrehimpulses bezüglich dieser Achse übereinstimmt (wir erinnern daran, daß Λ der absolute Betrag des letzteren ist). Die Größen Λ und Σ werden zum Gesamtdrehimpuls der Elektronen bezüglich der Molekülachse addiert:

$$\Omega = \Lambda + \Sigma\,; \tag{83,1}$$

er nimmt die Werte $\Lambda + S, \Lambda + S - 1, \ldots, \Lambda - S$ an. Der Elektronenterm mit dem Bahndrehimpuls Λ spaltet also in $2S + 1$ Terme auf, die sich in den Ω-Werten unterscheiden (diese Aufspaltung heißt wie im Falle der Atomterme Feinstruktur oder Multiplettaufspaltung der Elektronenniveaus). Der Wert von Ω wird üblicherweise unten am Termsymbol angebracht. So erhalten wir für $\Lambda = 1$ und $S = 1/2$ die Terme ${}^2\Pi_{1/2}$ und ${}^2\Pi_{3/2}$.

Berücksichtigt man die Kernbewegung, so entsteht für jeden Term eine Schwingungs- und Rotationsstruktur. Die verschiedenen Rotationsniveaus werden durch die Quantenzahl J — den Gesamtdrehimpuls des Moleküls, der Bahndrehimpuls und Spin der Elektronen und den Drehimpuls der Kerne enthält — gekennzeichnet. J nimmt ganzzahlige Werte größer oder gleich $|\Omega|$ an:[2])

$$J \geqq |\Omega| \tag{83,2}$$

(in offensichtlicher Verallgemeinerung der Regel (82,6)).

Wir wollen nun quantitative Formeln für die Molekülniveaus im Falle a herleiten. Zuerst behandeln wir die Feinstruktur eines Elektronenterms. Bei der Untersuchung der Feinstruktur von Atomtermen haben wir in § 72 die Formel (72,4) benutzt, nach der der Mittelwert der Spin-Bahn-Wechselwirkung proportional zur Projektion des Gesamtspins des Atoms auf den Bahndrehimpulsvektor ist. Ganz analog dazu ist die Spin-Achsen-Wechselwirkung in einem zweiatomigen Molekül (gemittelt über einen Elektronenzustand zu gegebenem Kernabstand r) proportional zur Projektion Σ des Gesamtspins des Moleküls auf die Molekülachse, so daß wir den aufgespaltenen Elektronenterm in der Form

$$U(r) + A(r)\,\Sigma$$

schreiben können; darin ist $U(r)$ die Energie des (unaufgespaltenen) Ausgangsterms, $A(r)$ ist eine Funktion von r. Diese Funktion hängt vom Ausgangsterm ab (insbesondere vom Wert von Λ), sie ist aber unabhängig von Σ. Da man normalerweise die

---

[1]) Nicht mit dem Termsymbol für $\Lambda = 0$ zu verwechseln!

[2]) Die Bezeichnung $\boldsymbol{K}$ ist für den Gesamtdrehimpuls eines Moleküls ohne Berücksichtigung des Spins üblich. Im Falle *a* existiert die Quantenzahl K nicht. weil der Drehimpuls $\boldsymbol{K}$ auch nicht näherungsweise erhalten bleibt.

Quantenzahl Ω und nicht Σ verwendet, ist es zweckmäßiger, statt $A\Sigma$ den Ausdruck $A\Omega$ zu schreiben. Diese beiden Audrücke unterscheiden sich um die Größe $A\Lambda$, die man in $U(r)$ einbeziehen kann. Somit bekommen wir für den Elektronenterm den Ausdruck

$$U(r) + A(r)\,\Omega\,. \tag{83,3}$$

Die Komponenten des aufgespaltenen Terms sind äquidistant angeordnet — der Abstand zwischen benachbarten Komponenten (mit Ω-Werten, die sich um 1 unterscheiden) ist $A(r)$ und ist unabhängig von Ω.

Aus allgemeinen Überlegungen ist leicht zu erkennen, daß die Größe A für Σ-Terme gleich Null ist. Dazu ändern wir das Vorzeichen der Zeit. Die Energie muß dabei unverändert bleiben, aber der Molekülzustand ändert sich so, daß die Richtung von Bahndrehimpuls und Spin bezüglich der Achse umgekehrt wird. In der Energie $A(r)\,\Sigma$ ändert Σ das Vorzeichen. Damit diese Energie unverändert bleibt, muß auch $A(r)$ das Vorzeichen wechseln. Für $\Lambda \neq 0$ kann man hieraus keinerlei Schlüsse über die Größe $A(r)$ ziehen, weil letztere vom Bahndrehimpuls abhängt und dieser selbst das Vorzeichen wechselt. Für $\Lambda = 0$ dagegen kann man auf jeden Fall feststellen, daß sich $A(r)$ nicht ändert und demzufolge identisch verschwinden muß. Die Spin-Bahn-Wechselwirkung ergibt also für Σ-Terme in erster Näherung keine Aufspaltung. Eine Aufspaltung (proportional zu Σ^2) würde sich erst ergeben, wenn man diese Wechselwirkung in zweiter Näherung oder die Spin-Spin-Wechselwirkung in erster Näherung berücksichtigt, sie ist deshalb relativ klein. Damit hängt auch die bereits erwähnte Tatsache zusammen, daß für Σ-Terme normalerweise der Fall b vorliegt.

Nachdem die Multiplettaufspaltung bestimmt worden ist, kann man die Molekülrotation als Störung behandeln. Das geschieht ganz analog wie am Anfang des vorhergehenden Paragraphen. Der Drehimpuls für die Kernrotation ergibt sich aus dem Gesamtdrehimpuls, indem man den Bahndrehimpuls und den Spin der Elektronen subtrahiert. Der Operator für die Zentrifugalenergie hat deshalb jetzt die Gestalt

$$B(r)\,(\hat{\boldsymbol{J}} - \hat{\boldsymbol{L}} - \hat{\boldsymbol{S}})^2\,.$$

Wir mitteln diese Größe über den Elektronenzustand, addieren sie zu (83,3) und erhalten die gesuchte effektive potentielle Energie $U_J(r)$:

$$\begin{aligned} U_J(r) &= U(r) + A(r)\,\Omega + B(r)\,\overline{(\boldsymbol{J} - \boldsymbol{L} - \boldsymbol{S})^2} \\ &= U(r) + A(r)\,\Omega + B(r)\,[\boldsymbol{J}^2 - 2\boldsymbol{J}(\overline{\boldsymbol{L} + \boldsymbol{S}}) + \overline{\boldsymbol{L}^2} + 2\overline{\boldsymbol{L}\boldsymbol{S}} + \overline{\boldsymbol{S}^2}]\,. \end{aligned}$$

Der Eigenwert von $\boldsymbol{J}^2$ ist $J(J+1)$. Weiter erhalten wir aus den gleichen Überlegungen heraus wie in § 82

$$\overline{\boldsymbol{L}} = \boldsymbol{n}\Lambda\,, \qquad \overline{\boldsymbol{S}} = \boldsymbol{n}\Sigma \tag{83,4}$$

und auch $(\hat{\boldsymbol{J}} - \hat{\boldsymbol{L}} - \hat{\boldsymbol{S}})\,\boldsymbol{n} = 0$. Hieraus erhalten wir für die Eigenwerte

$$\boldsymbol{J}\boldsymbol{n} = (\boldsymbol{L} + \boldsymbol{S})\,\boldsymbol{n} = \Lambda + \Sigma = \Omega\,. \tag{83,5}$$

Wir setzen diese Werte ein und finden

$$U_J(r) = U(r) + A(r)\,\Omega + B(r)\,[J(J+1) - 2\Omega^2 + \overline{\boldsymbol{L}^2} + 2\overline{\boldsymbol{L}\boldsymbol{S}} + \overline{\boldsymbol{S}^2}]\,.$$

Es wird mit Hilfe der Wellenfunktionen nullter[1]) Näherung über den Elektronenzustand gemittelt. Aber in dieser Näherung bleibt der Spin erhalten, deshalb gilt $\boldsymbol{S}^2 = S(S+1)$. Die Wellenfunktion ist ein Produkt aus Spin- und Bahnfunktion, und daher erfolgt die Mittelung über die Drehimpulse $\boldsymbol{L}$ und $\boldsymbol{S}$ unabhängig voneinander. So bekommen wir

$$\overline{\boldsymbol{LS}} = \Lambda \boldsymbol{n}\overline{\boldsymbol{S}} = \Lambda\Sigma \,.$$

Schließlich ist der Mittelwert für das Bahndrehimpulsquadrat $\boldsymbol{L}^2$ unabhängig vom Spin und eine für den betreffenden (unaufgespaltenen) Elektronenterm charakteristische Funktion von r. Alle Glieder, die Funktionen von r, aber unabhängig von J und Σ sind, können in $U(r)$ einbezogen werden. Das zu Σ (oder, was gleichbedeutend ist, zu Ω) proportionale Glied kann in den Ausdruck $A(r)\,\Omega$ aufgenommen werden. Wir erhalten somit für die effektive potentielle Energie die Formel

$$U_J(r) = U(r) + A(r)\,\Omega + B(r)\,[J(J+1) - 2\Omega^2] \,. \tag{83,6}$$

Die Energieniveaus eines Moleküls ergeben sich hieraus in gleicher Weise wie in § 82 aus der Formel (82,5). Wir entwickeln $U(r)$ und $A(r)$ in eine Potenzreihe in ξ. In der Entwicklung von $U(r)$ nehmen wir nur die Glieder bis zur zweiten Ordnung einschließlich mit, und in der Entwicklung des zweiten und des dritten Summanden beschränken wir uns auf die Glieder nullter Ordnung. So erhalten wir die Energieniveaus in der Gestalt

$$E = U_e + A_e\Omega + \hbar\omega_e\left(v + \frac{1}{2}\right) + B_e[J(J+1) - 2\Omega^2] \tag{83,7}$$

mit $A_e = A(r_e)$; B_e sind für den betreffenden (unaufgespaltenen) Elektronenterm charakteristische Konstanten. Würden wir die Entwicklungen weiter treiben, so würden wir noch Glieder höherer Ordnungen in den Quantenzahlen erhalten, aber wir werden diese hier nicht angeben.

§ 84. Die Multipletterme. Fall b

Wir kommen jetzt zum Fall b. Hier überwiegt der Effekt der Molekülrotation die Multiplettaufspaltung. Daher müssen wir in erster Linie den Effekt der Rotation behandeln; die Spin-Achsen-Wechselwirkung wird dabei zunächst vernachlässigt und anschließend als Störung berücksichtigt.

Für ein Molekül mit „freiem" Spin bleibt nicht nur der Gesamtdrehimpuls $\boldsymbol{J}$ erhalten, sondern es bleibt auch die Summe $\boldsymbol{K}$ von Bahndrehimpuls der Elektronen und Drehimpuls der Kernrotation erhalten. Der Zusammenhang zwischen diesen drei Größen ist

$$\boldsymbol{J} = \boldsymbol{K} + \boldsymbol{S} \,. \tag{84,1}$$

Die Quantenzahl K unterscheidet die verschiedenen Rotationszustände eines Moleküls mit freiem Spin, die sich aus dem betreffenden Elektronenterm ergeben. Die effektive potentielle Energie $U_K(r)$ zu einem Zustand mit gegebenem K-Wert wird offensichtlich durch die gleiche Formel (82,5) gegeben wie für die Terme mit $S = 0$:

$$U_K(r) = U(r) + B(r)\,K(K+1) \,, \tag{84,2}$$

wobei K die Werte Λ, $\Lambda + 1$, ... annimmt.

[1]) Nullter Näherung sowohl bezüglich der Molekülrotation als auch in der Spin-Achsen-Wechselwirkung.

Wird die Spin-Achsen-Wechselwirkung eingeschaltet, so spaltet jeder Term im allgemeinen in $2S+1$ Terme auf (oder in $2K+1$ Terme für $K<S$), die sich in den Werten für den Gesamtdrehimpuls J unterscheiden.[1]) Nach der allgemeinen Additionsvorschrift für Drehimpulse nimmt die Zahl J (bei gegebenem K) die Werte von $K+S$ bis $|K-S|$ an:

$$|K-S| \leqq J \leqq K+S\,. \tag{84,3}$$

Zur Berechnung der Aufspaltungsenergie (in erster Näherung der Störungstheorie) hat man den Mittelwert des Operators für die Spin-Achsen-Wechselwirkung im Zustand nullter Näherung (bezüglich dieser Wechselwirkung) zu bilden. In unserem Falle bedeutet das die Mittelung über den Elektronenzustand und über den Rotationszustand des Moleküls (bei festem r). Als Ergebnis der ersten Mittelung erhalten wir einen Operator der Gestalt $A(r)\,\boldsymbol{n}\hat{\boldsymbol{S}}$ proportional zur Projektion des Spinoperators auf die Molekülachse. Weiter mitteln wir diesen Operator über die Rotationszustände des Moleküls, wobei wir die Richtung des Spinvektors als beliebig ansehen; es ist dann $\overline{\boldsymbol{n}\hat{\boldsymbol{S}}} = \overline{\boldsymbol{n}}\hat{\boldsymbol{S}}$. Der Mittelwert $\overline{\boldsymbol{n}}$ muß aus Symmetriegründen die gleiche Richtung haben wie der „Vektor" $\hat{\boldsymbol{K}}$ — der einzige für die Molekülrotation charakteristische Vektor. Wir können also

$$\overline{\boldsymbol{n}} = \text{const}\,\hat{\boldsymbol{K}}$$

schreiben. Der Proportionalitätsfaktor kann leicht bestimmt werden, indem man beide Seiten dieser Gleichung mit $\hat{\boldsymbol{K}}$ multipliziert und benutzt, daß die Eigenwerte $\boldsymbol{nK} = \Lambda$ (siehe (82,4)) und $\boldsymbol{K}^2 = K(K+1)$ sind. Es ist somit

$$\overline{\boldsymbol{n}\hat{\boldsymbol{S}}} = \frac{\Lambda}{K(K+1)}\,\hat{\boldsymbol{K}}\hat{\boldsymbol{S}}\,.$$

Schließlich ist der Eigenwert des Produktes $\boldsymbol{KS}$ nach der allgemeinen Formel (31,3) gleich

$$\boldsymbol{KS} = \tfrac{1}{2}\,[J(J+1) - K(K+1) - S(S+1)]\,. \tag{84,4}$$

Als Ergebnis bekommen wir folgenden Ausdruck für den gesuchten Mittelwert der Energie der Spin-Achsen-Wechselwirkung:

$$\begin{aligned} A(r)\,\frac{\Lambda}{2K(K+1)}\,&[J(J+1) - S(S+1) - K(K+1)] \\ &= A(r)\,\frac{\Lambda}{2K(K+1)}\,(J-S)\,(J+S+1) - \frac{1}{2}\,A(r)\,\Lambda\,. \end{aligned}$$

Dieser Ausdruck muß zur Energie (84,2) addiert werden. Da der Summand $\frac{1}{2}A(r)\,\Lambda$ nicht von K und J abhängt, kann er in $U(r)$ aufgenommen werden, so daß wir für die effektive potentielle Energie endgültig den Ausdruck

$$U_K(r) = U(r) + B(r)\,K(K+1) + A(r)\,\Lambda\,\frac{(J-S)\,(J+S+1)}{2K(K+1)} \tag{84,5}$$

erhalten.

---

[1]) Im Falle b hat die Projektion $\boldsymbol{nS}$ des Spins auf die Molekülachse keinen bestimmten Wert, so daß die Quantenzahl Σ (und Ω) nicht existiert.

Wir entwickeln nach Potenzen von $\xi = r - r_e$ und bekommen einen Ausdruck für die Energieniveaus des Moleküls im Falle b:

$$E = U_e + \hbar\omega_e\left(v + \frac{1}{2}\right) + B_e K(K+1) + A_e \Lambda \frac{(J-S)(J+S+1)}{2K(K+1)}. \quad (84,6)$$

Wie bereits im vorhergehenden Paragraphen erwähnt worden ist, ergibt die Spin-Bahn-Wechselwirkung für Σ-Terme in erster Näherung keine Multiplettaufspaltung. Zur Bestimmung der Feinstruktur hat man die Spin-Spin-Wechselwirkung zu berücksichtigen, deren Operator in den Elektronenspins quadratisch ist. Uns interessiert jetzt nicht dieser Operator selbst, sondern sein Mittelwert über den Elektronenzustand des Moleküls, ähnlich wie es für den Operator der Spin-Bahn-Wechselwirkung der Fall war. Aus Symmetrieüberlegungen ist klar, daß der gesuchte gemittelte Operator zum Quadrat der Projektion des resultierenden Molekülspins auf die Achse proportional sein muß, d. h., man kann ihn in der Form

$$\alpha(r)\,(\hat{\boldsymbol{S}}\boldsymbol{n})^2 \quad (84,7)$$

ansetzen, worin $\alpha(r)$ wieder eine für den betreffenden Elektronenterm charakteristische Funktion des Abstandes r ist (die Symmetrie läßt auch einen zu $\hat{\boldsymbol{S}}^2$ proportionalen Summanden zu; dieser ist aber uninteressant, weil der Betrag des Spins einfach eine Konstante ist). Wir werden uns hier nicht damit aufhalten, die umfangreiche allgemeine Formel für die vom Operator (84,7) verursachte Aufspaltung abzuleiten; in Aufgabe 1 zu diesem Paragraphen wird die Formel für Triplett-Σ-Terme hergeleitet.

Die Dublett-Σ-Terme bilden einen Spezialfall. Nach dem KRAMERSschen Satz (§ 60) bleibt ein System mit dem Gesamtspin $S = 1/2$ auch unter Berücksichtigung aller inneren relativistischen Wechselwirkungen im System unbedingt noch zweifach entartet. Die $^2\Sigma$-Terme bleiben deshalb sogar unter Berücksichtigung (in beliebiger Näherung) der Spin-Bahn- und der Spin-Spin-Wechselwirkung unaufgespalten.

Eine Aufspaltung würde sich hier nur bei Berücksichtigung der relativistischen Wechselwirkung des Spins mit der Molekülrotation ergeben; dieser Effekt ist sehr klein. Der gemittelte Operator für diese Wechselwirkung muß offensichtlich die Gestalt $\gamma\hat{\boldsymbol{K}}\hat{\boldsymbol{S}}$ haben, und seine Eigenwerte werden durch Formel (84,4) gegeben, in der man $S = 1/2$ und $J = K \pm 1/2$ zu setzen hat. Als Ergebnis erhalten wir für die $^2\Sigma$-Terme die Formel

$$E = U_e + \hbar\omega_e\left(v + \frac{1}{2}\right) + B_e K(K+1) \pm \frac{\gamma}{2}\left(K + \frac{1}{2}\right) \quad (84,8)$$

(in U_e haben wir die Konstante $-\gamma/4$ mit aufgenommen).

Aufgaben

1. Man berechne die Multiplettaufspaltung eines $^3\Sigma$-Termes im Falle b (H. KRAMERS, 1929)!

Lösung. Die gesuchte Aufspaltung wird durch den Operator (84,7) bestimmt, der über die Molekülrotation gemittelt werden muß. Wir schreiben ihn als $\alpha_e n_i n_k \hat{S}_i \hat{S}_k$ mit der Bezeichnung $\alpha_e = \alpha(r_0)$. Da $\boldsymbol{S}$ eine Erhaltungsgröße ist, hat man nur das Produkt $n_i n_k$ zu mitteln. Nach einer ähnlichen Formel, wie sie in der Aufgabe zu § 29 abgeleitet worden ist, haben wir

$$\overline{n_i n_k} = -\frac{\hat{K}_i\hat{K}_k + \hat{K}_k\hat{K}_i}{(2K-1)(2K+3)} + \cdots.$$

Hier sind diejenigen Summanden (die zu δ_{ik} proportional sind) nicht mit aufgeschrieben worden, die von J unabhängig sind und daher nicht zu der uns hier interessierenden Aufspaltung Anlaß geben. Die Aufspaltung wird also durch den Operator

$$-\frac{\alpha_e}{(2K-1)(2K+3)}\hat{S}_i\hat{S}_k(\hat{K}_i\hat{K}_k+\hat{K}_k\hat{K}_i)$$

bestimmt. Da $\hat{\boldsymbol{S}}$ mit $\hat{\boldsymbol{K}}$ vertauschbar ist, gilt

$$\hat{S}_i\hat{S}_k\hat{K}_i\hat{K}_k=\hat{S}_i\hat{K}_i\hat{S}_k\hat{K}_k=(\boldsymbol{SK})^2\,,$$

wobei der Eigenwert von $\boldsymbol{SK}$ durch die Formel (84,4) gegeben wird. Weiter haben wir

$$\begin{aligned}\hat{S}_i\hat{S}_k\hat{K}_k\hat{K}_i &= \hat{S}_i\hat{S}_k\hat{K}_i\hat{K}_k+i\hat{S}_i\hat{S}_k e_{ikl}\hat{K}_l=(\boldsymbol{SK})^2-\tfrac{1}{2}(\hat{S}_i\hat{S}_k-\hat{S}_k\hat{S}_i)\,ie_{ikl}\hat{K}_l\\ &=(\boldsymbol{SK})^2+\tfrac{1}{2}e_{ikl}e_{ikm}\hat{S}_m\hat{K}_l=(\boldsymbol{SK})^2+\boldsymbol{SK}\,.\end{aligned}$$

Den drei Komponenten E_K des Tripletts $^3\Sigma$ $(S=1)$ entsprechen $J=K$, $K\pm1$. Für die Abstände zwischen diesen Komponenten erhalten wir die Werte

$$E_{K+1}-E_K=-\alpha_e\frac{K+1}{2K+3}\,,\qquad E_{K-1}-E_K=-\alpha_e\frac{K}{2K-1}\,.$$

2. Man berechne die Energie eines Dubletterms (mit $\Lambda\neq0$) für solche Fälle, die zwischen den Fällen *a* und *b* liegen (E. Hill und J. van Vleck, 1928)!

Lösung. Da die Rotationsenergie und die Energie der Spin-Achsen-Wechselwirkung von der gleichen Größenordnung angenommen werden, hat man sie in der Störungstheorie gleichzeitig zu behandeln, so daß der Störoperator die Gestalt[1])

$$\hat{V}=B_e\hat{\boldsymbol{K}}^2+A_e\boldsymbol{n}\hat{\boldsymbol{S}}$$

hat. Als Wellenfunktionen nullter Näherung verwendet man zweckmäßig die Wellenfunktionen für solche Zustände, in denen die Drehimpulse K und J bestimmte Werte haben (d. h. die Funktionen des Falles b). Da für einen Dubletterm $S=1/2$ ist, kann die Quantenzahl K bei gegebenem J die Werte $K=J\pm1/2$ haben. Zur Aufstellung der Säkulargleichung hat man die Matrixelemente $\langle nSKJ|\,V\,|nSK'J\rangle$ (n bezeichnet alle Quantenzahlen für den Elektronenterm) zu berechnen, wenn K und K' die angegebenen Werte annehmen. Die Matrix des Operators $\hat{\boldsymbol{K}}^2$ ist diagonal (die Diagonalelemente sind $K(K+1)$). Die Matrixelemente von $(\boldsymbol{nS})$ werden mit Hilfe der allgemeinen Formel (109,5) berechnet (S, K und J spielen darin die Rolle von j_1, j_2 und J); die reduzierten Matrixelemente von $\boldsymbol{n}$ werden durch die Formeln (87,4) gegeben. Als Ergebnis der Rechnung erhalten wir die Säkulargleichung

$$\begin{vmatrix} B_e(J+1/2)(J+3/2)-A_e\dfrac{\Lambda}{2J+1}-E^{(1)} & \dfrac{A_e}{2J+1}\sqrt{(J+1/2)^2-\Lambda^2}\\ \dfrac{A_e}{2J+1}\sqrt{(J+1/2)^2-\Lambda^2} & B_e(J+1/2)(J-1/2)+A_e\dfrac{\Lambda}{2J+1}-E^{(1)}\end{vmatrix}=0\,.$$

Wir lösen diese Gleichung, addieren $E^{(1)}$ zur ungestörten Energie und erhalten

$$E=U_e+\hbar\omega_e(v+1/2)+B_eJ(J+1)\pm\sqrt{B_e^2(J+1/2)^2-A_eB_e\Lambda+A_e^2/4}$$

(in U_e ist die Konstante $B_e/4$ einbezogen worden). Dem Fall a entspricht $A_e\gg B_eJ$, dem Fall b die umgekehrte Beziehung.

---

[1]) Die Mittelung über die Schwingungen muß vor der Mittelung über die Rotation ausgeführt werden. Deshalb haben wir (unter Beschränkung auf die ersten Glieder in der Entwicklung nach ξ) die Funktionen $B(r)$ und $A(r)$ durch die Werte B_e und A_e ersetzt; die ungestörten Energieniveaus sind $E^{(0)}=U_e+\hbar\omega_e(v+1/2)$.

3. Man berechne die Abstände zwischen den Komponenten des Triplettniveaus $^3\Sigma$ für den Fall, der zwischen den Fällen a und b liegt!

Lösung. Wie in Aufgabe 2 werden Rotationsenergie und Energie der Spin-Spin-Wechselwirkung in der Störungstheorie gleichzeitig behandelt. Der Störoperator hat die Gestalt

$$\hat{V} = B_e\hat{\boldsymbol{K}}^2 + \alpha_e(\boldsymbol{n}\hat{\boldsymbol{S}})^2 .$$

Als Wellenfunktionen nullter Näherung verwenden wir die Funktionen des Falles b. Die Matrixelemente $\langle K|\, \boldsymbol{nS}\, |K'\rangle$ (alle Indizes, in denen die Matrix diagonal ist, lassen wir weg) berechnen wir wieder nach den Formeln (109,5) und (87,4), jetzt mit $\Lambda = 0$ und $S = 1$. Elemente der Gestalt

$$\langle J|\, \boldsymbol{nS}\, |J-1\rangle = \sqrt{\frac{J+1}{2J+1}}, \qquad \langle J|\, \boldsymbol{nS}\, |J+1\rangle = \sqrt{\frac{J}{2J+1}}$$

werden von Null verschieden sein. Für gegebenes J kann die Zahl K die Werte $K = J,\ J \pm 1$ haben. Für die Matrixelemente $\langle K|\, V\, |K'\rangle$ finden wir

$$\langle J|\, V\, |J\rangle = B_e J(J+1) + \alpha_e, \qquad \langle J-1|\, V\, |J-1\rangle = B_e(J-1)\, J + \alpha_e\, \frac{J+1}{2J+1},$$

$$\langle J+1|\, V\, |J+1\rangle = B_e(J+1)\,(J+2) + \alpha_e\, \frac{J}{2J+1},$$

$$\langle J-1|\, V\, |J+1\rangle = \langle J+1|\, V\, |J-1\rangle = \alpha_e \sqrt{\frac{J(J+1)}{2J+1}}.$$

Wir sehen, daß es zwischen den Zuständen mit $K = J$ und den Zuständen mit $K = J \pm 1$ keine Übergänge gibt. Daher ist ein Niveau einfach $E_1 = \langle J|\, V\, |J\rangle$. Die beiden anderen ($E_2$ und E_3) ergeben sich durch Lösung der quadratischen Säkulargleichung, die aus den Matrixelementen für die Übergänge zwischen den Zuständen $J \pm 1$ gebildet wird. Da wir uns nur für die relative Lage der Triplettkomponenten interessieren, subtrahieren wir von allen drei Energien E_1, E_2 und E_3 die Konstante α_e. Als Ergebnis erhalten wir

$$E_1 = B_e J(J+1),$$

$$E_{2,3} = B_e(J^2 + J + 1) - \frac{\alpha_e}{2} \pm \sqrt{B_e^2(2J+1)^2 - \alpha_e B_e + \frac{\alpha_e^2}{4}}\,.$$

Im Falle b (α klein) betrachten wir die drei Niveaus mit gleichen K und verschiedenen J ($J = K$, $K \pm 1$) und erhalten wiederum die in Aufgabe 1 gefundenen Formeln.

§ 85. Die Multipletterme. Fälle c und d

Außer den Kopplungstypen a und b und den dazwischen liegenden gibt es noch andere Kopplungstypen. Diese Typen ergeben sich folgendermaßen. Die Quantenzahl Λ ergibt sich letzten Endes aus der elektrischen Wechselwirkung der beiden Atome im Molekül, die zur Axialsymmetrie bei der Berechnung der Elektronenterme Anlaß gibt (diese Wechselwirkung im Molekül bezeichnet man als Kopplung des Bahndrehimpulses mit der Achse). Ein Maß für die Stärke dieser Wechselwirkung ist der Abstand zwischen den Termen mit verschiedenen Λ-Werten. Bisher haben wir diese Wechselwirkung immer stillschweigend als so groß angenommen, daß diese Abstände groß gegenüber den Abständen in der Multiplettaufspaltung und groß gegenüber den Abständen in der Rotationsstruktur der Terme ist. Es gibt aber auch die umgekehrten Fälle, daß die Wechselwirkung des Bahndrehimpulses mit der Achse vergleichbar oder sogar klein gegenüber den anderen Effekten ist. In diesen Fällen kann man selbstverständlich in keiner Näherung von der Erhaltung der Projektion des Bahndrehimpulses auf die Achse sprechen, so daß die Zahl Λ ihren Sinn verliert.

Falls die Kopplung zwischen Bahndrehimpuls und der Achse klein gegenüber der Spin-Bahn-Kopplung ist, spricht man vom *Fall* c. Man findet ihn in Molekülen mit einem Atom einer Seltenen Erde realisiert. Diese Atome haben f-Elektronen mit unabgesättigten Drehimpulsen. Ihre Wechselwirkung mit der Molekülachse ist schwach, weil die f-Elektronen im Inneren des Atoms angeordnet sind. Kopplungen zwischen den Typen a und c findet man in Molekülen aus schweren Atomen.

Falls die Kopplung zwischen Bahndrehimpuls und der Achse klein gegenüber den Abständen in der Rotationsstruktur ist, spricht man vom *Fall* d. Dieser Fall liegt für hoch angeregte (mit großen J) Rotationsniveaus einiger Elektronenterme der leichtesten Moleküle (H_2, He_2) vor. Diese Terme sind durch ein stark angeregtes Elektron im Molekül charakterisiert; die Wechselwirkung dieses Elektrons mit den übrigen Elektronen (oder, wie man auch sagt, mit dem Molekül-„Rumpf") ist so schwach, daß sein Bahndrehimpuls nicht in bezug auf die Molekülachse quantisiert ist (während der Rumpf einen bestimmten Drehimpuls Λ_{Ru} in bezug auf die Achse hat).

Vergrößert man den Abstand r zwischen den Kernen, so wird die Wechselwirkung zwischen den Atomen immer schwächer, und letzten Endes wird sie klein gegenüber der Spin-Bahn-Wechselwirkung in den Atomen. Betrachten wir die Elektronenterme bei hinreichend großen r, werden wir es deshalb mit dem Falle c zu tun haben. Dieser Sachverhalt ist zu beachten, wenn man die Korrespondenz zwischen den Elektronentermen des Moleküls und den Atomzuständen, die sich für $r \to \infty$ ergeben, erklären will. In § 80 haben wir diese Korrespondenz behandelt und dabei die Spin-Bahn-Wechselwirkung vernachlässigt. Berücksichtigt man die Feinstruktur der Terme, so erhebt sich zusätzlich die Frage nach der Korrespondenz zwischen den Werten J_1 und J_2 für die Gesamtdrehimpulse der isolierten Atome und den Werten für die Quantenzahl Ω des Moleküls. Wir geben hier nur die Ergebnisse an und wiederholen die nötigen Überlegungen nicht, weil sie ganz ähnlich wie in § 80 angestellt werden.

Für ein Molekül aus verschiedenen Atomen werden die möglichen Werte von $|\Omega|$[1]), die sich bei der Verbindung der Atome mit den Drehimpulsen J_1 und J_2 ($J_1 \geqq J_2$) ergeben, ebenfalls durch Tabelle (80,1) bestimmt; man hat in dieser Tabelle statt L_1 und L_2 jetzt J_1 und J_2 und statt Λ jetzt $|\Omega|$ einzusetzen. Ein Unterschied besteht lediglich darin, daß der kleinste Wert von $|\Omega|$ bei halbzahligem $J_1 + J_2$ nicht Null, wie in der Tabelle angegeben, sondern 1/2 ist. Für ganzzahliges $J_1 + J_2$ gibt es $2J_2 + 1$ Terme mit $\Omega = 0$, für die sich (wie auch für die Σ-Terme unter Vernachlässigung der Feinstruktur) die Frage nach dem Vorzeichen erhebt. Falls J_1 und J_2 beide halbzahlig sind, ist $2J_2 + 1$ eine gerade Zahl, und es gibt die gleiche Anzahl von Termen verschiedenen Vorzeichens, die wir mit 0^+ und 0^- bezeichnen wollen. Sind J_1 und J_2 beide ganzzahlig, dann gibt es $J_2 + 1$ Terme 0^+ und J_2 Terme 0^- (wenn $(-1)^{J_1+J_2}P_1P_2 = 1$ ist), oder umgekehrt (wenn $(-1)^{J_1+J_2}P_1P_2 = -1$ ist).

Für ein Molekül aus gleichartigen Atomen in verschiedenen Zuständen sind die resultierenden Molekülzustände die gleichen wie im Falle verschiedener Atome. Der einzige Unterschied ist, daß die Gesamtzahl der Terme verdoppelt wird, wobei jeder Term einmal als gerader und einmal als ungerader vorkommt.

Schließlich ist die Gesamtzahl der Zustände eines Moleküls aus gleichartigen Atomen in gleichen Zuständen (mit den Drehimpulsen $J_1 = J_2 = J$) genauso groß wie im Falle

---

[1]) Bei der Addition der beiden Gesamtdrehimpulse J_1 und J_2 der Atome zum resultierenden Drehimpuls Ω ist das Vorzeichen von Ω offensichtlich unwesentlich

verschiedener Atome. Dabei besteht folgende Verteilung über gerade und ungerade Zustände:

für ganzzahliges J und Ω gerade: $N_g = N_u + 1$,

für ganzzahliges J und Ω ungerade: $N_g = N_u$,

für halbzahliges J und Ω gerade: $N_u = N_g$,

für halbzahliges J und Ω ungerade: $N_u = N_g + 1$.

Dabei sind alle 0^+-Terme gerade und alle 0^--Terme ungerade.

Mit zunehmender Annäherung der Kerne geht normalerweise der Kopplungstyp c in den Kopplungstyp a über.[1]) Dabei kann folgende interessante Situation eintreten.

Wie bereits gesagt worden ist, gehört der Term mit $\Lambda = 0$ zum Falle b. Aus der Sicht der Klassifizierung des Falles a bedeutet das, daß den Multiplettniveaus mit verschiedenen Ω-Werten (und gleichem $\Lambda = 0$) die gleiche Energie entspricht. Solche Niveaus können bei der Annäherung von Atomen in verschiedenen Feinstrukturzuständen entstehen.

Es kann also vorkommen, daß zu verschiedenen Paaren von Feinstrukturzuständen der Atome der gleiche Molekülterm gehört. Eine ähnliche Situation kann es auch für solche Terme mit $\Omega = 0$ geben, die bei der Annäherung der Kerne in einen Molekülterm mit $\Lambda \neq 0$ (und dementsprechend $\Sigma = -\Lambda$) übergehen. Diese Niveaus sind zweifach entartet, weil zu den Termen 0^+ und 0^- (die aus verschiedenen Paaren von Atomzuständen hervorgehen können) im Falle a die gleiche Energie gehört.[2])

§ 86. Die Symmetrie der Molekülterme

In § 78 haben wir bereits einige Symmetrieeigenschaften von Termen eines zweiatomigen Moleküls behandelt. Diese Eigenschaften werden durch das Verhalten der Wellenfunktionen bei Transformationen, die die Kernkoordinaten fest lassen, bestimmt. So gibt die Molekülsymmetrie bezüglich einer Spiegelung an einer Ebene, die die Molekülachse enthält, Anlaß zur Unterscheidung von Σ^+- und Σ^--Termen. Die Symmetrie beim Vorzeichenwechsel aller Elektronenkoordinaten (für ein Molekül aus gleichartigen Atomen)[3]) führt zur Klassifizierung der Terme in gerade und ungerade Terme.

Diese Symmetrieeigenschaften sind für die Elektronenterme charakteristisch. Sie sind für alle Rotationsniveaus zum gleichen Elektronenterm gleich.

Ferner werden die Molekülzustände (wie die Zustände eines beliebigen Systems von Teilchen — siehe § 30) durch ihr Verhalten bei einer Inversion — beim gleichzeitigen Vorzeichenwechsel der Koordinaten aller Elektronen und Kerne — charakterisiert.

Im Zusammenhang damit werden alle Molekülterme in *positive* — die Wellenfunktionen dieser Terme ändern sich beim Vorzeichenwechsel der Elektronen- und

---

[1]) Die Korrespondenz zwischen der Klassifizierung der Terme vom Typ *a* und vom Typ *c* kann nicht allgemein hergestellt werden. Sie erfordert die konkrete Betrachtung der Kurven für die potentielle Energie unter Beachtung der Regel, daß sich Niveaus gleicher Symmetrie nicht kreuzen (§ 79).

[2]) Wir vernachlässigen hier die sogenannte Λ-Verdoppelung (siehe § 88).

[3]) Der Koordinatenursprung sei so gewählt, daß er auf der Molekülachse in der Mitte zwischen den beiden Kernen liegt.

Kernkoordinaten nicht — und in *negative* — die zugehörigen Wellenfunktionen wechseln ihr Vorzeichen bei einer Inversion — eingeteilt.[1])

Für $\Lambda \neq 0$ ist jeder Term zweifach entartet, weil es zwei mögliche Richtungen für den Drehimpuls in bezug auf die Molekülachse gibt. Bei einer Inversion ändert der Drehimpuls selbst sein Vorzeichen nicht, aber dafür wird die Richtung der Molekülachse umgekehrt (die Atome vertauschen ihre Plätze!), und deshalb wird auch die Richtung des Drehimpulses Λ bezüglich des Moleküls umgekehrt. Die beiden Wellenfunktionen zu dem betreffenden Energieniveau werden daher ineinander transformiert, und man kann daraus immer eine Linearkombination bilden; die bei einer Inversion invariant ist, und eine Kombination, die bei dieser Transformation ihr Vorzeichen wechselt. Wir erhalten also für jeden Term zwei Zustände, von denen der eine positiv und der andere negativ ist. Faktisch wird aber jeder Term mit $\Lambda \neq 0$ aufgespalten (siehe § 88), so daß diese beiden Zustände zu verschiedenen Energiewerten gehören werden.

Die Bestimmung des Vorzeichens der Σ-Terme erfordert eine besondere Behandlung. Es ist von vornherein klar, daß sich der Spin nicht auf das Vorzeichen des Terms auswirkt. Die Inversion berührt nur die Ortskoordinaten der Teilchen und läßt den Spinanteil der Wellenfunktion unverändert. Daher haben alle Multiplettkomponenten eines Terms das gleiche Vorzeichen. Mit anderen Worten, das Vorzeichen eines Termes wird nur von K, aber nicht von J abhängen.[2])

Die Wellenfunktion eines Moleküls ist das Produkt aus Elektronen- und Kernfunktion. Im § 82 ist gezeigt worden, daß die Kernbewegung in einem Σ-Zustand der Bewegung eines Teilchens mit dem Bahndrehimpuls K im kugelsymmetrischen Feld $U(r)$ äquivalent ist. Die Wellenfunktion der Kerne wird daher bei einem Vorzeichenwechsel der Ortskoordinaten mit $(-1)^K$ multipliziert (siehe (30,7)).

Die Elektronenfunktion bestimmt den Elektronenterm. Zur Klärung des Verhaltens dieser Funktion bei einer Inversion verwendet man ein Koordinatensystem, das mit den Kernen starr verbunden ist und zusammen mit ihnen rotiert. xyz sei das raumfeste Koordinatensystem, $\xi\eta\zeta$ das rotierende Koordinatensystem, in dem das Molekül ruht. Wir wählen die Achsenrichtungen im $\xi\eta\zeta$-System so, daß die ζ-Achse mit der Molekülachse übereinstimmt und vom Kern 1 zum Kern 2 zeigt. Die relative Lage der positiven Achsenrichtungen im $\xi\eta\zeta$-System wird wie im xyz-System gewählt (d. h., wenn das xyz-System rechtshändig ist, dann muß auch das $\xi\eta\zeta$-System rechtshändig sein). Bei einer Inversion wird die Richtung der x-, y- und z-Achse umgekehrt, und das Rechtssystem geht in ein Linkssystem über. Dabei muß auch das $\xi\eta\zeta$-System zu einem linkshändigen System werden. Die ζ-Achse ist aber mit den Kernen starr verknüpft und behält ihre ursprüngliche Richtung bei; deshalb muß man die Richtung der ξ- oder der η-Achse umkehren. Eine Inversion im raumfesten Koordinatensystem ist daher im bewegten Bezugssystem der Spiegelung an einer Ebene, die die Molekülachse enthält, äquivalent. Bei einer solchen Spiegelung ändert sich aber die Elek-

[1]) Wir haben hier die übliche Terminologie benutzt. Sie ist unglücklich gewählt, weil man im Falle eines Atoms von der Parität und nicht vom Vorzeichen spricht, wenn man an das Verhalten der Terme bei einer Inversion denkt.

Bei den Σ-Termen darf man das Vorzeichen, von dem hier die Rede ist, nicht mit den Vorzeichen + und — verwechseln, die wir als obere Indizes angeben!

[2]) Wir erinnern daran, daß für Σ-Terme in der Regel der Fall *b* vorliegt; deshalb hat man die Quantenzahlen K und J zu verwenden.

tronenfunktion des Σ^+-Terms nicht, und die Wellenfunktion des Σ^--Terms wechselt ihr Vorzeichen.

Das Vorzeichen der Rotationskomponenten des Σ^+-Terms wird somit durch den Faktor $(-1)^K$ bestimmt. Alle Niveaus mit geradzahligem K sind positiv und mit ungeradzahligem K negativ. Für den Σ^--Term wird das Vorzeichen der Rotationsniveaus durch den Faktor $(-1)^{K+1}$ bestimmt, und alle Niveaus mit geradzahligem K sind negativ und mit ungeradzahligem K positiv.

Für ein Molekül aus gleichartigen Atomen[1]) ist der HAMILTON-Operator auch bei Vertauschung der Kernkoordinaten invariant. Ein Term wird als symmetrisch in den Kernen bezeichnet, wenn seine Wellenfunktion bei der Vertauschung der Kerne unverändert bleibt, und als antisymmetrisch, wenn die Wellenfunktion ihr Vorzeichen wechselt. Die Symmetrie bezüglich der Kerne hängt eng mit der Parität und dem Vorzeichen eines Terms zusammen. Die Vertauschung der Kernkoordinaten ist einem Vorzeichenwechsel der Koordinaten aller Teilchen (Elektronen und Kerne) und einem anschließenden Vorzeichenwechsel der Elektronenkoordinaten allein äquivalent. Falls ein Term gerade (ungerade) und gleichzeitig positiv (negativ) ist, dann ist er in den Kernen symmetrisch. Wenn ein Term gerade (ungerade) und gleichzeitig negativ (positiv) ist, dann ist er in den Kernen antisymmetrisch.

Am Schluß von § 62 ist folgender allgemeine Satz formuliert worden: Die Bahnfunktion eines Systems aus zwei gleichartigen Teilchen ist für geraden Gesamtspin des Systems symmetrisch und für ungeraden Gesamtspin antisymmetrisch. Wir wenden dieses Ergebnis auf die beiden Kerne eines Moleküls aus gleichartigen Atomen an. Dabei finden wir, daß die Symmetrie eines Terms davon abhängt, ob der bei der Addition der Spins i der beiden Kerne resultierende Spin I geradzahlig oder ungeradzahlig ist. Ein Term ist symmetrisch bei geradzahligem und antisymmetrisch bei ungeradzahligem I.[2]) In dem Spezialfall, daß die Kerne keinen Spin haben ($i = 0$), ist auch $I = 0$. Das Molekül hat dann überhaupt keine antisymmetrischen Terme. Der Kernspin hat also einen wesentlichen indirekten Einfluß auf die Molekülterme, obwohl der direkte Einfluß (die Hyperfeinstruktur der Terme) völlig unbedeutend ist.

Die Berücksichtigung des Kernspins führt zu einer zusätzlichen Entartung der Niveaus. In § 62 haben wir auch die Zahl der Zustände mit geraden und mit ungeraden I-Werten ermittelt, die sich bei der Addition zweier Spins i ergeben. So ist für halbzahliges I die Zahl der Zustände mit geraden I gleich $i(2i + 1)$, und mit ungeraden I ist sie $(i + 1)(2i + 1)$. Im Zusammenhang mit den obigen Aussagen ziehen wir den Schluß, daß das Verhältnis der Entartungsgrade[3]) des symmetrischen und des antisymmetrischen Terms bei halbzahligem i gleich

$$\frac{g_s}{g_a} = \frac{i}{i + 1} \tag{86,1}$$

[1]) Es ist notwendig, daß die beiden Atome nicht nur zum gleichen Element, sondern auch zum gleichen Isotop gehören.

[2]) Wir beachten den Zusammenhang zwischen Geradheit, Vorzeichen und Symmetrie der Terme und gelangen zu folgendem Schluß: Für geraden resultierenden Kernspin I sind die positiven Niveaus gerade und die negativen ungerade; für ungerades I gilt das umgekehrte.

[3]) Der Entartungsgrad eines Niveaus wird in diesem Zusammenhang oft als das *statistische Gewicht* bezeichnet. Die Formel (86,1) und (86,2) geben bezüglich der Kerne die Verhältnisse der statistischen Gewichte der symmetrischen und der antisymmetrischen Niveaus an.

ist. Für ganzzahliges i finden wir für dieses Verhältnis analog

$$\frac{g_s}{g_a} = \frac{i+1}{i} \tag{86,2}$$

Das Vorzeichen der Rotationskomponenten des Σ^+-Terms wird, wie wir sehen, durch die Zahl $(-1)^K$ bestimmt. Deshalb sind zum Beispiel die Rotationskomponenten des Σ_g^+-Terms für gerades K positiv und somit symmetrisch und für ungerades K negativ und folglich antisymmetrisch. Wir nutzen die oben erhaltenen Ergebnisse aus und gelangen zu folgendem Schluß: Die von den Kernen stammenden statistischen Gewichte der Rotationskomponenten des Niveaus Σ_g^+ mit aufeinanderfolgenden K-Werten ändern sich abwechselnd in dem Verhältnis (86,1) oder (86,2). Eine ähnliche Situation liegt auch für die Niveaus Σ_u^+ vor sowie für Σ_g^- und Σ_u^-. Speziell für $i = 0$ sind die statistischen Gewichte der Niveaus mit geraden K für die Terme Σ_u^+ und Σ_g^- und für die Niveaus mit ungeraden K für die Terme Σ_g^+ und Σ_u^- gleich Null. Mit anderen Worten, in den Elektronenzuständen Σ_u^+ und Σ_g^- gibt es keine Rotationszustände mit geraden K, und in den Zuständen Σ_g^+ und Σ_u^- existieren keine Rotationszustände mit ungeraden K.

Da die Wechselwirkung der Kernspins mit den Elektronen außerordentlich schwach ist, ist die Wahrscheinlichkeit für eine Änderung von I selbst bei Molekülstößen sehr klein. Moleküle mit geradem bzw. ungeradem I, die dementsprechend nur symmetrische oder nur antisymmetrische Terme haben, verhalten sich praktisch wie verschiedene Modifikationen der Substanz. Das trifft zum Beispiel für den sogenannten *Ortho-* und *Parawasserstoff* zu. In einem Molekül des Orthowasserstoffs sind die Spins $i = 1/2$ der beiden Kerne parallel ($I = 1$), im Parawasserstoff sind sie antiparallel ($I = 0$).

§ 87. Die Matrixelemente für ein zweiatomiges Molekül

In diesem Paragraphen werden einige allgemeine Formeln für die Matrixelemente physikalischer Größen eines zweiatomigen Moleküls angegeben. Zunächst betrachten wir die Matrixelemente für die Übergänge zwischen Zuständen mit dem Spin 0.

$\boldsymbol{A}$ sei eine physikalische Größe, die für das Molekül bei festgehaltenen Kernen charakteristisch ist (zum Beispiel sein elektrisches oder magnetisches Dipolmoment). Zuerst behandeln wir diese Größe im Koordinatensystem $\xi\eta\zeta$, das mit dem Molekül mitrotiert; als ζ-Achse wird die Molekülachse gewählt. Der Drehimpuls des Moleküls in diesem System (d. h. der Elektronendrehimpuls $\boldsymbol{L}$) bleibt nicht vollständig erhalten, aber es bleibt seine ζ-Komponente erhalten. Aus diesem Grunde gelten die Auswahlregeln in der Quantenzahl $L_\xi = \Lambda$ (sie stimmen mit den Auswahlregeln in der Zahl M nach § 29 überein). Die von Null verschiedenen Matrixelemente eines Vektors sind demnach

$$\begin{aligned} &\langle n'\Lambda|\, A_\zeta\, |n\Lambda\rangle\,, \qquad \langle n'\Lambda|\, A_\xi + iA_\eta\, |n, \Lambda - 1\rangle\,, \\ &\langle n', \Lambda - 1|\, A_\xi - iA_\eta\, |n\Lambda\rangle \end{aligned} \tag{87,1}$$

(n indiziert die Elektronenterme zu gegebenem Λ).

Falls beide Terme Σ-Terme sind, hat man auch noch die Auswahlregel zu beachten, die mit der Symmetrie bei der Spiegelung an einer Ebene, die die Molekülachse enthält, zusammenhängt. Bei einer solchen Spiegelung ändert sich die ζ-Komponente eines echten (polaren) Vektors nicht, und ein Axialvektor wechselt sein Vorzeichen. Hieraus ziehen wir folgenden Schluß: Für einen polaren Vektor hat A_ξ von Null verschiedene Matrixelemente nur für die Übergänge $\Sigma^+ \to \Sigma^+$ und $\Sigma^- \to \Sigma^-$, für einen axialen Vektor für die Übergänge $\Sigma^+ \to \Sigma^-$. Von den Komponenten A_ξ und A_η werden wir nicht sprechen, weil dafür Übergänge ohne Änderung von Λ überhaupt unmöglich sind.

Für ein Molekül aus gleichartigen Atomen gibt es noch eine weitere Auswahlregel bezüglich der Parität. Die Komponenten eines polaren Vektors wechseln bei einer Inversion ihr Vorzeichen. Deshalb sind die zugehörigen Matrixelemente nur für Übergänge zwischen Zuständen verschiedener Parität von Null verschieden (für einen Axialvektor gilt das umgekehrte). Insbesondere verschwinden alle Diagonalelemente der Komponenten eines polaren Vektors identisch.

Der Zusammenhang zwischen den Matrixelementen (87,1) und den Matrixelementen desselben Vektors im raumfesten Koordinatensystem xyz wird durch die allgemeinen Formeln vermittelt, die unten (in § 110) für ein beliebiges axialsymmetrisches physikalisches System abgeleitet werden.

Trennt man die für einen beliebigen Vektor gleiche Abhängigkeit von der Quantenzahl M_K (z-Projektion des resultierenden Moleküldrehimpulses $\boldsymbol{K}$) ab, dann erhält man die reduzierten Matrixelemente $\langle n'K'\Lambda'|| A ||nK\Lambda\rangle$. Sie hängen mit den Matrixelementen (87,1) über die Formel (110,7) zusammen; dabei ist $k = k' = 1$ (einem Vektor entsprechend) zu setzen und die Bezeichnungen der Quantenzahlen sind entsprechend abzuändern (wir erinnern daran, daß die Zahl Λ auf Grund von (82,4) gleich der ζ-Komponente des Gesamtdrehimpulses $\boldsymbol{K}$ ist). Wir benutzen die Verknüpfung (107,1) zwischen den Komponenten eines sphärischen Tensors erster Stufe und den kartesischen Komponenten eines Vektors, entnehmen die Werte für die $3j$-Symbole aus der Tabelle 9 (S. 423) und erhalten folgende Formeln für die in Λ diagonalen Matrixelemente:

$$\begin{aligned} \langle n'K\Lambda|| A ||nK\Lambda\rangle &= \Lambda \sqrt{\frac{2K+1}{K(K+1)}}\, \langle n'\Lambda| A_\zeta |n\Lambda\rangle , \\ \langle n', K-1, \Lambda|| A ||nK\Lambda\rangle &= i \sqrt{\frac{K^2-\Lambda^2}{K}}\, \langle n'\Lambda| A_\zeta |n\Lambda\rangle \end{aligned} \tag{87,2}$$

und für die in Λ nicht diagonalen Elemente:

$$\begin{aligned} &\langle n'K\Lambda|| A ||nK, \Lambda-1\rangle \\ &= \left[\frac{2(K+1)(K+\Lambda)(K-\Lambda+1)}{4K(K+1)}\right]^{1/2} \langle n'\Lambda| A_\xi + iA_\eta |n, \Lambda-1\rangle , \\ &\langle n'K\Lambda|| A ||n, K-1, \Lambda-1\rangle \\ &= i\left[\frac{(K+\Lambda)(K+\Lambda-1)}{4K}\right]^{1/2} \langle n'\Lambda| A_\xi + iA_\eta |n, \Lambda-1\rangle , \\ &\langle n', K-1, \Lambda|| A ||nK, \Lambda-1\rangle \\ &= i\left[\frac{(K-\Lambda)(K-\Lambda+1)}{4K}\right]^{1/2} \langle n'\Lambda| A_\xi + iA_\eta |n, \Lambda-1\rangle . \end{aligned} \tag{87,3}$$

Die restlichen, von Null verschiedenen Elemente erhält man aus den angegebenen, indem man die Hermitezitätsbeziehungen für die reduzierten Matrixelemente ausnutzt:

$$\langle nK\Lambda \| A \| n'K'\Lambda' \rangle = \langle n'K'\Lambda' \| A \| nK\Lambda \rangle^* .$$

Die Matrixelemente im $\xi\eta\zeta$-System sind:

$$\langle n\Lambda | A_\xi - iA_\eta | n'\Lambda' \rangle = \langle n'\Lambda' | A_\xi + iA_\eta | n\Lambda \rangle^* ,$$
$$\langle n\Lambda | A_\zeta | n'\Lambda' \rangle = \langle n'\Lambda' | A_\zeta | n\Lambda \rangle^* .$$

Wir wollen speziell die Formeln für die Matrixelemente des Vektors $\boldsymbol{A} = \boldsymbol{n}$, des Einheitsvektors in Richtung der Molekülachse, aufschreiben. In diesem Falle haben wir einfach $A_\xi = A_\eta = 0$, $A_\zeta = 1$, so daß im $\xi\eta\zeta$-System nur die Diagonalelemente $\langle n\Lambda | A_\zeta | n\Lambda \rangle = 1$ von Null verschieden sind. Die reduzierten Matrixelemente sind in allen Indizes außer in K diagonal. Wir geben nur diesen Index an und haben

$$\langle K \| n \| K \rangle = \Lambda \sqrt{\frac{2K+1}{K(K+1)}} , \qquad \langle K-1 \| n \| K \rangle = i \sqrt{\frac{K^2 - \Lambda^2}{K}} \tag{87,4}$$

(H. Hönl und F. London, 1925). Für $\Lambda = 0$ ergeben diese Formeln

$$\langle K \| n \| K \rangle = 0 , \qquad \langle K-1 \| n \| K \rangle = i\sqrt{K} ,$$

was gerade, wie man auch erwarten mußte, den Matrixelementen des Einheitsvektors bei der Bewegung in einem kugelsymmetrischen Feld entspricht (siehe (29,14)).

Jetzt wollen wir angeben, wie man die erhaltenen Formeln für Übergänge zwischen Zuständen mit von Null verschiedenem Spin abändern muß. Hier ist es wesentlich, ob die Zustände zum Fall a oder zum Fall b gehören.

Falls beide Zustände zum Fall a gehören, ändern sich die Formeln im wesentlichen nur in den Bezeichnungen. Die Quantenzahlen K und M_K gibt es dabei nicht, und stattdessen haben wir den Gesamtdrehimpuls J und dessen z-Projektion M_J. Außerdem werden die Zahlen S und $\Omega = \Lambda + \Sigma$ hinzugefügt, so daß die reduzierten Matrixelemente folgendermaßen geschrieben werden

$$\langle n'J'S'\Omega'\Lambda' \| A \| nJS\Omega\Lambda \rangle .$$

$\boldsymbol{A}$ sei ein beliebiger Bahnvektor (d. h. unabhängig vom Spin). Der zugehörige Operator ist mit dem Spinoperator $\hat{\boldsymbol{S}}$ vertauschbar, so daß seine Matrix in den Quantenzahlen S und $S_\zeta = \Sigma$ diagonal ist. Die Quantenzahl $\Omega = \Lambda + \Sigma$ ändert sich daher zusammen mit Λ (d. h. $\Omega' - \Omega = \Lambda' - \Lambda$). Die Formeln (87,2)—(87,4) werden nur in der Hinsicht abgeändert, daß in den Matrixelementen Indizes hinzugefügt werden, und in den verbleibenden Faktoren hat man $K, \Lambda \to J, \Omega$ zu ersetzen. Zum Beispiel müssen wir jetzt statt der ersten Formel (87,2)

$$\langle n'J\Omega\Lambda \| A \| nJ\Omega\Lambda \rangle = \Omega \sqrt{\frac{2J+1}{J(J+1)}} \langle n'\Omega\Lambda | A_\zeta | n\Omega\Lambda \rangle$$

schreiben (der diagonale Index S ist weggelassen worden).

Es sei jetzt $\boldsymbol{A} = \boldsymbol{S}$. Da der Spinoperator mit dem Bahndrehimpuls vertauschbar ist und auch mit dem Hamilton-Operator kommutiert, ist die zugehörige Matrix diagonal in n und Λ. Sie ist aber in S und Σ (oder Ω) nicht diagonal. Die Matrixelemente der Komponenten A_ξ, A_η und A_ζ für die Übergänge $S, \Sigma \to S', \Sigma'$ werden durch die

Formeln (27,13) gegeben, in denen man S und Σ statt L und M zu schreiben hat. Anschließend geht man mit Hilfe der Formeln (87,2) und (87,3), in denen man $K, \Lambda \to J, \Omega$ ersetzt, zum xyz-System über. Mit diesem Verfahren erhalten wir zum Beispiel

$$\langle J\Omega \| S \| J, \Omega - 1\rangle$$

$$= \left[\frac{(2J+1)(J+\Omega)(J-\Omega+1)}{4J(J+1)}\right]^{1/2} \langle \Omega | S_\xi + iS_\eta | \Omega - 1\rangle =$$

$$= \left[\frac{(2J+1)(J+\Omega)(J-\Omega+1)(S+\Sigma)(S-\Sigma+1)}{4J(J+1)}\right]^{1/2}$$

(die diagonalen Indizes n, S und Λ sind weggelassen worden).

Im folgenden sollen beide Zustände zum Fall b gehören, und $\boldsymbol{A}$ sei ein Bahnvektor. Die Matrixelemente werden in zwei Schritten berechnet. Zunächst betrachten wir das rotierende Molekül, ohne die Addition von $\boldsymbol{S}$ und $\boldsymbol{K}$ zu berücksichtigen. Die Matrixelemente sind in der Zahl S diagonal und werden durch die Formeln (87,2) und (87,3) gegeben. Im zweiten Schritt wird der Drehimpuls $\boldsymbol{K}$ mit $\boldsymbol{S}$ zum Gesamtdrehimpuls $\boldsymbol{J}$ addiert, und nach den allgemeinen Formeln (109,3) (K, S und J übernehmen hier die Rollen von j_1, j_2 und J in diesen Formeln) gehen wir zu den neuen Matrixelementen über. So erhalten wir für die in J, K und Λ diagonalen Elemente zunächst

$$\langle n'JK\Lambda \| A \| nJK\Lambda\rangle$$

$$= (-1)^{K+J+S+1}(2J+1)\begin{Bmatrix} K & J & S \\ J & K & 1 \end{Bmatrix} \langle n'K\Lambda \| A \| nK\Lambda\rangle .$$

Wir entnehmen den Wert des $6j$-Symbols aus der Tabelle 10 (S. 432) und das reduzierte Matrixelement aus (87,2) und erhalten im zweiten Schritt schließlich

$$\langle n'JK\Lambda \| A \| nJK\Lambda\rangle$$

$$= \Lambda \left[\frac{2J+1}{J(J+1)}\right]^{1/2} \frac{J(J+1)+K(K+1)-S(S+1)}{2K(K+1)} \langle n'\Lambda | A_\zeta | n\Lambda\rangle .$$

Die Matrixelemente für Übergänge zwischen Zuständen, von denen einer zum Fall a und der andere zum Fall b gehören, werden analog berechnet. Wir werden uns hier mit dieser Rechnung nicht aufhalten.

Aufgaben

1. Man berechne die Stark-Aufspaltung der Terme für ein zweiatomiges Molekül mit einem konstanten Dipolmoment! Der Term gehöre zum Fall a.

Lösung. Die Energie eines Dipols $\boldsymbol{d}$ im elektrischen Feld $\boldsymbol{\mathcal{E}}$ ist $-\boldsymbol{d}\boldsymbol{\mathcal{E}}$. Aus Symmetriegründen ist klar, daß das Dipolmoment eines zweiatomigen Moleküls in der Molekülachse liegt: $\boldsymbol{d} = d\boldsymbol{n}$ (d ist eine Konstante). Wir wählen die Feldrichtung als z-Achse und erhalten den Störoperator in der Gestalt $-dn_z\mathcal{E}$.

Wir berechnen die Diagonalelemente von n_z nach den im Text angegebenen Formeln und finden im Falle a für die Niveauaufspaltung folgende Formel [1])

$$\Delta E = -\mathcal{E} d M_J \frac{\Omega}{J(J+1)}.$$

2. Wie Aufgabe 1, aber für einen Term zum Falle b (wobei $\Lambda \neq 0$ ist).

Lösung. Nach dem gleichen Vorgehen finden wir

$$\Delta E = -\mathcal{E} d M_J \Lambda \frac{J(J+1) - S(S+1) + K(K+1)}{2K(K+1)\, J(J+1)}.$$

3. Wie Aufgabe 1 für einen $^1\Sigma$-Term.

Lösung. Für $\Lambda = 0$ gibt es keinen linearen Effekt, und man hat die zweite Näherung der Störungstheorie zu verwenden. Bei der Summation in der allgemeinen Formel (38,10) braucht man sich nur auf diejenigen Summanden zu beschränken, die den Übergängen zwischen den Rotationskomponenten des betreffenden Elektronenterms entsprechen (in den anderen Summanden sind die Energiedifferenzen in den Nennern groß). So finden wir

$$\Delta E = d^2 \mathcal{E}^2 \left\{ \frac{|\langle K M_K | n_z | K-1, M_K \rangle|^2}{E_K - E_{K-1}} + \frac{|\langle K M_K | n_z | K+1, M_K \rangle|^2}{E_K - E_{K+1}} \right\}$$

mit $E_K = BK(K+1)$. Eine einfache Rechnung ergibt

$$\Delta E = \frac{d^2 \mathcal{E}^2}{B} \frac{|K(K+1) - 3M_K^2|}{2K(K+1)(2K-1)(2K+3)}.$$

§ 88. Die Λ-Verdoppelung

Die zweifache Entartung der Terme mit $\Lambda \neq 0$ (§ 78) ist in Wirklichkeit nur näherungsweise vorhanden. Sie liegt nur solange vor, wie wir den Einfluß der Molekülrotation auf den Elektronenzustand (und auch die höheren Näherungen in der Spin-Bahn-Wechselwirkung) vernachlässigen, wie es in der ganzen bisherigen Theorie getan worden ist. Berücksichtigt man die Wechselwirkung zwischen dem Elektronenzustand und der Rotation, so erhält man eine Aufspaltung eines Terms mit $\Lambda \neq 0$ in zwei dicht benachbarte Niveaus. Diese Erscheinung heißt *Λ-Verdoppelung* (E. Hill, J. van Vleck und R. Kronig, 1928).

Wir beginnen die quantitative Behandlung dieses Effektes mit den Singulettermen ($S = 0$). Die Energie der Rotationsniveaus haben wir (in § 82) in erster Näherung der Störungstheorie berechnet, indem wir die Diagonalelemente (Mittelwerte) für den Operator

$$B(r)\,(\hat{\boldsymbol{K}} - \hat{\boldsymbol{L}})^2$$

ausgerechnet haben. Zur Berechnung der folgenden Näherung müssen wir die in Λ nicht diagonalen Elemente dieses Operators betrachten. Die Operatoren $\hat{\boldsymbol{K}}^2$ und $\hat{\boldsymbol{L}}^2$ sind in Λ diagonal, so daß wir nur den Operator $2B\hat{\boldsymbol{K}}\hat{\boldsymbol{L}}$ zu behandeln brauchen.

[1]) Es könnte scheinen, als gäbe es hier einen Widerspruch zu der allgemeinen Feststellung (§ 76), daß es keinen linearen Stark-Effekt gibt. In Wirklichkeit gibt es einen solchen Widerspruch natürlich nicht; denn der lineare Effekt hängt in unserem Falle mit der zweifachen Entartung der Niveaus mit $\Omega \neq 0$ zusammen. Die erhaltene Formel gilt deshalb unter der Voraussetzung, daß die Energie der Stark-Aufspaltung groß gegenüber der Energie der sogenannten Λ-Verdoppelung ist (§ 88).

Man berechnet die Matrixelemente von $\hat{\boldsymbol{K}}\hat{\boldsymbol{L}}$ zweckmäßig mit Hilfe der Formel (29,12), in der man $\boldsymbol{A} = \boldsymbol{K}$ und $\boldsymbol{B} = \boldsymbol{L}$ zu setzen hat. Die Rolle von L und M spielen K und M_K, und statt n müssen wir n, Λ schreiben, wobei n alle (außer Λ) Quantenzahlen für den Elektronenterm bedeutet. Die Matrix für den erhaltenen Vektor $\boldsymbol{K}$ ist diagonal in n und Λ. Die Matrix für den Vektor $\boldsymbol{L}$ enthält nur für solche Übergänge nichtdiagonale Elemente, bei denen sich Λ um 1 ändert (vgl. die Ausführungen in § 87 über einen beliebigen Vektor $\boldsymbol{A}$). Unter Verwendung der Formel (87,3) finden wir daher

$$\begin{aligned}&\langle n'\Lambda K M_K|\, \boldsymbol{KL}\, |n, \Lambda - 1, K M_K\rangle \\ &= \tfrac{1}{2}\, \langle n'\Lambda|\, L_\xi + iL_\eta\, |n', \Lambda - 1\rangle \sqrt{(K+\Lambda)(K+1-\Lambda)}\,. \end{aligned} \qquad (88,1)$$

Es gibt keine Matrixelemente zu einer größeren Änderung von Λ.

Die Störung infolge der Matrixelemente mit $\Lambda \to \Lambda - 1$ kann sich auf die Energiedifferenzen zwischen Zuständen mit $\pm\Lambda$ nur in der 2Λ-ten Näherung der Störungstheorie auswirken. Dementsprechend wird der Effekt proportional zu $B^{2\Lambda}$ sein, d. h. proportional zu $(m/M)^{2\Lambda}$ (M ist die Masse der Kerne, m die Elektronenmasse). Für $\Lambda > 1$ ist diese Größe so klein, daß sie völlig uninteressant ist. Der Effekt der Λ-Verdoppelung ist also nur für Π-Terme ($\Lambda = 1$) wesentlich; im folgenden werden wir uns mit diesen Termen befassen.

Für $\Lambda = 1$ hat man die zweite Näherung heranzuziehen. Die Korrekturen zu den Energieeigenwerten werden nach der allgemeinen Formel (38,10) ausgerechnet. In den Nennern der Summanden in dieser Formel stehen Energiedifferenzen der Gestalt $E_{n,\Lambda,K} - E_{n',\Lambda-1,K}$. In diesen Differenzen heben sich die Glieder mit K gegenseitig auf, da bei festem Kernabstand r die Rotationsenergie für alle Terme immer die gleiche Größe $B(r)\,K(K+1)$ ist. Die Abhängigkeit der gesuchten Aufspaltung ΔE von K wird also allein durch die Quadrate der Matrixelemente in den Zählern bestimmt. Darunter werden auch die Quadrate der Elemente für Übergänge mit einer Änderung von Λ von 1 auf 0 und von 0 auf -1 sein. Beide ergeben nach (88,1) die gleiche K-Abhängigkeit, und wir finden für die Aufspaltung des $^1\Pi$-Terms

$$\Delta E = \text{const} \cdot K(K+1)\,, \qquad (88,2)$$

wobei (größenordnungsmäßig) const $\sim B^2/\varepsilon$ gilt, wenn ε die Größenordnung der Differenzen zwischen benachbarten Elektronentermen ist.

Wir kommen jetzt zu Termen mit von Null verschiedenem Spin ($^2\Pi$- und $^3\Pi$-Terme, höhere S-Werte treten praktisch nicht auf). Falls der Term zum Fall b gehört, wirkt sich die Multiplettaufspaltung überhaupt nicht auf die Λ-Verdoppelung der Rotationsniveaus aus, und diese wird nach wie vor durch die Formel (88,2) gegeben.

Dagegen ist der Einfluß des Spins im Falle a wesentlich. Jeder Elektronenterm wird hier außer durch die Zahl Λ auch noch durch die Zahl Ω bestimmt. Ersetzt man Λ durch $-\Lambda$, dann ändert sich $\Omega = \Lambda + \Sigma$, so daß wir einen ganz anderen Term erhalten. Die miteinander entarteten Zustände haben die Quantenzahlen Λ, Ω und $-\Lambda$, $-\Omega$. Diese Entartung kann hier nicht nur durch den oben behandelten Effekt der Wechselwirkung des Bahndrehimpulses mit der Molekülrotation, sondern auch durch die Spin-Bahn-Wechselwirkung aufgehoben werden. Das liegt daran, daß die Erhaltung der Projektion Ω des Gesamtdrehimpulses auf die Molekülachse (bei festen Kernen) ein exakter Erhaltungssatz ist und deshalb von der Spin-Bahn-Wechselwirkung nicht verletzt werden kann. Die Spin-Bahn-Wechselwirkung kann aber gleichzeitig Λ und Σ so ändern, daß Ω unverändert bleibt (d. h., sie hat Matrixelemente für die betreffenden Übergänge). Dieser Effekt kann allein oder zusammen mit der Wechselwirkung zwischen Bahndrehimpuls und Molekülrotation (die Λ ändert, ohne Σ zu verändern) zur Λ-Verdoppelung führen.

Zuerst behandeln wir die $^2\Pi$-Terme. Für den Term $^2\Pi_{1/2}$ ($\Lambda = 1$, $\Sigma = -1/2$, $\Omega = 1/2$) ergibt sich die Aufspaltung, indem man gleichzeitig die Spin-Bahn-Wechselwirkung und die Wechselwirkung zwischen Bahndrehimpuls und Molekülrotation (beide in erster Näherung) berücksichtigt. Tatsächlich ergibt erstere den Übergang $\Lambda = 1$, $\Sigma = -1/2 \to \Lambda = 0$, $\Sigma = 1/2$, dann überführt die letztere den Zustand mit $\Lambda = 0, \Sigma = 1/2$ in den Zustand mit $\Lambda = -1, \Sigma = 1/2$, der sich vom Ausgangszustand durch einen Vorzeichenwechsel von Λ und Σ unterscheidet. Die Matrixelemente der Spin-Bahn-Wechselwirkung sind von der Rotationsquantenzahl J unabhängig, und für die Wechselwirkung zwischen Bahndrehimpuls und Molekülrotation wird diese Abhängigkeit durch die Formel (88,1) gegeben, in der man (unter der Wurzel) K und Λ durch J und Ω zu ersetzen hat. Auf diese Weise erhalten wir für die Λ-Verdoppelung des Terms $^2\Pi_{1/2}$ den Ausdruck

$$\Delta E_{1/2} = \text{const} \cdot (J + 1/2) \tag{88,3}$$

mit const $\sim AB/\varepsilon$. Für den Term $^2\Pi_{3/2}$ kann die Aufspaltung nur in höheren Näherungen entstehen, so daß praktisch $\Delta E_{3/2} = 0$ ist.

Schließlich beschäftigen wir uns mit den $^3\Pi$-Termen. Für den Term $^3\Pi_0(\Lambda = 1$, $\Sigma = -1)$ ergibt sich die Aufspaltung in zweiter Näherung in der Spin-Bahn-Wechselwirkung (infolge der Übergänge $\Lambda = 1$, $\Sigma = -1 \to \Lambda = 0$, $\Sigma = 0 \to \Lambda = -1$, $\Sigma = 1$). Dementsprechend ist die Λ-Verdoppelung in diesem Falle von J völlig unabhängig:

$$\Delta E_0 = \text{const}\,, \tag{88,4}$$

mit const $\sim A^2/\varepsilon$. Für den $^3\Pi_1$-Term ist $\Sigma = 0$, und der Spin hat deshalb überhaupt keinen Einfluß auf die Aufspaltung. Demzufolge ergibt sich wieder eine Formel der Gestalt (88,2), in der K durch J ersetzt ist:

$$\Delta E_1 = \text{const}\, J(J + 1)\,. \tag{88,5}$$

Für den Term $^3\Pi_2$ sind höhere Näherungen erforderlich, so daß man $\Delta E_2 = 0$ annehmen kann.

Ein Niveau des bei der Λ-Verdoppelung entstehenden Dubletts ist stets positiv, das andere negativ; darüber ist bereits in § 86 gesprochen worden. Die Untersuchung der Molekülwellenfunktionen gestattet, Gesetzmäßigkeiten in der Folge von positiven und negativen Niveaus aufzustellen. Wir geben hier nur die Ergebnisse dieser Untersuchung wieder.[1]) Wenn für einen gewissen J-Wert das positive Niveau tiefer als das negative liegt, dann ist die Reihenfolge im Dublett mit $J + 1$ umgekehrt: Das positive Niveau liegt oberhalb des negativen usw. Die Reihenfolge der Anordnung ändert sich jeweils bei aufeinanderfolgenden Werten des Gesamtdrehimpulses (es handelt sich dabei um Terme zum Fall a, im Falle b gilt dasselbe für aufeinanderfolgende Werte des Drehimpulses K).

---

[1]) Siehe den auf S. 297 zitierten Artikel von WIGNER und WITMER.

Aufgabe

Man berechne die Λ-Verdoppelung für den Term $^1\Delta$!

Lösung. Hier ergibt sich der Effekt in der vierten Ordnung der Störungstheorie. Die K-Abhängigkeit wird durch Produkte von je vier Matrixelementen (88,1) für Übergänge unter Änderung von Λ gegeben: $2 \to 1$, $1 \to 0$, $0 \to -1$, $-1 \to -2$. Es ergibt sich

$$\Delta E = \text{const}\,(K-1)\,K(K+1)\,(K+2)$$

mit const $\sim B^4/\varepsilon^3$.

§ 89. Die Wechselwirkung der Atome in großen Abständen

Wir wollen zwei Atome in (gegenüber den Atomabmessungen) großen Abständen voneinander betrachten und ihre Wechselwirkungsenergie berechnen. Mit anderen Worten, wir wollen die Gestalt der Elektronenterme für große Abstände zwischen den Kernen bestimmen.

Zur Lösung dieses Problems benutzen wir die Störungstheorie. Wir betrachten die beiden isolierten Atome als ungestörtes System und die potentielle Energie ihrer elektrischen Wechselwirkung als Störoperator. Bekanntlich (siehe II, §§ 41, 42) kann man die elektrische Wechselwirkung zweier Ladungssysteme in großem Abstand r voneinander nach Potenzen von $1/r$ entwickeln; die Glieder in dieser Entwicklung entsprechen der Wechselwirkung zwischen den Gesamtladungen, den Dipol-, Quadrupolmomenten usw. der beiden Systeme. Für neutrale Atome sind die Gesamtladungen gleich Null. Die Entwicklung beginnt hier mit der Dipol-Dipol-Wechselwirkung ($\propto 1/r^3$), danach folgen Dipol-Quadrupol-Glieder ($\propto 1/r^4$), Quadrupol-Quadrupol- (und Dipol-Oktupol-) Glieder ($\propto 1/r^5$) usw.

Zuerst nehmen wir an, daß sich beide Atome in S-Zuständen befinden. Es gibt dann in erster Näherung der Störungstheorie keine Wechselwirkung zwischen den Atomen. Tatsächlich wird in erster Näherung die Wechselwirkungsenergie als Diagonalelement des Störoperators mit den ungestörten Wellenfunktionen (die ihrerseits Produkte aus den Wellenfunktionen der beiden Atome sind) berechnet.[1] In S-Zuständen sind aber die Diagonalelemente, d. h. die Mittelwerte der Dipol-, Quadrupolmomente usw. der Atome, gleich Null, was unmittelbar aus der Kugelsymmetrie der Ladungsverteilung in den Atomen folgt. Deshalb ist jedes Glied in der Entwicklung des Störoperators nach Potenzen von $1/r$ in der ersten Näherung der Störungstheorie Null.[2]

In der zweiten Näherung braucht man sich nur auf die Dipol-Wechselwirkung im Störoperator zu beschränken, weil sie mit zunehmendem r am langsamsten verschwindet. Wir haben also als Störoperator

$$V = \frac{\boldsymbol{d}_1\boldsymbol{d}_2 - 3(\boldsymbol{d}_1\boldsymbol{n})\,(\boldsymbol{d}_2\boldsymbol{n})}{r^3} \tag{89,1}$$

---

[1]) Dabei wird von den mit dem Abstand exponentiell abklingenden Austauscheffekten abgesehen (vgl. Aufgabe 1 zu § 62 und die Aufgabe zu § 81).

[2]) Das bedeutet selbstverständlich nicht, daß der Mittelwert der Wechselwirkungsenergie der Atome exakt gleich Null ist. Er nimmt mit dem Abstand exponentiell ab, d. h. schneller als jede endliche Potenz von $1/r$. Damit hängt auch das Verschwinden der einzelnen Glieder in der Entwicklung zusammen. Bei der Entwicklung des Wechselwirkungsoperators nach den Multipolmomenten wird nämlich vorausgesetzt, daß die Ladungen der beiden Atome einen großen Abstand r voneinander besitzen. Dagegen hat die quantenmechanische Verteilung der Elektronendichte endliche (wenn auch exponentiell kleine) Werte für große Abstände.

($\boldsymbol{n}$ ist der Einheitsvektor in der Verbindungslinie zwischen den beiden Atomen). Da die nicht diagonalen Matrixelemente des Dipolmomentes im allgemeinen von Null verschieden sind, erhalten wir in zweiter Näherung der Störungstheorie ein von Null verschiedenes Ergebnis. Es ist quadratisch in V und somit proportional zu $1/r^6$. Die Korrektur zweiter Näherung zum niedrigsten Eigenwert ist immer negativ (§ 38). Wir erhalten daher für die Wechselwirkungsenergie von Atomen in Grundzuständen einen Ausdruck der Gestalt

$$U(r) = -\frac{\text{const}}{r^6}, \tag{89,2}$$

const ist hier eine positive Konstante[1]) (F. LONDON, 1928).

Zwei Atome in S-Zuständen als Grundzustand ziehen sich in großen Entfernungen voneinander mit der Kraft $(-\mathrm{d}U/\mathrm{d}r)$ an, die umgekehrt proportional zur siebenten Potenz des Abstandes ist. Die Anziehungskräfte zwischen Atomen in großen Abständen voneinander bezeichnet man üblicherweise als VAN-DER-WAALS-*Kräfte*. Diese Kräfte erzeugen ein Minimum in der potentiellen Energie der Elektronenterme auch solcher Atome, die kein stabiles Molekül bilden. Diese Minima sind jedoch sehr flach (sie sind nur einige Zehntel oder gar Hundertstel Elektronenvolt tief), und sie liegen bei r-Werten, die einige Male größer als die Atomabstände in stabilen Molekülen sind.

Falls sich nur ein Atom in einem S-Zustand befindet, ergibt sich für die Wechselwirkungsenergie ebenfalls das Resultat (89,2), da die erste Näherung bereits dann Null ergibt, wenn das Dipolmoment und die höheren Momente nur eines Atoms verschwinden. Die Konstante im Zähler von (89,2) hängt dabei nicht nur von den Zuständen der beiden Atome ab, sondern auch von deren gegenseitigen Orientierung, d. h. von der Drehimpulsprojektion Ω auf die Verbindungslinie zwischen den Atomen.

Wenn dagegen beide Atome von Null verschiedene Bahndrehimpulse und Gesamtdrehimpulse haben, dann ändert sich die Situation. Der Mittelwert des Dipolmomentes ist in jedem beliebigen Atomzustand gleich Null (§ 75). Der Mittelwert des Quadrupolmomentes ist (in Zuständen mit $L \neq 0$, $J \neq 0$, $1/2$) von Null verschieden. Das Quadrupol-Quadrupol-Glied im Störoperator ergibt daher bereits in der ersten Näherung ein von Null verschiedenes Ergebnis, und die Wechselwirkungsenergie der Atome nimmt nicht mit der sechsten, sondern mit der fünften Potenz des Abstandes ab:

$$U(r) = \frac{\text{const}}{r^5}. \tag{89,3}$$

Die Konstante kann hier sowohl positiv als auch negativ sein, d. h., es kann sowohl Anziehung als auch Abstoßung vorliegen. Wie im vorhergehenden Falle hängt diese Konstante nicht nur von den Zuständen der Atome ab, sondern auch vom Zustand des aus den beiden Atomen gebildeten Systems.

Ein Spezialfall ist die Wechselwirkung zweier gleichartiger Atome in verschiedenen Zuständen. Das ungestörte System (die beiden isolierten Atome) hat hier eine zusätzliche Entartung, weil die Zustände zwischen den Atomen ausgetauscht werden können. Dementsprechend wird die Korrektur erster Ordnung durch eine Säkulargleichung bestimmt, in die nicht nur diagonale, sondern auch nichtdiagonale Matrixelemente eingehen. Falls die Zustände der beiden Atome verschiedene Paritäten und Dreh-

[1]) Als Beispiel geben wir die Werte für diese Konstante (in atomaren Einheiten) für vier Atome an: Wasserstoff — 6,5, Helium — 1,5, Argon — 68, Krypton — 130.

impulse, die sich um ± 1 oder 0 unterscheiden und nicht beide gleich Null sind, haben (dasselbe wird für J gefordert), dann sind die nichtdiagonalen Matrixelemente für Übergänge zwischen diesen Zuständen im allgemeinen von Null verschieden. Der Effekt erster Ordnung ergibt sich daher bereits aus dem Dipolglied im Störoperator. Die Wechselwirkungsenergie der Atome wird hier also proportional zu $1/r^3$ sein:

$$U(r) = \frac{\text{const}}{r^3}; \tag{89,4}$$

die Konstante kann beide Vorzeichen haben.

Normalerweise interessiert aber die Wechselwirkung der Atome gemittelt über alle möglichen Orientierungen der Drehimpulse (diese Fragestellung entspricht zum Beispiel dem Problem der Wechselwirkung der Atome in einem Gas). Als Ergebnis dieser Mittelung verschwinden die Mittelwerte aller Dipolmomente. Damit verschwinden auch alle in diesen Momenten linearen Effekte in erster Näherung der Störungstheorie bezüglich der Wechselwirkung der Atome. Die gemittelten Wechselwirkungskräfte zwischen Atomen in großen Abständen gehorchen daher in allen Fällen dem Gesetz (89,2).[1]

Wir wollen uns noch mit dem verwandten Problem der Wechselwirkung eines neutralen Atoms mit einem Ion beschäftigen.

In der ersten Näherung der Störungstheorie wird diese Wechselwirkung durch den Mittelwert des Operators (76,8) gegeben — durch die Energie eines Quadrupols im COULOMB-Feld des Ions. Da das Potential des letzteren $\varphi \sim 1/r$ ist, ist die Wechselwirkungsenergie von Atom und Ion proportional zu $1/r^3$. Dieser Effekt existiert aber nur dann, wenn das Atom ein mittleres Quadrupolmoment hat. Aber auch in diesen Fällen verschwindet er, wenn über die Richtungen des Drehimpulses $\boldsymbol{J}$ des Atoms gemittelt wird.

In der zweiten Ordnung der Störungstheorie bezüglich des Dipoloperators (76,1) ergibt sich die folgende Potenz in $1/r$; diese Wechselwirkung ist immer von Null verschieden. Die Feldstärke des Ions ist $\propto 1/r^2$, und die Energie dieser Wechselwirkung ist proportional zu $1/r^4$. Sie wird folgendermaßen durch die Polarisierbarkeit α des Atoms (im S-Zustand) ausgedrückt:

$$U = -\frac{\alpha e^2}{2r^4}. \tag{89,5}$$

Für ein Atom im Grundzustand ist diese Energie (wie jegliche Korrektur zur Energie im Grundzustand) negativ, d. h., Atom und Ion ziehen sich an.[2]

[1] Dieses Gesetz ergibt sich auf Grund der nichtrelativistischen Theorie und gilt nur solange, wie die Retardierung der elektromagnetischen Wechselwirkungen unwesentlich ist. Dazu muß der Atomabstand r klein gegenüber c/ω_{0n} sein, wenn ω_{0n} die Frequenzen zu den Übergängen zwischen dem Grundzustand und den angeregten Zuständen des Atoms sind. Wegen der Wechselwirkung von Atomen unter Berücksichtigung der Retardierung siehe IV, § 85.

[2] Eine solche Anziehung besteht in großen Abständen auch zwischen einem Atom und einem Elektron. Diese Anziehung ist der Grund dafür, daß die Atome in der Lage sind, negative Ionen zu bilden und ein Elektron anzubauen (mit einer Bindungsenergie von einigen Bruchteilen bis zu einigen Elektronenvolt). Aber nicht alle Atome haben diese Eigenschaft. Das liegt daran, daß die Zahl der Niveaus (die den gebundenen Zuständen des Elektrons entsprechen) in einem für große r wie $1/r^4$ (oder $1/r^3$) abklingenden Feld auf jeden Fall endlich ist; in Spezialfällen gibt es überhaupt keine gebundenen Zustände.

Aufgabe

Für zwei gleichartige Atome in S-Zuständen ist die Formel für die VAN DER WAALS-Kräfte herzuleiten, die diese Kräfte durch die Matrixelemente der Dipolmomente ausdrückt.

Lösung. Die Lösung ergibt sich aus der allgemeinen Formel der Störungstheorie (38,10) in Anwendung auf den Operator (89,1). Da die Atome in S-Zuständen isotrop sind, ist von vornherein folgendes klar: Bei der Summation über alle Zwischenzustände liefern die Quadrate der Matrixelemente der drei Komponenten beider Vektoren $\boldsymbol{d}_1$ und $\boldsymbol{d}_2$ gleiche Beiträge; und die Glieder mit Produkten verschiedener Komponenten verschwinden.

Als Ergebnis erhalten wir

$$U(r) = -\frac{6}{r^6} \sum_{n,n'} \frac{\langle n|\, d_z\, |0\rangle^2 \langle n'|\, d_z\, |0\rangle^2}{E_n + E_{n'} - 2E_0},$$

wobei E_0 und E_n die ungestörten Energien des Grundzustandes bzw. des angeregten Zustandes des Atoms sind. Da nach Voraussetzung im Grundzustand $L = 0$ ist, sind die Matrixelemente $(d_z)_{0n}$ nur für Übergänge in P-Zustände ($L = 1$) von Null verschieden. Mit Hilfe der Formel (29,7) formen wir $U(r)$ um in

$$U(r) = -\frac{2}{3r^6} \sum_{n,n'} \frac{\langle n1||\, d\, ||00\rangle^2 \langle n'1||\, d\, ||00\rangle^2}{E_{n1} + E_{n'1} - 2E_{00}},$$

in den Indizes nL der Energieniveaus und der reduzierten Matrixelemente gibt die zweite Zahl den Wert von L an, und die erste bedeutet alle übrigen Quantenzahlen, die das Energieniveau bestimmen.

§ 90. Die Prädissoziation

Die grundlegende Voraussetzung für die in diesem Kapitel dargestellte Theorie der zweiatomigen Moleküle ist die Annahme, daß die Wellenfunktion des Moleküls in ein Produkt aus der Elektronenwellenfunktion (die vom Kernabstand als Parameter abhängt) und der Wellenfunktion für die Kernbewegung zerfällt. Diese Voraussetzung entspricht der Vernachlässigung einiger kleiner Glieder im exakten HAMILTON-Operator des Moleküls; die vernachlässigten kleinen Glieder entsprechen der Wechselwirkung der Kernbewegung mit der Elektronenbewegung.

Die Berücksichtigung dieser Glieder ergibt bei Anwendung der Störungstheorie Übergänge zwischen verschiedenen Elektronenzuständen. Physikalisch sind Übergänge zwischen solchen Zuständen besonders wesentlich, von denen wenigstens einer zum kontinuierlichen Spektrum gehört.

In Abb. 30 sind die Kurven für die potentielle Energie zweier Elektronenterme dargestellt (genauer, die effektive potentielle Energie U_J in den betreffenden Rotationszuständen des Moleküls). Die Energie E' (untere gestrichelte Gerade) ist die Energie eines Schwingungsniveaus des stabilen Moleküls im Elektronenzustand 2. Im Zustand 1 gelangt diese Energie in den Bereich des kontinuierlichen Spektrums. Mit anderen Worten, beim Übergang aus dem Zustand 2 in den Zustand 1 zerfällt das Molekül spontan; diese Erscheinung heißt *Prädissoziation*.[1]) Infolge der Prädissoziation hat der Zustand des diskreten Spektrums, der der Kurve 2 entspricht, in Wirklichkeit eine endliche Lebensdauer. Das bedeutet, daß das diskrete Energieniveau verschmiert wird, es erhält eine gewisse Breite (siehe den Schluß von § 44).

[1]) Die Kurve 1 braucht auch überhaupt kein Minimum zu haben, wenn sie rein abstoßenden Kräften zwischen den Atomen entspricht.

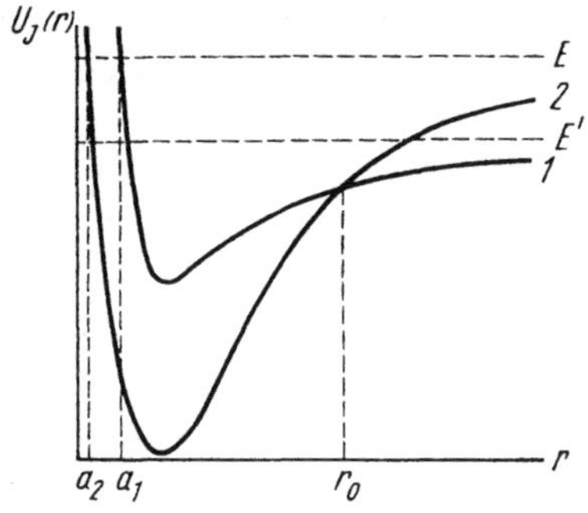

Abb. 30

Falls die Gesamtenergie E oberhalb der Dissoziationsgrenze in beiden Zuständen liegt (obere gestrichelte Gerade in Abb. 30), dann entspricht der Übergang aus einem Zustand in den anderen einem sogenannten *Stoß zweiter Art*. So bedeutet der Übergang $1 \to 2$ den Stoß zweier Atome, bei dem die Atome in angeregte Zustände übergehen und mit verminderter kinetischer Energie auseinanderfliegen (für $r \to \infty$ verläuft die Kurve 1 unterhalb der Kurve 2; die Differenz $U_2(\infty) - U_1(\infty)$ ist die Anregungsenergie der Atome).

Wegen der großen Kernmasse ist die Kernbewegung quasiklassisch. Die Bestimmung der Wahrscheinlichkeit für die betrachteten Übergänge gehört deshalb zu derjenigen Kategorie von Problemen, die wir in § 52 besprochen haben. Aus der Sicht der dort angestellten allgemeinen Überlegungen gelangt man zu folgender Feststellung: Die entscheidende Rolle für die Übergangswahrscheinlichkeit wird derjenige Punkt spielen, in dem der Übergang klassisch realisiert werden könnte.[1] Die Gesamtenergie des Systems der beiden Atome (des Moleküls) bleibt bei dem gegebenen Übergang erhalten; die Bedingung, daß er „klassisch realisierbar" sei, verlangt, daß die effektiven potentiellen Energien gleich sind: $U_{J_1}(r) = U_{J_2}(r)$. Da auch der Gesamtdrehimpuls des Moleküls erhalten bleibt, sind die Zentrifugalenergien in beiden Zuständen gleich, und die aufgeschriebene Bedingung bedeutet daher einfach die Gleichheit der potentiellen Energien:

$$U_1(r) = U_2(r)\,. \tag{90,1}$$

Der Drehimpuls ist darin überhaupt nicht enthalten.

Falls die Gleichung (90,1) keine reellen Wurzeln im klassisch erlaubten Gebiet hat (im Bereich $E > U_{J_1}, U_{J_2}$), dann ist die Übergangswahrscheinlichkeit nach § 52 exponentiell klein.[2] Die Übergänge werden nur dann mit einer merklichen Wahrscheinlichkeit erfolgen, wenn sich die Kurven für die potentielle Energie im klassisch erlaubten Gebiet schneiden (wie es in Abb. 30 dargestellt ist). In diesem Falle ist der

[1]) Oder der Punkt $r = 0$, in dem die potentielle Energie unendlich wird.

[2]) Eine eigenartige Situation tritt dann ein, wenn an dem Übergang ein Molekülterm beteiligt ist, der durch zwei verschiedene Paare von Atomzuständen realisiert werden kann (siehe den Schluß von § 85), d. h., wenn die Kurve für die potentielle Energie nach wachsenden Abständen hin in zwei Zweige aufspaltet. In dieser Situation nimmt die Übergangswahrscheinlichkeit wesentlich zu; ein Beispiel dafür findet man bei A. I. Woronin und Je. Je. Nikitin, Optik und Spektroskopie (russ.) **25**, 803 (1968).

Exponent in der Formel (52,1) Null (so daß diese Formel selbstverständlich unbrauchbar ist), und die Übergangswahrscheinlichkeit wird dementsprechend durch einen nicht exponentiellen Ausdruck gegeben (der später abgeleitet werden wird). Die Bedingung (90,1) kann dabei folgendermaßen anschaulich gedeutet werden. Bei gleicher potentieller (und gesamter) Energie sind auch die Impulse gleich. Daher kann man statt (90,1)

$$r_1 = r_2, \qquad p_1 = p_2 \tag{90,2}$$

schreiben, wenn p der Impuls der radialen Relativbewegung der Kerne ist; die Indizes 1 und 2 beziehen sich auf die beiden Elektronenzustände. Man kann demnach sagen, daß im Zeitpunkt des Überganges der gegenseitige Abstand und der Impuls der Kerne unverändert bleiben (sogenanntes Franck-Condon-*Prinzip*). Physikalisch hängt das damit zusammen, daß die Elektronengeschwindigkeiten groß gegenüber den Kerngeschwindigkeiten sind und daß die Kerne „während des Elektronenüberganges" ihre Orte und Geschwindigkeiten nicht merklich ändern können.

Es erfordert keine Mühe, die Auswahlregeln für die betrachteten Übergänge aufzustellen. Vor allem gibt es zwei offensichtliche exakte Regeln. Bei einem Übergang dürfen sich der Gesamtdrehimpuls J und das Vorzeichen (positiver oder negativer Term, siehe § 86) nicht ändern. Das folgt unmittelbar aus der Tatsache, daß die Erhaltung des Gesamtdrehimpulses und die Erhaltung der Eigenschaften der Wellenfunktion bei einer Inversion des Koordinatensystems exakte Erhaltungssätze für ein beliebiges (abgeschlossenes) System von Teilchen ist.

Ferner gilt mit großer Genauigkeit die Regel, daß (für ein Molekül aus gleichartigen Atomen) Übergänge zwischen Zuständen mit verschiedener Parität verboten sind. Tatsächlich wird die Parität eines Zustandes eindeutig durch den Kernspin und das Vorzeichen des Terms bestimmt. Für das Vorzeichen eines Terms gilt ein exakter Erhaltungssatz, und der Kernspin wird mit großer Genauigkeit erhalten, weil seine Wechselwirkung mit den Elektronen klein ist.

Die Forderung nach einem Schnittpunkt der Kurven für die potentielle Energie bedeutet, daß die Terme verschiedene Symmetrie haben müssen (siehe § 79). Wir wollen Übergänge betrachten, die bereits in der ersten Näherung der Störungstheorie vorkommen (die Wahrscheinlichkeit für Übergänge in höheren Ordnungen ist relativ klein). Zunächst stellen wir folgendes fest: Die für die betrachteten Übergänge zuständigen Glieder im Hamilton-Operator sind gerade diejenigen, die die Λ-Verdoppelung hervorrufen. Dabei handelt es sich vor allem um Glieder, die die Spin-Bahn-Wechselwirkung darstellen. Sie sind Produkte aus zwei Axialvektoren, von denen einer ein Spinvektor (d. h., er wird aus den Spinoperatoren der Elektronen gebildet) und der andere ein Bahnvektor ist. Wir betonen aber, daß diese Vektoren nicht einfach die Vektoren $\hat{\boldsymbol{S}}$ und $\hat{\boldsymbol{L}}$ sind. Daher haben sie von Null verschiedene Matrixelemente für Übergänge, bei denen sich S und Λ um 0, ± 1 ändern.

Der Fall, daß gleichzeitig $\Delta S = \Delta\Lambda = 0$ ist (mit $\Lambda \neq 0$), muß verworfen werden; denn in diesem Falle würde sich die Symmetrie des Terms beim Übergang überhaupt nicht ändern. Der Übergang zwischen zwei Σ-Termen ist möglich, wenn einer ein Σ^+-Term und der andere ein Σ^--Term ist (ein Axialvektor hat nur für Übergänge zwischen Σ^+ und Σ^- Matrixelemente, siehe § 87).

Der Summand im Hamilton-Operator, der der Wechselwirkung der Molekülrotation mit dem Bahndrehimpuls entspricht, ist proportional zu $\hat{\boldsymbol{J}}\hat{\boldsymbol{L}}$. Seine Matrixelemente sind für Übergänge mit $\Delta\Lambda = \pm 1$ ohne Änderung des Spins von Null verschieden (Matrixelemente mit $\Delta\Lambda = 0$ hat nur die ζ-Komponente des Vektors, d. h. L_ζ; aber L_ζ ist diagonal in den Elektronenzuständen).

Neben den betrachteten Gliedern gibt es noch eine weitere Wechselwirkung; denn der Operator der kinetischen Energie der Kerne (die Ableitung nach den Kernkoordinaten) wirkt nicht nur auf die Wellenfunktion der Kerne, sondern auch auf die Elektronenfunktion, weil diese von r als Parameter abhängt. Die betreffenden Glieder im HAMILTON-Operator haben die gleiche Symmetrie wie der ungestörte HAMILTON-Operator. Sie können daher nur zu Übergängen zwischen Elektronentermen mit der gleichen Symmetrie Anlaß geben. Da sich solche Terme nicht schneiden, ist die Wahrscheinlichkeit für derartige Übergänge vernachlässigbar klein.

Wir kommen jetzt zur konkreten Berechnung der Übergangswahrscheinlichkeit. Um etwas Bestimmtes vor Augen zu haben, werden wir von einem Stoß zweiter Art sprechen. Nach der allgemeinen Formel (43,1) wird die gesuchte Wahrscheinlichkeit durch den Ausdruck

$$w = \frac{2\pi}{\hbar}\left|\int \chi_{K2}^{*} V(r)\, \chi_{K1}\, dr\right|^2 \tag{90,3}$$

gegeben; darin sind $\chi_K = r\psi_K$ (ψ_K ist die Wellenfunktion für die Radialbewegung der Kerne) und $V(r)$ die Störenergie (als Größe ν_f in (43,1) wählen wir die Energie E und integrieren darüber). Die Wellenfunktion ψ_{K2} im Endzustand muß auf eine δ-Funktion der Energie normiert sein. Die so normierte quasiklassische Funktion (47,5) hat die Gestalt

$$\chi_{K2} = \sqrt{\frac{2}{\pi\hbar v_2}}\cos\left(\frac{1}{\hbar}\int_{a_2}^{r} p_2\, dr - \frac{\pi}{4}\right) \tag{90,4}$$

(der Normierungsfaktor wird nach der am Schluß von § 21 angegebenen Regel bestimmt). Die Wellenfunktion des Anfangszustandes setzen wir folgendermaßen an:

$$\chi_{K1} = \frac{2}{\sqrt{v_1}}\cos\left(\frac{1}{\hbar}\int_{a_1}^{r} p_1\, dr - \frac{\pi}{4}\right). \tag{90,5}$$

Sie ist so normiert, daß die Stromdichte in jeder der beiden fortschreitenden Wellen, in die man die stehende Welle (90,5) zerlegen kann, gleich 1 ist. v_1 und v_2 sind die Geschwindigkeiten der radialen Relativbewegung der Kerne. Setzen wir diese Funktionen in (90,3) ein, so erhalten wir die dimensionslose Übergangswahrscheinlichkeit w. Man kann sie als Übergangswahrscheinlichkeit beim zweifachen Durchgang der Kerne durch den Punkt $r = r_0$ auffassen (Schnittpunkt der Niveaus). Die Wellenfunktion (90,5) entspricht in gewisser Weise dem zweifachen Durchgang durch diesen Punkt, weil sie sowohl die einlaufende wie auch die reflektierte fortschreitende Welle enthält.

Das mit den Funktionen (90,4) und (90,5) berechnete Matrixelement enthält im Integranden ein Produkt von Kosinusfunktionen, die man in die Kosinusfunktionen von Summe und Diffeienz der Argumente zerlegen kann. Bei der Integration um den Punkt $r = r_0$ ist nur der zweite Kosinus wesentlich, und es ergibt sich

$$w = \frac{4}{\hbar^2}\left|\int \cos\left(\frac{1}{\hbar}\int_{a_1}^{r} p_1\, dr - \frac{1}{\hbar}\int_{a_2}^{r} p_2\, dr\right)\frac{V(r)\, dr}{\sqrt{v_1 v_2}}\right|^2.$$

Das Integral konvergiert rasch mit zunehmender Entfernung vom Schnittpunkt. Daher kann man das Argument des Kosinus nach Potenzen von $\xi = r - r_0$ entwickeln und die Integration über $d\xi$ von $-\infty$ bis $+\infty$ erstrecken (dabei ersetzt man den langsam veränderlichen Faktor vor dem Kosinus durch seinen Wert für $r = r_0$). Da im Schnittpunkt $p_1 = p_2$ ist, finden wir

$$\int_{a_1}^{r} p_1 \, dr - \int_{a_2}^{r} p_2 \, dr \approx S_0 + \frac{1}{2} \left(\frac{dp_1}{dr_0} - \frac{dp_2}{dr_0} \right) \xi^2 ,$$

wobei S_0 der Wert der Differenz der Integrale im Punkte $r = r_0$ ist. Die Ableitung des Impulses kann man durch die Kraft $F = -dU/dr$ ausdrücken. Wir differenzieren die Gleichung $p_1^2/(2\mu) + U_1 = p_2^2/(2\mu) + U_2$ (μ ist die reduzierte Masse der Kerne) und erhalten

$$v_1 \frac{dp_1}{dr} - v_2 \frac{dp_2}{dr} = F_1 - F_2 .$$

Es ist also

$$\int_{a_1}^{r} p_1 \, dr - \int_{a_2}^{r} p_2 \, dr \approx S_0 + \frac{F_1 - F_2}{2v} \xi^2$$

(v ist der gemeinsame Wert von v_1 und v_2 im Schnittpunkt). Die Integration erfolgt mit Hilfe der bekannten Formel

$$\int_{-\infty}^{+\infty} \cos (\alpha + \beta \xi^2) \, d\xi = \sqrt{\frac{\pi}{\beta}} \cos \left(\alpha + \frac{\pi}{4} \right),$$

und als Ergebnis erhalten wir

$$w = \frac{8\pi V^2}{\hbar v \, |F_2 - F_1|} \cos^2 \left(\frac{S_0}{\hbar} + \frac{\pi}{4} \right). \tag{90,6}$$

Die Größe $S_0/\hbar$ ist groß und ändert sich rasch mit veränderlicher Energie E. Man kann daher das Quadrat des Kosinus durch seinen Mittelwert ersetzen, auch wenn man nur über ein relativ kleines Energieintervall mittelt. Als Ergebnis bekommen wir die Formel

$$w = \frac{4\pi V^2}{\hbar v \, |F_2 - F_1|} \tag{90,7}$$

(L.D. Landau, 1932). Alle Größen auf der rechten Seite der Gleichung werden im Schnittpunkt der Potentialkurven genommen.

In Anwendung auf die Prädissoziation interessiert uns die Zerfallswahrscheinlichkeit für das Molekül pro Zeiteinheit. Pro Zeiteinheit gehen die Kerne infolge der Schwingungen $2 \cdot \omega/(2\pi)$-mal durch den Punkt $r = r_0$. Die Wahrscheinlichkeit für die Prädissoziation ergibt sich deshalb, indem man w (die Wahrscheinlichkeit für zweimaligen Durchgang) mit $\omega/(2\pi)$ multipliziert, d. h., sie ist

$$\frac{2 V^2 \omega}{\hbar v \, |F_2 - F_1|} . \tag{90,8}$$

Im Zusammenhang mit den durchgeführten Rechnungen muß folgende Bemerkung angebracht werden. Wenn wir vom Schnitt von Termen gesprochen haben, dann haben wir an die Eigenwerte des „ungestörten" Hamilton-Operators H_0 für die Elektronen-

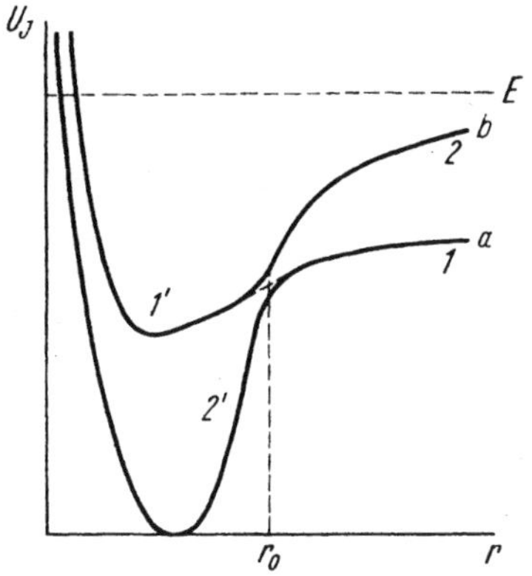

Abb. 31

bewegung im Molekül gedacht, in dem die für die betrachteten Übergänge verantwortlichen Glieder $\hat{V}$ nicht berücksichtigt werden. Nimmt man diese Glieder im HAMILTON-Operator mit, dann wird der Schnitt der Terme unmöglich, und die Kurven rücken ein wenig auseinander (wie es in Abb. 31 dargestellt ist). Das folgt aus den Ergebnissen von § 79, die hier von einem etwas anderen Standpunkt aus gesehen werden.

$U_{J_1}(r)$ und $U_{J_2}(r)$ seien zwei Eigenwerte des HAMILTON-Operators H_0 (in dem r als Parameter angesehen wird). In der Nähe des Schnittpunktes r_0 der Kurven $U_{J_1}(r)$ und $U_{J_2}(r)$ hat man zur Berechnung der Eigenwerte $U(r)$ des gestörten Operators $\hat{H}_0 + \hat{V}$ die in § 79 dargestellte Methode zu verwenden. Als Ergebnis bekommen wir die Formel

$$U_{b,a}(r) = \tfrac{1}{2}(U_{J_1} + U_{J_2} + V_{11} + V_{22}) \pm \sqrt{\tfrac{1}{4}(U_{J_1} - U_{J_2} + V_{11} - V_{22})^2 + V_{12}^2},$$

in der alle Größen Funktionen von r sind. Die Funktion $U_b(r)$ (oberes Vorzeichen in der Formel) gehört zur oberen (1'2) und die Funktion $U_a(r)$ zur unteren (2'1) ausgezogenen Kurve in Abb. 31. Die Matrixelemente V_{11} und V_{22} kann man in die Definition der Funktionen U_{J_1} bzw. U_{J_2} einbeziehen; das Element V_{12} bezeichnen wir einfach mit $V(r)$. Die obige Formel erhält dann die Gestalt

$$U_{b,a}(r) = \tfrac{1}{2}(U_{J_1} + U_{J_2}) \pm \tfrac{1}{2}\sqrt{(U_{J_1} - U_{J_2})^2 + 4V^2}\,. \qquad (90{,}9)$$

Der Abstand zwischen den beiden Niveaus ist jetzt

$$\Delta U = \sqrt{(U_{J_1} - U_{J_2})^2 + 4V^2}\,. \qquad (90{,}10)$$

Wenn zwischen den beiden Zuständen Übergänge möglich sind ($V \neq 0$), dann gibt es also keinen Schnitt der Niveaus mehr. Der geringste Abstand zwischen den Kurven wird im Punkte $r = r_0$ erreicht, in dem $U_{J_1} = U_{J_2}$ ist:

$$(\Delta U_{\min}) = 2\,|V(r_0)|\,. \qquad (90{,}11)$$

In der Nähe dieses Punktes kann man die Differenz $U_{J_1} - U_{J_2}$ nach Potenzen der kleinen Differenz $\xi = r - r_0$ entwickeln; wir schreiben

$$U_{J_1} - U_{J_2} = U_1 - U_2 \approx \xi(F_2 - F_1)$$

mit $F = -(\mathrm{d}V/\mathrm{d}r)_{r_0}$. Dann ist

$$\varDelta U = \sqrt{(F_2 - F_1)^2\,\xi^2 + 4V^2(r_0)}\,. \tag{90,12}$$

Die Formeln (90,11) und (90,12) sind unter Berücksichtigung nur zweier Zustände hergeleitet worden; sie sind nur dann richtig, wenn $(\varDelta U)_{\min}$ klein gegenüber den Abständen zu den anderen Termen ist. Die Formel (90,7) für die Übergangswahrscheinlichkeit gilt nur dann, wenn die weiter unten angegebene Bedingung (90,19) erfüllt ist; diese Bedingung ist im allgemeinen strenger. Falls diese Bedingung nicht erfüllt ist, kann man nach wie vor nur zwei Terme betrachten, aber zur Berechnung der Übergangswahrscheinlichkeit ist die übliche Störungstheorie unbrauchbar. In diesem Falle ist eine allgemeinere Behandlung notwendig.

Beschränkt man sich auf die Umgebung des Schnittpunktes und behandelt man die Kernbewegung quasiklassisch, dann kann man im HAMILTON-Operator des Systems den Geschwindigkeitsoperator für die Kerne durch die konstante Größe v ersetzen. Die Ortskoordinate r kann dabei durch eine Zeitfunktion ersetzt werden, die aus der klassischen Gleichung $\mathrm{d}r/\mathrm{d}t = v$ berechnet wird, d. h. $\xi = r - r_0 = vt$. Danach wird die Berechnung der Übergangswahrscheinlichkeit auf die Lösung der Wellengleichung für die Elektronenfunktionen mit einem explizit zeitabhängigen HAMILTON-Operator zurückgeführt:

$$i\hbar\,\frac{\partial \Psi}{\partial t} = [\hat{H}_0(t) + \hat{V}(t)]\,\Psi\,. \tag{90,13}$$

ψ_a und ψ_b seien die Wellenfunktionen der Elektronenzustände zu den Kurven a und b; sie sind Lösungen der Gleichungen

$$(\hat{H}_0 + \hat{V})\,\psi_{a,b} = U_{a,b}(t)\,\psi_{a,b}\,,$$

in denen t die Rolle eines Parameters spielt. Wir setzen die Lösung der Gleichung (90,13) in folgender Gestalt an:

$$\Psi = a(t)\,\psi_a + b(t)\,\psi_b\,. \tag{90,14}$$

Wir lösen diese Gleichung mit der Randbedingung $a = 1$, $b = 0$ für $t \to -\infty$. $|b(\infty)|^2$ gibt dann die Wahrscheinlichkeit dafür an, daß das Molekül beim Durchgang der Kerne durch den Punkt $r = r_0$ in den Zustand ψ_b übergeht, was den Übergang von der Kurve a auf die Kurve b bedeutet. Dementsprechend ist $|a(\infty)|^2 = 1 - |b(\infty)|^2$ die Wahrscheinlichkeit dafür, daß das Molekül auf der Kurve a verbleibt. Der Übergang von der Kurve a auf die Kurve b bei zweimaligem Durchgang durch den Punkt r_0 (bei einer Annäherung und anschließender Entfernung der Kerne voneinander) kann auf zwei Arten realisiert werden: entweder auf dem Wege $a \to b \to b$ (bei der Annäherung erfolgt der Übergang $1 \to 1'$, und beim Auseinandergehen bleibt das Molekül auf der Kurve $1'2$) oder auf dem Wege $a \to a \to b$ ($1 \to 2'$ bei der Annäherung und $2' \to 2$ beim Auseinandergehen). Die gesuchte Wahrscheinlichkeit für diesen Übergang ist daher

$$w = 2\,|b(\infty)|^2\,[1 - |b(\infty)|^2] \tag{90,15}$$

(hier ist berücksichtigt worden, daß die Übergangswahrscheinlichkeit beim Durchgang durch den Punkt $r = r_0$ offensichtlich nicht von der Bewegungsrichtung abhängt).

Der Wert $b(\infty)$ kann mit Hilfe des in § 53 dargestellten Verfahrens bestimmt werden, ohne auf die Gleichung (90,13) direkt Bezug zu nehmen.[1])

Die Kurven $U_a(t)$ und $U_b(t)$ schneiden sich in den imaginären Punkten

$$t_0^{(\pm)} = \pm i \frac{2\,|V|}{|F_2 - F_1|} \equiv \pm i\tau_0 . \tag{90,16}$$

Für betragsmäßig große negative Werte von t hat der Koeffizient $a(t)$ in (90,14) die ,,hinsichtlich der Zeit quasiklassische" Gestalt

$$a(t) = \exp\left\{-\frac{i}{\hbar}\int_{-\infty}^{t} U_a(t)\,\mathrm{d}t\right\}.$$

Wir gehen jetzt von der linken reellen Halbachse in der komplexen t-Ebene auf die rechte Halbachse längs eines Weges über, auf dem die Bedingung für ,,quasiklassisches Verhalten" überall erfüllt ist. Wegen $U_a < U_b$ muß dieser Übergang in der oberen Halbebene erfolgen unter Umgehung des Punktes $t_0^{(+)}$ (vgl. § 53). Nach diesem Übergang wird aus der Funktion $a(t)$ nunmehr $b(t)$ mit

$$|b(\infty)|^2 = \exp\left\{\frac{2}{\hbar}\,\mathrm{Im}\left[\int_{t_1}^{i\tau_0} U_a(t)\,\mathrm{d}t + \int_{i\tau_0}^{t_1} U_b(t)\,\mathrm{d}t\right]\right\}$$

$$= \exp\left\{-\frac{2}{\hbar}\,\mathrm{Im}\int_{t_1}^{i\tau_0} \Delta U\,\mathrm{d}t\right\}.$$

Als t_1 kann man einen beliebigen Punkt auf der reellen Achse wählen, zum Beispiel $t_1 = 0$. Nach (90,12) haben wir

$$\Delta U = \sqrt{(F_2 - F_1)^2\,v^2t^2 + 4V^2}\,, \tag{90,17}$$

und das benötigte Integral ist (mit der Substitution $t = i\tau$)

$$i\int_0^{\tau_0} \sqrt{4V^2 - (F_2 - F_1)^2\,v^2\tau^2}\,\mathrm{d}\tau = i\,\frac{\pi V^2}{v|F_2 - F_1|}\,.$$

Somit erhalten wir endgültig den folgenden Ausdruck für die Übergangswahrscheinlichkeit

$$w = 2\exp\left(-\frac{2\pi V^2}{\hbar v\,|F_2 - F_1|}\right)\left[1 - \exp\left(-\frac{2\pi V^2}{\hbar v\,|F_2 - F_1|}\right)\right] \tag{90,18}$$

(C. Zener, 1932). Die Übergangswahrscheinlichkeit wird also in beiden Grenzfällen klein. Für $V^2 \gg \hbar v\,|F_2 - F_1|$ ist sie exponentiell klein (adiabatischer Fall), und für

$$V^2 \ll \hbar v\,|F_2 - F_1| \tag{90,19}$$

[1]) In § 53 wird der Prozeß insgesamt als adiabatisch vorausgesetzt, dementsprechend ist die Wahrscheinlichkeit dafür exponentiell klein. In unserem Falle kann diese Bedingung verletzt werden, wenn die Kerne in die unmittelbare Nähe des Punktes r_0 gelangen (wenn ihre Geschwindigkeit v nicht klein genug ist). Aus den Überlegungen von §§ 52 und 53 ist aber klar, daß die Methode selbst brauchbar ist, wenn nur für große $|t|$ adiabatische Verhältnisse herrschen und wenn man sich auf zwei Niveaus des Systems beschränken darf.

geht die Formel (90,18) in (90,7) über. Aus (90,17) ist zu ersehen, daß $\tau \sim |V|/|F_2 - F_1|$ die „Verweilzeit der Kerne" im Schnittpunkt ist, die zugehörige Frequenz ist $\omega_\tau \sim 1/\tau$. Es hängt also vom Verhältnis zwischen $\hbar\omega_\tau$ und der für das Problem charakteristischen Energie $|V|$ ab, ob die beiden angegebenen Grenzfälle realisiert werden.

Schließlich wollen wir noch die der Prädissoziation verwandte Erscheinung der sogenannten Störungen im Spektrum zweiatomiger Moleküle behandeln. Für zwei diskrete Molekülniveaus E_1 und E_2 zu zwei sich schneidenden Elektronentermen, die einander dicht benachbart sind, werden die Niveaus vermischt, weil Übergänge zwischen den beiden Elektronenzuständen möglich sind. Nach der allgemeinen Formel (79,4) der Störungstheorie haben wir für die gemischten Niveaus den Ausdruck

$$\frac{E_1 + E_2}{2} \pm \sqrt{\left(\frac{E_1 - E_2}{2}\right)^2 + |V_{12K}|^2}\,, \tag{90,20}$$

V_{12K} ist das Matrixelement der Störung für den Übergang zwischen den Molekülzuständen 1 und 2 (die Matrixelemente V_{11K} und V_{22K} müssen offensichtlich in E_1 und E_2 einbezogen werden). Aus dieser Formel ist zu erkennen, daß die beiden Niveaus auseinanderrücken und sich in entgegengesetzte Richtungen bewegen (das obere Niveau wird erhöht, das untere erniedrigt). Die Trennung ist um so größer, je kleiner die Differenz $|E_1 - E_2|$ ist.

Das Matrixelement V_{12K} wird genauso berechnet wie oben bei der Berechnung der Wahrscheinlichkeit eines Stoßes zweiter Art. Ein Unterschied liegt nur darin, daß die Wellenfunktionen χ_{K1} und χ_{K2} zum diskreten Spektrum gehören und deshalb auf 1 normiert werden müssen. Nach (48,3) haben wir

$$\chi_{K1} = \sqrt{\frac{2\omega_1}{\pi v_1}} \cos\left(\frac{1}{\hbar}\int_{a_1}^{r} p_1\, dr - \frac{\pi}{4}\right),$$

ein analoger Ausdruck gilt für χ_{K2}. Wir vergleichen mit den Formeln (90,3)—(90,5) und finden: Das jetzt betrachtete Matrixelement V_{12K} hängt mit der Übergangswahrscheinlichkeit w beim zweimaligen Durchgang durch den Schnittpunkt über die Beziehung

$$|V_{12K}|^2 = w\,\frac{\hbar\omega_1}{2\pi}\,\frac{\hbar\omega_2}{2\pi} \tag{90,21}$$

zusammen.

Aufgaben

1. Man berechne den totalen Wirkungsquerschnitt für Stöße zweiter Art als Funktion der kinetischen Energie E der stoßenden Atome für Übergänge infolge der Spin-Bahn-Wechselwirkung (L. D. Landau, 1932)!

Lösung. Da die Kernbewegung quasiklassisch ist, kann man den Begriff des Stoßparameters ϱ einführen (das ist der Abstand, in dem die Kerne aneinander vorbeifliegen würden, wenn keine Wechselwirkung zwischen ihnen bestünde). Der Streuquerschnitt $d\sigma$ kann als Produkt der Fläche $2\pi\varrho\, d\varrho$ mit der Übergangswahrscheinlichkeit $w(\varrho)$ bei einem Stoß bestimmt werden (vgl. I, § 18). Der totale Streuquerschnitt σ ergibt sich durch Integration über ϱ.

Für die Spin-Bahn-Wechselwirkung ist das Matrixelement $V(r)$ unabhängig vom Drehimpuls M der stoßenden Teilchen. Wir schreiben die Geschwindigkeit v im Punkte $r = r_0$ (dem Schnittpunkt der Kurven) in der Form

$$v = \sqrt{\frac{2}{\mu}\left(E - U - \frac{M^2}{2\mu r_0^2}\right)} = \sqrt{\frac{2}{\mu}\left(E - U - \frac{\varrho^2 E}{r_0^2}\right)}.$$

Hier ist U der gemeinsame Wert von U_1 und U_2 im Schnittpunkt, μ ist die reduzierte Masse der Atome, und der Drehimpuls ist $M = \mu\varrho v_\infty$ (v_∞ ist die Relativgeschwindigkeit der Atome im Unendlichen). Wir wählen den Nullpunkt der Energieskala so, daß die Wechselwirkungsenergie der Atome im Ausgangszustand im Unendlichen Null ist; dann ist $E = \mu v_\infty^2/2$. Wir setzen diese Größen in (90,7) ein und erhalten

$$d\sigma = 2\pi\varrho\, d\varrho \cdot w = \frac{8\pi^2 V^2}{\hbar|F_2 - F_1|}\,\frac{\varrho\, d\varrho}{\sqrt{\frac{2}{\mu}\left(E - U - \frac{\varrho^2 E}{r_0^2}\right)}}.$$

Die Integration über ϱ ist von Null bis zu demjenigen Wert auszuführen, für den die Geschwindigkeit v verschwindet. Als Ergebnis bekommen wir

$$\sigma = \frac{4\sqrt{2\mu}\,\pi^2 V^2 r_0^2}{\hbar\,|F_2 - F_1|}\,\frac{\sqrt{E - U}}{E}.$$

2. Wie Aufgabe 1 für Übergänge infolge der Wechselwirkung zwischen der Molekülrotation und dem Bahndrehimpuls (L. D. LANDAU, 1932).

Lösung. Das Matrixelement V hat die Gestalt $V(r) = MD/\mu r^2$, wenn $D(r)$ das Matrixelement des Bahndrehimpulses der Elektronen ist. Mit dem gleichen Vorgehen wie in Aufgabe 1 erhalten wir

$$\sigma = \frac{16\sqrt{2}\,\pi^2 D^2}{3\hbar\mu^{1/2}\,|F_2 - F_1|}\,\frac{(E - U)^{3/2}}{E}.$$

3. Man berechne die Übergangswahrscheinlichkeit für Energien E, die etwa gleich dem Wert U_J der potentiellen Energie im Schnittpunkt sind!

Lösung. Für kleine Werte von $E - U_J$ ist die Formel (90,7) unbrauchbar, weil man die Kerngeschwindigkeit v in der Nähe des Schnittpunktes nicht als konstant ansehen darf. Deshalb darf man sie auch nicht aus dem Integral herausziehen, wie es bei der Herleitung von (90,7) getan worden ist.

In der Nähe des Schnittpunktes ersetzen wir die Kurven U_{J_1} und U_{J_2} durch die Geraden

$$U_{J_1} = U_J - F_{J_1}\xi\,, \qquad U_{J_2} = U_J - F_{J_2}\xi\,, \qquad \xi = r - r_0\,.$$

Die Wellenfunktionen χ_{K1} und χ_{K2} sind in diesemBereich gleich den Wellenfunktionen der eindimensionalen Bewegung in einem homogenen Feld (§ 24). Für die Rechnung verwendet man die Wellenfunktion zweckmäßig in der Impulsdarstellung. Die auf eine δ-Funktion der Energie normierte Wellenfunktion hat die Gestalt (siehe die Aufgabe zu § 24)

$$a_2 = \frac{1}{\sqrt{2\pi\hbar\,|F_{J_2}|}}\exp\left\{\frac{i}{\hbar F_{J_2}}\left[(E - U_J)\,p - \frac{p^3}{6\mu}\right]\right\}.$$

Die auf die Stromdichte 1 in der einlaufenden und in der reflektierten Welle normierte Funktion ergibt sich durch Multiplikation mit $\sqrt{2\pi\hbar}$:

$$a_1 = \frac{1}{\sqrt{|F_{J_1}|}}\exp\left\{\frac{i}{\hbar F_{J_1}}\left[(E - U_J)\,p - \frac{p^3}{6\mu}\right]\right\}.$$

Bei der Integration kann man die Störenergie (das Matrixelement) V wieder aus dem Integral herausziehen und dafür den Wert im Schnittpunkt einsetzen:

$$w = \frac{2\pi}{\hbar}\left|V\int_{-\infty}^{+\infty} a_1 a_2^*\, dp\right|^2.$$

Als Ergebnis erhalten wir

$$w = \frac{4\pi V^2 (2\mu)^{2/3}}{\hbar^{4/3}(F_{J_1}F_{J_2})^{1/3}\,(F_{J_2} - F_{J_1})^{2/3}}\,\Phi^2\left[-(E - U_J)\left(\frac{2\mu}{\hbar^2}\right)^{1/3}\left(\frac{1}{F_{J_2}} - \frac{1}{F_{J_1}}\right)^{2/3}\right]$$

mit der AIRYschen Funktion $\Phi(\xi)$ (siehe § b der mathematischen Ergänzungen). Für große $E - U_J$ geht diese Formel in (90,7) über.

4. Man berechne die Wahrscheinlichkeit für die Umladung bei einem langsamen (Relativgeschwindigkeit $v \ll 1$) Stoß eines Wasserstoffatoms mit einem Wasserstoffion — einem Proton, der Stoßparameter sei dabei groß (O. B. FIRSSOW, 1951)![1])

Lösung. Wir werden das System $H + H^+$ als Molekülion des Wasserstoffs ansehen (siehe die Aufgabe zu § 81). Bei der Umladung geht ein Elektron aus einem am ersten Kern lokalisierten Zustand ψ_1 in einen Zustand ψ_2 in der Nähe des zweiten Kerns über. Diese Zustände sind nicht stationär, auch nicht bei festgehaltenen Kernen. Die stationären Zustände sind

$$\psi_{g,u} = \frac{1}{\sqrt{2}}\,(\psi_1 \pm \psi_2)\,.$$

Die zugehörigen Energien sind Funktionen des Kernabstandes R: $U_{g,u}(R)$. Bei einer gegebenen langsamen Bewegung der Kerne (die wir als klassisch ansehen werden) sind diese Energien langsam veränderliche Funktionen der Zeit, und die Zeitabhängigkeit der Wellenfunktionen wird durch den „bezüglich der Zeit quasiklassischen" Faktor

$$\exp\left(-i \int U_{g,u}(t)\,dt\right)$$

gegeben (vgl. § 53). Die Überlagerung der beiden Zustände, die für $t = -\infty$ gleich ψ_1 ist, ist

$$\Psi = \frac{1}{\sqrt{2}}\left[\psi_g \exp\left(-i \int_{-\infty}^{t} U_g\,dt\right) + \psi_u \exp\left(-i \int_{-\infty}^{t} U_u\,dt\right)\right].$$

Für $t \to \infty$ ist diese Funktion eine Linearkombination der Gestalt $c_1\psi_1 + c_2\psi_2$, und die Wahrscheinlichkeit für die Umladung ist $w = |c_2|^2$. Eine einfache Rechnung ergibt

$$w = \sin^2 \eta\,, \qquad \eta = \frac{1}{2}\int_{-\infty}^{\infty} (U_u - U_g)\,dt\,.$$

Bei einem Stoß mit großem Stoßparameter ϱ (und mit genügend kleiner Geschwindigkeit v) kann man die Kernbewegung als geradlinig ansehen, d. h., man kann $R = \sqrt{\varrho^2 + v^2t^2}$ setzen. Die Differenz $U_u - U_g$ wird für $R \gg 1$ durch Formel (4) aus der Aufgabe zu § 81 gegeben. Somit ist

$$\eta = \frac{4}{v}\int_{\varrho}^{\infty} \frac{R^2\,e^{-R-1}}{\sqrt{R^2 - \varrho^2}}\,dR\,.$$

Für $\varrho \gg 1$ ist im Integral der R-Bereich an der unteren Grenze wesentlich. Wir setzen $R = \varrho(1 + x)$ und erhalten

$$\eta \approx \frac{2\sqrt{2}}{ev}\,\varrho^2\,e^{-\varrho}\int_0^{\infty} \frac{e^{-\varrho x}}{\sqrt{x}}\,dx = \frac{2\sqrt{2\pi}}{ev}\,\varrho^{3/2}\,e^{-\varrho}\,.$$

---

[1]) In dieser Aufgabe verwenden wir atomare Einheiten.

XII DIE THEORIE DER SYMMETRIE

§ 91. Symmetrietransformationen

Die Klassifizierung der Terme eines vielatomigen Moleküls ist, wie beim zweiatomigen Molekül, wesentlich von seiner Symmetrie abhängig. Deshalb beginnen wir mit der Untersuchung der für ein Molekül möglichen Symmetrietypen.

Die Symmetrie eines Körpers wird durch die Menge derjenigen Deckoperationen bestimmt, die den Körper mit sich zur Deckung bringen. Diese Decktransformationen nennt man *Symmetrietransformationen.* Jede mögliche Symmetrietransformation kann man aus drei Grundtypen von Transformationen kombinieren. Diese drei wesentlich verschiedenen Typen sind: die *Drehung* des Körpers um einen bestimmten Winkel um eine Achse, die *Spiegelung* an einer Ebene und die *Parallelverschiebung* des Körpers um eine Strecke. Der zuletzt genannte Typ kann offensichtlich nur in einem unendlichen Medium (Kristallgitter) vorkommen. Ein Körper mit endlichen Ausdehnungen (insbesondere ein Molekül) kann nur Drehungen und Spiegelungen als Symmetrieelemente haben.

Wenn ein Körper bei einer Drehung um eine Achse um den Winkel $2\pi/n$ mit sich zur Deckung kommt, dann nennt man diese Achse eine n-zählige Symmetrieachse. n kann eine beliebige ganze Zahl sein: $n = 2, 3, \ldots$. Der Wert $n = 1$ entspricht der Drehung um den Winkel 2π oder, was dasselbe ist, um den Winkel 0, d. h., er entspricht der identischen Transformation. Eine Drehung um eine gegebene Achse um den Winkel $2\pi/n$ werden wir mit dem Symbol C_n bezeichnen. Wiederholen wir diese Operation zweimal, dreimal, ..., so erhalten wir Drehungen um die Winkel $2(2\pi/n)$, $3(2\pi/n)$, ... , die den Körper ebenfalls mit sich zur Deckung bringen. Diese Drehungen kann man mit C_n^2, C_n^3, ... bezeichnen. Wenn n ein Vielfaches von p ist, dann gilt offensichtlich

$$C_n^p = C_{n/p} \,. \tag{91,1}$$

Führen wir speziell eine Drehung n-mal aus, so kehren wir zur Ausgangslage zurück, d. h., wir führen somit die *identische Transformation* aus. Diese wird gewöhnlich mit E bezeichnet, so daß wir

$$C_n^n = E \tag{91,2}$$

schreiben können.

Falls ein Körper bei einer Spiegelung an einer Ebene mit sich zur Deckung gebracht werden kann, wird diese Ebene *Symmetrieebene* genannt. Wir werden die Spiegelung an einer Ebene mit σ bezeichnen. Die zweimalige Spiegelung an einer Ebene ist offensichtlich die identische Transformation:

$$\sigma^2 = E \,. \tag{91,3}$$

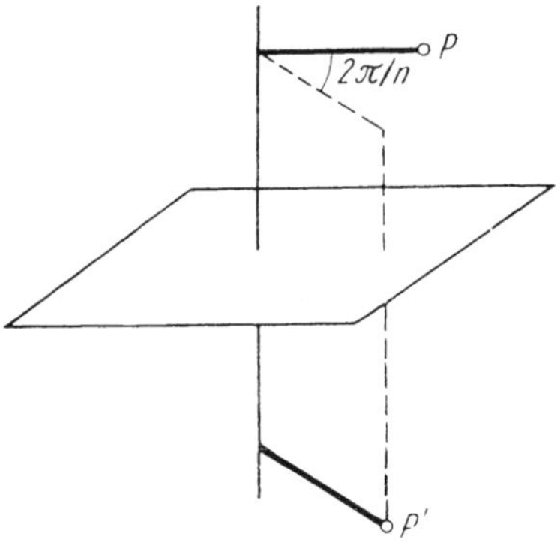

Abb. 32

Führt man beide Transformationen — Drehung und Spiegelung — gleichzeitig aus, gelangt man zu den sogenannten *Drehspiegelungsachsen*. Ein Körper besitzt eine n-zählige Drehspiegelungsachse, wenn er bei einer Drehung um den Winkel $2\pi/n$ um diese Achse und bei anschließender Spiegelung an einer Ebene senkrecht zu dieser Achse (Abb. 32) mit sich zur Deckung gebracht wird. Man kann sich leicht überlegen, daß das nur dann eine neue Symmetrieart ist, wenn n eine gerade Zahl ist. Für eine ungerade Zahl n ist die n-fache Wiederholung der Drehspiegelung äquivalent zu einer einfachen Spiegelung an einer zur Achse senkrechten Ebene (da der Drehwinkel 2π ist und eine ungerade Anzahl von Spiegelungen an derselben Ebene eine einfache Spiegelung ist). Wiederholen wir diese Transformation noch n-mal, so finden wir, daß die Drehspiegelungsachse auf die gleichzeitige unabhängige Existenz einer n-zähligen Symmetrieachse und einer dazu senkrechten Symmetrieebene zurückgeführt werden kann. Für eine gerade Zahl n überführt die n-malige Wiederholung der Drehspiegelung den Körper wieder in die Ausgangslage.

Die Symmetrie bei Drehspiegelungen bezeichnen wir mit S_n. Die Spiegelung an einer Ebene senkrecht zur gegebenen Achse versehen wir mit dem Symbol σ_h und haben nach Definition

$$S_n = C_n\sigma_h = \sigma_h C_n \tag{91,4}$$

(die Reihenfolge der Operationen C_n und σ_h beeinflußt das Ergebnis offensichtlich nicht).

Eine zweizählige Drehspiegelungsachse ist ein wichtiger Spezialfall. Wie man sich leicht überzeugen kann, bedeutet die Drehung um den Winkel π mit anschließender Spiegelung an einer zur Drehachse senkrechten Ebene eine *Inversion*. Dabei geht ein Punkt P des Körpers in einen anderen Punkt P' über, der auf der verlängerten Geraden durch den Punkt P und den Schnittpunkt O der Achse mit der Ebene so liegt, daß die Abstände OP und OP' gleich sind. Wenn der Körper bezüglich dieser Transformation symmetrisch ist, sagen wir, er habe ein *Symmetriezentrum*. Die Inversion wird mit dem Symbol I bezeichnet. Es gilt dann

$$I \equiv S_2 = C_2\sigma_h \,. \tag{91,5}$$

Ferner ist offenbar $I\sigma_h = C_2$, $IC_2 = \sigma_h$. Mit anderen Worten, eine zweizählige Achse, eine dazu senkrechte Symmetrieebene und ein Symmetriezentrum im Schnittpunkt der beiden hängen miteinander zusammen — die Existenz zweier Elemente bedingt automatisch auch die Existenz des dritten.

Wir geben jetzt einige rein geometrische, für Drehungen und Spiegelungen charakteristische Eigenschaften an, die bei der Untersuchung der Symmetrie eines Körpers nützlich sind.

Das Produkt zweier Drehungen um Achsen, die sich in einem Punkte schneiden, ist eine Drehung um eine dritte Achse, die ebenfalls durch den Schnittpunkt geht. Das Produkt zweier Spiegelungen an sich schneidenden Ebenen ist einer Drehung äquivalent; die Drehachse ist offensichtlich die Schnittgerade der Ebenen, und der Drehwinkel ist, wie man aus geometrischen Überlegungen leicht erkennen kann, der doppelte Winkel zwischen den beiden Ebenen. Wir bezeichnen die Drehung um eine Achse um den Winkel φ mit $C(\varphi)$ und die Spiegelung an den beiden Ebenen, die diese Achse enthalten, mit σ_v und σ_v'.[1] Damit können wir die obige Behauptung in der Form

$$\sigma_v \sigma_v' = C(2\varphi) \tag{91,6}$$

schreiben, wenn φ der Winkel zwischen den beiden Ebenen ist. Die Reihenfolge der beiden Spiegelungen ist nicht beliebig: Die Transformation $\sigma_v' \sigma_v$ ergibt eine Drehung in Richtung von der Ebene zu σ_v' nach derjenigen zu σ_v; bei Vertauschung der Faktoren erhalten wir eine Drehung in der umgekehrten Richtung. Multiplizieren wir die Gleichung (91,6) von links mit σ_v, so erhalten wir

$$\sigma_v' = \sigma_v C(2\varphi)\,. \tag{91,7}$$

Mit anderen Worten, das Produkt einer Drehung und einer Spiegelung an einer Ebene, die die Achse enthält, ist äquivalent zu einer Spiegelung an einer Ebene, die die erste unter dem halben Drehwinkel schneidet. Hieraus folgt speziell, daß eine zweizählige Symmetrieachse und zwei zueinander senkrechte Symmetrieebenen, die die Drehachse enthalten, einander bedingen: Die Existenz zweier Symmetrieelemente zieht die Existenz des dritten nach sich.

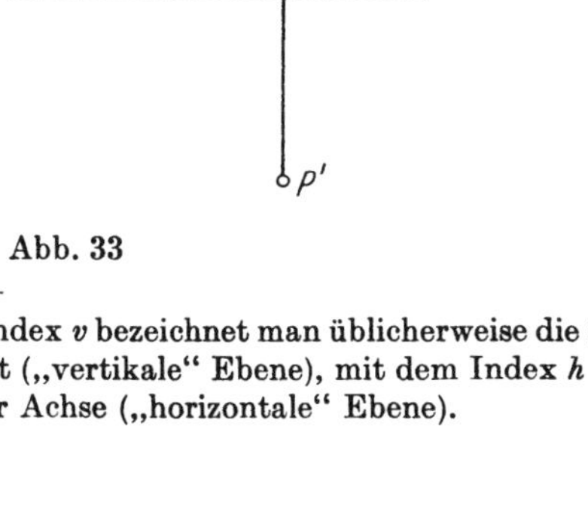

Abb. 33

[1]) Mit dem Index v bezeichnet man üblicherweise die Spiegelung an einer Ebene, die die betreffende Achse enthält („vertikale" Ebene), mit dem Index h versieht man eine Spiegelung an einer Ebene senkrecht zur Achse („horizontale" Ebene).

Wir wollen zeigen, daß das Produkt von Drehungen um den Winkel π um Achsen, die sich unter dem Winkel φ schneiden (Oa und Ob in Abb. 33), eine Drehung um den Winkel 2φ um eine Achse senkrecht zu den ersten beiden ist (PP' in Abb. 33). Es ist von vornherein klar, daß die resultierende Transformation auch eine Drehung ist. Nach der ersten Drehung (um Oa) geht der Punkt P über in P', und nach der zweiten (um Ob) kehrt er in die Ausgangslage zurück. Demzufolge bleibt die Strecke PP' fest und ist somit die Drehachse. Den Drehwinkel finden wir folgendermaßen ganz einfach: Bei der ersten Drehung bleibt die Achse Oa fest, und nach der zweiten Drehung gelangt sie in die Lage Oa', die mit Oa den Winkel 2φ bildet. In der gleichen Weise kann man sich davon überzeugen, daß man bei umgekehrter Reihenfolge der beiden Transformationen eine Drehung in der entgegengesetzten Richtung erhält.

Obwohl das Ergebnis zweier aufeinanderfolgender Transformationen im allgemeinen von deren Reihenfolge abhängt, ist in einigen Fällen die Reihenfolge der Operationen unwesentlich — die Transformationen sind vertauschbar:

1. zwei Drehungen um die gleiche Achse;
2. zwei Spiegelungen an zueinander senkrechten Ebenen (sie sind zu einer Drehung um den Winkel π um die Schnittgerade der Ebenen äquivalent);
3. zwei Drehungen um den Winkel π um aufeinander senkrechte Achsen (sie sind zu einer Drehung um den gleichen Winkel um eine dritte, dazu senkrechte Achse äquivalent);
4. eine Drehung und eine Spiegelung an einer Ebene senkrecht zur Drehachse;
5. eine beliebige Drehung (oder Spiegelung) und eine Inversion an einem Punkt auf der Drehachse (oder in der Spiegelebene); das folgt aus 1 und 4.

§ 92. Transformationsgruppen

Die Gesamtheit aller Symmetrietransformationen eines gegebenen Körpers nennt man die Gruppe von Symmetrietransformationen oder einfach die *Symmetriegruppe*. Oben haben wir von diesen Transformationen als von den geometrischen Deckoperationen des Körpers gesprochen. Bei quantenmechanischen Anwendungen ist es aber zweckmäßiger, die Symmetrietransformationen als Koordinatentransformationen zu betrachten, die den HAMILTON-Operator des betreffenden Systems invariant lassen. Wenn ein System bei einer Drehung oder Spiegelung in sich überführt wird, dann läßt die entsprechende Koordinatentransformation die SCHRÖDINGER-Gleichung unverändert. Wir sprechen dann von einer Transformationsgruppe, bezüglich der die gegebene SCHRÖDINGER-Gleichung invariant ist.[1])

[1]) Dieser Standpunkt ermöglicht, nicht nur die Gruppe der Drehungen und der Spiegelungen, über die hier gesprochen worden ist, sondern auch andere Arten von Transformationen, die die SCHRÖDINGER-Gleichung unverändert lassen, zu behandeln. Dazu gehören die Vertauschungen der Koordinaten identischer Teilchen in einem gegebenen System (in einem Molekül oder einem Atom). Die Menge aller möglichen Vertauschungen von identischen Teilchen in einem System bezeichnet man als die Gruppe der Vertauschungen, *Permutationsgruppe* oder *symmetrische Gruppe* (wir hatten es damit schon in § 63 zu tun). Die im folgenden dargestellten allgemeinen Eigenschaften von Gruppen gelten auch für symmetrische Gruppen. Wir werden uns aber nicht mit einer ausführlicheren Untersuchung von Gruppen dieser Art beschäftigen.

Hinsichtlich der in diesem Kapitel verwendeten Bezeichnungen ist folgende Bemerkung anzubringen. Die Symmetrietransformationen sind ihrem Wesen nach genau solche Operatoren, die

Man untersucht die Symmetriegruppe zweckmäßig mit Hilfe des allgemeinen mathematischen Apparates der sogenannten *Gruppentheorie*, deren Grundlagen wir im folgenden darstellen werden. Wir werden zuerst Gruppen mit endlich vielen verschiedenen Transformationen betrachten (die sogenannten *endlichen Gruppen*). Jede Transformation einer Gruppe nennen wir ein *Gruppenelement*.

Die Symmetriegruppen besitzen folgende wichtige Eigenschaften. In jeder Gruppe gibt es die identische Transformation E (man nennt sie das *Einselement* der Gruppe). Die Gruppenelemente kann man miteinander „multiplizieren"; unter dem Produkt zweier (oder mehrerer) Transformationen versteht man das Ergebnis, das man erhält, wenn man sie nacheinander ausführt. Das Produkt zweier beliebiger Gruppenelemente ist wieder ein Element der Gruppe. Für die Multiplikation der Elemente gilt das Assoziativgesetz $(AB)C = A(BC)$, wenn A, B und C Gruppenelemente sind. Das Kommutativgesetz gilt im allgemeinen nicht, im allgemeinen ist $AB \neq BA$. Zu jedem Gruppenelement A gibt es in der Gruppe ein *inverses* Element A^{-1} (die inverse Transformation), so daß $AA^{-1} = E$ gilt. Manchmal kann ein Element gleich seinem inversen sein, insbesondere gilt $E^{-1} = E$. Zueinander inverse Elemente A und A^{-1} sind offensichtlich miteinander vertauschbar.

Das zum Produkt AB zweier Elemente inverse Element ist

$$(AB)^{-1} = B^{-1}A^{-1}\,.$$

Für ein Produkt aus mehreren Elementen gilt eine analoge Formel. Davon kann man sich einfach überzeugen, indem man die Multiplikation ausführt und das Assoziativgesetz benutzt.

Eine Gruppe heißt *abelsche* Gruppe, wenn alle Gruppenelemente kommutativ sind. Ein Spezialfall abelscher Gruppen sind die sogenannten *zyklischen Gruppen*. Unter einer zyklischen Gruppe versteht man eine Gruppe, bei der man alle Gruppenelemente erhält, indem man ein Gruppenelement potenziert, d. h. eine Gruppe, die aus den Elementen

$$A, A^2, A^3, \dots, A^n = E$$

besteht, wobei n eine ganze Zahl ist.

Es sei $\boldsymbol{G}$ eine Gruppe.[1]) Wenn man daraus eine Untermenge $\boldsymbol{H}$ von Elementen so herausnehmen kann, daß diese wieder eine Gruppe bildet, dann nennt man die Gruppe $\boldsymbol{H}$ eine *Untergruppe* der Gruppe $\boldsymbol{G}$. Ein Gruppenelement kann in verschiedenen Untergruppen enthalten sein.

Greifen wir ein beliebiges Gruppenelement A heraus und potenzieren es wiederholt, so erhalten wir schließlich das Einselement (weil die Gesamtzahl der Elemente in der Gruppe endlich ist). n sei die kleinste Zahl, für die $A^n = E$ ist. Man nennt dann n die *Ordnung* des Elementes A und die Menge der Elemente $A, A^2, \dots, A^n = E$ die

---

wir im ganzen Buch betrachten, und man müßte sie wie diese bezeichnen. Wir werden das nicht tun, weil wir die üblichen Bezeichnungen im Auge haben; auch kann das in diesem Kapitel zu keinen Mißverständnissen Anlaß geben. Aus demselben Grunde verwenden wir zur Bezeichnung der identischen Transformation das übliche Symbol E und nicht 1, wie es den Bezeichnungen in den anderen Kapiteln entsprechen würde. Schließlich wird der Operator für eine Inversion in diesem Kapitel mit dem Symbol I statt mit dem in § 30 benutzten Symbol P bezeichnet, wie es in der modernen Literatur über Quantenmechanik üblich ist.

[1]) Wir werden die Gruppen symbolisch mit halbfetten kursiven Buchstaben bezeichnen (Verwechslungen mit Vektoren können nicht passieren, da hier keine vorkommen — Anm. d. Herausg.)

Periode von A. Die Periode von A bezeichnet man mit $\{A\}$; sie ist selbst eine Gruppe, d. h., sie ist eine Untergruppe der Ausgangsgruppe, und zwar eine zyklische Untergruppe.

Um zu prüfen, ob eine gegebene Menge von Gruppenelementen eine Untergruppe ist, multipliziert man je zwei Elemente miteinander und sieht nach, ob das resultierende Element in der betreffenden Menge enthalten ist. Tatsächlich sind dann mit jedem Element A auch alle seine Potenzen vorhanden. A^{n-1} (n ist die Ordnung des Elementes) ist dabei das inverse Element (wegen $A^{n-1}A = A^n = E$). Offensichtlich ist auch das Einselement enthalten.

Die Gesamtzahl der Gruppenelemente wird als die *Ordnung* der Gruppe bezeichnet. Die Ordnung einer Untergruppe ist ein Teiler der Ordnung der gesamten Gruppe, wie man leicht erkennen kann. Dazu betrachten wir die Untergruppe $\boldsymbol{H}$ der Gruppe $\boldsymbol{G}$. G_1 sei ein Element der Gruppe $\boldsymbol{G}$, das nicht zu $\boldsymbol{H}$ gehört. Wir multiplizieren alle Elemente von $\boldsymbol{H}$ mit G_1 (zum Beispiel von rechts) und erhalten eine Menge (oder, wie man auch sagt, eine *Nebenklasse*) von Elementen, die wir mit $\boldsymbol{H}G_1$ bezeichnen. Alle Elemente dieser Nebenklasse gehören offensichtlich zur Gruppe $\boldsymbol{G}$. Aber kein einziges Element daraus gehört zu $\boldsymbol{H}$; denn würde für zwei beliebige Elemente H_a und H_b von $\boldsymbol{H}$ $H_aG_1 = H_b$ gelten, dann würde hieraus $G_1 = H_a^{-1}H_b$ folgen, d. h., G_1 würde ebenfalls zur Untergruppe $\boldsymbol{H}$ gehören, in Widerspruch zu unserer Voraussetzung. Analog kann man folgendes zeigen: G_2 sei ein Element der Gruppe G, das weder zu $\boldsymbol{H}$ noch zu $\boldsymbol{H}G_1$ gehört; alle Elemente der Nebenklasse $\boldsymbol{H}G_2$ werden dann weder zu $\boldsymbol{H}$ noch zu $\boldsymbol{H}G_1$ gehören. Wir setzen diesen Prozeß solange fort, bis wir letzten Endes alle Elemente der endlichen Gruppe $\boldsymbol{G}$ erfaßt haben. Alle Elemente sind auf diese Weise in die Menge (die sogenannten *Nebenklassen* zu $\boldsymbol{H}$ in $\boldsymbol{G}$) eingeteilt worden:

$$\boldsymbol{H}, \boldsymbol{H}G_1, \boldsymbol{H}G_2, \dots, \boldsymbol{H}G_m .$$

Jede Nebenklasse besteht aus h Elementen, wenn h die Ordnung der Untergruppe $\boldsymbol{H}$ ist. Hieraus folgt, daß die Ordnung der Gruppe $\boldsymbol{G}$ gleich $g = hm$ ist, womit die ausgesprochene Behauptung bewiesen ist. Die ganze Zahl $m = g/h$ wird als *Index* der Untergruppe $\boldsymbol{H}$ in der Gruppe $\boldsymbol{G}$ bezeichnet.

Falls die Gruppenordnung eine Primzahl ist, folgt aus obigem Beweis unmittelbar, daß eine derartige Gruppe überhaupt keine Untergruppen hat (abgesehen von E und der Gruppe selbst). Auch die umgekehrte Behauptung ist richtig: Jede Gruppe, die keine Untergruppen hat, hat notwendigerweise eine Primzahl als Gruppenordnung und muß deshalb zyklisch sein (anderenfalls würde sie Elemente enthalten, deren Perioden Untergruppen bilden würden).

Wir wollen jetzt den wichtigen Begriff der *konjugierten Elemente* einführen. Zwei Elemente A und B heißen zueinander konjugiert, wenn die Beziehung

$$A = CBC^{-1}$$

mit einem Gruppenelement C gilt (multiplizieren wir die aufgeschriebene Gleichung von rechts mit C und von links mit C^{-1}, dann erhalten wir die inverse Gleichung $B = C^{-1}AC$). Konjugierte Elemente haben folgende wesentliche Eigenschaft: Wenn A zu B konjugiert ist und B zu C, dann ist auch A zu C konjugiert; denn tatsächlich folgt aus $B = P^{-1}AP$ und $C = Q^{-1}BQ$ (mit Gruppenelementen P und Q), daß $C = (PQ)^{-1}A(PQ)$ ist. Aus diesem Grunde hat es Sinn, Mengen aus zueinander konjugierten Gruppenelementen zu bilden. Diese Mengen bezeichnet man als *Klassen konjugierter Elemente* oder einfach als die *Klassen* der Gruppe. Jede Klasse wird vollständig durch ein beliebiges Element A bestimmt; denn nach Vorgabe von A erhalten wir die ganze Klasse, indem wir die Produkte GAG^{-1} bilden, wobei G alle Gruppenelemente durchläuft (dabei kann sich natürlich auch jedes Element der Klasse mehrfach ergeben). Wir können also die ganze Gruppe in Klassen zerlegen. Jedes Gruppenelement kann offensichtlich nur in einer Klasse enthalten sein. Das Einselement der Gruppe bildet für sich allein eine Klasse, denn für jedes Gruppenelement ist $GEG^{-1} = E$. In einer abelschen Gruppe trifft diese Aussage für jedes Gruppenelement zu. Da alle Elemente einer solchen Gruppe nach Definition kommutativ sind, ist jedes Element nur zu sich selbst konjugiert und bildet daher für sich eine Klasse. Eine Klasse einer Gruppe (die nicht gleich E ist) ist keineswegs eine Untergruppe. Das ist schon daran zu erkennen, daß sie das Einselement nicht enthält.

Alle Elemente einer gegebenen Klasse haben die gleiche Ordnung. Wenn n die Ordnung des Elementes A ist (so daß $A^n = E$ ist), dann gilt tatsächlich für das dazu konjugierte Element $B = CAC^{-1}$ die Beziehung $(CAC^{-1})^n = CA^nC^{-1} = E$.

$\boldsymbol{H}$ sei eine Untergruppe von $\boldsymbol{G}$, G_1 sei ein Element von $\boldsymbol{G}$, das nicht zu $\boldsymbol{H}$ gehört. Man kann sich einfach davon überzeugen, daß die Menge der Elemente $G_1HG_1^{-1}$ alle notwendigen Gruppeneigenschaften besitzt, d. h. ebenfalls eine Untergruppe von $\boldsymbol{G}$ ist. Die Untergruppen $\boldsymbol{H}$ und $G_1\boldsymbol{H}G_1^{-1}$ werden als zueinander konjugiert bezeichnet. Jedes Element der einen Untergruppe ist zu einem Element der anderen konjugiert. Geben wir für G_1 verschiedene Werte vor, so erhalten wir eine Reihe von konjugierten Untergruppen, die zum Teil auch gleich sein können. Es kann vorkommen, daß alle zu $\boldsymbol{H}$ konjugierten Untergruppen gleich $\boldsymbol{H}$ sind. In diesem Falle bezeichnet man $\boldsymbol{H}$ als *Normalteiler* (oder *invariante Untergruppe*) der Gruppe G. So ist zum Beispiel jede Untergruppe einer abelschen Gruppe offenbar ein Normalteiler.

Es sei $\boldsymbol{A}$ eine Gruppe mit n Elementen $A, A', A'', \ldots$, und $\boldsymbol{B}$ sei eine Gruppe mit m Elementen $B, B', B'', \ldots$. Alle Elemente von $\boldsymbol{A}$ (außer dem Einselement E) seien verschieden von den Elementen von $\boldsymbol{B}$ und kommutativ mit ihnen. Wir multiplizieren jedes Element der Gruppe $\boldsymbol{A}$ mit jedem Element der Gruppe $\boldsymbol{B}$ und erhalten eine Menge von nm Elementen, die ebenfalls eine Gruppe bilden; denn für zwei beliebige Elemente dieser Menge haben wir $AB \cdot A'B' = AA' \cdot BB' = A''B''$, d. h. wieder ein Element derselben Menge. Die erhaltene Gruppe hat die Ordnung nm; sie wird mit $\boldsymbol{A} \times \boldsymbol{B}$ bezeichnet und heißt das *direkte Produkt* der Gruppen $\boldsymbol{A}$ und $\boldsymbol{B}$.

Schließlich wollen wir noch den Begriff des *Isomorphismus* von Gruppen einführen. Zwei Gruppen $\boldsymbol{A}$ und $\boldsymbol{B}$ der gleichen Ordnung heißen isomorph, wenn zwischen ihren Elementen eine eineindeutige Zuordnung besteht und folgender Sachverhalt gilt: Wenn dem Element A das Element B zugeordnet ist und dem Element A' das Element B', dann ist dem Element $A'' = AA'$ das Element $B'' = BB'$ zugeordnet. Zwei derartige Gruppen haben, abstrakt gesehen, offensichtlich identische Eigenschaften, wenn auch die konkrete Bedeutung ihrer Elemente unterschiedlich ist.

§ 93. Punktgruppen

Die Transformationen der Symmetriegruppe eines Körpers endlicher Ausdehnungen (speziell eines Moleküls) müssen so beschaffen sein, daß wenigstens ein Punkt des Körpers bei allen möglichen Transformationen fest bleibt. Mit anderen Worten, alle Symmetrieachsen und -ebenen eines Moleküls müssen wenigstens einen gemeinsamen

Schnittpunkt haben; denn die aufeinanderfolgende Drehung des Körpers um zwei sich nicht schneidende Achsen oder die Spiegelung an sich nicht schneidenden Ebenen ergeben eine translatorische Bewegung des Körpers. Eine Translation kann aber den Körper nicht mit sich zur Deckung bringen. Die Symmetriegruppen, die die erforderliche Eigenschaft haben, heißen *Punktgruppen.*

Bevor wir alle möglichen Arten von Punktgruppen konstruieren wollen, geben wir noch ein einfaches geometrisches Verfahren an, mit dem man die Gruppenelemente leicht auf die Klassen verteilen kann. Oa sei eine Achse, und das Gruppenelement A sei eine Drehung um diese Achse um einen bestimmten Winkel. Ferner sei G eine Transformation aus der gleichen Gruppe (eine Drehung oder eine Spiegelung). Die Achse Oa soll bei Anwendung von G in die Lage Ob überführt werden. Wir wollen zeigen, daß dann das Element $B = GAG^{-1}$ einer Drehung um die Achse Ob um denselben Winkel entspricht, um den das Element A um die Achse Oa dreht. Wir betrachten dazu die Wirkung der Transformation GAG^{-1} auf die Achse Ob selbst. Die zu G inverse Transformation G^{-1} bringt die Achse Ob in die Lage Oa, und die anschließende Drehung A beläßt sie in dieser Lage. Schließlich bringt sie G wieder in die Ausgangslage zurück. Die Achse Ob bleibt also letztlich in ihrer Lage, so daß B eine Drehung um diese Achse ist. Da A und B zur gleichen Klasse gehören, ist die Ordnung dieser Elemente gleich. Das bedeutet, daß sie eine Drehung um den gleichen Winkel bewirken.

Wir gelangen somit zu dem Ergebnis, daß zwei Drehungen um den gleichen Winkel zur gleichen Klasse gehören, wenn es unter den Gruppenelementen eine solche Transformation gibt, die eine Drehachse in die andere überführt. Ganz genauso kann man zeigen, daß zwei Spiegelungen an verschiedenen Ebenen zur gleichen Klasse gehören, wenn irgendeine Transformation der Gruppe die eine Ebene in die andere transformiert. Die Symmetrieachsen oder -ebenen selbst, deren Richtungen ineinander überführt werden können, bezeichnet man als *äquivalent.*

Der Fall, daß die beiden Drehungen um ein und dieselbe Achse ausgeführt werden, erfordert einige zusätzliche Bemerkungen. Das zur Drehung C_n^k $(k = 1, 2, \ldots, n - 1)$ um eine n-zählige Symmetrieachse inverse Element ist $C_n^{-k} = C_n^{n-k}$, d. h. die Drehung um den Winkel $(n - k)(2\pi/n)$ in der gleichen Richtung oder, was dasselbe ist, die Drehung um den Winkel $2k\pi/n$ in der entgegengesetzten Richtung. Wenn es unter den Transformationen der Gruppe die Drehung um den Winkel π um eine senkrechte Achse gibt (diese Drehung kehrt die Orientierung der betrachteten Achse um), dann werden die Drehungen C_n^k und C_n^{-k} nach der bewiesenen allgemeinen Regel zu einer Klasse gehören. Eine Spiegelung σ_h an einer Ebene senkrecht zur Achse würde ebenfalls deren Orientierung umkehren; aber man muß beachten, daß eine Spiegelung auch den Drehsinn umkehrt. Durch die Existenz von σ_h werden daher die Elemente C_n^k und C_n^{-k} nicht zueinander konjugiert. Die Spiegelung σ_v an einer Ebene, die die Achse enthält, ändert die Orientierung der Achse nicht, aber sie kehrt den Drehsinn um; deshalb ist $C_n^{-k} = \sigma_v C_n^k \sigma_v$, und die Elemente C_n^k und C_n^{-k} gehören zur gleichen Klasse, wenn es eine solche Spiegelung gibt. Falls die Drehungen um eine Achse um den gleichen Winkel in entgegengesetzten Richtungen zueinander konjugiert sind, werden wir die betreffende Achse als *bilateral* bezeichnen.

Die Bestimmung der Klassen einer Punktgruppe wird oft durch folgende Regel erleichtert. $\boldsymbol{G}$ sei eine Gruppe, die die Inversion I nicht enthält, und $\boldsymbol{C}_i$ sei die Gruppe aus den beiden Elementen I und E. Das direkte Produkt $\boldsymbol{G} \times \boldsymbol{C}_i$ ist dann eine Gruppe mit doppelt so viel Elementen wie $\boldsymbol{G}$. Die Hälfte davon stimmt mit den Elementen der Gruppe $\boldsymbol{G}$ überein, die restlichen ergeben sich durch Multiplikation der Elemente von $\boldsymbol{G}$ mit I. Da I mit einer beliebigen anderen Transformation der Punktgruppe kommutiert, enthält die Gruppe $\boldsymbol{G} \times \boldsymbol{C}_i$ offensichtlich doppelt so viele Klassen wie $\boldsymbol{G}$. Jeder Klasse $\boldsymbol{A}$ der Gruppe $\boldsymbol{G}$ entsprechen in der Gruppe $\boldsymbol{G} \times \boldsymbol{C}_i$ zwei Klassen: $\boldsymbol{A}$ und $\boldsymbol{A}I$. Insbesondere stellt die Inversion I immer für sich allein eine Klasse dar.

Wir wollen jetzt alle möglichen Punktgruppen aufzählen. Dabei beginnen wir mit den einfachsten Punktgruppen und konstruieren die anderen, indem wir neue Symmetrieelemente hinzufügen. Wir werden die Punktgruppen mit halbfetten lateinischen Buchstaben und den entsprechenden Indizes bezeichnen.

I. Die Gruppen $\boldsymbol{C}_n$

Der einfachste Symmetrietyp enthält insgesamt nur eine n-zählige Symmetrieachse. Die Gruppe $\boldsymbol{C}_n$ ist die Gruppe der Drehungen um eine n-zählige Achse. Diese Gruppe ist offenbar zyklisch. Jedes der n Elemente bildet für sich allein eine Klasse. Die Gruppe $\boldsymbol{C}_1$ enthält nur die identische Transformation E und besagt, daß keinerlei Symmetrie vorhanden ist.

II. Die Gruppen $\boldsymbol{S}_{2n}$

Dazu gehören die Gruppen der Drehungen um eine Drehspiegelungsachse; die Zähligkeit $2n$ dieser Achse ist eine gerade Zahl. Eine solche Gruppe enthält $2n$ Elemente und ist offensichtlich zyklisch. Speziell die Gruppe $\boldsymbol{S}_2$ enthält insgesamt zwei Elemente: E und I. Man bezeichnet sie auch mit $\boldsymbol{C}_i$. Falls die Gruppenordnung eine Zahl der Gestalt $2n = 4p + 2$ ist, dann enthält die Gruppe $\boldsymbol{S}_{2n}$ auch die Inversion, denn es ist $(S_{4p+2})^{2p+1} = C_2\sigma_h = I$. Diese Gruppe kann man als direktes Produkt schreiben: $\boldsymbol{S}_{4p+2} = \boldsymbol{C}_{2p+1} \times \boldsymbol{C}_i$; man bezeichnet sie auch mit $\boldsymbol{C}_{2p+1,\,i}$.

III. Die Gruppen $\boldsymbol{C}_{nh}$

Diese Gruppen ergeben sich, indem man zur n-zähligen Symmetrieachse eine dazu senkrechte Symmetrieebene hinzufügt. Die Gruppe $\boldsymbol{C}_{nh}$ enthält $2n$ Elemente: n Drehungen der Gruppe $\boldsymbol{C}_n$ und n Drehspiegelungen $C_n^k\sigma_h$ $(k = 1, 2, 3, ..., n)$ (darunter auch die Spiegelung $C_n^n\sigma_h = \sigma_h$). Alle Gruppenelemente sind kommutativ, d. h., die Gruppe ist abelsch; die Zahl der Klassen ist gleich der Zahl der Elemente. Für gerade n $(n = 2p)$ enthält die Gruppe ein Symmetriezentrum $(C_{2p}^p\sigma_h = C_2\sigma_h = I)$. Die einfachste Gruppe $\boldsymbol{C}_{1h}$ enthält nur die beiden Elemente E und σ_h; man bezeichnet sie auch mit $\boldsymbol{C}_s$.

IV. Die Gruppen $\boldsymbol{C}_{nv}$

Nimmt man zu einer n-zähligen Symmetrieachse noch eine Symmetrieebene, die die Achse enthält, hinzu, dann treten automatisch noch weitere $n - 1$ Ebenen auf, die sich alle in der Achse schneiden und die Winkel π/n miteinander bilden (das folgt unmittelbar aus dem geometrischen Satz (91,7)).[1]) Die dabei entstehende Gruppe

[1]) In einer endlichen Gruppe kann es keine zwei Symmetrieebenen geben, deren Schnittwinkel nicht gleich einem rationalen Teil von 2π ist. Aus der Existenz zweier solcher Ebenen würde die Existenz unendlich vieler anderer Symmetrieebenen folgen, die sich in einer Geraden schneiden würden und die sich ergeben würden, indem man eine Ebene an einer anderen unendlich oft spiegelt. Mit anderen Worten, die Existenz zweier solcher Ebenen würde sofort die vollständige axiale Symmetrie nach sich ziehen.

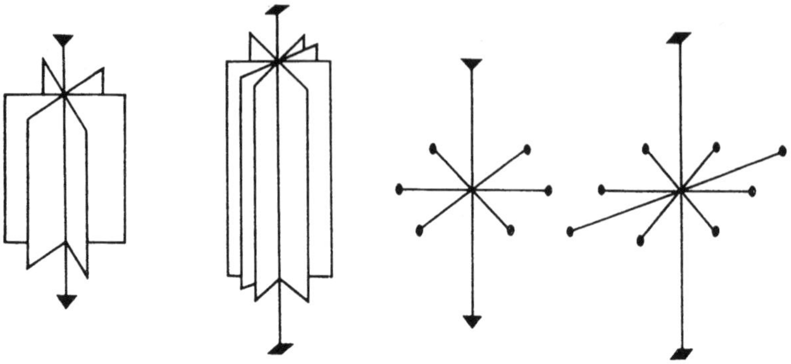

C_{3v} C_{4v} D_3 D_4

Abb. 34

C_{nv} enthält demzufolge $2n$ Elemente: n Drehungen um die n-zählige Achse und n Spiegelungen σ_v an vertikalen Ebenen. In Abb. 34 sind als Beispiel die Systeme von Symmetrieachsen und -ebenen der Gruppe C_{3v} und C_{4v} dargestellt.

Zur Bestimmung der Klassen bemerken wir, daß die Symmetrieachse bilateral ist, weil es Symmetrieebenen gibt, die die Achse enthalten. Die tatsächliche Verteilung der Elemente über die Klassen ist für gerade und für ungerade n verschieden.

Für ungerades n $(n = 2p + 1)$ überführen aufeinanderfolgende Drehungen C_{2p+1} jeweils eine Symmetrieebene nacheinander in alle anderen $2p$ Ebenen. Alle Symmetrieebenen sind also äquivalent, und die Spiegelungen daran gehören zur gleichen Klasse. Unter den Drehungen um die Achse gibt es $2p$ Operationen, die nicht gleich der identischen Transformation sind. Sie sind paarweise konjugiert zueinander und bilden p Klassen mit je zwei Elementen (C_{2p+1}^k und C_{2p+1}^{-k}, $k = 1, 2, \ldots, p$). Außerdem bildet E noch eine separate Klasse. Es gibt also insgesamt $p + 2$ Klassen.

Für gerades n $(n = 2p)$ können durch aufeinanderfolgende Drehungen C_{2p} nur jeweils jede zweite Ebene ineinander überführt werden; zwei benachbarte Ebenen können nicht miteinander zur Deckung gebracht werden. Es gibt also zwei Sätze von p äquivalenten Symmetrieebenen und dementsprechend zwei Klassen mit je p Elementen (Spiegelungen). Für die Drehungen um die Achse gelten $C_{2p}^{2p} = E$ und $C_{2p}^p = C_2$; jede dieser Drehungen bildet für sich allein eine Klasse. Die restlichen $2p - 2$ Drehungen sind paarweise zueinander konjugiert und ergeben noch $p - 1$ Klassen mit je zwei Elementen. Insgesamt hat die Gruppe $C_{2p,v}$ $p + 3$ Klassen.

V. Die Gruppen D_n

Wir nehmen jetzt zu einer n-zähligen Symmetrieachse noch eine dazu senkrechte zweizählige Achse hinzu. Dadurch ergeben sich weitere $n - 1$ derartige Achsen, so daß es insgesamt n horizontale zweizählige Achsen gibt, die sich unter den Winkeln π/n schneiden. Die entstehende Gruppe D_n enthält $2n$ Elemente: n Drehungen um die n-zählige Achse und n Drehungen um den Winkel π um horizontale Achsen (wir wollen letztere mit U_2 bezeichnen und die Bezeichnung C_2 für eine Drehung um den Winkel π um eine vertikale Achse vorbehalten). In Abb. 34 sind als Beispiel die Achsensysteme der Gruppen D_3 und D_4 dargestellt.

Ganz analog zum vorhergehenden Fall finden wir, daß die n-zählige Achse bilateral ist und daß die horizontalen zweizähligen Achsen für gerades n alle äquivalent sind oder für ungerades n zwei nicht äquivalente Sätze bilden. Demzufolge hat die Gruppe $\boldsymbol{D}_{2p}$ folgende $p+3$ Klassen: E, 2 Klassen mit je p Drehungen U_2, die Drehung C_2 und $p-1$ Klassen mit je zwei Drehungen um die vertikale Achse. Die Gruppe $\boldsymbol{D}_{2p+1}$ hat $p+2$ Klassen: E, $2p+1$ Drehungen U_2 und p Klassen mit je zwei Drehungen um die vertikale Achse.

Die Gruppe $\boldsymbol{D}_2$ ist ein wichtiger Spezialfall. Das zugehörige Achsensystem besteht aus drei zueinander senkrechten zweizähligen Achsen. Diese Gruppe wird auch mit $\boldsymbol{V}$ bezeichnet.

VI. Die Gruppen $\boldsymbol{D}_{nh}$

Wir fügen nun zum Achsensystem der Gruppe $\boldsymbol{D}_n$ noch eine horizontale Symmetrieebene hinzu, die die n zweizähligen Achsen enthält. Dabei ergeben sich automatisch n vertikale Symmetrieebenen. Jede solche Symmetrieebene enthält die vertikale Achse und eine der horizontalen Achsen. Die dabei entstehende Gruppe $\boldsymbol{D}_{nh}$ enthält $4n$ Elemente; außer den $2n$ Elementen der Gruppe $\boldsymbol{D}_n$ sind darin noch n Spiegelungen σ_v und n Drehspiegelungstransformationen $C_n^k\sigma_h$ enthalten. In Abb. 35 ist das System der Achsen und Ebenen der Gruppe $\boldsymbol{D}_{3h}$ wiedergegeben.

Die Spiegelung σ_h kommutiert mit allen anderen Gruppenelementen. Deshalb kann man $\boldsymbol{C}_{nh}$ als direktes Produkt $\boldsymbol{D}_{nh} = \boldsymbol{D}_n \times \boldsymbol{C}_s$ schreiben, wenn $\boldsymbol{D}_s$ die Gruppe aus den beiden Elementen E und σ_h ist. Für gerades n ist die Inversion in der Gruppe enthalten, und man kann auch $\boldsymbol{D}_{2p,\,h} = \boldsymbol{D}_{2p} \times \boldsymbol{C}_i$ schreiben.

Die Zahl der Klassen in der Gruppe $\boldsymbol{D}_{nh}$ ist demzufolge gleich der doppelten Zahl der Klassen in der Gruppe $\boldsymbol{D}_n$. Die Hälfte davon stimmt mit den Klassen der Gruppe $\boldsymbol{D}_n$ überein (Drehungen um Achsen), und die restlichen ergeben sich daraus durch Multiplikation mit σ_h. Die Spiegelungen σ_v an den vertikalen Ebenen gehören alle zu einer Klasse (für ungerades n), oder sie bilden zwei Klassen (für gerades n). Die Drehspiegelungstransformationen $\sigma_h C_n^k$ und $\sigma_h C_n^{-k}$ sind paarweise zueinander konjugiert.

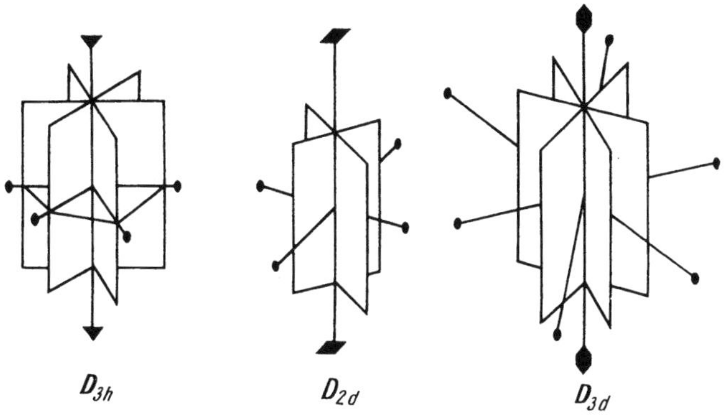

Abb. 35

VII. Die Gruppen $\boldsymbol{D}_{nd}$

Man kann auch noch auf eine andere Art Symmetrieebenen zum Achsensystem der Gruppe $\boldsymbol{D}_n$ hinzufügen. Sie können so angeordnet werden, daß sie die vertikale n-zählige Achse enthalten und jeweils in der Mitte zwischen zwei benachbarten horizontalen zweizähligen Achsen verlaufen. Nimmt man eine solche Symmetrieebene zusätzlich auf, so ergeben sich zwangsläufig noch $n - 1$ weitere Symmetrieebenen. Das resultierende System von Symmetrieachsen und -ebenen bestimmt die Gruppe $\boldsymbol{D}_{nd}$ (in Abb. 35 sind die Achsen und Ebenen für die Gruppen $\boldsymbol{D}_{2d}$ und $\boldsymbol{D}_{3d}$ dargestellt).

Die Gruppe $\boldsymbol{D}_{nd}$ enthält $4n$ Elemente. Zu den $2n$ Elementen der Gruppe $\boldsymbol{D}_n$ kommen noch die n Spiegelungen an den vertikalen Ebenen (wir bezeichnen sie mit σ_d — ,,diagonale" Ebenen) und n Transformationen der Gestalt $G = U_2\sigma_d$. Wir wollen klären, um was für Transformationen es sich bei den letzteren handelt. Die Drehung U_2 kann nach (91,6) in der Gestalt $U_2 = \sigma_h\sigma_v$ geschrieben werden, wenn σ_v die Spiegelung an einer vertikalen Ebene ist, die die betreffende zweizählige Achse enthält. Es ist dann $G = \sigma_h\sigma_v\sigma_d$ (die Transformationen σ_v und σ_h selbst sind in der Gruppe selbstverständlich nicht enthalten). Da sich die Spiegelebenen σ_v und σ_d in der n-zähligen Achse schneiden und miteinander den Winkel $(\pi/2n)\,(2k + 1)$ mit $k = 1, 2, \dots, n - 1$ einschließen (weil hier der Winkel zwischen benachbarten Ebenen $\pi/2n$ ist), haben wir nach (91,6) $\sigma_v\sigma_d = C_{2n}^{2k+1}$. Wir finden also $G = \sigma_h C_{2n}^{2k+1} = S_{2n}^{2k+1}$, d. h., diese Elemente sind Drehspiegelungen um die vertikale Achse, die demzufolge keine einfache n-zählige Symmetrieachse sondern eine Drehspiegelungsachse der Zähligkeit $2n$ ist.

Bei der Spiegelung an den diagonalen Symmetrieebenen werden zwei benachbarte horizontale zweizählige Achsen ineinander überführt. In den betrachteten Gruppen sind also alle zweizähligen Achsen äquivalent (sowohl für gerade als auch für ungerade n). Analog sind alle diagonalen Symmetrieebenen äquivalent. Die Drehspiegelungstransformationen S_{2n}^{2k+1} und S_{2n}^{-2k-1} sind paarweise konjugiert zueinander.[1])

Wir wenden nun diese Überlegungen auf die Gruppe $\boldsymbol{D}_{2p,\,d}$ an und finden, daß sie $2p + 3$ Klassen enthält: E, die Drehung C_2 um die n-zählige Achse, $p - 1$ Klassen mit je zwei konjugierten Drehungen um dieselbe Achse, die Klasse der $2p$ Drehungen U_2, die Klasse der $2p$ Spiegelungen σ_d und p Klassen mit je zwei Drehspiegelungstransformationen.

Für ungerades n $(n = 2p + 1)$ ist die Inversion in der Gruppe enthalten (das ist daraus zu erkennen, daß in diesem Falle eine der horizontalen Achsen auf einer vertikalen Symmetrieebene senkrecht steht). Deshalb können wir schreiben $\boldsymbol{D}_{2p+1,\,d} = \boldsymbol{D}_{2p+1} \times \boldsymbol{C}_i$, so daß die Gruppe $\boldsymbol{D}_{2p+1,\,d}$ $2p + 4$ Klassen enthält, die sich unmittelbar aus den $p + 2$ Klassen der Gruppe $\boldsymbol{D}_{2p+1}$ ergeben.

VIII. Die Gruppe $\boldsymbol{T}$ (die Tetraedergruppe)

Das System der Achsen dieser Gruppe ist das System der Symmetrieachsen eines Tetraeders. Man kann sie erhalten, indem man zum Achsensystem der Gruppe $\boldsymbol{V}$ vier geneigte dreizählige Achsen hinzufügt, so daß die Drehungen um diese Achsen die drei zweizähligen Achsen ineinander überführen. Man stellt sich dieses Achsensystem zweckmäßig so dar, daß man sich die drei zweizähligen Achsen durch die

---

[1]) Tatsächlich haben wir

$$\sigma_d S_{2n}^{2k+1}\sigma_d = \sigma_d\sigma_h C_{2n}^{2k+1}\sigma_d = \sigma_h\sigma_d C_{2n}^{2k+1}\sigma_d = \sigma_h C_{2n}^{-2k-1} = S_{2n}^{-2k-1}\,.$$

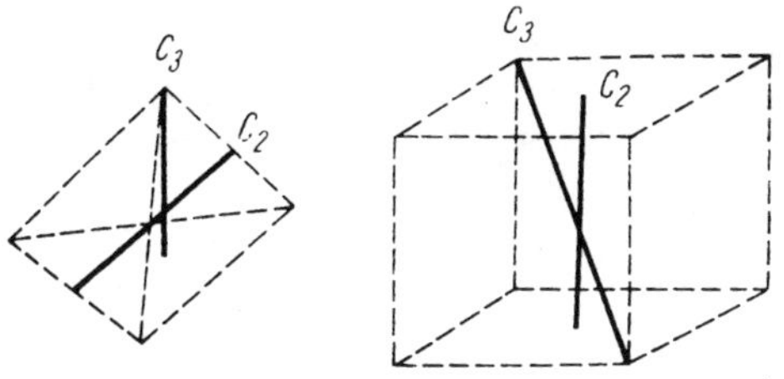

Abb. 36

Mittelpunkte gegenüberliegender Würfelflächen vorstellt, und die dreizählige Achse denkt man sich als die Raumdiagonale dieses Würfels. In Abb. 36 ist die Lage dieser Achsen im Würfel und im Tetraeder skizziert (je eine Achse von jeder Art).

Die drei zweizähligen Achsen sind einander äquivalent. Die dreizähligen Achsen sind ebenfalls äquivalent, weil sie durch die Drehungen C_2 ineinander überführt werden, aber sie sind keine bilateralen Achsen. Die zwölf Elemente in der Gruppe $\boldsymbol{T}$ zerfallen in vier Klassen: E, drei Drehungen C_2, vier Drehungen C_3 und vier Drehungen C_3^2.

IX. Die Gruppe $\boldsymbol{T_d}$

Diese Gruppe enthält alle Symmetrietransformationen eines Tetraeders. Das System ihrer Achsen und Ebenen kann man erhalten, indem man zu den Achsen der Gruppe $\boldsymbol{T}$ Symmetrieebenen hinzufügt, von denen jede eine zweizählige und zwei dreizählige Achsen enthält. Die zweizähligen Achsen werden dabei zu vierzähligen Drehspiegelungsachsen (ähnlich wie es in der Gruppe $\boldsymbol{D_{2d}}$ der Fall war). Man stellt sich dieses System zweckmäßigerweise folgendermaßen dar: Man zeichnet die drei Drehspiegelungsachsen durch die Flächenmitten gegenüberliegender Würfelflächen, die vier dreizähligen Achsen als die Raumdiagonalen und die sechs Symmetrieebenen so, daß sie jeweils ein Paar gegenüberliegender Kanten enthalten (in Abb. 37 ist je eine Achse und Ebene jeder Art dargestellt).

Da die Symmetrieebenen in bezug auf die dreizähligen Achsen vertikal sind, sind diese Achsen bilateral. Alle Achsen und Ebenen einer bestimmten Art sind äquivalent zueinander. Die 24 Gruppenelemente zerfallen deshalb in die folgenden fünf Klassen: E, acht Drehungen C_3 und C_3^2, sechs Spiegelungen an Ebenen, sechs Drehspiegelungen S_4 und S_4^3 und drei Drehungen $C_2 = S_4^2$.

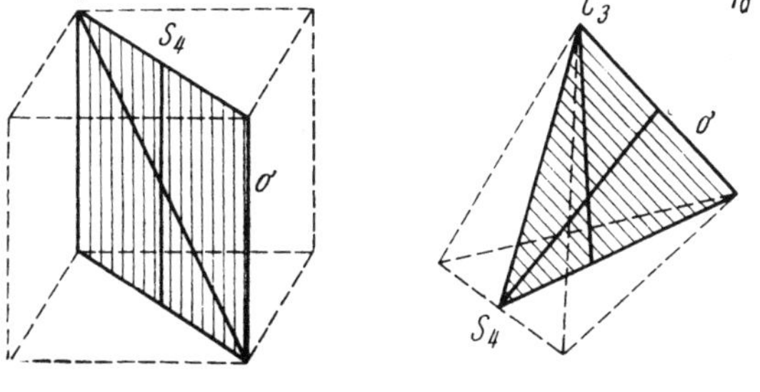

Abb. 37

X. Die Gruppe $\boldsymbol{T_h}$

Diese Gruppe ergibt sich aus T, indem man ein Symmetriezentrum hinzufügt: $\boldsymbol{T_h} = \boldsymbol{T} \times \boldsymbol{C_i}$. Es ergeben sich so drei zueinander senkrechte Symmetrieebenen, die jeweils zwei zweizählige Achsen enthalten. Die dreizähligen Achsen werden zu sechszähligen Drehspiegelungsachsen (in Abb. 38 ist je eine solche Achse und Ebene angedeutet).

Die Gruppe hat 24 Elemente, die in 8 Klassen unterteilt werden. Diese Klassen ergeben sich unmittelbar aus den Klassen der Gruppe $\boldsymbol{T}$.

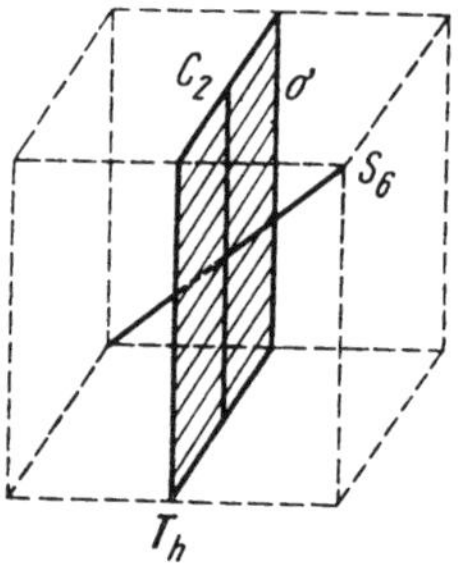

Abb. 38

XI. Die Gruppe $\boldsymbol{O}$ (Oktaedergruppe)

Das Achsensystem dieser Gruppe ist das System der Symmetrieachsen eines Würfels: drei vierzählige Achsen gehen durch die Mittelpunkte gegenüberliegender Flächen, vier dreizählige Achsen gehen durch gegenüberliegende Ecken, und sechs zweizählige Achsen gehen durch die Mitten gegenüberliegender Kanten (Abb. 39).

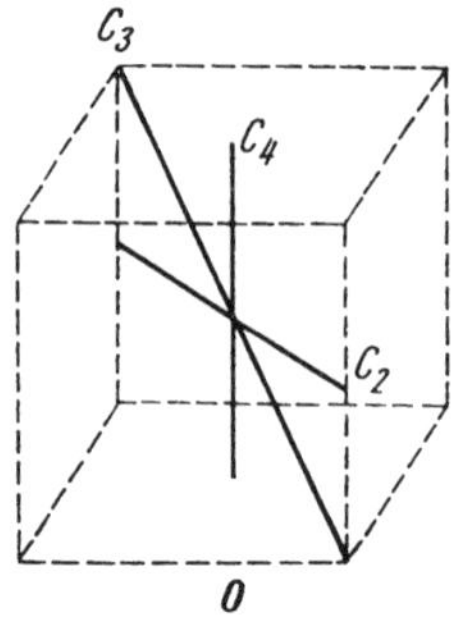

Abb. 39

Alle Achsen gleicher Zähligkeit sind äquivalent zueinander, und alle Achsen sind bilateral. Die 24 Elemente bilden daher die folgenden fünf Klassen: E, acht Drehungen C_3 und C_3^2, sechs Drehungen C_4 und C_4^3, drei Drehungen C_4^2 und sechs Drehungen C_2.

XII. Die Gruppe $\boldsymbol{O_h}$

Die Gruppe $\boldsymbol{O_h}$ ist die Gruppe aller Symmetrietransformationen eines Würfels.[1]) Sie entsteht durch Hinzufügen eines Symmetriezentrums zur Gruppe $\boldsymbol{O}$: $\boldsymbol{O_h} = \boldsymbol{O} \times \boldsymbol{C_i}$.

[1]) Die Gruppen $\boldsymbol{T}$, $\boldsymbol{T_d}$, $\boldsymbol{T_h}$, $\boldsymbol{O}$ und $\boldsymbol{O_h}$ werden als kubisch bezeichnet.

Die dreizähligen Achsen der Gruppe $\boldsymbol{O}$ werden dabei zu sechszähligen Drehspiegelungsachsen (Raumdiagonalen des Würfels). Außerdem ergeben sich noch sechs Symmetrieebenen, die jeweils ein Paar gegenüberliegender Kanten enthalten, und drei Symmetrieebenen parallel zu den Würfelflächen (Abb. 40). Die Gruppe umfaßt 48 Elemente.

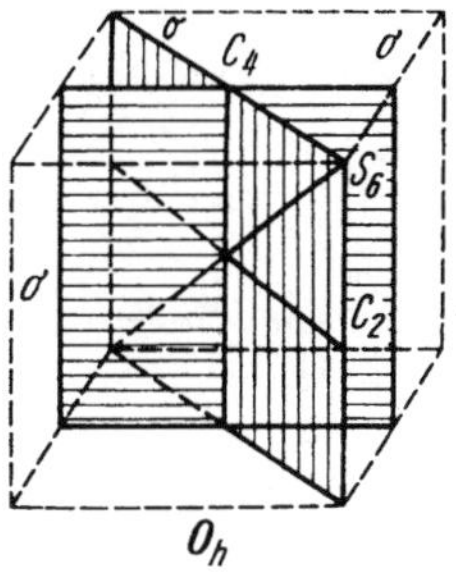

Abb. 40

Diese Elemente werden in 10 Klassen eingeteilt, die unmittelbar aus den Klassen der Gruppe $\boldsymbol{O}$ erhalten werden können. Fünf Klassen stimmen mit den Klassen der Gruppe $\boldsymbol{O}$ überein, die restlichen Klassen sind: I, acht Drehspiegelungen S_6 und S_6^5, sechs Drehspiegelungstransformationen $C_4\sigma_h$ und $C_4^3\sigma_h$ um die vierzähligen Achsen, drei Spiegelungen σ_h an bezüglich der vierzähligen Achsen horizontalen Ebenen und sechs Spiegelungen σ_v an Ebenen, die in bezug auf diese Achsen vertikal sind.

XIII, XIV. Die Gruppen $\boldsymbol{Y}$ und $\boldsymbol{Y}_h$ (Ikosaedergruppen)

Diese Gruppen werden in der Natur als Symmetriegruppen von Molekülen nur in Ausnahmefällen realisiert. Deshalb beschränken wir uns hier auf die Angabe, daß $\boldsymbol{Y}$ die Gruppe der 60 Drehungen um die Symmetrieachsen eines Ikosaeders (eines regulären, von 20 Dreiecken begrenzten Körpers) oder eines pentagonalen Dodekaeders (eines regulären, von 12 Fünfecken begrenzten Körpers) ist. Es gibt dabei 6 fünfzählige Achsen, 10 drei- und 15 zweizählige Achsen. Die Gruppe $\boldsymbol{Y}_h$ entsteht durch Hinzunahme eines Symmetriezentrums: $\boldsymbol{Y}_h = \boldsymbol{Y} \times \boldsymbol{C}_i$. Sie ist die vollständige Symmetriegruppe der angegebenen Polyeder.

Damit sind alle möglichen Arten von Punktgruppen aufgezählt, die endlich viele Elemente enthalten. In Ergänzung dazu hat man die sogenannten stetigen Punktgruppen zu betrachten, die unendlich viele Elemente haben. Das wird in § 98 getan werden.

§ 94. Darstellungen von Gruppen

Wir wollen eine beliebige Symmetriegruppe betrachten, und ψ_1 sei eine eindeutige Funktion der Koordinaten (im Konfigurationsraum des betreffenden physikalischen Systems). Bei einer Transformation des Koordinatensystems, die dem Element G der Gruppe entspricht, geht diese Funktion in eine andere über. Wenn wir nacheinander alle g Transformationen der Gruppe (g ist die Gruppenordnung) ausführen, erhalten wir aus ψ_1 im allgemeinen g verschiedene Funktionen. Bei bestimmter Wahl von ψ_1 können jedoch einige dieser Funktionen linear abhängig sein. Als Ergebnis erhalten wir dann f ($f \leqq g$) linear unabhängige Funktionen $\psi_1, \psi_2, \ldots, \psi_f$, die sich bei den Symmetrietransformationen der betrachteten Gruppe linear ineinander transformieren. Mit anderen Worten, bei einer Transformation G geht jede Funktion ψ_i ($i = 1, 2, \ldots, f$) in eine Linearkombination der Gestalt

$$\sum_{k=1}^{f} G_{ki}\psi_k$$

über. Die Konstanten G_{ki} hängen von der Transformation G ab. Man bezeichnet die Menge dieser Konstanten als *Transformationsmatrix*.[1])

In diesem Zusammenhang ist es zweckmäßig, die Gruppenelemente G als Operatoren aufzufassen, die auf die Funktionen ψ_i wirken. In diesem Sinne kann man schreiben

$$\hat{G}\psi_i = \sum_k G_{ki}\psi_k \,. \tag{94,1}$$

Die Funktionen ψ_i können immer so gewählt werden, daß sie orthogonal zueinander und normiert sind. Die Transformationsmatrix ist dann gleich der Matrix des Operators entsprechend der Definition in § 11:

$$G_{ik} = \int \psi_i^* \hat{G}\psi_k \, dq \,. \tag{94,2}$$

Dem Produkt zweier Gruppenelemente G und H entspricht die Matrix, die aus den Matrizen zu G und H nach der üblichen Multiplikationsvorschrift für Matrizen (11,12) gebildet wird:

$$(GH)_{ik} = \sum_l G_{il}H_{lk} \tag{94,3}$$

Die Menge der Matrizen aller Gruppenelemente bezeichnet man als eine *Darstellung* der Gruppe. Die Funktionen $\psi_1, \ldots, \psi_f$, mit denen diese Matrizen gebildet werden, heißen *Basis* der Darstellung. Die Zahl f dieser Funktionen ist die *Dimension* der Darstellung.

Wir wollen die Integrale $\int \psi_i^* \psi_k \, dq$ betrachten. Da die Integration über den ganzen Raum erstreckt wird, ändert sich der Wert eines solchen Integrals bei einer beliebigen Drehung oder Spiegelung des Koordinatensystems offensichtlich nicht. Mit anderen Worten, Symmetrietransformationen verletzen die Orthonormiertheit der Basisfunktionen nicht. Das bedeutet (siehe § 12), daß die Operatoren $\hat{G}$ unitär sind.[2]) Dementsprechend sind auch die Matrizen unitär, die die Gruppenelemente in einer Darstellung mit einer orthonormierten Basis repräsentieren.

Wir unterwerfen die Funktionen $\psi_1, \ldots, \psi_f$ der linearen unitären Transformation

$$\psi_i' = \hat{S}\psi_i \tag{94,4}$$

und erhalten das neue Funktionensystem $\psi_1', \ldots, \psi_f'$; auch diese Funktionen werden orthonormiert sein (siehe § 12),[3]) Wählen wir die Funktionen ψ_i' als Basis einer Dar-

[1]) Da die Funktionen ψ_i als eindeutig angenommen werden, entspricht jedem Gruppenelement eine bestimmte Matrix.

[2]) Bei dieser Überlegung ist es wesentlich, daß die Integrale entweder gleich Null (für $i \neq k$) oder von Null verschieden (für $i = k$) sind, weil der Integrand $|\psi_i|^2$ positiv ist.

[3]) Wir erinnern daran (siehe (12,12)), daß die Summe der Betragsquadrate der Basisfunktionen wegen der Unitarität der Transformationen invariant ist.

stellung, so erhalten wir eine neue Darstellung mit der gleichen Dimension. Darstellungen, die durch eine lineare Transformation der Basisfunktionen auseinander hervorgehen, heißen *äquivalent*. Sie sind offensichtlich nicht wesentlich verschieden voneinander.

Die Matrizen äquivalenter Darstellungen sind über eine einfache Beziehung miteinander verknüpft: Nach (12,7) ist die Matrix des Operators $\hat{G}$ in der neuen Darstellung gleich der Matrix des Operators

$$\hat{G}' = \hat{S}^{-1}\hat{G}\hat{S} \tag{94,5}$$

in der alten Darstellung.

Die Summe der Diagonalelemente (d. h. die Spur) einer Matrix, die ein Gruppenelement G darstellt, wird *Charakter* genannt; wir werden die Charaktere mit $\chi(G)$ bezeichnen. Es ist ganz wesentlich, daß die Charaktere von Matrizen äquivalenter Darstellungen gleich sind (siehe (12,11)). Aus diesem Grunde ist die Beschreibung der Darstellung einer Gruppe durch die Angabe der Charaktere besonders wichtig. Man kann somit sofort wesentlich verschiedene Darstellungen von äquivalenten Darstellungen unterscheiden. Im folgenden werden wir nur nicht äquivalente Darstellungen als verschieden voneinander bezeichnen.

S sei in (94,5) als das Gruppenelement aufgefaßt, das die zueinander konjugierten Elemente G und G' miteinander verknüpft. So gelangen wir zu dem Ergebnis, daß in jeder Darstellung einer Gruppe die Charaktere der Matrizen für die Elemente einer Klasse gleich sind.

Dem Einselement E einer Gruppe entspricht die identische Transformation. Aus diesem Grunde ist die zugehörige Darstellungsmatrix in jeder Darstellung diagonal, und die Diagonalelemente sind gleich 1. Der Charakter $\chi(E)$ ist demzufolge einfach die Dimension der Darstellung:

$$\chi(E) = f\,. \tag{94,6}$$

Wir wollen eine Darstellung mit der Dimension f betrachten. Es könnte folgender Sachverhalt eintreten. Bei einer linearen Transformation (94,4) zerfallen die Basisfunktionen in Sätze von je $f_1, f_2, \ldots$ Funktionen ($f_1 + f_2 + \ldots = f$), so daß sich bei Anwendung aller Gruppenelemente die Funktionen eines jeden Satzes nur untereinander transformieren, ohne die Funktionen aus anderen Sätzen zu berühren. In diesem Falle sagt man, die betreffende Darstellung sei *reduzibel.*

Falls die Zahl der untereinander transformierten Basisfunktionen durch keine lineare Transformation vermindert werden kann, dann wird die dadurch realisierte Darstellung als *irreduzibel* bezeichnet. Jede reduzible Darstellung kann, wie man sagt, in irreduzible Darstellungen zerlegt werden. Das bedeutet, die Basisfunktionen werden durch eine geeignete lineare Transformation in einige Sätze zerlegt, so daß jeder solche Satz bei Anwendung der Gruppenelemente nach einer irreduziblen Darstellung transformiert wird. Dabei ist es möglich, daß einige verschiedene Sätze nach ein und derselben irreduziblen Darstellung transformiert werden. In diesem Falle sagt man, daß die betreffende irreduzible Darstellung in der reduziblen mehrfach enthalten ist.

Die irreduziblen Darstellungen sind ein wesentliches Charakteristikum einer Gruppe und spielen in allen quantenmechanischen Anwendungen der Gruppentheorie die grundlegende Rolle. Wir wollen einige wichtige Eigenschaften irreduzibler Darstellungen angeben.[1])

Die Zahl der verschiedenen irreduziblen Darstellungen einer Gruppe ist gleich der Zahl r der Klassen in der Gruppe. Wir werden die Charaktere verschiedener irreduzibler Darstellungen mit oberen Indizes unterscheiden. Die Charaktere der Matrizen des Elementes G in den verschiedenen Darstellungen sind $\chi^{(1)}(G), \chi^{(2)}(G), \ldots, \chi^{(r)}(G)$.

Die Matrixelemente der irreduziblen Darstellungen erfüllen eine ganze Reihe von Orthogonalitätsrelationen. In erster Linie gelten für zwei verschiedene irreduzible Darstellungen die Beziehungen

$$\sum_G G_{ik}^{(\alpha)} G_{lm}^{(\beta)*} = 0\,, \tag{94,7}$$

$\alpha \neq \beta$ bezeichnen die beiden irreduziblen Darstellungen; es wird über alle Gruppenelemente summiert. Für jede irreduzible Darstellung gelten die Beziehungen

$$\sum_G G_{ik}^{(\alpha)} G_{lm}^{(\alpha)*} = \frac{g}{f_\alpha}\, \delta_{il}\delta_{km}\,, \tag{94,8}$$

d. h., es sind nur die Summen der Betragsquadrate der Matrixelemente von Null verschieden:

$$\sum_G |G_{ik}^{(\alpha)}|^2 = \frac{g}{f_\alpha}\,.$$

Die Beziehungen (94,7) und (94,8) kann man zusammenfassen zu

$$\sum_G G_{ik}^{(\alpha)} G_{lm}^{(\beta)*} = \frac{g}{f_\alpha}\, \delta_{\alpha\beta}\delta_{il}\delta_{km}\,. \tag{94,9}$$

Hieraus kann man insbesondere eine wichtige Orthogonalitätsrelation für die Charaktere der Darstellungen erhalten. Dazu summieren wir beide Seiten der Gleichung (94,9) über die Indexpaare i, k und l, m und erhalten

$$\sum_G \chi^{(\alpha)}(G)\, \chi^{(\beta)}(G)^* = g\delta_{\alpha\beta}\,. \tag{94,10}$$

Für $\alpha = \beta$ haben wir

$$\sum_G |\chi^{(\alpha)}(G)|^2 = g\,.$$

Die Summe der Betragsquadrate der Charaktere einer irreduziblen Darstellung ist demnach gleich der Gruppenordnung. Diese Beziehung kann man als Kriterium für die Irreduzibilität einer Darstellung verwenden: Für eine reduzible Darstellung ist diese Summe auf jeden Fall größer als g (und zwar gleich ng, wenn diese Darstellung n voneinander verschiedene irreduzible Darstellungen enthält).

Aus (94,10) ist auch folgendes zu erkennen. Die Gleichheit der Charaktere zweier irreduzibler Darstellungen ist nicht nur eine notwendige, sondern auch eine hinreichende Bedingung für ihre Äquivalenz.

Die Charaktere der Elemente einer Klasse sind gleich. Deshalb gibt es in der Summe (94,10) in Wirklichkeit nur insgesamt r unabhängige Glieder, und man kann sie umformen in

$$\sum_C g_C \chi^{(\alpha)}(C)\, \chi^{(\beta)}(C)^* = g\delta_{\alpha\beta}\,. \tag{94,11}$$

[1]) Man findet den Beweis dieser Eigenschaften in jedem beliebigen Lehrbuch über Gruppentheorie.

Die Summe läuft über die r Klassen der Gruppe (die wir mit dem Buchstaben C bezeichnet haben), g_C ist die Zahl der Elemente in der Klasse C.

Da die Zahl der irreduziblen Darstellungen gleich der Zahl der Klassen ist, ist die Größe $f_{\alpha C} = \sqrt{g_C/g}\, \chi^{(\alpha)}(C)$ eine quadratische Matrix aus r^2 Größen.

Aus den Orthogonalitätsrelationen im ersten Index $\left(\sum_C f_{\alpha C} f^*_{\beta C} = \delta_{\alpha\beta}\right)$ ergeben sich dann zwangsläufig die Orthogonalitätsrelationen im zweiten Index: $\sum_\alpha f_{\alpha C} f^*_{\alpha C'} = \delta_{CC'}$. Wir haben deshalb außer (94,11) noch die Formeln

$$\sum_\alpha \chi^{(\alpha)}(C)\, \chi^{(\alpha)}(C')^* = \frac{g}{g_C}\, \delta_{CC'} . \tag{94,12}$$

Unter den irreduziblen Darstellungen einer jeden Gruppe gibt es immer eine triviale Darstellung, die mit einer Basisfunktion realisiert wird. Diese Basisfunktion ist gegenüber allen Transformationen der Gruppe invariant. Diese eindimensionale Darstellung wird als *Einsdarstellung* bezeichnet. Alle Charaktere darin sind gleich 1. Falls in der Orthogonalitätsrelation (94,10) oder (94,11) eine Darstellung die Einsdarstellung ist, erhalten wir für die andere

$$\sum_G \chi^{(\alpha)}(G) = \sum_C g_C \chi^{(\alpha)}(C) = 0 , \tag{94,13}$$

d. h., die Summe der Charaktere aller Gruppenelemente ist für jede Darstellung, die nicht die Einsdarstellung ist, gleich Null.

Mit Hilfe der Beziehung (94,10) kann man eine reduzible Darstellung sehr einfach in irreduzible Darstellungen zerlegen, wenn die Charaktere der betreffenden Darstellungen bekannt sind.

$\chi(G)$ seien die Charaktere einer reduziblen f-dimensionalen Darstellung. $a^{(1)}, a^{(2)}, \ldots, a^{(r)}$ seien die Vielfachheiten, mit denen die irreduziblen Darstellungen darin enthalten sind. Es gilt

$$\sum_{\beta=1}^{r} a^{(\beta)} f_\beta = f \tag{94,14}$$

(f_β sind die Dimensionen der irreduziblen Darstellungen). Die Charaktere $\chi(G)$ kann man dann in der Form

$$\chi(G) = \sum_{\beta=1}^{r} a^{(\beta)} \chi^{(\beta)}(G) \tag{94,15}$$

schreiben. Wir multiplizieren diese Gleichung mit $\chi^{(\alpha)}(G)^*$, summieren über alle G und erhalten auf Grund von (94,10)

$$a^{(\alpha)} = \frac{1}{g} \sum_G \chi(G)\, \chi^{(\alpha)}(G)^* . \tag{94,16}$$

Wir wollen die Darstellung der Dimension $f = g$ betrachten, die durch die g Funktionen $\hat{G}\psi$ realisiert wird, wobei ψ eine allgemeine Funktion der Koordinaten ist (so daß alle sich daraus ergebenden g Funktionen $\hat{G}\psi$ linear unabhängig sind). Diese Darstellung wird als *reguläre Darstellung* bezeichnet. Alle Matrizen dieser Darstellung werden überhaupt keine Diagonalelemente enthalten, bis auf die Matrix, die dem Einselement entspricht. Daher ist $\chi(G) = 0$ für $G \neq E$ und $\chi(E) = g$. Wir zerlegen diese Darstellung in irreduzible Darstellungen und erhalten nach (94,16) für die Zahlen $a^{(\alpha)}$ die Werte $a^{(\alpha)} = (1/g)\, g f^{(\alpha)} = f^{(\alpha)}$, d. h., die Anzahl, mit der jede irreduzible Darstellung in der betrachteten reduziblen enthalten ist, ist gleich der Dimension der betreffenden Darstellung. Wir setzen das in (94,14) ein und finden die Beziehung

$$f_1^2 + f_2^2 + \dots + f_r^2 = g\,. \tag{94,17}$$

Die Summe der Quadrate der Dimensionen der irreduziblen Darstellungen einer Gruppe ist gleich der Gruppenordnung.[1]) Hieraus folgt speziell, daß bei abelschen Gruppen (für die $r = g$ ist) alle irreduziblen Darstellungen eindimensional sind ($f_1 = f_2 = \dots = f_r = 1$).

Ohne Beweis wollen wir vermerken, daß die Dimensionen der irreduziblen Darstellungen einer Gruppe Teiler der Gruppenordnung sind.

Die Zerlegung der regulären Darstellung in irreduzible Anteile geschieht tatsächlich mit Hilfe der Formel

$$\psi_i^{(\alpha)} = \frac{f_\alpha}{g} \sum_G G_{ik}^{(\alpha)*} \hat{G}\psi\,. \tag{94,18}$$

Die Funktionen $\psi_i^{(\alpha)}$ ($i = 1, 2, \dots, f_\alpha$), die durch diese Formel für einen festen Wert von k definiert werden, transformieren sich gemäß

$$\hat{G}\psi_i^{(\alpha)} = \sum_l G_{li}^{(\alpha)} \psi_l^{(\alpha)}$$

untereinander, d. h., sie sind die Basis der α-ten irreduziblen Darstellung. Lassen wir k verschiedene Werte annehmen, so erhalten wir auf diese Weise f_α verschiedene Sätze von Basisfunktionen $\psi_i^{(\alpha)}$ für ein und dieselbe irreduzible Darstellung; denn jede irreduzible Darstellung ist f_α-mal in der regulären Darstellung enthalten.

Eine beliebige Funktion ψ kann als Summe von Funktionen dargestellt werden, die sich nach den irreduziblen Darstellungen einer Gruppe transformieren. Dieses Problem wird durch folgende Formeln gelöst:

$$\psi = \sum_\alpha \sum_i \psi_i^{(\alpha)}\,, \qquad \psi_i^{(\alpha)} = \frac{f_\alpha}{g} \sum_G G_{ii}^{(\alpha)*} \hat{G}\psi\,. \tag{94,19}$$

Zum Beweis setzen wir die zweite Formel in die erste ein, summieren über i und erhalten

$$\psi = \frac{1}{g} \sum_\alpha f_\alpha \chi^{(\alpha)*}(G)\, \hat{G}\psi\,. \tag{94,20}$$

Die Dimensionen f_α sind gleich den Charakteren $\chi^{(\alpha)}(E)$ des Einselementes der Gruppe. Daher finden wir unter Verwendung der Orthogonalitätsrelation (94,12), daß die Summe $\sum_\alpha f_\alpha \chi^{(\alpha)*}(G)$ nur dann von Null verschieden (und gleich g) ist, wenn G das Einselement der Gruppe ist. Deshalb ist die rechte Seite von (94,20) identisch gleich ψ.

Wir wollen zwei verschiedene Funktionensysteme $\psi_1^{(\alpha)}, \dots, \psi_{f_\alpha}^{(\alpha)}$ und $\psi_1^{(\beta)}, \dots, \psi_{f_\beta}^{(\beta)}$ betrachten, die zwei irreduzible Darstellungen einer Gruppe realisieren. Wir bilden die Produkte $\psi_i^{(\alpha)}\psi_k^{(\beta)}$ und erhalten ein System von $f_\alpha f_\beta$ neuen Funktionen, die als Basis einer neuen, $f_\alpha f_\beta$-dimensionalen Darstellung dienen können. Diese Darstellung wird

---

[1]) Für die Punktgruppen kann die Gleichung (94,17) bei gegebenen r und g faktisch nur in einer eindeutigen Weise mit einem Satz ganzer Zahlen $f_1, \dots, f_r$ erfüllt werden.

als das *direkte* (oder KRONECKER-)*Produkt* der beiden betrachteten Darstellungen bezeichnet. Es ist nur dann irreduzibel, wenn wenigsten eine Zahl f_α oder f_β gleich 1 ist. Die Charaktere des direkten Produktes sind gleich den Produkten der Charaktere der beiden miteinander multiplizierten Darstellungen. Tatsächlich, wenn

$$\hat{G}\psi_i^{(\alpha)} = \sum_l G_{li}^{(\alpha)}\psi_l^{(\alpha)} , \qquad \hat{G}\psi_k^{(\beta)} = \sum_m G_{mk}^{(\beta)}\psi_m^{(\beta)}$$

gilt, dann ist

$$\hat{G}\psi_i^{(\alpha)}\psi_k^{(\beta)} = \sum_{l,m} G_{li}^{(\alpha)}G_{mk}^{(\beta)}\psi_l^{(\alpha)}\psi_m^{(\beta)} ;$$

und hieraus erhalten wir für die Charaktere, die wir mit $(\chi^{(\alpha)} \times \chi^{(\beta)})\,(G)$ bezeichnen,

$$(\chi^{(\alpha)} \times \chi^{(\beta)})\,(G) = \sum_{i,k} G_{ii}^{(\alpha)}G_{kk}^{(\beta)} = \sum_i G_{ii}^{(\alpha)} \sum_k G_{kk}^{(\beta)} ,$$

d. h.

$$(\chi^{(\alpha)} \times \chi^{(\beta)})(G) = \chi^{(\alpha)}(G)\,\chi^{(\beta)}(G) . \tag{94,21}$$

Die beiden miteinander multiplizierten Darstellungen können speziell auch gleich sein. In diesem Falle haben wir zwei verschiedene Sätze von Funktionen $\psi_1, \dots, \psi_f$ und $\varphi_1, \dots, \varphi_f$, die ein und dieselbe Darstellung realisieren. Das direkte Produkt daraus wird selbst durch f^2 Funktionen $\psi_i\varphi_k$ realisiert und hat die Charaktere

$$(\chi \times \chi)\,(G) = [\chi(G)]^2 .$$

Diese reduzible Darstellung kann sofort in zwei Darstellungen niedrigerer Dimension zerlegt werden (die aber im allgemeinen nicht irreduzibel sind). Eine davon wird durch die $f(f+1)/2$ Funktionen $\psi_i\varphi_k + \psi_k\varphi_i$ realisiert werden, die andere durch die $f(f-1)/2$ Funktionen $\psi_i\varphi_k - \psi_k\varphi_i$ $(i \neq k)$ (offensichtlich werden die Funktionen dieser beiden Sätze jeweils nur unter sich transformiert). Die erste wird als *symmetrisches Produkt* einer Darstellung mit sich selbst bezeichnet (ihre Charaktere werden mit dem Symbol $[\chi^2]\,(G)$ bezeichnet), die zweite als *antisymmetrisches Produkt* (ihre Charaktere werden mit dem Symbol $\{\chi^2\}\,(G)$ versehen).

Zur Bestimmung der Charaktere des symmetrischen Produktes schreiben wir

$$\hat{G}(\psi_i\varphi_k + \psi_k\varphi_i) = \sum_{l,m} G_{li}G_{mk}(\psi_l\varphi_m + \psi_m\varphi_l)$$
$$= \tfrac{1}{2}\sum_{l,m} (G_{li}G_{mk} + G_{mi}G_{lk})\,(\psi_l\varphi_m + \psi_m\varphi_l) .$$

Hieraus bekommen wir für die Charaktere

$$[\chi^2]\,(G) = \tfrac{1}{2}\sum_{i,k} (G_{ii}G_{kk} + G_{ik}G_{ki}) .$$

Es gilt aber

$$\sum_i G_{ii} = \chi(G) , \qquad \sum_{i,k} G_{ik}G_{ki} = \chi(G^2) ,$$

und wir erhalten somit endgültig die folgende Formel:

$$[\chi^2]\,(G) = \tfrac{1}{2}\,\{[\chi(G)]^2 + \chi(G^2)\} , \tag{94,22}$$

mit der wir die Charaktere des symmetrischen Produktes einer Darstellung mit sich selbst aus den Charakteren der Ausgangsdarstellung bestimmen können. Ganz analog finden wir für die Charaktere des antisymmetrischen Produktes die Formel[1])

$$\{\chi^2\}(G) = \tfrac{1}{2}\{[\chi(G)]^2 - \chi(G^2)\} . \qquad (94{,}23)$$

Falls die Funktionen ψ_i und φ_i gleich sind, kann man daraus offenbar nur das symmetrische Produkt bilden, das durch die Quadrate ψ_i^2 und die Produkte $\psi_i\psi_k$ $(i \neq k)$ realisiert wird. Bei den Anwendungen hat man es häufig mit symmetrischen Produkten höherer Grade zu tun. Ihre Charaktere ergeben sich ganz analog.

Wir wollen noch eine für das folgende wichtige Eigenschaft von direkten Produkten angeben. Die Zerlegung des direkten Produktes zweier verschiedener irreduzibler Darstellungen in irreduzible Darstellungen enthält die Einsdarstellung nur dann (und nur einmal), wenn die miteinander multiplizierten Darstellungen konjugiert komplex sind. Im Falle reeller Darstellungen ist die Einsdarstellung nur im direkten Produkt einer irreduziblen Darstellung mit sich selbst enthalten (offensichtlich im symmetrischen Teil desselben). Um festzustellen, ob die Einsdarstellung in der Darstellung (94,21) enthalten ist, braucht man (nach (94,16)) nur deren Charaktere über G zu summieren (und das Ergebnis durch die Gruppenordnung g zu dividieren). Die ausgesprochene Behauptung folgt dann direkt aus den Orthogonalitätsrelationen (94,10).

Schließlich wollen wir noch einige Bemerkungen über die irreduziblen Darstellungen einer Gruppe anbringen, die das direkte Produkt zweier anderer Gruppen ist (nicht mit dem direkten Produkt zweier Darstellungen ein und derselben Gruppe verwechseln!). Die Funktionen $\psi_i^{(\alpha)}$ sollen eine irreduzible Darstellung der Gruppe $\boldsymbol{A}$ realisieren, die Funktionen $\psi_k^{(\beta)}$ für die Gruppe $\boldsymbol{B}$. Die Produkte $\psi_k^{(\beta)}\psi_i^{(\alpha)}$ werden dann die Basis einer $f_\alpha f_\beta$-dimensionalen Darstellung der Gruppe $\boldsymbol{A} \times \boldsymbol{B}$ sein. Diese Darstellung ist irreduzibel. Die Charaktere dieser Darstellung ergeben sich durch Multiplikation der entsprechenden Charaktere der Ausgangsdarstellungen (vgl. die Ableitung der Formel (94,21)). Zum Element $C = AB$ der Gruppe $\boldsymbol{A} \times \boldsymbol{B}$ gehört der Charakter

$$\chi(C) = \chi^{(\alpha)}(A)\,\chi^{(\beta)}(B) . \qquad (94{,}24)$$

Wir erhalten also durch Multiplikation aller irreduziblen Darstellungen der Gruppen $\boldsymbol{A}$ und $\boldsymbol{B}$ alle irreduziblen Darstellungen der Gruppe $\boldsymbol{A} \times \boldsymbol{B}$.

§ 95. Die irreduziblen Darstellungen der Punktgruppen

Wir kommen jetzt zur konkreten Bestimmung der irreduziblen Darstellungen der Punktgruppen. Die riesige Vielfalt der Moleküle hat nur zwei-, drei-, vier- und sechszählige Symmetrieachsen. Wir werden daher die Ikosaedergruppen $\boldsymbol{Y}$ und $\boldsymbol{Y}_h$ nicht betrachten. Die Gruppen $\boldsymbol{C}_n$, $\boldsymbol{C}_{nh}$, $\boldsymbol{C}_{nv}$, $\boldsymbol{D}_n$ und $\boldsymbol{D}_{nh}$ werden wir nur für die Werte $n = 1, 2, 3, 4, 6$ behandeln und die Gruppen $\boldsymbol{S}_{2n}$ und $\boldsymbol{D}_{nd}$ nur für $n = 1, 2, 3$.

Die Charaktere der Darstellungen dieser Gruppen sind in Tabelle 7 zusammengestellt. Isomorphe Gruppen haben die gleichen Darstellungen und werden zusammen

---

[1]) Es ist nützlich anzumerken, daß für Darstellungen mit der Dimension 2 die Charaktere $\{\chi^2\}(G)$ gleich den Determinanten der Transformationen G sind; davon kann man sich leicht durch direkte Rechnung überzeugen.

Tabelle 7 **Charaktere der irreduziblen Darstellung der Punktgruppen**

C_i	C_2	C_s	E / E / E	I / C_2 / σ
A_g	$A; z$	$A'; x; y$	1	1
$A_u; x; y; z$	$B; x; y$	$A''; z$	1	-1

C_3	E	C_3	C_3^2
$A; z$	1	1	1
$E; x \pm iy$	1	ε	ε^2
	1	ε^2	ε

C_{2h}	C_{2v}	D_2	E / E / E	C_2 / C_2 / C_2^z	σ_h / σ_v / C_2^y	I / σ_v' / C_2^x
A_g	$A_1; z$	A	1	1	1	1
B_g	$B_2; y$	$B_3; x$	1	-1	-1	1
$A_u; z$	A_2	$B_1; z$	1	1	-1	-1
$B_u; x; y$	$B_1; x$	$B_2; y$	1	-1	1	-1

C_{3v}	D_3	E / E	$2C_3$ / $2C_3$	$3\sigma_v$ / $3U_2$
$A_1; z$	A_1	1	1	1
A_2	$A_2; z$	1	1	-1
$E; x; y$	$E; x, y$	2	-1	0

C_4	S_4	E / E	C_4 / S_4	C_2 / C_2	C_4^3 / S_4^3
$A; z$	A	1	1	1	1
B	$B; z$	1	-1	1	-1
$E; x \pm iy$	$E; x \pm iy$	1	i	-1	$-i$
		1	$-i$	-1	i

C_6	E	C_6	C_3	C_2	C_3^2	C_6^5
$A; z$	1	1	1	1	1	1
B	1	-1	1	-1	1	-1
E_1	1	ω^2	$-\omega$	1	ω^2	$-\omega$
	1	$-\omega$	ω^2	1	$-\omega$	ω^2
$E_2; x \pm iy$	1	ω	ω^2	-1	$-\omega$	$-\omega^2$
	1	$-\omega^2$	$-\omega$	-1	ω^2	ω

C_{4v}	D_4	D_{2d}	E / E / E	C_2 / C_2 / C_2	$2C_4$ / $2C_4$ / $2S_4$	$2\sigma_v$ / $2U_2$ / $2U_2$	$2\sigma_v'$ / $2U_2'$ / $2\sigma_d$
$A_1; z$	A_1	A_1	1	1	1	1	1
A_2	$A_2; z$	A_2	1	1	1	-1	-1
B_1	B_1	B_1	1	1	-1	1	-1
B_2	B_2	$B_2; z$	1	1	-1	-1	1
$E; x, y$	$E; x, y$	$E; x, y$	2	-2	0	0	0

Tabelle 7 (Fortsetzung)

$\boldsymbol{D}_6$	$\boldsymbol{C}_{6v}$	$\boldsymbol{D}_{3h}$	E E E	C_2 C_2 σ_h	$2C_3$ $2C_3$ $2C_3$	$2C_6$ $2C_6$ $2S_3$	$3U_2$ $3\sigma_v$ $3U_2$	$3U_2'$ $3\sigma_v'$ $3\sigma_v$
A_1	$A_1; z$	A_1'	1	1	1	1	1	1
$A_2; z$	A_2	A_2'	1	1	1	1	−1	−1
B_1	B_2	A_1''	1	−1	1	−1	1	−1
B_2	B_1	$A_2''; z$	1	−1	1	−1	−1	1
E_2	E_2	$E'; x, y$	2	2	−1	−1	0	0
$E_1; x, y$	$E_1; x, y$	E''	2	−2	−1	1	0	0

$\boldsymbol{T}$	E	$3C_2$	$4C_3$	$4C_3^2$
A	1	1	1	1
E	1	1	ε	ε^2
	1	1	ε^2	ε
$F; x, y, z$	3	−1	0	0

$\boldsymbol{O}$	$\boldsymbol{T}_d$	E E	$8C_3$ $8C_3$	$3C_2$ $3C_2$	$6C_2$ $6\sigma_d$	$6C_4$ $6S_4$
A_1	A_1	1	1	1	1	1
A_2	A_2	1	1	1	−1	−1
E	E	2	−1	2	0	0
F_2	$F_2; x, y, z$	3	0	−1	1	−1
$F_1; x, y, z$	F_1	3	0	−1	−1	1

in einer Tabelle angeführt. Die Zahlen über den Symbolen der Gruppenelemente in den ersten Zeilen geben die Zahlen der Elemente in den betreffenden Klassen an (siehe § 93). In den ersten Spalten sind die üblichen Bezeichnungen für die Darstellungen angegeben. Die eindimensionalen Darstellungen werden mit den Buchstaben A und B bezeichnet, die zweidimensionalen mit dem Buchstaben E, die dreidimensionalen mit F (die Bezeichnung E für eine zweidimensionale irreduzible Darstellung darf nicht mit der Bezeichnung E für das Einselement einer Gruppe durcheinandergebracht werden!).[1] Die Basisfunktionen der Darstellung A sind symmetrisch, und die Funktionen B sind antisymmetrisch bei Drehungen um die n-zählige Hauptachse. Funktionen verschiedener Symmetrie bei einer Spiegelung σ_h werden mit einem oder zwei Strichen versehen. Die Indizes g und u beziehen sich auf die Symmetrie bei einer Inversion. Neben den Bezeichnungen für die Darstellungen wird durch die Buchstaben x, y, z angegeben, nach welcher Darstellung sich die Koordinaten selbst transformieren. Die z-Achse wird überall als die Symmetrieachse mit der höchsten Zähligkeit gewählt. Die Buchstaben ε und ω bedeuten

$$\varepsilon = e^{2\pi i/3}, \quad \omega = e^{2\pi i/6} = -\omega^4,$$

$$\varepsilon + \varepsilon^2 = -1, \quad \omega^2 - \omega = -1$$

Die Bestimmung der irreduziblen Darstellungen für die zyklischen Gruppen (die Gruppen $\boldsymbol{C}_n$ und $\boldsymbol{S}_n$) ist besonders einfach. Eine zyklische Gruppe hat wie jede abelsche Gruppe nur eindimensionale Darstellungen. G sei das erzeugende Gruppenelement (d. h. das Element, dessen Potenzen alle Gruppenelemente ergeben). Wegen $G^g = E$

[1]) Der Grund, weshalb zwei konjugiert komplexe eindimensionale Darstellungen wie eine zweidimensionale bezeichnet werden, wird in § 96 klar werden.

(g ist die Gruppenordnung) wird bei der Anwendung des Operators $\hat{G}$ auf die Basisfunktion ψ die letztere lediglich mit $\sqrt[g]{1}$ multipliziert, d. h.[1])

$$\hat{G}\psi = e^{2\pi i k/g}\,\psi\,, \qquad k = 1, 2, \dots, g\,.$$

Die Gruppe $\boldsymbol{C}_{2h}$ (und die dazu isomorphen Gruppen $\boldsymbol{C}_{2v}$ und $\boldsymbol{D}_2$) sind abelsch, so daß alle irreduziblen Darstellungen davon ebenfalls eindimensional sind. Die Charaktere können nur ± 1 sein (denn das Quadrat eines jeden Elementes ist E).

Als nächstes betrachten wir die Gruppe $\boldsymbol{C}_{3v}$. Im Vergleich zur Gruppe $\boldsymbol{C}$ haben wir hier die Spiegelungen σ_v an vertikalen Ebenen zusätzlich (alle diese Spiegelungen gehören zu einer Klasse). Die bei einer Drehung um die Achse invariante Funktion (die Basisfunktion der Darstellung A der Gruppe C_3) kann bei Spiegelungen σ_v symmetrisch oder antisymmetrisch sein. Die Funktionen, die bei einer Drehung C_3 mit ε und ε^2 multipliziert werden (die Basisfunktionen der konjugiert komplexen Darstellungen E), gehen bei einer Spiegelung ineinander über.[2]) Aus diesen Überlegungen folgt, daß die Gruppe $\boldsymbol{C}_{3v}$ (und die dazu isomorphe Gruppe $\boldsymbol{D}_3$) zwei eindimensionale und eine zweidimensionale irreduzible Darstellungen hat; die zugehörigen Charaktere sind in der Tabelle zu finden. Wir haben tatsächlich alle irreduziblen Darstellungen erhalten, denn die Summe $1^2 + 1^2 + 2^2 = 6$ ergibt wirklich die Gruppenordnung.

Mit ähnlichen Überlegungen findet man auch die Charaktere der Darstellungen anderer Gruppe dieser Art ($\boldsymbol{C}_{4v}$, $\boldsymbol{C}_{6v}$).

Die Gruppe $\boldsymbol{T}$ ergibt sich aus der Gruppe $\boldsymbol{D}_2 \equiv \boldsymbol{V}$, indem man die Drehungen um die vier geneigten dreizähligen Achsen hinzunimmt. Die bei den Transformationen der Gruppe $\boldsymbol{V}$ invariante Funktion (die Basis der Darstellung A) kann bei einer Drehung C_3 mit 1, ε oder ε^2 multipliziert werden. Die Basisfunktionen der drei eindimensionalen Darstellungen B_1, B_2 und B_3 der Gruppe $\boldsymbol{V}$ werden bei Drehungen um die dreizählige Achse ineinander überführt (das ist zu erkennen, indem man zum Beispiel die Koordinaten x, y und z selbst als diese Funktionen wählt). Wir erhalten also drei eindimensionale und eine dreidimensionale irreduzible Darstellung ($1^2 + 1^2 + 1^2 + 3^2 = 12$).

Schließlich betrachten wir die isomorphen Gruppen $\boldsymbol{O}$ und $\boldsymbol{T}_d$. Die Gruppe $\boldsymbol{T}_d$ ergibt sich aus der Gruppe $\boldsymbol{T}$, indem man die Spiegelungen σ_d an Ebenen einbezieht, von denen jede zwei dreizählige Achsen enthält. Die Basisfunktion der Einsdarstellung A der Gruppe $\boldsymbol{T}$ kann bei diesen Spiegelungen (die alle zu einer Klasse gehören) symmetrisch oder antisymmetrisch sein. Das ergibt zwei eindimensionale Darstellungen der Gruppe $\boldsymbol{T}_d$. Die Funktionen, die bei einer Drehung um die dreizählige Achse mit ε oder ε^2 multipliziert werden (die Basis der konjugiert komplexen Darstellung E der Gruppe $\boldsymbol{T}$), werden bei Spiegelungen an Ebenen, die diese Achse enthalten, ineinander transformiert, so daß sich eine zweidimensionale Darstellung ergibt. Von den drei Basisfunktionen der Darstellung F der Gruppe $\boldsymbol{T}$ wird eine bei einer Spiegelung in sich selbst transformiert (wobei das Vorzeichen unverändert bleiben oder wechseln kann), die beiden anderen gehen ineinander über. Wir erhalten also insge-

[1]) Für die Punktgruppe $\boldsymbol{C}_n$ kann man als Funktionen ψ zum Beispiel die Funktionen $\psi = e^{ik\varphi}$ ($k = 1, 2, \dots, n$) wählen, wenn φ der Drehwinkel um die Achse ist, der von einer bestimmten Richtung aus gezählt wird.

[2]) Diese Funktionen kann man zum Beispiel in der Gestalt $\psi_1 = e^{i\varphi}$ und $\psi_2 = e^{-i\varphi}$ wählen. Bei der Spiegelung an einer vertikalen Ebene wechselt φ sein Vorzeichen.

samt zwei eindimensionale, eine zweidimensionale und zwei dreidimensionale Darstellungen.[1])

Für die restlichen uns interessierenden Punktgruppen kann man die betreffenden Darstellungen unmittelbar aus den bereits angegebenen gewinnen; denn diese Gruppen sind direkte Produkte der bereits behandelten Gruppen mit der Gruppe $\boldsymbol{C}_i$ (oder $\boldsymbol{C}_s$). Es gelten

$$\begin{array}{llll} \boldsymbol{C}_{3h} = \boldsymbol{C}_3 \times \boldsymbol{C}_s & \boldsymbol{D}_{2h} = \boldsymbol{D}_2 \times \boldsymbol{C}_i & \boldsymbol{D}_{3d} = \boldsymbol{D}_3 \times \boldsymbol{C}_i & \boldsymbol{O}_h = \boldsymbol{O} \times \boldsymbol{C}_i \\ \boldsymbol{C}_{4h} = \boldsymbol{C}_4 \times \boldsymbol{C}_i & \boldsymbol{D}_{4h} = \boldsymbol{D}_4 \times \boldsymbol{C}_i & \boldsymbol{D}_{6h} = \boldsymbol{D}_6 \times \boldsymbol{C}_i & \\ \boldsymbol{C}_{6h} = \boldsymbol{C}_6 \times \boldsymbol{C}_i & \boldsymbol{S}_6 = \boldsymbol{C}_3 \times \boldsymbol{C}_i & \boldsymbol{T}_h = \boldsymbol{T} \times \boldsymbol{C}_i\,. & \end{array}$$

Alle diese direkten Produkte haben doppelt soviele irreduzible Darstellungen wie die Ausgangsgruppe. Eine Hälfte davon ist symmetrisch (man bezeichnet sie mit dem Index g), die andere Hälfte ist antisymmetrisch (Index u) bei einer Inversion. Die Charaktere dieser Darstellungen ergeben sich aus den Charakteren der Darstellungen der Ausgangsgruppe durch Multiplikation mit ± 1 (gemäß der Regel (94,24)). So erhalten wir für die Gruppe $\boldsymbol{D}_{3d}$ die Darstellungen

$\boldsymbol{D}_{3d}$	E	$2C_3$	$3U_2$	I	$2S_6$	$3\sigma_d$
A_{1g}	1	1	1	1	1	1
A_{2g}	1	1	−1	1	1	−1
E_g	2	−1	0	2	−1	0
A_{1u}	1	1	1	−1	−1	−1
A_{2u}	1	1	−1	−1	−1	1
E_u	2	−1	0	−2	1	0

§ 96. Irreduzible Darstellungen und Klassifizierung der Terme

Die quantenmechanischen Anwendungen der Gruppentheorie beruhen darauf, daß die SCHRÖDINGER-Gleichung für ein physikalisches System (ein Atom, ein Molekül) gegenüber den Symmetrietransformationen dieses Systems invariant ist.[2]) Aus dieser Tatsache folgt direkt: Wendet man die Gruppenelemente auf Funktionen an, die der SCHRÖDINGER-Gleichung für einen bestimmten Energiewert genügen (für einen bestimmten Eigenwert), dann müssen sich wieder Lösungen derselben Gleichung zu demselben Energiewert ergeben. Mit anderen Worten, bei einer Symmetrietransformation transformieren sich die Wellenfunktionen der stationären Zustände zu ein und demselben Energieniveau untereinander, d. h., sie realisieren eine Darstellung der Gruppe. Es ist wesentlich, daß diese Darstellung irreduzibel ist. Tatsächlich müssen die Funktionen, die sich bei einer Symmetrietransformation untereinander transformieren, auf jeden Fall zum gleichen Energieniveau gehören. Die Übereinstimmung von Energieeigenwerten, die zu verschiedenen Gruppen von Funktionen (in die man die Basis einer reduziblen Darstellung zerlegen kann) gehören, die sich nicht untereinander transformieren, wäre ein unwahrscheinlicher Zufall.[3])

[1]) Wir wollen erwähnen, daß es irreduzible Darstellungen mit einer größeren Dimension (4 und 5) in den Ikosaedergruppen gibt.

[2]) Die gruppentheoretischen Methoden wurden erstmalig von E. P. WIGNER (1926) in die Quantenmechanik eingeführt.

[3]) Wenn es dafür nicht besondere Gründe gibt. Wir erinnern in diesem Zusammenhang an die „zufällige" Entartung, wenn der HAMILTON-Operator eines Systems eine höhere Symmetrie hat als die rein geometrische Symmetrie, über die in diesem Kapitel gesprochen wird (vgl. den Schluß von § 36).

Zu jedem Energieniveau eines Systems gehört also eine irreduzible Darstellung der zugehörigen Symmetriegruppe. Die Dimension dieser Darstellung bestimmt den Entartungsgrad des betreffenden Niveaus, d. h. die Zahl der verschiedenen Zustände mit der betreffenden Energie. Durch die Angabe der irreduziblen Darstellung werden alle Symmetrieeigenschaften des betreffenden Zustandes bestimmt — das Verhalten bei den verschiedenen Symmetrietransformationen.

Irreduzible Darstellungen mit einer Dimension größer als 1 gibt es nur in solchen Gruppen, die nicht kommutative Elemente enthalten (abelsche Gruppen haben nur eindimensionale irreduzible Darstellungen). Es ist an dieser Stelle angebracht zu bemerken, daß der Zusammenhang zwischen Entartung und der Existenz miteinander nicht vertauschbarer (aber mit dem HAMILTON-Operator vertauschbarer) Operatoren bereits früher aus Überlegungen heraus erklärt worden ist, die nicht auf der Gruppentheorie beruhten (§ 10).

Zu all diesen Feststellungen muß noch folgende wesentliche Bemerkung hinzugefügt werden. Wie bereits früher erwähnt worden ist (§ 18), führt die Symmetrie bei einem Vorzeichenwechsel der Zeit (die ohne Magnetfeld vorhanden ist) in der Quantenmechanik dazu, daß konjugiert komplexe Wellenfunktionen zum gleichen Energieeigenwert gehören müssen. Falls ein Satz von Funktionen und der Satz der dazu konjugiert komplexen Funktionen verschiedene (nicht äquivalente) irreduzible Darstellungen einer Gruppe realisieren, dann müssen diese beiden konjugiert komplexen Darstellungen zusammen als eine „physikalisch irreduzible" Darstellung mit der doppelten Dimension betrachtet werden (in diesem Sinne wollen wir alles Folgende verstehen). Im vorhergehenden Paragraphen hatten wir Beispiele für solche Darstellungen. Die Gruppe $\boldsymbol{C}_3$ hat nur eindimensionale Darstellungen. Zwei davon sind konjugiert komplex zueinander und entsprechen physikalisch einem zweifach entarteten Energieniveau. (Mit einem Magnetfeld geht die Symmetrie bei einer Zeitumkehr verloren, und deshalb gehören verschiedene Energieniveaus zu konjugiert komplexen Darstellungen.[1])

Ein physikalisches System werde einer Störung unterworfen (das System wird in ein äußeres Feld gebracht). Es erhebt sich die Frage, in welchem Maße diese Störung entartete Niveaus aufspaltet. Ein äußeres Feld hat für sich eine gewisse eigene Symmetrie.[2]) Wenn diese Symmetrie gleich der Symmetrie des ungestörten Systems oder eine höhere Symmetrie ist[3]), dann ist die Symmetrie des gestörten HAMILTON-Operators $\hat{H} = \hat{H}_0 + \hat{V}$ gleich der Symmetrie des ungestörten Operators $\hat{H}_0$. In diesem Falle erfolgt keinerlei Aufspaltung von entarteten Niveaus. Falls die Störung eine

---

[1]) Streng genommen ist es keine hinreichende Bedingung, daß die Charaktere reell sind (d. h., daß konjugiert komplexe Darstellungen äquivalent sind), um zu gewährleisten, daß man reelle Basisfunktionen für die Darstellung einer Gruppe wählen kann. Für die irreduziblen Darstellungen der Punktgruppen ist das aber so (es trifft aber bereits für die „verdoppelten" Punktgruppen nicht mehr zu, siehe § 99).

[2]) Es kann sich dabei zum Beispiel um die Energieniveaus der d- und f-Schalen von Ionen in einem Kristallgitter handeln, die mit der Umgebung in schwacher Wechselwirkung stehen. Die Störung (das äußere Feld) ist in diesem Falle das Feld, das von den übrigen Atomen am Ort des Ions erzeugt wird.

[3]) Wenn die Symmetriegruppe $\boldsymbol{H}$ eine Untergruppe von $\boldsymbol{G}$ ist, dann sagt man, $\boldsymbol{H}$ habe eine niedrigere Symmetrie als die höhere Symmetrie der Gruppe $\boldsymbol{G}$. Offensichtlich ist die Symmetrie der Summe zweier Ausdrücke, von denen einer die Symmetrie $\boldsymbol{G}$ und der andere die Symmetrie $\boldsymbol{H}$ hat, gleich der niedrigeren Symmetrie $\boldsymbol{H}$.

niedrigere Symmetrie als das ungestörte System hat, wird die Symmetrie des HAMILTON-Operators $\hat{H}$ gleich der Symmetrie der Störung $\hat{V}$ sein. Die Wellenfunktionen, die eine irreduzible Darstellung der Symmetriegruppe des Operators H_0 realisieren, werden auch eine Darstellung der Symmetriegruppe des gestörten Operators $\hat{H}$ realisieren, aber diese Darstellung kann reduzibel sein; das bedeutet eine Aufspaltung eines entarteten Niveaus. Wir wollen jetzt an einem Beispiel zeigen, wie man mit dem mathematischen Apparat der Gruppentheorie die Frage nach der Aufspaltung eines Niveaus konkret lösen kann.

Das ungestörte System habe die Symmetrie $\boldsymbol{T}_d$. Wir betrachten das dreifach entartete Niveau, das der irreduziblen Darstellung F_2 dieser Gruppe entspricht. Die Charaktere dieser Darstellung sind

E	$8C_3$	$3C_2$	$6\sigma_d$	$6S_4$
3	0	-1	1	-1 .

Das System werde jetzt einer Störung mit der Symmetrie $\boldsymbol{C}_{3v}$ unterworfen (die dreizählige Achse soll mit einer derartigen Achse der Gruppe $\boldsymbol{T}_d$ übereinstimmen). Die drei Wellenfunktionen des entarteten Niveaus realisieren eine Darstellung der Gruppe $\boldsymbol{C}_{3v}$ (die eine Untergruppe von $\boldsymbol{T}_v$ ist). Die Charaktere dieser Darstellung sind einfach gleich den Charakteren derselben Elemente in der Ausgangsdarstellung der Gruppe $\boldsymbol{T}_d$, d. h.

E	$2C_3$	$3\sigma_d$
3	0	1 .

Diese Darstellung ist aber reduzibel. Da wir die Charaktere der irreduziblen Darstellungen der Gruppe $\boldsymbol{C}_{3v}$ kennen, können wir diese Darstellung leicht in die irreduziblen Bestandteile zerlegen (entsprechend der allgemeinen Regel (94,16)). Auf diese Weise finden wir, daß sie in die Darstellungen A_1 und E der Gruppe $\boldsymbol{C}_{3v}$ zerfällt. Das dreifach entartete Niveau F_2 spaltet demzufolge in ein nicht entartetes Niveau A_1 und ein zweifach entartetes Niveau E auf. Falls das System einer Störung mit der Symmetrie $\boldsymbol{C}_{2v}$ ausgesetzt wird ($\boldsymbol{C}_{2v}$ ist ebenfalls eine Untergruppe der Gruppe $\boldsymbol{T}_d$), dann ergeben die Wellenfunktionen desselben Niveaus F_2 eine Darstellung mit den Charakteren

E	$8C_2$	σ_v	σ_v'
3	-1	1	1 .

Wir zerlegen sie in irreduzible Bestandteile und finden, daß sie die Darstellungen A_1, B_1 und B_2 enthält. In diesem Falle wird das Niveau also in drei nicht entartete Niveaus aufgespaltet.

§ 97. Die Auswahlregeln für die Matrixelemente

Mit Hilfe der Gruppentheorie kann man nicht nur die Terme eines beliebigen symmetrischen physikalischen Systems klassifizieren, sondern man kann auch die Auswahlregeln für die Matrixelemente verschiedener für das System charakteristischer Größen auffinden.

Die Methode dafür beruht auf folgendem allgemeinen Satz. Es sei $\psi_i^{(\alpha)}$ eine Basisfunktion einer irreduziblen Darstellung (aber nicht der Einsdarstellung) einer Symmetriegruppe. Das Integral über den ganzen Raum[1]) verschwindet dann identisch:

$$\int \psi_i^{(\alpha)}\, \mathrm{d}q = 0\,. \tag{97,1}$$

Der Beweis basiert auf folgendem Umstand. Ein über den ganzen Raum erstrecktes Integral ist invariant gegenüber einer beliebigen Transformation des Koordinatensystems, also auch gegenüber einer beliebigen Symmetrietransformation. Deshalb gilt

$$\int \psi_i^{(\alpha)}\, \mathrm{d}q = \int \hat{G}\psi_i^{(\alpha)}\, \mathrm{d}q = \int \sum_k G_{ki}^{(\alpha)}\psi_k^{(\alpha)}\, \mathrm{d}q\,.$$

Wir summieren diese Gleichung über alle Gruppenelemente. Das Integral auf der linken Seite wird einfach mit der Gruppenordnung g multipliziert, und wir erhalten

$$g\int \psi_i^{(\alpha)}\, \mathrm{d}q = \sum_k \int \psi_k^{(\alpha)} \sum_G G_{ki}^{(\alpha)}\, \mathrm{d}q\,.$$

Es gilt aber für jede irreduzible Darstellung, die nicht die Einsdarstellung ist, identisch $\sum_G G_{ki}^{(\alpha)} = 0$ (das ist ein Spezialfall der Orthogonalitätsrelationen (94,7), wenn eine irreduzible Darstellung die Einsdarstellung ist). Damit ist der Satz bewiesen.

ψ sei eine Funktion, die zur Basis einer reduziblen Darstellung einer Gruppe gehört. Das Integral $\int \psi\, \mathrm{d}q$ wird nur dann von Null verschieden sein, wenn diese Darstellung die Einsdarstellung enthält. Dieser Satz ist eine unmittelbare Folge des vorhergehenden.

Die Matrixelemente der physikalischen Größe f werden durch die Integrale

$$\langle\beta k|\, f\, |\alpha i\rangle = \int \psi_k^{(\beta)}\hat{f}\psi_i^{(\alpha)}\, \mathrm{d}q \tag{97,2}$$

gegeben. Die Indizes α und β bezeichnen die verschiedenen Energieniveaus des Systems, mit i und k werden die Wellenfunktionen zum gleichen entarteten Niveau indiziert.[2]) Wir bezeichnen die irreduziblen Darstellungen der Symmetriegruppe des betreffenden physikalischen Systems, die durch die Funktionen $\psi_i^{(\alpha)}$ und $\psi_k^{(\beta)}$ realisiert werden, mit den Symbolen $D^{(\alpha)}$ und $D^{(\beta)}$. Mit dem Symbol D_f bezeichnen wir die Darstellung derselben Gruppe, die der Symmetrie der Größe f entspricht. Sie richtet sich nach dem Tensorcharakter von f. Für einen echten Skalar f ist der zugehröige Operator $\hat{f}$ gegenüber allen Symmetrietransformationen invariant, so daß D_f die Einsdarstellung ist. Dasselbe trifft für eine pseudoskalare Größe zu, wenn die Gruppe nur Symmetrieachsen enthält. Falls die Gruppe auch Spiegelungen enthält, dann ist D_f eine eindimensionale, aber nicht die Einsdarstellung. Für eine vektorielle Größe f ist D_f die Darstellung, die durch die drei untereinander transformierten Vektorkomponenten realisiert wird. Diese Darstellung ist im allgemeinen für polare und axiale Vektoren unterschiedlich.

Die Produkte $\psi_k^{(\beta)}\hat{f}\psi_i^{(\alpha)}$ realisieren eine Darstellung der Gruppe, die durch das direkte Produkt $D^{(\beta)} \times D_f \times D^{(\alpha)}$ ausgedrückt wird. Die Matrixelemente sind von Null verschieden, wenn diese Darstellung die Einsdarstellung enthält oder, was dasselbe ist,

[1]) Es ist der Konfigurationsraum des betreffenden physikalischen Systems gemeint.

[2]) Weil nach dem Übergang zu „physikalisch irreduziblen" Darstellungen die Basisfunktionen reell gewählt werden können, werden wir in (97,2) keinen Unterschied zwischen den Wellenfunktionen und den dazu konjugiert komplexen Funktionen machen.

wenn das direkte Produkt $D^{(\beta)} \times D^{(\alpha)}$ die Darstellung D_f enthält. Praktisch ist es zweckmäßiger, das Produkt $D^{(\alpha)} \times D_f$ in irreduzible Bestandteile zu zerlegen. Dadurch erkennen wir sofort alle Arten $D^{(\beta)}$ von Zuständen, für die die Matrixelemente zu Übergängen aus einem Zustand der Art $D^{(\alpha)}$ von Null verschieden sind.

Im einfachsten Falle einer skalaren Größe, wenn D_f die Einsdarstellung ist, folgt hieraus sofort, daß nur die Matrixelemente für Übergänge zwischen Zuständen der gleichen Art von Null verschieden sind (denn das direkte Produkt $D^{(\alpha)} \times D^{(\beta)}$ zweier verschiedener irreduzibler Darstellungen enthält die Einsdarstellung nicht; sie ist aber immer im direkten Produkt einer Darstellung mit sich selbst enthalten). Das ist die allgemeinste Formulierung des Satzes, dessen Spezialfälle wir schon mehrfach kennengelernt haben.

Die in der Energie diagonalen Matrixelemente erfordern eine besondere Behandlung, d. h. die Elemente für Übergänge zwischen Zuständen zum gleichen Term (im Unterschied zu Übergängen zwischen Zuständen zu zwei verschiedenen Termen der gleichen Art). In diesem Falle haben wir nur ein (und nicht zwei verschiedene) Funktionensystem $\psi_1^{(\alpha)}, \psi_2^{(\alpha)}, \ldots$. Die Auswahlregeln werden hier in verschiedener Weise hergeleitet, je nach dem Verhalten der Größe f bei Zeitumkehr.

Wir betrachten einen Zustand mit einer Wellenfunktion der Gestalt $\psi = \sum_i c_i \psi_i^{(\alpha)}$. Der Mittelwert der Größe f in diesem Zustand wird durch die Summe

$$\bar{f} = \sum_{i,k} c_k^* c_i \langle \alpha k | f | \alpha i \rangle$$

gegeben. Im Zustand mit der konjugiert komplexen Wellenfunktion $\psi^* = \sum c_i^* \psi_i^{(\alpha)}$ haben wir

$$\bar{f} = \sum_{i,k} c_k c_i^* \langle \alpha k | f | \alpha i \rangle = \sum_{i,k} c_i c_k^* \langle \alpha i | f | \alpha k \rangle .$$

Falls die Größe f bei Zeitumkehr invariant ist, dann gehören die beiden Zustände nicht nur zum gleichen Energieniveau, sondern sie müssen auch den gleichen Wert für $\bar{f}$ haben. Da die Koeffizienten c_i beliebig wählbar sind, bedeutet das

$$\langle \alpha k | f | \alpha i \rangle = \langle \alpha i | f | \alpha k \rangle .$$

Bei der Bestimmung der Auswahlregeln darf man daher nicht das ganze direkte Produkt $D^{(\alpha)} \times D^{(\alpha)}$ betrachten, sondern nur den symmetrischen Teil $[D^{(\alpha)2}]$ davon. Von Null verschiedene Matrixelemente gibt es, wenn $[D^{(\alpha)2}]$ die Darstellung D_f enthält.[1])

Falls die Größe f bei Zeitumkehr ihr Vorzeichen wechselt, muß die Substitution $\psi \to \psi^*$ von einem Vorzeichenwechsel von f begleitet werden. Hieraus finden wir in gleicher Weise

$$\langle \alpha k | f | \alpha i \rangle = -\langle \alpha i | f | \alpha k \rangle .$$

In diesem Falle werden die Auswahlregeln demzufolge durch die Zerlegung des antisymmetrischen Teils des direkten Produktes $\{D^{(\alpha)2}\}$ bestimmt.

Aufgaben

1. Man bestimme die Auswahlregeln für die Matrixelemente des elektrischen ($\boldsymbol{d}$) und des magnetischen ($\boldsymbol{\mu}$) Dipolmomentes zur Symmetrie $\boldsymbol{O}$!

[1]) Das Produkt $[D^{(\alpha)2}]$ enthält immer die Eindarstellung, so daß die Diagonalelemente (wie auch die nicht diagonalen zwischen Zuständen der gleichen Art) für eine skalare Größe von Null verschieden sind.

Lösung. Die Gruppe $\boldsymbol{O}$ enthält keine Spiegelungen. Deshalb transformieren sich polare ($\boldsymbol{d}$) und axiale ($\boldsymbol{\mu}$) Vektoren nach der gleichen irreduziblen Darstellung F_1. Wir zerlegen die direkten Produkte von F_1 mit den anderen Darstellungen der Gruppe $\boldsymbol{O}$ und erhalten

$$\begin{gathered} F_1 \times A_1 = F_1\,, \qquad F_1 \times A_2 = F_2\,, \qquad F_1 \times E = F_1 + F_2\,, \\ F_1 \times F_1 = A_1 + E + F_1 + F_2\,, \qquad F_1 \times F_2 = A_2 + E + F_1 + F_2\,. \end{gathered} \tag{1}$$

Demzufolge sind die (in der Energie) nicht diagonalen Matrixelemente für die Übergänge

$$F_1 \leftrightarrow A_1\,, E, F_1, F_2\;; \qquad F_2 \leftrightarrow A_2, E, F_1, F_2$$

von Null verschieden.

Die symmetrischen und die antisymmetrischen Produkte der irreduziblen Darstellungen der Gruppe $\boldsymbol{O}$ sind

$$\begin{gathered} [A_1^2] = [A_2^2] = A_1\,, \qquad [E^2] = A_1 + E\,, \qquad [F_1^2] = [F_2^2] = A_1 + E + F_2\,, \\ \{E^2\} = A_2\,, \qquad \{F_1^2\} = \{F_2^2\} = F_1. \end{gathered} \tag{2}$$

Die symmetrischen Produkte enthalten F_1 nicht. Deshalb gibt es keine (in der Energie) diagonalen Matrixelemente des Vektors $\boldsymbol{d}$ (der bei Zeitumkehr invariant ist). Das magnetische Moment (das bei Zeitumkehr das Vorzeichen wechselt) hat Diagonalelemente für die Zustände F_1 und F_2.

2. Wie Aufgabe 1 zur Symmetrie $\boldsymbol{D}_{3d}$.

Lösung: Die Transformationsvorschriften für die Vektoren $\boldsymbol{d}$ und $\boldsymbol{\mu}$ sind in der Gruppe $\boldsymbol{D}_{3d}$ unterschiedlich:

$$\begin{gathered} d_x, d_y \sim E_u\,, \qquad d_z \sim A_{2u}\,, \\ \mu_x, \mu_y \sim E_g\,, \qquad \mu_z \sim A_{2g} \end{gathered}$$

(hier und weiterhin in den Aufgaben bedeutet das Zeichen $\sim$ die Worte „transformiert sich nach der Darstellung"). Es gilt

$$\begin{gathered} E_u \times A_{1g} = E_u \times A_{2g} = E_u\,, \qquad E_u \times A_{1u} = E_u \times A_{2u} = E_g\,, \\ E_u \times E_u = A_{1g} + A_{2g} + E_g\,, \qquad E_u \times E_g = A_{1u} + A_{2u} + E_u\,. \end{gathered} \tag{3}$$

Demzufolge sind die nichtdiagonalen Matrixelemente von d_x und d_y für die Übergänge $E_u \leftrightarrow A_{1g}, A_{2g}, E_g$ und $E_g \leftrightarrow A_{1u}, A_{2u}, E_u$ von Null verschieden. Auf diese Weise finden wir die Auswahlregeln

für d_z: $A_{1g} \leftrightarrow A_{2u}$; $A_{2g} \leftrightarrow A_{1u}$; $E_g \leftrightarrow E_u$;

für μ_x, μ_y: $E_g \leftrightarrow A_{1g}, A_{2g}, E_g$; $E_u \leftrightarrow A_{1u}, A_{2u}, E_u$;

für μ_z: $A_{1g} \leftrightarrow A_{2g}$; $A_{1u} \leftrightarrow A_{2u}$; $E_g \leftrightarrow E_g$; $E_u \leftrightarrow E_u$.

Die symmetrischen und die antisymmetrischen Produkte der irreduziblen Darstellungen der Gruppe D_{3d} sind

$$\begin{gathered} [A_{1g}^2] = [A_{1u}^2] = [A_{2g}^2] = [A_{2u}^2] = A_{1g}\,, \qquad [E_g^2] = [E_u^2] = E_g + A_{1g}\,, \\ \{E_g^2\} = \{E_u^2\} = A_{2g}\,. \end{gathered} \tag{4}$$

Hieraus ist zu ersehen, daß alle Komponenten von $\boldsymbol{d}$ keine (in der Energie) Diagonalelemente haben. Für den Vektor $\boldsymbol{\mu}$ gibt es Diagonalelemente von μ_z zu Übergängen zwischen Zuständen zu einem entarteten Niveau der Art E_g oder E_u.

3. Man bestimme die Auswahlregeln für die Matrixelemente des elektrischen Quadrupoltensors Q_{ik} zur Symmetrie $\boldsymbol{O}$!

Lösung. Die Tensorkomponenten Q_{ik} (symmetrischer Tensor mit der Spur Q_{ii} gleich Null) transformieren sich in bezug auf die Gruppe $\boldsymbol{O}$ nach den Vorschriften

$$\begin{gathered} Q_{xy}, Q_{xz}, Q_{yz} \sim F_2\,, \\ Q_{xx} + \varepsilon Q_{yy} + \varepsilon^2 Q_{zz}\,,\; Q_{xx} + \varepsilon^2 Q_{yy} + \varepsilon Q_{zz} \sim E \qquad (\varepsilon = e^{2\pi i/3})\,. \end{gathered}$$

Wir zerlegen die direkten Produkte von F_2 und E mit allen Darstellungen der Gruppe und finden als Auswahlregeln für die nichtdiagonalen Matrixelemente

$$\text{für } Q_{xy}, Q_{xz}, Q_{yz}:\ F_1 \leftrightarrow A_2, E, F_1, F_2; \qquad F_2 \leftrightarrow A_1, E, F_1, F_2\ ;$$

$$\text{für } Q_{xx}, Q_{yy}, Q_{zz}:\ E \leftrightarrow A_1, A_2, E; \qquad F_1 \leftrightarrow F_1, F_2; \qquad F_2 \leftrightarrow F_2\,.$$

Diagonalelemente gibt es (wie aus (2) zu ersehen ist) in folgenden Zuständen

$$\text{für } Q_{xy}, Q_{xz}, Q_{yz}:\ F_1, F_2,$$

$$\text{für } Q_{xx}, Q_{yy}, Q_{zz}:\ E, F_1, F_2.$$

4. Wie Aufgabe 3 zur Symmetrie $\boldsymbol{D}_{3d}$.

Lösung. Die Transformationsvorschriften für die Komponenten Q_{ik} sind in bezug auf die Gruppe $\boldsymbol{D}_{3d}$

$$Q_{zz} \sim A_{1g}\ ; \qquad Q_{xx} - Q_{yy}\,, \qquad Q_{xy} \sim E_g\ ; \qquad Q_{xz}, Q_{yz} \sim E_g\,.$$

Q_{zz} verhält sich wie ein Skalar. Wir zerlegen die direkten Produkte von E_g mit allen Darstellungen der Gruppe und finden als Auswahlregeln für die nichtdiagonalen Matrixelemente der restlichen Komponenten Q_{ik}

$$E_g \leftrightarrow A_{1g}, A_{2g}, E_g\ ; \qquad E_u \leftrightarrow A_{1u}, A_{2u}, E_u\,.$$

Die Diagonalelemente sind nur für die Zustände E_g und E_u von Null verschieden (wie aus (4) zu ersehen ist).

§ 98. Stetige Gruppen

Außer den in § 93 aufgezählten endlichen Punktgruppen gibt es noch die *stetigen Punktgruppen* mit unendlich vielen Elementen. Es sind dies die Gruppen der *axialen* und der *Kugelsymmetrie*.

Die einfachste Gruppe axialer Symmetrie ist die Gruppe $\boldsymbol{C}_\infty$. Sie enthält die Drehungen $C(\varphi)$ um einen beliebigen Winkel φ um die Symmetrieachse (man bezeichnet sie als *zweidimensionale Drehgruppe*). Man kann diese Gruppe als Grenzfall der Gruppen $\boldsymbol{C}_n$ für $n \to \infty$ auffassen. Analog ergeben sich als Grenzfälle der Gruppen $\boldsymbol{C}_{nh}$, $\boldsymbol{C}_{nv}$, $\boldsymbol{D}_n$ und $\boldsymbol{D}_{nh}$ die stetigen Gruppen $\boldsymbol{C}_{\infty h}$, $\boldsymbol{C}_{\infty v}$, $\boldsymbol{D}_\infty$ und $\boldsymbol{D}_{\infty h}$.

Ein Molekül ist nur dann axialsymmetrisch, wenn es aus Atomen besteht, die auf einer Geraden liegen (lineares Molekül). Falls das Molekül unsymmetrisch in bezug auf seinen Mittelpunkt ist, wird die zugehörige Punktgruppe $\boldsymbol{C}_{\infty v}$ sein. Diese Gruppe enthält außer den Drehungen um die Achse auch die Spiegelungen σ_v an einer beliebigen Ebene, die die Achse enthält. Ein bezüglich seines Mittelpunktes symmetrisches Molekül hat als Symmetriegruppe die Punktgruppe $\boldsymbol{D}_{\infty h} = \boldsymbol{C}_{\infty v} \times \boldsymbol{C}_i$. Die Gruppen $\boldsymbol{C}_\infty$, $\boldsymbol{C}_{\infty h}$ und $\boldsymbol{D}_\infty$ können überhaupt nicht als Symmetriegruppen eines Moleküls vorkommen.

Die Gruppe der vollständigen Kugelsymmetrie enthält die Drehungen um einen beliebigen Winkel um eine beliebige Achse durch das Zentrum und die Spiegelungen an einer beliebigen Ebene, die das Zentrum enthält. Diese Gruppe (die wir mit $\boldsymbol{K}_h$ bezeichnen werden) ist die Symmetriegruppe eines einzelnen Atoms. Sie enthält als Untergruppe die Gruppe $\boldsymbol{K}$ aller räumlichen Drehungen (man bezeichnet sie als *dreidimensionale Drehgruppe* oder einfach als *Drehgruppe*). Die Gruppe $\boldsymbol{K}_h$ ergibt sich aus der Gruppe $\boldsymbol{K}$ durch Hinzunahme eines Symmetriezentrums ($\boldsymbol{K}_h = \boldsymbol{K} \times \boldsymbol{C}_i$).

Die Elemente einer stetigen Punktgruppe werden mit einem oder mehreren Parametern, die eine stetige Wertefolge durchlaufen, versehen. In der Drehgruppe können die EULERschen Winkel diese Parameter sein, die die Drehung des Koordinatensystems bestimmen.

Die in § 92 beschriebenen allgemeinen Eigenschaften der endlichen Gruppen und die dafür eingeführten Begriffe (wie die Begriffe Untergruppe, konjugierte Elemente, Klassen u. ä.) können unmittelbar auf die stetigen Gruppen übertragen werden. Selbstverständlich verlieren diejenigen Aussagen ihren Sinn, die unmittelbar mit der Gruppenordnung zusammenhängen (zum Beispiel die Behauptung, daß die Ordnung einer Untergruppe ein Teiler der Gruppenordnung ist).

In der Gruppe $\boldsymbol{C}_{\infty v}$ sind alle Symmetrieebenen äquivalent, so daß alle Spiegelungen σ_v eine Klasse mit einem stetigen Satz von Elementen bilden. Die Symmetrieachse ist bilateral, so daß es einen stetigen Satz von Klassen mit je zwei Elementen $C(\pm\varphi)$ gibt. Die Klassen der Gruppe $\boldsymbol{D}_{\infty h}$ ergeben sich unmittelbar aus den Klassen der Gruppe $\boldsymbol{C}_{\infty v}$, denn es gilt $\boldsymbol{D}_{\infty h} = \boldsymbol{C}_{\infty v} \times \boldsymbol{C}_i$.

In der Drehgruppe $\boldsymbol{K}$ sind alle Achsen äquivalent und bilateral. Deshalb sind die Drehungen um Winkel mit gegebenem Betrag $|\varphi|$ um eine beliebige Achse die Klassen dieser Gruppe. Die Klassen der Gruppe $\boldsymbol{K}_h$ ergeben sich unmittelbar aus den Klassen der Gruppe $\boldsymbol{K}$.

Der Begriff der Darstellungen — reduzible und irreduzible — wird ebenfalls unmittelbar auf den Fall stetiger Gruppen verallgemeinert. Jede irreduzible Darstellung enthält einen stetigen Satz von Matrizen, aber die Zahl der untereinander transformierten Basisfunktionen (die Dimension einer Darstellung) ist endlich. Diese Funktionen können immer so gewählt werden, daß die Darstellung unitär ist. Die Zahl der irreduziblen Darstellungen einer stetigen Gruppe ist unendlich, aber sie bilden einen diskreten Satz, d. h., es gibt abzählbar unendlich viele Darstellungen. Für die Matrixelemente und die Charaktere dieser Darstellungen gelten Orthogonalitätsrelationen, die Verallgemeinerungen der analogen Beziehungen für endliche Gruppen sind. Statt (94,9) haben wir jetzt

$$\int G_{ik}^{(\alpha)} G_{lm}^{(\beta)*} \, \mathrm{d}\tau_G = \frac{1}{f_\alpha} \delta_{\alpha\beta} \delta_{il} \delta_{km} \int \mathrm{d}\tau_G , \tag{98,1}$$

und statt (94,10)

$$\int \chi^{(\alpha)}(G) \, \chi^{(\beta)}(G)^* \, \mathrm{d}\tau_G = \delta_{\alpha\beta} \int \mathrm{d}\tau_G . \tag{98,2}$$

Die Integration in diesen Formeln ist die sogenannte *invariante Integration über die Gruppe.* Das Integrationselement $\mathrm{d}\tau_G$ wird durch die Gruppenparameter und deren Differentiale ausgedrückt. Wendet man darauf alle Gruppentransformationen an, so ergibt sich wiederum das Integrationselement.[1]) So kann man in der Drehgruppe $\mathrm{d}\tau_G = \sin\beta \, \mathrm{d}\alpha \, \mathrm{d}\beta \, \mathrm{d}\gamma$ wählen, wenn α, β und γ die EULERschen Winkel sind, die die Drehung des Koordinatensystems bestimmen (§ 58); dabei gilt $\int \mathrm{d}\tau_G = 8\pi^2$.

Die irreduziblen Darstellungen der dreidimensionalen Drehgruppe haben wir im wesentlichen bereits gefunden (ohne dabei die Terminologie der Gruppentheorie zu

---

[1]) Die ausgesprochenen Behauptungen über die Eigenschaften der irreduziblen Darstellungen stetiger Gruppen gelten nur unter der Bedingung, daß die Integrale (98,1) und (98,2) konvergent sind. Insbesondere muß das „Gruppenvolumen“ $\int \mathrm{d}\tau_G$ endlich sein. Für die stetigen Punktgruppen ist diese Bedingung erfüllt (sie ist zum Beispiel nicht für die sogenannte LORENTZ-Gruppe, der wir in der relativistischen Theorie begegnen werden, erfüllt).

verwenden), als wir die Eigenwerte und die Eigenfunktionen des Gesamtdrehimpulses berechnet haben. Die Operatoren für die Komponenten des Drehimpulses sind (bis auf einen konstanten Faktor) gleich den Operatoren für die infinitesimalen Drehungen[1]), und die Eigenwerte des Drehimpulses charakterisieren das Verhalten der Wellenfunktionen bei räumlichen Drehungen. Zum Wert j des Drehimpulses gehören $2j + 1$ verschiedene Eigenfunktionen ψ_{jm}, die sich in den Werten der Projektion m des Drehimpulses unterscheiden und zu einem $(2j + 1)$-fach entarteten Energieniveau gehören. Bei Drehungen des Koordinatensystems transformieren sich die Funktionen untereinander und realisieren somit die irreduziblen Darstellungen der Drehgruppe. Demzufolge numerieren die Zahlen j aus der Sicht der Gruppentheorie die irreduziblen Darstellungen der Drehgruppe, wobei zu jedem j eine $(2j + 1)$-dimensionale Darstellung gehört. Die Zahl j nimmt ganzzahlige und halbzahlige Werte an, so daß die Dimension $2j + 1$ der Darstellungen alle ganzen Zahlen 1, 2, 3, ... durchläuft.

Die Basisfunktionen dieser Darstellungen sind im wesentlichen schon in §§ 56 und 57 untersucht worden (und die Darstellungsmatrizen sind in § 58 gefunden worden). Die $2j + 1$ unabhängigen Komponenten eines symmetrischen Spinors $2j$-ter Stufe (dem der Satz der $2j + 1$ Funktionen ψ_{jm} äquivalent ist) sind die Basis der Darstellung zu dem betreffenden j.

Die irreduziblen Darstellungen der Drehgruppe zu halbzahligen j-Werten zeichnen sich durch eine wesentliche Besonderheit aus: Bei einer Drehung um den Winkel 2π wechseln die Basisfunktionen (die Komponenten eines Spinors ungerader Stufe) ihr Vorzeichen. Da aber die Drehung um 2π gleich dem Einselement der Gruppe ist, gelangen wir zu dem Schluß, daß die Darstellungen mit halbzahligem j, wie man sagt, *zweideutig* sind: Jedem Gruppenelement (jeder Drehung um eine Achse um den Winkel φ, $0 \leqq \varphi \leqq 2\pi$) entspricht in dieser Darstellung nicht eine Matrix, sondern zwei Matrizen mit Charakteren, die entgegengesetzte Vorzeichen haben.[2])

Ein isoliertes Atom hat, wie bereits erwähnt worden ist, die Symmetrie $\boldsymbol{K}_h = \boldsymbol{K} \times \boldsymbol{C}_i$. Aus der Sicht der Gruppentheorie gehört deshalb zu jedem Atomterm eine irreduzible Darstellung der Drehgruppe $\boldsymbol{K}$ (sie wird durch die Angabe des Gesamtdrehimpulses des Atoms bestimmt) und eine irreduzible Darstellung der Gruppe $\boldsymbol{C}_i$, die durch die Parität des Zustandes bestimmt wird.[3])

Bringt man ein Atom in ein äußeres elektrisches Feld, so werden die Energieniveaus aufspalten. Die Zahl der dabei entstehenden Niveaus und die Symmetrie der be-

---

[1]) In der mathematischen Sprechweise werden diese Operatoren als die *Erzeugenden* der Drehgruppe bezeichnet.

[2]) Es muß gesagt werden, daß die zweideutigen Darstellungen einer Gruppe keine Darstellungen im eigentlichen Sinne des Wortes sind, weil sie durch nicht eindeutige Basisfunktionen realisiert werden; siehe auch § 99.

[3]) Außerdem ist der HAMILTON-Operator eines Atoms auch bei Vertauschungen der Elektronen invariant. In der nichtrelativistischen Näherung können Bahn- und Spinfunktionen getrennt werden, und man kann von den Darstellungen der Permutationsgruppe sprechen, die durch die Bahnfunktionen realisiert werden. Durch die Angabe der irreduziblen Darstellung der Permutationsgruppe wird der Gesamtspin S des Atoms festgelegt (§ 63). Berücksichtigt man die relativistischen Wechselwirkungen, dann ist es unmöglich, die Wellenfunktionen in Bahn- und Spinfunktionen zu zerlegen. Die Symmetrie bei Vertauschungen von Orten und Spins der Teilchen gleichzeitig ergibt keine charakteristische Eigenschaft für einen Term, denn das PAULI-Prinzip läßt nur in allen Elektronen antisymmetrische Gesamtwellenfunktionen zu. Das entspricht der Tatsache, daß unter Berücksichtigung der relativistischen Wechselwirkung der Spin streng genommen nicht erhalten bleibt (es bleibt nur der Gesamtdrehimpuls J erhalten).

treffenden Zustände können nach dem in § 96 beschriebenen Verfahren bestimmt werden. Dazu hat man die reduzible $(2J + 1)$-dimensionale Darstellung der Symmetriegruppe des äußeren Feldes (die durch die Funktionen ψ_{JM} realisiert wird) in irreduzible Darstellungen dieser Gruppe zu zerlegen. In diesem Zusammenhang muß man die Charaktere der Darstellung kennen, die durch die Funktionen ψ_{JM} realisiert wird.

Die Charaktere der irreduziblen Darstellungen der Elemente einer Klasse sind gleich. Man braucht daher nur die Drehungen um eine Achse — die z-Achse — zu betrachten. Bei der Drehung um den Winkel φ um die z-Achse werden die Wellenfunktionen ψ_{JM} mit $e^{iM\varphi}$ multipliziert, wie wir bereits wissen; M ist dabei die Drehimpulsprojektion auf die betreffende Achse. Die Transformationsmatrix für die Funktionen ψ_{JM} wird daher diagonal sein und hat den Charakter

$$\chi^{(J)}(\varphi) = \sum_{M=-J}^{J} e^{iM\varphi} = \frac{e^{i(J+1)\varphi} - e^{-iJ\varphi}}{e^{i\varphi} - 1}$$

oder[1])

$$\chi^{(J)}(\varphi) = \frac{\sin{(J + 1/2)\,\varphi}}{\sin{(\varphi/2)}}. \tag{98,3}$$

Hinsichtlich der Inversion I verhalten sich alle Funktionen ψ_{JM} mit verschiedenen M in der gleichen Weise — sie werden mit $+1$ oder mit -1 multipliziert —, je nachdem ob der Zustand des Atoms gerade oder ungerade ist. Der zugehörige Charakter ist demnach

$$\chi^{(J)}(I) = \pm(2J + 1)\,. \tag{98,4}$$

Schließlich werden die Charaktere zu einer Spiegelung an der Ebene σ und zu einer Drehspiegelung um den Winkel φ berechnet, in dem man diese Symmetrietransformation in der Gestalt

$$\sigma = IC_2\,, \qquad S(\varphi) = IC(\pi + \varphi)$$

darstellt.

Wir wollen uns noch mit den irreduziblen Darstellungen der Gruppe axialer Symmetrie $\boldsymbol{C}_{\infty v}$ beschäftigen. Diese Frage ist im wesentlichen schon gelöst worden, als wir die Elektronenterme eines zweiatomigen Moleküls klassifiziert haben, denn ein solches Molekül hat gerade die Symmetrie $\boldsymbol{C}_{\infty v}$ (wenn die beiden Atome verschieden voneinander sind). Den Termen 0^+ und 0^- (Terme mit $\Omega = 0$) entsprechen zwei eindimensionale Darstellungen: die Einsdarstellung A_1 und die Darstellung A_2, in der die Basisfunktion gegenüber allen Drehungen invariant ist und bei Spiegelungen an den Ebenen σ_v ihr Vorzeichen wechselt. Zu den zweifach entarteten Termen mit $\Omega = 1, 2, \ldots$ gehören zweidimensionale Darstellungen, die wir mit $E_1, E_2, \ldots$ bezeichnen. Die zugehörigen Basisfunktionen werden bei einer Drehung um die Achse um

---

[1]) Um Mißverständnisse zu vermeiden, unterstreichen wir, daß diese Formel einer anderen Parametrisierung der Gruppenelemente als mit den Eulerschen Winkeln entspricht. Eine Transformation wird durch die Richtung der Drehachse und den Drehwinkel φ um diese Achse angegeben. Bei dieser Parametrisierung muß zum Beispiel die Integration in Formel (98,2) über $2(1 - \cos\varphi)\,d\varphi\,do$ erfolgen, wobei do das Raumwinkelelement für die Richtung der Drehachse ist.

den Winkel φ mit $e^{\pm i\Omega\varphi}$ multipliziert, und bei Spiegelungen an den Ebenen σ_v gehen sie ineinander über. Die Charaktere aller dieser Darstellungen sind:

$C_{\infty v}$	E	$2C(\varphi)$	$\infty\sigma_v$
A_1	1	1	1
A_2	1	1	-1
E_k	2	$2\cos k\varphi$	0

(98,5)

Die irreduziblen Darstellungen der Gruppe $D_{\infty h} = C_{\infty v} \times C_i$ ergeben sich unmittelbar aus den Darstellungen der Gruppe $C_{\infty v}$ (und entsprechen der Klassifizierung der Terme eines zweiatomigen Moleküls mit gleichartigen Kernen).

Nimmt man für Ω halbzahlige Werte, dann realisieren die Funktionen $e^{\pm i\Omega\varphi}$ zweideutige irreduzible Darstellungen der Gruppe $C_{\infty v}$, die den Termen eines Moleküls mit halbzahligem Spin entsprechen.[1])

§ 99. Die zweideutigen Darstellungen der endlichen Punktgruppen

Zu den Zuständen eines Systems mit halbzahligem Spin (und demzufolge auch mit halbzahligem Gesamtdrehimpuls) gehören zweideutige Darstellungen der betreffenden Punktgruppe zur Symmetrie dieses Systems. Das ist eine allgemeine Eigenschaft von Spinoren, und sie trifft daher sowohl für stetige als auch für endliche Punktgruppen zu. In diesem Zusammenhang ist es erforderlich, die *zweideutigen* irreduziblen Darstellungen der endlichen Punktgruppen zu bestimmen.

Wie bereits bemerkt worden ist, sind die zweideutigen Darstellungen eigentlich überhaupt keine echten Darstellungen der Gruppe. Es gelten für sie insbesondere nicht die Beziehungen, über die wir in § 94 gesprochen haben. Wenn im Zusammenhang mit diesen Beziehungen (zum Beispiel in der Beziehung (94,17) für die Summe der Quadrate der Dimensionen der irreduziblen Darstellungen) von allen irreduziblen Darstellungen geredet worden ist, so sind damit nur die echten, eindeutigen Darstellungen gemeint gewesen.

Zur Bestimmung der zweideutigen Darstellungen wendet man zweckmäßig folgenden Kunstgriff an (H. A. Bethe, 1929). Wir führen rein formal den Begriff eines neuen Gruppenelementes (das wir mit Q bezeichnen) ein — die Drehung um den Winkel 2π um eine beliebige Achse. Dieses neue Element sehen wir als verschieden vom Einselement an, aber bei zweifacher Anwendung soll es gleich E sein: $Q^2 = E$. Dementsprechend werden die Drehungen C_n um eine n-zählige Symmetrieachse erst nach $2n$-facher Anwendung (und nicht nach n-facher) die identischen Transformationen ergeben:

$$C_n^n = Q\,, \qquad C_n^{2n} = E\,. \tag{99,1}$$

[1]) Anders als bei der dreidimensionalen Drehgruppe könnte man hier durch geeignete Wahl von gebrochenen Werten für ω nicht nur ein- und zweideutige Darstellungen erhalten, sondern auch drei- und mehrdeutige Darstellungen. Aber die physikalisch möglichen Eigenwerte des Drehimpulses als des Operators für eine dreidimensionale infinitesimale Drehung werden durch die Darstellungen gerade der dreidimensionalen Drehgruppe bestimmt. Deshalb besitzen die dreideutigen (und mehrdeutigen) Darstellungen der zweidimensionalen Drehgruppe (und auch einer beliebigen endlichen Symmetriegruppe) keine physikalische Bedeutung, auch wenn sie mathematisch definiert werden können.

Die Inversion I ist mit jeder beliebigen Drehung vertauschbar und muß nach wie vor bei zweimaliger Ausführung E ergeben. Aber die zweimalige Spiegelung an einer Ebene wird gleich Q sein und nicht gleich E:

$$\sigma^2 = Q\,, \qquad \sigma^4 = E \tag{99,2}$$

(denn eine Spiegelung kann in der Form $\sigma_h = IC_2$ geschrieben werden). Als Ergebnis erhalten wir eine Menge von Elementen, die eine fiktive Punktgruppe bilden. Die Gruppenordnung dieser fiktiven Gruppe ist doppelt so groß wie die Ordnung der Ausgangsgruppe. Wir werden diese Gruppen als *verdoppelte* Punktgruppen bezeichnen. Die zweideutigen Darstellungen der tatsächlichen Punktgruppe entsprechen offensichtlich eindeutigen, d. h. echten Darstellungen der zugehörigen verdoppelten Gruppe, und sie können nach den üblichen Verfahren bestimmt werden.

Eine verdoppelte Gruppe enthält mehr Klassen als die ursprüngliche Gruppe (aber im allgemeinen nicht doppelt so viele). Das Element Q ist mit allen anderen Gruppenelementen vertauschbar[1]) und bildet daher immer für sich allein eine Klasse. Für eine bilaterale Symmetrieachse gilt in der verdoppelten Gruppe, daß die Elemente C_n^k und $C_n^{2n-k} = QC_n^{n-k}$ zueinander konjugiert sind. Sind zweizählige Achsen vorhanden, so hängt die Verteilung der Elemente auf die Klassen auch noch davon ab, ob diese Achsen bilateral sind oder nicht (bei den gewöhnlichen Punktgruppen ist das unwesentlich, weil C_2 gleich der inversen Drehung C_2^{-1} ist).

So sind zum Beispiel in der Gruppe $\boldsymbol{T}$ die zweizähligen Achsen äquivalent, und alle sind bilateral. Die dreizähligen Achsen sind äquivalent, aber nicht bilateral. Die 24 Elemente der verdoppelten Gruppe $\boldsymbol{T}'$ [2]) werden also in sieben Klassen eingeteilt: E, Q, eine Klasse aus den drei Drehungen C_2 und den drei Drehungen C_2Q und die Klassen $4C_3$, $4C_3^2$, $4C_3Q$ und $4C_3^2Q$.

Zu den irreduziblen Darstellungen einer verdoppelten Punktgruppe gehören erstens diejenigen Darstellungen, die mit den eindeutigen Darstellungen der einfachen Gruppe übereinstimmen (wobei dem Element Q wie E die Einheitsmatrix zugeordnet ist), und zweitens die zweideutigen Darstellungen der einfachen Gruppe, wobei dem Element Q die negative Einheitsmatrix zugeordnet ist. Uns interessieren jetzt gerade diese letzteren Darstellungen.

Die verdoppelten Gruppen $\boldsymbol{C}_n'$ ($n = 1, 2, 3, 4, 6$) und $\boldsymbol{S}_4'$ sind wie die zugehörigen einfachen Gruppe zyklisch.[3]) Alle irreduziblen Darstellungen derselben sind eindimensional und können ohne jegliche Mühe so gefunden werden, wie es in § 95 erklärt worden ist.

Die irreduziblen Darstellungen der Gruppen $\boldsymbol{D}_n'$ (oder dazu isomorphen Gruppen $\boldsymbol{C}_{nv}'$) kann man nach demselben Verfahren wie für die zugehörigen einfachen Gruppen auffinden. Diese Darstellungen werden durch Funktionen der Gestalt $e^{\pm ik\varphi}$ realisiert; φ ist dabei der Drehwinkel um die n-zählige Achse, und für k werden halbzahlige Werte eingesetzt (ganzzahlige Werte entsprechen den gewöhnlichen eindeutigen

---

[1]) Für die Drehungen und die Inversion ist das offensichtlich. Für die Spiegelung an einer Ebene folgt es daraus, daß man eine Spiegelung als Produkt aus einer Inversion und einer Drehung darstellen kann.

[2]) Wir werden die verdoppelten Gruppen mit einem Strich am Symbol für die gewöhnliche Gruppe bezeichnen.

[3]) Die Gruppen $\boldsymbol{S}_2' = \boldsymbol{C}_i'$ und $\boldsymbol{S}_6' = \boldsymbol{C}_{3i}'$, die die Inversion I enthalten, sind abelsche Gruppen, aber sie sind nicht zyklisch.

Darstellungen). Die Drehungen um die horizontalen zweizähligen Achsen überführen diese Funktionen ineinander, und eine Drehung C_n multipliziert sie mit $e^{\pm 2\pi i k/n}$.

Etwas schwieriger ist es, die Darstellungen der verdoppelten kubischen Gruppen zu bestimmen. Die 24 Elemente der Gruppe $\boldsymbol{T}'$ werden in sieben Klassen eingeteilt. Es gibt daher insgesamt sieben irreduzible Darstellungen, vier davon stimmen mit den Darstellungen der einfachen Gruppe $\boldsymbol{T}$ überein. Die Summe der Quadrate der Dimensionen der restlichen drei Darstellungen muß gleich 12 sein. Hieraus folgt, daß sie alle zweidimensional sein müssen. Die Elemente C_2 und C_2Q gehören zu einer Klasse, so daß $\chi(C_2) = \chi(C_2Q) = -\chi(C_2)$ ist. Daraus schließen wir, daß in allen drei Darstellungen $\chi(C_2) = 0$ ist. Ferner muß von den drei Darstellungen mindestens eine reell sein, denn komplexe Darstellungen können nur in zueinander konjugierten Paaren auftreten. Wir betrachten diese Darstellung und nehmen an, daß die Matrix für das Element C_3 diagonal ist (a_1 und a_2 seien die Diagonalelemente). Wegen $C_3^3 = Q$ ist $a_1^3 = a_2^3 = -1$. Um $\chi(C_3) = a_1 + a_2$ reell zu erhalten, hat man $a_1 = e^{\pi i/3}$ und $a_2 = e^{-\pi i/3}$ zu wählen. Hieraus finden wir $\chi(C_3) = 1$ und $\chi(C_3^2) = a_1^2 + a_2^2 = -1$. Eine der gesuchten Darstellungen ist somit gefunden. Wir bilden die direkten Produkte dieser Darstellung mit den beiden konjugiert komplexen eindimensionalen Darstellungen der Gruppe $\boldsymbol{T}$ und finden so die beiden anderen Darstellungen.

Mit ähnlichen Überlegungen, die wir hier nicht durchführen werden, kann man die Darstellungen der Gruppe $\boldsymbol{O}'$ auffinden. In Tabelle 8 sind die Charaktere der Darstellungen der aufgezählten verdoppelten Punktgruppen zusammengestellt (es sind nur diejenigen Darstellungen aufgeführt, die den zweideutigen Darstellungen der gewöhnlichen Gruppen entsprechen.) Die dazu isomorphen verdoppelten Gruppen haben dieselben Darstellungen.

Die verbleibenden Punktgruppen sind entweder isomorph zu den behandelten, oder sie ergeben sich durch direkte Multiplikation der behandelten mit der Gruppe $\boldsymbol{C}_i$, so daß man ihre Darstellungen nicht besonders zu berechnen braucht.

Aus denselben Gründen wie bei den üblichen Darstellungen sind zwei zueinander konjugiert komplexe zweideutige Darstellungen als eine physikalisch irreduzible Darstellung mit der doppelten Dimension zu betrachten. Die eindimensionalen zweideutigen Darstellungen hat man sogar dann zu verdoppeln, wenn ihre Charaktere reell sind. Das hängt damit zusammen (siehe § 60), daß die konjugiert komplexen Wellenfunktionen für Systeme mit halbzahligem Spin linear unabhängig sind. Sehen wir uns eine zweideutige eindimensionale Darstellung mit reellen Charakteren an[1]) (die durch eine Funktion ψ realisiert wird). Obwohl die dazu konjugiert komplexe Funktion ψ^* nach einer äquivalenten Darstellung transformiert wird, kann man trotzdem behaupten, daß ψ und ψ^* linear unabhängig sind. Da andererseits konjugiert komplexe Wellenfunktionen zum gleichen Energieniveau gehören müssen, sehen wir, daß eine derartige Darstellung bei physikalischen Anwendungen zu verdoppeln ist.

Alle Aussagen von § 97 über die Art, Auswahlregeln für die Matrixelemente verschiedener physikalischer Größen f aufzustellen, bleiben auch für Zustände eines Systems mit halbzahligem Spin gültig. Lediglich für die (in der Energie) diagonalen Matrixelemente treten Änderungen ein. Wir wiederholen die am Schluß von § 97 angestellten Überlegungen und benutzen diesmal die Formeln (60,2) und (60,3). Falls

---

[1]) Solche Darstellungen gibt es bei den Gruppen $\boldsymbol{C}_n'$ mit ungeraden n; die Charaktere darin sind $\chi(C_n^k) = (-1)^k$.

Tabelle 8 **Zweideutige Darstellungen der Punktgruppen**

D_2'	E	Q	$C_2^{(x)}$ $C_2^{(x)}Q$	$C_2^{(y)}$ $C_2^{(y)}Q$	$C_2^{(z)}Q$ $C_2^{(z)}Q$
E'	2	-2	0	0	0

D_3'	E	Q	C_3 C_3^2Q	C_3^2 C_3Q	$3U_2$	$3U_2Q$
E_1' {	1	-1	-1	1	i	$-i$
	1	-1	-1	1	$-i$	i
E_2'	2	-2	1	-1	0	0

D_6'	E	Q	C_2 C_2Q	C_3 C_3^2Q	C_3^2 C_3Q	C_6 C_6^5Q	C_6^5 C_6Q	$3U_2$ $3U_2Q$	$3U_2'$ $3U_2'Q$
E_1'	2	-2	0	1	-1	$\sqrt{3}$	$-\sqrt{3}$	0	0
E_2'	2	-2	0	1	-1	$-\sqrt{3}$	$\sqrt{3}$	0	0
E_3'	2	-2	0	-2	2	0	0	0	0

D_4'	E	Q	C_2 C_2Q	C_4 C_4^3Q	C_4^3 C_4Q	$2U_2$ $2U_2Q$	$2U_2'$ $2U_2'Q$
E_1'	2	-2	0	$\sqrt{2}$	$-\sqrt{2}$	0	0
E_2'	2	-2	0	$-\sqrt{2}$	$\sqrt{2}$	0	0

T'	E	Q	$4C_3$	$4C_3^2$	$4C_3Q$	$4C_3^2Q$	$3C_2$ $3C_2Q$
E'	2	-2	1	-1	-1	1	0
G' {	2	-2	ε	$-\varepsilon^2$	$-\varepsilon$	ε^2	0
	2	-2	ε^2	$-\varepsilon$	$-\varepsilon^2$	ε	0

O'	E	Q	$4C_3$ $4C_3^2Q$	$4C_3^2$ $4C_3Q$	$3C_4^2$ $3C_4^2Q$	$3C_4$ $3C_4^3Q$	$3C_4^3$ $3C_4Q$	$6C_2$ $6C_2Q$
E_1'	2	-2	1	-1	0	$\sqrt{2}$	$-\sqrt{2}$	0
E_2'	2	-2	1	-1	0	$-\sqrt{2}$	$\sqrt{2}$	0
G'	4	-4	-1	1	0	0	0	0

die Größe f gerade oder ungerade bei Zeitumkehr ist, hat man zur Bestimmung der Auswahlregeln das antisymmetrische $\{D^{(\alpha)^2}\}$ bzw. das symmetrische Produkt $[D^{(\alpha)^2}]$ der Darstellung $D^{(\alpha)}$ mit sich selbst zu verwenden.

Dieses Ergebnis ist gerade entgegengesetzt der in § 97 formulierten Regel für Systeme mit ganzzahligem Spin.[1])

[1]) Im Zusammenhang mit der Anwendung dieser Regeln bemerken wir, daß die Einsdarstellung im Falle zweideutiger Darstellungen nicht im symmetrischen, sondern im antisymmetrischen Produkt einer Darstellung enthalten ist. Für eine zweideutige Darstellung mit der Dimension 2 ist das Produkt $\{D^{(\alpha)^2}\}$ einfach gleich der Einsdarstellung.

Aufgabe

Wie spalten die Atomniveaus (mit gegebenen Werten für den Gesamtdrehimpuls J) in einem Feld mit der kubischen Symmetrie O auf? [1])

Lösung. Die Wellenfunktionen der Atomzustände mit dem Drehimpuls J und verschiedenen Werten M_J realisieren eine $(2J + 1)$-dimensionale reduzible Darstellung der Gruppe O; die zugehörigen Charaktere sind Formel (98,3) zu entnehmen. Wir zerlegen diese Darstellung in irreduzible Bestandteile (eindeutige für ganzzahliges J oder zweideutige für halbzahliges J) und bestimmen somit die gesuchte Aufspaltung (vgl. § 96). Die irreduziblen Anteile der Darstellungen für die kleinsten Werte von J sind

$J = 0$	$1/2$	1	$3/2$	2	$5/2$	3
A_1	E_1'	F_1	G'	$E + F_2$	$E_2' + G'$	$A_2 + F_1 + F_2$

.

[1]) Es kann sich dabei um ein Atom im Kristallgitter handeln. Für die aufgegriffene Frage ist es belanglos, ob es in der Symmetriegruppe des äußeren Feldes ein Symmetriezentrum gibt oder nicht, denn das Verhalten der Wellenfunktion bei einer Inversion (Geradheit oder Ungeradheit eines Niveaus) hat keinen Bezug zum Drehimpuls J.

XIII MEHRATOMIGE MOLEKÜLE

§ 100. Die Klassifizierung der Molekülschwingungen

Bei der Anwendung auf mehratomige Moleküle ist die Gruppentheorie vor allem für die Klassifizierung der Elektronenterme von entscheidender Bedeutung, d. h. für die Klassifizierung der Energieniveaus bei fester Kernkonfiguration. Sie werden nach den irreduziblen Darstellungen derjenigen Punktgruppe klassifiziert, die die betrachtete Konfiguration als Symmetriegruppe hat. Es muß dabei jedoch der offensichtliche Umstand besonders unterstrichen werden, daß die so erhaltene Konfiguration sich gerade auf die betreffende bestimmte Anordnung der Kerne bezieht, denn bei einer Verschiebung der Kerne wird die Symmetrie der Konfiguration im allgemeinen verletzt werden. Normalerweise spricht man von der Konfiguration, die der Gleichgewichtslage der Kerne entspricht. In diesem Falle wird die Klassifizierung auch für kleine Kernschwingungen den gleichen Sinn haben, aber sie verliert natürlich ihren Sinn, wenn man die Schwingungen nicht mehr als klein ansehen darf.

In einem zweiatomigen Molekül sind wir nicht auf diese Frage gestoßen, weil die axiale Symmetrie selbstverständlich bei einer beliebigen Auslenkung der Kerne erhalten bleibt. Eine ähnliche Situation liegt auch für dreiatomige Moleküle vor. Drei Kerne liegen immer in einer Ebene, die eine Symmetrieebene des Moleküls ist. Deshalb ist die Klassifizierung der Elektronenterme eines dreiatomigen Moleküls in bezug auf diese Ebene (Symmetrie oder Antisymmetrie der Wellenfunktionen bei einer Spiegelung an der Ebene) immer möglich.

Für die Elektronenterme zum Grundzustand mehratomiger Moleküle gibt es eine empirische Regel: Die überwältigende Mehrzahl der Moleküle hat im Elektronengrundzustand eine Wellenfunktion mit der vollständigen Symmetrie (für zweiatomige Moleküle ist diese Regel bereits in § 78 erwähnt worden). Mit anderen Worten, sie ist invariant gegenüber allen Elementen der Symmetriegruppe des Moleküls, d. h., sie gehört zur Eins-Darstellung der Gruppe.

Die Anwendung gruppentheoretischer Methoden ist bei der Untersuchung der Molekülschwingungen besonders wesentlich (E. P. Wigner, 1930). Vor der quantenmechanischen Behandlung dieses Problems ist es notwendig, die Molekülschwingungen rein klassisch zu behandeln. Das Molekül wird dabei als ein System aus einigen wechselwirkenden Teilchen (Kernen) angesehen.

Wie aus der Mechanik bekannt ist (siehe I, §§ 23 und 24), hat ein System aus N Teilchen (die nicht auf einer Geraden liegen) $3N - 6$ Schwingungsfreiheitsgrade. Von der Gesamtzahl der $3N$ Freiheitsgrade entsprechen drei einer translatorischen

Bewegung und drei einer Rotation des ganzen Systems.[1]) Die Energie eines Systems von Teilchen, die kleine Schwingungen ausführen, kann folgendermaßen aufgeschrieben werden:

$$E = \frac{1}{2} \sum_{i,k} m_{ik} \dot{u}_i \dot{u}_k + \frac{1}{2} \sum_{ik} k_{ik} u_i u_k \,, \tag{100,1}$$

m_{ik} und k_{ik} sind konstante Koeffizienten, und die u_i sind die Vektorkomponenten der Auslenkung der Teilchen aus der Ruhelage (die Indizes i und k bezeichnen sowohl die Vektorkomponenten als auch die verschiedenen Teilchen). Durch eine geeignete lineare Transformation der Größen u_i kann man aus (100,1) diejenigen Koordinaten eliminieren, die der Translation und der Rotation des Systems entsprechen, und die Schwingungskoordinaten so wählen, daß die beiden quadratischen Formen in (100,1) zu Summen von Quadraten werden. Wir normieren diese Koordinaten so, daß alle Koeffizienten im Ausdruck für die kinetische Energie gleich 1 werden und erhalten die Schwingungsenergie in der Gestalt

$$E = \frac{1}{2} \sum_{i,\alpha} \dot{Q}_{\alpha i}^2 + \frac{1}{2} \sum_{\alpha} \omega_\alpha^2 \sum_i Q_{\alpha i}^2 \,. \tag{100,2}$$

Die Schwingungskoordinaten $Q_{\alpha i}$ werden als *Normalkoordinaten* bezeichnet. Die ω_α sind die Frequenzen der zugehörigen unabhängigen Schwingungen. Es kann sein, daß zu einigen Normalkoordinaten die gleiche Schwingungsfrequenz gehört (man nennt sie dann *mehrfach*). Der Index α an der Normalkoordinate gibt die zugehörige Frequenz an, der Index $i = 1, 2, .., f_\alpha$ unterscheidet die Koordinaten zur gleichen Frequenz (f_α ist die Vielfachheit der Frequenz).

Der Ausdruck (100,2) für die Energie eines Moleküls muß invariant gegenüber den Symmetrietransformationen sein. Bei einer beliebigen Symmetrietransformation aus der Punktgruppe für die Molekülsymmetrie transformieren sich demnach die Normalkoordinaten $Q_{\alpha i}$, $i = 1, 2, \dots, f_\alpha$ (zu jedem gegebenen α) linear untereinander, so daß die Quadratsumme $\sum Q_{\alpha i}^2$ unverändert bleibt. Mit anderen Worten, die Normalkoordinaten zu jeder gegebenen Eigenfrequenz der Molekülschwingungen realisieren eine irreduzible Darstellung der zugehörigen Symmetriegruppe. Die Vielfachheit der Frequenz bestimmt die Dimension der Darstellung. Die Irreduzibilität der Darstellung folgt aus den gleichen Überlegungen, die in § 96 im Zusammenhang mit den Lösungen der SCHRÖDINGER-Gleichung angestellt worden sind. Die Übereinstimmung von Frequenzen zu zwei verschiedenen irreduziblen Darstellungen wäre ein sehr unwahrscheinlicher Zufall. Dabei muß wiederum folgende Vereinbarung getroffen werden: Da die physikalischen Normalkoordinaten ihrer Natur nach reelle Größen sind, müssen zwei konjugiert komplexe Darstellungen einer Eigenfrequenz mit der doppelten Vielfachheit entsprechen.

Mit diesen Überlegungen kann man die Eigenschwingungen eines Moleküls klassifizieren, ohne das komplizierte Problem der konkreten Berechnung der betreffenden Normalkoordinaten lösen zu müssen. Dazu müssen wir zunächst (nach dem unten beschriebenen Verfahren) diejenige Darstellung finden, die von allen Schwingungskoordinaten realisiert wird (wir werden sie als *vollständige Schwingungsdarstellung* bezeichnen). Diese Darstellung ist reduzibel. Wir zerlegen sie in irreduzible Bestand-

---

[1]) Wenn alle Teilchen auf einer Geraden liegen, dann ist die Zahl der Schwingungsfreiheitsgrade $3N - 5$ (der Rotation entsprechen in diesem Falle nur zwei Koordinaten, da es keinen Sinn hat, von der Rotation eines linearen Moleküls um seine Achse zu sprechen).

teile und bestimmen somit die Vielfachheit der Eigenfrequenzen und die Symmetrieeigenschaften der zugehörigen Schwingungen. Dabei ist es möglich, daß ein und dieselbe irreduzible Darstellung in der vollständigen Darstellung mehrfach enthalten ist. Es gibt in diesem Falle einige verschiedene Frequenzen mit der gleichen Vielfachheit und mit Schwingungen der gleichen Symmetrie.

Bei der Bestimmung der vollständigen Schwingungsdarstellung gehen wir davon aus, daß die Charaktere einer Darstellung bei einer linearen Transformation der Basisfunktionen invariant sind. Man kann sie daher berechnen, indem man als Basisfunktionen nicht die Normalkoordinaten, sondern einfach die Vektorkomponenten u_i der Verschiebungen der Kerne aus der Ruhelage verwendet.

Zunächst ist klar, daß man bei der Berechnung des Charakters für ein Element G einer Punktgruppe nur diejenigen Kerne zu betrachten hat, die (genauer: deren Ruhelagen) bei der betreffenden Symmetrietransformation an ihrem Ort verbleiben. Wenn bei einer betrachteten Drehung oder Spiegelung G der Kern 1 in eine neue Lage übergeht, wo sich vorher ein anderer Kern 2 befunden hat, so bedeutet das, daß bei der Operation G die Verschiebung des Kernes 1 in die Verschiebung des Kernes 2 transformiert wird. Mit anderen Worten, in den zu diesem Kern gehörigen (d. h. zu dessen Verschiebung u_i) Zeilen der Matrix G_{ik} gibt es auf keinen Fall Diagonalelemente. Die Vektorkomponenten der Auslenkung eines Kernes, dessen Ruhelage von der Operation G nicht berührt wird, werden nur untereinander transformiert, so daß man sie unabhängig von den Verschiebungsvektoren der anderen Kerne behandeln kann.

Wir sehen uns zunächst die Drehung $C(\varphi)$ um den Winkel φ um eine Symmetrieachse an. u_x, u_y und u_z seien die Vektorkomponenten der Auslenkung eines Kernes, dessen Ruhelage auf der Drehachse liegt und daher von der Drehung unbeeinflußt bleibt. Bei einer Drehung transformieren sich diese Komponenten wie die Komponenten eines beliebigen gewöhnlichen (polaren) Vektors nach den Formeln (die z-Achse ist die Symmetrieachse)

$$\begin{aligned} u_x' &= u_x \cos\varphi + u_y \sin\varphi\,, \\ u_y' &= -u_x \sin\varphi + u_y \cos\varphi\,, \\ u_z' &= u_z\,. \end{aligned}$$

Der Charakter, d. h. die Summe der Diagonalelemente der Transformationsmatrix, ist $1 + 2\cos\varphi$. Falls auf der betreffenden Achse N_C Kerne angeordnet sind, ist der resultierende Charakter

$$N_C(1 + 2\cos\varphi)\,. \tag{100,3}$$

Dieser Charakter entspricht aber der Transformation aller $3N$ Auslenkungen u_i. Man hat deshalb noch denjenigen Teil abzusondern, der einer Translation und einer (kleinen) Rotation des ganzen Moleküls entspricht. Die Translation wird durch den Verschiebungsvektor $\boldsymbol{U}$ des Massenmittelpunktes des Moleküls bestimmt. Der zugehörige Teil des Charakters ist demzufolge $1 + 2\cos\varphi$. Eine Rotation des ganzen Moleküls wird durch den Vektor $\delta\boldsymbol{\Omega}$ für den Drehwinkel bestimmt.[1]) Der Vektor $\delta\boldsymbol{\Omega}$ ist ein Axialvektor; aber bei Drehungen des Koordinatensystems verhält sich ein Axialvektor wie ein polarer Vektor. Deshalb ist auch der Charakter zum Vektor $\delta\boldsymbol{\Omega}$ gleich

[1]) Bekanntlich kann man eine kleine Drehung durch einen Vektor $\delta\boldsymbol{\Omega}$ beschreiben, dessen Betrag gleich dem Drehwinkel ist und der so in Richtung der Drehachse zeigt, daß die Rechte-Hand-Regel gilt. Der so definierte Vektor $\delta\boldsymbol{\Omega}$ ist offenbar ein Axialvektor.

$1 + 2\cos\varphi$. Folglich müssen wir von (100,3) insgesamt die Größe $2(1 + 2\cos\varphi)$ subtrahieren. Wir erhalten also endgültig für den Charakter $\chi(C)$ der Drehung $C(\varphi)$ in der totalen Darstellung

$$\chi(C) = (N_C - 2)\,(1 + 2\cos\varphi)\,. \tag{100,4}$$

Der Charakter des Einselementes E ist offensichtlich einfach gleich der Gesamtzahl der Schwingungsfreiheitsgrade: $\chi(E) = 3N - 6$ (was sich aus (100,4) für $N_C = N$ und $\varphi = 0$ ergibt).

Analog berechnen wir den Charakter für die Drehspiegelung $S(\varphi)$ (Drehung um den Winkel φ um die z-Achse und Spiegelung an der xy-Ebene). Bei dieser Transformation wird ein Vektor nach den Formeln

$$u_x' = u_x \cos\varphi + u_y \sin\varphi\,,$$
$$u_y' = -u_x \sin\varphi + u_y \cos\varphi\,,$$
$$u_z' = -u_z$$

transformiert. Der zugehörige Charakter ist $-1 + 2\cos\varphi$. Deshalb ist der Charakter der Darstellung, die durch alle $3N$ Auslenkungen u_i realisiert wird, gleich

$$N_S(-1 + 2\cos\varphi)\,, \tag{100,5}$$

wenn N_S die Zahl der Kerne ist, die von der Operation $S(\varphi)$ nicht berührt werden (diese Zahl kann offenbar entweder 0 oder 1 sein). Zum Vektor $\boldsymbol{U}$ für die Verschiebung des Massenmittelpunktes gehört der Charakter $(-1 + 2\cos\varphi)$. Der Vektor $\delta\boldsymbol{\Omega}$ ist ein Axialvektor und ändert sich bei einer Inversion des Koordinatensystems nicht. Andererseits kann die Drehspiegelungstransformation $S(\varphi)$ in der Form

$$S(\varphi) = C(\varphi)\,\sigma_h = C(\varphi)\,C_2 I = C(\pi + \varphi)\,I$$

dargestellt werden, d. h. als Drehung um den Winkel $\pi + \varphi$ mit einer anschließenden Inversion. Der Charakter der Transformation $S(\varphi)$ in Anwendung auf den Vektor $\delta\boldsymbol{\Omega}$ ist gleich dem Charakter der Transformation $C(\pi + \varphi)$ in Anwendung auf einen gewöhnlichen Vektor, d. h., er ist gleich $1 + 2\cos(\pi + \varphi) = 1 - 2\cos\varphi$. Da die Summe $(-1 + 2\cos\varphi) + (1 - 2\cos\varphi) = 0$ ist, gelangen wir zu folgendem Ergebnis: Der Ausdruck (100,5) ist gerade der gesuchte Charakter $\chi(S)$ der Drehspiegelungstransformation $S(\varphi)$ in der totalen Darstellung:

$$\chi(S) = N_S(-1 + 2\cos\varphi)\,. \tag{100,6}$$

Insbesondere ist der Charakter einer Spiegelung an einer Ebene ($\varphi = 0$) gleich $\chi(\sigma) = N_\sigma$, und der Charakter einer Inversion ($\varphi = \pi$) ist $\chi(I) = -3N_I$.

Nachdem die Charaktere χ der totalen Darstellung gefunden worden sind, hat man diese nur noch in die irreduziblen Darstellungen zu zerlegen. Das geschieht nach der Formel (94,16) mit Hilfe der in § 95 angegebenen Tabellen für die Charaktere (siehe die Aufgaben zu diesem Paragraphen).

Zur Klassifizierung der Schwingungen eines linearen Moleküls braucht man die Gruppentheorie nicht zu Hilfe zu nehmen. Die Gesamtzahl der Schwingungsfreiheitsgrade ist $3N - 5$. Wir unterscheiden solche Schwingungen, bei denen die Atome auf einer Geraden bleiben, und solche, für die das nicht zutrifft.[1]) Bei der Bewegung

[1]) Falls ein Molekül zu seinem Mittelpunkt symmetrisch ist, ergibt sich ein weiteres charakteristisches Merkmal der Schwingungen; siehe deshalb Aufgabe 10 zu diesem Paragraphen.

von N Teilchen auf einer Geraden gibt es N Freiheitsgrade, davon entspricht einer der translatorischen Bewegung des ganzen Moleküls. Es gibt daher $N - 1$ Normalkoordinaten für Schwingungen, bei denen die Atome auf einer Geraden bleiben. Dazu gehören im allgemeinen $N - 1$ verschiedene Eigenfrequenzen. Die restlichen $(3N - 5) - (N - 1) = 2N - 4$ Normalkoordinaten gehören zu Schwingungen, bei denen die Linearität des Moleküls gestört wird. Dazu gehören $N - 2$ zweifach entartete Frequenzen (zu jeder Frequenz gehören zwei Normalkoordinaten, die gleichartigen Schwingungen in zwei zueinander senkrechten Ebenen entsprechen).[1]

Aufgaben

1. Es sind die Normalschwingungen des NH_3-Moleküls zu klassifizieren (reguläre Pyramide mit dem N-Atom an der Spitze und den H-Atomen an den Ecken der Grundfläche — Abb. 41).

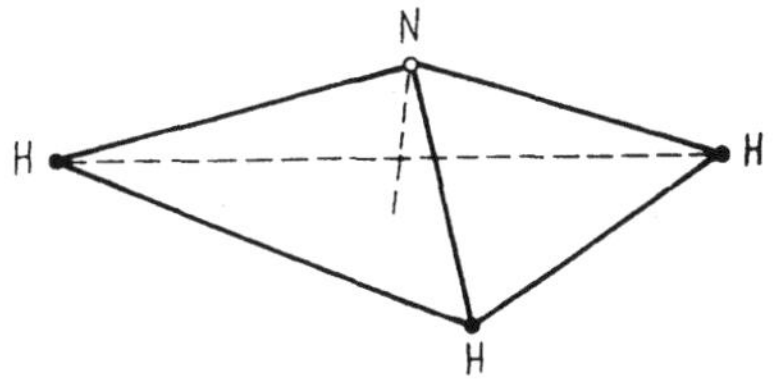

Abb. 41

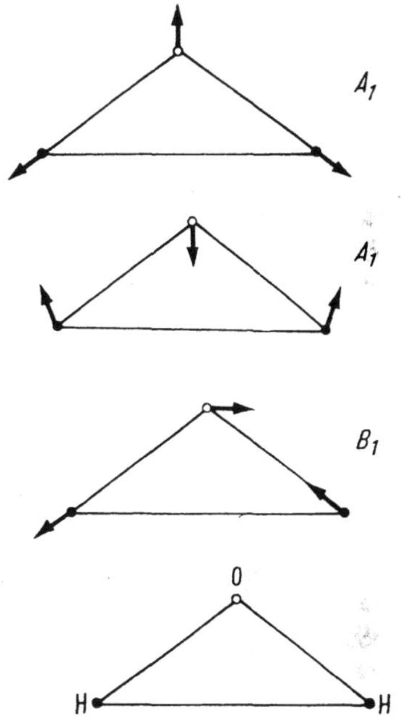

Abb. 42

Lösung. Die Molekülsymmetrie entspricht der Punktgruppe C_{3v}. Die Drehungen um die dreizählige Achse lassen nur ein Atom (N) fest und die Spiegelungen an Ebenen je zwei Atome (N und ein H). Nach den Formeln (100,4) und (100,6) finden wir die Charaktere der totalen Darstellung

$$\frac{E \quad 2C_3 \quad 3\sigma_v}{6 \quad\; 0 \quad\; 2}.$$

Wir zerlegen diese Darstellung in die irreduziblen Bestandteile und finden, daß darin zweimal die Darstellung A_1 und zweimal E enthalten sind. Es gibt also zwei einfache Frequenzen, die zu Schwingungen vom Typ A_1 gehören und die die vollständige Molekülsymmetrie erhalten (soge-

[1]) Unter Verwendung der Bezeichnungen für die irreduziblen Darstellungen der Gruppe $C_{\infty v}$ (§ 98) kann man sagen, es gibt $N - 1$ Schwingungen vom Typ A_1 und $N - 2$ Schwingungen vom Typ E_1.

nannte vollsymmetrische Schwingungen). Ferner gibt es zwei zweifache Frequenzen; sie gehören zu den Normalkoordinaten, die sich nach der Darstellung E ineinander transformieren.

2. Wie Aufgabe 1 für das H_2O-Molekül (Abb. 42).

Lösung. Die zugehörige Symmetriegruppe ist $\boldsymbol{C}_{2v}$. Die Transformation C_2 läßt das O-Atom fest, die Transformation σ_v (Spiegelung an der Molekülebene) alle drei Atome und die Spiegelung σ_v' nur das O-Atom. Die Charaktere der totalen Darstellung sind

E	C_2	σ_v	σ_v'
3	1	3	1

Diese Darstellung wird in folgende irreduzible Darstellungen zerlegt: $2A_1$, $1B_1$, d. h., es gibt zwei vollsymmetrische Schwingungen und eine mit der der Symmetrie der Darstellung B_1. Alle Frequenzen sind einfach (in Abb. 42 sind die zugehörigen Normalschwingungen eingezeichnet).

3. Wie Aufgabe 1 für das $CClH_3$-Molekül (Abb. 43, a).

Lösung. Die Symmetriegruppe des Moleküls ist $\boldsymbol{C}_{3v}$. Nach dem gleichen Vorgehen finden wir, daß es drei vollsymmetrische Schwingungen A_1 und drei zweifache Schwingungen vom Typ E gibt.

4. Wie Aufgabe 1 für das CH_4-Molekül (das C-Atom sitzt im Mittelpunkt, die H-Atome auf den Ecken eines Tetraeders, Abb. 43, b).

Lösung. Die Molekülsymmetrie ist $\boldsymbol{T}_d$. Die Schwingungen sind $1A_1$, $1E$, $2F_2$.

5. Wie Aufgabe 1 für das C_6H_6-Molekül (Abb. 43, c).

Lösung. Die Molekülsymmetrie ist $\boldsymbol{D}_{6h}$, die Schwingungen sind $2A_{1g}$, $1A_{2g}$, $1A_{2u}$, $1B_{1g}$, $1B_{1u}$, $1B_{2g}$, $3B_{2u}$, $1E_{1g}$, $3E_{1u}$, $4E_{2g}$, $2E_{2u}$.

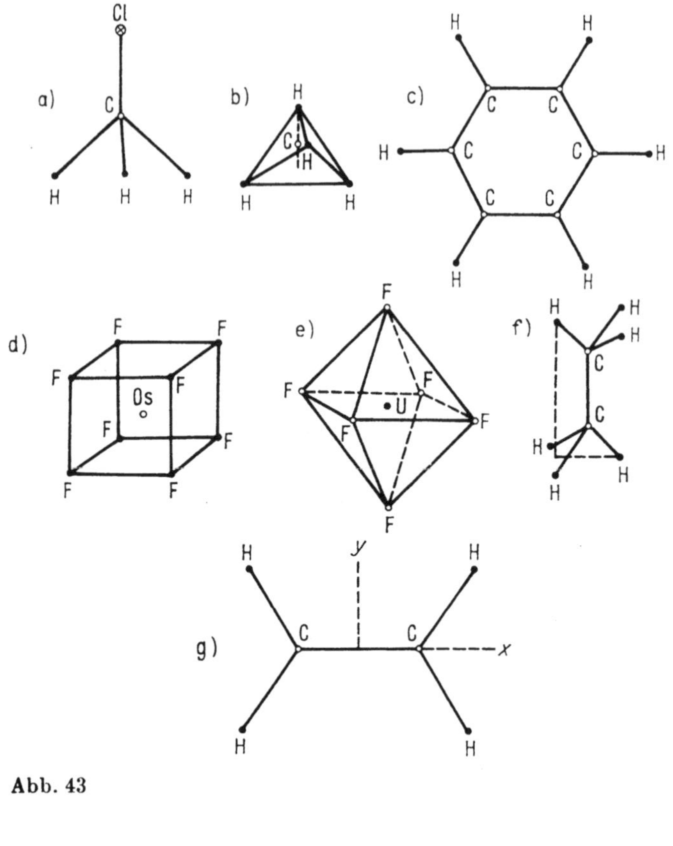

Abb. 43

6. Wie Aufgabe 1 für das OsF_8-Molekül (das Atom Os befindet sich im Mittelpunkt, die F-Atome an den Ecken eines Würfels, Abb. 43, d).

Lösung. Die Molekülsymmetrie ist $\boldsymbol{O_h}$. Die Schwingungen sind $1A_{1g}$, $1A_{2u}$, $1E_g$, $1E_u$, $2F_{1u}$, $2F_{2g}$, $1F_{2u}$.

7. Wie Aufgabe 1 für das UF_6-Molekül (das U-Atom sitzt im Mittelpunkt, die F-Atome an den Ecken eines Oktaeders, Abb. 43, e).

Lösung. Die Molekülsymmetrie ist $\boldsymbol{O_h}$. Die Schwingungen sind

$$1A_{1g},\ 1E_g,\ 2F_{1u},\ 1F_{2g},\ 1F_{2u}\,.$$

8. Wie Aufgabe 1 für das C_2H_6-Molekül (Abb. 43, f).

Lösung. Die Molekülsymmetrie ist $\boldsymbol{D_{3d}}$. Die Schwingungen sind

$$3A_{1g},\ 1A_{1u},\ 2A_{2u},\ 3E_g,\ 3E_u\,.$$

9. Wie Aufgabe 1 für das C_2H_4-Molekül (Abb. 43, g, alle Atome sind in einer Ebene angeordnet).

Lösung. Die Molekülsymmetrie ist $\boldsymbol{D_{2h}}$. Die Schwingungen sind

$$3A_{1g},\ 1A_{1u},\ 2B_{1g},\ 1B_{1u},\ 2B_{3u},\ 1B_{2g},\ 2B_{2u}$$

(die Wahl der Koordinatenachsen ist in der Abbildung angegeben).

10. Wie Aufgabe 1 für ein N-atomiges lineares Molekül, das zu seinem Mittelpunkt symmetrisch ist.

Lösung. Zu der im Text behandelten Klassifizierung der Schwingungen eines linearen Moleküls kommt jetzt noch die Klassifizierung nach dem Verhalten bei einer Inversion am Zentrum hinzu. Es sind die Fälle gerades N und ungerades N zu unterscheiden.

Für gerades N ($N = 2p$) befindet sich in der Mitte des Moleküls kein Atom. Wir lassen für die p Atome einer Molekülhälfte unabhängige Auslenkungen auf der Geraden zu. Die übrigen p Atome sollen entgegengesetzt und gleiche Auslenkungen haben. p Schwingungen, die die Atome auf der Geraden belassen, sind dann symmetrisch in bezug auf das Zentrum; die restlichen $(2p - 1) - p = p - 1$ Schwingungen dieses Typs sind antisymmetrisch bezüglich des Zentrums. Ferner haben die p Atome $2p$ Freiheitsgrade für Bewegungen, bei denen die Atome nicht auf der Geraden verbleiben. Wir ordnen symmetrisch gelegenen Atomen entgegengesetzte und gleiche Auslenkungen zu und würden dabei $2p$ symmetrische Schwingungen erhalten. Davon hat man aber die beiden der Molekülrotation entsprechenden zu subtrahieren. Es gibt also $p - 1$ zweifache Schwingungsfrequenzen, bei denen die Atome von der Geraden ausgelenkt werden und die zum Zentrum symmetrisch sind, und genauso viele $((2p - 2) - (p - 1) = p - 1)$ antisymmetrische. Wir verwenden die Bezeichnungen für die irreduziblen Darstellungen der Gruppe $\boldsymbol{D_{\infty h}}$ (siehe den Schluß von § 98) und können feststellen, daß es p Schwingungen vom Typ A_{1g} und je $p - 1$ Schwingungen der Typen A_{1u}, E_{1g} und E_{1u} gibt.

Für ungerades N ($N = 2p + 1$) ergeben analoge Überlegungen, daß es je p Schwingungen der Typen A_{1g}, A_{1u}, E_{1u} und $p - 1$ Schwingungen vom Typ E_{1g} gibt.

§ 101. Die Schwingungsniveaus

Bei der quantenmechanischen Behandlung wird die Schwingungsenergie eines Moleküls durch die Eigenwerte des HAMILTON-Operators

$$\hat{H}^{(v)} = \frac{1}{2} \sum_{\alpha} \sum_{i=1}^{f_\alpha} (\hat{P}_{\alpha i}^2 + \omega_\alpha^2 Q_{\alpha i}^2) \tag{101,1}$$

bestimmt; $\hat{P}_{\alpha i} = -i\hbar\, \partial/\partial Q_{\alpha i}$ sind die Impulsoperatoren, die den Normalkoordinaten $Q_{\alpha i}$ zugeordnet sind. Dieser HAMILTON-Operator zerfällt in eine Summe voneinander unabhängiger Summanden (Ausdruck in der Klammer); deshalb sind die Energieniveaus die Summen

$$E^{(v)} = \hbar \sum_{\alpha} \omega_{\alpha} \sum_{i} \left(v_{\alpha i} + \frac{1}{2}\right) = \sum_{\alpha} \hbar\omega_{\alpha} \left(v_{\alpha} + \frac{f_{\alpha}}{2}\right) \tag{101,2}$$

mit $v_{\alpha} = \sum_{i} v_{\alpha i}$, f_{α} ist die Vielfachheit der Frequenz ω_{α}. Die Wellenfunktionen sind Produkte der entsprechenden Wellenfunktionen linearer harmonischer Oszillatoren:

$$\psi = \prod_{\alpha} \psi_{\alpha} \tag{101,3}$$

mit

$$\psi_{\alpha} = \text{const} \cdot \exp\left(-\tfrac{1}{2} c_{\alpha}^2 \sum_{i} Q_{\alpha i}^2\right) \prod_{i} H_{v_{\alpha i}}(c_{\alpha} Q_{v \alpha i}) \; ; \tag{101,4}$$

H_v bedeutet das hermitesche Polynom v-ten Grades, $c_{\alpha} = \sqrt{\omega_{\alpha}/\hbar}$.

Falls es unter den Frequenzen ω_{α} mehrfache gibt, sind die Schwingungsniveaus im allgemeinen entartet. Die Energie (101,2) hängt nur von den Summen $v_{\alpha} = \sum_{i} v_{\alpha i}$ ab. Der Entartungsgrad eines Niveaus ist daher gleich der Anzahl der Möglichkeiten, aus den Zahlen $v_{\alpha i}$ einen bestimmten Satz von Zahlen v_{α} zu bilden. Für eine Zahl v_{α} ist sie gleich[1])

$$\frac{(v_{\alpha} + f_{\alpha} - 1)!}{v_{\alpha}!(f_{\alpha} - 1)!} .$$

Daher ist der gesamte Entartungsgrad

$$\prod_{\alpha} \frac{(v_{\alpha} + f_{\alpha} - 1)!}{v_{\alpha}!(f_{\alpha} - 1)!} . \tag{101,5}$$

Für zweifache Frequenzen sind die Faktoren in diesem Produkt $v_{\alpha} + 1$, und für dreifache $\frac{1}{2}(v_{\alpha} + 1)(v_{\alpha} + 2)$.

Diese Entartung liegt nur solange vor, wie man rein harmonische Schwingungen betrachtet. Berücksichtigt man im HAMILTON-Operator höhere Potenzen in den Normalkoordinaten (Anharmonizität der Schwingungen), so wird die Entartung im allgemeinen aufgehoben, wenn auch nicht vollständig (siehe dazu ausführlicher in § 104).

Die Wellenfunktionen (101,3) zu ein und demselben entarteten Schwingungsterm realisieren eine (im allgemeinen reduzible) Darstellung der Symmetriegruppe des Moleküls. Aber Funktionen zu verschiedenen Frequenzen werden unabhängig voneinander transformiert. Deshalb ist die durch alle Funktionen (101,3) realisierte Darstellung das Produkt der durch die Funktionen (101,4) realisierten Darstellungen, so daß man nur die letzteren zu betrachten braucht.

Der Exponentialfaktor in (101,4) ist invariant gegenüber allen Symmetrietransformationen. In den hermiteschen Polynomen werden die Glieder einer bestimmten Potenz jeweils nur untereinander transformiert (eine Symmetrietransformation ändert offensichtlich den Grad eines Gliedes nicht). Da andererseits jedes hermitesche Polynom durch seinen höchsten Summanden vollkommen bestimmt wird, braucht man nur das höchste Glied zu behandeln und schreibt $\prod_{i=1}^{f_{\alpha}} H_{v_{\alpha i}}(c_{\alpha} Q_{\alpha i}) = \text{const}\; Q_{\alpha 1}^{v_{\alpha 1}} Q_{\alpha 2}^{v_{\alpha 2}} \ldots Q_{\alpha f_{\alpha}}^{v_{\alpha f_{\alpha}}} +$ Glieder niedrigerer Potenzen.

---

[1]) Das ist die Zahl der Möglichkeiten, v_{α} Kugeln auf f_{α} Zellen zu verteilen.

Diejenigen Funktionen, für die die Summe $v_\alpha = \sum_i v_{\alpha i}$ den gleichen Wert hat, gehören zum gleichen Term. Wir haben also eine Darstellung, die durch Produkte von je v_α Größen $Q_{\alpha i}$ realisiert wird. Das ist nichts anderes als das symmetrische Produkt (siehe § 94) der durch die Größen $Q_{\alpha i}$ realisierten irreduziblen Darstellung v_α-mal mit sich selbst (L. Tisza, 1933).

Für eindimensionale Darstellungen ist die Bestimmung der Charaktere der v-fachen symmetrischen Produkte trivial[1])

$$\chi_v(G) = [\chi(G)]^v .$$

Für zwei- und dreidimensionale Darstellungen wendet man zweckmäßig folgendes mathematische Verfahren an.[2]) Die Quadratsumme der Basisfunktionen einer irreduziblen Darstellung ist gegenüber allen Symmetrietransformationen invariant. Man kann sie deshalb formal als die Komponenten eines zwei- oder dreidimensionalen Vektors ansehen und die Symmetrietransformationen als Drehungen (oder Spiegelungen) dieser Vektoren. Diese Drehungen und Spiegelungen haben im allgemeinen nichts mit den tatsächlichen Symmetrietransformationen gemeinsam und hängen (für jedes Gruppenelement G) auch von der konkreten behandelten Darstellung ab.

Wir wollen die zweidimensionalen Darstellungen ausführlicher behandeln. $\chi(G)$ sei der Charakter eines Gruppenelementes in der betreffenden zweidimensionalen Darstellung, und es sei $\chi(G) \neq 0$. Die Summe der Diagonalelemente der Transformationsmatrix für die Komponenten x und y eines zweidimensionalen Vektors bei einer Drehung in der Ebene um den Winkel φ ist $2 \cos \varphi$. Wir setzen

$$2 \cos \varphi = \chi(G) \tag{101,6}$$

und finden so den Drehwinkel, der formal dem Element G in der gegebenen irreduziblen Darstellung entspricht. Das v-fache symmetrische Produkt der Darstellung mit sich ist eine Darstellung mit der Basis aus $v + 1$ Größen $x^v, x^{v-1}y, \ldots, y^v$. Die Charaktere dieser Darstellung sind[3])

$$\chi_v(G) = \frac{\sin (v+1) \varphi}{\sin \varphi}. \tag{101,7}$$

Der Fall $\chi(G) = 0$ muß besonders betrachtet werden, weil der Charakter Null sowohl zu einer Drehung um den Winkel $\pi/2$ als auch zu einer Spiegelung gehört. Für $\chi(G^2) = -2$ haben wir es mit einer Drehung um den Winkel $\pi/2$ zu tun, und wir erhalten für $\chi_v(G)$

$$\chi_v(G) = -\frac{1 + (-1)^v}{2}. \tag{101,8}$$

Für $\chi(G^2) = 2$ hat man dagegen $\chi(G)$ als den Charakter einer Spiegelung anzusehen (d. h. als von der Transformation $x \to x$, $y \to -y$); es ist dann

$$\chi_v(G) = \frac{1 + (-1)^v}{2}. \tag{101,9}$$

---

[1]) Wir verwenden hier die Bezeichnung $\chi_v(G)$ statt der schwerfälligeren $[\chi^v]\,(G)$.

[2]) Das zu diesem Zweck von A. S. Kompanejez (1940) angewandt worden ist.

[3]) Für die Rechnung ist es zweckmäßig, die Basisfunktionen in der Form

$$(x + iy)^v , \quad (x + iy)^{v-1} (x - iy) , \ldots , (x - iy)^v$$

zu wählen. Die Drehmatrix ist dann diagonal, und die Summe der Diagonalelemente hat die Gestalt

$$e^{iv\varphi} + e^{i(v-2)\varphi} + \ldots + e^{-iv\varphi} .$$

Analog kann man Formeln für die symmetrischen Produkte von dreidimensionalen Darstellungen herleiten. Man findet die Drehung (oder die Spiegelung), der ein Gruppenelement in der betreffenden Darstellung formal entspricht, ganz einfach mit Hilfe von Tabelle 7. Es wird diejenige Transformation sein, die dem gegebenen $\chi(G)$ in derjenigen isomorphen Gruppe entspricht, in der sich die Koordinaten nach dieser Darstellung transformieren. So hat man für die Darstellung F_1 der Gruppen $\boldsymbol{O}$ und $\boldsymbol{T_d}$ die Transformation aus der Gruppe $\boldsymbol{O}$ zu nehmen und für die Darstellung F_2 aus der Gruppe $\boldsymbol{T_d}$. Wir werden uns hier nicht mit der Herleitung der entsprechenden Formeln für die Charaktere $\chi_v(G)$ aufhalten.

§ 102. Die Stabilität symmetrischer Molekülkonfigurationen

Bei symmetrischer Anordnung der Kerne kann ein Elektronenterm eines Moleküls entartet sein, wenn es unter den irreduziblen Darstellungen der Symmetriegruppe höhere als eindimensionale Darstellungen gibt. Wir wollen die Frage stellen, ob eine solche symmetrische Konfiguration eine stabile Gleichgewichtskonfiguration eines Moleküls sein kann. Dabei werden wir den Einfluß des Spins vernachlässigen (wenn es überhaupt einen solchen gibt), weil er bei mehratomigen Molekülen im allgemeinen unbedeutend ist. Die Entartung der Elektronenterme, über die wir sprechen wollen, ist daher eine reine Bahnentartung und hängt nicht mit dem Spin zusammen.

Die Energie eines Moleküls muß als Funktion der Kernabstände bei der betreffenden Anordnung der Kerne ein Minimum haben, damit diese Konfiguration stabil ist. Die Energieänderung bei einer kleinen Verrückung der Kerne darf daher keine in den Verrückungen linearen Glieder enthalten.

$\hat{H}$ sei der Hamilton-Operator für den Elektronenzustand des Moleküls; die Kernabstände werden darin als Parameter angesehen. Wir bezeichnen diesen Hamilton-Operator für die gegebene symmetrische Konfiguration mit $\hat{H}_0$. Als Größen zur Beschreibung der kleinen Verrückungen der Kerne können wir die Normalkoordinaten $Q_{\alpha i}$ der Schwingungen verwenden. Die Entwicklung von $\hat{H}$ nach Potenzen von $Q_{\alpha i}$ hat die Gestalt

$$\hat{H} = \hat{H}_0 + \sum_{\alpha, i} V_{\alpha i} Q_{\alpha i} + \sum_{\alpha, \beta, i, k} W_{\alpha i, \beta k} Q_{\alpha i} Q_{\beta k} + \dots \tag{102,1}$$

Die Entwicklungskoeffizienten V, W, ... hängen nur von den Elektronenkoordinaten ab. Bei einer Symmetrietransformation transformieren sich die Größen $Q_{\alpha i}$ untereinander. Die Summen in (102,1) gehen dabei in andere Summen der gleichen Gestalt über. Wir können daher die Symmetrietransformationen formal als Transformationen der Koeffizienten in diesen Summen bei unveränderlichen $Q_{\alpha i}$ ansehen. Dabei werden insbesondere die Koeffizienten $V_{\alpha i}$ (mit jedem festen α) nach der gleichen Darstellung der Symmetriegruppe transformiert, nach der die zugehörigen Koordinaten $Q_{\alpha i}$ transformiert werden. Das folgt unmittelbar aus folgender Feststellung: Da der Hamilton-Operator gegenüber allen Symmetrietransformationen invariant ist, muß dasselbe auch für die Glieder in jeder Ordnung der Entwicklung gelten, speziell auch für die linearen Glieder in der Entwicklung.[1])

[1]) Streng genommen müssen sich die Größen $V_{\alpha i}$ nach der konjugiert komplexen Darstellung zu derjenigen Darstellung transformieren, nach der die $Q_{\alpha i}$ transformiert werden. Wie aber bereits erwähnt worden ist, hat man zwei konjugiert komplexe Darstellungen physikalisch gemeinsam als eine Darstellung von der doppelten Dimension zu betrachten, auch wenn sie nicht miteinander übereinstimmen. Die erwähnte Vereinbarung ist daher unwesentlich.

Wir wollen einen (für die symmetrische Konfiguration) entarteten Elektronenterm E_0 betrachten. Eine Verschiebung der Kerne, die die Symmetrie des Moleküls verändert, verursacht im allgemeinen eine Aufspaltung des Terms. Die Größe der Aufspaltung wird bis zu Gliedern erster Ordnung in den Verschiebungen der Kerne aus der Säkulargleichung berechnet, die aus den Matrixelementen des linearen Gliedes in der Entwicklung (102,1) gebildet wird,

$$V_{\varrho\sigma} = \sum_{\alpha, i} Q_{\alpha i} \int \psi_\varrho V_{\alpha i} \psi_\sigma \, \mathrm{d}q \,, \tag{102,2}$$

ψ_ϱ und ψ_σ sind die Wellenfunktionen der Elektronenzustände zu dem betreffenden entarteten Term (wir wählen diese Funktionen reell). Die symmetrische Konfiguration ist stabil, wenn es keine in Q lineare Aufspaltung gibt, d. h., alle Wurzeln der Säkulargleichung müssen identisch Null sein. Das bedeutet seinerseits, daß auch die ganze Matrix $V_{\varrho\sigma}$ verschwinden muß. Dabei brauchen wir selbstverständlich nur diejenigen Normalschwingungen zu betrachten, die die Molekülsymmetrie ändern, d. h., es sind alle vollsymmetrischen Schwingungen außer acht zu lassen (die der Einsdarstellung der Gruppe entsprechen).

Da die $Q_{\alpha i}$ beliebig wählbar sind, verschwinden die Matrixelemente (102,2) nur dann, wenn alle Integrale

$$\int \psi_\varrho V_{\alpha i} \psi_\sigma \, \mathrm{d}q \tag{102,3}$$

gleich Null sind.

$D^{(\mathrm{el})}$ sei diejenige irreduzible Darstellung, nach der sich die Elektronenwellenfunktionen ψ_ϱ transformieren, und D_α gehöre zu den Größen $V_{\alpha i}$. Wie bereits erwähnt worden ist, sind die Darstellungen D_α gleich denjenigen Darstellungen, nach denen sich die entsprechenden Normalkoordinaten $Q_{\alpha i}$ transformieren. Nach den Ergebnissen von § 97 werden die Integrale (102,3) von Null verschieden sein, wenn das Produkt $[D^{(\mathrm{el})2}] \times D_\alpha$ die Einsdarstellung enthält, oder, was dasselbe ist, wenn $[D^{(\mathrm{el})2}]$ die Darstellung D_α enthält. Anderenfalls sind alle Integrale gleich Null.

Die symmetrische Konfiguration ist also stabil, wenn die Darstellung $[D^{(\mathrm{el})2}]$ keine einzige irreduzible Darstellung D_α (außer der Einsdarstellung) enthält, die für die Molekülschwingungen charakteristisch ist. Für nicht entartete Elektronenzustände ist diese Bedingung immer erfüllt, da das symmetrische Produkt einer eindimensionalen Darstellung mit sich die Einsdarstellung ist.

Nun wollen wir als Beispiel ein Molekül der Art von CH_4 behandeln; dabei befindet sich ein Atom (C) im Mittelpunkt eines Tetraeders, und die vier anderen (H) sitzen an den Ecken desselben. Diese Konfiguration hat die Symmetrie $\boldsymbol{T_d}$. Die entarteten Elektronenterme gehören zu den Darstellungen E, F_1 und F_2 dieser Gruppe. Das Molekül hat eine Normalschwingung A_1 (vollsymmetrische Schwingung), eine zweifache E und zwei dreifache F_2 (siehe Aufgabe 4 zu § 100). Die symmetrischen Produkte der Darstellungen E, F_1 und F_2 mit sich sind

$$[E^2] = A_1 + E \,, \qquad [F_1^2] = [F_2^2] = A_1 + E + F_2 \,.$$

Jedes Produkt enthält mindestens eine Darstellung E und F_2. Die betrachtete Tetraederkonfiguration ist also für die entarteten Elektronenzustände instabil.

Dieses Ergebnis gilt ganz allgemein und beinhaltet den sogenannten JAHN-TELLER-*Effekt* (H. A. JAHN, E. TELLER, 1937): Für einen entarteten Elektronenzustand ist jede symmetrische Anordnung der Kerne (mit der einzigen Ausnahme, daß die Kerne auf einer Geraden angeordnet sind) instabil. Infolge dieser Instabilität werden die Kerne so verschoben, bis die Symmetrie ihrer Konfiguration so gestört ist, daß die Entartung des Terms vollständig aufgehoben ist. Insbesondere kann man feststellen, daß der Elektronenterm zum Grundzustand eines symmetrischen (nicht linearen) Moleküls nur ein nicht entarteter Term sein kann.[1])

Eine Ausnahme bilden, wie bereits erwähnt worden ist, lediglich die linearen Moleküle. Davon kann man sich auch ohne Zuhilfenahme der Gruppentheorie einfach überzeugen. Eine Verschiebung eines Kernes, bei der der Kern die Molekülachse verläßt, ist ein gewöhnlicher Vektor mit ξ- und η-Komponenten (die Molekülachse ist als ζ-Achse gewählt worden). Wir haben in § 87 gesehen, daß derartige Vektoren nur Matrixelemente für Übergänge unter Änderung des Drehimpulses Λ bezüglich der Achse um 1 haben. Dagegen gehören zu einem entarteten Term eines linearen Moleküls Zustände mit den Drehimpulsen Λ und $-\Lambda$ bezüglich der Achse (wobei $\Lambda \geqq 1$ ist). Bei einem Übergang zwischen diesen Zuständen ändert sich der Drehimpuls mindestens um 2, so daß die Matrixelemente auf jeden Fall gleich Null sind. Eine lineare Anordnung der Kerne in einem Molekül kann also auch für einen entarteten Elektronenzustand stabil sein.

Ein konstruktiver allgemeiner Beweis für diesen Satz beruht auf folgender Bemerkung (E. Ruch, 1957).

Eine Entartung der Elektronenzustände infolge der Symmetrie der Kernanordnung kann nur in denjenigen Punktgruppen für die Molekülsymmetrie vorkommen, die wenigstens eine Dreh- (C_n) oder eine Drehspiegelungsachse (S_n) mit einer Zähligkeit $n > 2$ aufweisen. In diesem Falle gibt es unter den Wellenfunktionen der miteinander entarteten Zustände (d. h. unter den Basisfunktionen der betreffenden Darstellung $D^{(\mathrm{el})}$) wenigstens eine, für die die Elektronendichte $\varrho \doteq |\psi|^2 = \psi^2$ bei Drehungen um diese Achse nicht invariant ist. Zusammen mit der Elektronendichte wird auch das von den Elektronen erzeugte elektrische Feld bezüglich dieser Achse nicht symmetrisch sein. Zur gleichen Zeit gibt es aber im (nicht linearen) Molekül nicht auf der Achse gelegene äquivalente Kerne — Kerne, die bei Drehungen C_n (oder S_n) ineinander überführt werden. Die äquivalenten Kerne liegen also in nicht äquivalenten Punkten des elektrischen Feldes. Eine Äquivalenz der Gleichgewichtslagen geladener Teilchen, die nicht die Symmetrie des Feldes nach sich zieht, ist aber in dem Sinne unmöglich, daß sie höchstens als unwahrscheinlicher Zufall auftreten könnte.

Die konsequente Durchführung des Beweises ist eine konkrete mathematische Konstruktion für diese physikalische Situation. Wir wollen zeigen, wie dieser Beweis geführt wird (A. Schönhofer, 1965).

Greifen wir in einem (nicht linearen) Molekül einen beliebigen Kern heraus (und bezeichnen ihn mit a). Er soll nicht im „Mittelpunkt" des Moleküls liegen (d. h. nicht im Fixpunkt der Transformationen der zugehörigen Symmetriegruppe) und nicht auf der Symmetrieachse mit der größten Zähligkeit, falls es eine solche gibt.[2]) $\boldsymbol{H}$ sei die

---

[1]) Die physikalische Idee von der Symmetrieverletzung in einem Elektronenzustand, der wegen dieser Symmetrie selbst entartet ist, ist von Landau (1934) geäußert worden. Der Beweis von Jahn und Teller ist geführt worden, indem alle möglichen Symmetrietypen für die Kernanordnung in einem Molekül durchgegangen worden sind und jeder Symmetrietyp nach dem oben angegebenen Verfahren untersucht worden ist.

[2]) Unter einer Hauptachse versteht man (in nicht kubischen und nicht ikosaedrischen Symmetriegruppen) eine Achse C_n oder S_n mit einer Zähligkeit $n > 2$.

Menge aller Symmetrietransformationen des Moleküls, die den Kern a fest lassen. $\boldsymbol{H}$ ist eine Untergruppe der vollständigen Symmetriegruppe $\boldsymbol{G}$ des Moleküls und kann eine der Punktgruppen $\boldsymbol{C}_1$, $\boldsymbol{C}_s$, $\boldsymbol{C}_n$ oder $\boldsymbol{C}_{nv}$ sein. Diejenigen Transformationen aus $\boldsymbol{G}$, die nicht in $\boldsymbol{H}$ enthalten sind, überführen den Kern a in andere, dazu äquivalente Kerne a', a'', ... ; es gebe s derartige Kerne. Offensichtlich ist die Ordnung der Untergruppe $\boldsymbol{H}$ gleich g/s, wenn g die Ordnung der vollen Gruppe $\boldsymbol{G}$ ist (d. h., s ist der Index der Untergruppe $\boldsymbol{H}$ in der Gruppe $\boldsymbol{G}$).[1])

Die Zahl s ist jedenfalls $s \geqq 3$; denn wir haben die Existenz einer nicht eindimensionalen irreduziblen Darstellung $D^{(\mathrm{el})}$ vorausgesetzt. Dafür ist notwendig (wie bereits oben schon bemerkt worden ist), daß es wenigstens eine Symmetrieachse mit einer Zähligkeit größer als 2 gibt. Der Kern a befindet sich nach Voraussetzung nicht auf dieser Achse.

Die Darstellung $D^{(\mathrm{el})}$ der Gruppe $\boldsymbol{G}$ ist in bezug auf die niedriger symmetrische Gruppe $\boldsymbol{H}$ im allgemeinen reduzibel. Wir nehmen an, es gebe in der betreffenden Zerlegung nach irreduziblen Darstellungen der Gruppe $\boldsymbol{H}$ eine eindimensionale Darstellung $d^{(\mathrm{el})}$. Sie wird durch die Elektronenwellenfunktion ψ realisiert, durch eine der Basisfunktionen der Darstellung $D^{(\mathrm{el})}$. Da die Darstellung $d^{(\mathrm{el})}$ eindimensional ist, ist das Quadrat $\varrho = \psi^2$ invariant gegenüber allen Transformationen aus $\boldsymbol{H}$, d. h., es realisiert die irreduzible Einsdarstellung dieser Gruppe.

Man kann diese Darstellung (die Einsdarstellung) der Gruppe $\boldsymbol{H}$ realisieren, indem man als Basis eine Verschiebung Q_a des Atoms a verwendet — die Verschiebung in Richtung des Ortsvektors vom Mittelpunkt des Moleküls zum Kern a.

Wir wenden jetzt auf diese Verschiebung alle Operationen der Gruppe $\boldsymbol{G}$ an und erhalten die Basis einer (im allgemeinen reduziblen) Darstellung dieser Gruppe, die wir mit D_Q bezeichnen. Jede Transformation aus $\boldsymbol{G}$, die nicht in $\boldsymbol{H}$ eingeht, überführt die Verschiebung Q_a in die Verschiebung eines anderen der $s - 1$ äquivalenten Kerne a', a'', ... Die Verschiebungen verschiedener Kerne sind selbstverständlich linear unabhängig, so daß die Dimension von D_Q gleich s ist. Dabei können die Verschiebungen Q_a, $Q_{a'}$, ... , die die Basis von D_Q bilden, offensichtlich weder einer reinen Translation noch einer Rotation des ganzen Moleküls entsprechen; denn wenn es drei oder mehr äquivalente Kerne gibt, kann man aus deren Verschiebungen keine derartigen Bewegungen zusammensetzen.

Auf dem gleichen Wege kann man eine Darstellung der Gruppe $\boldsymbol{G}$ erhalten, indem man alle Transformationen von $\boldsymbol{G}$ auf die Funktion $\varrho = \psi^2$ anwendet. Wir bezeichnen diese Darstellung mit D_ϱ. Die Dimension von D_ϱ kann s sein, sie kann aber auch kleiner sein; denn es gibt keinen erkennbaren Grund für die Annahme, daß alle s Funktionen ϱ, $G'\varrho$, $G''\varrho$, ... linear unabhängig sind. Man kann aber behaupten, daß die Darstellung D_ϱ, wenn sie schon nicht mit D_Q übereinstimmt, auf jeden Fall in D_Q vollständig enthalten sein wird.[2]) Außerdem ist sie nicht die Einsdarstellung, da das Quadrat ψ^2

[1]) Alle Gruppenelemente von $\boldsymbol{G}$ kann man in s Nebenklassen $\boldsymbol{H}$, $G'\boldsymbol{H}$, $G''\boldsymbol{H}$, ... einteilen, wenn G', G'' diejenigen Gruppenelemente sind, die den Kern a in a', a'', ... überführen.

[2]) Es handelt sich dabei um folgende Behauptung. Die gleiche Darstellung (f-dimensional) der Untergruppe $\boldsymbol{H}$ werde durch verschiedene Sätze von Basisfunktionen realisiert. Ein solcher Satz erzeuge eine sf-dimensionale Darstellung der Gruppe $\boldsymbol{G}$, wenn man darauf alle Transformationen der Gruppe G anwendet (s ist der Index der Untergruppe $\boldsymbol{H}$ in der Gruppe $\boldsymbol{G}$). Man kann dann behaupten: Die in der gleichen Weise aus einem beliebigen anderen der betreffenden Sätze von Funktionen erzeugte Darstellung der Gruppe $\boldsymbol{G}$ ist entweder gleich der ersten, oder sie ist darin vollständig enthalten. Einen strengen Beweis für diese Behauptung findet man in dem Artikel: E. Ruch und A. Schönhofer, Theor. Chim. Acta **3**, 291 (1965).

offensichtlich nicht invariant gegenüber der ganzen Gruppe $\boldsymbol{G}$ ist (invariant ist nur die Summe der Quadrate aller Basisfunktionen der nicht eindimensionalen irreduziblen Darstellung $D^{(\mathrm{el})}$).

Die somit festgestellten Eigenschaften der Darstellungen D_Q und D_ϱ liefern sofort das erforderliche Ergebnis; denn D_Q ist ein Teil der totalen Darstellung, und D_ϱ ist ein Teil der Darstellung $[D^{(\mathrm{el})^2}]$, der zudem die Einsdarstellung nicht enthält. Die Tatsache, daß D_ϱ in D_Q enthalten ist, bedeutet folglich, daß $[D^{(\mathrm{el})^2}]$ wenigstens eine der Schwingungsdarstellungen D_α enthält, die nicht die Einsdarstellung ist, was zu beweisen war.

In den angestellten Überlegungen war aber noch vorausgesetzt worden, daß in der Zerlegung der Darstellung $D^{(\mathrm{el})}$ in irreduzible Darstellungen der Untergruppe $\boldsymbol{H}$ eine eindimensionale vorkommt. Diese Voraussetzung ist in den meisten Fällen erfüllt. So ist sie offenbar richtig für $\boldsymbol{H} = \boldsymbol{C}_1, \boldsymbol{C}_s, \boldsymbol{C}_2, \boldsymbol{C}_{2v}$ (da alle irreduziblen Darstellungen dieser Gruppen eindimensional sind). Sie trifft offensichtlich auch für $\boldsymbol{H} = \boldsymbol{C}_n, \boldsymbol{C}_{nv}$ mit $n > 2$ zu, wenn $D^{(\mathrm{el})}$ eine ungerade Dimension hat (da die Gruppen $\boldsymbol{C}_n$ und $\boldsymbol{C}_{nv}$ nur ein- und zweidimensionale irreduzible Darstellungen haben). Sehen wir uns die Tabellen für die Charaktere der irreduziblen Darstellungen der Punktgruppen an, so erkennen wir, daß die zweidimensionalen Darstellungen der kubischen Gruppen $\boldsymbol{G} = \boldsymbol{O}, \boldsymbol{T}_d, \boldsymbol{O}_h$ in bezug auf die Untergruppen $\boldsymbol{H} = \boldsymbol{C}_3, \boldsymbol{C}_{3v}$ eine Ausnahme bilden.

Um etwas Bestimmtes vor Augen zu haben, werden wir von der Gruppe $\boldsymbol{G} = \boldsymbol{O}$ und der Untergruppe $\boldsymbol{H} = \boldsymbol{C}_3$ sprechen (was sich nur auf die Bezeichnungen der Darstellungen auswirkt). Die beiden Elektronenfunktionen ψ_1 und ψ_2 realisieren die Darstellung $D^{(\mathrm{el})} = E$ der Gruppe $\boldsymbol{O}$; sie realisieren auch die Darstellung $d^{(\mathrm{el})} = E$ der Untergruppe $\boldsymbol{C}_3$. Die Darstellung der Untergruppe $\boldsymbol{C}_4$, die durch die Produkte ψ_1^2, ψ_2^2 und $\psi_1\psi_2$ realisiert wird, ist $[E^2] = A + E$. Dieselbe Darstellung der Untergruppe $\boldsymbol{C}_4$ wird mit den drei Vektorkomponenten einer beliebigen Verschiebung $\boldsymbol{Q}_a$ des Kernes a als Basis realisiert. Die Darstellung D_ϱ der Gruppe $\boldsymbol{O}$ ist in unserem Falle $D_\varrho = [D^{(\mathrm{el})^2}] = A_1 + E$. Sie enthält nicht die Darstellung F_2, die dem Vektor für eine Translation oder eine Rotation des ganzen Moleküls entspricht, aber sie enthält (außer der Einsdarstellung) auch Darstellungen, die nicht die Einsdarstellung sind. Die Tatsache, daß D_ϱ (aus denselben Gründen wie oben) in der Darstellung D_Q enthalten ist (im vorliegenden Falle ist D_Q $3s$-dimensional), beweist die Instabilität des Moleküls in diesem Falle.[1])

Entsprechend der Vereinbarung am Anfang dieses Paragraphen haben wir in allen bisherigen Überlegungen die Entartung der Elektronenzustände als reine Bahneigenschaften angesehen. Die Aussagen über den JAHN-TELLER-Effekt gelten aber auch dann, wenn Spin-Bahn- und Spin-Spin-Wechselwirkung berücksichtigt werden. Der einzige Unterschied ist, daß in (nicht linearen) Molekülen mit halbzahligem Spin die zweifache KRAMERS-Entartung zu keiner Instabilität führt — entsprechend dem in § 60 bewiesenen allgemeinen Satz. Zum letzteren Falle gehören die zweidimensionalen zweideutigen irreduziblen Darstellungen der verdoppelten Punktgruppen. Man kann sich durch folgendes formales Vorgehen einfach davon überzeugen, daß es in diesem Falle keine Instabilität gibt. Zur Aufstellung der Auswahlregeln für die Matrixelemente (102,3) hat man im Falle zweideutiger Darstellungen $D^{(\mathrm{el})}$ nicht die symmetrischen, sondern die antisymmetrischen Produkte $\{D^{(\mathrm{el})^2}\}$ zu betrachten (siehe

[1]) Ein weiterer Ausnahmefall sind die vierdimensionalen Darstellungen der Ikosaedergruppen. Dieser Fall wird ganz analog behandelt und führt zu demselben Ergebnis.

§ 99). Aber für alle zweideutigen zweidimensionalen irreduziblen Darstellungen sind diese Produkte gleich der Einsdarstellung, d. h., sie enthalten offenkundig keine Darstellungen, die zu nicht vollsymmetrischen Schwingungen des Moleküls gehören.

§ 103. Die Quantisierung der Rotation eines Kreisels

Die Untersuchung der Rotationsniveaus eines mehratomigen Moleküls wird oft erschwert, weil man die Rotation gleichzeitig mit den Schwingungen behandeln muß. Als vorbereitendes Problem greifen wir die Rotation eines Moleküls als eines starren Körpers auf, d. h. mit „starr befestigten" Atomen (*Kreisel*).

Die Achsen des Koordinatensystems $\xi\eta\zeta$ sollen in Richtung der drei Hauptträgheitsachsen des Kreisels zeigen und mit diesem mitrotieren. Der zugehörige HAMILTON-Operator ergibt sich, indem man die Drehimpulskomponenten J_ξ, J_η und J_ζ im klassischen Ausdruck für die Energie durch die entsprechenden Operatoren ersetzt:

$$\hat{H} = \frac{\hbar^2}{2}\left(\frac{\hat{J}_\xi^2}{I_A} + \frac{\hat{J}_\eta^2}{I_B} + \frac{\hat{J}_\zeta^2}{I_C}\right), \tag{103,1}$$

I_A, I_B und I_C sind die Hauptträgheitsmomente des Kreisels.

Die Vertauschungsregeln für die Operatoren $\hat{J}_\xi$, $\hat{J}_\eta$ und $\hat{J}_\zeta$ der Drehimpulskomponenten im rotierenden Koordinatensystem sind nicht unmittelbar evident, weil die übliche Ableitung der Vertauschungsregeln für die Komponenten $\hat{J}_x$, $\hat{J}_y$ und $\hat{J}_z$ im raumfesten Bezugssystem durchgeführt wird. Man kann sie aber leicht mit Hilfe der Formel

$$(\hat{\boldsymbol{J}}\boldsymbol{a})(\hat{\boldsymbol{J}}\boldsymbol{b}) - (\hat{\boldsymbol{J}}\boldsymbol{b})(\hat{\boldsymbol{J}}\boldsymbol{a}) = -i\hat{\boldsymbol{J}}[\boldsymbol{ab}] \tag{103,2}$$

erhalten, in der $\boldsymbol{a}$ und $\boldsymbol{b}$ zwei beliebige Vektoren sind, die den betreffenden Körper charakterisieren (und nicht miteinander vertauschbar sind). Diese Formel kann einfach verifiziert werden, indem man die linke Seite der Gleichung im raumfesten Bezugssystem xyz berechnet und dabei die allgemeinen Vertauschungsregeln für die Drehimpulskomponenten untereinander und mit den Komponenten eines beliebigen Vektors benutzt.

$\boldsymbol{a}$ und $\boldsymbol{b}$ seien die Einheitsvektoren in Richtung von ξ- und η-Achse. $[\boldsymbol{ab}]$ ist dann der Einheitsvektor in ζ-Richtung, und (103,2) ergibt

$$\hat{J}_\xi\hat{J}_\eta - \hat{J}_\eta\hat{J}_\xi = -i\hat{J}_\zeta\,. \tag{103,3}$$

Analog ergeben sich noch zwei weitere Beziehungen. Die Vertauschungsregeln für die Operatoren zu den Drehimpulskomponenten im rotierenden Bezugssystem unterscheiden sich also von den Vertauschungsregeln im raumfesten System nur im Vorzeichen auf der rechten Seite der Gleichung.[1]) Alle früher aus den Vertauschungsregeln abgeleiteten Ergebnisse für die Eigenwerte und die Matrixelemente gelten also für J_ξ, J_η und J_ζ mit dem einzigen Unterschied, daß man alle Ausdrücke durch die dazu konjugiert komplexen ersetzen muß. Insbesondere nehmen die Eigenwerte von J_ζ (die wir in diesem Paragraphen mit dem Buchstaben k bezeichnen werden, um sie von

---

[1]) Dieser Sachverhalt gibt die Tatsache wieder, daß eine Drehung des Systems xyz in Anwendung auf die Wellenfunktion eines Kreisels der inversen Drehung des Systems $\xi\eta\zeta$ äquivalent ist.

den Eigenwerten $J_z = M$ zu unterscheiden) die Werte $k = -J, \ldots, +J$ an, wenn J der Betrag des Drehimpulses des Kreisels ist (J ist eine ganze Zahl!).

Kugelkreisel

Die Energieeigenwerte eines rotierenden Kreisels können besonders einfach für den Fall berechnet werden, daß alle drei Hauptträgheitsmomente gleich sind: $I_A = I_B = I_C \equiv I$. Für ein Molekül trifft das dann zu, wenn die zugehörige Symmetriegruppe eine kubische Punktgruppe ist. Der HAMILTON-Operator (103,1) erhält die Gestalt

$$\hat{H} = \frac{\hbar^2}{2I} \hat{\boldsymbol{J}}^2 ,$$

und die zugehörigen Eigenwerte sind

$$E = \frac{\hbar^2}{2I} J(J + 1) . \qquad (103,4)$$

Jedes solche Energieniveau ist $(2J + 1)$-fach entartet in den Richtungen des Drehimpulses in bezug auf den Kreisel selbst (d. h. in den Werten $J_\zeta = k$).[1])

Symmetrischer Kreisel

Man kann die Energieniveaus auch in dem Falle ohne Mühe berechnen, in dem nur zwei Hauptträgheitsmomente des Kreisels einander gleich sind: $I_A = I_B \neq I_C$. Das liegt für alle Moleküle mit einer höher als zweizähligen Symmetrieachse vor. Der HAMILTON-Operator (103,1) erhält die Gestalt

$$\hat{H} = \frac{\hbar^2}{2I_A} (\hat{J}_\xi^2 + \hat{J}_\eta^2) + \frac{\hbar^2}{2I_C} \hat{J}_\zeta^2 = \frac{\hbar^2}{2I_A} \hat{\boldsymbol{J}}^2 + \frac{\hbar^2}{2} \left(\frac{1}{I_C} - \frac{1}{I_A}\right) \hat{J}_\xi^2 . \qquad (103,5)$$

Die Energie in einem Zustand mit bestimmten Werten für J und k ist offensichtlich

$$E = \frac{\hbar^2}{2I_A} J(J + 1) + \frac{\hbar^2}{2} \left(\frac{1}{I_C} - \frac{1}{I_A}\right) k^2 , \qquad (103,6)$$

damit sind die Energieniveaus eines symmetrischen Kreisels bestimmt.

Die Entartung in den k-Werten, die beim Kugelkreisel auftritt, ist hier teilweise aufgehoben. Die Energiewerte sind nur für diejenigen k-Werte gleich, die sich lediglich im Vorzeichen unterscheiden. Das entspricht entgegengesetzten Richtungen des Drehimpulses in bezug auf die Kreiselachse. Die Energieniveaus eines symmetrischen Kreisels sind also für $k \neq 0$ zweifach entartet.

Die stationären Zustände eines symmetrischen Kreisels werden demzufolge durch drei Quantenzahlen bestimmt: durch den Drehimpuls J, durch dessen Projektion auf die Kreiselachse ($J_\zeta = k$) und durch die Drehimpulsprojektion auf die raumfeste z-Achse ($J_z = M$). Die Energie des Kreisels ist von M unabhängig. Die Tatsache, daß der Betrag des Drehimpulses und seine Projektionen auf eine raumfeste und eine körperfeste Achse[2]) gleichzeitig meßbar sind, folgt daraus, daß die Operatoren $\hat{\boldsymbol{J}}^2$ und

[1]) Hier und im folgenden sehen wir von der immer vorhandenen, physikalisch unwesentlichen $(2J + 1)$-dimensionalen Entartung in den Richtungen des Drehimpulses bezüglich des raumfesten Koordinatensystems ab. Zählt man sie mit, dann ist der vollständige Entartungsgrad der Energieniveaus eines Kugelkreisels $(2J + 1)^2$.

[2]) Nicht mit den (nicht gleichzeitig meßbaren) Projektionen auf zwei raumfeste Richtungen zu verwechseln!

$\hat{J}_z$ nicht nur miteinander vertauschbar sind, sondern auch mit dem Operator $\hat{J}_\zeta = \hat{\boldsymbol{J}}\boldsymbol{n}$ ($\boldsymbol{n}$ ist der Einheitsvektor in ζ-Richtung). Dieser Sachverhalt kann durch direkte Rechnung leicht verifiziert werden, er ist aber von vornherein offensichtlich. Der Drehimpulsoperator wird auf den Operator für eine infinitesimale Drehung zurückgeführt, und das Skalarprodukt $\boldsymbol{Jn}$ zweier mit dem Kreisel verhefteter Vektoren ist invariant gegenüber einer beliebigen Drehung des Koordinatensystems.

Die Berechnung der Wellenfunktionen für die stationären Zustände eines symmetrischen Kreisels ist somit auf die Bestimmung der gemeinsamen Eigenfunktionen der Operatoren $\hat{\boldsymbol{J}}^2$, $\hat{J}_z$ und $\hat{J}_\zeta$ zurückgeführt. Dieses Problem hängt seinerseits mathematisch eng mit dem Transformationsgesetz für die Eigenfunktionen des Drehimpulses bei endlichen Drehungen zusammen. Wir ändern die Bezeichnung der Quantenzahlen und schreiben dieses Gesetz (58,7) in der Form

$$\psi_{JM} = \sum_k D^{(J)}_{kM}(\alpha, \beta, \gamma)\, \psi_{Jk} \,. \tag{103,7}$$

Wir werden unter ψ_{JM} die Wellenfunktion eines Kreiselzustandes in bezug auf das raumfeste Koordinatensystem xyz und unter ψ_{Jk} die Wellenfunktionen der Zustände in bezug auf die mit dem Kreisel verhefteten Achsen $\xi\eta\zeta$ verstehen. In dem mit dem physikalischen System verbundenen Koordinatensystem (körperfesten Koordinatensystem) haben aber die Größen ψ_{Jk} bestimmte Werte, die von der Orientierung des Systems im Raum unabhängig sind. Wir bezeichnen diese mit $\psi^{(0)}_{Jk}$. Die Formel (103,7) gibt dann die Winkelabhängigkeit der Funktionen ψ_{JM} an. Der Zustand $|JM\rangle$ habe jetzt ebenfalls einen bestimmten Wert k für die Drehimpulsprojektion auf die ζ-Achse. Von allen Größen $\psi^{(0)}_{Jk}$ ist dann nur eine — mit dem betreffenden k-Wert — von Null verschieden. Die Summe in (103,7) reduziert sich nunmehr auf einen Summanden:

$$\psi_{JMk} = \psi^{(0)}_{Jk} D^{(J)}_{kM}(\alpha, \beta, \gamma) \,.$$

Damit ist auch die Abhängigkeit der Wellenfunktionen der Zustände $|JMk\rangle$ von den EULERschen Winkeln gefunden. Die EULERschen Winkel beschreiben die Drehung der Kreiselachsen in bezug auf die raumfesten Achsen. Wir normieren die Wellenfunktion nach der Vorschrift

$$\int |\psi_{JMk}|^2 \sin\beta \, \mathrm{d}\alpha \, \mathrm{d}\beta \, \mathrm{d}\gamma = 1$$

und bekommen

$$\psi_{JMk} = i^J \sqrt{\frac{2J+1}{8\pi^2}}\, D^{(J)}_{kM}(\alpha, \beta, \gamma) \,. \tag{103,8}$$

Der Phasenfaktor ist so gewählt, daß die Funktion (103,8) für $k = 0$ in die Eigenfunktion eines freien (in keiner Weise an die ζ-Achsen gekoppelten) ganzzahligen Drehimpulses J mit der Projektion M übergeht, d. h. in die übliche (Kugel-)Funktion (vgl. (58,25)).[1]

---

[1]) Wegen der direkten Ableitung des Ausdruckes (103,8) ohne Anwendung der Theorie der endlichen Drehungen siehe Aufgabe 1 zu diesem Paragraphen, wegen der Berechnung der Matrixelemente verschiedener physikalischer Größen mit den Wellenfunktionen (103,8) siehe §§ 110, 87 (die entsprechenden Formeln unterscheiden sich von den Formeln für ein zweiatomiges Molekül (ohne Spin) nur in der Bezeichnung der Quantenzahlen — vgl. die Fußnote auf S. 307).

Unsymmetrischer Kreisel

Für $I_A \neq I_B \neq I_C$ ist die Berechnung der Energieniveaus in allgemeiner Form unmöglich. Die Entartung in den Drehimpulsrichtungen in bezug auf den Kreisel ist hier vollständig aufgehoben, so daß zu einem gegebenen J $2J + 1$ verschiedene nicht entartete Niveaus gehören. Zur Berechnung dieser Niveaus (zu gegebenem J) hat man von der SCHRÖDINGER-Gleichung in Matrixform auszugehen (O. KLEIN, 1929). Das geschieht folgendermaßen.

Die Wellenfunktionen ψ_{Jk} für die Kreiselzustände mit bestimmten Werten für J und die ζ-Projektion des Drehimpulses sind die oben gefundenen Funktionen (103,8) (wir lassen den Index für die z-Projektion M des Drehimpulses, von der die Energie unabhängig ist, der Kürze halber weg). In diesen Zuständen hat die Energie eines unsymmetrischen Kreisels keine bestimmten Werte. Im Gegenteil, die Projektion J_ζ hat in stationären Zuständen keine bestimmten Werte, d. h., man darf den Energieniveaus keine bestimmten k-Werte zuordnen. Die Wellenfunktionen dieser Zustände setzen wir als Linearkombinationen

$$\psi_J = \sum_k c_k \psi_{Jk} \tag{103,9}$$

an (es sollen dabei alle Funktionen zum gleichen Wert von M genommen werden). Wir gehen mit diesem Ansatz in die SCHRÖDINGER-Gleichung $\hat{H}\psi_J = E_J \psi_J$ ein und erhalten das Gleichungssystem

$$\sum_{k'} (\langle Jk| H |Jk'\rangle - E\delta_{kk'})\, c_{k'} = 0\,. \tag{103,10}$$

Die Bedingung für eine nicht triviale Lösung für dieses System ergibt die Säkulargleichung

$$|\langle Jk| H |Jk'\rangle - E\delta_{kk'}| = 0\,. \tag{103,11}$$

Die Wurzeln dieser Gleichung bestimmen die Energieniveaus des Kreisels. Das Gleichungssystem (103,10) ergibt nach der Bestimmung der Eigenwerte die Linearkombinationen (103,9), die den HAMILTON-Operator diagonalisieren, d. h. die Wellenfunktionen für die stationären Zustände des Kreisels mit gegebenem Wert von J (und M). Die Berechnung der Matrixelemente einer physikalischen Größe mit diesen Wellenfunktionen ist somit auf die Berechnung der Matrixelemente für einen symmetrischen Kreisel zurückgeführt.

Die Operatoren $\hat{J}_\xi$ und $\hat{J}_\eta$ haben nur für solche Übergänge Matrixelemente, bei denen sich k um 1 ändert; $\hat{J}_\zeta$ hat nur Diagonalelemente (siehe Formel (27,13), in der man jetzt J und k statt L und M zu schreiben hat). Die Operatoren $\hat{J}_\xi^2$, $\hat{J}_\eta^2$ und $\hat{J}_\zeta^2$ und damit auch H haben also nur für Übergänge mit $k \to k$, $k \pm 2$ Matrixelemente. Da es keine Matrixelemente für Übergänge zwischen Zuständen mit geraden und mit ungeraden k gibt, zerfällt die Säkulargleichung $(2J + 1)$-ten Grades sofort in zwei unabhängige Gleichungen der Grade J und $J + 1$. Eine davon wird aus den Matrixelementen für die Übergänge zwischen Zuständen mit geraden k-Werten gebildet, die andere für Übergänge zwischen ungeraden k-Werten.

Beide Gleichungen können ihrerseits auf je zwei Gleichungen niedrigeren Grades zurückgeführt werden. Dazu hat man die mit den Funktionen

$$\begin{aligned}\psi_{Jk}^{+} &= \frac{1}{\sqrt{2}}(\psi_{Jk} + \psi_{J,-k}),\\ \psi_{Jk}^{-} &= \frac{1}{\sqrt{2}}(\psi_{Jk} - \psi_{J,-k}) \qquad (k \neq 0),\\ \psi_{J0}^{+} &= \psi_{J0}\end{aligned} \tag{103,12}$$

gebildeten Matrixelemente anstelle der mit den Funktionen ψ_{Jk} gebildeten Matrixelemente zu verwenden. Die mit den Indizes $+$ und $-$ versehenen Funktionen haben unterschiedliche Symmetrie (bezüglich der Spiegelung an einer Ebene, die die ξ-Achse enthält; eine solche Spiegelung ändert das Vorzeichen von k). Die Matrixelemente für Übergänge zwischen diesen Zuständen sind Null. Demzufolge kann man Säkulargleichungen für die Zustände $+$ und für die Zustände $-$ getrennt aufschreiben.

Der Hamilton-Operator (103,1) (zusammen mit den Vertauschungsregeln (103,3)) hat eine spezifische Symmetrie — er ist invariant bei gleichzeitiger Vorzeichenänderung zweier beliebiger Operatoren $\hat{J}_\xi$, $\hat{J}_\eta$ und $\hat{J}_\zeta$. Diese Symmetrie entspricht formal der Gruppe $\boldsymbol{D}_2$. Man kann daher die Niveaus eines unsymmetrischen Kreisels nach den irreduziblen Darstellungen dieser Gruppe klassifizieren. Es gibt somit vier Arten nicht entarteter Niveaus zu den Darstellungen A, B_1, B_2, B_3 (siehe Tabelle 7, S. 365).

Es ist leicht festzustellen, welche Zustände des unsymmetrischen Kreisels zu den einzelnen Darstellungen gehören. Dazu hat man die Symmetrieeigenschaften der Funktionen ψ_{Jk} herauszufinden sowie der daraus gebildeten Funktionen (103,12). Das kann unmittelbar auf der Basis der Ausdrücke (103,8) geschehen. Es ist aber einfacher, von den allgemeineren Kugelfunktionen auszugehen. In ihren Symmetrieeigenschaften stimmen die Wellenfunktionen der Zustände mit bestimmten Werten für die Drehimpulsprojektion auf die ζ-Achse mit den Eigenfunktionen des Drehimpulses überein:

$$\psi_{Jk} \sim Y_{Jk}^{*}(\theta, \varphi) \sim e^{-ik\varphi}\, \Theta_{Jk}(\theta)\,, \tag{103,13}$$

θ und φ sind die Polarwinkel im $\xi\eta\zeta$-System, das Zeichen $\sim$ bedeutet hier die Worte „transformiert sich wie". Die Bildung des konjugiert Komplexen in (103,13) hängt mit dem veränderten Vorzeichen auf den rechten Seiten der Vertauschungsregeln (103,3) zusammen.

Bei einer Drehung um den Winkel π um die ζ-Achse (d. h. bei der Symmetrieoperation $C_2^{(\zeta)}$) wird die Funktion (103,13) mit $(-1)^k$ multipliziert:

$$C_2^{(\zeta)}: \psi_{Jk} \to (-1)^k\, \psi_{Jk}\,.$$

Die Operation $C_2^{(\eta)}$ kann als Ergebnis einer Inversion und einer anschließenden Spiegelung an der $\xi\zeta$-Ebene aufgefaßt werden. Bei der ersten Operation wird ψ_{Jk} mit $(-1)^J$ multipliziert, und die zweite ist einem Vorzeichenwechsel von k äquivalent (Vorzeichenwechsel von φ). Unter Beachtung der Definition (28,6) für die Funktion $\Theta_{J,-k}$ erhalten wir daher

$$C_2^{(\eta)}: \psi_{Jk} \to (-1)^{J+k}\, \psi_{J,-k}\,.$$

Schließlich haben wir bei der Transformation $C_2^{(\xi)} = C_2^{(\eta)} C_2^{(\zeta)}$

$$C_2^{(\xi)}: \ \psi_{Jk} \to (-1)^J \psi_{J,\,-k}\,.$$

Wir berücksichtigen diese Transformationsvorschriften und finden, daß die Zustände zu den Funktionen (103,12) zu folgenden Symmetrietypen gehören:

$$\psi_{Jk}^{+} \begin{cases} \text{gerade } J, & \text{gerade } k - A\,, \\ \text{gerade } J, & \text{ungerade } k - B_3\,, \\ \text{ungerade } J, & \text{gerade } k - B_1\,, \\ \text{ungerade } J, & \text{ungerade } k - B_2\,; \end{cases}$$
$$\psi_{Jk}^{-} \begin{cases} \text{gerade } J, & \text{gerade } k - B_1\,, \\ \text{gerade } J, & \text{ungerade } k - B_2\,, \\ \text{ungerade } J, & \text{gerade } k - A\,, \\ \text{ungerade } J, & \text{ungerade } k - B_3\,. \end{cases} \qquad (103,14)$$

Durch eine einfache Abzählung finden wir, wieviele Zustände es von jeder Art zu einem gegebenen J-Wert gibt. Zum Typ A und zu den Typen B_1, B_2 und B_3 gibt es jeweils folgende Zahlen von Zuständen:

	A	B_1, B_2, B_3
gerade J	$\frac{J}{2}+1$	$\frac{J}{2}$
ungerade J	$\frac{J-1}{2}$	$\frac{J+1}{2}$

(103,15)

Es gibt für einen unsymmetrischen Kreisel Auswahlregeln für die Matrixelemente zu Übergängen zwischen Zuständen der Typen A, B_1, B_2 und B_3. Diese Auswahlregeln können mit dem üblichen Vorgehen aus Symmetrieüberlegungen heraus leicht gewonnen werden. So gelten für die Komponenten einer vektoriellen physikalischen Größe $\boldsymbol{A}$ die Auswahlregeln

$$\begin{aligned} &\text{für } A_\xi: \quad A \leftrightarrow B_3^{(\xi)}\,, \qquad B_1^{(\zeta)} \leftrightarrow B_2^{(\eta)}\,, \\ &\text{für } A_\eta: \quad A \leftrightarrow B_2^{(\eta)}\,, \qquad B_1^{(\zeta)} \leftrightarrow B_3^{(\xi)}\,, \\ &\text{für } A_\zeta: \quad A \leftrightarrow B_1^{(\zeta)}\,, \qquad B_2^{(\eta)} \leftrightarrow B_3^{(\xi)}\,. \end{aligned} \qquad (103,16)$$

(der Klarheit halber geben wir am Darstellungssymbol als Index die Achse an, für die eine Drehung in der betreffenden Darstellung den Charakter $+1$ hat).

Aufgaben

1. Man bestimme die Wellenfunktion der Zustände $|JMk\rangle$ eines symmetrischen Kreisels durch direkte Berechnung als Eigenfunktion der Operatoren $\hat{\boldsymbol{J}}^2$, $\hat{J}_z$ und $\hat{J}_\zeta$ (F. Reiche, H. Rademacher, 1926)!

Lösung. Wir wollen ψ_{JMk} als Funktionen der Eulerschen Winkel α, β, und γ erhalten und müssen daher die Operatoren für die Drehimpulsprojektionen auf die raumfesten Achsen xyz durch diese Winkel ausdrücken. Da der Operator für die Drehimpulsprojektion auf eine beliebige Achse $-i\partial/\partial\varphi$ ist, wenn φ der Drehwinkel um diese Achse ist, können wir schreiben:

$$\hat{J}_x = -i\frac{\partial}{\partial\varphi_x}, \qquad \hat{J}_y = -i\frac{\partial}{\partial\varphi_y}, \qquad \hat{J}_z = -i\frac{\partial}{\partial\varphi_z},$$

φ_x, φ_y und φ_z sind die Drehwinkel um die entsprechenden Achsen. Die Ableitungen nach diesen Winkeln kann man durch die Ableitungen nach α, β und γ ausdrücken; denn infinitesimale Drehungen werden wie Vektoren addiert (die in Richtung der Drehachsen zeigen). Die Richtungen der Vektoren $\delta\alpha$, $\delta\beta$ und $\delta\gamma$ für die infinitesimalen Drehungen, die mit Hilfe der EULERschen Winkel beschrieben werden, sind in Abb. 20 dargestellt. Wir projizieren sie auf die raumfesten Achsen xyz und finden die Drehwinkel um diese Achsen in der Form

$$\delta\varphi_x = -\sin\alpha\,\delta\beta + \cos\alpha\sin\beta\,\delta\gamma\,,$$
$$\delta\varphi_y = \cos\alpha\,\delta\beta + \sin\alpha\sin\beta\,\delta\gamma\,,$$
$$\delta\varphi_z = \delta\alpha + \cos\beta\,\delta\gamma\,.$$

Hieraus ergeben sich umgekehrt

$$\delta\alpha = -\mathrm{ctg}\,\beta\cos\alpha\,\delta\varphi_x - \mathrm{ctg}\,\beta\sin\alpha\,\delta\varphi_y + \delta\varphi_z\,,$$
$$\delta\beta = -\sin\alpha\,\delta\varphi_x + \cos\alpha\,\delta\varphi_y\,,$$
$$\delta\gamma = \frac{\cos\alpha}{\sin\beta}\delta\varphi_x + \frac{\sin\alpha}{\sin\beta}\delta\varphi_y\,.$$

Mit Hilfe dieser Ausdrücke finden wir

$$\hat{J}_x = -i\left(-\cos\alpha\,\mathrm{ctg}\,\beta\frac{\partial}{\partial\alpha} - \sin\alpha\frac{\partial}{\partial\beta} + \frac{\cos\alpha}{\sin\beta}\frac{\partial}{\partial\gamma}\right),$$
$$\hat{J}_y = -i\left(-\sin\alpha\,\mathrm{ctg}\,\beta\frac{\partial}{\partial\alpha} + \cos\alpha\frac{\partial}{\partial\beta} + \frac{\sin\alpha}{\sin\beta}\frac{\partial}{\partial\gamma}\right),$$
$$\hat{J}_z = -i\frac{\partial}{\partial\alpha}\,.$$

Bei der Anwendung auf die Funktion ψ_{JMk} werden die Operatoren $\hat{J}_z = -i\partial/\partial\alpha$ und $\hat{J}_\zeta = -i\partial/\partial\gamma$ (γ ist der Drehwinkel um die ζ-Achse) durch M und k ersetzt (die entsprechende Abhängigkeit der Wellenfunktion von den Winkeln α und γ wird durch den Faktor $\exp(i\alpha M + i\gamma k)$ gegeben). Danach wird

$$\hat{J}_+ = \hat{J}_x + i\hat{J}_y = \mathrm{e}^{i\alpha}\left(\frac{\partial}{\partial\beta} - M\,\mathrm{ctg}\,\beta + \frac{k}{\sin\beta}\right),$$
$$\hat{J}_- = \hat{J}_x - i\hat{J}_y = \mathrm{e}^{-i\alpha}\left(-\frac{\partial}{\partial\beta} - M\,\mathrm{ctg}\,\beta + \frac{k}{\sin\beta}\right).$$

Der weitere Gang der Rechnung entspricht genau der Rechnung am Schluß von § 28. Wir gehen von der Gleichung $\hat{J}_+\psi_{JJk} = 0$ aus, die für die Wellenfunktion mit $M = J$ gilt. Daraus erhalten wir die Gleichung

$$\left(\frac{\partial}{\partial\beta} - J\,\mathrm{ctg}\,\beta + \frac{k}{\sin\beta}\right)\psi_{JJk} = 0\,.$$

Die normierte Lösung dieser Gleichung ist

$$\psi_{JJk} = i^J(-1)^{J-k}\left[\frac{(2J+1)!}{2(J+k)!\,(J-k)!}\right]^{1/2}\left(\cos\frac{\beta}{2}\right)^{J+k}\left(\sin\frac{\beta}{2}\right)^{J-k}\frac{\mathrm{e}^{i(J\alpha+k\gamma)}}{2\pi}$$

(das Normierungsintegral wird auf ein EULERsches B-Integral zurückgeführt). Dieser Ausdruck ist tatsächlich bis auf einen Phasenfaktor gleich der Funktion

$$\sqrt{\frac{2J+1}{8\pi^2}}\,D^{(J)}_{kJ}(\alpha,\beta,\gamma)$$

(vgl. (58,26)). Der Phasenfaktor ist entsprechend der Definition in (103,7) gewählt worden.

Die Wellenfunktionen mit $M < J$ werden nunmehr durch wiederholte Anwendung der Formel

$$\hat{J}_-\psi_{J,M+1,k} = \sqrt{(J-M)(J+M+1)}\,\psi_{JMk}$$

auf ψ_{JJk} ausgerechnet. Das Endergebnis stimmt mit (103,8) überein, wobei die Funktionen $D^{(J)}_{kM}$ durch die Formeln (58,10) und (58,11) gegeben werden (dabei ist die Symmetrieeigenschaft (58,18) dieser Funktionen auszunutzen).

2. Es sind die Matrixelemente $\langle Jk'|\, H\, |Jk\rangle$ für einen unsymmetrischen Kreisel zu berechnen.

Lösung. Mit Hilfe der Formeln (27,13) finden wir

$$\langle k|\, J_\xi^2\, |k\rangle = \langle k|\, J_\eta^2\, |k\rangle = \tfrac{1}{2}\,[J(J+1) - k^2]\,,$$
$$\langle k|\, J_\xi^2\, |k+2\rangle = \langle k+2|\, J_\xi^2\, |k\rangle = -\,\langle k|\, J_\eta^2\, |k+2\rangle = -\,\langle k+2|\, J_\eta^2\, |k\rangle =$$
$$= \tfrac{1}{4}\sqrt{(J-k)\,(J-k-1)\,(J+k+1)\,(J+k+2)}$$

(wir lassen die diagonalen Indizes J, J an den Matrixelementen der Kürze halber weg). Hieraus bekommen wir für die gesuchten Matrixelemente des HAMILTON-Operators [1])

$$\langle k|\, H\, |k\rangle = \frac{\hbar^2}{4}\,(a+b)\,[J(J+1) - k^2] + \frac{\hbar^2}{2}\,ck^2\,,$$
$$\langle k|\, H\, |k+2\rangle = \langle k+2|\, H\, |k\rangle =$$
$$= \frac{\hbar^2}{8}\,(a-b)\sqrt{(J-k)\,(J-k-1)\,(J+k+1)\,(J+k+2)}\,. \tag{1}$$

Die Matrixelemente mit den Funktionen (103,12) werden durch die Elemente (1) über die folgenden Beziehungen ausgedrückt:

$$\begin{aligned}
&\langle k\,\pm|\, H\, |k\,\pm\rangle = \langle k|\, H\, |k\rangle\,, \qquad k \neq 1\,,\\
&\langle 1\,\pm|\, H\, |1\,\pm\rangle = \langle 1|\, H\, |1\rangle \pm \langle 1|\, H\, |-1\rangle\,,\\
&\langle k\,\pm|\, H\, |k+2,\pm\rangle = \langle k|\, H\, |k+2\rangle\,, \qquad k \neq 0\,,\\
&\langle 0\,+|\, H\, |2\,+\rangle = \sqrt{2}\,\langle 0|\, H\, |2\rangle\,.
\end{aligned} \tag{2}$$

3. Man berechne die Energieniveaus eines unsymmetrischen Kreisels für $J = 1$!

Lösung. Die Säkulargleichung dritten Grades zerfällt in drei Gleichungen ersten Grades. Eine davon ergibt

$$E_1 = \langle 0\,+|\, H\, |0\,+\rangle = \frac{\hbar^2}{2}\,(a+b)\,. \tag{3}$$

Hieraus kann man sofort die beiden anderen Energieniveaus aufschreiben, da von vornherein klar ist, daß die drei Parameter a, b und c symmetrisch in das Problem eingehen. Deshalb sind

$$E_2 = \frac{\hbar^2}{2}\,(a+c)\,, \qquad E_3 = \frac{\hbar^2}{2}\,(b+c)\,. \tag{4}$$

Die Niveaus E_1, E_2 und E_3 gehören zu den Symmetrietypen B_1, B_2 bzw. B_3.[2]) Die Wellenfunktionen für diese Zustände sind

$$\psi_1 = \psi_{10}^+\,, \qquad \psi_2 = \psi_{11}^+\,, \qquad \psi_3 = \psi_{11}^-\,.$$

4. Wie Aufgabe 3 für $J = 2$.

Lösung. Die Säkulargleichung fünften Grades zerfällt in drei Gleichungen ersten und eine Gleichung zweiten Grades. Eine Gleichung ersten Grades ergibt

$$E_1 = \langle 2\,-|\, H\, |2\,-\rangle = 2\hbar^2 c + \frac{\hbar^2}{2}\,(a+b) \tag{5}$$

---

[1]) In den Aufgaben 2 bis 5 verwenden wir zur Vereinfachung der Formeln die Bezeichnungen

$$a = 1/I_A\,, \qquad b = 1/I_B\,, \qquad c = 1/I_C\,.$$

[2]) Das folgt unmittelbar aus Symmetrieüberlegungen. So ist die Energie E_1 symmetrisch in den Parametern a und b. Die Energie des Zustandes, dessen Symmetrie bezüglich der ξ- und η-Achse eich ist, muß genauso beschaffen sein (Zustand vom Typ B_1).

(Niveau vom Typ B_1). Hieraus schließen wir sofort, daß es noch zwei weitere Niveaus (vom Typ B_2 und B_3) geben muß:

$$E_2 = 2\hbar^2 b + \frac{\hbar^2}{2}(a + c), \qquad E_3 = 2\hbar^2 a + \frac{\hbar^2}{2}(b + c).$$

Zu diesen drei Niveaus gehören die Wellenfunktionen

$$\psi_1 = \psi_{22}^-, \qquad \psi_2 = \psi_{21}^-, \qquad \psi_3 = \psi_{21}^+.$$

Die Gleichung zweiten Grades ist

$$\begin{vmatrix} \langle 0 + | H | 0 + \rangle - E & \langle 2 + | H | 0 + \rangle \\ \langle 2 + | H | 0 + \rangle & \langle 2 + | H | 2 + \rangle - E \end{vmatrix} = 0. \tag{6}$$

Wir lösen sie und bekommen

$$E_{4,5} = \hbar^2 (a + b + c) \pm \hbar^2[(a + b + c)^2 - 3(ab + bc + ac)]^{1/2}. \tag{7}$$

Diese Niveaus gehören zum Typ A. Die zugehörigen Wellenfunktionen sind Linearkombinationen der Funktionen ψ_{20}^+ und ψ_{22}^+.

5. Wie Aufgabe 3 für $J = 3$.

Lösung. Die Säkulargleichung siebenten Grades zerfällt in eine Gleichung ersten Grades und drei Gleichungen zweiten Grades. Die Gleichung ersten Grades ergibt

$$E_1 = \langle 2 - | H | 2 - \rangle = 2\hbar^2(a + b + c) \tag{8}$$

(Niveau vom Typ A). Eine Gleichung zweiten Grades ist die Gleichung (6) der vorhergehenden Aufgabe (mit dem anderen Wert für J). Ihre Wurzeln sind

$$E_{2,3} = \frac{5\hbar^2}{2}(a + b) + \hbar^2 c \pm \hbar^2[4(a - b)^2 + c^2 + ab - ac - bc]^{1/2} \tag{9}$$

(Niveaus vom Typ B_1). Die übrigen Niveaus ergeben sich hieraus durch Vertauschung der Parameter a, b und c.

6. Man berechne die Aufspaltung der Niveaus eines Systems mit einem Quadrupolmoment in einem beliebigen äußeren elektrischen Feld!

Lösung. Wir wählen als Koordinatenachsen die Hauptachsen des Tensors $\partial^2\varphi/\partial x_i\, \partial x_k$ (vgl. Aufgabe 3 zu § 76) und formen den Quadrupolanteil des HAMILTON-Operators des Systems um in

$$\hat{H} = A\hat{J}_x^2 + B\hat{J}_y^2 + C\hat{J}_z^2, \qquad A + B + C = 0.$$

Dieser Ausdruck ist dem HAMILTON-Operator (103,1) formal vollkommen analog. Deshalb ist unser Problem der Bestimmung der Energieniveaus eines unsymmetrischen Kreisels äquivalent. Ein Unterschied besteht nur darin, daß jetzt die Summe der Koeffizienten $A + B + C = 0$ ist und daß der Drehimpuls auch halbzahlige Werte haben kann. Für die letzteren müssen die Rechnungen nach demselben Vorgehen neu ausgeführt werden; für ganzzahlige J kann man die Ergebnisse der Aufgaben 2 bis 4 verwenden. Als Ergebnis erhalten wir für die Energieverschiebung ΔE für einige kleine J-Werte

$$J = 1: \quad \Delta E = -A, -B, -C,$$

$$J = 3/2: \quad \Delta E = \pm\sqrt{\tfrac{3}{2}(A^2 + B^2 + C^2)},$$

$$J = 2: \quad \Delta E = 3A, 3B, 3C, \pm\sqrt{6(A^2 + B^2 + C^2)}.$$

Für $J = 3/2$ bleiben die Energieniveaus entsprechend dem KRAMERSschen Satz (§ 60) zweifach entartet.

§ 104. Die Wechselwirkung von Molekülschwingungen und -rotation

Bisher haben wir Rotation und Schwingungen als unabhängige Bewegungen eines Moleküls angesehen. In Wirklichkeit sind jedoch beide gleichzeitig vorhanden, was zu einer eigenartigen Wechselwirkung zwischen beiden Anlaß gibt (E. TELLER, L. TISZA, G. PLACZEK, 1932—1933).

Wir beginnen mit der Behandlung linearer mehratomiger Moleküle. Ein lineares Molekül kann zwei Arten von Schwingungen ausführen (siehe den Schluß von § 100): longitudinale mit einfachen Frequenzen und transversale mit zweifach entarteten Frequenzen. Uns werden jetzt nur die letzteren interessieren.

Ein Molekül hat bei transversalen Schwingungen im allgemeinen einen gewissen Drehimpuls. Das ist bereits aus einfachen mechanischen Überlegungen heraus zu erkennen[1]), aber es kann auch durch eine quantenmechanische Behandlung gezeigt werden. Letztere erlaubt auch, die möglichen Werte für diesen Drehimpuls in dem betreffenden Schwingungszustand zu bestimmen.

Wir wollen annehmen, in dem Molekül sei eine zweifache Frequenz ω_α angeregt. Das Energieniveau mit der Schwingungsquantenzahl v_α ist $(v_\alpha + 1)$-fach entartet. Es gehören dazu die $v_\alpha + 1$ Wellenfunktionen

$$\psi_{v_{\alpha 1} v_{\alpha 2}} = \text{const} \cdot \exp\left[-\tfrac{1}{2} c_\alpha^2 (Q_{\alpha 1}^2 + Q_{\alpha 2}^2)\right] H_{v_{\alpha 1}}(c_\alpha Q_{\alpha 1})\, H_{v_{\alpha 2}}(c_\alpha Q_{\alpha 2})$$

(mit $v_{\alpha 1} + v_{\alpha 2} = v_\alpha$) oder irgendwelche unabhängige Linearkombinationen daraus. Der höchste Grad (in $Q_{\alpha 1}$ und $Q_{\alpha 2}$) des Polynoms, mit dem der Exponentialfaktor multipliziert wird, ist in allen diesen Funktionen gleich v_α. Offensichtlich kann man als Basisfunktionen immer Linearkombinationen der Funktionen $\psi_{v_{\alpha 1} v_{\alpha 2}}$ der Gestalt

$$\psi_{v_\alpha l_\alpha} = \text{const} \cdot \exp\left[-\tfrac{1}{2} c_\alpha^2 (Q_{\alpha 1}^2 + Q_{\alpha 2}^2)\right] \times \left[(Q_{\alpha 1} + iQ_{\alpha 2})^{\frac{v_\alpha + l_\alpha}{2}} (Q_{\alpha 1} - iQ_{\alpha 2})^{\frac{v_\alpha - l_\alpha}{2}} + \ldots\right] \tag{104,1}$$

wählen. In der eckigen Klammer steht ein bestimmtes Polynom, von dem wir nur den höchsten Summanden aufgeschrieben haben. l_α ist eine ganze Zahl, die $v_\alpha + 1$ verschiedene Werte annehmen kann: $l_\alpha = v_\alpha, v_\alpha - 2, v_\alpha - 4, \ldots, -v_\alpha$.

Die Normalkoordinaten $Q_{\alpha 1}$ und $Q_{\alpha 2}$ der transversalen Schwingung sind die beiden zueinander senkrechten Auslenkungen von der Molekülachse weg. Bei einer Drehung um diese Achse um den Winkel φ wird der höchste Summand des Polynoms (und damit auch die ganze Funktion $\psi_{v_\alpha l_\alpha}$) mit

$$\exp\left\{i\varphi\left(\frac{v_\alpha + l_\alpha}{2}\right) - i\varphi\left(\frac{v_\alpha - l_\alpha}{2}\right)\right\} = \exp(il_\alpha\varphi)$$

multipliziert. Die Funktion (104,1) entspricht demzufolge einem Zustand mit dem Drehimpuls l_α in bezug auf die Achse.

Wir gelangen somit zu dem Ergebnis, daß in einem Zustand, in dem die zweifache Frequenz ω_α (mit der Quantenzahl v_α) angeregt ist, das Molekül für den Drehimpuls (in bezug auf die Molekülachse) die Werte

$$l_\alpha = v_\alpha\,, \qquad v_\alpha - 2\,, \qquad v_\alpha - 4\,, \qquad \ldots\,, \qquad -v_\alpha \tag{104,2}$$

haben kann. Man spricht dabei vom *Schwingungsdrehimpuls* des Moleküls. Falls einige transversale Schwingungen gleichzeitig angeregt sind, ist der resultierende Schwingungsdrehimpuls die Summe $\sum_\alpha l_\alpha$. Nach Addition zum Bahndrehimpuls der Elektronen ergibt sich der Gesamtdrehimpuls l des Moleküls in bezug auf die Molekülachse.

---

[1]) So kann man zwei zueinander senkrechte transversale Schwingungen mit einem Phasenunterschied von $\pi/2$ als eine reine Rotation des verbogenen Moleküls um seine longitudinale Achse ansehen.

Der Gesamtdrehimpuls J des Moleküls kann (wie bei einem zweiatomigen Molekül) nicht kleiner als der Drehimpuls in bezug auf die Achse sein, d. h., J nimmt die Werte

$$J = |l|\,, \qquad |l| + 1\,, \ldots$$

an. Mit anderen Worten, es gibt keine Zustände mit $J = 0, 1, \ldots, |l| - 1$.

Für harmonische Schwingungen hängt die Energie nur von den Zahlen v_α aber nicht von l_α ab. Die Entartung der Schwingungsniveaus (in den Werten von l_α) wird durch die Anharmonizität aufgehoben. Die Entartung wird aber nicht vollständig aufgehoben: Die Niveaus bleiben zweifach entartet, wobei Zustände, die durch gleichzeitigen Vorzeichenwechsel aller l_α und von l auseinander hervorgehen, die gleiche Energie haben. In der (nach der harmonischen) nächsten Näherung tritt in der Energie ein in den Drehimpulsen l_α quadratischer Summand der Gestalt

$$\sum_{\alpha,\beta} g_{\alpha\beta} l_\alpha l_\beta$$

auf (die $g_{\alpha\beta}$ sind Konstanten). Die verbleibende zweifache Entartung wird durch einen Effekt aufgehoben, der analog zur Λ-Verdoppelung bei zweiatomigen Molekülen ist.

Wir gehen nun zu nicht linearen Molekülen über. Dabei müssen wir folgende Bemerkung rein mechanischer Natur vorausschicken. Für ein beliebiges (nicht lineares) System von Teilchen erhebt sich die Frage, wie man überhaupt die Schwingungsbewegung von der Rotation trennen kann. Was hat man, mit anderen Worten, unter einem „nicht rotierenden System" zu verstehen. Auf den ersten Blick könnte man vermuten, daß das Kriterium für fehlende Rotation das Verschwinden des Drehimpulses ist:

$$\sum m[\boldsymbol{r}\boldsymbol{v}] = 0 \tag{104,3}$$

(Summation über die Teilchen des Systems). Aber der Ausdruck auf der linken Seite ist keine totale Zeitableitung einer Ortsfunktion. Die aufgeschriebene Gleichung kann daher nicht über die Zeit integriert werden, so daß sie als Verschwinden einer Ortsfunktion geschrieben werden könnte. Aber gerade das ist notwendig, damit man in vernünftiger Weise die Begriffe „reine Schwingungen" und „reine Rotation" bilden kann.

Als Definition für fehlende Rotation muß man daher die Bedingung

$$\sum m[\boldsymbol{r}_0\boldsymbol{v}] = 0 \tag{104,4}$$

wählen; $\boldsymbol{r}_0$ sind dabei die Ortsvektoren zu den Ruhelagen der Teilchen. Wir schreiben $\boldsymbol{r} = \boldsymbol{r}_0 + \boldsymbol{u}$, wobei $\boldsymbol{u}$ die Auslenkungen bei kleinen Schwingungen sind, und bekommen $\boldsymbol{v} = \dot{\boldsymbol{r}} = \dot{\boldsymbol{u}}$. Die Gleichung (104,4) kann über die Zeit integriert werden, und wir erhalten als Ergebnis

$$\sum m[\boldsymbol{r}_0\boldsymbol{u}] = 0\,. \tag{104,5}$$

Wir denken uns die Bewegung eines Moleküls zerlegt in eine reine Schwingungsbewegung, für die die Bedingung (104,5) erfüllt ist, und in eine Rotation des ganzen Moleküls.[1])

---

[1]) Die translatorische Bewegung wird von Anfang an als abgetrennt angesehen, weil man das Koordinatensystem so wählt, daß der Massenmittelpunkt des Moleküls darin ruht.

Wir schreiben den Drehimpuls in der Form

$$\sum m[\boldsymbol{rv}] = \sum m[\boldsymbol{r}_0\boldsymbol{v}] + \sum m[\boldsymbol{uv}]$$

und sehen, daß wir entsprechend der Definition (104,4) für das Fehlen einer Rotation unter dem Schwingungsdrehimpuls die Summe $\sum m[\boldsymbol{uv}]$ zu verstehen haben. Man hat dabei aber zu beachten, daß dieser Drehimpuls nur ein Teil des Gesamtdrehimpulses des Systems ist und deshalb für sich allein nicht erhalten bleibt. Man kann daher jedem Schwingungszustand nur einen Mittelwert für den Schwingungsdrehimpuls zuordnen.

Moleküle ohne eine einzige Symmetrieachse mit einer Zähligkeit größer als 2 entsprechen einem unsymmetrischen Kreisel. Für Moleküle dieser Art sind alle Schwingungsfrequenzen einfach (die zugehörigen Symmetriegruppen haben nur eindimensionale irreduzible Darstellungen). Demnach sind alle Schwingungsniveaus nicht entartet. In jedem nicht entarteten Zustand ist aber der Mittelwert des Impulses Null (siehe § 26). Moleküle von der Art eines unsymmetrischen Kreisels haben daher in allen Zuständen den mittleren Schwingungsdrehimpuls 0.

Falls es unter den Symmetrieelementen eines Moleküls eine höher als zweizählige Achse gibt, entspricht das Molekül einem symmetrischen Kreisel. Ein solches Molekül hat Schwingungen mit einfachen und mit zweifach entarteten Frequenzen. Der mittlere Schwingungsdrehimpuls der ersteren ist wiederum Null. Zu den zweifach entarteten Frequenzen gehört ein von Null verschiedener Mittelwert für die Projektion des Drehimpulses auf die Molekülachse.

Es ist einfach, den Ausdruck für die Energie der Rotationsbewegung eines Moleküls (von der Art eines symmetrischen Kreisels) unter Berücksichtigung des Schwingungsdrehimpulses zu finden. Der Operator für diese Energie unterscheidet sich von (103,5) dadurch, daß man den Drehimpuls des Kreisels durch die Differenz zwischen dem (erhaltenen) Gesamtdrehimpuls $\boldsymbol{J}$ des Moleküls und dem Schwingungsdrehimpuls $\boldsymbol{J}^{(v)}$ ersetzt:

$$\hat{H}_{\mathrm{rot}} = \frac{\hbar^2}{2I_A}(\hat{\boldsymbol{J}} - \hat{\boldsymbol{J}}^{(v)})^2 + \frac{\hbar^2}{2}\left(\frac{1}{I_C} - \frac{1}{I_A}\right)(\hat{J}_\zeta - \hat{J}_\zeta^{(v)})^2 . \tag{104,6}$$

Die gesuchte Energie ist der Mittelwert $\overline{H}_{\mathrm{rot}}$. Die Summanden in (104,6) mit den Quadraten der Komponenten von $\boldsymbol{J}$ tragen reine Rotationsenergie bei, die gleich (103,6) ist. Die Summanden mit Quadraten der Komponenten von $\boldsymbol{J}^{(v)}$ liefern von den Rotationsquantenzahlen unabhängige Konstanten, und man kann sie weglassen. Die Summanden mit Produkten aus Komponenten von $\boldsymbol{J}$ und von $\boldsymbol{J}^{(v)}$ geben den uns hier interessierenden Effekt der Wechselwirkung der Molekülschwingungen mit der Molekülrotation. Man bezeichnet sie als Coriolis-*Wechselwirkung* (weil sie den Coriolis-Kräften in der klassischen Mechanik entsprechen). Bei der Mittelung dieser Summanden hat man zu beachten, daß die Mittelwerte der transversalen Komponenten (ξ, η) des Schwingungsdrehimpulses gleich Null sind. Daher erhalten wir für den Mittelwert der Energie der Coriolis-Wechselwirkung

$$E_{\mathrm{cor}} = -\frac{\hbar^2}{I_C} k k_v . \tag{104,7}$$

Die ganze Zahl k ist wie in § 103 die Projektion des Gesamtdrehimpulses auf die Molekülachse; $k_v = \overline{J_\zeta^{(v)}}$ ist der Mittelwert der Projektion des Schwingungsdrehimpulses, der für den betreffenden Schwingungszustand charakteristisch ist. k_v ist im Gegensatz zu k keineswegs eine ganze Zahl.

Schließlich befassen wir uns mit Molekülen, die einem Kugelkreisel entsprechen. Hierher gehören die Moleküle mit einer beliebigen kubischen Gruppe als Symmetriegruppe. Derartige Moleküle haben ein-, zwei- und dreifache Frequenzen (weil es unter den irreduziblen Darstellungen der kubischen Gruppen ein-, zwei- und dreidimensionale gibt). Die Entartung der Schwingungsniveaus wird wie immer durch die Anharmonizität teilweise aufgehoben. Unter Beachtung dieser Effekte verbleiben neben den nicht entarteten Niveaus noch zwei- und dreifach entartete Niveaus. Wir werden im folgenden gerade von diesen durch die Anharmonizität aufgespaltenen Niveaus sprechen.

Wie man leicht sehen kann, hat ein Molekül, das einem Kugelkreisel entspricht, sowohl in den nicht entarteten als auch in den zweifach entarteten Schwingungszuständen keinen mittleren Schwingungsdrehimpuls. Das folgt bereits aus einfachen Symmetrieüberlegungen. Die Vektoren für die mittleren Drehimpulse in den beiden Zuständen zu einem entarteten Energieniveau müßten sich bei allen Symmetrietransformationen des Moleküls ineinander transformieren. Aber nicht eine einzige kubische Symmetriegruppe läßt die Existenz zweier nur untereinander transformierter Richtungen zu. Nur Sätze von wenigstens drei Richtungen transformieren sich untereinander.

Aus denselben Überlegungen ergibt sich, daß in Zuständen zu dreifach entarteten Schwingungsniveaus der mittlere Schwingungsdrehimpuls von Null verschieden ist. Nach der Mittelung über den Schwingungszustand ist dieser Drehimpuls ein Operator; die Matrixelemente dieses Operators entsprechen den Übergängen zwischen den drei miteinander entarteten Zuständen. Der Zahl dieser Zustände entsprechend muß dieser Operator die Gestalt $\zeta\hat{\boldsymbol{l}}$ haben, wenn $\hat{\boldsymbol{l}}$ der Operator für den Drehimpuls 1 (für den $2l + 1 = 3$ ist) und ζ eine für das betreffende Schwingungsniveau charakteristische Konstante sind. Der Hamilton-Operator für die Rotationsbewegung des Moleküls ist

$$\hat{H}_{\text{rot}} = \frac{\hbar^2}{2I}(\hat{\boldsymbol{J}} - \hat{\boldsymbol{J}}^{(v)})^2 .$$

Nach dieser Mittelung wird daraus der Operator

$$\hat{H}_{\text{rot}} = \frac{\hbar^2}{2I}\hat{\boldsymbol{J}}^2 + \frac{\hbar^2}{2I}\overline{\hat{\boldsymbol{J}}^{(v)2}} - \frac{\hbar^2}{I}\zeta\hat{\boldsymbol{J}}\hat{\boldsymbol{l}} . \tag{104,8}$$

Die Eigenwerte des ersten Summanden sind die übliche Rotationsenergie (103,4). Der zweite Summand ergibt eine unwesentliche Konstante, die von der Rotationsquantenzahl unabhängig ist. Der letzte Summand in (104,8) ergibt die gesuchte Energie für die Coriolis-Aufspaltung der Schwingungsniveaus. Die Eigenwerte der Größe $\boldsymbol{J}\boldsymbol{l}$ werden in der üblichen Weise berechnet. Sie kann (bei gegebenem $\boldsymbol{J}$) drei verschiedene Werte haben (die den Werten $J + 1$, $J - 1$ und J für den Vektor $\boldsymbol{J} + \boldsymbol{l}$ entsprechen). Als Ergebnis finden wir

$$E_{\text{cor}}^{(J+1)} = -\frac{\hbar^2}{I}\zeta J , \qquad E_{\text{cor}}^{(J-1)} = \frac{\hbar^2}{I}\zeta(J + 1) , \qquad E_{\text{cor}}^{(J)} = \frac{\hbar^2}{I}\zeta . \tag{104,9}$$

§ 105. Die Klassifizierung der Molekülterme

Die Wellenfunktion eines Moleküls ist das Produkt aus der Elektronenfunktion, der Wellenfunktion für die Kernschwingungen und der Rotationsfunktion. Wir haben bereits über die Klassifizierung und die Symmetrietypen dieser Funktionen einzeln gesprochen. Es bleibt uns jetzt das Problem zu behandeln, wie die Molekülterme insgesamt klassifiziert werden, d. h., welche Symmetrie für die Gesamtwellenfunktion möglich ist.

Natürlich legt die Angabe der Symmetrie aller drei Faktoren bei gewissen Transformationen auch die Symmetrie des Produktes bei denselben Transformationen fest. Zur vollständigen Beschreibung der Symmetrie eines Zustandes muß man noch angeben, wie sich die Gesamtwellenfunktion bei gleichzeitiger Inversion der Koordinaten aller Teilchen (der Elektronen und der Kerne) in einem Molekül verhält. Ein Zustand wird als *negativ* oder *positiv* bezeichnet, je nachdem, ob die Wellenfunktion bei dieser Transformation ihr Vorzeichen wechselt oder ob sie dabei unverändert bleibt.[1])

Man hat dabei aber zu beachten, daß man den Zustand bei einer Inversion nur dann sinnvoll beschreiben kann, wenn das Molekül keine sterische Isomerie aufweist. Von sterischer Isomerie spricht man dann, wenn das Molekül bei einer Inversion in eine Konfiguration übergeht, die durch keine räumliche Drehung mit der Ausgangslage zur Deckung gebracht werden kann (Moleküle „rechter" und „linker" Modifikationen einer Substanz).[2]) Die bei einer Inversion auseinander hervorgehenden Wellenfunktionen gehören daher beim Vorliegen sterischer Isomerie eigentlich zu verschiedenen Molekülen, und es hat keinen Sinn, sie zu vergleichen.[3])

Wir haben in § 86 gesehen, daß der Kernspin bei zweiatomigen Molekülen einen wesentlichen indirekten Einfluß auf das Termschema eines Moleküls hat. Der Kernspin bestimmt den Entartungsgrad, und in einigen Fällen verbietet er eine gewisse Symmetrie ganz. Dasselbe trifft für mehratomige Moleküle zu. Hier ist aber die Behandlung dieses Problems wesentlich komplizierter, und die Anwendung gruppentheoretischer Methoden ist in jedem konkreten Falle erforderlich.

Die Idee der Methode ist folgende. Die Gesamtwellenfunktion muß außer dem Bahnanteil (den wir bisher ausschließlich behandelt haben) auch einen Spinfaktor enthalten. Dieser Spinfaktor ist eine Funktion der Spinprojektionen aller Kerne auf eine beliebig gewählte Raumrichtung. Die Projektion σ des Kernspins nimmt $2i + 1$ Werte an (i ist der Kernspin). Lassen wir alle $\sigma_1, \sigma_2, \ldots, \sigma_N$ (N ist die Zahl der Atome im Molekül) alle möglichen Werte annehmen, dann erhalten wir insgesamt $(2i_1 + 1) \times (2i_2 + 1) \ldots (2i_N + 1)$ verschiedene Werte für den Spinfaktor. Bei jeder Symmetrietransformation vertauschen gewisse Kerne (der gleichen Sorte) ihre Plätze. Stellt man sich die Werte der Spins „an den Plätzen verheftet" vor, dann ist eine Transformation der Vertauschung der Spins unter den Kernen äquivalent. Die verschiedenen Spinfaktoren werden sich demzufolge untereinander transformieren und somit eine (im allgemeinen reduzible) Darstellung der Symmetriegruppe des Moleküls realisieren. Wir zerlegen sie in irreduzible Bestandteile und finden damit die möglichen Symmetrietypen für die Spinfunktionen.

---

[1]) Wir verwenden wie üblich dieselbe unglückliche Bezeichnungsweise wie für zweiatomige Moleküle (§ 86).

[2]) Sterische Isomerie kann nur dann vorliegen, wenn das Molekül kein Symmetrieelement aufweist, das mit einer Spiegelung zusammenhängt (Inversionszentrum, Symmetrieebene, Drehspiegelungsachse).

[3]) Streng genommen ergibt die Quantenmechanik immer eine von Null verschiedene Übergangswahrscheinlichkeit von einer Modifikation zu einer anderen. Diese Wahrscheinlichkeit hängt mit dem Tunneln der Kerne durch die Barriere zusammen und ist außerordentlich klein.

Man kann für die Charaktere $\chi_{sp}(G)$ der durch die Spinfaktoren realisierten Darstellung leicht eine allgemeine Formel angeben. Dazu braucht man nur zu beachten, daß sich bei einer Transformation nur diejenigen Spinfaktoren nicht ändern, in denen die bewegten Kerne gleiche σ_a haben. Im entgegengesetzten Falle geht ein Spinfaktor in einen anderen über und trägt nichts zum Charakter bei. Da σ_a $2i_a + 1$ Werte annehmen kann, finden wir

$$\chi_{sp}(G) = \Pi\,(2i_a + 1)\,. \tag{105,1}$$

Das Produkt wird über alle Atomgruppen erstreckt, die bei der betreffenden Transformation G ihre Plätze miteinander wechseln (je ein Faktor im Produkt von jeder Gruppe).

Uns interessiert hier weniger die Symmetrie der Spinfunktion, sondern mehr die Symmetrie der Bahnfunktion (es handelt sich hier um die Symmetrie bei Vertauschungen der Kernkoordinaten bei unveränderten Elektronenkoordinaten). Diese Symmetrien hängen aber unmittelbar miteinander zusammen; denn die Gesamtwellenfunktion muß unverändert bleiben oder ihr Vorzeichen bei der Vertauschung eines jeden Kernpaares wechseln, je nachdem, ob die Kerne der BOSE- oder der FERMI-Statistik gehorchen (mit anderen Worten, sie muß mit $(-1)^{2i}$ multipliziert werden, wenn i der Spin der miteinander vertauschten Kerne ist). Wir führen den entsprechenden Faktor in die Charaktere (105,1) ein und erhalten ein System von Charakteren $\chi(G)$ für die Darstellung, die alle irreduziblen Darstellungen enthält, nach denen sich die Bahnfunktionen transformieren:

$$\chi(G) = \Pi\,(2i_a + 1)\,(-1)^{2i_a(n_a-1)} \tag{105,2}$$

(n_a ist die Zahl der Kerne in jeder Gruppe von Kernen, die bei der betreffenden Transformation ihre Plätze miteinander vertauschen). Wir zerlegen diese Darstellung in die irreduziblen Bestandteile und erhalten die möglichen Symmetrietypen für die Bahnfunktionen des Moleküls zusammen mit den Entartungsgraden für die betreffenden Energieniveaus (hier und im folgenden handelt es sich um die Entartung in den verschiedenen Spinzuständen des Kernsystems).[1])

Jeder Symmetrietyp der Zustände ist mit bestimmten Werten für die resultierenden Spins der Gruppen äquivalenter Kerne im Molekül verknüpft (d. h. der Gruppen derjenigen Kerne, die bei Symmetrietransformationen des Moleküls ihre Plätze miteinander vertauschen). Diese Verknüpfung ist nicht eineindeutig: Jeder Symmetrietyp kann im allgemeinen mit verschiedenen Werten für die Spins der Gruppen äquivalenter Kerne realisiert werden. Mit Hilfe gruppentheoretischer Methoden ist es auch möglich, diese Verknüpfung in jedem konkreten Falle herzustellen.

Sehen wir uns als Beispiel ein Molekül, das einem unsymmetrischen Kreisel entspricht, an — das Äthylenmolekül $C_2^{12}H_4^1$ (Abb. 43, g, Symmetriegruppe $\boldsymbol{D}_{2h}$). Der obere Index am Elementsymbol gibt an, zu welchem Isotop der Kern gehört. Diese Angabe ist erforderlich, weil die Kerne verschiedener Isotope verschiedenen Spin haben können. Im vorliegenden Falle ist der Kernspin von H^1 gleich 1/2, und der Kern C^{12} hat den Spin 0. Wir brauchen daher nur die Wasserstoffatome zu betrachten.

Wir wählen das Koordinatensystem wie in Abb. 43, g (die z-Achse senkrecht zur Molekülebene, die x-Achse in Richtung der Molekülachse). Eine Spiegelung an der

---

[1]) Man bezeichnet den Entartungsgrad eines Niveaus in diesem Zusammenhang oft als das von den Kernen stammende statistische Gewicht (vgl. die Fußnote auf S. 321).

xy-Ebene $\sigma(xy)$ läßt alle Atome fest; bei den restlichen Spiegelungen und den Drehungen vertauschen die Wasserstoffatome paarweise ihre Plätze. Nach Formel (105,2) erhalten wir folgende Charaktere für die Darstellung:

E	$\sigma(xy)$	$\sigma(xz)$	$\sigma(yz)$	I	$C_2(z)$	$C_2(y)$	$C_2(x)$
16	16	4	4	4	4	4	4

Wir zerlegen diese Darstellung in irreduzible Bestandteile und finden dabei folgende irreduzible Darstellungen der Gruppe $\boldsymbol{D}_{2h}$: $7A_g$, $3B_{1g}$, $3B_{2u}$, $3B_{3u}$. Die Ziffern geben die Vielfachheit an, mit der die betreffende irreduzible Darstellung in der reduziblen enthalten ist. Diese Zahlen sind die von den Kernen stammenden statistischen Gewichte der Niveaus der betreffenden Symmetrie.[1])

Die erhaltene Klassifizierung der Molekülzustände des Äthylens[2]) bezieht sich auf die Symmetrie der vollständigen (Bahn-)Wellenfunktion aus Elektronen-, Schwingungs- und Rotationsanteilen. Normalerweise ist es aber von Interesse, an diese Ergebnisse von einem anderen Gesichtspunkt aus heranzugehen. Kennt man nämlich die möglichen Symmetrien der vollständigen Wellenfunktion, so ergibt sich hieraus unmittelbar, welche Rotationsniveaus für einen gegebenen Elektronen- und Schwingungszustand möglich sind (und welche statistischen Gewichte dazugehören).

Sehen wir uns zum Beispiel die Rotationsstruktur des niedrigsten Schwingungsniveaus (keine Schwingungen angeregt) zum Grundzustand des Elektronenterms an; die Wellenfunktion der Elektronen im Grundzustand sei dabei vollsymmetrisch (wie es praktisch für alle mehratomigen Moleküle der Fall ist). Die Symmetrie der Gesamtwellenfunktion bei Drehungen um die Symmetrieachse ist dann gleich der Symmetrie der Rotationsfunktion. Stellen wir dieses Ergebnis den obigen Resultaten gegenüber, so gelangen wir zu dem Schluß, daß das Äthylenmolekül positive Rotationsniveaus der Typen A und B_1 (siehe § 103) mit den statistischen Gewichten 7 und 3 und negative Niveaus der Typen B_2 und B_3 mit dem statistischen Gewicht 3 hat.

Wie bei den zweiatomigen Molekülen (siehe den Schluß von § 86) ist die Wechselwirkung der Kernspins mit den Elektronen außerordentlich schwach. Aus diesem Grunde gibt es praktisch keine Übergänge zwischen Zuständen des Äthylenmoleküls mit verschiedener Kernsymmetrie. Moleküle, die sich in solchen Zuständen befinden, verhalten sich daher wie verschiedene Modifikationen des Stoffes, so daß das Äthylen $C_2^{12}H_4^1$ vier Modifikationen mit den von den Kernen stammenden statistischen Gewichten 7, 3, 3 und 3 hat. Für diesen Schluß ist es wesentlich, daß die Zustände mit verschiedener Symmetrie zu verschiedenen Energieniveaus gehören (die Abstände zwischen diesen Niveaus müssen groß gegenüber der Wechselwirkungsenergie der Kernspins sein). Er gilt daher nicht für solche Moleküle, die Zustände verschiedener Kernsymmetrie zum gleichen entarteten Energieniveau haben.

Wir wollen ein weiteres Beispiel behandeln — das Ammoniakmolekül $N^{14}H_3^1$, das einem symmetrischen Kreisel entspricht (Abb. 41, Symmetriegruppe $\boldsymbol{C}_{3v}$). Der Kernspin von N^{14} ist 1, der Kernspin von H^1 ist 1/2. Mit Hilfe der Formel (105,2) finden wir die Charaktere der uns interessierenden Darstellung der Gruppe $\boldsymbol{C}_{3v}$:

E	$2C_3$	$3\sigma_v$
24	6	-12

[1]) Wegen des Zusammenhanges der Symmetrie der Zustände mit den Werten für den resultierenden Spin der vier H-Atome im Äthylenmolekül siehe Aufgabe 1.

[2]) Äthylen fachsprachlich Ethen.

Sie enthält folgende irreduzible Darstellungen der Gruppe $\boldsymbol{C}_{3v}$: $12A_2$ und $6E$. Es sind also zwei Arten von Niveaus möglich, die zugehörigen statistischen Gewichte von den Kernen sind 12 und 6.[1])

Die Rotationsniveaus eines symmetrischen Kreisels werden (bei festem J) nach den Werten der Quantenzahl k klassifiziert. Wir wollen uns den Grundzustand der Elektronen und der Schwingungen für das NH_3-Molekül ansehen (d. h., wir nehmen die Elektronen- und die Schwingungswellenfunktion als vollsymmetrisch an). Bei der Bestimmung der Symmetrie der Rotationsfunktion hat man zu beachten, daß man nur über ihr Verhalten bei Drehungen um die Achsen sinnvoll sprechen kann. Wir ersetzen daher die Symmetrieebenen durch dazu senkrechte zweizählige Symmetrieachsen (die Spiegelung an einer Ebene ist der Drehung um eine solche Achse zusammen mit einer anschließenden Inversion äquivalent. In unserem Falle haben wir demzufolge statt $\boldsymbol{C}_{3v}$ die dazu isomorphe Punktgruppe $\boldsymbol{D}_3$ zu betrachten.

Die Rotationsfunktionen mit $k = \pm|k|$ werden bei einer Drehung C_3 um eine vertikale dreizählige Achse mit $e^{\pm 2\pi i|k|/3}$ multipliziert. Bei einer Drehung U_2 um eine horizontale zweizählige Achse gehen sie ineinander über und realisieren somit eine zweidimensionale Darstellung der Gruppe $\boldsymbol{D}_3$. Wenn $|k|$ kein Vielfaches von 3 ist, ist diese Darstellung irreduzibel — die Darstellung E. Die Darstellung der Gruppe $\boldsymbol{C}_{3v}$, die der Gesamtwellenfunktion entspricht, ergibt sich durch Multiplikation des Charakters $\chi(U_2)$ mit $+1$ oder mit -1, je nachdem ob der Term positiv oder negativ ist. In der Darstellung E haben wir aber $\chi(U_2) = 0$, und wir erhalten in beiden Fällen wieder die Darstellung E (aber diesmal als Darstellung der Gruppe $\boldsymbol{C}_{3v}$ und nicht von $\boldsymbol{D}_3$). Auf Grund der obigen Ergebnisse gelangen wir somit zu dem Schluß, daß für solche $|k|$, die keine Vielfache von 3 sind, sowohl positive als auch negative Niveaus möglich sind. Die zugehörigen statistischen Gewichte von den Kernen her sind 6 (Niveaus vom Symmetrietyp E für die vollständige Bahnfunktion).

Falls $|k|$ ein Vielfaches von 3 (aber verschieden von Null) ist, realisieren die Rotationsfunktionen eine Darstellung (der Gruppe $\boldsymbol{D}_3$) mit den Charakteren

E	$2C_3$	$3U_2$
2	2	0

Diese Darstellung ist reduzibel und zerfällt in die Darstellungen A_1 und A_2. Soll die Gesamtwellenfunktion zur Darstellung A_2 der Gruppe $\boldsymbol{C}_{3v}$ gehören, dann muß das Rotationsniveau A_1 negativ und A_2 positiv sein. Bei von Null verschiedenem $|k|$, das ein Vielfaches von 3 ist, sind also sowohl positive als auch negative Niveaus mit den von den Kernen stammenden statistischen Gewichten 12 möglich (Niveaus vom Typ A_2).

Schließlich gehört zur Drehimpulsprojektion $k = 0$ nur eine Rotationsfunktion, die eine Darstellung mit folgenden Charakteren realisiert:[2])

E	$2C_3$	$3U_2$
1	1	$(-1)^J$

Soll die Gesamtwellenfunktion die Symmetrie A_2 besitzen, dann muß ihr Verhalten bei einer Inversion demzufolge durch den Faktor $-(-1)^J$ bestimmt werden. Für

[1]) Der resultierende Spin der Wasserstoffkerne ist für die Terme der Symmetrie A_2 gleich 3/2, und zu den Termen E gehört der Spin 1/2.

[2]) Die Eigenfunktion des Drehimpulses mit dem Betrag J und der Projektion 0 wird bei einer Drehung um den Winkel π mit $(-1)^J$ multipliziert.

$k = 0$ können also die Niveaus mit geradem (ungeradem) J nur negativ (positiv) sein. Das statistische Gewicht ist in beiden Fällen 6 (Niveau vom Typ A_2).

Wir fassen diese Ergebnisse zusammen und erhalten folgende Tabelle für die möglichen Zustände bei verschiedenen Werten der Quantenzahl k für den Elektronen- und Schwingungsgrundzustand des Moleküls $N^{14}H^1_4$ (+ und − bezeichnen die positiven und die negativen Zustände):

	(+)	(−)
$\|k\|$ ist kein Vielfaches von 3	$6E$	$6E$
$\|k\|$ ist ein Vielfaches von 3	$12A_2$	$12A_2$
$k = 0$ J gerade	—	$6A_2$
$k = 0$ J ungerade	$6A_2$	—

Für gegebene J und k sind die Energieniveaus des NH_3-Moleküls im allgemeinen entartet (siehe auch die Tabelle für ND_3 in Aufgabe 3). Diese Entartung wird teilweise infolge eines eigenartigen Effektes aufgehoben, der mit der abgeplatteten Form des Ammoniakmoleküls und der geringen Masse der Wasserstoffatome zusammenhängt. Durch eine relativ kleine vertikale Verschiebung der Atome in diesem Molekül kann ein Übergang zwischen den beiden Konfigurationen realisiert werden, die durch eine Spiegelung an einer zur Grundfläche der Pyramide parallelen Ebene auseinander hervorgehen (Abb. 44). Diese Übergänge verursachen eine Niveauaufspaltung, wobei

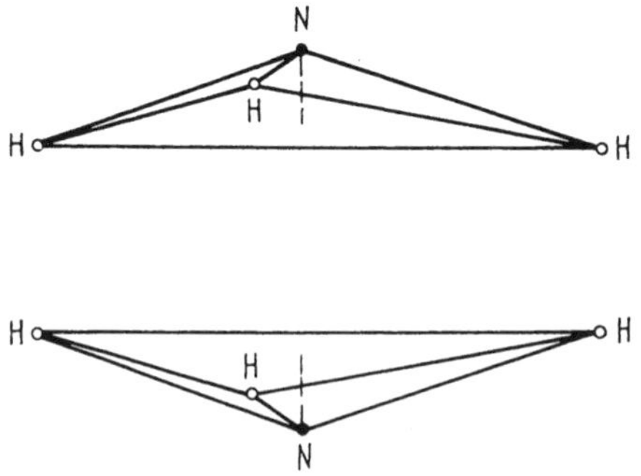

Abb. 44

positive und negative Niveaus voneinander getrennt werden (ein Effekt analog dem in Aufgabe 3 zu § 50 behandelten eindimensionalen Fall). Die Größe der Aufspaltung ist proportional zur Wahrscheinlichkeit, daß die Atome die „Potentialbarriere" zwischen den beiden Konfigurationen durchtunneln. Obwohl diese Wahrscheinlichkeit im Ammoniakmolekül wegen der oben erwähnten Eigenschaften relativ groß ist, ist die Aufspaltung selbst recht klein (10^{-4} eV).

Ein Beispiel für ein Molekül, das einem Kugelkreisel entspricht, wird in Aufgabe 5 zu diesem Paragraphen behandelt werden.

Aufgaben

1. Man stelle den Zusammenhang zwischen der Symmetrie des Zustandes eines $C^{12}_2H^1_4$-Moleküls und dem resultierenden Spin der Wasserstoffkerne darin her!

Lösung.[1]) Der resultierende Spin der vier Kerne H^1 kann die Werte $I = 2, 1, 0$ haben. Die zugehörige Projektion M_I nimmt Werte von 2 bis -2 an. Wir betrachten die durch die Spinfaktoren realisierten Darstellungen für jeden einzelnen Wert M_I. Dabei beginnen wir mit dem größten Wert.

Zum Wert $M_I = 2$ gehört nur ein Spinfaktor, darin haben alle Kerne die Spinprojektion $+1/2$. Zum Wert $M_I = 1$ gehören vier verschiedene Spinfaktoren, die sich dadurch voneinander unterscheiden, welchem der vier Spins die Spinprojektion $-1/2$ zugeordnet wird. Schließlich wird der Wert $M_I = 0$ durch sechs Spinfaktoren realisiert, je nachdem welchem Kernpaar die Spinprojektion $-1/2$ zugeschrieben wird. Die Charaktere der zugehörigen drei Darstellungen sind

	E	$\sigma(xy)$	$\sigma(xz)$	$\sigma(yz)$	I	$C_2(z)$	$C_2(y)$	$C_2(x)$
$M_I = 2$	1	1	1	1	1	1	1	1
$M_I = 1$	4	4	0	0	0	0	0	0
$M_I = 0$	6	6	2	2	2	2	2	2

Die erste Darstellung ist die Einsdarstellung A_g. Da der Wert $M_I = 2$ nur für $I = 2$ realisiert werden kann, schließen wir daraus, daß zum Spin $I = 2$ der Zustand mit der Symmetrie A_g gehört.

Der Wert $M_I = 1$ kann sowohl für $I = 1$ als auch für $I = 2$ realisiert werden. Wir subtrahieren dementsprechend die erste Darstellung von der zweiten und zerlegen das Ergebnis in irreduzible Darstellungen. So finden wir, daß zum Spin $I = 1$ die Zustände B_{1g}, B_{2u} und B_{3u} gehören.

Schließlich kann der Wert $M_I = 0$ in allen Fällen realisiert werden, in denen $M_I = 1$ möglich ist, und außerdem für $I = 0$. Wir subtrahieren dementsprechend die zweite Darstellung von der dritten und finden zwei Zustände A_g als zum Spin $I = 0$ gehörig.

2. Man bestimme die Symmetrietypen der vollständigen (Bahn-)Wellenfunktionen und die statistischen Gewichte der zugehörigen Niveaus für die Moleküle $C_2^{12}H_4^2$, $C_2^{13}H_4^1$ und $N_2^{14}O_4^{16}$ (alle Moleküle haben die gleiche Gestalt, die Spins sind $i(H^2) = 1$, $i(C^{13}) = 1/2$ und $i(N^{14}) = 1$)!

Lösung. Nach dem gleichen Vorgehen wie im Text für das Molekül $C_2^{12}H_4^1$ finden wir folgende Zustände (die Koordinatenachsen sind wie im Text gewählt):

Molekül	(+)	(−)
$C_2^{12}H_4^2$	$27A_g$, $18B_{1g}$	$18B_{2u}$, $18B_{3u}$
$C_2^{13}H_4^1$	$16A_g$, $12B_{1g}$	$12B_{2u}$, $24B_{3u}$
$N_2^{14}O_4^{16}$	$6A_g$	$3B_{3u}$

3. Wie Aufgabe 2 für das Molekül $N^{14}H_3^2$.

Lösung. Ähnlich wie im Text für das $N^{14}H_3^1$-Molekül finden wir die Zustände $30A_1$, $3A_2$ und $24E$.

Für Elektronen- und Schwingungsgrundzustand sind für die verschiedenen Werte der Quantenzahl k folgende Zustände möglich:

	(+)	(−)
$\|k\|$ kein Vielfaches von 3	$24E$	$24E$
$\|k\|$ ein Vielfaches von 3	$30A_1$, $3A_2$	$30A_1$, $3A_2$
$k = 0$ { J gerade	$30A_1$	$3A_2$
$k = 0$ { J ungerade	$3A_2$	$30A_1$

4. Wie Aufgabe 2 für das Molekül $C_2^{12}H_6^1$ (siehe Abb. 43, f, Symmetrie $\boldsymbol{D}_{3d}$).

Lösung. Es sind folgende Zustände möglich: $7A_{1g}$, $1A_{1u}$, $3A_{2g}$, $13A_{2u}$, $9E_g$ und $11E_u$.

---

[1]) Eine Methode zur Lösung ähnlicher Probleme, die auf der Theorie der symmetrischen Gruppen basiert, findet man in dem auf S. 226 zitierten Buch von I. G. Kaplan, Kap. VI, § 2.

Für Elektronen- und Schwingungsgrundzustand ergeben sich folgende Zustände:

	(+)	(−)
$\|k\|$ kein Vielfaches von 3	$9E_g$	$11E_u$
$\|k\|$ ein Vielfaches von 3	$7A_{1g}$, $3A_{2g}$	$1A_{1u}$, $13A_{2u}$
$k = 0$ J gerade	$4A_{1g}$	$1A_{1u}$
$k = 0$ J ungerade	$3A_{2g}$	$13A_{2u}$

5. Wie Aufgabe 2 für das Methanmolekül $C^{12}H^1_4$ (die H-Atome an den Ecken, das C-Atom im Mittelpunkt eines Tetraeders).

Lösung. Das Molekül entspricht einem Kugelkreisel und hat die Symmetrie $\boldsymbol{T_d}$. Nach der gleichen Methode finden wir, daß Zustände folgender Typen möglich sind: $5A_2$, $1E$, $3F_1$ (der zugehörige Gesamtspin des Moleküls ist 2, 0 bzw. 1).

Die Rotationszustände eines Kugelkreisels werden nach den Werten J für den Gesamtdrehimpuls klassifiziert. Die $2J + 1$ Rotationsfunktionen zu einem gegebenen Wert von J realisieren eine $2(J + 1)$-dimensionale Darstellung der Gruppe $\boldsymbol{O}$, die zur Gruppe $\boldsymbol{T_d}$ isomorph ist. Sie ergibt sich aus dieser Gruppe, indem man alle Symmetrieebenen durch dazu senkrechte zweizählige Achsen ersetzt. Die Charaktere dieser Darstellung werden nach Formel (98,3) bestimmt. So erhalten wir zum Beispiel für $J = 3$ eine Darstellung mit den Charakteren

E	$8C_3$	$6C_2$	$6C_4$	$3C_4^2$
7	1	−1	−1	−1

Darin sind folgende irreduzible Darstellungen der Gruppe $\boldsymbol{O}$ enthalten: A_2, F_1, F_2. Wir wollen wieder die Rotationsstruktur des Elektronen- und Schwingungsgrundzustandes betrachten. Für $J = 3$ können die Zustände mit der Symmetrie A_2 für die Gesamtwellenfunktion nur positiv sein, die Niveaus zum Zustand F_1 können positiv oder negativ sein. Für einige der ersten J-Werte ergeben sich auf diese Weise folgende Zustände (wir geben sie zusammen mit den zugehörigen statistischen Gewichten von den Kernen an):

	(+)	(−)
$J = 0$	—	$5A_2$
$J = 1$	$3F_1$	—
$J = 2$	$1E$	$1E$, $3F_1$
$J = 3$	$5A_2$, $3F_1$	$3F_1$
$J = 4$	$1E$, $3F_1$	$5A_2$, $1E$, $3F_1$

XIV DIE ADDITION VON DREHIMPULSEN

§ 106. Die $3j$-Symbole

Die in § 31 erhaltene Additionsvorschrift für Drehimpulse bestimmt die möglichen Werte für den resultierenden Drehimpuls eines Systems aus zwei Teilchen (oder aus komplizierteren Bestandteilen) mit den Drehimpulsen j_1 und j_2.[1]) Diese Vorschrift hängt in Wirklichkeit eng mit den Eigenschaften der Wellenfunktionen bei räumlichen Drehungen zusammen und folgt unmittelbar aus den Eigenschaften der Spinoren.

Die Wellenfunktionen von Teilchen mit den Drehimpulsen j_1 und j_2 sind symmetrische Spinoren der Stufen $2j_1$ und $2j_2$, und die Wellenfunktion des Systems wird durch die Produkte

$$\psi^{(1)\overbrace{\lambda\mu\ldots}^{2j_1}}\psi^{(2)\overbrace{\varrho\sigma\ldots}^{2j_2}} \qquad (106,1)$$

gegeben. Symmetrisieren wir dieses Produkt in allen Indizes, dann erhalten wir einen symmetrischen Spinor der Stufe $2(j_1 + j_2)$, der einem Zustand mit dem resultierenden Drehimpuls $j_1 + j_2$ entspricht. Wir verjüngen nun das Produkt (106,1) in einem Indexpaar; ein Index davon muß zu $\psi^{(1)}$, der andere zu $\psi^{(2)}$ gehören (sonst ergibt sich Null). Wegen der Symmetrie der Spinoren $\psi^{(1)}$ und $\psi^{(2)}$ ist es dabei gleichgültig, welche Indizes aus $\lambda, \mu, \ldots$ und $\varrho, \sigma, \ldots$ genommen werden. Nach der Symmetrisierung erhalten wir einen symmetrischen Spinor der Stufe $2(j_1 + j_2 - 1)$, der einem Zustand mit dem Drehimpuls $j_1 + j_2 - 1$ entspricht.[2]) Wir setzen dieses Vorgehen fort und finden in Übereinstimmung mit der uns bereits bekannten Regel, daß j die Werte von $j_1 + j_2$ bis $|j_1 - j_2|$ annimmt, wobei jeder Wert einmal angenommen wird.

---

[1]) Streng genommen denken wir hier immer, ohne das jedesmal besonders zu erwähnen, an ein System aus einzelnen Teilen, die so schwach miteinander wechselwirken, daß man in erster Näherung ihre Drehimpulse als Erhaltungsgrößen ansehen kann.

Alle hier wiedergegebenen Ergebnisse beziehen sich natürlich nicht nur auf die Addition der Gesamtdrehimpulse zweier Teilchen (oder Systeme), sondern auch auf die Addition von Bahndrehimpuls und Spin eines Systems unter der Voraussetzung, daß die Spin-Bahn-Kopplung schwach genug ist.

[2]) Um Mißverständnisse zu vermeiden, erscheint folgende Bemerkung angebracht zu sein. Die Wellenfunktion eines Systems aus zwei Teilchen ist immer ein Spinor der Stufe $2(j_1 + j_2)$, die im allgemeinen verschieden von $2j$ ist, wenn j der Gesamtdrehimpuls des Systems ist. Ein solcher Spinor kann aber einem Spinor niedrigerer Stufe äquivalent sein. So ist die Wellenfunktion eines Systems aus zwei Teilchen mit den Drehimpulsen $j_1 = j_2 = 1/2$ ein Spinor zweiter Stufe. Wenn aber der Gesamtdrehimpuls $j = 0$ ist, dann ist dieser Spinor antisymmetrisch und reduziert sich deshalb auf einen Skalar. Überhaupt wird die Symmetrie der spinoriellen Wellenfunktion eines Systems durch den Gesamtdrehimpuls j bestimmt: Sie ist in $2j$ Indizes symmetrisch und in den restlichen Indizes antisymmetrisch.

Aus mathematischer Sicht handelt es sich hier um die Zerlegung des direkten Produktes $D^{(j_1)} \times D^{(j_2)}$ zweier irreduzibler Darstellungen der Drehgruppe (mit den Dimensionen $2j_1 + 1$ und $2j_2 + 1$) in irreduzible Bestandteile. Mit diesen Begriffen wird die Additionsvorschrift für Drehimpulse als Zerlegung

$$D^{(j_1)} \times D^{(j_2)} = D^{(j_1+j_2)} + D^{(j_1+j_2-1)} + \ldots + D^{(|j_1-j_2|)}$$

geschrieben.

Um das Problem der Addition von Drehimpulsen vollständig zu lösen, müssen wir noch feststellen, wie die Wellenfunktion des Systems zu einem gegebenen Wert des Gesamtdrehimpulses aus den Wellenfunktionen der beiden Teilchen konstruiert wird.

Wir beginnen mit dem einfachsten Fall der Addition zweier Drehimpulse zum resultierenden Drehimpuls 0. Dabei muß offensichtlich $j_1 = j_2$ sein, und für die Drehimpulsprojektionen muß $m_1 = -m_2$ gelten. ψ_{jm} seien die normierten Wellenfunktionen für die Zustände eines Teilchens mit dem Drehimpuls j und der Projektion m (in nichtspinorieller Darstellung). Die gesuchte Wellenfunktion ψ_0 des Systems ist die Summe von Produkten aus den Wellenfunktionen der beiden Teilchen mit entgegengesetzt gleichen Werten von m:

$$\psi_0 = \frac{1}{\sqrt{2j+1}} \sum_{m=-j}^{j} (-1)^{j-m} \psi_{jm}^{(1)} \psi_{j,-m}^{(2)} \tag{106,2}$$

(j ist der gemeinsame Wert von j_1 und j_2). Der Faktor vor der Summe ist das Ergebnis der Normierung. Was die Koeffizienten in der Summe betrifft, so müssen sie alle betragsmäßig gleich sein, allein weil alle Werte für die Projektionen m der Drehimpulse der Teilchen gleich wahrscheinlich sind. Die Reihenfolge für die wechselnden Vorzeichen in (106,2) kann man leicht mit Hilfe der Spinordarstellung der Wellenfunktionen finden. In Spinorbezeichnungen ist die Summe (106,2) der Skalar (der resultierende Drehimpuls des Systems ist Null!)

$$\psi^{(1)\lambda\mu\ldots}\psi^{(2)}_{\lambda\mu\ldots}, \tag{106.3}$$

der aus den beiden Spinoren der Stufe $2j$ gebildet wird. Unter Beachtung dessen finden wir die Vorzeichen in (106,2) unmittelbar aus der Formel (57,3).

Man hat dabei aber zu beachten, daß im allgemeinen nur die relativen Vorzeichen der Summanden in der Summe (106,2) eindeutig bestimmt sind. Das gemeinsame Vorzeichen kann von der „Reihenfolge der Addition" der Drehimpulse abhängen; denn ziehen wir alle Spinorindizes (mit $j + m$ Einsen und $j - m$ Zweien) bei $\psi^{(1)}$ herunter und bei $\psi^{(2)}$ hinauf, dann wird der Skalar (106,3) mit $(-1)^{2j}$ multipliziert, d. h., bei halbzahligem j ändert sich das Vorzeichen.

Ferner betrachten wir ein System aus drei Teilchen mit den Drehimpulsen j_1, j_2, j_3 und den Drehimpulsprojektionen m_1, m_2, m_3 mit dem resultierenden Drehimpuls 0. Die Forderung, daß der resultierende Drehimpuls Null ist, schließt $m_1 + m_2 + m_3 = 0$ ein. j_1, j_2 und j_3 haben solche Werte, daß jeder als Ergebnis der Vektoraddition der beiden anderen erhalten werden kann, d. h., geometrisch müssen j_1, j_2 und j_3 die Seiten eines geschlossenen Dreiecks sein. Mit anderen Worten, jeder Wert ist nicht kleiner als die Differenz und nicht größer als die Summe der beiden anderen:

$$|j_1 - j_2| \leqq j_3 \leqq j_1 + j_2 \quad \text{usw.}$$

Offensichtlich ist die algebraische Summe $j_1 + j_2 + j_3$ dabei eine ganze Zahl.

Die Wellenfunktion für das betrachtete System hat die Gestalt der Summe

$$\psi_0 = \sum_{m_1 m_2 m_3} \begin{pmatrix} j_1 & j_2 & j_3 \\ m_1 & m_2 & m_3 \end{pmatrix} \psi^{(1)}_{j_1 m_1} \psi^{(2)}_{j_2 m_2} \psi^{(3)}_{j_3 m_3} . \tag{106,4}$$

Hier wird über die Werte aller m_i von $-j_i$ bis j_i summiert. Die Koeffizienten in dieser Formel werden als WIGNER*sche* $3j$-*Symbole* bezeichnet. Nach Definition sind sie nur unter der Bedingung

$$m_1 + m_2 + m_3 = 0$$

von Null verschieden.

Bei Vertauschung der Indizes 1, 2 und 3 darf sich die Wellenfunktion (106,4) nur um einen unwesentlichen Phasenfaktor ändern. Faktisch können die $3j$-Symbole rein reell definiert werden (siehe unten). Die Tatsache, daß ψ_0 nicht eindeutig ist, resultiert dann allein aus der Unbestimmtheit des Vorzeichens vor der Summe (wie es auch für die Funktionen (106,2) der Fall ist). Eine Vertauschung der Spalten in einem $3j$-Symbol läßt dieses entweder unverändert, oder sie ändert das Vorzeichen des Symbols.

Es gibt ein Verfahren zur Bestimmung der Koeffizienten in der Summe (106,4), das weitgehend symmetrisch ist und das auch zur Bestimmung der $3j$-Symbole üblich ist. In Spinorbezeichnungen ist ψ_0 ein Skalar, der als Produkt aus den drei Spinoren $\psi^{(1)\lambda\mu\ldots}$, $\psi^{(2)\lambda\mu\ldots}$, $\psi^{(3)\lambda\mu\ldots}$ gebildet wird; dieses Produkt wird in allen Indexpaaren verjüngt, wobei die beiden Indizes eines Paares jeweils zu verschiedenen Spinoren gehören. Wir wollen vereinbaren, daß in jedem Indexpaar zu den Teilchen 1 und 2 der Spinorindex bei $\psi^{(1)}$ oben und bei $\psi^{(2)}$ unten stehen soll, in einem Paar zu den Teilchen 2 und 3 oben bei $\psi^{(2)}$ und unten bei $\psi^{(3)}$, in einem Paar zu den Teilchen 3 und 1 oben bei $\psi^{(3)}$ und unten bei $\psi^{(1)}$ (man kann leicht abzählen, daß es insgesamt $j_1 + j_2 - j_3$, $j_2 + j_3 - j_1$ bzw. $j_1 + j_3 - j_2$ diesbezügliche Paare gibt). Durch diese Regel wird das Vorzeichen von ψ_0 eindeutig festgelegt.

Bei dieser Definition läßt eine zyklische Vertauschung der Indizes 1, 2, 3 die Funktion ψ_0 offensichtlich unverändert. Demnach ändert sich ein $3j$-Symbol nicht bei einer zyklischen Vertauschung der Spalten. Die Vertauschung zweier (beliebiger) Indizes führt dazu, wie man sich leicht vorstellen kann, daß man in allen $j_1 + j_2 + j_3$ Paaren die unteren Indizes hoch- und die oberen Indizes herunterziehen muß. ψ_0 wird also mit $(-1)^{j_1+j_2+j_3}$ multipliziert. Mit anderen Worten, die $3j$-Symbole haben die Eigenschaft

$$\begin{pmatrix} j_2 & j_1 & j_3 \\ m_2 & m_1 & m_3 \end{pmatrix} = (-1)^{j_1+j_2+j_3} \begin{pmatrix} j_1 & j_2 & j_3 \\ m_1 & m_2 & m_3 \end{pmatrix} \quad \text{usw.}, \tag{106,5}$$

d. h., sie wechseln ihr Vorzeichen bei der Vertauschung zweier Spalten, wenn $j_1 + j_2 + j_3$ eine ungerade Zahl ist.

Schließlich ist folgende Beziehung leicht einzusehen

$$\begin{pmatrix} j_1 & j_2 & j_3 \\ -m_1 & -m_2 & -m_3 \end{pmatrix} = (-1)^{j_1+j_2+j_3} \begin{pmatrix} j_1 & j_2 & j_3 \\ m_1 & m_2 & m_3 \end{pmatrix}, \tag{106,6}$$

denn eine Vorzeichenänderung der z-Komponenten aller Drehimpulse kann als das Ergebnis einer Drehung um den Winkel π um die y-Achse aufgefaßt werden. Diese Transformation ist äquivalent dazu, alle unteren Indizes hinauf- und alle oberen Indizes herunterzuziehen (siehe (58,5)).

Vom Ausdruck (106,4) kann man zu einer wichtigen Formel für die Wellenfunktion eines Systems aus zwei Teilchen mit bestimmten Werten für j und m gelangen. Dazu werden wir die beiden Teilchen 1 und 2 als ein System betrachten. Der Drehimpuls j dieses Systems wird mit dem Drehimpuls j_3 des Teilchens 3 zum resultierenden Drehimpuls 0 addiert. Deshalb muß $j = j_3$, $m = -m_3$ sein. Nach (106,2) kann man dann schreiben:

$$\psi_0 = \frac{1}{\sqrt{2j+1}} \sum_m (-1)^{j-m} \psi_{jm} \psi^{(3)}_{j,-m} . \tag{106,7}$$

Diese Formel ist mit dem Ausdruck (106,4) zu vergleichen (in dem wir j, $-m$ statt j_3, m_3 schreiben). Dabei muß man jedoch zunächst berücksichtigen, daß die Vorschrift für die Bildung der Summe in (106,7) nach (106,3) nicht der Vorschrift für die Bildung der Summe (106,4) entspricht. Um (106,7) auf (106,4) zurückzuführen, muß man obere und untere Indizes in den Paaren zu den Teilchen 1 und 3 vertauschen, wie man leicht einsieht. Das ergibt einen zusätzlichen Faktor $(-1)^{j_1-j_2+j_3}$. Als Ergebnis erhalten wir[1])

$$\psi_{jm} = (-1)^{j_1-j_2+m} \sqrt{2j+1} \sum_{m_1, m_2} \begin{pmatrix} j_1 & j_2 & j \\ m_1 & m_2 & -m \end{pmatrix} \psi^{(1)}_{j_1m_1} \psi^{(2)}_{j_2m_2} . \tag{106,8}$$

Hier erfolgt die Summation über m_1 und m_2 unter der Bedingung $m_1 + m_2 = m$.

Die Formel (106,8) ist die gesuchte Entwicklung der Wellenfunktion des Systems nach den Wellenfunktionen der beiden Teilchen mit den bestimmten Drehimpulsen j_1 und j_2. Man kann sie auch in der Form

$$\psi_{jm} = \sum_{m_1m_2} \langle m_1m_2 \mid jm\rangle \psi^{(1)}_{j_1m_1} \psi^{(2)}_{j_2m_2} , \qquad m_2 = m - m_1 \tag{106,9}$$

schreiben. Die Koeffizienten

$$\langle m_1m_2 \mid jm\rangle = (-1)^{j_1-j_2+m} \sqrt{2j+1} \begin{pmatrix} j_1 & j_2 & j \\ m_1 & m_2 & -m \end{pmatrix} \tag{106,10}$$

bilden die Matrix für die Transformation vom vollständigen orthonormierten System der $(2j_1 + 1)$ $(2j_2 + 1)$ Wellenfunktionen der Zustände $|m_1m_2\rangle$ zu dem entsprechenden System der Wellenfunktionen für die Zustände $|jm\rangle$ (für gegebene Werte von j_1 und j_2). Man bezeichnet sie als *Koeffizienten der Vektoraddition* oder CLEBSCH-GORDAN-*Koeffizienten*. Die Bezeichnung mit dem Symbol $\langle m_1m_2 \mid jm\rangle$ entspricht der allgemeinen Bezeichnungsweise für die Entwicklungskoeffizienten eines Funktionensystems nach einem anderen gemäß (11,18). Zur Vereinfachung der Schreibweise haben wir in diesem Symbol die in beiden Systemen gleichen Quantenzahlen j_1 und j_2 weggelassen. Falls es erforderlich ist, werden diese Zahlen in die Bezeichnungen mit aufgenommen: $\langle j_1m_1j_2m_2 \mid j_1j_2jm\rangle$.[2])

---

[1]) Bei einer Zeitumkehr werden die Wellenfunktionen nach (60,2) transformiert:

$$\psi_{jm} \to (-1)^{j-m} \psi_{j,-m} .$$

Wie man leicht verifizieren kann, transformiert sich auch die Funktion ψ_{jm} auf der linken Seite in der gleichen Weise, wenn man die Funktionen $\psi_{j_1m_1}$ und $\psi_{j_2m_2}$ auf der rechten Seite von (106,8) einer solchen Transformation unterwirft.

[2]) In der Literatur sind auch die Bezeichnungen

$$C^{jm}_{m_1m_2} \quad \text{oder} \quad C^{jm}_{j_1m_1j_2m_2}$$

für die CLEBSCH-GORDAN-Koeffizienten üblich.

Die Transformationsmatrix (106,9) ist unitär (siehe § 12). Deshalb sind die Koeffizienten für die inverse Transformation

$$\psi^{(1)}_{j_1m_1}\psi^{(2)}_{j_2m_2} = \sum_{j=|j_2-j_1|}^{j_1+j_2} \langle j, m_1 + m_2 \mid m_1m_2\rangle\, \psi_{j,\, m_1+m_2} \tag{106,11}$$

konjugiert komplex zu den Koeffizienten in der Transformation (106,9). Wir werden später sehen, daß diese Koeffizienten reell sind, daher gilt einfach

$$\langle m_1m_2 \mid jm\rangle = \langle jm \mid m_1m_2\rangle\,.$$

Nach den allgemeinen Regeln der Quantenmechanik geben die Quadrate der Entwicklungskoeffizienten (106,11) die Wahrscheinlichkeiten an, daß das System gewisse Werte von j und m hat (bei gegebenen j_1, m_1 und j_2, m_2).

Die Unitarität der Transformation (106,9) bewirkt, daß die Koeffizienten bestimmte Orthogonalitätsrelationen erfüllen. Nach den Formeln (12,5) und (12,6) haben wir

$$\begin{aligned}&\sum_{m_1,m_2} \langle m_1m_2 \mid jm\rangle \langle m_1m_2 \mid j'm'\rangle \\ &= (2j+1) \sum_{m_1,m_2} \begin{pmatrix} j_1 & j_2 & j \\ m_1 & m_2 & -m\end{pmatrix}\begin{pmatrix} j_1 & j_2 & j' \\ m_1 & m_2 & -m'\end{pmatrix} = \delta_{jj'}\delta_{mm'}\,,\end{aligned} \tag{106,12}$$

$$\begin{aligned}&\sum_{j} \langle m_1m_2 \mid jm\rangle \langle m_1'm_2' \mid jm\rangle \\ &= \sum_{j} (2j+1) \begin{pmatrix} j_1 & j_2 & j \\ m_1 & m_2 & -m\end{pmatrix}\begin{pmatrix} j_1 & j_2 & j \\ m_1' & m_2' & -m\end{pmatrix} = \delta_{m_1m_1'}\delta_{m_2m_2'}\,.\end{aligned} \tag{106,13}$$

Der explizite allgemeine Ausdruck für die $3j$-Symbole ist recht kompliziert. Er kann in folgende Form gebracht werden:[1])

$$\begin{aligned}\begin{pmatrix} j_1 & j_2 & j_3 \\ m_1 & m_2 & m_3\end{pmatrix} &= \left[\frac{(j_1+j_2-j_3)!\,(j_1-j_2+j_3)!\,(-j_1+j_2+j_3)!}{(j_1+j_2+j_3+1)!}\right]^{1/2} \\ &\times [(j_1+m_1)!\,(j_1-m_1)!\,(j_2+m_2)!\,(j_2-m_2)!\,(j_3+m_3)!\,(j_3-m_3)!]^{1/2} \\ &\times \sum_z \{[(-1)^{z+j_1-j_2-m_3}]\,[z!(j_1+j_2-j_3-z)!\,(j_1-m_1-z)! \\ &\times (j_2+m_2-z)!\,(j_3-j_2+m_1+z)!\,(j_3-j_1-m_2+z)!]^{-1}\}\,.\end{aligned} \tag{106,14}$$

Es wird über alle ganzen Zahlen z summiert. Da aber die Fakultät einer negativen Zahl gleich unendlich ist, ist die Zahl der Summanden faktisch endlich. Der Vorfaktor

[1]) Die Entwicklungskoeffizienten in (106,9) sind erstmalig von Wigner (1931) berechnet worden. Die Symmetrieeigenschaften dieser Koeffizienten und der symmetrische Ausdruck (106,14) sind von G. Racah (1942) gefunden worden. Der direkteste Weg der Rechnung ist wahrscheinlich der direkte Übergang von der Spinordarstellung für ψ_0 (die geeignet normiert wird) zur Darstellung als Summe (106,4) mit Hilfe der Formel (57,6) (da die Koeffizienten in dieser Formel reell sind, ergeben sich die $3j$-Symbole automatisch reell). Eine andere Ableitung wird im Buch von Edmonds gegeben (siehe die Fußnote auf S. 210). Diesem Buch ist auch die unten angegebene Tabelle für die $3j$-Symbole entnommen.

ist explizit symmetrisch in den Indizes 1, 2, 3. Die Symmetrie der Summe zeigt sich erst nach einer entsprechenden Umbenennung der Summationsvariablen z.

Außer den Symmetrieeigenschaften (106,5) und (106,6), die einfach aus der Definition der $3j$-Symbole folgen, haben letztere noch andere Symmetrieeigenschaften. Die Ableitung dieser Eigenschaften ist aber komplizierter, und wir werden sie hier nicht durchführen. Man gibt diese Eigenschaften zweckmäßig so an, daß man eine quadratische (3×3) Zahlentafel einführt, die folgendermaßen mit den Parametern in einem $3j$-Symbol zusammenhängt:

$$\begin{pmatrix} j_1 & j_2 & j_3 \\ m_1 & m_2 & m_3 \end{pmatrix} = \begin{bmatrix} j_2 + j_3 - j_1 & j_3 + j_1 - j_2 & j_1 + j_2 - j_3 \\ j_1 - m_1 & j_2 - m_2 & j_3 - m_3 \\ j_1 + m_1 & j_2 + m_2 & j_3 + m_3 \end{bmatrix} \tag{106,15}$$

(die Summe der Zahlen in jeder Zeile und in jeder Spalte dieser Tabelle ist $j_1 + j_2 + j_3$). Es gelten: 1) Bei Vertauschung zweier beliebiger Spalten der Tabelle wird das $3j$-Symbol mit $(-1)^{j_1+j_2+j_3}$ multipliziert (diese Eigenschaft stimmt mit (106,5) überein); 2) dasselbe trifft zu bei einer Vertauschung zweier beliebiger Zeilen (für die beiden unteren Zeilen stimmt diese Eigenschaft mit (106,6) überein; 3) das $3j$-Symbol bleibt unverändert, wenn man Zeilen und Spalten der Tabelle miteinander vertauscht.[1])

Wir wollen einige einfachere Formeln für einige Spezialfälle aufschreiben. Der Wert

$$\begin{pmatrix} j & j & 0 \\ m & -m & 0 \end{pmatrix} = (-1)^{j-m} \frac{1}{\sqrt{2j+1}} \tag{106,16}$$

entspricht der Formel (106,2). Die Formeln

$$\begin{pmatrix} j_1 & j_2 & j_1 + j_2 \\ m_1 & m_2 & -m_1 - m_2 \end{pmatrix} = (-1)^{j_1-j_2+m_1+m_2}$$
$$\times \left[\frac{(2j_1)!\,(2j_2)!\,(j_1 + j_2 + m_1 + m_2)!\,(j_1 + j_2 - m_1 - m_2)!}{(2j_1 + 2j_2 + 1)!\,(j_1 + m_1)!\,(j_1 - m_1)!\,(j_2 + m_2)!\,(j_2 - m_2)!}\right]^{1/2}, \tag{106,17}$$

$$\begin{pmatrix} j_1 & j_2 & j_3 \\ j_1 & -j_1 - m_3 & m_3 \end{pmatrix} = (-1)^{-j_1+j_2+m_3}$$
$$\times \left[\frac{(2j_1)!\,(-j_1 + j_2 + j_3)!\,(j_1 + j_2 + m_3)!\,(j_3 - m_3)!}{(j_1 + j_2 + j_3 + 1)!\,(j_1 - j_2 + j_3)!\,(j_1 + j_2 - j_3)!\,(-j_1 + j_2 - m_3)!\,(j_3 + m_3)!}\right]^{1/2}$$

ergeben sich unmittelbar aus (106,14). Die Ableitung der Formel

$$\begin{pmatrix} j_1 & j_2 & j_3 \\ 0 & 0 & 0 \end{pmatrix} = (-1)^p \left[\frac{(j_1 + j_2 - j_3)!\,(j_1 - j_2 + j_3)!\,(-j_1 + j_2 + j_3)!}{(2p + 1)!}\right]^{1/2}$$
$$\times \frac{p!}{(p - j_1)!\,(p - j_2)!\,(p - j_3)!}, \tag{106,18}$$

---

[1]) Siehe T. Regge, Nuovo Cimento **10, 544 (1958); 11, 116 (1959).** Tiefergehende mathematische Aspekte der Symmetrieeigenschaft (106,15) (wie auch der unten angegebenen Eigenschaft (108,3) der $6j$-Symbole) siehe im Übersichtsartikel von Ja. A. Smorodinski und L. A. Schelepina, УФН **106**, 3 (1972).

in der $2p = j_1 + j_2 + j_3$ eine gerade Zahl ist, erfordert einige zusätzliche Rechnungen[1]) (für ungerades $2p$ ist dieses 3*j*-Symbol infolge der Symmetrieeigenschaft (106,6) gleich Null).

In Tabelle 9 sind zum Nachschlagen die Werte für die 3*j*-Symbole für $j_3 = 1/2$, 1, 3/2 und 2 angegeben. Für jedes j_3 ist die minimale Zahl von 3*j*-Symbolen aufgeführt, aus denen man mit Hilfe der Beziehungen (106,5) und (106,6) alle übrigen erhalten kann.

Tabelle 9 **Formeln für die 3*j*-Symbole**

$$\begin{pmatrix} j+1/2 & j & 1/2 \\ m & -m-1/2 & 1/2 \end{pmatrix} = (-1)^{j-m-1/2}\left[\frac{j-m+1/2}{(2j+1)(2j+2)}\right]^{1/2}$$

j_1	m_3	$(-1)^{j-m}\begin{pmatrix} j_1 & j & 1 \\ m & -m-m_3 & m_3 \end{pmatrix}$
j	0	$\dfrac{2m}{[2j(2j+1)(2j+2)]^{1/2}}$
$j+1$	0	$-\left[\dfrac{2(j+m+1)(j-m+1)}{(2j+1)(2j+2)(2j+3)}\right]^{1/2}$
j	1	$\left[\dfrac{2(j-m)(j+m+1)}{2j(2j+1)(2j+2)}\right]^{1/2}$
$j+1$	1	$-\left[\dfrac{(j-m)(j-m+1)}{(2j+1)(2j+2)(2j+3)}\right]^{1/2}$

j_1	m_3	$(-1)^{j-m+1/2}\begin{pmatrix} j_1 & j & 3/2 \\ m & -m-m_3 & m_3 \end{pmatrix}$
$j+1/2$	1/2	$-(j+3m+3/2)\left[\dfrac{j-m+1/2}{2j(2j+1)(2j+2)(2j+3)}\right]^{1/2}$
$j+3/2$	1/2	$\left[\dfrac{3(j-m+1/2)(j-m+3/2)(j+m+3/2)}{(2j+1)(2j+2)(2j+3)(2j+4)}\right]^{1/2}$
$j+1/2$	3/2	$-\left[\dfrac{3(j-m-1/2)(j-m+1/2)(j+m+3/2)}{2j(2j+1)(2j+2)(2j+3)}\right]^{1/2}$
$j+3/2$	3/2	$\left[\dfrac{(j-m-1/2)(j-m+1/2)(j-m+3/2)}{(2j+1)(2j+2)(2j+3)(2j+4)}\right]^{1/2}$

[1]) Siehe das oben zitierte Buch von EDMONDS.

Tabelle 9 **(Fortsetzung)**

j_1	m_3	$(-1)^{j-m}\begin{pmatrix} j_1 & j & 2 \\ m & -m-m_3 & m_3 \end{pmatrix}$
j	0	$\dfrac{2[3m^2 - j(j+1)]}{[(2j-1)\,2j(2j+1)\,(2j+2)\,(2j+3)]^{1/2}}$
$j+1$	0	$-2m\left[\dfrac{6(j+m+1)\,(j-m+1)}{2j(2j+1)\,(2j+2)\,(2j+3)\,(2j+4)}\right]^{1/2}$
$j+2$	0	$\left[\dfrac{6(j+m+2)\,(j+m+1)\,(j-m+2)\,(j-m+1)}{(2j+1)\,(2j+2)\,(2j+3)\,(2j+4)\,(2j+5)}\right]^{1/2}$
j	1	$(1+2m)\left[\dfrac{6(j+m+1)\,(j-m)}{(2j-1)\,2j(2j+1)\,(2j+2)\,(2j+3)}\right]^{1/2}$
$j+1$	1	$-2(j+2m+2)\left[\dfrac{(j-m+1)\,(j-m)}{2j(2j+1)\,(2j+2)\,(2j+3)\,(2j+4)}\right]^{1/2}$
$j+2$	1	$\left[\dfrac{(j+m+2)\,(j-m+2)\,(j-m+1)\,(j-m)}{(2j+1)\,(2j+2)\,(2j+3)\,(2j+4)\,(2j+5)}\right]^{1/2}$
j	2	$\left[\dfrac{6(j-m-1)\,(j-m)\,(j+m+1)\,(j+m+2)}{(2j-1)\,2j(2j+1)\,(2j+2)\,(2j+3)}\right]^{1/2}$
$j+1$	2	$-2\left[\dfrac{(j-m-1)\,(j-m)\,(j-m+1)\,(j+m+2)}{2j(2j+1)\,(2j+2)\,(2j+3)\,(2j+4)}\right]^{1/2}$
$j+2$	2	$\left[\dfrac{(j-m-1)\,(j-m)\,(j-m+1)\,(j-m+2)}{(2j+1)\,(2j+2)\,(2j+3)\,(2j+4)\,(2j+5)}\right]^{1/2}$

Aufgabe

Man bestimme die Winkelabhängigkeit der Wellenfunktionen für ein Teilchen mit dem Spin 1/2 in Zuständen mit vorgegebenen Werten für den Bahndrehimpuls l, den Gesamtdrehimpuls j und dessen Projektion m!

Lösung. Die Aufgabe wird nach der allgemeinen Formel (106,8) gelöst. Darin hat man unter $\psi^{(1)}$ die Eigenfunktionen des Bahndrehimpulses zu verstehen (d. h. die Kugelfunktionen Y_{lm}) und unter $\psi^{(2)}$ die Spinfunktion $\chi(\sigma)$ (mit $\sigma = \pm 1/2$):

$$\psi_{jm} = (-1)^{l+m-1/2}\sqrt{2j+1}\sum_\sigma \begin{pmatrix} 1 & 1/2 & j \\ m-\sigma & \sigma & -m \end{pmatrix} Y_{l,\,m-\sigma}\chi(\sigma)\,.$$

Wir setzen die Werte für die $3j$-Symbole ein und erhalten

$$\psi_{l+1/2,m} = \sqrt{\frac{j+m}{2j}}\,\chi\left(\frac{1}{2}\right)Y_{l,m-1/2} + \sqrt{\frac{j-m}{2j}}\,\chi\left(-\frac{1}{2}\right)Y_{l,m+1/2},$$

$$\psi_{l-1/2,m} = -\sqrt{\frac{j-m+1}{2j+2}}\,\chi\left(\frac{1}{2}\right)Y_{l,m-1/2} + \sqrt{\frac{j+m+1}{2j+2}}\,\chi\left(-\frac{1}{2}\right)Y_{l,m+1/2}.$$

§ 107. Die Matrixelemente von Tensoren

In § 29 haben wir Formeln für die Abhängigkeit der Matrixelemente einer vektoriellen physikalischen Größe von der Drehimpulsprojektion hergeleitet. Diese Formeln sind in Wirklichkeit ein Spezialfall der allgemeinen Formeln, die das gleiche Problem für einen irreduziblen (siehe S. 206) Tensor beliebiger Stufe lösen.[1])

Die Menge der $2k + 1$ Komponenten eines irreduziblen Tensors der Stufe k (k ist eine ganze Zahl) ist in ihren Transformationseigenschaften der Menge der $2k + 1$ Kugelfunktionen Y_{kq} ($q = -k, \dots, k$) äquivalent (siehe die Fußnote auf S. 206). Man kann also durch Bildung geeigneter Linearkombinationen aus den Tensorkomponenten einen Satz von Größen erhalten, der sich bei Drehungen wie die Funktionen Y_{kq} transformiert. Wir werden den Satz dieser Größen hier mit f_{kq} bezeichnen und ihn einen *sphärischen Tensor* der Stufe k nennen.

Einem Vektor entspricht der Wert $k = 1$, und die Größen f_{1q} hängen mit den Vektorkomponenten über die folgenden Formeln zusammen:

$$f_{10} = ia_z\,, \qquad f_{1,\pm1} = \mp\frac{i}{\sqrt{2}}(a_x \pm ia_y) \tag{107,1}$$

(vgl. (57,7)). Die analogen Formeln für einen Tensor zweiter Stufe haben die Gestalt

$$f_{20} = -\sqrt{\frac{3}{2}}\,a_{zz}\,, \qquad f_{2,\pm1} = \pm\,(a_{xz} \pm ia_{yz})\,,$$

$$f_{2,\pm2} = -\frac{1}{2}\,(a_{xx} - a_{yy} \pm 2ia_{xy}) \tag{107,2}$$

(mit $a_{xx} + a_{yy} + a_{zz} = 0$).[2])

Tensorprodukte aus zwei (oder mehreren) sphärischen Tensoren $f_{k_1q_1}$, $f_{k_2q_2}$ werden nach den allgemeinen Vorschriften für die Addition von Drehimpulsen gebildet, wobei k_1 und k_2 formal die Rolle der diesen Tensoren entsprechenden „Drehimpulse" spielen. Aus zwei sphärischen Tensoren der Stufe k_1 und k_2 kann man also sphärische Tensoren der Stufen $K = k_1 + k_2, \dots, |k_1 - k_2|$ nach den Formeln

$$\begin{aligned}(f_{k_1}g_{k_2})_{KQ} &= \sum_{q_1q_2}\langle q_1q_2 \mid KQ\rangle\, f_{k_1q_1}g_{k_2q_2}\\ &= (-1)^{k_1-k_2+Q}\sqrt{2K+1}\sum_{q_1q_2}\begin{pmatrix}k_1 & k_2 & K\\ q_1 & q_2 & -Q\end{pmatrix} f_{k_1q_1}g_{k_2q_2}\end{aligned} \tag{107,3}$$

---

[1]) Die Behandlung der Probleme in §§ 107—109 und die meisten darin wiedergegebenen Ergebnisse stammen von Racah (1942—1943).

[2]) Selbstverständlich sind die Größen f_{kq} nur deshalb komplex, weil wir zu sphärischen Komponenten übergegangen sind, d. h., die ursprünglichen kartesischen Komponenten des Tensors sind reell.

bilden (vgl. (106,9)). Das Skalarprodukt zweier sphärischer Tensoren der gleichen Stufe k definiert man üblicherweise als

$$(f_k g_k)_{00} = \sum_q (-1)^{k-q} f_{kq} g_{k,-q}, \tag{107,4}$$

was sich von der Definition nach Formel (107,3) mit $K = Q = 0$ durch den Faktor $\sqrt{2k+1}$ unterscheidet (vgl. (106,2)).[1]) Diese Definition kann auch in der Gestalt

$$(f_k g_k)_{00} = \sum_q f_{kq} g_{kq}^*$$

dargestellt werden, wenn man beachtet, daß das konjugiert Komplexe eines sphärischen Tensors nach der Vorschrift

$$f_{kq}^* = (-1)^{k-q} f_{k,-q}$$

gebildet wird (vgl. (28,9)).[2])

Die Darstellung physikalischer Größen als sphärische Tensoren ist bei der Berechnung der Matrixelemente besonders zweckmäßig; denn sie ermöglicht, dabei die Ergebnisse der Theorie der Addition von Drehimpulsen anzuwenden.

Nach der Definition der Matrixelemente haben wir

$$\hat{f}_{kq}\psi_{njm} = \sum_{n'j'm'} \langle n'j'm'|\, f_{kq}\, |njm\rangle\, \psi_{n'j'm'}, \tag{107,5}$$

ψ_{njm} sind dabei die Wellenfunktionen der stationären Zustände eines Systems, die durch den Betrag des Drehimpulses j, die Drehimpulsprojektion m und den Satz der übrigen Quantenzahlen n bestimmt werden. In ihren Transformationseigenschaften entsprechen die Funktionen auf der rechten und auf der linken Seite der Gleichung (107,5) den Funktionen auf der rechten und auf der linken Seite der Gleichung (106,11). Hieraus ergibt sich sofort die folgende Auswahlregel.

Die Matrixelemente der Komponenten f_{kq} eines irreduziblen Tensors der Stufe k sind nur für diejenigen Übergänge $jm \to j'm'$ von Null verschieden, die die „Vorschrift für die Addition von Drehimpulsen" $\boldsymbol{j}' = \boldsymbol{j} + \boldsymbol{k}$ erfüllen. Dabei müssen die Zahlen j', j und k einer „Dreiecksgleichung" genügen (d. h., man kann sie als Maß für die Seiten eines geschlossenen Dreiecks ansehen), und es ist $m' = m + q$. Die Diagonalelemente können nur unter der Bedingung $2j \geqq k$ von Null verschieden sein.

Weiter folgt aus derselben Transformationsanalogie, daß die Koeffizienten in der Summe (107,5) den Koeffizienten in (106,11) proportional sein müssen (WIGNER-ECKART-*Theorem*). Dadurch wird die Abhängigkeit der Koeffizienten von den Zahlen m und m' bestimmt. Dementsprechend stellen wir die Matrixelemente in der Form

$$\langle n'j'm'|\, f_{kq}\, |njm\rangle = i^k(-1)^{j_{\max}-m'} \begin{pmatrix} j' & k & j \\ -m' & q & m \end{pmatrix} \langle n'j'||\, f_k\, ||nj\rangle \tag{107,6}$$

---

[1]) Für zwei Vektoren $\boldsymbol{A}$ und $\boldsymbol{B}$, die nach den Formeln (107,1) den sphärischen Tensoren f_{1q} und g_{1q} entsprechen, gilt

$$(f_1 g_1)_{00} = \boldsymbol{AB}.$$

[2]) Wir wiederholen hier die oben im Zusammenhang mit der Formel (106,8) gemachte Bemerkung: Wird bei dieser Regel das konjugiert Komplexe der Tensoren der Stufen k_1 und k_2 auf der rechten Seite der Gleichung (107,3) gebildet, so ist dieselbe Operation auch für den Tensor der Stufe K auf der linken Seite auszuführen.

dar ($j_{\max}$ ist die größere der Zahlen j und j'). Die $\langle n'j' \| f_k \| nj \rangle$ sind von m, m' und q unabhängige Größen, man bezeichnet sie als *reduzierte Matrixelemente*. Diese Formel ist die Lösung des gestellten Problems, wie die Matrixelemente von den Drehimpulsprojektionen abhängen. Diese Abhängigkeit hängt allein mit den Symmetrieeigenschaften in bezug auf die Drehgruppe zusammen, während die Abhängigkeit von den anderen Quantenzahlen bereits durch die physikalische Natur der Größen f_{kq} selbst bestimmt wird.[1])

Die Operatoren $\hat{f}_{kq}$ hängen miteinander über die Beziehungen

$$\hat{f}^{+}_{kq} = (-1)^{k-q}\,\hat{f}_{k,\,-q} \tag{107,7}$$

zusammen. Für die zugehörigen Matrixelemente gilt daher die Gleichung

$$\langle n'j'm' |\, f_{kq}\, | njm \rangle^* = (-1)^{k-q} \langle njm |\, f_{k,\,-q}\, | n'j'm' \rangle\,. \tag{107,8}$$

Wir setzen hier (107,6) ein, benutzen die Eigenschaften der $3j$-Symbole (106,5) und (106,6) und erhalten für die reduzierten Matrixelemente die „Hermitezitäts"-Beziehung[2])

$$\langle n'j' \|\, f_k\, \| nj \rangle = \langle nj \|\, f_k\, \| n'j' \rangle^*\,. \tag{107,9}$$

Die Matrixelemente des Skalars (107,4) sind diagonal in j und m. Nach der Multiplikationsvorschrift für Matrizen haben wir

$$\begin{aligned} &\langle n'jm |\, (f_k g_k)_{00}\, | njm \rangle \\ &= \sum_q (-1)^{k-q} \sum_{n''j''m''} \langle n'jm |\, f_{kq}\, | n''j''m'' \rangle \langle n''j''m'' |\, g_{k,\,-q}\, | njm \rangle\,. \end{aligned}$$

Hier setzen wir die Ausdrücke (107,6) ein, summieren über q und m'' mit Hilfe der Orthogonalitätsrelationen für die $3j$-Symbole (106,12) und erhalten folgende Formel

$$\langle n'jm | (f_k g_k)_{00}\, | njm \rangle = \frac{1}{2j+1} \sum_{n''j''} \langle n'j \|\, f_k\, \| n''j'' \rangle \langle n''j'' \|\, g_k\, \| nj \rangle\,. \tag{107,10}$$

Analog kann man leicht die folgenden Formeln für die Quadratsumme der Matrixelemente erhalten:

$$\sum_{qm'} |\langle n'j'm' |\, f_{kq}\, | njm \rangle|^2 = \frac{1}{2j+1} |\langle n'j' \|\, f_k\, \| nj \rangle|^2\,, \tag{107,11}$$

$$\sum_{mm'} |\langle n'j'm' |\, f_{kq}\, | njm \rangle|^2 = \frac{1}{2k+1} |\langle n'j' \|\, f_k\, \| nj \rangle|^2\,. \tag{107,12}$$

In der ersten Formel wird über q und m' bei festgehaltenem m summiert, in der zweiten über m und m' bei festem q (wobei immer $m' = m + q$ ist).

Um später darauf verweisen zu können, behandeln wir den Fall, daß die Größen f_{kq} die Kugelfunktionen Y_{kq} selbst sind. Wir werden die Ausdrücke für die zugehörigen Matrixelemente zu Übergängen zwischen Zuständen eines Teilchens mit ganzzahligen Bahndrehimpulsen l_1 und l_2 angeben, d. h. die Integrale

$$\langle l_1 m_1 |\, Y_{lm}\, | l_2 m_2 \rangle = \int Y^*_{l_1 m_1} Y_{lm} Y_{l_2 m_2}\, do\,. \tag{107,13}$$

---

[1]) Aus den erhaltenen Ergebnissen erhält man speziell auch sofort die in § 29 angegebene Auswahlregel für die Matrixelemente eines Vektors und die Formeln (29,7)—(29,9) dafür.

[2]) Der Phasenfaktor in der Definition (107,6) ist gerade so gewählt worden, daß diese Gleichung erfüllt wird.

Außer der Auswahlregel, die der Additionsvorschrift für Drehimpulse entspricht ($\boldsymbol{l} + \boldsymbol{l}_2 = \boldsymbol{l}_1$), gibt es für diese Matrixelemente eine weitere Regel, nach der die Summe $l + l_1 + l_2$ eine ganze Zahl sein muß. Sie hängt mit der Erhaltung der Parität zusammen. Danach muß das Produkt der Paritäten $(-1)^{l_1+l_2}$ der beiden Zustände gleich der Parität $(-1)^l$ der betrachteten physikalischen Größe sein (siehe § 30).

Die Matrixelemente (107,13) sind ein Spezialfall des allgemeineren Integrals, das in § 110 berechnet werden wird (siehe die Fußnote auf S. 436). Sie werden durch die Formel

$$\langle l_1 m_1 | Y_{lm} | l_2 m_2 \rangle$$
$$= (-1)^{m_1} i^{-l_1+l_2+l} \begin{pmatrix} l_1 & l & l_2 \\ -m_1 & m & m_2 \end{pmatrix} \begin{pmatrix} l_1 & l & l_2 \\ 0 & 0 & 0 \end{pmatrix} \left[\frac{(2l+1)(2l_1+1)(2l_2+1)}{4\pi} \right]^{1/2} \tag{107,14}$$

gegeben. Speziell für $m_1 = m_2 = m = 0$ finden wir den Wert für das Integral über das Produkt aus drei LEGENDREschen Polynomen

$$\int_{-1}^{1} P_l(\mu)\, P_{l_1}(\mu)\, P_{l_2}(\mu)\, \mathrm{d}\mu = 2 \begin{pmatrix} l_1 & l & l_2 \\ 0 & 0 & 0 \end{pmatrix}^2 . \tag{107,15}$$

§ 108. Die 6j-Symbole

In § 106 haben wir die 3j-Symbole als die Koeffizienten in der Summe (106,4) für die Wellenfunktion eines Systems dreier Teilchen mit dem resultierenden Drehimpuls 0 definiert. Aus der Sicht der Transformationseigenschaften bei Drehungen ist diese Summe ein Skalar. Man kann demnach den Satz der 3j-Symbole mit gegebenen Werten j_1, j_2, j_3 (und allen möglichen m_1, m_2, m_3) als einen Satz von Größen ansehen, die sich bei Drehungen kontragradient zu den Produkten $\psi_{j_1m_1}\psi_{j_2m_2}\psi_{j_3m_3}$ transformieren, so daß die Invarianz der ganzen Summe gewährleistet ist.

Aus dieser Sicht kann man die Frage stellen, wie man einen Skalar zu bilden hat, der nur aus den 3j-Symbolen gebildet wird. Dieser Skalar darf nur von den Zahlen j abhängen, aber nicht von den Zahlen m, weil sich diese bei Drehungen ändern. Mit anderen Worten, er muß als Summe über alle Zahlen m ausgedrückt werden. Jede solche Summe bedeutet eine „Verjüngung" des Produktes zweier 3j-Symbole nach der Vorschrift

$$\sum_m (-1)^{j-m} \begin{pmatrix} j.. \\ m.. \end{pmatrix} \begin{pmatrix} j.. \\ -m.. \end{pmatrix} \tag{108,1}$$

(vgl. das Vorgehen bei der Bildung des Skalars (106,2)).

Da bei jeder „Verjüngung" ein Zahlenpaar m benötigt wird, hat man zur Bildung eines reinen Skalars Produkte aus einer geraden Zahl von 3j-Symbolen zu betrachten. Die Verjüngung des Produktes zweier 3j-Symbole ergibt auf Grund der Orthogonalitätseigenschaften das triviale Resultat

$$\sum_{m_1m_2m_3} \begin{pmatrix} j_1 & j_2 & j_3 \\ m_1 & m_2 & m_3 \end{pmatrix} \begin{pmatrix} j_1 & j_2 & j_3 \\ -m_1 & -m_2 & -m_3 \end{pmatrix} (-1)^{j_1+j_2+j_3-m_1-m_2-m_3}$$
$$= \sum_{m_1m_2m_3} \begin{pmatrix} j_1 & j_2 & j_3 \\ m_1 & m_2 & m_3 \end{pmatrix}^2 = 1$$

(hier sind die Gleichung $m_1 + m_2 + m_3 = 0$ und die Formeln (106,6) und (106,12) benutzt worden). Die kleinste Zahl von Faktoren, für die sich ein nichttrivialer Skalar ergeben kann, ist demzufolge vier. In jedem 3j-Symbol bilden die Zahlen j geometrisch ein geschlossenes Dreieck. Jede Zahl j muß bei der „Verjüngung" in zwei 3j-Symbolen vorkommen. Bei der Bildung eines Skalars aus den Produkten von vier 3j-Symbolen gibt es demnach 6 Zahlen j. Diese müssen geometrisch als die Kantenlängen eines irregulären Tetraeders dargestellt werden (Abb. 45). Jedem 3j-Symbol entspricht eine

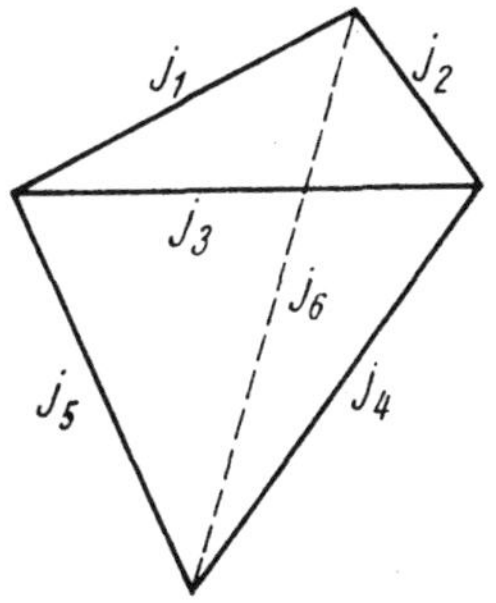

Abb. 45

Fläche. Bei der Definition des gesuchten Skalars ist es üblich, eine bestimmte Bedingung an die Verjüngung zu stellen; diese wird durch folgende Formel ausgedrückt:

$$\begin{Bmatrix} j_1 & j_2 & j_3 \\ j_4 & j_5 & j_6 \end{Bmatrix} = \sum_{\text{alle } m} (-1)^{\sum_i (j_i - m_i)} \begin{pmatrix} j_1 & j_2 & j_3 \\ -m_1 & -m_2 & -m_3 \end{pmatrix} \times \begin{pmatrix} j_1 & j_5 & j_6 \\ m_1 & -m_5 & m_6 \end{pmatrix} \begin{pmatrix} j_4 & j_2 & j_6 \\ m_4 & m_2 & -m_6 \end{pmatrix} \begin{pmatrix} j_4 & j_5 & j_3 \\ -m_4 & m_5 & m_3 \end{pmatrix}. \tag{108,2}$$

Es wird hier über alle möglichen Werte aller Zahlen m summiert. Die Summe der drei m in jedem 3j-Symbol muß aber gleich Null sein, deshalb sind faktisch nur drei der sechs m unabhängig voneinander. Die durch Formel (108,2) definierten Größen heißen *6j-Symbole* oder RACAH-*Koeffizienten*.[1])

Anhand der Definition (108,2) kann man sich unter Beachtung der Symmetrieeigenschaften der 3j-Symbole einfach davon überzeugen, daß sich ein 6j-Symbol nicht ändert, wenn man drei beliebige Spalten vertauscht, und in jedem Paar von Spalten kann man obere und untere Indizes miteinander vertauschen. Auf Grund dieser Symmetrieeigenschaften kann man die Folge der Zahlen $j_1, \ldots, j_6$ in einem 6j-Symbol in 24 äquivalenten Arten darstellen.[2]) Außerdem haben die 6j-Symbole noch eine weniger augenfällige Symmetrieeigenschaft, die eine Gleichung zwischen Symbolen

---

[1]) In der Literatur wird auch die Bezeichnung

$$W(j_1 j_2 j_5 j_4; j_3 j_6) = (-1)^{j_1+j_2+j_4+j_5} \begin{Bmatrix} j_1 & j_2 & j_3 \\ j_4 & j_5 & j_6 \end{Bmatrix}$$

verwendet.

[2]) Wenn man sich den Vierflächner in Abb. 45 als regulären Tetraeder vorstellt, können die 24 äquivalenten Vertauschungen der Zahlen j als Ergebnis der 24 Symmetrietransformationen (Drehungen und Spiegelungen) des Tetraeders erhalten werden.

mit verschiedenen Sätzen von Zahlen j nach sich zieht:

$$\begin{Bmatrix} j_1 & j_2 & j_3 \\ j_4 & j_5 & j_6 \end{Bmatrix} = \begin{Bmatrix} j_1 & \frac{1}{2}(j_2 + j_5 + j_3 - j_6) & \frac{1}{2}(j_3 + j_6 + j_2 - j_5) \\ j_4 & \frac{1}{2}(j_2 + j_5 + j_6 - j_3) & \frac{1}{2}(j_3 + j_6 + j_5 - j_2) \end{Bmatrix} \tag{108,3}$$

(T. Regge, 1959).[1])

Wir wollen noch eine nützliche Beziehung zwischen den $6j$- und den $3j$-Symbolen angeben, die man aus der Definition (108,2) erhalten kann:

$$\sum_{m_4 m_5 m_6} (-1)^{j_4+j_5+j_6-m_4-m_5-m_6} \begin{pmatrix} j_1 & j_5 & j_6 \\ m_1 & -m_5 & m_6 \end{pmatrix} \begin{pmatrix} j_4 & j_2 & j_6 \\ m_4 & m_2 & -m_6 \end{pmatrix} \times \begin{pmatrix} j_4 & j_5 & j_3 \\ -m_4 & m_5 & m_3 \end{pmatrix} = \begin{pmatrix} j_1 & j_2 & j_3 \\ m_1 & m_2 & m_3 \end{pmatrix} \begin{Bmatrix} j_1 & j_2 & j_3 \\ j_4 & j_5 & j_6 \end{Bmatrix}. \tag{108,4}$$

Der Ausdruck, über den auf der linken Seite der Gleichung summiert wird, unterscheidet sich von der Summe in (108,2) dadurch, daß ein Faktor (ein $3j$-Symbol) fehlt. Die Summe in (108,4) wird daher durch ein Tetraeder (Abb. 45) dargestellt, wovon eine Fläche fehlt. Hierin unterscheidet sich die Summe von einem Skalar. Mit anderen Worten, in ihren Transformationseigenschaften entspricht sie einem $3j$-Symbol — demjenigen auf der rechten Seite der Gleichung (108,4), zu dem sie proportional sein muß. Der Proportionalitätsfaktor (das $6j$-Symbol auf der rechten Seite) ergibt sich einfach, indem man beide Seiten der Gleichung mit $\begin{pmatrix} j_1 & j_2 & j_3 \\ m_1 & m_2 & m_3 \end{pmatrix}$ multipliziert und über die verbleibenden Zahlen m_1, m_2 und m_3 summiert.

Die $6j$-Symbole ergeben sich in ganz natürlicher Weise, wenn man folgende Frage aufgreift, die mit der Addition dreier Drehimpulse zusammenhängt.

Die drei Drehimpulse j_1, j_2 und j_3 sollen zum resultierenden Drehimpuls J addiert werden. Durch die Angabe des Drehimpulses J (und dessen Projektion M) wird ein Zustand jedoch noch nicht eindeutig bestimmt. Er hängt im allgemeinen auch von der Art der Addition der Drehimpulse ab (oder, wie man auch sagt, vom Kopplungsschema).

Sehen wir uns zum Beispiel zwei solche Kopplungsschemata an: 1) zuerst werden die Drehimpulse j_1 und j_2 zum resultierenden Drehimpuls j_{12} addiert, und anschließend werden j_{12} und j_3 zum endgültigen Drehimpuls J zusammengesetzt; 2) die Drehimpulse j_2 und j_3 werden zu j_{23} addiert und danach j_{23} und j_1 zu J. Dem ersten Schema entsprechen Zustände, in denen (neben j_1, j_2, j_3, J, M) die Größe j_{12} einen bestimmten Wert hat; wir bezeichnen die zugehörigen Wellenfunktionen mit $\psi_{j_{12}JM}$ (der Kürze halber lassen wir die sich stets wiederholenden Indizes j_1, j_2, j_3 weg). Analog bezeichnen wir die Wellenfunktionen nach dem zweiten Kopplungsschema mit $\psi_{j_{23}JM}$. In beiden Fällen sind die Werte des „Zwischen"-Drehimpulses (j_{12} oder j_{23}) nicht eindeutig bestimmt, so daß wir (zu gegebenen J und M) zwei verschiedene Sätze von Zuständen mit verschiedenen Werten für j_{12} oder j_{23} erhalten. Nach den allgemeinen Gesetzen sind die Funktionen dieser beiden Sätze durch eine bestimmte unitäre Transformation miteinander verknüpft:

$$\psi_{j_{23}JM} = \sum_{j_{12}} \langle j_{12} | j_{23} \rangle \, \psi_{j_{12}JM} \,. \tag{108,5}$$

Aus physikalischen Überlegungen heraus ist klar, daß die Transformationskoeffizienten unabhängig von der Zahl M sind, sie können nicht von der Orientierung des ganzen Systems im Raum abhängen. Sie hängen also nur von den Werten der sechs Drehimpulse j_1, j_2, j_3, j_{12}, j_{23} und J ab, aber nicht von deren Projektionen, d. h., sie sind (in obigem Sinne) skalare Größen. Die tatsächliche Berechnung dieser Koeffizienten kann folgendermaßen leicht durchgeführt werden.

Durch zweimalige Anwendung der Formel (106,9) finden wir

$$\psi_{j_{23}JM} = \sum_{(m)} \langle m_1 m_{23} \mid JM\rangle \psi_{j_1m_1}\psi_{j_{23}m_{23}}$$
$$= \sum_{(m)} \langle m_1 m_{23} \mid JM\rangle \langle m_2 m_3 \mid j_{23} m_{23}\rangle \psi_{j_1m_1}\psi_{j_2m_2}\psi_{j_3m_3},$$
$$\psi_{j_{12}JM} = \sum_{(m)} \langle m_3 m_{12} \mid JM\rangle \langle m_1 m_2 \mid j_{12} m_{12}\rangle \psi_{j_1m_1}\psi_{j_2m_2}\psi_{j_3m_3}.$$

(das Symbol (m) unter dem Summenzeichen bedeutet, daß über alle Zahlen m_1, m_2, ... in dem Ausdruck zu summieren ist). Wir nutzen die Orthonormiertheit der Funktionen ψ_{jm} aus und finden jetzt

$$\langle j_{12} \mid j_{23}\rangle \equiv \int \psi^*_{j_{12}JM}\psi_{j_{23}JM}\, \mathrm{d}q$$
$$= \sum_{(m)} \langle m_3 m_{12} \mid JM\rangle \langle m_1 m_{23} \mid JM\rangle \langle m_1 m_2 \mid j_{12} m_{12}\rangle \langle m_2 m_3 \mid j_{23} m_{23}\rangle .$$

Die Summe auf der rechten Seite der Gleichung wird bei festem Wert von M berechnet, aber das Ergebnis der Summation ist in Wirklichkeit (aus dem oben angegebenen Grunde) von M unabhängig. Daher kann man die Summation auch über die Werte von M erstrecken und vor die Summe den Faktor $1/(2J + 1)$ schreiben. Anschließend drücken wir die Koeffizienten $\langle m_1 m_2 \mid jm\rangle$ durch die 3j-Symbole nach (106,10) aus und erhalten als Ergebnis folgenden Ausdruck:

$$\langle j_{12} \mid j_{23}\rangle = (-1)^{j_1+j_2+j_3+J} \sqrt{(2j_{12}+1)(2j_{23}+1)} \begin{Bmatrix} j_1 & j_2 & j_{12} \\ j_3 & J & j_{23} \end{Bmatrix}. \quad (108{,}6)$$

Die Verknüpfung der 6j-Symbole mit den Transformationskoeffizienten (108,5) gestattet, einige nützliche Formeln für die Summen über Produkte von 6j-Symbolen einfach abzuleiten.

Vor allem gilt auf Grund der Unitarität der Transformation (108,5) (und weil die Koeffizienten reell sind) die Beziehung

$$\sum_{j} (2j+1)(2j''+1) \begin{Bmatrix} j_1 & j_2 & j' \\ j_3 & j_4 & j \end{Bmatrix} \begin{Bmatrix} j_3 & j_2 & j \\ j_1 & j_4 & j'' \end{Bmatrix} = \delta_{j'j''}. \quad (108{,}7)$$

Im folgenden sehen wir uns die drei Kopplungsschemata für die drei Drehimpulse mit den Zwischensummen j_{12}, j_{23} und j_{31} an. Die Koeffizienten der zugehörigen Transformationen (108,6) hängen nach der Multiplikationsvorschrift für Matrizen über die folgende Beziehung miteinander zusammen:

$$\sum_{j_{23}} \langle j_{12} \mid j_{23}\rangle \langle j_{23} \mid j_{31}\rangle = \langle j_{12} \mid j_{31}\rangle .$$

Hier setzen wir (108,6) ein, ändern die Bezeichnungen der Indizes und bekommen

$$\sum_{j} (-1)^{j+j_3+j_6} (2j+1) \begin{Bmatrix} j_2 & j_4 & j_6 \\ j_1 & j_5 & j \end{Bmatrix} \begin{Bmatrix} j_4 & j_1 & j \\ j_2 & j_5 & j_3 \end{Bmatrix} = \begin{Bmatrix} j_1 & j_2 & j_3 \\ j_4 & j_5 & j_6 \end{Bmatrix}. \quad (108{,}8)$$

Schließlich können wir durch Betrachtung der verschiedenen Kopplungsschemata für vier Drehimpulse folgende Formel für die Addition von Produkten aus drei $6j$-Symbolen erhalten[1])

$$\sum_j (-1)^{j+\sum_1^9 j_i} (2j+1) \begin{Bmatrix} j_4 & j_2 & j_6 \\ j_9 & j_8 & j \end{Bmatrix} \begin{Bmatrix} j_2 & j_1 & j_3 \\ j_7 & j & j_9 \end{Bmatrix} \begin{Bmatrix} j_4 & j_3 & j_5 \\ j_7 & j_8 & j \end{Bmatrix} = \begin{Bmatrix} j_1 & j_2 & j_3 \\ j_4 & j_5 & j_6 \end{Bmatrix} \begin{Bmatrix} j_6 & j_1 & j_5 \\ j_7 & j_8 & j_9 \end{Bmatrix} \tag{108,9}$$

(L. C. Biedenharn, J. P. Elliott, 1953).

Zum Nachschlagen geben wir noch einige explizite Ausdrücke für $6j$-Symbole an. Ein $6j$-Symbol kann ganz allgemein in Form der folgenden Summe dargestellt werden:

$$\begin{Bmatrix} j_1 & j_2 & j_3 \\ j_4 & j_5 & j_6 \end{Bmatrix} = \Delta(j_1 j_2 j_3)\, \Delta(j_1 j_5 j_6)\, \Delta(j_4 j_2 j_6)\, \Delta(j_4 j_5 j_3)$$
$$\times \sum_z \frac{(-1)^z (z+1)!}{(z-j_1-j_2-j_3)!\,(z-j_1-j_5-j_6)!\,(z-j_4-j_2-j_6)!\,(z-j_4-j_5-j_3)!}$$
$$\times\, (j_1+j_2+j_4+j_5-z)!\,(j_2+j_3+j_5+j_6-z)!\,(j_3+j_1+j_6+j_4-z)! \tag{108,10}$$

mit

$$\Delta(abc) = \left[\frac{(a+b-c)!\,(a-b+c)!\,(-a+b+c)!}{(a+b+c+1)!}\right]^{1/2}$$

Es wird über alle positiven ganzzahligen z-Werte summiert, für die keine einzige Fakultät im Nenner ein negatives Argument hat.

In Tabelle 10 sind Formeln für $6j$-Symbole für solche Fälle zusammengestellt, daß ein Parameter gleich 0, 1/2 oder 1 ist.

Tabelle 10 **Formeln für die $6j$-Symbole**

$$\begin{Bmatrix} a & b & c \\ 0 & c & b \end{Bmatrix} = \frac{(-1)^s}{\sqrt{(2b+1)(2c+1)}}, \qquad s = a+b+c$$

$$\begin{Bmatrix} a & b & c \\ 1/2 & c-1/2 & b+1/2 \end{Bmatrix} = (-1)^s \left[\frac{(s-2b)(s-2c+1)}{(2b+1)(2b+2)\,2c(2c+1)}\right]^{1/2}$$

$$\begin{Bmatrix} a & b & c \\ 1/2 & c-1/2 & b-1/2 \end{Bmatrix} = (-1)^s \left[\frac{(s+1)(s-2a)}{2b(2b+1)\,2c(2c+1)}\right]^{1/2}$$

$$\begin{Bmatrix} a & b & c \\ 1 & c-1 & b-1 \end{Bmatrix} = (-1)^s \left[\frac{s(s+1)(s-2a-1)(s-2a)}{(2b-1)\,2b(2b+1)(2c-1)\,2c(2c+1)}\right]^{1/2}$$

$$\begin{Bmatrix} a & b & c \\ 1 & c-1 & b \end{Bmatrix} = (-1)^s \left[\frac{2(s+1)(s-2a)(s-2b)(2-2c+1)}{2b(2b+1)(2b+2)(2c-1)\,2c(2c+1)}\right]^{1/2}$$

$$\begin{Bmatrix} a & b & c \\ 1 & c-1 & b+1 \end{Bmatrix} = (-1)^s \left[\frac{(s-2b-1)(s-2b)(s-2c+1)(s-2c+2)}{(2b+1)(2b+2)(2b+3)(2c-1)\,2c(2c+1)}\right]^{1/2}$$

$$\begin{Bmatrix} a & b & c \\ 1 & c & b \end{Bmatrix} = (-1)^{s+1} \frac{2[b(b+1)+c(c+1)-a(a+1)]}{[2b(2b+1)(2b+2)\,2c(2c+1)(2c+2)]^{1/2}}$$

[1]) Siehe das oben zitierte Buch von Edmonds.

Zum Schluß fügen wir noch einige Bemerkungen über Skalare höherer Ordnung aus 3j-Symbolen an.

Der nach einem 6j-Symbol nächst kompliziertere Skalar entsteht durch Verjüngung von Produkten aus sechs 3j-Symbolen. Diese 3j-Symbole enthalten 18 paarweise gleiche Zahlen j, so daß der entstehende Skalar insgesamt von neun Parametern j abhängt. Man nennt sie üblicherweise 9j-*Symbole* und definiert sie folgendermaßen (E. WIGNER, 1951):[1])

$$\begin{Bmatrix} j_{11} & j_{12} & j_{13} \\ j_{21} & j_{22} & j_{23} \\ j_{31} & j_{32} & j_{33} \end{Bmatrix} = \sum_{\text{alle } m} \begin{pmatrix} j_{11} & j_{12} & j_{13} \\ m_{11} & m_{12} & m_{13} \end{pmatrix} \begin{pmatrix} j_{21} & j_{22} & j_{23} \\ m_{21} & m_{22} & m_{23} \end{pmatrix} \begin{pmatrix} j_{31} & j_{32} & j_{33} \\ m_{31} & m_{32} & m_{33} \end{pmatrix}$$
$$\times \begin{pmatrix} j_{11} & j_{21} & j_{31} \\ m_{11} & m_{21} & m_{31} \end{pmatrix} \begin{pmatrix} j_{12} & j_{22} & j_{32} \\ m_{12} & m_{22} & m_{32} \end{pmatrix} \begin{pmatrix} j_{13} & j_{23} & j_{33} \\ m_{13} & m_{23} & m_{33} \end{pmatrix}. \tag{108,11}$$

Diese Größe kann auch als Summe von Produkten aus drei 6j-Symbolen dargestellt werden:

$$\begin{Bmatrix} j_{11} & j_{12} & j_{13} \\ j_{21} & j_{22} & j_{23} \\ j_{31} & j_{32} & j_{33} \end{Bmatrix} = \sum (-1)^{2j} (2j+1) \begin{Bmatrix} j_{11} & j_{21} & j_{31} \\ j_{32} & j_{33} & j \end{Bmatrix} \begin{Bmatrix} j_{12} & j_{22} & j_{32} \\ j_{21} & j & j_{23} \end{Bmatrix}$$
$$\times \begin{Bmatrix} j_{13} & j_{23} & j_{33} \\ j & j_{11} & j_{12} \end{Bmatrix}. \tag{108,12}$$

Setzt man in (108,12) die Definition (108,2) ein und verwendet die Orthogonalitätsrelationen für die 3j-Symbole, so kann man sich leicht davon überzeugen, daß (108,11) und (108,12) äquivalent sind.

Ein 9j-Symbol ist hoch symmetrisch, was unmittelbar aus der Definition (108,11) und den Symmetrieeigenschaften der 3j-Symbole folgt. Bei der Vertauschung zweier beliebiger Zeilen oder zweier beliebiger Spalten wird ein 9j-Symbol mit $(-1)^{\Sigma j}$ multipliziert. Außerdem ändert sich ein 9j-Symbol beim Transponieren nicht, d. h., wenn man Zeilen und Spalten miteinander vertauscht.

Skalare noch höherer Ordnungen hängen von noch mehr Parametern j ab. Die Zahl der Parameter muß offensichtlich immer ein Vielfaches von 3 sein (3nj-Symbole). Wir werden uns hier nicht mit den Eigenschaften dieser Größen befassen. Wir erwähnen lediglich, daß es für jedes $n > 3$ mehrere verschiedene, nicht aufeinander zurückführbare Arten von 3nj-Symbolen gibt. So gibt es zwei verschiedene Arten von 12j-Symbolen.[2])

---

[1]) Nach der allgemeinen Vorschrift für eine Verjüngung (108,1) müßte man die Argumente m in den letzten drei 3j-Symbolen mit einem Minuszeichen schreiben und den Faktor $(-1)^{\Sigma(j-m)}$ vor die Summe ziehen. Wenn wir aber die Eigenschaft (106,6) der 3j-Symbole verwenden und beachten, daß in unserem Falle die Summe $\sum m$ aller neun Zahlen m gleich Null ist, wie man leicht einsieht, dann gelangen wir zur Definition (108,11).

[2]) Eine ausführlichere Darstellung der Theorie der 9j-Symbole und auch der Eigenschaften der 3nj-Symbole findet man in dem auf S. 210 zitierten Buch von EDMONDS und im Buch von A. P. JUZIS, I. B. LEWINSON und W. W. WANAGAS: Der mathematische Apparat der Theorie des Drehimpulses, Wilnjus 1960 (russ.).

§ 109. Die Matrixelemente bei der Addition von Drehimpulsen

Wir sehen uns erneut ein System aus zwei Teilen an (wir werden diese Teile als Untersysteme 1 und 2 bezeichnen). $f_{kq}^{(1)}$ sei ein sphärischer Tensor für das erste Untersystem. Die zugehörigen Matrixelemente mit den Wellenfunktionen desselben Untersystems werden nach (107,6) durch die Formel

$$\langle n_1' j_1' m_1' | f_{kq}^{(1)} | n_1 j_1 m_1 \rangle = i^k (-1)^{j_{1\,\max} - m_1'} \begin{pmatrix} j_1' & k & j_1 \\ -m_1' & q & m_1 \end{pmatrix} \langle n_1' j_1' \| f_k^{(1)} \| n_1 j_1 \rangle \tag{109,1}$$

definiert. Wir werfen die Frage auf, wie die Matrixelemente dieser Größen mit den Wellenfunktionen des ganzen Systems zu berechnen sind. Es wird gezeigt werden, wie sie durch die reduzierten Matrixelemente in den Ausdrücken (109,1) dargestellt werden können.

Die Zustände des ganzen Systems werden durch die Quantenzahlen $j_1 j_2 J M n_1 n_2$ bestimmt (J und M sind Betrag und Projektion des Drehimpulses des ganzen Systems). Da sich $f_{kq}^{(1)}$ auf das Untersystem 1 bezieht, ist der zugehörige Operator mit dem Drehimpulsoperator des Untersystems 2 vertauschbar. Die zugehörige Matrix ist daher diagonal in j_2; sie ist auch in den übrigen Quantenzahlen n_2 dieses Untersystems diagonal. Wir werden diese Indizes (j_2, n_2) der Kürze halber weglassen und schreiben die gesuchten Matrixelemente in der Form

$$\langle n_1' j_1' J' M' | f_{kq}^{(1)} | n_1 j_1 J M \rangle .$$

Nach (107,6) wird ihre M-Abhängigkeit durch die Formel

$$\langle n_1' j_1' J' M' | f_{kq}^{(1)} | n_1 j_1 J M \rangle = i^k (-1)^{J_{\max} - M'} \begin{pmatrix} J' & k & J \\ -M' & q & M \end{pmatrix} \langle n_1' j_1' J' \| f_k^{(1)} \| n_1 j_1 J \rangle \tag{109,2}$$

gegeben.

Wir wollen den Zusammenhang zwischen den reduzierten Matrixelementen auf den rechten Seiten von (109,1) und (109,2) herstellen. Dazu schreiben wir gemäß der Definition von Matrixelementen

$$\begin{aligned} \langle n_1' j_1' J' M' | f_{kq}^{(1)} | n_1 j_1 J M \rangle &= \int \psi_{J'M'}^{*} f_{kq}^{(1)} \psi_{JM} \, \mathrm{d}q \\ &= \sum_{m_1 m_1'} (-1)^{j_1' - j_1 + M' - M} \sqrt{(2J'+1)(2J+1)} \\ &\quad \times \begin{pmatrix} j_1' & j_2 & J' \\ m_1' & m_2 & -M' \end{pmatrix} \begin{pmatrix} j_1 & j_2 & J \\ m_1 & m_2 & -M \end{pmatrix} \\ &\quad \times \langle n_1' j_1' m_1' | f_{kq}^{(1)} | n_1 j_1 m_1 \rangle . \end{aligned}$$

Hier setzen wir (109,1) und (109,2) ein und vergleichen die erhaltene Beziehung mit der Formel (108,4). So erkennen wir, daß das Verhältnis der reduzierten Matrixelemente (in (109,1) und (109,2)) proportional zu einem bestimmten $6j$-Symbol sein muß. Ein sorgfältiger Vergleich der beiden angegebenen Beziehungen ergibt die folgende Endformel:

$$\begin{aligned} &\langle n_1' j_1' J' \| f_k^{(1)} \| n_1 j_1 J \rangle \\ &= (-1)^{j_{1\,\max} + j_2 + J_{\min} + k} \sqrt{(2J+1)(2J'+1)} \begin{Bmatrix} j_1' & J' & j_2 \\ J & j_1 & k \end{Bmatrix} \langle n_1' j_1' \| f_k^{(1)} \| n_1 j_1 \rangle \end{aligned} \tag{109,3}$$

(hier ist $j_{1\,\max}$ der größere Wert von j_1 und j_1', $J_{\min}$ ist der kleinere Wert von J und J'). Die entsprechende Formel für die reduzierten Matrixelemente eines sphärischen Tensors zum Untersystem 2 ist

$$\langle n_2'j_2'J'\| f_k^{(2)} \|n_2j_2J\rangle$$
$$= (-1)^{j_1+j_{2\,\min}+J_{\max}+k}\sqrt{(2J+1)(2J'+1)}\begin{Bmatrix} j_2' & J' & j_1 \\ J & j_2 & k\end{Bmatrix}\langle n_2'j_2'\| f_k^{(2)} \|n_2j_2\rangle\,. \tag{109,4}$$

Die Ausdrücke (109,3) und (109,4) sind (im Exponenten von -1) nicht vollkommen symmetrisch, weil die Phase der Wellenfunktionen von der Reihenfolge der Addition der Drehimpulse abhängt. Dieser Unterschied ist zu beachten, wenn Matrixelemente gleichzeitig für beide Untersysteme zu berechnen sind.

Ferner wollen wir eine nützliche Formel für die Matrixelemente bezüglich der Wellenfunktionen des ganzen Systems für das Skalarprodukt (siehe die Definition (107,4)) zweier sphärischer Tensoren der gleichen Stufe k zu den verschiedenen Untersystemen herleiten (die beiden sphärischen Tensoren kommutieren miteinander). Nach (107,10) werden diese Matrixelemente durch die reduzierten Matrixelemente der einzelnen Tensoren (mit den Wellenfunktionen des ganzen Systems) folgendermaßen ausgedrückt:

$$\langle n_1'n_2'j_1'j_2'JM|\,(f_k^{(1)}f_k^{(2)})_{00}\,|n_1n_2j_1j_2JM\rangle$$
$$= \frac{1}{2J+1}\sum_{J''}\langle n_1'j_1'J\| f_k^{(1)} \|n_1j_1J''\rangle\,\langle n_2'j_2'J''\| f_k^{(2)} \|n_2j_2J\rangle$$

(hier ist ausgenutzt worden, daß die Matrix einer Größe zu einem Untersystem in den Quantenzahlen des anderen Untersystems diagonal ist). Wir setzen hier (109,3) und (109,4) ein, verwenden die Summenregel (108,8) und erhalten die gesuchte Formel, die die Matrixelemente des Skalarproduktes durch die reduzierten Matrixelemente der einzelnen Tensoren mit den Wellenfunktionen der entsprechenden Untersysteme ausdrückt:

$$\langle n_1'n_2'j_1'j_2'JM|\,(f_k^{(1)}f_k^{(2)})_{00}\,|n_1n_2j_1j_2JM\rangle$$
$$= (-1)^{j_{1\,\min}+j_{2\,\max}+J}\begin{Bmatrix} J & j_2' & j_1' \\ k & j_1 & j_2\end{Bmatrix}\langle n_1'j_1'\| f_k^{(1)} \|n_1j_1\rangle\,\langle n_2'j_2'\| f_k^{(2)} \|n_2j_2\rangle\,. \tag{109,5}$$

§ 110. Die Matrixelemente für axialsymmetrische Systeme

Bei der Berechnung von Matrixelementen für Größen zu einem System von der Art eines symmetrischen Kreisels hat man von einem Integral über ein Produkt aus drei D-Funktionen auszugehen.

Zur Herleitung dieser Formel wenden wir uns wieder der Entwicklung (106,11) zu:

$$\psi_{j_1m_1}\psi_{j_2m_2} = \sum_j \langle jm \mid m_1m_2\rangle\,\psi_{jm}\,, \qquad m = m_1 + m_2\,.$$

Wir formen beide Seiten der Gleichung um, indem wir eine endliche Drehung des Koordinatensystems ausführen. Die einzelnen ψ-Funktionen transformieren sich gemäß (58,7), und wir bekommen

$$\sum_{m_1' m_2'} D^{(j_1)}_{m_1' m_1} D^{(j_2)}_{m_2' m_2} \psi_{j_1 m_1'} \psi_{j_2 m_2'} = \sum_j \sum_{m'} \langle jm \mid m_1 m_2 \rangle \, D^{(j)}_{m' m} \psi_{jm'} \,.$$

Jetzt benutzen wir für die Funktionen $\psi_{jm'}$ auf der rechten Seite der Gleichung eine Entwicklung der Gestalt (106,9). Aus dem Koeffizientenvergleich von gleichen Produkten $\psi_{j_1 m_1} \psi_{j_2 m_2}$ erhalten wir die Beziehung

$$D^{(j_1)}_{m_1' m_1}(\omega) \, D^{(j_2)}_{m_2' m_2}(\omega) = \sum_j \langle m_1' m_2' \mid jm' \rangle \, D^{(j)}_{m' m}(\omega) \, \langle m_1 m_2 \mid jm \rangle \tag{110,1}$$

(mit $m = m_1 + m_2$, $m' = m_1' + m_2'$, ω bezeichnet den Satz der drei EULERschen Winkel α, β und γ). Mit $3j$-Symbolen geschrieben erhält diese Formel die Gestalt

$$D^{(j_1)}_{m_1' m_1}(\omega) \, D^{(j_2)}_{m_2' m_2}(\omega) = \sum_j (2j+1) \begin{pmatrix} j_1 & j_2 & j \\ m_1' & m_2' & -m' \end{pmatrix} \begin{pmatrix} j_1 & j_2 & j \\ m_1 & m_2 & -m \end{pmatrix} D^{(j)*}_{-m', -m}(\omega) \tag{110,2}$$

(hier ist auch die Eigenschaft (58,19) der D-Funktionen ausgenutzt worden).

Wir multiplizieren die Gleichung (110,2) von beiden Seiten mit $D^{(j)}_{-m', -m}(\omega)$, integrieren über $d\omega$ mit Hilfe der Orthogonalitätsrelation (58,20) und finden

$$\int D^{(j_1)}_{m_1' m_1}(\omega) \, D^{(j_2)}_{m_2' m_2}(\omega) \, D^{(j_3)}_{m_3' m_3}(\omega) \frac{d\omega}{8\pi^2} = \begin{pmatrix} j_1 & j_2 & j_3 \\ m_1' & m_2' & m_3' \end{pmatrix} \begin{pmatrix} j_1 & j_2 & j_3 \\ m_1 & m_2 & m_3 \end{pmatrix} \tag{110,3}$$

(um die Formel symmetrischer zu schreiben, haben wir hier eine unmittelbar evidente Änderung in den Bezeichnungen der Indizes vorgenommen). Das ist die gesuchte Formel.[1])

$f_{kq'}$ sei ein sphärischer Tensor der Stufe k, der den Kreisel im körperfesten Bezugssystem $x'y'z' \equiv \xi\eta\zeta$ beschreibt (die ζ-Achse wird in die Kreiselachse gelegt). Dieser Tensor kann zum Beispiel der Tensor für ein elektrisches oder magnetisches Multipolmoment sein. f_{kq} seien die Komponenten desselben Tensors im raumfesten Koordinatensystem xyz. Der Zusammenhang zwischen diesen beiden Arten von Komponenten wird durch die Matrix für endliche Drehungen folgendermaßen vermittelt:

$$f_{kq} = \sum_{q'} D^{(k)}_{q'q}(\omega) \, f_{kq'} \,. \tag{110,4}$$

Die Wellenfunktionen zur Beschreibung der Rotation des ganzen Systems unterscheiden sich von den D-Funktionen nur in der Normierung,

$$\psi_{jm\mu} = i^j \sqrt{\frac{2j+1}{8\pi^2}} \, D^{(j)}_{\mu m}(\omega) \,. \tag{110,5}$$

j ist der Gesamtdrehimpuls des Systems und m die Projektion auf die raumfeste z-Achse, μ ist die Projektion auf die Achse des Systems; der Phasenfaktor ist so gewählt worden, daß die Funktion (110,5) für ganzzahliges j und $\mu = 0$ in die Eigenfunktion eines freien Drehimpulses übergeht (vgl. (103,8)). Wir rechnen mit diesen Funktionen das Matrixelement der Größe (110,4) mit Hilfe der Formel (110,3) aus (wobei die

---

[1]) Für ganzzahlige Werte $j_1 = l_1$, $j_2 = l_2$, $j_3 = l_3$ und $m_1' = m_2' = m_3' = 0$ reduzieren sich die Funktionen $D^{(l)}_{0m}$ nach (58,25) auf Kugelfunktionen, und die Formel (110,3) gibt das Integral über ein Produkt aus drei Kugelfunktionen (107,14) an.

konjugiert komplexe D-Funktion durch (58,19) gegeben wird) und erhalten

$$\langle j'\mu'm'|\, f_{kq}\, |j\mu m\rangle = i^{j-j'}(-1)^{\mu'-m'}\sqrt{(2j+1)(2j'+1)} \times \begin{pmatrix} j' & k & j \\ -\mu' & q' & \mu \end{pmatrix} \begin{pmatrix} j' & k & j \\ -m' & q & m \end{pmatrix} \langle \mu'|\, f_{kq'}\, |\mu\rangle \qquad (110,6)$$

(mit $q' = \mu' - \mu$, $q = m' - m$).

Diese Formel löst das aufgeworfene Problem. Sie gibt die Abhängigkeit der Matrixelemente von den Drehimpulsen j und j' und den zugehörigen Projektionen m und m' an. Die Abhängigkeit von den Quantenzahlen μ und μ' bleibt selbstverständlich unbestimmt: Die Werte dieser Zahlen hängen von den „inneren" Zuständen des Systems ab, zwischen denen das „innere" Matrixelement $\langle \mu'|\, f_{kq'}|\mu\rangle$ gebildet wird.

Die Abhängigkeit der Matrixelemente (110,6) von den Zahlen m und m' ist natürlich so wie bei jedem System mit gegebenem Gesamtdrehimpuls. Wir separieren diese Abhängigkeit, indem wir die reduzierten Matrixelemente gemäß (107,6) einführen und bekommen für letztere den Ausdruck

$$\langle j'\mu'||\, f_k\, ||j\mu\rangle = i^{j-j'-k}(-1)^{j_{\max}-\mu'}\sqrt{(2j+1)(2j'+1)} \times \begin{pmatrix} j' & k & j \\ -\mu' & q' & \mu \end{pmatrix} \langle \mu'|\, f_{kq'}\, |\mu\rangle\,. \qquad (110,7)$$

Das über alle Werte der Zahl m' im Endzustand (und über $q = m' - m$) bei festem m summierte Betragsquadrat des Matrixelementes (110,6) ist unabhängig von m und nach der allgemeinen Regel (107,11) gleich

$$\sum_{qm'} |\langle j'\mu'm'|\, f_{kq}\, |j\mu m\rangle|^2 = \frac{1}{2j+1}|\langle j'\mu'||\, f_k\, ||j\mu\rangle|^2 = (2j'+1)\begin{pmatrix} j' & k & j \\ -\mu' & q' & \mu \end{pmatrix}^2 |\langle \mu'|\, f_{kq'}\, |\mu\rangle|^2\,. \qquad (110,8)$$

Die Hermitezitätsbeziehungen (107,9) für die reduzierten Matrixelemente im System xyz (110,7) stimmen, wie es sich gehört, mit den Beziehungen (107,8)

$$\langle \mu'|\, f_{kq'}\, |\mu\rangle = (-1)^{k-q}\langle \mu|\, f_{k,\,-q'}\, |\mu'\rangle^*$$

für die Matrixelemente im System $\xi\eta\zeta$ überein.

Die Rotation derartiger axialsymmetrischer Systeme, wie ein zweiatomiges Molekül (oder ein axialsymmetrischer Kern) wird insgesamt mit zwei Winkeln ($\alpha \equiv \varphi$, $\beta \equiv \theta$) beschrieben, die die Richtung der Achse des Systems festlegen. Die Rotationsfunktion unterscheidet sich in diesem Falle von (110,5), weil der Faktor $e^{i\mu\gamma}/\sqrt{2\pi}$ fehlt (vgl. die Fußnote auf S. 307). Diese Änderung wirkt sich aber auf die Matrixelemente nicht aus: Da die Funktionen $D^{(j)}_{m'm}(\alpha, \beta, \gamma)$ nur über den Faktor $e^{im'\gamma}$ von γ abhängen, kann man die Formel (110,3) umformen in

$$\delta_{m'0}\int D^{(j_1)}_{m_1'm_1}(\alpha, \beta, 0)\, D^{(j_2)}_{m_2'm_2}(\alpha, \beta, 0)\, D^{(j_3)}_{m_3'm_3}(\alpha, \beta, 0)\, \frac{\sin\alpha\, d\alpha\, d\beta}{4\pi} = \begin{pmatrix} j_1 & j_2 & j_3 \\ m_1 & m_2 & m_3 \end{pmatrix}\begin{pmatrix} j_1 & j_2 & j_3 \\ m_1' & m_2' & m_3' \end{pmatrix}$$

(mit $m' = m_1' + m_2' + m_3'$), und die Berechnung des Integrals liefert das gleiche Ergebnis. Die Auswahlregel bezüglich der Drehimpulsprojektion auf die Achse des Systems gilt in der ursprünglichen Form ($\mu' - \mu = q$); sie ergibt sich (als Folge der Molekülsymmetrie bezüglich der ζ-Achse) auf Grund der Orthogonalität der Elektronenwellenfunktionen. In den Formeln (110,6) und (110,7) hat man jetzt unter $\langle\mu'|\, f_{kq'}\, |\mu\rangle$ die Matrixelemente mit den Elektronenzuständen bei festen Kernen zu verstehen.

XV DIE BEWEGUNG IM MAGNETFELD

§ 111. Die SCHRÖDINGER-Gleichung im Magnetfeld

Ein Teilchen mit einem Spin hat auch ein bestimmtes magnetisches „Eigen"-Moment $\boldsymbol{\mu}$. Der zugehörige quantenmechanische Operator ist proportional zum Spinoperator $\hat{\boldsymbol{s}}$, d. h., er kann in der Form

$$\hat{\boldsymbol{\mu}} = \frac{\mu}{s}\,\hat{\boldsymbol{s}} \tag{111,1}$$

geschrieben werden; s ist darin der Betrag des Spins des Teilchens, μ ist eine für das Teilchen charakteristische Konstante. Die Eigenwerte für die Projektion des magnetischen Momentes sind $\mu_z = \mu\sigma/s$. Der Koeffizient μ (den man gewöhnlich auch einfach als den Betrag des magnetischen Momentes bezeichnet) ist also der größtmögliche Wert für μ_z, der für die Spinprojektion $\sigma = s$ angenommen wird.

Das Verhältnis $\mu/\hbar s$ gibt das Verhältnis des magnetischen Eigenmomentes des Teilchens zum mechanischen Eigendrehimpuls an (wenn beide z-Richtung haben). Bekanntlich ist dieses Verhältnis für den gewöhnlichen (Bahn-) Drehimpuls gleich $e/2mc$ (siehe II, § 44). Der Proportionalitätsfaktor zwischen dem magnetischen Eigenmoment und dem Spin eines Teilchens ist anders. Für ein Elektron ist er gleich $-|e|/mc$, d. h. doppelt so groß wie der normale Wert (dieser Wert ergibt sich theoretisch aus der relativistischen DIRAC-Gleichung, siehe IV, § 33). Das magnetische Eigenmoment eines Elektrons (Spin 1/2) ist demzufolge $-\mu_B$ mit

$$\mu_B = \frac{|e|\,\hbar}{2mc} = 0{,}927 \cdot 10^{-20}\,\frac{\text{erg}}{\text{Gauß}}\,. \tag{111,2}$$

Diese Größe wird als BOHR*sches Magneton* bezeichnet.

Das magnetische Moment schwerer Teilchen wird üblicherweise in *Kernmagnetonen* angegeben. Ein Kernmagneton ist definiert als $e\hbar/2m_pc$, wenn m_p die Protonenmasse ist. Das Experiment ergibt für das magnetische Eigenmoment eines Protons den Wert 2,79 Kernmagnetonen, und es zeigt in die Richtung des Spins. Das magnetische Moment eines Neutrons ist dem Spin entgegengerichtet und gleich 1,91 Kernmagnetonen.

Wir lenken die Aufmerksamkeit darauf, daß die Größen $\boldsymbol{\mu}$ und $\boldsymbol{s}$ auf den beiden Seiten der Gleichung (111,1) in ihrem Vektorcharakter gleich sind, wie es auch sein muß. Beide sind Axialvektoren. Eine analoge Gleichung für das elektrische Dipolmoment $\boldsymbol{d}(\boldsymbol{d} = \text{const} \cdot \boldsymbol{s})$ würde der Symmetrie bei einer räumlichen Inversion widersprechen: Bei einer Inversion würde sich das relative Vorzeichen der beiden Seiten der Gleichung ändern.[1])

[1]) Diese Gleichung (und damit auch die Existenz eines elektrischen Momentes für ein Elementarteilchen) würde auch der Symmetrie bei Zeitumkehr widersprechen: Ein Vorzeichenwechsel der Zeit ändert $\boldsymbol{d}$ nicht, aber es ändert das Vorzeichen des Spins (was zum Beispiel aus der Definition dieser Größen bei einer Bahnbewegung offensichtlich wird: In die Definition von $\boldsymbol{d}$ gehen nur die Koordinaten ein und in die Definition des Drehimpulses auch die Geschwindigkeit des Teilchens).

In der nichtrelativistischen Quantenmechanik wird das Magnetfeld nur als äußeres Feld behandelt. Die magnetische Wechselwirkung von Teilchen miteinander ist ein relativistischer Effekt, und man kann sie nur in einer konsequenten relativistischen Theorie behandeln.

In der klassischen Theorie hat die HAMILTON-Funktion für ein geladenes Teilchen in einem elektromagnetischen Feld die Gestalt

$$H = \frac{1}{2m}\left(\boldsymbol{p} - \frac{e}{c}\boldsymbol{A}\right)^2 + e\varphi\,,$$

darin ist φ das skalare und $\boldsymbol{A}$ das Vektorpotential des Feldes, $\boldsymbol{p}$ ist der verallgemeinerte Impuls des Teilchens (siehe II, § 16). Für ein Teilchen ohne Spin erfolgt der Übergang zur Quantenmechanik in der üblichen Weise: Der verallgemeinerte Impuls ist durch den Operator $\hat{\boldsymbol{p}} = -i\hbar\nabla$ zu ersetzen, und wir erhalten den HAMILTON-Operator[1])

$$\hat{H} = \frac{1}{2m}\left(\hat{\boldsymbol{p}} - \frac{e}{c}\boldsymbol{A}\right)^2 + e\varphi\,. \tag{111,3}$$

Für ein Teilchen mit Spin reicht diese Operation nicht aus. Das liegt daran, daß das magnetische Eigenmoment eines Teilchens unmittelbar mit dem Magnetfeld wechselwirkt. In der klassischen HAMILTON-Funktion gibt es diese Wechselwirkung überhaupt nicht; denn der Spin ist ein rein quantenmechanischer Effekt und verschwindet beim Übergang zum klassischen Grenzfall. Der richtige Ausdruck für den HAMILTON-Operator ergibt sich, indem man in (111,3) den Zusatzterm $-\hat{\boldsymbol{\mu}}\boldsymbol{H}$ einführt, der der Energie des magnetischen Momentes $\boldsymbol{\mu}$ im Felde $\boldsymbol{H}$ entspricht. Der HAMILTON-Operator für ein Teilchen mit Spin hat also die Gestalt[2])

$$\hat{H} = \frac{1}{2m}\left(\hat{\boldsymbol{p}} - \frac{e}{c}\boldsymbol{A}\right)^2 - \hat{\boldsymbol{\mu}}\boldsymbol{H} + e\varphi\,. \tag{111,4}$$

Bei der Berechnung des Quadrates $\left(\hat{\boldsymbol{p}} - \frac{e}{c}\boldsymbol{A}\right)^2$ hat man zu beachten, daß der Operator $\hat{\boldsymbol{p}}$ im allgemeinen nicht mit dem Vektor $\boldsymbol{A}$ vertauschbar ist, weil dieser eine Funktion des Ortes ist. Man muß daher schreiben

$$\hat{H} = \frac{1}{2m}\hat{\boldsymbol{p}}^2 - \frac{e}{2mc}(\hat{\boldsymbol{p}}\boldsymbol{A} + \boldsymbol{A}\hat{\boldsymbol{p}}) + \frac{e^2}{2mc^2}\boldsymbol{A}^2 - \frac{\mu}{s}\hat{\boldsymbol{s}}\boldsymbol{H} + e\varphi\,. \tag{111,5}$$

Nach der Vertauschungsregel (16,4) für den Impulsoperator mit einer beliebigen Ortsfunktion haben wir

$$\hat{\boldsymbol{p}}\boldsymbol{A} - \boldsymbol{A}\hat{\boldsymbol{p}} = -i\hbar \operatorname{div} \boldsymbol{A}\,. \tag{111,6}$$

$\hat{\boldsymbol{p}}$ und $\boldsymbol{A}$ sind also miteinander vertauschbar, falls $\operatorname{div} \boldsymbol{A} = 0$ ist. Das gilt speziell für ein homogenes Feld, wenn man das zugehörige Vektorpotential in folgender Form wählt:

$$\boldsymbol{A} = \frac{1}{2}[\boldsymbol{H}\boldsymbol{r}]\,. \tag{111,7}$$

---

[1]) Wir bezeichnen hier den verallgemeinerten Impuls mit demselben Buchstaben $\boldsymbol{p}$ wie den gewöhnlichen Impuls (statt $\boldsymbol{P}$ in II, § 16), um hervorzuheben, daß ihm derselbe Operator entspricht.

[2]) Es kann keine Mißverständnisse geben, wenn wir das Magnetfeld und den HAMILTON-Operator mit dem gleichen Buchstaben bezeichnen; denn der HAMILTON-Operator wird mit einem Dach über dem Buchstaben bezeichnet.

Die Gleichung $i\hbar\, \partial\Psi/\partial t = \hat{H}\Psi$ mit dem HAMILTON-Operator (111,4) ist die Verallgemeinerung der SCHRÖDINGER-Gleichung auf den Fall mit Magnetfeld. Die Wellenfunktionen, auf die der HAMILTON-Operator in dieser Gleichung wirkt, sind symmetrische Spinoren der Stufe $2s$.

Die Wellenfunktionen eines Teilchens in einem elektromagnetischen Feld sind nicht eindeutig, weil die Potentiale für das Feld nicht eindeutig sind. Bekanntlich (siehe II, § 18) sind die Potentiale nur bis auf eine *Eichtransformation*

$$\boldsymbol{A} \rightarrow \boldsymbol{A} + \nabla f\,, \qquad \varphi \rightarrow \varphi - \frac{1}{c}\frac{\partial f}{\partial t} \tag{111,8}$$

bestimmt, f ist dabei eine beliebige Funktion von Ort und Zeit. Diese Transformation wirkt sich auf die Werte der Feldstärken nicht aus. Es ist daher klar, daß sie auch die Lösungen der Wellengleichungen nicht wesentlich verändern darf. Insbesondere muß das Quadrat $|\Psi|^2$ unverändert bleiben. Man kann sich tatsächlich leicht davon überzeugen, daß wir zur ursprünglichen Gleichung zurückkehren, wenn wir gleichzeitig mit der Substitution (111,8) im HAMILTON-Operator auch die Wellenfunktion nach

$$\Psi \rightarrow \Psi \exp\left(\frac{ie}{\hbar c} f\right) \tag{111,9}$$

substituieren. Diese Nichteindeutigkeit der Wellenfunktion wirkt sich auf keine Größe mit physikalischer Bedeutung aus (in die Definition einer solchen Größe gehen die Potentiale nicht explizit ein).

In der klassischen Mechanik ist der Zusammenhang zwischen verallgemeinertem Impuls eines Teilchens und der Geschwindigkeit $m\boldsymbol{v} = \boldsymbol{p} - e\boldsymbol{A}/c$. Um den Operator $\hat{\boldsymbol{v}}$ in der Quantenmechanik zu finden, müssen wir den Vektor $\boldsymbol{r}$ mit dem HAMILTON-Operator vertauschen. Eine einfache Rechnung ergibt

$$m\hat{\boldsymbol{v}} = \hat{\boldsymbol{p}} - \frac{e}{c}\boldsymbol{A}\,, \tag{111,10}$$

ganz analog zum klassischen Ergebnis. Für die Operatoren der Geschwindigkeitskomponenten gelten die Vertauschungsregeln

$$\{\hat{v}_x, \hat{v}_y\} = i\frac{e\hbar}{m^2c}H_z\,, \qquad \{\hat{v}_y, \hat{v}_z\} = i\frac{e\hbar}{m^2c}H_x\,, \qquad \{\hat{v}_z, \hat{v}_x\} = i\frac{e\hbar}{m^2c}H_y\,, \tag{111,11}$$

die man leicht durch direkte Rechnung verifizieren kann. In einem Magnetfeld sind, wie wir sehen, die Operatoren für die drei Geschwindigkeitskomponenten eines (geladenen) Teilchens nicht miteinander vertauschbar. Das bedeutet, daß das Teilchen nicht gleichzeitig bestimmte Werte für die Geschwindigkeit in allen drei Richtungen haben kann.

Bei der Bewegung in einem Magnetfeld liegt nur dann Symmetrie bei Zeitumkehr vor, wenn das Vorzeichen des Feldes $\boldsymbol{H}$ (und des Vektorpotentials $\boldsymbol{A}$) geändert wird. Das bedeutet (siehe §§ 18 und 60), daß die SCHRÖDINGER-Gleichung $\hat{H}\psi = E\psi$ ihre Gestalt behalten muß, wenn man zu den konjugiert komplexen Größen übergeht und das Vorzeichen von $\boldsymbol{H}$ ändert. Für alle Summanden im HAMILTON-Operator (111,4) ist das unmittelbar evident, nur für den Summanden $-\hat{\boldsymbol{s}}\boldsymbol{H}$ nicht. Der Summand $-\hat{\boldsymbol{s}}\boldsymbol{H}\psi$ in der SCHRÖDINGER-Gleichung geht bei der angegebenen Transformation in $\hat{\boldsymbol{s}}^*\boldsymbol{H}\psi^*$ über, und somit wird auf den ersten Blick die erforderliche Invarianz zerstört;

denn der Operator $\hat{\mathbf{s}}^*$ ist nicht gleich $-\hat{\mathbf{s}}$. Man muß aber beachten, daß die Wellenfunktion in Wirklichkeit ein Spinor $\psi^{\lambda\mu\cdots}$ ist; bei einer Zeitumkehr muß ein kontravarianter Spinor durch einen kovarianten ersetzt werden (siehe § 60), so daß in der SCHRÖDINGER-Gleichung der Summand mit $-\hat{\mathbf{s}}\boldsymbol{H}\psi^{\lambda\mu\cdots}$ durch $\hat{\mathbf{s}}^*\boldsymbol{H}\psi_{\lambda\mu\ldots}$ ersetzt wird. Man kann sich aber (mit Hilfe der Definitionen (57,4) und (57,5)) leicht davon überzeugen, daß der Operator $\hat{\mathbf{s}}^*$ in Anwendung auf die Komponenten eines kovarianten Spinors das entgegengesetzte Vorzeichen wie der Operator $\hat{\mathbf{s}}$ in Anwendung auf die Komponenten eines kontravarianten Spinors ergibt. Eine Zeitumkehr führt also auf eine SCHRÖDINGER-Gleichung für die Komponenten $\psi_{\lambda\mu\ldots}$ der gleichen Gestalt wie die Ausgangsgleichung für die Komponenten $\psi^{\lambda\mu\cdots}$.

§ 112. Die Bewegung im homogenen Magnetfeld

Wir wollen die Energieniveaus eines Teilchens in einem konstanten homogenen Magnetfeld berechnen (L. D. LANDAU, 1930).

Das Vektorpotential für das homogene Feld wählt man hier zweckmäßig nicht in der Gestalt (111,7), sondern in folgender Form:

$$A_x = -Hy\,, \qquad A_y = A_z = 0 \tag{112,1}$$

(die Feldrichtung ist als z-Achse gewählt worden). Der HAMILTON-Operator erhält nun die Gestalt

$$\hat{H} = \frac{1}{2m}\left(\hat{p}_x + \frac{eH}{c}\,y\right)^2 + \frac{\hat{p}_y^2}{2m} + \frac{\hat{p}_z^2}{2m} - \frac{\mu}{s}\,\hat{s}_z H\,. \tag{112,2}$$

Zunächst stellen wir fest, daß der Operator $\hat{s}_z$ mit dem HAMILTON-Operator vertauschbar ist (da dieser keine Operatoren für die anderen Spinkomponenten enthält). Die z-Projektion des Spins bleibt demzufolge erhalten, und man kann daher $\hat{s}_z$ durch den Eigenwert $s_z = \sigma$ ersetzen. Danach ist die Spinabhängigkeit der Wellenfunktion unwesentlich, und man kann ψ in der SCHRÖDINGER-Gleichung als die übliche Ortsfunktion auffassen. Für diese Funktion haben wir die Gleichung

$$\frac{1}{2m}\left[\left(\hat{p}_x + \frac{eH}{c}\,y\right)^2 + \hat{p}_y^2 + \hat{p}_z^2\right]\psi - \frac{\mu}{s}\,\sigma H\psi = E\psi\,. \tag{112,3}$$

Der HAMILTON-Operator in dieser Gleichung enthält die Koordinaten x und z nicht explizit. Daher sind auch die Operatoren $\hat{p}_x$ und $\hat{p}_z$ (die Ableitungen nach x und z) mit dem HAMILTON-Operator vertauschbar, d. h., die x- und z-Komponente des verallgemeinerten Impulses bleiben erhalten. Dementsprechend setzen wir ψ folgendermaßen an:

$$\psi = \mathrm{e}^{\frac{i}{\hbar}(p_x x + p_z z)}\,\chi(y)\,. \tag{112,4}$$

Die Eigenwerte p_x und p_z nehmen alle Werte von $-\infty$ bis ∞ an. Wegen $A_z = 0$ ist die z-Komponente des verallgemeinerten Impulses gleich der Komponente des gewöhnlichen Impulses mv_z. Die Geschwindigkeit des Teilchens in Feldrichtung kann also einen beliebigen Wert haben. Man kann sagen, daß die Bewegung in Feldrichtung „nicht quantisiert“ wird.

Wir setzen (112,4) in (112,3) ein und erhalten folgende Gleichung für die Funktion $\chi(y)$:

$$\chi'' + \frac{2m}{\hbar^2}\left[\left(E + \frac{\mu\sigma}{s}H - \frac{p_z^2}{2m}\right) - \frac{m}{2}\omega_H^2(y - y_0)^2\right]\chi = 0 \tag{112,5}$$

mit den Bezeichnungen $y_0 = -cp_x/eH$ und

$$\omega_H = \frac{|e|\,H}{mc}\,. \tag{112,6}$$

Die Gleichung (112,5) hat die Gestalt der SCHRÖDINGER-Gleichung (23,6) für einen linearen harmonischen Oszillator mit der Frequenz ω_H. Wir gelangen daher sofort zu folgender Aussage: Der Ausdruck in der geschweiften Klammer in (112,5), der die Rolle der Energie des Oszillators spielt, kann die Werte $(n + 1/2)\,\hbar\omega_H$ mit $n = 0, 1, 2, \ldots$ annehmen.

Wir erhalten somit folgenden Ausdruck für die Energieniveaus eines Teilchens in einem homogenen Magnetfeld:

$$E = \left(n + \frac{1}{2}\right)\hbar\omega_H + \frac{p_z^2}{2m} - \frac{\mu\sigma}{s}H\,. \tag{112,7}$$

Der erste Summand in diesem Ausdruck liefert diskrete Energiewerte für die Bewegung in der Ebene senkrecht zum Feld. Man bezeichnet die entsprechenden Niveaus als LANDAU-*Niveaus*. Für ein Elektron ist $\mu/s = -|e|\,\hbar/mc$, und die Formel (112,7) erhält die Gestalt

$$E = \left(n + \frac{1}{2} + \sigma\right)\hbar\omega_H + \frac{p_z^2}{2m}\,. \tag{112,8}$$

Die Eigenfunktionen $\chi_n(y)$ zu den Energieniveaus (112,7) werden durch die Formel (23,12) mit entsprechend abgeänderten Bezeichnungen gegeben:

$$\chi_n(y) = \frac{1}{\pi^{1/4}\,a_H^{1/2}\sqrt{2^n n!}}\exp\left(-\frac{(y - y_0)^2}{2a_H^2}\right)H_n\left(\frac{y - y_0}{a_H}\right) \tag{112,9}$$

mit $a_H = \sqrt{\hbar/m\omega_H}$.

In der klassischen Mechanik bewegen sich die Teilchen in einer Ebene senkrecht zum Feld $\boldsymbol{H}$ (xy-Ebene) auf einem Kreis mit festem Mittelpunkt. Die auch im quantenmechanischen Fall vorkommende Größe y_0 entspricht der klassischen y-Koordinate des Kreismittelpunktes. Außerdem bleibt auch die Größe $x_0 = (cp_y/eH) + x$ erhalten (man kann sich leicht davon überzeugen, daß der zugehörige Operator mit dem HAMILTON-Operator (112,2) vertauschbar ist). Diese Größe entspricht der klassischen x-Koordinate des Kreismittelpunktes.[1]) Die Operatoren $\hat{x}_0$ und $\hat{y}_0$ sind aber nicht miteinander vertauschbar, so daß die Koordinaten x_0 und y_0 nicht gleichzeitig bestimmte Werte haben können.

---

[1]) Tatsächlich haben wir für die klassische Bewegung auf einem Kreis mit dem Radius cmv_t/eH (v_t ist die Projektion der Geschwindigkeit auf die xy-Ebene, siehe II, § 21)

$$y_0 = -cp_x/eH = -(cm/eH)\,v_x + y\,.$$

Aus diesem Ausdruck ist zu ersehen, daß y_0 die Koordinate des Kreismittelpunktes ist. Die andere Koordinate ist

$$x_0 = (cm/eH)\,v_y + x = cp_y/eH + x\,.$$

Der Ausdruck (112,7) enthält die Größe p_x nicht. Da p_x einen stetigen Wertevorrat hat, sind die Energieniveaus in dieser stetigen Variablen entartet. Der Entartungsgrad ist aber endlich, wenn die Bewegung in der x-y-Ebene auf eine große aber endliche Fläche $S = L_x L_y$ beschränkt ist. Die Zahl der verschiedenen (nunmehr diskreten) Werte von p_x im Intervall Δp_x ist $(L_x/2\pi\hbar)\,\Delta p_x$. Es sind alle p_x-Werte zulässig, für die der Mittelpunkt der Bahnkurve innerhalb von S liegt (wir vernachlässigen den Bahnradius gegenüber dem großen L_y). Aus den Bedingungen $0 < y_0 < L_y$ bekommen wir $\Delta p_x = eHL_y/c$. Demzufolge ist die Zahl der Zustände (für gegebene n und p_z) $eHS/2\pi\hbar c$. Falls der Bereich, in dem die Bewegung verläuft, auch in z-Richtung beschränkt ist (Länge L_z), dann ist die Zahl der möglichen p_z-Werte im Intervall Δp_z gleich $(L_z/2\pi\hbar)\,\Delta p_z$, und die Zahl der Zustände in diesem Intervall ist

$$\frac{eHS}{2\pi\hbar c}\frac{L_z}{2\pi\hbar}\Delta p_z = \frac{eHV}{4\pi^2\hbar^2 c}\Delta p_z\,. \tag{112,10}$$

Für ein Elektron liegt noch eine zusätzliche Entartung vor: Die Energieniveaus (112,8) sind für Zustände mit den Quantenzahlen $n, \sigma = 1/2$ und $n+1, \sigma = -1/2$ gleich.

Aufgaben

1. Man berechne die Wellenfunktionen eines Elektrons in einem homogenen Magnetfeld für Zustände, in denen es bestimmte Werte für Impuls und Drehimpuls in Feldrichtung hat!

Lösung. In Zylinderkoordinaten ϱ, φ, z mit der z-Achse in Feldrichtung hat das Vektorpotential die Komponenten $A_\varphi = H\varrho/2$, $A_z = A_\varrho = 0$, und die SCHRÖDINGER-Gleichung lautet[1])

$$-\frac{\hbar^2}{2M}\left[\frac{1}{\varrho}\frac{\partial}{\partial\varrho}\left(\varrho\frac{\partial\psi}{\partial\varrho}\right)+\frac{\partial^2\psi}{\partial z^2}+\frac{1}{\varrho^2}\frac{\partial^2\psi}{\partial\varphi^2}\right]-\frac{i\hbar\omega_H}{2}\frac{\partial\psi}{\partial\varphi}+\frac{M\omega_H^2}{8}\varrho^2\psi = E\psi\,. \tag{1}$$

Wir setzen die Lösung in der Gestalt

$$\psi = \frac{e^{im\varphi}}{\sqrt{2\pi}}e^{ip_z z/\hbar}R(\varrho)$$

an und erhalten für die Radialfunktion die Gleichung

$$\frac{\hbar^2}{2M}\left(R''+\frac{1}{\varrho}R'-\frac{m^2}{\varrho^2}R\right)+\left[E-\frac{p_z^2}{2M}-\frac{M\omega_H^2}{8}\varrho^2-\frac{\hbar\omega_H m}{2}\right]R = 0\,.$$

Nach Einführung der neuen unabhängigen Veränderlichen $\xi = (M\omega_H/2\hbar)\,\varrho^2$ wird aus dieser Gleichung

$$\xi R'' + R' + \left(-\frac{\xi}{4}+\beta-\frac{m^2}{4\xi}\right)R = 0\,, \qquad \beta = \frac{1}{\hbar\omega_H}\left(E-\frac{p_z^2}{M}\right)-\frac{m}{2}\,.$$

Für $\xi \to \infty$ verhält sich diese Funktion wie $e^{-\xi/2}$, und für $\xi \to 0$ wie $\xi^{|m|/2}$. Dementsprechend setzen wir die Lösung in der Gestalt

$$R(\xi) = e^{-\xi/2}\,\xi^{|m|/2}w(\xi)$$

an und erhalten für $w(\xi)$ die Gleichung für eine konfluente hypergeometrische Funktion

$$w = F\left\{-\left(\beta-\frac{|m|+1}{2}\right),\quad |m|+1,\ \xi\right\}.$$

---

[1]) Wir schreiben die Elektronenladung als $e = -|e|$, und die Elektronenmasse bezeichnen wir hier mit M im Unterschied zum Drehimpuls m. Das für diese Aufgabe unwesentliche Glied mit dem Spin des Teilchens lassen wir weg.

Damit die Wellenfunktion überall endlich ist, muß die Größe $\beta - (|m| + 1)/2$ eine ganze nicht negative Zahl n_ϱ sein. Die Energieniveaus werden dabei durch die Formel

$$E = \hbar\omega_H\left(n_\varrho + \frac{|m| + m + 1}{2}\right) + \frac{p_z^2}{2M}$$

gegeben, die der Formel (112,7) äquivalent ist. Die Radialfunktionen zu diesen Niveaus sind

$$R_{n_\varrho m}(\varrho) = \frac{1}{a_H^{1+|m|}}\left[\frac{(|m| + n_\varrho)!}{2^{|m|} n_\varrho!\,|m|!}\right]^{1/2} \exp\left(-\frac{\varrho^2}{2a_H^2}\right)\varrho^{|m|} F\left(-n_\varrho, |m| + 1, \frac{\varrho^2}{2a_H^2}\right) \tag{2}$$

mit $a_H = \sqrt{\hbar/M\omega_H}$. Die Funktionen sind nach der Vorschrift $\int\limits_0^\infty R^2 \varrho\, d\varrho = 1$ normiert. Die hypergeometrische Funktion ist hier ein verallgemeinertes LAGUERREsches Polynom.

2. Man berechne das untere Energieniveau, das dem gebundenen Zustand eines Elektrons in einem flachen Potentialtopf $U(r)$ entspricht ($|U| \ll \hbar^2/ma^2$, a ist die Reichweite der Kräfte im Potentialtopf), wenn auch ein homogenes Magnetfeld vorhanden ist (JU. A. BYTSCHKOW, 1960)!

Die für das Feld $U(r)$ vorausgesetzte Bedingung läßt (ohne Magnetfeld) die Anwendung der Störungstheorie zu. Dabei gibt es keine gebundenen Zustände im Potentialtopf (§ 45). Ist auch ein Magnetfeld vorhanden, so kann man das Feld $U(r)$ nur für die Bewegung in einer zu $\boldsymbol{H}$ senkrechten Ebene als Störung ansehen; die Natur (diskrete Eigenwerte) des Energiespektrums ändert sich in Anwesenheit von U nicht. Die Natur der Bewegung in $\boldsymbol{H}$-Richtung ändert sich — aus einer bis ins Unendliche reichenden Bewegung wird eine Bewegung im Endlichen (wie noch zu sehen sein wird), d. h., aus dem kontinuierlichen Spektrum wird ein diskretes. Aus diesem Grunde kann das Feld des Potentialtopfes für diese Bewegung nicht nach der Störungstheorie behandelt werden.

Dementsprechend wählen wir die Radialfunktionen $R(\varrho)$ in der früheren Gestalt (2), wenn wir die Variablen in der SCHRÖDINGER-Gleichung (Gleichung (1) der vorhergehenden Aufgabe mit dem Zusatzglied $U\psi$ auf der linken Seite) separieren. Zum niedrigsten Niveau gehören die Quantenzahlen $n_\varrho = m = 0$. Wir setzen in die SCHRÖDINGER-Gleichung $\psi = R_{00}(\varrho)\,\chi(z)$ ein, multiplizieren dann die Gleichung mit $R_{00}(\varrho)$ und integrieren sie über $\varrho\, d\varrho$. So erhalten wir für $\chi(z)$ die Gleichung

$$-\frac{\hbar^2}{2m}\chi'' + \bar{U}(z)\,\chi = \varepsilon\chi \tag{3}$$

mit $\varepsilon = E - \hbar\omega_H/2$,

$$\bar{U}(z) = \int\limits_0^\infty U\left(\sqrt{z^2 + \varrho^2}\right) R_{00}^2(\varrho)\, \varrho\, d\varrho$$

(m ist die Teilchenmasse). Diese Gleichung hat die Gestalt einer SCHRÖDINGER-Gleichung für die eindimensionale Bewegung im Potentialtopf $\bar{U}(z)$, wobei ε die Energie dieser Bewegung ist. Man kann daher einfach das Ergebnis von Aufgabe (1) zu § 45 verwenden; danach ist das diskrete Energieniveau

$$\varepsilon = -\frac{m}{2\hbar^2}\left[\int\limits_{-\infty}^{\infty} \bar{U}(z)\, dz\right]^2 = -\frac{m}{2\hbar^2}\left[\int\limits_{-\infty}^{\infty}\int\limits_0^{\infty} U\left(\sqrt{z^2 + \varrho^2}\right) R_{00}^2(\varrho)\, \varrho\, d\varrho\, dz\right]^2. \tag{4}$$

Die Wellenfunktion $R_{00}(\varrho)$ klingt über Entfernungen $\varrho \sim a_H$ ab. Wenn das Magnetfeld so schwach ist, daß $a_H \gg a$ ist, wird das Integral über $d\varrho$ durch den Bereich $\varrho \lesssim a$ bestimmt, in dem man $R_{00}(\varrho) \approx R_{00}(0) = 1/a_H$ setzen kann. Dann ist

$$\varepsilon = -\frac{me^2H^2}{8\pi^2\hbar^4c^2}\left(\int U(r)\, dV\right)^2 \tag{5}$$

($dV = 2\pi\varrho\, d\varrho\, dz \to 4\pi r^2\, dr$). Im entgegengesetzten Fall eines starken Magnetfeldes mit $a_H \ll a$ wird das Integral in (4) durch den Bereich $\varrho \lessapprox a_H$ bestimmt, in dem man $U\left(\sqrt{\varrho^2 + z^2}\right) \approx U(z)$ setzen kann. Das Integral über $d\varrho$ reduziert sich dann auf das Normierungsintegral für die Funktion R_{00} und wird 1, so daß

$$\varepsilon = -\frac{2m}{\hbar^2}\left(\int_0^\infty U(z)\,\mathrm{d}z\right)^2 \tag{6}$$

wird. In beiden Fällen ergibt die Abschätzung der Integrale $\varepsilon \ll \hbar\omega_H$.

3. Man berechne die Energieniveaus eines Wasserstoffatoms in einem so starken Magnetfeld, daß $a_H \ll a_B$ mit dem Bohrschen Radius a_B gilt (R. J. Elliott, R. Loudon, 1960)!

Lösung. Unter der gestellten Bedingung $\hbar\omega_H \gg me^4/\hbar^2$ kann der Einfluß des Coulomb-Feldes auf die Elektronenbewegung in der zu $\boldsymbol{H}$ senkrechten Ebene als kleine Störung angesehen werden. Wir kommen somit wieder zu der in Aufgabe 2 behandelten Situation zurück und können Gleichung (3) anwenden, dabei ist

$$\bar{U}(z) = -e^2 \int_0^\infty \frac{R_{00}^2(\varrho)\,\varrho}{\sqrt{\varrho^2 + z^2}}\,\mathrm{d}\varrho\,. \tag{7}$$

Wenn wir in diesem Ausdruck die Radialfunktion R_{00} schreiben, so beschränken wir uns im folgenden auf die Energieniveaus der longitudinalen Bewegung zum nullten Landau-Niveau ($\hbar\omega_H/2$) der transversalen Bewegung.

Die Wellenfunktion des Grundzustandes $\chi_0(z)$ erstreckt sich über Abstände $|z| \lessapprox a_B$ und ändert sich dabei nur schwach (sie hat keine Nullstellen, und sie verschwindet nicht für $z = 0$). Für den Grundzustand sind daher die zur Lösung von Aufgabe 1 zu § 45 verwendeten Bedingungen erfüllt, und wir können die auf dieser Lösung basierende Formel (6) anwenden. Das logarithmisch divergente Integral wird dabei an der oberen Grenze bei Abständen $|z| \sim a_B$ „abgeschnitten", und an der unteren Grenze bei Abständen $|z| \sim a_H$ (mit $|z| \sim \varrho$, es ist in (7) nicht zulässig, $\sqrt{\varrho^2 + z^2}$ durch $|z|$ zu ersetzen). Als Ergebnis finden wir

$$\varepsilon_0 = -\frac{2me^4}{\hbar^2}\ln^2\frac{a_B}{a_H} = -\frac{me^4}{2\hbar^2}\ln^2\frac{\hbar^3 H}{m^2 c\,|e|^3}\,. \tag{8}$$

Diese Formel gilt, wie man sagt, mit logarithmischer Genauigkeit: Es wird angenommen, daß nicht nur das Verhältnis a_B/a_H selbst, sondern auch dessen Logarithmus groß ist. Dabei bleibt ein Zahlenfaktor im Argument des Logarithmus unbestimmt.

Die angeregten Zustände des diskreten Spektrums ergeben sich als Lösungen der Schrödinger-Gleichung (3) mit dem Feld $\bar{U}(z) \approx -e^2/z$ (das man aus (7) für $z \sim a_B \gg \varrho$ erhält). Diese Gleichung erhält aber durch die Substitution $\chi = z\varphi(z)$ die Gestalt

$$-\frac{\hbar^2}{2m}\frac{1}{z^2}\frac{\mathrm{d}}{\mathrm{d}z}\left(z^2\frac{\mathrm{d}\varphi}{\mathrm{d}z}\right) - \frac{e^2}{z}\varphi = \varepsilon\varphi\,. \tag{9}$$

Das ist dieselbe Gestalt, wie sie die Gleichung für die Radialfunktionen der s-Zustände beim dreidimensionalen Coulomb-Problem hat. Die gesuchten Energieniveaus werden daher durch Formel (36,10) gegeben,

$$\varepsilon_n = -\frac{me^4}{2\hbar^2 n^2} \tag{10}$$

mit $n = 1, 2, 3, \ldots$ Dieser Ausdruck gilt ebenfalls mit logarithmischer Genauigkeit. Das nächste Korrekturglied wäre gegenüber dem Grundterm nur im Verhältnis $1/\ln(a_B/a_H)$ klein.

Die Gleichung (9) gibt die Wellenfunktion nur für $z > 0$ an. Sie kann in den Bereich $z < 0$ als $\chi(-z) = \chi(z)$ oder $\chi(-z) = -\chi(z)$ fortgesetzt werden. Dementsprechend sind die Niveaus (10) in der betrachteten Näherung zweifach entartet. Diese Entartung wird jedoch in höheren Näherungen in a_H/a_B aufgehoben.

§ 113. Ein Atom im Magnetfeld

Wir wollen ein Atom in einem homogenen Magnetfeld $\boldsymbol{H}$ betrachten. Der zugehörige HAMILTON-Operator ist

$$\hat{H} = \frac{1}{2m} \sum_a \left[\hat{\boldsymbol{p}}_a + \frac{|e|}{c} \boldsymbol{A}(\boldsymbol{r}_a)\right]^2 + U + \frac{|e|\,\hbar}{mc} \boldsymbol{H}\hat{\boldsymbol{S}} . \tag{113,1}$$

Es wird darin über alle Elektronen summiert (die Elektronenladung schreiben wir als $-|e|$); U ist die Energie der Wechselwirkung der Elektronen mit dem Kern und der Elektronen untereinander; $\hat{\boldsymbol{S}} = \sum \hat{\boldsymbol{s}}_a$ ist der Operator für den Gesamtspin (der Elektronen) des Atoms.

Wählt man das Vektorpotential für das Feld in der Gestalt (111,7), dann ist der Operator $\hat{\boldsymbol{p}}$ mit $\boldsymbol{A}$ vertauschbar, wie bereits erwähnt worden ist. Wir nutzen diesen Sachverhalt bei der Berechnung des Quadrates in (113,1) aus und bezeichnen den HAMILTON-Operator des Atoms ohne Feld mit $\hat{H}_0$; so finden wir

$$\hat{H} = \hat{H}_0 + \frac{|e|}{mc} \sum_a \boldsymbol{A}_a \hat{\boldsymbol{p}}_a + \frac{e^2}{2mc^2} \sum_a \boldsymbol{A}_a^2 + \frac{|e|\,\hbar}{mc} \boldsymbol{H}\hat{\boldsymbol{S}} .$$

Hier setzen wir $\boldsymbol{A}$ aus (111,7) ein und erhalten

$$\hat{H} = \hat{H}_0 + \frac{|e|}{2mc} \boldsymbol{H} \sum_a [\boldsymbol{r}_a \boldsymbol{p}_a] + \frac{e^2}{8mc^2} \sum_a [\boldsymbol{H}\boldsymbol{r}_a]^2 + \frac{|e|\,\hbar}{mc} \boldsymbol{H}\hat{\boldsymbol{S}} .$$

Das Vektorprodukt $[\boldsymbol{r}_a \hat{\boldsymbol{p}}_a]$ ist der Operator für den Bahndrehimpuls eines Elektrons, und die Summe über alle Elektronen ergibt den Operatur $\hbar\hat{\boldsymbol{L}}$ für den resultierenden Bahndrehimpuls des Atoms. Somit bekommen wir

$$\hat{H} = \hat{H}_0 + \mu_B(\hat{\boldsymbol{L}} + 2\hat{\boldsymbol{S}})\,\boldsymbol{H} + \frac{e^2}{8mc^2} \sum_a [\boldsymbol{H}\boldsymbol{r}_a]^2 \tag{113,2}$$

(μ_B ist das BOHRsche Magneton). Der Operator

$$\hat{\boldsymbol{\mu}}_{at} = -\mu_B(\hat{\boldsymbol{L}} + 2\hat{\boldsymbol{S}}) \tag{113,3}$$

kann als Operator für das magnetische „Eigen"-Moment des Atoms im feldfreien Fall angesehen werden.

In einem äußeren Magnetfeld spalten die Atomniveaus auf, und die Entartung in den Richtungen des Gesamtdrehimpulses wird aufgehoben (ZEEMAN-*Effekt*). Wir wollen die Energie dieser Aufspaltung für die Atomniveaus mit bestimmten Werten der Quantenzahlen J, L und S berechnen (d. h., wir nehmen für die Niveaus den Fall der LS-Kopplung an, siehe § 72).

Wir werden das Magnetfeld als so schwach ansehen, daß $\mu_B H$ klein gegenüber den Abständen zwischen den Energieniveaus des Atoms ist, auch gegenüber den Abständen in der Feinstruktur der Niveaus. Man kann dann den zweiten und den dritten Summanden in (113,2) als Störung auffassen, wobei die gestörten Niveaus die einzelnen Multiplettkomponenten sind. In erster Näherung kann man den dritten, im Feld quadratischen Summanden gegenüber dem linearen zweiten Summanden vernachlässigen.

In dieser Näherung wird die Aufspaltungsenergie ΔE durch die Mittelwerte der Störung in (ungestörten) Zuständen mit verschiedenen Werten für die Projektion des

Gesamtdrehimpulses auf die Feldrichtung gegeben. Wir wählen diese Richtung als z-Achse und bekommen

$$\Delta E = \mu_B H(\bar{L}_z + 2\bar{S}_z) = \mu_B H(\bar{J}_z + \bar{S}_z) . \tag{113,4}$$

Der Mittelwert $\bar{J}_z$ ist einfach gleich dem gegebenen Eigenwert $J_z = M_J$. Der Mittelwert $\bar{S}_z$ kann folgendermaßen durch ,,schrittweise" Mittelung gefunden werden (vgl. § 72).

Wir mitteln zunächst den Operator $\hat{\boldsymbol{S}}$ über einen Atomzustand mit gegebenen Werten für S, L und J, aber nicht für M_J. Der so gemittelte Operator $\bar{\hat{\boldsymbol{S}}}$ kann nur die Richtung von $\hat{\boldsymbol{J}}$ haben, weil $\hat{\boldsymbol{J}}$ der einzige für ein freies Atom erhaltene ,,Vektor" ist. Wir können daher

$$\bar{\boldsymbol{S}} = \text{const} \cdot \boldsymbol{J}$$

schreiben. Diese Gleichung hat in dieser Form aber nur einen beschränkten Sinn, weil die drei Komponenten des Vektors $\boldsymbol{J}$ nicht gleichzeitig bestimmte Werte haben können. In uneingeschränktem Sinne gilt die Gleichung für die z-Projektion

$$\bar{S}_z = \text{const} \cdot J_z = \text{const} \cdot M_J$$

sowie die Gleichung

$$\bar{\boldsymbol{S}}\boldsymbol{J} = \text{const} \cdot \boldsymbol{J}^2 = \text{const} \cdot J(J+1) ,$$

die sich ergibt, indem man beide Seiten obiger Gleichung mit $\boldsymbol{J}$ multipliziert. Wir ziehen den erhaltenen Vektor $\boldsymbol{J}$ aus der Mittelung heraus und schreiben $\bar{\boldsymbol{S}}\boldsymbol{J} = \overline{\boldsymbol{S}\boldsymbol{J}}$. Der Mittelwert von $\overline{\boldsymbol{S}\boldsymbol{J}}$ ist gleich dem Eigenwert

$$\boldsymbol{S}\boldsymbol{J} = \tfrac{1}{2}\,[J(J+1) - L(L+1) + S(S+1)]$$

in dem betreffenden Zustand mit bestimmten Werten von $\boldsymbol{L}^2$, $\boldsymbol{S}^2$ und $\boldsymbol{J}^2$ (vgl. (31,4)). Wir bestimmen die Konstante aus der zweiten Gleichung, setzen sie in die erste ein und bekommen somit

$$\bar{S}_z = M_J \frac{\boldsymbol{J}\boldsymbol{S}}{\boldsymbol{J}^2} . \tag{113,5}$$

Wir fassen die erhaltenen Ausdrücke zusammen und setzen sie in (113,4) ein. So finden wir den folgenden endgültigen Ausdruck für die Aufspaltungsenergie:

$$\Delta E = \mu_B g M_J H \tag{113,6}$$

mit

$$g = 1 + \frac{J(J+1) - L(L+1) + S(S+1)}{2J(J+1)} , \tag{113,7}$$

dem sogenannten LANDÉ-*Faktor* oder *gyromagnetischen Faktor*. Es ist $g = 1$ ohne Spin ($S = 0$, so daß $J = L$ ist), und es ist $g = 2$ für $L = 0$ (so daß $J = S$ ist).[1]

---

[1]) Die durch die allgemeine Formel (113,6) mit (113,7) beschriebene Aufspaltung wird mitunter als anomaler ZEEMAN-Effekt bezeichnet. Diese unglückliche Bezeichnung ist historisch entstanden, weil man vor der Entdeckung des Elektronenspins den durch Formel (113,6) mit $g = 1$ beschriebenen Effekt als normalen Effekt angesehen hat.

Formel (113,6) gibt die verschiedenen Energiewerte für alle $2J + 1$ Werte $M_J = -J, -J+1, \dots, J$. Mit anderen Worten, ein Magnetfeld hebt die Entartung der Niveaus in den Richtungen des Drehimpulses vollständig auf – anders als ein elektrisches Feld, für das die Niveaus mit $M_J = \pm|M_J|$ unaufgespalten bleiben (§ 76).[1] Die durch Formel (113,6) gegebene lineare Aufspaltung ist jedoch für $g = 0$ nicht vorhanden (das ist auch für $J \neq 0$ möglich, zum Beispiel für den Zustand $^4D_{1/2}$).

Wir haben in § 76 gesehen, daß es einen Zusammenhang zwischen der Verschiebung der Energieniveaus eines Atoms im elektrischen Feld und dem mittleren elektrischen Dipolmoment gibt. Ein ähnlicher Zusammenhang existiert auch im magnetischen Falle. Die potentielle Energie eines Systems von Ladungen wird in der klassischen Theorie durch den Ausdruck $-\boldsymbol{\mu H}$ gegeben, wenn $\boldsymbol{\mu}$ das magnetische Moment des Systems ist. In der Quantentheorie wird sie durch den zugehörigen Operator ersetzt, so daß der Hamilton-Operator des Systems

$$\hat{H} = \hat{H}_0 - \hat{\boldsymbol{\mu}}\boldsymbol{H} = \hat{H}_0 - \hat{\mu}_z H$$

ist. Wir wenden jetzt Formel (11,16) an (mit dem Feld H als Parameter λ) und finden für den Mittelwert des magnetischen Momentes

$$\bar{\mu}_z = -\frac{\partial \Delta E}{\partial H}, \tag{113,8}$$

ΔE ist die Verschiebung des Energieniveaus für den betreffenden Atomzustand. Wir setzen hier (113,6) ein und sehen, daß das Atom in einem Zustand mit einem bestimmten Wert M_J für die Drehimpulsprojektion auf eine gewisse z-Richtung ein mittleres magnetisches Moment in derselben Richtung hat:

$$\bar{\mu}_z = -\mu_B g M_J \,. \tag{113,9}$$

Für ein Atom ohne Spin und ohne Bahndrehimpuls ($S = L = 0$) ergibt der zweite Summand in (113,2) weder in der ersten Näherung noch in höheren Näherungen eine Niveauverschiebung (denn alle Matrixelemente von $\boldsymbol{L}$ und $\boldsymbol{S}$ verschwinden). Der ganze Effekt ist daher in diesem Falle an den dritten Summanden in (113,2) gebunden, und in der ersten Näherung der Störungstheorie ist die Niveauverschiebung gleich dem Mittelwert

$$\Delta E = \frac{e^2}{8mc^2} \sum_a \overline{[\boldsymbol{H r}_a]^2} \,. \tag{113,10}$$

Wir schreiben $[\boldsymbol{H r}_a]^2 = H^2 r_a^2 \sin^2\theta$, wobei θ der Winkel zwischen $\boldsymbol{r}_a$ und $\boldsymbol{H}$ ist. Mitteln wir nun über die Richtungen von $\boldsymbol{r}_a$, so erhalten wir $\overline{\sin^2\theta} = 1 - \overline{\cos^2\theta} = 2/3$ (die Wellenfunktion des Zustandes mit $L = S = 0$ ist kugelsymmetrisch, und daher kann man über die Richtung unabhängig von der Mittelung über die Abstände $\boldsymbol{r}_a$ mitteln). So erhalten wir

$$\Delta E = \frac{e^2}{12mc^2} H^2 \sum_a \overline{r_a^2} \,. \tag{113,11}$$

[1] Die in diesem Zusammenhang in § 76 für den elektrischen Fall angestellten Überlegungen sind für ein Magnetfeld unbrauchbar. Das liegt daran, daß $\boldsymbol{H}$ ein Axialvektor ist und deshalb sein Vorzeichen wechselt, wenn man eine Spiegelung an einer Ebene ausführt, die die Feldrichtung enthält. Die durch diese Operation auseinander hervorgehenden Zustände gehören daher zu einem Atom in verschiedenen Feldern und nicht im gleichen Feld.

Das nach Formel (113,8) berechnete magnetische Moment ist jetzt proportional zum Feld (ein Atom mit $L = S = 0$ hat natürlich ohne Magnetfeld kein magnetisches Moment). Wir schreiben das magnetische Moment in der Gestalt χH und können den Faktor χ als die magnetische Suszeptibilität des Atoms ansehen. Für χ erhalten wir die folgende LANGEVINsche Formel (P. LANGEVIN, 1905):

$$\chi = -\frac{e^2}{6mc^2}\sum_a \overline{r_a^2}\,. \tag{113,12}$$

Diese Größe ist negativ, d. h., das Atom ist diamagnetisch.[1])

Für $J = 0$, aber $S = L \neq 0$ gibt es auch keine im Feld lineare Niveauverschiebung, aber der quadratische Effekt in zweiter Näherung in der Störung $-\boldsymbol{\mu}_{at}\boldsymbol{H}$ ist größer als der Effekt (113,11).[2]) Das hängt damit zusammen, daß nach der allgemeinen Formel (38,10) die Korrektur zum Energieeigenwert in der zweiten Näherung durch eine Summe von Ausdrücken gegeben wird, in deren Nennern die Differenzen der ungestörten Energieniveaus stehen; in unserem Falle sind das die Abstände zwischen den Feinstrukturkomponenten eines Niveaus, also kleine Größen. In § 38 ist festgestellt worden, daß die Korrektur zweiter Ordnung zum Grundzustand immer negativ ist. Daher ist das magnetische Moment im Grundzustand eine positive Größe, d. h., ein Atom im Grundzustand mit $J = 0$, $L = S \neq 0$ ist paramagnetisch.

In starken Magnetfeldern wird $\mu_0 H$ mit den Abständen zwischen den Feinstrukturkomponenten vergleichbar oder größer als diese. Die Niveauaufspaltung wird dann nicht mehr durch die Formeln (113,6) und (113,7) gegeben. Diese Erscheinung heißt PASCHEN-BACK-*Effekt.*

Die Energieaufspaltung kann dann besonders einfach berechnet werden, wenn die ZEEMAN-Aufspaltung groß gegenüber den Abständen zwischen den Feinstrukturniveaus ist, aber natürlich nach wie vor klein gegenüber den Abständen zwischen den verschiedenen Multipletts (so daß man im HAMILTON-Operator (113,2) weiterhin den dritten Summanden gegenüber dem zweiten vernachlässigen kann). Mit anderen Worten, die Energie im Magnetfeld ist bedeutend größer als die Spin-Bahn-Wechselwirkung[3].) In erster Näherung kann man deshalb diese Wechselwirkung vernachlässigen. Dann wird nicht nur die Projektion des Gesamtdrehimpulses erhalten, sondern auch die Projektionen M_L und M_S von Bahndrehimpuls und Spin bleiben erhalten, so daß die Aufspaltung durch die folgende Formel gegeben wird:

$$\Delta E = \mu_B H(M_L + 2M_S)\,. \tag{113,13}$$

Die Multiplettaufspaltung wird der Aufspaltung im Magnetfeld überlagert. Sie wird durch den Mittelwert des Operators $A\hat{\boldsymbol{L}}\hat{\boldsymbol{S}}$ (72,4) in dem Zustand mit den gegebenen M_L und M_S gegeben (wir denken hier an die Multiplettaufspaltung infolge der Spin-Bahn-Wechselwirkung). Bei festem Wert einer Komponente des Drehimpulses

[1]) Zur Berechnung des mittleren Quadrates des Abstandes der Elektronen vom Kern darf nicht das THOMAS-FERMI-Verfahren verwendet werden. Obwohl das Integral $\int nr^2\,dr$ mit der THOMAS-FERMI-Dichte $n(r)$ konvergiert, wenn auch sehr langsam, so unterscheiden sich doch die derart erhaltenen Werte stark von den empirischen Werten.

[2]) Für $S = L \neq 0$ sind die nichtdiagonalen Matrixelemente von L_z und S_z für die Übergänge $S, L, J \to S, L, J \pm 1$ im allgemeinen von Null verschieden.

[3]) Für die dazwischen liegenden Fälle, wenn der Einfluß des Magnetfeldes mit der Spin-Bahn-Wechselwirkung vergleichbar ist, kann die Aufspaltung nicht allgemein berechnet werden (für den Fall $S = 1/2$ wird die Rechnung in Aufgabe 1 durchgeführt).

sind die Mittelwerte der beiden anderen Komponenten Null. Danach ist $\overline{\boldsymbol{LS}} = M_L M_S$, so daß in der nächsten Näherung die Energie der Niveaus durch die Formel

$$\Delta E = \mu_B H(M_L + 2M_S) + AM_L M_S \qquad (113,14)$$

gegeben wird.

Es ist unmöglich, die ZEEMAN-Aufspaltung im allgemeinen Falle beliebiger (nicht LS-)Kopplung auszurechnen. Man kann nur feststellen, daß die Aufspaltung (in einem schwachen Feld) linear im Feld und proportional zur Projektion M_J des Gesamtdrehimpulses ist, d. h. die Gestalt

$$\Delta E = \mu_B g_{nJ} H M_J \qquad (113,15)$$

hat; die g_{nJ} sind für den betreffenden Term charakteristische Koeffizienten (wir bezeichnen mit n alle für den Term charakteristischen Quantenzahlen außer J). Die einzelnen Koeffizienten g_{nJ} können nicht berechnet werden. Es ist aber möglich, eine für die Anwendungen nützliche Formel anzugeben; diese Summenregel gibt die Summe dieser Koeffizienten über alle möglichen Atomzustände mit gegebener Elektronenkonfiguration und mit gegebenem Gesamtdrehimpuls an.

Nach Definition ist

$$g_{nJ} M_J = \langle nJM_J | \, L_z + 2S_z \, | nJM_J \rangle \, .$$

Die Größen $g_{SLJ} M_J$ (mit dem LANDÉ-Faktor g_{SLJ} nach (113,7) entsprechend der LS-Kopplung) sind die Diagonalelemente

$$g_{SLJ} M_J = \langle SLJM_J | \, L_z + 2S_z \, | SLJM_J \rangle \, ,$$

die mit einem anderen vollständigen System von Wellenfunktionen berechnet werden. Die Funktionen dieser verschiedenen Systeme gehen durch eine lineare unitäre Transformation auseinander hervor. Eine solche Transformation läßt aber die Summe der Diagonalelemente einer Matrix unverändert (§ 12). Hieraus schließen wir

$$\sum_n g_{nJ} M_J = \sum_{SL} g_{SLJ} M_J \, ,$$

oder, da g_{nJ} und g_{SLJ} von M_J unabhängig sind,

$$\sum_n g_{nJ} = \sum_{SL} g_{SLJ} \, . \qquad (113,16)$$

Es wird über alle Zustände mit dem gegebenen Wert von J summiert, die für die gegebene Elektronenkonfiguration möglich sind. Das ist die gesuchte Summenregel.

Aufgaben

1. Man berechne die Aufspaltung des Terms mit $S = 1/2$ beim PASCHEN-BACK-Effekt!

Lösung. Das Magnetfeld und die Spin-Bahn-Wechselwirkung müssen in der Störungstheorie gleichzeitig behandelt werden, d. h., der Störoperator hat die Gestalt[1])

$$\hat{V} = A\hat{\boldsymbol{L}}\hat{\boldsymbol{S}} + \mu_B(\hat{L}_z + 2\hat{S}_z)\, H \, .$$

---

[1]) Wir schreiben in $\hat{V}$ das Glied proportional zu $(\hat{\boldsymbol{L}}\hat{\boldsymbol{S}})^2$ (die Spin-Spin-Wechselwirkung) nicht mit auf. Man hat aber zu beachten, daß für den Spin $S = 1/2$ der Ausdruck $(\hat{\boldsymbol{L}}\hat{\boldsymbol{S}})^2$ auf Grund der besonderen Eigenschaften der PAULI-Matrizen (siehe § 55) auf den Ausdruck $\hat{\boldsymbol{L}}\hat{\boldsymbol{S}}$ zurückgeführt wird und deshalb in die aufgeschriebene Formel einbezogen ist.

Als Wellenfunktionen nullter Näherung wählen wir die Funktionen zu Zuständen mit bestimmten Werten für L, $S = 1/2$, M_L, M_S (L ist gegeben, $M_L = -L, \dots, L$; $M_S = \pm 1/2$). In den gestörten Zuständen bleibt nur die Summe $M \equiv M_J = M_L + M_S$ erhalten ($\hat{V}$ ist mit $\hat{J}_z$ vertauschbar), so daß man den Komponenten des aufgespaltenen Terms bestimmte M-Werte zuschreiben kann.

Die Werte $M = \pm (L + 1/2)$ können nur auf eine Art realisiert werden — mit $|M_L M_S\rangle = |L\ 1/2\rangle$ bzw. mit $|-L, -1/2\rangle$. Die Energiekorrekturen für die Zustände mit diesen M sind daher einfach gleich den Diagonalelementen $\langle M_L M_S|\ V\ |M_L M_S\rangle$ mit den angegebenen Werten $|M_L M_S\rangle$. Die restlichen M-Werte können auf zwei Arten realisiert werden: $|M - 1/2, 1/2\rangle$ und $|M + 1/2, -1/2\rangle$. Zu jedem M-Wert gehören hier zwei verschiedene Energiewerte. Diese ergeben sich aus der Säkulargleichung, die aus den Matrixelementen für die Übergänge zwischen diesen beiden Zuständen gebildet wird. Die Matrixelemente von $\boldsymbol{LS}$ werden berechnet, indem man die Matrizen $\langle M_L|\ \boldsymbol{L}\ |M_L'\rangle$ und $\langle M_S|\ \boldsymbol{S}\ |M_S'\rangle$ direkt miteinander multipliziert, und sind

$$\langle M_L M_S|\ \boldsymbol{LS}\ |M_L M_S\rangle = M_L M_S\,,$$

$$\langle M + 1/2, -1/2|\ \boldsymbol{LS}\ |M - 1/2, 1/2\rangle = \langle M - 1/2, 1/2|\ \boldsymbol{LS}\ |M + 1/2, -1/2\rangle$$
$$= \tfrac{1}{2}\sqrt{(L + M + 1/2)\,(L - M + 1/2)}\,.$$

Ohne Magnetfeld ist der Term ein Dublett, und der Abstand zwischen den beiden Komponenten ist $\varepsilon = A(L + 1/2)$ (siehe (72,6)). Wir wählen das untere Niveau als Anfang der Energiezählung. Die Endformeln für die Niveaus im Magnetfeld lauten dann

$$E = \varepsilon \pm \mu_B H(L + 1) \quad \text{für} \quad M = \pm (L + 1/2)\,,$$

$$E^\pm = \frac{\varepsilon}{2} + \mu_B H M \pm \left[\frac{1}{4}(\varepsilon^2 + \mu_B^2 H^2) + \frac{\mu_B H M \varepsilon}{2L + 1}\right]^{1/2}$$

für $M = L - 1/2, \dots, -(L - 1/2)$.

Für $\mu_B H/\varepsilon \ll 1$ ergibt sich

$$E^+ = \varepsilon + \mu_B H M \frac{2(L + 1)}{2L + 1}\,, \qquad E^- = \mu_B H M \frac{2L}{2L + 1}$$

in Übereinstimmung mit den Formeln (113,6) und (113,7) (in denen man $S = 1/2$ und $J = L \pm 1/2$ zu setzen hat). Für $\mu_B H/\varepsilon \gg 1$ ist

$$E^\pm = \mu_B H(M \pm 1/2) + \frac{\varepsilon}{2} \pm \frac{M\varepsilon}{2L + 1}$$

in Übereinstimmung mit (113,14).

2. Man berechne die Zeeman-Aufspaltung der Terme eines zweiatomigen Moleküls im Falle a!

Lösung. Das magnetische Moment infolge der Kernbewegung ist sehr klein gegenüber dem magnetischen Moment der Elektronen. Man darf daher die Störung zum Magnetfeld für das Molekül wie für ein System von Elektronen schreiben, d. h. nach wie vor in der Gestalt $\hat{V} = \mu_B \boldsymbol{H}(\hat{\boldsymbol{L}} + 2\hat{\boldsymbol{S}})$, wenn $\boldsymbol{L}$ und $\boldsymbol{S}$ Bahndrehimpuls bzw. Spin der Elektronen sind.

Wir mitteln die Störung im Elektronenzustand und erhalten im Falle a

$$\mu_B H n_z(\Lambda + 2\Sigma) = \mu_B H n_z(2\Omega - \Lambda)\,.$$

Der Mittelwert von n_z über die Molekülrotation ist das Diagonalelement

$$\langle JM|\ n_z\ |JM\rangle = \frac{\Omega M}{J(J + 1)}$$

mit $M \equiv M_J$ (das Matrixelement wird über das reduzierte Matrixelement nach Formel (87,4) mit der Substitution $K, \Lambda \to J, \Omega$ ausgerechnet).

Auf diese Weise wird die gesuchte Aufspaltung gleich

$$\Delta E = \mu_B H M \frac{\Omega(2\Omega - \Lambda)}{J(J + 1)}\,.$$

3. Wie Aufgabe 2 für den Fall *b*.

Lösung. Die Diagonalelemente $\langle \Lambda KJ | V | \Lambda KJ \rangle$, durch die die gesuchte Aufspaltung bestimmt wird, kann man nach den allgemeinen Regeln von § 87 berechnen. Es ist jedoch einfacher, die Rechnung anschaulicher durchzuführen. Wir mitteln den Störoperator über Bahn- und Elektronenzustand und erhalten

$$\mu_B H(\Lambda n_z + 2\hat{S}_z)$$

(der Spinoperator wird von dieser Mittelung nicht berührt). Weiter mitteln wir über die Molekülrotation (der Mittelwert von n_z wird über die Formel (87,4) berechnet):

$$\mu_B H\left(\frac{\Lambda^2}{K(K+1)}\hat{K}_z + 2\hat{S}_z\right).$$

Schließlich mitteln wir über die Spinfunktion. Nach der vollständigen Mittelung können die Mittelwerte der Vektoren nur die Richtung des einzigen Vektors, der erhalten bleibt, haben, nämlich die des Gesamtdrehimpulses $\boldsymbol{J}$. Deshalb erhalten wir (vgl. (113,5))

$$\frac{\mu_B H}{J(J+1)}\left[\frac{\Lambda^2}{K(K+1)}(\boldsymbol{KJ}) + 2(\boldsymbol{SJ})\right] M$$

($M \equiv M_J$) oder endgültig

$$\Delta E = \frac{\mu_B}{J(J+1)}\left\{\frac{\Lambda^2}{2K(K+1)}[J(J+1) + K(K+1) - S(S+1)] + [J(J+1) - K(K+1) + S(S+1)]\right\} HM .$$

4. Ein diamagnetisches Atom befinde sich in einem äußeren Magnetfeld. Man berechne die Feldstärke des induzierten Magnetfeldes im Atommittelpunkt!

Lösung. Für $S = L = 0$ gibt es im Hamilton-Operator überhaupt keine im Feld lineare Störung, und deshalb gibt es keine Korrektur erster Ordnung im Magnetfeld zur Wellenfunktion des Atoms. Die vom äußeren Feld induzierte Änderung $\boldsymbol{j}'$ des Elektronenstroms im Atom hängt (in erster Näherung in H) allein mit dem Zusatzglied $(|e|/mc)\,\boldsymbol{A}$ zum Geschwindigkeitsoperator der Elektronen zusammen. Wir haben demzufolge[1])

$$\boldsymbol{j}' = -\varrho\frac{e^2}{mc}\boldsymbol{A} = -\varrho\frac{e^2}{2mc}[\boldsymbol{Hr}], \tag{1}$$

wenn ϱ die Elektronendichte im Atom ist. Das von diesem Zusatzstrom im Atommittelpunkt erzeugte Magnetfeld ist

$$\boldsymbol{H}_{\text{ind}} = \frac{1}{c}\int\frac{[\boldsymbol{rj}']}{r^3}\,\mathrm{d}V$$

(vgl. unten (121,8)). Hier setzen wir (1) ein, mitteln im Integranden über die Richtungen von $\boldsymbol{r}$ und erhalten

$$\boldsymbol{H}_{\text{ind}} = -\frac{e^2}{3mc^2}\boldsymbol{H}\int\frac{\varrho}{r}\,\mathrm{d}V = \frac{e}{3mc^2}\varphi_e(0)\,\boldsymbol{H}, \tag{2}$$

wobei $\varphi_e(0)$ das Potential des Feldes ist, das von der Elektronenhülle des Atoms im Atommittelpunkt erzeugt wird.

Im Thomas-Fermi-Modell ist $\varphi_e(0) = -1{,}80 Z^{4/3} me^3/\hbar^2$ (siehe (70,8)), so daß sich ergibt

$$\boldsymbol{H}_{\text{ind}} = -0{,}60\left(\frac{e^2}{\hbar c}\right)^2 Z^{4/3}\boldsymbol{H} = -3{,}2\cdot 10^{-5} Z^{4/3}\boldsymbol{H}.$$

---

[1]) Dieser Ausdruck entspricht der Larmor-Präzession der Elektronenhülle des Atoms um die Richtung des äußeren Magnetfeldes (siehe II, § 45).

§ 114. Ein Spin in einem veränderlichen Magnetfeld

Wir wollen ein elektrisch neutrales Teilchen mit einem magnetischen Moment in einem homogenen, aber (zeitlich) veränderlichen Magnetfeld betrachten. Es kann sich dabei um ein elementares (zum Beispiel ein Neutron) oder um ein zusammengesetztes Teilchen (Atom) handeln. Das Magnetfeld wird als so schwach vorausgesetzt, daß die magnetische Energie des Teilchens im Feld klein gegenüber den Abständen zwischen seinen Energieniveaus ist. Man kann die Bewegung des ganzen Teilchens dann bei festgehaltenem inneren Zustand behandeln.

$\hat{\boldsymbol{s}}$ sei der Operator für den „Eigen"-Drehimpuls des Teilchens — für den Spin eines Elementarteilchens oder für den Gesamtdrehimpuls $\boldsymbol{J}$ eines Atoms. Den Operator für das magnetische Moment setzen wir in der Form (111,1) an. Der HAMILTON-Operator für die Bewegung des neutralen Teilchens insgesamt wird in der Form

$$\hat{H} = -\frac{\mu}{s}\hat{\boldsymbol{s}}\boldsymbol{H} \tag{114,1}$$

angesetzt (es ist nur der spinabhängige Teil des HAMILTON-Operators aufgeschrieben worden).

In einem homogenen Feld enthält dieser Operator die Koordinaten nicht explizit.[1]) Die Wellenfunktion des Teilchens zerfällt daher in ein Produkt aus Bahn- und Spinfunktion. Die Bahnfunktion ist einfach die Wellenfunktion für eine freie Bewegung. Uns interessiert im folgenden nur die Spinfunktion. Wir werden zeigen, daß das Problem eines Teilchens mit beliebigem Drehimpuls s auf das einfachere Problem der Bewegung eines Teilchens mit dem Spin 1/2 zurückgeführt werden kann (E. MAJORANA). Dazu brauchen wir nur dasselbe Vorgehen anzuwenden, das wir schon in § 57 benutzt haben. Statt des einen Teilchens mit dem Spin s kann man nämlich formal ein System aus $2s$ „Teilchen" mit dem Spin 1/2 einführen. Der Operator $\hat{\boldsymbol{s}}$ wird dabei als Summe $\sum \hat{\boldsymbol{s}}_a$ der Spinoperatoren für diese „Teilchen" dargestellt, und die Wellenfunktion als Produkt aus $2s$ Spinoren erster Stufe. Der HAMILTON-Operator (114,1) zerfällt dann in eine Summe aus $2s$ unabhängigen HAMILTON-Operatoren:

$$\hat{H} = \sum_a \hat{H}_a\,, \qquad \hat{H}_a = -\frac{\mu}{s}\boldsymbol{H}\hat{\boldsymbol{s}}_a\,. \tag{114,2}$$

Die Bewegung der $2s$ „Teilchen" erfolgt also unabhängig voneinander. Nachdem wir so vorgegangen sind, brauchen wir nur statt der Produkte aus den Komponenten der $2s$ Spinoren erster Stufe wieder die Komponenten eines beliebigen symmetrischen Spinors der Stufe $2s$ einzuführen.

Aufgaben

1. Man berechne die Spinfunktion für ein neutrales Teilchen mit dem Spin 1/2 in einem homogenen Magnetfeld fester Richtung, dessen Betrag nach einer beliebigen Funktion $H(t)$ zeitabhängig ist!

---

[1]) Diese Überlegungen können auch auf den Fall angewandt werden, daß sich ein beliebiges Teilchen (das auch geladen sein kann) in einem inhomogenen Magnetfeld bewegt, wenn man die Bewegung als quasiklassisch ansehen kann. Man kann dann das Magnetfeld, das sich bei der Bewegung des Teilchens auf seiner Bahnkurve ändert, einfach als Zeitfunktion ansehen und auf die Änderung der Spinfunktion dieselben Gleichungen anwenden.

Lösung. Die Wellenfunktion ist ein Spinor ψ^ν und genügt der Wellengleichung

$$i\hbar\dot{\psi}^\nu = -2\mu \boldsymbol{H}\hat{\boldsymbol{s}}\psi^\nu\,. \tag{1}$$

Wir wählen die Feldrichtung als z-Richtung und schreiben diese Gleichung um in Spinorkomponenten

$$i\hbar\dot{\psi}^1 = -\mu H\psi^1\,, \qquad i\hbar\dot{\psi}^2 = \mu H\psi^2\,.$$

Hieraus folgt

$$\psi^1 = c_1 \exp\left(\frac{i\mu}{\hbar}\int H\,\mathrm{d}t\right), \qquad \psi^2 = c_2 \exp\left(-\frac{i\mu}{\hbar}\int H\,\mathrm{d}t\right).$$

Die Konstanten c_1 und c_2 müssen aus den Anfangsbedingungen und aus der Normierungsvorschrift $|\psi^1|^2 + |\psi^2|^2 = 1$ bestimmt werden.

2. Wie Aufgabe 1 für ein homogenes Magnetfeld mit festem Betrag, dessen Richtung gleichförmig (mit der Winkelgeschwindigkeit ω) um die z-Achse rotiert und mit der z-Achse den Winkel θ einschließt.

Lösung. Das Magnetfeld hat die Komponenten

$$H_x = H\sin\theta\cos\omega t\,, \qquad H_y = H\sin\theta\sin\omega t\,, \qquad H_z = H\cos\theta\,,$$

und aus (1) erhalten wir das Gleichungssystem

$$\dot{\psi}^1 = i\omega_H(\cos\theta\cdot\psi^1 + \sin\theta\cdot \mathrm{e}^{-i\omega t}\,\psi^2)\,,$$
$$\dot{\psi}^2 = i\omega_H(\sin\theta\cdot \mathrm{e}^{i\omega t}\,\psi^1 - \cos\theta\cdot\psi^2)$$

mit $\omega_H = \mu H/\hbar$. Die Substitution

$$\psi^1 = \mathrm{e}^{-i\omega t/2}\,\varphi^1\,, \qquad \psi^2 = \mathrm{e}^{i\omega t/2}\,\varphi^2$$

überführt diese Gleichungen in ein System linearer Gleichungen mit konstanten Koeffizienten. Als Lösung dieses Systems erhalten wir

$$\psi^1 = \mathrm{e}^{-i\omega t/2}\,(c_1\,\mathrm{e}^{i\Omega t/2} + c_2\,\mathrm{e}^{-i\Omega t/2})\,,$$

$$\psi^2 = 2\omega_H\sin\theta\,\mathrm{e}^{i\omega t/2}\left[\frac{c_1}{\Omega+\omega+2\omega_H\cos\theta}\,\mathrm{e}^{i\Omega t/2} + \frac{c_2}{\Omega-\omega-2\omega_H\cos\theta}\,\mathrm{e}^{-i\Omega t/2}\right]$$

mit

$$\Omega = \sqrt{(\omega + 2\omega_H\cos\theta)^2 + 4\omega_H^2\sin^2\theta}\,.$$

§ 115. Die Stromdichte in einem Magnetfeld

Wir wollen den quantenmechanischen Ausdruck für die Stromdichte bei der Bewegung eines geladenen Teilchens in einem Magnetfeld herleiten.

Dabei gehen wir von der Formel[1])

$$\delta H = -\frac{1}{c}\int \boldsymbol{j}\delta\boldsymbol{A}\,\mathrm{d}V \tag{115,1}$$

aus, die die Änderung der HAMILTON-Funktion im Raum verteilter Ladungen bei der Variation des Vektorpotentials angibt.[2]) In der Quantenmechanik muß man sie auf

[1]) In diesem Paragraphen wird $\boldsymbol{j}$ die Dichte des elektrischen Stromes bezeichnen: die Stromdichte der Teilchen multipliziert mit deren Ladung e.

[2]) Die LAGRANGE-Funktion für eine Ladung in einem Magnetfeld enthält das Glied $\frac{e}{c}\boldsymbol{v}\boldsymbol{A}$ oder, wenn man die Ladung als räumlich verteilt darstellt, $\frac{1}{c}\int \boldsymbol{j}\boldsymbol{A}\,\mathrm{d}V$. Die Änderung der LAGRANGE-Funktion bei einer Variation von $\boldsymbol{A}$ ist demzufolge

$$\delta L = \frac{1}{c}\int \boldsymbol{j}\delta\boldsymbol{A}\,\mathrm{d}V\,.$$

Eine infinitesimale Änderung der HAMILTON-Funktion ist gleich der Änderung der LAGRANGE-Funktion mit dem entgegengesetzten Vorzeichen (siehe I, § 40).

den Mittelwert des HAMILTON-Operators für ein geladenes Teilchen anwenden:

$$\overline{H} = \int \Psi^* \left[\frac{1}{2m}\left(\hat{\boldsymbol{p}} - \frac{e}{c}\boldsymbol{A}\right)^2 - \frac{\mu}{s}\boldsymbol{H}\hat{\boldsymbol{s}}\right] \Psi \,\mathrm{d}V\,. \tag{115,2}$$

Wir führen die Variation aus, beachten $\delta\boldsymbol{H} = \operatorname{rot}\delta\boldsymbol{A}$ und finden

$$\delta\overline{H} = \int \Psi^* \left[-\frac{e}{2mc}(\hat{\boldsymbol{p}}\delta\boldsymbol{A} + \delta\boldsymbol{A}\hat{\boldsymbol{p}}) + \frac{e^2}{mc^2}\boldsymbol{A}\delta\boldsymbol{A}\right]\Psi\,\mathrm{d}V - \frac{\mu}{s}\int \operatorname{rot}\delta\boldsymbol{A}\cdot\Psi^*\hat{\boldsymbol{s}}\Psi\,\mathrm{d}V\,. \tag{115,3}$$

Das Glied mit $\hat{\boldsymbol{p}}\delta\boldsymbol{A}$ formen wir durch partielle Integration um:

$$\int \Psi^*\hat{\boldsymbol{p}}\delta\boldsymbol{A}\Psi\,\mathrm{d}V = -i\hbar\int\Psi^*\,\nabla(\delta\boldsymbol{A}\Psi)\,\mathrm{d}V = i\hbar\int\delta\boldsymbol{A}\Psi\,\nabla\Psi^*\,\mathrm{d}V$$

(das Integral über die unendlich ferne Oberfläche verschwindet wie gewöhnlich). Auch im vorletzten Summanden in (115,3) integrieren wir partiell und verwenden dabei die aus der Vektoranalysis bekannte Formel

$$\boldsymbol{a}\operatorname{rot}\boldsymbol{b} = -\operatorname{div}[\boldsymbol{a}\boldsymbol{b}] + \boldsymbol{b}\operatorname{rot}\boldsymbol{a}\,.$$

Das Integral über das Glied mit der Divergenz verschwindet, und es bleibt übrig

$$\int\Psi^*\hat{\boldsymbol{s}}\Psi\operatorname{rot}\delta\boldsymbol{A}\,\mathrm{d}V = \int\delta\boldsymbol{A}\operatorname{rot}(\Psi^*\hat{\boldsymbol{s}}\Psi)\,\mathrm{d}V\,.$$

Als Ergebnis erhalten wir endgültig

$$\delta\overline{H} = -\frac{ie\hbar}{2mc}\int\delta\boldsymbol{A}(\Psi\,\nabla\Psi^* - \Psi^*\,\nabla\Psi)\,\mathrm{d}V + \frac{e^2}{mc^2}\int\boldsymbol{A}\delta\boldsymbol{A}\Psi\Psi^*\,\mathrm{d}V - \frac{\mu}{s}\int\delta\boldsymbol{A}\operatorname{rot}(\Psi^*\hat{\boldsymbol{s}}\Psi)\,\mathrm{d}V\,.$$

Wir vergleichen mit (115,1) und finden folgenden Ausdruck für die Stromdichte:

$$\boldsymbol{j} = \frac{ie\hbar}{2m}[(\nabla\Psi^*)\,\Psi - \Psi^*\,\nabla\Psi] - \frac{e^2}{mc}\boldsymbol{A}\Psi^*\Psi + \frac{\mu}{s}c\operatorname{rot}(\Psi^*\hat{\boldsymbol{s}}\Psi)\,. \tag{115,4}$$

Obwohl dieser Ausdruck das Vektorpotential explizit enthält, ist er ganz eindeutig, wie es sich gehört. Man kann sich davon durch direkte Rechnung leicht überzeugen; denn gleichzeitig mit der Eichtransformation des Vektorpotentials nach (111,8) hat man auch eine Transformation der Wellenfunktion nach (111,9) auszuführen.

Man verifiziert auch leicht, daß der Strom (115,4) zusammen mit der Ladungsdichte $\varrho = e\,|\Psi|^2$ die Kontinuitätsgleichung

$$\frac{\partial\varrho}{\partial t} + \operatorname{div}\boldsymbol{j} = 0$$

erfüllt, wie es auch sein muß.

Der letzte Summand in (115,4) liefert einen Beitrag zur Stromdichte vom magnetischen Moment der Teilchen. Er hat die Gestalt $c\operatorname{rot}\boldsymbol{m}$ mit

$$\boldsymbol{m} = \frac{\mu}{s}\Psi^*\hat{\boldsymbol{s}}\Psi = \Psi^*\boldsymbol{\mu}\Psi \tag{115,5}$$

als räumlicher Dichte des magnetischen Momentes.

Der Ausdruck (115,4) ist der Mittelwert der Stromdichte. Man kann ihn als Diagonalelement der Matrix eines Operators — des Stromdichteoperators $\hat{\boldsymbol{j}}$ — ansehen. Dieser Ausdruck läßt sich am einfachsten in der Darstellung der zweiten Quantisierung schreiben; dabei werden Ψ und Ψ^* durch die Operatoren $\hat{\Psi}$ und $\hat{\Psi}^+$ ersetzt (dabei muß nach der allgemeinen Vorschrift Ψ^+ in jedem Gliede links von Ψ stehen). Man kann auch die nicht diagonalen Matrixelemente dieses Operators bestimmen:

$$\boldsymbol{j}_{nm} = \frac{ie\hbar}{2m}[(\nabla\Psi_n^*)\,\Psi_m - \Psi_n^*\nabla\Psi_m] - \frac{e^2}{mc}\boldsymbol{A}\Psi_n^*\Psi_m + \frac{\mu}{s}\,c\,\mathrm{rot}\,(\Psi_n^*\hat{\mathbf{s}}\Psi_m)\,. \tag{115,6}$$

XVI DIE STRUKTUR DES ATOMKERNS

§ 116. Die Isotopie-Invarianz

Es gibt gegenwärtig noch keine abgeschlossene Theorie der sogenannten *Kernkräfte* — der Kräfte zwischen den Kernteilchen (*Nukleonen*), die einen Atomkern zusammenhalten. Aus diesem Grunde muß man bei der Beschreibung der Kernkräfte zunächst noch in viel stärkerem Maße auf empirische Tatsachen zurückgreifen, als das der Fall wäre, wenn eine konsequente Theorie existieren würde.

Die beiden zu den Nukleonen gehörigen Teilchenarten unterscheiden sich in erster Linie in ihren elektrischen Eigenschaften. Die Protonen (p) haben eine positive Ladung, und die Neutronen (n) sind elektrisch neutral. Beide Teilchenarten haben den gleichen Spin 1/2, und ihre Massen sind nahezu gleich (die Protonenmasse beträgt 1836,1 und die Neutronenmasse 1838,6 Elektronenmassen). Diese Ähnlichkeit ist nicht zufällig. Ungeachtet des Unterschiedes in den elektrischen Eigenschaften sind Proton und Neutron einander sehr ähnliche Teilchen, und diese Ähnlichkeit ist von fundamentaler Bedeutung.

Sieht man von den relativ schwachen elektrischen Kräften ab, dann sind die Wechselwirkungskräfte zwischen zwei Protonen den Kräften zwischen zwei Neutronen sehr ähnlich. Diese Eigenschaft wird als *Ladungssymmetrie* der Kernkräfte bezeichnet.[1]

Im Rahmen dieser Symmetrie kann man insbesondere behaupten, daß Systeme aus zwei Protonen (pp) und aus zwei Neutronen (nn) Zustände mit gleichen Eigenschaften haben. Dabei ist es selbstverständlich wesentlich, daß Protonen und Neutronen der gleichen Statistik gehorchen (der FERMI-Statistik), und daher sind für die Systeme pp und nn nur Zustände mit gleichartiger Symmetrie der Wellenfunktionen $\psi(\boldsymbol{r}_1, \sigma_1; \boldsymbol{r}_2, \sigma_2)$ zulässig — bei gleichzeitiger Vertauschung von Orten und Spins der Teilchen antisymmetrische Funktionen.

Die Ladungssymmetrie ist jedoch nur eine Auswirkung einer noch tieferen physikalischen Ähnlichkeit von Proton und Neutron, der sogenannten *Isotopie-Invarianz* oder auch einfach *Isoinvarianz*.[2] Diese tiefere Gesetzmäßigkeit besagt, daß nicht nur zwischen den Zuständen pp und nn (die durch Austausch aller Protonen durch Neutronen und umgekehrt auseinander hervorgehen), sondern auch zwischen dem System pn aus verschiedenen Teilchen eine Analogie besteht. Selbstverständlich kann hier keine vollständige Analogie vorhanden sein; denn die möglichen Zustände des Systems pn als einem System aus nicht identischen Teilchen sind jedenfalls nicht auf Zustände mit antisymmetrischen Wellenfunktionen beschränkt. Es zeigt sich aber, daß es unter

[1]) Das äußert sich insbesondere in sehr ähnlichen Eigenschaften (Bindungsenergien, Energiespektrum u. ä.) der sogenannten *Spiegelkerne*, d. h. der Kerne, die auseinander hervorgehen, wenn man alle Protonen durch Neutronen ersetzt und umgekehrt.

[2]) In der Literatur wird für diese Invarianz auch die Bezeichnung Isobareninvarianz verwendet.

den möglichen Zuständen für das System *pn* Zustände gibt, die in ihren Eigenschaften sehr genau mit den Eigenschaften von Systemen aus zwei gleichartigen Nukleonen übereinstimmen.[1]) Diese Zustände werden natürlich durch antisymmetrische Wellenfunktionen beschrieben (die restlichen Zustände des Systems *pn* werden durch symmetrische Wellenfunktionen beschrieben und sind für die Systeme *pp* und *nn* nicht vorhanden).

Die Isotopie-Invarianz wie auch die Ladungssymmetrie gelten nur dann, wenn man die elektromagnetische Wechselwirkung vernachlässigt. Eine andere Ursache dafür, daß diese Eigenschaften nur näherungsweise zutreffen, ist der, wenn auch kleine Unterschied in den Massen von Neutron und Proton. Eine exakte Symmetrie zwischen Neutronen und Protonen würde selbstverständlich verlangen, daß die Massen exakt gleich sind.[2])

Zur Beschreibung der Isotopie-Invarianz kann man einen zweckmäßigen formalen Apparat einführen. Wir gelangen dazu ganz natürlich auf folgendem Wege. Die Isotopie-Invarianz ergibt die Möglichkeit, die Zustände eines Systems aus Nukleonen nach der Symmetrie der orts- und spinabhängigen Wellenfunktionen ψ zu klassifizieren, unabhängig davon, ob es sich bei den Nukleonen um Neutronen oder Protonen handelt. Der gesuchte Apparat muß also die Möglichkeit bieten, die Zustände eines Systems mit einer neuen Quantenzahl zu bestimmen, durch die die Symmetrie der Funktionen ψ eindeutig festgelegt wird. Mit einer ähnlichen Situation hatten wir es aber bereits bei den Eigenschaften eines Systems von Teilchen mit dem Spin 1/2 zu tun. In § 63 haben wir nämlich gesehen, daß die Angabe des Gesamtspins S eines solchen Systems die Symmetrie der Bahnfunktion φ eindeutig bestimmt, unabhängig davon, welche möglichen Werte ($\pm 1/2$) die Spinprojektionen σ der einzelnen Teilchen haben.

Es ist daher ganz natürlich, bei der formalen Beschreibung der Isotopie-Invarianz Neutron und Proton als zwei verschiedene *Ladungszustände* ein und desselben Teilchens (Nukleons) aufzufassen. Die beiden Ladungszustände unterscheiden sich in der Projektion eines neuen Vektors $\boldsymbol{\tau}$, der in seinen formalen Eigenschaften dem Vektor für den Spin 1/2 analog ist. Diese neue Größe bezeichnet man üblicherweise als *Isotopen-Spin* oder einfach *Isospin.*[3]) Der Isospin ist ein Vektor in einem Hilfsraum, dem „Isoraum" $\xi\eta\zeta$ (der selbstverständlich mit dem realen Raum nichts gemein hat).

Die Projektion des Isospins eines Nukleons auf die ζ-Achse kann nur die beiden Werte $\tau_\zeta = \pm 1/2$ haben. Der Wert $+1/2$ wird vereinbarungsgemäß dem Proton zugeordnet, und der Wert $-1/2$ dem Neutron.[4]) Die Isospins mehrerer Nukleonen werden nach den Vorschriften für die Addition gewöhnlicher Spins zu einem resultierenden Isospin des Systems addiert. Dabei ist die ζ-Komponente des resultierenden Isospins eines Systems gleich der Summe der Werte τ_ζ aller beteiligten Teilchen. Für einen Kern mit der Protonenzahl (d. h. der Kernladungszahl) Z, der Neutronen-

---

[1]) Das ist auf Grund der Analyse experimenteller Daten über die Streuung von Neutronen und Protonen an Protonen von G. Breit, E. U. Condon und R. D. Present (1936) gezeigt worden.

[2]) Man muß vermuten, daß dieser Unterschied in den Massen von Neutron und Proton ebenfalls in Wirklichkeit elektromagnetischen Ursprungs ist.

[3]) Er ist von Heisenberg (1932) eingeführt und von B. Cassen und E. U. Condon (1936) zur Beschreibung der Isotopieinvarianz verwendet worden.

[4]) In der Literatur wird auch die umgekehrte Definition benutzt.

zahl N und der Massenzahl $A = Z + N$ haben wir

$$T_\zeta = \sum \tau_\zeta = \frac{Z - N}{2} = Z - \frac{A}{2}, \qquad (116{,}1)$$

d. h., T_ζ bestimmt bei gegebener Nukleonenzahl die Gesamtladung des Systems. Es ist daher klar, daß die Größe T_ζ streng erhalten bleibt, was einfach der Ladungserhaltung entspricht.

Der Betrag des resultierenden Isospins eines Systems, T, bestimmt die Symmetrie des „Ladungsanteils" ω der Wellenfunktion eines Systems, ähnlich wie der resultierende Spin S die Symmetrie der Spinfunktion festlegt. Damit bestimmt er auch die Symmetrie der orts- und spinabhängigen (d. h. der üblichen) Wellenfunktion ψ; denn die Gesamtwellenfunktion eines Nukleonensystems (d.h. das Produkt $\psi\omega$) muß eine bestimmte Symmetrie haben: Wie für beliebige Fermionen muß sie antisymmetrisch sein, wenn man gleichzeitig Orte, Spins und „Ladungsvariable" τ_ζ der Teilchen vertauscht. Eine bestimmte Symmetrie der Wellenfunktionen ψ eines beliebigen Nukleonensystems wird daher in unserem Schema gerade durch die Erhaltung der Größe T ausgedrückt.

Man kann mit anderen Worten auch sagen, daß die Isotopie-Invarianz die Invarianz der Eigenschaften eines Systems bei beliebigen Drehungen im Isoraum bedeutet. Zustände, die sich nur im Wert von T_ζ unterscheiden (bei gegebenen Werten von T und der anderen Quantenzahlen), haben gleiche Eigenschaften. Die Ladungssymmetrie ist die Invarianz der Eigenschaften eines Systems, wenn man alle Neutronen durch Protonen und umgekehrt ersetzt. Sie ist ein Spezialfall der Isotopie-Invarianz und wird als Invarianz beim gleichzeitigen Vorzeichenwechsel aller τ_ζ beschrieben, d. h. bei einer Drehung um den Winkel 180° um eine Achse in der $\xi\eta$-Ebene im Isoraum.

Die offensichtliche Verletzung der Isotopie-Invarianz durch die COULOMB-Wechselwirkung ist in dem betrachteten Schema auch formal zu erkennen: Die COULOMB-Wechselwirkung hängt von der Ladung ab, d. h. von den ζ-Komponenten des Isospins, die bei Drehungen im Isoraum nicht invariant sind.

Sehen wir uns zum Beispiel ein System aus zwei Nukleonen an. Der resultierende Isospin kann die Werte $T = 1$ und $T = 0$ haben. Für $T = 1$ sind für die Projektion die Werte $T_\zeta = 1, 0, -1$ möglich. Diesen Werten entsprechen nach (116,1) die Ladungswerte 2, 1, 0, d. h., das System mit $T = 1$ kann realisiert werden als *pp*, *pn* und *nn*. Der Ladungsanteil der Wellenfunktion ω mit $T = 1$ ist symmetrisch (ähnlich wie dem Spin $S = 1$ eine symmetrische Spinfunktion entspricht, vgl. § 62). Zum Wert $T = 1$ gehören demnach Zustände mit antisymmetrischen Wellenfunktionen ψ. Für $T = 0$ ist nur $T_\zeta = 0$ möglich, und die zugehörige Wellenfunktion ω ist antisymmetrisch; hierzu gehören folglich die Zustände des Systems *pn* mit symmetrischen Wellenfunktionen ψ.

Dem Isospin entspricht der Operator $\hat{\boldsymbol{\tau}}$, der auf die Spinvariable τ_ζ in der Wellenfunktion ähnlich wirkt, wie der Spinoperator $\hat{\mathbf{s}}$ auf die Spinvariable σ wirkt. Da zwischen diesen beiden eine vollkommene formale Analogie besteht, werden die Operatoren $\hat{\tau}_\xi$, $\hat{\tau}_\eta$, $\hat{\tau}_\zeta$ durch dieselben PAULI-Matrizen (55,7) ausgedrückt wie die Operatoren $\hat{s}_x$, $\hat{s}_y$, $\hat{s}_z$.

Wir wollen hier einige Kombinationen dieser Operatoren mit einer einfachen anschaulichen Bedeutung angeben. Die Summe

$$\hat{\boldsymbol{\tau}}_+ = \hat{\tau}_\xi + i\hat{\tau}_\eta = \begin{pmatrix} 0 & 1 \\ 0 & 0 \end{pmatrix}$$

ist der Operator, der in Anwendung auf die Neutronenfunktion eine Protonenfunktion ergibt; bei der Anwendung auf eine Protonenfunktion ergibt er Null. Analog überführt der Operator

$$\hat{\boldsymbol{\tau}}_- = \hat{\tau}_\xi - i\hat{\tau}_\eta = \begin{pmatrix} 0 & 0 \\ 1 & 0 \end{pmatrix}$$

ein Proton in ein Neutron und vernichtet ein Neutron. Schließlich läßt der Operator

$$\tfrac{1}{2} + \hat{\tau}_\zeta = \begin{pmatrix} 1 & 0 \\ 0 & 0 \end{pmatrix}$$

die Protonenfunktion unverändert und vernichtet ein Neutron. Mit e multipliziert kann man ihn als Ladungsoperator für ein Nukleon bezeichnen.

Wir wollen noch zeigen, wie der Operator $\hat{P}$ für die Vertauschung zweier Teilchen miteinander durch die Operatoren $\hat{\boldsymbol{\tau}}_1$ und $\boldsymbol{\tau}_2$ für die Isospins dieser beiden Teilchen ausgedrückt werden kann. Nach Definition bewirkt der Operator $\hat{P}$ bei Anwendung auf die Wellenfunktion eines Systems aus zwei Teilchen, $\psi(\boldsymbol{r}_1, \sigma_1; \boldsymbol{r}_2, \sigma_2)$ die Vertauschung von Orten und Spins dieser Teilchen, d. h., $\hat{P}$ vertauscht die Variablen $\boldsymbol{r}_1$, σ_1 und $\boldsymbol{r}_2$, σ_2. Die Eigenwerte dieses Operators sind ± 1, sie werden bei der Anwendung auf eine symmetrische oder eine antisymmetrische Funktion ψ realisiert:

$$\hat{P}\psi_{\text{sym}} = \psi_{\text{sym}}\,, \qquad \hat{P}\psi_{\text{anti}} = -\,\psi_{\text{anti}}\,. \tag{116,2}$$

Wir haben oben gesehen, daß zu den Funktionen ψ_{sym} und ψ_{anti} Ladungsfunktionen ω_T mit den resultierenden Isospins $T = 0$ und $T = 1$ gehören. Wollen wir den Operator $\hat{P}$ in einer Form darstellen, in der er auf die Ladungsvariablen wirkt, dann muß er demnach die Eigenschaften

$$\hat{P}\omega_0 = \omega_0\,, \qquad \hat{P}\omega_1 = -\omega_1\,. \tag{116,3}$$

haben. Der Operator $1 - \hat{\boldsymbol{T}}^2$ erfüllt diese Bedingungen. Davon kann man sich leicht überzeugen, weil ω_T die Eigenfunktion des Operators $\hat{\boldsymbol{T}}^2$ zum Eigenwert $T(T+1)$ ist. Schließlich schreiben wir $\boldsymbol{T} = \boldsymbol{\tau}_1 + \boldsymbol{\tau}_2$ und beachten, daß $\boldsymbol{\tau}_1^2$ und $\boldsymbol{\tau}_2^2$ die gleichen bestimmten Werte $\tau(\tau+1) = 3/4$ haben. So finden wir den gesuchten endgültigen Ausdruck[1])

$$\hat{P} = 1 - \hat{\boldsymbol{T}}^2 = -\tfrac{1}{2} - 2\hat{\boldsymbol{\tau}}_1\hat{\boldsymbol{\tau}}_2\,. \tag{116,4}$$

Für die Matrixelemente der verschiedenen physikalischen Größen eines Nukleonensystems bestehen bestimmte Auswahlregeln im Isospin (L. A. Radicati, 1952). F sei eine beliebige Größe (mit beliebigem Tensorcharakter) und sei additiv in dem Sinne, daß ihr Wert für das System gleich der Summe der Werte für die einzelnen Nukleonen ist. Wir stellen den Operator für eine solche Größe in der Gestalt

$$\hat{F} = \sum_p \hat{f}_p + \sum_n \hat{f}_n$$

dar, es wird darin über alle Protonen und Neutronen im System summiert. Dieser Ausdruck kann identisch umgeformt werden in

$$\hat{F} = \sum \left(\tfrac{1}{2} + \hat{\tau}_\zeta\right)\hat{f}_p + \sum \left(\tfrac{1}{2} - \hat{\tau}_\zeta\right)\hat{f}_n = \tfrac{1}{2}\sum (\hat{f}_p + \hat{f}_n) + \sum (\hat{f}_p - \hat{f}_n)\,\hat{\tau}_\zeta\,. \tag{116,5}$$

---

[1]) Mit einem Operator dieser Gestalt aber aus den gewöhnlichen Spins der Teilchen gebildet, hatten wir es bereits in den Aufgaben zu § 62 zu tun.

In jedem Summanden wird hier über alle Nukleonen (Protonen und Neutronen) summiert. Der erste Summand in (116,5) ist ein Skalar, der zweite die ζ-Komponente eines Vektors im Isoraum. Es gelten daher für den Isospin dieselben Auswahlregeln, die für Skalare und Vektoren im Ortsraum bezüglich des Bahndrehimpulses gelten (§ 29). Der Isoskalar läßt nur Übergänge ohne Änderung von T zu. Die ξ-Komponente des Isovektors hat Matrixelemente nur für Übergänge mit einer Änderung $\Delta T = 0, \pm 1$. Dabei sind zusätzlich Übergänge mit $\Delta T = 0$ zwischen Zuständen mit $T_\zeta = 0$ verboten, d. h. für Systeme mit gleich vielen Neutronen und Protonen (die letzte Regel ergibt sich daraus, daß das Matrixelement für einen Übergang mit $\Delta T = 0$ proportional zu T_ζ ist, siehe (29,7)).

Für das Dipolmoment eines Kernes spielen die Produkte $e\boldsymbol{r}$ die Rolle der Größen f_p, und es ist $f_n = 0$. Der erste Summand in (116,5) ist dann

$$\frac{e}{2} \sum \boldsymbol{r} = \frac{e}{2m} \sum m\boldsymbol{r},$$

d. h., er ist zum Ortsvektor des Massenmittelpunktes proportional und kann durch geeignete Wahl des Koordinatenursprungs zum Verschwinden gebracht werden. Mit anderen Worten, das Dipolmoment eines Kernes reduziert sich auf die ζ-Komponente eines Isovektors.

§ 117. Die Kernkräfte

Die spezifischen *Kernkräfte* zwischen den Nukleonen werden vor allem durch eine kleine Reichweite charakterisiert. Sie verschwinden exponentiell in Abständen $\sim 10^{-13}$ cm.

Im nichtrelativistischen Fall kann man behaupten, daß die Kernkräfte von den Geschwindigkeiten der Nukleonen unabhängig sind und ein Potential haben (die Geschwindigkeiten der Nukleonen im Kern sind ungefähr 1/4 der Lichtgeschwindigkeit, s. u.). Die potentielle Energie U für die Wechselwirkung zweier Nukleonen hängt nicht nur vom Abstand r voneinander ab, sondern auch von den Spins. Die Spinabhängigkeit ist keineswegs schwach.[1]) Die exakte r-Abhängigkeit könnte selbstverständlich nur in einer konsequenten Theorie der Kernkräfte festgestellt werden. Die Natur der Spinabhängigkeit kann bereits aus einfachen Überlegungen erschlossen werden, die mit den Eigenschaften der Spinoperatoren zusammenhängen.

Wir haben insgesamt drei Vektoren zur Verfügung, von denen die Wechselwirkungsenergie U abhängen kann: den Einheitsvektor $\boldsymbol{n}$ in Richtung des Ortsvektors zwischen den Nukleonen und die Spins $\boldsymbol{s}_1$ und $\boldsymbol{s}_2$. Auf Grund der allgemeinen Eigenschaften des Operators für den Spin 1/2 reduziert sich jede Funktion dieses Operators auf eine lineare Funktion (§ 55). Außerdem muß man beachten, daß das Produkt $\boldsymbol{ns}$ kein echter Skalar, sondern ein Pseudoskalar ist (da $\boldsymbol{n}$ ein polarer und $\boldsymbol{s}$ ein Axialvektor ist). Wegen dieser Gegebenheiten ist klar, daß man aus den drei Vektoren $\boldsymbol{n}$, $\boldsymbol{s}_1$ und $\boldsymbol{s}_2$ insgesamt zwei unabhängige skalare Größen bilden kann, die in den einzelnen Spins linear sind: $\boldsymbol{s}_1\boldsymbol{s}_2$ und $(\boldsymbol{ns}_1)(\boldsymbol{ns}_2)$.[2])

---

[1]) In dieser Hinsicht ist die Wechselwirkung der Nukleonen wesentlich anders als die Wechselwirkung der Elektronen, für die die Spin-Spin-Wechselwirkung nur relativistischen Ursprungs und somit (in Atomen) klein ist.

[2]) Hier wird angenommen, daß die Kernkräfte invariant gegenüber einer räumlichen Inversion sind, d. h., daß sie keine pseudoskalaren Glieder enthalten können. Gegenwärtig gibt es keine experimentellen Daten, die für das Gegenteil sprechen würde.

Hinsichtlich der Spinabhängigkeit kann der Operator für die Wechselwirkung zweier Nukleonen demzufolge als Summe dreier unabhängiger Glieder dargestellt werden:

$$\hat{U}_{\text{gew}} = U_1(r) + U_2(r)\,(\hat{\mathbf{s}}_1\hat{\mathbf{s}}_2) + U_3(r)\,[3(\hat{\mathbf{s}}_1\boldsymbol{n})\,(\hat{\mathbf{s}}_2\boldsymbol{n}) - \hat{\mathbf{s}}_1\hat{\mathbf{s}}_2)]\,. \qquad (117{,}1)$$

Ein Summand ist spinunabhängig, und zwei Summanden hängen von den Spins ab. Der dritte Summand ist hier so geschrieben worden, daß er bei der Mittelung über die Richtung von $\boldsymbol{n}$ verschwindet; die durch diesen Summanden beschriebenen Kräfte werden üblicherweise als *Tensorkräfte* bezeichnet.

Wir haben die Wechselwirkung (117,1) mit dem Index „gewöhnlich" versehen, um die Tatsache hervorzuheben, daß dieser Operator den Ladungszustand der Nukleonen unverändert läßt. Neben dieser Wechselwirkung ist auch eine solche zulässig, bei der ein Proton in ein Neutron umgewandelt wird und umgekehrt. Der Operator für diese „Austausch"-Wechselwirkung unterscheidet sich vom Operator (117,1) durch einen zusätzlichen Operator für die Vertauschung der Teilchen (116,4):

$$\hat{U}_{\text{aust}} = \{U_4(r) + U_5(r)\,(\hat{\mathbf{s}}_1\hat{\mathbf{s}}_2) + U_6(r)\,[3(\hat{\mathbf{s}}_1\boldsymbol{n})\,(\hat{\mathbf{s}}_2\boldsymbol{n}) - \hat{\mathbf{s}}_1\hat{\mathbf{s}}_2]\}\,\hat{P}\,. \qquad (117{,}2)$$

Der vollständige Wechselwirkungsoperator ist die Summe

$$\hat{U} = \hat{U}_{\text{gew}} + \hat{U}_{\text{aust}}\,. \qquad (117{,}3)$$

Die Wechselwirkung zweier Nukleonen wird also durch sechs verschiedene Funktionen des Nukleonenabstandes beschrieben. Alle diese Glieder sind im allgemeinen von der gleichen Größenordnung.[1])

Die Spinoperatoren in (117,1) und (117,2) können durch den Operator für den Gesamtspin $\boldsymbol{S}$ ausgedrückt werden. Dazu quadrieren wir die Gleichungen $\hat{\boldsymbol{S}} = \hat{\mathbf{s}}_1 + \hat{\mathbf{s}}_2$ und $\hat{\boldsymbol{S}}\boldsymbol{n} = \hat{\mathbf{s}}_1\boldsymbol{n} + \hat{\mathbf{s}}_2\boldsymbol{n}$ und beachten $\hat{\mathbf{s}}_1^2 = \hat{\mathbf{s}}_2^2 = 3/4$ und $(\hat{\mathbf{s}}_1\boldsymbol{n})^2 = (\hat{\mathbf{s}}_2\boldsymbol{n})^2 = 1/4$ (siehe (55,10)). So finden wir

$$\hat{\mathbf{s}}_1\hat{\mathbf{s}}_2 = \tfrac{1}{2}\,(\hat{\boldsymbol{S}}^2 - \tfrac{3}{2})\,, \qquad (\hat{\mathbf{s}}_1\boldsymbol{n})\,(\hat{\mathbf{s}}_2\boldsymbol{n}) = \tfrac{1}{2}\,[(\hat{\boldsymbol{S}}\boldsymbol{n})^2 - \tfrac{1}{2}]\,. \qquad (117{,}4)$$

Der Operator $\hat{\boldsymbol{S}}^2$ ist mit dem Operator $\hat{\boldsymbol{S}}$ vertauschbar. Die von den ersten beiden Gliedern in (117,1) und (117,2) beschriebenen Wechselwirkungen erhalten daher den Vektor für den Gesamtspin des Systems. Die Tensorwechselwirkung erhält den Operator $(\hat{\boldsymbol{S}}\boldsymbol{n})^2$, der mit dem Quadrat $\hat{\boldsymbol{S}}^2$ vertauschbar ist, aber nicht mit dem Vektor $\hat{\boldsymbol{S}}$ selbst. Es bleibt also nur der Betrag des Gesamtspins erhalten, aber nicht seine Richtung.

Der Gesamtspin S eines Systems aus zwei Nukleonen kann die Werte 0 und 1 haben. Dieselben beiden Werte kann auch der resultierende Isospin T haben. Danach zerfallen alle möglichen Zustände dieses Systems in vier Gruppen, die sich in den Wertepaaren für die Zahlen S und T unterscheiden. Zu den Zuständen der einzelnen Gruppen

[1]) Die von den Geschwindigkeiten der Nukleonen abhängige Wechselwirkung wird in linearer Näherung in den Geschwindigkeiten durch einen Operator der Gestalt

$$[\varphi_1(r) + \varphi_2(r)\,\hat{P}]\,\hat{\boldsymbol{L}}\hat{\boldsymbol{S}}$$

beschrieben; $\boldsymbol{L} = [\boldsymbol{rp}]$ ist der Bahndrehimpuls der Relativbewegung der Nukleonen ($\boldsymbol{p}$ ist der zugehörige Impuls), $\boldsymbol{S} = \boldsymbol{s}_1 + \boldsymbol{s}_2$. Dieser Operator enthält zwei Funktionen von r. Glieder der Gestalt $\boldsymbol{pn}$ und $\hat{\boldsymbol{S}}\boldsymbol{n}$ werden durch die Invarianzforderungen bei Inversion und Zeitumkehr ausgeschlossen.

gehört jeweils ein Wechselwirkungsoperator der Gestalt $A(r)$ (für $S = 0$) oder $A(r) + B(r) [(\hat{S}\boldsymbol{n})^2 - 2/3]$ (für $S = 1$), auf den sich in diesen Fällen der allgemeine Operator (117,3) reduziert (siehe Aufgabe 1).[1])

Bei gegebenen Werten von S und T können die Zustände des Systems nach den Werten des Gesamtdrehimpulses J und der Parität klassifiziert werden. Wie wir wissen, gehören zum Wert $T = 0$ Zustände mit symmetrischen und zum Wert $T = 1$ Zustände mit antisymmetrischen Wellenfunktionen ψ. Andererseits bestimmt der Wert S die Symmetrie der Wellenfunktion in den Spinvariablen (symmetrisch für $S = 1$ und antisymmetrisch für $S = 0$). Durch Angabe des Zahlenpaares S, T wird daher auch die Symmetrie der Wellenfunktion in den Ortsvariablen bestimmt, d. h. die Parität des Zustandes. Offensichtlich können die Zustände des Systems mit dem Isospin $T = 0$ nur Tripletts ($S = 1$) mit positiver Parität oder Singuletts ($S = 0$) mit negativer Parität sein. Die Zustände des Systems mit dem Isospin $T = 1$ sind Tripletts mit negativer Parität oder Singuletts mit positiver Parität.

Da der Spin als Vektor nicht erhalten bleibt, darf im allgemeinen auch der Bahndrehimpuls nicht erhalten bleiben (es bleibt nur die Summe $\boldsymbol{J} = \boldsymbol{L} + \boldsymbol{S}$ erhalten). Nichtsdestoweniger kann der Betrag L einfach deshalb erhalten bleiben, weil die gegebenen Werte für J, S und die Parität (oder J, S und T) nur mit einem bestimmten L-Wert vereinbar zu sein brauchen (wir erinnern daran, daß die Parität eines Systems aus zwei Teilchen $(-1)^L$ ist). So kann ein Zustand mit negativer Parität und mit $S = 1$, $J = 1$ nur $L = 1$ haben, d. h. ein $^3P_1$-Zustand sein. In anderen Fällen können zu den gegebenen Werten für J, S und die Parität zwei verschiedene L-Werte gehören, so daß L nicht erhalten bleibt. So kann in einem Zustand mit negativer Parität und mit $S = 1$, $J = 2$ neben $L = 1$ auch $L = 3$ sein, d. h., dieser Zustand ist die Superposition $^3P_2 + {}^3F_2$.

Wir erhalten auf diese Weise für ein System aus zwei Nukleonen folgende möglichen Zustände (die Indizes + und − geben die Parität an):

$$\text{für} \quad T = 1: {}^3P_0^-, {}^3P_1^-, ({}^3P_2 + {}^3F_2)^-, {}^3F_3^-, \ldots, {}^1S_0^+, {}^1D_2^+, {}^1G_4^+, \ldots,$$
$$\text{für} \quad T = 0: ({}^3S_1 + {}^3D_1)^+, {}^3D_2^+, ({}^3D_3 + {}^3G_3)^+, \ldots; {}^1P_1^-, {}^1F_3^-, \ldots .$$

Die Kernkräfte sind im allgemeinen nicht additiv. Die Wechselwirkung in einem System aus mehr als zwei Nukleonen läßt sich nicht auf die Summe der Wechselwirkungen aller Teilchenpaare miteinander zurückführen. Aber offensichtlich spielen Dreier-Wechselwirkungen und höhere Wechselwirkungen eine relativ unbedeutende Rolle gegenüber den Paarwechselwirkungen. Bei der Behandlung der Eigenschaften komplizierter Kerne kann man daher weitgehend auf den Eigenschaften der Paarwechselwirkung aufbauen.

Die experimentellen Ergebnisse über Kerne deuten darauf hin, daß sich ein Nukleonensystem mit wachsender Teilchenzahl A immer mehr wie makroskopische „Kern-

---

[1]) Die experimentellen Daten über die Eigenschaften des Deuterons zeigen, daß für $T = 0$ und $S = 1$ die Wechselwirkung der Nukleonen eine starke Anziehung mit einem tiefen Potentialtopf enthält (die Existenz der Tensorkräfte erschwert die Formulierung dieser Tatsache als Eigenschaften der Funktionen $A(r)$ und $B(r)$). Außerdem kann man feststellen (ausgehend vom Vorzeichen des beobachteten Quadrupolmomentes des Deuterons), daß in diesem Zustand der Koeffizient $B(r)$ in den Tensorkräften negativ ist. Aus den Daten über die Nukleonenstreuung folgt, daß für $T = 1$ und $S = 0$ ebenfalls eine Anziehung vorhanden ist; diese ist aber schwächer und bewirkt insbesondere nicht, daß sich ein stabiles System aus zwei Teilchen ausbildet.

materie" verhält, deren Volumen und Energie proportional zu A zunehmen (bis auf Effekte infolge der COULOMB-Wechselwirkung der Protonen und infolge der freien Oberfläche des Kerns). Die mit dieser Erscheinung verknüpfte Eigenschaft der Kernkräfte wird als *Sättigung* bezeichnet.

Diese Eigenschaft erlegt den Funktionen $U_1, \ldots, U_6$ für die Paarwechselwirkungen der Nukleonen gewisse Beschränkungen auf. Wir wollen uns vorstellen, daß alle Teilchen in einem Volumen mit Ausdehnungen von der Größenordnung der Reichweite der Kernkräfte konzentriert seien. Alle Teilchenpaare wechselwirken dann miteinander. Falls es dabei eine solche Konfiguration irgendwelcher Nukleonen gibt (und eine solche Orientierung ihrer Spins), daß zwischen allen Paaren anziehende Kräfte wirken, dann ist die potentielle Energie eines derartigen Systems eine negative Größe proportional zu A^2. Die kinetische Energie eines solchen Systems ist positiv und proportional zu $A^{5/3}$, d. h. proportional zu einer kleineren Potenz von A.[1]) Es ist klar, daß unter diesen Bedingungen hinreichend viele Nukleonen tatsächlich in einem von A unabhängigen kleinen Volumen konzentriert wären, d. h., es würde keine Kernmaterie vorhanden sein. Die Sättigung der Kernkräfte muß demnach durch Bedingungen ausgedrückt werden, die solche Konfigurationen ausschließen, die eine zu A^2 proportionale negative Wechselwirkungsenergie ergeben würden (siehe Aufgabe 2).

Das Volumen der Kernmaterie ist der Teilchenzahl proportional, für diese Proportionalität gilt eine Beziehung der Art

$$R = r_0 A^{1/3} \tag{117,5}$$

zwischen dem Kernradius R und der Teilchenzahl A. Die experimentellen Ergebnisse (über Elektronenstreuung an Kernen) liefern den Wert $r_0 \approx 1{,}1 \cdot 10^{-13}$ cm.

Wir wollen den größten Impuls der Nukleonen in der Kernmaterie bestimmen (vgl. § 70). Zu Teilchen in einer Volumeneinheit im physikalischen Raum mit Impulsen $p \leqq p_0$ gehört das Phasenraumvolumen $4\pi p_0^3/3$. Wir dividieren es durch $(2\pi\hbar)^3$ und erhalten die Zahl der „Zellen"; in jeder solchen Zelle können sich gleichzeitig je zwei Protonen und zwei Neutronen befinden. Wir setzen die Zahl der Protonen gleich der Zahl der Neutronen und bekommen

$$4\,\frac{4\pi}{3}\left(\frac{p_0}{2\pi\hbar}\right)^3 = \frac{A}{V}$$

(V ist das Kernvolumen). Hier setzen wir (117,5) ein und erhalten

$$p_0 = \left(\frac{3\pi^2 A}{2V}\right)^{1/3}\hbar = \frac{(9\pi)^{1/3}\,\hbar}{2r_0} = 1{,}4 \cdot 10^{-14}\ \mathrm{g\ cm\ s^{-1}}\,.$$

Die entsprechende Energie $p_0^2/2m_p$ (m_p ist die Nukleonenmasse) ist ~ 30 MeV, und die Geschwindigkeit ist $p_0/m_p \approx c/4$.

Aufgaben

1. Man gebe die Operatoren für die Wechselwirkung zweier Nukleonen in Zuständen mit bestimmten Werten von S und T an!

---

[1]) Die Dichte n, mit der die Teilchen in dem betreffenden Volumen konzentriert sind, ist zur Teilchenzahl A proportional. Die kinetische Energie eines einzelnen Teilchens ist dabei proportional zu $n^{2/3}$ (vgl. (70,1)). Die gesamte kinetische Energie ist daher $\propto A A^{2/3}$.

Lösung. Die gesuchten Operatoren $\hat{U}_{ST}$ ergeben sich aus den allgemeinen Ausdrücken (117,1)—(117,3) unter Beachtung der Beziehungen (116,3) und (117,4):

$$\hat{U}_{00} = U_1 - \frac{3}{4} U_2 + U_4 - \frac{3}{4} U_5 ,$$

$$\hat{U}_{01} = U_1 - \frac{3}{4} U_2 - U_4 + \frac{3}{4} U_5 ,$$

$$\hat{U}_{10} = U_1 + \frac{1}{4} U_2 + U_4 + \frac{1}{4} U_5 + \frac{1}{2} (U_3 + U_6) [3(\hat{S}n)^2 - 2] ,$$

$$\hat{U}_{11} = U_1 + \frac{1}{4} U_2 - U_4 - \frac{1}{4} U_5 + \frac{1}{2} (U_3 - U_6) [3(\hat{S}n)^2 - 2] .$$

2. Es sind die Bedingungen für die Sättigung der Kernkräfte unter der Voraussetzung anzugeben, daß die Tensorkräfte nicht vorhanden sind! Die Reichweiten aller anderen Arten von Kräften werden als gleich angenommen.

Lösung. Wir wollen einige Grenzfälle betrachten (zwischen denen alle anderen möglichen Fälle liegen) und dabei den Zustand eines Systems aus A Nukleonen behandeln. Wir schreiben die Bedingung dafür auf, daß die Wechselwirkungsenergie eines „mittleren" Nukleonenpaares in diesem System positiv ist.

Der Gesamtspin und der Isospin des Kernes sollen ihre größtmöglichen Werte haben: $S_K = T_K = A/2$ (alle Teilchen im System sind Protonen mit parallelen Spins). Für jedes Nukleonenpaar haben wir dann $S = T = 1$, und wir erhalten die Bedingung

$$U_{11} > 0 . \tag{1}$$

Es seien jetzt $T_K = A/2$ und $S_K = 0$. Für jedes Nukleonenpaar ist dann $T = 1$, und für ein einzelnes Nukleon ist der Mittelwert von s_z gleich Null. Das bedeutet, daß das Nukleon mit gleicher Wahrscheinlichkeit $s_z = 1/2$ und $s_z = -1/2$ haben kann. Unter diesen Bedingungen ist die Wahrscheinlichkeit, ein Nukleonenpaar in Zuständen mit $S = 0$ oder $S = 1$ zu finden, gleich 1/4 bzw. 3/4 (diese Wahrscheinlichkeit ist proportional zur Zahl $2S + 1$ der möglichen Werte für S_z). Die Bedingung, daß die mittlere Energie eines Paares positiv ist, lautet daher

$$\frac{1}{4} U_{01} + \frac{3}{4} U_{11} > 0 . \tag{2}$$

Ähnlich findet man für den Zustand mit $T_K = 0$, $S_K = A/2$ die Bedingung

$$\frac{1}{4} U_{10} + \frac{3}{4} U_{11} > 0 . \tag{3}$$

Im Zustand mit $T_K = S_K = 0$ ist die Wahrscheinlichkeit, daß ein Nukleonenpaar $S = T = 1$ hat, gleich $3/4 \cdot 3/4$, die Wahrscheinlichkeit für $T = 1$, $S = 0$ ist $3/4 \cdot 1/4$ usw. Hieraus finden wir die Bedingung

$$\frac{9}{16} U_{11} + \frac{3}{16} (U_{10} + U_{01}) + \frac{1}{16} U_{00} > 0 . \tag{4}$$

Schließlich soll das System aus $A/2$ Protonen und $A/2$ Neutronen bestehen, und die Spins aller Protonen sollen parallel zueinander und antiparallel zu den Spins aller Neutronen sein. Ein einzelnes Nukleon kann mit gleicher Wahrscheinlichkeit p oder n sein, d. h., es kann $\tau_\zeta = 1/2$ oder $\tau_\zeta = -1/2$ haben. Die Wahrscheinlichkeit, daß ein Nukleonenpaar $T = 0$ hat, ist 1/4. Dabei ist ein Nukleon des Paares p und das andere n, deshalb $S_z = 0$. Dieser Wert für S_z kann mit gleicher Wahrscheinlichkeit aus den Zuständen mit $S = 0$ oder mit $S = 1$ realisiert werden. Demzufolge ist die Wahrscheinlichkeit, daß sich ein Paar in einem Zustand mit $T = 0$, $S = 0$ oder mit $T = 0$, $S = 1$ befindet, jeweils gleich $1/4 \cdot 1/2 = 1/8$. Genauso groß ist die Wahrscheinlichkeit für den Zustand mit $T = 1$, $S = 0$, und die restlichen 5/8 entfallen auf den Zustand mit $T = S = 1$.

Wir berücksichtigen all das und bekommen die Bedingung

$$\frac{1}{8}(U_{00} + U_{01} + U_{10}) + \frac{5}{8} U_{11} > 0 \,. \tag{5}$$

Die Ungleichungen (1)—(5) sind das gesuchte System von Bedingungen für die Sättigung der Kernkräfte.

§ 118. Das Schalenmodell

Viele Eigenschaften der Kerne können mit dem *Schalenmodell* gut beschrieben werden. Die Grundvorstellungen des Schalenmodells sind analog dazu, wie man den Bau der Elektronenhülle eines Atoms beschreibt. Bei dieser Beschreibung wird jedes Nukleon im Kern so angesehen, als bewege es sich im selbstkonsistenten Feld von allen anderen Nukleonen (da die Reichweite der Kernkräfte kurz ist, nimmt dieses Feld außerhalb des Volumens, das von der Kern-,,Oberfläche“ begrenzt wird, rasch ab). Dementsprechend wird ein Zustand des ganzen Kernes durch die Angabe der Zustände der einzelnen Nukleonen beschrieben.

Das selbstkonsistente Feld ist kugelsymmetrisch, wobei das Symmetriezentrum natürlich der Massenmittelpunkt des Kernes ist. In diesem Zusammenhang tritt jedoch folgende Komplikation auf. Bei der Methode des selbstkonsistenten Feldes wird die Wellenfunktion eines Systems als Produkt (oder als in geeigneter Weise symmetrisierte Summe von Produkten) aus den Wellenfunktionen der einzelnen Teilchen aufgebaut. Eine derartige Funktion gewährleistet aber nicht, daß der Massenmittelpunkt fest bleibt; obwohl der mit dieser Wellenfunktion berechnete Mittelwert für die Geschwindigkeit des Massenmittelpunktes gleich Null sein wird, ergibt diese Wellenfunktion endliche Wahrscheinlichkeiten für von Null verschiedene Geschwindigkeitswerte.[1])

Diese Komplikation kann umgangen werden, indem man die Bewegung des Massenmittelpunktes bei der Berechnung einer beliebigen physikalischen Größe mit den Wellenfunktionen $\psi(\boldsymbol{r}_1, \ldots, \boldsymbol{r}_A)$ nach der Methode des selbstkonsistenten Feldes vorher ausschließt. $f(\boldsymbol{r}_i, \boldsymbol{p}_i)$ sei eine beliebige physikalische Größe — eine Funktion von Orten und Impulsen der Nukleonen. Bei der Berechnung der Matrixelemente mit den Funktionen ψ muß man dann, ohne $\psi(\boldsymbol{r}_i)$ zu ändern, die Argumente der Funktion f gemäß

$$\boldsymbol{r}_i \to \boldsymbol{r}_i - \boldsymbol{R}\,, \qquad \boldsymbol{p}_i \to \boldsymbol{p}_i - \frac{\boldsymbol{P}}{A} \tag{118,1}$$

ersetzen, wobei $\boldsymbol{R}$ der Ortsvektor des Massenmittelpunktes des Kernes, A die Teilchenzahl darin und $\boldsymbol{P}$ der Impuls des ganzen Kernes sind. Die zweite Substitution in (118,1) entspricht der Subtraktion der Geschwindigkeit $\boldsymbol{V}$ des Massenmittelpunktes von den Nukleonengeschwindigkeiten, $\boldsymbol{v}_i \to \boldsymbol{v}_i - \boldsymbol{V}$. $\boldsymbol{V}$ hängt mit dem Impuls $\boldsymbol{P}$ über die Beziehung $\boldsymbol{P} = Am_p\boldsymbol{V}$ zusammen (S. Gartenhaus, C. Schwartz, 1957).

Der Operator für das Dipolmoment des Kernes ist $\boldsymbol{d} = e \sum \boldsymbol{r}_p$, wobei über alle Protonen im Kern zu summieren ist. Bei der Berechnung der Matrixelemente nach der Methode des selbstkonsistenten Feldes ist dieser Operator durch den Operator

[1]) Im Falle der Atomelektronen ist diese Komplikation überhaupt nicht aufgetreten, weil die Ruhe des Massenmittelpunktes von selbst gewährleistet war, denn der Massenmittelpunkt lag in dem festen schweren Kern.

$e \sum (\boldsymbol{r}_p - \boldsymbol{R})$ zu ersetzen. Die Koordinaten des Kernmittelpunktes sind

$$\boldsymbol{R} = \frac{1}{A}\left(\sum_p \boldsymbol{r}_p + \sum_n \boldsymbol{r}_n\right)$$

(es wird über alle Protonen und Neutronen summiert). Die Zahl der Protonen im Kern ist Z, daher muß der Operator für das Dipolmoment endgültig gemäß

$$e \sum_p \boldsymbol{r}_p - e\left(1 - \frac{Z}{A}\right) \sum_p \boldsymbol{r}_p - e\frac{Z}{A} \sum_n \boldsymbol{r}_n \tag{118,2}$$

ersetzt werden. Die Protonen gehen hier mit der „effektiven Ladung“ $e(1 - Z/A)$ ein, und die Neutronen mit der „Ladung“ $-eZ/A$. Die relative Größenordnung der bei der Berechnung des Dipolmomentes auftretenden Korrekturglieder ist ~ 1, wie aus (118,2) zu ersehen ist. Die Korrekturen bei der Berechnung der magnetischen und der höheren elektrischen Multipolmomente ist von der relativen Ordnung $\sim 1/A$, wie man leicht erkennen kann.

In der nichtrelativistischen Näherung ist die Wechselwirkung eines Nukleons mit dem selbstkonsistenten Feld unabhängig vom Nukleonenspin. Eine solche Abhängigkeit könnte nur durch ein Glied proportional zu $\hat{\boldsymbol{s}}\boldsymbol{n}$ gegeben werden, wobei $\boldsymbol{n}$ der Einheitsvektor in Richtung des Ortsvektors $\boldsymbol{r}$ des Nukleons ist; dieses Produkt ist aber kein echter, sondern ein Pseudoskalar.

Die Spinabhängigkeit der Nukleonenenergie ergibt sich aber bei Berücksichtigung der geschwindigkeitsabhängigen relativistischen Glieder. Das größte Glied ist proportional zur ersten Potenz der Geschwindigkeit. Aus den drei Vektoren $\boldsymbol{s}$, $\boldsymbol{n}$ und $\boldsymbol{v}$ kann man einen echten Skalar bilden: $[\boldsymbol{n}\boldsymbol{v}]\,\boldsymbol{s}$. Der Operator für die *Spin-Bahn-Kopplung* eines Nukleons im Kern hat daher die Gestalt

$$\hat{V}_{sl} = -\varphi(r)\,[\boldsymbol{n}\hat{\boldsymbol{v}}]\,\hat{\boldsymbol{s}}\,, \tag{118,3}$$

$\varphi(r)$ ist darin eine Funktion von r (vgl. auch die Fußnote auf S. 463). Da $m_p[\boldsymbol{r}\boldsymbol{v}]$ der Bahndrehimpuls $\hbar\hat{\boldsymbol{l}}$ eines Teilchens ist, kann man den Ausdruck (118,3) auch in der Form

$$\hat{V}_{sl} = -f(r)\,\hat{\boldsymbol{l}}\hat{\boldsymbol{s}} \tag{118,4}$$

mit $f = \hbar\varphi/rm_p$ schreiben. Diese Wechselwirkung ist von erster Ordnung in v/c, während die Spin-Bahn-Kopplung eines Elektrons im Atom ein Effekt zweiter Ordnung ist (§ 72). Dieser Unterschied hängt damit zusammen, daß die Kernkräfte bereits in nichtrelativistischer Näherung spinabhängig sind, während die nichtrelativistische Wechselwirkung der Elektronen (Coulomb-Kräfte) spinunabhängig ist.

Die Energie der Spin-Bahn-Wechselwirkung ist im wesentlichen an der Kernoberfläche konzentriert, d. h., die Funktion $f(r)$ nimmt in den Kern hinein ab. Tatsächlich könnte es in unbegrenzter Kernmaterie eine derartige Wechselwirkung überhaupt nicht geben; denn allein wegen der Homogenität eines solchen Systems fehlt darin eine ausgezeichnete Richtung, in die der Vektor $\boldsymbol{n}$ zeigen könnte.

Die Wechselwirkung (118,4) bewirkt die Aufspaltung der Nukleonenniveaus mit dem Bahndrehimpuls l in zwei Niveaus mit den Drehimpulsen $j = l \pm 1/2$. Wegen

$$\begin{aligned} \boldsymbol{ls} &= \frac{l}{2} \quad &\text{für}\quad j = l + \frac{1}{2}\,, \\ \boldsymbol{ls} &= -\frac{l+1}{2} \quad &\text{für}\quad j = l - \frac{1}{2} \end{aligned} \tag{118,5}$$

(nach Formel (31,3)) ist diese Aufspaltung

$$\Delta E = E_{l-1/2} - E_{l+1/2} = \overline{f(r)}\,(l + \tfrac{1}{2})\,. \tag{118,6}$$

Das Experiment lehrt, daß das Niveau mit $j = l + 1/2$ (die Vektoren $\boldsymbol{l}$ und $\boldsymbol{s}$ sind parallel) niedriger als das Niveau mit $j = l - 1/2$ liegt. Das bedeutet, daß die Funktion $f(r) > 0$ ist.

Die Spin-Bahn-Kopplung eines Nukleons im Kern ist relativ schwach gegenüber der Wechselwirkung mit dem selbstkonsistenten Feld. Gleichzeitig ist sie im allgemeinen groß gegenüber der Energie der direkten Wechselwirkung zweier Nukleonen im Kern, weil diese mit zunehmendem Atomgewicht schneller abnimmt.

Dieses Verhältnis zwischen den Energien der verschiedenen Wechselwirkungen erfordert, die Kernniveaus nach der jj-Kopplung zu klassifizieren. Die Spins und die Bahndrehimpulse eines einzelnen Nukleons werden zu den Gesamtdrehimpulsen $\boldsymbol{j} = \boldsymbol{l} + \boldsymbol{s}$ addiert. Die $\boldsymbol{j}$ sind wohldefinierte Größen, weil die Kopplung zwischen $\boldsymbol{l}$ und $\boldsymbol{s}$ durch die direkte Wechselwirkung der Teilchen miteinander nicht gestört wird (M. Göppert-Mayer, 1949; O. Haxel, J. H. Jensen, H. E. Suess, 1949).[1] Die Vektoren $\boldsymbol{j}$ der einzelnen Nukleonen werden dann zum resultierenden Kerndrehimpuls $\boldsymbol{J}$ addiert (den man gewöhnlich einfach als Kernspin bezeichnet, als würde der Kern ein Elementarteilchen sein). In dieser Hinsicht ist die Klassifizierung der Kernniveaus wesentlich anders als die Klassifizierung der Atomniveaus. In der Elektronenhülle eines Atoms ist die relativistische Spin-Bahn-Kopplung im allgemeinen klein gegenüber der direkten elektrischen und der Austauschwechselwirkung, und deshalb werden die Atomniveaus normalerweise nach der LS-Kopplung klassifiziert.

Der Zustand eines Nukleons im Kern wird durch seinen Drehimpuls j und durch seine Parität bestimmt. Obwohl die Vektoren $\boldsymbol{l}$ und $\boldsymbol{s}$ nicht einzeln erhalten bleiben, ist der Betrag des Bahndrehimpulses eines Nukleons trotzdem eine bestimmte Größe; denn der Drehimpuls j kann entweder aus dem Zustand mit $l = j - 1/2$ oder aus dem Zustand mit $l = j + 1/2$ hervorgehen. Bei gegebenem Wert von j (halbzahlig) haben diese beiden Zustände verschiedene Parität $(-1)^l$, und daher wird durch die Angabe von j und der Parität auch die Quantenzahl l bestimmt.

Die Nukleonenzustände mit gleichen l und j versieht man normalerweise (in der Reihenfolge zunehmender Energie) mit einer „Hauptquantenzahl" n. n nimmt alle ganzzahligen Werte von 1 beginnend an.[2]) Man versieht die verschiedenen Zustände mit den Symbolen $1s_{1/2}$, $1p_{1/2}$, $1p_{3/2}$ usw. Die Zahl vor dem Buchstaben ist die Hauptquantenzahl, die Buchstaben $s, p, d, \ldots$ geben in der gewohnten Weise den l-Wert an, der Index am Buchstaben ist der Wert von j. In einem Zustand mit gegebenen Werten n, l, j können sich nicht mehr als $2j + 1$ Neutronen und ebenso viele Protonen gleichzeitig befinden.

Ein Zustand des ganzen Kernes (bei gegebener Konfiguration) wird üblicherweise mit einer Zahl für den Wert von J und einem Index + oder − für die Parität des Zustandes beschrieben (die Parität des Kernes wird im Schalenmodell dadurch bestimmt, ob die algebraische Summe der l-Werte aller Nukleonen eine gerade oder eine ungerade Zahl ist).

---

[1]) Nur für die leichtesten Kerne ähnelt die Kopplung mehr der LS-Kopplung.

[2]) Anders als bei der für die Elektronenniveaus in einem Atom üblichen Bedingung, nach der die Zahl n Werte durchläuft, die mit $l + 1$ beginnen.

Durch Analyse der experimentellen Ergebnisse über die Kerneigenschaften kann man eine ganze Reihe von Gesetzmäßigkeiten über die Anordnung der Atomnivea feststellen.

Vor allem ergibt sich, daß die Energie der Nukleonenniveaus mit zunehmendem Bahndrehimpuls l wächst. Diese Regel hängt damit zusammen, daß mit wachsendem l die Zentrifugalenergie eines Teilchens größer wird, und daher wird die Bindungsenergie kleiner.

Ferner liegt das Niveau mit $j = l + 1/2$ (mit parallelen Vektoren $\boldsymbol{l}$ und $\boldsymbol{s}$) bei gegebenem l niedriger als das Niveau mit $j = l - 1/2$. Diese Regel ist bereits im Zusammenhang mit den Eigenschaften der Spin-Bahn-Kopplung eines Nukleons im Kern erwähnt worden.

Die folgende Regel bezieht sich auf den Isospin der Kerne. Die Projektion T_ζ des Isospins wird bereits durch die Masse und die Kernladungszahl bestimmt (siehe (116,1)). Bei gegebenem Wert für T_ζ kann der Betrag des Isospins beliebige Werte haben, wenn sie nur die Ungleichung $T \geqq |T_\zeta|$ erfüllen. Normalerweise hat der Grundzustand eines Kernes den kleinsten dieser zugelassenen Werte für den Isospin, d. h.

$$T_{\text{Grund}} = |T_\zeta| = \tfrac{1}{2}\,(N - Z)\,. \tag{118,7}$$

Diese Regel ist in der Natur der Wechselwirkung zwischen Neutron und Proton begründet. Sie hängt damit zusammen, daß im System np der Zustand mit dem Isospin $T = 0$ (Deuteronzustand) eine größere Bindungsenergie hat als der Zustand mit $T = 1$ (siehe die Fußnote auf S. 464).

Man kann auch einige Regeln für die Spins der Grundzustände von Kernen formulieren. Diese Regeln geben an, wie die Drehimpulse $\boldsymbol{j}$ der einzelnen Nukleonen zum resultierenden Kernspin addiert werden. Sie resultieren aus dem Bestreben der Protonen und Neutronen im Kern in gleichen Zuständen, zu Paaren (pp und nn) mit entgegengesetzten Drehimpulsen zusammenzutreten (die Bindungsenergie solcher Paare ist von der Größenordnung 1 ... 2 MeV).

Diese Erscheinung äußert sich zum Beispiel in folgendem. Falls ein Kern eine gerade Anzahl von Protonen und eine gerade Anzahl von Neutronen enthält (*gg-Kerne*), sind die Drehimpulse aller Nukleonen paarweise kompensiert, so daß der resultierende Drehimpuls des Kernes gleich Null ist.

Sehen wir uns einen Kern mit einer ungeraden Anzahl von Protonen oder Neutronen an. Alle Nukleonen oberhalb der gefüllten Schalen sollen sich in gleichen Zuständen befinden. Normalerweise ist dann der resultierende Kerndrehimpuls gleich dem Drehimpuls eines Nukleons. Es sieht so aus, als seien alle möglichen Protonen und Neutronen gepaart und als bliebe nur ein Nukleon mit einem unkompensierten Drehimpuls übrig (die resultierenden Drehimpulse aufgefüllter Schalen sind Null).

Für *uu-Kerne* (ungerades Z und ungerades N) gibt es keine genügend allgemeine Regel für den Spin des Grundzustandes.

Die Behandlung des konkreten Verlaufes der Besetzung der Schalen in Kernen würde eine detaillierte Analyse des vorhandenen experimentellen Materials erfordern und geht über den Rahmen dieses Buches hinaus. Wir beschränken uns hier lediglich auf einige weitere allgemeine Angaben.

Bei der Untersuchung der Atomeigenschaften haben wir gesehen, daß man die Elektronenzustände in verschiedene Gruppen einteilen kann. Bei der Auffüllung dieser Gruppen und beim Übergang zur nächsten Gruppe nimmt die Bindungsenergie eines

Elektrons ab. Eine analoge Situation liegt auch für die Kerne vor. Die Nukleonenzustände werden auf folgende Gruppen verteilt:

$$\begin{array}{llllllr} 1s_{1/2} & & & & & & 2 \text{ Nukleonen,} \\ 1p_{3/2}, & 1p_{1/2} & & & & & 6 \text{ Nukleonen,} \\ 1d_{5/2}, & 1d_{3/2}, & 2s_{1/2} & & & & 12 \text{ Nukleonen,} \\ 1f_{7/2}, & 2p_{3/2}, & 1f_{5/2}, & 2p_{1/2}, & 1g_{9/2} & & 30 \text{ Nukleonen,} \\ 2d_{5/2}, & 1g_{7/2}, & 1h_{11/2}, & 2d_{3/2}, & 3s_{1/2} & & 32 \text{ Nukleonen,} \\ 2f_{7/2}, & 1h_{9/2}, & 1i_{13/2}, & 2f_{5/2}, & 3p_{3/2}, & 3p_{1/2} & 44 \text{ Nukleonen.} \end{array} \tag{118,8}$$

Für jede Gruppe ist die Gesamtzahl der Protonen- oder Neutronenplätze angegeben. Diesen Zahlen entsprechend wird die Auffüllung einer Gruppe abgeschlossen, wenn die Gesamtzahl der Protonen Z oder der Neutronen N im Kern gleich einer der folgenden Zahlen ist:

$$2, \quad 8, \quad 20, \quad 50, \quad 82, \quad 126.$$

Diese Zahlen bezeichnet man als *magische Zahlen.*[1])

Die sogenannten *doppelt magischen Kerne,* in denen Z und N magische Zahlen sind, sind besonders stabil. Im Vergleich zu denen ihnen benachbarten Kernen haben sie ein anomal kleines Bestreben, ein weiteres Nukleon anzulagern, und ihre ersten angeregten Niveaus liegen anomal hoch.[2])

Die verschiedenen Zustände in den einzelnen Gruppen in (118,8) sind etwa so aufgezählt, wie sie in einer Reihe von Kernen nacheinander aufgefüllt werden. In Wirklichkeit gibt es aber bei der Auffüllung dieser Zustände beträchtliche Unregelmäßigkeiten. Außerdem muß man beachten, daß die Abstände zwischen verschiedenen Niveaus in schweren Kernen (weit weg von magischen Kernen) mit der „Paarungsenergie" vergleichbar werden können. Unter diesen Bedingungen verliert selbst der Begriff individueller Zustände für die Komponenten eines Paares weitgehend seinen Sinn.

Wir wollen noch einige Bemerkungen über die Berechnung des magnetischen Kernmomentes im Schalenmodell anfügen. Wenn wir vom magnetischen Kernmoment sprechen, so verstehen wir darunter natürlich das über die Bewegung der Teilchen im Kern gemittelte magnetische Moment. Dieses mittlere magnetische Moment $\bar{\mu}$ hat offensichtlich die Richtung des Kernspins $\boldsymbol{J}$, dessen Richtung die einzige ausgezeichnete Richtung im Kern ist. Der Operator für das magnetische Moment ist daher

$$\bar{\hat{\boldsymbol{\mu}}} = \mu_0 g \hat{\boldsymbol{J}} \tag{118,9}$$

mit dem Kernmagneton μ_0 und dem gyromagnetischen Verhältnis g. Der Eigenwert der Projektion dieses Momentes ist $\bar{\mu}_z = \mu_0 g M_J$. Normalerweise (vgl. (111,1)) versteht man unter dem magnetischen Kernmoment μ einfach den Maximalwert der Projektion, d. h. $\mu = \mu_0 g J$. Mit dieser Bezeichnung ist

$$\bar{\hat{\boldsymbol{\mu}}} = \mu \frac{\hat{\boldsymbol{J}}}{J}. \tag{118,10}$$

---

[1]) Die Zustände $1f_{7/2}$ mit ihren 8 freien Plätzen werden manchmal als besondere Gruppe herausgestellt, weil die Zahl 28 auch die Eigenschaften magischer Zahlen hat.

[2]) Von dieser Art sind ${}^4_2He_2$, ${}^{16}_8O_8$, ${}^{40}_{20}Ca_{20}$, ${}^{208}_{82}Pb_{126}$; der Kern ${}^4He$ ist überhaupt nicht in der Lage noch ein Nukleon an sich zu binden.

Das magnetische Kernmoment setzt sich aus den magnetischen Momenten der Nukleonen außerhalb abgeschlossener Schalen zusammen, denn die Momente der Nukleonen in abgeschlossenen Schalen kompensieren sich gegenseitig. Jedes Nukleon erzeugt im Kern ein magnetisches Moment, das aus zwei Teilen besteht: einem Spinanteil und (im Falle eines Protons) einem Bahnanteil. Der Beitrag eines einzelnen Nukleons zum magnetischen Kernmoment ist daher die Summe

$$g_s\hat{\mathbf{s}} + g_l\hat{\mathbf{l}}\,.$$

(Hier und im folgenden lassen wir den Faktor μ_0 weg und nehmen an, wie das üblich ist, daß die magnetischen Momente in Kernmagnetonen gemessen werden.) Die gyromagnetischen Verhältnisse sind für Bahn- und Spinanteil eines Protons $g_l = 1$, $g_s = 5{,}585$, und für ein Neutron sind $g_l = 0$ und $g_s = -3{,}826$.

Nach der Mittelung über die Nukleonenbewegung im Kern ist das magnetische Moment eines Nukleons proportional zu $\mathbf{j}$. Wir schreiben es in der Form $g_j\mathbf{j}$ und haben

$$g_j\hat{\mathbf{j}} = g_s\overline{\hat{\mathbf{s}}} + g_l\overline{\hat{\mathbf{l}}} = \tfrac{1}{2}(g_l + g_s)\,\hat{\mathbf{j}} + \tfrac{1}{2}(g_l - g_s)\,\overline{(\hat{\mathbf{l}} - \hat{\mathbf{s}})}\,.$$

Wir multiplizieren diese Gleichung von beiden Seiten mit $\hat{\mathbf{j}} = \hat{\mathbf{l}} + \hat{\mathbf{s}}$, gehen zu den Eigenwerten über und erhalten

$$g_j j(j+1) = \tfrac{1}{2}(g_l + g_s)\, j(j+1) + \tfrac{1}{2}(g_l - g_s)\,[l(l+1) - s(s+1)]\,.$$

Setzen wir hier $s = 1/2$ und $j = l \pm 1/2$ ein, so finden wir

$$g_j = g_l \pm \frac{g_s - g_l}{2l+1} \quad \text{für} \quad j = l \pm 1/2\,. \tag{118,11}$$

Mit den oben angegebenen Werten für die gyromagnetischen Verhältnisse bekommen wir hieraus für das magnetische Moment eines Protons $\mu_p = g_j j$

$$\begin{aligned} \mu_p &= \left(1 - \frac{2{,}29}{j+1}\right) j \quad &\text{für} \quad j = l - 1/2\,,\\ \mu_p &= j + 2{,}29 \quad &\text{für} \quad j = l + 1/2 \end{aligned} \tag{118,12}$$

und für das magnetische Moment eines Neutrons

$$\begin{aligned} \mu_n &= \frac{1{,}91}{j+1}\, j \quad &\text{für} \quad j = l - 1/2\,,\\ \mu_n &= -1{,}91 \quad &\text{für} \quad j = l + 1/2 \end{aligned} \tag{118,13}$$

(T. Schmidt, 1937).

Falls außerhalb der abgeschlossenen Schalen nur ein einziges Nukleon vorhanden ist, geben die Formeln (118,12) oder (118,13) unmittelbar das magnetische Kernmoment an. Für zwei Nukleonen ist die Addition ihrer magnetischen Momente ebenfalls elementar auszuführen (siehe Aufgabe 1). Für mehrere Nukleonen muß die Mittelung des magnetischen Momentes mit einer Wellenfunktion für das System erfolgen, die in geeigneter Weise aus den individuellen Wellenfunktionen der Nukleonen gebildet wird. Gibt man die Nukleonenkonfiguration und den Zustand des ganzen Kernes vor, so kann diese Wellenfunktion in den Fällen eindeutig gebildet werden, wenn zu der gegebenen Konfiguration nur ein einziger Zustand des Systems mit den gegebenen Werten J und T gehören kann (siehe zum Beispiel Aufgabe 3). Anderenfalls ist der Kernzustand ein Gemisch aus einigen unabhängigen Zuständen (mit gleichen J und T), und die Koeffizienten in der Linearkombination für die Wellenfunktion des Kernes bleiben im allgemeinen unbekannt.[1])

Schließlich wollen wir noch darauf hinweisen, daß die Protonen in einem Kern ein (in bezug auf (118,9)) zusätzliches magnetisches Moment infolge der Spin-Bahn-Kopplung der Nukleonen im Kern haben (M. GÖPPERT-MAYER, J. H. JENSEN, 1952). Wenn der Operator für die Wechselwirkung explizit von der Teilchengeschwindigkeit abhängt, erfolgt der Übergang zum Fall eines äußeren Feldes, indem man den Impulsoperator gemäß $\hat{\boldsymbol{p}} \to \hat{\boldsymbol{p}} - \frac{e}{c}\boldsymbol{A}$ ersetzt. Wir führen diese Substitution in (118,3) aus, benutzen den Ausdruck (111,7) für das Vektorpotential und finden folgenden Zusatzterm zum HAMILTON-Operator eines Protons

$$\varphi(r)\,\frac{e}{cm_p}\,[\boldsymbol{n}\boldsymbol{A}]\,\hat{\boldsymbol{s}} = f(r)\,\frac{e}{2c\hbar}\,[\boldsymbol{r}[\boldsymbol{H}\boldsymbol{r}]]\,\hat{\boldsymbol{s}} = f(r)\,\frac{e}{2c\hbar}\,[\boldsymbol{r}[\hat{\boldsymbol{s}}\boldsymbol{r}]]\,\boldsymbol{H}\,.$$

Dieses Glied ist einem zusätzlichen magnetischen Moment mit dem Operator

$$\hat{\boldsymbol{\mu}}_{\text{zus}} = -\frac{e}{2c\hbar}\,f(r)\,[\boldsymbol{r}[\hat{\boldsymbol{s}}\boldsymbol{r}]] = -\frac{e}{2c\hbar}\,r^2 f(r)\,\{\hat{\boldsymbol{s}} - (\hat{\boldsymbol{s}}\boldsymbol{n})\,\boldsymbol{n}\} \tag{118,14}$$

äquivalent.

Aufgaben

1. Es ist das magnetische Moment für ein System aus zwei Nukleonen (mit dem Gesamtdrehimpuls $\boldsymbol{J} = \boldsymbol{j}_1 + \boldsymbol{j}_2$) anzugeben und durch die magnetischen Momente μ_1 und μ_2 der einzelnen Nukleonen auszudrücken.

Lösung. Analog zur Herleitung der Formel (118,11) erhalten wir

$$\frac{\mu}{J} = \frac{1}{2}\left(\frac{\mu_1}{j_1} + \frac{\mu_2}{j_2}\right) + \frac{1}{2}\left(\frac{\mu_1}{j_1} - \frac{\mu_2}{j_2}\right)\frac{(j_1 - j_2)(j_1 + j_2 + 1)}{J(J+1)}\,.$$

2. Man bestimme die möglichen Zustände eines Systems aus drei Nukleonen mit den Drehimpulsen $j = 3/2$ (und gleichen Hauptquantenzahlen)!

Lösung. Wir gehen ähnlich vor wie in § 67 bei der Bestimmung der möglichen Zustände eines Systems aus äquivalenten Elektronen. Jedes Nukleon kann sich in einem der acht Zustände mit folgenden Wertepaaren für die Zahlen (m_j, τ_ζ) befinden:

$$(3/2,\ 1/2),\ (1/2,\ 1/2),\ (-1/2,\ 1/2),\ (-3/2,\ 1/2),$$
$$(3/2,\ -1/2),\ (1/2,\ -1/2),\ (-1/2,\ -1/2),\ (-3/2,\ -1/2).$$

Wir kombinieren diese Zustände in Dreiergruppen und finden folgende Wertepaare (M_J, T_ζ) für ein System aus drei Nukleonen:

$$(7/2,1/2),\ \ 2(5/2,1/2),\ \ (3/2,3/2),\ \ 4(3/2,1/2),\ \ (1/2,3/2),\ \ 5(1/2,1/2)$$

(die Zahl vor der Klammer gibt die Anzahl der betreffenden Zustände an, die Zustände mit negativen Werten für M_J und T_ζ braucht man nicht aufzuschreiben). Dazu gehören Zustände des Systems mit folgenden Werten für die Zahlen (J, T):

$$(7/2,1/2),\ \ (5/2,1/2),\ \ (3/2,3/2),\ \ (3/2,1/2),\ \ (1/2,1/2)\,.$$

3. Man berechne das magnetische Moment im Grundzustand einer Konfiguration aus zwei Neutronen und einem Proton in $p_{3/2}$-Zuständen (mit gleichen n) unter Berücksichtigung der Isotopie-Invarianz![2])

---

[1]) Man erreicht aber faktisch keine große Genauigkeit, wenn man die magnetischen Kernmomente in einem „Einteilchen"-Schema berechnet. Die Wertepaare (118,12) und (118,13) sind eher die oberen und unteren Grenzwerte als die exakten Werte für die Momente.

[2]) Eine solche Konfiguration (über einer abgeschlossenen Schale $(1s_{1/2})^4$) hat der Kern ^{7}Li.

Lösung. Der Grundzustand einer solchen Konfiguration hat $J = 3/2$, und nach der im Text formulierten Regel hat der zugehörige Isospin den kleinsten möglichen Wert $T = |T_\zeta| = 1/2$.

Wir wollen die Wellenfunktion des Systems zum größten möglichen Wert $M_J = 3/2$ bestimmen. Dieser Wert für M_J kann (unter Beachtung der Forderungen des PAULI-Prinzips für die beiden gleichartigen Nukleonen) durch die folgenden Zahlentripel m_j für die Nukleonen p, n, n realisiert werden:

$$(3/2, 3/2, -3/2), \quad (3/2, 1/2, -1/2), \quad (1/2, 3/2, -1/2), \quad (-1/2, 3/2, 1/2).$$

Die gesuchte Wellenfunktion $\psi^{JM_J}_{TT_\zeta}$ ist daher eine Linearkombination der Gestalt

$$\begin{aligned}\Psi^{3/2\ \ 3/2}_{1/2\,-1/2} &= a[\psi^{3/2}_{1/2}\,\psi^{3/2}_{-1/2}\,\psi^{-3/2}_{-1/2}] + b[\psi^{3/2}_{1/2}\,\psi^{1/2}_{-1/2}\,\psi^{-1/2}_{-1/2}] \\ &\quad + c[\psi^{3/2}_{-1/2}\,\psi^{1/2}_{1/2}\,\psi^{-1/2}_{-1/2}] + d[\psi^{3/2}_{-1/2}\,\psi^{1/2}_{-1/2}\,\psi^{-1/2}_{1/2}], \qquad (1)\end{aligned}$$

[...] bedeutet das normierte antisymmetrisierte Produkt (d. h. eine Determinante der Gestalt (61,5)) aus den individuellen Wellenfunktionen $\psi^{m_j}_{\tau_\zeta}$ der Nukleonen.

Die Funktion (1) muß verschwinden, wenn man die Operatoren

$$\hat{T}_- = \sum_{i=1}^{3} \hat{\tau}_-^{(i)} \quad \text{und} \quad \hat{J}_+ = \sum_{i=1}^{3} \hat{j}_+^{(i)}$$

darauf anwendet (vgl. die Aufgabe zu § 67). Die Operatoren $\hat{\tau}_-^{(i)}$ überführen die Protonenfunktion des i-ten Nukleons in eine Neutronenfunktion (und bringen eine Neutronenfunktion zum Verschwinden). Man erkennt deshalb leicht, daß der Operator $\hat{T}_-$ den ersten Summanden in (1) in eine Determinante mit zwei gleichen Zeilen überführt, d. h. zum Verschwinden bringt. Die Determinanten in den drei anderen Summanden werden gleich. Hieraus erhalten wir die Bedingung

$$b + c + d = 0.$$

Ferner haben wir für ein einzelnes Nukleon mit dem Drehimpuls $j = 3/2$ und verschiedenen Werten für m_j (nach (27,12))

$$\hat{j}_+\psi^{3/2} = 0, \qquad \hat{j}_+\psi^{1/2} = \sqrt{3}\psi^{3/2}, \qquad \hat{j}_+\psi^{-1/2} = 2\psi^{1/2}, \qquad \hat{j}_+\psi^{-3/2} = \sqrt{3}\psi^{-1/2}.$$

Hieraus finden wir leicht, wie der Operator J_+ auf die Funktion (1) wirkt:

$$\hat{J}_+\Psi^{3/2\ \ 3/2}_{1/2\,-1/2} = \sqrt{3}(a + b - c)\,[\psi^{3/2}_{1/2}\,\psi^{3/2}_{-1/2}\,\psi^{-1/2}_{-1/2}] + 2(c - d)\,[\psi^{3/2}_{-1/2}\,\psi^{1/2}_{1/2}\,\psi^{1/2}_{-1/2}]$$

(der Vorzeichenwechsel einiger Summanden hängt mit der Vertauschung der Zeilen in einer Determinante zusammen). Die Forderung, daß dieser Ausdruck verschwindet, ergibt

$$a + b - c = 0, \qquad c - d = 0.$$

Zusammen mit der Normierungsvorschrift für die Funktion (1) ergeben die erhaltenen Bedingungen

$$a = \frac{3}{\sqrt{15}}, \qquad b = -\frac{2}{\sqrt{15}}, \qquad c = d = \frac{1}{\sqrt{15}}.$$

Der Mittelwert für die Projektion des magnetischen Momentes eines Protons (oder eines Neutrons) in einem Zustand mit gegebenem m_j ist $\mu_p m_j/j$ (oder $\mu_n m_j/j$). Der mit der Wellenfunktion (1) berechnete Mittelwert für das magnetische Moment des Systems ist demnach

$$\begin{aligned}\mu = \bar{\mu}_z &= \frac{9}{15}\mu_p + \frac{4}{15}\mu_p + \frac{1}{15}\left(\frac{1}{3}\mu_p + \frac{2}{3}\mu_n\right) + \frac{1}{15}\left(-\frac{1}{3}\mu_p + \frac{4}{3}\mu_n\right) \\ &= \frac{1}{15}(13\mu_p + 2\mu_n).\end{aligned}$$

Den Formeln (118,12) und (118,13) entnehmen wir für ein Nukleon im Zustand $p_{3/2}\,\mu_n = -1{,}91$ und $\mu_p = 3{,}79$. Als Ergebnis bekommen wir $\mu = 3{,}03$.

4. Man berechne das magnetische Moment eines Kernes, in dem alle Nukleonen außerhalb abgeschlossener Schalen in gleichen Zuständen sind! Die Zahl der Protonen sei gleich der Zahl der Neutronen.

Lösung. Wegen $N = Z$ ist die Isospinprojektion $T_\zeta = 0$, und nur der isoskalare Anteil des Operators

$$\hat{\mu} = \sum_n g_n \hat{j}_n + \sum_p g_p \hat{j}_p$$

hat von Null verschiedene Diagonalelemente (siehe den Schluß von § 116). Wir rechnen diesen Teil entsprechend der Formel (116,5) aus und finden dafür

$$\tfrac{1}{2}(g_n + g_p) \sum_{n,p} \hat{j} = \tfrac{1}{2}(g_n + g_p)\hat{J}\,.$$

Das resultierende mittlere magnetische Kernmoment ist daher gleich $\frac{1}{2}(g_n + g_p) J$.

5. Es ist das zusätzliche magnetische Moment eines Nukleons mit dem Drehimpuls j zu berechnen und durch die Spin-Bahn-Aufspaltung (118,6) auszudrücken (M. GÖPPERT-MAYER, J. H. JENSEN, 1952).

Lösung. Der Winkelanteil des Operators (118,14) (der Ausdruck in der geschweiften Klammer in (118,14), den wir mit σ bezeichnen wollen) wird mit Hilfe der in der Aufgabe zu § 29 hergeleiteten Formel gemittelt, und es ergibt sich

$$\bar{\hat{\sigma}} \equiv \overline{\hat{s} - (\hat{s}n)\,n} = \frac{3}{2}\hat{s} + \frac{(\hat{s}\hat{l})\,\hat{l} + \hat{l}(\hat{s}\hat{l}) - \frac{2}{3}l(l+1)\,\hat{s}}{(2l-1)(2l+3)}\,. \tag{2}$$

Andererseits kann der Mittelwert von σ nach der vollständigen Mittelung über die Nukleonenbewegung nur die Richtung von j haben, d. h. $\bar{\hat{\sigma}} = a\hat{j}$. Hieraus folgt $a = (\hat{\bar{\sigma}}\hat{j})/j^2$. Wir projizieren den Vektor (2) auf j (wobei zu beachten ist, daß der Operator $\hat{j}$ mit $(\hat{l}\hat{s})$ vertauschbar ist) und gehen zu den Eigenwerten der Größen ls und l^2 usw. über. So erhalten wir nach einer einfachen Rechnung folgenden Ausdruck für das zusätzliche magnetische Moment eines Nukleons (in Kernmagnetonen):

$$\mu_{\text{zus}} = \mp \overline{f(r)}\,\frac{m_p R^2}{\hbar^2}\,\frac{2j+1}{4(j+1)} \quad \text{für} \quad j = l \pm 1/2 \tag{3}$$

(m_p ist die Nukleonenmasse, R der Kernradius; bei der Mittelung von $r^2 f$ ist der Faktor r^2 durch R^2 ersetzt worden, weil die Funktion $f(r)$ in das Kerninnere hinein rasch abnimmt). Der Mittelwert $\bar{f}$ in (3) kann nach (118,6) durch die Spin-Bahn-Aufspaltung ausgedrückt werden.

§ 119. Nichtsphärische Kerne

Ein System von Teilchen in einem kugelsymmetrischen Feld kann kein Rotationsspektrum haben. In der Quantenmechanik hat der Begriff der Rotation für ein solches System überhaupt keinen Sinn. Das trifft auch auf das im vorhergehenden Paragraphen behandelte Schalenmodell für einen Kern mit kugelsymmetrischem selbstkonsistenten Feld zu.

Die Zerlegung der Energie eines Systems in innere Energie und Rotationsenergie hat in der Quantenmechanik überhaupt keinen strengen Sinn. Sie kann nur näherungsweise vorgenommen werden und ist nur in solchen Fällen möglich, wenn es sich aus diesen oder jenen physikalischen Gründen als gute Näherung erweist, das System als Ensemble von Teilchen zu betrachten, die sich in einem gegebenen, nicht kugelsymmetrischen Feld bewegen. Die Rotationsstruktur der Niveaus ergibt sich dann, wenn man die Möglichkeit der Rotation des betreffenden Feldes in bezug auf ein festes Koordinatensystem berücksichtigt. Mit einem solchen Falle hatten wir es zum Beispiel bei den Molekülen zu tun; die Elektronenterme der Moleküle konnten als Energieniveaus des Elektronensystems im gegebenen Feld der festgehaltenen Kerne bestimmt werden.

Das Experiment lehrt, daß die meisten Kerne tatsächlich keine Rotationsstruktur haben. Für sie ist ein kugelsymmetrisches selbstkonsistentes Feld eine gute Näherung, d. h., die Kerne haben (bis auf Quantenfluktuationen) Kugelgestalt.

Es existiert aber auch eine Kategorie von Kernen mit einer Rotationsstruktur im Energiespektrum (dazu gehören die Kerne mit Massenzahlen in den Intervallen $150 < A < 190$ und $A > 220$). Diese Eigenschaft bedeutet, daß die Näherung eines kugelsymmetrischen selbstkonsistenten Feldes für diese Kerne völlig ungeeignet ist. Das selbstkonsistente Feld für diese Kerne muß im Prinzip ohne irgendwelche vorgreifenden Annahmen über seine Symmetrie gesucht werden, so daß auch die Gestalt des Kernes „selbstkonsistent" bestimmt wird. Das Experiment lehrt, daß das richtige Modell für die Kerne dieser Kategorie ein selbstkonsistentes Feld mit einer Symmetrieachse und einer dazu senkrechten Symmetrieebene ist (d. h., das Feld hat die Symmetrie eines Rotationsellipsoides). Die Vorstellungen über nichtsphärische Kerne sind weitgehend in Arbeiten von A. Bohr und B. R. Mottelson (1952—1953) ausgearbeitet worden.

Wir haben es hier mit zwei qualitativ verschiedenen Kategorien von Kernen zu tun. Das äußert sich speziell auch darin, daß die Kerne entweder sphärisch (kugelsymmetrisch) oder nichtsphärisch sind; nichtpshärische Kerne weichen dabei stark von der Kugelsymmetrie ab.

Nicht aufgefüllte Schalen im Kern verursachen die Ausbildung nichtsphärischer Kerne. Eine wesentliche Rolle dabei spielt offensichtlich auch die Erscheinung der Paarbildung von Nukleonen. Umgekehrt bedingen abgeschlossene Schalen kugelsymmetrische Kerne. In dieser Hinsicht ist der doppelt magische Kern ${}^{208}_{82}Pb$ charakteristisch. Da die Nukleonenkonfiguration dieses Kernes ganz ausgeprägt abgeschlossen ist, ist dieser Kern (und auch die ihm benachbarten Kerne) kugelsymmetrisch. Aus diesem Grunde beobachtet man einen Abbruch in der Reihe der nichtsphärischen schweren Kerne.

Die Energieniveaus eines nichtsphärischen Kernes sind Summen aus zwei Anteilen: aus den Niveaus des „festen" Kernes und der Rotationsenergie des ganzen Kernes. Für *gg*-Kerne sind die Intervalle in der Rotationsstruktur der Niveaus klein gegenüber den Abständen zwischen den Niveaus des „festen" Kernes.

Die Klassifizierung der Niveaus eines nichtsphärischen Kernes ist der Klassifizierung der Niveaus eines zweiatomigen Moleküls (aus zwei gleichen Atomen) weitgehend analog, weil die Symmetrie des Feldes in dem sich die Teilchen (Nukleonen oder Elektronen) bewegen, in beiden Fällen gleich ist. Wir können daher viele Ergebnisse aus Kapitel XI unmittelbar verwenden.[1])

Wir werden uns zunächst mit der Klassifizierung der Zustände eines „festen Kernes" beschäftigen. In einem Feld mit axialer Symmetrie bleibt nur die Projektion des Drehimpulses auf die Symmetrieachse erhalten. Jeder Kernzustand wird daher vor allem durch die Größe Ω für die Projektion des Gesamtdrehimpulses charakterisiert[2]);

---

[1]) Es handelt sich dabei um die Analogie zur Klassifizierung der Niveaus eines zweiatomigen Moleküls und nicht eines symmetrischen Kreisels. Für ein System von Teilchen in einem axialsymmetrischen Feld hat der Begriff der Rotation um die Feldrichtung keinen Sinn, so wie der Begriff der Rotation um eine beliebige Achse für ein System in einem kugelsymmetrischen Feld keinen Sinn hat.

[2]) Nach Definition ist $\Omega \geqq 0$ (ähnlich wie die Quantenzahl Λ in einem zweiatomigen Molekül positiv ist). Negative Werte für die Zahl Ω könnten im Falle zweiatomiger Moleküle nur dann auftreten, wenn Ω als Summe $\Lambda + \Sigma$ definiert würde, wobei Σ (je nach den Richtungen von Bahndrehimpuls und Spin zueinander) sowohl positiv als auch negativ sein kann.

Ω kann sowohl ganzzahlige als auch halbzahlige Werte annehmen. Je nach dem Verhalten der Wellenfunktion bei einem Vorzeichenwechsel der Koordinaten aller Nukleonen (in bezug auf den Kernmittelpunkt) werden die Niveaus in gerade (g) und ungerade (u) eingeteilt.

Für $\Omega = 0$ unterscheidet man zusätzlich noch positive und negative Zustände nach dem Verhalten der Wellenfunktion bei einer Spiegelung an einer Ebene, die die Kernachse enthält (siehe § 78).

Die Grundzustände nichtsphärischer gg-Kerne sind 0_g^+-Zustände (die Zahl gibt den Ω-Wert an). Diese Zustände haben den Drehimpuls Null und eine Wellenfunktion mit der höchsten Symmetrie; dieser Sachverhalt ist ein Ergebnis der Paarbildung aller Neutronen und aller Protonen. Falls ein Kern eine ungerade Anzahl von Protonen oder Neutronen enthält, kann man darin den Zustand des „ungeraden" Nukleons im selbstkonsistenten Feld des gg-Kern-„Rumpfes" behandeln.

Der Wert von Ω wird dabei durch die Projektion ω des Drehimpulses dieses Nukleons gegeben. Analog setzt sich der Wert für Ω in einem uu-Kern aus den Projektionen des ungeraden Neutrons und des ungeraden Protons zusammen ($\Omega = |\omega_p \pm \omega_n|$).

Gleichzeitig muß aber betont werden, daß man nicht von bestimmten Werten für die Projektionen von Bahndrehimpuls und Spin eines Nukleons sprechen darf. Zwar ist die Spin-Bahn-Kopplung eines Nukleons klein gegenüber der Wechselwirkungsenergie mit dem selbstkonsistenten Feld des Rumpfes, aber sie ist nicht klein gegenüber den Abständen zwischen den benachbarten Energieniveaus eines Nukleons in diesem Feld. Es ist aber gerade die letzte Eigenschaft, die als Bedingung für die Anwendbarkeit der Störungstheorie zu fordern wäre, damit man in guter Näherung Bahndrehimpuls und Spin eines Nukleons einzeln betrachten könnte.[1])

Wir kommen jetzt zur Rotationsstruktur der Niveaus eines nichtsphärischen Kernes. Die Intervalle in dieser Struktur sind klein gegenüber der Spin-Bahn-Wechselwirkung der Nukleonen im Kern. Diese Situation entspricht dem Fall a in der Theorie der zweiatomigen Moleküle (§ 83).

Der Gesamtdrehimpuls $\boldsymbol{J}$ eines rotierenden Kernes bleibt selbstverständlich erhalten. Bei gegebenem Ω nimmt sein Betrag J Werte beginnend mit Ω an:

$$J = \Omega, \quad \Omega + 1, \quad \Omega + 2, \ldots \tag{119,1}$$

(siehe (83,2)). Für $\Omega = 0$ sind die möglichen J-Werte noch zusätzlich eingeschränkt: In Zuständen 0_g^+ und 0_u^- nimmt die Zahl J nur geradzahlige Werte an, in Zuständen 0_g^- und 0_u^+ nur ungeradzahlige Werte (siehe § 86). In den Rotationsniveaus des Grundzustandes von gg-Kernen (0_g^+) nimmt die Zahl J speziell die Werte 0, 2, 4, ... an.

Die Rotationsenergie eines Kernes wird durch die Formel

$$E_{\text{rot}} = \frac{\hbar^2}{2I} J(J + 1) \tag{119,2}$$

gegeben, wenn I das Trägheitsmoment des Kernes ist (in bezug auf eine Achse senkrecht zur Symmetrieachse). Diese Formel entspricht dem analogen Ausdruck in der Theorie der zweiatomigen Moleküle (der J-abhängige Summand in (83,6)). Zum niedrigsten Niveau gehört der kleinste mögliche Wert für J, d. h. $J = \Omega$.

---

[1]) Auch in sphärischen Kernen kann es möglich sein, die Größe l zu bestimmen, wenn Parität und Drehimpuls gleichzeitig erhalten bleiben.

Auf Grund von (119,2) gelten für die Rotationsstruktur der Niveaus bestimmte Intervallregeln unabhängig (bei gegebenem Ω) von den anderen Charakteristika des Niveaus. So liegen die Komponenten der Rotationsstruktur des Grundtermes eines gg-Kernes (mit $J = 2, 4, 6, 8, \ldots$) vom tiefsten Niveau ($J = 0$) in Abständen, die sich wie 1:3,3:7:12 ... verhalten.

Die Formel (119,2) ist jedoch unzureichend für Zustände mit $\Omega = 1/2$, was für Kerne mit einer ungeraden Nukleonenzahl der Fall sein kann. In diesem Falle ergibt sich ein mit (119,2) vergleichbarer Beitrag zur Energie von der Wechselwirkung des ungeraden Nukleons mit dem Zentrifugalfeld des rotierenden Kernes. Man kann die J-Abhängigkeit folgendermaßen bestimmen.

Wie aus der Mechanik bekannt ist (siehe I, § 39), enthält die Energie eines Teilchens im rotierenden Koordinatensystem einen Zusatzterm, der gleich dem Produkt aus der Winkelgeschwindigkeit der Rotation mit dem Drehimpuls des Teilchens ist. Man kann den entsprechenden Summanden im HAMILTON-Operator des Kernes in der Form $2b\hat{\boldsymbol{K}}\hat{\boldsymbol{\sigma}}$ schreiben; b ist darin eine Konstante, $\hat{\boldsymbol{K}}$ ist der Drehimpuls des Kernrumpfes (Kern ohne das letzte Nukleon), und $\hat{\boldsymbol{\sigma}}$ ist der Drehimpuls des Nukleons. Letzteren hat man hier rein formal aufzufassen (in Wirklichkeit existiert kein Drehimpulsvektor für das Nukleon im axialen Kernfeld), als Operator analog zu einem Operator für Spin 1/2, der Übergänge zwischen Zuständen mit den Drehimpulsprojektionen $\pm 1/2$ entsprechend dem Wert $\Omega = 1/2$ vermittelt.[1]) Wegen $\boldsymbol{K} = \boldsymbol{J} - \boldsymbol{\sigma}$ sind die Eigenwerte dieses Operators

$$2b\boldsymbol{K}\boldsymbol{\sigma} = b[J(J+1) - K(K+1) - \tfrac{3}{4}]\,.$$

Es ist zweckmäßig, hier die J-unabhängige Konstante b zu addieren. Diese Größe ist dann gleich $\pm b(J + 1/2)$ für $J = K \pm 1/2$.

Diesen Ausdruck kann man umformen in $(-1)^{J-1/2}\, b(J + 1/2)$, wenn man beachtet, daß der Drehimpuls K des Rumpfes (der für sich ein gg-Kern ist) eine gerade Zahl ist. Auf diese Weise erhalten wir endgültig folgenden Ausdruck für die Rotationsenergie eines Kernes mit $\Omega = 1/2$:

$$E_{\text{rot}} = \frac{\hbar^2}{2I} J(J+1) + (-1)^{J-1/2}\, b(J + 1/2) \qquad (119,3)$$

(A. BOHR, B. MOTTELSON, 1953). Wenn die Konstante b positiv und groß genug ist, kann das Niveau mit $J = 3/2$ tiefer liegen als das Niveau mit $J = 1/2$, d. h., es kann die normale Reihenfolge der Rotationsniveaus gestört werden, bei der zum niedrigsten Niveau der kleinstmögliche Wert von J gehört.

Das Trägheitsmoment eines nichtsphärischen Kernes kann nicht als Trägheitsmoment eines starren Körpers mit bestimmter Gestalt berechnet werden. Eine solche Berechnung wäre nur dann möglich, wenn man die Nukleonen im selbstkonsistenten Kernfeld so ansehen könnte, als würden sie nicht unmittelbar miteinander wechselwirken. In Wirklichkeit setzt die Paarbildung das Trägheitsmoment gegenüber dem Wert für einen starren Körper herab.

---

[1]) Es ist gerade eine Besonderheit des Falles $\Omega = 1/2$, daß Matrixelemente für die Störenergie zu Übergängen zwischen solchen Zuständen existieren, die sich nur im Vorzeichen der Drehimpulsprojektion unterscheiden und deshalb zur gleichen Energie gehören. Das ergibt bereits in der ersten Ordnung der Störungstheorie eine Energieverschiebung.

Diese Erscheinung ist analog zur Λ-Verdoppelung der Niveaus eines zweiatomigen Moleküls mit $\Omega = 1/2$ (§ 88).

Das magnetische Moment $\boldsymbol{\mu}$ eines nichtsphärischen Kernes setzt sich aus dem magnetischen Moment des „festgehaltenen" Kernes und dem Moment infolge der Kernrotation zusammen. Das erste zeigt (nach der Mittelung über die Nukleonenbewegung im Kern) in Richtung der Kernachse. Wir bezeichnen den Betrag dieses Momentes mit μ' und den Einheitsvektor in Richtung der Kernachse mit $\boldsymbol{n}$. Das zugehörige Moment ist dann $\mu'\boldsymbol{n}$. Das magnetische Moment infolge der Rotation hat (nach der gleichen Mittelung) die Richtung des Vektors $\boldsymbol{J} - \Omega\boldsymbol{n}$, des Gesamtdrehimpulses des Kernes minus den Drehimpuls der Nukleonen im „festgehaltenen Kern".[1]) So erhalten wir

$$\boldsymbol{\mu} = \mu'\boldsymbol{n} + g_r(\boldsymbol{J} - \Omega\boldsymbol{n}) . \tag{119,4}$$

g_r ist hier das gyromagnetische Verhältnis für die Kernrotation. Nur die Protonen liefern bei der Rotation einen Beitrag zum magnetischen Moment, daher ist

$$g_r = \frac{I_p}{I_p + I_n} , \tag{119,5}$$

wenn I_n und I_p die Anteile am Trägheitsmoment des Kernes von den Neutronen und von den Protonen sind (für ein System allein aus Protonen müßte $g_r = 1$ sein). Das Verhältnis (119,5) ist im allgemeinen nicht gleich dem Verhältnis Z/A der Protonenzahl zur Kernmasse.

Nach der Mittelung über die Kernrotation hat das magnetische Moment die Richtung des erhaltenen Vektors $\boldsymbol{J}$:

$$\bar{\hat{\boldsymbol{\mu}}} = \frac{\mu}{J}\hat{\boldsymbol{J}} = (\mu' - \Omega g_r)\,\bar{\boldsymbol{n}} + g_r\hat{\boldsymbol{J}} .$$

Wie üblich multiplizieren wir diese Gleichung von beiden Seiten mit $\hat{\boldsymbol{J}}$ und gehen zu den Eigenwerten über. Im Grundzustand des Kernes ist $\Omega = J$, und wir erhalten als Ergebnis

$$\mu = (\mu' + g_r)\frac{J}{J+1} . \tag{119,6}$$

Aufgaben

1. Das Quadrupolmoment Q eines rotierenden Kernes ist durch das Quadrupolmoment Q_0 in bezug auf die mit dem Kern verhefteten Achsen auszudrücken (A. Bohr, 1951).

Lösung. Der Operator für den Quadrupoltensor des rotierenden Kernes wird folgendermaßen durch Q_0 ausgedrückt:

$$Q_{ik} = \tfrac{3}{2}\, Q_0\,(n_i n_k - \tfrac{1}{3}\,\delta_{ik}) .$$

Das ist ein symmetrischer Tensor mit der Spur Null aus den Komponenten des Einheitsvektors $\boldsymbol{n}$ in Richtung der Kernachse, dabei ist $Q_{zz} = Q_0$. Über den Rotationszustand des Kernes wird ähnlich gemittelt wie bei der Lösung der Aufgabe zu § 29 (mit dem einzigen Unterschied, daß $n_i J_i = \Omega$ ist und nicht Null). Es ergibt sich ein Ausdruck der Gestalt (75,2) mit

$$Q = Q_0\frac{3\Omega^2 - J(J+1)}{(2J+3)\,(J+1)} .$$

Für den Grundzustand des Kernes mit $J = \Omega$ erhalten wir

$$Q = Q_0\frac{(2J-1)\,J}{(2J+3)\,(J+1)} .$$

Mit wachsendem J strebt das Verhältnis Q/Q_0 gegen 1, aber recht langsam.

---

[1]) Diese Schreibweise kann nur für $\Omega \neq 1/2$ verwendet werden (siehe Aufgabe 2).

2. Man berechne das magnetische Moment im Grundzustand eines Kernes mit $\Omega = 1/2$!

Lösung. In diesem Falle kann der Operator für das magnetische Moment mit Hilfe des im Text eingeführten Operators $\hat{\sigma}$ folgendermaßen geschrieben werden:

$$\hat{\boldsymbol{\mu}} = 2\mu'\hat{\sigma} + g_r\hat{\boldsymbol{K}}, \qquad \hat{\boldsymbol{K}} = \hat{\boldsymbol{J}} - \hat{\sigma}.$$

Die weitere Rechnung verläuft ähnlich wie im Text. Für den Wert $J = 1/2$ im Grundzustand des Kernes (dabei ist die Zahl $K = J - 1/2 = 0$) ergibt sich $\mu = \mu'$. Wenn im Grundzustand $J = 3/2$ ist (dabei ist $K = J + 1/2 = 2$), dann ist $\mu = \frac{9}{5}g_r - \frac{3}{5}\mu'$.

3. Man berechne die ersten Niveaus in der Rotationsstruktur des Grundzustandes eines *gg*-Kernes mit der Symmetrie eines dreiachsigen Ellipsoids!

Lösung. Zum Grundzustand eines *gg*-Kernes gehört die Wellenfunktion des „festgehaltenen" Kernes mit der höchsten Symmetrie, d. h. eine Funktion mit der Symmetrie der Darstellung A der Gruppe $\boldsymbol{D}_2$. Es gibt daher insgesamt $J/2 + 1$ (bei geradem J) oder $(J - 1)/2$ (bei ungeradem J) verschiedene Niveaus zu einem gegebenen Wert von J. Für $J = 2$ werden sie durch die Formel (7) in den Aufgaben zu § 103 gegeben, und für $J = 3$ durch die Formel (8).

§ 120. Die Isotopieverschiebung

Die spezifischen Eigenschaften der Kerne (endliche Masse, Ausdehnungen, Spin) bedingen einen Unterschied zu dem festen punktförmigen Kraftzentrum eines Coulomb-Feldes und wirken sich auf die Energieniveaus der Atomelektronen aus.

Ein solcher Effekt ist die sogenannte *Isotopieverschiebung* der Niveaus — die Änderung der Energieniveaus beim Übergang von einem Isotop zu einem anderen Isotop eines bestimmten Elementes. Faktisch interessiert natürlich nicht die Energieänderung eines Niveaus, sondern die Änderung der Differenzen zwischen den Niveaus, die als Spektrallinien beobachtet werden. Aus diesem Grunde braucht man in Wirklichkeit nicht die Energie der ganzen Elektronenhülle eines Atoms zu betrachten, sondern nur denjenigen Teil, in dem sich das Elektron befindet, das an dem betreffenden Spektralübergang beteiligt ist.

In leichten Atomen wird die Isotopieverschiebung hauptsächlich von der endlichen Kernmasse verursacht. Berücksichtigt man die Kernbewegung, so erhält man im Hamilton-Operator für ein Atom den Summanden

$$\frac{1}{2M}\Big(\sum_i \hat{\boldsymbol{p}}_i\Big)^2,$$

M ist die Kernmasse, und $\boldsymbol{p}_i$ sind die Impulse der Elektronen.[1]) Die Isotopieverschiebung infolge dieses Effektes wird daher durch den Mittelwert

$$\frac{1}{2}\left(\frac{1}{M_1} - \frac{1}{M_2}\right)\overline{\Big(\sum_i \boldsymbol{p}_i\Big)^2} \tag{120,1}$$

mit der Wellenfunktion für den betreffenden Atomzustand gegeben (M_1 und M_2 sind die Kernmassen der Isotope).

---

[1]) Im Massenmittelpunktsystem des Atoms ist die Summe der Impulse des Kernes und der Elektronen gleich Null: $\boldsymbol{p}_K + \Sigma \boldsymbol{p}_i = 0$. Daher ist die gesamte kinetische Energie

$$\frac{\boldsymbol{p}_K^2}{2M} + \frac{1}{2m}\sum_i \boldsymbol{p}_i^2 = \frac{1}{2M}\Big(\sum_i \boldsymbol{p}_i\Big)^2 + \frac{1}{2m}\Sigma\, \boldsymbol{p}_i^2 .$$

In schweren Atomen kommt der Hauptbeitrag zur Isotopieverschiebung von der endlichen Ausdehnung des Kernes. Dieser Effekt ist faktisch nur für die Niveaus eines äußeren Elektrons in einem s-Zustand merklich; denn die Wellenfunktion eines s-Zustandes verschwindet für $r \to 0$ nicht (anders als die Wellenfunktionen für Zustände mit $l \neq 0$). Ein solches Elektron hält sich deshalb mit einer relativ großen Wahrscheinlichkeit im „Kernvolumen" auf. Wir wollen die Isotopieverschiebung für diesen Fall berechnen.[1])

$\varphi(r)$ sei das tatsächliche elektrostatische Potential des Kernfeldes, nicht das COULOMB-Potential Ze/r einer Punktladung Ze. Die Änderung der Elektronenenergie gegenüber dem Wert im reinen COULOMB-Feld Ze/r wird durch das Integral

$$\Delta E = -e\int\left(\varphi - \frac{Ze}{r}\right)\psi^2(r)\,\mathrm{d}V \tag{120,2}$$

gegeben, wobei $\psi(r)$ die Wellenfunktion des Elektrons ist (im s-Zustand ist diese Funktion kugelsymmetrisch und reell). Die Integration wird hier zwar formal über den ganzen Raum erstreckt, aber die Differenz $\varphi - Ze/r$ im Integranden ist tatsächlich nur innerhalb des Kernvolumens von Null verschieden. Andererseits strebt die Wellenfunktion eines s-Zustandes für $r \to 0$ gegen einen konstanten Grenzwert (siehe § 32), wobei dieser konstante Wert praktisch schon außerhalb des Kernes angenommen wird. Man kann daher ψ^2 aus dem Integral herausziehen und $\psi(r)$ durch den Wert bei $r = 0$ ersetzen, der für das COULOMB-Feld einer Punktladung berechnet wird.

Zur weiteren Umformung des Integrals benutzen wir die Identität $\Delta r^2 = 6$ und bringen (120,2) in die Gestalt

$$\Delta E = -\frac{1}{6}e\psi^2(0)\int\left(\varphi - \frac{Ze}{r}\right)\Delta r^2\cdot\mathrm{d}V = -\frac{1}{6}e\psi^2(0)\int r^2\Delta\left(\varphi - \frac{Ze}{r}\right)\mathrm{d}V$$

(bei der Umformung des Volumenintegrals ist berücksichtigt worden, daß das dabei auftretende Integral über die unendlich ferne Oberfläche verschwindet). Es ist aber $\Delta\frac{1}{r} = -4\pi\delta(\boldsymbol{r})$, und es gilt $r^2\delta(\boldsymbol{r}) = 0$ für alle r. Nach der POISSON-Gleichung der Elektrostatik ist $\Delta\varphi = -4\pi\varrho$, wobei in unserem Falle ϱ die Dichteverteilung der elektrischen Ladung im Kern ist. Als Ergebnis erhalten wir endgültig

$$\Delta E = \frac{2\pi}{3}\psi^2(0)\,Ze^2\overline{r^2} \tag{120,3}$$

mit

$$\overline{r^2} = \frac{1}{Ze}\int\varrho r^2\,\mathrm{d}V\,,$$

das ist das mittlere Quadrat des Kernradius hinsichtlich der Protonen (bei homogener Verteilung der Protonen im Kern wäre $\overline{r^2} = 3R^2/5$, wenn R der geometrische Kernradius ist). Die Isotopieverschiebung eines Niveaus ergibt sich als Differenz der Ausdrücke (120,3) für zwei Isotope.

In § 71 haben wir die Größe $\psi(0)$ abgeschätzt und festgestellt, daß sie wie $\sqrt{Z}$ von der (als groß vorausgesetzten) Ordnungszahl des Atoms abhängt. Die Aufspaltung (120,3) ist demnach proportional zu R^2Z^2.

---

[1]) Die unten wiedergegebene Rechnung berücksichtigt die relativistischen Effekte in der Elektronenbewegung nahe am Kern nicht und gilt nur unter der Bedingung $Ze^2/\hbar c \ll 1$.

§ 121. Die Hyperfeinstruktur der Atomniveaus

Ein anderer Effekt der spezifischen Kerneigenschaften ist die Aufspaltung der Atomniveaus infolge der Wechselwirkung der Elektronen mit dem Kernspin — die sogenannte *Hyperfeinstruktur* der Niveaus. Da die betreffende Wechselwirkung schwach ist, sind die Abstände in dieser Struktur sehr klein, auch gegenüber den Feinstrukturabständen. Die Hyperfeinstruktur muß deshalb für jede Feinstrukturkomponente getrennt behandelt werden.

Wir werden den Kernspin in diesem Paragraphen mit i bezeichnen (wie es in der Atomspektroskopie üblich ist). Die Bezeichnung J für den Gesamtdrehimpuls der Elektronenhülle eines Atoms behalten wir bei. Den Gesamtdrehimpuls eines Atoms (zusammen mit dem Kern) bezeichnen wir mit $\boldsymbol{F} = \boldsymbol{J} + \boldsymbol{i}$. Jede Hyperfeinstrukturkomponente wird durch einen bestimmten Wert für den Betrag dieses Drehimpulses gekennzeichnet. Nach der allgemeinen Additionsvorschrift für Drehimpulse nimmt die Quantenzahl F die Werte

$$F = J + i\,, J + i - 1, \ldots, |J - i| \tag{121,1}$$

an, so daß jedes Niveau mit gegebenem J in $2i + 1$ (für $i < J$) oder in $2J + 1$ (für $i > J$) Komponenten aufspaltet.

Der mittlere Abstand r der Elektronen im Atom ist groß gegenüber dem Kernradius R. Die Wechselwirkung der Elektronen mit den niedrigsten Kernmultipolmomenten spielt die Hauptrolle bei der Hyperfeinstrukturaufspaltung. Diese niedrigsten Momente sind das magnetische Dipolmoment und das elektrische Quadrupolmoment (das mittlere Dipolmoment ist Null, siehe § 75).

Das magnetische Kernmoment hat die Größenordnung $\mu_K \sim eRv_K/c$, wenn v_K die Geschwindigkeit der Nukleonen im Kern ist. Die Wechselwirkungsenergie mit dem magnetischen Moment eines Elektrons ($\mu_{El} \sim e\hbar/mc$) ist von der Größenordnung

$$\frac{\mu_K \mu_{El}}{r^3} \sim \frac{e^2\hbar}{{}_z m} \frac{Rv_K}{r^3}\,. \tag{121,2}$$

Das Kernquadrupolmoment ist $Q \sim eR^2$. Die Wechselwirkungsenergie des davon erzeugten Feldes mit der Elektronenladung ist von der Größenordnung

$$\frac{eQ}{r^3} \sim \frac{e^2 R^2}{r^3}\,. \tag{121,3}$$

Dem Vergleich von (121,2) und (121,3) entnehmen wir, daß die magnetische Wechselwirkung (und damit auch die von ihr verursachte Niveauaufspaltung) um $(v_K/c) \times (\hbar/mcR) \sim 15$mal größer als die Quadrupolwechselwirkung ist. Obwohl das Verhältnis v_K/c relativ klein ist, ist doch das Verhältnis $\hbar/mcR$ groß.

Der Operator für die magnetische Wechselwirkung der Elektronen mit dem Kern hat die Gestalt

$$\hat{V}_{iJ} = a\hat{\boldsymbol{i}}\hat{\boldsymbol{J}} \tag{121,4}$$

(analog der Spin-Bahn-Wechselwirkung der Elektronen (72,4)). Die F-Abhängigkeit der davon hervorgerufenen Aufspaltung der Niveaus wird demzufolge durch den Ausdruck

$$\frac{a}{2} F(F + 1) \tag{121,5}$$

gegeben (vgl. (72,5)).

Der Operator für die Quadrupolwechselwirkung der Elektronen mit dem Kern wird aus dem Operator $\hat{Q}_{ik}$ für den Quadrupoltensor des Kernes und den Komponenten des Drehimpulsvektors $\hat{\boldsymbol{J}}$ der Elektronen gebildet. Er ist proportional zu dem aus diesen Operatoren gebildeten Skalar $\hat{Q}_{ik}\hat{J}_i\hat{J}_k$, d. h., er hat die Gestalt

$$b[\hat{i}_i\hat{i}_k + \hat{i}_k\hat{i}_i - \tfrac{2}{3}\, i(i+1)\,\delta_{ik}]\,\hat{J}_i\hat{J}_k\,. \tag{121,6}$$

Hier ist beachtet worden, daß Q_{ik} durch den Kernspinoperator über eine Formel der Gestalt (75,2) ausgedrückt wird. Wir berechnen die Eigenwerte des Operators (121,6) (das geschieht ganz analog zur Rechnung in Aufgabe 1 zu § 84) und finden so die Abhängigkeit der Hyperfeinstrukturaufspaltung von der Quantenzahl F infolge der Quadrupolwechselwirkung:

$$\frac{b}{2}\,F^2(F+1)^2 + \frac{b}{2}\,F(F+1)\,[1 - 2J(J+1) - 2i(i+1)]\,. \tag{121,7}$$

Der Effekt der magnetischen Hyperfeinstrukturaufspaltung ist besonders für Niveaus eines äußeren Elektrons in einem s-Zustand ausgeprägt, weil die Aufenthaltswahrscheinlichkeit in Kernnähe für ein solches Elektron relativ groß ist.

Wir wollen die Hyperfeinstrukturaufspaltung für ein Atom mit einem äußeren s-Elektron berechnen (E. Fermi, 1930). Dieses Elektron wird durch die kugelsymmetrische Wellenfunktion $\psi(r)$ für die Bewegung im selbstkonsistenten Feld der übrigen Elektronen und des Kernes beschrieben.[1])

Wir werden den Operator für die Wechselwirkung des Elektrons mit dem Kern als Operator der Energie $-\hat{\boldsymbol{\mu}}\hat{\boldsymbol{H}}$ des magnetischen Kernmomentes $\hat{\boldsymbol{\mu}} = \mu\hat{\boldsymbol{i}}/i$ im Magnetfeld (im Koordinatenursprung) der Elektronen ansetzen. Nach der aus der Elektrodynamik bekannten Formel ist dieses Feld

$$\hat{\boldsymbol{H}} = \frac{1}{c}\int \frac{[\boldsymbol{n}\hat{\boldsymbol{j}}]}{r^2}\,\mathrm{d}V\,. \tag{121,8}$$

$\hat{\boldsymbol{j}}$ ist dabei der Stromdichteoperator für den Strom infolge des bewegten Elektronenspins, und $\boldsymbol{r} = \boldsymbol{n}r$ ist der Ortsvektor vom Mittelpunkt zum Volumenelement $\mathrm{d}V$.[2]) Nach (115,4) haben wir

$$\hat{\boldsymbol{j}} = -2\mu_B c \,\mathrm{rot}\,(\psi^2\hat{\boldsymbol{s}}) = -2\mu_B c\,\frac{\mathrm{d}\psi^2(r)}{\mathrm{d}r}\,[\boldsymbol{n}\hat{\boldsymbol{s}}]$$

(μ_B ist das Bohrsche Magneton). Wir schreiben $\mathrm{d}V = r^2\,\mathrm{d}r\,\mathrm{d}o$, integrieren und finden

$$\hat{\boldsymbol{H}} = -2\mu_B \int_0^\infty \frac{\mathrm{d}\psi^2}{\mathrm{d}r}\,\mathrm{d}r \int [\boldsymbol{n}[\boldsymbol{n}\hat{\boldsymbol{s}}]]\,\mathrm{d}o = -2\mu_B\psi^2(0)\,\frac{8\pi}{3}\,\hat{\boldsymbol{s}}\,.$$

Endgültig haben wir für den Wechselwirkungsoperator

$$\hat{V}_{is} = -\hat{\boldsymbol{\mu}}\hat{\boldsymbol{H}} = \frac{16\pi}{3i}\,\mu\mu_B\psi^2(0)\,\hat{\boldsymbol{i}}\hat{\boldsymbol{s}}\,. \tag{121,9}$$

---

[1]) Bei der unten wiedergegebenen Rechnung wird vorausgesetzt, daß die Bedingung $Ze^2/\hbar c \ll 1$ erfüllt ist (siehe die Fußnote auf S. 481).

[2]) Siehe II, § 43, Formel (43,7); in dieser Formel ist der Vektor $\boldsymbol{R}$ entgegengesetzt gerichtet — von $\mathrm{d}V$ zum Zentrum (zum Aufpunkt).

Wenn der Gesamtdrehimpuls des Atoms $J = S = 1/2$ ist, dann ergibt die Hyperfeinstrukturaufspaltung ein Dublett ($F = i \pm 1/2$). Nach (121,5) und (121,9) finden wir für den Abstand zwischen den beiden Niveaus eines Dubletts

$$E_{i+1/2} - E_{i-1/2} = \frac{8\pi}{3i} \mu\mu_B(2i + 1)\, \psi^2(0)\,. \tag{121,10}$$

Da der Wert $\psi(0)$ proportional zu $\sqrt{Z}$ ist (siehe § 71), nimmt diese Aufspaltung proportional zur Ordnungszahl zu.

Aufgaben

1. Man berechne die Hyperfeinstrukturaufspaltung (infolge der magnetischen Wechselwirkung) für ein Atom mit einem Elektron mit dem Bahndrehimpuls l außerhalb abgeschlossener Schalen (E. Fermi, 1930)!

Lösung. Das Vektorpotential und die Magnetfeldstärke des magnetischen Kernmomentes μ sind

$$\boldsymbol{A} = \frac{[\boldsymbol{\mu n}]}{r^2}\,, \qquad \boldsymbol{H} = \frac{3\boldsymbol{n}[\boldsymbol{\mu n}] - \boldsymbol{\mu}}{r^3}$$

($\operatorname{div} \boldsymbol{A} = 0$). Mit diesen Ausdrücken schreiben wir den Wechselwirkungsoperator in der Form

$$\frac{|e|}{mc} \boldsymbol{A}\hat{\boldsymbol{p}} + \frac{|e|\,\hbar}{mc} \hat{\boldsymbol{H}}\hat{\boldsymbol{s}} = \frac{2\mu_B}{r^3} \hat{\boldsymbol{\mu}}[\hat{\boldsymbol{l}} + 3(\hat{\boldsymbol{s}}\boldsymbol{n})\, \boldsymbol{n} - \hat{\boldsymbol{s}}]\,.$$

Nach der Mittelung über den Zustand mit dem gegebenen j-Wert wird der Ausdruck in der eckigen Klammer die Richtung von $\boldsymbol{j}$ haben. Wir können deshalb schreiben

$$\hat{V}_{ij} = 2\mu_B(\hat{\boldsymbol{\mu}}\hat{\boldsymbol{j}})\, [\hat{\boldsymbol{l}}\hat{\boldsymbol{j}} + 3\overline{(\hat{\boldsymbol{s}}\boldsymbol{n})\, (\boldsymbol{n}\hat{\boldsymbol{j}})} - \hat{\boldsymbol{s}}\hat{\boldsymbol{j}}]\, \frac{\overline{r^{-3}}}{j(j+1)}\,.$$

Der Mittelwert $\overline{n_i n_k}$ ist in der Aufgabe zu § 29 berechnet worden. Wir verwenden ihn, gehen zu den Eigenwerten über und bekommen

$$\frac{2\mu_B\mu}{i} (\boldsymbol{ij}) \left[\boldsymbol{lj} + \frac{2l(l+1)\, \boldsymbol{sj} - 6(\boldsymbol{sl})\, (\boldsymbol{jl})}{(2l-1)\,(2l+3)} \right] \frac{\overline{r^{-3}}}{j(j+1)}\,.$$

Hieraus erhalten wir nach einer einfachen Rechnung endgültig

$$\frac{\mu_B\mu}{i} \frac{l(l+1)}{j(j+1)} F(F+1)\, \overline{r^{-3}}$$

mit $\boldsymbol{F} = \boldsymbol{j} + \boldsymbol{i}$ und $j = l \pm 1/2$. r^{-3} wird mit dem Radialanteil der Wellenfunktion des Elektrons gemittelt.

2. Man berechne die Zeeman-Aufspaltung der Hyperfeinstrukturkomponenten eines Atomniveaus (S. A. Goudsmit, R. F. Bacher, 1930)!

Lösung. In der Formel (113,4) wird jetzt nicht nur über den Elektronenzustand sondern auch über die Richtungen des Kernspins gemittelt (wir setzen das Feld als so schwach voraus, daß die davon hervorgerufene Aufspaltung klein gegenüber den Abständen in der Hyperfeinstruktur ist). Als Ergebnis der ersten Mittelung erhalten wir $\Delta E = \mu_B g_J J_z H$ mit dem schon bekannten g_J (113,7). Die zweite Mittelung ergibt analog zu (113,5)

$$\hat{J}_z = \frac{(\boldsymbol{JF})}{\boldsymbol{F}^2} M_F\,.$$

Auf diese Weise erhalten wir endgültig

$$\Delta E = \mu_B g_F H M_F\,, \qquad g_F = g_J \frac{F(F+1) + J(J+1) - i(i+1)}{2F(F+1)}\,.$$

§ 122. Die Hyperfeinstruktur der Molekülniveaus

Die Hyperfeinstruktur der Energieniveaus eines Moleküls ist von ähnlicher Natur wie die Hyperfeinstruktur der Atomniveaus.

Für die weitaus meisten Moleküle ist der resultierende Elektronenspin Null. Die Hauptursache für die Hyperfeinstrukturaufspaltung ist für sie die Quadrupolwechselwirkung der Kerne mit den Elektronen. Dabei sind an der Wechselwirkung natürlich nur diejenigen Kerne beteiligt, deren Spin i nicht gleich 0 oder 1/2 ist, anderenfalls ist das Quadrupolmoment Null.

Die Kernbewegung in einem Molekül verläuft relativ langsam. Die Mittelung des Operators für die Quadrupolwechselwirkung über den Molekülzustand erfolgt daher in zwei Schritten: Zunächst wird über den Elektronenzustand bei festen Kernen gemittelt und anschließend über die Molekülrotation.

Sehen wir uns zuerst ein zweiatomiges Molekül an. Im Ergebnis der ersten Mittelung wird die Wechselwirkung der einzelnen Kerne mit den Elektronen durch einen Operator ausgedrückt, der zum Skalar $\hat{Q}_{ik}n_i n_k$ proportional ist. Dieser Skalar ist aus dem Operator für den Quadrupoltensor des Kerns und aus dem Einheitsvektor $\boldsymbol{n}$ in Richtung der Molekülachse gebildet. Allein die Richtung der Molekülachse bestimmt die Orientierung des Moleküls in bezug auf die Richtung des Kernspins. Unter Beachtung von $\hat{Q}_{ii} = 0$ kann dieser Operator in die Form

$$b\hat{i}_i\hat{i}_k(n_i n_k - \tfrac{1}{3}\,\delta_{ik}) \tag{122,1}$$

gebracht werden. Bei gegebener Projektion i_ζ des Kernspins auf die Molekülachse ist diese Größe gleich $b[i_\zeta^2 - \frac{1}{3}\,i(i+1)]$.

Mittelt man den Operator (122,1) über die Molekülrotation, so wird er durch den Operator $\hat{\boldsymbol{K}}$ für den erhaltenen Drehimpuls ausgedrückt. Das Produkt $n_i n_k$ wird nach der Formel in der Aufgabe zu § 29 (mit dem Vektor $\boldsymbol{K}$ statt $\boldsymbol{l}$) gemittelt, und es ergibt sich

$$-\frac{b}{(2K-1)(2K+3)}\,\hat{i}_i\hat{i}_k\left[\hat{K}_i\hat{K}_k + \hat{K}_k\hat{K}_i - \frac{2}{3}\,\delta_{ik}K(K+1)\right]. \tag{122,2}$$

Die Eigenwerte dieses Operators findet man genauso wie für den Operator (121,6).

Für ein mehratomiges Molekül ergibt sich statt (122,1) im allgemeinen ein Operator der Gestalt

$$b_{ik}\hat{i}_i\hat{i}_k\,, \tag{122,3}$$

wobei b_{ik} ein Tensor mit der Spur 0 ist, der für den Elektronenzustand des Moleküls charakteristisch ist. Nach der Mittelung über die Molekülrotation wird er durch den Gesamtdrehimpuls $\boldsymbol{J}$ über eine Formel der Gestalt

$$\bar{b}_{ik} = b[\hat{J}_i\hat{J}_k + \hat{J}_k\hat{J}_i - \tfrac{2}{3}\,J(J+1)\,\delta_{ik}] \tag{122,4}$$

ausgedrückt.

Der Koeffizient b kann im Prinzip durch die Tensorkomponenten b_{ik} bezüglich der Hauptträgheitsachsen des Moleküls ξ, η, ζ ausgedrückt werden. Da diese Achsen mit dem Molekül starr verbunden sind, werden die Komponenten $b_{\xi\xi}, \dots$ von der Mittelung nicht berührt. Wir betrachten dazu den Skalar $\overline{b_{ik}J_iJ_k}$. Die Berechnung mit Hilfe von

(122,4) ergibt

$$\overline{b_{ik}J_iJ_k} = bJ(J+1)\left[\tfrac{3}{4}\,J(J+1) - 1\right] \tag{122,5}$$

(die Rechnung verläuft ähnlich wie in der Aufgabe zu § 29). Andererseits erhalten wir, wenn wir das Tensorprodukt im System $\xi\eta\zeta$ ausführen,

$$\overline{b_{ik}J_iJ_k} = b_{\xi\xi}\overline{J_\xi^2} + b_{\eta\eta}\overline{J_\eta^2} + b_{\zeta\zeta}\overline{J_\zeta^2}\,. \tag{122,6}$$

Hier ist berücksichtigt worden, daß die Mittelwerte der Produkte $J_\xi J_\zeta$, ... Null sind.[1]) Die Mittelwerte der Quadrate J_ξ^2, ... werden im Prinzip mit den Wellenfunktionen für die betreffenden Rotationszustände eines Kreisels ausgerechnet. Insbesondere haben wir für einen symmetrischen Kreisel einfach

$$\overline{J_\zeta^2} = k^2\,, \qquad \overline{J_\xi^2} = \overline{J_\eta^2} = \tfrac{1}{2}\left[J(J+1) - k^2\right].$$

Für Kernspins 1/2 gibt es keine Quadrupolwechselwirkung. Eine wichtige Ursache für die Hyperfeinstrukturaufspaltung ist in diesem Falle die direkte magnetische Wechselwirkung der magnetischen Kernmomente miteinander. Der Operator für die Wechselwirkung zweier magnetischer Momente $\boldsymbol{\mu}_1 = \mu_1\boldsymbol{i}_1/i_1$ und $\boldsymbol{\mu}_2 = \mu_2\boldsymbol{i}_2/i_2$ ist

$$\frac{\mu_1\mu_2}{i_1i_2r^3}\left[\hat{\boldsymbol{i}}_1\hat{\boldsymbol{i}}_2 - 3(\boldsymbol{i}_1\boldsymbol{n})\,(\boldsymbol{i}_2\boldsymbol{n})\right].$$

Um die Energieaufspaltung zu berechnen, müssen wir diesen Operator über den Molekülzustand mitteln, ähnlich wie wir es oben getan haben.

In einem Molekül mit schweren Atomen liefert auch die indirekte Wechselwirkung der Kernmomente über die Elektronenhülle einen vergleichbaren Beitrag zur Hyperfeinstrukturaufspaltung. Vom formalen Standpunkt aus ist diese Wechselwirkung ein Effekt zweiter Ordnung der Störungstheorie bezüglich der Wechselwirkung des Kernspins mit den Elektronen. Mit Hilfe der Ergebnisse von § 121 finden wir, daß das Verhältnis dieses Effektes zum Effekt der direkten Wechselwirkung der Kernmomente von der Größenordnung $(Ze^2/\hbar c)^2$ ist; für große Z kommt es in die Größenordnung von 1.

Schließlich liefert die Wechselwirkung des Kernmomentes mit der Molekülrotation einen bestimmten Beitrag zur Hyperfeinstrukturaufspaltung der Molekülniveaus. Ein rotierendes Molekül erzeugt, wie jedes bewegte System von Ladungen, ein bestimmtes Magnetfeld. Dieses Feld kann mit den aus der Elektrodynamik bekannten Formeln aus der gegebenen Stromdichte $\boldsymbol{j} = \varrho[\boldsymbol{\Omega}\boldsymbol{r}]$ berechnet werden; ϱ ist dabei die Ladungsdichte (von Elektronen und Kernen) im ruhenden Molekül, und $\boldsymbol{\Omega}$ ist die Winkelgeschwindigkeit der Rotation. Die Niveauaufspaltung ergibt sich als die Energie des magnetischen Kernmomentes in diesem Feld, wobei die Komponenten der Winkelgeschwindigkeit des Moleküls durch die Komponenten des Drehimpulses ausgedrückt werden müssen (vgl. § 103).

---

[1]) Tatsächlich enthalten in einer Darstellung, in der die Matrix für eine Komponente von J (sagen wir J_ζ) diagonal ist, die Matrizen für die Produkte $J_\xi J_\eta$ und $J_\eta J_\zeta$ nur dann von Null verschiedene Elemente, wenn sich die Quantenzahl k um 1 ändert. Die Wellenfunktionen für die stationären Zustände eines unsymmetrischen Kreisels enthalten Funktionen ψ_{Jk} mit k-Werten, deren Differenzen ganze Zahlen sind (siehe § 103).

XVII ELASTISCHE STÖSSE

§ 123. Allgemeine Streutheorie

In der klassischen Mechanik werden Stöße zweier Teilchen vollständig durch ihre Geschwindigkeiten und den Stoßparameter (den Abstand, in dem sie aneinander vorbeifliegen würden, wenn sie nicht miteinander wechselwirken würden) bestimmt. In der Quantenmechanik ändert sich selbst die Problemstellung; denn für eine Bewegung mit bestimmten Geschwindigkeiten verliert der Begriff der Bahnkurve, und damit auch des Stoßparameters, seinen Sinn. Hier ist das Ziel der Theorie, nur die Wahrscheinlichkeit dafür zu berechnen, daß die Teilchen bei einem Stoß um einen gewissen Winkel abgelenkt werden (oder, wie man sagt, *gestreut* werden). Wir werden hier die sogenannten *elastischen* Stöße behandeln, bei denen keinerlei Umwandlungen der Teilchen erfolgen oder bei denen sich der innere Zustand (von zusammengesetzten Teilchen) nicht ändert.

Das Problem der elastischen Stöße reduziert sich wie jedes Zweikörperproblem auf die Streuung eines Teilchens mit der reduzierten Masse im Feld $U(r)$ eines festen Kraftzentrums.[1]) Man führt das ursprüngliche Problem auf ein Einteilchenproblem zurück, indem man zu demjenigen Koordinatensystem übergeht, in dem der Massenmittelpunkt der beiden Teilchen ruht. Wir bezeichnen den Streuwinkel in diesem System mit θ. Er hängt über einfache Formeln mit den Ablenkwinkeln ϑ_1 und ϑ_2 der beiden Teilchen im „Labor"-System zusammen, in dem ein Teilchen (das zweite) vor dem Stoß in Ruhe war:

$$\tan \vartheta_1 = \frac{m_2 \sin \theta}{m_1 + m_2 \cos \theta}, \qquad \vartheta_2 = \frac{\pi - \theta}{2}, \tag{123,1}$$

m_1 und m_2 sind dabei die Massen der Teilchen (siehe I, § 17). Wenn speziell die Massen der beiden Teilchen gleich sind ($m_1 = m_2$), dann ergibt sich einfach

$$\vartheta_1 = \frac{\theta}{2}, \qquad \vartheta_2 = \frac{\pi - \theta}{2}. \tag{123,2}$$

Die Summe ist $\vartheta_1 + \vartheta_2 = \pi/2$, d. h., die Teilchen fliegen in einem rechten Winkel auseinander.

Im folgenden werden wir in diesem Kapitel überall (wenn nicht ausdrücklich das Gegenteil gesagt wird) das mit dem Massenmittelpunkt verknüpfte Koordinatensystem verwenden, und unter m werden wir die reduzierte Masse der stoßenden Teilchen verstehen.

---

[1]) Wir vernachlässigen die Spin-Bahn-Wechselwirkung der Teilchen (wenn sie einen Spin haben). Wenn wir das Feld kugelsymmetrisch voraussetzen, dann schließen wir auch solche Prozesse aus der Betrachtung aus wie zum Beispiel die Streuung von Elektronen an Molekülen.

Ein freies, in positiver z-Richtung bewegtes Teilchen wird als ebene Welle beschrieben. Wir schreiben sie in der Form $\psi = \mathrm{e}^{ikz}$, d. h., wir normieren sie so, daß die Stromdichte in der Welle gleich der Teilchengeschwindigkeit v ist. Die gestreuten Teilchen werden weit weg vom Streuzentrum mit einer auslaufenden Kugelwelle der Gestalt $f(\theta)\,\mathrm{e}^{ikr}/r$ beschrieben, wobei $f(\theta)$ eine Funktion des Streuwinkels θ ist (des Winkels zwischen der z-Achse und der Richtung des gestreuten Teilchens). Diese Funktion wird als *Streuamplitude* bezeichnet. Die exakte Wellenfunktion ist eine Lösung der SCHRÖDINGER-Gleichung mit der potentiellen Energie $U(r)$; sie muß für große Abstände die asymptotische Gestalt

$$\psi \approx \mathrm{e}^{ikz} + \frac{f(\theta)}{r}\,\mathrm{e}^{ikr} \tag{123,3}$$

haben.

Die Wahrscheinlichkeit, daß ein gestreutes Teilchen pro Zeiteinheit durch das Flächenelement $\mathrm{d}S = r^2\,\mathrm{d}o$ geht ($\mathrm{d}o$ ist das Raumwinkelelement), ist $vr^{-2}\,|f|^2\,\mathrm{d}S = v\,|f|^2\,\mathrm{d}o$.[1]) Das Verhältnis dieser Größe zur Stromdichte in der einlaufenden Welle ist

$$\mathrm{d}\sigma = |f(\theta)|^2\,\mathrm{d}o\,. \tag{123,4}$$

Diese Größe hat die Dimension einer Fläche und heißt *effektiver Streuquerschnitt* (oder einfach *Streuquerschnitt*) zum Raumwinkel $\mathrm{d}o$. Setzen wir $\mathrm{d}o = 2\pi\sin\theta\,\mathrm{d}\theta$, so erhalten wir für den Streuquerschnitt

$$\mathrm{d}\sigma = 2\pi\sin\theta\,|f(\theta)|^2\,\mathrm{d}\theta \tag{123,5}$$

zur Streuung in den Winkelbereich zwischen θ und $\theta + \mathrm{d}\theta$.

Die Lösung der SCHRÖDINGER-Gleichung für die Streuung im kugelsymmetrischen Feld $U(r)$ muß offensichtlich axialsymmetrisch in bezug auf die z-Achse sein, in bezug auf die Richtung der einlaufenden Teilchen. Jede solche Lösung kann als Superposition von Wellenfunktionen zum kontinuierlichen Spektrum dargestellt werden, die einer Bewegung von Teilchen in dem gegebenen Feld mit vorgegebener Energie $\hbar^2k^2/2m$ und mit Bahndrehimpulsen verschiedener Beträge l und verschwindenden z-Projektionen entsprechen (diese Funktionen sind vom Azimut φ um die z-Achse unabhängig, d. h. axialsymmetrisch). Die gesuchte Wellenfunktion hat demnach die Gestalt

$$\psi = \sum_{l=0}^{\infty} A_l P_l(\cos\theta)\,R_{kl}(r)\,. \tag{123,6}$$

Darin sind die A_l Konstanten, und die $R_{kl}(r)$ sind die Radialfunktionen, die der Gleichung

$$\frac{1}{r^2}\frac{\mathrm{d}}{\mathrm{d}r}\left(r^2\frac{\mathrm{d}R_{kl}}{\mathrm{d}r}\right) + \left[k^2 - \frac{l(l+1)}{r^2} - \frac{2m}{\hbar^2}\,U(r)\right]R_{kl} = 0 \tag{123,7}$$

genügen. Die Koeffizienten A_l können so gewählt werden, daß die Funktion (123,6) für große Abstände die asymptotische Gestalt (123,3) hat. Wir wollen zeigen, daß

---

[1]) Bei dieser Überlegung wird stillschweigend vorausgesetzt, daß der einlaufende Teilchenstrahl von einer weiten (um Beugungseffekte zu vermeiden), aber endlichen Blende begrenzt wird, wie es bei realen Streuexperimenten der Fall ist. Aus diesem Grunde gibt es keine Interferenz zwischen den beiden Summanden im Ausdruck (123,3). Das Quadrat $|\psi|^2$ wird in denjenigen Punkten gebildet, in denen keine einlaufende Welle vorhanden ist.

man dazu

$$A_l = \frac{1}{2k}(2l+1)\, i^l \exp(i\delta_l) \tag{123,8}$$

zu setzen hat, wobei die δ_l die Phasenverschiebungen der Funktionen R_{kl} sind. Damit wird auch das Problem gelöst, die Streuamplitude durch diese Phasen auszudrücken.

Die asymptotische Gestalt der Funktion R_{kl} wird durch die Formel (33,20) gegeben:

$$R_{kl} \approx \frac{2}{r}\sin\left(kr - \frac{l\pi}{2} + \delta_l\right)$$
$$= \frac{1}{ir}\{(-i)^l \exp[i(kr+\delta_l)] - i^l \exp[-i(kr+\delta_l)]\}\,.$$

Wir setzen diesen Ausdruck sowie (123,8) in (123,6) ein und erhalten den asymptotischen Ausdruck für die Wellenfunktion in der Form

$$\psi \approx \frac{1}{2ikr}\sum_{l=0}^{\infty}(2l+1)\, P_l(\cos\theta)\,[(-1)^{l+1}\,\mathrm{e}^{-ikr} + S_l \mathrm{e}^{ikr}] \tag{123,9}$$

mit der Bezeichnung

$$S_l = \exp(2i\delta_l)\,. \tag{123,10}$$

Andererseits ist die Entwicklung der ebenen Welle (34,2) nach derselben Umformung

$$\mathrm{e}^{ikz} \approx \frac{1}{2kr}\sum_{l=0}^{\infty}(2l+1)\, P_l(\cos\theta)\,[(-1)^{l+1}\mathrm{e}^{-ikr} + \mathrm{e}^{ikr}]\,.$$

Aus der Differenz $\psi - \mathrm{e}^{ikz}$ sind alle Glieder mit Faktoren e^{-ikr} herausgefallen, wie es sein muß. Für den Faktor von e^{ikr}/r in dieser Differenz, d. h. für die Streuamplitude, finden wir

$$f(\theta) = \frac{1}{2ik}\sum_{l=0}^{\infty}(2l+1)\,(S_l - 1)\, P_l(\cos\theta)\,. \tag{123,11}$$

Diese Formel gibt die Streuamplitude als Funktion der Streuphasen δ_l an (H. Faxen, J. Holtsmark, 1927).[1])

Wir integrieren $d\sigma$ über alle Winkel und erhalten den totalen Streuquerschnitt σ. σ ist das Verhältnis der Gesamtwahrscheinlichkeit für eine Streuung eines Teilchens (pro Zeiteinheit) zur Stromdichte in der einlaufenden Welle. Wir setzen (123,11) in das Integral

$$\sigma = 2\pi \int_0^{\pi} |f(\theta)|^2 \sin\theta \, d\theta$$

---

[1]) Das Problem, das Streupotential aus den bekannt angenommenen Streuphasen δ_1 zu rekonstruieren, ist von prinzipiellem Interesse. Dieses Problem ist von I. M. Gelfand, B. M. Lewitan und W. A. Martschenko gelöst worden. Zur Bestimmung von $U(r)$ braucht man im Prinzip nur $\delta_0(k)$ als Funktion des Wellenzahlvektors im ganzen Bereich von $k = 0$ bis $k = \infty$ zu kennen sowie die Koeffizienten a_n in den (für $r \to \infty$) asymptotischen Ausdrücken

$$R_{n0} \approx a_n\,\mathrm{e}^{-\varkappa_n r}/r \qquad (\varkappa_n = \sqrt{2m\,|E_n|}/\hbar)$$

für die Wellenfunktionen der Zustände zum diskreten Spektrum der Energieniveaus E_n (mit negativen Energiewerten), falls es solche überhaupt gibt. Die Bestimmung von $U(r)$ aus diesen Daten führt auf die Lösung einer bestimmten linearen Integralgleichung. Eine systematische Darstellung dieses Problems findet man in dem Buch: V. de Alvaro und T. Regge, Potential Scattering, North Holland, Amsterdam 1965 (russ. — Verlag „Mir“ 1966).

ein, beachten, daß die LEGENDREschen Polynome mit verschiedenen l orthogonal zueinander sind sowie

$$\int_0^\pi P_l^2(\cos\theta)\sin\theta\,\mathrm{d}\theta = \frac{2}{2l+1},$$

und erhalten folgenden Ausdruck für den totalen Streuquerschnitt:

$$\sigma = \frac{4\pi}{k^2}\sum_{l=0}^{\infty}(2l+1)\sin^2\delta_l\,. \qquad (123{,}12)$$

Jeder Summand in dieser Summe ist der *partielle Streuquerschnitt* σ_l für die Streuung von Teilchen mit einem bestimmten Bahndrehimpuls l. Der Maximalwert für einen solchen Streuquerschnitt ist

$$\sigma_{l\,\mathrm{max}} = \frac{4\pi}{k^2}(2l+1)\,. \qquad (123{,}13)$$

Wir vergleichen diesen Wert mit der Formel (34,5) und erkennen, daß die Zahl der mit dem Drehimpuls l gestreuten Teilchen sich als viermal größer als die Zahl der betreffenden Teilchen im einlaufenden Strom erweisen kann. Dieser Sachverhalt ist ein rein quantenmechanischer Effekt, der mit der Interferenz von gestreuten und ungestreuten Teilchen zusammenhängt.

Später wird es zweckmäßig sein, auch die *partiellen Streuamplituden* oder *Partialwellenamplituden* f_l zu verwenden, die wir als die Entwicklungskoeffizienten in

$$f(\theta) = \sum_l (2l+1) f_l P_l(\cos\theta) \qquad (123{,}14)$$

definieren. Nach (123,11) hängen sie mit den Streuphasen über die Beziehung

$$f_l = \frac{1}{2ik}(S_l - 1) = \frac{1}{2ik}(\mathrm{e}^{2i\delta_l} - 1) \qquad (123{,}15)$$

zusammen, und der Zusammenhang mit den partiellen Streuquerschnitten ist

$$\sigma_l = 4\pi(2l+1)\,|f_l|^2\,. \qquad (123{,}16)$$

§ 124. Untersuchung der allgemeinen Formel

Die erhaltenen Formeln sind im Prinzip auf die Streuung in einem beliebigen Feld $U(r)$ anwendbar, das im Unendlichen verschwindet. Die Untersuchung dieser Formeln erfolgt, indem man die Eigenschaften der darin enthaltenen Streuphasen δ_l untersucht.

Bei der Abschätzung der Größenordnung der Streuphasen δ_l mit großen l-Werten nutzen wir aus, daß die Bewegung für große l quasiklassisch ist (siehe § 49). Die Phase der Wellenfunktion wird deshalb durch die Formel

$$\int_{r_0}^{r}\sqrt{k^2 - \frac{(l+1/2)^2}{r^2} - \frac{2mU(r)}{\hbar^2}}\,\mathrm{d}r + \frac{\pi}{4}$$

bestimmt, wobei r_0 die Nullstelle des Integranden ist ($r > r_0$ ist der klassisch erlaubte Bereich für die Bewegung). Wir subtrahieren hiervon die Phase

$$\int_{r_0}^{r} \sqrt{k^2 - \frac{(l + 1/2)^2}{r^2}}\,\mathrm{d}r + \frac{\pi}{4}$$

der Wellenfunktion für die freie Bewegung, lassen $r \to \infty$ gehen und erhalten definitionsgemäß die Größe δ_l. Für große l ist der Wert von r_0 ebenfalls groß. Im ganzen Integrationsgebiet ist demnach $U(r)$ klein, und wir bekommen näherungsweise

$$\delta_l = -\int_{r_0}^{\infty} \frac{mU(r)\,\mathrm{d}r}{\hbar^2 \sqrt{k^2 - \frac{(l + 1/2)^2}{r^2}}}\,. \tag{124,1}$$

Größenordnungsmäßig ist dieses Integral (wenn es konvergent ist) gleich

$$\delta_l \sim \frac{mU(r_0)\,r_0}{k\hbar^2}\,. \tag{124,2}$$

Die Größenordnung von r_0 ist $r_0 \sim l/k$.

Wenn $U(r)$ im Unendlichen wie r^{-n} mit $n > 1$ verschwindet, dann konvergiert das Integral (124,1), und die Phasen δ_l sind endlich. Dagegen ist für $n \leq 1$ das Integral divergent, so daß die Phasen δ_l unendlich sind. Das gilt für beliebige l; denn ob das Integral (124,1) divergiert oder konvergiert, hängt vom Verhalten von $U(r)$ bei großen r ab. Für große Abstände (für die das Feld $U(r)$ bereits schwach ist) ist die radiale Bewegung für beliebiges l quasiklassisch. Wie man die Formeln (123,11) und (123,12) für unendliche δ_l zu verstehen hat, wird später erläutert werden.

Wir wollen uns zuerst mit der Konvergenz der Reihe (123,12) für den totalen Streuquerschnitt befassen. Für große l sind die Phasen $\delta_l \ll 1$, wie aus (124,1) zu erkennen ist, wenn man beachtet, daß $U(r)$ schneller als $1/r$ abnimmt. Man kann daher $\sin^2 \delta_l \approx \delta_l^2$ setzen, und die Summe der höheren Glieder in der Reihe (123,12) wird von der Größenordnung $\sum\limits_{l \gg 1} l\delta_l^2$ sein. Nach dem Integralkriterium für die Konvergenz von Reihen schließen wir, daß die betrachtete Reihe konvergiert, wenn das Integral $\int^{\infty} l\delta_l^2\,\mathrm{d}l$ konvergiert. Hier setzen wir (124,2) ein, ersetzen l durch kr_0 und erhalten das Integral

$$\int^{\infty} U^2(r_0)\, r_0^3\, \mathrm{d}r_0\,.$$

Falls $U(r)$ im Unendlichen wie r^{-n} mit $n > 2$ abnimmt, ist dieses Integral konvergent, und der totale Streuquerschnitt ist endlich. Wenn das Feld $U(r)$ dagegen wie $1/r^2$ oder noch langsamer verschwindet, dann ist der totale Streuquerschnitt unendlich. Physikalisch hängt das damit zusammen, daß die Streuung um kleine Winkel bei langsamer Abnahme des Feldes mit dem Abstand sehr groß wird. Wir erinnern in diesem Zusammenhang an folgenden Sachverhalt in der klassischen Mechanik: In einem beliebigen Feld, von dem nur bekannt ist, daß es für $r \to \infty$ verschwindet, wird ein Teilchen mit einem beliebig großen, aber endlichen Stoßparameter ϱ immer um einen gewissen kleinen, aber von Null verschiedenen Winkel abgelenkt. Der totale

Streuquerschnitt ist daher bei beliebigem Abklingen von $U(r)$ unendlich.[1]) In der Quantenmechanik ist eine derartige Überlegung schon deshalb unzulässig, weil man von der Streuung um einen bestimmten Winkel nur unter der Bedingung sprechen darf, daß dieser Winkel groß gegenüber der Unbestimmtheit in der Bewegungsrichtung des Teilchens ist. Der Stoßparameter sei mit einer Genauigkeit von $\Delta\varrho$ bekannt. Dadurch ergibt sich eine Unbestimmtheit $\hbar/\Delta\varrho$ im transversalen Impuls, d. h. eine Unbestimmtheit $\sim \hbar/mv\,\Delta\varrho$ im Winkel.

Die Streuung um kleine Winkel spielt bei langsamer Abnahme von $U(r)$ eine große Rolle. Es erhebt sich daher ganz natürlich die Frage, ob die Streuamplitude $f(\theta)$ für $\theta = 0$ nicht sogar für solche $U(r)$ divergieren wird, die schneller als $1/r^2$ verschwinden. Wir setzen in (123,11) $\theta = 0$ und erhalten für die höheren Glieder in der Summe einen Ausdruck proportional zu $\sum\limits_{l\gg 1} l\delta_l$. Mit denselben Überlegungen wie im vorhergehenden Falle gelangen wir bei der Suche nach einem Konvergenzkriterium für die Reihe zum Integral

$$\int^{\infty} U(r_0)\, r_0^2\, \mathrm{d}r_0\,,$$

das bereits für $U(r) \propto r^{-n}$ $(n \leqq 3)$ divergiert. Die Streuamplitude wird also für $\theta = 0$ in Feldern, die wie $1/r^3$ oder langsamer abnehmen, unendlich.

Schließlich beschäftigen wir uns noch mit dem Falle, daß die Streuphase δ_l selbst unendlich ist, was für $U(r) \propto r^{-n}$ $(n \leqq 1)$ zutrifft. Es ist aus obigen Ergebnissen von vornherein klar, daß bei dieser langsamen Abnahme des Feldes sowohl der totale Streuquerschnitt als auch die Streuamplitude für $\theta = 0$ unendlich sein werden. Es bleibt aber die Frage offen, wie $f(\theta)$ für $\theta \neq 0$ zu berechnen ist. Als erstes vermerken wir die Formel[2])

$$\sum_{l=0}^{\infty} (2l+1)\, P_l(\cos\theta) = 4\delta(1-\cos\theta)\,. \tag{124,3}$$

Mit anderen Worten, für alle $\theta \neq 0$ ist diese Summe gleich Null. Man kann demzufolge im Ausdruck (123,11) für die Streuamplitude für $\theta \neq 0$ die 1 in der eckigen Klammer in jedem Summanden weglassen, und es verbleibt

$$f(\theta) = \frac{1}{2ik} \sum_{l=0}^{\infty} (2l+1)\, P_l(\cos\theta)\, e^{2i\delta_l}\,. \tag{124,4}$$

Wir multiplizieren die rechte Seite dieser Gleichung mit dem konstanten Faktor $\exp(-2i\delta_0)$. Das wirkt sich nicht auf den Streuquerschnitt aus, der durch das Betragsquadrat $|f(\theta)|^2$ gegeben wird. Die Phase der komplexen Funktion $f(\theta)$ ändert sich dabei nur um eine unwesentliche Konstante. Andererseits wird das divergente Integral über $U(r)$ in der Differenz $\delta_l - \delta_0$ der Ausdrücke (124,1) weggehoben, und es bleibt eine endliche Größe übrig. Man kann deshalb zur Berechnung der Streuampli-

---

[1]) Das äußert sich in der Divergenz des Integrals $\int 2\pi\varrho\, \mathrm{d}\varrho$, durch das in der klassischen Mechanik der totale Streuquerschnitt bestimmt wird.

[2]) Diese Formel ist die Entwicklung der δ-Funktion nach Legendreschen Polynomen und wird unmittelbar verifiziert, indem man von beiden Seiten mit $\sin\theta\, P_l(\cos\theta)$ multipliziert und über $\mathrm{d}\theta$ integriert. Dabei wird das Integral $\int\limits_0^{\infty} \delta(x)\, \mathrm{d}x$ über die gerade Funktion $\delta(x)$ gleich 1/2 gesetzt.

tude im vorliegenden Falle die folgende Formel benutzen:

$$f(\theta) = \frac{1}{2ik} \sum_{l=0}^{\infty} (2l + 1) P_l (\cos\theta) e^{2i(\delta_l - \delta_0)} . \tag{124,5}$$

§ 125. Die Unitaritätsbedingung für die Streuung

Die Streuamplitude zu einem beliebigen (nicht unbedingt kugelsymmetrischen) Feld erfüllt eine gewisse Beziehung, die aus einigen allgemeinen physikalischen Forderungen folgt.

Die asymptotische Gestalt der Wellenfunktion in großen Abständen ist bei elastischer Streuung in einem beliebigen Feld

$$\psi \approx e^{ik r \boldsymbol{n}\boldsymbol{n}'} + \frac{1}{r} f(\boldsymbol{n}, \boldsymbol{n}') e^{ikr} . \tag{125,1}$$

Diese Schreibweise weicht von (123,3) insofern ab, daß die Streuamplitude hier von den Richtungen der beiden Einheitsvektoren in Einfallsrichtung ($\boldsymbol{n}$) und in Streurichtung ($\boldsymbol{n}'$) abhängt und nicht nur vom Winkel zwischen diesen beiden Richtungen.

Eine beliebige Linearkombination von Funktionen der Gestalt (125,1) mit verschiedenen Einfallsrichtungen $\boldsymbol{n}$ ist ebenfalls ein möglicher Streuprozeß. Wir multiplizieren die Funktionen (125,1) mit beliebigen Koeffizienten $F(\boldsymbol{n})$, integrieren über alle $\boldsymbol{n}$-Richtungen (über das Raumwinkelelement do), und schreiben diese Linearkombination als Integral

$$\int F(\boldsymbol{n}) e^{ikr\boldsymbol{n}\boldsymbol{n}'} do + \frac{e^{ikr}}{r} \int F(\boldsymbol{n}) f(\boldsymbol{n}, \boldsymbol{n}') do . \tag{125,2}$$

Der Abstand r kann beliebig groß sein. Der Faktor $\exp(ikr\boldsymbol{n}\boldsymbol{n}')$ im ersten Integral ist somit eine rasch oszillierende Funktion der Richtung des variablen Vektors $\boldsymbol{n}$. Der Wert des Integrals wird deshalb im wesentlichen von den Bereichen in der Nähe derjenigen $\boldsymbol{n}$-Werte bestimmt, für die der Exponent einen Extremwert hat ($\boldsymbol{n} = \pm\boldsymbol{n}'$). In jedem solchen Bereich kann man den Faktor $F(\boldsymbol{n}) \approx F(\pm\boldsymbol{n}')$ aus dem Integral herausziehen. Danach ergibt die Integration[1])

$$2\pi i F(-\boldsymbol{n}') \frac{e^{-ikr}}{kr} - 2\pi i F(\boldsymbol{n}') \frac{e^{ikr}}{kr} + \frac{e^{ikr}}{r} \int f(\boldsymbol{n}, \boldsymbol{n}') F(\boldsymbol{n}) do .$$

Wir bringen diesen Ausdruck in kompakte Operatorgestalt und lassen den Faktor $\pi i/k$ weg:

$$\frac{e^{-ikr}}{r} F(-\boldsymbol{n}') - \frac{e^{ikr}}{r} \hat{S} F(\boldsymbol{n}') \tag{125,3}$$

mit

$$\hat{S} = 1 + 2ik\hat{f} , \tag{125,4}$$

$\hat{f}$ ist der Integraloperator

$$\hat{f} F(\boldsymbol{n}') = \frac{1}{4\pi} \int f(\boldsymbol{n}, \boldsymbol{n}') F(\boldsymbol{n}) do . \tag{125,5}$$

---

1) Zur Berechnung des Integrals verschieben wir den Integrationsweg für die Variable $\mu = \cos\theta$ (θ ist der Winkel zwischen $\boldsymbol{n}$ und $\boldsymbol{n}'$) in der komplexen μ-Ebene so, daß er in die obere Halbebene durchgebogen ist, während die Enden bei $\mu = \pm 1$ festgehalten werden. Mit zunehmender Entfernung von den beiden Endpunkten nimmt dann die Funktion $e^{ikr\mu}$ rasch ab.

Der Operator $\hat{S}$ wird als *Streuoperator* (oder *Streumatrix*) oder einfach *S-Matrix* bezeichnet; er ist zuerst von W. HEISENBERG (1943) eingeführt worden.

Der erste Summand in (125,3) ist eine in das Zentrum einlaufende Welle, der zweite eine vom Zentrum auslaufende Welle. Die Erhaltung der Teilchenzahl bei elastischer Streuung besagt, daß die gesamten Teilchenströme in der einlaufenden und in der auslaufenden Welle gleich sind. Mit anderen Worten, diese beiden Wellen müssen die gleiche Normierung haben. Dazu muß der Streuoperator unitär sein (§ 12), d. h., es muß gelten

$$\hat{S}\hat{S}^{+} = 1 . \tag{125,6}$$

Setzen wir (125,4) ein und führen wir die Multiplikation aus, so erhalten wir

$$\hat{f} - \hat{f}^{+} = 2ik\hat{f}\hat{f}^{+} . \tag{125,7}$$

Schließlich benutzen wir die Definition (125,5) und schreiben die *Unitaritätsbedingung* für die Streuung endgültig in der Form

$$f(\boldsymbol{n}, \boldsymbol{n}') - f^{*}(\boldsymbol{n}', \boldsymbol{n}) = \frac{ik}{2\pi} \int f(\boldsymbol{n}, \boldsymbol{n}'')\, f^{*}(\boldsymbol{n}', \boldsymbol{n}'')\, \mathrm{d}o'' . \tag{125,8}$$

Für $\boldsymbol{n} = \boldsymbol{n}'$ ist das Integral auf der rechten Seite dieser Gleichung nichts anderes als der totale Streuquerschnitt

$$\sigma = \int |f(\boldsymbol{n}, \boldsymbol{n}'')|^2\, \mathrm{d}o'' .$$

Die Differenz auf der linken Seite von Gleichung (125,8) ist in diesem Falle einfach der Imaginärteil der Amplitude $f(\boldsymbol{n}, \boldsymbol{n})$. Wir erhalten somit folgende allgemeine Beziehung zwischen dem totalen Streuquerschnitt der elastischen Streuung und dem Imaginärteil der Streuamplitude für die Vorwärtsstreuung:

$$\operatorname{Im} f(\boldsymbol{n}, \boldsymbol{n}) = \frac{k}{4\pi}\, \sigma \tag{125,9}$$

(sogenanntes *optisches Theorem* für die Streuung).

Eine weitere allgemeine Eigenschaft der Streuamplitude ergibt sich aus der Forderung nach Symmetrie bei Zeitumkehr. In der Quantenmechanik äußert sich diese Symmetrie so: Wenn eine Funktion irgendeinen möglichen Zustand beschreibt, dann entspricht auch die konjugiert komplexe Funktion ψ^* einem möglichen Zustand (§ 18). Daher beschreibt die zur Funktion (125,3) konjugiert komplexe Wellenfunktion

$$\frac{\mathrm{e}^{ikr}}{r} F^{*}(-\boldsymbol{n}') - \frac{\mathrm{e}^{-ikr}}{r} \hat{S}^{*} F^{*}(\boldsymbol{n}')$$

ebenfalls einen möglichen Streuprozeß. Wir führen mit der Bezeichnung $-\hat{S}^{*}F^{*}(\boldsymbol{n}') = \Phi(-\boldsymbol{n}')$ eine neue Funktion ein. Unter Beachtung der Unitärität des $\hat{S}$-Operators haben wir

$$F^{*}(\boldsymbol{n}') = -\hat{S}^{*-1}\Phi(-\boldsymbol{n}') = -\hat{\tilde{S}}\Phi(-\boldsymbol{n}') .$$

Mit dem Operator $\hat{P}$ für eine Koordinateninversion, bei der die Vorzeichen der Vektoren $\boldsymbol{n}$ und $\boldsymbol{n}'$ umgekehrt werden, schreiben wir

$$F^{*}(-\boldsymbol{n}') = \hat{P}F^{*}(\boldsymbol{n}') = -\hat{P}\hat{\tilde{S}}\hat{P}\Phi(\boldsymbol{n}') .$$

So erhalten wir die Wellenfunktion nach Zeitumkehr in der Gestalt

$$\frac{e^{-ikr}}{r}\,\Phi(-\boldsymbol{n}') - \frac{e^{ikr}}{r}\,\hat{P}\hat{\tilde{S}}\hat{P}\Phi(\boldsymbol{n}')\,.$$

Sie muß im wesentlichen mit der ursprünglichen Wellenfunktion (125,3) übereinstimmen. Der Vergleich ergibt, daß dazu die Bedingung

$$\hat{P}\hat{\tilde{S}}\hat{P} = \hat{S} \tag{125,10}$$

erfüllt sein muß. Die beiden Funktionen unterscheiden sich dann nur in der Bezeichnung der willkürlichen Funktion.

Wir erhalten die entsprechende Beziehung für die Streuamplitude, indem wir von der Operatorgleichung (125,10) zur Matrixgleichung übergehen. Beim Transponieren vertauschen die Vektoren $\boldsymbol{n}$ und $\boldsymbol{n}'$ in Anfangs- und Endzustand ihre Plätze, und die Inversion ändert ihre Vorzeichen. Wir haben deshalb

$$S(\boldsymbol{n}, \boldsymbol{n}') = S(-\boldsymbol{n}', -\boldsymbol{n}) \tag{125,11}$$

oder, was dasselbe ist,

$$f(\boldsymbol{n}, \boldsymbol{n}') = f(-\boldsymbol{n}', -\boldsymbol{n})\,. \tag{125,12}$$

Diese Beziehung (das sogenannte *Reziprozitätstheorem*) ist ein ganz natürliches Ergebnis: Die Amplituden zweier Streuprozesse, die durch Zeitumkehr auseinander hervorgehen, sind gleich. Die Zeitumkehr vertauscht Anfangs- und Endzustand und kehrt die Bewegungsrichtungen der Teilchen um.

Für die Streuung an einem kugelsymmetrischen Feld vereinfachen sich die erhaltenen allgemeinen Formeln. In diesem Falle hängt die Streuamplitude $f(\boldsymbol{n}, \boldsymbol{n}')$ nur vom Winkel θ zwischen $\boldsymbol{n}$ und $\boldsymbol{n}'$ ab. Die Gleichung (125,12) wird daher zu einer Identität. Die Unitaritätsbedingung (125,8) erhält die Gestalt

$$\operatorname{Im} f(\theta) = \frac{k}{4\pi}\int f(\gamma)\, f^*(\gamma')\, do''\,, \tag{125,13}$$

wenn γ und γ' die Winkel zwischen $\boldsymbol{n}$ und $\boldsymbol{n}'$ und einer gewissen Raumrichtung $\boldsymbol{n}''$ sind. Wir stellen $f(\theta)$ als Entwicklung (123,14) dar und benutzen das Additionstheorem für die Kugelfunktionen (c, 10). So erhalten wir aus (125,13) folgende Beziehung für die Partialwellenamplituden:

$$\operatorname{Im} f_l = k\,|f_l|^2\,. \tag{125,14}$$

Diese Formel kann auch unmittelbar aus dem Ausdruck (123,15) gewonnen werden, wonach $|2ikf_l + 1|^2 = 1$ ist. Auch das optische Theorem (125,9) kann für die Streuung an einem kugelsymmetrischen Feld unmittelbar aus den Formeln (123,11) und (123,12) hergeleitet werden.

Wir formen (125,14) um in $\operatorname{Im}(1/f_l) = -k$ und sehen, daß die Amplitude f_l die Gestalt

$$f_l = \frac{1}{g_l - ik} \tag{125,15}$$

haben muß, wobei $g_l = g_l(k)$ eine reelle Funktion ist. Sie hängt mit der Streuphase δ_l über die Beziehung

$$g_l = k \cot \delta_l \tag{125,16}$$

zusammen. Im folgenden werden wir diese Darstellung für die Amplitude wiederholt verwenden.

Wir wollen für die Streuung an einem kugelsymmetrischen Feld feststellen, wie der oben eingeführte Streuoperator mit den Größen der in § 123 entwickelten Theorie zusammenhängt.

Der Streuoperator ist mit dem Drehimpulsoperator vertauschbar, weil der Bahndrehimpuls in einem kugelsymmetrischen Feld erhalten bleibt. Mit anderen Worten, die S-Matrix ist in der l-Darstellung diagonal. Dabei müssen wegen der Unitarität des $\hat{S}$-Operators die zugehörigen Eigenwerte den Betrag 1 haben, d. h., sie haben die Gestalt $\exp(2i\delta_l)$ mit reellen Größen δ_l. Wie man leicht ersehen kann, sind diese Größen gleich den Phasenverschiebungen der Wellenfunktionen, so daß die Eigenwerte der S-Matrix gleich den in § 123 eingeführten Größen S_l (123,10) sind. Die Eigenwerte des Operators $\hat{f} = (\hat{S} - 1)/2ik$ sind dementsprechend gleich den Partialwellenamplituden (123,15), denn wenn wir $P_l(\cos\theta)$ als Funktion $F(\boldsymbol{n})$ verwenden (dabei ist $F(-\boldsymbol{n}) = P_l(-\cos\theta) = (-1)^l P_l(\cos\theta)$), dann muß die Wellenfunktion (125,3) mit derjenigen Lösung der Schrödinger-Gleichung übereinstimmen, die durch einen einzelnen Summanden in (123,9) gegeben wird. Das bedeutet

$$\hat{S}P_l(\cos\theta) = S_l P_l(\cos\theta)\,.$$

Für eine ebene Welle in z-Richtung ist die Funktion $F(\boldsymbol{n})$ in (125,3) eine δ-Funktion, $F = 4\delta(1 - \cos\theta)$, wenn θ der Winkel zwischen $\boldsymbol{n}$ und der z-Achse ist. Die δ-Funktion ist hier entsprechend der Fußnote auf S. 492 definiert. Der Faktor vor der δ-Funktion ist so gewählt worden, daß sich beim Einsetzen in die rechte Seite der Definition (125,5) einfach $f(\theta)$ ergibt (wobei jetzt θ der Winkel zwischen $\boldsymbol{n}'$ und der z-Achse ist). Wir schreiben die δ-Funktion in der Gestalt (124,3)

$$F = 4\delta(1 - \cos\theta) = \sum_{l=0}^{\infty} (2l + 1)\, P_l(\cos\theta) \tag{125,17}$$

und wenden darauf den Operator $\hat{f}$ an. So erhalten wir, wie es sein muß, die Streuamplitude in der Gestalt (123,14).

Schließlich wollen wir noch folgende Bemerkung anbringen. Aus mathematischer Sicht weist die Unitaritätsbedingung (125,8) darauf hin, daß nicht jede vorgegebene Funktion $f(\boldsymbol{n}, \boldsymbol{n}')$ die Streuamplitude zu irgendeinem Feld sein kann. Speziell kann nicht jede Funktion $f(\theta)$ die Streuamplitude zu einem kugelsymmetrischen Feld sein. Auf Grund von (125,13) muß eine bestimmte Beziehung zwischen Real- und Imaginärteil einer solchen Funktion erfüllt sein. Wir schreiben $f(\theta) = |f|\, e^{i\alpha}$; bei für alle Winkel gegebenem Betrag $|f|$ ergibt die Beziehung (125,13) eine Integralgleichung, aus der man im Prinzip die unbekannte Phase $\alpha(\theta)$ bestimmen kann. Mit anderen Worten, aus dem für alle Winkel bekannten Streuquerschnitt (dem Quadrat $|f|^2$) kann man im Prinzip auch die Amplitude rekonstruieren. Diese Rekonstruktion ist aber nicht ganz eindeutig und bestimmt die Amplitude nur bis auf die Substitution

$$f(\theta) \rightarrow -f^*(\theta)\,, \tag{125,18}$$

die die Gleichung (125,13) invariant läßt und natürlich auch den Streuquerschnitt $|f|^2$ nicht ändert (die Transformation (125,18) ist dem gleichzeitigen Vorzeichenwechsel aller Phasen δ_l in (123,11) äquivalent). Das Verfahren wird eindeutig, wenn nicht nur die Winkelabhängigkeit der Streuamplitude, sondern auch die Energieabhängigkeit betrachtet wird. Wir werden später sehen (§§ 128, 129), daß die analytischen Eigenschaften der Amplitude als Funktion der Energie gegenüber der Transformation (125,18) nicht invariant sind.

§ 126. Die Bornsche Formel

Der Streuquerschnitt kann in dem sehr wichtigen Falle allgemein berechnet werden, daß das streuende Feld als Störung angesehen werden kann.[1]) In § 45 ist gezeigt worden, daß dafür wenigstens eine der beiden Bedingungen

$$|U| \ll \frac{\hbar^2}{ma^2} \tag{126,1}$$

oder

$$|U| \ll \frac{\hbar v}{a} = \frac{\hbar^2}{ma^2} ka \tag{126,2}$$

erfüllt sein muß. a ist dabei die Reichweite des Feldes $U(r)$, U ist die Größenordnung des Feldes im Grundbereich. Ist die erste Bedingung erfüllt, dann ist die betrachtete Näherung für alle Geschwindigkeiten brauchbar. Aus der zweiten Bedingung ist zu erkennen, daß sie auf jeden Fall für hinreichend schnelle Teilchen brauchbar ist.

Gemäß § 45 setzen wir die Wellenfunktion in der Gestalt $\psi = \psi^{(0)} + \psi^{(1)}$ an, wobei $\psi^{(0)} = \mathrm{e}^{i\boldsymbol{kr}}$ dem einlaufenden Teilchen mit dem Wellenzahlvektor $\boldsymbol{k} = \boldsymbol{p}/\hbar$ entspricht. Aus Formel (45,3) entnehmen wir

$$\psi^{(1)}(x, y, z) = -\frac{m}{2\pi\hbar^2} \int U(x', y', z')\, \mathrm{e}^{i(\boldsymbol{kr}' + kR)} \frac{\mathrm{d}V'}{R}. \tag{126,3}$$

Wir wählen das Streuzentrum als Koordinatenursprung, führen den Ortsvektor $\boldsymbol{R}_0$ zum Beobachtungspunkt von $\psi^{(1)}$ ein und bezeichnen den Einheitsvektor in $\boldsymbol{R}_0$-Richtung mit $\boldsymbol{n}'$. Der Ortsvektor zum Volumenelement $\mathrm{d}V'$ ist $\boldsymbol{r}'$, dann ist $\boldsymbol{R} = \boldsymbol{R}_0 - \boldsymbol{r}'$. In großen Abständen vom Zentrum ist $R_0 \gg r'$, so daß

$$R = |\boldsymbol{R}_0 - \boldsymbol{r}'| \approx R_0 - \boldsymbol{r}'\boldsymbol{n}'$$

gilt. Wir setzen das in (126,3) ein und erhalten folgenden asymptotischen Ausdruck für $\psi^{(1)}$:

$$\psi^{(1)} \approx -\frac{m}{2\pi\hbar^2} \frac{\mathrm{e}^{ikR_0}}{R_0} \int U(\boldsymbol{r}')\, \mathrm{e}^{i(\boldsymbol{k}-\boldsymbol{k}')\boldsymbol{r}'}\, \mathrm{d}V'$$

(wobei $\boldsymbol{k}' = k\boldsymbol{n}'$ der Wellenzahlvektor des Teilchens nach der Streuung ist). Wir vergleichen mit der Definition für die Streuamplitude in (123,3) und erhalten dafür den Ausdruck

$$f = -\frac{m}{2\pi\hbar^2} \int U\, \mathrm{e}^{-i\boldsymbol{qr}}\, \mathrm{d}V. \tag{126,4}$$

Darin haben wir die Integrationsvariablen umbenannt und den Vektor

$$\boldsymbol{q} = \boldsymbol{k}' - \boldsymbol{k} \tag{126,5}$$

[1]) In der in § 123 entwickelten allgemeinen Theorie entspricht diese Näherung dem Fall, daß alle Streuphasen δ_l klein sind. Darüber hinaus ist es notwendig, daß diese Streuphasen aus der Schrödinger-Gleichung ausgerechnet werden können, in der die potentielle Energie als Störung behandelt wird (siehe Aufgabe 4).

mit dem Betrag

$$q = 2k \sin\frac{\theta}{2} \tag{126,6}$$

eingeführt; θ ist der Winkel zwischen $\boldsymbol{k}$ und $\boldsymbol{k}'$, d. h. der Streuwinkel.

Schließlich bilden wir das Betragsquadrat der Streuamplitude und erhalten folgende Formel für den Streuquerschnitt zum Raumwinkelelement $\mathrm{d}o$:

$$\mathrm{d}\sigma = \frac{m^2}{4\pi^2\hbar^4}\left|\int U\, \mathrm{e}^{-i\boldsymbol{q}\boldsymbol{r}}\, \mathrm{d}V\right|^2 \mathrm{d}o\,. \tag{126,7}$$

Die Streuung mit der Impulsänderung um $\hbar\boldsymbol{q}$ wird durch das Betragsquadrat der entsprechenden FOURIER-Komponente des Feldes U bestimmt. Die Formel (126,7) ist erstmalig von M. BORN (1926) abgeleitet worden. Diese Näherung wird in der Streutheorie oft als BORN*sche Näherung* bezeichnet.

In dieser Näherung gilt die Beziehung

$$f(\boldsymbol{k}, \boldsymbol{k}') = f^*(\boldsymbol{k}', \boldsymbol{k}) \tag{126,8}$$

zwischen den Amplituden des direkten und des umgekehrten (im eigentlichen Sinne des Wortes) Streuprozesses, d. h. für die Prozesse, die sich durch Vertauschung von Anfangs- und Endimpulsen voneinander unterscheiden, ohne daß die Vorzeichen umgekehrt werden, wie es bei der Zeitumkehr der Fall war. Es gibt also in der Streuung eine zusätzliche Symmetrieeigenschaft (neben dem Reziprozitätstheorem (125,12)). Diese Eigenschaft ist wesentlich daran geknüpft, daß die Streuamplituden in der Störungstheorie klein sind. Sie folgt unmittelbar aus der Unitaritätsbedingung (125,8), wenn man das in f quadratische Integralglied darin vernachlässigt.[1]

Die Formel (126,7) kann auch auf einem anderen Wege erhalten werden (dabei bleibt aber die Phase der Streuamplitude unbestimmt). Wir gehen dazu von der allgemeinen Formel (43,1) aus. Danach ist die Übergangswahrscheinlichkeit zwischen Zuständen des kontinuierlichen Spektrums

$$\mathrm{d}w_{fi} = \frac{2\pi}{\hbar}\,|U_{fi}|^2\, \delta(E_f - E_i)\, \mathrm{d}\nu_f\,.$$

Im vorliegenden Falle müssen wir diese Formel auf den Übergang aus dem Zustand des einlaufenden freien Teilchens mit dem Impuls $\boldsymbol{p}$ in den Zustand des in das Raumwinkelelement $\mathrm{d}o'$ gestreuten Teilchens mit dem Impuls $\boldsymbol{p}'$ anwenden. Als Zustandsintervall $\mathrm{d}\nu_f$ wählen wir $\mathrm{d}^3p'/(2\pi\hbar)^3$. Wir setzen für die Differenz der Energien in End- und Anfangszustand $E_f - E_i = (p'^2 - p^2)/2m$ ein und bekommen

$$\mathrm{d}w_{\boldsymbol{p}'\boldsymbol{p}} = \frac{4\pi m}{\hbar}\,|U_{\boldsymbol{p}'\boldsymbol{p}}|^2\, \delta(p'^2 - p^2)\, \frac{\mathrm{d}^3p'}{(2\pi\hbar)^3}\,. \tag{126,9}$$

Die Wellenfunktionen für das einlaufende und für das gestreute Teilchen sind ebene Wellen. Da wir als Zustandsintervall $\mathrm{d}\nu_f$ das Raumelement $\boldsymbol{p}/2\pi\hbar$ gewählt haben, muß die Wellenfunktion für den Endzustand auf eine δ-Funktion von $\boldsymbol{p}/2\pi\hbar$ normiert werden:

$$\psi_{\boldsymbol{p}'} = \mathrm{e}^{i\boldsymbol{p}'\boldsymbol{r}/\hbar}\,. \tag{126,10}$$

---

[1]) Hieraus ist ersichtlich, daß diese Eigenschaft bereits nicht mehr vorhanden ist, wenn man zur zweiten Näherung der Störungstheorie übergeht. Wir werden uns davon unmittelbar in § 130 im Zusammenhang mit Formel (130,13) überzeugen.

Die Wellenfunktion des Anfangszustandes wird auf die Stromdichte 1 normiert,

$$\psi_{\boldsymbol{p}} = \sqrt{\frac{m}{p}}\, \mathrm{e}^{i\boldsymbol{p}\boldsymbol{r}/\hbar} . \tag{126,11}$$

Der Ausdruck (126,9) hat dann die Dimension einer Fläche und ist der differentielle Streuquerschnitt.

Die δ-Funktion in der Formel (126,9) verlangt $p' = p$, d. h., der Betrag des Impulses ändert sich nicht, wie es bei einer elastischen Streuung sein muß. Man kann die δ-Funktion eliminieren, indem man im Impulsraum zu Kugelkoordinaten übergeht (d. h., indem man d^3p' durch $p'^2\,\mathrm{d}p'\,\mathrm{d}o' = \frac{1}{2}p'\,\mathrm{d}(p'^2)\,\mathrm{d}o'$ ersetzt) und über $\mathrm{d}(p'^2)$ integriert. Bei dieser Integration wird der Betrag p' im Integranden einfach durch p ersetzt, und wir bekommen

$$\mathrm{d}\sigma = \frac{mp}{4\pi^2\hbar^4}\left|\int \psi^*_{\boldsymbol{p}'} U \psi_{\boldsymbol{p}}\,\mathrm{d}V\right|^2 \mathrm{d}o' .$$

Hier setzen wir die Funktionen (126,10) und (126,11) ein und gelangen erneut zu Formel (126,7).

In der Gestalt (126,7) ist diese Formel geeignet für die Streuung an einem Feld $U(x, y, z)$, das nicht allein von r, sondern von einer beliebigen Kombination der Koordinaten abhängt. Im Falle eines kugelsymmetrischen Feldes kann sie weiter umgeformt werden.

Im Integral

$$\int U(r)\,\mathrm{e}^{-i\boldsymbol{q}\boldsymbol{r}}\,\mathrm{d}V$$

verwenden wir im physikalischen Raum Kugelkoordinaten r, ϑ, φ mit der Polarachse in Richtung des Vektors $\boldsymbol{q}$ (wir bezeichnen den Polarwinkel mit ϑ, um ihn vom Streuwinkel θ zu unterscheiden). Die Integration ϑ und φ kann ausgeführt werden, und wir erhalten als Ergebnis

$$\int_0^\infty\int_0^{2\pi}\int_0^\pi U(r)\,\mathrm{e}^{iqr\cos\vartheta}\,r^2\sin\vartheta\,\mathrm{d}\vartheta\,\mathrm{d}\varphi\,\mathrm{d}r = 4\pi\int_0^\infty U(r)\frac{\sin qr}{q}\,r\,\mathrm{d}r .$$

Diesen Ausdruck setzen wir in (126,4) ein und bekommen folgenden Ausdruck für die Streuamplitude in einem kugelsymmetrischen Feld:

$$f = -\frac{2m}{\hbar^2}\int_0^\infty U(r)\frac{\sin qr}{q}\,r\,\mathrm{d}r . \tag{126,12}$$

Für $\theta = 0$ (d. h. $q = 0$) divergiert dieses Integral, wenn $U(r)$ im Unendlichen wie $1/r^3$ oder langsamer verschwindet (in Übereinstimmung mit den allgemeinen Ergebnissen von § 124).

Wir lenken die Aufmerksamkeit auf folgenden interessanten Sachverhalt. Der Impuls p des Teilchens und der Streuwinkel θ gehen in (126,12) nur über q ein. In der BORNschen Näherung hängt also der Streuquerschnitt nur über die Kombination $p\sin(\theta/2)$ von p und θ ab.

Wir wenden uns jetzt wieder dem allgemeinen Fall beliebiger Felder $U(x, y, z)$ zu und betrachten die Grenzfälle kleiner ($ka \ll 1$) und großer ($ka \gg 1$) Geschwindigkeiten.

Für kleine Geschwindigkeiten kann man im Integral (126,4) $e^{-iqr} \approx 1$ setzen, so daß die Streuamplitude

$$f = -\frac{m}{2\pi\hbar^2}\int U\,dV \tag{126,13}$$

wird, und wenn $U = U(r)$ ist, gilt

$$f = -\frac{2m}{\hbar^2}\int U(r)\,r^2\,dr\,. \tag{126,14}$$

Die Streuung ist hier isotrop in den Richtungen und unabhängig von der Geschwindigkeit, was mit den allgemeinen Ergebnissen von § 123 übereinstimmt.

Im entgegengesetzten Grenzfall großer Geschwindigkeiten ist die Streuung stark anisotrop und vorwärts gerichtet, in einem engen Kegel mit dem Öffnungswinkel $\Delta\theta \sim 1/ka$. Außerhalb dieses Kegels ist q groß, und der Faktor e^{-iqr} ist eine rasch oszillierende Funktion. Das Integral über das Produkt von e^{-iqr} mit der langsam veränderlichen Funktion U ist nahezu Null.

Die Art, wie der Streuquerschnitt für große Werte von q verschwindet, ist nicht universell und hängt von der konkreten Gestalt des Feldes ab. Falls das Feld $U(r)$ für $r = 0$ oder für einen anderen reellen r-Wert eine Singularität hat, dann spielt der Bereich in der Nähe dieses Punktes die entscheidende Rolle im Integral in (126,12), und der Streuquerschnitt fällt nach einem Potenzgesetz ab. Dasselbe trifft auch für den Fall zu, daß die Funktion $U(r)$ keine Singularität hat, aber keine gerade Funktion ist; dabei spielt der Bereich in der Nähe von $r = 0$ die Hauptrolle im Integral.Wenn $U(r)$ eine gerade Funktion von r ist, dann kann man die Integration formal auch auf negative r-Werte ausdehnen, d. h., man kann sie entlang der ganzen reellen Achse der Variablen r erstrecken. Anschließend kann man (wenn $U(r)$ keine singulären Punkte auf der reellen Achse hat) den Integrationsweg in die komplexe Ebene verschieben, bis man an den nächsten komplexen singulären Punkt anstößt. Das Integral wird dabei für große q exponentiell abnehmen. Man hat aber daran zu denken, daß die Bornsche Näherung im allgemeinen ungeeignet ist, diese exponentiell kleine Größe zu berechnen (siehe auch § 131).

Der differentielle Streuquerschnitt ist innerhalb des Kegels $\Delta\theta \sim 1/ka$ im wesentlichen geschwindigkeitsunabhängig. Da aber der Öffnungswinkel des Kegels mit zunehmender Geschwindigkeit kleiner wird, nimmt der totale Streuquerschnitt für große Energien ab (wenn das Integral $\int d\sigma$ überhaupt konvergiert). Der totale Streuquerschnitt nimmt nämlich mit dem Raumwinkel, der von dem Kegel eingeschlossen wird, proportional zu $(\Delta\theta)^2 \sim 1/k^2a^2$ ab, d. h. umgekehrt proportional zur Energie.

Bei vielen physikalischen Anwendungen der Streutheorie ist das Integral

$$\sigma_{tr} = \int (1 - \cos\theta)\,d\sigma \tag{126,15}$$

die für die Streuung charakteristische Größe; es wird häufig als *Transportquerschnitt* bezeichnet. Ähnliche Überlegungen wie oben ergeben, daß diese Größe bei großen Geschwindigkeiten proportional zum Quadrat der Energie ist.

Aufgaben

1. Man berechne den Streuquerschnitt für einen kugelsymmetrischen Potentialtopf in Bornscher Näherung ($U = -U_0$ für $r < a$, $U = 0$ für $r > a$)!

Lösung. Die Berechnung des Integrals in (126,12) liefert das Ergebnis

$$d\sigma = 4a^2 \left(\frac{mU_0a^2}{\hbar^2}\right)^2 \frac{(\sin qa - qa \cos qa)^2}{(qa)^6} do .$$

Die Integration über alle Winkel (die man zweckmäßig so ausführt, daß man zur Variablen $q = 2k \sin(\theta/2)$ übergeht und do durch $2\pi q\, dq/k^2$ ersetzt) ergibt den totalen Streuquerschnitt

$$\sigma = \frac{2\pi}{k^2}\left(\frac{mU_0a^2}{\hbar^2}\right)^2 \left[1 - \frac{1}{(2ka)^2} + \frac{\sin 4ka}{(2ka)^3} - \frac{\sin^2 2ka}{(2ka)^4}\right].$$

In den Grenzfällen ergibt diese Formel

$$\sigma = \frac{16\pi a^2}{9}\left(\frac{mU_0a^2}{\hbar^2}\right)^2 \quad \text{für} \quad ka \ll 1 ,$$

$$\sigma = \frac{2\pi}{k^2}\left(\frac{mU_0a^2}{\hbar^2}\right)^2 \quad \text{für} \quad ka \gg 1 .$$

2. Wie Aufgabe 1 für das Feld $U = U_0\, e^{-r^2/a^2}$.

Lösung. Die Rechnung erfolgt zweckmäßig nach Formel (126,7). Als eine Koordinatenrichtung wählt man die $\boldsymbol{q}$-Richtung. Als Ergebnis erhalten wir

$$d\sigma = \frac{\pi a^2}{4}\left(\frac{mU_0a^2}{\hbar^2}\right)^2 e^{-q^2a^2/2}\, do ,$$

und der totale Streuquerschnitt ist

$$\sigma = \frac{\pi^2}{2k^2}\left(\frac{mU_0a^2}{\hbar^2}\right)^2 (1 - e^{-2k^2a^2}) .$$

Die Bedingungen für die Brauchbarkeit dieser Formeln sind die Beziehungen (126,1) und (126,2) mit U_0 als U. Außerdem ist die Formel für $d\sigma$ unbrauchbar, wenn der Exponent groß gegenüber dem Betrag der Funktion ist.[1])

3. Wie Aufgabe 1 für das Feld $U = \frac{\alpha}{r}\, e^{-r/a}$.

Lösung. Die Berechnung des Integrals in (126,12) ergibt

$$d\sigma = 4a^2\left(\frac{\alpha m a}{\hbar^2}\right)^2 \frac{do}{(q^2a^2+1)^2} .$$

Der totale Streuquerschnitt ist

$$\sigma = 16\pi a^2 \left(\frac{\alpha m a}{\hbar^2}\right)^2 \frac{1}{4k^2a^2+1} .$$

Die Bedingungen für die Brauchbarkeit dieser Formeln ergeben sich aus (126,1) und (126,2) mit α/a als U: $\alpha m a/\hbar^2 \ll 1$ oder $\alpha/\hbar v \ll 1$.

4. Es sind die Streuphasen δ_l für die Streuung an einem kugelsymmetrischen Feld entsprechend der BORNschen Näherung zu berechnen.

Lösung. Für die Radialfunktion $\chi = rR$ der Bewegung im Feld $U(r)$ und für die Funktion $\chi^{(0)}$ der freien Bewegung haben wir die Gleichungen (siehe (32,10))

$$\chi'' + \left[k^2 - \frac{l(l+1)}{r^2} - \frac{2m}{\hbar^2} U\right]\chi = 0 ,$$

$$\chi^{(0)''} + \left[k^2 - \frac{l(l+1)}{r^2}\right]\chi^{(0)} = 0 .$$

[1]) Man überzeugt sich in diesem Falle leicht davon, daß die Störungstheorie unbrauchbar ist, indem man die Streuamplitude in zweiter Näherung berechnet (siehe unten (130,13)). Obwohl der Faktor vor der Exponentialfunktion darin klein gegenüber dem Faktor im Glied erster Näherung ist, ist der Betrag des negativen Exponenten nur halb so groß.

Wir multiplizieren die erste Gleichung mit $\chi^{(0)}$, die zweite mit χ, subtrahieren die entstehenden Gleichungen voneinander und integrieren anschließend über dr (unter Beachtung der Randbedingung $\chi = 0$ für $r = 0$). So erhalten wir

$$\chi'(r)\,\chi^{(0)}(r) - \chi(r)\,\chi^{(0)\prime}(r) = \frac{2m}{\hbar^2}\int\limits_0^r U\,\chi\chi^{(0)}\,\mathrm{d}r\,.$$

Sehen wir U als Störung an, dann können wir auf der rechten Seite der Gleichung $\chi \approx \chi^{(0)}$ setzen. Für $r \to \infty$ benutzen wir auf der linken Seite der Gleichung die asymptotischen Ausdrücke (33,12) und (33,20), in das Integral setzen wir den exakten Ausdruck (33,10) ein. Als Ergebnis erhalten wir

$$\sin\delta_l \approx \delta_l = -\frac{\pi m}{\hbar^2}\int\limits_0^\infty U(r)\,[J_{l+1/2}(kr)]^2\,r\,\mathrm{d}r\,.$$

Diese Formel könnte auch hergeleitet werden, indem man die Bornsche Streuamplitude (126,4) direkt nach Legendreschen Polynomen entwickelt gemäß (123,11) (für kleine δ_l).

5. Man berechne den totalen Streuquerschnitt zum Feld $U = \alpha/(r^2 + a^2)^{n/2}$ mit $n > 2$ für schnelle Teilchen ($ka \gg 1$) in Bornscher Näherung!

Lösung. Wie noch zu erkennen sein wird, spielen im vorliegenden Falle die Partialwellenamplituden mit großen Drehimpulsen l die Hauptrolle bei der Streuung. Der Streuquerschnitt kann daher nach Formel (123,11) berechnet werden, indem man darin die Summation über l durch eine Integration ersetzt. In Bornscher Näherung sind alle $\delta_l \ll 1$, und es ist

$$\sigma \approx \frac{4\pi}{k^2}\int\limits_0^\infty 2l\delta_l^2\,\mathrm{d}l\,.$$

Die Streuphasen δ_l mit großen l werden nach (124,1) berechnet,

$$\delta_l = -\frac{\alpha m}{\hbar^2}\int\limits_{l/k}^\infty \frac{\mathrm{d}r}{(r^2 + a^2)^{n/2}\,(k^2 - l^2/r^2)^{1/2}}\,.$$

Durch die Substitution $r^2 + a^2 = (a^2 + l^2/k^2)/\xi$ wird das Integral zu einem geläufigen Eulerschen Integral und ergibt

$$\delta_l = -\frac{m\alpha k^{n-2}}{2\hbar^2(a^2k^2 + l^2)^{(n-1)/2}}\,\frac{\Gamma\left(\frac{1}{2}\right)\Gamma\left(\frac{n-1}{2}\right)}{\Gamma(n/2)}\,. \tag{2}$$

Das Integral (1) wird vom Bereich $l \sim ak \gg 1$ bestimmt, wodurch die angenommene Voraussetzung bestätigt wird. Die Berechnung des Integrals ergibt

$$\sigma = \frac{\pi^2}{n-2}\left[\frac{\Gamma\left(\frac{n-1}{2}\right)}{\Gamma(n/2)}\right]^2\left(\frac{m\alpha}{k\hbar^2 a^{n-2}}\right)^2. \tag{3}$$

Nach (126,2) ist die Bornsche Näherung in unserem Falle anwendbar, wenn die Bedingung $m\alpha/\hbar^2 k a^{n-1} \ll 1$ erfüllt ist. Wir lenken die Aufmerksamkeit auf die Abhängigkeit $\sigma \sim k^{-2}$, die den allgemeinen Feststellungen im Text entspricht.

6. Es ist die Streuamplitude im zweidimensionalen Fall in Bornscher Näherung zu berechnen (das Feld ist $U = U(x, z)$, der einlaufende Teilchenstrom hat die z-Richtung).

Lösung. Wir verwenden die Fußnote auf S. 156 und den bekannten asymptotischen Ausdruck für die Hankel-Funktion

$$H_0^{(1)}(u) \approx \sqrt{\frac{2}{\pi u}}\,\mathrm{e}^{i(u-\pi/4)} \quad \text{für } u \to \infty$$

und finden für die Korrektur zur Wellenfunktion in großen Abständen R_0 von der y-Achse den Ausdruck

$$\psi^{(1)} \approx \frac{f(\theta)}{\sqrt{R_0}} e^{ikR_0}$$

mit der Streuamplitude

$$f(\theta) = -\frac{m}{\hbar^2 \sqrt{2\pi k}} e^{i\pi/4} \int U(\varrho)\, e^{-i\mathbf{q}\varrho}\, d^2\varrho$$

($\varrho = (x, z)$ ist der zweidimensionale Ortsvektor; $d^2\varrho = dx\, dz$; θ ist der Streuwinkel in der xz-Ebene). Im zweidimensionalen Falle hat die Streuamplitude die Dimension Wurzel aus einer Länge, und der Streuquerschnitt $d\sigma = |f|^2\, d\theta$ hat die Dimension einer Länge.

§ 127. Der quasiklassische Fall

Wir wollen verfolgen, wie der Grenzübergang von der quantenmechanischen zur klassischen Streutheorie vor sich geht.

Dabei schließen wir die Vorwärtsstreuung, den Streuwinkel $\theta = 0$, aus der Betrachtung aus. Wir können die Streuamplitude nach der exakten Theorie in der Form (124,4) schreiben:

$$f(\theta) = \frac{1}{2ik} \sum_{l=0}^{\infty} (2l + 1)\, P_l(\cos\theta)\, e^{2i\delta_l}\,. \tag{127,1}$$

Die quasiklassischen Wellenfunktionen haben betragsmäßig große Phasen, wie wir wissen. Es ist deshalb natürlich, von vornherein anzunehmen, daß dem Übergang zur klassischen Mechanik in der Streutheorie große Streuphasen δ_l entsprechen. Der Wert der Summe (127,1) wird in der Hauptsache von Gliedern mit großen l bestimmt. Wir können daher $P_l(\cos\theta)$ durch den asymptotischen Ausdruck (49,7) ersetzen, den wir in der Gestalt

$$P_l(\cos\theta) \approx -\frac{i}{\sqrt{2\pi l \sin\theta}} \left\{\exp\left[i\left(l+\frac{1}{2}\right)\theta + i\frac{\pi}{4}\right] - \exp\left[-i\left(l+\frac{1}{2}\right)\theta - i\frac{\pi}{4}\right]\right\}$$

schreiben. Diesen Ausdruck setzen wir in (127,1) ein und erhalten

$$f(\theta) = \frac{1}{k} \sum_l \sqrt{\frac{l}{2\pi \sin\theta}} \left(\exp\left\{i\left[2\delta_l - \left(l+\frac{1}{2}\right)\theta - \frac{\pi}{4}\right]\right\} - \exp\left\{i\left[2\delta_l + \left(l+\frac{1}{2}\right)\theta + \frac{\pi}{4}\right]\right\}\right). \tag{127,2}$$

Die Exponentialfaktoren sind rasch oszillierende Funktionen von l (weil ihre Phasen groß sind). Aus diesem Grunde heben sich die meisten Glieder in der Summe (127,2) gegenseitig auf. Die Summe wird im wesentlichen durch den Bereich derjenigen l-Werte bestimmt, die nahe bei einem l-Wert liegen, für den der Exponent einer Exponentialfunktion einen Extremwert hat, d. h. von l-Werten in der Nähe einer Wurzel der Gleichung

$$2\frac{d\delta_l}{dl} \pm \theta = 0\,. \tag{127,3}$$

In diesem Bereich gibt es viele Summanden, für die die Exponentialfaktoren beinahe konstant sind (die Exponenten ändern sich nur langsam in der Nähe eines Extremwertes) und die sich deshalb nicht gegenseitig aufheben werden.

Die Streuphasen δ_l können im quasiklassischen Falle als Grenzwert (siehe § 124) der Phasendifferenz

$$\frac{\pi}{4} + \frac{1}{\hbar} \int_{r_0}^{r} \sqrt{2m[E - U(r)] - \frac{\hbar^2(l + 1/2)^2}{r^2}}\, \mathrm{d}r$$

für $r \to \infty$ geschrieben werden. Das ist die Differenz der Phase der quasiklassischen Wellenfunktion im Feld $U(r)$ und der Phase $kr - \pi l/2$ der Wellenfunktion für die freie Bewegung (siehe § 33). Auf diese Weise erhalten wir

$$\delta_l = \int_{r_0}^{\infty} \left[\frac{1}{\hbar} \sqrt{2m(E - U) - \frac{\hbar^2(l + 1/2)^2}{r^2}} - k\right] \mathrm{d}r + \frac{\pi}{2}\left(l + \frac{1}{2}\right) - kr_0 . \tag{127,4}$$

Diesen Ausdruck hat man in die Gleichung (127,3) einzusetzen. Bei der Berechnung der Ableitung des Integrals ist daran zu denken, daß die Integrationsgrenze r_0 ebenfalls von l abhängt. Aber das davon resultierende Glied $k\, \mathrm{d}r_0/\mathrm{d}l$ hebt sich gegen die Ableitung des Gliedes $-kr_0$ in δ_l weg. Die Größe $\hbar(l + 1/2)$ ist der Drehimpuls des Teilchens. In der klassischen Mechanik kann man ihn in der Form $m\varrho v$ schreiben, wobei ϱ der *Stoßparameter* und v die Geschwindigkeit des Teilchens im Unendlichen sind.

Wir führen diese Substitution aus, und die Gleichung (127,3) erhält endgültig die Gestalt

$$\int_{r_0}^{\infty} \frac{\varrho\, \mathrm{d}r}{r^2 \sqrt{1 - \frac{U}{E} - \frac{\varrho^2}{r^2}}} = \frac{\pi \mp \theta}{2} . \tag{127,5}$$

Für ein abstoßendes Feld hat diese Gleichung nur für das Minuszeichen vor θ auf der rechten Seite eine Wurzel (für ϱ), und für ein anziehendes Feld nur zum positiven Vorzeichen.

Die Gleichung (127,5) ist genau die klassische Gleichung für die Bestimmung des Streuwinkels aus dem Stoßparameter (siehe I, § 18). Man kann sich auch leicht davon überzeugen, daß man für den Streuquerschnitt ebenfalls den klassischen Ausdruck erhält.

Dazu entwickeln wir den Exponenten in (127,2) nach Potenzen von $l' = l - l_0(\theta)$, wobei $l_0(\theta)$ durch die Gleichungen (127,3)—(127,4) bestimmt wird. Um etwas Konkretes vor Augen zu haben, werden wir den ersten Term in (127,2) betrachten und dementsprechend das untere Vorzeichen in (127,3) verwenden (anziehendes Feld). Nach (127,3) ist

$$\left.\frac{\mathrm{d}^2\delta_l}{\mathrm{d}l^2}\right|_{l=l_0} = \frac{1}{2} \frac{\mathrm{d}\theta}{\mathrm{d}l_0} ,$$

und wir bekommen

$$i\left[2\delta_l - \left(l + \frac{1}{2}\right)\theta - \frac{\pi}{4}\right] \approx i\left[2\delta_{l_0} - \left(l_0 + \frac{1}{2}\right)\theta - \frac{\pi}{4}\right] + \frac{i}{2} \frac{\mathrm{d}\theta}{\mathrm{d}l_0} l'^2 .$$

Wir ersetzen jetzt die Summe über l in (127,2) durch ein Integral über dl' um den Punkt $l' = 0$ herum. l' sehen wir dabei als komplexe Variable an und führen den Integrationsweg in der Nähe des angegebenen Punktes in Richtung des steilsten Abfalls des Exponenten, d. h. unter dem Winkel $\pi/4$ oder $-\pi/4$ zur reellen Achse je nach dem Vorzeichen von $d\theta/dl_0$. Mit anderen Worten, wir setzen $l' = \xi \exp(\pm i\pi/4)$ und integrieren über reelle ξ-Werte. Wegen der raschen Konvergenz des Integrals kann man es von $-\infty$ bis ∞ erstrecken:

$$\int_{-\infty}^{\infty} \exp\left(-\frac{\xi^2}{2}\left|\frac{d\theta}{dl_0}\right|\right) d\xi = \left(2\pi\left|\frac{dl_0}{d\theta}\right|\right)^{1/2}.$$

Als Ergebnis erhalten wir

$$f(\theta) = \frac{1}{k}\left(\frac{l_0}{\sin\theta}\left|\frac{dl_0}{d\theta}\right|\right)^{1/2} \exp\left\{i\left[2\delta_{l_0} - \left(l_0 + \frac{1}{2}\right)\theta - \frac{\pi}{4}\right]\right\} \tag{127,6}$$

und hieraus

$$d\sigma = |f|^2 \cdot 2\pi \sin\theta\, d\theta = 2\pi \frac{l_0}{k^2}\left|\frac{dl_0}{d\theta}\right| d\theta\,. \tag{127,7}$$

Wenn wir noch den Stoßparameter entsprechend $\varrho = l_0/k$ einführen, gelangen wir zur klassischen Formel $d\sigma = 2\pi\varrho\, d\varrho$.

Die Streuung ist bei gegebenem Winkel θ demzufolge unter folgender Bedingung klassisch: Der l-Wert, für den (127,3) gilt, muß groß sein, und auch das zu diesem l-Wert gehörige δ_l muß groß sein.[1]) Diese Bedingung hat einen einfachen Sinn. Damit man von einer klassischen Streuung in den Winkel θ bei gegebenem Stoßparameter ϱ sprechen kann, muß die quantenmechanische Unschärfe in diesen beiden Größen klein sein: $\Delta\varrho \ll \varrho$, $\Delta\theta \ll \theta$. Die Unschärfe im Streuwinkel ist von der Größenordnung $\Delta\theta \sim \Delta p/p$, wenn p der Impuls des Teilchens und Δp die Unschärfe in der transversalen Impulskomponente ist. Wegen $\Delta p \sim \hbar/\Delta\varrho \gg \hbar/\varrho$ ist $\Delta\theta \gg \hbar/p\varrho$, und deshalb ist auf jeden Fall auch

$$\theta \gg \frac{\hbar}{\varrho m v}\,. \tag{127,8}$$

Wir ersetzen den Drehimpuls $m\varrho v$ durch $\hbar l$ und erhalten $\theta l \gg 1$, was mit der Bedingung $\delta_l \gg 1$ übereinstimmt (da $\delta_l \sim \theta l$ ist, wie aus (127,3) zu ersehen ist).

Der klassische Ablenkwinkel eines Teilchens kann als Verhältnis der transversalen Impulsänderung Δp während der „Stoßzeit" $\tau \sim \varrho/v$ zum ursprünglichen Impuls mv abgeschätzt werden. Die im Abstand ϱ im Feld $U(r)$ auf das Teilchen wirkende Kraft ist $F = -dU(\varrho)/d\varrho$, demnach ist $\Delta p \sim F\varrho/v$, so daß $\theta \sim F\varrho/mv^2$ ist. Diese Abschätzung gilt streng nur für Winkel $\theta \ll 1$, aber größenordnungsmäßig kann man sie bis zu $\theta \sim 1$ verwenden. Wir setzen diesen Ausdruck in (127,8) ein und erhalten als Bedingung für quasiklassische Streuung.

$$|F|\,\varrho^2 \gg \hbar v\,. \tag{127,9}$$

Diese Beziehung muß für alle ϱ-Werte erfüllt sein, für die noch $|U(\varrho)| \lesssim E$ gilt.

[1]) Der Zusammenhang zwischen θ und ϱ (der durch die Formel (127,5) vermittelt wird) braucht nicht eindeutig zu sein. Zu einem θ-Wert gehört dann mehr als ein ϱ-Wert. In diesem Falle wird die Amplitude $f(\theta)$ durch eine Summe von Ausdrücken (127,6) mit den entsprechenden Werten für l_0 gegeben. In den Extrema der Funktion $\theta(\varrho)$ ist die Ableitung $d\varrho/d\theta$ — und damit auch der klassische differentielle Streuquerschnitt $d\sigma/do$ — unendlich. In der Nähe dieses Winkels ist die klassische Näherung natürlich unzureichend (siehe Aufgabe 2).

Wenn das Feld $U(r)$ schneller als $1/r$ abfällt, dann ist die Bedingung (127,9) für hinreichend große ϱ auf jeden Fall nicht mehr erfüllt. Zu großen ϱ gehören kleine θ. Die Streuung in hinreichend kleine Winkel wird also auf keinen Fall klassisch sein. Falls das Feld langsamer als $1/r$ abnimmt, wird die Streuung in kleine Winkel klassisch sein. Ob dabei die Streuung in große Winkel klassisch ist, hängt vom Feldverlauf bei kleinen Abständen ab.

Für das COULOMB-Feld $U = \alpha/r$ ist die Bedingung (127,9) für $\alpha \gg \hbar v$ erfüllt. Diese Bedingung ist derjenigen gerade entgegengesetzt, unter der man das COULOMB-Feld als Störung behandeln kann. Übrigens sehen wir, daß die quantenmechanische Streutheorie für das COULOMB-Feld rein zufällig in allen Fällen dasselbe Ergebnis liefert wie die klassische Theorie.

Aufgaben

1. Man berechne den totalen Streuquerschnitt für die quasiklassische Streuung an einem Feld, das in hinreichend großen Abständen die Gestalt $U = \alpha/r^n$ mit $n > 2$ hat!

Lösung Wir beachten, daß die Phasen δ_l mit großen l die Hauptrolle spielen, und berechnen sie nach Formel (124,1)

$$\delta_l = -\frac{m\alpha}{\hbar^2}\int\limits_{l/k}^{\infty}\frac{dr}{r^n\sqrt{k^2 - l^2/r^2}} = -\frac{m\alpha k^{n-2}}{2\hbar^2 l^{n-1}}\,\frac{\Gamma\left(\frac{1}{2}\right)\Gamma\left(\frac{n-1}{2}\right)}{\Gamma(n-2)} \tag{1}$$

(wegen der Berechnung des Integrals vgl. Aufgabe 5 zu § 126). Wir ersetzen die Summation in (123,12) durch eine Integration und schreiben

$$\sigma = \frac{4\pi}{k^2}\int\limits_0^{\infty} 2l\sin^2\delta_l\,dl\,.$$

Weiter substituieren wir $\delta_l = u$ und integrieren über du partiell, so gelangen wir zu einer Γ-Funktion. Als Resultat bekommen wir

$$\sigma = 2\pi^{\frac{n}{n-1}}\sin\left[\frac{\pi}{2}\left(\frac{n-3}{n-1}\right)\right]\Gamma\left(\frac{n-3}{n-1}\right)\left[\frac{\Gamma\left(\frac{n-1}{2}\right)}{\Gamma(n/2)}\right]^{\frac{2}{n-1}}\left(\frac{\alpha}{\hbar v}\right)^{\frac{2}{n-1}} \tag{2}$$

(für $n = 3$ ergibt die Auswertung der Unbestimmtheit $\sigma = 2\pi^2\alpha/\hbar v$).

Die Bedingung für die Brauchbarkeit dieses Ergebnisses verlangt vor allem, daß $l \gg 1$ für $\delta_l \sim 1$ ist. Hieraus erhalten wir die Beziehung

$$m\alpha k^{n-2}/\hbar^2 \gg 1\,.$$

Eine weitere Bedingung ergibt sich aus der Forderung, daß das Feld $U(r)$ die betrachtete Gestalt bereits bei Abständen

$$r \sim l/k \sim (m\alpha/\hbar^2 k)^{1/(n-1)}$$

hat (l aus der Beziehung $\delta_l \sim 1$), die die Hauptrolle im Integral (1) spielen. Wenn diese Gestalt erst bei Abständen $r \gg a$ angenommen wird (wobei a eine charakteristische Abmessung des Feldes ist), dann ergibt sich hieraus die Bedingung

$$m\alpha/\hbar^2 k a^{n-1} \gg 1\,,$$

die die obere Grenze für die zulässigen Geschwindigkeiten festlegt. Wir erinnern daran, daß in diesem Falle bei genügend großen Geschwindigkeiten (unter der Bedingung $m\alpha/\hbar^2 k a^{n-1} \ll 1$) die Abhängigkeit $\sigma \propto k^{-2}$ vorliegt (vgl. Aufgabe 5 zu § 126).

2. Man berechne die Winkelverteilung für die Streuung in der Nähe des Extremwertes des klassischen Streuwinkels $\theta(\varrho)$ als Funktion des Stoßparameters $\varrho = l/k$!

Lösung. Die Existenz eines Extremwertes der Funktion $\theta(l)$ bei einem gewissen $l = l_0$ bedeutet nach (127,3), daß die Phase δ_l in der Nähe dieses Punktes die Gestalt

$$2\delta_l \approx 2\delta_{l_0} + \theta_0 l' + \frac{\alpha}{3} l'^3$$

mit $\theta_0 = \theta(l_0)$, $l' = l - l_0$ hat (um etwas Bestimmtes vor Augen zu haben, wählen wir wieder das untere Vorzeichen in (127,3)). Die Konstante α ist negativ oder positiv, je nachdem ob die Funktion $\theta(l)$ ein Maximum oder ein Minimum hat. Für die Streuamplitude erhalten wir anstelle von (127,6)

$$|f(\theta)| = \frac{1}{k}\left(\frac{l_0}{2\pi \sin \theta_0}\right)^{1/2} \left| \int_{-\infty}^{\infty} \exp\left\{i\left(-l'\theta' + \frac{\alpha}{3} l'^3\right)\right\} dl' \right|$$

mit $\theta' = \theta - \theta_0$. Nach (*b*, 3) drücken wir das Integral durch die Airysche Funktion aus und finden endgültig für den Streuquerschnitt[1])

$$d\sigma = \frac{4\pi l_0}{\alpha^{2/3} k^2} \Phi^2 \left(-\frac{\theta'}{\alpha^{1/3}}\right) d\theta' .$$

Der differentielle Streuquerschnitt $d\sigma/d\theta'$ nimmt in das für die Streuung klassisch unerlaubte Gebiet hinein ab ($\theta' > 0$ für $\alpha < 0$ oder $\theta' < 0$ für $\alpha > 0$), und auf der anderen Seite vom Punkte $\theta' = 0$ schwankt er zwischen Null und einer allmählich abnehmenden Amplitude. Der Maximalwert wird für $\theta'\alpha^{-1/3} = 1{,}02$ angenommen, wo $\Phi^2 = 0{,}90$ ist.

3. Es ist die Winkelverteilung für die quasiklassische Streuung in kleine Winkel zu berechnen, wenn der klassische Ablenkwinkel θ für einen endlichen Wert $\varrho = l_0/k$ verschwindet.

Lösung. Die Voraussetzung, daß die Streuung quasiklassisch ist, bedeutet im vorliegenden Falle $l_0 \gg 1$ und $\delta_{l_0} \gg 1$. Es sind dann die l-Werte in der Nähe von l_0 für die Streuung wesentlich. Für kleine $l' = l - l_0$ haben wir

$$\delta_l \approx \delta_{l_0} + \frac{\beta}{2} l'^2$$

(nach (127,3) ist dann $\theta = 0$ für $l' = 0$). Diesen Ausdruck hat man in (127,1) einzusetzen, wobei $P_l(\cos\theta)$ in der Form (49,6) dargestellt werden kann. Die Summe über l wird wieder durch ein Integral über dl' um den Punkt $l' = 0$ ersetzt:[2])

$$f = \frac{l_0}{ik} \exp(2i\delta_{l_0}) \int J_0(l\theta) \exp(i\beta l'^2)\, dl' .$$

Das Integral wird vom Bereich $l' \sim \beta^{-1/2}$ bestimmt. Für Winkel $\theta \ll \sqrt{\beta}$ kann man die Funktion $J_0(l\theta)$ aus dem Integral herausziehen und sie durch den Wert für $l = l_0$ ersetzen. Das verbleibende Integral wird so ausgerechnet, wie es im Text erklärt worden ist. Als Ergebnis erhalten wir für den Streuquerschnitt[3])

$$d\sigma = \frac{\pi l_0^2}{\beta k^2} J_0^2(l_0\theta)\, do .$$

Ein analoges Resultat ergibt sich für den Streuquerschnitt zu Winkeln nahe bei π, wenn der klassische Streuwinkel für einen endlichen (von Null verschiedenen) ϱ-Wert gleich π wird.

---

[1]) Diese Art von Streuung findet man in der Theorie des Regenbogens, man bezeichnet sie als *Regenbogenstreuung*.

[2]) Streng genommen hat man zu dieser Amplitude einen Term zu addieren, der dem Beitrag von großen Stoßparametern $\varrho \to \infty$ zur Streuung in kleine Winkel entspricht. Dieser Beitrag ist aber im allgemeinen klein gegenüber dem aufgeschriebenen.

[3]) Diese Art von Streuung wird als *Glänzen* bezeichnet, im Zusammenhang mit bestimmten meteorologischen Erscheinungen, bei denen sie auftritt.

§ 128. Die analytischen Eigenschaften der Streuamplitude

Man kann einige wichtige Eigenschaften der Streuamplitude feststellen, indem man sie als Funktion der Energie E des gestreuten Teilchens untersucht und dabei E formal als komplexe Veränderliche ansieht.

Wir wollen die Bewegung eines Teilchens im Feld $U(r)$ behandeln, das im Unendlichen schnell genug verschwindet — wie schnell es verschwinden muß, wird später noch angegeben werden. Um die folgenden Überlegungen zu vereinfachen, werden wir zunächst annehmen, daß der Bahndrehimpuls des Teilchens $l = 0$ ist. Wir schreiben die asymptotische Gestalt der Wellenfunktion — der Lösung der SCHRÖDINGER-Gleichung mit $l = 0$ für einen beliebigen gegebenen E-Wert — in der Form

$$\chi \equiv r\psi = A(E)\exp\left(-\frac{\sqrt{-2mE}}{\hbar}r\right) + B(E)\exp\left(\frac{\sqrt{-2mE}}{\hbar}r\right) \tag{128,1}$$

und werden E als komplexe Veränderliche auffassen. Dabei werden wir $\sqrt{-E}$ als positive Größe für reelle negative E-Werte definieren. Die Wellenfunktion wird als irgendwie normiert angenommen, sagen wir nach der Vorschrift $\psi(0) = 1$.

Auf der linken Seite der reellen Achse ($E < 0$) sind die Exponentialfaktoren im ersten und im zweiten Glied in (128,1) reell. Ein Faktor nimmt ab, der andere nimmt zu für $r \to \infty$. Aus der Bedingung, daß χ reell ist, folgt, daß die Funktionen $A(E)$ und $B(E)$ für $E < 0$ reell sind. Hieraus folgt weiterhin, daß diese Funktionen konjugiert komplexe Werte in zwei beliebigen Punkten haben, die symmetrisch zur reellen Achse liegen:

$$A(E^*) = A^*(E)\,, \qquad B(E^*) = B^*(E)\,. \tag{128,2}$$

Wir gehen von der negativen reellen Achse durch die obere Halbebene zur positiven reellen Achse über und erhalten den asymptotischen Ausdruck für die Wellenfunktion für $E > 0$ in der Gestalt

$$\chi = A(E)\,e^{ikr} + B(E)\,e^{-ikr}\,, \qquad k = \frac{\sqrt{2mE}}{\hbar}. \tag{128,3}$$

Wären wir durch die untere Halbebene gegangen, hätten wir

$$\chi = A^*(E)\,e^{-ikr} + B^*(E)\,e^{ikr}\,.$$

erhalten. Da χ eine eindeutige Funktion von E sein muß, bedeutet das

$$A(E) = B^*(E) \quad \text{für} \quad E > 0 \tag{128,4}$$

(diese Beziehung folgt auch unmittelbar aus der Tatsache, daß χ für $E > 0$ reell ist). Da aber die Wurzel $\sqrt{-E}$ in (128,1) nicht eindeutig ist, sind die Koeffizienten $A(E)$ und $B(E)$ nicht eindeutig. Um diese Nichteindeutigkeit zu beseitigen, schneiden wir die komplexe Ebene längs der positiven reellen Achse auf. Dieser Schnitt läßt $\sqrt{-E}$ eindeutig werden, und damit wird auch die Eindeutigkeit der Definition der Funktionen $A(E)$ und $B(E)$ gesichert. Am oberen und am unteren Rande des Schnittes haben diese Funktionen konjugiert komplexe Werte (in dem Ausdruck (128,3) werden $A(E)$ und $B(E)$ auf dem oberen Rande des Schnittes genommen).

Die derart aufgeschnittene komplexe Ebene werden wir als das *physikalische Blatt* einer RIEMANNschen Fläche bezeichnen. Nach unserer Definition haben wir überall auf diesem Blatt

$$\operatorname{Re} \sqrt{-E} > 0 \,. \tag{128,5}$$

Insbesondere geht $\sqrt{-E}$ auf dem oberen Rande des Schnittes nach dieser Definition in $-i\sqrt{E}$ über.[1])

In (128,3) haben die Faktoren e^{ikr} und e^{-ikr} und damit auch die beiden Glieder in χ die gleiche Größenordnung. Der asymptotische Ausdruck der Gestalt (128,3) ist daher immer gültig. Auf dem ganzen übrigen physikalischen Blatt nimmt das erste Glied in (128,1) exponentiell ab, und das zweite nimmt exponentiell zu für $r \to \infty$ (wegen (128,5)). Die beiden Summanden in (128,1) sind daher von verschiedenen Größenordnungen, und dieser Ausdruck kann als asymptotische Form der Wellenfunktion unbrauchbar sein, weil der kleine Summand über dem Hintergrund des großen eine unzulässige Vergrößerung der Genauigkeit sein kann. Der Ausdruck (128,1) ist brauchbar, wenn das Verhältnis des kleinen Summanden zum großen nicht kleiner als die relative Größenordnung der potentiellen Energie (U/E) ist, die in der SCHRÖDINGER-Gleichung beim Übergang in den asymptotischen Bereich vernachlässigt wird. Mit anderen Worten, das Feld $U(r)$ muß für $r \to \infty$ schneller als

$$\exp\left(-\frac{2\sqrt{2m}}{\hbar}\, r \operatorname{Re}\sqrt{-E}\right) \tag{128,6}$$

verschwinden.

Wenn diese Bedingung eingehalten wird, gilt der asymptotische Ausdruck (128,1) im ganzen physikalischen Blatt. Er hat als Lösung einer Gleichung mit endlichen Koeffizienten keine Singularitäten in E. Die Funktionen $A(E)$ und $B(E)$ sind daher auf dem ganzen physikalischen Blatt regulär, außer im Punkte $E = 0$. Der Punkt $E = 0$ ist der Anfang des Schnittes, und er ist ein Verzweigungspunkt dieser Funktionen.

Gebundenen Zuständen eines Teilchens im Feld $U(r)$ entsprechen Wellenfunktionen, die für $r \to \infty$ verschwinden. Dazu darf der zweite Summand in (128,1) nicht vorhanden sein, d. h., diskreten Energieniveaus entsprechen Nullstellen in der Funktion $B(E)$. Da die SCHRÖDINGER-Gleichung nur reelle Eigenwerte hat, sind alle Nullstellen von $B(E)$ auf dem physikalischen Blatt reell (und liegen auf der negativen reellen Achse).

Die Funktionen $A(E)$ und $B(E)$ hängen für $E > 0$ unmittelbar mit der Streuamplitude zum Feld $U(r)$ zusammen. Wir vergleichen dazu (128,3) mit dem asymptotischen Ausdruck für χ in der Form (33,20)

$$\chi = \text{const}\,[e^{i(kr+\delta_0)} - e^{-i(kr+\delta_0)}] \tag{128,7}$$

---

[1]) In diesem Paragraphen werden wir im folgenden überall die Eigenschaften der Streuamplitude auf dem physikalischen Blatt untersuchen. Später werden wir aber auch in einigen Fällen das zweite, das *nichtphysikalische* Blatt der RIEMANNschen Fläche behandeln müssen (siehe § 134). Auf diesem Blatt ist

$$\operatorname{Re}\sqrt{-E} < 0 \,. \tag{128,5a}$$

Man gelangt von der positiven reellen Achse in das nichtphysikalische Blatt, indem man unmittelbar nach unten, über den Schnitt hinweg geht.

und sehen

$$-\frac{A(E)}{B(E)} = e^{2i\delta_0(E)}\,. \tag{128,8}$$

Die Streuamplitude zum Drehimpuls $l = 0$ ist nach (123,15)

$$f_0 = \frac{1}{2ik}\left(e^{2i\delta_0} - 1\right) = \frac{\hbar}{2\sqrt{-2mE}}\left(\frac{A}{B} + 1\right); \tag{128,9}$$

dabei sind A und B auf dem oberen Rande des Schnittes zu nehmen.

Wir betrachten jetzt die Streuamplitude als Funktion von E auf dem ganzen physikalischen Blatt und sehen, daß die diskreten Energieniveaus einfache Pole sind. Falls das Feld $U(r)$ die Bedingung (128,6) erfüllt, dann hat die Streuamplitude nach obigen Feststellungen keine anderen singulären Punkte.[1])

Wir wollen das Residuum der Streuamplitude in einem Pol berechnen, den sie bei einem diskreten Niveau $E = E_0 < 0$ hat. Dazu schreiben wir die Gleichungen, denen die Funktion χ und ihre Ableitung nach der Energie genügen müssen, auf:

$$\chi'' + \frac{2m}{\hbar^2}(E - U)\,\chi = 0\,, \qquad \left(\frac{\partial\chi}{\partial E}\right)'' + \frac{2m}{\hbar^2}(E - U)\frac{\partial\chi}{\partial E} = -\frac{2m}{\hbar^2}\chi\,.$$

Wir multiplizieren die erste Gleichung mit $\partial\chi/\partial E$ und die zweite mit χ, subtrahieren die entstehenden Gleichungen voneinander, integrieren über $\mathrm{d}r$ und erhalten

$$\chi'\frac{\partial\chi}{\partial E} - \chi\left(\frac{\partial\chi}{\partial E}\right)' = \frac{2m}{\hbar^2}\int_0^r \chi^2\,\mathrm{d}r\,. \tag{128,10}$$

Wir verwenden diese Beziehung für $E = E_0$ und $r \to \infty$. Das Integral auf der rechten Seite der Gleichung wird für $r \to \infty$ gleich 1, wenn die Wellenfunktion des gebundenen Zustandes nach der üblichen Vorschrift $\int \chi^2\,\mathrm{d}r = 1$ normiert ist. Auf der linken Seite setzen wir χ aus (128,1) ein und beachten dabei, daß in der Nähe des Punktes $E = E_0$

$$A(E) \approx A(E_0) \equiv A_0\,, \qquad B(E) \approx (E + |E_0|)\left.\frac{\mathrm{d}B}{\mathrm{d}E}\right|_{E=E_0} \equiv \beta(E + |E_0|)$$

gilt. Als Ergebnis erhalten wir $\beta = -\dfrac{1}{A_0\hbar}\sqrt{\dfrac{m}{2\,|E_0|}}$.

Mit Hilfe dieser Ausdrücke finden wir, daß das wichtigste Glied in der Streuamplitude (das gleich der Amplitude für $l = 0$ ist) in der Nähe des Punktes $E = E_0$ folgende Gestalt hat:

$$f = -\frac{\hbar^2 A_0^2}{2m}\,\frac{1}{E + |E_0|}\,. \tag{128,11}$$

Das Residuum der Streuamplitude zu einem diskreten Energieniveau wird also durch den Koeffizienten A_0 im asymptotischen Ausdruck

$$\chi = A_0 \exp\left(-\frac{\sqrt{2m\,|E_0|}}{\hbar}\,r\right) \tag{128,12}$$

der normierten Wellenfunktion des betreffenden stationären Zustandes bestimmt.

[1]) Bis auf den Punkt $E = 0$, der ein singulärer Punkt infolge der oben angegebenen Singularität der Funktionen $A(E)$ und $B(E)$ ist. Die Streuamplitude bleibt aber für $E \to 0$ endlich (siehe § 132). Im folgenden werden wir der Kürze halber nicht jedesmal diese Bemerkung anfügen.

Wir wenden uns nun wieder der Untersuchung der analytischen Eigenschaften der Streuamplitude zu und behandeln diejenigen Fälle, in denen die Bedingung (128,6) nicht erfüllt ist. Für solche Felder ist nur das zunehmende Glied im Ausdruck (128,1) der korrekte Teil der asymptotischen Gestalt der Lösung der SCHRÖDINGER-Gleichung auf dem ganzen physikalischen Blatt. Dementsprechend kann man nach wie vor feststellen, daß die Funktion $B(E)$ keine Singularitäten hat.

Die Funktion $A(E)$ kann unter diesen Bedingungen in der komplexen Ebene nur als analytische Fortsetzung definiert werden. Man hat dazu den Koeffizienten im asymptotischen Ausdruck von χ auf der positiven reellen Achse analytisch fortzusetzen; denn dort sind beide Summanden in χ brauchbar. Diese Fortsetzung liefert jetzt aber im allgemeinen verschiedene Ergebnisse, je nachdem, ob man sie vom oberen oder vom unteren Rande des Schnittes aus vornimmt. Um Eindeutigkeit zu gewährleisten, vereinbaren wir folgende Festlegung: $A(E)$ wird in der oberen bzw. in der unteren Halbebene als analytische Fortsetzung vom oberen bzw. vom unteren Rand der positiven reellen Achse aus definiert. Der Schnitt muß dabei im allgemeinen auf die ganze reelle Achse ausgedehnt werden. Die so definierte Funktion hat nach wie vor die Eigenschaft $A(E^*) = A^*(E)$, aber im allgemeinen ist sie weder auf der positiven noch auf der negativen reellen Achse reell. Sie kann im Prinzip auch Singularitäten haben.

Wir werden aber zeigen, daß es trotzdem eine Kategorie von Feldern gibt, für die die Funktion $A(E)$ keine Singularitäten auf dem physikalischen Blatt hat, obwohl die Bedingung (128,6) nicht erfüllt ist.

Dazu werden wir χ als Funktion des komplexen r bei festem (komplexem) Wert von E betrachten. Wir können uns dabei auf E-Werte in der oberen Halbebene beschränken, weil die Funktionswerte von $A(E)$ in den beiden Halbebenen konjugiert komplex zueinander sind. Für solche r-Werte, für die Er^2 eine reelle positive Zahl ist, sind die beiden Summanden in der Wellenfunktion (128,1) von der gleichen Größenordnung, d. h., wir gelangen wieder zur gleichen Situation wie für $E > 0$ und reelle r, und beide Summanden im asymptotischen Ausdruck für χ sind für ein beliebiges, im Unendlichen verschwindendes Feld $U(r)$ gültig. $A(E)$ kann demzufolge keine singulären Punkte für solche E-Werte haben, für die $U(r) \to 0$ geht, wenn r auf einem Strahl mit $Er^2 > 0$ gegen unendlich geht. Läßt man E alle Werte in der oberen Halbebene annehmen, dann sondert die Bedingung $Er^2 > 0$ den rechten unteren Quadranten in der komplexen r-Ebene aus. Wir gelangen somit zu dem Schluß, daß $A(E)$ auf dem physikalischen Blatt auch dann keine Singularitäten hat, wenn $U(r)$ die Bedingung

$$U(r) \to 0 \text{ für } r \to \infty \text{ in der rechten Halbebene} \qquad (128,13)$$

erfüllt (L. D. LANDAU, 1961).[1]

Die Bedingungen (128,6) und (128,13) erfassen eine sehr umfangreiche Kategorie von Feldern. Die Streuamplitude hat daher in der Regel keine Singularitäten in beiden Halbebenen. Auf der negativen reellen Achse (die zum physikalischen Blatt gehört, wenn dort kein Schnitt liegt) hat die Streuamplitude Pole, die den Energien

[1]) Da $U(r)$ auf der rellen Achse reell ist, gilt die Beziehung $U(r^*) = U^*(r)$. Wenn die Bedingung (128,13) im rechten unteren Quadranten erfüllt ist, ist sie daher automatisch auch in der ganzen rechten Halbebene erfüllt.

der gebundenen Zustände entsprechen. Falls dort ein Schnitt vorhanden ist, können dort auch andere Singularitäten auftreten.

Letzteres gilt speziell für Felder der Gestalt

$$U = \text{const} \cdot r^n \, e^{-r/a} \tag{128,14}$$

(mit beliebigem n). Im Intervall $0 < -E < \hbar^2/8ma^2$ auf der negativen reellen Achse ist die Bedingung (128,6) erfüllt, so daß dort kein Schnitt zu sein braucht, und die Streuamplitude hat dort nur Pole zu gebundenen Zuständen. Auf der übrigen negativen reellen Achse gibt es auch *überflüssige* Pole und andere Singularitäten (S. T. MA, 1946). Sie treten auf, weil die Funktion (128,14) für $r \to \infty$ auf einem Strahl mit $Er^2 > 0$ sofort nicht mehr gegen Null geht, wenn E unter die negative reelle Achse gerät (d. h., der angegebene Strahl liegt links von der imaginären Achse in der komplexen r-Ebene).

Weiter sehen wir uns die analytischen Eigenschaften der Streuamplitude für $|E| \to \infty$ an. Wenn auf der reellen Achse $E \to +\infty$ geht, dann gilt die BORNsche Näherung, und die Streuamplitude strebt gegen Null. Nach obigen Feststellungen liegt die gleiche Situation vor, wenn E in der komplexen Ebene auf einer Geraden $\arg E = \text{const}$ gegen unendlich geht, falls man dabei komplexe r-Werte mit $Er^2 > 0$ betrachtet. Falls $U \to 0$ geht für $r \to \infty$ auf einer Geraden $\arg r = -\frac{1}{2} \arg E$ und falls $U(r)$ auf dieser Geraden keine singulären Punkte hat, dann ist die Bedingung für die Brauchbarkeit der BORNschen Näherung erfüllt, und die Streuamplitude strebt nach wie vor gegen Null. Nimmt $\arg E$ alle Werte von 0 bis π an, so durchläuft $\arg r$ die Werte von 0 bis $\pi/2$.

Als Ergebnis gelangen wir zu folgendem Schluß: Die Streuamplitude geht in allen Richtungen in der E-Ebene im Unendlichen gegen Null, wenn die Funktion $U(r)$ in der rechten r-Halbebene keine singulären Punkte hat und im Unendlichen verschwindet.

Obwohl wir bisher die ganze Zeit von der Streuung mit dem Drehimpuls $l = 0$ gesprochen haben, gelten in Wirklichkeit alle gewonnenen Ergebnisse auch für die Partialwellenamplituden zur Streuung mit beliebigem, von Null verschiedenem Drehimpuls. Der Unterschied in den Rechnungen besteht nur darin, daß man statt der Faktoren $e^{\pm ikr}$ in den asymptotischen Ausdrücken für χ die exakten radialen Wellenfunktionen für die freie Bewegung (33,16) schreiben müßte.[1])

In den Formeln (128,9) und (128,11) sind für $l \neq 0$ einige Änderungen vorzunehmen. Statt (128,7) haben wir jetzt

$$\chi_l = rR_l = \text{const} \cdot \left\{ \exp\left[i\left(kr - \frac{l\pi}{2} + \delta_l\right)\right] - \exp\left[-i\left(kr - \frac{l\pi}{2} + \delta_l\right)\right]\right\} \tag{128,15}$$

und für die Partialwellenamplitude f_l (die nach (123,15) definiert wird) bekommen wir

$$f_l = \frac{\hbar}{2\sqrt{-2mE}} \left[(-1)^l \frac{A}{B} + 1 \right]. \tag{128,16}$$

---

[1]) Die Form (33,17) für diese Funktionen darf jedoch nur für $E > 0$ verwendet werden. In der übrigen E-Ebene, in der die beiden Summanden in χ von verschiedenen Größenordnungen sind, würde die Verwendung dieser Ausdrücke in χ einen Fehler verursachen, der im allgemeinen größer ist als der Fehler, der der Vernachlässigung von U in der SCHRÖDINGER-Gleichung entspricht.

Der Hauptterm in der Streuamplitude in der Nähe des Niveaus $E = E_0$ mit dem Drehimpuls l wird statt durch (128,11) durch die Formel

$$f \approx (2l+1) f_l P_l(\cos\theta) = (-1)^{l+1} \frac{\hbar^2 A_0^2}{2m} \frac{1}{E + |E_0|} (2l+1) P_l(\cos\theta) \qquad (128,17)$$

gegeben.

§ 129. Die Dispersionsrelation

Im vorhergehenden Paragraphen haben wir die analytischen Eigenschaften der Partialwellenamplituden für die Streuung mit gegebenen Werten für l behandelt. Wir haben gesehen, daß diese Eigenschaften kompliziert werden können, weil „überflüssige" Singularitäten und Irregularitäten im Unendlichen auftreten können. Dieselben Eigenschaften hat offensichtlich auch die vollständige Streuamplitude als Funktion der Energie bei festem Streuwinkel. Die Amplitude für die Vorwärtsstreuung bildet aber eine Ausnahme. Wie wir jetzt zeigen werden, hat sie bedeutend einfachere analytische Eigenschaften.

Wir schreiben die SCHRÖDINGER-Gleichung für die Wellenfunktion des betrachteten Teilchens in der Form

$$\Delta\psi + k^2\psi = \frac{2mU}{\hbar^2}\psi \qquad (129,1)$$

und werden sie formal als Wellengleichung mit einer Inhomogenität auffassen, d. h. als die aus der Elektrodynamik bekannte Gleichung für die retardierten Potentiale.

Die Lösung dieser Gleichung, die die „Strahlung" in eine Richtung $\boldsymbol{k}'$ in großen Abständen R_0 vom Zentrum beschreibt, hat bekanntlich folgende Gestalt (siehe II, § 66):

$$\psi_{\text{streu}} = -\frac{1}{4\pi} \frac{e^{ikR_0}}{R_0} \int \frac{2mU}{\hbar^2} \psi \, e^{-i\boldsymbol{k}'\boldsymbol{r}} \, dV \,. \qquad (129,2)$$

Im vorliegenden Falle ist dieser Ausdruck die Wellenfunktion für das gestreute Teilchen, und der Faktor von e^{ikR_0}/R_0 ist die Streuamplitude $f(\theta, E)$. Wir setzen speziell $\boldsymbol{k}' = \boldsymbol{k}$ ($\boldsymbol{k}$ ist der Wellenzahlvektor des einlaufenden Teilchens) und erhalten für die Streuamplitude der Vorwärtsstreuung

$$f(0, E) = -\frac{m}{2\pi\hbar^2} \int U\psi \, e^{-ikz} \, dV \qquad (129,3)$$

(die z-Achse zeigt in $\boldsymbol{k}$-Richtung). Dieser Ausdruck hat natürlich nur formale Bedeutung, denn im Integranden ist wieder die unbekannte Wellenfunktion enthalten. Man kann daraus jedoch bestimmte Schlüsse über die analytischen Eigenschaften der Größe $f(0, E)$ als Funktion der Energie E ziehen.[1])

Die Funktion ψ im Integranden besteht für große r aus zwei Teilen — aus einer einlaufenden und einer auslaufenden Welle. Letztere ist proportional zu e^{ikr}, so daß der entsprechende Teil des Integrals im Integranden $e^{ik(r-z)}$ enthält. Andererseits wird beim Übergang in die komplexe Ebene (vom oberen Rande des Schnittes längs der positiven reellen Achse aus) ik durch $-\sqrt{-2mE}/\hbar$ ersetzt, wobei auf dem ganzen

[1]) Es versteht sich natürlich, daß das Feld $U(r)$ für $r \to \infty$ schnell genug verschwindet, damit $f(0, E)$ (für $E > 0$) überhaupt existiert (siehe § 124).

physikalischen Blatt Re $\sqrt{-E} > 0$ ist. Wegen $r \geqq z$ ist Re $[ik(r-z)] < 0$, und das Integral konvergiert für beliebiges komplexes E. Bezüglich der zu e^{ikz} proportionalen einfallenden Welle in ψ ist zu sagen, daß sich die Exponentialfaktoren im zugehörigen Teil des Integrals ganz aufheben, so daß auch dieser Teil konvergiert.

Die Funktion ψ im Integral (129,3) ist für beliebiges komplexes E eindeutig als Lösung der SCHRÖDINGER-Gleichung bestimmt, die außer der ebenen Welle nur einen (für $r \to \infty$) abklingenden Teil enthält. Somit ist auch das ganze konvergente Integral (129,2) eindeutig bestimmt, so daß Singularitäten darin nur dann auftreten, wenn ψ unendlich wird. Das geschieht für die diskreten Energieniveaus.[1])

Es ist auch leicht zu erkennen, daß $f(0, E)$ für $|E| \to \infty$ endlich bleibt. Für große $|E|$ kann man in der SCHRÖDINGER-Gleichung (129,1) das Glied mit U vernachlässigen, und in ψ bleibt nur die ebene Welle $\psi \propto e^{ikz}$ übrig. Infolge dessen wird aus dem Integral (129,2)

$$f(0, \infty) = -\frac{m}{2\pi\hbar^2}\int U\,\mathrm{d}V\,.$$

Das ist, wie es sein muß, die BORNsche Amplitude (126,4) für die Vorwärtsstreuung ($q = 0$); wir bezeichnen sie mit $f_B(0)$.

Wir gelangen auf diese Weise zu folgender Aussage: Die Amplitude für die Vorwärtsstreuung ist auf dem ganzen physikalischen Blatt (auch im Unendlichen) bis auf die obligatorischen Pole auf der negativen reellen Achse zu den diskreten Energieniveaus regulär.[2])

Sehen wir uns das Integral

$$\frac{1}{2\pi i}\int\limits_C \frac{f(0, E') - f_B}{E' - E}\,\mathrm{d}E' \tag{129,4}$$

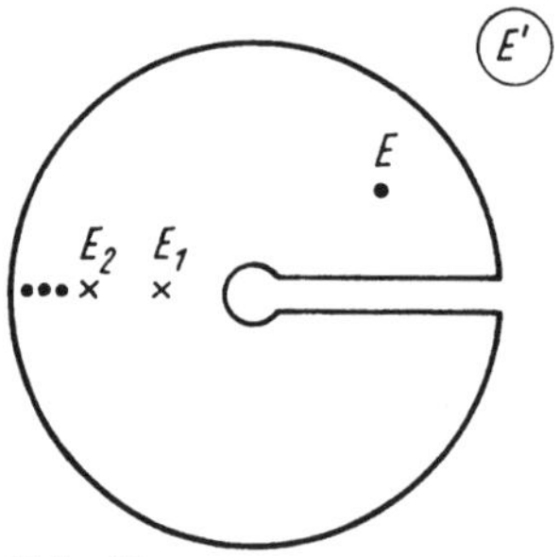

Abb. 46

---

[1]) Um Mißverständnisse zu vermeiden, betonen wir, daß es sich hier um die vollständige Wellenfunktion ψ des Systems handelt; ψ ist nach der Vorschrift normiert, daß der Koeffizient der ebenen Welle im asymptotischen Ausdruck gleich 1 ist (vgl. (123,3)). Im vorhergehenden Paragraphen haben wir diejenigen Teile (ψ_l) der Wellenfunktion betrachtet, die zu bestimmten Werten l gehören. ψ_l konnte dabei nach einer beliebigen Vorschrift normiert sein. In der Entwicklung der vollständigen Funktion ψ nach den Funktionen ψ_l haben letztere Entwicklungskoeffizienten proportional zu $1/B_l$. So muß die Funktion (128,3) mit $l = 0$ in ψ in der Gestalt

$$\frac{\text{const}}{r}\,\frac{1}{B}\left[(A + B)\,e^{ikr} - 2iB\sin kr\right]$$

enthalten sein. ψ wird deshalb in den Nullstellen der Funktionen $B_l(E)$ unendlich, d. h. in den diskreten Energieniveaus.

[2]) Die Idee des dargestellten Beweises stammt von L. D. FADDEJEW (1958).

längs des in Abb. 46 dargestellten Weges an. Dieser Weg besteht aus einem sehr großen Kreis und der Umgehung des Schnittes längs der positiven reellen Achse. Das Integral über den Kreis verschwindet, weil $f(0, \infty) - f_B = 0$ ist. Die Integration über die beiden Ränder des Schnittes ergibt

$$\frac{1}{\pi} \int_0^\infty \frac{\operatorname{Im} f(0, E')}{E' - E} \, \mathrm{d}E' .$$

Nach der Definition in § 128 wird die physikalische Streuamplitude für reelle positive Werte von E am oberen Rande des Schnittes gegeben; auf dem unteren Rande hat sie den dazu konjugiert komplexen Wert. Das ist in obigem Integral berücksichtigt worden.

Andererseits ist das Integral (129,4) nach dem CAUCHYschen Satz die Summe von $f(0, E) - f_B$ und der Residuen R_n des Integranden zu allen Polen $E' = E_n$ der Funktion $f(0, E')/(E' - E)$, wobei E_n die diskreten Energieniveaus sind. Diese Residuen werden mit Hilfe der Formel (128,17) bestimmt und sind

$$R_n = \frac{d_n}{E_n - E}, \qquad d_n = -\,(-1)^{l_n}\,(2l_n + 1)\,\frac{\hbar^2 A_{0n}^2}{2m} \tag{129,5}$$

(l_n ist der Drehimpuls des Zustandes mit der Energie E_n). Somit erhalten wir

$$f(0, E) = f_B + \frac{1}{\pi} \int_0^\infty \frac{\operatorname{Im} f(0, E')}{E' - E} \, \mathrm{d}E' + \sum_n \frac{d_n}{E - E_n}. \tag{129,6}$$

Diese sogenannte *Dispersionsrelation* bestimmt $f(0, E)$ in einem beliebigen Punkt des physikalischen Blattes aus den Werten des Imaginärteils für $E > 0$ (D. WONG, 1957; N. N. KHURI, 1957).

Wenn der Punkt E gegen den oberen Rand des Schnittes geht, muß das Integral entlang der reellen Achse in (129,6) so gebildet werden, daß der Pol $E' = E$ unten umgangen wird. Umgeht man diesen Pol auf einem infinitesimalen Halbkreis (Abb. 47),

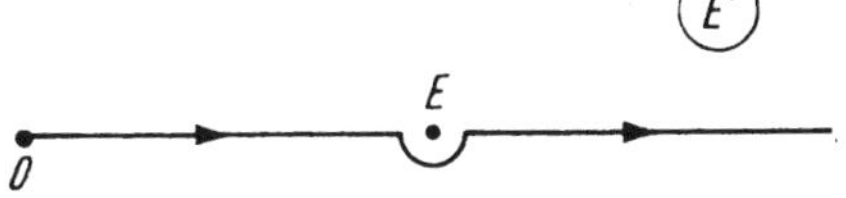

Abb. 47

dann ergibt der betreffende Teil des Integrals auf der rechten Seite der Gleichung (129,6) die Größe $i \operatorname{Im} f(0, E)$, und das verbleibende Integral von 0 bis ∞ ist im Sinne des Hauptwertes zu verstehen. Als Ergebnis erhalten wir die Formel

$$\operatorname{Re} f(0, E) = f_B + \frac{1}{\pi} \int_0^\infty \frac{\operatorname{Im} f(0; E')}{E' - E} \, \mathrm{d}E' + \sum_n \frac{d_n}{E - E_n}, \tag{129,7}$$

die für $E > 0$ den Realteil der Streuamplitude für die Vorwärtsstreuung aus dem Imaginärteil bestimmt. Letzterer hängt nach (125,9) unmittelbar mit dem totalen Streuquerschnitt zusammen.

§ 130. Die Streuamplitude in der Impulsdarstellung

In der Streuamplitude kommen nur die Richtungen von Anfangs- und Endimpuls des gestreuten Teilchens vor. Es ist daher natürlich, daß man auch bei der Formulierung des Streuproblems in der Impulsdarstellung zum Begriff der Streuamplitude gelangen kann, wenn das Problem der räumlichen Verteilung bei diesem Prozeß überhaupt nicht gestellt wird. Wir wollen zeigen, wie das geschieht.

Zunächst transformieren wir die SCHRÖDINGER-Gleichung in die Impulsdarstellung

$$-\frac{\hbar^2}{2m}\Delta\psi(\boldsymbol{r}) + [U(\boldsymbol{r}) - E]\,\psi(\boldsymbol{r}) = 0 \tag{130,1}$$

und gehen von den ortsabhängigen Wellenfunktionen zu den impulsabhängigen über, d. h. zu den FOURIER-Transformierten

$$a(\boldsymbol{q}) = \int \psi(\boldsymbol{r})\, \mathrm{e}^{-i\boldsymbol{q}\boldsymbol{r}}\, \mathrm{d}V\,. \tag{130,2}$$

Umgekehrt ist

$$\psi(\boldsymbol{r}) = \int a(\boldsymbol{q})\, \mathrm{e}^{i\boldsymbol{q}\boldsymbol{r}}\, \frac{\mathrm{d}^3q}{(2\pi)^3}\,. \tag{130,3}$$

Wir multiplizieren die Gleichung (130,1) mit $\mathrm{e}^{-i\boldsymbol{q}\boldsymbol{r}}$ und integrieren sie über $\mathrm{d}V$. Im ersten Summanden erhalten wir nach zweimaliger partieller Integration

$$\int \mathrm{e}^{-i\boldsymbol{q}\boldsymbol{r}}\, \Delta\psi(\boldsymbol{r})\, \mathrm{d}V = \int \psi(\boldsymbol{r})\, \Delta\, \mathrm{e}^{-i\boldsymbol{q}\boldsymbol{r}}\, \mathrm{d}V = -\boldsymbol{q}^2 a(\boldsymbol{q})\,.$$

Im zweiten Summanden setzen wir $\psi(\boldsymbol{r})$ in der Gestalt (130,3) ein und bekommen

$$\begin{aligned}\int U(\boldsymbol{r})\, \psi(\boldsymbol{r})\, \mathrm{e}^{-i\boldsymbol{q}\boldsymbol{r}}\, \mathrm{d}V &= \iint U(\boldsymbol{r})\, \mathrm{e}^{-i\boldsymbol{q}\boldsymbol{r}} a(\boldsymbol{q}')\, \mathrm{e}^{i\boldsymbol{q}'\boldsymbol{r}}\, \mathrm{d}V\, \frac{\mathrm{d}^3q'}{(2\pi)^3} \\ &= \int U(\boldsymbol{q} - \boldsymbol{q}')\, a(\boldsymbol{q}')\, \frac{\mathrm{d}^3q'}{(2\pi)^3}\,,\end{aligned}$$

wobei $U(\boldsymbol{q})$ die FOURIER-Transformierte des Feldes $U(\boldsymbol{r})$ ist[1]):

$$U(\boldsymbol{q}) = \int U(\boldsymbol{r})\, \mathrm{e}^{-i\boldsymbol{q}\boldsymbol{r}}\, \mathrm{d}V\,.$$

Die SCHRÖDINGER-Gleichung in der Impulsdarstellung erhält somit die Gestalt

$$\left(\frac{\hbar^2 q^2}{2m} - E\right) a(\boldsymbol{q}) + \int U(\boldsymbol{q} - \boldsymbol{q}')\, a(\boldsymbol{q}')\, \frac{\mathrm{d}^3q'}{(2\pi)^3} = 0\,. \tag{130,4}$$

Wir machen darauf aufmerksam, daß das eine Integralgleichung ist und keine Differentialgleichung.

Die Wellenfunktion für die Streuung von Teilchen mit dem Impuls $\hbar\boldsymbol{k}$ stellen wir folgendermaßen dar:

$$\psi_{\boldsymbol{k}}(\boldsymbol{r}) = \mathrm{e}^{i\boldsymbol{k}\boldsymbol{r}} + \chi_{\boldsymbol{k}}(\boldsymbol{r})\,. \tag{130,5}$$

Die Funktion $\chi_{\boldsymbol{k}}(\boldsymbol{r})$ ist asymptotisch (für $r \to \infty$) eine auslaufende Kugelwelle. Die FOURIER-Transformierte von (130,5) ist

$$a_{\boldsymbol{k}}(\boldsymbol{q}) = (2\pi)^3\, \delta(\boldsymbol{q} - \boldsymbol{k}) + \chi_{\boldsymbol{k}}(\boldsymbol{q})\,. \tag{130,6}$$

---

[1]) Zur zweckmäßigeren Bezeichnung schreiben wir $\boldsymbol{q}$ als Argument der FOURIER-Transformierten statt als Index.

Wir setzen sie in (130,4) ein und erhalten folgende Gleichung für die Funktion $\chi_{\boldsymbol{k}}(\boldsymbol{q})$:[1])

$$\frac{\hbar^2}{2m}(k^2 - q^2)\,\chi_{\boldsymbol{k}}(\boldsymbol{q}) = U(\boldsymbol{q}-\boldsymbol{k}) + \int U(\boldsymbol{q}-\boldsymbol{q}')\,\chi_{\boldsymbol{k}}(\boldsymbol{q}')\frac{d^3q'}{(2\pi)^3}. \tag{130,7}$$

Diese Gleichung wird zweckmäßig so umgeformt, daß man nach der Definition

$$\chi_{\boldsymbol{k}}(\boldsymbol{q}) = \frac{2m}{\hbar^2}\frac{F(\boldsymbol{k},\boldsymbol{q})}{q^2 - k^2 - i0} \tag{130,8}$$

statt $\chi_{\boldsymbol{k}}(\boldsymbol{q})$ eine andere unbekannte Funktion einführt. Damit wird in den Koeffizienten in Gleichung (130,7) die Singularität bei $q^2 = k^2$ beseitigt, und die Gleichung wird zu

$$F(\boldsymbol{k},\boldsymbol{q}) = -\,U(\boldsymbol{q}-\boldsymbol{k}) - \frac{2m}{\hbar^2}\int\frac{U(\boldsymbol{q}-\boldsymbol{q}')\,F(\boldsymbol{k},\boldsymbol{q}')}{q'^2 - k^2 - i0}\frac{d^3q'}{(2\pi)^3}. \tag{130,9}$$

Der Summand $i0$ (der den Grenzwert von $i\delta$ für $\delta \to +0$ angibt) ist in die Definition (130,8) aufgenommen worden, um dem Integral in (130,9) einen bestimmten Sinn zu geben: Durch diesen Summanden wird festgelegt, wie der Pol bei $q'^2 = k^2$ zu umgehen ist (vgl. § 43). Wir wollen zeigen, daß gerade diese Art der Umgehung der erforderlichen asymptotischen Gestalt der Funktion

$$\chi_{\boldsymbol{k}}(\boldsymbol{r}) = \frac{2m}{\hbar^2}\int\frac{F(\boldsymbol{k},\boldsymbol{q})\,e^{i\boldsymbol{q}\boldsymbol{r}}}{q^2 - k^2 - i0}\frac{d^3q}{(2\pi)^3} \tag{130,10}$$

entspricht.

Dazu schreiben wir $d^3q = q^2\,dq\,do_{\boldsymbol{q}}$ und integrieren zunächst über $do_{\boldsymbol{q}}$ — über die Richtungen des Vektors $\boldsymbol{q}$ in bezug auf $\boldsymbol{r}$. Eine derartige Integration ist bereits bei der Umformung des ersten Summanden in (125,2) ausgeführt worden; sie ergibt (im Bereich großer r) den Ausdruck

$$\chi_{\boldsymbol{k}}(\boldsymbol{r}) = -\frac{2m}{\hbar^2}\frac{2\pi i}{r}\int_0^\infty\frac{F(\boldsymbol{k},q\boldsymbol{n}')\,e^{iqr} - F(\boldsymbol{k},-q\boldsymbol{n}')\,e^{-iqr}}{q^2 - k^2 - i0}\frac{q\,dq}{(2\pi)^3}$$

(mit $\boldsymbol{n}' = \boldsymbol{r}/r$) oder

$$\chi_{\boldsymbol{k}}(\boldsymbol{r}) = -\frac{im}{2\pi^2\hbar^2 r}\int_{-\infty}^{\infty}\frac{F(\boldsymbol{k},q\boldsymbol{n}')\,e^{iqr}\,q\,dq}{q^2 - k^2 - i0}.$$

Der Integrand hat Pole in den Punkten $q = k + i0$ und $q = -k - i0$, die bei der Integration (in der komplexen q-Ebene) unten bzw. oben umgangen werden (Abb. 48, a). Wir verschieben den Integrationsweg ein wenig in die obere Halbebene und ersetzen ihn durch eine Gerade parallel zur reellen Achse und eine geschlossene Schleife um den Pol $q = k$ (Abb. 48, b). Das Integral längs der Geraden verschwindet für $r \to \infty$

Abb. 48

[1]) Nach den Eigenschaften der δ-Funktion ergibt das Produkt $(q^2 - k^2)\,\delta(\boldsymbol{q}-\boldsymbol{k})$ multipliziert mit einer beliebigen Funktion $f(\boldsymbol{q})$ (die keine Singularität für $\boldsymbol{q} = \boldsymbol{k}$ hat) und integriert über d^3q Null. In diesem Sinne ist das Produkt $(q^2 - k^2)\,\delta(\boldsymbol{q}-\boldsymbol{k}) \equiv 0$.

(wegen des Faktors exp $(-r \operatorname{Im} q)$ im Integranden), und das Integral über die geschlossene Schleife wird durch das Residuum des Integranden zum Pol bei $q = k$ bestimmt (multipliziert mit $2\pi i$). Endgültig finden wir

$$\chi_{\boldsymbol{k}}(\boldsymbol{r}) = \frac{m}{2\pi\hbar^2} \frac{e^{ikr}}{r} F(k\boldsymbol{n}, k\boldsymbol{n}') \tag{130,11}$$

($\boldsymbol{n}$ ist der Einheitsvektor in $\boldsymbol{k}$-Richtung). Wir erhielten die erforderliche asymptotische Gestalt für die Wellenfunktion, und die Streuamplitude ist

$$f(\boldsymbol{n}, \boldsymbol{n}') = \frac{m}{2\pi\hbar^2} F(k\boldsymbol{n}, k\boldsymbol{n}') . \tag{130,12}$$

Die Streuamplitude wird also durch den Wert der Funktion $F(\boldsymbol{k}, \boldsymbol{q})$ für $q = k$ bestimmt. $F(\boldsymbol{k}, \boldsymbol{q})$ genügt der Integralgleichung (130,9).

Falls die Störungstheorie angewendet werden darf, wird die Gleichung (130,9) leicht durch sukzessive Iteration gelöst. In erster Näherung wird der Integralterm ganz weggelassen, und wir erhalten $F(\boldsymbol{k}, \boldsymbol{q}) = -U(\boldsymbol{q} - \boldsymbol{k})$. In der nächsten Näherung setzen wir für $F(\boldsymbol{k}, \boldsymbol{q})$ den Ausdruck der ersten Näherung in den Integralterm ein. Für die Streuamplitude (130,12) finden wir dann (indem wir die Bezeichnungen ein wenig abändern)

$$f(\boldsymbol{n}, \boldsymbol{n}') = -\frac{m}{2\pi\hbar^2} \left\{ U(\boldsymbol{k}' - \boldsymbol{k}) + \frac{2m}{\hbar^2} \int \frac{U(\boldsymbol{k}' - \boldsymbol{k}'')\, U(\boldsymbol{k}'' - \boldsymbol{k})}{k^2 - k''^2 + i0} \frac{d^3k''}{(2\pi)^3} \right\} \tag{130,13}$$

mit $\boldsymbol{k} = k\boldsymbol{n}$ und $\boldsymbol{k}' = k\boldsymbol{n}'$. Der erste Summand stimmt mit Formel (126,4) in erster BORNscher Näherung überein, der zweite liefert den Beitrag zweiter Ordnung zur Streuamplitude.[1])

Aus (130,13) ist der schon in § 126 erwähnte Sachverhalt zu erkennen, daß die Streuamplitude bereits in zweiter Näherung die Symmetrieeigenschaft (126,8) nicht mehr besitzt. Auf den ersten Blick könnte es scheinen, daß der Integralterm in (130,13) bei der Vertauschung von Anfangs- und Endzustand ebenfalls symmetrisch ist. In Wirklichkeit ist diese Symmetrie nicht vorhanden, weil sich beim Übergang zum konjugiert komplexen Ausdruck der Integrationsweg ändert (der Umlaufsinn um den Pol).

§ 131. Die Streuung bei hohen Energien

Wenn die potentielle Energie nicht klein gegenüber $\hbar^2/ma^2$ (a ist wie üblich die Reichweite des Feldes) ist, dann ist folgende Situation möglich: Die Energie der gestreuten Teilchen ist so groß, daß

$$|U| \ll E \sim \frac{\hbar^2}{ma^2} (ka)^2 \tag{131,1}$$

gilt, während gleichzeitig noch

$$|U| \gtrsim \frac{\hbar^2}{ma^2} ka = \frac{\hbar v}{a} \tag{131,2}$$

---

[1]) Dieses Ergebnis kann man natürlich auch leicht erhalten, ohne zur Impulsdarstellung überzugehen. Aus dem Vergleich der Formeln (43,1) und (43,6) ist unmittelbar evident, daß sich die Formel in zweiter Näherung von der Formel erster Näherung darin unterscheidet, daß $U(\boldsymbol{k}' - \boldsymbol{k})$ durch den Ausdruck in der geschweiften Klammer in (130,13) zu ersetzen ist.

ist. Dabei soll selbstverständlich

$$ka \gg 1 \tag{131,3}$$

sein. In diesem Falle haben wir es mit der Streuung schneller Teilchen zu tun, aber die BORNsche Näherung ist nicht anwendbar (es ist keine der Bedingungen (126,1) oder (126,2) erfüllt).

Zur Untersuchung dieses Falles können wir den Ausdruck für die Wellenfunktion in der Gestalt (45,9) verwenden,

$$\psi = e^{ikz} F(\boldsymbol{r}), \qquad F(\boldsymbol{r}) = \exp\left(-\frac{i}{\hbar v} \int\limits_{-\infty}^{z} U \, dz\right). \tag{131,4}$$

Dieser Ausdruck darf benutzt werden, wenn die Bedingung $|U| \ll E$ erfüllt ist. In § 45 ist festgestellt worden, daß dieser Ausdruck nur für $z \ll ka^2$ gilt. Er darf deshalb nicht unmittelbar für solche Abstände verwendet werden, für die bereits der asymptotische Ausdruck (123,3) gilt. Das ist aber auch nicht erforderlich; denn zur Berechnung der Streuamplitude braucht man die Wellenfunktion nur für z-Werte $a \ll z \ll ka^2$ zu kennen. Dabei kann das Integral im Exponenten in $F(r)$ bis ∞ erstreckt werden:

$$\psi = e^{ikz} S(\varrho). \tag{131,5}$$

Hier ist die Bezeichnung

$$S(\varrho) = \exp\,[2i\delta(\varrho)], \qquad \delta(\varrho) = -\frac{1}{2\hbar v} \int\limits_{-\infty}^{\infty} U \, dz \tag{131,6}$$

eingeführt worden ($\boldsymbol{\varrho}$ ist der Ortsvektor in der xy-Ebene).

Die Streuung schneller Teilchen erfolgt im wesentlichen in kleine Winkel, die wir hier auch betrachten werden. Dabei ist die Impulsübertragung $\hbar \boldsymbol{q}$ relativ klein ($q \ll k$), und man kann daher den Vektor $\boldsymbol{q}$ als senkrecht zum Wellenzahlvektor $\boldsymbol{k}$ des einlaufenden Teilchens ansehen, d. h. als Vektor in der xy-Ebene. Die Streuwelle ergibt sich aus (131,5), indem man die einfallende Welle e^{ikz} (die Funktion (131,4) für $z = -\infty$) subtrahiert. Die Streuamplitude zum Wellenzahlvektor $\boldsymbol{k}' = \boldsymbol{k} + \boldsymbol{q}$ ist proportional zur FOURIER-Transformierten der Streuwelle[1])

$$f \propto \int [S(\varrho) - 1] \, e^{i\boldsymbol{q}\boldsymbol{\varrho}} \, d^2\varrho$$

($d^2\varrho = dx\, dy$). Der Proportionalitätsfaktor in diesem Ausdruck kann erhalten werden, indem man mit dem Grenzfall der BORNschen Näherung vergleicht (siehe unten)

Man kann die Rechnung auch anders ausführen und gelangt dabei sofort zu einem ganz bestimmten Ausdruck. Dazu verwenden wir die Formel (129,2), setzen darin ψ aus (131,4) ein und beachten, daß nach (45,8)

$$\frac{2m}{\hbar^2} UF = 2ik \frac{\partial F}{\partial z}$$

ist. So erhalten wir für die Streuamplitude (den Faktor von e^{ikR_0}/R_0)

$$\begin{aligned} f &= \frac{k}{2\pi i} \int \frac{\partial F}{\partial z} e^{-i\boldsymbol{q}\boldsymbol{\varrho}} \, dx\, dy\, dz \\ &= \frac{k}{2\pi i} \int [F(z = \infty) - F(z = -\infty)] \, e^{-i\boldsymbol{q}\boldsymbol{\varrho}} \, dx\, dy\,. \end{aligned}$$

[1]) Dieses Verfahren zur Bestimmung der Streuamplitude ist der Methode analog, die man bei der Behandlung der FRAUNHOFERschen Beugung verwendet (siehe II, § 61). Es sind gerade die Beugungseffekte, die die Formel (131,4) für $z \gtrsim ka^2$ unbrauchbar werden lassen.

Nachdem wir den Ausdruck für F eingesetzt haben, erhalten wir endgültig[1])

$$f = \frac{k}{2\pi i} \int [S(\boldsymbol{\varrho}) - 1]\, \mathrm{e}^{-i\boldsymbol{q}\boldsymbol{\varrho}}\, \mathrm{d}^2\varrho\,. \tag{131,7}$$

Falls die Energie so groß ist, daß $\delta \sim |U|\, a/\hbar v \ll 1$ gilt, dann ist die BORNsche Näherung anwendbar. Tatsächlich erhalten wir aus (131,7) durch Entwicklung von $S - 1 \approx 2i\delta$

$$f = -\frac{m}{2\pi\hbar^2} \int U\, \mathrm{e}^{-i\boldsymbol{q}\boldsymbol{\varrho}}\, \mathrm{d}^2\varrho\, \mathrm{d}z$$

in Übereinstimmung mit (126,4).

Unter Verwendung des optischen Theorems (125,9) kann man aus (131,7) den totalen Streuquerschnitt erhalten. Die Streuamplitude für die Vorwärtsstreuung ist der Wert von f für $\boldsymbol{q} = 0$. Deshalb finden wir

$$\sigma = \int 2\, \mathrm{Re}\, (1 - S)\, \mathrm{d}^2\varrho = \int 4 \sin^2 \delta(\boldsymbol{\varrho})\, \mathrm{d}^2\varrho\,. \tag{131,8}$$

Der Integrand kann dabei als der Streuquerschnitt für Teilchen mit einem Stoßparameter im Intervall $\mathrm{d}^2\varrho$ angesehen werden.[2])

Für die Formel (131,7) ist keine Kugelsymmetrie des Feldes vorausgesetzt worden. Es ist lehrreich zu verfolgen, wie diese Formel für ein kugelsymmetrisches Feld unmittelbar aus der exakten allgemeinen Formel (123,11) abgeleitet werden kann.

Unter den Bedingungen (131,1) bis (131,3) spielen Partialwellenamplituden zu großen Drehimpulsen l die Hauptrolle bei der Streuung. Es ist daher die Bedingung erfüllt, daß die Wellenfunktionen quasiklassisch sind, und man kann für δ_l die Formel (124,1) verwenden. Wir setzen darin $r_0 \approx l/k$, $r^2 = z^2 + l^2/k^2$ und erhalten

$$\delta_l \approx -\frac{m}{\hbar^2} \int\limits_{l/k}^{\infty} \frac{U(r)\, \mathrm{d}r}{\sqrt{k^2 - l^2/r^2}} = -\frac{m}{\hbar^2 k} \int\limits_{0}^{\infty} U\left(\sqrt{z^2 + l^2/k^2}\right) \mathrm{d}z\,,$$

was mit dem Wert der Funktion $\delta(\varrho)$ (131,6) für $\varrho = l/k$ übereinstimmt.[3]) Ferner können für kleine Winkel ($\theta \ll 1$) die LEGENDREschen Polynome mit großen l in der

---

[1]) Im zweidimensionalen Falle wird die Streuamplitude zum Feld $U(x, z)$ durch die analoge Formel

$$f = \sqrt{\frac{k}{2\pi i}} \int [S(x) - 1]\, \mathrm{e}^{-iqx}\, \mathrm{d}x \tag{131,7a}$$

definiert. Das Quadrat $|f|^2\, \mathrm{d}\theta$ ist der Streuquerschnitt pro Längeneinheit in bezug auf die y-Achse. θ ist der Streuwinkel in der xz-Ebene (vgl. auch die Definition in Aufgabe 6 zu § 126).

[2]) In § 152 werden die Formeln (131,7) und (131,8) für den Fall der Streuung an einem System von Teilchen verallgemeinert.

[3]) Die quasiklassische Funktion $2\hbar\delta(\boldsymbol{\varrho})$ ist die Änderung der Wirkung beim Vorbeifliegen des Teilchens im Felde U längs einer klassischen Bahnkurve. Für ein schnelles Teilchen kann man diese Bahnkurve als Gerade ansehen, und dann ist $2\delta(\boldsymbol{\varrho})$ die Differenz der klassischen Wirkungsintegrale

$$\int\limits_{-\infty}^{\infty} \sqrt{k^2 - \frac{2m}{\hbar^2} U}\, \mathrm{d}z - \int\limits_{-\infty}^{\infty} k\, \mathrm{d}z \approx -\frac{m}{\hbar^2 k} \int\limits_{-\infty}^{\infty} U\, \mathrm{d}z\,.$$

In diesem Sinne spielt die Funktion $2\delta(\boldsymbol{\varrho})$ hier eine ähnliche Rolle wie das Eikonal in der geometrischen Optik. In diesem Zusammenhang bezeichnet man die behandelte Näherung in der Streutheorie oft als *Eikonalnäherung*. Die Streuamplitude ist aber keineswegs durch ihren quasiklassischen Ausdruck zu ersetzen, weil im allgemeinen die Bedingungen $\theta l \gg 1$ und $\delta_l \gg 1$ nicht erfüllt sind.

Form (49,6) dargestellt werden:

$$P_l(\cos\theta) \approx J_0(\theta l) = \frac{1}{2\pi}\int_0^{2\pi} e^{-i\theta l\cos\varphi}\, d\varphi .$$

Diesen Ausdruck setzen wir in (123,11) ein, gehen darin von der Summation (über große l) zur Integration über und bekommen

$$f = \frac{1}{\pi}\int\int_0^{2\pi} f_l\, e^{-i\theta l\cos\varphi}\, d\varphi \cdot l\, dl = \frac{k^2}{\pi}\int f_l\, e^{-i\boldsymbol{q}\boldsymbol{\varrho}}\, d^2\varrho , \tag{131,9}$$

darin sind $\boldsymbol{q}$ und $\boldsymbol{\varrho}$ zweidimensionale Vektoren mit den Beträgen $q = k\theta$ und $\varrho = l/k$. Schließlich setzen wir hier f_l in der Gestalt (123,15) mit $\delta_l = \delta(l/k)$ ein und gelangen wieder zur Formel (131,7).

Für die Streuung an einem kugelsymmetrischen Feld integrieren wir die Formel (131,7) über den Polarwinkel φ in der xy-Ebene ($d^2\varrho = \varrho\, d\varrho\, d\varphi$) und bringen sie in die Form

$$f = -ik\int \{\exp[2i\delta(\varrho)] - 1\}\, J_0(q\varrho)\, \varrho\, d\varrho . \tag{131,10}$$

In § 126 ist bereits erwähnt worden, daß die Bornsche Näherung für die Streuung schneller Teilchen in große Winkel unbrauchbar wird, wenn der Streuquerschnitt dabei exponentiell klein wird. Unter diesen Bedingungen ist auch die hier dargestellte Methodik ungeeignet. In Wirklichkeit haben wir es in derartigen Fällen mit quasiklassischen Verhältnissen zu tun, für die die Störungstheorie unbrauchbar ist.

Nach den allgemeinen Regeln für die quasiklassische Näherung (vgl. §§ 52, 53) kann man den Exponenten für den exponentiellen Abfall des Streuquerschnittes bestimmen, indem man „komplexe Trajektorien" im für die Bewegung klassisch nicht erlaubten Gebiet betrachtet.[1])

Beim klassischen Streuproblem wird die Abhängigkeit des Ablenkwinkels θ eines Teilchens im Feld $U(r)$ vom Stoßparameter ϱ durch die Formel

$$\frac{\pi \mp \theta}{2} = \int_{r_0}^{\infty} \frac{\varrho\, dr}{r^2\sqrt{1 - \frac{\varrho^2}{r^2} - \frac{U}{E}}} \tag{131,11}$$

gegeben. r_0 ist darin der kleinste Abstand vom Zentrum und ergibt sich als Wurzel der Gleichung

$$1 - \frac{\varrho^2}{r^2} - \frac{U}{E} = 0 \tag{131,12}$$

(siehe (127,5)). Der uns interessierende Fall entspricht demjenigen Winkelbereich, in den ein klassisches Teilchen nicht abgelenkt werden könnte.[2]) Zu diesen Winkeln gehören deshalb komplexe Lösungen $\varrho(\theta)$ der Gleichung (131,11) (mit dementsprechend komplexen Werten für r_0). Aus der so gefundenen Funktion $\varrho(\theta)$ und dem klassischen

---

[1]) Wegen der Behandlung des Faktors vor der Exponentialfunktion in diesem Gesetz siehe A. S. Pataschinski, W. L. Pokrowski und I. M. Chalatnikow, ЖЭТФ **45**, 989 (1963).

[2]) Die dargestellte Methode ist nicht nur für große E brauchbar, sondern immer dann, wenn die Streuung exponentiell klein ist.

Bahndrehimpuls des Teilchens $mv\varrho$ wird die Wirkung berechnet:

$$S(\theta) = mv \int \varrho(\theta)\, d\theta \qquad (131,13)$$

(v ist die Geschwindigkeit des Teilchens im Unendlichen). Die Streuamplitude ist

$$f \sim \exp\left(-\frac{1}{\hbar} \operatorname{Im} S(\theta)\right). \qquad (131,14)$$

Die Gleichung (131,12) hat im allgemeinen mehr als eine komplexe Wurzel. Als r_0 in (131,11) muß diejenige Wurzel verwendet werden, die den betragsmäßig kleinsten positiven Imaginärteil Im S ergibt. Falls die Funktion $U(r)$ komplexe singuläre Punkte hat, dann müssen diese außerdem als mögliche Werte für r_0 in Betracht gezogen werden.[1])

Der Bereich $r \sim r_0$ spielt die Hauptrolle im Integral (131,11). Im Falle großer Energien E kann dabei das Glied U/E im Radikanden weggelassen werden. Wir integrieren und erhalten dann

$$\varrho = r_0 \cos\frac{\theta}{2}. \qquad (131,15)$$

Falls r_0 ein singulärer Punkt der Funktion $U(r)$ ist, hängt er nur von den Eigenschaften des Feldes, aber nicht von ϱ oder von E ab. Wir berechnen S nach (131,13) und finden in diesem Falle für die Streuamplitude

$$f \sim \exp\left(-\frac{2mv}{\hbar} \sin\frac{\theta}{2} \operatorname{Im} r_0\right). \qquad (131,16)$$

Hat man als r_0 eine Wurzel der Gleichung (131,12) zu verwenden, dann hängt die Gestalt des Exponenten von den konkreten Eigenschaften des Feldes ab. So erhalten wir für die Funktion

$$U = U_0\, e^{-(r/a)^2}$$

(die im Endlichen überhaupt keine singulären Punkte hat) aus der Gleichung

$$\frac{U}{E} = 1 - \frac{\varrho^2}{r^2} \approx \sin^2\frac{\theta}{2}$$

die Wurzel

$$r_0 \approx ia \sqrt{\ln\left(\frac{E}{U_0} \sin^2\frac{\theta}{2}\right)}. \qquad (131,17)$$

Da r_0 nur schwach von θ abhängt, kann man r_0 bei der Integration in (131,13) als konstant ansehen, und wir erhalten für die Streuamplitude die Formel (131,16) mit r_0 aus (131,17).

Aufgaben

1. Man berechne den totalen Streuquerschnitt für einen kugelförmigen rechteckigen Potentialtopf mit dem Radius a und der Tiefe U_0 unter der Bedingung (131,1), $U_0 \ll \hbar^2 k^2/m$!

Lösung. Wir haben

$$\int_{-\infty}^{\infty} U\, dz = -2U_0 \sqrt{a^2 - \varrho^2}\,.$$

[1]) Wir erinnern daran (siehe § 126), daß der Streuquerschnitt nicht nach einem Exponentialgesetz abnimmt, wenn $U(r)$ eine Singularität für reelles r hat.

Nach (131,7) ist die Amplitude für die Vorwärtsstreuung ($\boldsymbol{q} = 0$)

$$f(0) = -\frac{ik}{2\pi}\int\limits_0^a \left[\exp\left(\frac{2iU_0}{\hbar v}\sqrt{a^2-\varrho^2}\right)-1\right]2\pi\varrho\,\mathrm{d}\varrho$$

$$= -ika^2\int\limits_0^1 (\mathrm{e}^{2i\nu x}-1)\,x\,\mathrm{d}x = \frac{ka^2}{2}\left[i-\frac{\mathrm{e}^{2i\nu}}{\nu}-\frac{i}{2\nu^2}(\mathrm{e}^{2i\nu}-1)\right]$$

mit dem „BORNschen Parameter" $\nu = U_0 a/\hbar v$. Mit Hilfe des optischen Theorems finden wir hieraus den totalen Streuquerschnitt

$$\sigma = 2\pi a^2\left[1+\frac{1}{2\nu^2}-\frac{\sin 2\nu}{\nu}-\frac{\cos 2\nu}{2\nu^2}\right].$$

Im (BORNschen) Grenzfall $\nu \ll 1$ ergibt dieser Ausdruck $\sigma = 2\pi a^2\nu^2$ in Übereinstimmung mit Aufgabe 1 zu § 126. Im entgegengesetzten Grenzfall $\nu \gg 1$ haben wir einfach $\sigma = 2\pi a^2$, d. h. den doppelten geometrischen Querschnitt. Dieses letzte Ergebnis hat einen einfachen Sinn. Für $\nu \gg 1$ werden alle Teilchen mit einem Stoßparameter $\varrho < a$ gestreut, d. h. aus dem einlaufenden Strahl herausgelenkt. In diesem Sinne verhält sich der Potentialtopf wie eine „absorbierende" Kugel. Dabei ist nach dem BABINETschen Prinzip (siehe II, den Schluß von § 61) der totale Streuquerschnitt gleich dem doppelten „Absorptions"-Querschnitt.

2. Wie Aufgabe 1 für das Feld $U = U_0 \exp(-r^2/a^2)$.

Lösung. In diesem Falle haben wir

$$\int\limits_{-\infty}^{\infty} U\,\mathrm{d}z = a\sqrt{\pi}\,U_0 \exp(-\varrho^2/a^2)\,.$$

Wir setzen das in (131,7) ein, nehmen im Integral eine unmittelbar evidente Variablensubstitution vor und erhalten für die Amplitude der Vorwärtsstreuung

$$f(0) = -\frac{ika^2}{2}\int\limits_0^{\nu\sqrt{\pi}} (\mathrm{e}^{-iu}-1)\frac{\mathrm{d}u}{u}\,,$$

wobei wiederum $\nu = U_0 a/\hbar v$ ist. Hieraus ergibt sich der totale Streuquerschnitt

$$\sigma = 2\pi a^2\int\limits_0^{\nu\sqrt{\pi}} (1-\cos u)\frac{\mathrm{d}u}{u}\,.$$

Für $\nu \ll 1$ reduziert sich der Integrand auf $u/2$, und der Streuquerschnitt wird $\sigma = \pi a^2\nu^2/2$ in Übereinstimmung mit dem Ergebnis von Aufgabe 2 zu § 126 (für $ka \gg 1$). Für $\nu \gg 1$ schreiben wir den Integranden in der Form $(1-\mathrm{e}^{-\lambda u}\cos u)/u$ mit einem kleinen Parameter λ, der anschließend gegen Null geht. Wir integrieren partiell und finden dann

$$\int\limits_0^{\nu\sqrt{\pi}} (1-\cos u)\frac{\mathrm{d}u}{u} \approx \ln(\nu\sqrt{\pi}) - \int\limits_0^{\infty} \ln u \sin u\,\mathrm{d}u = \ln(\nu\sqrt{\pi}) + C$$

(C ist die EULERsche Zahl). Somit wird

$$\sigma = 2\pi a^2 \ln(\nu\sqrt{\pi}\,e^C) \quad \text{für} \quad \nu \gg 1\,.$$

3. Es ist der Streuquerschnitt zu kleinen Winkeln für Elektronen in einem Magnetfeld zu berechnen, das in einem zylindrischen Bereich vom Radius a konzentriert ist (A. AHARONOV, D. BOHM, 1959).

Lösung. Das Magnetfeld zeige in y-Richtung, und die y-Achse sei die Zylinderachse. Die Einfallsrichtung der Elektronen wählen wir als z-Achse. Die ganze Streuung ist dann von der Koordinate y unabhängig, und wir behandeln sie als zweidimensionales Problem in der xz-Ebene.

Außerhalb des zylindrischen Bereiches ist die Feldstärke $\boldsymbol{H} = 0$, aber das Vektorpotential ist von Null verschieden und gleich

$$\boldsymbol{A} = \frac{\Phi}{2\pi} \nabla\varphi , \tag{1}$$

φ ist darin der Polarwinkel in der xz-Ebene, und Φ ist der magnetische Fluß. Integrieren wir über eine Kreisfläche (mit dem Radius $r > a$) in dieser Ebene, so erhalten wir tatsächlich

$$\int H \, \mathrm{d}x \, \mathrm{d}z = \oint \boldsymbol{A} \, \mathrm{d}\boldsymbol{l} = \frac{\Phi}{2\pi} \varphi \Big|_0^{2\pi} = \Phi .$$

Das Potential (1) ändert die Phase der Wellenfunktion (der ebenen Welle) der Elektronen; nach (111,9) haben wir

$$\psi = \mathrm{e}^{ikz} \exp\left(\frac{ie}{\hbar c} \frac{\Phi}{2\pi} \varphi\right). \tag{2}$$

Dieser Ausdruck ist aber unbrauchbar in einem engen Bereich (der Breite $\sim a$) entlang der positiven z-Achse, weil die Bewegung der Teilchen, die durch den Feldbereich hindurchgegangen sind, vom Feld gestört worden ist. Das erklärt die scheinbare Nichteindeutigkeit der Funktion (2) beim Umlauf um den Koordinatenursprung (der Winkel φ nimmt dabei um 2π zu). In Wirklichkeit ist in der Nähe der positiven z-Achse ein Sprung vorhanden (mit endlicher Breite), weil (2) nicht anwendbar ist. Auf den beiden Seiten des Sprunges hat φ Werte, die sich um 2π unterscheiden, zum Beispiel $\mp\pi$.

Für die Streuung in kleine Winkel θ mit kleiner Impulsübertragung $q \approx k\theta$ ($qa \ll 1$, $\theta \ll 1$) sind transversale Abstände $x \sim 1/q \gg a$ wesentlich, und die Breite des Schnittes kann vernachlässigt werden. Betrachtet man das Raumgebiet $z \gg |x|$, so kann man darin auch die x-Abhängigkeit von ψ auf beiden Seiten der z-Achse vernachlässigen, und wir erhalten dann[1])

$$\psi = \mathrm{e}^{ikz} F(x) , \qquad F(x) = \begin{cases} \exp(-ie\Phi/2\hbar c), & x > 0 , \\ \exp(ie\Phi/2\hbar c) , & x < 0 . \end{cases} \tag{3}$$

Die „zweidimensionale" Streuamplitude wird nach Formel (131,7a) berechnet.[2]) Für $q \neq 0$ haben wir

$$f = \sqrt{\frac{k}{2\pi i}} \left\{ \exp\left(-\frac{ie\Phi}{2\hbar c}\right) \int_0^\infty \mathrm{e}^{-iqx} \, \mathrm{d}x + \text{konj. kompl.} \right\}.$$

Das Integral wird ausgerechnet, indem man den Faktor $\mathrm{e}^{-\lambda x}$ einführt und anschließend zur Grenze $\lambda \to 0$ übergeht. Als Ergebnis bekommen wir

$$f = -\frac{1}{q} \sqrt{\frac{2k}{\pi i}} \sin \frac{e\Phi}{2\hbar c} .$$

Hieraus ergibt sich der Streuquerschnitt

$$\mathrm{d}\sigma = |f|^2 \, \mathrm{d}\theta = \frac{2}{\pi k} \sin^2 \frac{e\Phi}{2\hbar c} \frac{\mathrm{d}\theta}{\theta^2} . \tag{4}$$

Für $e\Phi/\hbar c \ll 1$ erhalten wir daraus den Ausdruck

$$\mathrm{d}\sigma = \frac{e^2\Phi^2}{2\pi k \hbar^2 c^2} \frac{\mathrm{d}\theta}{\theta^2} ,$$

der dem Fall entspricht, daß die Störungstheorie angewendet werden darf.

Wir lenken die Aufmerksamkeit darauf, daß der Streuquerschnitt (4) periodisch von der Magnetfeldstärke abhängt. Ferner divergiert der totale Streuquerschnitt (wegen $\theta \to 0$), obwohl das Feld auf ein endliches Raumgebiet beschränkt ist. Beide Eigenschaften sind rein quantenmechanische Effekte.

---

[1]) Die Formel (3) wird (wie auch die Formel (131,4) im Text) unbrauchbar, wenn z so groß wird, daß sich Beugungseffekte auswirken.

[2]) Diese Formel (für $q \neq 0$) kann (wie im Text erläutert worden ist) auch hergeleitet werden, ohne die Schrödinger-Gleichung mit dem Potentialfeld zu verwenden.

§ 132. Die Streuung langsamer Teilchen

Wir wollen die Eigenschaften der elastischen Streuung im Grenzfall kleiner Geschwindigkeiten der zu streuenden Teilchen behandeln. Die Geschwindigkeit wird dabei als so klein angenommen, daß die Wellenlänge eines Teilchens groß gegenüber der Reichweite a des Feldes $U(r)$ ist (d. h. $ka \ll 1$). Die Teilchenenergie sei klein gegenüber dem Feld innerhalb seiner Reichweite. Zur Lösung dieses Problems muß festgestellt werden, wie die Streuphasen δ_l für kleine k vom Wellenzahlvektor k abhängen.

Für $r \lesssim a$ darf man in der exakten SCHRÖDINGER-Gleichung (123,7) nur das Glied mit k^2 vernachlässigen:

$$R_l'' + \frac{2}{r} R_l' - \frac{l(l+1)}{r^2} R_l = \frac{2m}{\hbar^2} U(r)\, R_l\,. \tag{132,1}$$

Im Bereich $a \ll r \ll 1/k$ darf man auch das Glied mit $U(r)$ weglassen, und es verbleibt

$$R_l'' + \frac{2}{r} R_l' - \frac{l(l+1)}{r^2} R_l = 0\,. \tag{132,2}$$

Die allgemeine Lösung dieser Gleichung ist

$$R_l = c_1 r^l + \frac{c_2}{r^{l+1}}\,. \tag{132,3}$$

Die Werte der Konstanten c_1 und c_2 können im Prinzip nur durch Lösung der Gleichung (132,1) mit der konkreten Funktion $U(r)$ bestimmt werden. Sie sind selbstverständlich für verschiedene l unterschiedlich.

Für noch größere Abstände, $r \sim 1/k$, kann in der SCHRÖDINGER-Gleichung das Glied mit $U(r)$ weggelassen werden, aber man darf k^2 nicht vernachlässigen, und wir haben

$$R_l'' + \frac{2}{r} R_l' + \left[k^2 - \frac{l(l+1)}{r^2}\right] R_l = 0\,, \tag{132,4}$$

d. h. die Gleichung für die freie Bewegung. Die Lösung dieser Gleichung ist (siehe § 33)

$$R_l = c_1(-1)^l \frac{(2l+1)!!}{k^{2l+1}}\, r^l \left(\frac{\mathrm{d}}{r\,\mathrm{d}r}\right)^l \frac{\sin kr}{r} + c_2(-1)^l \frac{r^l}{(2l-1)!!} \left(\frac{\mathrm{d}}{r\,\mathrm{d}r}\right)^l \frac{\cos kr}{r}\,. \tag{132,5}$$

Die konstanten Koeffizienten sind hier so gewählt, daß für $kr \ll 1$ diese Lösung in (132,3) übergeht. Damit wird auch erreicht, die Lösung (132,3) im Bereich $kr \ll 1$ mit der Lösung (132,5) im Bereich $kr \sim 1$ zu „verheften“.

Schließlich nimmt die Lösung (132,5) für $kr \gg 1$ die asymptotische Gestalt (§ 33)

$$R_l \approx \frac{c_1(2l+1)!!}{r k^{l+1}} \sin\left(kr - \frac{\pi l}{2}\right) + \frac{c_2 k^l}{r(2l-1)!!} \cos\left(kr - \frac{\pi l}{2}\right)$$

an. Diese Summe kann in der Form

$$R_l \approx \text{const} \cdot \frac{1}{r} \sin\left(kr - \frac{\pi l}{2} + \delta_l\right) \tag{132,6}$$

dargestellt werden, wobei die Streuphase δ_l aus der Gleichung

$$\operatorname{tg} \delta_l \approx \delta_l = \frac{c_2}{c_1(2l-1)!!\,(2l+1)!!}\, k^{2l+1} \tag{132,7}$$

bestimmt wird (da k klein ist, sind alle Streuphasen δ_l klein).

Nach (123,15) sind die Partialwellenamplituden

$$f_l = \frac{1}{2ik}\,(e^{2i\delta_l} - 1) \approx \frac{\delta_l}{k}\,,$$

und wir erhalten für den Grenzfall kleiner Energien

$$f_l \propto k^{2l}\,. \tag{132,8}$$

Alle Partialwellenamplituden mit $l \neq 0$ sind also klein gegenüber der Streuamplitude mit $l = 0$ (oder, wie man sagt, für die *s-Streuung*). Wir vernachlässigen sie und bekommen für die vollständige Amplitude

$$f(\theta) \approx f_0 = \frac{\delta_0}{k} = \frac{c_2}{c_1} \equiv -\alpha\,, \tag{132,9}$$

so daß $d\sigma = \alpha^2\, do$ ist, und der totale Streuquerschnitt wird

$$\sigma = 4\pi\alpha^2\,. \tag{132,10}$$

Für kleine Geschwindigkeiten ist die Streuung isotrop in allen Richtungen, und der Streuquerschnitt ist unabhängig von der Teilchenenergie.[1]) Die konstante Größe α wird als *Streulänge* bezeichnet. Sie kann positiv oder negativ sein.

Bei den angestellten Überlegungen ist stillschweigend vorausgesetzt worden, daß das Feld $U(r)$ für große Abstände ($r \gg a$) hinreichend schnell abnimmt, so daß die vorgenommenen Vernachlässigungen erlaubt sind. Man kann leicht herausfinden, wie schnell $U(r)$ abnehmen muß. Für große r ist der zweite Summand in der Funktion R_l (132,3) klein gegenüber dem ersten. Es ist nur dann zulässig, dieses Glied beizubehalten, wenn die in Gleichung (132,2) beibehaltenen kleinen Glieder $\sim c_2/r^{l+1}/r^2$ trotzdem groß gegenüber dem Glied $UR_l \sim Uc_1 r^l$ sind, das beim Übergang von (132,1) zu (132,2) weggelassen worden ist. $U(r)$ muß demnach schneller als $1/r^{2l+3}$ abnehmen, damit das Gesetz (132,8) für die Partialwellenamplitude f_l gültig ist. Speziell ist die Berechnung von f_0 und damit auch das Ergebnis (132,9) einer energieunabhängigen isotropen Streuung nur dann zutreffend, wenn $U(r)$ für große Abstände schneller als $1/r^3$ abnimmt.

Falls das Feld $U(r)$ für große Abstände exponentiell abnimmt, kann man bestimmte Aussagen über die folgenden Glieder in der Entwicklung der Amplituden f_l nach Potenzen von k machen. Wir haben in § 128 gesehen, daß die Amplitude f_l als Funktion der komplexen Veränderlichen E in diesem Falle für negative reelle Werte von E reell ist.[2]) Dasselbe gilt daher auch für die Funktion $g_l(E)$ im Ausdruck (125,15)

$$f_l = \frac{1}{g_l - ik}$$

(für $E < 0$ ist ik reell). Andererseits ist die Funktion $g_l(E)$ für $E > 0$ (nach Definition) reell. Die Funktion $g_l(E)$ ist also für alle reellen E reell und kann daher nach ganz-

---

[1]) Bei der Streuung von Elektronen an Atomen übernimmt der Atomradius die Rolle der Länge a, mit der $1/k$ verglichen werden muß (Bedingung $ka \ll 1$). Der Atomradius beträgt für komplizierte Atome mehrere Bohrsche Radien (einige $\hbar^2/me^2$). Da dieser Radius groß ist, ist der Streuquerschnitt in diesem Falle faktisch nur bis zu Energien von einigen Zehntel Elektronenvolt konstant. Bei größeren Elektronenenergien zeigt sich eine starke Energieabhängigkeit des Querschnittes (sogenannter Ramsauer-*Effekt*).

[2]) Für kleine E ist die Bedingung (128,6) bereits dann erfüllt, wenn U nach dem Gesetz $e^{-r/a}$ abnimmt.

zahligen Potenzen von E entwickelt werden, d. h. nach geraden Potenzen von k. Für die Amplitude $f_l(k)$ selbst kann man demzufolge feststellen, daß sie nach ganzzahligen Potenzen von ik entwickelt wird. Alle Glieder mit geraden Potenzen von k sind reell, und die Glieder mit ungeraden Potenzen von k sind imaginär. Nach (132,8) beginnt die Entwicklung von $f_l(k)$ mit einem Glied $\sim \delta_l/k \propto k^{2l}$; demzufolge beginnt die Entwicklung von $g_l(k)$ mit einem Glied proportional zu k^{-2l}.

Nimmt das Feld für große Abstände nach einem Potenzgesetz $U \approx \beta r^{-n}$ mit $n \leqq 3$ ab, dann ist das Ergebnis (132,9) einer konstanten Amplitude ungültig, wie bereits erwähnt worden ist.

Wir wollen uns die Verhältnisse für verschiedene Werte von n anschauen. Für $n \leqq 1$ und für hinreichend kleine Geschwindigkeiten ist praktisch für alle Werte des Stoßparameters ϱ die Bedingung

$$\varrho\,|U(\varrho)| \gg \hbar v \tag{132,11}$$

erfüllt, und die Streuung kann somit durch die klassischen Formeln beschrieben werden (vgl. Bedingung (127,9)).

Für $1 < n < 2$ ist die Ungleichung (132,11) für einen beträchtlichen Bereich nicht zu großer ϱ erfüllt. Dementsprechend ist die Streuung in nicht zu kleine Winkel klassisch. Gleichzeitig gibt es einen Bereich von ϱ-Werten, für die

$$\varrho\,|U(\varrho)| \ll \hbar v \tag{132,12}$$

gilt, d. h., für die die Störungstheorie anwendbar ist (vgl. (126,2)).

Für $n > 2$ gilt für große Abstände die Beziehung

$$|U| \ll \frac{\hbar^2}{mr^2}, \tag{132,13}$$

und daher kann der Beitrag zur Streuung von der Wechselwirkung in diesen Abständen mit Hilfe der Störungstheorie berechnet werden (während für kleinere Abstände die Bedingung für die Anwendbarkeit der Störungstheorie nicht erfüllt zu sein braucht).[1] r_0 sei derjenige Wert von r, daß für $r \gg r_0$ die Beziehung (132,13) gilt und gleichzeitig $r_0 \ll 1/k$ ist. Der Beitrag des Bereiches $r \gg r_0$ zur Streuamplitude wird nach (126,12) durch das Integral

$$-\frac{2m\beta}{\hbar^2}\int\limits_{r_0}^{\infty}\frac{1}{r^n}\frac{\sin qr}{qr}\,r^2\,dr = -\frac{2m\beta}{\hbar^2}\,q^{n-3}\int\limits_{qr_0}^{\infty}\frac{\sin\xi}{\xi^{n-1}}\,d\xi \tag{132,14}$$

gegeben.

Für $2 < n < 3$ konvergiert dieses Integral an der unteren Grenze, und für kleine Geschwindigkeiten ($kr_0 \ll 1$) kann man diese Grenze durch Null ersetzen, so daß das Integral proportional zu $q^{-(3-n)}$ wird, d. h. zu einer negativen Potenz der Geschwindigkeit. Dieser Beitrag zur Streuamplitude ist demzufolge im vorliegenden Falle der Hauptbeitrag, und es gilt

$$f \propto q^{-(3-n)}, \qquad 2 < n < 3\,. \tag{132,15}$$

Hierdurch wird auch die Abhängigkeit des Streuquerschnittes von der Teilchengeschwindigkeit und vom Streuwinkel festgelegt.

---

[1]) Die Streuung bei kleinen Geschwindigkeiten wird in diesem Falle nirgends quasiklassisch, denn die Bedingung (132,11) ist mit der gleichzeitig zu fordernden Bedingung $|U(\varrho)| \lesssim E$ unvereinbar.

Für $n = 3$ divergiert das Integral (132,14) an der unteren Grenze logarithmisch. Dabei ist es immer noch der Hauptbeitrag zur Streuamplitude, und es ist

$$f \propto \ln\frac{\text{const}}{q}, \qquad n = 3\,. \tag{132,16}$$

Für $n > 3$ nimmt der Beitrag vom Bereich $r \gg r_0$ für $k \to 0$ ab, und die Streuung wird von der konstanten Amplitude (132,9) beherrscht. Der Beitrag (132,14) zur Streuamplitude ist auch in diesem Falle, obwohl er relativ klein ist, von gewissem Interesse, weil er „anomal" ist. Der „normale" Fall bei hinreichend schneller Abnahme von $U(r)$ ist, daß $f(k)$ nach ganzzahligen Potenzen von k entwickelt werden kann, wobei alle reellen Glieder in der Entwicklung proportional zu geraden Potenzen von k sind. Integrieren wir in (132,14) mehrfach partiell (und erniedrigen dabei die Potenz von ξ im Nenner), so sondern wir damit den Teil mit den geraden Potenzen von k ab. Danach verbleibt ein für $qr_0 \to 0$ konvergentes Integral proportional zur Potenz k^{n-3}, die im allgemeinen nicht gerade ist.[1])

Aufgaben

1. Man berechne den Streuquerschnitt für langsame Teilchen zu einem kugelförmigen rechteckigen Potentialtopf der Tiefe U_0 und mit dem Radius a!

Lösung. Für den Wellenzahlvektor des Teilchens wird vorausgesetzt, daß er die Bedingungen $ka \ll 1$ und $\varkappa \ll k$ mit $\varkappa = \sqrt{2mU_0}/\hbar$ erfüllt. Uns interessiert nur die Streuphase δ_0. Wir setzen deshalb in Gleichung (132,1) $l = 0$ und erhalten für die Funktion $\chi = rR_0(r)$ die Gleichung $\chi'' + \varkappa^2\chi = 0$ für $r < a$. Die Lösung dieser Gleichung, die für $r = 0$ verschwindet (χ/r muß für $r = 0$ endlich sein), ist

$$\chi = A \sin \varkappa r\,, \qquad r < a\,.$$

Für $r > a$ genügt die Funktion χ der Gleichung $\chi'' + k^2\chi = 0$ (Gleichung (132,4) mit $l = 0$), hieraus ergibt sich

$$\chi = B \sin (kr + \delta_0)\,, \qquad r > a\,.$$

Die Forderung nach Stetigkeit von χ'/χ für $r = a$ ergibt

$$\varkappa \cot a\varkappa = k \cot (ka + \delta_0) \approx \frac{k}{ka + \delta_0}\,.$$

Hieraus bestimmen wir δ_0. Als Ergebnis erhalten wir für die Streuamplitude[2])

$$f = \frac{\tan \varkappa a - \varkappa a}{\varkappa}\,.$$

Für $\varkappa a \ll 1$ (d. h. für $U_0 \ll \hbar^2/ma^2$) ergibt diese Formel $\sigma = \frac{4}{9}\pi a^2(\varkappa a)^4$ in Übereinstimmung mit dem Ergebnis der Bornschen Näherung (siehe Aufgabe 1 zu § 126).

2. Wie Aufgabe 1 für einen kugelförmigen rechteckigen Potentialberg der Höhe U_0.

Lösung. Die Lösung ergibt sich aus derjenigen der vorhergehenden Aufgabe, indem man U_0 durch $-U_0$ ersetzt (im Zusammenhang damit hat man $\varkappa$ durch $i\varkappa$ zu ersetzen). Die Streuamplitude

[1]) Falls n eine ungerade ganze Zahl ist ($n = 2p + 1$), dann ist $n - 3 = 2p - 2$ eine gerade Zahl. Das Integral (132,14) hat nichtsdestoweniger auch in diesem Falle einen „anomalen" Teil, der zur Streuamplitude einen Beitrag proportional zu $q^{2p-2} \ln q$ liefert.

[2]) Diese Formel ist nicht mehr zu verwenden, wenn Tiefe und Breite des Potentialtopfes so beschaffen sind, daß $\varkappa a$ in die Nähe eines Vielfachen von $\pi/2$ kommt. Für diese Werte von $\varkappa a$ gibt es im diskreten Spektrum der negativen Energieniveaus ein Niveau nahe bei Null (siehe Aufgabe 1 zu § 33), und die Streuung wird mit denjenigen Formeln beschrieben, die im nächsten Paragraphen abgeleitet werden.

ist

$$f = \frac{\tanh \varkappa a - \varkappa a}{\varkappa}.$$

Im Grenzfall $\varkappa a \gg 1$ haben wir

$$f = -a, \qquad \sigma = 4\pi a^2.$$

Dieses Ergebnis entspricht der Streuung an einer undurchdringlichen Kugel mit dem Radius a. Die klassische Mechanik würde eine viermal kleinere Größe liefern ($\sigma = \pi a^2$).

3. Es ist der Streuquerschnitt für Teilchen mit kleiner Energie zum Feld $U = \alpha/r^n$, $\alpha > 0$, $n > 3$ zu berechnen.

Lösung. Die Gleichung (132,1) mit $l = 0$ ist

$$\chi'' - \gamma^2 \frac{\chi}{r^n} = 0, \qquad \gamma = \frac{\sqrt{2m\alpha}}{\hbar}.$$

Durch die Substitutionen

$$\chi = \varphi \sqrt{r}, \qquad r = \left(\frac{2\gamma}{(n-2)\,x}\right)^{\frac{2}{n-2}}$$

erhält sie die Gestalt

$$\frac{d^2\varphi}{dx^2} + \frac{1}{x}\frac{d\varphi}{dx} - \left[1 + \frac{1}{(n-2)^2 x^2}\right]\varphi = 0,$$

d. h., sie wird zur Gleichung für die Bessel-Funktion der Ordnung $1/(n-2)$ vom imaginären Argument ix. Die für $r = 0$ (d. h. für $x = \infty$) verschwindende Lösung ist bis auf einen konstanten Faktor

$$\chi = \sqrt{r}\, H^{(1)}_{1/(n-2)}\left(\frac{2i\gamma}{n-2} r^{-\frac{n-2}{2}}\right).$$

Mit Hilfe der bekannten Formeln

$$H^{(1)}_p(z) = \frac{i}{\sin p\pi}\left[e^{-ip\pi} J_p(z) - J_{-p}(z)\right], \qquad J_p(z) \approx \frac{z^p}{2^p \Gamma(1+p)}, \qquad z \ll 1,$$

erhalten wir für die Funktion χ für große r ($\gamma \ll r \ll 1/k$) einen Ausdruck der Gestalt $\chi = \text{const.}\,(c_1 r + c_2)$, und aus dem Verhältnis c_2/c_1 finden wir die Streuamplitude

$$f = -\left(\frac{\gamma}{n-2}\right)^{\frac{2}{n-2}} \frac{\Gamma\left(\frac{n-3}{n-2}\right)}{\Gamma\left(\frac{n-1}{n-2}\right)}.$$

4. Man berechne die Streuamplitude für langsame Teilchen in einem Feld, das für große Abstände nach dem Gesetz $U = \beta r^{-n}$ $(2 < n \leq 3)$ abnimmt!

Lösung. Der Hauptterm in der Streuamplitude wird durch den Ausdruck (132,14) gegeben, in dem die untere Grenze des Integrals durch Null ersetzt werden kann. Die Berechnung des Integrals ergibt

$$f = \frac{\pi m \beta}{\hbar^2} \frac{q^{n-3}}{\Gamma(n-1)\cos\frac{\pi n}{2}}, \qquad 2 < n < 3, \tag{1}$$

und für $n = 3$

$$f = -\frac{2m\beta}{\hbar^2} \ln \frac{\text{const}}{q}. \tag{2}$$

Wir entwickeln (1) nach LEGENDREschen Polynomen und können so die Partialwellenamplituden (die nach (123,14) definiert sind) berechnen:

$$f_l = -\frac{\sqrt{\pi}\, m\beta}{2\hbar^2} \frac{\Gamma\left(\frac{n-1}{2}\right)\Gamma\left(l-\frac{n-3}{2}\right)}{\Gamma\left(\frac{n}{2}\right)\Gamma\left(\frac{n+1}{2}+l\right)} k^{n-3} . \tag{3}$$

Für $n > 3$ bestimmt die Formel (1) den „anomalen" Teil der Streuamplitude. In den Partialwellenamplituden ist die Größe (3) immer der Hauptbeitrag für diejenigen l-Werte, für die $2l > n - 3$ ist. Statt (132,8) haben wir dabei $f_l \propto k^{n-3}$.

5. Man berechne die Streuamplitude für langsame Teilchen im Feld $U(r) = -U_0 \exp(-r/a)$ mit $U_0 > 0$!

Lösung. Nach der Variablensubstitution

$$x = 2a\varkappa\, \mathrm{e}^{-r/2a}, \qquad \varkappa = \sqrt{2mU_0}/\hbar$$

erhält die Gleichung (132,1) für die Funktion $\chi = rR_0$ die Gestalt

$$\frac{\mathrm{d}^2\chi}{\mathrm{d}x^2} + \frac{1}{x}\frac{\mathrm{d}\chi}{\mathrm{d}x} + \chi = 0 .$$

Die allgemeine Lösung dieser Gleichung ist

$$\chi = AJ_0(x) + BN_0(x) ,$$

wobei J_0 und N_0 BESSEL-Funktionen erster bzw. zweiter Art sind. Die Bedingung $\chi = 0$ für $r = 0$ ergibt

$$A/B = -N_0(2\varkappa a)/J_0(2\varkappa a) .$$

Dem Bereich $a \ll r \ll 1/k$ entsprechen $x \ll 1$ (dabei wird natürlich $a\varkappa \exp(-1/ak) \ll 1$ angenommen). Hier ist

$$\chi \approx A + B\frac{2}{\pi}\ln\frac{\gamma x}{2} = A + \frac{2B}{\pi}\ln \varkappa a\gamma - \frac{B}{\pi a} r ,$$

mit $\gamma = \mathrm{e}^C = 1{,}78 \ldots$ (C ist die EULERsche Zahl). Dieser Ausdruck entspricht der Formel (132,3), und aus den so erhaltenen Werten für c_1 und c_2 finden wir die Streuamplitude

$$f = -a\left(\frac{\pi A}{B} + 2\ln \varkappa a\gamma\right) = \frac{a\pi}{J_0(2\varkappa a)}\left[N_0(2\varkappa a) - \frac{2}{\pi}\ln(\varkappa a\gamma)\, J_0(2\varkappa a)\right].$$

Im Grenzfall $\varkappa a \ll 1$ ist $f = 2a^3\varkappa^2$ (in Übereinstimmung mit der Formel (126,14) der BORNschen Näherung). Für $\varkappa a \gg 1$ haben wir $f = -2a\ln(\varkappa a\gamma)$.

6. Es ist die Streuamplitude in zweiter Ordnung der Störungstheorie für den Grenzfall kleiner Energien zu berechnen (I. Ja. POMERANTSCHUK, 1948).

Lösung. Für $k \to 0$ nimmt das Integral im zweiten Summanden in Formel (130,13) die Gestalt

$$-\int \frac{U_{-\boldsymbol{k}''}U_{\boldsymbol{k}''}}{k''^2}\mathrm{d}^3k'' = -\iiint U(\boldsymbol{r})\, U(\boldsymbol{r}')\, \mathrm{e}^{i\boldsymbol{k}''(\boldsymbol{r}-\boldsymbol{r}')}\frac{\mathrm{d}^3k''}{k''^2}\,\mathrm{d}V\,\mathrm{d}V'$$
$$= -2\pi^2\iint\frac{U(\boldsymbol{r})\,U(\boldsymbol{r}')}{|\boldsymbol{r}-\boldsymbol{r}'|}\mathrm{d}V\,\mathrm{d}V'$$

an. Wir haben hier die Formel

$$\int \mathrm{e}^{i\boldsymbol{k}(\boldsymbol{r}-\boldsymbol{r}')}\frac{4\pi}{k^2}\frac{\mathrm{d}^3k}{(2\pi)^3} = \frac{1}{|\boldsymbol{r}-\boldsymbol{r}'|}$$

benutzt (siehe II, § 51). Die Streuamplitude wird also

$$f = -\frac{m}{2\pi\hbar^2}\int U\,\mathrm{d}V + \left(\frac{m}{2\pi\hbar^2}\right)^2\iint\frac{U(\boldsymbol{r})\,U(\boldsymbol{r}')}{|\boldsymbol{r}-\boldsymbol{r}'|}\mathrm{d}V\,\mathrm{d}V' . \tag{1}$$

Im Falle eines kugelsymmetrischen Feldes ergibt diese Formel

$$f = -\frac{2m}{\hbar^2}\int U r^2\,\mathrm{d}r + \frac{8m^2}{\hbar^4}\iint\limits_{r'>r} U(r)\,U(r')\,r^2\,\mathrm{d}r\cdot r'\,\mathrm{d}r' .$$

Der zweite Summand in Formel (1) ist immer positiv (wie aus dem ursprünglichen Ausdruck für das Integral im k-Raum klar ist). Die erste BORNsche Näherung ergibt demzufolge für ein abstoßendes Feld ($U > 0$) immer einen zu großen und für ein anziehendes Feld ($U < 0$) immer einen zu kleinen Wert für den Streuquerschnitt bei niedrigen Energien.

§ 133. Resonanzstreuung bei niedrigen Energien

Die Streuung langsamer Teilchen ($ka \ll 1$) in einem anziehenden Feld erfordert dann eine besondere Behandlung, wenn im diskreten Spektrum der negativen Energieniveaus ein s-Zustand mit einer Energie klein gegenüber dem Betrag des Feldes U innerhalb der Reichweite a vorhanden ist. Wir bezeichnen dieses Niveau mit ε ($\varepsilon < 0$). Die Energie E eines zu streuenden Teilchens sei klein und in der Nähe des Wertes ε, d. h., E befindet sich, wie man sagt, beinahe in *Resonanz* mit dem Niveau ε. Wie wir sehen werden, verursacht das eine beträchtliche Vergrößerung des Streuquerschnittes.

Die Existenz eines flachen Niveaus kann man in der Streutheorie folgendermaßen berücksichtigen.

In der exakten SCHRÖDINGER-Gleichung für die Funktion $\chi = rR_0(r)$ (für $l = 0$)

$$\chi'' + \frac{2m}{\hbar^2}[E - U(r)]\,\chi = 0$$

kann man im „inneren" Feldbereich ($r \leqq a$) E gegenüber U vernachlässigen:

$$\chi'' - \frac{2m}{\hbar^2}U(r)\,\chi = 0\,, \qquad r \sim a\,. \tag{133,1}$$

Im „äußeren" Bereich ($r \gg a$) kann man dagegen U vernachlässigen

$$\chi'' + \frac{2m}{\hbar^2}E\chi = 0\,, \qquad r \gg a\,. \tag{133,2}$$

Die Lösung der Gleichung (133,2) muß bei einem gewissen r_1 (mit $1/k \gg r_1 \gg a$) mit der Lösung der Gleichung (133,1), die der Randbedingung $\chi(0) = 0$ genügt, „verheftet" werden. Die Anschlußbedingung verlangt, daß das Verhältnis χ'/χ stetig ist; dieses Verhältnis ist unabhängig vom Normierungsfaktor der Wellenfunktion.

Wir brauchen aber die Bewegung im Bereich $r \sim a$ nicht zu betrachten, wenn wir statt dessen der Lösung im äußeren Bereich eine geeignete Randbedingung für χ'/χ für kleine r auferlegen. Da sich die äußere Lösung für $r \to 0$ nur langsam ändert, kann man diese Bedingung formal im Punkte $r = 0$ stellen. Die Gleichung (133,1) enthält E im Bereich $r \sim a$ nicht. Die zu stellende Randbedingung darf daher ebenfalls nicht von der Energie des Teilchens abhängen. Mit anderen Worten, sie muß folgende Gestalt haben:

$$\left.\frac{\chi'}{\chi}\right|_{r\to 0} = -\varkappa \tag{133,3}$$

mit einer Konstanten $\varkappa$. Wenn $\varkappa$ aber nicht von E abhängt, dann muß sich die Bedingung (133,3) auch auf die Lösung der SCHRÖDINGER-Gleichung für die kleine negative Energie $E = -|\varepsilon|$ beziehen, d. h. auf die Wellenfunktion des betreffenden stationären Zustandes des Teilchens. Für $E = -|\varepsilon|$ bekommen wir aus (133,2)

$$\chi = A_0 \exp\left(-\frac{\sqrt{2m\,|\varepsilon|}}{\hbar} r\right) \tag{133,4}$$

(A_0 ist eine Konstante). Wir setzen diese Funktion in (133,3) ein und sehen, daß $\varkappa$ eine positive Größe ist:

$$\varkappa = \frac{\sqrt{2m\,|\varepsilon|}}{\hbar}. \tag{133,5}$$

Wir stellen jetzt die Randbedingung (133,3) an die Wellenfunktion für die freie Bewegung

$$\chi = \text{const} \cdot \sin(kr + \delta_0),$$

die die exakte allgemeine Lösung der Gleichung (133,2) für $E > 0$ ist. Als Ergebnis erhalten wir für die gesuchte Streuphase δ_0

$$\cot \delta_0 = -\frac{\varkappa}{k} = -\sqrt{\frac{|\varepsilon|}{E}}. \tag{133,6}$$

Die Energie E ist hier nur durch die Bedingung $ak \ll 1$ beschränkt und braucht nicht klein gegenüber $|\varepsilon|$ zu sein. Die Phase δ_0 und damit auch die Amplitude für die s-Streuung brauchen daher nicht klein zu sein.

Die Streuphasen δ_l mit $l > 0$ und damit auch die zugehörigen Partialwellenamplituden bleiben nach wie vor klein. Man kann daher wie früher annehmen, daß die gesamte Streuamplitude gleich der Amplitude der s-Streuung ist:

$$f \approx \frac{1}{2ik}\left(e^{2i\delta_0} - 1\right) = \frac{1}{k(\cot \delta_0 - i)}.$$

Wir setzen hier (133,6) ein und erhalten

$$f = -\frac{1}{\varkappa + ik} \tag{133,7}$$

und für den totalen Streuquerschnitt

$$\sigma = \frac{4\pi}{\varkappa^2 + k^2} = \frac{2\pi\hbar^2}{m} \frac{1}{E + |\varepsilon|}. \tag{133,8}$$

Die Streuung ist also nach wie vor isotrop, aber der Streuquerschnitt ist energieabhängig, und im Resonanzbereich ($E \sim |\varepsilon|$) ist er groß gegenüber dem Quadrat der Reichweite a des Feldes (wegen $1/k \gg a$). Die Gestalt der Formel (133,8) ist unabhängig von den Einzelheiten der Wechselwirkung der Teilchen in kleinen Abständen voneinander und wird vollständig durch den Wert des Resonanzniveaus bestimmt.[1]

Die erhaltene Formel ist von etwas allgemeinerer Natur, als die bei der Ableitung gemachte Voraussetzung vermuten läßt. Wir ändern die Funktion $U(r)$ ein wenig ab.

---

[1]) Die Formel (133,8) ist erstmalig von E. WIGNER (1933) hergeleitet worden. Die Idee der hier wiedergegebenen Ableitung stammt von H. A. BETHE und R. PEIERLS (1935).

Dabei ändert sich auch der Wert der Konstanten $\varkappa$ in der Randbedingung (133,3). Durch entsprechende Änderung von $U(r)$ kann man erreichen, daß $\varkappa$ Null wird und anschließend eine kleine negative Größe. Dabei erhalten wir wieder die Formel (133,7) für die Streuamplitude und die Formel (133,8) für den Streuquerschnitt. In der letzteren ist aber die Größe $|\varepsilon| = \hbar^2\varkappa^2/2m$ jetzt einfach eine für das Feld $U(r)$ charakteristische Größe, aber keineswegs ein Energieniveau in diesem Feld. In diesen Fällen sagt man, es sei ein *virtuelles Niveau* im Feld vorhanden. Obwohl in Wirklichkeit kein Niveau nahe bei Null existiert, würde schon eine geringe Änderung des Feldes ausreichen, daß ein solches Niveau auftritt.

Bei der analytischen Fortsetzung der Funktion (133,7) in die komplexe E-Ebene geht ik auf der negativen reellen Achse in $-\sqrt{-2mE}/\hbar$ über (siehe § 128), und wir sehen, daß die Streuamplitude entsprechend den allgemeinen Ergebnissen von § 128 einen Pol bei $E = -|\varepsilon|$ hat. Dagegen entspricht einem virtuellen Niveau, wie es sich gehört, keine Singularität der Streuamplitude auf dem physikalischen Blatt (die Streuamplitude hat den Pol $E = -|\varepsilon|$ auf dem nichtphysikalischen Blatt — siehe die Fußnote auf S. 510).

Aus formaler Sicht entspricht die Formel (133,7) dem Fall, daß im Ausdruck (125,15)

$$f_0 = \frac{1}{g_0(k) - ik}$$

das erste Glied in der Entwicklung der Funktion $g_0(k)$ negativ und anomal klein ist. Um die Formel zu verbessern, kann man noch das nächste Glied in der Entwicklung mitnehmen und schreiben

$$f_0 = \frac{1}{-\varkappa_0 + \frac{1}{2} r_0 k^2 - ik} \tag{133,9}$$

(L. D. Landau, Ja. A. Smorodinski, 1944). Wir erinnern daran, daß die Funktionen $g_l(k)$ für ein hinreichend rasch abnehmendes Feld nach geraden Potenzen von k entwickelt werden — siehe § 132. Wir haben hier die Größe $g_0(0)$ mit $-\varkappa_0$ bezeichnet, um die Bezeichnung $\varkappa$ für die Größe (133,5) beizubehalten, die mit dem Energieniveau ε zusammenhängt. Nach der obigen Festlegung wird $\varkappa$ als derjenige Wert von $-ik = \varkappa$ bestimmt, für den der Nenner in (133,9) verschwindet, d. h. als Wurzel der Gleichung

$$\varkappa = \varkappa_0 + \tfrac{1}{2} r_0 \varkappa^2 . \tag{133,10}$$

Der Korrekturterm $r_0k^2/2$ im Nenner von (133,9) ist klein gegenüber $\varkappa_0$, weil k als klein vorausgesetzt worden ist, aber er ist an sich von „normaler" Größenordnung; der Koeffizient ist $r_0 \sim a$ (dieser Koeffizient ist immer positiv — siehe Aufgabe 1). Die Berücksichtigung dieses Gliedes ist eine noch zulässige Verbesserung der Formel für die Streuamplitude, in der die Beiträge von den Drehimpulsen $l \neq 0$ vernachlässigt worden sind. Es liefert zu f eine Korrektur von der relativen Größenordnung ak, während der Beitrag von der Streuung mit $l = 1$ von der relativen Größenordnung $(ak)^3$ ist.

Für $k \to 0$ geht die Amplitude $f_0 \to -1/\varkappa_0$, d. h., $1/\varkappa_0$ ist gleich der im vorhergehenden Paragraphen eingeführten Streulänge α. Der Koeffizient r_0 in der

Formel

$$g_0(k) \equiv k \cot \delta_0 = -\frac{1}{\alpha} + \frac{1}{2} r_0 k^2 \tag{133,11}$$

wird als *effektive Reichweite der Wechselwirkung* bezeichnet.[1])

Für den Streuquerschnitt bekommen wir aus (133,9)

$$\sigma = \frac{4\pi}{(\varkappa_0 - \frac{1}{2} r_0 k^2)^2 + k^2}.$$

Vernachlässigt man im Nenner das Glied $\propto k^4$ (obwohl es zulässig ist), dann kann man (unter Beachtung von (133,10)) diese Formel umformen in

$$\sigma = \frac{4\pi(1 + r_0\varkappa)}{k^2 + \varkappa^2} = \frac{4\pi\hbar^2}{m} \frac{1 + r_0\varkappa}{E + |\varepsilon|}. \tag{133,12}$$

Wir kehren jetzt zum Ausdruck (133,4) für die Wellenfunktion des gebundenen Zustandes im „äußeren" Bereich zurück, und wir verknüpfen den Normierungsfaktor darin mit den oben eingeführten Parametern. Dazu bestimmen wir das Residuum der Funktion (133,9) im Pol $E = \varepsilon$, vergleichen es mit Formel (128,11) und finden

$$\frac{1}{A_0^2} = \frac{1}{2\varkappa} - \frac{r_0}{2}. \tag{133,13}$$

Wegen $\varkappa r_0 \sim \varkappa a \ll 1$ ist der zweite Summand eine kleine Korrektur zum ersten. Ohne diese Korrektur ist $A_0^2 = 2\varkappa$, d. h.

$$\chi = \sqrt{2\varkappa}\, \mathrm{e}^{-\varkappa r}, \qquad \psi = \frac{\chi}{\sqrt{4\pi}\, r} = \sqrt{\frac{\varkappa}{2\pi}} \frac{\mathrm{e}^{-\varkappa r}}{r}. \tag{133,14}$$

Das entspricht einer Normierung, als sei der Ausdruck (133,14) im ganzen Raum gültig.

Wir wollen uns noch kurz mit der Resonanz in der Streuung mit von Null verschiedenen Bahndrehimpulsen beschäftigen.

Die Entwicklung der Funktion $g_l(k)$ beginnt mit einem Glied $\propto k^{-2l}$. Wir nehmen nur die ersten beiden Glieder in der Entwicklung mit, und schreiben die Partialwellenamplitude in der Form

$$f_l = -\frac{1}{bE^{-l}(-\varepsilon + E) + ik}, \tag{133,15}$$

b und ε sind darin zwei Konstanten, und es ist $b > 0$ (siehe unten). Dem Resonanzfall entspricht ein anomal kleiner Wert für den Faktor von E^{-l}, d. h., ein anomal kleines ε. Da aber E klein ist, kann das Glied $b\varepsilon E^{-l}$ trotzdem groß gegenüber k sein.

---

[1]) Wir wollen die Werte für die Konstanten α und r_0 für die Wechselwirkung zweier Nukleonen angeben. Für ein Neutron und ein Proton mit parallelen Spins (Isospinzustand mit $T = 0$) sind $\alpha = 5{,}4 \cdot 10^{-13}$ cm und $r_0 = 1{,}7 \cdot 10^{-13}$ cm. Zu diesen Werten gehört ein echtes Energieniveau mit der Energie $|\varepsilon| = 2{,}23$ MeV — der Grundzustand des Deuterons. Für ein Neutron und ein Proton mit antiparallelen Spins (Isospinzustand mit $T = 1$) sind $\alpha = -24 \cdot 10^{-13}$ cm und $r_0 = 2{,}7 \cdot 10^{-13}$ cm. Zu diesen Werten gehört ein virtuelles Niveau mit $|\varepsilon| = 0{,}067$ MeV. Wegen der Isotopie-Invarianz müssen letztere Werte auch für ein System aus zwei Neutronen mit antiparallelen Spins gelten (das System *nn* kann wegen des Pauli-Prinzips in einem *s*-Zustand überhaupt keine parallelen Spins haben).

Für $\varepsilon < 0$ hat der Nenner des Ausdruckes (133,15) die reelle Wurzel $E \approx -|\varepsilon|$, so daß ε ein diskretes Energieniveau (mit dem Drehimpuls l) ist.[1]) Aber im Gegensatz zur Resonanz in der s-Streuung wird die Amplitude (133,15) dabei nirgends groß gegenüber a. Die Amplitude der Resonanzstreuung mit dem Drehimpuls $l+1$ ist nur von derjenigen Größenordnung wie die Amplitude der Streuung mit dem Drehimpuls l außerhalb der Resonanz.

Für $\varepsilon > 0$ erreicht die Amplitude (133,15) im Bereich $E \sim \varepsilon$ die Größenordnung $1/k$, d. h., sie wird groß gegenüber a. Die relative Breite dieses Bereiches ist klein: $\Delta E/\varepsilon \sim (ak)^{2l-1}$. In diesem Falle ist also eine scharf ausgeprägte Resonanz vorhanden. Dieses Bild für die Resonanzstreuung hängt mit folgendem zusammen: Obwohl das positive Niveau mit $l \neq 0$ kein echtes diskretes Niveau ist, ist es ein quasidiskretes Niveau. Wegen der Zentrifugalbarriere ist die Wahrscheinlichkeit, daß ein Teilchen mit kleiner Energie aus diesem Zustand heraus ins Unendliche gelangt, klein, so daß die „Lebensdauer" dieses Zustandes groß ist (siehe § 134). Hierin liegt die Ursache für den Unterschied in der Natur der Resonanzstreuung für $l \neq 0$ von der Resonanz im s-Zustand, für den es keine Zentrifugalbarriere gibt.

Der Nenner in (133,15) verschwindet für $\varepsilon > 0$ bei $E = E_0 - i\Gamma/2$ mit

$$E_0 \approx \varepsilon\,, \qquad \Gamma = \frac{2\sqrt{2m}}{b\hbar}\,\varepsilon^{l+1/2}\,. \tag{133,16}$$

Dieser Pol der Streuamplitude liegt aber auf dem „nichtphysikalischen" Blatt. Die kleine Größe Γ ist die Breite des quasidiskreten Niveaus (§ 134).

Schließlich vermerken wir noch eine interessante Eigenschaft der Streuphasen δ_l, die man auf Grund obiger Ergebnisse leicht feststellen kann.

Wir werden die Streuphasen $\delta_l(E)$ als stetige Funktionen der Energie betrachten und sie nicht auf das Intervall zwischen 0 und π reduzieren (vgl. die Fußnote auf S. 108). Es gilt dann die Gleichung

$$\delta_l(0) - \delta_l(\infty) = n\pi\,, \tag{133,17}$$

n ist darin die Zahl der diskreten Niveaus mit dem Drehimpuls l im anziehenden Feld $U(r)$ (N. Levinson, 1949).

In einem Feld, das die Bedingung $|U| \ll \hbar^2/ma^2$ erfüllt, ist die Bornsche Näherung für alle Energien brauchbar, so daß $\delta_l(E) \ll 1$ für alle E ist. Dabei ist $\delta_l(\infty) = 0$, weil die Streuamplitude für $E \to \infty$ gegen 0 strebt. Nach den allgemeinen Ergebnissen von § 132 ist $\delta_l(0) = 0$. Gleichzeitig gibt es in einem solchen Feld keine diskreten Niveaus (siehe § 45), so daß $n = 0$ ist. Wir werden jetzt die Änderung der Differenz $\delta_l(\Delta) - \delta_l(\infty)$ (wobei Δ eine vorgegebene kleine Größe ist) verfolgen, wenn der Potentialtopf $U(r)$ allmählich tiefer wird. Mit zunehmender Tiefe treten am oberen Rand des Potentialtopfes nacheinander das erste, das zweite usw. Niveau auf. Dabei nimmt die Phase $\delta_l(\Delta)$ jedesmal um π zu.[2]) Wenn wir das gegebene $U(r)$ erreicht haben und anschließend $\Delta \to 0$ gehen lassen, erhalten wir die Formel (133,17).

[1]) Für $\varepsilon < 0$ und E in der Nähe von $|\varepsilon|$ haben wir

$$f_l \approx (-1)^{l+1}\,|\varepsilon|^l/b\,(E + |\varepsilon|)\,.$$

Der Vergleich mit (128,17) ergibt $b > 0$.

[2]) In Formel (133,6) entspricht dem eine Änderung von δ_0 von 0 bis π; dabei ändert sich die Größe $\varkappa$ bei gegebenem kleinen k-Wert vom negativen Wert $-\varkappa \gg k$ bis zum positiven Wert $\varkappa \gg k$. Im Falle $l \neq 0$ folgt dasselbe aus der Formel $k \cot \delta_l = -bE^{-l}(E - \varepsilon)$, wobei sich für gegebenes $E = \Delta$ ε von $\varepsilon \gg \Delta$ bis $-\varepsilon \gg \Delta$ ändert.

Aufgaben

1. Es ist die effektive Reichweite r_0 der Wechselwirkung durch die Wellenfunktion für den gebundenen Zustand ($E = \varepsilon$) im „inneren" Bereich $r \sim a$ auszudrücken (Ja. A. Smorodinski, 1948).

Lösung. χ_0 sei die Wellenfunktion im Bereich $r \sim a$, sie sei nach der Vorschrift $\chi_0 \to 1$ für $r \to \infty$ normiert. Das Quadrat der Wellenfunktion kann dann im ganzen Raum in der Form

$$\chi^2 = A_0^2(e^{-2\varkappa r} + \chi_0^2 - 1)$$

geschrieben werden (dieser Ausdruck geht für $\varkappa r \gg 1$ in $A_0^2\, e^{-2\varkappa r}$ und für $\varkappa r \ll 1$ in $A_0^2\chi_0^2$ über). Es muß nach der Vorschrift

$$\int_0^\infty \chi^2\, dr = A_0^2\left[\frac{1}{2\varkappa} - \int_0^\infty (1 - \chi_0^2)\, dr\right] = 1$$

normiert werden, und der Vergleich mit (133,13) ergibt

$$r_0 = 2\int_0^\infty (1 - \chi_0^2)\, dr\,.$$

Die Funktion χ_0 ist eine Lösung der Gleichung (133,1) mit $U(r) < 0$, und es ist $\chi_0(r) < \chi_0(\infty) = 1$. Deshalb ist immer $r_0 > 0$.

2. Es ist die Änderung der Streuphasen δ_l bei einer Variation des Feldes $U(r)$ zu berechnen.

Lösung. Wir variieren $U(r)$ in der Schrödinger-Gleichung

$$\chi_l'' + \frac{2m}{\hbar^2}\left[E - \frac{\hbar^2}{2m}\frac{l(l+1)}{r^2} - U\right]\chi_l = 0$$

und erhalten

$$\delta\chi_l'' + \frac{2m}{\hbar^2}\left[E - \frac{\hbar^2}{2m}\frac{l(l+1)}{r^2} - U\right]\delta\chi_l = \frac{2m}{\hbar^2}\chi_l\delta U\,.$$

Die erste Gleichung multiplizieren wir mit $\delta\chi_l$ und die zweite mit χ_l, dann subtrahieren wir die entstehenden Gleichungen voneinander, integrieren über dr und finden

$$(\chi_l\delta\chi_l' - \chi_l'\delta\chi_l)\big|_{r\to\infty} = \frac{2m}{\hbar^2}\int_0^\infty \chi_l^2\delta U\, dr\,.$$

Auf der linken Seite der Gleichung setzen wir den asymptotischen Ausdruck

$$\chi_l = \sin\left(kr - \frac{l\pi}{2} + \delta_l\right),$$

$$\delta\chi_l = \delta(\delta_l)\cos\left(kr - \frac{l\pi}{2} + \delta_l\right)$$

ein (durch die Wahl von 1 für den Faktor in diesem Ausdruck wird die hier verwendete Normierung von χ_l festgelegt) und erhalten

$$\delta(\delta_l) = -\frac{2m}{k\hbar^2}\int_0^\infty \chi_l^2\delta U\, dr\,.$$

Auf Grund dieser Formel kann man bestimmte Schlüsse über das Vorzeichen der Phasen δ_l als stetige Funktionen der Energie ziehen. Um die Definition dieser Funktionen eindeutig zu machen (um die additive Konstante, die ein Vielfaches von π ist, zu beseitigen), werden wir sie nach der Vorschrift $\delta_l(\infty) = 0$ normieren.

Wir beginnen mit $U = 0$, wofür alle $\delta_l = 0$ sind. Dann lassen wir allmählich $|U|$ zunehmen und finden, daß in einem abstoßenden Feld ($U > 0$) alle $\delta_l < 0$ und in einem anziehenden Feld ($U < 0$) alle $\delta_l > 0$ sind. In einem abstoßenden Feld ist $\delta_l(0) = 0$, und daher sind die δ_l für kleine

Energien klein. Die Streuamplitude ist demzufolge negativ: $f \approx \delta_0/k < 0$. Für ein anziehendes Feld kann man den analogen Schluß, daß f positiv ist, nur dann ziehen, wenn es keine Niveaus gibt. Anderenfalls liegen die Phasen δ_l für kleine E nicht in der Nähe von Null, sondern nahe bei $n\pi$ (siehe (133,17)), und man kann keine Schlüsse auf das Vorzeichen von f ziehen.

3. Man berechne die Streulänge α und die effektive Reichweite r_0 der Wechselwirkung für einen kugelförmigen rechteckigen Potentialtopf mit dem Radius a und der Tiefe U_0, in dem es ein einziges diskretes Energieniveau nahe bei Null gibt!

Lösung. Wir gehen wie in Aufgabe 1 zu § 132 vor, aber innerhalb des Potentialtopfes vernachlässigen wir die Energie des Teilchens $E = \hbar^2k^2/2m$ nicht gegenüber U_0. Zur Berechnung der Streuphase δ_0 erhalten wir die Gleichung

$$k \cot (\delta_0 + ak) = K \cot aK\,, \qquad K = \frac{1}{\hbar}\sqrt{2m(U_0 + E)}\;.$$

Wenn es im Potentialtopf nur ein Niveau nahe bei Null geben soll, dann muß

$$U_0 = \frac{\pi^2\hbar^2}{8ma^2}(1 + \Delta)$$

mit $\Delta \ll 1$ sein (siehe Aufgabe 1 zu § 33). Wir entwickeln die aufgeschriebene Gleichung nach Potenzen von ka und Δ und erhalten

$$k \operatorname{ctg} \delta_0 \approx -\frac{\pi^2}{8a}\Delta + \frac{ak^2}{2}\,,$$

hieraus ergibt sich $\alpha = 1/\varkappa_0 = 8a/\pi^2\Delta$, $r_0 = a$. Der Wert für $\varkappa_0$ ist, wie es sich gehört, gleich der Größe $\sqrt{2m\,|E_1|}/\hbar$, wenn E_1 die Energie des Niveaus im Potentialtopf ist (siehe Aufgabe 1 zu § 33).

4. Das Integral $\int_0^a \chi^2\, dr$ über das Quadrat der Wellenfunktion eines s-Zustandes ist durch die Streuphase $\delta_0(k)$ für ein Feld $U(r)$ auszudrücken, das nur innerhalb einer Kugel mit dem Radius a von Null verschieden ist (G. Lüders, 1955).

Lösung. Nach (128,10) haben wir

$$\int_0^a \chi^2\, dr = \frac{1}{2k}\left[\chi' \frac{\partial \chi}{\partial k} - \chi \left(\frac{\partial \chi}{\partial k}\right)'\right]_{r=a}.$$

Der Strich bedeutet die Ableitung nach r (die Ableitungen nach E in (128,10) werden durch die Ableitungen nach $k = \sqrt{2mE}/\hbar$ ersetzt). Da für $r = a$ kein Feld vorhanden ist, kann man auf der rechten Seite der Gleichung die Wellenfunktion für die freie Bewegung $\chi = 2 \sin (kr + \delta_0)$ verwenden (Normierung nach (33,20)). Als Ergebnis erhalten wir

$$\int_0^a \chi^2\, dr = 2\left(a + \frac{d\delta_0}{dk}\right) - \frac{1}{k}\sin 2\,(ka + \delta_0) > 0\,.$$

Das Integral über χ^2 ist natürlich positiv, und somit ist auch der Ausdruck auf der rechten Seite der Gleichung positiv.[1])

§ 134. Resonanz für quasidiskretes Niveau

Ein System, das einen Zerfall erleiden kann, hat streng genommen kein diskretes Energiespektrum. Das beim Zerfall emittierte Teilchen entfernt sich ins Unendliche. In diesem Sinne ist die Bewegung bis ins Unendliche verlaufend, und das Energiespektrum ist somit kontinuierlich.

[1]) Diese Ungleichung ist vorher mit einem anderen Verfahren von E. Wigner (1955) abgeleitet worden.

Es kann aber vorkommen, daß die Zerfallswahrscheinlichkeit sehr klein ist. Ein einfaches Beispiel dieser Art ist ein Teilchen, das von einer genügend hohen und breiten Potentialbarriere umgeben ist. Eine andere Ursache für Metastabilität kann sein, daß sich der Spin eines Systems bei einem Zerfall infolge schwacher Spin-Bahn-Wechselwirkung ändern muß.

Für derartige Systeme mit kleiner Zerfallswahrscheinlichkeit kann man den Begriff der *quasistationären Zustände* einführen. In solchen Zuständen bewegen sich die Teilchen lange Zeit „innerhalb des Systems". Sie verlassen es erst nach einer relativ langen Zeit τ, die man als die *Lebensdauer* des betreffenden beinahe stationären Zustandes bezeichnen kann ($\tau \sim 1/w$, wenn w die Zerfallswahrscheinlichkeit pro Zeiteinheit ist). Das Energiespektrum derartiger Zustände wird *quasidiskret* sein. Es besteht aus einer Reihe verschmierter Niveaus, deren Breite Γ mit der Lebensdauer über die Beziehung $\Gamma \sim \hbar/\tau$ zusammenhängt (siehe (44,7)). Die Breite der quasidiskreten Niveaus ist klein gegenüber den Abständen zwischen ihnen.

Zur Behandlung der quasistationären Zustände kann man folgende formale Methode verwenden. Bisher haben wir immer Lösungen der SCHRÖDINGER-Gleichung mit der Randbedingung betrachtet, daß die Wellenfunktion im Unendlichen endlich ist. Statt dessen werden wir jetzt Lösungen suchen, die im Unendlichen eine auslaufende Kugelwelle darstellen. Das entspricht einem Teilchen, das letzten Endes beim Zerfall vom System emittiert wird. Da diese Randbedingung komplex ist, darf man nicht mehr behaupten, die Energieeigenwerte müßten reell sein. Im Gegenteil, wir erhalten bei der Lösung der SCHRÖDINGER-Gleichung einen Satz von komplexen Werten, die wir in der Form

$$E = E_0 - \frac{i\Gamma}{2} \tag{134,1}$$

schreiben werden; E_0 und Γ sind darin zwei positive Größen (siehe unten).

Es ist leicht zu erkennen, worin der physikalische Sinn der komplexen Energiewerte besteht. Der Zeitfaktor einer Wellenfunktion für einen quasistationären Zustand hat die Gestalt

$$\exp\left(-\frac{i}{\hbar}Et\right) = \exp\left(-\frac{i}{\hbar}E_0 t - \frac{\Gamma}{2\hbar}t\right).$$

Alle Wahrscheinlichkeiten, die durch das Betragsquadrat der Wellenfunktion bestimmt werden, klingen daher mit der Zeit nach dem Gesetz $\exp(-\Gamma t/\hbar)$ ab.[1] Insbesondere klingt auch die Aufenthaltswahrscheinlichkeit eines Teilchens „innerhalb des Systems" nach diesem Gesetz ab.

---

[1]) Hieraus ist zu ersehen, daß Γ aus physikalischen Gründen positiv sein muß. Die im Unendlichen gestellte Randbedingung für die Lösung der Wellengleichung oder die dazu äquivalente (siehe § 130) Umgehungsvorschrift in den Formeln der Störungstheorie gewährleisten automatisch, daß diese Forderung erfüllt ist. Die Übergänge vom diskreten Niveau n in Zustände ν des kontinuierlichen Spektrums sollen durch eine konstante Störung V hervorgerufen werden. Die Korrektur zweiter Ordnung zum Energieniveau ist dann

$$E_n^{(2)} = \int \frac{|V_{n\nu}|^2 \, d\nu}{E_n^{(0)} - E_\nu + i0}$$

(vgl. (33,10)). Nach der Beziehung (43,10) finden wir hieraus

$$\Gamma = -2 \operatorname{Im} E_n^{(2)} = 2\pi \int |V_{n\nu}|^2 \, \delta(E_n^{(0)} - E_\nu) \, d\nu$$

in Übereinstimmung mit dem Ausdruck (43,1) für die Übergangswahrscheinlichkeit.

Γ bestimmt also die Lebensdauer eines Zustandes. Die Zerfallswahrscheinlichkeit pro Zeiteinheit ist

$$w = \frac{\Gamma}{\hbar}. \tag{134,2}$$

Für große Abstände enthält die Wellenfunktion eines quasistationären Zustandes (die auslaufende Welle) den Faktor

$$\exp\left[\frac{ir}{\hbar}\sqrt{2m\left(E_0 - \frac{1}{2}i\Gamma\right)}\right],$$

der für $r \to \infty$ exponentiell anwächst (der Imaginärteil der Wurzel ist negativ). Das Normierungsintegral $\int |\psi|^2 \,\mathrm{d}V$ ist deshalb für diese Funktionen divergent. Durch diesen Sachverhalt wird der scheinbare Widerspruch gelöst, daß das Quadrat $|\psi|^2$ zeitlich abklingt, während das Normierungsintegral eine konstante Größe sein sollte, wie es aus der Wellengleichung folgt.

Wir wollen die Gestalt der Wellenfunktion bestimmen, die die Bewegung eines Teilchens mit einer Energie in der Nähe eines quasidiskreten Niveaus eines Systems beschreibt.

Wie in § 128 schreiben wir den (für große Abstände) asymptotischen Ausdruck für die Radialfunktion in der Gestalt (128,1):

$$R_l = \frac{1}{r}\left[A_l(E)\exp\left(-\frac{\sqrt{-2mE}}{\hbar}r\right) + B_l(E)\exp\left(\frac{\sqrt{-2mE}}{\hbar}r\right)\right]. \tag{134,3}$$

Wir werden E als komplexe Veränderliche ansehen. Für reelle positive E-Werte ist

$$R_l = \frac{1}{r}\left[A_l(E)\,\mathrm{e}^{ikr} + B_l(E)\,\mathrm{e}^{-ikr}\right], \qquad k = \frac{\sqrt{2mE}}{\hbar} \tag{134,4}$$

mit $A_l(E) = B_l^*(E)$ (siehe (128,3) und (128,4)). Die Funktion $B_l(E)$ wird hier am oberen Rande des Schnittes genommen; der Schnitt verläuft längs der positiven reellen Achse.

Die Bedingung zur Bestimmung der komplexen Energieeigenwerte verlangt, daß es im asymptotischen Ausdruck (134,3) keine einlaufende Kugelwelle gibt. Das bedeutet, daß für $E = E_0 - i\Gamma/2$ der Koeffizient $B_l(E)$ verschwinden muß:

$$B_l(E_0 - \tfrac{1}{2}i\Gamma) = 0. \tag{134,5}$$

Die quasidiskreten Energieniveaus sind also wie die echten Energieniveaus die Nullstellen der Funktion $B_l(E)$. Im Unterschied zu den Nullstellen für die eigentlichen Energieniveaus liegen sie nicht auf dem physikalischen Blatt. Tatsächlich haben wir beim Aufschreiben der Bedingung (134,5) angenommen, daß die gesuchte Wellenfunktion für den quasistationären Zustand aus demjenigen Glied in (134,3) hervorgeht, das auch für $E > 0$ eine auslaufende Welle ($\propto \mathrm{e}^{ikr}$) ist (in 134,4)). Der Punkt $E = E_0 - i\Gamma/2$ liegt aber unterhalb der positiven reellen Achse. Vom oberen Rande des Schnittes (auf dem die Koeffizienten in (134,4) definiert sind) kann man, ohne dabei das physikalische Blatt zu verlassen, nur auf einem Weg um den Punkt $E = 0$ herum gelangen. Dabei wechselt aber $\sqrt{-E}$ das Vorzeichen, so daß die auslaufende Welle zu einer einlaufenden wird. Soll die Welle eine auslaufende Welle bleiben, muß man demzufolge unmittelbar über den Schnitt nach unten gehen, und man gelangt so in das andere, das nichtphysikalische Blatt.

Wir wollen jetzt die reellen positiven Energiewerte in der Nähe eines quasidiskreten Niveaus betrachten (dabei sehen wir Γ natürlich als klein an, anderenfalls wäre es überhaupt nicht möglich, daß diese Werte in der Nähe des quasidiskreten Niveaus liegen). Wir entwickeln die Funktion $B_l(E)$ nach Potenzen der Differenz $E - (E_0 - i\Gamma/2)$ und beschränken uns auf das Glied erster Ordnung:

$$B_l(E) = \left(E - E_0 + \frac{i}{2}\Gamma\right) b_l \tag{134,6}$$

mit einer Konstanten b_l. Das setzen wir in (134,4) ein und erhalten folgenden Ausdruck für die Wellenfunktion eines Zustandes in der Nähe eines quasistationären Zustandes:

$$R_l = \frac{1}{r}\left[\left(E - E_0 - \frac{i}{2}\Gamma\right) b_l^* \, \mathrm{e}^{ikr} + \left(E - E_0 + \frac{i}{2}\Gamma\right) b_l \, \mathrm{e}^{-ikr}\right]. \tag{134,7}$$

Die Phase δ_l dieser Funktion wird durch die Formel

$$\exp(2i\delta_l) = \frac{E - E_0 - i\Gamma/2}{E - E_0 + i\Gamma/2} \exp(2i\delta_l^{(0)}) = \left[1 - \frac{i\Gamma}{E - E_0 + i\Gamma/2}\right] \exp(2i\delta_l^{(0)}) \tag{134,8}$$

mit

$$\exp(2i\delta_l^{(0)}) = (-1)^{l+1} \frac{b_l^*}{b_l} \tag{134,9}$$

gegeben. Für $|E - E_0| \gg \Gamma$ ist die Phase δ_l gleich $\delta_l^{(0)}$, so daß $\delta_l^{(0)}$ der Wert der Phase weit weg von der Resonanz ist.

Im Resonanzbereich ist δ_l stark energieabhängig. Wir bringen (134,8) mit Hilfe der Formel

$$\exp(2i \operatorname{arctg} \lambda) = \frac{\exp(i \operatorname{arctg} \lambda)}{\exp(-i \operatorname{arctg} \lambda)} = \frac{1 + i\lambda}{1 - i\lambda}$$

in die Form

$$\delta_l = \delta_l^{(0)} - \operatorname{arctg} \frac{\Gamma}{2(E - E_0)} \tag{134,10}$$

und sehen, daß sich die Phase beim Durchgang durch den ganzen Resonanzbereich (von $E \ll E_0$ bis $E \gg E_0$) um π ändert.

Für $E = E_0 - i\Gamma/2$ vereinfacht sich die Funktion (134,7) zu

$$R_l = -\frac{i\Gamma}{r} b_l^* \, \mathrm{e}^{ikr}.$$

Normiert man die Wellenfunktion nach der Vorschrift, daß das Integral über $|\psi|^2$ über das Gebiet innerhalb des Systems gleich 1 sein soll, dann ist der Gesamtstrom in dieser auslaufenden Welle $v|i\Gamma b_l^*|^2$ und muß gleich der Zerfallswahrscheinlichkeit (134,2) sein. Hieraus finden wir

$$|b_l|^2 = \frac{1}{\hbar v \Gamma}. \tag{134,11}$$

Mit den erhaltenen Ergebnissen kann man die Amplitude für die elastische Streuung eines Teilchens mit der Energie E in der Nähe eines quasidiskreten Niveaus von einem zusammengesetzten System bestimmen, das aus dem streuenden System und dem gestreuten Teilchen besteht. In der allgemeinen Formel (123,11) hat man in dem Glied mit demjenigen l-Wert, zu dem das Niveau E_0 gehört, den Ausdruck (134,8) einzusetzen. Dann erhalten wir

$$f(\theta) = f^{(0)}(\theta) - \frac{2l+1}{k} \frac{\Gamma/2}{E - E_0 + i\Gamma/2} \exp(2i\delta_l^{(0)}) \, P_l(\cos\theta) \,, \tag{134,12}$$

wobei $f^{(0)}(\theta)$ die Streuamplitude weit weg von der Resonanz ist und nicht von den Eigenschaften des quasistationären Zustandes abhängt (sie wird durch Formel (123,11) mit $\delta_l = \delta_l^{(0)}$ in allen Summanden gegeben).[1] Die Amplitude $f^{(0)}(\theta)$ wird als Amplitude der *Potentialstreuung* bezeichnet und der zweite Summand in Formel (134,12) als Amplitude der *Resonanzstreuung*. Letztere hat einen Pol bei $E = E_0 - i\Gamma/2$, der nach obigen Feststellungen nicht auf dem physikalischen Blatt liegt.[2])

Die Formel (134,12) bestimmt die elastische Streuung im Resonanzbereich an einem quasidiskreten Niveau eines zusammengesetzten Systems. Die Brauchbarkeit dieser Formel wird durch die Forderung eingeschränkt, daß die Differenz $|E - E_0|$ klein gegenüber dem Abstand D zwischen benachbarten quasidiskreten Niveaus ist:

$$|E - E_0| \ll D \,. \tag{134,13}$$

Diese Formel vereinfacht sich ein wenig, wenn es sich um die Streuung langsamer Teilchen handelt, d. h., wenn die Wellenlänge der Teilchen im Resonanzbereich groß gegenüber den Abmessungen des streuenden Systems ist. Dabei ist allein die s-Streuung wesentlich. Wir werden annehmen, daß das Niveau E_0 gerade zur Bewegung mit $l = 0$ gehört. Die Amplitude der Potentialstreuung wird jetzt einfach zu einer Konstanten $-\alpha$ (siehe § 132).[3]) In der Amplitude der Resonanzstreuung setzen wir $l = 0$, und wir ersetzen $\exp(2i\delta_0^{(0)})$ einfach durch 1, weil $\delta_0^{(0)} = -\alpha k \ll 1$ ist. Somit erhalten wir

$$f(\theta) = -\alpha - \frac{\Gamma/2}{k(E - E_0 + i\Gamma/2)} \,. \tag{134,14}$$

In dem schmalen Bereich $|E - E_0| \sim \Gamma$ ist der zweite Summand groß gegenüber der Amplitude α, und letztere kann weggelassen werden. Entfernt man sich jedoch vom Resonanzpunkt, so können die beiden Summanden miteinander vergleichbar werden.

Bei den angestellten Überlegungen ist stillschweigend vorausgesetzt worden, daß die Energie E_0 selbst nicht allzu groß ist und daß sich der Resonanzbereich nicht in der Umgebung des Punktes $E = 0$ befindet. Für die Resonanz am ersten quasidiskreten Niveau eines zusammengesetzten Systems kann die Entwicklung (134,6) unzulässig werden, wenn der Abstand des quasidiskreten Niveaus vom Punkt $E = 0$ klein gegenüber dem Abstand zum nächsten Niveau ist ($E_0 \ll D$). Das äußert sich bereits darin, daß die Amplitude (134,14) für $E \to 0$ nicht gegen einen konstanten Grenzwert strebt, wie es für die s-Streuung nach der allgemeinen Theorie gefordert wird.

---

[1]) Handelt es sich hier um die Streuung eines geladenen Teilchens an einem System geladener Teilchen, so ist für die Streuphasen $\delta_l^{(0)}$ der Ausdruck (135,11) zu verwenden.

[2]) Die Formel (133,15) für die Resonanzstreuung langsamer Teilchen an einem positiven Niveau ε mit $l \neq 0$ entspricht für E in der Nähe von ε vollständig dem Resonanzterm in (134,12). Dabei werden die Werte für E_0 und Γ durch die Formeln (133,16) gegeben. Weil E klein ist, ist die Phase $\delta_l^{(0)}$ klein, so daß $\exp(2i\delta_l^{(0)}) \approx 1$ ist.

[3]) Es wird vorausgesetzt, daß das streuende Feld mit dem Abstand rasch genug abnimmt. In § 145 werden die dargestellten Ergebnisse auf die Streuung von langsamen Neutronen an Kernen angewendet werden.

Wir wollen jetzt den Fall eines quasidiskreten Niveaus nahe bei Null behandeln. Dabei setzen wir wieder voraus, daß die zu streuenden Teilchen im Resonanzbereich so langsam sind, daß nur die s-Streuung wesentlich ist.

Die Koeffizienten $B_l(E)$ in der Wellenfunktion müssen jetzt nach Potenzen der Energie E selbst entwickelt werden. Der Punkt $E = 0$ ist ein Verzweigungspunkt der Funktionen $B_l(E)$. Geht man um diesen Punkt herum vom oberen zum unteren Rande des Schnittes, dann wird aus $B_l(E)$ schließlich $B_l^*(E)$. Es wird demzufolge nach Potenzen von $\sqrt{-E}$ entwickelt; diese Wurzel ändert bei der angegebenen Umgehung des Punktes $E = 0$ ihr Vorzeichen. Wir setzen die ersten Glieder in der Entwicklung der Funktion $B_0(E)$ für reelle positive E in der Form

$$B_0(E) = \left(E - \varepsilon_0 + i\gamma\sqrt{E}\right) b_0(E) \tag{134,15}$$

mit den reellen Konstanten ε_0 und γ an; $b_0(E)$ ist eine Funktion der Energie, die ebenfalls nach Potenzen von $\sqrt{E}$ entwickelt werden kann, die aber in der Nähe des Punktes $E = 0$ keine Nullstellen hat.[1]) Dem quasidiskreten Niveau $E = E_0 - i\Gamma/2$ entspricht das Verschwinden des Faktors $E - \varepsilon_0 + i\gamma\sqrt{E}$, der in die untere Halbebene des nichtphysikalischen Blattes fortgesetzt ist. Zur Bestimmung von E_0 und Γ erhalten wir daher die Gleichung

$$E_0 - \frac{i}{2}\Gamma - \varepsilon_0 + i\gamma\sqrt{E_0 - \frac{1}{2}i\Gamma} = 0 \tag{134,16}$$

(die Konstanten ε_0 und γ müssen positiv sein, damit E_0 und Γ positiv sind). Einem Niveau mit der Breite $\Gamma \ll E_0$ entspricht die Beziehung $\varepsilon_0 \gg \gamma^2$ zwischen den Konstanten ε_0 und γ. Dabei bekommen wir aus (134,16) $E_0 = \varepsilon_0$ und $\Gamma = 2\gamma\sqrt{\varepsilon_0}$.

Der Ausdruck (134,15) löst im betrachteten Falle die Formel (134,6) ab. Dementsprechend müssen auch die weiteren Formeln abgeändert werden (es ist überall E_0 durch ε_0 und Γ durch $2\gamma\sqrt{E}$ zu ersetzen). Für die Streuamplitude erhalten wir deshalb statt (134,14) folgenden Ausdruck:

$$f = -\alpha - \frac{\hbar\gamma}{\sqrt{2m}\left(E - \varepsilon_0 + i\gamma\sqrt{E}\right)} \tag{134,17}$$

(wir haben hier $k = \sqrt{2mE}/\hbar$ eingesetzt, wobei m die reduzierte Masse des Teilchens und des streuenden Systems ist). Für $E \to 0$ strebt diese Amplitude, wie es sich gehört, gegen einen konstanten Grenzwert (dadurch wird auch der Ansatz (134,15) für die Entwicklung gerechtfertigt).

Mit einem Ausdruck der Gestalt (134,17) wird auch der Fall eines echten diskreten Niveaus des zusammengesetzten Systems nahe bei Null erfaßt. Er ergibt sich für ein entsprechendes Verhältnis zwischen den Konstanten ε_0 und γ. Für $|\varepsilon_0| \ll \gamma^2$ kann man im Resonanznenner den ersten Summanden (E) bei Energien $E \ll \gamma^2$ vernachlässigen.

Vernachlässigen wir auch die Amplitude der Potentialstreuung α, so erhalten wir folgende Formel:

$$f = -\left[ik - \frac{\sqrt{2m}}{\hbar}\frac{\varepsilon_0}{\gamma}\right]^{-1},$$

[1]) Die Funktion $b_0(E)$ bestimmt nach (134,9) die Phase der Potentialstreuung. Für die Streuung langsamer Teilchen sind die ersten Entwicklungsglieder

$$b_0(E) = \text{const} \cdot i(1 + i\alpha k)\,.$$

die mit Formel (133,7) übereinstimmt (wobei $\varkappa = -\sqrt{2m}\varepsilon_0/\hbar\gamma$ ist). Sie entspricht der Resonanz am Niveau $E = \varepsilon_0^2/\gamma^2$, das ein echtes oder ein virtuelles Niveau ist, je nachdem ob die Konstante $\varkappa$ positiv oder negativ ist.

§ 135. Die RUTHERFORDsche Streuformel

Die Streuung am COULOMB-Feld ist aus der Sicht physikalischer Anwendungen besonders interessant. Sie ist aber auch in der Hinsicht interessant, daß das quantenmechanische Streuproblem in diesem Falle exakt bis zu Ende gelöst werden kann.

Ist eine ausgezeichnete Richtung vorhanden (in unserem Falle ist das die Richtung des einlaufenden Teilchens), dann ist es zweckmäßig, die SCHRÖDINGER-Gleichung für das COULOMB-Feld in den parabolischen Koordinaten ξ, η und φ zu lösen (§ 37). Das Streuproblem für ein Teilchen in einem kugelsymmetrischen Feld ist axialsymmetrisch. Die Wellenfunktion ψ ist daher vom Winkel φ unabhängig. Für eine spezielle Lösung der SCHRÖDINGER-Gleichung (37,6) machen wir den Ansatz

$$\psi = f_1(\xi)\, f_2(\eta) \tag{135,1}$$

$\left((37{,}7) \text{ mit } m = 0\right)$. Dementsprechend erhalten wir nach der Separation der Variablen die Gleichungen (37,8) mit $m = 0$:[1])

$$\begin{aligned} &\frac{d}{d\xi}\left(\xi \frac{df_1}{d\xi}\right) + \left[\frac{k^2}{4}\xi - \beta_1\right] f_1 = 0\,, \\ &\frac{d}{d\eta}\left(\eta \frac{df_2}{d\eta}\right) + \left[\frac{k^2}{4}\eta - \beta_2\right] f_2 = 0\,, \qquad \beta_1 + \beta_2 = 1\,. \end{aligned} \tag{135,2}$$

Die Energie des zu streuenden Teilchens ist selbstverständlich positiv, wir haben $E = k^2/2$ gesetzt. Die Vorzeichen in den Gleichungen (135,2) beziehen sich auf den Fall eines abstoßenden Feldes. Für den Streuquerschnitt zu einem anziehenden Feld bekommt man genau dasselbe Endergebnis.

Wir müssen eine solche Lösung der SCHRÖDINGER-Gleichung suchen, die für negative z und große r die Gestalt einer ebenen Welle hat:

$$\psi \propto e^{ikz} \quad \text{für} \quad -\infty < z < 0\,, \quad r \to \infty\,.$$

Das entspricht einem in positiver z-Richtung einlaufenden Teilchen. Wir werden im folgenden noch sehen, daß man die gestellte Bedingung mit einem speziellen Integral (135,1) erfüllen kann (aber nicht mit einer Summe von Integralen mit verschiedenen Werten β_1 und β_2).

In parabolischen Koordinaten hat diese Bedingung die Gestalt

$$\psi \propto e^{\frac{ik}{2}(\xi - \eta)} \quad \text{für} \quad \eta \to \infty \quad \text{und alle } \xi\,.$$

Man kann sie nur dann erfüllen, wenn

$$f_1(\xi) = e^{ik\xi/2} \tag{135,3}$$

ist und $f_2(\eta)$ der Bedingung

$$f_2(\eta) \propto e^{-ik\eta/2} \quad \text{für} \quad \eta \to \infty \tag{135,4}$$

[1]) In diesem Paragraphen verwenden wir COULOMB-Einheiten (siehe S. 116).

genügt. Wir setzen (135,3) in die erste Gleichung (135,2) ein und überzeugen uns davon, daß diese Funktion tatsächlich die Gleichung für $\beta_1 = ik/2$ erfüllt. Die zweite Gleichung (135,2) mit $\beta_2 = 1 - \beta_1$ nimmt dann die Gestalt

$$\frac{\mathrm{d}}{\mathrm{d}\eta}\left(\eta\frac{\mathrm{d}f_2}{\mathrm{d}\eta}\right) + \left(\frac{k^2}{4}\eta - 1 + \frac{ik}{2}\right)f_2 = 0$$

an. Für die Lösung machen wir den Ansatz

$$f_2(\eta) = \mathrm{e}^{-ik\eta/2}\, w(\eta)\,, \tag{135,5}$$

in dem die Funktion $w(\eta)$ für $\eta \to \infty$ gegen einen endlichen Grenzwert strebt. Wir erhalten für $w(\eta)$ die Gleichung

$$\eta w'' + (1 + ik\eta)\, w' - w = 0\,. \tag{135,6}$$

Durch Einführung der neuen Variablen $\eta_1 = ik\eta$ wird daraus die Gleichung für eine konfluente hypergeometrische Funktion mit den Parametern $\alpha = -i/k$ und $\gamma = 1$. Wir müssen aus den Lösungen der Gleichung (135,6) diejenige auswählen, die mit $f_1(\xi)$ multipliziert nur eine auslaufende (d. h. eine Streuwelle), aber keine einlaufende Kugelwelle enthält. Diese Lösung ist die Funktion

$$w = \mathrm{const}\cdot F\left(-\frac{i}{k}\,,\, 1,\, ik\eta\right).$$

Wir sammeln die erhaltenen Ausdrücke und finden folgende exakte Lösung der SCHRÖDINGER-Gleichung für die Streuung:

$$\psi = \mathrm{e}^{-\frac{\pi}{2k}}\,\Gamma\left(1 + \frac{i}{k}\right)\mathrm{e}^{\frac{ik}{2}(\xi-\eta)}\, F\left(-\frac{i}{k}\,,\, 1,\, ik\eta\right). \tag{135,7}$$

Wir haben den Normierungsfaktor in ψ so gewählt, daß die einlaufende ebene Welle die Amplitude 1 hat (siehe unten).

Um in dieser Funktion einlaufende und gestreute Welle voneinander zu trennen, müssen wir diese Funktion für große Abstände vom Zentrum untersuchen. Wir verwenden die ersten beiden Glieder in der asymptotischen Entwicklung (d, 14) der konfluenten hypergeometrischen Funktion und erhalten für große η

$$F\left(-\frac{i}{k}\,,\, 1,\, ik\eta\right) \approx \frac{(-ik\eta)^{i/k}}{\Gamma\left(1 + \frac{i}{k}\right)}\left(1 + \frac{1}{ik^3\eta}\right) + \frac{(ik\eta)^{-i/k}\;\mathrm{e}^{ik\eta}}{\Gamma\left(-\frac{i}{k}\right)\; ik\eta}$$

$$= \frac{\mathrm{e}^{\pi/2k}}{\Gamma\left(1 + \frac{i}{k}\right)}\left(1 + \frac{1}{ik^3\eta}\right)\mathrm{e}^{\frac{i}{k}\ln k\eta} - \frac{\frac{i}{k}\,\mathrm{e}^{\pi/2k}}{\Gamma\left(1 - \frac{i}{k}\right)}\frac{\mathrm{e}^{ik\eta}}{ik\eta}\,\mathrm{e}^{-\frac{i}{k}\ln k\eta}\,.$$

Wir setzen das in (135,7) ein, gehen zu Kugelkoordinaten über $(\xi - \eta = 2z, \eta = r - z = r(1 - \cos\theta))$ und erhalten folgenden endgültigen asymptotischen Ausdruck für die Wellenfunktion:

$$\psi = \left[1 + \frac{1}{ik^3 r(1 - \cos\theta)}\right]\exp\left\{ikz + \frac{i}{k}\ln\left[kr(1 - \cos\theta)\right]\right\}$$
$$+ \frac{f(\theta)}{r}\exp\left\{ikr - \frac{i}{k}\ln(2kr)\right\} \tag{135,8}$$

mit

$$f(\theta) = -\frac{1}{2k^2 \sin^2 \frac{\theta}{2}} \frac{\Gamma\left(1 + \frac{i}{k}\right)}{\Gamma\left(1 - \frac{i}{k}\right)} \exp\left(-\frac{2i}{k} \ln \sin \frac{\theta}{2}\right). \tag{135,9}$$

Der erste Summand in (135,8) ist die einlaufende Welle. Da das COULOMB-Feld nur langsam abnimmt, wird die einlaufende ebene Welle bereits in großen Abständen vom Zentrum beeinflußt. Das zeigt sich im logarithmischen Glied in der Phase und auch in dem Glied der Ordnung $1/r$ in der Amplitude der Welle.[1]) Ein logarithmisches Glied in der Phase kommt auch in der Streuwelle (Kugelwelle) vor, die vom zweiten Summanden in (135,8) dargestellt wird. Diese Unterschiede zur üblichen asymptotischen Gestalt der Wellenfunktion (123,3) sind aber unwesentlich, weil sie zur Stromdichte Korrekturen ergeben, die für $r \to \infty$ gegen Null gehen.

Auf diese Weise erhalten wir für den Streuquerschnitt $\mathrm{d}\sigma = |f(\theta)|^2 \, \mathrm{d}o$ die Formel

$$\mathrm{d}\sigma = \frac{\mathrm{d}o}{4k^4 \sin^4 \frac{\theta}{2}}$$

oder in üblichen Einheiten

$$\mathrm{d}\sigma = \left(\frac{\alpha}{2mv^2}\right)^2 \frac{\mathrm{d}o}{\sin^4 \frac{\theta}{2}} \tag{135,10}$$

($v = k\hbar/m$ ist die Geschwindigkeit des Teilchens). Diese Formel stimmt mit der bekannten RUTHERFORD*schen Streuformel* überein, wie sie sich in der klassischen Mechanik ergibt. Für die Streuung am COULOMB-Feld ergeben also Quantenmechanik und klassische Mechanik das gleiche Resultat (N. MOTT, W. GORDON, 1928). Es ist ganz natürlich, daß auch die BORNsche Formel (126,12) zum gleichen Ausdruck (135,10) führt.

Zum Nachschlagen geben wir den Ausdruck für die Streuamplitude (135,9) als Summe über Kugelfunktionen an. Er ergibt sich, indem man die Phasen aus (36,28) in (124,5) einsetzt[2])

$$\exp\left(2i\delta_l^{\mathrm{Coul}}\right) = \frac{\Gamma\left(l + 1 + \frac{i}{k}\right)}{\Gamma\left(l + 1 - \frac{i}{k}\right)}. \tag{135,11}$$

Wir bekommen somit

$$f(\theta) = \frac{1}{2ik} \sum_l (2l + 1) \frac{\Gamma\left(l + 1 + \frac{i}{k}\right)}{\Gamma\left(l + 1 - \frac{i}{k}\right)} P_l(\cos \theta). \tag{135,12}$$

---

[1]) Die Ursachen dieser Veränderung kann man bereits klassisch erklären. Sieht man sich die Familie der klassischen hyperbolischen Trajektorien im COULOMB-Feld mit gleicher Einfallsrichtung (parallel zur z-Achse) an, dann ist die Gleichung für die dazu normale Fläche in großen Abständen vom Streuzentrum ($z \to -\infty$) in der Grenze nicht $z = \mathrm{const}$, sondern $z + k^{-2} \ln k(r - z) = \mathrm{const}$, wie man leicht zeigen kann. Diese Fläche ist gerade die Fläche konstanter Phase der einfallenden Welle in (135,8).

[2]) Die Größe δ_l^{Coul} in dieser Formel unterscheidet sich von der tatsächlichen (divergenten) Streuphase für das COULOMB-Feld um eine für alle l gleiche Größe.

Die Vorzeichen in der Amplitude (135,9) entsprechen einem abstoßenden COULOMB-Feld. Für ein anziehendes COULOMB-Feld muß der Ausdruck (135,9) durch den konjugiert komplexen Ausdruck ersetzt werden. In letzterem Falle wird $f(\theta)$ in den Polen der Funktion $\Gamma(1 - i/k)$ unendlich, d. h. in denjenigen Punkten, in denen das Argument der δ-Funktion eine negative ganze Zahl oder Null ist (dabei ist $\operatorname{Im} k > 0$, und die Funktion $r\psi$ nimmt nach unendlich hin ab). Die zugehörigen Energiewerte sind

$$\frac{k^2}{2} = -\frac{1}{2n^2}, \qquad n = 1, 2, 3, \ldots .$$

Sie stimmen mit den diskreten Energieniveaus in einem anziehenden COULOMB-Feld überein (vgl. § 128).

§ 136. Das System der Wellenfunktionen zum kontinuierlichen Spektrum

Als wir in Kapitel V die Bewegung in einem kugelsymmetrischen Feld untersucht haben, haben wir stationäre Zustände betrachtet, in denen das Teilchen neben einem bestimmten Wert für die Energie auch bestimmte Werte für den Bahndrehimpuls l und dessen Projektion m hatte. Die Wellenfunktionen dieser Zustände zum diskreten (ψ_{nlm}) und zum kontinuierlichen Spektrum (ψ_{klm}, Energie $\hbar^2k^2/2m$) bilden zusammen ein vollständiges System, nach dem die Wellenfunktion eines beliebigen Zustandes entwickelt werden kann. Dieses System ist aber der Problemstellung in der Streutheorie nicht adäquat. Hier ist ein anderes System zweckmäßig, in dem die Wellenfunktionen zum kontinuierlichen Spektrum durch ein bestimmtes asymptotisches Verhalten charakterisiert werden: Im Unendlichen ist eine ebene Welle $\exp(i\boldsymbol{kr})$ und dazu noch eine auslaufende Kugelwelle vorhanden. In diesen Zuständen hat das Teilchen eine bestimmte Energie, aber der Drehimpuls und dessen Projektion haben keine bestimmten Werte.

Nach (123,6) und (123,7) werden diese Wellenfunktionen (wir bezeichnen sie hier mit $\psi_{\boldsymbol{k}}^{(+)}$) durch die Formel

$$\psi_{\boldsymbol{k}}^{(+)} = \frac{1}{2k} \sum_{l=0}^{\infty} i^l (2l + 1)\, e^{i\delta_l}\, R_{kl}(r)\, P_l\left(\frac{\boldsymbol{kr}}{kr}\right) \tag{136,1}$$

gegeben. Das Argument der LEGENDREschen Polynome ist hier in der Form $\cos\theta = \boldsymbol{kr}/kr$ geschrieben worden, so daß dieser Ausdruck nicht mehr mit einer bestimmten Wahl des Koordinatensystems zusammenhängt (wie es in (123,6) der Fall war, wo die z-Achse in der Ausbreitungsrichtung der ebenen Welle liegt). Lassen wir den Vektor $\boldsymbol{k}$ alle möglichen Werte annehmen, so erhalten wir einen Satz von Wellenfunktionen. Wie wir sofort zeigen werden, sind diese Funktionen orthogonal zueinander und nach der für das kontinuierliche Spektrum üblichen Vorschrift

$$\int \psi_{\boldsymbol{k}'}^{(+)*} \psi_{\boldsymbol{k}}^{(+)}\, dV = (2\pi)^3\, \delta(\boldsymbol{k}' - \boldsymbol{k}) \tag{136,2}$$

normiert.

Zum Beweis[1]) denken wir daran, daß das Produkt $\psi_{k'}^{(+)*}\psi_{k}^{(+)}$ durch eine Doppelsumme über l und l' von Gliedern mit den Produkten

$$P_l\left(\frac{\boldsymbol{kr}}{kr}\right)P_{l'}\left(\frac{\boldsymbol{k'r}}{k'r}\right)$$

ausgedrückt wird. Die Integration über die Richtungen von $\boldsymbol{r}$ erfolgt mit Hilfe der Formel

$$\int P_l\left(\frac{\boldsymbol{kr}}{kr}\right)P_{l'}\left(\frac{\boldsymbol{k'r}}{k'r}\right)\mathrm{d}o = \delta_{ll'}\frac{4\pi}{2l+1}P_l\left(\frac{\boldsymbol{kk'}}{kk'}\right) \tag{136,3}$$

(vgl. Formel (c, 12) der mathematischen Ergänzungen). Danach verbleibt

$$\int \psi_{k'}^{(+)*}\psi_{k}^{(+)}\,\mathrm{d}V = \frac{\pi}{kk'}\sum_{l=0}^{\infty}(2l+1)\exp\left[i\delta_l(k) - i\delta_l(k')\right]P_l(\cos\gamma)$$
$$\times\int_0^\infty R_{k'l}R_{kl}r^2\,\mathrm{d}r\,,$$

wobei γ der Winkel zwischen $\boldsymbol{k}$ und $\boldsymbol{k}'$ ist. Die Radialfunktionen R_{kl} sind aber orthogonal zueinander und nach der Vorschrift

$$\int_0^\infty R_{k'l}R_{kl}r^2\,\mathrm{d}r = 2\pi\delta(k'-k)$$

normiert. Wir können demnach in den Faktoren vor den Integralen $k = k'$ setzen. Verwenden wir noch die Formel (124,3), so bekommen wir

$$\int \psi_{k'}^{(+)*}\psi_{k}^{(+)}\,\mathrm{d}V = \frac{2\pi^2}{k^2}\delta(k'-k)\sum_{l=0}^{\infty}(2l+1)P_l(\cos\gamma)$$
$$= \frac{8\pi^2}{k^2}\delta(k'-k)\,\delta(1-\cos\gamma)\,.$$

Der Ausdruck auf der rechten Seite ist für alle $\boldsymbol{k} \neq \boldsymbol{k}'$ gleich Null. Multiplizieren wir mit $2\pi k^2 \sin\gamma\,\mathrm{d}\gamma\,\mathrm{d}k/(2\pi)^3$ und integrieren wir über den ganzen $\boldsymbol{k}$-Raum, so ergibt sich 1, womit die Formel (136,2) bewiesen ist.

Außer dem Funktionensystem $\psi_{k}^{(+)}$ kann man auch ein System einführen, das Zuständen entspricht, in denen im Unendlichen eine ebene Welle und eine einlaufende Kugelwelle vorhanden sind. Wir bezeichnen diese Funktionen mit $\psi_{k}^{(-)}$ und erhalten sie aus den Funktionen $\psi_{k}^{(+)}$ gemäß

$$\psi_{k}^{(-)} = \psi_{-k}^{(+)*}\,. \tag{136,4}$$

Tatsächlich geht eine auslaufende Kugelwelle (e^{ikr}/r) bei der Bildung des konjugiert Komplexen in eine einlaufende Kugelwelle (e^{-ikr}/r) über, und die ebene Welle erhält die Gestalt $\mathrm{e}^{-i\boldsymbol{kr}}$. Um die ursprüngliche Definition von $\boldsymbol{k}$ aufrecht zu erhalten (ebene Welle $\mathrm{e}^{i\boldsymbol{kr}}$), müssen wir noch $\boldsymbol{k}$ durch $-\boldsymbol{k}$ ersetzen, was in (136,4) getan worden ist.

---

[1]) Die Orthogonalität der Funktionen $\psi_{k}^{(+)}$ allein erfordert einen speziellen Beweis. Die Normierung könnte unmittelbar anhand der asymptotischen Gestalt der Funktionen vorgenommen werden (vgl. § 21). In diesem Sinne ist die Erfüllung von (136,2) bereits daraus zu ersehen, daß $\psi_{k}^{(+)} \approx \mathrm{e}^{i\boldsymbol{kr}}$ das einzige für $r \to \infty$ nicht verschwindende Glied in diesen Funktionen ist.

Wegen $P_l(-\cos\theta) = (-1)^l P_l(\cos\theta)$ erhalten wir aus (136,1)

$$\psi_{\boldsymbol{k}}^{(-)} = \frac{1}{2k} \sum_{l=0}^{\infty} i^l (2l+1)\, e^{-i\delta_l} R_{kl}(r)\, P_l\left(\frac{\boldsymbol{k}\boldsymbol{r}}{kr}\right). \qquad (136,5)$$

Das Coulomb-Feld ist ein sehr wichtiger Fall. Dafür können die Funktionen $\psi_{\boldsymbol{k}}^{(+)}$ (und $\psi_{\boldsymbol{k}}^{(-)}$) in geschlossener Form angegeben werden, sie ergeben sich unmittelbar aus der Formel (135,7). Für die parabolischen Koordinaten haben wir

$$\frac{k}{2}(\xi - \eta) = kz = \boldsymbol{k}\boldsymbol{r}\,, \qquad k\eta = k(r-z) = kr - \boldsymbol{k}\boldsymbol{r}\,.$$

Wir bekommen also für ein abstoßendes Coulomb-Feld[1])

$$\psi_{\boldsymbol{k}}^{(+)} = e^{-\pi/2k}\, \Gamma\left(1 + \frac{i}{k}\right) e^{i\boldsymbol{k}\boldsymbol{r}}\, F\left(-\frac{i}{k}, 1, i(kr - \boldsymbol{k}\boldsymbol{r})\right), \qquad (136,6)$$

$$\psi_{\boldsymbol{k}}^{(-)} = e^{-\pi/2k}\, \Gamma\left(1 - \frac{i}{k}\right) e^{i\boldsymbol{k}\boldsymbol{r}}\, F\left(\frac{i}{k}, 1, -i(kr + \boldsymbol{k}\boldsymbol{r})\right). \qquad (136,7)$$

Die Wellenfunktionen für ein anziehendes Coulomb-Feld ergeben sich hieraus, indem man gleichzeitig die Vorzeichen von $\boldsymbol{k}$ und $\boldsymbol{r}$ umkehrt:

$$\psi_{\boldsymbol{k}}^{(+)} = e^{\pi/2k}\, \Gamma\left(1 - \frac{i}{k}\right) e^{i\boldsymbol{k}\boldsymbol{r}}\, F\left(\frac{i}{k}, 1, i(kr - \boldsymbol{k}\boldsymbol{r})\right), \qquad (136,8)$$

$$\psi_{\boldsymbol{k}}^{(-)} = e^{\pi/2k}\, \Gamma\left(1 + \frac{i}{k}\right) e^{i\boldsymbol{k}\boldsymbol{r}}\, F\left(-\frac{i}{k}, 1, -i(kr + \boldsymbol{k}\boldsymbol{r})\right). \qquad (136,9)$$

Ein Charakteristikum für die Einwirkung des Coulomb-Feldes auf die Bewegung eines Teilchens in der Nähe des Koordinatenursprungs ist das Verhältnis des Betragsquadrates von $\psi_{\boldsymbol{k}}^{(+)}$ oder $\psi_{\boldsymbol{k}}^{(-)}$ im Punkte $r = 0$ zum Betragsquadrat der Wellenfunktion $\psi_{\boldsymbol{k}} = e^{i\boldsymbol{k}\boldsymbol{r}}$ für die freie Bewegung. Mit Hilfe der Formeln

$$\Gamma\left(1 + \frac{i}{k}\right)\Gamma\left(1 - \frac{i}{k}\right) = \frac{i}{k}\,\Gamma\left(\frac{i}{k}\right)\Gamma\left(1 - \frac{i}{k}\right) = \frac{\pi}{k \sinh \frac{\pi}{k}}$$

finden wir leicht für ein abstoßendes Feld

$$\frac{|\psi_{\boldsymbol{k}}^{(+)}(0)|^2}{|\psi_{\boldsymbol{k}}|^2} = \frac{|\psi_{\boldsymbol{k}}^{(-)}(0)|^2}{|\psi_{\boldsymbol{k}}|^2} = \frac{2\pi}{k(e^{2\pi/k} - 1)} \qquad (136,10)$$

und für ein anziehendes Feld

$$\frac{|\psi_{\boldsymbol{k}}^{(+)}(0)|^2}{|\psi_{\boldsymbol{k}}|^2} = \frac{|\psi_{\boldsymbol{k}}^{(-)}(0)|^2}{|\psi_{\boldsymbol{k}}|^2} = \frac{2\pi}{k(1 - e^{-2\pi/k})}. \qquad (136,11)$$

Die Funktionen $\psi_{\boldsymbol{k}}^{(+)}$ und $\psi_{\boldsymbol{k}}^{(-)}$ spielen eine wesentliche Rolle bei Problemen im Zusammenhang mit der Anwendung der Störungstheorie im kontinuierlichen Spektrum. Wir wollen annehmen, ein Teilchen gehe unter dem Einfluß einer Störung V aus einem Zustand des kontinuierlichen Spektrums in einen anderen über. Die Übergangswahrscheinlichkeit wird durch das Matrixelement

$$\int \psi_f^* \hat{V} \psi_i \, dV \qquad (136,12)$$

gegeben. Es erhebt sich die Frage: Welche Lösungen der Wellengleichung müssen verwendet werden als Funktionen für Anfangs- (ψ_i) und Endzustand (ψ_f), damit man

[1]) Wir verwenden Coulomb-Einheiten.

die Amplitude für den Übergang des Teilchens aus einem Zustand mit dem Impuls $\hbar \boldsymbol{k}$ in einen Zustand mit dem Impuls $\hbar \boldsymbol{k}'$ im Unendlichen erhält?[1]). Wir wollen zeigen, daß man dafür

$$\psi_i = \psi_{\boldsymbol{k}}^{(+)}, \qquad \psi_f = \psi_{\boldsymbol{k}'}^{(-)} \tag{136,13}$$

wählen muß (A. SOMMERFELD, 1931).

Wir sehen uns dazu an, wie man das aufgeworfene Problem mit Hilfe der Störungstheorie lösen würde, wenn man nicht nur die Störung $\hat{V}$, sondern auch das Feld $U(r)$, in dem sich das Teilchen bewegt, als Störungen auffaßt. In nullter Näherung (in U) hat das Matrixelement (136,12) die Gestalt

$$V_{\boldsymbol{k}'\boldsymbol{k}} = \int \mathrm{e}^{-i\boldsymbol{k}'\boldsymbol{r}}\, \hat{V}\, \mathrm{e}^{i\boldsymbol{k}\boldsymbol{r}}\, \mathrm{d}V .$$

In den (in U) nächsten Näherungen wird dieses Integral durch eine Reihe ersetzt. Jedes Glied dieser Reihe wird durch ein Integral der Art

$$\int \frac{V_{\boldsymbol{k}'\boldsymbol{k}_1} U_{\boldsymbol{k}_1\boldsymbol{k}_2} \dots U_{\boldsymbol{k}_n\boldsymbol{k}}}{(E_{\boldsymbol{k}} - E_{\boldsymbol{k}_1} + i0) \dots (E_{\boldsymbol{k}} - E_{\boldsymbol{k}_n} + i0)}\, \mathrm{d}^3k_1 \dots \mathrm{d}^3k_n$$

ausgedrückt (vgl. §§ 43, 130). In den Zählern stehen (in verschiedenen Reihenfolgen) die Matrixelemente mit den ungestörten ebenen Wellen. Alle Pole werden bei den Integrationen nach ein und derselben bestimmten Vorschrift umgangen. Andererseits kann diese Reihe als Matrixelement (136,12) mit den Wellenfunktionen ψ_i und ψ_f erhalten werden, wenn man diese als Störungsreihen bezüglich des Feldes U darstellt. Das Ergebnis muß eine Summe von Integralen sein, in denen alle Pole nach der gleichen Vorschrift umgangen werden; nach der gleichen Vorschrift müssen demzufolge die Pole in den Gliedern der Reihen für ψ_i und ψ_f^* umgangen werden. Wenn man aber die Wellengleichung mit Hilfe der Störungstheorie und mit dieser Vorschrift für die Umgehung der Pole löst, dann ergibt sich automatisch eine Lösung mit einer auslaufenden (neben einer ebenen) Welle im asymptotischen Ausdruck. Mit anderen Worten, die Wellenfunktionen, die in nullter Näherung (in U) die Gestalt

$$\psi_i = \mathrm{e}^{i\boldsymbol{k}\boldsymbol{r}}, \qquad \psi_f^* = \mathrm{e}^{-i\boldsymbol{k}'\boldsymbol{r}}$$

hatten, müssen durch die exakten Lösungen der Wellengleichung $\psi_{\boldsymbol{k}}^{(+)}$ bzw. $\psi_{-\boldsymbol{k}'}^{(+)} = (\psi_{\boldsymbol{k}'}^{(-)})^*$ ersetzt werden; damit ist die Vorschrift (136,13) bewiesen.

Die Wahl von $\psi_{\boldsymbol{k}'}^{(-)}$ als Wellenfunktion für den Endzustand trifft auch für den Fall zu, daß der Übergang aus einem Zustand des diskreten in einen Zustand des kontinuierlichen Spektrums erfolgt (es ist natürlich in diesem Falle keine Frage, wie man ψ_i zu wählen hat).

§ 137. Stöße gleichartiger Teilchen

Der Fall eines Stoßes zweier gleichartiger Teilchen muß besonders behandelt werden. Die Identität der Teilchen führt in der Quantenmechanik zu einer eigenartigen Aus-

[1]) Ein Beispiel für einen solchen Prozeß ist folgendes: Ein Elektron stößt mit einem festen schweren Kern zusammen und emittiert ein Photon, es ändert dabei seine Energie und seine Bewegungsrichtung. Die Störung V ist die Wechselwirkung des Elektrons mit dem Strahlungsfeld, und das COULOMB-Feld ist das Feld U, für das die Funktionen $\psi_{\boldsymbol{k}}^{(+)}$ und $\psi_{\boldsymbol{k}}^{(-)}$ definiert sind (siehe IV, §§ 90, 93). Ein anderes Beispiel ist der Stoß eines Elektrons mit einem Atom unter Ionisierung des letzteren (siehe Aufgabe 4 zu § 148).

tauschwechselwirkung. Sie wirkt sich auch auf die Streuung wesentlich aus (N. MOTT, 1930).[1])

Die Bahnfunktion eines Systems aus zwei Teilchen muß symmetrisch oder antisymmetrisch in den Teilchen sein, je nachdem, ob der Gesamtspin des letzteren gerade oderungerade ist (siehe § 62). Die Wellenfunktion für die Streuung ergibt sich durch Lösung der üblichen SCHRÖDINGER-Gleichung; diese Wellenfunktion muß in den Teilchen symmetrisiert oder antisymmetrisiert werden. Die Vertauschung der Teilchen ist der Umkehr der Richtung des Vektors zwischen ihnen äquivalent. In dem Koordinatensystem, in dem der Massenmittelpunkt ruht, bedeutet das, daß r unverändert bleibt und der Winkel θ durch $\pi - \theta$ ersetzt wird (im Zusammenhang damit geht $z = r\cos\theta$ in $-z$ über). Wir müssen daher statt des asymptotischen Ausdrucks (123,3) für die Wellenfunktion

$$\psi = e^{ikz} \pm e^{-ikz} + \frac{1}{r} e^{ikr} [f(\theta) \pm f(\pi - \theta)] \tag{137,1}$$

ansetzen. Da die Teilchen identisch sind, kann man natürlich nicht angeben, welches Teilchen gestreut wird und welches streuend wirkt. Im Massenmittelpunktsystem haben wir zwei gleichartige, einander entgegen laufende Wellen: e^{ikz} und e^{-ikz}. Die auslaufende Kugelwelle in (137,1) berücksichtigt die Streuung beider Teilchen, und der damit berechnete Strom gibt die Wahrscheinlichkeit dafür an, daß eines der Teilchen in das betreffende Raumwinkelelement do gestreut wird. Der Streuquerschnitt ist das Verhältnis dieses Stromes zur Stromdichte in den beiden einlaufenden ebenen Wellen, d. h., er wird nach wie vor als das Betragsquadrat des Faktors von e^{ikr}/r in der Wellenfunktion (137,1) definiert.

Bei geradem Gesamtspin der stoßenden Teilchen ist der Streuquerschnitt

$$d\sigma_s = |f(\theta) + f(\pi - \theta)|^2 \, do \,, \tag{137,2}$$

und bei ungeradem Gesamtspin

$$d\sigma_a = |f(\theta) - f(\pi - \theta)|^2 \, do \,. \tag{137,3}$$

Es ist charakteristisch für die Austauschwechselwirkung, daß der Interferenzterm $f(\theta) f^*(\pi - \theta) + f^*(\theta) f(\pi - \theta)$ auftritt. Wären die Teilchen verschieden voneinander wie in der klassischen Mechanik, dann wäre die Wahrscheinlichkeit für die Streuung eines Teilchens in ein gegebenes Raumwinkelelement do einfach gleich die Summe der Wahrschenlichkeiten für die Ablenkung eines Teilchens um den Winkel θ und des dazu entgegen laufenden Teilchens um den Winkel $\pi - \theta$. Mit anderen Worten, der Streuquerschnitt wäre gleich

$$\{|f(\theta)|^2 + |f(\pi - \theta)|^2\} \, do \,.$$

Im Grenzfall kleiner Geschwindigkeiten geht die Streuamplitude (wenn die Wechselwirkung zwischen den Teilchen mit dem Abstand voneinander rasch genug abnimmt) gegen einen konstanten, winkelunabhängigen Grenzwert (§ 132). Aus (137,3) ist zu ersehen, daß dabei $d\sigma_a$ verschwindet, d. h., es werden nur Teilchen mit geradzahligem resultierenden Spin aneinander gestreut.

In den Formeln (137,2) und (137,3) wird vorausgesetzt, daß der resultierende Spin der abstoßenden Teilchen einen bestimmten Wert hat. Falls sich die Teilchen nicht in

---

[1]) Die direkte Spin-Bahn-Wechselwirkung wird hier nach wie vor nicht betrachtet.

bestimmten Spinzuständen befinden, muß bei der Berechnung des Streuquerschnittes über alle als gleich wahrscheinlich anzunehmende Spinzustände gemittelt werden.

In § 62 haben wir folgendes gezeigt: Die Gesamtzahl der verschiedenen Spinzustände für ein System aus zwei Teilchen mit dem Spin s ist $(2s + 1)^2$. Davon haben $s(2s + 1)$ Zustände einen geradzahligen und $(s + 1)(2s + 1)$ Zustände einen ungeradzahligen resultierenden Spin (falls s halbzahlig ist) oder umgekehrt (falls s ganzzahlig ist). Wir nehmen zunächst an, der Spin s der Teilchen sei halbzahlig. Die Wahrscheinlichkeit, daß das System aus den beiden stoßenden Teilchen ein geradzahliges S hat, ist $\frac{s(2s+1)}{(2s+1)^2} = \frac{s}{2s+1}$, und die Wahrscheinlichkeit für ungerades S ist gleich $\frac{s+1}{2s+1}$. Der Streuquerschnitt ist demnach

$$d\sigma = \frac{s}{2s+1} d\sigma_s + \frac{s+1}{2s+1} d\sigma_a\,. \tag{137,4}$$

Hier setzen wir (137,2) und (137,3) ein und erhalten

$$d\sigma = \left\{|f(\theta)|^2 + |f(\pi-\theta)|^2 - \frac{1}{2s+1}[f(\theta)\,f(\pi-\theta)^* + f(\theta)^*\,f(\pi-\theta)]\right\} do\,. \tag{137,5}$$

Analog bekommen wir für ganzzahliges s

$$d\sigma = \left\{|f(\theta)|^2 + |f(\pi-\theta)|^2 + \frac{1}{2s+1}[f(\theta)\,f(\pi-\theta)^* + f(\theta)^*\,f(\pi-\theta)]\right\} do\,. \tag{137,6}$$

Als Beispiel schreiben wir die Formeln für den Stoß zweier Elektronen auf, die nach dem COULOMB-Gesetz ($U = e^2/r$) miteinander wechselwirken. Einsetzen des Ausdrucks (135,9) in die Formel (137,5) mit $s = 1/2$ ergibt nach einer einfachen Rechnung (in üblichen Einheiten)

$$d\sigma = \left(\frac{e^2}{m_0 v^2}\right)^2 \left[\frac{1}{\sin^4\frac{\theta}{2}} + \frac{1}{\cos^4\frac{\theta}{2}} - \frac{1}{\sin^2\frac{\theta}{2}\cos^2\frac{\theta}{2}} \cos\left(\frac{e^2}{\hbar v}\ln\tan^2\frac{\theta}{2}\right)\right] do \tag{137,7}$$

(wir haben hier die Elektronenmasse m_0 statt der reduzierten Masse $m = m_0/2$ eingeführt). Diese Formel vereinfacht sich, wenn die Geschwindigkeit so groß ist, daß $e^2 \ll v\hbar$ gilt (das ist gerade die Bedingung für die Anwendbarkeit der Störungstheorie auf das COULOMB-Feld). Der Kosinus im dritten Summanden kann dann durch 1 ersetzt werden, und es ergibt sich

$$d\sigma = \left(\frac{2e^2}{m_0 v^2}\right)^2 \frac{4 - 3\sin^2\theta}{\sin^4\theta} do\,. \tag{137,8}$$

Der entgegengesetzte Grenzfall, $e^2 \gg v\hbar$ entspricht dem Übergang zur klassischen Mechanik (siehe den Schluß von § 127). In Formel (137,7) geschieht dieser Übergang ganz eigenartig. Für $e^2 \gg v\hbar$ ist der Kosinus im dritten Summanden in der eckigen Klammer eine rasch oszillierende Funktion. Zu jedem gegebenen θ liefert die Formel (137,7) für den Streuquerschnitt einen Wert, der im allgemeinen merklich vom RUTHERFORDschen Wert abweicht. Aber bereits bei der Mittelung über ein kleines Intervall von θ-Werten verschwindet das oszillierende Glied in (137,7), und wir erhalten die klassische Formel.

Alle angegebenen Formeln beziehen sich auf das Koordinatensystem, in dem der Massenmittelpunkt ruht. Der Übergang zu dem System, in dem eines der Teilchen vor dem Stoß in Ruhe war, erfolgt nach (123,2) einfach, indem man θ durch 2ϑ ersetzt. So erhalten wir für den Stoß von Elektronen aus (137,7)

$$d\sigma = \left(\frac{2e^2}{m_0 v^2}\right)^2 \left[\frac{1}{\sin^4\vartheta} + \frac{1}{\cos^4\vartheta} - \frac{1}{\sin^2\vartheta\cos^2\vartheta}\cos\left(\frac{e^2}{\hbar v}\ln\tan^2\vartheta\right)\right]\cos\vartheta\, do\,, \tag{137,9}$$

do ist das Raumwinkelelement im neuen Koordinatensystem (ersetzt man θ durch 2ϑ, so hat man das Raumwinkelelement do durch $4\cos\vartheta\, do$ zu ersetzen, so daß $\sin\theta\, d\theta\, d\varphi = 4\cos\vartheta\sin\vartheta\, d\vartheta\, d\varphi$ wird).

Aufgabe

Man berechne den Streuquerschnitt für zwei gleichartige Teilchen mit dem Spin 1/2 mit vorgegebenen Mittelwerten $\bar{s}_1$ und $\bar{s}_2$ für den Spin!

Lösung. Die Abhängigkeit des Streuquerschnittes von der Polarisation der Teilchen muß durch ein Glied proportional zum Skalar $\bar{s}_1\bar{s}_2$ ausgedrückt werden. Wir setzen $d\sigma$ in der Form $a + b\bar{s}_1\bar{s}_2$ an. Für unpolarisierte Teilchen ($\bar{s}_1 = \bar{s}_2 = 0$) fehlt der zweite Summand, und nach (137,4) wird $d\sigma = a = (d\sigma_s + 3\, d\sigma_a)/4$. Wenn beide Teilchen vollständig in einer Richtung polarisiert sind ($\bar{s}_1\bar{s}_2 = 1/4$), dann befindet sich das System offensichttlich im Zustand mit $S = 1$. In diesem Falle ist folglich $d\sigma = a + b/4 = d\sigma_a$. Aus den beiden erhaltenen Gleichungen bestimmen wir a und b und finden

$$d\sigma = \tfrac{1}{4}(d\sigma_s + 3\, d\sigma_a) + (d\sigma_a - d\sigma_s)\,\bar{s}_1\bar{s}_2\,.$$

§ 138. Resonanzstreuung geladener Teilchen

Bei der Streuung geladener Kernteilchen (zum Beispiel von Protonen an Protonen) gibt es neben den kurzreichweitigen Kernkräften noch die langsam abnehmende Coulomb-Wechselwirkung. Die Theorie der Resonanzstreuung wird in diesem Falle nach derselben Methode aufgebaut, wie sie in § 133 dargestellt worden ist. Der Unterschied besteht lediglich in folgendem: Als Wellenfunktionen im Bereich außerhalb der Reichweite der Kernkräfte ($r \gg a$) hat man statt der Lösung der Gleichung für die freie Bewegung (133,2) die exakte allgemeine Lösung der Schrödinger-Gleichung für das Coulomb-Feld zu verwenden. Dabei wird die Teilchengeschwindigkeit nach wie vor nur insofern als klein vorausgesetzt, daß $ka \ll 1$ gilt. Die Beziehung zwischen $1/k$ und der Coulomb-Längeneinheit $a_c = \hbar^2/mZ_1Z_2e^2$ kann beliebig sein (m ist die reduzierte Masse der stoßenden Teilchen).[1])

Für die Bewegung mit $l = 0$ im abstoßenden Coulomb-Feld ist die Schrödinger-Gleichung für die Radialfunktion $\chi = rR_0$

$$\chi'' + \left(k^2 - \frac{2}{r}\right)\chi = 0 \tag{138,1}$$

(wir verwenden hier Coulomb-Einheiten). In § 36 haben wir die Lösung dieser Gleichung mit der Forderung nach Endlichkeit von χ/r für $r = 0$ gefunden. Diese Lösung, die wir hier mit F_0 bezeichnen, hat die Gestalt (siehe (36,27) und (36,28))

$$F_0 = A\, e^{ikr}\, krF\left(\frac{i}{k} + 1, 2, -2ikr\right), \qquad A^2 = \frac{2\pi/k}{e^{2\pi/k} - 1}. \tag{138,2}$$

[1]) Die hier wiedergegebene Theorie ist von L. D. Landau und Ja. A. Smorodinski (1944) entwickelt worden.

Der asymptotische Ausdruck für diese Funktion zu großen Abständen ist

$$F_0 \approx \sin\left(kr - \frac{1}{k}\ln 2kr + \delta_0^{\mathrm{Coul}}\right), \qquad \delta_0^{\mathrm{Coul}} = \arg \Gamma\left(1 + \frac{i}{k}\right), \tag{138,3}$$

und die ersten Glieder in der Entwicklung für kleine r ($kr \ll 1$, $r \ll 1$) sind

$$F_0 = Akr(1 + r + \ldots)\,. \tag{138,4}$$

Unter den veränderten Randbedingungen ist das Verhalten der Funktion bei Null unwesentlich, und wir benötigen die allgemeine Lösung der Gleichung (138,1), die eine Linearkombination aus zwei unabhängigen Integralen ist.

Die Parameter der konfluenten hypergeometrischen Funktion in (138,2) sind so beschaffen (ganzzahliger Wert für den Parameter $\gamma = 2$), daß wir es gerade mit demjenigen Falle zu tun haben, der am Schluß von § d der mathematischen Ergänzungen behandelt wird. Nach den dortigen Feststellungen erhalten wir ein zweites Integral der Gleichung (138,1), indem wir die Funktion F in (138,2) durch eine beliebige andere Linearkombination zweier Glieder ersetzen, deren Summe nach (d, 14) eine konfluente hypergeometrische Funktion ergibt. Wir nehmen als diese Linearkombination die Differenz dieser Glieder und erhalten die zweite unabhängige Lösung der Gleichung (138,1) (wir bezeichnen sie mit G_0) in der Gestalt[1])

$$G_0 = 2\,\mathrm{Im}\, \frac{A\, \mathrm{e}^{-ikr}\, kr}{\Gamma\left(1 + \frac{i}{k}\right)} (-2ikr)^{-1+\frac{i}{k}}\, G\left(1 - \frac{i}{k}, -\frac{i}{k}, -2ikr\right) \tag{138,5}$$

(die Funktion F_0 ist der Realteil dieses Ausdruckes). Ihre asymptotische Gestalt für große Abstände ist

$$G_0 \approx \cos\left(kr - \frac{1}{k}\ln 2kr + \delta_0^{\mathrm{Coul}}\right), \tag{138,6}$$

und die ersten Glieder in der Entwicklung für kleine r sind

$$G_0 = \frac{1}{A}\{1 + 2r[\ln 2r + 2C - 1 + h(k)] + \ldots\} \tag{138,7}$$

mit der EULERschen Zahl $C = 0{,}577\ldots$; $h(k)$ bezeichnet die Funktion

$$h(k) = \mathrm{Re}\,\psi\left(-\frac{i}{k}\right) + \ln k \tag{138,8}$$

(hier ist $\psi(z) = \Gamma'(z)/\Gamma(z)$ die logarithmische Ableitung der Γ-Funktion).[2])

Das allgemeine Integral der Gleichung (138,1) schreiben wir jetzt als Summe

$$\chi = \mathrm{const}\cdot(F_0 \operatorname{ctg} \delta_0 + G_0)\,, \tag{138,9}$$

---

[1]) Die Funktionen F_0 und G_0 werden (wie auch die analog definierten Funktionen F_l und G_l mit $l \neq 0$) als reguläre bzw. irreguläre COULOMB-Funktion bezeichnet.

[2]) Die Entwicklung (138,7) ergibt sich aus (138,5) mit Hilfe der Entwicklung (d,17). Dabei ist die bekannte Beziehung

$$\psi(1 + z) = \psi(z) + \frac{1}{z}$$

(die man leicht aus $\Gamma(z + 1) = z\Gamma(z)$ erhält) verwendet worden. Ferner sind die Werte $\psi(1) = -C$ und $\psi(2) = -C + 1$.

wobei $\cot\delta_0$ eine Konstante ist. Die Bezeichnung für diese Konstante ist so gewählt worden, daß die asymptotische Gestalt dieser Lösung

$$\chi \propto \sin\left(kr - \frac{1}{k}\ln 2kr + \delta_0^{\text{Coul}} + \delta_0\right) \tag{138,10}$$

ist. δ_0 ist also die zusätzliche Phasenverschiebung in der Wellenfunktion infolge der kurzreichweitigen Kräfte. Wir müssen sie mit der Konstanten in der Randbedingung $(\chi'/\chi)|_{r\to 0} = \text{const.}$ in Zusammenhang bringen, die die Betrachtung der Wellenfunktion in der Reichweite der Kernkräfte ersetzt. Wegen der Divergenz (wie $\ln r$) der logarithmischen Ableitung χ'/χ für $r \to 0$ darf diese Bedingung jetzt nicht bei Null gestellt werden, sondern man muß sie bei einem beliebig kleinen, aber doch endlichen Wert $r = \varrho$ stellen. Wir berechnen die Ableitung $\chi'(\varrho)/\chi(\varrho)$ (mit Hilfe der Formeln (138,4) und (138,7)), setzen sie gleich der Konstanten und erhalten die Randbedingung in der Form

$$kA^2 \cot\delta_0 + 2[\ln 2\varrho + 2C + h(k)] = \text{const.}$$

Der Ausdruck auf der linken Seite der Gleichung enthält die k-unabhängigen Konstanten $2\ln 2\varrho + 4C$. Wir beziehen sie in const. ein und bezeichnen die Konstante dann mit $-\varkappa$. Als Ergebnis erhalten wir den endgültigen Ausdruck für $\cot\delta_0$, den wir hier in üblichen Einheiten aufschreiben:

$$\cot\delta_0 = -\frac{1}{\pi}\left(e^{2\pi/ka_c} - 1\right)\left[h(ka_c) + \frac{\varkappa a_c}{2}\right] \tag{138,11}$$

(in der Grenze $1/a_c \to 0$, d. h. beim Übergang zu ungeladenen Teilchen, geht die Formel (138,11) in die Bestimmung $\cot\delta_0 = -\varkappa/k$ über, die mit (133,6) übereinstimmt).

In Abb. 49 ist die Funktion $h(x)$ dargestellt.[1])

Für die Coulomb-Wechselwirkung ist also die „Konstante“ folgende Größe:

$$\frac{2\pi\cot\delta_0}{a_c(e^{2\pi/ka_c} - 1)} + \frac{2}{a_c}h(ka_c) = -\varkappa\,. \tag{138,12}$$

Wir haben das Wort „Konstante“ in Anführungsstriche gesetzt, weil $\varkappa$ in Wirklichkeit das erste Glied in der Entwicklung einer Funktion, die von den Eigenschaften der kurzreichweitigen Kräfte abhängt, nach Potenzen der kleinen Größe ka ist. Der Resonanz bei kleinen Energien entspricht der Fall eines anomal kleinen Wertes für

---

[1]) Zur Berechnung der Funktion $h(k)$ kann man die Formel

$$h(k) = k^{-2}\sum_{n=1}^{\infty}\frac{1}{n(n^2 + k^{-2})} - C + \ln k$$

verwenden, die sich leicht mit Hilfe der Formel

$$\psi(z) = -C - \frac{1}{z} + z\sum_{n=1}^{\infty}\frac{1}{n(n+z)}$$

ergibt (E. T. Whittaker und G. N. Watson, A Course of Modern Analysis, § 12.16). Die Ausdrücke für die Funktion $h(k)$ in den Grenzfällen sind

$$h(k) \approx \frac{k^2}{12} \quad \text{für} \quad k \ll 1\,, \qquad h(k) = -C + \ln k + \frac{1{,}2}{k^2} \quad \text{für} \quad k \gg 1$$

(die letzte Formel liefert mit einem Fehler von $< 4\%$ die Werte für $h(k)$ bereits für $k > 2{,}5$).

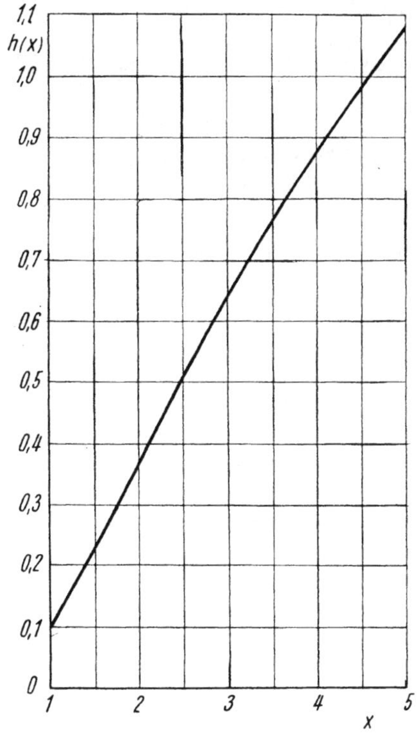

Abb. 49

die Konstante $\varkappa$, wie in § 133 bemerkt worden ist. Infolge dessen muß man zur Verbesserung der Genauigkeit auch noch das folgende Glied in der Entwicklung ($\propto k^2$) berücksichtigen, das einen Faktor „normaler“ Größenordnung enthält, d. h., man hat in (138,12) $-\varkappa$ durch

$$-\varkappa_0 + \frac{1}{2} r_0 k^2$$

zu ersetzen.[1])

Das Auftreten der Resonanz kann, wie in § 133 festgestellt worden ist, von der Existenz eines echten oder auch eines virtuellen diskreten gebundenen Zustandes des Systems verursacht werden. Man kann zeigen,[2]) daß das Vorzeichen der Konstanten $\varkappa$ nach wie vor darüber entscheidet, ob es sich um ein echtes oder um ein virtuelles Niveau handelt.

Die totalen Phasenverschiebungen der Wellenfunktionen sind nach (138,10) die Summen $\delta_l^{\mathrm{Coul}} + \delta_l$. Demzufolge ist der Streuquerschnitt

$$f(\theta) = \frac{1}{2ik} \sum_{l=0}^{\infty} (2l + 1) \left[\exp\left(2i\delta_l^{\mathrm{Coul}} + 2i\delta_l\right) - 1\right] P_l(\cos\theta)\,. \qquad (138,13)$$

---

[1]) Wir wollen die Werte für die Konstanten $\alpha = 1/\varkappa_0$ und r_0 für die Proton-Proton-Streuung angeben: $\alpha = -7{,}8 \cdot 10^{-13}$ cm und $r_0 = 2{,}8 \cdot 10^{-13}$ cm (die Längeneinheit in Coulomb-Einheiten ist $2\hbar^2/m_p e^2 = 57{,}6 \cdot 10^{-13}$ cm). Diese Werte beziehen sich auf ein Protonenpaar mit antiparallelen Spins (für parallele Spins ist ein System aus zwei Protonen nach dem Pauli-Prinzip in einem s-Zustand unmöglich).

[2]) Siehe L. D. Landau und Ja. A. Smorodinski, ЖЭТФ **14**, 269 (1944).

Die Differenz in der eckigen Klammer formen wir folgendermaßen um:

$$\exp(2i\delta_l^{\text{Coul}} + 2i\delta_l) - 1 = [\exp(2i\delta_l^{\text{Coul}}) - 1] + [\exp(2i\delta_l^{\text{Coul}})(e^{2i\delta_l} - 1)]. \tag{138,14}$$

Die COULOMB-Phasen δ_l^{Coul} liefern zur Streuamplitude für alle l einen größenordnungsmäßig gleichen Beitrag. Die Phasen δ_l, die mit den kurzreichweitigen Kräften zusammenhängen, sind für $l \neq 0$ klein (bei kleinen Energien). Deshalb lassen wir beim Einsetzen von (138,14) in (138,13) die erste Klammer in allen Summanden stehen. Diese Glieder werden zur COULOMBschen Streuamplitude (135,9) aufsummiert:

$$f_{\text{Coul}}(\theta) = -\frac{1}{2a_c k^2 \sin^2\frac{\theta}{2}} \exp\left(-\frac{2i}{ka_c}\ln\sin\frac{\theta}{2} + 2i\delta_0^{\text{Coul}}\right). \tag{138,15}$$

Die zweite Klammer in (138,14) behalten wir nur im Summanden mit $l = 0$ bei. Die vollständige Streuamplitude erhält somit die Gestalt

$$f(\theta) = f_{\text{Coul}}(\theta) + \frac{1}{2ik}(e^{2i\delta_0} - 1)\exp(2i\delta_0^{\text{Coul}}). \tag{138,16}$$

Der zweite Summand in diesem Ausdruck kann als Amplitude der Kernstreuung bezeichnet werden. Es ist aber zu betonen, daß diese Einteilung nicht absolut ist; wegen der Definition von δ_0 nach (138,11) wirkt sich die COULOMB-Wechselwirkung auch auf diesen Summanden wesentlich aus. Es ist ganz anders als bei kurzreichweitigen Kräften für ungeladene Teilchen. Insbesondere strebt die Phase δ_0, und damit auch der ganze zweite Summand in (138,16), für $ka_c \to 0$ exponentiell (wie $\exp(-2\pi/ka_c)$) gegen Null, d. h., die Streuung am Kern wird von der COULOMB-Abstoßung ganz überdeckt.

Im Streuquerschnitt interferieren die beiden Teile der Amplitude miteinander:

$$\frac{d\sigma}{do} = |f(\theta)|^2 = \left(\frac{Z_1 Z_2 e^2}{2mv^2}\right)^2 \times\left[\frac{1}{\sin^4\frac{\theta}{2}} - \frac{4ka_c}{\sin^2\frac{\theta}{2}}\sin\delta_0\cos\left(\frac{2}{ka_c}\ln\sin\frac{\theta}{2} + \delta_0\right) + 4(ka_c)^2\sin^2\delta_0\right]. \tag{138,17}$$

Hier wird angenommen, daß die stoßenden Teilchen voneinander verschieden sind. Für gleichartige Teilchen müßte die Streuamplitude symmetrisiert werden, bevor sie quadriert wird (vgl. § 137).

§ 139. Elastische Stöße schneller Elektronen mit Atomen

Elastische Stöße schneller Elektronen mit Atomen können in BORNscher Näherung behandelt werden, wenn die Geschwindigkeit des einlaufenden Elektrons groß gegenüber den Geschwindigkeiten der Atomelektronen ist.

Wegen des großen Massenunterschiedes zwischen Elektron und Atom kann das Atom beim Stoß als fest angesehen werden. Das Koordinatensystem, in dem der

Massenmittelpunkt ruht, ist dann das System, in dem das Atom ruht. $\boldsymbol{p}$ und $\boldsymbol{p}'$ in Formel (126,7) sind dann die Impulse des Elektrons vor und nach dem Stoß; m ist die Elektronenmasse, und der Winkel θ ist der Ablenkwinkel ϑ für das Elektron. Die potentielle Energie $U(r)$ in Formel (126,7) muß geeignet bestimmt werden.

In § 126 haben wir das Matrixelement $U_{\boldsymbol{p}'\boldsymbol{p}}$ der Wechselwirkungsenergie mit den Wellenfunktionen des freien Teilchens vor und nach dem Stoß berechnet. Beim Stoß mit einem Atom hat man auch die Wellenfunktionen für den inneren Zustand des Atoms zu beachten. Bei elastischer Streuung ändert sich der Atomzustand nicht. $U_{\boldsymbol{p}'\boldsymbol{p}}$ muß daher als Matrixelement mit den Wellenfunktionen $\psi_{\boldsymbol{p}}$ und $\psi_{\boldsymbol{p}'}$ des Elektrons berechnet werden, es ist in der Wellenfunktion des Atoms diagonal. Mit anderen Worten, man hat U in Formel (126,7) als potentielle Energie der Wechselwirkung des Elektrons mit dem Atom gemittelt über die Atomwellenfunktion zu verstehen. Sie ist $e\varphi(r)$, wenn $\varphi(r)$ das Potential des Feldes ist, das im Punkte r von der mittleren Ladungsverteilung im Atom erzeugt wird. Wir bezeichnen die Ladungsdichte im Atom mit $\varrho(r)$ und haben für das Potential φ die POISSON-Gleichung

$$\Delta\varphi = -4\pi\varrho(r)\,.$$

Das gesuchte Matrixelement $U_{\boldsymbol{p}'\boldsymbol{p}}$ ist im wesentlichen die FOURIER-Transformierte von U (d. h. von φ) zum Wellenzahlvektor $\boldsymbol{q} = \boldsymbol{k}' - \boldsymbol{k}$. Wir verwenden die POISSON-Gleichung für die FOURIER-Transformierten zu den einzelnen $\boldsymbol{q}$-Werten und bekommen

$$\Delta(\varphi_{\boldsymbol{q}}\, e^{i\boldsymbol{q}\boldsymbol{r}}) = -\, q^2\varphi_{\boldsymbol{q}}\, e^{i\boldsymbol{q}\boldsymbol{r}} = -4\pi\varrho_{\boldsymbol{q}}\, e^{i\boldsymbol{q}\boldsymbol{r}}$$

und hieraus $\varphi_{\boldsymbol{q}} = 4\pi\varrho_{\boldsymbol{q}}/q^2$, d. h.

$$\int \varphi\, e^{-i\boldsymbol{q}\boldsymbol{r}}\, dV = \frac{4\pi}{q^2}\int \varrho\, e^{-i\boldsymbol{q}\boldsymbol{r}}\, dV\,. \tag{139,1}$$

Die Ladungsdichte $\varrho(\boldsymbol{r})$ setzt sich aus den Elektronenladungen und der Kernladung zusammen:

$$\varrho = -en(r) + Ze\delta(\boldsymbol{r})\,,$$

$en(r)$ ist die Dichte der Elektronenladung im Atom. Wir multiplizieren mit $e^{-i\boldsymbol{q}\boldsymbol{r}}$, integrieren und erhalten

$$\int \varrho\, e^{-i\boldsymbol{q}\boldsymbol{r}}\, dV = -e\int n\, e^{-i\boldsymbol{q}\boldsymbol{r}}\, dV + Ze\,.$$

So bekommen wir für das uns interessierende Integral den Ausdruck

$$\int U\, e^{-i\boldsymbol{q}\boldsymbol{r}}\, dV = \frac{4\pi e^2}{q^2}[Z - F(q)]\,, \tag{139,2}$$

wobei die Größe $F(q)$ durch die Formel

$$F(q) = \int n\, e^{-i\boldsymbol{q}\boldsymbol{r}}\, dV \tag{139,3}$$

definiert wird und *Formfaktor des Atoms* heißt. Dieser Formfaktor ist eine Funktion des Streuwinkels und der Geschwindigkeit des einlaufenden Elektrons.

Schließlich setzen wir (139,2) in (126,7) ein und erhalten endgültig folgenden Ausdruck für den Streuquerschnitt der elastischen Streuung von schnellen Elektronen an einem Atom:[1])

$$d\sigma = \frac{4m^2e^4}{\hbar^4 q^4}[Z - F(q)]^2 \, do\,, \qquad q = \frac{2mv}{\hbar}\sin\frac{\vartheta}{2}\,. \tag{139,4}$$

Wir behandeln jetzt den Grenzfall $qa_0 \ll 1$, wobei a_0 von der Größenordnung der Atomausdehnung ist. Einem kleinen q entsprechen kleine Streuwinkel $\vartheta \ll v_0/v$, wenn $v_0 \sim \hbar/ma_0$ die Größenordnung der Geschwindigkeiten der Atomelektronen ist.

Wir entwickeln $F(q)$ nach Potenzen von q. Das Glied nullter Ordnung ist $\int n \, dV$, d. h., es ist gleich der Gesamtzahl der Elektronen im Atom. Das Glied erster Ordnung ist proportional zu $\int \boldsymbol{r} n(r) \, dV$, d. h. proportional zum Mittelwert des Dipolmomentes des Atoms. Dieser Mittelwert ist identisch Null (§ 75). Deshalb muß man in der Entwicklung bis zum Glied zweiter Ordnung gehen und bekommt

$$Z - F(q) = \frac{q^2}{6}\int n r^2 \, dV\,.$$

Durch Einsetzen in (139,4) erhalten wir

$$d\sigma = \left|\frac{me^2}{3\hbar^2}\int n r^2 \, dV\right|^2 do\,. \tag{139,5}$$

Im Bereich kleiner Winkel ist also der Streuquerschnitt unabhängig vom Streuwinkel und wird durch das mittlere Abstandsquadrat der Atomelektronen vom Kern bestimmt.

Im entgegengesetzten Grenzfall großer q ($qa_0 \gg 1$, $\vartheta \gg v_0/v$) ist der Faktor $e^{-i\boldsymbol{q}\boldsymbol{r}}$ im Integranden in (139,3) eine rasch oszillierende Funktion, und somit ist das ganze Integral nahezu Null. Man darf demnach $F(q)$ gegenüber Z vernachlässigen und behält dann

$$d\sigma = \left(\frac{Ze^2}{2mv^2}\right)^2 \frac{do}{\sin^4\frac{\vartheta}{2}} \tag{139,6}$$

übrig, d. h. den RUTHERFORDschen Streuquerschnitt für die Streuung am Atomkern.

Wir wollen auch den Transportquerschnitt

$$\sigma_{tr} = \int (1 - \cos\vartheta) \, d\sigma \tag{139,7}$$

berechnen. Im Winkelbereich $\vartheta \ll v_0/v$ haben wir nach (139,5)

$$d\sigma = \text{const} \sin\vartheta \, d\vartheta = \text{const}\,\vartheta \, d\vartheta\,,$$

wobei die Konstante von ϑ unabhängig ist. In diesem Bereich ist der Integrand demzufolge in dem betrachteten Integral proportional zu $\vartheta^3 \, d\vartheta$, so daß das Integral an der unteren Grenze rasch konvergiert. Im Bereich $1 \gg \vartheta \gg v_0/v$ haben wir

$$d\sigma \approx \text{const}\,(d\vartheta/\vartheta^3)\,,$$

und der Integrand ist proportional zu $d\vartheta/\vartheta$, d. h., das Integral (139,7) divergiert logarithmisch.

---

[1]) Wir haben hier die Austauscheffekte zwischen dem gestreuten schnellen Elektron und den Atomelektronen vernachlässigt, d. h., wir symmetrisieren die Wellenfunktion des Systems nicht. Es ist von vornherein offensichtlich, daß diese Vernachlässigung zulässig ist; denn die Interferenz der rasch oszillierenden Wellenfunktion des freien Teilchens mit der Wellenfunktion der Atomelektronen im „Austauschintegral" führt dazu, daß der Beitrag dieses Integrals zur Streuamplitude klein ist.

Es spielt demnach gerade dieser Winkelbereich die Hauptrolle im Integral, und man braucht nur über diesen Bereich zu integrieren. Die untere Integrationsgrenze muß von der Größenordnung v_0/v gewählt werden; wir schreiben sie in der Form $e^2/\gamma\hbar v$ mit einer dimensionslosen Konstanten γ. Als Ergebnis erhalten wir folgende Formel:

$$\sigma_{tr} = 4\pi \left(\frac{Ze^2}{mv^2}\right)^2 \ln \frac{\gamma\hbar v}{e^2} . \tag{139,8}$$

Zur exakten Berechnung der Konstanten γ hat man die Streuung in Winkel $\vartheta > v_0/v$ zu betrachten. Die exakte Berechnung ist allgemein unmöglich. σ_{tr} hängt vom Werte dieser Konstanten nur schwach ab, weil sie im Argument des Logarithmus steht und mit der großen Größe $\hbar v/e^2$ multipliziert wird.

Für die numerische Berechnung des Formfaktors schwerer Atome kann man die Dichteverteilung $n(r)$ nach dem THOMAS-FERMI-Verfahren benutzen. $n(r)$ hat nach dem THOMAS-FERMI-Verfahren, wie wir gesehen haben, die Gestalt

$$n(r) = Z^2 f\left(\frac{rZ^{1/3}}{b}\right)$$

(alle Größen in dieser und in den folgenden Formeln werden in atomaren Einheiten angegeben). Es ist leicht zu erkennen, daß das mit dieser Funktion $n(r)$ berechnete Integral (139,3) q nur in einer bestimmten Kombination mit Z enthalten wird:

$$F(q) = Z\varphi(bqZ^{-1/3}) . \tag{139,9}$$

In Tabelle 11 sind die Werte der für alle Atome universellen Funktion $\varphi(x)$ zusammengestellt.[1])

Tabelle 11 **Der Atomformfaktor nach dem Thomas-Fermi-Verfahren**

x	$\varphi(x)$	x	$\varphi(x)$	x	$\varphi(x)$
0	1,000	1,08	0,422	2,17	0,224
0,15	0,922	1,24	0,378	2,32	0,205
0,31	0,796	1,39	0,342	2,48	0,189
0,46	0,684	1,55	0,309	2,64	0,175
0,62	0,589	1,70	0,284	2,79	0,167
0,77	0,522	1,86	0,264	2,94	0,156
0,93	0,469	2,02	0,240		

Mit dem Atomformfaktor (139,9) erhält der Streuquerschnitt (139,4) die Gestalt

$$d\sigma = \frac{4Z^2}{q^4}[1 - \varphi(bqZ^{-1/3})]^2 \, do = Z^{2/3}\Phi\left(Z^{-1/3} v \sin\frac{\vartheta}{2}\right) do , \tag{139,10}$$

$\Phi(x)$ ist eine neue universelle Funktion. Durch Integration ergibt sich der totale Streuquerschnitt. Im Integral spielt der Bereich kleiner ϑ die Hauptrolle. Daher kann man

$$d\sigma \approx Z^{2/3}\Phi(Z^{-1/3}v\vartheta/2)\, 2\pi\vartheta \, d\vartheta$$

[1]) Man hat zu beachten, daß diese Formel für kleine q unbrauchbar ist, weil das Integral über nr^2 faktisch nicht nach dem THOMAS-FERMI-Verfahren berechnet werden darf (siehe die Fußnote auf Seite 450). Man hat auch daran zu denken, daß das THOMAS-FERMI-Modell die individuellen Eigenschaften der Atome, die den systematischen Gang mit der Ordnungszahl verletzen, nicht wiedergibt.

setzen und die Integration über $d\vartheta$ bis unendlich erstrecken:

$$\sigma = 2\pi Z^{2/3} \int_0^\infty \Phi\left(Z^{-1/3}\frac{v\vartheta}{2}\right)\vartheta\, d\vartheta = \frac{8\pi}{v^2} Z^{4/3} \int_0^\infty x\Phi(x)\, dx\,.$$

σ hat also die Gestalt

$$\sigma = \text{const}\cdot\frac{Z^{4/3}}{v^2}\,. \tag{139,11}$$

Analog überzeugt man sich leicht davon, daß die Konstante γ in Formel (139,8) proportional zu $Z^{-1/3}$ ist.

Aufgabe

Man berechne den Streuquerschnitt für die elastische Streuung schneller Elektronen an einem Wasserstoffatom im Grundzustand!

Lösung. Die Wellenfunktion für den Grundzustand des Wasserstoffatoms ist $\psi = e^{-r}/\sqrt{\pi}$ (in atomaren Einheiten), so daß $n = e^{-2r}/\pi$ ist. Die Winkelintegration in (139,3) erfolgt wie bei der Herleitung der Formel (126,12) und ergibt

$$F = \frac{4\pi}{q}\int_0^\infty n(r)\sin qr\cdot dr = \left(1 + \frac{q^2}{4}\right)^{-2}.$$

Wir setzen das in (139,4) ein und erhalten

$$d\sigma = \frac{4(8+q^2)^2}{(4+q^2)^4}\, do$$

mit $q = 2v\sin(\vartheta/2)$. Zur Berechnung des totalen Streuquerschnittes schreiben wir

$$do = 2\pi\sin\vartheta\, d\vartheta = \frac{2\pi}{v^2}\, q\, dq$$

und integrieren über dq von 0 bis $2v$. Da v aber als groß vorausgesetzt wird und das Integral konvergiert, kann man die obere Integrationsgrenze durch unendlich ersetzen. Als Ergebnis bekommen wir

$$\sigma = \frac{7\pi}{3v^2}\,.$$

Der Transportquerschnitt wird als Integral

$$\sigma_{tr} = \frac{1}{2v^2}\int q^2\, d\sigma$$

berechnet. Wir führen gemäß $4 + q^2 = u$ eine neue Integrationsvariable ein und ersetzen überall außer im Glied du/u die obere Integrationsgrenze durch unendlich. So erhalten wir

$$\sigma_{tr} = \frac{4\pi}{v^4}\left(\ln v + \frac{1}{12}\right)$$

in Übereinstimmung mit (139,8).

§ 140. Streuung bei Spin-Bahn-Wechselwirkung

Bisher haben wir uns nur mit Stößen von Teilchen befaßt, deren Wechselwirkung von den Spins unabhängig war. Unter diesen Bedingungen beeinflussen die Spins den Streuprozeß überhaupt nicht, oder sie haben nur über Austauscheffekte einen indirekten Einfluß (§ 137).

Wir wollen jetzt die in § 123 entwickelte allgemeine Streutheorie für den Fall verallgemeinern, daß die Wechselwirkung der Teilchen wesentlich von den Spins abhängt, wie es bei Stößen von Kernteilchen der Fall ist.

Wir wollen den einfachen Fall behandeln, daß ein stoßendes Teilchen (um konkret zu sein, werden wir annehmen, daß das ein Teilchen im einlaufenden Strahl ist) den Spin 1/2 hat und das andere (das Targetteilchen) den Spin 0.

Bei gegebenem (halbzahligem) Gesamtdrehimpuls j des Systems kann der Bahndrehimpuls nur die beiden Werte $l = j \pm 1/2$ annehmen. Zu diesen beiden Werten gehören Zustände mit verschiedener Parität. Aus der Erhaltung von $\boldsymbol{j}$ und der Parität folgt deshalb in diesem Falle auch die Erhaltung des Betrages des Bahndrehimpulses.

Der Operator $\hat{f}$ (§ 125) wirkt jetzt nicht nur auf die Bahn-, sondern auch auf die Spinvariablen in der Wellenfunktion des Systems. Er muß mit dem Operator für die Erhaltungsgröße $\boldsymbol{l}^2$ vertauschbar sein. Die allgemeinste Gestalt eines solchen Operators ist

$$\hat{f} = \hat{a} + \hat{b}\hat{\boldsymbol{l}}\hat{\boldsymbol{s}}\,, \tag{140,1}$$

a und $\hat{b}$ sind darin Bahnoperatoren, die nur von $\boldsymbol{l}^2$ abhängen.

Die S-Matrix und damit auch die Matrix für den Operator $\hat{f}$ sind in den Wellenfunktionen für Zustände mit bestimmten Werten der Erhaltungsgrößen l und j (und der Projektion m des Gesamtdrehimpulses) diagonal. Die Diagonalelemente werden über die Formel (123,15) durch die Phasen δ der Wellenfunktionen ausgedrückt. Für gegebenes l und gegebenen Gesamtdrehimpuls $j = l + 1/2$ und $j = l - 1/2$ sind die Eigenwerte von $\boldsymbol{ls}$ gleich $l/2$ bzw. $-(l+1)/2$ (siehe (118,5)). Zur Berechnung der Diagonalelemente der Operatoren $\hat{a}$ und $\hat{b}$ (wir bezeichnen sie mit a_l und b_l) haben wir deshalb die Beziehungen

$$a_l + \frac{l}{2}\,b_l = \frac{1}{2ik}\,(e^{2i\delta_l^+} - 1)\,, \qquad a_l - \frac{l+1}{2}\,b_l = \frac{1}{2ik}\,(e^{2i\delta_l^-} - 1)\,. \tag{140,2}$$

Die Phasen δ_l^+ und δ_l^- gehören zu den Zuständen mit $j = l + 1/2$ bzw. $j = l - 1/2$.

Uns interessieren aber nicht die Diagonalelemente des Operators $\hat{f}$ für Zustände mit gegebenen l und j an sich, sondern die Streuamplitude als Funktion der Richtungen von einfallender und gestreuter Welle. Diese Amplitude wird immer noch ein Operator sein, aber jetzt nur noch ein Operator in den Spinvariablen, der in der Spinprojektion σ nicht diagonal ist. Im weiteren Verlaufe dieses Paragraphen werden wir gerade diesen Operator mit $\hat{f}$ bezeichnen.

Zur Berechnung dieses Operators müssen wir den Operator (140,1) auf die Funktion (125,17) anwenden, die der einlaufenden ebenen Welle (in z-Richtung) entspricht. So erhalten wir

$$\hat{f} = \sum_{l=0}^{\infty} (2l+1)\,(a_l + b_l\hat{\boldsymbol{l}}\hat{\boldsymbol{s}})\,P_l(\cos\theta)\,. \tag{140,3}$$

Hier muß noch ausgerechnet werden, wie der Operator $\hat{\boldsymbol{l}}\hat{\boldsymbol{s}}$ auf die Funktion $P_l(\cos\theta)$ wirkt. Das geschieht, indem man

$$\hat{\boldsymbol{l}}\hat{\boldsymbol{s}} = \tfrac{1}{2}\,(\hat{l}_+\hat{s}_- + \hat{l}_-\hat{s}_+) + \hat{l}_z\hat{s}_z$$

schreibt (siehe (29,11)) und die Formeln (27,12) für die Matrixelemente der Operatoren $\hat{l}_\pm$ verwendet. Noch einfacher ist es, direkt die Operatorausdrücke (26,14) und

(26,15) zu benutzen. Eine einfache Rechnung ergibt

$$\hat{\boldsymbol{l}}\hat{\boldsymbol{s}} P_l(\cos\theta) = i\boldsymbol{\nu}\hat{\boldsymbol{s}} P_l^1(\cos\theta) \,,$$

P_l^1 ist darin ein zugeordnetes LEGENDREsches Polynom, $\boldsymbol{\nu}$ ist der Einheitsvektor in Richtung von $[\boldsymbol{n}\boldsymbol{n}']$ senkrecht zur Streuebene ($\boldsymbol{n}$ ist die Einfallsrichtung, die z-Richtung, $\boldsymbol{n}'$ ist die Streurichtung, die durch die Polarwinkel θ und φ festgelegt wird).

Wir bestimmen a_l und b_l aus (140,2), setzen sie in (140,3) ein und erhalten jetzt endgültig

$$\hat{f} = A + 2B\boldsymbol{\nu}\hat{\boldsymbol{s}} \,, \tag{140,4}$$

$$A = \frac{1}{2ik}\sum_{l=0}^{\infty}\left[(l+1)\left(e^{2i\delta_l^+}-1\right) + l\left(e^{2i\delta_l^-}-1\right)\right] P_l(\cos\theta) \,,$$
$$B = \frac{1}{2k}\sum_{l=1}^{\infty}\left(e^{2i\delta_l^+} - e^{2i\delta_l^-}\right) P_l^1(\cos\theta) \,. \tag{140,5}$$

Die Matrixelemente dieses Operators geben uns die Streuamplitude zu bestimmten Werten für die Spinprojektion im Anfangs- (σ) und im Endzustand (σ'). Wir wollen den über alle möglichen Werte σ' summierten und über die Wahrscheinlichkeiten für die verschiedenen Werte von σ im Anfangszustand (im einlaufenden Teilchenstrahl) gemittelten Streuquerschnitt berechnen. Dieser Streuquerschnitt wird als

$$d\sigma = \overline{(f^+f)_{\sigma\sigma}}\, do \tag{140,6}$$

ausgerechnet. Die Diagonalelemente des Produktes $\hat{f}^+\hat{f}$ realisieren die Summe über die Endzustände, und der Querstrich bedeutet die Mittelung über den Anfangszustand.[1]) Wenn im Anfangszustand alle Spinrichtungen gleich wahrscheinlich sind, bedeutet diese Mittelung die Bildung der Spur der Matrix (dividiert durch die Zahl der möglichen Werte für die Spinprojektion σ)

$$d\sigma = \tfrac{1}{2}\,\mathrm{Sp}\,(f^+f)\, do \,. \tag{140,7}$$

Beim Einsetzen von (140,4) in (140,6) wird der Mittelwert des Quadrates $(\boldsymbol{\nu}\boldsymbol{s})^2$ als $\boldsymbol{\nu}^2\boldsymbol{s}^2/3 = s(s+1)/3 = 1/4$ berechnet. Als Ergebnis erhalten wir

$$\frac{d\sigma}{do} = |A|^2 + |B|^2 + 2\,\mathrm{Re}\,(AB^*)\,\boldsymbol{\nu}\boldsymbol{P} \,, \tag{140,8}$$

$\boldsymbol{P} = 2\bar{\boldsymbol{s}}$ ist die Anfangspolarisation des Strahles, die als das Verhältnis des mittleren Spins im Anfangszustand zum größtmöglichen Wert (1/2) definiert ist. Im Falle Spin 1/2 bestimmt der Vektor $\bar{\boldsymbol{s}}$ den Spinzustand vollständig (§ 59).

Wir machen darauf aufmerksam, daß die Polarisation des einlaufenden Strahles zu einer azimutalen Asymmetrie der Streuung Anlaß gibt: Wegen des Faktors $\boldsymbol{\nu}\boldsymbol{P}$ im letzten Summanden hängt der Streuquerschnitt (140,8) nicht nur vom Polarwinkel θ ab, sondern auch vom Azimut φ des Vektors $\boldsymbol{n}'$ in bezug auf $\boldsymbol{n}$ (wenn nur die Polarisation nicht senkrecht zu $\boldsymbol{\nu}$ ist, so daß $\boldsymbol{\nu}\boldsymbol{P} \neq 0$ ist).

[1]) Wird das Betragsquadrat $|f_{0n}|^2$ des Matrixelementes eines beliebigen Operators für den Übergang $0 \to n$ über die Endzustände n summiert, dann ergibt sich

$$\sum_n |f_{0n}|^2 = \sum_n f_{0n}(f_{0n})^* = \sum_n f_{0n}(f^+)_{n0} = (ff^+)_{00} \,.$$

Um Mißverständnisse zu vermeiden, betonen wir, daß das Symbol + für den adjungierten Operator in (140,6) und überall im folgenden sich auf $\hat{f}$ als Spinoperator bezieht und insbesondere $\boldsymbol{n}$ und $\boldsymbol{n}'$ nicht zu transponieren sind.

Die Polarisation der gestreuten Teilchen kann nach der Formel

$$\boldsymbol{P}' = \frac{2\overline{(f^+\boldsymbol{s}f)_{\sigma\sigma}}}{\overline{(f^+f)_{\sigma\sigma}}} \qquad (140{,}9)$$

berechnet werden. Falls der Anfangszustand unpolarisiert ist ($\boldsymbol{P} = 0$), dann ergibt eine einfache Rechnung

$$\boldsymbol{P}' = \frac{2\,\mathrm{Re}\,(AB^*)}{|A|^2 + |B|^2}\boldsymbol{\nu}\,. \qquad (140{,}10)$$

Die Streuung verursacht also im allgemeinen eine Polarisation senkrecht zur Streuebene. Dieser Effekt ist aber in der BORNschen Näherung nicht vorhanden; denn wenn alle Streuphasen δ klein sind, dann ist der Koeffizient A in erster Näherung in diesen Phasen reell, und B ist rein imaginär, so daß $\mathrm{Re}(AB^*) = 0$ ist.

Die Tatsache, daß die Polarisation $\boldsymbol{P}'$ (140,10) die Richtung von $\boldsymbol{\nu}$ hat, ist von vornherein zu erkennen: $\boldsymbol{P}'$ ist ein Axialvektor, und $\boldsymbol{\nu}$ ist der einzige Axialvektor, der aus den uns zur Verfügung stehenden polaren Vektoren $\boldsymbol{n}$ und $\boldsymbol{n}'$ gebildet werden kann. Es ist daher unmittelbar evident, daß diese Eigenschaft auch die Polarisation infolge der Streuung eines unpolarisierten Strahles von Teilchen mit Spin 1/2 an einem unpolarisierten Target aus Kernen mit beliebigem Spin (der nicht unbedingt 0 sein muß) haben wird.[1])

Bei der Formulierung des Reziprozitätstheorems für die Streuung von Teilchen mit Spins hat man zu beachten, daß die Zeitumkehr nicht nur die Vorzeichen der Impulse, sondern auch der Drehimpulse ändert. Die Symmetrie der Streuung gegenüber Zeitumkehr erfordert daher in diesem Falle die Gleichheit der Amplituden für Prozesse, die sich voneinander nicht nur durch die Vertauschung von Anfangs- und Endzustand und die Umkehr der Bewegungsrichtung unterscheiden, sondern für die auch die Vorzeichen der Spinprojektionen der Teilchen in beiden Zuständen umgekehrt sind. Die Vorzeichen dieser Amplituden können dabei aber unterschiedlich sein, weil die Zeitumkehr nach (60,3) in der Spinfunktion den Faktor $(-1)^{s-\sigma}$ hervorruft. Das Reziprozitätstheorem muß deshalb folgendermaßen formuliert werden:[2])

$$f(\sigma_1, \sigma_2, \boldsymbol{n}; \sigma_1', \sigma_2', \boldsymbol{n}') = (-1)^{\Sigma(s-\sigma)} f(-\sigma_1', -\sigma_2', -\boldsymbol{n}'; -\sigma_1, -\sigma_2, -\boldsymbol{n})\,. \qquad (140{,}11)$$

Hier ist $f(\sigma_1, \sigma_2, \boldsymbol{n}; \sigma_1', \sigma_2', \boldsymbol{n}')$ die Streuamplitude unter Änderung der Spinprojektionen der stoßenden Teilchen von den Werten σ_1, σ_2 auf die Werte σ_1', σ_2'. Die Summe im Exponenten wird über beide Teilchen vor und nach der Streuung erstreckt.

In BORNscher Näherung hat die Streuung eine zusätzliche Symmetrie. Prozesse, die sich voneinander durch Vertauschung von Anfangs- und Endzustand unterscheiden,

---

[1]) Wir denken hier an ein Target aus Kernen mit völlig ungeordneten Spinrichtungen. Für $s > 1/2$ bestimmt der Mittelwert des Spinvektors bekanntlich den Spinzustand nicht vollständig. Wenn dieser Mittelwert Null ist, so bedeutet das nicht, daß es überhaupt keine Spinordnung gibt.

[2]) Diese Beziehung wird ähnlich hergeleitet wie die Formel (125,12). Dabei müssen in die Amplituden der ein- und der auslaufenden Wellen in der Wellenfunktion Spinfaktoren eingeführt werden. Statt (125,10) ergibt sich die Bedingung $\hat{K}^{-1}\hat{S}\hat{K} = \hat{S}$, der Operator $\hat{K}$ bewirkt dabei nicht nur eine Inversion, sondern er transformiert auch den Spinzustand nach (60,3).

sind gleich wahrscheinlich; dabei sind die Vorzeichen der Impulse und der Spinprojektionen der Teilchen nicht wie bei der Zeitumkehr (§ 126) zu ändern. Kombiniert man diese Eigenschaft mit dem Reziprozitätstheorem, so findet man folgende Eigenschaft: Die Streuung ist symmetrisch bei Vorzeichenumkehr aller Impulse und Spinprojektionen, ohne diese zu vertauschen. Hieraus kann man leicht den Schluß ziehen, daß in BORNscher Näherung bei der Streuung eines beliebigen unpolarisierten Strahles an einem unpolarisierten Target keine Polarisation entstehen kann; denn bei der angegebenen Transformation wechselt der Polarisationsvektor $\boldsymbol{P}$ das Vorzeichen, während der einzige Vektor $[\boldsymbol{k}\boldsymbol{k}']$, in dessen Richtung $\boldsymbol{P}$ zeigen muß, unverändert bleibt. Die oben für die Streuung von Teilchen mit dem Spin 1/2 an Teilchen mit dem Spin 0 formulierte Eigenschaft ist also in Wirklichkeit von allgemeiner Natur.

Für beliebige Spins der stoßenden Teilchen sind die allgemeinen Formeln für die Winkelverteilungen sehr umfangreich, und wir werden sie hier nicht ableiten. Wir werden nur die Zahl der Parameter abzählen, durch die diese Verteilungen bestimmt werden müssen.

Für die oben betrachteten Stöße von Teilchen mit den Spins 1/2 und 0 war insbesondere charakteristisch, daß zu gegebenen Werten von j und der Parität insgesamt nur ein Zustand des Systems der beiden Teilchen gehörte (abgesehen von der unwesentlichen Orientierung des Gesamtdrehimpulses im Raum). Von jedem solchen Zustand geht ein wesentlicher Parameter (die Phase δ) in die Streuamplitude ein. Im Falle anderer Spins gibt es im allgemeinen mehrere verschiedene Zustände mit gleichem Gesamtdrehimpuls J und gleicher Parität. Diese Zustände unterscheiden sich in den Werten für den Gesamtspin S der Teilchen und für den Bahndrehimpuls l der Relativbewegung. Die Zahl dieser Zustände ist n. Von jeder solchen Gruppe von Zuständen werden in die Streuamplitude $n(n+1)/2$ unabhängige reelle Parameter eingebracht.

In bezug auf diese Zustände ist die S-Matrix eine unitäre symmetrische (wegen des Reziprozitätstheorems) Matrix mit $n \cdot n$ komplexen Elementen. Man zählt die Zahl der unabhängigen Größen in dieser Matrix zweckmäßig folgendermaßen ab: Der $\hat{S}$-Operator wird in der Gestalt $\hat{S} = \exp(i\hat{R})$ dargestellt; die Unitaritätsbedingung ist dann automatisch erfüllt, wenn $\hat{R}$ ein beliebiger hermitescher Operator ist (siehe (12,13)). Wenn die Matrix $\hat{S}$ symmetrisch ist, ist auch die Matrix $\hat{R}$ symmetrisch, und da sie hermitesch ist, ist sie reell. Eine reelle symmetrische Matrix hat $n(n+1)/2$ unabhängige Komponenten.

Als Beispiel geben wir an, daß für zwei Teilchen mit den Spins 1/2 die Zahl $n = 2$ ist. Tatsächlich gibt es zu gegebenem J insgesamt vier Zustände: zwei Zustände mit $l = J$ und dem Gesamtspin $S = 0$ oder 1 und zwei Zustände mit $l = J \pm 1$, $S = 1$. Offenbar sind zwei davon gerade (l gerade) und zwei ungerade (l ungerade).

Man kann die allgemeine Gestalt der Streuamplitude für Teilchen mit Spin 1/2 als Operator in den Spinvariablen der beiden Teilchen leicht angeben, wenn man von den notwendigen Invarianzbedingungen ausgeht. Sie muß ein Skalar und invariant bei Zeitumkehr sein. Zur Bildung dieses Ausdruckes haben wir die beiden Axialvektoren für die Spins $\mathbf{s}_1$ und $\mathbf{s}_2$ der Teilchen und die beiden gewöhnlichen (polaren) Vektoren $\boldsymbol{n}$ und $\boldsymbol{n}'$ zur Verfügung. Die Operatoren $\hat{\mathbf{s}}_1$ und $\hat{\mathbf{s}}_2$ müssen jeweils linear in die Amplitude eingehen, da sich jede beliebige Funktion des Operators für Spin 1/2 auf eine lineare Funktion reduziert. Die allgemeinste Gestalt eines Operators, der diese Forderungen erfüllt, kann folgendermaßen angesetzt werden:

$$\hat{f} = A + B(\hat{\mathbf{s}}_1\boldsymbol{\lambda})(\hat{\mathbf{s}}_2\boldsymbol{\lambda}) + C(\hat{\mathbf{s}}_1\boldsymbol{\mu})(\hat{\mathbf{s}}_2\boldsymbol{\mu}) + D(\hat{\mathbf{s}}_1\boldsymbol{\nu})(\hat{\mathbf{s}}_2\boldsymbol{\nu}) + E(\hat{\mathbf{s}}_1 + \hat{\mathbf{s}}_2, \boldsymbol{\nu}) + F(\hat{\mathbf{s}}_1 - \hat{\mathbf{s}}_2, \boldsymbol{\nu}) . \tag{140,12}$$

Die Koeffizienten A, B, ... sind skalare Größen, die nur von dem Skalar $\boldsymbol{nn}'$ abhängen können, d. h. vom Streuwinkel θ (und von der Energie). $\boldsymbol{\lambda}$, $\boldsymbol{\mu}$ und $\boldsymbol{\nu}$ sind drei zueinander senkrechte Einheitsvektoren, die in die Richtungen von $\boldsymbol{n} + \boldsymbol{n}'$, $\boldsymbol{n} - \boldsymbol{n}'$ und $[\boldsymbol{nn}']$ zeigen. Die Zeitumkehr bedeutet die Substitutionen

$$\mathbf{s}_1 \to -\mathbf{s}_1 , \qquad \mathbf{s}_2 \to -\mathbf{s}_2 , \qquad \boldsymbol{n} \to -\boldsymbol{n}' , \qquad \boldsymbol{n}' \to -\boldsymbol{n} ,$$

dabei gilt

$$\boldsymbol{\lambda} \to -\boldsymbol{\lambda} , \qquad \boldsymbol{\mu} \to \boldsymbol{\mu} , \qquad \boldsymbol{\nu} \to -\boldsymbol{\nu} ,$$

und die Invarianz des Operators (140,12) ist unmittelbar evident.

Im Falle der Streuung von Nukleonen aneinander (von Protonen und Neutronen) fehlt der letzte Summand in (140,12). Das ergibt sich unmittelbar aus der Tatsache, daß die zwischen den Nukleonen wirkenden Kernkräfte den Betrag des Gesamtspins S des Systems erhalten. Der Operator $\hat{\mathbf{s}}_1 - \hat{\mathbf{s}}_2$ kommutiert aber nicht mit dem Operator $\hat{\mathbf{S}}^2$ (die übrigen Summanden in (140,12) können nach (117,4) durch den Operator für den Gesamtspin $\hat{\mathbf{S}}$ ausgedrückt werden und kommutieren daher mit $\hat{\mathbf{S}}^2$). Bei der Streuung gleichartiger Nukleonen (pp oder nn) erfüllen die Koeffizienten A, B, ... als Funktionen des Streuwinkels ebenfalls bestimmte Symmetriebeziehungen, die aus der Identität der beiden Teilchen folgen (siehe Aufgabe 2).

Aufgaben

1. Für die Streuung von Teilchen mit dem Spin 1/2 an Teilchen mit dem Spin 0 ist die Polarisation nach der Streuung zu bestimmen, wenn sie vor der Streuung ebenfalls von Null verschieden war.

Lösung. Die Rechnung nach Formel (140,9) wird zweckmäßig in Komponenten durchgeführt, wobei man die z-Achse in die ν-Richtung legt. Als Ergebnis erhalten wir

$$\boldsymbol{P}' = \frac{(|A|^2 - |B|^2)\,\boldsymbol{P} + 2\,|B|^2\,\boldsymbol{\nu}(\boldsymbol{\nu P}) + 2\,\mathrm{Im}\,(AB^*)\,[\boldsymbol{\nu P}] + 2\boldsymbol{\nu}\,\mathrm{Re}\,(AB^*)}{|A|^2 + |B|^2 + 2\,\mathrm{Re}\,(AB^*)\,\boldsymbol{\nu P}} .$$

2. Es sind die Symmetriebedingungen anzugeben, denen die Koeffizienten in der Streuamplitude für zwei gleichartige Nukleonen als Funktionen des Winkels θ genügen müssen (R. OEHME, 1955).

Lösung. Wir gruppieren die Summanden in (140,12) so um, daß die einzelnen Summanden nur für Singulett- ($S = 0$) oder Triplettzustände ($S = 1$) des Nukleonensystems von Null verschieden sind:

$$\hat{f} = a(\hat{\mathbf{s}}_1\hat{\mathbf{s}}_2 - \tfrac{1}{4}) + b(\hat{\mathbf{s}}_1\hat{\mathbf{s}}_2 + \tfrac{3}{4}) + c[\tfrac{1}{4} + (\hat{\mathbf{s}}_1\boldsymbol{\nu})(\hat{\mathbf{s}}_2\boldsymbol{\nu})] + \mathrm{d}\,[(\hat{\mathbf{s}}_1\boldsymbol{n})(\hat{\mathbf{s}}_2\boldsymbol{n}') + (\hat{\mathbf{s}}_1\boldsymbol{n}')(\mathbf{s}_2\boldsymbol{n})] + e(\hat{\mathbf{s}}_1 + \hat{\mathbf{s}}_2, \boldsymbol{\nu}). \tag{1}$$

Mit Hilfe der Formeln (117,4) können wir uns leicht überzeugen, daß der erste Summand nur für $S = 0$ von Null verschieden ist und die übrigen für $S = 1$. Wegen der Identität der Teilchen muß die Streuamplitude bei einer Vertauschung der Koordinaten der Teilchen für $S = 0$ symmetrisch und für $S = 1$ antisymmetrisch sein. Diese Transformation bedeutet die Substitution $\theta \to \pi - \theta$ oder, was dasselbe ist, den Vorzeichenwechsel von $\boldsymbol{n}$ oder $\boldsymbol{n}'$ (vgl. § 137). Aus diesen Bedingungen erhalten wir folgende Beziehungen:

$$a(\pi - \theta) = a(\theta) , \quad b(\pi - \theta) = -b(\theta) , \quad c(\pi - \theta) = -c(\theta) , \quad d(\pi - \theta) = d(\theta) , \quad e(\pi - \theta) = e(\theta) . \tag{2}$$

Wegen der Isotopie-Invarianz ist die Streuamplitude für die *nn*- und *pp*-Streuung und für die *np*-Streuung im Isozustand mit $T = 1$ gleich. Für das System *np* ist aber auch der Zustand mit $T = 0$ möglich. Als Ergebnis erhalten wir, daß die Amplitude für die *np*-Streuung durch andere Koeffizienten $a, b, \ldots$ in (1) bestimmt wird, die nicht die Symmetrieeigenschaften (2) haben.

§ 141. Regge-Pole

In § 128 sind die analytischen Eigenschaften der Streuamplitude als Funktion der komplexen Veränderlichen E — der Energie der Teilchen — behandelt worden. Der Bahndrehimpuls l spielte dabei die Rolle eines Parameters, der reelle ganzzahlige Werte annehmen konnte. Weitere aus methodischer Sicht wesentliche Eigenschaften der Streuamplitude können herausgefunden werden, wenn man jetzt l als stetige komplexe Variable bei reellen Energiewerten E ansieht.[1])

Wie in § 128 betrachten wir die Radialfunktionen mit der (für $r \to \infty$) asymptotischen Gestalt

$$\chi_l = rR_l = A(l, E) \exp\left(-\frac{\sqrt{-2mE}}{\hbar} r\right) + B(l, E) \exp\left(\frac{\sqrt{1-2mE}}{\hbar} r\right). \quad (141,1)$$

Diese Funktionen sind Lösungen der Schrödinger-Gleichung (32,8) (in der l jetzt als komplexer Parameter angesehen wird). Die Wahl zwischen den beiden unabhängigen Lösungen erfolgt nach der Bedingung

$$R_l \approx \text{const} \cdot r^l \quad \text{für} \quad r \to 0\,. \quad (141,2)$$

Wir stellen sofort fest, daß diese Bedingung den zulässigen Werten für den Parameter l eine bestimmte Beschränkung auferlegt. Tatsächlich ist die allgemeine Gestalt für die Lösung der Gleichung (32,8) bei kleinen r

$$R_l \approx c_1 r^l + c_2 r^{-l-1}$$

(siehe den Schluß von § 32). Damit die zweite Lösung eindeutig „vom Hintergrund" der ersten abgetrennt und ausgeschlossen werden kann, muß der Summand mit r^{-l-1} für $r \to 0$ größer als der Summand mit r^l sein. Für komplexe Werte von l ergibt sich hieraus die Bedingung $\operatorname{Re} l > \operatorname{Re}(-l-1)$, d. h.

$$\operatorname{Re}(l + \tfrac{1}{2}) > 0\,. \quad (141,3)$$

Im folgenden wird überall gerade diese Halbebene des komplexen l — rechts von der vertikalen Geraden $l = 1/2$ — betrachtet. Die Wellenfunktion $R(r; l, E)$ ist als Lösung einer Differentialgleichung mit im Parameter l analytischen Koeffizienten eine analytische Funktion dieses Parameters und hat keine Singularitäten in der Halbebene (141,3). Das gilt insbesondere auch für den asymptotischen Ausdruck (141,1), und demzufolge haben die Funktionen $A(l, E)$ und $B(l, E)$ keine Singularitäten in l. Dabei ist aber vorauszusetzen, daß beide Summanden in (141,1) (für $r \to \infty$) tatsächlich beibehalten werden dürfen. Für $E > 0$ ist das immer der Fall, aber für $E < 0$ nur dann, wenn das Feld $U(r)$ die Bedingungen (128,6) oder (128,13) erfüllt. Bei diesen Überlegungen ist es wesentlich, daß die Natur des (in r) asymptotischen Verhaltens der Wellenfunktion nur von E, aber nicht von l abhängt. Die Einführung komplexer l läßt daher die Bedingungen beim Übergang zum asymptotischen Ausdruck unverändert.

---

[1]) Diese Eigenschaften sind erstmalig von T. Regge (1958) untersucht worden.

Wir vergleichen (141,1) mit der asymptotischen Formel (128,15) und finden das Element der S-Matrix in der Form

$$S(l, E) = \exp\,[2i\delta(l, E)] = e^{i\pi l}\frac{A(l, E)}{B(l, E)}, \tag{141,4}$$

die auch für komplexe Werte von l brauchbar ist (dabei ist aber die „Phasenverschiebung" δ nicht mehr reell).

Für reelle Werte von l und für $E > 0$ hängen die Funktionen A und B über die Beziehung (128,4) miteinander zusammen: $A(l, E) = B^*(l, E)$. Hieraus ergibt sich für komplexe l

$$A(l^*, E) = B^*(l, E) \quad \text{für} \quad E > 0\,, \tag{141,5}$$

$S(l, E)$ erfüllt demnach die *komplexe Unitaritätsbedingung*

$$S^*(l, E)\, S(l^*, E) = 1\,. \tag{141,6}$$

Da $A(l, E)$ und $B(l, E)$ als Funktionen von l keine Singularitäten haben, hat die Funktion $S(l, E)$ (und damit auch die partielle Streuamplitude $f(l, E)$) nur in den Nullstellen der Funktion $B(l, E)$ Singularitäten (Pole). Die Pole der Streuamplitude in der komplexen l-Ebene werden als Regge-*Pole* bezeichnet. Ihre Lage hängt natürlich vom Wert des reellen Parameters E ab. Die Funktionen

$$l = \alpha_i(E)$$

geben die Lagen der Pole an; sie bestimmen die Regge-*Trajektorien*, auf denen sich die Pole bei einer Änderung von E in der l-Ebene bewegen (im folgenden werden wir den Index i, der die einzelnen Pole voneinander unterscheidet, weglassen).

Wir wollen jetzt die Eigenschaften der Regge-Trajektorien untersuchen. Dabei zeigen wir zuerst, daß alle $\alpha(E)$ für $E < 0$ reelle Funktionen sind. Wir gehen von der Gleichung

$$\chi'' + \left[\frac{2m}{\hbar^2}(E - U(r)) - \frac{\alpha(\alpha + 1)}{r^2}\right]\chi = 0 \tag{141,7}$$

aus, der die Wellenfunktion mit $l = \alpha$ genügt. Diese Gleichung multiplizieren wir mit χ^*, integrieren sie über dr (wobei der erste Summand mit einer partiellen Integration umgeformt wird) und erhalten

$$-\int_0^\infty |\chi'|^2\, dr + \frac{2m}{\hbar^2}\int_0^\infty (E - U)\,|\chi|^2\, dr - \alpha(\alpha + 1)\int_0^\infty \frac{|\chi|^2}{r^2}\, dr = 0\,.$$

Hier ist benutzt worden, daß die Wellenfunktion für $B = 0$ (Gleichung für die Regge-Pole) für $r \to \infty$ exponentiell abklingt, so daß alle Integrale konvergieren. Die ersten beiden Summanden in der erhaltenen Gleichung sind reell, im letzten Summanden ist das Integral reell. Demzufolge muß gelten

$$\operatorname{Im}\alpha(\alpha + 1) = \operatorname{Im}(\alpha + \tfrac{1}{2})^2 - 2\operatorname{Re}(\alpha + \tfrac{1}{2})\operatorname{Im}\alpha = 0\,.$$

Wir betrachten hier nur die Pole in der Halbebene (141,3), daher ist immer $\operatorname{Re}(\alpha + 1/2) > 0$, und wir erhalten das gewünschte Resultat

$$\operatorname{Im}\alpha(E) = 0 \quad \text{für} \quad E < 0\,. \tag{141,8}$$

Ferner führen wir an der Gleichung (141,7) folgende Operationen aus (ähnlich wie bei der Herleitung der Gleichung (128,10)): Wir leiten sie nach E ab, multiplizieren die entstehende Gleichung mit χ und die Ausgangsgleichung (141,7) mit $\partial\chi/\partial E$; dann subtrahieren wir die beiden entstehenden Gleichungen voneinander und erhalten die Identität

$$\left[\chi' \frac{\partial \chi}{\partial E} - \chi \left(\frac{\partial \chi}{\partial E}\right)'\right]' - \frac{2m}{\hbar^2} \chi^2 + \frac{\chi^2}{r^2} \frac{d\alpha(\alpha+1)}{dE} = 0 .$$

Diese Identität integrieren wir über dr von 0 bis ∞ und beachten dabei wieder, daß χ für $r \to \infty$ verschwindet. Das Integral über den ersten Summanden ist Null, und wir finden

$$\frac{d\alpha(\alpha+1)}{dE} \int_0^\infty \frac{\chi^2}{r^2}\, dr = \frac{2m}{\hbar^2} \int_0^\infty \chi^2\, dr . \tag{141,9}$$

Wir wissen bereits, daß α reell ist; demzufolge ist auch die Wellenfunktion reell, und somit sind die beiden Integrale in (141,9) offensichtlich positiv. Folglich gilt

$$\frac{d}{dE} \alpha(\alpha+1) = 2\left(\alpha + \frac{1}{2}\right) \frac{d\alpha}{dE} > 0 ,$$

und, da $\alpha + 1/2$ positiv ist, gilt ferner

$$\frac{d\alpha}{dE} > 0 \quad \text{für} \quad E < 0 .$$

Für $E < 0$ wächst also die Funktion $\alpha(E)$ monoton mit zunehmendem E.

Die negativen E-Werte, für die die Funktion $\alpha(E)$ „physikalische" Werte annimmt (d. h. für die ganzzahligen Werte $l = 0, 1, 2, \ldots$), entsprechen den diskreten Energieniveaus des Systems. Es ergibt sich auf diese Weise ein neues Klassifizierungsprinzip für die gebundenen Zustände: Man klassifiziert die gebundenen Zustände nach den REGGE-Trajektorien, auf denen sie liegen.

Als Beispiel behandeln wir die REGGE-Trajektorien für die Bewegung in einem anziehenden COULOMB-Feld. Die Elemente der Streumatrix werden in diesem Falle durch den Ausdruck[1])

$$S_l = \frac{\Gamma(l + 1 - i/k)}{\Gamma(l + 1 + i/k)} \tag{141,10}$$

gegeben (k in COULOMB-Einheiten). Die Pole dieses Ausdrucks liegen in denjenigen Punkten, für die das Argument der Funktion $\Gamma(l + 1 - i/k)$ gleich einer negativen ganzen Zahl oder Null ist. Für $E < 0$ haben wir $k = i\sqrt{-2E}$, so daß

$$\alpha(E) = -n_r - 1 + \frac{1}{\sqrt{-2E}}, \qquad E < 0 , \tag{141,11}$$

ist; die Zahl $n_r = 0, 1, 2, \ldots$ unterscheidet die verschiedenen REGGE-Trajektorien voneinander. Setzen wir $\alpha(E)$ gleich einer ganzen Zahl $l = 0, 1, 2, \ldots$, so erhalten wir die

[1]) Vgl. Formel (135,11), in der man die Vorzeichen vor k ändern muß (um vom abstoßenden zum anziehenden Feld überzugehen).

bekannte BOHRsche Formel für die diskreten Energieniveaus im COULOMB-Feld

$$E = -\frac{1}{2(n_r + 1 + l)^2}.$$

Die Zahl n_r stimmt dabei mit der radialen Quantenzahl überein, die die Zahl der Knoten in der Radialfunktion angibt. Zu jeder REGGE-Trajektorie (d. h. zu jedem gegebenen Wert von n_r) gibt es unendlich viele Niveaus, die sich im Wert des Bahndrehimpulses voneinander unterscheiden.

Wir wenden uns jetzt den Eigenschaften der Funktionen $\alpha(E)$ für $E > 0$ zu. Wir erinnern daran (siehe § 128), daß die Funktionen $A(l, E)$ und $B(l, E)$ in (141,1) als Funktionen der komplexen Veränderlichen E in einer Ebene mit einem Schnitt längs der positiven reellen Achse definiert sind. Dementsprechend haben auch die Funktionen $l = \alpha(E)$ — die Wurzeln der Gleichung $B(l, E) = 0$ — denselben Schnitt. Am oberen bzw. am unteren Rande des Schnittes haben die Funktionen $\alpha(E)$ konjugiert komplexe Werte; dabei ist am oberen Rand $\operatorname{Im} \alpha > 0$. Wir wollen uns nicht mit dem formalen Beweis dieser Behauptung aufhalten und mehr physikalische Überlegungen anstellen, die die Ursache davon deutlich werden lassen.

Für komplexe l wird auch die Zentrifugalenergie komplex und damit auch die effektive potentielle Energie $U_l = U + l(l + 1)/2mr^2$. Wir wiederholen die Überlegungen von § 19 und erhalten jetzt statt (19,6)

$$\frac{\partial}{\partial t}|\Psi|^2 + \operatorname{div} \boldsymbol{j} = 2\,|\Psi|^2 \operatorname{Im} U_l .$$

Für $l = \alpha$, $\operatorname{Im} \alpha > 0$ haben wir auch $\operatorname{Im} U_l > 0$. Der Ausdruck auf der rechten Seite der Gleichung ist dann positiv, was gleichsam die Emission neuer Teilchen in das Feldvolumen bedeutet. Dementsprechend muß der asymptotische Ausdruck für die Wellenfunktion (der für $B = 0$ nur den ersten Summanden in (141,1) enthält) eine auslaufende Welle darstellen; das ist gerade am oberen Rande des Schnittes der Fall — vgl. den Übergang von (128,1) zu (128,3).

Da die Funktionen $\alpha(E)$ für $E > 0$ komplex sind, können sie nicht ihre „physikalischen" Werte $l = 0, 1, 2, \ldots$ annehmen. Sie können aber (in der komplexen l-Ebene) in die Nachbarschaft solcher Werte gelangen. In diesem Falle ergibt sich in der Partialwellenamplitude (zu dem betreffenden ganzzahligen Wert von l) eine Resonanz; das wollen wir jetzt zeigen.

l_0 sei ein ganzzahliger Wert, und die Funktion $\alpha(E)$ habe einen Wert in der Nähe von l_0. Ferner sei E_0 ein (positiver reeller) Energiewert, für den $\operatorname{Re} \alpha(E_0) = l_0$ ist. In der Nähe dieses Wertes haben wir dann

$$\alpha(E) \approx l_0 + i\eta + \beta(E - E_0)\,, \tag{141,12}$$

wobei $\eta = \operatorname{Im} \alpha(E_0)$ eine reelle Konstante ist. Wir wollen die Werte von $\alpha(E)$ auf dem oberen Rande des Schnittes betrachten. Nach obiger Feststellung ist dort immer $\eta > 0$ (wobei $\eta \ll 1$ ist, weil wir vorausgesetzt haben, daß α in der Nähe l_0 liegt). Wie leicht zu erkennen ist, kann man auch die Konstante β (d. h. die Ableitung $\mathrm{d}\alpha/\mathrm{d}E$ für $E = E_0$) als positive reelle Größe ansehen. Da $\alpha(E)$ beinahe reell ist, ist auch die Wellenfunktion $\chi(r; \alpha, E)$ beinahe reell. Wir vernachlässigen Größen höherer Ordnungen in η und können den Imaginärteil von χ weglassen. β ist dann positiv, weil die Integrale in der Beziehung (141,9) positiv sind.[1])

Da der Wert $l = \alpha(E)$ eine Nullstelle der Funktion $B(l, E) = 0$ ist, ist diese Funktion in der Nähe des Punktes α, E_0 proportional zu $\alpha - l$. Unter Beachtung von (141,12) bekommen wir daher

$$B(l_0, E) \approx \text{const}\,[\alpha(E - E_0) + i\eta]\,. \tag{141,13}$$

Dieser Ausdruck stimmt von der Form her genau mit (134,6) überein, wobei E_0 die Energie und $\Gamma = 2\eta/a > 0$ die Breite des quasidiskreten Niveaus sind. Verläuft eine Regge-Trajektorie (für $E > 0$) in der Nähe eines ganzzahligen Wertes von l, so entspricht dies quasistationären Zuständen des Systems. Für diese Zustände ergibt sich dasselbe Klassifizierungsprinzip wie für streng stationäre Zustände: Zu jeder Regge-Trajektorie kann eine ganze Familie diskreter und quasidiskreter Niveaus gehören.

Die Behandlung von l als komplexe Veränderliche ermöglicht, eine nützliche Integraldarstellung für die vollständige Streuamplitude (für $E > 0$) herzuleiten. Sie wird durch die Reihe (123,11) gegeben, und die fragliche Darstellung ist

$$f(\mu) = \frac{1}{2ik} \sum_{l=0}^{\infty} (2l + 1)\,[S(l, E) - 1]\, P_l(\mu)\,, \qquad \mu = \cos\theta\,. \tag{141,14}$$

Dazu muß man zunächst die Funktionen $P_l(\mu)$ nicht nur für ganzzahlige $l \geqq 0$, sondern auch für komplexe Werte von l definieren. Das kann geschehen, indem man unter $P_l(\mu)$ die Lösung der Gleichung (c, 2)

$$(1 - \mu^2)\, P_l''(\mu) - 2\mu P_l'(\mu) + l(l + 1)\, P_l(\mu) = 0 \tag{141,15}$$

mit der Randbedingung $P_l(1) = 1$ versteht. Die derart definierte Funktion $P_l(\mu)$ hat als Funktion von l für endliche Werte dieser Variablen keine Singularitäten.[2])

Man sieht leicht, daß die Reihe (141,14) gleich dem Integral

$$f(\mu) = \frac{1}{4k} \int_C \frac{2l + 1}{\sin \pi l}\,[S(l, E) - 1]\, P_l(-\mu)\, dl \tag{141,16}$$

---

[1]) Um die Struktur dieser Integrale zu klären, betrachten wir den asymptotischen Bereich $r \gg a$ (a ist die Reichweite des Feldes). Dort gilt der Ausdruck (141,1) für die Wellenfunktion. Der asymptotische Bereich liefert nur einen kleinen Beitrag zu den Integralen, wenn η klein ist; denn wenn $l = \alpha(E)$ eine Nullstelle der Funktion $B(l, E)$ ist, dann ist (infolge von (141,5)) $l = \alpha^*$ eine Nullstelle der Funktion $A(l, E)$. Deshalb sind die $A(\alpha, E)$ (und damit auch $\chi(r; \alpha, E)$ im Bereich $r \gg a$) kleine Größen $\sim \eta^{1/2}$ (siehe (134,11)). Für die Abschätzung der Integrale ist auch wesentlich, daß die Wellenfunktion am oberen Rande des Schnittes (in E) den Faktor e^{ikr} enthät: $\chi(r; \alpha, E) = A(\alpha, E)\, e^{ikr}$. Auf diesem Rande kann man E als $E + i\delta$ verstehen (mit $\delta \to +0$); dann erhält auch k einen kleinen positiven Imaginärteil, wodurch die Konvergenz der Integrale in (141,9) gesichert wird. Physikalisch hängt der kleine Beitrag zu den Integralen vom Bereich $r \gg a$ damit zusammen, daß die Energie E_0 einem quasistationären Zustand entspricht (siehe unten). Das Teilchen gelangt daher in diesen Bereich nur durch einen wenig wahrscheinlichen Zerfall des Zustandes. Der Hauptbeitrag zu den Integralen stammt vom Bereich $r \sim a$, in dem die Wellenfunktion beinahe reell ist.

[2]) Durch Vergleich von (141,15) mit der Gleichung (e,2) kann man $P_l(\mu)$ durch eine hypergeometrische Funktion ausdrücken:

$$P_l(\mu) = F\left(-l, l + 1, 1; \frac{1 - \mu}{2}\right).$$

ist. Der Integrationsweg C umgeht in negativem Sinne (im Uhrzeigersinn) alle Punkte $l = 0, 1, 2, \ldots$ auf der reellen Achse und wird im Unendlichen geschlossen:

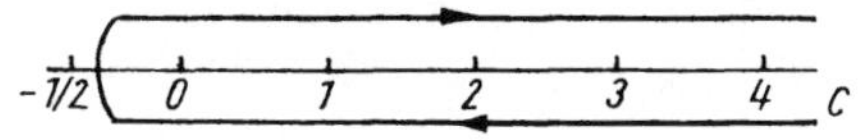

Dabei müssen alle Pole $l = \alpha_1, \alpha_2, \ldots$ der Funktion $S(l, E)$ (die für $E > 0$ nicht auf der reellen Achse liegen) außerhalb des Weges C bleiben.

Tatsächlich ist das Integral (141,16) einfach gleich der (mit $-2\pi i$ multiplizierten) Summe der Residuen des Integranden in den Punkten $l = 0, 1, 2, \ldots$ (den Polen der Funktion $1/\sin \pi l$), wobei die Residuen dieser Funktion gleich $(-1)^l/\pi$ sind. Benutzen wir noch, daß für ganzzahlige l $P_l(-\mu) = (-1)^l P_l(\mu)$ ist, so können wir (141,16) auf (141,14) zurückführen.[1]

[1]) Eine ausführlichere Darstellung des in diesem Paragraphen behandelten Problemkreises (im Rahmen der nichtrelativistischen Theorie) findet man in dem auf S. 489 zitierten Buch von de Alvaro und Regge.

XVIII INELASTISCHE STÖSSE

§ 142. Elastische Streuung bei möglichen inelastischen Prozessen

Man bezeichnet Stöße als *inelastisch*, wenn sie von einer Änderung des inneren Zustandes der stoßenden Teilchen begleitet werden. Diese Änderungen fassen wir hier im weitesten Sinne des Wortes auf, insbesondere kann sich auch die Teilchenart selbst ändern. Es kann sich also um die Anregung oder Ionisierung von Atomen handeln, um die Anregung oder den Zerfall von Kernen u. ä. Falls ein Stoß (zum Beispiel eine Kernreaktion) von verschiedenen physikalischen Prozessen begleitet werden kann, dann spricht man von verschiedenen *Reaktionskanälen*.

Inelastische Kanäle haben auch einen bestimmten Einfluß auf die elastische Streuung.

Wenn ganz allgemein verschiedene Reaktionskanäle vorhanden sind, dann ist der asymptotische Ausdruck für die Wellenfunktion eines Systems stoßender Teilchen eine Summe, in der zu jedem möglichen Kanal je ein Summand gehört. Darunter gibt es speziell auch denjenigen Summanden, der die Teilchen im unveränderten Anfangszustand beschreibt (wie man sagt, im *Eingangskanal*). Er ist ein Produkt aus den Wellenfunktionen für den inneren Zustand der Teilchen und der Funktion für die Relativbewegung (in dem Koordinatensystem, in dem der Massenmittelpunkt ruht). Gerade diese letztere Funktion interessiert uns hier. Wir bezeichnen sie mit ψ und wollen ihre asymptotische Gestalt bestimmen.

Die Wellenfunktion ψ im Eingangskanal setzt sich aus einer einlaufenden ebenen Welle und einer auslaufenden Kugelwelle, die der elastischen Streuung entspricht, zusammen. Man kann sie auch als Summe ein- und auslaufender Wellen darstellen, wie es in § 123 getan worden ist. Der Unterschied besteht darin, daß der asymptotische Ausdruck für die Radialfunktionen $R_l(r)$ nicht als stehende Welle gewählt werden kann. Eine stehende Welle ist die Summe aus einer einlaufenden und einer auslaufenden Welle mit gleichen Amplituden. Bei rein elastischer Streuung entspricht das der physikalischen Problemstellung; wenn aber inelastische Kanäle vorhanden sind, dann muß die Amplitude der auslaufenden Welle kleiner als die Amplitude der einlaufenden Welle sein. Der asymptotische Ausdruck für ψ wird daher durch Formel (123,9) gegeben:

$$\psi = \frac{1}{2ikr} \sum_{l=0}^{\infty} (2l + 1)\, P_l(\cos\theta)\, [(-1)^{l+1}\, e^{-ikr} + S_l\, e^{ikr}]\,. \tag{142,1}$$

Im Unterschied zu früher wird S_l jetzt nicht durch den Ausdruck (123,10) bestimmt. Die S_l sind hier gewisse (im allgemeinen komplexe) Größen mit Beträgen kleiner als 1. Die Amplitude für die elastische Streuung wird durch diese Größe nach Formel

(123,11) ausgedrückt:

$$f(\theta) = \frac{1}{2ik} \sum_{l=0}^{\infty} (2l + 1) (S_l - 1) P_l(\cos \theta) . \qquad (142,2)$$

Für den totalen Streuquerschnitt σ_e der elastischen Streuung erhalten wir statt (123,12) die Formel

$$\sigma_e = \frac{\pi}{k^2} \sum_{l=0}^{\infty} (2l + 1) |1 - S_l|^2. \qquad (142,3)$$

Der totale Streuquerschnitt für die inelastische Streuung oder, wie man sagt, der *Reaktionsquerschnitt* σ_r zu allen möglichen Kanälen kann ebenfalls durch die Größen S_l ausgedrückt werden. Dazu genügt es zu bemerken, daß die Intensität der auslaufenden Welle für jeden l-Wert gegenüber der Intensität der einlaufenden Welle im Verhältnis $|S_l|^2$ abgeschwächt ist. Diese Abschwächung geht ganz auf Kosten der inelastischen Streuung. Demzufolge ist

$$\sigma_r = \frac{\pi}{k^2} \sum_{l=0}^{\infty} (2l + 1) (1 - |S_l|^2) , \qquad (142,4)$$

und der totale Streuquerschnitt ist

$$\sigma_t = \sigma_e + \sigma_r = \frac{2\pi}{k^2} \sum_{l=0}^{\infty} (2l + 1) (1 - \mathrm{Re}\, S_l) . \qquad (142,5)$$

Die Partialwellenamplitude für die elastische Streuung mit dem Drehimpuls l ist

$$f_l = \frac{S_l - 1}{2ik}. \qquad (142,6)$$

Jeder Summand in (142,3), (142,4) und (142,5) ist der partielle Streuquerschnitt für die elastische, inelastische und die totale Streuung der Teilchen mit dem Drehimpuls l:

$$\begin{aligned} \sigma_e^{(l)} &= \frac{\pi}{k^2} (2l + 1) |1 - S_l|^2 , \\ \sigma_r^{(l)} &= \frac{\pi}{k^2} (2l + 1) (1 - |S_l|^2) , \qquad (142,7) \\ \sigma_t^{(l)} &= \frac{2\pi}{k^2} (2l + 1) (1 - \mathrm{Re}\, S_l) . \end{aligned}$$

Der Wert $S_l = 1$ bedeutet, daß überhaupt keine Streuung (mit dem betreffenden l) vorhanden ist. Der Fall $S_l = 0$ besagt, daß die Teilchen mit dem Drehimpuls l vollkommen „absorbiert" werden (in (142,1) gibt es keine auslaufende Partialwelle mit diesem l-Wert). Dabei sind die Streuquerschnitte für elastische und für inelastische Streuung gleich:

$$\sigma_e^{(l)} = \sigma_r^{(l)} = \frac{\pi}{k^2} (2l + 1) . \qquad (142,8)$$

Zwar kann elastische Streuung ohne inelastische Streuung vorkommen (für $|S_l| = 1$), aber das Umgekehrte ist unmöglich: Inelastische Streuung bringt unbedingt auch gleichzeitig elastische Streuung mit sich. Zu gegebenem Wert für $\sigma_r^{(l)}$ muß der partielle

Streuquerschnitt für die elastische Streuung im Intervall

$$\sqrt{\sigma_0} - \sqrt{\sigma_0 - \sigma_r^{(l)}} \leqq \sqrt{\sigma_e^{(l)}} \leqq \sqrt{\sigma_0} + \sqrt{\sigma_0 - \sigma_r^{(l)}} \tag{142,9}$$

liegen, wobei $\sigma_0 = (2l + 1)\,\pi/k^2$ ist.

Wir entnehmen den Wert für $f(\theta)$ aus (142,2) für $\theta = 0$, vergleichen mit dem Ausdruck (142,5) und erhalten die Beziehung

$$\operatorname{Im} f(0) = \frac{k}{4\pi}\sigma_t\,, \tag{142,10}$$

die eine Verallgemeinerung des früher erhaltenen optischen Theorems (125,9) ist. Hier ist $f(0)$ nach wie vor die Amplitude der elastischen Vorwärtsstreuung, aber der totale Streuquerschnitt σ_t enthält jetzt auch einen inelastischen Anteil.

Die Imaginärteile der Partialwellenamplituden f_l hängen mit den partiellen Streuquerschnitten $\sigma_t^{(l)}$ über die Beziehung

$$\operatorname{Im} f_l = \frac{k}{4\pi}\frac{\sigma_t^{(l)}}{2l+1} \tag{142,11}$$

zusammen, die unmittelbar aus (142,6) und (142,7) folgt.

Die Tatsache, daß die Koeffizienten S_l im asymptotischen Ausdruck für die Wellenfunktion betragsmäßig nicht gleich 1 sind, wirkt sich in keiner Weise auf die Schlußfolgerungen von § 128 über die singulären Punkte der elastischen Streuamplitude als Funktion des komplexen E aus. Diese Schlußfolgerungen bleiben auch bei möglichen inelastischen Prozessen gültig. Die analytischen Eigenschaften der Amplitude ändern sich aber in der Hinsicht, daß die Amplitude jetzt auf der negativen reellen Achse ($E < 0$) nicht reell ist; die Werte der Amplitude auf dem oberen Rande und dem unteren Rande des Schnittes für $E > 0$ sind nicht mehr konjugiert komplex zueinander (dementsprechend sind auch alle Werte in zur reellen Achse symmetrischen Punkten in der oberen und in der unteren Halbebene nicht mehr konjugiert komplex zueinander).

Geht man vom oberen Rande des Schnittes zum unteren über, indem man um den Punkt $E = 0$ einen vollständigen Umlauf ausführt, dann wechselt die Wurzel $\sqrt{E}$ ihr Vorzeichen, d. h., bei diesem Umlauf ändert die reelle (für $E > 0$) Größe k ihr Vorzeichen. Einlaufende und auslaufende Welle in (142,1) vertauschen dabei ihre Rollen. Dementsprechend spielt die Größe $1/S_l$ die Rolle des neuen Koeffizienten S_l; das ist das Reziproke des ursprünglichen Koeffizienten (was keineswegs gleich S_l^* ist). Die Werte der Amplituden f_l auf dem oberen und auf dem unteren Rande des Schnittes wird man natürlich mit $f_l(k)$ und $f_l(-k)$ bezeichnen (natürlich ist nur $f_l(k)$ die physikalische Amplitude). Nach (142,6) haben wir

$$f_l(k) = \frac{S_l - 1}{2ik}\,, \qquad f_l(-k) = -\frac{1/S_l - 1}{2ik}\,.$$

Wir eliminieren S_l aus diesen beiden Gleichungen und erhalten die Beziehung

$$f_l(k) - f_l(-k) = 2ikf_l(k)\,f_l(-k) \tag{142,12}$$

(ohne inelastische Prozesse wäre $f(-k) = f^*(k)$, und die Beziehungen (142,12) und (142,11) würden miteinander übereinstimmen).

Wir formen (142,12) um in

$$\frac{1}{f_l(k)} - \frac{1}{f_l(-k)} = -2ik$$

und sehen, daß die Summe $1/f_l(k) + ik$ eine gerade Funktion von k sein muß. Wir bezeichnen diese Funktion mit $g_l(k^2)$ und haben

$$f_l(k) = \frac{1}{g_l(k^2) - ik} . \tag{142,13}$$

Die gerade Funktion $g_l(k^2)$ ist aber jetzt nicht reell, wie es in (125,15) der Fall war.[1])

Geht ein Teilchenstrahl durch ein streuendes Medium aus einer Vielzahl von Streuzentren, so wird er allmählich abgeschwächt, weil daraus Teilchen verschwinden, die verschiedene Stoßprozesse erfahren. Diese Abschwächung wird allein durch die Amplitude der elastischen Vorwärtsstreuung bestimmt und kann unter bestimmten Bedingungen (siehe unten) mit folgendem formalen Vorgehen beschrieben werden.[2])

$f(0, E)$ sei die Amplitude der Vorwärtsstreuung an einem einzelnen Teilchen des Mediums. Wir wollen annehmen, daß f klein gegenüber dem mittleren Abstand $d \sim (V/N)^{1/3}$ zwischen den Teilchen ist. Man kann die Streuung an den einzelnen Teilchen getrennt behandeln. Als Hilfsgröße führen wir ein effektives Feld U_{eff} eines festen Zentrums ein; wir bestimmen U_{eff} so, daß die damit berechnete Bornsche Amplitude für die Vorwärtsstreuung gerade die tatsächliche Amplitude $f(0, E)$ ist (damit wird keinesfalls vorausgesetzt, daß die Bornsche Näherung zur Berechnung von $f(0, E)$ aus der wirklichen Wechselwirkung der Teilchen verwendet werden darf). So erhalten wir nach Definition (siehe (126,4))

$$\int U_{\text{eff}}\,\mathrm{d}V = -\frac{2\pi\hbar^2}{m} f(0, E) , \tag{142,14}$$

wobei m die Masse des gestreuten Teilchens ist. Zusammen mit der Amplitude f ist das so definierte Feld komplex. Der Zusammenhang zwischen der Reichweite a und der Größe U_{eff} ergibt sich aus der Abschätzung der beiden Seiten der Gleichung (142,14):

$$a^3 U_{\text{eff}} \sim \hbar^2 f/m . \tag{142,15}$$

Die Definition (142,14) ist natürlich nicht eindeutig. Wir stellen an sie noch die Nebenbedingung, daß für das Feld U_{eff} die Störungstheorie verwendet werden darf:

$$|U_{\text{eff}}| \ll \hbar^2/ma^2 \tag{142,16}$$

(dabei ist $|f| \ll a$). In diesem Falle kann also die Abschwächung des Strahles als Ausbreitung einer ebenen Welle in einem homogenen Medium beschrieben werden, in dem ein Teilchen die konstante potentielle Energie

$$\overline{U}_{\text{eff}} = \frac{N}{V} \int U_{\text{eff}}\,\mathrm{d}V = -\frac{N}{V}\frac{2\pi\hbar^2}{m} f(0, E) \tag{142,17}$$

---

[1]) Bei den hier angestellten Überlegungen und damit auch bei der Berechnung der Parität der Funktion g_l wird vorausgesetzt, daß die Wechselwirkung für $r \to \infty$ hinreichend schnell verschwindet, so daß in der linken E-Halbebene keine Schnitte auftreten und somit ein vollständiger Umlauf um den Punkt $E = 0$ ausgeführt werden kann.

[2]) Die im folgenden besprochenen Vorstellungen werden insbesondere zur Beschreibung der Streuung schneller Neutronen (mit einer Energie von der Größenordnung einiger Hundert MeV) an Kernen verwendet; die Wellenlänge dieser Neutronen ist so klein, daß der Kern relativ dazu als inhomogenes makroskopisches Medium angesehen werden kann.

hat. Diese Energie ergibt sich durch Mittelung der effektiven Felder aller N Teilchen des Mediums über das Volumen V. Dieser Sachverhalt wird unmittelbar evident, wenn man zunächst die Streuung an einem einzelnen Teilvolumen des Mediums behandelt, in dem sich zwar bereits viele Streuzentren befinden, aber der Effekt der Streuung noch klein ist (die Möglichkeit, solche Teilvolumina herauszugreifen, wird durch die Bedingung (142,16) gewährleistet). Die Abschwächung des Strahles beim Durchgang durch ein solches Teilvolumen wird durch die Amplitude für die Vorwärtsstreuung bestimmt, die ihrerseits in Bornscher Näherung durch das Integral über das streuende Feld über das ganze Volumen des streuenden Bereiches gegeben wird. Die für uns interessanten Streueigenschaften des Mediums werden vollständig durch das über das Volumen gemittelte Feld (142,7) bestimmt.

Der durch das Medium hindurchgehende Teilchenstrahl kann also durch eine ebene Welle $\propto e^{ikz}$ mit dem Wellenzahlvektor

$$k = \frac{1}{\hbar}\sqrt{2m(E - \overline{U}_{\text{eff}})}$$

beschrieben werden. Wir führen den Wellenzahlvektor $k_0 = \sqrt{2mE}/\hbar$ ein und schreiben k in der Form nk_0. Die Größe

$$n = \sqrt{1 - \frac{\overline{U}_{\text{eff}}}{E}} = \sqrt{1 + \frac{N}{V}\frac{2\pi\hbar^2}{mE} f(0, E)} \qquad (142{,}18)$$

spielt die Rolle des *Brechungskoeffizienten* des Mediums bezüglich des durchgehenden Teilchenstrahls. Dieser Brechungskoeffizient ist im allgemeinen komplex (die Amplitude f ist komplex), und sein Imaginärteil bestimmt die Abnahme der Intensität des Strahls. Für $E \gg |\overline{U}_{\text{eff}}|$ ergibt (142,18), wie es sein muß,

$$\operatorname{Im} n = \frac{N}{V}\frac{\pi\hbar^2}{mE}\operatorname{Im} f(0, E) = \frac{N}{V}\frac{\sigma_t}{2k},$$

σ_t ist der totale Streuquerschnitt (wir haben hier das optische Theorem (142,10) verwendet). Dieser Ausdruck entspricht einem unmittelbar evidenten Ergebnis: Die Intensität der Welle nimmt nach folgendem Gesetz ab:

$$|e^{ikz}|^2 \propto \exp\left(-\frac{N}{V}\sigma_t z\right).$$

Außer der Absorption bestimmt die komplexe Brechzahl (142,18) auch (über den Realteil) das Brechungsgesetz für den Strahl beim Eintritt und beim Austritt aus dem streuenden Medium.[1])

---

[1]) Ein interessantes Anwendungsbeispiel für die Formel (142,17) ist die Verschiebung der höheren Atomniveaus eines Alkalimetalls, das in ein Fremdgas eingebracht worden ist. In einem hoch angeregten Zustand befindet sich das Valenzelektron in einem mittleren Abstand $\bar{r}$ vom Atommittelpunkt, der groß gegenüber den Abmessungen a des Atomrumpfes sowie der neutralen Fremdatome ist. Die Fremdatome in einer Kugel mit dem Radius $\sim \bar{r}$ sind Streuzentren für das Valenzelektron und bewirken, daß dessen Energieniveaus um die Größe (142,17) verschoben werden. Da dabei die de-Broglie-Wellenlänge des angeregten Valenzelektrons ebenfalls groß gegenüber a ist, ist die Amplitude $f(0, E) \approx -\alpha$, wenn α die Streulänge ist (vgl. (132,9)). Der angegebene Effekt verursacht eine Niveauverschiebung um die konstante Größe $2\pi\hbar^2\alpha\nu/m$, wenn m die Elektronenmasse und ν die Teilchenzahldichte des Fremdgases sind (E. Fermi, 1934).

Aufgabe

Neutronen werden an einem schweren Kern gestreut, wobei die Wellenlänge der Neutronen klein gegenüber dem Kernradius a ist ($ka \gg 1$). Es wird angenommen, daß alle Neutronen, die mit einem Bahndrehimpuls $l < ka \equiv l_0$ ankommen (d. h. mit einem Stoßparameter $\varrho = \hbar l/mv = l/k < a$), vom Kern absorbiert werden; für $l > l_0$ sollen sie überhaupt nicht mit dem Kern wechselwirken. Man berechne den Streuquerschnitt für die elastische Streuung in kleine Winkel!

Lösung. Unter den angegebenen Bedingungen bewegen sich die Neutronen im wesentlichen quasiklassisch, und die elastische Streuung ist das Ergebnis einer schwachen Ablenkung, ganz analog zur Fraunhoferschen Beugung des Lichtes an einer schwarzen Kugel. Der gesuchte Streuquerschnitt kann daher unmittelbar nach der bekannten Lösung für das Beugungsproblem aufgeschrieben werden:[1])

$$d\sigma_e = \pi a^2 \frac{J_1^2(ka\theta)}{\pi\theta^2}\, do\,.$$

Dasselbe kann man auch als (142,3) erhalten. Nach unseren Voraussetzungen haben wir $S_l = 0$ für $l < l_0$ und $S_l = 1$ für $l > l_0$. Daher ist die Amplitude für die elastische Streuung

$$f(\theta) = -\frac{1}{2ik}\sum_{l=0}^{l_0}(2l+1)\,P_l(\cos\theta)\,.$$

In dieser Summe spielen die Summanden mit großen l die Hauptrolle. Dementsprechend schreiben wir $2l$ statt $2l + 1$, und für $P_l(\cos\theta)$ verwenden wir für kleine θ den Näherungsausdruck (49,6). Schließlich ersetzen wir die Summation durch eine Integration und erhalten

$$f(\theta) = \frac{i}{k}\int_0^{l_0} lJ_0(\theta l)\,dl = \frac{i}{k\theta}\,l_0J_1(\theta l_0) = \frac{ia}{\theta}\,J_1(ka\theta)\,,$$

wie es sich gehört.[2]) Der totale Streuquerschnitt ist

$$\sigma_e = \pi a^2\int_0^\infty \frac{J_1^2(ka\theta)}{\pi\theta^2}\,2\pi\theta\,d\theta = \pi a^2$$

(wegen der raschen Konvergenz des Integrales kann die Integration bis ∞ erstreckt werden). Wie es unter den gegebenen Bedingungen sein muß (vgl. (142,8)), ist er betragsmäßig gleich dem Absorptionsquerschnitt, der einfach gleich der Fläche des geometrischen Querschnittes einer Kugel ist. Der totale Streuquerschnitt ist $\sigma_t = 2\pi a^2$.

§ 143. Inelastische Streuung langsamer Teilchen

Die in § 132 wiedergegebene Behandlung der elastischen Streuung für kleine Energien kann leicht für den Fall verallgemeinert werden, daß inelastische Prozesse ablaufen können.

---

[1]) Siehe II, § 61, Aufgabe 3 (das Beugungsproblem für eine schwarze Kugel ist dem Beugungsproblem für eine kreisförmige Öffnung in einem undurchsichtigen Schirm äquivalent). Der Streuquerschnitt ergibt sich, indem man die Intensität der gebeugten Wellen durch die Stromdichte des einlaufenden Stromes dividiert.

[2]) Analog kann das Problem der Diffraktionsstreuung an einem „schwarzen" Kern für schnelle geladene Teilchen behandelt werden. Dabei muß der Randwert l_0 aus der Bedingung bestimmt werden, daß der kleinste Abstand zwischen Kern und Teilchen auf der klassischen Bahnkurve im Coulomb-Feld gerade der Kernradius ist. Für $l < l_0$ hat man nach wie vor $S_l = 0$ zu setzen, und für $l > l_0$ ist $S_l = e^{2i\delta_l}$, wenn δ_l die Streuphasen für die Coulomb-Streuung aus (135,11) sind. Siehe A. I. Achieser und I. Ja. Pomerantschuk, Einige Probleme der Kerntheorie, Moskau 1950, § 22 (russ.); J. Phys. USSR **9**, 471 (1945).

Wie früher spielt die Streuung mit $l = 0$ die Hauptrolle bei kleinen Energien. Nach den in § 132 erhaltenen Ergebnissen war das entsprechende S-Matrix-Element

$$S_0 = e^{2i\delta_0} \approx 1 + 2i\delta_0 = 1 - 2ik\alpha \,.$$

Die in § 132 benutzten Eigenschaften der Wellenfunktion ändern sich nur in der Hinsicht, daß die im Unendlichen gestellte Bedingung (die asymptotische Gestalt (142,1)) jetzt komplex ist statt der reellen stehenden Welle im Falle einer rein elastischen Streuung. In diesem Zusammenhang ist auch die Konstante $\alpha = -c_2/c_1$ komplex. Dabei ist der Betrag $|S_0|$ nicht mehr gleich 1; die Bedingung $|S_0| < 1$ besagt, daß der Imaginärteil von $\alpha = \alpha' + i\alpha''$ negativ sein muß ($\alpha'' < 0$).

Wir setzen S_0 in (142,7) ein und finden für die Streuquerschnitte von elastischer und inelastischer Streuung

$$\sigma_e = 4\pi\,|\alpha|^2\,, \tag{143,1}$$

$$\sigma_r = \frac{4\pi}{k}\,|\alpha''|\,. \tag{143,2}$$

Der Streuquerschnitt für die elastische Streuung ist also nach wie vor unabhängig von der Geschwindigkeit. Der Streuquerschnitt für die inelastischen Prozesse ist umgekehrt proportional zur Geschwindigkeit der Teilchen — sogenanntes *1/v-Gesetz* (H. A. Bethe, 1935). Demzufolge nimmt die Rolle der inelastischen Prozesse mit abnehmender Geschwindigkeit gegenüber der elastischen Streuung zu.[1])

Die Formeln (143,1) und (143,2) sind natürlich nur die ersten Glieder in der Entwicklung der Streuquerschnitte nach Potenzen von k. Es ist interessant, daß das nächste Glied in der Entwicklung in beiden Streuquerschnitten keine neuen Konstanten außer den Größen in (143,1) und (143,2) enthält (F. L. Schapiro, 1958). Dieser Sachverhalt ergibt sich deshalb, weil die Funktion $g_0(k^2)$ im Ausdruck (142,13) $f_0(k) = 1/[g_0(k^2) - ik]$ für die Partialwellenamplitude ($l = 0$) gerade ist. Für kleine k kann diese Funktion demzufolge nach geraden Potenzen von k entwickelt werden, so daß das auf $g_0 \approx -1/\alpha$ folgende Glied $\propto k^2$ ist. Vernachlässigen wir dieses Glied, so können wir trotzdem in $f_0(k)$ zwei Glieder in der Entwicklung aufschreiben: $f_0(k) \approx -\alpha(1 - ik\alpha)$. Dementsprechend kann man auch die folgenden Glieder in der Entwicklung der Streuquerschnitte beibehalten, für die man leicht folgende Ausdrücke erhält:

$$\sigma_e = 4\pi\,|\alpha|^2\,(1 - 2k\,|\alpha''|)\,, \tag{143,3}$$

$$\sigma_r = \frac{4\pi\,|\alpha''|}{k}(1 - 2k\,|\alpha''|)\,. \tag{143,4}$$

Für die erhaltenen Ergebnisse ist vorausgesetzt worden, daß die Wechselwirkung für große Abstände hinreichend schnell abnimmt. Wir haben in § 132 gesehen, daß die Amplitude für die elastische Streuung für $k \to 0$ gegen einen konstanten Grenzwert geht, wenn das Feld $U(r)$ schneller als r^{-3} verschwindet. Diese Bedingung muß auch erfüllt sein, damit das analoge Gesetz (143,1) bei möglichen inelastischen Kanälen gilt.[2])

[1]) Analog kann man die Geschwindigkeitsabhängigkeit der partiellen Reaktionsquerschnitte für von Null verschiedene Bahndrehimpulse l berechnen. Sie zeigen folgende Proportionalität: $\sigma_r^{(l)} \propto k^{2l-1}$. Der Streuquerschnitt der elastischen Streuung $\sigma_e^{(l)}$ ist nach wie vor proportional zu k^{4l}, d. h., er verschwindet für $k \to 0$ schneller als $\sigma_r^{(l)}$ zum gleichen l.

[2]) Die Formel (143,3), in der das nächste Glied in der Entwicklung nach k berücksichtigt worden ist, verlangt, daß U schneller als r^{-4} verschwindet.

Das $1/v$-Gesetz für den Reaktionsquerschnitt hat eine schwächere Bedingung als Voraussetzung: Das Feld muß schneller als r^{-2} verschwinden, was aus der folgenden anschaulichen Begründung für dieses Gesetz klar wird.

Die Wahrscheinlichkeit, daß bei einem Stoß eine Reaktion eintritt, ist proportional zum Betragsquadrat der Wellenfunktion des einlaufenden Teilchens in der „Reaktionszone" (im Bereich $r \sim a$). Physikalisch bedeutet diese Feststellung, daß zum Beispiel ein mit einem Kern zusammenstoßendes langsames Neutron nur dann eine Reaktion auslösen kann, wenn es in den Kern „eingedrungen" ist. Wenn die Wechselwirkung schneller als r^{-2} abnimmt, dann ändert sie die Größenordnung der Wellenfunktion von großen r bis $r \sim a$ nicht. Mit anderen Worten, das Verhältnis $|\psi(a)/\psi(\infty)|^2$ strebt für $k \to 0$ gegen einen endlichen Grenzwert (das ist daran zu erkennen, daß in der SCHRÖDINGER-Gleichung der Summand $U\psi$ klein gegenüber $\Delta\psi$ ist). Der Reaktionsquerschnitt ergibt sich, indem man $|\psi|^2$ durch die Stromdichte dividiert. Wir wählen ψ als ebene Welle, die auf die Stromdichte 1 normiert ist, und bekommen $|\psi|^2 \sim 1/v$, d. h. das gesuchte Ergebnis.

Beim Stoß geladener Kernteilchen wirkt neben den kurzreichweitigen Kernkräften noch das langsam abnehmende COULOMB-Feld. Dieses Feld kann den Betrag der einfallenden Welle in der Reaktionszone wesentlich verändern. Der Reaktionsquerschnitt ergibt sich, indem man $1/v$ mit dem Verhältnis der Betragsquadrate der COULOMBschen und der freien Wellenfunktion (für $r \to 0$) multipliziert. Dieses Verhältnis wird durch die Formeln (136,10) und (136,11) gegeben. Wir erhalten also (in COULOMB-Einheiten)

$$\sigma_r = \frac{2\pi A}{k^2\, |e^{\pm 2\pi/k} - 1|}. \tag{143,5}$$

Das positive Vorzeichen im Exponenten entspricht einem abstoßenden Feld und das negative einem anziehenden. Der Koeffizient A ist die Konstante im $1/v$-Gesetz. Wenn die Geschwindigkeit groß gegenüber der COULOMB-Einheit ist ($k \ll 1$), dann spielt die COULOMB-Wechselwirkung keine Rolle, und wir gelangen wieder zum Gesetz $\sigma_r = A/k$ zurück.

Falls die Geschwindigkeit klein gegenüber der COULOMB-Einheit ist ($k \ll 1$, d. h. in üblichen Einheiten $Z_1 Z_2 e^2/\hbar v \gg 1$, wenn $Z_1 e$ und $Z_2 e$ die Ladungen der stoßenden Teilchen sind), dann spielt die COULOMB-Wechselwirkung die dominierende Rolle bei der Bestimmung der Wellenfunktion in der Reaktionszone. Für den Stoß einander anziehender Teilchen haben wir dabei

$$\sigma_r = \frac{2\pi A}{k^2}, \tag{143,6}$$

und für den Stoß einander abstoßender Teilchen ist

$$\sigma_r = (2\pi A/k^2)\, e^{-2\pi/k}. \tag{143,7}$$

Im letzten Falle geht der Streuquerschnitt für $k \to 0$ gegen 0. Der Exponentialfaktor, um den sich (143,7) und (143,6) voneinander unterscheiden, ist die Wahrscheinlichkeit für den Durchgang durch die COULOMBsche Potentialbarriere. In üblichen Einheiten hat er die Gestalt $\exp(-2\pi Z_1 Z_2 e^2/\hbar v)$.

Das Gesetz (143,6) für kleine Geschwindigkeiten gilt nicht nur für den totalen Streuquerschnitt, sondern auch für die partiellen Streuquerschnitte zu den einzelnen

Drehimpulsen l.[1]) Das ist daraus zu erkennen, daß die Funktionen $\psi_k^{(+)}$ (die in den von uns verwendeten Formeln (136,10) und (136,11) vorkommen) in allen Summanden der Funktion R_{kl} in der Grenze die gleiche Abhängigkeit von k haben. Tatsächlich werden im Grenzfall $k \to 0$ die Radialfunktionen (für ein anziehendes Feld) durch die Ausdrücke (36,25) gegeben, und in der Nähe des Zentrums haben wir $R_{kl} \sim \sqrt{k} r^l$. Die Beiträge von den einzelnen Drehimpulsen zum Betragsquadrat der Wellenfunktion in der Reaktionszone sind $\sim a^{2l}/k$, d. h., sie hängen in gleicher Weise von k ab, wenn sie auch durch den kleinen Faktor $(a/a_c)^{2l}$ verkleinert werden ($a_c = \hbar^2/mZ_1Z_2e^2$ ist die Coulomb-Einheit der Länge).

§ 144. Die Streumatrix bei Reaktionen

Der in §§ 142 und 143 behandelte Streuquerschnitt σ_r war der summarische Wirkungsquerschnitt für alle möglichen inelastischen Streukanäle. Wir wollen jetzt zeigen, wie man eine allgemeine Theorie inelastischer Stöße aufbauen kann, in der jeder Kanal einzeln betrachtet werden kann.

Beim Stoß zweier Teilchen sollen wieder zwei Teilchen (dieselben oder andere) entstehen. Wir numerieren alle möglichen Reaktionskanäle (bei der gegebenen Energie) durch und werden die zugehörigen Größen mit entsprechenden Indizes versehen.

Der Kanal i sei ein Eingangskanal. Die Wellenfunktion für die Relativbewegung der stoßenden Teilchen (im Massenmittelpunktsystem) in diesem Kanal ist die von uns schon wiederholt aufgeschriebene Summe einer einlaufenden ebenen Welle und einer elastisch gestreuten auslaufenden Welle:

$$\psi_i = \exp(ik_i z) + f_{ii}(\theta) \frac{\exp(ik_i r)}{r} . \tag{144,1}$$

Das Quadrat der Amplitude f_{ii} gibt den Streuquerschnitt für die elastische Streuung im Kanal i an:

$$d\sigma_{ii} = |f_{ii}|^2 \, do . \tag{144,2}$$

In den anderen Kanälen (Index f) sind die Wellenfunktionen für die Relativbewegung der Teilchen auslaufende Wellen. Aus einem später noch zu klärenden Grunde setzt man diese Wellen zweckmäßig in der Gestalt[2])

$$\psi_f = f_{fi}(\theta) \sqrt{\frac{m_f}{m_i}} \frac{\exp(ik_f r)}{r} \tag{144,3}$$

an; $\boldsymbol{k}_f$ ist der Wellenzahlvektor der Relativbewegung der Reaktionsprodukte (im Kanal f), θ ist der Winkel zwischen $\boldsymbol{k}_f$ und der z-Achse, m_i und m_f sind die reduzierten Massen der beiden Teilchen in Anfangs- bzw. Endzustand. Der gestreute Strom in den Raumwinkel do ergibt sich, indem man das Quadrat $|\psi_f|^2$ mit $v_f r^2 \, do$ multipliziert;

---

[1]) Dasselbe gilt für das Gesetz (143,7).

[2]) Wir bezeichnen wieder (vgl. die Fußnote auf S. 143) den Anfangszustand des Systems mit dem Index i und den Endzustand mit dem Index f. In der Streuamplitude wird der Index für den Endzustand links vom Index für den Anfangszustand entsprechend der Anordnung der Indizes an den Matrixelementen angebracht. In derselben Reihenfolge werden der einheitlichen Bezeichnungsweise wegen die Indizes an den Bezeichnungen für die Streuquerschnitte angeordnet.

der zugehörige Wirkungsquerschnitt ergibt sich nach Division dieses Stromes durch die Stromdichte der einlaufenden Teilchen, die gleich v_i ist:

$$d\sigma_{fi} = |f_{fi}|^2 \frac{p_f}{p_i} do_f \tag{144,4}$$

mit den Impulsen $p_i = m_i v_i$ und $p_f = m_f v_f$.

In § 125 ist der Streuoperator $\hat{S}$ eingeführt worden, der eine einlaufende Welle in eine auslaufende überführt. Gibt es mehrere Kanäle, dann hat dieser Operator Matrixelemente für Übergänge zwischen den verschiedenen Kanälen. Die in den Kanälen „diagonalen" Elemente entsprechen der elastischen Streuung und die nicht diagonalen Elemente den verschiedenen inelastischen Prozessen. Alle diese Elemente sind noch Operatoren in den anderen Variablen. Sie werden folgendermaßen bestimmt.

Ähnlich wie in § 125 führen wir die Operatoren $\hat{f}_{ii}$ und $\hat{f}_{fi}$ ein, die mit den Amplituden f_{ii} und f_{fi} zusammenhängen, und definieren sie durch die Formel

$$\hat{S}_{fi} = \delta_{fi} + 2i\sqrt{k_i k_f}\, \hat{f}_{fi}\,. \tag{144,5}$$

Man kann leicht erkennen, daß wir gerade bei dieser Definition eine S-Matrix erhalten, die der Unitaritätsbedingung genügen muß. Um das zu erkennen, schreiben wir die Wellenfunktion im Eingangskanal als Summe einer einlaufenden und einer auslaufenden Kugelwelle auf, wie es in § 125 getan worden ist:

$$\begin{aligned}\psi_i &= F(-\boldsymbol{n}')\frac{\exp(-ik_i r)}{r\sqrt{v_i}} - (1 + 2ik_i\hat{f}_{ii})\, F(\boldsymbol{n}')\frac{\exp(ik_i r)}{r\sqrt{v_i}}\\ &= F(-\boldsymbol{n}')\frac{\exp(-ik_i r)}{r\sqrt{v_i}} - \hat{S}_{ii}F(\boldsymbol{n}')\frac{\exp(ik_i r)}{r\sqrt{v_i}}\end{aligned} \tag{144,6}$$

(hier ist aus Gründen der Zweckmäßigkeit ein zusätzlicher Faktor $v_i^{-1/2}$ gegenüber dem Ausdruck (125,3) eingeführt worden). Mit den eingeführten Bezeichnungen für die Amplituden lautet die Wellenfunktion zum Kanal f

$$\psi_f = 2ik_i\sqrt{\frac{m_f}{m_i}}\,\hat{f}_{fi}F(\boldsymbol{n}')\frac{\exp(ik_f r)}{r\sqrt{v_i}} = \hat{S}_{fi}F(\boldsymbol{n}')\frac{\exp(ik_f r)}{r\sqrt{v_f}}\,. \tag{144,7}$$

Der Strom in den einlaufenden Wellen muß gleich der Summe der Ströme in den auslaufenden Wellen in allen Kanälen sein. Diese Forderung resultiert aus der unmittelbar evidenten Bedingung, daß die Summe der Wahrscheinlichkeiten aller möglichen (elastischen und inelastischen) Prozesse, die bei dem Stoß ablaufen können, gleich 1 sein muß. Da wir in die Nenner der Kugelwellen die Faktoren $\sqrt{v}$ eingeführt haben, fällt die Geschwindigkeit aus den Stromdichten heraus. Die gestellte Bedingung bedeutet daher einfach die Forderung, daß die Normierungen der einlaufenden und aller auslaufenden Wellen gleich sind. Sie wird demzufolge nach wie vor durch die Unitaritätsbedingung für den Streuoperator ausgedrückt, der insbesondere auch bezüglich der verschiedenen Kanäle als Matrix aufgefaßt wird. Für die Operatoren $\hat{f}_{fi}$ bedeutet diese Bedingung die Gleichung

$$\hat{f}_{fi} - \hat{f}_{if}^{+} = 2i\sum_n k_n \hat{f}_{fn}\hat{f}_{in}^{+} \tag{144,8}$$

analog zu (125,7). Das Symbol + bedeutet hier, daß in allen anderen (als in den Indizes für die verschiedenen Kanäle) Matrixindizes zu transponieren und das konjugiert Komplexe zu bilden ist.

Die S-Matrix ist in Zuständen mit bestimmten Werten für den Betrag des Bahndrehimpulses l diagonal. Die zugehörigen Matrixelemente werden wir mit dem Index (l) versehen. Wenden wir die Operatoren $\hat{f}_{ii}$ und $\hat{f}_{fi}$ auf die Funktion (125,17) an, so erhalten wir die Amplituden für die elastischen und für die inelastischen Prozesse in der Gestalt

$$\begin{aligned} f_{ii} &= \frac{1}{2ik_i} \sum_{l=0}^{\infty} (2l+1)\,(S_{ii}^{(l)} - 1)\, P_l(\cos\theta)\,, \\ f_{fi} &= \frac{1}{2i\sqrt{k_i k_f}} \sum_{l=0}^{\infty} (2l+1)\, S_{fi}^{(l)} P_l(\cos\theta)\,. \end{aligned} \qquad (144,9)$$

Die entsprechenden integralen Streuquerschnitte sind

$$\sigma_{ii} = \frac{\pi}{k_i^2} \sum_{l=0}^{\infty} (2l+1)\,|1 - S_{ii}^{(l)}|^2\,, \qquad \sigma_{fi} = \frac{\pi}{k_i^2} \sum_{l=0}^{\infty} (2l+1)\,|S_{fi}^{(l)}|^2\,. \qquad (144,10)$$

Die erste Formel stimmt mit (142,3) überein. Der totale Reaktionsquerschnitt σ_r (für den Eingangskanal i) ist die Summe $\sigma_r = \sum_f' \sigma_{fi}$ über alle $f \neq i$. Wegen der Unitarität der S-Matrix haben wir $\sum_f' |S_{fi}|^2 = 1 - |S_{ii}|^2$, und wir erhalten wiederum die Formel (142,4) für σ_r.

Die Symmetrie des Streuprozesses bei Zeitumkehr (Reziprozitätstheorem) wird durch die Gleichung

$$\hat{S}_{fi} = \hat{S}_{i^*f^*} \qquad (144,11)$$

ausgedrückt, oder, was dasselbe ist, durch

$$\hat{f}_f = \hat{f}_{i^*f^*}\,. \qquad (144,12)$$

Hier bedeuten i^* und f^* Zustände, die sich von i und f dadurch unterscheiden, daß die Vorzeichen der Impulse und der Spinprojektionen der Teilchen entgegengesetzt sind.[1]) Wir werden sie als bezüglich der Zeitumkehr zu i und f konjugierte Zustände bezeichnen. Die Beziehungen (144,11) und (144,12) verallgemeinern die Formeln (125,11) und (125,12), die für die elastische Streuung gelten.[2])

Die Gleichung (144,12) ergibt folgende Beziehung für die Reaktionsquerschnitte:

$$d\sigma_{fi}/p_f^2\, do_f = d\sigma_{i^*f^*}/p_i^2\, do_{i^*}\,. \qquad (144,13)$$

Diese Beziehung wird als *Prinzip des detaillierten Gleichgewichtes* bezeichnet.

Wie in § 126 erwähnt worden ist, gibt es außer dem Reziprozitätstheorem noch eine weitere Beziehung zwischen den Amplituden für den direkten und den inversen (im eigentlichen Sinne des Wortes) Prozeß, für $i \to f$ und $f \to i$, falls die Störungstheorie in erster Näherung anwendbar ist. Diese Eigenschaft wird durch die Gleichung $f_{fi} = f_{if}^*$ ausgedrückt; sie gilt (in der gleichen Näherung) auch für inelastische Prozesse. Zwischen den zugehörigen Streuquerschnitten besteht die Beziehung

$$d\sigma_{fi}/p_f^2\, do_f = d\sigma_{if}/p_i^2\, do_i\,. \qquad (144,14)$$

---

[1]) Für komplizierte Teilchen (Atom, Atomkern) hat man unter „Spin" hier den gesamten Eigendrehimpuls zu verstehen, zu dem sowohl die Spins als auch die Bahndrehimpulse der inneren Bewegung der Bestandteile beitragen können.

[2]) Wir sehen hier von dem Faktor -1 ab, der für Stöße von Teilchen mit Spin auftreten kann (vgl. (140,11)). Dieser Sachverhalt wirkt sich natürlich nicht auf die Beziehung (144,13) für die Streuquerschnitte aus.

Der Unterschied zwischen den Übergängen $i \to f$ und $i^* \to f^*$ verschwindet, wenn man die integralen Streuquerschnitte betrachtet, die über alle Richtungen von $\boldsymbol{p}_f$ integriert, über alle Spinrichtungen s_{1f} und s_{2f} der Teilchen im Endzustand summiert und über die Richtungen der Impulse $\boldsymbol{p}_i$ und der Spins s_{1i} und s_{2i} der Teilchen im Anfangszustand gemittelt worden sind. Wir bezeichnen diesen Streuquerschnitt mit $\bar{\sigma}_{fi}$ und haben

$$\bar{\sigma}_{fi} = \frac{1}{4\pi(2s_{1i}+1)(2s_{2i}+1)} \sum_{(m_s)} \int \mathrm{d}\sigma_{fi}\, \mathrm{d}o_i\,.$$

Die Summe wird über die Spinprojektionen aller Teilchen erstreckt. Der Vorfaktor hängt damit zusammen, daß in den Größen für die Teilchen im Anfangszustand nicht zu summieren, sondern zu mitteln ist. Wir schreiben (144,13) in der Form

$$p_i^2\, \mathrm{d}\sigma_{fi}\, \mathrm{d}o_{i^*} = p_f^2\, \mathrm{d}\sigma_{i^*f^*}\, \mathrm{d}o_f$$

und führen die angegebenen Operationen aus, so erhalten wir die gesuchte Beziehung

$$g_i p_i^2 \bar{\sigma}_{fi} = g_f p_f^2 \bar{\sigma}_{if}\,. \tag{144,15}$$

Mit g_i und g_f haben wir hier die Größen

$$g_i = (2s_{1i}+1)(2s_{2i}+1)\,, \quad g_f = (2s_{1f}+1)(2s_{2f}+1) \tag{144,16}$$

bezeichnet, die die Zahl der möglichen Spinorientierungen der Teilchenpaare in Anfangs- bzw. Endzustand angeben. Diese Zahlen werden als die *statistischen Gewichte* der Zustände i und f bezeichnet.

Schließlich erwähnen wir noch die folgende Eigenschaft der Amplituden f_{fi}. Wir haben im vorhergehenden Paragraphen gesehen, daß sich der Reaktionsquerschnitt für $p_i \to 0$ wie $\sigma_{fi} \propto 1/p_i$ verhält (wenn die Wechselwirkung für große Entfernungen rasch genug abklingt). Nach Formel (144,4) bedeutet das $f_{fi} \to \mathrm{const}$ für $p_i \to 0$. Infolge der Symmetrie (144,12) ergibt sich hieraus, daß f_{fi} auch für $p_f \to 0$ gegen einen konstanten Grenzwert strebt. Wir werden auf diese Eigenschaft in § 147 noch zurückkommen.

§ 145. Die Breit-Wigner-Formel

In § 134 ist der Begriff der quasistationären Zustände eingeführt worden. Es handelt sich dabei um Zustände mit einer endlichen, aber relativ großen Lebensdauer. Im Bereich der Kernreaktionen bei nicht zu großen Energien, die über die Bildung eines *Compound-Kernes* verlaufen, haben wir es mit einer großen Kategorie derartiger Zustände zu tun.[1])

Man macht sich für die dabei ablaufenden Prozesse folgendes anschauliche physikalische Bild. Das auf den Kern einfallende Teilchen wechselwirkt mit den Nukleonen des Kernes und wird dabei in den Kern „eingebaut", so daß ein zusammengesetztes System gebildet wird, in dem die von dem Teilchen eingebrachte Energie auf viele Nukleonen verteilt wird. Die Resonanzenergien entsprechen den quasidiskreten Niveaus dieses zusammengesetzten Systems. Die (gegenüber den charakteristischen Zeiten für die Nukleonenbewegung im Kern) große Lebensdauer der quasistationären Zustände hängt damit zusammen, daß die Energie während der meisten Zeit auf

[1]) Der Begriff des Compound-Kernes ist von N. Bohr (1936) eingeführt worden.

viele Teilchen verteilt ist, so daß ein einzelnes Teilchen nicht die notwendige Energie besitzt, um gegen die Anziehung durch die übrigen Teilchen aus dem Kern herauszufliegen. Nur relativ selten wird auf ein Teilchen die dafür erforderliche Energie konzentriert. Der Compound-Kern kann dabei auf verschiedene Arten zerfallen, die den verschiedenen möglichen Reaktionskanälen entsprechen.[1]

Die beschriebene Natur dieser Stöße erlaubt folgende Behauptung: Die Möglichkeit inelastischer Prozesse wirkt sich nicht auf die Amplitude der Potentialstreuung in der elastischen Streuamplitude aus, die nicht mit den Eigenschaften des Compound-Kernes zusammenhängt (siehe § 134). Die inelastischen Prozesse verändern nur den Resonanzanteil in der elastischen Streuamplitude. Aus dem gleichen Grunde haben die Amplituden für die Prozesse der inelastischen Streuung, die über die Bildung des Compound-Kernes verlaufen, reinen Resonanzcharakter. Dabei behalten die Resonanznenner aller Amplituden, die mit dem Verschwinden des Koeffizienten der einlaufenden Welle für $E = E_0 - i\Gamma/2$ zusammenhängen, ihre frühere Gestalt $(E - E_0 + i\Gamma/2)$. Γ gibt nach wie vor die gesamte Zerfallswahrscheinlichkeit eines (beliebigen) gegebenen quasistationären Zustandes des Compound-Kernes an.

Zusammen mit der Unitaritätsbedingung, die die Streuamplituden erfüllen müssen, reichen diese Überlegungen aus, um die Gestalt der Streuamplituden zu bestimmen.

Die Rechnung wird zweckmäßig in symmetrischer Form durchgeführt. Dabei werden alle möglichen Zerfallskanäle des Compound-Kernes durchnumeriert, ohne von vornherein festzulegen, welcher Kanal für die betreffende Reaktion der Eingangskanal sein wird (die Indizes zur Bezeichnung der verschiedenen Kanäle sind die Buchstaben a, b, c, ...). Ferner werden wir diejenigen Partialwellen betrachten, die dem l-Wert des betreffenden quasistationären Zustandes entsprechen.[2] Nach dem Obigen werden wir diese Amplituden in der Form

$$f_{ab}^{(l)} = \frac{1}{2ik_a}\left(e^{2i\delta_a} - 1\right)\delta_{ab} - \frac{1}{2\sqrt{k_a k_b}}\, e^{i(\delta_a+\delta_b)}\, \frac{\Gamma M_{ab}}{E - E_0 + \frac{1}{2}i\Gamma} \tag{145,1}$$

ansetzen (wir lassen den Index l an den Konstanten δ_a und M_{ab} zur Vereinfachung der Schreibweise weg). Der erste Summand tritt nur für $a = b$ auf; er gibt die Amplitude der Potentialstreuung in der elastischen Streuung im Kanal a an (die Konstanten δ_a sind die in Formel (134,12) auftretenden Streuphasen $\delta_l^{(0)}$). Der zweite Summand in (145,1) entspricht den Resonanzprozessen. Der Koeffizient beim Resonanzfaktor in diesem Summanden ist so gewählt worden, um die Verwendung der Unitaritätsbedingung zu vereinfachen (siehe unten).

Wir wollen die Streuung bei gegebenem Wert für den Betrag des Bahndrehimpulses behandeln, d. h., diese Größe wechselt bei einer Zeitumkehr ihr Vorzeichen nicht. Deshalb besagt das Reziprozitätstheorem (die Symmetrie bei Zeitumkehr) einfach, daß die Amplituden $f_{ab}^{(l)}$ in den Indizes a und b symmetrisch sind. Hieraus folgt, daß auch die Koeffizienten M_{ab} symmetrisch sein müssen ($M_{ab} = M_{ba}$).

---

[1]) Zu den konkurrierenden Prozessen gehört auch der Strahlungseinfang des einlaufenden Teilchens, bei dem der angeregte Compound-Kern unter Emission eines γ-Quants in den Grundzustand übergeht. Dieser Prozeß ist ebenfalls „langsam", weil die Wahrscheinlichkeit für einen Strahlungsübergang relativ klein ist.

[2]) Wir werden zunächst von den Komplikationen infolge der Spins der am Prozeß beteiligten Teilchen absehen.

Die Unitaritätsbedingung für die Amplituden $f_{ab}^{(l)}$ lautet

$$\operatorname{Im} f_{ab}^{(l)} = \sum_c k_c f_{ac}^{(l)} f_{bc}^{(l)*} \qquad (145,2)$$

(vgl. (144,8)). Wir setzen hier den Ausdruck (145,1) ein und erhalten nach einer einfachen Rechnung

$$\frac{M_{ab}^*}{E - E_0 - \frac{1}{2} i\Gamma} - \frac{M_{ab}}{E - E_0 + \frac{1}{2} i\Gamma} = \frac{i\Gamma \sum\limits_c M_{ac} M_{bc}^*}{(E - E_0)^2 + \frac{1}{4}\Gamma^2} .$$

Damit diese Gleichung für beliebiges E identisch erfüllt ist, muß vor allem $M_{ab} = M_{ab}^*$ gelten, d. h., die Größen M_{ab} sind reell. Anschließend finden wir

$$M_{ab} = \sum_c M_{ac} M_{bc} , \qquad (145,3)$$

d. h., die Koeffizientenmatrix M_{ab} ist gleich ihrem Quadrat.

Die symmetrische reelle Matrix M_{ab} kann durch eine geeignete lineare orthogonale Transformation $\hat{U}$ auf Diagonalform gebracht werden. Wir bezeichnen die Diagonalelemente (die Eigenwerte) der Matrix mit $M^{(\alpha)}$ und schreiben diese Transformation in der Form

$$\sum_{a,b} U_{\alpha a} U_{\beta b} M_{ab} = M^{(\alpha)} \delta_{\alpha\beta} ,$$

wobei die Transformationskoeffizienten die Orthogonalitätsrelationen

$$\sum_c U_{\alpha c} U_{\beta c} = \delta_{\alpha\beta} \qquad (145,4)$$

erfüllen. Umgekehrt gilt

$$M_{ab} = \sum_\alpha U_{\alpha a} U_{\alpha b} M^{(\alpha)} . \qquad (145,5)$$

Die Beziehungen (145,3) ergeben für die Eigenwerte $M^{(\alpha)}$ die Bedingungen $M^{(\alpha)} = (M^{(\alpha)})^2$. Hieraus folgt, daß diese Werte nur 0 oder 1 sein können. Wenn von allen $M^{(\alpha)}$ nur eines von Null verschieden ist (es sei $M^{(1)} = 1$), dann bekommen wir aus (145,5)

$$M_{ab} = U_{1a} U_{1b} , \qquad (145,6)$$

d. h., alle Matrixelemente M_{ab} werden durch die Größen U_{1a} ($a = 1, 2, \ldots$) ausgedrückt. Falls mehrere Werte $M^{(\alpha)}$ von Null verschieden sind, werden die Elemente M_{ab} als Summen von Gliedern dargestellt, die durch die verschiedenen Sätze von Größen $U_{1a}, U_{2a}, \ldots$ ausgedrückt werden; zwischen diesen Größen bestehen die Orthogonalitätsrelationen, ansonsten sind sie voneinander unabhängig. Dieser Fall würde einer zufälligen Entartung entsprechen, bei der zu einem quasidiskreten Energieniveau mehrere quasistationäre Zustände des Compound-Kernes gehören.[1]) Wir sehen von diesen uninteressanten Fällen ab, d. h., wir betrachten nicht entartete Niveaus. Dann gelangen wir zu dem Schluß, daß die Matrixelemente M_{ab} Produkte von Größen sind, von denen jede nur jeweils vom Index eines Kanals abhängt.

---

[1]) Das ist in dem Falle besonders klar zu erkennen, wenn alle $M^{(\alpha)} = 1$ sind. Aus (145,4) und (145,5) folgt dann, daß auch $M_{ab} = \delta_{ab}$ ist, d. h., es gibt überhaupt keine Übergänge zwischen den verschiedenen Kanälen. Mit anderen Worten, dieser Fall würde einigen unabhängigen quasidiskreten Zuständen entsprechen, von denen jeder bei der elastischen Streuung in einem Kanal realisiert wird.

Wir führen die Bezeichnung

$$|U_{1a}| = \sqrt{\frac{\Gamma_a}{\Gamma}}$$

ein und formen die Beziehung (145,6) um in

$$M_{ab} = \pm \frac{\sqrt{\Gamma_a \Gamma_b}}{\Gamma} \tag{145,7}$$

(das Vorzeichen von M_{ab} hängt von den Vorzeichen von U_{1a} und U_{1b} ab und bleibt unbestimmt). Wegen der Gleichung $\sum U_{1c} U_{1c} = 1$ erfüllen die so eingeführten Größen Γ_a die Beziehung

$$\sum_a \Gamma_a = \Gamma \,. \tag{145,8}$$

Man bezeichnet sie als die *partiellen Breiten* der verschiedenen Kanäle. Die Formeln (145,1), (145,7) und (145,8) bestimmen die allgemeine Gestalt der Streuamplituden.

Wir schreiben jetzt die endgültigen Formeln um, indem wir einen Kanal als Eingangskanal festlegen.[1]) Die partielle Breite dieses Kanales bezeichnen wir als Γ_e (*elastische Breite*) und die Breiten zu den verschiedenen Reaktionen als Γ_{r_1}, Γ_{r_2}, ... Die vollständige Amplitude für die elastische Streuung ist

$$f_e(\theta) = f^{(0)}(\theta) - \frac{2l+1}{2k} \frac{\Gamma_e}{E - E_0 + \frac{1}{2} i\Gamma} e^{2i\delta_l^{(0)}} P_l(\cos\theta) \,, \tag{145,9}$$

k ist der Wellenzahlvektor des einlaufenden Teilchens, $f^{(0)}$ ist die Amplitude der Potentialstreuung. Diese Formel unterscheidet sich vom Ausdruck (134,12) dadurch, daß Γ im Zähler des Resonanzgliedes durch die kleinere Größe Γ_e ersetzt worden ist.

Die Amplituden für die inelastischen Prozesse sind, wie bereits erwähnt worden ist, reine Resonanzterme. Die differentiellen Reaktionsquerschnitte sind

$$d\sigma_{r_a} = \frac{(2l+1)^2}{4k^2} \frac{\Gamma_e \Gamma_{r_a}}{(E-E_0)^2 + \frac{1}{4}\Gamma^2} [P_l(\cos\theta)]^2 do, \tag{145,10}$$

und die integralen Reaktionsquerschnitte sind

$$\sigma_{r_a} = (2l+1) \frac{\pi}{k^2} \frac{\Gamma_e \Gamma_{r_a}}{(E-E_0)^2 + \frac{1}{4}\Gamma^2} \,. \tag{145,11}$$

Der gesamte Reaktionsquerschnitt für alle möglichen inelastischen Prozesse ist

$$\sigma_r = (2l+1) \frac{\pi}{k^2} \frac{\Gamma_e \Gamma_r}{(E-E_0)^2 + \frac{1}{4}\Gamma^2} \,, \tag{145,12}$$

wobei $\Gamma_r = \Gamma - \Gamma_e$ die gesamte „inelastische Breite" des Niveaus ist.

Es ist auch der Wert des Reaktionsquerschnittes, der über den Energiebereich um den Resonanzwert $E = E_0$ integriert ist, von Interesse. Da σ_r mit zunehmender Entfernung von der Resonanz rasch abfällt, kann die Integration über $E - E_0$ von $-\infty$ bis ∞ erstreckt werden, und wir erhalten

$$\int \sigma_r \, dE = (2l+1) \frac{2\pi^2}{k^2} \frac{\Gamma_e \Gamma_r}{\Gamma} \,. \tag{145,13}$$

Bei der Streuung langsamer Neutronen (Wellenlänge groß gegenüber den Kernabmessungen) ist nur die s-Streuung wesentlich, und die Amplitude der Potential-

[1]) Diese Formeln sind erstmalig von G. Breit und E. Wigner (1936) erhalten worden.

streuung ist einfach eine reelle Konstante $-\alpha$. Statt (134,14) haben wir jetzt

$$f_e = -\alpha - \frac{\Gamma_e}{2k(E - E_0 + \frac{1}{2}i\Gamma)} . \tag{145,14}$$

Der totale Streuquerschnitt der elastischen Streuung ist

$$\sigma_e = 4\pi\alpha^2 + \frac{\pi}{k^2}\frac{\Gamma_e^2 + 4\alpha k\Gamma_e(E - E_0)}{(E - E_0)^2 + \frac{1}{4}\Gamma^2} . \tag{145,15}$$

Der Summand $4\pi\alpha^2$ kann als Streuquerschnitt der Potentialstreuung bezeichnet werden. Wir sehen, daß es im Resonanzbereich eine Interferenz von Potential- und Resonanzstreuung gibt. Nur in unmittelbarer Nähe des Niveaus ($E - E_0 \sim \Gamma$) kann es möglich sein, die Amplitude α zu vernachlässigen (wir erinnern daran, daß $|\alpha k| \ll 1$ ist), und dann erhält die Formel für den Streuquerschnitt der elastischen Streuung langsamer Neutronen die Gestalt

$$\sigma_e = \frac{\pi}{k^2}\frac{\Gamma_e^2}{(E - E_0)^2 + \frac{1}{4}\Gamma^2} . \tag{145,16}$$

Der totale Streuquerschnitt für elastische und inelastische Streuung ist dabei gleich

$$\sigma_t = \sigma_e + \sigma_r = \frac{\pi}{k^2}\frac{\Gamma_e\Gamma}{(E - E_0)^2 + \frac{1}{4}\Gamma^2} . \tag{145,17}$$

Falls man die Potentialstreuung vernachlässigen darf, kann man die Streuquerschnitte σ_e und σ_{r_a} folgendermaßen darstellen:

$$\sigma_e = \sigma_t \frac{\Gamma_e}{\Gamma}, \qquad \sigma_{r_a} = \sigma_t \frac{\Gamma_{r_a}}{\Gamma} .$$

Die Größe σ_t — die Summe der Streuquerschnitte für alle möglichen Resonanzprozesse — kann dabei als Wirkungsquerschnitt für die Bildung des Compound-Kernes angesehen werden. Die Streuquerschnitte für die verschiedenen elastischen und inelastischen Prozesse ergeben sich durch Multiplikation von σ_t mit den relativen Wahrscheinlichkeiten für die betreffenden Zerfälle des Compound-Kernes, die durch die Verhältnisse der zugehörigen partiellen Breiten zur Gesamtbreite des Niveaus gegeben werden. Wir können die Streuquerschnitte in dieser Weise darstellen, weil die Koeffizienten M_{ab} in den Zählern der Streuamplituden faktorisiert sind (in einzelne Faktoren zerfallen). Diese Darstellung entspricht dem physikalischen Bild des Stoßprozesses, den man sich in zwei Stadien vorstellt: Bildung des Compound-Kernes in einem bestimmten quasistationären Zustand und Zerfall desselben in diesem oder jenem Kanal.[1])

Wie bereits in § 134 erwähnt worden ist, wird die Brauchbarkeit der betrachteten Formeln nur durch die Forderung eingeschränkt, daß die Differenz $|E - E_0|$ klein gegenüber dem Abstand D zwischen benachbarten quasidiskreten Niveaus des Compound-Kernes (mit gleichen Werten des Drehimpulses) ist. Dort ist aber gesagt worden, daß diese Formeln in dieser Gestalt den Grenzübergang $E \to 0$ nicht zulassen.

---

[1]) Wir haben oben alle Rechnungen durchgeführt für Reaktionen der Gestalt $a + X = b + Y$, bei denen aus den beiden Teilchen im Anfangszustand (Kern + einlaufendes Teilchen) wieder zwei Teilchen entstehen. Diese Voraussetzung ist aber nicht von grundlegender Bedeutung, was aus der physikalischen Natur der erhaltenen Ergebnisse zu ersehen ist. Die Formeln der Gestalt (145,11) für die integralen Reaktionsquerschnitte gelten auch für Reaktionen, bei denen mehr als ein Teilchen aus dem Kern herausgeschlagen wird.

Das Problem dieses Grenzüberganges ergibt sich, wenn der Wert $E = 0$ im Resonanzbereich liegt. In diesem Falle müssen die Formeln abgeändert werden, indem man die Energie E_0 durch eine damit zusammenhängende Konstante ε_0 und die elastische Breite Γ_e durch $\gamma_e \sqrt{E}$ ersetzt; die inelastische Breite Γ_r muß nach wie vor als Konstante angesehen werden (H. A. BETHE, G. PLACZEK, 1937).[1]) Nach dieser Substitution wird der elastische Streuquerschnitt (145,12) für $E \to 0$ wie $1/\sqrt{E}$ anwachsen, in Übereinstimmung mit der allgemeinen Theorie der inelastischen Streuung langsamer Teilchen (§ 143).

Berücksichtigt man die Spins der stoßenden Teilchen, so erhält man im allgemeinen recht umfangreiche Formeln. Wir beschränken uns auf den einfachsten, aber wichtigen Fall der Streuung langsamer Neutronen, bei dem an der Streuung nur Bahndrehimpulse $l = 0$ beteiligt sind. Der Spin des Compound-Kernes ergibt sich dabei, indem man den Spin i des Target-Kernes und den Spin $s = 1/2$ des Neutrons addiert, d. h., er kann die Werte $j = i \pm 1/2$ haben (wir setzen $i \neq 0$ voraus; denn anderenfalls werden die Formeln überhaupt nicht verändert). Jedes quasidiskrete Niveau des Compound-Kernes gehört zu einem bestimmten Wert von j. Der Reaktionsquerschnitt ergibt sich daher, indem man den Ausdruck (145,12) (mit $l = 0$) mit der Wahrscheinlichkeit $g(j)$ multipliziert, daß das System Kern + Neutron den erforderlichen Wert j hat — den j-Wert, für den das Resonanzniveau vorhanden ist.

Wir wollen annehmen, die Spins von Neutronen und Targetkernen seien stochastisch orientiert. Es gibt insgesamt $(2i + 1)(2s + 1) = 2(2i + 1)$ mögliche Orientierungen für das Spinpaar i und s. Davon gehören $2j + 1$ Orientierungen zu dem betreffenden Wert j für den resultierenden Drehimpuls. Wir sehen alle Orientierungen als gleich wahrscheinlich an und finden für die Wahrscheinlichkeit des betreffenden Wertes j

$$g(j) = \frac{2j + 1}{2(2i + 1)}. \qquad (145,18)$$

Analog muß die Formel für den elastischen Streuquerschnitt abgeändert werden. Dabei ist zu beachten, daß an der Potentialstreuung beide j-Werte beteiligt sind. Deshalb muß der Faktor $g(j)$ (mit dem zum Resonanzniveau gehörigen j) in den zweiten Summanden in (145,15) eingeführt werden, und der Summand $4\pi\alpha^2$ muß durch die Summe $\sum_j g(j) \cdot 4\pi\alpha^{(j)2}$ ersetzt werden.

Da die Resonanzreaktionen über die Bildung eines Compound-Kernes in einem bestimmten quasistationären Zustand verlaufen, kann man einige allgemeine Überlegungen über die Winkelverteilungen der betreffenden Reaktionsprodukte anstellen. Jeder quasistationäre Zustand hat neben anderen charakteristischen Eigenschaften eine bestimmte Parität. Die gleiche Parität muß daher auch das System der Teilchen $(b + Y)$ haben, die beim Zerfall des Compound-Kernes gebildet werden. Die Wellenfunktion dieses Systems und damit auch die Reaktionsamplituden können bei einer Inversion des Koordinatensystems nur mit ± 1 multipliziert werden. Die Quadrate der Amplituden, d. h. die Streuquerschnitte, bleiben dabei folglich unverändert. Eine

---

[1]) Es ist wesentlich, daß für die bei kleinen Energien möglichen inelastischen Prozesse (zum Beispiel für den Strahlungseinfang) der Wert $E = 0$ kein Schwellenwert ist. Für die partiellen Breiten Γ_{ra} wäre eine Substitution analog zu der für Γ_e angegebenen Substitution für Energien in der Nähe der betreffenden Reaktionsschwelle erforderlich, unterhalb der diese Reaktion ganz unmöglich ist.

Koordinateninversion bedeutet (im Massenmittelpunktsystem der Teilchen) die Substitution $\theta \to \pi - \theta$, $\varphi \to \pi + \varphi$ für Polarwinkel und Azimut der Streurichtung. Die Winkelverteilung der Reaktionsprodukte muß demzufolge gegenüber dieser Substitution invariant sein. Insbesondere hängt der Streuquerschnitt nach Mittelung über die Spinrichtungen aller an der Reaktion beteiligten Teilchen allein vom Streuwinkel θ ab. Die Verteilung in diesem Winkel muß symmetrisch gegenüber der Substitution $\theta \to \pi - \theta$ sein, d. h., die Winkelverteilung ist (im Massenmittelpunktsystem) symmetrisch zu der Ebene senkrecht zur Richtung der stoßenden Teilchen.[1])

Wegen der großen Zahl dicht angeordneter Niveaus des Compound-Kernes ist die detaillierte Energieabhängigkeit der Streuquerschnitte der verschiedenen Streuprozesse sehr kompliziert. Diese komplizierte Energieabhängigkeit erschwert insbesondere die Beobachtung irgendwelcher systematischer Änderungen in den Eigenschaften der Streuquerschnitte beim Übergang von einem Kern zu einem anderen. In diesem Zusammenhang ist es sinnvoll, das Verhalten der Streuquerschnitte ohne die Details der Resonanzstruktur zu betrachten und die Streuquerschnitte über Energieintervalle groß gegenüber den Abständen zwischen den Niveaus zu mitteln. Bei dieser Betrachtungsweise verzichten wir auch auf die Unterscheidung zwischen den verschiedenen Arten von inelastischen Prozessen, und wir teilen die ganze Streuung nur in „elastische" und „inelastische" Streuung ein — der Sinn dieser Einteilung wird später noch erläutert werden.[2])

Wir wollen den Sinn der durchzuführenden Mittelungen erklären. Dabei sehen wir wieder von den Komplikationen infolge der Spins ab und behandeln den partiellen Streuquerschnitt mit $l = 0$.

Nach den Formeln (142,7) sind

$$\sigma_e = \frac{\pi}{k^2}|S - 1|^2\,, \qquad \sigma_r = \frac{\pi}{k^2}(1 - |S|^2)\,, \qquad \sigma_t = \frac{\pi}{k^2}2(1 - \operatorname{Re} S)\,. \tag{145,19}$$

Die Streuquerschnitte für elastische und inelastische Streuung und damit auch der totale Streuquerschnitt werden also nur durch die eine Größe S ausgedrückt (wir lassen die Indizes (0) der Kürze halber weg). Bei der Mittelung über das Energieintervall ist der von S linear abhängige totale Streuquerschnitt folgendermaßen durch den Mittelwert von S auszudrücken:

$$\bar{\sigma}_t = \frac{\pi}{k^2}2(1 - \operatorname{Re}\bar{S}) \tag{145,20}$$

(den langsam veränderlichen Faktor k^{-2} lassen wir von der Mittelung unbeeinflußt). Als „elastischen" Streuquerschnitt in dem gemittelten Bild führen wir die Größe

$$\bar{\sigma}_e^{\text{opt}} = \frac{\pi}{k^2}|\bar{S} - 1|^2 \tag{145,21}$$

ein, die im allgemeinen nicht gleich dem Mittelwert $\bar{\sigma}_e$ ist. Mit anderen Worten, wir definieren die elastische Streuung, indem wir zuerst die Amplitude in der auslaufenden

---

[1]) Für Teilchen ohne Spin wäre der differentielle Reaktionsquerschnitt einfach zu $[P_l(\cos\theta)]^2$ proportional, und die angegebene Symmetrie wäre unmittelbar evident.

[2]) Das im folgenden dargestellte Mittelungsverfahren (für den Übergang zum sogenannten optischen Modell für die Kernstreuung) ist von V. F. WEISSKOPF, C. E. PORTER und H. FESHBACH (1954) vorgeschlagen worden.

Welle Se^{ikr}/r mitteln. Bei dieser Definition läßt die elastische Streuung die Gestalt eines Wellenpaketes unverändert. Man kann sagen, der Streuquerschnitt (145,21) beziehe sich auf den „kohärenten" Anteil der Streuung. Aus der elastischen Streuung wird also derjenige Teil ausgeschlossen, der über die Bildung des Compound-Kernes realisiert wird; denn bei der Entstehung eines langlebigen Compound-Kernes und dessen anschließenden Zerfall geht natürlich die spezifische Eigenart des einfallenden Wellenpaketes verloren. Den „inelastischen" Streuquerschnitt definieren wir im gemittelten Modell jetzt natürlicherweise als Differenz $\overline{\sigma}_a^{\text{opt}} = \overline{\sigma}_t - \overline{\sigma}_e^{\text{opt}}$, d. h.

$$\overline{\sigma}_a^{\text{opt}} = \frac{\pi}{k^2}(1 - |\overline{S}|^2)\,. \tag{145,22}$$

Hierzu werden also nicht nur die verschiedenen inelastischen Prozesse gezählt, sondern auch derjenige Teil der elastischen Streuung, der mit der Bildung des Compound-Kernes zusammenhängt.

Die gegebene Deutung gibt die Situation in verschiedenen Grenzfällen richtig wieder und ist daher eine vernünftige Interpretation.

In demjenigen Bereich niedriger Energien, in dem wir es mit gut aufgelösten Resonanzen zu tun haben ($\Gamma \ll D$), wird S in der Nähe eines Niveaus durch die Formel

$$S = \left(1 - \frac{i\Gamma_e}{E - E_0 + \frac{1}{2}i\Gamma}\right)\exp\,(2i\delta^{(0)})$$

gegeben. Wir mitteln diesen Ausdruck und erhalten

$$\overline{S} = \left(1 - \frac{\pi\overline{\Gamma}_e}{D}\right)\exp\,(2i\delta^{(0)})\,, \tag{145,23}$$

$\overline{\Gamma}_e$ und D sind die mittlere (über die Niveaus in dem betreffenden Energieintervall gemittelte) elastische Breite bzw. der mittlere Niveauabstand. Die langsam veränderliche Funktion $\delta^{(0)}(E)$ kann man bei der Mittelung als konstant ansehen. Hiernach finden wir

$$\overline{\sigma}_a^{\text{opt}} = \frac{\pi}{k^2}\frac{2\pi\overline{\Gamma}_e}{D}\,. \tag{145,24}$$

Darin sind kleine Glieder $\sim (\Gamma/D)$ weggelassen worden.[1]) Dieser Ausdruck stimmt natürlich mit dem Mittelwert des Streuquerschnittes (145,17) überein, der der Bildung eines Compound-Kernes entspricht, wie oben erwähnt worden ist.

Mit zunehmender Anregungsenergie des Compound-Kernes wird der Abstand zwischen den Niveaus kleiner, und die Zerfallswahrscheinlichkeiten (und damit auch die Gesamtbreiten der Niveaus) werden größer, so daß sich die Niveaus zu überlappen beginnen (der Begriff der quasidiskreten Niveaus selbst verliert dabei weitgehend seinen Sinn). Im Ergebnis werden die Irregularitäten im Verlauf der Funktion $S(E)$ geglättet, so daß die Differenz zwischen der exakten und der gemittelten Funktion klein wird, und deshalb stimmt der Streuquerschnitt (145,22) mit σ_r aus (145,19) überein. Das liegt daran, daß bei hohen Energien der Zerfall des Compound-Kernes im Eingangskanal keine Rolle gegenüber den vielfältigen anderen, bei diesen Energien möglichen Zerfallsarten spielt. Aus diesem Grunde kann man alle Prozesse, die unter Bildung eines Compound-Kernes ablaufen, als inelastisch ansehen.

---

[1]) Von der gleichen Größenordnung wären auch diejenigen Glieder, die bei Berücksichtigung des Einflusses anderer Niveaus in der Nähe eines gegebenen Niveaus auftreten würden.

Im gemittelten Bild wird also die Streuung wiederum durch eine einzige Größe ($\bar{S}$) bestimmt, die jetzt eine glatte Funktion der Energie ist. Im sogenannten *optischen Modell* werden die Streueigenschaften des Kernes bei der Berechnung dieser Funktion durch ein Kraftfeld mit komplexem Potential ersetzt. Der Imaginärteil des Potentials bewirkt, daß außer der elastischen Streuung auch eine Absorption von Teilchen zu verzeichnen ist. Diese Absorption wird mit der ,,inelastischen'' Streuung im gemittelten Bild identifiziert; der zugehörige Absorptionsquerschnitt wird durch den Ausdruck (145,22) gegeben.

§ 146. Wechselwirkung im Endzustand bei Reaktionen

Die Wechselwirkung zwischen den Teilchen, die bei einer Reaktion entstehen, kann einen wesentlichen Einfluß auf Energie- und Winkelverteilung der Streuung haben. Natürlich wird sich dieser Einfluß dann besonders stark bemerkbar machen, wenn die Relativgeschwindigkeit der wechselwirkenden Teilchen relativ klein ist. Mit dieser Erscheinung haben wir es zum Beispiel bei Kernreaktionen zu tun, bei denen zwei oder mehrere Nukleonen emittiert werden; der hier interessierende Effekt hängt dabei mit den Kernkräften zwischen den freien Nukleonen zusammen.[1])

$\boldsymbol{p}_0$ sei der Impuls des Massenmittelpunktes eines emittierten Nukleonenpaares, $\boldsymbol{p}$ sei der Impuls der Relativbewegung. Wir wollen $p \ll p_0$ annehmen, und somit ist die Energie der Relativbewegung $E = p^2/m$ (m ist die Nukleonenmasse) klein gegenüber der Energie der Bewegung des Massenmittelpunktes $E_0 = p_0^2/4m$. Gleichzeitig setzen wir voraus, daß die Energie E_0 groß gegenüber der Energie ε des Niveaus (echtes oder virtuelles) ist, in dem sich die beiden Nukleonen befinden. Mit anderen Worten, nur die Relativbewegung der Nukleonen wird als ,,langsam'' vorausgesetzt, die Nukleonen selbst können ,,schnell'' sein.

Die Reaktionswahrscheinlichkeit ist proportional zum Betragsquadrat der Wellenfunktion der gebildeten Teilchen, wenn sich diese in der ,,Reaktionszone'' befinden, d. h., wenn die Abstände zwischen den Teilchen von der Größenordnung der Reichweite a der Kernkräfte sind (vgl. die analogen Überlegungen in § 143 bezüglich der Teilchen im Anfangszustand). Im vorliegenden Falle ist unser Ziel, die Abhängigkeit der Reaktionswahrscheinlichkeit lediglich von den charakteristischen Größen der Relativbewegung eines Nukleonenpaares zu bestimmen. Daher brauchen wir nur die Wellenfunktion $\psi_{\boldsymbol{p}}(\boldsymbol{r})$ für diese Bewegung zu betrachten, so daß die Wahrscheinlichkeit für die Bildung eines Nukleonenpaares mit einem Impuls der Relativbewegung im infinitesimalen Bereich d^3p

$$\mathrm{d}w_{\boldsymbol{p}} = \mathrm{const} \cdot |\psi_{\boldsymbol{p}}(a)|^2 \, \mathrm{d}^3p \qquad (146,1)$$

ist.

Wie in § 136 gesagt worden ist, hat man zur Bestimmung der Übergangswahrscheinlichkeit bei der Streuung in einen Zustand mit einer bestimmten Bewegungsrichtung als Wellenfunktionen für den Endzustand die Funktionen $\psi_{\boldsymbol{p}}^{(-)}$ zu verwenden, die (im Unendlichen) außer der ebenen Welle nur eine einlaufende Welle enthalten; diese Funktionen müssen auf eine δ-Funktion des Impulses normiert werden. Andererseits

---

[1]) Die im folgenden wiedergegebenen Resultate sind von A. B. Migdal (1950) und unabhängig davon von K. M. Watson (1952) erhalten worden.

ergeben sich die Funktionen $\psi_{\boldsymbol{p}}^{(-)}$ unmittelbar (durch Bildung des konjugiert Komplexen und durch Vorzeichenwechsel von $\boldsymbol{p}$) aus den Funktionen $\psi_{\boldsymbol{p}}^{(+)}$, die im Unendlichen auslaufende Kugelwellen enthalten, d. h., die dem Streuproblem zweier Teilchen aneinander entsprechen. Beim Einsetzen in (146,1) ist dieser Unterschied ganz unwesentlich, so daß man unter $\psi_{\boldsymbol{p}}$ in (146,1) die Funktionen $\psi_{\boldsymbol{p}}^{(+)}$ verstehen kann, und das Problem ist somit auf das bereits behandelte Problem der Resonanzstreuung langsamer Teilchen zurückgeführt worden.

Die tatsächliche Gestalt der Funktion $\psi_{\boldsymbol{p}}$ im Bereich $r \sim a$ ist zwar unbekannt, aber um die Abhängigkeit der Wahrscheinlichkeit von der Energie E zu bestimmen, braucht man diese Funktion nur für Abstände $r \gtrsim 1/k \gg a$ (wobei $\boldsymbol{k} = \boldsymbol{p}/\hbar$ ist; es wird $ak \ll 1$ vorausgesetzt) zu betrachten. Anschließend setzt man sie größenordnungsmäßig zu Abständen $r \sim a$ fort.[1]) Die Kugelwelle liefert dabei den Hauptbeitrag zu $\psi_{\boldsymbol{p}}$ (sie enthält den Faktor $1/r$). Diese Welle ist eine Überlagerung von Partialwellen mit verschiedenen l-Werten; die Amplituden dieser Partialwellen sind die zugehörigen Streuamplituden. Bei der Berechnung des Betragsquadrates $|\psi_{\boldsymbol{p}}(a)|^2$ kann man sich dabei allein auf die s-Welle beschränken, weil die Streuamplituden mit $l \neq 0$ für kleine Energien relativ klein sind. Nach Formel (133,7) haben wir somit

$$\psi_{\boldsymbol{p}} \sim \frac{1}{\varkappa + ik}\frac{e^{ikr}}{r} \tag{146,2}$$

mit $\varkappa = \sqrt{m\,|\varepsilon|}/\hbar$, ε ist die Energie des gebundenen (oder virtuellen) Zustandes des Systems aus den beiden Nukleonen.[2]) Wir setzen diesen Ausdruck in (146,1) ein und erhalten

$$dw_{\boldsymbol{p}} = \text{const}\,\frac{d^3p}{E + |\varepsilon|}\,. \tag{146,3}$$

Die Verteilung in den Impulsrichtungen (im Massenmittelpunktsystem der beiden Nukleonen) ist also isotrop. Die Verteilung in den Energien der Relativbewegung wird durch die Formel

$$dw_E = \text{const}\cdot\frac{\sqrt{E}\,dE}{E + |\varepsilon|} \tag{146,4}$$

gegeben. Die Wechselwirkung der Nukleonen verursacht also ein Maximum in der Verteilung im Bereich kleiner E (für $E \sim |\varepsilon|$).[3])

Zu kleinen Werten des Impulses der Relativbewegung ($p \ll p_0$) gehören im Laborsystem kleine Winkel θ zwischen den Impulsen der beiden Nukleonen. Ein Maximum

---

[1]) Dieses Vorgehen ist zulässig, weil man in der SCHRÖDINGER-Gleichung für die Funktion $\psi_{\boldsymbol{p}}$ im Bereich $r \ll 1/k$ die Energie E vernachlässigen kann. Die E-Abhängigkeit der Funktion ψ wird daher in diesem Bereich durch das „Verheften" mit der Funktion im Bereich $r \sim 1/k$ bestimmt.

[2]) Wir denken hier an ein Paar np mit parallelen oder antiparallelen Spins oder an ein Paar nn mit antiparallelen Spins. Für ein Paar pp wird die Sachlage infolge der COULOMB-Abstoßung komplizierter; dieser Fall muß auf der Grundlage der in § 138 dargestellten Theorie behandelt werden.

[3]) Streng genommen können auch die konstanten Koeffizienten in den Formeln (146,3) und (146,4) von E abhängen (über die anderen Anteile der Wellenfunktion des ganzen Systems der Reaktionsprodukte). Diese Abhängigkeit ist aber schwach. Als Funktion von E kann sich dieser Koeffizient nur über das ganze Energieintervall ($\sim E_0$) merklich ändern, das das Nukleonenpaar in der betreffenden Reaktion überstreichen kann. Man kann diese Abhängigkeit aus diesem Grunde für die Verteilung im Bereich $E \ll E_0$ gegenüber der starken Abhängigkeit in Formel (146,4) vernachlässigen.

in der Verteilung in E entspricht daher im Laborsystem einer Winkelkorrelation zwischen den Emissionsrichtungen der Nukleonen, die sich in einer größeren Wahrscheinlichkeit für kleine Winkel θ äußert.

$\boldsymbol{p}_1$ und $\boldsymbol{p}_2$ seien die Impulse der Nukleonen im Laborsystem, dann sind

$$\boldsymbol{p}_0 = \boldsymbol{p}_1 + \boldsymbol{p}_2 , \qquad \boldsymbol{p} = \tfrac{1}{2} (\boldsymbol{p}_2 - \boldsymbol{p}_1)$$

(wir erinnern daran, daß die reduzierte Masse zweier gleichartiger Teilchen $m/2$ ist). Wir bilden das Vektorprodukt dieser beiden Gleichungen miteinander und erhalten $[\boldsymbol{p}_0\boldsymbol{p}] = [\boldsymbol{p}_1\boldsymbol{p}_2]$. Für $p \ll p_0$ bekommen wir hieraus

$$p_0 p_\perp = p_1 p_2 \sin\theta \approx \frac{p_0^2}{4}\theta$$

oder $\theta = 4p_\perp/p_0$, wenn $p_\perp$ die transversale (hinsichtlich der Richtung von p_0) Komponente des Vektors $\boldsymbol{p}$ ist; θ ist der kleine Winkel zwischen den Richtungen von $\boldsymbol{p}_1$ und $\boldsymbol{p}_2$. Wir formen die Gleichung (146,3) um in

$$\mathrm{d}w_{\boldsymbol{p}} = \mathrm{const}\,\frac{2\pi p_\perp\,\mathrm{d}p_\perp\,\mathrm{d}p_{||}}{\frac{1}{m}(p_\perp^2 + p_{||}^2) + |\varepsilon|},$$

integrieren über $\mathrm{d}p_{||}$ und finden die Wahrscheinlichkeitsverteilung bezüglich des Winkels θ. Da das Integral rasch konvergiert, darf man von $-\infty$ bis ∞ integrieren, und endgültig erhalten wir

$$\mathrm{d}w_0 = \mathrm{const}\cdot\frac{\theta\,\mathrm{d}\theta}{\sqrt{\theta^2 + \frac{4|\varepsilon|}{E_0}}}. \tag{146,5}$$

Die auf das Raumwinkelelement $\mathrm{d}o \approx 2\pi\theta\,\mathrm{d}\theta$ bezogene Winkelverteilung hat ein Maximum bei $\theta \sim \sqrt{|\varepsilon|/E_0}$.

§ 147. Das Verhalten von Streuquerschnitten in der Nähe einer Reaktionsschwelle

Wenn die Summe der inneren Energien der Reaktionsprodukte größer als diejenige der Teilchen im Anfangszustand ist, dann hat die Reaktion eine Schwelle: Sie kann nur dann ablaufen, wenn die kinetische Energie E der stoßenden Teilchen (im Massenmittelpunktsystem) größer als ein bestimmter Schwellenwert E_{Schw} ist. Wir wollen die Art der Energieabhängigkeit des Reaktionsquerschnittes an der zugehörigen Schwelle behandeln. Dabei werden wir annehmen, daß bei der Reaktion insgesamt wiederum zwei Teilchen gebildet werden (Reaktion der Art $A + B = A' + B'$).

In der Nähe der Reaktionsschwelle ist die Relativgeschwindigkeit v' der gebildeten Teilchen klein. Diese Reaktion ist invers zur Reaktion, bei der die Geschwindigkeit der stoßenden Teilchen klein ist. Die Abhängigkeit des Reaktionsquerschnittes von v' kann daher aus dem Prinzip des detaillierten Gleichgewichtes (144,13) aus der bekannten Energieabhängigkeit derjenigen Reaktion gefunden werden, für die v' die Geschwindigkeit im Eingangskanal wäre (§ 143). Für eine Vielzahl von Reaktionen, für die zwischen den Teilchen A' und B' keine Coulomb-Wechselwirkung vorhanden ist (das sind zum Beispiel Kernreaktionen, bei denen ein langsames Neutron erzeugt wird), finden wir auf diese Weise, daß der Reaktionsquerschnitt proportional zu

$v'^2(1/v')$ ist, d. h. [1])

$$\sigma_r \propto v' . \tag{147,1}$$

Damit erhalten wir auch die Abhängigkeit des Reaktionsquerschnittes von der Energie der stoßenden Teilchen: Die Geschwindigkeit v' und damit auch der Reaktionsquerschnitt sind proportional zur Wurzel aus der Differenz $E - E_{\text{Schw}}$:

$$\sigma_r = A\sqrt{E - E_{\text{Schw}}} . \tag{147,2}$$

Die Streuamplituden zu den verschiedenen Kanälen sind über die Unitaritätsrelationen miteinander verknüpft. Wegen dieser Verknüpfung verursacht die Öffnung eines neuen Kanals bestimmte Singularitäten in der Energieabhängigkeit der Reaktionsquerschnitte auch von anderen Prozessen, insbesondere auch der elastischen Streuung (E. Wigner, 1948; A. I. Bas, 1957; G. Breit, 1957). Um Ursprung und Natur dieser Erscheinung zu klären, behandeln wir den einfachsten Fall, daß unterhalb der Reaktionsschwelle nur elastische Streuung möglich ist.

In der Nähe der Reaktionsschwelle werden die Teilchen A' und B' in einem Zustand mit dem Bahndrehimpuls $l = 0$ gebildet (gerade diesem Falle entspricht auch das Gesetz (147,2)). Wenn die an der Reaktion beteiligten Teilchen keinen Spin haben, dann bleibt der Bahndrehimpuls erhalten, und daher muß sich auch das System $A + B$ in einem s-Zustand befinden. Nach (142,7) hängt der partielle Reaktionsquerschnitt für $l = 0$ mit dem S-Matrixelement für die elastische Streuung über die Formel

$$\sigma_r^{(0)} = \frac{\pi}{k^2}(1 - |S_0|^2) \tag{147,3}$$

zusammen, darin ist $\boldsymbol{k}$ der Wellenzahlvektor der stoßenden Teilchen. Wir setzen (147,2) und (147,3) gleich und finden, daß der Betrag $|S_0|$ dicht oberhalb der Reaktionsschwelle bis auf Größen der Ordnung $\sqrt{E - E_{\text{Schw}}}$ gleich

$$|S_0| = 1 - \frac{k_{\text{Schw}}^2}{2\pi} A\sqrt{E - E_{\text{Schw}}} , \qquad E > E_{\text{Schw}} \tag{147,4}$$

ist, dabei ist $k_{\text{Schw}} = \sqrt{2mE_{\text{Schw}}}/\hbar$ und m ist die reduzierte Masse der Teilchen A und B. Unterhalb der Schwelle gibt es nur die elastische Streuung, und es ist

$$|S_0| = 1 , \qquad E < E_{\text{Schw}} . \tag{147,5}$$

Die Streuamplitude und damit auch S_0 müssen aber analytische Funktionen für alle Energien sein. Eine derartige Funktion, die die Werte (147,4) und (147,5) oberhalb und unterhalb der Reaktionsschwelle annimmt, wird mit der gleichen Genauigkeit durch die Formel

$$S_0 = e^{2i\delta_0}\left(1 - \frac{k_{\text{Schw}}^2}{2\pi} A\sqrt{E - E_{\text{Schw}}}\right) \tag{147,6}$$

gegeben, wobei δ_0 eine Konstante ist (für $E < E_{\text{Schw}}$ wird die Wurzel $\sqrt{E - E_{\text{Schw}}}$ imaginär, und der Betrag des Klammerausdruckes unterscheidet sich nur um Größen höherer Ordnung von 1).

[1]) Die Feststellung am Schluß von § 144 über einen konstanten Grenzwert, gegen den die Amplitude f_{fi} für $p_f \to 0$ geht, entspricht gerade diesem Ergebnis — der Reaktionsquerschnitt (144,4) ist proportional zu p_f.

Für alle $l \neq 0$ gibt es keine inelastische Streuung, und es gilt

$$S_l = e^{2i\delta_l}, \qquad l \neq 0, \tag{147,7}$$

wobei man die Phasen δ_l in der Nähe der Reaktionsschwelle gleich den Werten für $E = E_{\text{Schw}}$ zu setzen hat.[1])

Wir setzen die erhaltenen Werte für S_l in die Formel (142,2) ein und finden für die Streuamplitude in der Nähe der Reaktionsschwelle folgenden Ausdruck:

$$f(\theta, E) = f_{\text{Schw}}(\theta) - \frac{k_{\text{Schw}}}{4\pi i} A \sqrt{E - E_{\text{Schw}}}\, e^{2i\delta_0}, \tag{147,8}$$

darin ist $f_{\text{Schw}}(\theta)$ die Streuamplitude für $E = E_{\text{Schw}}$. Hieraus ergibt sich der differentielle Streuquerschnitt zu

$$\frac{d\sigma}{do} = |f_{\text{Schw}}(\theta)|^2 + \frac{k_{\text{Schw}}}{2\pi} A \sqrt{E - E_{\text{Schw}}}\, \text{Im}\,\{f_{\text{Schw}}(\theta)\, e^{-2i\delta_0}\} \quad \text{für} \quad E > E_{\text{Schw}},$$

$$\frac{d\sigma}{do} = |f_{\text{Schw}}(\theta)|^2 - \frac{k_{\text{Schw}}}{2\pi} A \sqrt{E - E_{\text{Schw}}}\, \text{Re}\,\{f_{\text{Schw}}(\theta)\, e^{-2i\delta_0}\} \quad \text{für} \quad E < E_{\text{Schw}}.$$

Wir setzen die Amplitude f_{Schw} in der Form $|f_{\text{Schw}}|\, e^{i\alpha(\theta)}$ an und schreiben dieses Ergebnis endgültig in der Gestalt

$$\frac{d\sigma}{do} = |f_{\text{Schw}}(\theta)|^2 - \frac{k_{\text{Schw}}}{2\pi} A\, |f_{\text{Schw}}(\theta)| \sqrt{|E - E_{\text{Schw}}|} \times \begin{cases} \sin(2\delta_0 - \alpha), & E > E_{\text{Schw}}, \\ \cos(2\delta_0 - \alpha), & E < E_{\text{Schw}}. \end{cases} \tag{147,9}$$

Je nachdem, ob der Winkel $2\delta_0 - \alpha$ im ersten, zweiten, dritten oder vierten Quadranten liegt, hat die von dieser Formel beschriebene Energieabhängigkeit die Gestalt wie in Abb. 50, a, b, c bzw. d. In allen Fällen haben wir zwei Zweige, die auf verschiedenen Seiten einer gemeinsamen vertikalen Tangente liegen.

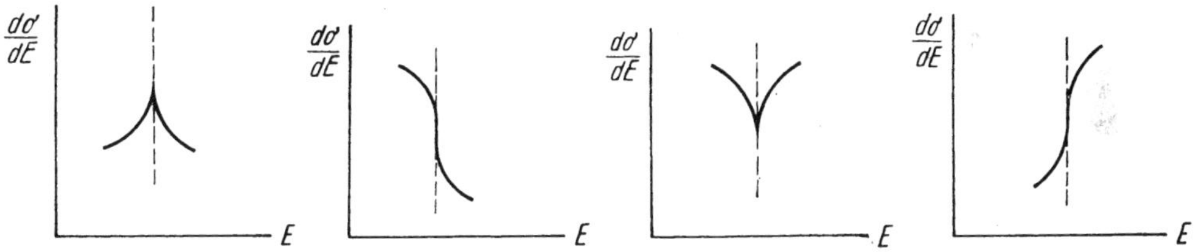

a) b) c) d)

Abb. 50

Integriert man die Ausdrücke (147,9) über do, so liefert nur der isotrope Teil der Amplitude $f_{\text{Schw}}(\theta)$ — die partielle Amplitude der elastischen s-Streuung — einen von Null verschiedenen Beitrag von den zweiten Summanden zu den Integralen: $(e^{2i\delta_0} - 1)/(2ik_{\text{Schw}})$. Als Ergebnis erhalten wir für den totalen Streuquerschnitt der elastischen Streuung in der Nähe der Reaktionsschwelle folgenden Ausdruck:

$$\sigma = \sigma_{\text{Schw}} - 2A \sqrt{|E - E_{\text{Schw}}|} \begin{cases} \sin^2 \delta_0 & \text{für} \quad E > E_{\text{Schw}}, \\ \sin \delta_0 \cos \delta_0 & \text{für} \quad E < E_{\text{Schw}}. \end{cases} \tag{147,10}$$

[1]) Da die Funktionen $\delta_l(E)$ sowohl für $E > E_{\text{Schw}}$ als auch für $E < E_{\text{Schw}}$ reell sind, können sie nach ganzzahligen Potenzen von $E - E_{\text{Schw}}$ entwickelt werden.

Diese Abhängigkeit hat die Gestalt a oder b in Abb. 50, je nachdem ob das Vorzeichen von $\sin \delta_0 \cos \delta_0$ positiv oder negativ ist.

Eine Reaktionsschwelle verursacht also eine charakteristische Singularität in der Energieabhängigkeit des Streuquerschnittes der elastischen Streuung. Haben die beteiligten Teilchen Spins, dann werden die quantitativen Formeln selbstverständlich verändert, aber die allgemeine Natur der Erscheinung bleibt gleich.[1]) Falls unterhalb der Reaktionsschwelle außer der elastischen Streuung auch andere Reaktionen möglich sind, dann ergeben sich auch in deren Reaktionsquerschnitten analoge Singularitäten. Sie haben alle bei $E = E_{\text{Schw}}$ eine Singularität und sind in der Nähe davon lineare Funktionen der Wurzel $\sqrt{E - E_{\text{Schw}}}$ mit verschiedenen Steigungen oberhalb und unterhalb der Schwelle.

Bei Kernreaktionen, bei denen ein positiv geladenes Teilchen emittiert wird, haben wir es mit einem Fall zu tun, daß zwischen den Reaktionsprodukten (zwischen den Teilchen A' und B') abstoßende Coulomb-Kräfte wirken. In diesem Falle strebt der Reaktionsquerschnitt für $v' \to 0$ (d. h. für $E \to E_{\text{Schw}}$) exponentiell gegen Null zusammen mit allen Ableitungen nach der Energie, und es treten keinerlei Singularitäten in den Reaktionsquerschnitten anderer Prozesse auf.

Schließlich behandeln wir noch Reaktionen, bei denen zwei ungleichnamig geladene langsame Teilchen erzeugt werden, zwischen denen anziehende Coulomb-Kräfte wirken. Der zugehörige Reaktionsquerschnitt hängt über das Prinzip des detaillierten Gleichgewichtes mit dem Reaktionsquerschnitt (143,6) für die inverse Reaktion zwischen zwei langsamen, einander anziehenden Teilchen zusammen. Wir finden auf diese Weise, daß der Reaktionsquerschnitt für $v' \to 0$ gegen einen konstanten Grenzwert strebt:

$$\sigma_r = \text{const} \quad \text{für} \quad v' \to 0\,, \tag{147,11}$$

d. h., oberhalb der Reaktionsschwelle ergibt sich sofort ein konstanter Reaktionsquerschnitt.

Wir wollen die Natur der Singularität im Streuquerschnitt der elastischen Streuung in der Nähe der Schwelle einer derartigen Reaktion herausfinden (A. I. Bas, 1959). Das kann offensichtlich nicht unmittelbar anhand des bekannten Gesetzes (147,11) oberhalb der Reaktionsschwelle mit Hilfe des einfachen Verfahrens getan werden, das wir oben im Falle ungeladener Teilchen verwendet haben. Gegenüber diesem Falle haben wir jetzt eine schwierigere Situation vorliegen, weil das System der Teilchen $A' + B'$ in der Nähe der Schwelle (für $E < E_{\text{Schw}}$) gebundene Zustände hat, die den diskreten Energieniveaus in einem anziehenden Coulomb-Feld entsprechen. Diese Zustände können energiemäßig beim Stoß der Teilchen A und B gebildet werden, aber wegen der möglichen elastischen Streuung sind sie nur quasistationär. Ihre Existenz muß aber dazu führen, daß in der elastischen Streuung (unterhalb der Reaktionsschwelle) Resonanzeffekte analog zu den Breit-Wigner-Resonanzen auftreten.

Zur Lösung des gestellten Problemes betrachten wir die Struktur der Wellenfunktionen für den Stoßprozeß. Da zwei Kanäle vorhanden sind, hat die Schrödinger-Gleichung für das System der beiden wechselwirkenden Teilchen zwei unabhängige

[1]) Bei von Null verschiedenen Spins kann das System der Teilchen $A' + B'$ im s-Zustand einen von Null verschiedenen Gesamtdrehimpuls haben. In diesem Zusammenhang sind verschiedene Bahnzustände für das System $A + B$ möglich.

Lösungen, die im ganzen Konfigurationsraum endlich sind. Wir bezeichnen zwei solche beliebig gewählte (und beliebig normierte) Lösungen mit ψ_1 und ψ_2. Aus diesen Funktionen kann man Linearkombinationen bilden, die die Streuung beschreiben, wenn ein beliebiger Kanal der Eingangskanal ist. Wir bezeichnen die Kanäle, die den Teilchenpaaren A, B und A', B' entsprechen, mit a und b. Die Summe $\psi = \alpha_1\psi_1 + \alpha_2\psi_2$ entspreche dem Fall, daß a der Eingangskanal ist. Sie beschreibt die elastische Streuung der Teilchen A und B und die Reaktion $A + B \to A' + B'$. In der Nähe der Reaktionsschwelle hängen die Koeffizienten α_1 und α_2 wesentlich von dem kleinen Impuls k_b ab, während die willkürlich gewählten Funktionen ψ_1 und ψ_2 für $k_b = 0$ keinerlei Singularitäten haben.

Für große Abstände muß die Funktion ψ aus zwei Summanden bestehen, die jeweils die Bewegung der Teilchenpaare in den Kanälen a und b beschreiben. Jeder Summand ist ein Produkt aus „inneren" Funktionen für die Teilchen multipliziert mit der Wellenfunktion für die Relativbewegung.[1]) Im Kanal a hat letztere die Gestalt $R_a^- - S_{aa}R_a^+$, und im Kanal b $-S_{ab}R_b^+$, wobei R^+ und R^- die aus- bzw. einlaufende Welle in dem betreffenden Kanal ist. In Abständen r_0 groß gegenüber der Reichweite der kurzreichweitigen Kräfte und klein gegenüber $1/k_b$ müssen diese Funktionen (und deren Ableitungen) mit denjenigen Werten „verheftet" werden, die aus der Wellenfunktion ψ zur „Reaktionszone" berechnet worden sind. Diese Bedingungen ergeben Gleichungen der Gestalt

$$\alpha_1 a_1 + \alpha_2 a_2 = (R_a^- - S_{aa}R_a^+)\big|_{r_0}, \qquad \alpha_1 b_1 + \alpha_2 b_2 = -S_{ab}R_b^+\big|_{r_0},$$

$$\alpha_1 a_1' + \alpha_2 a_2' = (R_a^- - S_{aa}R_a^+)'\big|_{r_0}, \qquad \alpha_1 b_1' + \alpha_2 b_2' = -S_{ab}R_b^{+\prime}\big|_{r_0},$$

wobei $a_1, a_1', b_1, b_1', \ldots$ Größen sind, die aus den Funktionen ψ_1 und ψ_2 zu berechnen sind. Nach obigen Feststellungen kann man sie in der Nähe der Schwelle als konstant, unabhängig von k_b ansehen. Wir teilen das erste und das zweite Gleichungspaar durcheinander und erhalten ein System aus zwei linearen Gleichungen für zwei Unbekannte (α_1/α_2 und S_{aa}). Dabei kommt in den Koeffizienten in diesen Gleichungen nur eine Größe vor, die „kritisch" von k_b abhängt — die logarithmische Ableitung der auslaufenden Welle im Kanal b. Wir definieren diese Größe als

$$\lambda = \frac{1}{2\pi} \frac{(rR_b^+)'}{rR_b^+}\bigg|_{r=r_0}.$$

Es ist nicht nötig, diese Gleichungen tatsächlich zu lösen. Es reicht aus festzustellen, daß die uns interessierende Größe S_{aa} (die die Amplitude der elastischen Streuung bestimmt) dabei eine gebrochen lineare Funktion von λ ist. Unterhalb der Reaktionsschwelle ist die Größe λ reell, so daß die Wellenfunktion R_b^+ als Lösung der Schrödinger-Gleichung mit reeller Randbedingung im Unendlichen (Verschwinden wie $e^{-\varkappa_b r}$ mit $\varkappa_b = \sqrt{2m_b(E_{\text{Schw}} - E)}/\hbar$) reell ist. Gleichzeitig muß unterhalb der Reaktionsschwelle $|S_{aa}| = 1$ sein. Hieraus folgt, daß die gebrochen lineare Funktion $S_{aa}(\lambda)$

[1]) Das Gesetz (147,11) gilt nicht nur für den totalen, sondern auch für die partiellen Streuquerschnitte mit verschiedenen Drehimpulsen l (vgl. den Schluß von § 143). Daher ist die im folgenden behandelte Singularität auch in allen partiellen Streuquerschnitten vorhanden. Die Natur dieser Singularität wird bereits im Falle $l = 0$ vollständig aufgeklärt, und wir werden diesen Fall im folgenden besprechen. Zur Vereinfachung der Bezeichnungsweise lassen wir den Index 0 an den entsprechenden Partialwellenamplituden weg.

die Gestalt

$$S_{aa} = \frac{1 + \beta\lambda}{1 + \beta^*\lambda} e^{2i\eta} \tag{147,12}$$

haben muß; η ist eine reelle, β eine komplexe Konstante.

Wir wollen die Größe λ als Funktion des Impulses k_b berechnen. Da zwischen den Teilchen A und B anziehende COULOMB-Kräfte wirken, wird rR_b^+ durch eine Wellenfunktion zum COULOMB-Feld gegeben, die im Unendlichen asymptotisch proportional zu $e^{ik_b r}$ ist. Zu einem abstoßenden COULOMB-Feld ist diese Funktion die Summe $G_0 + iF_0$ mit G_0 und F_0 aus (138,4) und (138,7). Man gelangt zum anziehenden COULOMB-Feld, indem man gleichzeitig die Vorzeichen von k und r umkehrt.[1]) Führen wir diese Substitution aus und berechnen wir die logarithmische Ableitung (siehe § 138), so erhalten wir[2])

$$\lambda = \frac{i}{1 - \exp(-2\pi/k_b)} - \frac{1}{\pi}\left\{\ln k_b + \frac{1}{2}\left[\psi\left(\frac{i}{k_b}\right) + \psi\left(-\frac{i}{k_b}\right)\right]\right\}. \tag{147,13}$$

Hier wird k_b als reelle Größe vorausgesetzt, so daß diese Formel für den Bereich oberhalb der Reaktionsschwelle gilt. Für $k_b \to 0$ wird der erste Summand in (147,13) zu i, und der zweite Summand geht gegen Null (siehe die Fußnote auf S. 554). Wir haben somit oberhalb der Schwelle

$$\lambda = i\,, \qquad E > E_{\text{Schw}}\,. \tag{147,14}$$

Der Übergang zum Bereich unterhalb der Schwelle erfolgt, indem man k durch $i\varkappa$ ersetzt. Danach erhalten wir aus (147,13) für $\varkappa \to 0$ [3])

$$\lambda = -\cot\frac{\pi}{\varkappa_b}\,, \qquad E < E_{\text{Schw.}}\,. \tag{147,15}$$

Die erhaltenen Formeln lösen das gestellte Problem. Der Streuquerschnitt der elastischen Streuung ist

$$\sigma_e = \frac{\pi}{k_a^2}|S_{aa} - 1|^2\,.$$

Oberhalb der Schwelle haben wir

$$S_{aa} = \frac{1 + i\beta}{1 + i\beta^*} e^{2i\eta}\,, \qquad E > E_{\text{Schw}}\,. \tag{147,16}$$

Wie auch der Reaktionsquerschnitt ist der Streuquerschnitt in diesem Bereich konstant. Die Bedingung $|S_{aa}| \leqq 1$ bedeutet, daß $\operatorname{Im}\beta > 0$ sein muß.

---

[1]) Im folgenden werden wir COULOMB-Einheiten verwenden. Die Vorzeichenumkehr von k und r entspricht formal einer Vorzeichenumkehr der Längeneinheit in den COULOMB-Einheiten.

[2]) Zur Vereinfachung der folgenden Formeln ist in der geschweiften Klammer die von k_b unabhängige reelle Konstante $-\ln 2r_0 - 2C$ weggelassen worden, was nur eine unwesentliche Umdefinition der komplexen Größe β und der reellen Größe η in (147,12) bedeutet.

[3]) Der erste Summand in (147,13) ergibt $-\frac{1}{2}\cot\frac{\pi}{\varkappa_b} + \frac{i}{2}$, und der Ausdruck in der geschweiften Klammer wird zu $\frac{\pi}{2}\cot\frac{\pi}{\varkappa_b} + \frac{i\pi}{2}$. Dabei werden die Formel $\psi(x) - \psi(-x) = -\pi\cot\pi x - 1/x$ (die man durch logarithmische Ableitung der bekannten Beziehung $\Gamma(x)\,\Gamma(-x) = -\pi/x\sin\pi x$ erhalten kann) und der Näherungsausdruck $\psi(x) \approx \ln x - 1/(2x)$ für $x \to \infty$ benutzt.

Unterhalb der Reaktionsschwelle finden wir

$$S_{aa} = e^{2i\eta} \frac{\beta - \operatorname{tg}(\pi/\varkappa_b)}{\beta^* - \operatorname{tg}(\pi/\varkappa_b)}. \quad (147,17)$$

Dieser Ausdruck enthält unendlich viele Resonanzen, die sich zum Punkt $E = E_{\text{Schw}}$ hin häufen. Die Resonanzenergien sind die Wurzeln der Gleichung $S_{aa} = -1$, d. h.

$$\operatorname{Re} e^{i\eta}\left(\beta - \operatorname{tg}\frac{\pi}{\varkappa_b}\right) = 0 .$$

Sie sind gegenüber den reinen COULOMB-Niveaus (den Wurzeln der Gleichung $\tan(\pi/\varkappa_b) = 0$) infolge der kurzreichweitigen Kräfte verschoben. Wenn sich die Energie E dem Schwellenwert nähert, oszilliert der Streuquerschnitt der elastischen Streuung zwischen 0 und $4\pi/k_a^2$, wie es schematisch in Abb. 51 dargestellt ist. Die Breite des gesamten Bereiches unterhalb der Schwelle, in dem die Resonanzstruktur beobachtet wird, wird durch den Betrag der Energie des ersten COULOMB-Niveaus bestimmt.[1])

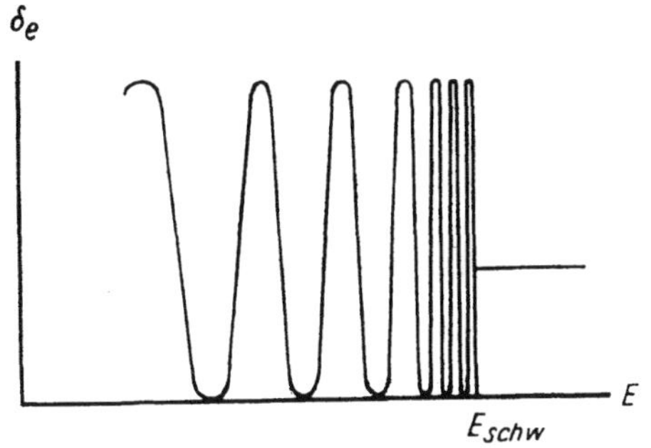

Abb. 51

§ 148. Inelastische Stöße schneller Elektronen mit Atomen

Inelastische Stöße schneller Elektronen mit Atomen können mit Hilfe der BORNschen Näherung behandelt werden, ähnlich wie es in § 139 für die elastischen Stöße getan worden ist.[2]) Die Bedingung für die Brauchbarkeit der BORNschen Näherung verlangt

---

[1]) Wir erwähnen noch einen interessanten Fall von Reaktionen in der Nähe einer Reaktionsschwelle — die Ionisierung eines Atoms durch ein Elektron mit einer Energie, die nur wenig größer als die erste Ionisierungsenergie des Atoms ist. Unter diesen Bedingungen kann der Stoßprozeß als quasiklassisch behandelt werden, aber das Problem wird sehr kompliziert, weil drei geladene Teilchen im Endzustand vorhanden sind. Die allgemeine Lösung dieses schwierigen Problems stammt von G. H. WANNIER (Phys. Rev. **90**, 817 (1953)). Die Ionisierungswahrscheinlichkeit für ein neutrales Atom ist proportional zu

$$(E - I)^\alpha ,$$

wobei

$$\alpha = \tfrac{1}{4}\left(\sqrt{\tfrac{91}{3}} - 1\right) = 1{,}13$$

ist; $E - I$ ist der Energieüberschuß des Elektrons über die Ionisierungsschwelle.

[2]) Die meisten in §§ 148—150 dargestellten Ergebnisse stammen von H. A. BETHE (1930).

nach wie vor, daß die Geschwindigkeit des einlaufenden Elektrons groß gegenüber den Geschwindigkeiten der Atomelektronen ist. Der Energieverlust beim Stoß kann beliebig sein. Verliert das Elektron einen beträchtlichen Teil seiner Energie, so führt das zur Ionisierung des Atoms, wobei die Energie auf ein Atomelektron übertragen wird. Wir können aber immer dasjenige der beiden Elektronen als das gestreute ansehen, das nach dem Stoß die größere Geschwindigkeit hat; bei großer Geschwindiglkeit des einlaufenden Elektrons wird also auch die Geschwindigkeit des gestreuten Eektrons groß sein.

Bei Stößen eines Elektrons mit einem Atom kann man das Koordinatensystem, in dem der Massenmittelpunkt ruht, als das Ruhsystem des Atoms ansehen, wie bereits erwähnt worden ist. Unten werden wir gerade dieses System verwenden.

Ein inelastischer Stoß wird von einer Änderung des inneren Atomzustandes begleitet. Das Atom kann aus dem Grundzustand in einen angeregten Zustand des diskreten oder des kontinuierlichen Spektrums übergehen. Der letzte Fall bedeutet die Ionisierung des Atoms. Bei der Ableitung der allgemeinen Formeln kann man diese Fälle gemeinsam behandeln.

Wir gehen (wie in § 126) von der allgemeinen Formel für die Übergangswahrscheinlichkeit für Übergänge zwischen Zuständen des kontinuierlichen Spektrums aus und wenden sie auf das System aus dem einlaufenden Elektron und dem Atom an. $\boldsymbol{p}$ und $\boldsymbol{p}'$ seien die Impulse des einlaufenden Elektrons, E_0 und E_n die Energien des Atoms vor bzw. nach dem Stoß. Für die Übergangswahrscheinlichkeit haben wir statt (126,9) den Ausdruck

$$\mathrm{d}w_n = \frac{2\pi}{\hbar} |\langle n, \boldsymbol{p}' | U | 0, \boldsymbol{p}\rangle|^2 \, \delta\left(\frac{p'^2 - p^2}{2m} + E_n - E_0\right) \frac{\mathrm{d}^3p'}{(2\pi\hbar)^3}. \tag{148,1}$$

Das Matrixelement wird von der Wechselwirkungsenergie des einlaufenden Elektrons mit dem Atom gebildet:

$$U = \frac{Ze^2}{r} - \sum_{a=1}^{Z} \frac{e^2}{|\boldsymbol{r} - \boldsymbol{r}_a|}$$

($\boldsymbol{r}$ ist der Ortsvektor des einlaufenden Elektrons, $\boldsymbol{r}_a$ sind die Ortsvektoren der Atomelektronen, als Koordinatenursprung verwenden wir den Atomkern; m ist die Elektronenmasse).

Die Wellenfunktionen $\psi_{\boldsymbol{p}}$ und $\psi_{\boldsymbol{p}'}$ des Elektrons werden durch die obigen Formeln (126,10) und (126,11) bestimmt. $\mathrm{d}w$ ist dann der Streuquerschnitt $\mathrm{d}\sigma$. Die Wellenfunktionen des Atoms in Anfangs- und Endzustand bezeichnen wir mit ψ_0 und ψ_n. Wenn der Endzustand des Atoms zum diskreten Spektrum gehört, dann wird ψ_n (wie auch ψ_0) in der üblichen Weise auf 1 normiert. Wenn das Atom in einen Zustand des kontinuierlichen Spektrums übergeht, dann wird die Wellenfunktion auf eine δ-Funktion der Parameter ν normiert, die diese Zustände festlegen (diese Parameter können zum Beispiel die Energie des Atoms und die Impulskomponenten des bei der Ionisierung aus dem Atom herausgeschlagenen Elektrons sein). Die als Ergebnis erhaltenen Streuquerschnitte geben die Stoßwahrscheinlichkeit bei einem Übergang des Atoms in Zustände des kontinuierlichen Spektrums zwischen den Parameterwerten ν und $\nu + \mathrm{d}\nu$ an.

Wir integrieren (148,1) über den Betrag p' und erhalten

$$d\sigma_n = \frac{mp'}{4\pi^2\hbar^4} |\langle n\boldsymbol{p}'|\, U\, |0\boldsymbol{p}\rangle|^2\, do' ,$$

wobei p' aus dem Energiesatz bestimmt wird:

$$\frac{p^2 - p'^2}{2m} = E_n - E_0 . \qquad (148,2)$$

Setzen wir in das Matrixelement die Elektronenwellenfunktionen aus (126,10) und (126,11) ein, so bekommen wir

$$d\sigma_n = \frac{m^2}{4\pi^2\hbar^4}\frac{p'}{p}\left|\iint U\, e^{-i\boldsymbol{q}\boldsymbol{r}}\, \psi_n^*\psi_0\, d\tau\, dV\right|^2 do \qquad (148,3)$$

($d\tau = dV_1\, dV_2 \ldots dV_Z$ ist das Volumenelement im Konfigurationsraum der Z Atomelektronen, den Strich an do lassen wir weg).[1]) Für $n = 0$ und $p = p'$ geht (148,3) in die Formel für den Streuquerschnitt der elastischen Streuung über.

Infolge der Orthogonalität der Funktionen ψ_n und ψ_0 verschwindet das Glied in U mit der Wechselwirkung Ze^2/r mit dem Kern bei der Integration über $d\tau$, und wir haben somit für die inelastischen Stöße

$$d\sigma_n = \frac{m^2}{4\pi^2\hbar^4}\frac{p'}{p}\left|\sum_a \iint \frac{e^2}{|\boldsymbol{r} - \boldsymbol{r}_a|}\, e^{-i\boldsymbol{q}\boldsymbol{r}}\, \psi_n^*\psi_0\, d\tau\, dV\right|^2 do . \qquad (148,4)$$

Die Integration über dV kann ähnlich ausgeführt werden wie in § 139. Das Integral

$$\varphi_{\boldsymbol{q}}(\boldsymbol{r}_a) = \int \frac{e^{-i\boldsymbol{q}\boldsymbol{r}}}{|\boldsymbol{r} - \boldsymbol{r}_a|}\, dV$$

stimmt formal mit der FOURIER-Transformierten des Potentials überein, das im Punkte $\boldsymbol{r}$ von den Ladungen mit der räumlichen Dichte $\varrho = \delta(\boldsymbol{r} - \boldsymbol{r}_a)$ erzeugt wird. Deshalb finden wir nach (139,1)

$$\varphi_{\boldsymbol{q}}(\boldsymbol{r}_a) = \frac{4\pi}{q^2}\, e^{-i\boldsymbol{q}\boldsymbol{r}_a} . \qquad (148,5)$$

Diesen Ausdruck setzen wir in (148,4) ein und gelangen endgültig zu folgendem allgemeinen Ausdruck für den Streuquerschnitt der inelastischen Stöße:

$$d\sigma_n = \left(\frac{e^2 m}{\hbar^2}\right)^2 \frac{4k'}{kq^4}\left|\left\langle n\left|\sum_a e^{-i\boldsymbol{q}\boldsymbol{r}_a}\right|0\right\rangle\right|^2 do . \qquad (148,6)$$

Das Matrixelement wird mit den Atomwellenfunktionen gebildet. Statt der Impulse sind die Wellenzahlvektoren $\boldsymbol{k} = \boldsymbol{p}/\hbar$ und $\boldsymbol{k}' = \boldsymbol{p}'/\hbar$ eingeführt worden. Diese Formel gibt die Stoßwahrscheinlichkeit dafür an, daß das Elektron in das Raumwinkelelement do gestreut wird und das Atom in den n-ten angeregten Zustand übergeht. Der Vektor $-\hbar\boldsymbol{q}$ ist der Impuls, der beim Stoß vom Elektron auf das Atom übertragen wird.

Für die Rechnungen ist es oft zweckmäßiger, den Streuquerschnitt nicht auf das Raumwinkelelement zu beziehen, sondern auf das Element dq des Betrages von $\boldsymbol{q}$.

---

[1]) In dieser Gestalt ist das die allgemeine Formel der Störungstheorie. Sie ist nicht nur auf Stöße von Elektronen mit einem Atom, sondern auch auf beliebige inelastische Stöße zweier Teilchen anwendbar und gibt den Streuquerschnitt im Massenmittelpunktssystem der Teilchen an (m ist dann die reduzierte Masse der beiden Teilchen).

Der Vektor $\boldsymbol{q}$ ist definiert als $\boldsymbol{q} = \boldsymbol{k}' - \boldsymbol{k}$. Für den Betrag von $\boldsymbol{q}$ haben wir

$$q^2 = k^2 + k'^2 - 2kk' \cos\vartheta \,. \tag{148,7}$$

Hieraus folgt für gegebene k und k', d. h. bei gegebenem Energieverlust des Elektrons

$$q\,\mathrm{d}q = kk' \sin\vartheta\,\mathrm{d}\vartheta = \frac{kk'}{2\pi}\,\mathrm{d}o \,. \tag{148,8}$$

Demnach kann man die Formel (141,6) umformen in

$$\mathrm{d}\sigma_n = 8\pi\left(\frac{e^2}{\hbar v}\right)^2 \frac{\mathrm{d}q}{q^3}\left|\left\langle n\left|\sum_a \mathrm{e}^{-i\boldsymbol{q}\boldsymbol{r}_a}\right|0\right\rangle\right|^2 . \tag{148,9}$$

Der Vektor $\boldsymbol{q}$ spielt in den weiteren Rechnungen eine wesentliche Rolle. Wir wollen den Zusammenhang zwischen $\boldsymbol{q}$, dem Streuwinkel ϑ und der beim Stoß übertragenen Energie $E_n - E_0$ genauer betrachten. Wir werden später noch sehen, daß diejenigen Stöße die Hauptrolle spielen, die eine Streuung in kleine Winkel ($\vartheta \ll 1$) mit einer Energieübertragung klein gegenüber der Energie $mv^2/2$ des einlaufenden Elektrons, $E_n - E_0 \ll E$, ergeben. Die Differenz $k - k'$ ist dabei klein ($k - k' \ll k$), und deshalb ist

$$E_n - E_0 = \frac{\hbar^2}{2m}(k^2 - k'^2) \approx \frac{\hbar^2}{m}k(k - k') = \hbar v(k - k') \,.$$

Da ϑ klein ist, bekommen wir aus (148,7) $q^2 \approx (k - k')^2 + (k\vartheta)^2$ und schließlich

$$q = \sqrt{\left(\frac{E_n - E_0}{\hbar v}\right)^2 + (k\vartheta)^2} \,. \tag{148,10}$$

Der Minimalwert von q ist

$$q_{\min} = \frac{E_n - E_0}{\hbar v} . \tag{148,11}$$

Bei kleinen Winkeln kann man noch verschiedene Bereiche unterscheiden, je nach dem Verhältnis zwischen den kleinen Größen ϑ und v_0/v (v_0 ist von der Größenordnung der Geschwindigkeit der Atomelektronen). Betrachtet man Energieübertragungen von der Größenordnung der Energie ε_0 der Atomelektronen ($E_n - E_0 \sim \varepsilon_0 \sim mv_0^2$), dann ist für $(v_0/v)^2 \ll \vartheta \ll 1$

$$q = k\vartheta = mv/\hbar\vartheta \tag{148,12}$$

(der erste Summand im Radikanden in (148,10) kann gegenüber dem zweiten weggelassen werden). Demzufolge hängt q in diesem Winkelbereich nicht vom Energieübertrag ab. Für $\vartheta \ll 1$ kann die Größe q groß oder klein gegenüber $1/a_0$ sein (a_0 ist von der Größenordnung der Atomabmessungen). Unter der gleichen Voraussetzung über den Energieübertrag haben wir

$$qa_0 \sim 1 \quad \text{für} \quad \vartheta \sim v_0/v \,. \tag{148,13}$$

Wir wenden uns jetzt wieder der Untersuchung der allgemeinen Formel (148,9) zu und betrachten den Fall kleiner q ($qa_0 \ll 1$, d. h. $\vartheta \ll v_0/v$).

In diesem Falle kann man die Exponentialfaktoren nach Potenzen von $\boldsymbol{q}$ entwickeln: $\mathrm{e}^{-i\boldsymbol{q}\boldsymbol{r}_a} \approx 1 - i\boldsymbol{q}\boldsymbol{r}_a = 1 - iqx_a$ (x-Achse in Richtung des Vektors $\boldsymbol{q}$). Setzen wir diese Entwicklung in (148,9) ein, dann ergeben die Glieder mit 1 wegen der

Orthogonalität der Wellenfunktionen ψ_0 und ψ_n Null, und wir erhalten

$$d\sigma_n = 8\pi \left(\frac{e}{\hbar v}\right)^2 \frac{dq}{q} |\langle n| d_x |0\rangle|^2 = \left(\frac{2e}{\hbar v}\right)^2 |\langle n| d_x |0\rangle|^2 \frac{do}{\vartheta^2}, \quad (148,14)$$

$d_x = e \sum x_a$ ist die Komponente des Dipolmomentes des Atoms. Der Streuquerschnitt (für kleine q) wird also durch das Betragsquadrat des Matrixelementes des Dipolmomentes für den Übergang bestimmt, der der Änderung des Atomzustandes entspricht.[1]

Es kann aber auch sein, daß das Matrixelement des Dipolmomentes für den betreffenden Übergang auf Grund von Auswahlregeln identisch verschwindet (verbotener Übergang). Dann hat man die Entwicklung von exp $(-i\boldsymbol{q}\boldsymbol{r}_a)$ bis zum nächsten Glied zu verwenden, und wir bekommen

$$d\sigma_n = 2\pi \left(\frac{e^2}{\hbar v}\right)^2 \left|\left\langle n \left| \sum_a x_a^2 \right| 0 \right\rangle\right|^2 q\, dq. \quad (148,15)$$

Jetzt betrachten wir den entgegengesetzten Grenzfall großer q $(qa_0 \gg 1)$. Große q bedeuten, daß auf das Atom ein Impuls groß gegenüber dem Eigenimpuls der Atomelektronen vor dem Stoß übertragen wird. Es ist physikalisch von vornherein klar, daß man in diesem Falle die Atomelektronen als freie Elektronen ansehen kann und den Stoß mit dem Atom als elastischen Stoß des einlaufenden Elektrons mit den vor dem Stoß ruhenden Atomelektronen. Das ist auch aus der allgemeinen Formel (148,9) zu erkennen. Für große q enthält der Integrand im Matrixelement die rasch oszillierenden Faktoren exp $(-i\boldsymbol{q}\boldsymbol{r}_a)$, und das Integral ist nur dann nicht nahezu Null, wenn ψ_n den gleichen Faktor enthält. Eine derartige Funktion ψ_n entspricht einem ionisierten Atom mit einem Elektron, das aus dem Atom mit dem Impuls $-\hbar\boldsymbol{q} = \boldsymbol{p} - \boldsymbol{p}'$ herausfliegt. Dieser Impuls wird einfach durch den Impulssatz bestimmt, als handele es sich dabei um den Stoß zweier freier Elektronen.

Bei einem Stoß mit großer Impulsübertragung können beide Elektronen (das einlaufende und das Atomelektron) schließlich betragsmäßig große Geschwindigkeiten erhalten. In diesem Zusammenhang werden die in der allgemeinen Formel (148,9) nicht berücksichtigten Austauscheffekte wesentlich, die mit der Identität der stoßenden Teilchen zusammenhängen. Der Streuquerschnitt schneller Elektronen wird unter Berücksichtigung des Austausches durch die Formel (137,9) gegeben. Diese Formel gilt in dem Koordinatensystem, in dem ein Elektron vor dem Stoß ruht. Für schnelle Elektronen kann man den Kosinus im letzten Summanden in (137,9) durch 1 ersetzen. Ferner multiplizieren wir mit der Elektronenzahl Z im Atom und erhalten den Streuquerschnitt beim Stoß eines Elektrons mit einem Atom in der Form

$$d\sigma = 4Z \left(\frac{e^2}{mv^2}\right)^2 \left(\frac{1}{\sin^4\vartheta} + \frac{1}{\cos^4\vartheta} - \frac{1}{\sin^2\vartheta\cos^2\vartheta}\right) \cos\vartheta\, do. \quad (148,16)$$

In dieser Formel drückt man den Streuwinkel zweckmäßig durch diejenige Energie aus, die die Elektronen nach dem Stoß erhalten haben. Bekanntlich ist die Energie der Teilchen beim Stoß eines Teilchens mit der Energie $E = mv^2/2$ mit einem ruhenden

---

[1]) Normalerweise ist der Streuquerschnitt $d\sigma_n$ physikalisch interessant, nachdem er über alle Richtungen des Drehimpulses des Atoms im Endzustand summiert und über die Richtungen des Drehimpulses im Anfangszustand gemittelt worden ist. Nach dieser Summation und Mittelung ist das Quadrat $|\langle n| d_x |0\rangle|^2$ nicht mehr von der Richtung der x-Achse abhängig.

Teilchen derselben Masse nach dem Stoß gleich $\varepsilon = E \sin^2 \vartheta$, $E - \varepsilon = E \cos^2 \vartheta$. Um den Streuquerschnitt bezogen auf das Element $d\varepsilon$ zu erhalten, drücken wir do durch $d\varepsilon$ über die Beziehung $\cos\vartheta \, do = 2\pi \cos\vartheta \sin\vartheta \, d\vartheta = (\pi/E) \, d\varepsilon$ aus. Einsetzen in (148,16) ergibt die Endformel

$$d\sigma_\varepsilon = \pi Z e^4 \left[\frac{1}{\varepsilon^2} + \frac{1}{(E-\varepsilon)^2} - \frac{1}{\varepsilon(E-\varepsilon)}\right] \frac{d\varepsilon}{E}. \qquad (148,17)$$

Wenn eine der Energien ε oder $E - \varepsilon$ klein gegenüber der anderen ist, dann ist von den drei Summanden in dieser Formel nur einer wesentlich (der erste oder der zweite). Das entspricht der Tatsache, daß bei einer großen Differenz zwischen den Energien der beiden Elektronen der Austauscheffekt unwesentlich ist, und wir müssen einfach zur RUTHERFORDschen Streuformel zurück gelangen.[1])

Integrieren wir den differentiellen Streuquerschnitt über alle Winkel (oder über dq, was dasselbe ist), so erhalten wir den totalen Streuquerschnitt σ_n für Stöße unter Anregung des betreffenden Atomzustandes. Die Abhängigkeit von σ_n von der Geschwindigkeit des einlaufenden Elektrons hängt wesentlich damit zusammen, ob das Matrixelement des Dipolmomentes des Atoms für den betreffenden Übergang von Null verschieden ist oder nicht. Wir nehmen zunächst an, daß dieses Element von Null verschieden sei. Der Streuquerschnitt $d\sigma_n$ wird dann für kleine q durch die Formel (148,14) gegeben, und wir sehen, daß das Integral über dq mit abnehmendem q logarithmisch divergiert. Im Bereich großer q nimmt der Streuquerschnitt (bei gegebener Energieübertragung $E_n - E_0$) exponentiell mit wachsendem q ab, weil der bereits erwähnte rasch oszillierende Faktor im Integranden des Matrixelementes in (148,9) vorkommt. Der Bereich kleiner q spielt also die Hauptrolle im Integral über dq, und wir können uns auf die Integration vom Minimalwert $q_{\min}$ (148,11) bis zu einem Wert $\sim 1/a_0$ beschränken. Als Ergebnis erhalten wir

$$\sigma_n = 8\pi \left(\frac{e}{\hbar v}\right)^2 |\langle n| \, d_x \, |0\rangle|^2 \ln\left(\beta_n \frac{v\hbar}{e^2}\right), \qquad (148,18)$$

β_n ist darin eine dimensionslose Konstante, die nicht allgemein berechnet werden kann.[2])

Wenn das Matrixelement des Dipolmomentes für den betreffenden Übergang verschwindet, dann konvergiert das Integral über dq sowohl für kleine (wie aus (148,15) ersichtlich) als auch für große q. In diesem Falle ist der Bereich $q \sim 1/a_0$ ausschlaggebend für das Integral. Eine allgemeine quantitative Formel kann hier nicht hergeleitet werden, und wir können nur schließen, daß σ_n umgekehrt proportional zum Quadrat der Geschwindigkeit sein wird:

$$\sigma_n = \frac{\text{const}}{v^2}. \qquad (148,19)$$

Das folgt unmittelbar aus der allgemeinen Formel (148,9), nach der $d\sigma_n$ für $q \sim 1/a_0$ proportional zu v^{-2} ist.

---

[1]) Für den Stoß eines Positrons mit einem Atom gibt es überhaupt keinen Austauscheffekt, und die RUTHERFORDsche Streuformel $d\sigma_\varepsilon = (\pi Z e^4/E) \, d\varepsilon/\varepsilon^2$ gilt für alle $q \gg 1/a_0$.

[2]) Wir nehmen an, daß $E_n - E_0$ von der Größenordnung der Energie ε_0 der Atomelektronen ist. Für große Energieübertragungen ($E_n - E_0 \sim E \gg \varepsilon_0$) sind die Formeln (148,14) und (148,18) sowieso unbrauchbar, da das Matrixelement des Dipolmomentes sehr klein wird und man sich nicht auf das erste Glied in der Entwicklung nach q beschränken darf.

Wir wollen den Streuquerschnitt $d\sigma_{\text{in}}$ der inelastischen Streuung in ein gegebenes Raumwinkelelement unabhängig davon berechnen, in welchen Zustand das Atom übergeht. Dazu müssen wir den Ausdruck (148,9) über alle $n \neq 0$ summieren, d. h. über alle Atomzustände (sowohl des diskreten als auch des kontinuierlichen Spektrums) mit Ausnahme des Grundzustandes. Wir schließen aus unserer Betrachtung den Bereich großer und auch ganz kleiner Winkel aus und werden $1 \gg \vartheta \gg (v_0/v)^2$ annehmen. Dann ist nach (148,12) q unabhängig von der übertragenen Energie.[1])

Der letzte Umstand ermöglicht, den totalen Streuquerschnitt für die inelastischen Stöße leicht zu berechnen, d. h. die Summe

$$d\sigma_r = \sum_{n\neq 0} d\sigma_n = 8\pi\left(\frac{e^2}{\hbar v}\right)^2 \sum_{n\neq 0}\left|\left\langle n\left|\sum_a e^{-iqr_a}\right|0\right\rangle\right|^2 \frac{dq}{q^3}$$
$$= \left(\frac{2e^2}{mv^2}\right)^2 \sum_{n\neq 0}\left|\left\langle n\left|\sum_a e^{-iqr_a}\right|0\right\rangle\right|^2 \frac{do}{\vartheta^4}. \tag{148,20}$$

Nach der Multiplikationsvorschrift für Matrizen haben wir für eine beliebige Größe f

$$\sum_n |f_{0n}|^2 = \sum_n f_{0n}(f_{0n})^* = \sum_n f_{0n}(f^+)_{n0} = f(f^+)_{00}\,.$$

Hier wird über alle n einschließlich $n = 0$ summiert, deshalb ist

$$\sum_{n\neq 0} |f_{0n}|^2 = \sum_n |f_{0n}|^2 - |f_{00}|^2 = (ff^+)_{00} - |f_{00}|^2\,. \tag{148,21}$$

Wir wenden diese Beziehung auf $f = \sum e^{-iqr_a}$ an und erhalten

$$d\sigma_r = \left(\frac{2e^2}{mv^2}\right)^2 \left\{\left\langle\left|\sum_a e^{-iqr_a}\right|^2\right\rangle - \left|\left\langle\sum_a e^{-iqr_a}\right\rangle\right|^2\right\}\frac{do}{\vartheta^4}, \tag{148,22}$$

$\langle\ldots\rangle$ bedeutet die Mittelung über den Grundzustand des Atoms (d. h. die Bildung des Diagonalelementes 00). Der Mittelwert $\langle\sum e^{-iqr_a}\rangle$ ist nach Definition der Atomformfaktor $F(q)$ des Atoms im Grundzustand. Im ersten Summanden in der geschweiften Klammer kann man schreiben

$$\left|\sum_{a=1}^{Z} e^{-iqr_a}\right|^2 = Z + \sum_{a\neq b} e^{iq(r_a - r_b)}\,.$$

Somit finden wir die allgemeine Formel

$$d\sigma_r = \left(\frac{2e^2}{mv^2}\right)^2 \left\{Z - F^2(q) + \left\langle\sum_{a\neq b} e^{iq(r_a-r_b)}\right\rangle\right\}\frac{do}{\vartheta^4}\,. \tag{148,23}$$

Diese Formel vereinfacht sich für kleine q stark, weil man dann nach Potenzen von q entwickeln kann ($v_0/v \ll qa_0 \ll 1$, was Winkeln $(v_0/v)^2 \ll \vartheta \ll v_0/v$ entspricht). Anstatt in der Formel (148,23) zu entwickeln, ist es zweckmäßiger, über n neu zu summieren und dabei für $d\sigma_n$ den Ausdruck (148,14) zu benutzen. Wir summieren mit Hilfe der Beziehung (148,21) mit $f = d_x$, denken daran, daß $\langle d_x\rangle = 0$ ist, und erhalten

$$d\sigma_r = \left(\frac{2e}{\hbar v}\right)^2 \langle d_x^2\rangle \frac{do}{\vartheta^2}\,. \tag{148,24}$$

[1]) In (148,9) wird auch über die Zustände mit $E_n - E_0 \gg \varepsilon_0$ summiert, für die (148,12) nicht gilt. Aber für Übergänge mit einer großen Energieübertragung wird der Wirkungsquerschnitt relativ klein, und diese Glieder spielen nur eine geringe Rolle in der Summe. Die Bedingung $\vartheta \ll 1$ erlaubt, Austauscheffekte außer acht zu lassen.

Es ist interessant, diesen Ausdruck mit dem Streuquerschnitt (139,5) für die elastische Streuung bei kleinen Winkeln zu vergleichen. Während letzterer unabhängig von ϑ ist, wächst der Streuquerschnitt für die inelastische Streuung in das Raumwinkelelement do mit abnehmendem ϑ wie $1/\vartheta^2$.

Für Winkel $1 \gg \vartheta \gg v_0/v$ (so daß $qa_0 \gg 1$ ist) sind der zweite und der dritte Summand in der geschweiften Klammer in (148,23) klein, und wir haben einfach

$$d\sigma_r = Z\left(\frac{2e^2}{mv^2}\right)^2 \frac{do}{\vartheta^4}, \tag{148,25}$$

d. h. die RUTHERFORD-Streuung an Z Atomelektronen (ohne Berücksichtigung des Austausches). Wir erinnern daran, daß der differentielle Streuquerschnitt der elastischen Streuung (139,6) proportional zu Z^2 und nicht zu Z ist.

Schließlich integrieren wir über die Winkel und erhalten den totalen Streuquerschnitt σ_r für die inelastische Streuung in alle Winkel und mit allen Anregungen des Atoms. In genau derselben Weise wie bei der Berechnung von σ_n (148,18) erhalten wir

$$\sigma_r = 8\pi\left(\frac{e}{\hbar v}\right)^2 \langle d_x^2\rangle \ln\left(\beta \frac{v\hbar}{e^2}\right). \tag{148,26}$$

Aufgaben[1])

1. Man berechne die Winkelverteilung (für $1 \gg \vartheta \gg v^{-2}$) für die inelastische Streuung schneller Elektronen an einem Wasserstoffatom (im Grundzustand)!

Lösung. Für ein Wasserstoffatom tritt der dritte Summand in der geschweiften Klammer in (148,23) nicht auf, und der Atomformfaktor $F(q)$ ist in der Aufgabe zu § 139 ausgerechnet worden. Wir setzen ihn ein und bekommen

$$d\sigma_r = \frac{4}{v^4\vartheta^4}\left[1 - \left(1 + \frac{v^2\vartheta^2}{4}\right)^{-4}\right] do .$$

2. Es ist der differentielle Streuquerschnitt bei Stößen von Elektronen mit einem Wasserstoffatom im Grundzustand zu berechnen, wenn bei diesen Stößen das n-te Niveau des diskreten Spektrums angeregt wird (n ist die Hauptquantenzahl).

Lösung. Die Matrixelemente werden zweckmäßig in parabolischen Koordinaten berechnet. Als z-Achse wählen wir die q-Richtung, dann ist $e^{i\mathbf{qr}} = e^{iqz} = e^{iq(\xi-\eta)/2}$. Die Wellenfunktion des Grundzustandes hat die Gestalt $\psi_{000} = \pi^{-1/2}\, e^{-(\xi+\eta)/2}$. Die Matrixelemente sind nur für den Übergang in Zustände mit $m = 0$ von Null verschieden. Die Wellenfunktionen dieser Zustände sind die Funktionen

$$\psi_{n_1 n_2 0} = \frac{1}{\sqrt{\pi}\, n^2}\, e^{-\frac{\xi+\eta}{2n}} F\left(-n_1, 1, \frac{\xi}{n}\right) F\left(-n_2, 1, \frac{\eta}{n}\right)$$

($n = n_1 + n_2 + 1$). Die gesuchten Matrixelemente werden durch die Integrale

$$\langle n_1 n_2 0 |e^{i\mathbf{qr}}| 000\rangle = \int_0^\infty\!\!\int e^{i\frac{q}{2}(\xi-\eta)}\, \psi_{000}\psi_{n_1n_20}\, \frac{(\xi+\eta)}{4}\, 2\pi\, d\xi\, d\eta$$

gegeben. Die Integration erfolgt mit Hilfe der in § f der mathematischen Ergänzungen abgeleiteten Formeln. Als Ergebnis der Rechnung bekommen wir

$$|\langle n_1 n_2 0|\, e^{i\mathbf{qr}}\, |000\rangle|^2 = 2^8 n^6 q^2 \frac{[(n-1)^2 + (qn)^2]^{n-3}}{[(n+1)^2 + (qn)^2]^{n+3}} [(n_1 - n_2)^2 + (qn)^2] .$$

---

[1]) In allen Aufgaben benutzen wir atomare Einheiten.

Alle Zustände mit gleichen $n_1 + n_2 = n - 1$ haben die gleiche Energie. Wir summieren über alle möglichen Werte von $n_1 - n_2$ bei gegebenem n, setzen das Ergebnis in (148,9) ein und erhalten den gesuchten Streuquerschnitt

$$d\sigma_n = \frac{2^{11}\pi}{v^2} n^7 \left[\frac{n^2 - 1}{3} + (qn)^2\right] \frac{[(n-1)^2 + (qn)^2]^{n-3}}{[(n+1)^2 + (qn)^2]^{n+3}} \frac{dq}{q}.$$

3. Man berechne den totalen Streuquerschnitt für die Anregung des ersten angeregten Zustandes eines Wasserstoffatoms!

Lösung. Es ist

$$d\sigma_2 = \frac{2^8\pi}{v^2} \frac{dq}{q(q^2 + 9/4)^5}$$

über alle q von $q_{\min} = (E_2 - E_1)/v = 3/8v$ bis $q_{\max} = 2v$ zu integrieren. Dabei brauchen nur die Glieder mit der kleinsten Potenz in v mitgenommen zu werden. Die Integration ist elementar und ergibt[1])

$$\sigma_2 = \frac{2^{18}\pi}{3^{10}v^2}\left(\ln 4v - \frac{25}{24}\right) = \frac{4\pi}{v^2} \cdot 0{,}555 \ln \frac{v^2}{0{,}50}.$$

4. Es ist der Ionisierungsquerschnitt für ein Wasserstoffatom (im Grundzustand) zu berechnen, wenn das Sekundärelektron in einer bestimmten Richtung herausgeschlagen wird. Die Energie des Sekundärelektrons sei klein gegenüber der Energie des Primärelektrons, und deshalb sind Austauscheffekte unwesentlich (H. MASSEY, C. MOHR, 1933).

Lösung. Die Wellenfunktion des Atoms im Anfangszustand ist $\psi_0 = \pi^{-1/2} e^{-r}$. Im Endzustand ist das Atom ionisiert, und das herausgeschlagene Sekundärelektron hat einen Wellenzahlvektor, den wir mit $\varkappa$ bezeichnen wollen (und die Energie $\varkappa^2/2$). Dieser Zustand wird durch die Funktion $\psi_{\varkappa}^{(-)}$ (136,9) beschrieben, in der der „auslaufende" Teil (im Unendlichen) nur aus einer in $\varkappa$-Richtung fortschreitenden ebenen Welle besteht. Die Funktion $\psi_{\varkappa}^{(-)}$ ist auf eine δ-Funktion im $\varkappa/2\pi$-Raum normiert. Der damit berechnete Streuquerschnitt ist deshalb auf $d^3\varkappa/(2\pi)^3$ oder auf $\varkappa^2\, d\varkappa\, do_{\varkappa}\, /(2\pi)^3$ bezogen, wobei $do_{\varkappa}$ das Raumwinkelelement zur Richtung des Sekundärelektrons ist. So erhalten wir

$$d\sigma = \frac{4k'\varkappa^2}{(2\pi)^3 kq^4} |\langle \boldsymbol{\varkappa} | e^{-i\boldsymbol{qr}} | 0\rangle|^2 \, do\, do_{\varkappa}\, d\varkappa$$

(do ist das Raumwinkelelement für das gestreute Elektron), darin sind

$$\langle \boldsymbol{\varkappa} | e^{-i\boldsymbol{qr}} | 0\rangle = \int \psi_{\varkappa}^{(-)*} e^{-i\boldsymbol{qr}} \psi_0 \, dV = \frac{e^{-\pi/2\varkappa}\,\Gamma(1 - i/\varkappa)}{\pi^{1/2}} I,$$

$$I = \left\{-\frac{\partial}{\partial\lambda}\int \exp(-i\boldsymbol{qr} - i\varkappa r - \lambda r)\, F\left(\frac{i}{\varkappa}, 1, i(\varkappa r + \boldsymbol{\varkappa r})\right)\frac{dV}{r}\right\}_{\lambda=1}.$$

Wir führen die Integration in parabolischen Koordinaten mit der z-Achse in $\boldsymbol{\varkappa}$-Richtung und dem Winkel φ in der $(\boldsymbol{q}, \boldsymbol{\varkappa})$-Ebene aus:

$$I = \left\{-\frac{1}{2}\frac{\partial}{\partial\lambda}\int_0^\infty\int_0^\infty\int_0^{2\pi} \exp\left\{-\frac{i}{2}q(\xi - \eta)\cos\gamma + iq\sqrt{\xi\eta}\sin\gamma\cos\varphi - \frac{\lambda}{2}(\xi + \eta) - \frac{i}{2}\varkappa(\xi - \eta)\right\} F\left(\frac{i}{\varkappa}, 1, i\varkappa\xi\right) d\varphi\, d\xi\, d\eta\right\}_{\lambda=1}$$

---

[1]) Der Wirkungsquerschnitt kann auch für beliebiges n berechnet werden. Durch numerische Rechnung kann man auch den totalen Streuquerschnitt für die inelastische Streuung an einem Wasserstoffatom erhalten: $\sigma_r = \frac{4\pi}{v^2} \ln \frac{v^2}{0{,}160}$. Darin sind Stöße, die zu einer Anregung von Zuständen des diskreten Spektrums bzw. zu einer Ionisierung führen, mit den Anteilen

$$\sigma_{\text{Anr}} = \frac{4\pi}{v^2} \cdot 0{,}715 \ln \frac{v^2}{0{,}45}, \quad \text{bzw.} \quad \sigma_{\text{Ion}} = \frac{4\pi}{v^2} \cdot 0{,}285 \ln \frac{v^2}{0{,}012}$$

enthalten.

(γ ist der Winkel zwischen $\boldsymbol{\varkappa}$ und $\boldsymbol{q}$). Die Integration über $d\varphi\, d\eta$ ist mit der Substitution $\sqrt{\eta}\cos\varphi = u$, $\sqrt{\eta}\sin\varphi = v$ leicht zu bewältigen, und danach ergibt sich

$$\frac{1}{2\pi} = \left\{\frac{\partial}{\partial\lambda}\int\limits_0^\infty \exp\left\{\frac{-q^2\sin^2\gamma + \lambda^2 + (\varkappa + q\cos\gamma)^2}{2[i(\varkappa + q\cos\gamma) - \lambda]}\,\xi\right\}\frac{F(i/\varkappa,\, 1,\, i\varkappa\xi)\, d\xi}{[i(\varkappa + q\cos\gamma) - \lambda]}\right\}_{\lambda=1}.$$

Das hier enthaltene Integral wird nach Formel (f, 3) mit $\gamma = 1$ und $n = 0$ berechnet.

Die weiteren Rechnungen sind langwierig, aber elementar und ergeben als Resultat folgenden Ausdruck für den Streuquerschnitt:

$$d\sigma = \frac{2^8 k'\varkappa[q^2 + 2q\varkappa\cos\gamma + (\varkappa^2 + 1)\cos^2\gamma]}{\pi k q^2[q^2 + 2q\varkappa\cos\gamma + 1 + \varkappa^2]^4\,[(q + \varkappa)^2 + 1]\,[(q - \varkappa)^2 + 1]\,(1 - e^{-2\pi/\varkappa})}$$
$$\times \exp\left(-\frac{2}{\varkappa}\operatorname{arctg}\frac{2\varkappa}{q^2 - \varkappa^2 + 1}\right) do\, do_\varkappa\, d\varkappa\,.$$

Die Integration über die Winkel, in die das Sekundärelektron emittiert wird, ist elementar auszuführen und ergibt für die Verteilung über die Richtungen bei gegebener Energie $\varkappa^2/2$ des emittierten Elektrons

$$d\sigma = \frac{2^{10}k'\varkappa}{kq^2}\,\frac{\left[q^2 + \frac{1}{3}(1 + \varkappa^2)\right]\exp\left(-\frac{2}{\varkappa}\operatorname{arctg}\frac{2\varkappa}{q^2 - \varkappa^2 + 1}\right)}{[(q + \varkappa)^2 + 1]^3\,[(q - \varkappa)^2 + 1]^3\,(1 - e^{-2\pi/\varkappa})}\, do\, d\varkappa\,.$$

Für $q \gg 1$ hat dieser Ausdruck ein scharfes Maximum bei $\varkappa \approx q$. In der Nähe des Maximums ist

$$d\sigma = \frac{2^5}{3\pi\varkappa^4}\,\frac{d\varkappa\, do}{[1 + (q - \varkappa)^2]^3}\,.$$

Wir integrieren über $do = 2\pi q\, dq/k^2 \approx (2\pi\varkappa/k^2)\, d(q - \varkappa)$ und erhalten den Ausdruck $8\pi\, d\varkappa/k^2\varkappa^3$, der, wie es sein muß, mit dem ersten Summanden in Formel (148,17) übereinstimmt.

§ 149. Die effektive Abbremsung

Bei den Anwendungen der Theorie der Stöße hat die Berechnung des mittleren Energieverlustes der stoßenden Teilchen eine große Bedeutung. Man gibt diesen Verlust zweckmäßig durch die Größe

$$d\varkappa = \sum_n (E_n - E_0)\, d\sigma_n \tag{149,1}$$

an, die wir als (differentielle) *effektive Abbremsung* bezeichnen werden. Die Summation erfolgt selbstverständlich über die Zustände sowohl des diskreten als auch des kontinuierlichen Spektrums. $d\varkappa$ ist auf die Streuung in ein gegebenes Raumwinkelelement bezogen.[1])

Die allgemeine Formel für die effektive Abbremsung schneller Elektronen hat die Gestalt

$$d\varkappa = 8\pi\left(\frac{e^2}{\hbar v}\right)^2 \sum_n (E_n - E_0)\left|\left\langle n\left|\sum_a e^{-i\boldsymbol{q}\boldsymbol{r}_a}\right|0\right\rangle\right|^2\frac{dq}{q^3} \tag{149,2}$$

($d\sigma_n$ aus (148,9)). Den Bereich ganz kleiner Winkel schließen wir wie bei der Herleitung von (148,23) aus unserer Betrachtung aus, und wir nehmen wieder $1 \gg \vartheta$

---

[1]) Beim Durchgang eines Elektrons durch ein Gas ist die Streuung an den verschiedenen Atomen unabhängig voneinander, und die Größe $N\, d\varkappa$ (N ist die Zahl der Atome pro Volumeneinheit des Gases) ist die vom Elektron pro Längeneinheit bei Stößen, die es in das betreffende Raumwinkelelement ablenken, verlorene Energie.

$\gg (v_0/v)^2$ an. q ist dann unabhängig von der übertragenen Energie, und die Summe über n kann allgemein berechnet werden.

Die Summe wird mit Hilfe einer Summenregel ausgeführt, die folgendermaßen hergeleitet wird. Die Matrixelemente einer Größe f (Funktion der Koordinaten) und deren Zeitableitung $\dot{f}$ hängen über die Formel

$$(\dot{f})_{0n} = -\frac{i}{\hbar}(E_n - E_0)\, f_{0n} \tag{149,3}$$

miteinander zusammen. Wir haben daher

$$\sum_n (E_n - E_0)\,|f_{0n}|^2 = \sum_n (E_n - E_0)\, f_{0n}(f_{0n})^* = \sum_n (E_n - E_0)\, f_{0n}(f^+)_{n0}$$
$$= i\hbar \sum_n (\dot{f})_{0n}\, f(^+)_{n0} = i\hbar(\dot{f}f^+)_{00}\,.$$

Die Wellenfunktionen der stationären Atomzustände können reell gewählt werden. Die Matrixelemente der Koordinatenfunktion f hängen dann über die Beziehungen $f_{0n} = f_{n0}$ miteinander zusammen, und für die Matrixelemente (149,3) haben wir entsprechend $(\dot{f})_{0n} = -(\dot{f})_{n0}$. Deshalb kann man die betrachtete Summe auch in der Form

$$-i\hbar \sum_n (f^+)_{0n}\,(\dot{f})_{n0} = -i\hbar(f^+\dot{f})_{00}$$

schreiben. Wir bilden die halbe Summe der beiden Ausdrücke und erhalten die gesuchte Summenregel

$$\sum_n (E_n - E_0)\,|f_{0n}|^2 = \frac{i\hbar}{2}(\dot{f}f^+ - f^+\dot{f})_{00}\,. \tag{149,4}$$

Wir wenden diese Summenregel auf die Größe $f = \sum_a e^{-i\boldsymbol{q}\boldsymbol{r}_a}$ an. Nach (19,2) wird die Zeitableitung durch den Operator

$$\hat{\dot{f}} = -\frac{\hbar}{2m}\sum_a \left[e^{-i\boldsymbol{q}\boldsymbol{r}_a}(\boldsymbol{q}\nabla_a) + (\boldsymbol{q}\nabla_a)\, e^{-i\boldsymbol{q}\boldsymbol{r}_a}\right]$$

dargestellt. Direkte Rechnung ergibt

$$\hat{\dot{f}}\hat{f}^+ - \hat{f}^+\hat{\dot{f}} = -\frac{i\hbar}{m}q^2 Z\,.$$

Wir setzen das in (149,4) ein und gelangen zu der Formel

$$\sum_n \frac{2m}{\hbar^2 q^2}(E_n - E_0)\left|\left\langle n \middle| \sum_a e^{-i\boldsymbol{q}\boldsymbol{r}_a} \middle| 0\right\rangle\right|^2 = Z\,, \tag{149,5}$$

die die erforderliche Summation realisiert.[1])

Somit erhalten wir für die differentielle effektive Abbremsung die Formel

$$d\varkappa = 4\pi\frac{Ze^4}{mv^2}\frac{dq}{q} = \frac{2Ze^4}{mv^2}\frac{do}{\vartheta^2}\,. \tag{149,6}$$

Der Anwendungsbereich dieser Formel wird durch die Beziehung $(v_0/v)^2 \ll \vartheta \ll 1$ eingeschränkt, d. h. durch $v_0/v \ll a_0 q \ll v/v_0$.

Ferner wollen wir die totale effektive Abbremsung $\varkappa(q_1)$ für alle Stöße berechnen, bei denen die Impulsübertragung nicht größer als ein bestimmter Wert q_1 ist, für den

---

[1]) Bei der Ableitung dieser Beziehung haben wir nirgends die Tatsache verwendet, daß der mit dem Index 0 bezeichnete Zustand der Grundzustand des Atoms ist. Daher gilt sie für einen beliebigen Anfangszustand.

$v_0/v \ll a_0 q_1 \ll v/v_0$ gilt:

$$\varkappa(q_1) = \sum_n \int_{q_{\min}}^{q_1} (E_n - E_0)\, d\sigma_n\ ; \tag{149,7}$$

$q_{\min}$ wird durch die Formel (148,11) gegeben. Man darf Integration und Summation nicht vertauschen, weil $q_{\min}$ von n abhängt.

Wir teilen den Integrationsbereich in zwei Teile ein: von $q_{\min}$ bis q_0 und von q_0 bis q_1, wobei q_0 ein solcher q-Wert ist, daß $v_0/v \ll q_0 a_0 \ll 1$ gilt. Wir können dann im ganzen Integrationsbereich von $q_{\min}$ bis q_0 für $d\sigma_n$ den Ausdruck (148,14) verwenden:

$$\varkappa(q_0) = 8\pi \left(\frac{e}{\hbar v}\right)^2 \sum_n |\langle n|\, d_x\, |0\rangle|^2\, (E_n - E_0) \int_{q_{\min}}^{q_0} \frac{dq}{q}\,,$$

hieraus ergibt sich

$$\varkappa(q_0) = 8\pi \left(\frac{e}{\hbar v}\right)^2 \sum_n |\langle n|\, d_x\, |0\rangle|^2\, (E_n - E_0) \ln \frac{q_0 \hbar v}{E_n - E_0}\,. \tag{149,8}$$

Im Bereich von q_0 bis q_1 kann man zuerst über n summieren und gelangt zum Ausdruck (149,6) für $d\varkappa$. Nach der Integration über dq ergibt sich daraus

$$\varkappa(q_1) - \varkappa(q_0) = 4\pi \frac{Ze^4}{mv^2} \ln \frac{q_1}{q_0}\,. \tag{149,9}$$

Zur Umformung der erhaltenen Ausdrücke benutzen wir die Summenregel, die sich aus der Formel (149,4) ergibt, wenn man darin setzt:

$$\hat{f} = \frac{d_x}{e} = \sum_a x_a\,, \qquad \dot{\hat{f}} = \frac{1}{m} \sum_a \hat{p}_{xa}\,.$$

Die Vertauschung von $\hat{f}^+$ mit $\dot{\hat{f}}$ ergibt ($\hat{f}^+$ ist im vorliegenden Falle gleich $\hat{f}$) $\dot{\hat{f}}\hat{f}^+ - \hat{f}^+\dot{\hat{f}} = -\frac{i\hbar}{m} Z$, so daß gilt[1])

$$\sum_n N_{0n} \equiv \sum_n \frac{2m}{(e\hbar)^2} (E_n - E_0)\, |\langle n|\, d_x\, |0\rangle|^2 = Z\,. \tag{149,10}$$

Die Größen N_{0n} werden als *Oszillatorstärken* der betreffenden Übergänge bezeichnet.

Wir führen eine mittlere Energie I des Atoms nach

$$\ln I = \frac{\sum_n N_{0n} \ln (E_n - E_0)}{\sum_n N_{0n}} = \frac{1}{Z} \sum_n N_{0n} \ln (E_n - E_0) \tag{149,11}$$

ein. Unter Verwendung von (149,10) kann man die Formel (149,8) umformen in $\varkappa(q_0) = \frac{4\pi Ze^4}{mv^2} \ln \frac{q_0 \hbar v}{I}$. Wir addieren das zu (149,9) und erhalten endgültig

$$\varkappa(q_1) = \frac{4\pi Ze^4}{mv^2} \ln \frac{q_1 \hbar v}{I}\,. \tag{149,12}$$

---

[1]) Auf diese Beziehung trifft dieselbe Bemerkung zu wie auf (149,5).

In dieser Formel ist nur eine für das betreffende Atom charakteristische Konstante enthalten.[1])

Nun drücken wir q_1 über $q_1 = mv\vartheta_1/\hbar$ durch den Streuwinkel ϑ_1 aus und erhalten die effektive Abbremsung bei der Streuung in alle Winkel $\vartheta \leqq \vartheta_1$

$$\varkappa(\vartheta_1) = 4\pi \frac{Ze^4}{mv^2} \ln \frac{mv^2\vartheta_1}{I} . \tag{149,13}$$

Für $q_1 a_0 \gg 1$ (d. h. $\vartheta_1 \gg v_0/v$) kann man $\varkappa$ als Funktion der größten vom einlaufenden Elektron auf das Atom übertragenen Energie darstellen. Im vorhergehenden Paragraphen ist festgestellt worden, daß für $qa_0 \gg 1$ das Atom ionisiert wird; dabei werden praktisch der gesamte Impuls $\hbar \boldsymbol{q}$ und die Energie auf ein Atomelektron übertragen. Deshalb besteht zwischen $\hbar \boldsymbol{q}$ und ε der Zusammenhang wie zwischen Impuls und Energie eines Elektrons, d. h. $\varepsilon = \hbar^2 q^2/2m$. Setzen wir in (149,12) $q_1^2 = 2m\varepsilon_1/\hbar^2$ ein, so erhalten wir die effektive Abbremsung bei Stößen mit einer Energieübertragung $\varepsilon \leqq \varepsilon_1$

$$\varkappa(\varepsilon_1) = \frac{2\pi Ze^4}{mv^2} \ln \frac{2m\varepsilon_1 v^2}{I^2} . \tag{149,14}$$

Zum Schluß fügen wir noch folgende Bemerkung an. Die Energieniveaus des diskreten Spektrums eines Atoms hängen im wesentlichen mit Anregungen eines (äußeren) Elektrons zusammen. Bereits die Anregung zweier Elektronen ist normalerweise an eine Energie geknüpft, die zur Ionisierung des Atoms ausreicht. Deshalb tragen die Übergänge in Zustände des diskreten Spektrums nur einen Bruchteil von der Größenordnung 1 zur Summe der Oszillatorintensitäten bei; die Übergänge mit Ionisierung tragen einen Teil von der Größenordnung Z bei. Bei der Abbremsung (an schweren Atomen) spielen also Stöße mit Ionisierung die Hauptrolle.

Aufgabe

Man berechne die totale effektive Abbremsung eines Elektrons an einem Wasserstoffatom ($I = 0{,}55$ atomare Einheiten). Bei großen Energieübertragungen wird das schnellere der beiden stoßenden Elektronen als das Primärelektron angesehen.

Lösung. Wenn Primär- und Sekundärelektron nach dem Stoß vergleichbare Energien erhalten, hat man den Austauscheffekt zu berücksichtigen. Deshalb hat man für die Abbremsung mit einer Energieübertragung von einem gewissen Wert ε_1 an $(1 \ll \varepsilon_1 \ll v^2)$ bis zum Maximalwert $\varepsilon_{\max} = E/2 = v^2/4$ (nach unserer Definition des Primärelektrons) den Streuquerschnitt (148,17) zu verwenden:

$$\varkappa(\varepsilon_{\max}) - \varkappa(\varepsilon_1) = \frac{\pi}{E} \int\limits_{\varepsilon_1}^{E/2} \varepsilon \left[\frac{1}{\varepsilon^2} + \frac{1}{(E-\varepsilon)^2} - \frac{1}{\varepsilon(E-\varepsilon)}\right] d\varepsilon = \frac{\pi}{E}\left(\ln \frac{E}{8\varepsilon_1} + 1\right).$$

---

[1]) Für Wasserstoff ist $I = 0{,}55\, me^4/\hbar^2 = 14{,}9$ eV. Für große Atome kann man eine gute Genauigkeit erwarten, wenn man die Konstante I nach dem THOMAS-FERMI-Verfahren berechnet. Es ist leicht festzustellen, wie die so berechneten I-Werte von Z abhängen werden. Im quasiklassischen Falle entsprechen den Differenzen zwischen den Energieniveaus die Eigenfrequenzen des Systems. Eine mittlere Eigenfrequenz eines Atoms ist von der Größenordnung v_0/a_0. Wir können deshalb den Schluß $I \sim \hbar v_0/a_0$ ziehen. Die Geschwindigkeiten der Atomelektronen hängen im THOMAS-FERMI-Modell wie $Z^{2/3}$ von Z ab, und die Atomabmessungen wie $Z^{-1/3}$. Wir finden also, daß I proportional zu Z sein muß: $I = \text{const} \cdot Z$. Aus den experimentellen Ergebnissen findet man für die Konstante ~ 10 eV.

Nach Addition zu (149,14) erhalten wir 1)

$$\varkappa = \frac{4\pi}{v^2} \ln\left(\frac{v^2}{2I}\sqrt{\frac{e}{2}}\right) = \frac{4\pi}{v^2} \ln \frac{v^2}{1{,}3}$$

(in atomaren Einheiten).

§ 150. Inelastische Stöße schwerer Teilchen mit Atomen

Die Bedingung für die Brauchbarkeit der BORNschen Näherung bei Stößen schwerer Teilchen mit Atomen ist, durch die Teilchengeschwindigkeit ausgedrückt, dieselbe wie für Elektronen: $v \gg v_0$. Das folgt unmittelbar aus der allgemeinen Bedingung (126,2) für die Brauchbarkeit der Störungstheorie, $Ua_0/\hbar v \ll 1$, wenn man beachtet, daß die Teilchenmasse darin überhaupt nicht enthalten ist und daß $Ua_0/\hbar$ von der Größenordnung der Geschwindigkeit der Atomelektronen ist.

Im System, in dem der Massenmittelpunkt von Atom und Teilchen ruht, wird der Streuquerschnitt durch die allgemeine Formel (148,3) gegeben (in der man jetzt unter m die reduzierte Masse von Teilchen und Atom zu verstehen hat). Zweckmäßiger behandelt man jedoch den Stoß in demjenigen System, in dem das streuende Atom (vor dem Stoß) ruht. Dazu beginnen wir mit der Formel (148,1). Im Ruhsystem des Atoms vor dem Stoß hat das Argument der δ-Funktion, die den Energiesatz ausdrückt, die Gestalt

$$\frac{p'^2}{2M} - \frac{p^2}{2M} + \frac{(\boldsymbol{p}' - \boldsymbol{p})^2}{2M_a} + E_n - E_0\,, \tag{150,1}$$

M ist die Masse des einlaufenden Teilchens, M_a ist die Atommasse. Der dritte Summand ist die kinetische Energie vom Rückstoß des Atoms (der beim Stoß mit einem Elektron ganz vernachlässigt werden kann).

Beim Stoß eines schnellen schweren Teilchens mit einem Atom ist die Impulsänderung des Teilchens fast immer klein gegenüber dessen Anfangsimpuls. Wenn diese Bedingung erfüllt ist, dann kann man im Argument der δ-Funktion die Rückstoßenergie des Atoms vernachlässigen. Wir gelangen dann genau zur Formel (148,3) zurück, in der man nur m durch die Masse M des einlaufenden Teilchens zu ersetzen hat (aber nicht durch die reduzierte Masse von Teilchen und Atom). Da die Impulsübertragung als klein gegenüber dem Anfangsimpuls vorausgesetzt wird, setzen wir $p \approx p'$. So erhalten wir für den Streuquerschnitt im Ruhsystem des Atoms vor dem Stoß die Formel

$$d\sigma_n = \frac{M^2}{4\pi^2\hbar^4}\left|\iint U\,e^{-i\boldsymbol{q}\boldsymbol{r}}\,\psi_n^*\psi_0\,d\tau\,dV\right|^2 do\,. \tag{150,2}$$

Da die Ladung des Teilchens nicht gleich der Elektronenladung zu sein braucht, werden wir ze^2 statt e^2 schreiben, wobei ze die Ladung des einlaufenden Teilchens ist. Die allgemeine Formel für die inelastische Streuung in der Form (148,9),

$$d\sigma_n = 8\pi\left(\frac{ze^2}{\hbar v}\right)^2\left|\left\langle n\left|\sum_a e^{-i\boldsymbol{q}\boldsymbol{r}_a}\right|0\right\rangle\right|^2\frac{dq}{q^3}\,, \tag{150,3}$$

1) Für Stöße eines Positrons mit einem Wasserstoffatom gibt es keinen Austauscheffekt, und die totale Abbremsung ergibt sich einfach, indem man in (149,14) $\varepsilon_{\max} = E = v^2/2$ statt ε_1 einsetzt: $\varkappa = \frac{4\pi}{v^2}\ln\frac{v^2}{0{,}55}$.

enthält die Teilchenmasse nicht. Demzufolge können auch alle daraus resultierenden Formeln auf Stöße schwerer Teilchen angewendet werden, wenn diese Formeln nur durch v und q ausgedrückt werden.

Man kann sich leicht überlegen, wie die Formeln abgeändert werden müssen, die den Streuwinkel ϑ enthalten (den Ablenkwinkel für das mit dem Atom zusammenstoßende schwere Teilchen). Dazu stellen wir zunächst fest, daß bei einem inelastischen Stoß eines schweren Teilchens der Winkel ϑ immer klein ist. Tatsächlich kann man bei einer (gegenüber den Impulsen der Atomelektronen) großen Impulsübertragung den inelastischen Stoß mit dem Atom als elastischen Stoß mit den freien Elektronen ansehen. Aber beim Stoß eines schweren Teilchens mit einem leichten (Elektron) wird das schwere Teilchen nur wenig abgelenkt. Mit anderen Worten, die Impulsübertragung vom schweren Teilchen auf das Atom ist klein gegenüber dem Anfangsimpuls des Teilchens (eine Ausnahme bildet die elastische Streuung in große Winkel, die aber äußerst unwahrscheinlich ist).

Man kann also im ganzen Winkelbereich

$$q = \frac{1}{\hbar}\sqrt{\left(\frac{E_n - E_0}{v}\right)^2 + (Mv\vartheta)^2} \qquad (150,4)$$

setzen (faktisch vereinfacht sich das überall auf

$$q\hbar \approx Mv\vartheta \qquad (150,5)$$

mit Ausnahme lediglich ganz kleiner Winkel). Andererseits haben wir bei der Behandlung der Stöße von Elektronen mit einem Atom (für kleine Winkel)

$$q = \frac{1}{\hbar}\sqrt{\left(\frac{E_n - E_0}{v}\right)^2 + (mv\vartheta)^2}$$

geschrieben. Der Vergleich der beiden Ausdrücke ermöglicht den Schluß, daß die für die Stöße von Elektronen mit Atomen gewonnenen Formeln, in denen Geschwindigkeit und Ablenkwinkel enthalten sind, in die Formeln für Stöße schwerer Teilchen übergehen, indem man überall (auch im Raumwinkelelement $\mathrm{d}o = 2\pi \sin\vartheta\, \mathrm{d}\vartheta \approx 2\pi\vartheta\, \mathrm{d}\vartheta$)

$$\vartheta \to \frac{M}{m}\vartheta \qquad (150,6)$$

ersetzt und die Geschwindigkeit v des einlaufenden Teilchens unverändert läßt. Qualitativ bedeutet das, daß das ganze Bild der Streuung in kleine Winkel (bei gegebener Geschwindigkeit) im Verhältnis m/M zusammengedrückt ist.

Die erhaltenen Regeln gelten auch für die elastische Streuung in kleine Winkel. Wir führen die Substitution (150,6) in der Formel (139,4) mit $\vartheta \ll 1$ aus und erhalten den Streuquerschnitt

$$\mathrm{d}\sigma_e = 8\pi\left(\frac{ze^2}{Mv^2}\right)^2\left[Z - F\left(\frac{Mv\vartheta}{\hbar}\right)\right]^2\frac{\mathrm{d}\vartheta}{\vartheta^3}. \qquad (150,7)$$

Die elastische Streuung schwerer Teilchen in Winkel $\vartheta \ll 1$ ist einfach die Rutherford-Streuung am Atomkern.

Die inelastische Streuung mit Ionisierung des Atoms bei großer Impulsübertragung erfordert eine besondere Behandlung. Anders als bei der Ionisierung durch ein Elektron gibt es hier selbstverständlich keinerlei Austauscheffekte. Für schwere Teilchen ist charakteristisch, daß eine große Impulsübertragung ($qa_0 \gg 1$) keineswegs die Ablenkung um einen großen Winkel bedeutet; ϑ bleibt immer klein. Der Ionisierungsquerschnitt unter Emission eines Elektrons mit einer Energie zwischen ε und $\varepsilon + d\varepsilon$ ergibt sich unmittelbar aus Formel (148,25), die wir in der Form

$$d\sigma_r = 8\pi \left(\frac{ze^2}{\hbar v}\right)^2 Z \frac{dq}{q^3}$$

schreiben. Wir setzen $\hbar^2 q^2/2m = \varepsilon$ (der ganze Impuls $\hbar \boldsymbol{q}$ wird auf ein Atomelektron übertragen) und erhalten

$$d\sigma_\varepsilon = \frac{2\pi Z z^2 e^4}{mv^2} \frac{d\varepsilon}{\varepsilon^2} . \tag{150,8}$$

Bei Stößen schwerer Teilchen mit Atomen sind die integralen effektiven Streuquerschnitte und Abbremsungen besonders interessant. Der totale Streuquerschnitt der inelastischen Streuung wird nach wie vor durch Formel (148,26) gegeben. Die totale effektive Abbremsung ergibt sich, indem man in (149,12) statt q_1 die maximal mögliche Impulsübertragung $q_{\max}$ einsetzt. $q_{\max}$ kann leicht folgendermaßen durch die Teilchengeschwindigkeit ausgedrückt werden. Da $\hbar q_{\max}$ immer noch klein gegenüber dem Anfangsimpuls Mv des Teilchens ist, ist die Energieänderung über die Beziehung $\Delta E = \boldsymbol{v} \cdot \hbar \boldsymbol{q}$ mit der Impulsänderung verknüpft. Andererseits wird diese ganze Energie bei großer Impulsübertragung im wesentlichen auf ein Atomelektron übertragen, und wir haben

$$\varepsilon = \frac{\hbar^2 q^2}{2m} = \hbar \boldsymbol{v}\boldsymbol{q} \leqq \hbar v q .$$

Hieraus bekommen wir $\hbar q \leqq 2mv$, d. h.

$$\hbar q_{\max} = 2mv , \qquad \varepsilon_{\max} = 2mv^2 . \tag{150,9}$$

Der größte Ablenkwinkel für das Teilchen bei inelastischer Streuung ist

$$\vartheta_{\max} = \frac{\hbar q_{\max}}{Mv} = \frac{2m}{M} .$$

Wir setzen (150,9) in (149,12) ein und erhalten für die totale effektive Abbremsung eines schweren Teilchens

$$\varkappa = \frac{4\pi Z z^2 e^4}{mv^2} \ln \frac{2mv^2}{I} . \tag{150,10}$$

§ 151. Neutronenstreuung

Bei einigen physikalischen Problemen der Streutheorie ist es erforderlich, den Einfluß der Eigenbewegung der Streuzentren auf den Streuprozeß zu berücksichtigen. Unter bestimmten Bedingungen ist es möglich, zur Lösung derartiger Probleme eine eigenartige, von FERMI (1936) entwickelte Störungstheorie zu verwenden, obwohl die Störungstheorie an sich für die Streuung an einem einzelnen Zentrum unbrauchbar sein kann. Zu dieser Art von Problemen gehört insbesondere die Streuung langsamer Neutronen an einem System von Atomen, sagen wir, an einem Molekül. Um etwas Bestimmtes vor Augen zu haben, werden wir im folgenden über dieses Problem sprechen.

Die Elektronen streuen die Neutronen praktisch nicht, so daß die ganze Streuung faktisch an den Kernen erfolgt.[1]) Wir wollen die Streuamplitude für einen einzelnen Kern als klein gegenüber dem Atomabstand ansehen. Die Amplitude einer Welle, die an den einzelnen Kernen im Molekül gestreut worden ist, ist dann an den Orten der anderen Kerne klein. Unter diesen Bedingungen ist die Streuamplitude für das Molekül die Summe der Streuamplituden für die einzelnen Kerne.

Die Störungstheorie ist auf den Stoß eines Neutrons mit einem Kern im allgemeinen nicht anwendbar. Obwohl die Reichweite der Kernkräfte klein ist, sind doch die Kräfte innerhalb der Reichweite sehr groß. Es ist aber wesentlich, daß die Streuamplitude für ein langsames Neutron (die Wellenlänge des Neutrons ist groß gegenüber den Kernabmessungen) eine konstante, von der Geschwindigkeit unabhängige Größe ist. f_a sei die Streuamplitude zum a-ten Kern. $|f_a|^2\,do$ ist der differentielle Streuquerschnitt der elastischen Streuung eines Neutrons an einem freien Kern (im zugehörigen Massenmittelpunktsystem).

Die konstante Amplitude kann formal auch aus der Störungstheorie erhalten werden, wenn man die Wechselwirkung zwischen Neutron und Kern als „Punkt"-Wechselwirkung mit der potentiellen Energie

$$U(\boldsymbol{r}) = -\frac{2\pi\hbar^2}{M} f\delta(\boldsymbol{r}) \tag{151,1}$$

beschreibt; M ist dabei die reduzierte Masse von Neutron und Kern. Setzt man diesen Ausdruck in die BORNsche Formel (126,4) ein, so macht die δ-Funktion das Integral zu einer konstanten Größe unabhängig von $\boldsymbol{q}$. Das derart definierte „Feld" $U(\boldsymbol{r})$ wird als *Pseudopotential* bezeichnet. Wir betonen noch einmal, daß das Pseudopotential gerade deshalb eingeführt werden konnte, weil f konstant war. Im allgemeinen Falle beliebiger Neutronenenergie hängt die Streuamplitude von den Impulsen $\boldsymbol{p}$ und $\boldsymbol{p}'$ in Anfangs- und Endzustand einzeln ab und nicht nur von deren Differenz $\boldsymbol{q}$; dagegen kann die in BORNscher Näherung berechnete Amplitude nur von $\boldsymbol{q}$ abhängen.[2])

Führt der streuende Kern eine vorgegebene Bewegung aus (zum Beispiel eine Schwingung im Molekül), dann wird die Wechselwirkung (151,1) bei der Mittelung über diese Bewegung über einen Bereich „verschmiert", dessen Abmessungen im allgemeinen groß gegenüber der Streuamplitude f sind. Für diese „verschmierte" Wechselwirkung ist die Bedingung (126,1) erfüllt, unter der die BORNsche Näherung verwendet werden darf.

Wir werden also die Wechselwirkung zwischen Neutron und Molekül mit dem Pseudopotential

$$U(\boldsymbol{r}) = -2\pi\hbar^2 \sum_a \frac{f_a}{M_a} \delta(\boldsymbol{r} - \boldsymbol{R}_a) \tag{151,2}$$

beschreiben. Es wird darin über alle Kerne im Molekül summiert, $\boldsymbol{R}_a$ sind die Ortsvektoren der Kerne, $\boldsymbol{r}$ ist der Ortsvektor des Neutrons. Wir setzen diesen Ausdruck

[1]) Es wird auch angenommen, daß das Molekül kein magnetisches Moment hat. Anderenfalls gibt es noch einen spezifischen Streueffekt, der mit der Wechselwirkung der magnetischen Momente von Molekül und Neutron zusammenhängt.

[2]) Obwohl das Pseudopotential den richtigen Wert für die Streuamplitude bei formaler Anwendung der Störungstheorie ergibt, bedeutet das keineswegs, daß die Störungstheorie tatsächlich auf dieses Feld angewendet werden darf. Im Gegenteil, für einen Potentialtopf mit der Tiefe U_0, die wie $U_0 a^3 = \text{const}$ gegen unendlich geht (der Radius a des Potentialtopfes geht dabei gegen 0), sind die Bedingungen (126,1) und (126,2) offensichtlich nicht erfüllt.

in die Formel (148,3) der Störungstheorie ein (mit der reduzierten Masse von Molekül und Neutron M_m als m) und erhalten folgende Formel für den Streuquerschnitt der Neutronenstreuung an einem Molekül im zugehörigen Massenmittelpunktsystem:

$$d\sigma_n = M_m^2 \frac{p'}{p} \left| \sum_a \frac{f_a}{M_a} \langle n | \, e^{-i\boldsymbol{q}\boldsymbol{R}_a} \, |0\rangle \right|^2 do \,. \qquad (151,3)$$

Die Matrixelemente werden hier mit den Wellenfunktionen für die stationären Zustände der Kernbewegung mit den Energien E_0 und E_n gebildet. Die Impulse p und p' hängen über den Energiesatz miteinander zusammen:

$$\frac{p^2 - p'^2}{2M_m} = E_n - E_0 \,.$$

Die Formel (151,3) beschreibt den inelastischen Stoß mit einer bestimmten Änderung des Bewegungszustandes der Kerne im Molekül (Übergang $0 \to n$). Sie löst das gestellte Problem: Aus den Streuamplituden der Neutronen an den freien Kernen (die als bekannt vorausgesetzt werden) kann nach dieser Formel der Streuquerschnitt für die Streuung am Molekül unter Berücksichtigung der Eigenbewegung der Kerne und unter Berücksichtigung der Interferenzeffekte von der Streuung an den verschiedenen Kernen berechnet werden.

Falls die Kerne einen von Null verschiedenen Spin haben, dann muß noch beachtet werden, daß die Streuamplituden f_a vom resultierenden Spin des streuenden Kernes und des Neutrons abhängen. Das kann folgendermaßen getan werden.

Der resultierende Spin von Kern und Neutron kann die beiden Werte $j_a = i_a \pm 1/2$ annehmen, wenn i_a der Kernspin ist. Wir bezeichnen die zugehörigen Werte der Streuamplitude mit f_a^+ bzw. f_a^-. Wir bilden den Spinoperator, dessen Eigenwerte bei bestimmten Werten j_a gleich f_a^+ bzw. f_a^- sind. Dieser Operator ist

$$\hat{f}_a = a_a + b_a \hat{\boldsymbol{s}} \hat{\boldsymbol{i}}_a \,, \qquad (151,4)$$

wobei $\hat{\boldsymbol{i}}_a$ und $\hat{\boldsymbol{s}}$ die Spinoperatoren für Kern und Neutron sind. Die Koeffizienten a_a und b_a werden durch die Formeln

$$a_a = \frac{1}{2i_a + 1} \left[(i_a + 1) f_a^+ + i_a f_a^- \right] , \qquad b_a = \frac{2}{2i_a + 1} (f_a^+ - f_a^-) \qquad (151,5)$$

gegeben. Davon kann man sich leicht anhand der Feststellung überzeugen, daß bei gegebenem j-Wert der Operator $\hat{\boldsymbol{i}}\hat{\boldsymbol{s}}$ folgenden Eigenwert hat:

$$\boldsymbol{s}\boldsymbol{i} = \tfrac{1}{2} \left[j(j+1) - i(i+1) - \tfrac{3}{4} \right] .$$

Die Operatoren (151,4) müssen in die Formel (151,3) statt f_a eingesetzt werden, und es müssen die Matrixelemente zu dem betrachteten Übergang gebildet werden. Wenn die einlaufenden Neutronen und die Targetkerne unpolarisiert sind, dann muß der Streuquerschnitt geeignet gemittelt werden.

Aufgaben

1. Es ist die Formel (151,3) unter der Voraussetzung zu mitteln, daß die Spinrichtungen von Neutronen und Kernen völlig ungeordnet sind. Alle Kerne im Molekül sind verschieden voneinander.

Lösung. Die Mittelungen über die Spinrichtungen von Neutronen und Kernen sind unabhängig voneinander, und die gemittelten Spins sind Null; deshalb ist $\overline{\boldsymbol{s}\boldsymbol{i}_a} = 0$. Wenn das Molekül keine gleichartigen Atome enthält, dann gibt es keine Austauschwechselwirkung der Kernspins. Da ihre direkte Wechselwirkung vernachlässigbar ist, kann man die Spinrichtungen der verschiedenen Kerne im Molekül als unabhängig voneinander ansehen. Bei der Mittelung verschwinden daher auch Produkte der Gestalt $(\boldsymbol{s}\boldsymbol{i}_1)(\boldsymbol{s}\boldsymbol{i}_2)$. Für die Quadrate $(\boldsymbol{s}\boldsymbol{i})^2$ haben wir

$$\overline{(\boldsymbol{s}\boldsymbol{i})^2} = \frac{1}{3}\boldsymbol{s}^2\boldsymbol{i}^2 = \frac{s(s+1)\,i(i+1)}{3} = \frac{i(i+1)}{4}.$$

Als Ergebnis erhalten wir den folgenden Ausdruck für den gemittelten Streuquerschnitt:

$$d\sigma_n = M_m^2 \frac{p'}{p}\left\{\left|\sum_a \frac{a_a}{M_a}\langle n|e^{-i\boldsymbol{q}\boldsymbol{R}_a}|0\rangle\right|^2 + \frac{1}{4}\sum_a \frac{i_a(i_a+1)}{M_a^2} b_a^2 |\langle n|e^{-i\boldsymbol{q}\boldsymbol{R}_a}|0\rangle|^2\right\} do.$$

2. Man wende die Formel (151,3) auf die Streuung langsamer Neutronen auf Para- und Orthowasserstoff an (J. Schwinger, E. Teller, 1937)!

Lösung. Vor der Berechnung der Matrixelemente der Spinoperatoren hat der Ausdruck (151,3) für die Streuung an einem H_2-Molekül die Gestalt

$$d\sigma_n = \frac{16p'}{9p}|a\langle n|e^{-i\boldsymbol{q}\boldsymbol{r}/2} + e^{i\boldsymbol{q}\boldsymbol{r}/2}|0\rangle + b\hat{\boldsymbol{s}}\langle n|\hat{\boldsymbol{i}}_1 e^{-i\boldsymbol{q}\boldsymbol{r}/2} + \hat{\boldsymbol{i}}_2 e^{i\boldsymbol{q}\boldsymbol{r}/2}|0\rangle|^2 do, \quad (1)$$

$$a = \tfrac{1}{4}(3f^+ + f^-), \qquad b = f^+ - f^-$$

($\pm \boldsymbol{r}/2$ sind die Ortsvektoren der beiden Kerne im Molekül vom Massenmittelpunkt aus).

Rotations- und Schwingungszustände des Moleküls werden durch die Quantenzahlen K, M_K und v bestimmt (diesen Satz von Quantenzahlen hat man in (1) unter n zu verstehen). Im Elektronen-Grundzustand des H_2-Moleküls sind gerade Werte von K nur für den resultierenden Kernspin $I = 0$ (Parawasserstoff) möglich, und ungerade K für $I = 1$ (Orthowasserstoff) (siehe § 86). Man hat deshalb zwei Fälle zu unterscheiden: 1) Übergänge zwischen Rotationszuständen mit geradzahligen bzw. ungeradzahligen K-Werten, die nur ohne Änderung von I möglich sind (Übergänge im Orthowasserstoff bzw. im Parawasserstoff), 2) Übergänge zwischen Zuständen mit geradzahligen zu ungeradzahligen K-Werten oder umgekehrt, die nur unter Änderung von I möglich sind (Übergänge von Ortho- zu Parawasserstoff bzw. von Para- zu Orthowasserstoff).

Im ersten Falle haben wir

$$\langle n|e^{-i\boldsymbol{q}\boldsymbol{r}/2}|0\rangle = \langle n|e^{i\boldsymbol{q}\boldsymbol{r}/2}|0\rangle = \left\langle n\left|\cos\frac{\boldsymbol{q}\boldsymbol{r}}{2}\right|0\right\rangle$$

(man hat zu beachten, daß die Rotationsfunktion bei einem Vorzeichenwechsel von $\boldsymbol{r}$ mit $(-1)^K$ multipliziert wird). Der Spinoperator in (1) wird dann zu $2a + b\hat{\boldsymbol{s}}\hat{\boldsymbol{I}}$ mit $\hat{\boldsymbol{I}} = \hat{\boldsymbol{i}}_1 + \hat{\boldsymbol{i}}_2$. Dieser Operator ist in I nach obigen Feststellungen diagonal. Das Quadrat $(2a + b\boldsymbol{s}\boldsymbol{I})^2$ wird wie in Aufgabe 1 gemittelt und ergibt

$$4a^2 + \frac{b^2}{4}I(I+1).$$

Als Ergebnis erhalten wir

$$d\sigma_n = \frac{4p'}{9p}\left|\left\langle n\left|\cos\frac{\boldsymbol{q}\boldsymbol{r}}{2}\right|0\right\rangle\right|^2 \{(3f^+ + f^-)^2 + I(I+1)(f^+ - f^-)^2\}\,do. \quad (2)$$

Im zweiten Falle ist

$$\langle n|e^{i\boldsymbol{q}\boldsymbol{r}/2}|0\rangle = -\langle n|e^{-i\boldsymbol{q}\boldsymbol{r}/2}|0\rangle = i\left\langle n\left|\sin\frac{\boldsymbol{q}\boldsymbol{r}}{2}\right|0\right\rangle,$$

und der Spinoperator in (1) reduziert sich auf $\hat{\boldsymbol{s}}(\hat{\boldsymbol{i}}_1 - \hat{\boldsymbol{i}}_2)$. Er hat nur in I nichtdiagonale Elemente. Das Betragsquadrat dieser Elemente, summiert über alle möglichen Werte für die Projektion des resultierenden Spins $\boldsymbol{I}'$ im Endzustand, wird als Mittelwert (Diagonalelement) des Quadrates $(\boldsymbol{s}, \boldsymbol{i}_1 - \boldsymbol{i}_2)^2$ berechnet (siehe die Fußnote auf S. 562) und ist

$$\overline{(\boldsymbol{s}, \boldsymbol{i}_1 - \boldsymbol{i}_2)^2} = \tfrac{1}{3}\tfrac{3}{4}\overline{(\boldsymbol{i}_1 - \boldsymbol{i}_2)^2} = \tfrac{1}{4}(2\boldsymbol{i}_1^2 + 2\boldsymbol{i}_2^2 - \boldsymbol{I}^2) = \tfrac{1}{4}[3 - I(I+1)].$$

Als Ergebnis bekommen wir

$$d\sigma_n = (1)\,(3)\,\frac{4p'}{9p}\left|\left\langle n\left|\sin\frac{\boldsymbol{q}\boldsymbol{r}}{2}\right|0\right\rangle\right|^2 (f^+ - f^-)^2\,do, \quad (3)$$

wobei der Faktor (1) zu Übergängen Ortho- zu Parawasserstoff und der Faktor (3) zu Übergängen Para- zu Orthowasserstoff gehören.

Wenn die Neutronen so langsam sind, daß ihre Wellenlänge auch gegenüber den Molekülabmessungen groß ist, dann kann man in den Matrixelementen in (2) und (3) $\cos(\boldsymbol{qr}/2) = 1$ und $\sin(\boldsymbol{qr}/2) = 0$ setzen. Im Ergebnis verschwinden alle Matrixelemente bis auf das Diagonalelement 00. Natürlich ist unter diesen Bedingungen nur die elastische Streuung möglich. Der Streuquerschnitt für die elastische Streuung ist in diesem Falle

$$d\sigma_e = \tfrac{4}{9}\left[(3f^+ + f^-)^2 + I(I+1)(f^+ - f^-)^2\right] do\,.$$

3. Man berechne den Streuquerschnitt für die Neutronenstreuung an einem gebundenen Proton, das als isotroper räumlicher Oszillator mit der Frequenz ω angesehen werden kann (E. FERMI, 1936)!

Lösung. Wir nehmen an, das Proton schwinge um einen raumfesten Punkt. Im Sinne der Ableitung von Formel (151,3) müssen wir dann darin $M_m = M$ und $M_a = M/2$ setzen (M ist die Protonenmasse). Es ist dann

$$d\sigma_n = \frac{p'}{p}\frac{\sigma_0}{\pi}\sum\left|\int e^{-i\boldsymbol{qr}}\,\psi_{000}(\boldsymbol{r})\,\psi_{n_1n_2n_3}(\boldsymbol{r})\,dV\right|^2 do\,,$$

wobei $\sigma_0 = 4\pi\,|f|^2$ der Streuquerschnitt am freien Proton ist; $\psi_{n_1n_2n_3}$ sind die Eigenfunktionen des räumlichen Oszillators, die zugehörigen Energieniveaus sind $E_n = \hbar\omega(n + 3/2)$. In obiger Formel wird über alle möglichen Werte von n_1, n_2 und n_3 mit gegebener Summe $n_1 + n_2 + n_3 = n$ summiert. Die Funktionen $\psi_{n_1n_2n_3}$ sind Produkte aus den Wellenfunktionen dreier linearer Oszillatoren (siehe Aufgabe 4 zu § 33). Das von uns benötigte Integral zerfällt daher in ein Produkt aus drei Integralen der Gestalt

$$\int_{-\infty}^{\infty}\exp\left(-\frac{iq_x x}{2} - \frac{\alpha^2x^2}{2} - \frac{\alpha^2x^2}{2}\right)H_{n_1}(\alpha x)\,dx$$

($\alpha = \sqrt{M\omega/\hbar}$); diese können ausgerechnet werden, indem man $H_n(x)$ in der Form (a, 4) einsetzt und n-mal partiell integriert. Als Ergebnis erhalten wir

$$d\sigma_n = \frac{1}{\pi}\frac{v'}{v}\frac{\sigma_0}{2^n\alpha^{2n}}\sum\frac{q_x^{2n_1}q_y^{2n_2}q_z^{2n_3}}{n_1!\,n_2!\,n_3!}\exp\left(-\frac{q^2}{2\alpha^2}\right)do\,.$$

Die Summe wird mit Hilfe der binomischen Formel ausgeführt, und wir finden schließlich

$$d\sigma_n = \frac{\sigma_0}{\pi n!}\sqrt{\frac{E'}{E}}\left(\frac{q^2}{2\alpha^2}\right)^n\exp\left(-\frac{q^2}{2\alpha^2}\right)do\,.$$

Insbesondere ist der Streuquerschnitt für die elastische Streuung ($n = 0$, $E = E'$)

$$d\sigma_e = \frac{\sigma_0}{\pi}\exp\left(-\frac{q^2}{2\alpha^2}\right)do\,,\qquad \sigma_e = \sigma_0\frac{\hbar\omega}{E}\left[1 - \exp\left(-\frac{4E}{\hbar\omega}\right)\right].$$

Für $E/\hbar\omega \to 0$ geht $\sigma_e \to 4\sigma_0$.

§ 152. Inelastische Streuung bei hohen Energien

Die in § 131 benutzte Eikonalnäherung für das Problem der Streuung zweier Teilchen aneinander kann so verallgemeinert werden, daß auch Prozesse (darunter auch inelastische) bei Stößen eines schnellen Teilchens mit einem System von Teilchen — mit einem „Target" erfaßt werden (R. J. GLAUBER, 1958).

Die grundlegenden Voraussetzungen bleiben bei dieser Verallgemeinerung gleich. Die Energie E des einfallenden Teilchens wird als so groß vorausgesetzt, daß $E \gg |U|$ und $ka \gg 1$ gelten; U ist dabei die Wechselwirkungsenergie des Teilchens mit den

Targetteilchen, a ist die Reichweite dieser Wechselwirkung. Es wird die Streuung mit einer relativ kleinen Impulsübertragung betrachtet: Die Impulsänderung $\hbar\boldsymbol{q}$ des einlaufenden Teilchens sei klein gegenüber seinem Anfangsimpuls $\hbar\boldsymbol{k}$, $q \ll k$. Diese Bedingung verlangt jetzt aber nicht nur, daß der Streuwinkel klein ist, sondern auch, daß die übertragene Energie relativ klein ist.

Wir werden außerdem annehmen, daß die Geschwindigkeit v des einlaufenden Teilchens groß gegenüber den Geschwindigkeiten v_0 der Teilchen im Target ist:

$$v \gg v_0 \,. \tag{152,1}$$

Für die Streuung geladener Teilchen an Atomen ist diese Bedingung gleichwertig mit der Bedingung für die Anwendbarkeit der BORNschen Näherung (vgl. §§ 148, 150); denn aus $v \gg v_0$ folgt automatisch $|U|\, a/\hbar v \ll 1$. In diesem Falle ist die hier zu entwickelnde Theorie demzufolge überhaupt nicht nötig. Dagegen liegt für Kerntargets, in denen die Teilchen nicht über COULOMB-, sondern über Kernkräfte miteinander verknüpft sind, eine andere Situation vor. Im folgenden werden wir, um etwas Bestimmtes vor Augen zu haben, von der Streuung eines schnellen Teilchens an einem Kern sprechen.[1])

Die Bedingung (152,1) gestattet, die Bewegung des einlaufenden Teilchens bei fixierten Lagen der Nukleonen im Kern zu betrachten.[2]) Mit anderen Worten, die Wellenfunktion für das System Teilchen + Target kann folgendermaßen angesetzt werden:

$$\psi(\boldsymbol{r}, \boldsymbol{R}_1, \boldsymbol{R}_2, \ldots) = \varphi(\boldsymbol{r}; \boldsymbol{R}_1, \boldsymbol{R}_2, \ldots)\, \Phi_i(\boldsymbol{R}_1, \boldsymbol{R}_2, \ldots)\,. \tag{152,2}$$

Hier ist $\Phi_i(\boldsymbol{R}_1, \boldsymbol{R}_2, \ldots)$ die Wellenfunktion eines (des i-ten) inneren Zustandes des Kernes ($\boldsymbol{R}_1, \boldsymbol{R}_2, \ldots$ sind die Ortsvektoren der Nukleonen darin). Der Faktor $\varphi(\boldsymbol{r}; \boldsymbol{R}_1, \boldsymbol{R}_2, \ldots)$ ist die Wellenfunktion des zu streuenden Teilchens ($\boldsymbol{r}$ ist sein Ortsvektor) bei fixierten Werten $\boldsymbol{R}_1, \boldsymbol{R}_2, \ldots$, die die Rolle von Parametern in der SCHRÖDINGER-Gleichung

$$\left[-\frac{\hbar^2}{2m}\Delta + \sum_a U_a(\boldsymbol{r} - \boldsymbol{R}_a)\right]\varphi = \frac{\hbar^2 k^2}{2m}\varphi \tag{152,3}$$

spielen. $U_a(\boldsymbol{r} - \boldsymbol{R}_a)$ ist die Wechselwirkungsenergie des Teilchens mit dem a-ten Nukleon, $\hbar\boldsymbol{k}$ ist der Impuls des Teilchens im Unendlichen.[3])

Wenn wir eine Lösung der Gleichung (152,3) mit der asymptotischen Gestalt

$$\varphi = \mathrm{e}^{i\boldsymbol{k}\boldsymbol{r}} + F(\boldsymbol{n}', \boldsymbol{n}; \boldsymbol{R}_1, \boldsymbol{R}_2, \ldots)\frac{\mathrm{e}^{ikr}}{r} \tag{152,4}$$

($\boldsymbol{n}' = \boldsymbol{r}/r$, $\boldsymbol{n} = \boldsymbol{k}/k$) finden, dann wird die Wellenfunktion (152,2)

$$\psi = \mathrm{e}^{i\boldsymbol{k}\boldsymbol{r}}\,\Phi_i + F\Phi_i\frac{\mathrm{e}^{ikr}}{r} \tag{152,5}$$

---

[1]) Für noch so schwere Kerne führt die Bedingung (152,1) auf relativistische Geschwindigkeiten v. Wir stellen in diesem Paragraphen den formalen Apparat im Rahmen der nichtrelativistischen Theorie dar und lassen die Frage beiseite, ob er tatsächlich auf gewisse konkrete Streuprozesse angewendet werden darf.

[2]) Diese Näherung ist ähnlich wie die grundlegende Näherung in der Theorie der Moleküle, wo der Elektronenzustand bei fester Kernanordnung behandelt wird.

[3]) In (152,3) wird vorausgesetzt, daß die Wechselwirkung zwischen dem Teilchen und dem Kern auf eine Summe von Paarwechselwirkungen mit den einzelnen Nukleonen zurückgeführt werden kann.

die Streuung an einem Kern im i-ten Zustand (vor dem Stoß) beschreiben; denn die einfallende Welle e^{ikr} geht in (152,5) in das Produkt mit Φ_i ein. Der zweite Summand in (152,5) ist die Streuwelle. Aber dieser Ausdruck ist zur Berechnung der Streuamplitude nur bei hinreichend kleiner Änderung der Energie des einlaufenden Teilchens geeignet, d. h. bei kleiner Änderung der inneren Energie des Kernes. Betrachten wir die Bewegung des Teilchens im konstanten Feld der „festgehaltenen" Nukleonen (dem entspricht die Gleichung (152,3)), so vernachlässigen wir damit eine mögliche Änderung in der Energie dieser Bewegung.

Um die Streuamplitude zu einer bestimmten Änderung des inneren Kernzustandes auszusondern, hat man ψ in der Form

$$\psi = e^{ikr}\,\Phi_i + \sum_f f_{fi}(\boldsymbol{n}', \boldsymbol{n})\,\Phi_f \frac{e^{ikr}}{r} \tag{152,6}$$

anzusetzen; es wird darin über die verschiedenen Kernzustände summiert. $f_{fi}(\boldsymbol{n}', \boldsymbol{n})$ gibt dann die gesuchte Streuamplitude zu dem gegebenen Übergang des Kernes $i \to f$ als Funktion des Streuwinkels (Winkel zwischen $\boldsymbol{n}$ und $\boldsymbol{n}'$). Wir vergleichen (152,6) mit (152,5) und finden

$$f_{fi}(\boldsymbol{n}', \boldsymbol{n}) = \int \Phi_f^* F \Phi_i \,d\tau\,, \tag{152,7}$$

wobei $d\tau = d^3R_1\, d^3R_2 \dots$ das Volumenelement im Konfigurationsraum des Kernes ist. Wir betonen noch einmal, daß diese Formel nur dann brauchbar ist, wenn die Energiedifferenz zwischen den Zuständen i und f relativ klein ist.

Die Lösung (152,4) der Gleichung (152,3) findet man nach dem in § 131 beschriebenen Verfahren.[1] Analog zur Formel (131,7) haben wir

$$F(\boldsymbol{n}', \boldsymbol{n}; \boldsymbol{R}_1, \boldsymbol{R}_2, \dots) = \frac{k}{2\pi i} \int [S(\boldsymbol{\varrho}, \boldsymbol{R}_1, \boldsymbol{R}_2, \dots) - 1]\, e^{-i\boldsymbol{q}\boldsymbol{\varrho}}\, d^2\varrho \tag{152,8}$$

mit den Beziehungen

$$\begin{aligned} S(\boldsymbol{\varrho}, \boldsymbol{R}_1, \boldsymbol{R}_2, \dots) &= \exp\,[2i\delta(\boldsymbol{\varrho}, \boldsymbol{R}_1, \boldsymbol{R}_2, \dots)]\,, \\ \delta(\boldsymbol{\varrho}, \boldsymbol{R}_1, \boldsymbol{R}_2, \dots) &= \sum_a \delta_a(\boldsymbol{\varrho} - \boldsymbol{R}_{a\perp})\,, \\ \delta_a(\boldsymbol{\varrho} - \boldsymbol{R}_{a\perp}) &= -\frac{1}{2\hbar v} \int_{-\infty}^{\infty} U_a(\boldsymbol{r} - \boldsymbol{R}_a)\, dz\,. \end{aligned} \tag{152,9}$$

Wir erinnern daran, daß $\boldsymbol{\varrho}$ die Projektion des Ortsvektors $\boldsymbol{r}$ in die xy-Ebene senkrecht zu $\boldsymbol{k}$ ist ($\boldsymbol{R}_{a\perp}$ ist die entsprechende Projektion des Ortsvektors $\boldsymbol{R}_a$). $\hbar\boldsymbol{q} = \boldsymbol{p}' - \boldsymbol{p}$ ist die Impulsänderung des gestreuten Teilchens. In (152,8) gehen nur die transversalen Komponenten davon ein. Die Funktionen δ_a bestimmen die Amplituden der elastischen Streuung des Teilchens an den einzelnen freien Nukleonen gemäß

$$f^{(a)} = \frac{k}{2\pi i} \int \{\exp\,[2i\delta_a(\boldsymbol{\varrho})] - 1\}\, e^{-i\boldsymbol{q}\boldsymbol{\varrho}}\, d^2\varrho\,. \tag{152,10}$$

---

[1]) In § 131 ist festgestellt worden, daß der ursprüngliche Ausdruck für die Wellenfunktion (131,4) nur für Abstände $z \ll ka^2$ brauchbar ist. Dieser Sachverhalt war für die weiteren Überlegungen in § 131 nicht wesentlich. Aber bei der Streuung an einem System von Teilchen (Kern) ergibt er eine weitere einschränkende Bedingung. Es ist erforderlich, daß der Ausdruck (131,4) im ganzen Volumen des streuenden Systems verwendet werden darf, d. h., es muß $R_0 \ll ka^2$ sein, wenn R_0 der Kernradius ist (a ist die Reichweite der Potentiale U).

Für $i = f$ finden wir aus (152,7) und (152,8) für die Amplitude der elastischen Streuung am Kern

$$f_{ii}(\boldsymbol{n}', \boldsymbol{n}) = \frac{k}{2\pi i} \int [\overline{S}(\boldsymbol{\varrho}) - 1] \, \mathrm{e}^{-i\boldsymbol{q}\boldsymbol{\varrho}} \, \mathrm{d}^2\varrho \,. \tag{152,11}$$

Der Querstrich bedeutet die Mittelung über den inneren Zustand des Atoms:

$$\overline{S}(\boldsymbol{\varrho}) = \int S(\boldsymbol{\varrho}, \boldsymbol{R}_1, \boldsymbol{R}_2, \ldots) \, |\Phi_i(\boldsymbol{R}_1, \boldsymbol{R}_2, \ldots)|^2 \, \mathrm{d}\tau \,. \tag{152,12}$$

Diese Formel verallgemeinert die frühere Formel (131,7).

Wir setzen in (152,11) $\boldsymbol{n}' = \boldsymbol{n}$, verwenden das optische Theorem (142,10) und erhalten für den totalen Streuquerschnitt

$$\sigma_t = 2 \int (1 - \operatorname{Re} \overline{S}) \, \mathrm{d}^2\varrho \,. \tag{152,13}$$

Der integrale Streuquerschnitt σ_e für die elastische Streuung ergibt sich, indem man $|f_{ii}|^2$ über die Richtungen $\boldsymbol{n}'$ integriert. Für kleine Streuwinkel θ haben wir $q \approx k\theta$, und das Raumwinkelelement ist $\mathrm{d}o \approx \mathrm{d}^2q/k^2$; somit wird

$$\sigma_e = \int |f_{ii}|^2 \frac{\mathrm{d}^2q}{k^2} \,.$$

Wir setzen $f_{ii}^* f_{ii}$ mit f_{ii} aus (152,11) als Doppelintegral (über $\mathrm{d}^2\varrho \, \mathrm{d}^2\varrho'$) an und integrieren über d^2q mit Hilfe der Formel

$$\int \mathrm{e}^{-i\boldsymbol{q}(\boldsymbol{\varrho} - \boldsymbol{\varrho}')} \, \mathrm{d}^2q = (2\pi)^2 \, \delta(\boldsymbol{\varrho} - \boldsymbol{\varrho}') \,.$$

Anschließend wird die δ-Funktion durch Integration über $\mathrm{d}^2\varrho'$ beseitigt. Als Ergebnis finden wir

$$\sigma_e = \int |\overline{S} - 1|^2 \, \mathrm{d}^2\varrho \,. \tag{152,14}$$

Schließlich erhalten wir für den totalen Reaktionsquerschnitt

$$\sigma_r = \sigma_t - \sigma_e = \int (1 - |\overline{S}|^2) \, \mathrm{d}^2\varrho \,. \tag{152,15}$$

Wir machen darauf aufmerksam, daß die Ausdrücke (152,13) bis (152,15) den allgemeinen Formeln (142,3) bis (142,5) entsprechen. Gehen wir in letzteren von der Summe (über große l) zur Integration über $\mathrm{d}^2\varrho$ (mit $\varrho = l/k$) über und ersetzen wir S_l durch die Funktion $\overline{S}(\boldsymbol{\varrho})$, so erhalten wir (152,13) bis (152,15).

Aufgaben

1. Es ist die Amplitude für die elastische Streuung eines schnellen Teilchens an einem Deuteron durch die Streuamplituden an einem Proton und an einem Neutron auszudrücken (R. J. Glauber, 1955).

Lösung. Nach (152,11) ist die Amplitude für die elastische Streuung an einem Deuteron

$$f^{(d)}(\boldsymbol{q}) = \frac{k}{2\pi i} \int |\psi_d(\boldsymbol{R})|^2 \left\{ \exp\left[2i\delta_n\left(\boldsymbol{\varrho} - \frac{\boldsymbol{R}_\perp}{2}\right) + 2i\delta_p\left(\boldsymbol{\varrho} + \frac{\boldsymbol{R}_\perp}{2}\right)\right] - 1 \right\} \mathrm{e}^{-i\boldsymbol{q}\boldsymbol{\varrho}} \, \mathrm{d}^3R \, \mathrm{d}^2\varrho \,. \tag{1}$$

Hier ist $\psi_d(\boldsymbol{R})$ die Wellenfunktion der Relativbewegung von Neutron (n) und Proton (p) im Deuteron; $\boldsymbol{R} = \boldsymbol{R}_n - \boldsymbol{R}_p$, $\boldsymbol{R}_\perp$ ist die Projektion von $\boldsymbol{R}$ in die Ebene senkrecht zum Wellenzahlvektor $\boldsymbol{k}$ des einlaufenden Teilchens. Wir stellen die Differenz in der geschweiften Klammer in (1) folgendermaßen dar:

$$\exp(2i\delta_n + 2i\delta_p) - 1 = (\mathrm{e}^{2i\delta_n} - 1) + (\mathrm{e}^{2i\delta_p} - 1) + (\mathrm{e}^{2i\delta_n} - 1)(\mathrm{e}^{2i\delta_p} - 1) \,.$$

Danach werden die Integrale unter Beachtung der Definition der Streuamplitude am Neutron ($f^{(n)}$) und am Proton ($f^{(p)}$) nach (152,10) und den inversen Formeln

$$\exp\left[2i\delta_a(\varrho)\right] - 1 = \frac{2\pi i}{k}\int f^{(a)}(\boldsymbol{q})\, e^{i\boldsymbol{q}\boldsymbol{\varrho}}\frac{d^2q}{(2\pi)^2}$$

umgeformt. Als Ergebnis finden wir

$$f^{(d)}(\boldsymbol{q}) = f^{(n)}(\boldsymbol{q})\, F(\boldsymbol{q}) + f^{(p)}(\boldsymbol{q})\, F(-\boldsymbol{q})$$
$$- \frac{1}{2\pi i k}\int F(2\boldsymbol{q}')\, f^{(n)}\left(\frac{\boldsymbol{q}}{2} + \boldsymbol{q}'\right) f^{(p)}\left(\frac{\boldsymbol{q}}{2} - \boldsymbol{q}'\right) d^2q'\,, \tag{2}$$

wobei

$$F(\boldsymbol{q}) = \int |\psi_d(\boldsymbol{R})|^2\, e^{-i\boldsymbol{q}\boldsymbol{R}/2}\, d^3R$$

der Formfaktor des Deuterons ist.

Setzen wir in (2) $\boldsymbol{q} = 0$ (wobei $F(0) = 1$ ist) und verwenden wir das optische Theorem (142,10), so finden wir für den totalen Streuquerschnitt am Deuteron

$$\sigma_t^{(d)} = \sigma_t^{(n)} + \sigma_t^{(p)} + \frac{2}{k^2}\,\mathrm{Re}\int F(2\boldsymbol{q})\, f^{(n)}(\boldsymbol{q})\, f^{(p)}(-\boldsymbol{q})\, d^2q\,. \tag{3}$$

2. Man berechne den Wirkungsquerschnitt für den Zerfall eines schnellen Deuterons in ein Neutron und ein Proton bei der Streuung an einem schweren absorbierenden Kern! Der Kernradius R_0 sei groß gegenüber der Wellenlänge des Deuterons ($kR_0 \gg 1$, $\hbar k$ ist der Impuls des Deuterons) und gegenüber dem Radius des Deuterons (Je. L. Feinberg, 1954; R. J. Glauber, 1955; A. I. Achieser und A. G. Sitenko, 1955).

Lösung. Der große ($kR_0 \gg 1$) absorbierende Kern ist bezüglich der einfallenden ebenen Welle für das Deuteron ein undurchlässiger Schirm, an dem die Welle gebeugt wird. Die Wellenfunktion der einlaufenden Deuteronen ist $e^{ikr}\psi_d(R)$, wobei $\psi_d(R)$ die Wellenfunktion für den inneren Zustand des Deuterons ist ($\boldsymbol{R} = \boldsymbol{R}_n - \boldsymbol{R}_p$ ist der Vektor zwischen Neutron und Proton im Deuteron, $\boldsymbol{r} = (\boldsymbol{R}_n + \boldsymbol{R}_p)/2$ ist der Ortsvektor des Massenmittelpunktes). Der absorbierende Kern bewirkt, daß derjenige Teil dieser Funktion „aufgegessen" wird, der zu den transversalen Koordinaten von Neutron und Proton (ϱ_n und ϱ_p) im „Schatten"-Bereich des Kernes gehört, d. h. in einem Kreis mit dem Radius R_0. Mit anderen Worten, die Wellenfunktion wird zu

$$\psi = e^{ikr}\, S(\varrho_n, \varrho_p)\, \psi_d(R)$$

mit $S = 1$ für $\varrho_n, \varrho_p \geqq R_0$ und $S = 0$, wenn wenigstens ein Wert von ϱ_n oder ϱ_p kleiner als R_0 ist.[1]) Diese Funktion (ohne den Faktor ψ_d) entspricht dem Ausdruck für die einfallende Welle in der Form (131,5) (darin wird die Krümmung der Strahlen infolge der Beugung vernachlässigt). Der Faktor S hat daher den gleichen Sinn wie in §§ 131 und 152.

Analog zu (152,13) und (152,14) werden der totale Streuquerschnitt für das Deuteron σ_t (einschließlich aller inelastischer Prozesse) und der Streuquerschnitt für die elastische Streuung σ_e durch die Formeln

$$\sigma_t = 2\int (1 - \overline{S})\, d^2\varrho\,, \qquad \sigma_e = \int (\overline{S} - 1)^2\, d^2\varrho$$

gegeben, wobei $\varrho = (\varrho_n + \varrho_p)/2$ ist und beachtet wurde, daß S reell ist. Die Mittelung von S erfolgt über den Grundzustand des Deuterons:

$$\overline{S}(\varrho) = \int S\psi_d^2\, d^3R$$

Als ψ_d kann man die Funktion

$$\psi_d = \sqrt{\frac{\varkappa}{2\pi}}\,\frac{e^{-\varkappa R}}{R}$$

verwenden, die für Abstände R außerhalb der Reichweite der Kernkräfte zwischen Neutron und Proton richtig ist (vgl. (133,14), $\varkappa = \sqrt{m|\varepsilon|}/\hbar$, $|\varepsilon|$ ist die Bindungsenergie des Deuterons, m ist die Nukleonenmasse). Nach der Definition von S ist $1 - S$ von Null verschieden, wenn eines oder beide Nukleonen in den Kreis mit dem Radius R_0 geraten und vom Kern absorbiert werden. Des-

---

[1]) Wir vernachlässigen die Coulomb-Wechselwirkung des Deuterons mit dem Kern.

halb ist

$$\sigma_{\text{Einf}} = \int (1 - \bar{S})\, d^2\varrho = \sigma_t/2 \tag{1}$$

der Wirkungsquerschnitt für den Einfang eines oder beider Nukleonen. Andererseits ist $\sigma_t = \sigma_{\text{Einf}} + \sigma_e + \sigma_{\text{Zerf}}$, wenn σ_{Zerf} der uns interessierende Wirkungsquerschnitt für den „Beugungs"-Zerfall des Deuterons ist. Hieraus finden wir

$$\sigma_{\text{Zerf}} = \tfrac{1}{2}\,\sigma_t - \sigma_e = \int \bar{S}(1 - \bar{S})\, d^2\varrho\,. \tag{2}$$

Für $R_0\varkappa \gg 1$ sind im Integral (2) kleine ($\sim 1/\varkappa$) Abstände vom Kernrand wesentlich. Die Integration über den Rand ergibt dann den Faktor $2\pi R_0$, und die Integration über die dazu senkrechte Richtung kann so ausgeführt werden, als würde der Schattenbereich von einer Geraden begrenzt. Wir nehmen die y-Achse als diese Gerade (die x-Achse zeige vom Schattenbereich weg) und bekommen

$$\sigma_{\text{Zerf}} = 2\pi R_0 \int\limits_0^\infty \bar{S}(x)\,[1 - \bar{S}(x)]\, dx\,,$$

wobei das Integral

$$\bar{S}(x) = \iint\limits_{-\infty}^{\infty} \int\limits_{-2x}^{2x} \psi_d^2(R)\, dX\, dY\, dZ\,, \qquad R = \sqrt{X^2 + Y^2 + Z^2}\,,$$

über den Bereich $X_n, X_p \gtrless 0$ bei gegebenem $x = (X_n + X_p)/2$ erstreckt wird, oder, was dasselbe ist, über den Bereich $|X| = |X_n - X_p| \leqq 2x$. Das Integral wird umgeformt, indem man zu den Variablen X, R und dem Polarwinkel in der YZ-Ebene übergeht (dabei gilt $dY\, dZ \to 2\pi R\, dR$), und es erhält die Gestalt

$$\bar{S}(x) = 1 - e^{-4\varkappa x} + 4\varkappa x \int\limits_{4\varkappa x}^{\infty} \frac{e^{-\xi}}{\xi}\, d\xi\,. \tag{3}$$

Das Integral (2) mit dieser Funktion $\bar{S}(x)$ wird ausgerechnet, indem man wiederholt partiell integriert und die Formel

$$\int\limits_0^\infty (e^{-\xi} - e^{-2\xi})\frac{d\xi}{\xi} = \ln 2$$

verwendet. Als Ergebnis erhalten wir[1])

$$\sigma_{\text{Zerf}} = \frac{\pi}{3\varkappa} R_0 \left(\ln 2 - \frac{1}{4}\right).$$

---

[1]) Unter der gleichen Bedingung $\varkappa R_0 \gg 1$ ist der Wirkungsquerschnitt für den Einfang

$$\sigma_{\text{Einf}} = \pi R_0^2 + \frac{\pi R_0}{4\varkappa}$$

(das Integral (1) über den Bereich $\varrho > R_0$ wird mit Hilfe von (3) ausgerechnet, und das Integral über den Bereich $\varrho < R_0$ ergibt πR_0^2). Dieser Wirkungsquerschnitt enthält sowohl den Einfang des ganzen Deuterons als auch den Einfang nur eines Nukleons unter Freisetzung des anderen (*Explosionsreaktion*). Der Wirkungsquerschnitt der letzten Reaktion wird als die (über ψ_d^2 gemittelte) Fläche berechnet, die dem Falle entspricht, daß nur eines der beiden Nukleonen in den Schattenbereich gelangt; er ist

$$\sigma_{\text{Einf}\,n} = \sigma_{\text{Einf}\,p} = \pi R_0/4\varkappa$$

(R. Serber, 1947).

MATHEMATISCHE ERGÄNZUNGEN

§ a. Die HERMITEschen Polynome

Die Gleichung

$$y'' - 2xy' + 2ny = 0 \tag{a,1}$$

gehört zu demjenigen Typ von Gleichungen, die mit der LAPLACE*schen Methode* gelöst werden können.[1])

Diese Methode ist allgemein brauchbar für lineare Gleichungen der Gestalt

$$\sum_{m=0}^{n} (a_m + b_m x) \frac{\mathrm{d}^m y}{\mathrm{d}x^m} = 0 ,$$

deren Koeffizienten nicht höher als ersten Grades in x sind. Man geht nach dieser Methode folgendermaßen vor. Wir bilden die Polynome

$$P(t) = \sum_{m=0}^{n} a_m t^m , \qquad Q(t) = \sum_{m=0}^{n} b_m t^m$$

und mit diesen die Funktion

$$Z(t) = \frac{1}{Q} \exp \int \frac{P}{Q} \,\mathrm{d}t ,$$

die bis auf einen konstanten Faktor definiert ist. Die Lösung der betrachteten Gleichung kann dann als komplexes Integral

$$y = \int_C Z(t)\, \mathrm{e}^{xt} \,\mathrm{d}t$$

dargestellt werden. Der Integrationsweg C wird so gewählt, daß das Integral einen endlichen und von Null verschiedenen Wert hat. Dabei muß die Funktion

$$V = \mathrm{e}^{xt}\, QZ$$

wieder ihren Anfangswert einnehmen, nachdem t den ganzen Weg C beschrieben hat (der Weg C kann sowohl geschlossen als auch nicht geschlossen sein). Im Falle der Gleichung (a,1) haben wir

$$P = t^2 + 2n , \qquad Q = -2t , \qquad Z = -\frac{1}{2t^{n+1}} \mathrm{e}^{-\frac{t^2}{4}} , \qquad V = \frac{1}{t^n} \mathrm{e}^{xt - \frac{t^2}{4}} ,$$

---

[1]) Siehe z. B. E. GOURSAT, Cours d'analyse mathematique, Gautier-Villars, Paris 1949; W. I. SMIRNOW, Lehrgang der höheren Mathematik, Teil III, 2, VEB Deutscher Verlag der Wissenschaften, Berlin 1982.

so daß die Lösung derselben die folgende Gestalt hat:

$$y = \int e^{xt - \frac{t^2}{4}} \frac{dt}{t^{n+1}} . \tag{a,2}$$

Für die physikalischen Anwendungen kann man sich auf die Behandlung der Werte $n > -1/2$ beschränken. Für diese n kann man als Integrationsweg die Wege C_1 oder C_2 (Abb. 52) wählen, die die notwendigen Bedingungen erfüllen, weil an ihren Enden ($t = +\infty$ oder $t = -\infty$) die Funktion V verschwindet.[1])

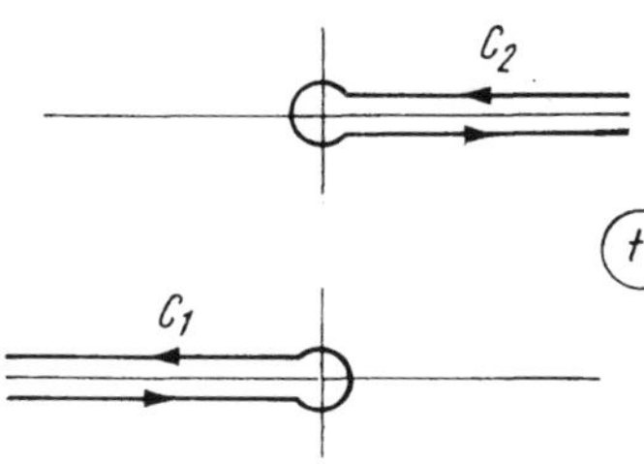

Abb. 52

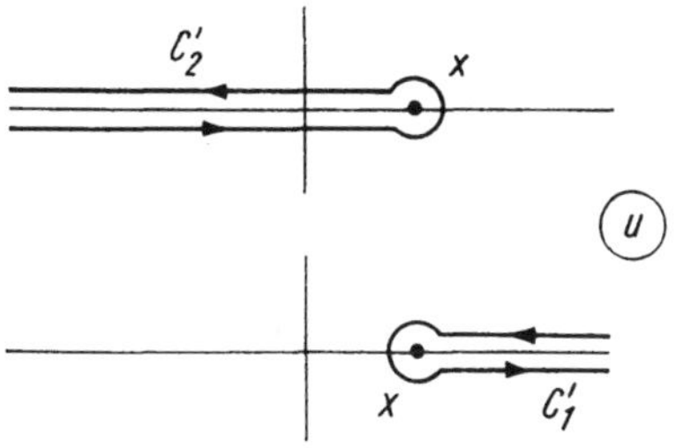

Abb. 53

Wir wollen feststellen, für welche Werte des Parameters n die Gleichung (a,1) Lösungen hat, die für alle endlichen x-Werte endlich sind und die für $x \to \pm\infty$ nicht schneller als eine endliche Potenz von x gegen unendlich streben. Zunächst betrachten wir nichtganzzahlige Werte von n. Die Integrale (a,2) über C_1 und C_2 ergeben hier zwei unabhängige Lösungen der Gleichung (a,1). Wir formen das Integral über C_1 um, indem wir gemäß $t = 2(x - u)$ die neue Veränderliche u einführen. Lassen wir einen konstanten Faktor weg, so finden wir

$$y = e^{x^2} \int\limits_{C_1'} \frac{e^{-u^2}}{(u - x)^{n+1}} du . \tag{a,3}$$

Es wird dabei über den Weg C_1 in der komplexen u-Ebene integriert, wie er in Abb. 53 dargestellt ist.

Für $x \to +\infty$ verschiebt sich der ganze Integrationsweg C_1' nach Unendlich, und das Integral in Formel (a,3) geht wie e^{-x^2} gegen Null. Aber für $x \to -\infty$ erstreckt sich der Integrationsweg längs der ganzen reellen Achse, und das Integral in (a,3) geht nicht exponentiell gegen Null, so daß die Funktion $y(x)$ im wesentlichen wie e^{x^2} gegen Unendlich geht. Analog kann man sich leicht davon überzeugen, daß das Integral (a,2) über den Weg C_2' für $x \to +\infty$ exponentiell divergiert.

Für ganzzahlige positive Werte von n (einschließlich des Wertes 0) heben sich die Integrale längs der geradlinigen Teile des Integrationsweges gegenseitig weg, und die beiden Integrale (a,3) — über C_1' und C_2' — werden zu einem Integral über einen geschlossenen Weg um den Punkt $u = x$. Auf diese Weise erhalten wir die Lösung

$$y(x) = e^{x^2} \oint \frac{e^{-u^2}}{(u - x)^{n+1}} du ,$$

[1]) Diese Wege sind für ganzzahlige negative n unbrauchbar, weil das Integral (a, 2) längs dieser Wege für derartige n identisch verschwinden würde.

die die gestellten Bedingungen erfüllt. Nach der CAUCHYschen Formel für die Ableitungen einer analytischen Funktion

$$f^{(n)}(x) = \frac{n!}{2\pi i} \oint \frac{f(t)}{(t-x)^{n+1}} \, dt$$

ist das bis auf einen konstanten Faktor das HERMITE*sche Polynom*

$$H_n(x) = (-1)^n \, e^{x^2} \frac{d^n}{dx^n} e^{-x^2} . \tag{a,4}$$

Die explizite Gestalt des Polynoms H_n ist, nach abnehmenden Potenzen von x geordnet,

$$H_n(x) = (2x)^n - \frac{n(n-1)}{1} (2x)^{n-2} + \frac{n(n-1)(n-2)(n-3)}{1 \cdot 2} (2x)^{n-4} - \dots . \tag{a,5}$$

Für geradzahlige n enthält H_n nur gerade Potenzen von x und für ungeradzahlige n nur ungerade Potenzen. Wir wollen die ersten hermiteschen Polynome aufschreiben:

$$H_0 = 1 , \quad H_1 = 2x , \quad H_2 = 4x^2 - 2 , \quad H_3 = 8x^3 - 12x ,$$
$$H_4 = 16x^4 - 48x^2 + 12 . \tag{a,6}$$

Zur Berechnung des Normierungsintegrales ersetzen wir $e^{-x^2} H_n$ durch den Ausdruck aus (a,4), integrieren n-mal partiell und erhalten

$$\int_{-\infty}^{+\infty} e^{-x^2} H_n^2(x) \, dx = \int_{-\infty}^{+\infty} (-1)^n H_n(x) \frac{d^n}{dx^n} e^{-x^2} \, dx = \int_{-\infty}^{+\infty} e^{-x^2} \frac{d^n H_n}{dx^n} \, dx .$$

$\frac{d^n H_n}{dx^n}$ ist aber eine Konstante, nämlich $2^n n!$. Als Ergebnis bekommen wir

$$\int_{-\infty}^{+\infty} e^{-x^2} H_n^2(x) \, dx = 2^n n! \sqrt{\pi} . \tag{a,7}$$

§ b. Die AIRYsche Funktion

Die Gleichung

$$y'' - xy = 0 \tag{b,1}$$

gehört ebenfalls zum LAPLACEschen Typ. Nach der allgemeinen Methode bilden wir die Funktion

$$P = t^2 , \qquad Q = -1 , \qquad Z = -e^{-\frac{t^3}{3}} , \qquad V = e^{xt - \frac{t^3}{3}} ,$$

so daß die Lösung in der Gestalt

$$y(x) = \text{const} \cdot \int_C e^{xt - \frac{t^3}{3}} \, dt \tag{b,2}$$

dargestellt werden kann. Der Integrationsweg C muß so gewählt werden, daß die Funktion V an beiden Enden desselben verschwindet. Dazu müssen diese Enden in denjenigen Bereichen der komplexen t-Ebene ins Unendliche reichen, in denen Re $(t^3) > 0$ ist (in Abb. 54 sind diese Bereiche schraffiert).

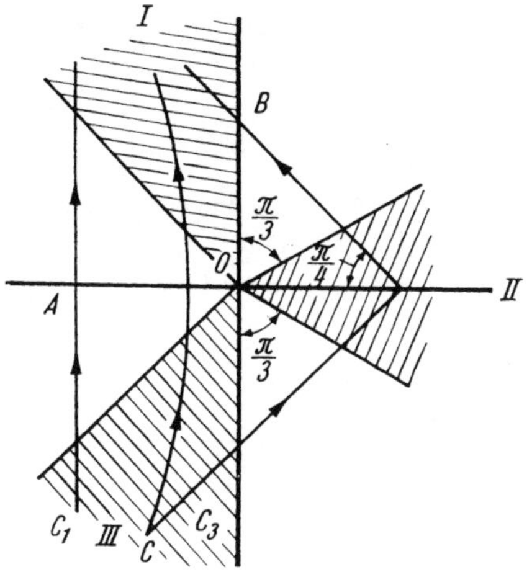

Abb. 54

Die für alle x endliche Lösung erhalten wir, indem wir den Weg C so wie in der Abbildung wählen. Er kann beliebig verschoben werden, wenn nur die Bedingung erfüllt ist, daß seine Enden in den beiden gleichen, schraffierten Sektoren ins Unendliche verlaufen (I und III in Abb. 54). Würden wir zum Beispiel einen Weg durch die Sektoren III und II wählen, dann würden wir eine Lösung erhalten, die für $x \to \infty$ unendlich wird.

Wir verschieben den Weg C so, daß er mit der imaginären Achse übereinstimmt und erhalten die Funktion (b,2) in der Form (mit der Substitution $t = iu$)

$$\Phi(x) = \frac{1}{\sqrt{\pi}} \int_0^\infty \cos\left(ux + \frac{u^3}{3}\right) du \,. \tag{b,3}$$

Die Konstante in (b,2) haben wir gleich $-i/2\sqrt{\pi}$ gesetzt. Die derart definierte Funktion haben wir mit $\Phi(x)$ bezeichnet; man nennt sie AIRY*sche Funktion*.[1])

Der asymptotische Ausdruck für $\Phi(x)$ für große x ergibt sich, indem man das Integral (b,2) mit Hilfe der Sattelpunktsmethode berechnet. Für $x \to 0$ hat der Exponent im Integranden ein Extremum bei $t = \pm\sqrt{x}$, und die Richtung des „stärksten Abfalls" ist parallel zur imaginären Achse. Um den asymptotischen Ausdruck für große positive x-Werte zu erhalten, entwickeln wir demzufolge den Exponenten nach Potenzen von $t + \sqrt{x}$ und integrieren entlang der Geraden C_1 (siehe Abb. 54) parallel zur imaginären Achse (im Abstand $OA = \sqrt{x}$). Mit der Substitution $t = -\sqrt{x} + iu$ bekommen wir

$$\Phi(x) \approx +\frac{i}{2\sqrt{\pi}} \int_{-\infty}^{+\infty} \exp\left(-\frac{2}{3}x^{3/2} - \sqrt{x}\,u^2\right) du$$

[1]) Wir folgen hier der von V. A. FOCK vorgeschlagenen Definition (siehe G. D. JAKOWLEWA, Tabellen der AIRYschen Funktionen, Nauka, Moskau 1969 (russ.); $\Phi(x)$ ist eine der beiden von FOCK eingeführten Funktionen, sie wird von FOCK mit $V(x)$ bezeichnet). In der Literatur wird auch eine andere Definition für die AIRYsche Funktion verwendet, die sich von (b, 3) um einen konstanten Faktor unterscheidet: $\mathrm{Ai}\, x = \Phi(x)/\sqrt{\pi}$.

und hieraus

$$\Phi(x) \approx \frac{1}{2x^{1/4}} e^{-\frac{2}{3} x^{3/2}} . \qquad \text{(b,4)}$$

Für große positive x klingt also die Funktion $\Phi(x)$ exponentiell ab.

Ferner wollen wir den asymptotischen Ausdruck für große negative x herleiten. Dazu stellen wir fest, daß der Exponent für $x < 0$ Extrema bei

$$t = +i\sqrt{|x|} \quad \text{und} \quad t = -i\sqrt{|x|}$$

hat und daß die Richtung stärksten Abfalls in diesen Punkten längs Geraden unter den Winkeln $\mp\pi/4$ zur reellen Achse liegt. Als Integrationsweg wählen wir den geknickten Weg C_3 (im Abstand $OB = \sqrt{|x|}$), und wir erhalten nach einfachen Umformungen

$$\Phi(x) = \frac{1}{|x|^{1/4}} \sin\left(\frac{2}{3}|x|^{3/2} + \frac{\pi}{4}\right). \qquad \text{(b,5)}$$

Die Funktion $\Phi(x)$ zeigt also für große negative x oszillierendes Verhalten. Das erste (größte) Maximum der Funktion $\Phi(x)$ ist $\Phi(-1{,}02) = 0{,}95$.

Die Airysche Funktion kann durch Bessel-Funktionen mit dem Index 1/3 ausgedrückt werden. Die Gleichung (b,1) hat, wie man sich leicht überzeugen kann, die Lösung

$$\sqrt{x}\, Z_{1/3}(\tfrac{2}{3} x^{3/2}) ,$$

wobei $Z_{1/3}(x)$ eine beliebige Lösung der Besselschen Differentialgleichung zum Index 1/3 ist.

Die mit (b,3) übereinstimmende Lösung ist

$$\Phi(x) = \frac{\sqrt{\pi x}}{3}\left[I_{-1/3}\left(\frac{2}{3}x^{3/2}\right) - I_{1/3}\left(\frac{2}{3}x^{3/2}\right)\right] \equiv \sqrt{\frac{x}{3\pi}}\, K_{1/3}\left(\frac{2}{3}x^{3/2}\right) \quad \text{für } x > 0 , \qquad \text{(b,6)}$$

$$\Phi(x) = \frac{\sqrt{\pi |x|}}{3}\left[J_{-1/3}\left(\frac{2}{3}|x|^{3/2}\right) + J_{1/3}\left(\frac{2}{3}|x|^{3/2}\right)\right] \quad \text{für } x < 0 ,$$

mit

$$I_\nu(x) = i^{-\nu} J_\nu(ix) , \qquad K_\nu(x) = \frac{\pi}{2\sin\nu\pi}\left[I_{-\nu}(x) - I_\nu(x)\right] .$$

Mit Hilfe der Rekursionsformeln

$$K_{\nu-1}(x) - K_{\nu+1}(x) = -\frac{2\nu}{x} K_\nu(x) , \qquad 2K_\nu'(x) = -K_{\nu-1}(x) - K_{\nu+1}(x)$$

kann man für die Ableitung der Airyschen Funktion leicht folgenden Ausdruck finden:

$$\Phi'(x) = -\frac{x}{\sqrt{3\pi}} K_{2/3}\left(\frac{2}{3}x^{3/2}\right) \quad \text{für } x > 0 . \qquad \text{(b,7)}$$

Für $x = 0$ ist

$$\Phi(0) = \frac{\sqrt{\pi}}{3^{2/3}\,\Gamma(\frac{2}{3})} = 0{,}629 , \qquad \Phi'(0) = -\frac{3^{1/6}\,\Gamma(\frac{2}{3})}{2\sqrt{\pi}} = -0{,}459 .$$

In Abb. 55 ist die Airysche Funktion graphisch dargestellt.

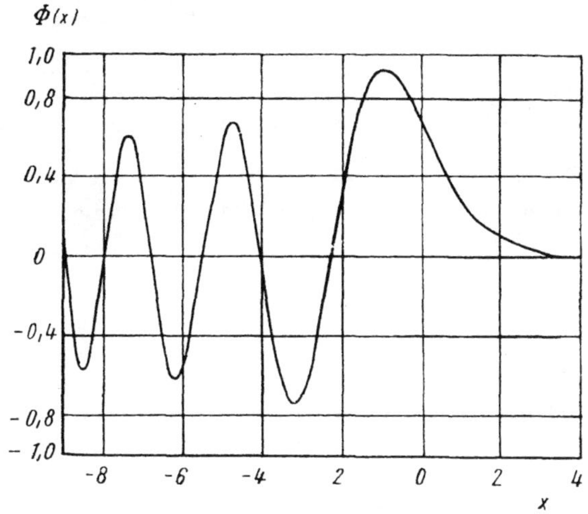

Abb. 55

§ c. Die LEGENDREschen Polynome[1])

Die LEGENDRE*schen Polynome* $P_l(\cos\theta)$ werden durch folgende Formel definiert:

$$P_l(\cos\theta) = \frac{1}{2^l l!} \frac{\mathrm{d}^l}{(\mathrm{d}\cos\theta)^l} (\cos^2\theta - 1)^l . \qquad (c,1)$$

Sie genügen der Differentialgleichung

$$\frac{1}{\sin\theta} \frac{\mathrm{d}}{\mathrm{d}\theta}\left(\sin\theta \frac{\mathrm{d}P_l}{\mathrm{d}\theta}\right) + l(l+1)\, P_l = 0 . \qquad (c,2)$$

Die zugeordneten LEGENDREschen Polynome werden durch die Formel

$$P_l^m(\cos\theta) = \sin^m\theta \frac{\mathrm{d}^m P_l(\cos\theta)}{(\mathrm{d}\cos\theta)^m} = \frac{1}{2^l l!} \sin^m\theta \frac{\mathrm{d}^{l+m}}{(\mathrm{d}\cos\theta)^{l+m}} (\cos^2\theta - 1)^l \qquad (c,3)$$

oder durch die dazu äquivalente Formel

$$P_l^m(\cos\theta) = (-1)^m \frac{(l+m)!}{(l-m)!\, 2^l l!} \sin^{-m}\theta \frac{\mathrm{d}^{l-m}}{(d\cos\theta)^{l-m}} (\cos^2\theta - 1)^l \qquad (c,4)$$

mit $m = 0, 1, \ldots, l$ definiert. Die zugeordneten Polynome erfüllen die Gleichung

$$\frac{1}{\sin\theta} \frac{\mathrm{d}}{\mathrm{d}\theta}\left(\sin\theta \frac{\mathrm{d}P_l^m}{\mathrm{d}\theta}\right) + \left[l(l+1) - \frac{m^2}{\sin^2\theta}\right] P_l^m = 0 . \qquad (c,5)$$

Das Normierungsintegral für die LEGENDREschen Polynome $\int_{-1}^{1} [P_l(\mu)]^2 \,\mathrm{d}\mu$ ($\mu = \cos\theta$) wird berechnet, indem man den Ausdruck (c,1) einsetzt und l-mal partiell integriert. Nach diesen Operationen ist dieses Integral

$$\frac{(-1)^l}{2^{2l}(l!)^2} \int_{-1}^{1} (\mu^2 - 1)^l \frac{\mathrm{d}^{2l}}{\mathrm{d}\mu^{2l}} (\mu^2 - 1)^l \,\mathrm{d}\mu = \frac{(2l)!}{2^{2l}(l!)^2} \int_{-1}^{1} (1 - \mu^2)^l \,\mathrm{d}\mu .$$

---

[1]) In der mathematischen Literatur gibt es viele gute Darstellungen der Theorie der Kugelfunktionen. Wir geben hier nur einige grundlegende Beziehungen zum Nachschlagen an und befassen uns in keiner Weise mit einer systematischen Darstellung der Theorie dieser Funktionen.

Durch die Substitution $u = (1 - \mu)/2$ wird aus diesem Integral ein EULERsches B-Integral, und es ist

$$\int_{-1}^{1} [P_l(\mu)]^2 \, d\mu = \frac{2}{2l+1} \, . \tag{c,6}$$

Analog kann man sich leicht davon überzeugen, daß Funktionen $P_l(\mu)$ mit verschiedenen l orthogonal zueinander sind:

$$\int_{-1}^{1} P_l(\mu) \, P_{l'}(\mu) \, d\mu = 0 \, , \qquad l \neq l' \, . \tag{c,7}$$

Das Normierungsintegral für die zugeordneten Polynome kann in ähnlicher Weise leicht berechnet werden. Dazu schreiben wir $[P_l^m(\mu)]^2$ als Produkt der Ausdrücke (c,3) und (c,4), und wir integrieren $(l - m)$-mal partiell. Als Resultat ergibt sich

$$\int_{-1}^{1} [P_l^m(\mu)]^2 \, d\mu = \frac{2}{2l+1} \frac{(l+m)!}{(l-m)!} \, . \tag{c,8}$$

Man überzeugt sich auch leicht davon, daß die Funktionen P_l^m mit verschiedenen l (und gleichen m) orthogonal zueinander sind:

$$\int_{-1}^{1} P_l^m(\mu) \, P_{l'}^m(\mu) \, d\mu = 0 \, , \qquad l \neq l' \, . \tag{c,9}$$

Die Berechnung von Integralen über Produkte aus drei LEGENDREschen Polynomen ist in § 107 behandelt worden.

Für die LEGENDREschen Polynome gibt es folgendes *Additionstheorem.* γ sei der Winkel zwischen zwei Richtungen, die durch die Polarkoordinaten θ, φ und θ', φ' festgelegt werden, $\cos\gamma = \cos\theta \cos\theta' + \sin\theta \sin\theta' \cos(\varphi - \varphi')$. Dann ist

$$P_l(\cos\gamma) = P_l(\cos\theta) \, P_l(\cos\theta') + \sum_{m=1}^{l} 2 \frac{(l-m)!}{(l+m)!} P_l^m(\cos\theta) \, P_l^m(\cos\theta') \cos m(\varphi - \varphi') \, . \tag{c,10}$$

Dieses Theorem kann auch folgendermaßen mit Hilfe von Kugelfunktionen (die nach (28,7) definiert sind) geschrieben werden:

$$P_l(\boldsymbol{n}\boldsymbol{n}') = \frac{4\pi}{2l+1} \sum_{m=-l}^{l} Y_{lm}^*(\boldsymbol{n}') \, Y_{lm}(\boldsymbol{n}) \, . \tag{c,11}$$

Hier sind $\boldsymbol{n}$ und $\boldsymbol{n}'$ zwei Einheitsvektoren, und $Y_{lm}(\boldsymbol{n})$ bedeutet die Kugelfunktion vom Polarwinkel und vom Azimut der Richtung $\boldsymbol{n}$ in bezug auf ein fixiertes Koordinatensystem.

Wir multiplizieren die Gleichung (c,10) mit $P_{l'}(\cos\theta)$ und integrieren sie über $do = \sin\theta \, d\theta \, d\varphi$. Bei der Integration über $d\varphi$ verschwinden alle Glieder auf der rechten Seite der Gleichung mit Faktoren $\cos m(\varphi - \varphi')$. Unter Beachtung von (c,6) und (c,7) erhalten wir

$$\int P_l(\cos\gamma) \, P_{l'}(\cos\theta) \, do = \delta_{ll'} \frac{4\pi}{2l+1} P_l(\cos\theta') \, .$$

Dieses Ergebnis kann in symmetrischer Form geschrieben werden:

$$\int P_l(\boldsymbol{n}_1\boldsymbol{n}_2)\, P_{l'}(\boldsymbol{n}_1\boldsymbol{n}_3)\, \mathrm{d}o_1 = \delta_{ll'} \frac{4\pi}{2l+1} P_l(\boldsymbol{n}_2\boldsymbol{n}_3)\,. \tag{c,12}$$

$\boldsymbol{n}_1$, $\boldsymbol{n}_2$, $\boldsymbol{n}_3$ sind drei Einheitsvektoren, und es wird über die Richtungen eines davon — $\boldsymbol{n}_1$ — integriert. Schließlich geben wir noch die Ausdrücke für einige der ersten normierten Kugelfunktionen Y_{lm} an:

$$Y_{00} = \frac{1}{\sqrt{4\pi}}\,, \qquad Y_{10} = i\sqrt{\frac{3}{4\pi}}\cos\theta\,, \qquad Y_{1,\pm 1} = \mp i\sqrt{\frac{3}{8\pi}}\sin\theta\cdot \mathrm{e}^{\pm i\varphi}\,,$$

$$Y_{20} = \sqrt{\frac{5}{16\pi}}\,(1-3\cos^2\theta)\,, \qquad Y_{2,\pm 1} = \pm\sqrt{\frac{15}{8\pi}}\cos\theta\sin\theta\cdot \mathrm{e}^{\pm i\varphi}\,,$$

$$Y_{2,\pm 2} = -\sqrt{\frac{15}{32\pi}}\sin^2\theta\cdot \mathrm{e}^{\pm 2i\varphi}\,, \qquad Y_{30} = -i\sqrt{\frac{7}{16\pi}}\cos\theta(5\cos^2\theta-3)\,,$$

$$Y_{3,\pm 1} = \pm i\sqrt{\frac{21}{64\pi}}\sin\theta(5\cos^2\theta-1)\,\mathrm{e}^{\pm i\varphi}\,,$$

$$Y_{3,\pm 2} = -i\sqrt{\frac{105}{32\pi}}\cos\theta\sin^2\theta\cdot \mathrm{e}^{\pm 2i\varphi}\,, \qquad Y_{3,\pm 3} = \pm i\sqrt{\frac{35}{64\pi}}\sin^3\theta\cdot \mathrm{e}^{\pm 3i\varphi}\,.$$

§ d. Die konfluente hypergeometrische Funktion

Die *konfluente hypergeometrische Funktion* wird durch die für alle endlichen z konvergente Reihe

$$F(\alpha, \gamma, z) = 1 + \frac{\alpha}{\gamma}\frac{z}{1!} + \frac{\alpha(\alpha+1)}{\gamma(\gamma+1)}\frac{z^2}{2!} + \ldots \tag{d,1}$$

definiert. Der Parameter α ist beliebig, und der Parameter γ soll nicht gleich Null oder einer negativen ganzen Zahl sein. Wenn α eine negative ganze Zahl (oder Null) ist, dann reduziert sich $F(\alpha, \gamma, z)$ auf ein Polynom vom Grade $|\alpha|$.

Die Funktion $F(\alpha, \gamma, z)$ genügt der Gleichung

$$zu'' + (\gamma - z)\,u' - \alpha u = 0\,, \tag{d,2}$$

was man leicht unmittelbar verifizieren kann.[1]) Durch die Substitution $u = z^{1-\gamma}u_1$ wird diese Gleichung umgeformt in eine Gleichung derselben Gestalt:

$$zu_1'' + (2-\gamma-z)\,u_1' - (\alpha-\gamma+1)\,u_1 = 0\,. \tag{d,3}$$

Hieraus ist folgendes zu erkennen: Für nichtganzzahliges γ hat die Gleichung (d,2) auch das spezielle Integral $z^{1-\gamma}F(\alpha-\gamma+1, 2-\gamma, z)$, das linear unabhängig von (d,1) ist. Somit hat die allgemeine Lösung der Gleichung (d,2) die Gestalt

$$u = c_1F(\alpha, \gamma, z) + c_2z^{1-\gamma}F(\alpha-\gamma+1, 2-\gamma, z)\,. \tag{d,4}$$

Der zweite Term hat im Gegensatz zum ersten bei $z = 0$ einen singulären Punkt.

---

[1]) Die Gleichung (d, 2) mit ganzzahligen negativen γ-Werten braucht nicht besonders behandelt zu werden, weil sie (durch Umformung in Gleichung (d, 3)) auf den Fall ganzzahliger positiver γ zurückgeführt werden kann.

Die Gleichung (d,2) gehört zum LAPLACEschen Typ, und ihre Lösung kann als Kurvenintegral dargestellt werden. Der allgemeinen Methode zufolge bilden wir die Funktion

$$P(t) = \gamma t - \alpha\,, \qquad Q(t) = t(t-1)\,, \qquad Z(t) = t^{\alpha-1}(t-1)^{\gamma-\alpha-1}\,,$$

so daß

$$u = \int e^{tz}\, t^{\alpha-1}(t-1)^{\gamma-\alpha-1}\, dt \tag{d,5}$$

wird. Der Integrationsweg muß so gewählt werden, daß die Funktion $V(t) = e^{tz} t^{\alpha}(t-1)^{\gamma-\alpha}$ nach Durchlaufen dieses Weges wieder ihren ursprünglichen Wert annimmt. Bei Anwendung derselben Methode auf die Gleichung (d,3) können wir für u ein Kurvenintegral anderer Art bekommen:

$$u = z^{1-\gamma} \int e^{tz}\, t^{\alpha-\gamma}(t-1)^{-\alpha}\, dt\,.$$

In diesem Integral substituiert man zweckmäßig $tz \to t$, und das Integral erhält die Form

$$u(z) = \int e^{t}\,(t-z)^{-\alpha}\, t^{\alpha-\gamma}\, dt \tag{d,6}$$

mit der Funktion $V(t) = e^{t}\, t^{\alpha-\gamma+1}(t-1)^{1-\alpha}$.

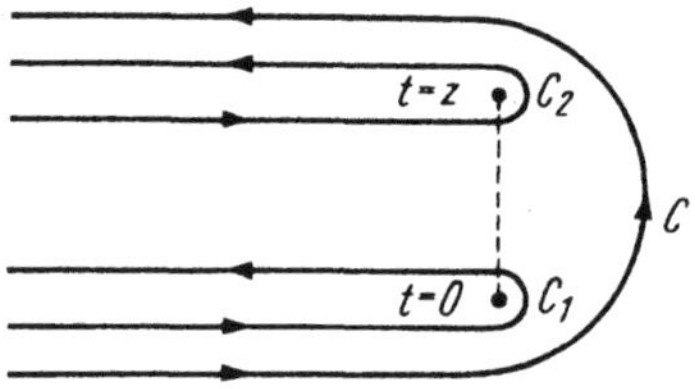

Abb. 56

Der Integrand in (d,6) hat im allgemeinen zwei singuläre Punkte, bei $t = z$ und bei $t = 0$. Wir wählen den ins Unendliche verlaufenden Integrationsweg C ($\operatorname{Re} t \to -\infty$), der die beiden singulären Punkte in positivem Sinne umgeht und wieder ins Unendliche verläuft (Abb. 56). Dieser Weg erfüllt die notwendigen Bedingungen, da die Funktion $V(t)$ an seinen Enden verschwindet. Das Integral (d,6) längs des Weges C hat keinen singulären Punkt bei $z = 0$. Daher muß es bis auf einen konstanten Faktor gleich der singularitätenfreien Funktion $F(\alpha, \gamma, z)$ sein. Für $z = 0$ fallen die beiden singulären Punkte des Integranden zusammen. Nach der aus der Theorie der Γ-Funktionen bekannten Formel ist

$$\frac{1}{2\pi i} \int_C e^{t}\, t^{-\gamma}\, dt = \frac{1}{\Gamma(\gamma)}\,. \tag{d,7}$$

Wegen $F(\alpha, \gamma, 0) = 1$ gilt offensichtlich

$$F(\alpha, \gamma, z) = \frac{\Gamma(\gamma)}{2\pi i} \int_C e^{t}\,(t-z)^{-\alpha}\, t^{\alpha-\gamma}\, dt\,. \tag{d,8}$$

Der Integrand in (d,5) hat singuläre Punkte bei $t = 0$ und $t = 1$. Wenn $\operatorname{Re}(\gamma - \alpha) > 0$ ist und γ keine positive ganze Zahl ist, dann kann man als Integrationsweg den Weg C' wählen; C' geht vom Punkte $t = 1$ aus, umgeht den Punkt $t = 0$ in positivem

Sinne und kehrt zu $t = 1$ zurück (Abb. 57). Für Re $(\gamma - \alpha) > 0$ nimmt die Funktion $V(t)$ nach einem Umlauf auf diesem Wege wieder ihren ursprünglichen Wert Null an.[1]) Das derart definierte Integral hat bei $z = 0$ ebenfalls keine Singularität und häng folgendermaßen mit $F(\alpha, \gamma, z)$ zusammen:

$$F(\alpha, \gamma, z) = -\frac{1}{2\pi i} \frac{\Gamma(1-\alpha)\,\Gamma(\gamma)}{\Gamma(\gamma-\alpha)} \oint_{C'} e^{tz} (-t)^{\alpha-1} (1-t)^{\gamma-\alpha-1}\, dt\,. \tag{d,9}$$

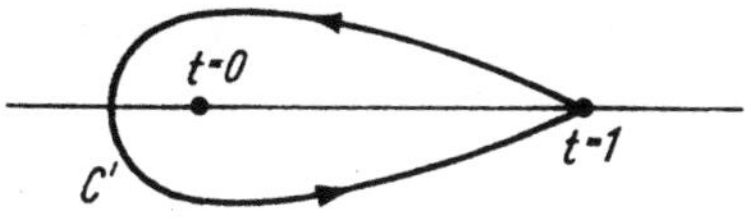

Abb. 57

Bezüglich der Integrale (d,8) und (d,9) ist folgende Bemerkung anzubringen. Für nichtganzzahlige α und γ sind die Integranden keine eindeutigen Funktionen. Es wird angenommen, daß ihre Werte in jedem Punkte unter der Bedingung gewählt werden, daß die zu potenzierende komplexe Größe mit dem kleinsten Betrag des Argumentes gewählt wird.

Wir geben noch die nützliche Beziehung

$$F(\alpha, \gamma, z) = e^{z} F(\gamma - \alpha, \gamma, -z) \tag{d,10}$$

an, die sich unmittelbar ergibt, wenn man im Integral (d,8) die Substitution $t \to t + z$ vornimmt.

Wir haben bereits erwähnt, daß sich die Funktion $F(\alpha, \gamma, z)$ für $\alpha = -n$ auf ein Polynom reduziert, wenn n eine positive ganze Zahl ist. Für diese Polynome kann man eine kurze Formel herleiten. Wir substituieren im Integral (d,9) $t \to 1 - t/z$, wenden auf das entstehende Integral den CAUCHYschen Satz an und finden folgende Formel:

$$F(-n, \gamma, z) = \frac{1}{\gamma(\gamma+1)\dots(\gamma+n-1)} z^{1-\gamma} e^{z} \frac{d^n}{dz^n} (e^{-z} z^{\gamma+n-1})\,. \tag{d,11}$$

Wenn dazu noch $\gamma = m$ mit einer positiven ganzen Zahl m ist, dann gilt auch die Formel

$$F(-n, m, z) = \frac{(-1)^{m-1}}{m(m+1)\dots(m+n-1)} e^{z} \frac{d^{m+n-1}}{dz^{m+n-1}} (e^{-z} z^{n})\,. \tag{d,12}$$

Diese Formel ergibt sich durch Anwendung des CAUCHYschen Satzes auf das Integral, das aus (d,8) durch die Substitution $t \to z - t$ entsteht.

Die Polynome $F(-n, m, z)$ $(0 \leqq m \leqq n)$ stimmen bis auf einen konstanten Faktor mit den *verallgemeinerten* LAGUERRE*schen Polynome* überein:

$$L_n^m(z) = (-1)^m \frac{(n!)^2}{m!(n-m)!} F\big(-(n-m), m+1, z\big)$$
$$= \frac{n!}{(n-m)!} e^{z} \frac{d^n}{dz^n} e^{-z} z^{n-m} = (-1)^m \frac{n!}{(n-m)!} e^{z} z^{-m} \frac{d^{n-m}}{dz^{n-m}} e^{-z} z^{n}\,. \tag{d,13}$$

[1]) Wenn γ eine positive ganze Zahl ist, dann kann man als C' einen beliebigen Weg wählen, der die beiden Punkte $t = 0$ und $t = 1$ umgeht.

Die Polynome L_n^m werden für $m = 0$ mit $L_n(z)$ bezeichnet und heißen einfach LAGUERREsche *Polynome*. Nach (d,13) haben wir

$$L_n(z) = e^z \frac{d^n}{dz^n}(e^{-z} z^n) .$$

Die Integraldarstellung (d,8) ist geeignet, um eine asymptotische Entwicklung der konfluenten hypergeometrischen Funktion für große z zu gewinnen. Wir deformieren den Integrationsweg so, daß er in die beiden Wege C_1 und C_2 (Abb. 56) übergeht, die die Punkte $t = 0$ bzw. $t = z$ umschließen. Den unteren Ast des Weges C_2 und den oberen Ast von C_1 hat man sich so vorzustellen, als würden sie sich im Unendlichen berühren. Da wir eine Entwicklung nach reziproken Potenzen von z herleiten wollen, ziehen wir im Integranden $(-z)^{-\alpha}$ vor die Klammer. Im Integral über den Weg C_2 substituieren wir $t \to t + z$. Dadurch transformieren wir den Weg C_2 in den Weg C_1. Als Ergebnis stellen wir die Formel (d,8) in folgender Form dar:

$$F(\alpha, \gamma, z) = \frac{\Gamma(\gamma)}{\Gamma(\gamma - \alpha)} (-z)^{-\alpha} G(\alpha, \alpha - \gamma + 1, -z)$$
$$+ \frac{\Gamma(\gamma)}{\Gamma(\alpha)} e^z z^{\alpha-\gamma} G(\gamma - \alpha, 1 - \alpha, z) \tag{d,14}$$

mit

$$G(\alpha, \beta, z) = \frac{\Gamma(1 - \beta)}{2\pi i} \int_{C_1} \left(1 + \frac{t}{z}\right)^{-\alpha} t^{\beta-1} e^t \, dt . \tag{d,15}$$

Beim Potenzieren sind $-z$ und z in Formel (d,14) mit dem kleinsten Betrag des Argumentes zu wählen. Schließlich entwickeln wir im Integranden den Ausdruck $(1 + t/z)^{-\alpha}$ nach Potenzen von t/z, wenden die Formel (d,7) an und erhalten als Ergebnis für $G(\alpha, \beta, z)$ die asymptotische Reihe

$$G(\alpha, \beta, z) = 1 + \frac{\alpha\beta}{1!\,z} + \frac{\alpha(\alpha + 1)\,\beta(\beta + 1)}{2!\,z^2} + \dots . \tag{d,16}$$

Die Formeln (d,14) und (d,16) enthalten die asymptotische Entwicklung der Funktion $F(\alpha, \gamma, z)$

Für positives ganzzahliges γ ist das zweite Glied in der allgemeinen Lösung (d,4) der Gleichung (d,2) entweder gleich dem ersten (für $\gamma = 1$), oder es verliert seinen Sinn überhaupt (für $\gamma > 1$). Als System der beiden linear unabhängigen Lösungen kann man in diesem Falle die beiden Summanden in der Formel (d,14) wählen, d. h. die Integrale (d,8) über die Wege C_1 und C_2 (diese Wege erfüllen wie der Weg C die notwendigen Bedingungen, so daß die Integrale längs dieser Wege ebenfalls Lösungen der Gleichung (d,2) sind). Die asymptotische Gestalt dieser Lösungen wird durch die bereits abgeleiteten Formeln bestimmt. Es ist noch die Entwicklung nach wachsenden Potenzen von z zu finden. Dazu gehen wir von Gleichung (d,14) aus und von der dazu analogen Gleichung für die Funktion $z^{1-\gamma}F(\alpha - \gamma + 1, 2 - \gamma, z)$. Mit diesen beiden Gleichungen drücken wir $G(\alpha, \alpha - \gamma + 1, -z)$ durch $F(\alpha, \gamma, z)$ und $F(\alpha - \gamma + 1, 2 - \gamma, z)$ aus. Anschließend setzen wir $\gamma = p + \varepsilon$ (p ist eine positive ganze Zahl). Dann gehen wir zur Grenze $\varepsilon \to 0$ über und überwinden die Unbestimmtheit nach der Regel von L'HOSPITAL. Als Ergebnis einer recht langwierigen Rechnung bekommen wir folgende Entwicklung:

$$G(\alpha, \alpha - p + 1, -z) = -\frac{\sin \pi\alpha \cdot \Gamma(p - \alpha)}{\pi \Gamma(p)} z^{\alpha} \left\{ \ln z \cdot F(\alpha, p, z) \right.$$

$$+ \sum_{s=0}^{\infty} \frac{\Gamma(p)\, \Gamma(\alpha + s)\, [\psi(\alpha + s) - \psi(p + s) - \psi(s + 1)]}{\Gamma(\alpha)\, \Gamma(s + p)\, \Gamma(s + 1)} z^s$$

$$\left. + \sum_{s=1}^{p-1} (-1)^{s+1} \frac{\Gamma(s)\, \Gamma(\alpha - s)\, \Gamma(p)}{\Gamma(\alpha)\, \Gamma(p - s)} z^{-s} \right\}, \qquad \text{(d,17)}$$

ψ bedeutet die logarithmische Ableitung der Γ-Funktion: $\psi(\alpha) = \Gamma'(\alpha)/\Gamma(\alpha)$.

§ e. Die hypergeometrische Funktion

Die *hypergeometrische Funktion* wird im Kreis $|z| < 1$ durch die Reihe

$$F(\alpha, \beta, \gamma, z) = 1 + \frac{\alpha\beta}{\gamma} \frac{z}{1!} + \frac{\alpha(\alpha + 1)\, \beta(\beta + 1)}{\gamma(\gamma + 1)} \frac{z^2}{2!} + \ldots \qquad \text{(e,1)}$$

definiert und ergibt sich für $|z| > 1$ durch analytische Fortsetzung dieser Reihe (siehe (e,6)). Die hypergeometrische Funktion ist ein spezielles Integral der Differentialgleichung

$$z(1 - z)\, u'' + [\gamma - (\alpha + \beta + 1)\, z]\, u' - \alpha\beta u = 0\,. \qquad \text{(e,2)}$$

Die Parameter α und β sind beliebig, $\gamma \neq 0, -1, -2, \ldots$ Die Funktion $F(\alpha, \beta, \gamma, z)$ ist offensichtlich symmetrisch in den Parametern α und β.[1])

Die zweite unabhängige Lösung der Gleichung (e,2) ist

$$z^{1-\gamma} F(\beta - \gamma + 1, \alpha - \gamma + 1, 2 - \gamma, z)\,.$$

Sie hat einen singulären Punkt bei $z = 0$.

Zum Nachschlagen geben wir hier einige Beziehungen für die hypergeometrische Funktion an.

Die Funktion $F(\alpha, \beta, \gamma, z)$ kann unter der Bedingung Re $(\gamma - \alpha) > 0$ für alle z als Integral

$$F(\alpha, \beta, \gamma, z) = -\frac{1}{2\pi i} \frac{\Gamma(1 - \alpha)\, \Gamma(\gamma)}{\Gamma(\gamma - \alpha)} \oint_{C'} (-t)^{\alpha-1}\, (1 - t)^{\gamma-\alpha-1}\, (1 - tz)^{-\beta}\, dt \qquad \text{(e,3)}$$

über den Weg C' in Abb. 57 dargestellt werden. Durch direktes Einsetzen kann man sich leicht davon überzeugen, daß dieses Integral tatsächlich der Gleichung (e,2) genügt. Der konstante Faktor ist so gewählt worden, daß sich 1 für $z = 0$ ergibt.

Die Substitution

$$u = (1 - z)^{\gamma-\alpha-\beta}\, u_1$$

---

[1]) Die konfluente hypergeometrische Funktion ergibt sich aus $F(\alpha, \beta, \gamma, z)$ durch den Grenzübergang $F(\alpha, \gamma, z) = \lim F\left(\alpha, \beta, \gamma, \frac{z}{\beta}\right)$ für $\beta \to \infty$.

In der Literatur wird auch die Bezeichnung ${}_2F_1(\alpha, \beta, \gamma, z)$ für die hypergeometrische Funktion und ${}_1F_1(\alpha, \gamma, z)$ für die konfluente hypergeometrische Funktion benutzt. Die Indizes links und rechts vom Buchstaben F geben die Zahl der Parameter an, die in den Zählern bzw. Nennern der Reihenglieder vorkommen.

in der Gleichung (e,2) ergibt eine Gleichung derselben Gestalt mit den Parametern $\gamma - \alpha$, $\gamma - \beta$, γ anstelle von α, β, γ. Hieraus folgt die Gleichung

$$F(\alpha, \beta, \gamma, z) = (1 - z)^{\gamma-\alpha-\beta} F(\gamma - \alpha, \gamma - \beta, \gamma, z) \tag{e,4}$$

(beide Seiten der Gleichung genügen ein und derselben Gleichung, und ihre Werte für $z = 0$ sind gleich).

Die Substitution $t \to t/(1 - z + zt)$ im Integral (e,3) führt auf folgende Beziehung zwischen den hypergeometrischen Funktionen von den Variablen z und $z/(z - 1)$:

$$F(\alpha, \beta, \gamma, z) = (1 - z)^{-\alpha} F\left(\alpha, \gamma - \beta, \gamma, \frac{z}{z - 1}\right). \tag{e,5}$$

Der Wert des mehrdeutigen Ausdrucks $(1 - z)^{-\alpha}$ in dieser Formel (und in analogen Ausdrücken in allen folgenden Formeln) wird durch die Forderung festgelegt, daß die zu potenzierende komplexe Größe mit dem betragsmäßig kleinsten Argument zu nehmen ist.

Ferner geben wir noch ohne Ableitung eine wichtige Formel an, die die hypergeometrischen Funktionen von den Variablen z und $1/z$ miteinander verknüpft:

$$\begin{aligned} F(\alpha, \beta, \gamma, z) = {} & \frac{\Gamma(\gamma)\,\Gamma(\beta - \alpha)}{\Gamma(\beta)\,\Gamma(\gamma - \alpha)} (-z)^{-\alpha} F\left(\alpha, \alpha + 1 - \gamma, \alpha + 1 - \beta, \frac{1}{z}\right) \\ & + \frac{\Gamma(\gamma)\,\Gamma(\alpha - \beta)}{\Gamma(\alpha)\,\Gamma(\gamma - \beta)} (-z)^{-\beta} F\left(\beta, \beta + 1 - \gamma, \beta + 1 - \alpha, \frac{1}{z}\right). \end{aligned} \tag{e,6}$$

Diese Formel gibt $F(\alpha, \beta, \gamma, z)$ als für $|z| > 1$ konvergente Reihe an, d. h., sie ist die analytische Fortsetzung der ursprünglichen Reihe (e,1).

Die Formel

$$\begin{aligned} F(\alpha, \beta, \gamma, z) = {} & \frac{\Gamma(\gamma)\,\Gamma(\gamma - \alpha - \beta)}{\Gamma(\gamma - \alpha)\,\Gamma(\gamma - \beta)} F(\alpha, \beta, \alpha + \beta + 1 - \gamma, 1 - z) \\ & + \frac{\Gamma(\gamma)\,\Gamma(\alpha + \beta - \gamma)}{\Gamma(\alpha)\,\Gamma(\beta)} (1 - z)^{\gamma-\alpha-\beta} \\ & \times F(\gamma - \alpha, \gamma - \beta, \gamma + 1 - \alpha - \beta, 1 - z) \end{aligned} \tag{e,7}$$

verknüpft die hypergeometrischen Funktionen von z und $1 - z$ miteinander (sie kann ähnlich wie Formel (e,6) hergeleitet werden). Wir kombinieren (e,7) und (e,6) und erhalten die Beziehungen

$$\begin{aligned} F(\alpha, \beta, \gamma, z) = {} & \frac{\Gamma(\gamma)\,\Gamma(\beta - \alpha)}{\Gamma(\beta)\,\Gamma(\gamma - \alpha)} (1 - z)^{-\alpha} F\left(\alpha, \gamma - \beta, \alpha + 1 - \beta, \frac{1}{1 - z}\right) \\ & + \frac{\Gamma(\gamma)\,\Gamma(\alpha - \beta)}{\Gamma(\alpha)\,\Gamma(\gamma - \beta)} (1 - z)^{-\beta} F\left(\beta, \gamma - \alpha, \beta + 1 - \alpha, \frac{1}{1 - z}\right), \end{aligned} \tag{e,8}$$

$$\begin{aligned} F(\alpha, \beta, \gamma, z) = {} & \frac{\Gamma(\gamma)\,\Gamma(\gamma - \alpha - \beta)}{\Gamma(\gamma - \beta)\,\Gamma(\gamma - \alpha)} z^{-\alpha} F\left(\alpha, \alpha + 1 - \gamma, \alpha + \beta + 1 - \gamma, \frac{z - 1}{z}\right) \\ & + \frac{\Gamma(\gamma)\,\Gamma(\alpha + \beta - \gamma)}{\Gamma(\alpha)\,\Gamma(\beta)} (1 - z)^{\gamma-\alpha-\beta} z^{\beta-\gamma} \\ & \times F\left(1 - \beta, \gamma - \beta, \gamma + 1 - \alpha - \beta, \frac{z - 1}{z}\right). \end{aligned} \tag{e,9}$$

Jeder Summand auf den rechten Seiten der Gleichungen (e,6) bis (e,9) ist für sich eine Lösung der hypergeometrischen Gleichung.

Wenn α (oder β) eine negative ganze Zahl $\alpha = -n$ (oder Null) ist, dann reduziert sich die hypergeometrische Funktion auf ein Polynom n-ten Grades und kann folgendermaßen dargestellt werden:

$$F(-n, \beta, \gamma, z) = \frac{z^{1-\gamma}(1-z)^{\gamma+n-\beta}}{\gamma(\gamma+1)\dots(\gamma+n-1)} \frac{d^n}{dz^n}[z^{\gamma+n-1}(1-z)^{\beta-\gamma}]. \qquad (e,10)$$

Diese Polynome sind bis auf einen konstanten Faktor die JACOBI*schen Polynome*, die definiert sind als

$$P_n^{(a,b)}(z) = \frac{(a+1)(a+2)\dots(a+n)}{n!} F\left(-n, a+b+n+1, a+1, \frac{1-z}{2}\right)$$

$$= \frac{(-1)^n}{2^n n!}(1-z)^{-a}(1+z)^{-b} \frac{d^n}{dz^n}[(1-z)^{a+n}(1+z)^{b+n}]. \qquad (e,11)$$

Für $a = b = 0$ stimmen die JACOBIschen Polynome mit den LEGENDREschen Polynomen überein. Für $n = 0$ ist $P_0^{(a,b)} = 1$.

§ f. Die Berechnung von Integralen mit konfluenten hypergeometrischen Funktionen

Wir betrachten ein Integral der Gestalt

$$J_{\alpha\gamma}^{\nu} = \int_0^\infty e^{-\lambda z} z^\nu F(\alpha, \gamma, kz)\, dz \qquad (f,1)$$

und nehmen an, daß es konvergiert. Dazu müssen $\mathrm{Re}\,\nu > -1$ und $\mathrm{Re}\,\lambda > |\mathrm{Re}\,k|$ sein. Wenn α eine negative ganze Zahl ist, braucht man statt der zweiten Bedingung nur zu fordern, daß $\mathrm{Re}\,\lambda > 0$ ist. Wir benutzen für $F(\alpha, \gamma, kz)$ die Integraldarstellung (d,9) und integrieren in dem Kurvenintegral über dz; so erhalten wir

$$J_{\alpha\gamma}^{\nu} = -\frac{1}{2\pi i} \frac{\Gamma(1-\alpha)\Gamma(\gamma)}{\Gamma(\gamma-\alpha)} \lambda^{-\nu-1}\Gamma(\nu+1) \oint_{C'} (-t)^{\alpha-1}(1-t)^{\gamma-\alpha-1} \times \left(1 - \frac{k}{\lambda}t\right)^{-\nu-1} dt\,.$$

Unter Beachtung von (e,3) finden wir endgültig

$$J_{\alpha\gamma}^{\nu} = \Gamma(\nu+1)\lambda^{-\nu-1} F\left(\alpha, \nu+1, \gamma, \frac{k}{\lambda}\right). \qquad (f,2)$$

Falls sich die Funktion $F(\alpha, \nu+1, \gamma, k/\lambda)$ auf Polynome zurückführen läßt, erhalten wir dementsprechend auch für das Integral $J_{\alpha\gamma}^{\nu}$ Ausdrücke durch elementare Funktionen:

$$J_{\alpha\gamma}^{\gamma+n-1} = (-1)^n \Gamma(\gamma) \frac{d^n}{d\lambda^n}[\lambda^{\alpha-\gamma}(\lambda-k)^{-\alpha}], \qquad (f,3)$$

$$J_{-n\gamma}^{\nu} = (-1)^n \frac{\Gamma(\nu+1)(\lambda-k)^{\gamma+n-\nu-1}}{\gamma(\gamma+1)\dots(\gamma+n-1)} \frac{d^n}{d\lambda^n}[\lambda^{-\nu-1}(\lambda-k)^{\nu-\gamma+1}], \qquad (f,4)$$

$$J_{\alpha m}^{n} = \frac{(-1)^{m-n}}{k^{m-1}(1-\alpha)(2-\alpha)\dots(m-1-\alpha)} \times \left\{-(m-1)!\frac{d^n}{d\lambda^n}[\lambda^{\alpha-1}(\lambda-k)^{m-\alpha-1}] + n!(m-n-1)\dots(m-1) \times \lambda^{\alpha-n-1}(\lambda-k)^{-1+m-n-\alpha} \frac{d^{m-n-2}}{d\lambda^{m-n-2}}[\lambda^{m-\alpha-1}(\lambda-k)^{\alpha-1}]\right\} \qquad (f,5)$$

(m und n sind ganze Zahlen, $0 \leq n \leq m-2$).

Ferner berechnen wir das Integral

$$J_\nu = \int_0^\infty e^{-kz} z^{\nu-1}[F(-n, \gamma, kz)]^2 \, dz \tag{f,6}$$

(n ist eine positive ganze Zahl, $\mathrm{Re}\,\nu > 0$). Bei der Rechnung gehen wir von dem allgemeineren Integral aus, das im Integranden den Faktor $e^{-\lambda z}$ statt e^{-kz} enthält. Eine der Funktionen $F(-n, \gamma, kz)$ schreiben wir als Integral (d,9), die Integration über dz mit Hilfe der Formel (f,3) ergibt dann

$$\begin{aligned}\int_0^\infty e^{-\lambda z} z^{\nu-1}[F(-n, \gamma, kz)]^2 \, dz &= -\frac{1}{2\pi i}(-1)^n \frac{\Gamma(1+n)\,\Gamma^2(\gamma)\,\Gamma(\nu)}{\Gamma^2(\gamma+n)} \\ &\times \oint_{C'} (\lambda - kt - k)^{\gamma+n-\nu}\,(-t)^{-n-1}\,(1-t)^{\gamma+n-1} \\ &\times \frac{d^n}{d\lambda^n}[(\lambda - kt)^{-\nu}\,(\lambda - kt - k)^{\nu-\gamma}]\,dt\,.\end{aligned}$$

Die Ableitung n-ter Ordnung nach λ kann man offensichtlich durch die Ableitung gleicher Ordnung nach t ausdrücken. Wir tun das, setzen $\lambda = k$ und kehren somit zum Integral J_ν zurück:

$$\begin{aligned}J_\nu = -\frac{1}{2\pi i}\frac{\Gamma(n+1)\,\Gamma(\nu)\,\Gamma^2(\gamma)}{\Gamma^2(\gamma+n)\,k^\nu} &\oint_{C'} (-t)^{\gamma-\nu-1}\,(1-t)^{\gamma+n-1} \\ &\times \frac{d^n}{dt^n}[(1-t)^{-\nu}\,(-t)^{\nu-\gamma}]\,dt\,.\end{aligned}$$

Durch n-malige partielle Integration wälzen wir die Operation $(d/dt)^n$ auf den Ausdruck $(-t)^{\gamma-\nu-1}\,(1-t)^{\gamma+n-1}$ über, dann bilden wir die Ableitung nach der Produktregel. Als Ergebnis erhalten wir eine Summe von Integralen, die jeweils ein bekanntes Eulersches Integral sind. Endgültig ergibt sich folgender Ausdruck für das gesuchte Integral:

$$\begin{aligned}J_\nu &= \frac{\Gamma(\nu)\,n!}{k^\nu\gamma(\gamma+1)\ldots(\gamma+n-1)} \\ &\times\left\{1 + \sum_{s=0}^{n-1} \frac{n(n-1)\ldots(n-s)\,(\gamma-\nu-s-1)\,(\gamma-\nu-s)\ldots(\gamma-\nu+s)}{[(s+1)!]^2\,\gamma(\gamma+1)\ldots(\gamma+s)}\right\}.\end{aligned} \tag{f,7}$$

Es ist leicht zu erkennen, daß zwischen den Integralen J_ν die folgende Beziehung besteht (p ist eine ganze Zahl):

$$J_{\gamma+p} = \frac{(\gamma-p-1)\,(\gamma-p)\ldots(\gamma+p-1)}{k^{2p+1}} J_{\gamma-1-p}\,. \tag{f,8}$$

Analog wird das Integral

$$J = \int_0^\infty e^{-\lambda z} z^{\gamma-1} F(\alpha, \gamma, kz)\,F(\alpha', \gamma, k'z)\,dz \tag{f,9}$$

ausgerechnet. Die Funktion $F(\alpha', \gamma, k'z)$ wird als Integral (d,9) dargestellt, und nach Integration über dz mit Hilfe von Formel (f,3) finden wir

$$\begin{aligned}J = -\frac{1}{2\pi i}\frac{\Gamma(1-\alpha')\,\Gamma^2(\gamma)}{\Gamma(\gamma-\alpha')} &\oint_{C'} (-t)^{\alpha'-1}\,(1-t)^{\gamma-\alpha'-1}\,(\lambda - k't)^{\alpha-\gamma} \\ &\times (\lambda - k't - k)^{-\alpha}\,dt\,.\end{aligned}$$

Durch die Substitution $t \to \lambda t/(k't + \lambda - k')$ erhält dieses Integral die Gestalt (e,3), und es wird

$$J = \Gamma(\gamma)\,\lambda^{\alpha+\alpha'-\gamma}(\lambda - k)^{-\alpha}\,(\lambda - k')^{-\alpha'}\,F\left(\alpha, \alpha', \gamma, \frac{kk'}{(\lambda - k)\,(\lambda - k')}\right). \qquad \text{(f,10)}$$

Wenn α (oder α') eine negative ganze Zahl $\alpha = -n$ ist, dann kann dieser Ausdruck mit Hilfe der Beziehung (e,7) umgeformt werden in

$$J = \frac{\Gamma^2(\gamma)\,\Gamma(\gamma + n - \alpha')}{\Gamma(\gamma + n)\,\Gamma(\gamma - \alpha')}\,\lambda^{-n+\alpha'-\gamma}(\lambda - k)^n\,(\lambda - k')^{-\alpha'}$$
$$\times F\left(-n, \alpha', -n + \alpha' + 1 - \gamma, \frac{\lambda(\lambda - k - k')}{(\lambda - k)\,(\lambda - k')}\right). \qquad \text{(f,11)}$$

Schließlich behandeln wir Integrale der Gestalt

$$J_\gamma^{sp}(\alpha, \alpha') = \int\limits_0^\infty e^{-\frac{k+k'}{2}z}\, z^{\gamma-1+s} F(\alpha, \gamma, kz)\, F(\alpha', \gamma - p, k'z)\,\mathrm{d}z\,. \qquad \text{(f,12)}$$

Die Parameterwerte werden so vorausgesetzt, daß das Integral absolut konvergiert. s und p sind ganze Zahlen. Das einfachste dieser Integrale, $J_\gamma^{00}(\alpha, \alpha')$, ist nach (f,10)

$$J_\gamma^{00}(\alpha, \alpha') = 2^\gamma \Gamma(\gamma)\,(k + k')^{\alpha+\alpha'-\gamma}\,(k' - k)^{-\alpha}\,(k - k')^{-\alpha'}$$
$$\times F\left(\alpha, \alpha', \gamma, -\frac{4kk'}{(k' - k)^2}\right), \qquad \text{(f,13)}$$

und wenn α (oder α') eine negative ganze Zahl $\alpha = -n$ ist, dann kann man nach (f,11) auch schreiben

$$J_\gamma^{00}(-n, \alpha') = 2\,\frac{\Gamma(\gamma)\,(\gamma - \alpha')\,(\gamma - \alpha' + 1)\ldots(\gamma - \alpha' + n - 1)}{\gamma(\gamma + 1)\ldots(\gamma + n - 1)}$$
$$\times (-1)^n\,(k + k')^{-n+\alpha'-\gamma}\,(k - k')^{n-\alpha'}$$
$$\times F\left(-n, \alpha', \alpha' + 1 - n - \gamma, \left(\frac{k + k'}{k - k'}\right)^2\right). \qquad \text{(f,14)}$$

Die allgemeine Formel für $J_\gamma^{sp}(\alpha, \alpha')$ kann abgeleitet werden, aber sie ist so kompliziert, daß es unzweckmäßig ist, sie zu verwenden. Es ist zweckmäßiger, Rekursionsformeln zu benutzen, mit denen man die Integrale $J_\gamma^{sp}(\alpha, \alpha')$ auf das Integral mit $s = p = 0$ zurückführen kann.[1]) Die Formel

$$J_\gamma^{sp}(\alpha, \alpha') = \frac{\gamma - 1}{k}\,\{J_{\gamma-1}^{s,p-1}(\alpha, \alpha') - J_{\gamma-1}^{s,p-1}(\alpha - 1, \alpha')\} \qquad \text{(f,15)}$$

bietet die Möglichkeit, $J_\gamma^{sp}(\alpha, \alpha')$ auf das Integral mit $p = 0$ zurückzuführen. Danach ermöglicht die Formel

$$J_\gamma^{s+1,0}(\alpha, \alpha') = \frac{4}{k^2 - k'^2}\left\{\left[\frac{\gamma}{2}(k - k') - k\alpha + k'\alpha' - k's\right] J_\gamma^{s0}(\alpha, \alpha')\right.$$
$$+ s(\gamma - 1 + s - 2\alpha')\,J_\gamma^{s-1,0}(\alpha, \alpha')$$
$$\left. + 2\alpha' s J_\gamma^{s-1,0}(\alpha, \alpha' + 1)\right\}, \qquad \text{(f,16)}$$

die Integrale schließlich auf das Integral mit $s = p = 0$ zurückzuführen.

---

[1]) Siehe W. Gordon, Ann. Physik **2**, 1031 (1929).

SACHVERZEICHNIS

L. D. Landau · E. M. Lifschitz

LEHRBUCH DER THEORETISCHEN PHYSIK

Band 1:
Mechanik
Bewegungsgleichungen – Erhaltungssätze – Integration der Bewegungsgleichungen – Zusammenstoß von Teilchen – Kleine Schwingungen – Bewegung des starren Körpers – Die kanonischen Gleichungen

unveränderter Nachdruck der 14., korrigierten Auflage 1997, 2016,
231 Seiten, 56 Abbildungen, gebunden,
ISBN 978-3-8085-5612-2

Band 2:
Klassische Feldtheorie
Das Relativitätsprinzip – Die relativistische Mechanik – Ladungen im elektromagnetischen Feld – Die Gleichungen des elektromagnetischen Feldes – Das zeitunabhängige elektromagnetische Feld – Elektromagnetische Wellen – Die Lichtausbreitung – Das Feld bewegter Ladungen – Ausstrahlung elektromagnetischer Wellen – Teilchen im Gravitationsfeld – Die Gleichungen des Gravitationsfeldes – Das Feld gravitierender Körper – Gravitationswellen – Relativistische Kosmologie

unveränderter Nachdruck der 12. Auflage 1992, 2018, 496 Seiten, 25 Abbildungen, gebunden,
ISBN 978-3-8085-5562-0

Band 3:
Quantenmechanik
Die Grundbegriffe der Quantenmechanik – Energie und Impuls – Die SCHRÖDINGER-Gleichung – Der Drehimpuls – Die Bewegung im kugelsymmetrischen Feld – Störungstheorie – Der quasiklassische Fall – Der Spin – Identische Teilchen – Das Atom – Das zweiatomige Molekül – Die Theorie der Symmetrie – Mehratomige Moleküle – Die Addition von Drehimpulsen – Die Bewegung im Magnetfeld – Die Struktur des Atomkerns – Elastische Stöße – Inelastische Stöße

unveränderter Nachdruck der 9. Auflage 1986, 2021, 660 Seiten, 57 Abbildungen, 11 Tabellen, gebunden,
ISBN 978-3-8085-5636-8

Band 4:
Quantenelektrodynamik
Das Photon – Bosonen – Fermionen – Ein Teilchen in einem äußeren Feld – Strahlung – Streuung von Licht – Die Streumatrix – Invariante Störungstheorie – Wechselwirkung von Elektronen – Wechselwirkung von Elektronen mit Photonen – Exakte Propagatoren und Eckteile – Strahlungskorrekturen – Asymptotische Formeln für die Quantenelektrodynamik – Elektrodynamik der Hadronen

unveränderter Nachdruck der 7., berichtigten Auflage 1991, 2020, 628 Seiten, 25 Abbildungen, gebunden,
ISBN 978-3-8085-5632-0

Band 5:
Statistische Physik Teil 1
Die Grundprinzipien der Statistik – Die thermodynamischen Größen – Die GIBBSsche Verteilung – Das ideale Gas – Die FERMI- und BOSE-Verteilungen – Festkörper – Reale Gase – Das Phasengleichgewicht – Lösungen – Chemische Reaktionen – Eigenschaften der Materie bei sehr hohen Dichten – Fluktuationen – Symmetrie der Kristalle – Phasenübergänge zweiter Art und kritische Phänomene – Oberflächen

unveränderter Nachdruck der 8., berichtigten Auflage 1991, 2016,
535 Seiten, 78 Abbildungen, 3 Tabellen, gebunden,
ISBN 978-3-8085-5654-2

Band 6:
Hydrodynamik
Ideale Flüssigkeiten – Zähe Flüssigkeiten – Turbulenz – Grenzschichten – Wärmeleitung in Flüssigkeiten – Diffusion – Oberflächenerscheinungen – Der Schall – Stoßwellen – Eindimensionale Gasströmung – Der Schnitt von Unstetigkeitsflächen – Ebene Gasströmung – Die Strömung um endliche Körper – Hydrodynamik der Verbrennung – Relativistische Hydrodynamik – Hydrodynamik der superfluiden Flüssigkeit

korrigierter Nachdruck der 5., überarbeiteten Auflage 1991, 2014,
705 Seiten, 136 Abbildungen, gebunden,
ISBN 978-3-8085-5554-5

Band 7:
Elastizitätstheorie
Grundgleichungen – Gleichgewicht von Stäben und Platten – Elastische Wellen – Versetzungen – Wärmeleitung und Zähigkeit fester Körper – Mechanik flüssiger Kristalle

unveränderter Nachdruck der 7. Auflage 1991, 2010, 223 Seiten, 32 Abbildungen, Leinen,
ISBN 978-3-8085-5498-2

Band 8:
Elektrodynamik der Kontinua
Elektrostatik von Leitern – Elektrostatik von Nichtleitern – Konstante Ströme – Zeitunabhängige Magnetfelder – Ferromagnetismus und Antiferromagnetismus – Supraleitfähigkeit – Das quasistationäre elektromagnetische Feld – Magnetohydrodynamik – Elektromagnetische Wellengleichungen – Ausbreitung elektromagnetischer Wellen – Elektromagnetische Wellen in anisotropen Medien – Räumliche Dispersion – Nichtlineare Optik – Durchgang schneller Teilchen durch Substanzen – Streuung elektromagnetischer Wellen – Beugung von Röntgenstrahlen in Kristallen

unveränderter Nachdruck der 5., ergänzten Auflage 1990, 2020,
565 Seiten, 65 Abbildungen, gebunden,
ISBN 978-3-8085-5500-2

Band 9:
Statistische Physik Teil 2
Die normale FERMI-Flüssigkeit – GREENsche Funktionen eines FERMI-Systems bei $T = 0$ – Die Superfluidität – GREENsche Funktionen bei endlichen Temperaturen – Die Supraleitfähigkeit – Elektronen im Kristallgitter – Der Magnetismus – Elektromagnetische Fluktuationen – Hydrodynamische Fluktuationen

unveränderter Nachdruck der 4., berichtigten Auflage 1992, 2020,
404 Seiten, 18 Abbildungen, gebunden,
ISBN 978-3-8085-5656-6

Band 10:
Physikalische Kinetik
Kinetische Gastheorie – Die Diffusionsnäherung – Das stoßfreie Plasma – Stöße im Plasma – Das Plasma im Magnetfeld – Theorie der Instabilitäten – Dielektrika – Quantenflüssigkeiten – Metalle – Diagrammtechnik für Nichtgleichgewichtssysteme – Supraleiter – Kinetik von Phasenübergängen

unveränderter Nachdruck der 2. Auflage 1990, 2020,
480 Seiten, 35 Abbildungen, gebunden,
ISBN 978-3-8085-5624-5

Das Gesamtwerk ist auch zum günstigen Satzpreis erhältlich:
L. D. Landau · E. M. Lifschitz, **Lehrbuch der Theoretischen Physik**
ISBN 978-3-8085-5588-0